Neurosurgical Operative Atlas
Neurocirurgia Funcional

Thieme Revinter

Neurosurgical Operative Atlas
Neurocirurgia Funcional

Terceira Edição

Robert E. Gross, MD, PhD
MBNA Bowman Chair in Neurosurgery & Professor
Emory University Department of Neurosurgery
Director and Co-Founder, Emory Neuromodulation and Technology Innovation
 Center (ENTICe)
Director, Translational Neuro-Engineering Laboratory
Director, Emory MD/PhD Program
Director, Stereotactic, Functional and Epilepsy Neurosurgery
Atlanta, Georgia

Nicholas M. Boulis, MD
Associate Professor
Emory University Department of Neurosurgery
Director, Gene and Cell Therapy for Neurorestoration Laboratory
Atlanta, Georgia

Com 287 figuras

Thieme
Rio de Janeiro • Stuttgart • New York • Delhi

**Dados Internacionais de
Catalogação na Publicação (CIP)**

G878a

Gross, Robert E.
Neurosurgical Operative Atlas: Neurocirurgia Funcional/ Robert E. Gross & Nicholas M. Boulis; tradução de Soraya Imon de Oliveira, Mônica Regina Brito, Edianez Chimello & Sandra Mallmann – 3. Ed. – Rio de Janeiro – RJ: Thieme Revinter Publicações, 2020.

364 p.: il; 21 x 28 cm, (Série Neurosurgical Operative Atlas)
Título Original: *Neurosurgical Operative Atlas – Funcional Neurosurgery*
Inclui Índice Remissivo e Referência Bibliográfica
ISBN 978-85-5465-241-8
eISBN 978-85-5465-242-5

1. Sistema Nervoso Central – Cirurgia. 2. Procedimentos Neurocirúrgicos. 3. Epilepsia – Cirurgia. 4. Dor – Cirurgia. 5. Distúrbios do Movimento – Cirurgia. I. Boulis, Nicholas M. II. Título.

CDD: 616.853
CDU: 616.8-089

Nota: O conhecimento médico está em constante evolução. À medida que a pesquisa e a experiência clínica ampliam o nosso saber, pode ser necessário alterar os métodos de tratamento e medicação. Os autores e editores deste material consultaram fontes tidas como confiáveis, a fim de fornecer informações completas e de acordo com os padrões aceitos no momento da publicação. No entanto, em vista da possibilidade de erro humano por parte dos autores, dos editores ou da casa editorial que traz à luz este trabalho, ou ainda de alterações no conhecimento médico, nem os autores, nem os editores, nem a casa editorial, nem qualquer outra parte que se tenha envolvido na elaboração deste material garantem que as informações aqui contidas sejam totalmente precisas ou completas; tampouco se responsabilizam por quaisquer erros ou omissões ou pelos resultados obtidos em consequência do uso de tais informações. É aconselhável que os leitores confirmem em outras fontes as informações aqui contidas. Sugere-se, por exemplo, que verifiquem a bula de cada medicamento que pretendam administrar, a fim de certificar-se de que as informações contidas nesta publicação são precisas e de que não houve mudanças na dose recomendada ou nas contraindicações. Esta recomendação é especialmente importante no caso de medicamentos novos ou pouco utilizados. Alguns dos nomes de produtos, patentes e design a que nos referimos neste livro são, na verdade, marcas registradas ou nomes protegidos pela legislação referente à propriedade intelectual, ainda que nem sempre o texto faça menção específica a esse fato. Portanto, a ocorrência de um nome sem a designação de sua propriedade não deve ser interpretada como uma indicação, por parte da editora, de que ele se encontra em domínio público.

Tradução:

SORAYA IMON DE OLIVEIRA (Caps. 1 a 10)
Tradutora Especializada na Área da Saúde, SP

MÔNICA REGINA BRITO (Caps. 11 a 30)
Tradutora Especializada na Área da Saúde, SP

EDIANEZ CHIMELLO (Caps. 31 a 40)
Tradutora Especializada na Área da Saúde, SP

SANDRA MALLMANN (Caps. 41 a 44)
Tradutora Especializada na Área da Saúde, SP

Revisão Técnica:
CARLOS ZICARELLI
Membro Titular da Sociedade Brasileira de Neurocirurgia
Membro Titular da Academia Brasileira de Neurocirurgia
Membro Titular da International Neuromodulation Society
Supervisor do Internato Médico de Neurocirurgia pela Pontífica Universidade Católica do Paraná (PUC-PR)
Mestre em Tecnologia da Saúde pela PUC-PR
Supervisor do Programa de Residência Médica em Neurocirurgia do Hospital Evangélico de Londrina, PR

Título original:
Neurosurgical Operative Atlas – Funcional Neurosurgery, Third Edition
Copyright © 2018 by Thieme Medical Publishers, Inc.
ISBN 978-1-62623-111-5

© 2020 Thieme
Todos os direitos reservados.
Rua do Matoso, 170, Tijuca
20270-135, Rio de Janeiro – RJ, Brasil
http://www.ThiemeRevinter.com.br

Thieme Medical Publishers
http://www.thieme.com

Impresso no Brasil por BMF Gráfica e Editora Ltda.
5 4 3 2 1
ISBN 978-85-5465-241-8

Também disponível como eBook:
eISBN 978-85-5465-242-5

Todos os direitos reservados. Nenhuma parte desta publicação poderá ser reproduzida ou transmitida por nenhum meio, impresso, eletrônico ou mecânico, incluindo fotocópia, gravação ou qualquer outro tipo de sistema de armazenamento e transmissão de informação, sem prévia autorização por escrito.

Sumário

Informação sobre Créditos para Educação Médica Continuada e Objetivos viii
Preâmbulo ix
Prefácio x
Colaboradores xi

PARTE I
EPILEPSIA

1 Técnicas de Monitorização Intracraniana 1
Robert A. McGovern ▪ Guy M. McKhann II

2 Metodologia e Técnica da Estereoeletroencefalografia 11
Jorge Gonzalez-Martinez

3 Anatomia Cirúrgica do Lobo Temporal 21
Arthur J. Ulm ▪ Justin D. Hilliard ▪ Necmettin Tanriover ▪ Kaan Yagmurlu ▪ Albert L. Rhoton ▪ Steven N. Roper

4 Lobectomia Temporal Padrão e Ajustada 36
Andrew L. Ko ▪ Jeffrey G. Ojemann

5 Amígdalo-Hipocampectomia Seletiva 45
Stephen Reintjes Jr. ▪ Fernando L. Vale

6 Tratamento Cirúrgico da Epilepsia Extratemporal 53
Ali Jalali ▪ Daniel Yoshor

7 Ablação a *Laser* Estereotáxica Guiada por Ressonância Magnética para Epilepsia 61
Jon T. Willie ▪ Robert E. Gross

8 Hamartomas Hipotalâmicos 76
Anish N. Sen ▪ Jared Fridley ▪ Rachel Curry ▪ Daniel Curry

9 Hemisferectomia Anatômica 84
Atthaporn Boongird ▪ William E. Bingaman

10 Hemisferectomia Peri-Insular 91
Brian J. Dlouhy ▪ Matthew D. Smyth

11 Transecções Subpiais Múltiplas e Hipocampais Múltiplas para Epilepsia em Áreas Cerebrais Eloquentes 97
Thomas A. Ostergard ▪ Fady Girgis ▪ Jonathan Miller

12 Aspectos Técnicos da Calosotomia 104
Arthur Cukiert

13 Neuroestimulação Responsiva ao Tratamento de Epilepsia 108
Ryder P. Gwinn

14 Estimulação Cerebral Profunda dos Núcleos Talâmicos Anteriores para Epilepsia 114
Ravichandra A. Madineni ▪ Jeffrey D. Oliver ▪ Chengyuan Wu ▪ Ashwini D. Sharan

15 Estimulação do Nervo Vago para Epilepsia Intratável 117
Muaz Qayyum ▪ Chengyuan Wu ▪ Ashwini D. Sharan

PARTE II
DISTÚRBIOS DE MOVIMENTO E PSIQUIÁTRICOS, E RADIOCIRURGIA

16 Implante de DBS com Halo Estereotáxico do Vim para Tremor Essencial e Outros Tremores de Fluxo de Saída Cerebelar 123
Matthew K. Mian ▪ Athar N. Malik ▪ Emad N. Eskandar

17 Estimulação Crônica do Núcleo Subtalâmico na Doença de Parkinson 129
Jonathan J. Rasouli ▪ Brian Harris Kopell

18 Estimulação Cerebral Profunda com Halo do Globo Pálido para Doença de Parkinson ou Distonia 141
Ron L. Alterman ▪ Jay L. Shils

19 Implante do Estimulador Cerebral Profundo Guiado por MRI Intervencionista 147
Paul S. Larson ▪ Philip A. Starr ▪ Alastair J. Martin

20 Implante de DBS sem Halo com o O-Arm 154
Rafael A. Veja ▪ Kathryn L. Holloway

21 Implante de DBS com Plataformas Estereotáxicas de Impressão 3D e o Atlas Probabilístico CranialVault 162
Vishad V. Sukul ▪ Wendell Lake ▪ Joseph S. Neimat

22 Implante de Eletrodo sem Halo e com Halo na Tomografia Computadorizada 168
David S. Xu ▪ Francisco A. Ponce

23 Procedimentos Ablativos para Distúrbios do Movimento: Palidotomia 173
Robert E. Wharen Jr. ▪ Sanjeet S. Grewal ▪ Bruce A. Kall ▪ Ryan J. Uitti ▪ Paul S. Larson

24 Cirurgia Estereotáxica para Transtornos Obsessivos-Compulsivos e Síndrome de Tourette 182
Pablo Andrade ▪ Daniel Huys ▪ Jens Kuhn ▪ Veerle Visser-Vandewalle

25 Cirurgia Estereotáxica para Depressão 187
Ausaf Bari ▪ Clement Hamani

26 Neurocirurgia Funcional Pediátrica 194
John Honeycutt

27 Radiocirurgia para Procedimentos Neurocirúrgicos Funcionais 201
Jean Régis ▪ Constantin Tuleasca

PARTE III
DOR E HIDROCEFALIA

28 Descompressão Microvascular e Rizotomia Aberta para Neuralgias Cranianas 215
Andrew L. Ko ▪ Aly Ibrahim ▪ Kim J. Burchiel

29 Radiocirurgia Estereotáxica para Neuralgia do Trigêmeo 223
Bruce E. Pallock

30 Tratamento Ablativo Percutâneo da Dor Facial Neuropática 227
Jeffrey A. Brown

31 Zona de Entrada da Raiz Dorsal: Medula Espinal 235
Amr O. El-Naggar ▪ Stephen Sandwell

Sumário

32 Zona de Entrada da Raiz Dorsal: Núcleo Caudal 240
Amr O, El-Naggar ▪ Stephen Sandwell

33 Cordotomia Cirúrgica Aberta e Percutânea por Radiofrequência 246
Jay K. Nathan ▪ Gaurav Chenji ▪ Parag G. Patil

34 Estimulação de Nervo Periférico para Alívio da Dor: *Primer* em Estimulação de Nervo Occipital 253
Konstantin V. Slavin ▪ Dali Yin

35 Estimulação da Raiz do Nervo Espinal e da Raiz do Gânglio Dorsal 258
Jonathan Yun ▪ Suprit Singh ▪ Yarema B. Bezchlibnyk ▪ Jennifer Cheng ▪ Christopher J. Winfree

36 Intervenções Neurocirúrgicas para Dor Craniofacial Neuropática 264
Orion P. Keifer Jr. ▪ Juanmarco Gutierrez ▪ Muhibullah S. Tora ▪ Nicholas M. Boulis

37 Implante de Estimulador de Medula Espinal para Alívio da Dor 277
Fabio Frisoli ▪ Conor Grady ▪ Alon Y. Mogilner

38 Estimulação de Córtex Motor para Tratamento de Dor Crônica de Não Câncer 284
Andres L. Maldonado-Naranjo ▪ Sean J. Nagel ▪ Andre G. Machado

39 Estimulação Cerebral Profunda para Síndromes de Dor Clinicamente Intratável 290
Erlick Pereira ▪ Tipu Z. Aziz

40 Simpatectomia 295
Brian Perri ▪ Albert Wong ▪ Patrick Johnson

41 Técnicas Intervencionistas no Manejo da Dor para Dor Lombar 304
Jerry Lalangara ▪ Joshua Meyer ▪ Vinita Singh

42 Bombas para Dor e Espasticidade 313
Milind Deogaonkar

43 Tratamento de Hipertensão Intracraniana Idiopática e Hidrocefalia de Pressão Normal com Implantação de *Shunt* para o Líquido Cerebrospinal 320
Orion P. Keifer Jr. ▪ Juanmarco Gutierrez ▪ Muhibullah S. Tora ▪ Nicholas M. Boulis

44 Estimulação do Gânglio Trigeminal 332
Orion P. Keifer Jr. ▪ Juanmarco Gutierrez ▪ Muhilbullah S. Tora ▪ Nicholas M. Boulis

Índice Remissivo 336

Informação sobre Créditos para Educação Médica Continuada e Objetivos

Objetivos de Aprendizagem

Após a conclusão desta atividade, os participantes devem ser capazes de:
1. Discutir o desempenho das abordagens cirúrgicas comuns para o tratamento de epilepsia, dor e distúrbios do movimento.
2. Descrever o controle perioperatório e saber evitar as complicações no tratamento cirúrgico de epilepsia, dor e distúrbios do movimento.
3. Descrever os princípios da neurocirurgia guiada por imagens e da neurocirurgia fisiologicamente guiada.

Certificação e Designação

A AANS é acreditada pelo Accreditation Council for Continuing Medical Education (ACCME) para fornecer educação médica continuada para médicos.

A AANS designa este material para um máximo de 15 Créditos de AMA PRA Category 1 Credits™. Os médicos devem reivindicar apenas os créditos compatíveis com a extensão de suas participações na atividade.

Método de participação dos médicos no processo de aprendizagem para este livro didático: O Home Study Examination é *on-line* no *website* da AANS na página http://www.aans.org/Education/Books/Functional.

O tempo estimado para concluir esta atividade varia de aprendiz para aprendiz, e a atividade equivale a 15 Créditos de AMA PRA Categoria 1TM.

Datas de Lançamento e Encerramento

Data Original de Lançamento: 25/04/2018
Data de Encerramento CME: 25/04/2021

Preâmbulo

A neurociência é a disciplina mais evoluída na medicina, e a neurocirurgia é particularmente dedicada à precisão, segurança e realização. Este Atlas é uma tentativa impressionante de abranger este campo extremamente amplo e de rápida evolução. Ele representa, principalmente, a experiência de equipes norte-americanas, com três grupos europeus, levando em consideração seus aspectos específicos (restrição temporal no centro cirúrgico e no hospital, consideração dos custos, alto volume) e descrevendo muito bem suas experiências nestas circunstâncias.

Este Atlas abrange a totalidade dos métodos atuais da neurocirurgia funcional, alguns com uma prática de longa duração, outros com um *feedback* mais curto, usando novas técnicas, e outros ainda em fase de avaliação preliminar. A edição atual é, em grande parte, descritiva do amplo painel de métodos relativos à neurocirurgia funcional. Este é um bom guia para residentes e neurocirurgiões jovens no início de suas carreiras, concedendo-lhes uma visão ampla, bem descrita e extremamente bem ilustrada do campo. O leitor apreciará, particularmente, os capítulos dedicados à epilepsia, com descrições claras e acentuadas das técnicas, desenhos excelentes, dissecção anatômica magnífica e belas fotografias com rotulagem precisa e completa das estruturas. DBS é descrito na maioria de suas aplicações (em distúrbios de movimento, transtornos mentais, dor) e com seus novos desenvolvimentos (guiado por MRI ou CT, com ou sem halo, halos com impressão 3D). Alguns capítulos apresentam uma descrição excelente, extensa e altamente referenciada dos métodos dominantes, como radiocirurgia para distúrbios funcionais (120 referências), intervenções cirúrgicas para dor neuropática crônica (177 referências), hipertensão intracraniana e hidrocefalia de pressão normal (172 referências), ou descompressão vascular para neuralgia do trigêmeo. Elas são altamente informativas e constituem uma base de ensinamento excelente.

Este Atlas será um marco para os estudantes de neurocirurgia e neurocirurgiões praticantes, bem como para pesquisadores. Os autores deste livro devem ser parabenizados.

Alim Louis Benabid, MD, PhD
Chairman of the Board, Clinatec
Member of the Academy of Sciences
Professor Emeritus of Biophysics at Joseph Fourier University
Scientific Advisor at the Atomic Energy Commission
Clinatec, Edmond J Safra Research Center, LETI-Minatec
Grenoble, France

Prefácio

O campo da Neurocirurgia Estereotáxica e Funcional – tradicionalmente definida como abrangendo o tratamento dos distúrbios de movimento, cirurgia para epilepsia, e o tratamento de dor e transtornos psiquiátricos – continua crescendo, evoluindo e expandindo. Novas indicações e novas ferramentas continuam a se proliferar, impulsionadas pelas necessidades clínicas, tecnologia e engenhosidade. Em particular, nosso campo é criticamente dependente da tecnologia, e avanços na tecnologia revelaram tratamentos novos, mais seguros e mais eficazes para nossos pacientes com distúrbios neurológicos e psiquiátricos.

Este Atlas Operacional Neurocirúrgico atualizado fornece a lógica, as técnicas e os desfechos para quase todas as abordagens usadas na neurocirurgia funcional. Todos os capítulos foram atualizados ou reescritos (mais de 70% são novos), e muitos capítulos em áreas novas também foram incluídos, já que algumas delas não existiam na época da publicação da edição anterior. Esta nova edição traz capítulos sobre novas tecnologias, como ablação a *laser*, neuroestimulação responsiva e plataformas de MRI dirigida; indicações mais recentes, como DBS para epilepsia e transtornos psiquiátricos como depressão, TOC e síndrome de Tourette; capítulos sobre novas maneiras de fazer as coisas, como DBS com o paciente adormecido usando direcionamento direto por CT ou MRI, estimulação de nervos periféricos ou da raiz nervosa para dor, bem como estimulação craniofacial, e o uso de robôs, que facilitou a adoção crescente da estereoeletroencefalografia.

Nosso campo é vibrante e emocionante, impulsionado pela interação de clínicos, cientistas, engenheiros e indústria. Este livro tenta captar isso reunindo as técnicas mais recentes em uma publicação de fácil acesso. Esperamos que você considere estes capítulos úteis em sua prática diária, a fim de fornecer o melhor tratamento para aliviar o sofrimento de nossos pacientes agradecidos.

Robert E. Gross, MD, PhD
Nicholas M. Boulis, MD

Colaboradores

Ron L. Alterman, MD
Chief
Division of Neurological Surgery
Beth Israel Deaconess Medical Center
Boston, Massachusetts

Pablo Andrade, MD
Resident
Department of Stereotactic and Functional Neurosurgery
University of Cologne
Cologne, Germany

Tipu Z. Aziz, F.Med.Sci.
Professor of Neurosurgery
Nuffield Department of Surgical Sciences
University of Oxford
The West Wing, John Radcliffe Hospital
Headington, Oxford, United Kingdom

Ausaf Bari, MD
Assistant Professor
Department of Neurosurgery
University of California, Los Angeles
Los Angeles, California

Yarema B. Bezchlibnyk, MD, PhD
Assistant Professor
Department of Neurosurgery
University of South Florida
Tampa, Florida

William E. Bingaman, MD
Vice Chair Neurologic Institute Cleveland Clinic
Director, Epilepsy Surgical Program
Shusterman Chair Epilepsy Surgery
Professor of Neurological Surgery
Lerner College of Medicine of CWRU
Cleveland, Ohio

Atthaporn Boongird, MD
Spine Institute
Bumrungrad Hospital
Bangkok, Thailand

Nicholas M. Boulis, MD
Associate Professor
Emory University Department of Neurosurgery
Director, Gene and Cell Therapy for Neurorestoration Laboratory
Atlanta, Georgia

Jeffrey A. Brown, MD
Neurological Surgery, PC
Great Neck, New York

Kim J. Burchiel, MD, FACS
Professor and Head
Division of Functional Neurosurgery
Department of Neurological Surgery
Oregon Health and Science University
Portland, Oregon

Jennifer Cheng, MD
Department of Neurological Surgery
Columbia University Medical Center
New York, New York

Gaurav Chenji, MS
University of Michigan
Ann Arbor, Michigan

Arthur Cukiert, MD, PhD
Epilepsy Surgery Program and ABC Faculty of Medicine
Department of Neurosurgery
Clinica de Epilepsia de Sao Paulo
Sao Paolo, Brazil

Daniel Curry, MD
Associate Professor
Department of Neurosurgery
Baylor College of Medicine
Director, Functional Epilepsy and Movement Disorders Program
Department of Pediatric Neurosurgery
Texas Children's Hospital
Houston, Texas

Rachel Curry, MS
Research Assistant
Department of Neurological Surgery
Weill Cornell Medical College
New York, New York

Milind Deogaonkar, MD
Associate Professor
Department of Neurosurgery
Center of Neuromodulation
The Ohio State University Wexner Medical Center
Columbus, Ohio

Brian J. Dlouhy, MD
Assistant Professor
Department of Neurosurgery
University of Iowa Children's Hospital
University of Iowa Hospitals & Clinics
Iowa City, Iowa

Amr O. El-Naggar, MD
Clinical Professor
Department of Neurosurgery
University of Louisville
Louisville, Kentucky
Lake Cumberland Neurosurgical Clinic
Somerset, Kentucky

Emad N. Eskandar, MD
Professor
Department of Neurosurgery
Harvard Medical School
Neurosurgeon
Massachusetts General Hospital
Boston, Massachusetts

Jared Fridley, MD
Director
Spinal Surgical Outcomes Laboratory
Neurosurgery Foundation-Lifespan Physician Group
Newport, Rhode Island

Fabio Frisoli, MD
Resident
Department of Neurosurgery
NYU Langone Medical Center
New York, New York

Fady Girgis, BSc Pharm, MD, EdM, FRCSC
Assistant Professor
Department of Neurological Surgery
UC Davis Medical Center
Sacramento, California

Jorge Gonzalez-Martinez, MD, PhD
Epilepsy Center
Neurological Institute
Cleveland Clinic
Cleveland, Ohio

Conor Grady, MD
Resident
Department of Neurosurgery
NYU Langone Medical Center
New York, New York

Sanjeet S. Grewal, MD
Resident
Department of Neurological Surgery
Mayo Clinic
Jacksonville, Florida

Robert E. Gross, MD, PhD
MBNA Bowman Chair in Neurosurgery & Professor
Emory University Department of Neurosurgery
Director and Co-Founder, Emory Neuromodulation and Technology Innovation Center (ENTICe)
Director, Translational Neuro-Engineering Laboratory
Director, Emory MD/PhD Program
Director, Stereotactic, Functional and Epilepsy Neurosurgery
Atlanta, Georgia

Juanmarco Gutierrez, MD, MSc
Resident Physician
Department of Neurosurgery
Emory University
Atlanta, Georgia

Ryder P. Gwinn, MD
Neurosurgeon
Swedish Neuroscience Institute
Seattle, Washington

Clement Hamani, MD
Division of Neurosurgery
Toronto Western Hospital
University of Toronto
Behavioral Neurobiology Laboratory
Research Imaging Centre
Center for Addiction and Mental Health
Toronto, Ontario, Canada

Justin D. Hilliard, MD
Resident
Department of Neurological Surgery and McKnight Brain Institute
University of Florida
Gainesville, Florida

Kathryn L. Holloway, MD
Professor, Department of Neurosurgery
Director, Richmond PADRECC, Hunter Holmes McGuire Veterans Administration Medical Center
Chief, Section of Neurosurgery, Hunter Holmes McGuire Veterans Administration Medical Center
VCU Medical Center
Richmond, Virginia

Colaboradores

John Honeycutt, MD
Medical Director for Pediatric Neurosurgery
Cook Children's Medical Center
Fort Worth, Texas

Daniel Huys, MD
Department of Psychiatry and Psychotherapy
University of Cologne
Cologne, Germany

Aly Ibrahim, MD, MSc
Fellow
Department of Skull Base Surgery
Oregon Health & Science University
Portland, Oregon

Ali Jalali, MD, PhD
Assistant Professor
Department of Neurosurgery
Baylor College of Medicine
Houston, Texas

J. Patrick Johnson, MD
Neurosurgeon
Cedars-Sinai Institute for Spinal Disorders
Los Angeles, California

Jerry Kalangara, MD
Assistant Professor
Department of Anesthesiology
Emory University School of Medicine
Atlanta, Georgia

Bruce A. Kall, MS
Assistant Professor of Neurosurgery
Departments of Neurologic Surgery and Information Technology
Mayo Clinic
Rochester, Minnesota

Orion P. Keifer Jr., MD, PhD
Director of Translational Research
Coda Biotherapeutics, Inc.
San Francisco, California

Andrew L. Ko, MD
Assistant Professor
Department of Neurological Surgery
University of Washington
Seattle, Washington

Brian Harris Kopell, MD, FAANS
Associate Professor
Departments of Neurosurgery, Neurology, Psychiatry and Neuroscience
The Icahn School of Medicine at Mount Sinai
New York, New York

Jens Kuhn, MD
Department of Psychiatry and Psychotherapy
University of Cologne
Cologne, Germany

Wendell Lake, MD
Assistant Professor Neurosurgeon
University of Wisconsin-Madison
Madison, Wisconsin

Paul S. Larson, MD
Professor
Departments of Neurological Surgery (PSL, PAS) and Radiology (AJM)
University of California, San Francisco
San Francisco, California

Andre G. Machado, MD, PhD
Center for Neurological Restoration
Neurological Institute
Cleveland Clinic
Cleveland, Ohio

Ravichandra A. Madineni, MD
Physician
Department of Neurosurgery
Thomas Jefferson University Hospital
Philadelphia, Pennsylvania

Andres L. Maldonado-Naranjo, MD
Center for Neurological Restoration
Neurological Institute
Cleveland Clinic
Cleveland, Ohio

Athar N. Malik, MD
Resident Physician
Department of Neurosurgery
Massachusetts General Hospital
Boston, Massachusetts

Alastair J. Martin, PhD
Professor
Departments of Neurological Surgery (PSL, PAS) and
 Radiology (AJM)
University of California, San Francisco
San Francisco, California

Robert A. McGovern, MD
Fellow
Department of Epilepsy Surgery
Cleveland Clinic
Cleveland, Ohio

Guy M. McKhann II, MD, FAANS
Director of Brain Mapping and Epilepsy Surgery
Department of Neurological Surgery
Columbia University/New York Presbyterian Hospital
New York, New York

Joshua Meyer, MD
Anesthesiologist
Flowers Medical Group
Dothan, Alabama

Matthew K. Mian, MD
Resident
Department of Neurosurgery
Massachusetts General Hospital
Boston, Massachusetts

Jonathan Miller, MD
Director, Functional and Restorative Neurosurgery Center
Vice Chairman, Educational Affairs
UH Cleveland Medical Center
Associate Professor
Department of Neurosurgery
Case Western Reserve University School of Medicine
Cleveland, Ohio

Alon Y. Mogilner, MD, PhD
Associate Professor of Neurosurgery and Anesthesiology
Director, Center for Modulation
NYU Langone Medical Center
New York, New York

Sean J. Nagel, MD
Center for Neurological Restoration
Department of Neurosurgery
Cleveland Clinic
Cleveland, Ohio

Jay K. Nathan, MD
House Officer
Department of Neurosurgery
University of Michigan
Ann Arbor, Michigan

Joseph S. Neimat, MD, MS
Professor and Chair
Department of Neurosurgery
University of Louisville
Louisville, Kentucky

Jeffrey G. Ojemann, MD
Professor
Department of Neurological Surgery
University of Washington
Seattle, Washington

Jeffrey D. Oliver, MD
Resident
Department of Neurosurgery
Thomas Jefferson University Hospital
Philadelphia, Pennsylvania

Thomas A. Ostergard, MD, MS
Fellow
Department of Neurosurgery
University Hospitals Cleveland Medical Center
Case Western Reserve University School of Medicine
Cleveland, Ohio

Parag G. Patil, MD, PhD
Associate Professor of Neurosurgery, Neurology,
 Anesthesiology and Biomedical Engineering
Associate Chair, Clinical and Translational Research
Director, Stereotactic and Functional Neurosurgery
 Fellowship
University of Michigan
Ann Arbor, Michigan

Erlick Pereira, MA(Camb), BM BCh DM(Oxf), FRCS(SN), SFHEA
Consultant Neurosurgeon and Senior Lecturer in
 Neurosurgery
St George's Hospital and St George's, University of London
London, United Kingdom

Brian Perri, DO
Orthopedic Spine Surgeon
Beverly Hills Spine Surgery
Los Angeles, California

Colaboradores

Bruce E. Pollock, MD
Neurosurgeon
Departments of Neurological Surgery and Radiation Oncology
Mayo Clinic School of Medicine
Rochester, Minnesota

Francisco A. Ponce, MD
Neurosurgeon
Department of Neurosurgery
Barrow Neurological Institute
St. Joseph's Hospital and Medical Center
Phoenix, Arizona

Muaz Qayyum, MBBS
Research Fellow
Department of Neurological Surgery
Thomas Jefferson University
Philadelphia, Pennsylvania

Jonathan J. Rasouli, MD
Resident
Department of Neurosurgery
The Mount Sinai Hospital
New York, New York

Jean Régis, MD
Functional and Stereotactic Neurosurgery Unit
Centre Hospitalier Universitaire La Timone Assistance Publique-Hopitaux de Marseille Université de la Méditerranée
Marseille, France

Stephen Reintjes Jr., MD
Chief Resident
Department of Neurosurgery
University of South Florida
Tampa, Florida

Albert L. Rhoton, MD
Department of Neurological Surgery and McKnight Brain Institute
University of Florida
Gainesville, Florida

Steven N. Roper, MD
Professor
Department of Neurological Surgery and McKnight Brain Institute
University of Florida
Gainesville, Florida

Stephen Sandwell, MD
Resident
Department of Neurosurgery
University of Rochester
Rochester, New York

Anish N. Sen, MD
Neurosurgeon
Baylor College of Medicine
Houston, Texas

Ashwini D. Sharan, MD, FACS
Professor
Department of Neurosurgery
Thomas Jefferson University Hospital
Philadelphia, Pennsylvania

Jay L. Shils, PhD, ABNM, FASNM
Associate Professor
Department of Anesthesiology
Rush Medical College
Chicago, Illinois

Suprit Singh, BS
Research Assistant
Department of Neurological Surgery
Columbia University Medical Center
New York, New York

Vinita Singh, MD
Director of Cancer Pain
Chief Quality Officer for Pain Division
Assistant Professor, Department of Anesthesiology
Emory University School of Medicine
Atlanta, Georgia

Konstantin V. Slavin, MD
Professor
Department of Neurosurgery
University of Illinois at Chicago
Chicago, Illinois

Matthew D. Smyth, MD
Professor
Department of Neurosurgery
Washington University
St. Louis Children's Hospital
St. Louis, Missouri

Philip A. Starr, MD, PhD
Professor
Departments of Neurological Surgery (PSL, PAS) and Radiology (AJM)
University of California, San Francisco
San Francisco, California

Vishad V. Sukul, MD
Assistant Professor
Department of Neurosurgery
Albany Medical Center
Albany, New York

Necmettin Tanriover, MD
Professor
Department of Neurosurgery
Cerrahpasa Medical Faculty
Istanbul University
Istanbul, Turkey

Muhibullah S. Tora, MS
MD-PhD Student
Department of Neurosurgery
Emory University School of Medicine
Atlanta, Georgia

Constantin Tuleasca, MD
Functional and Stereotactic Neurosurgery Unit
Centre Hospitalier Universitaire La Timone Assistance Publique-Hopitaux de Marseille
Université de la Méditerranée
Marseille, France
Signal Processing Laboratory (LTS 5)
Swiss Federal Institute of Technology (EPFL)
Centre Hospitalier Universitaire Vaudois
Neurosurgery Service and Gamma Knife Center
University of Lausanne, Faculty of Biology and Medicine
Lausanne, Switzerland

Ryan J. Uitti, MD
Professor
Department of Neurology
Mayo Clinic
Jacksonville, Florida

Arthur J. Ulm, MD
Department of Neurological Surgery and McKnight Brain Institute
University of Florida
Gainesville, Florida

Fernando L. Vale, MD
Professor and Vice-Chair
Residency Program Director
Director, Epilepsy & Functional Division
Department of Neurosurgery & Brain Repair
University of South Florida Morsani College of Medicine
Tampa, Florida

Rafael A. Vega, MD, PhD
Resident Physician
Department of Neurosurgery
Virginia Commonwealth University
Richmond, Virginia

Veerle Visser-Vandewalle, MD
Department of Psychiatry and Psychotherapy
University of Cologne
Cologne, Germany

Robert E. Wharen Jr., MD
Professor
Department of Neurosurgery
Mayo Clinic
Jacksonville, Florida

Jon T. Willie, MD, PhD
Assistant Professor
Department of Neurological Surgery
Emory University Hospital
Emory University School of Medicine
Atlanta, Georgia

Christopher J. Winfree, MD, FACS
Assistant Professor
Department of Neurological Surgery
Columbia University Medical Center
New York, New York

Albert Wong, MD
Neurosurgeon
Department of Neurosurgery
Cedars-Sinai Hospital
Los Angeles, California

Chengyuan Wu, MD, MSBmE
Assistant Professor
Department of Neurosurgery
Thomas Jefferson University Hospital
Philadelphia, Pennsylvania

David S. Xu, MD
Department of Neurosurgery
Barrow Neurological Institute
St. Joseph's Hospital and Medical Center
Phoenix, Arizona

Kaan Yagmurlu, MD
Department of Neurological Surgery and McKnight Brain Institute
University of Florida
Gainesville, Florida

Dali Yin, MD
Department of Neurosurgery
University of Illinois at Chicago
Chicago, Illinois

Daniel Yoshor, MD
Professor and Chair, Marc J. Shapiro Endowed Chair
Department of Neurosurgery
Baylor College of Medicine
Houston, Texas

Jonathan Yun, MD
Department of Neurological Surgery
Columbia University Medical Center
New York, New York

1 Técnicas de Monitorização Intracraniana

Robert A. McGovern ▪ *Guy M. McKhann II*

Resumo

Quando o *workup* não invasivo para pacientes com epilepsia medicamente refratária é discordante, as técnicas de monitoramento intracraniano tipicamente são o próximo passo na avaliação destes indivíduos. A colocação do *grid/strip* subdural e do eletrodo de eletroencefalografia estereotática (SEEG) são técnicas em geral seguras e efetivas para localizar um foco epiléptico em pacientes, bem como para guiar o respectivo tratamento cirúrgico, ainda que possam ter pontos fortes e fracos específicos quanto às suas respectivas abordagens. Os *grids/strips* subdurais são idealmente convenientes para os casos considerados localizados na superfície neocortical, e para aqueles em que a linguagem ou o mapeamento motor/sensorial é fundamental. Por outro lado, embora a colocação do *grid/strip* subdural seja limitada aos registros da superfície cortical, a SEEG tem a vantagem de fornecer registros a partir de focos epilépticos profundos e, assim, potencialmente melhorar a capacidade de localizar um foco epiléptico no espaço tridimensional. Além disso, sua natureza menos invasiva está por trás do seu potencial de minimização das complicações, em comparação com a cirurgia aberta. Para a colocação de *grids* subdurais, uma técnica cirúrgica meticulosa, uma duroplastia generosa e uma cuidadosa esterilidade pós-operatória podem ajudar a minimizar as infecções e complicações relacionadas com o efeito de massa dos implantes de eletrodos subdurais. O planejamento diligente da trajetória cirúrgica no pré-operatório, com base em imagens de CT e MRI intensificadas com contraste e fundidas, ajuda a minimizar o risco de hemorragia perioperatória da colocação aprofundada do eletrodo de SEEG. Ambas as técnicas podem ser apropriadas para o monitoramento, dependendo da apresentação do paciente. Por fim, a proficiência com ambos os tipos de cirurgia propiciará maior flexibilidade ao lidar com a ampla variedade de pacientes epilépticos, permitindo ao cirurgião ajustar a abordagem para cada paciente.

Palavras-chave: epilepsia medicamente refratária, *grids* subdurais, eletrodo de SEEG, abordagem cirúrgica, monitoramento intracraniano invasivo, complicações da cirurgia de epilepsia, tomada de decisão na cirurgia de epilepsia.

1.1 Justificativa do Monitoramento Invasivo

A epilepsia é um dos distúrbios neurológicos mais comuns, representando cerca de 1% de toda a carga de patologias do mundo.[1] Dentre os pacientes com epilepsia, 20-30% serão incapazes de controlar as convulsões usando fármacos antiepilépticos (AEDs).[2,3] Estes pacientes medicamente intratáveis representam a maioria dos gastos associados à epilepsia.[4] Além disso, pacientes cujas convulsões não podem ser controladas com dois AEDs são bem menos propensos a se beneficiarem de triagens de medicação adicionais. Nestes pacientes, a maioria dos estudos demonstrou taxas de remissão de convulsão em 12 meses na ordem aproximada de 5% ao ano, com subsequente recidiva em 40-50%.[5-10] Estes pacientes, portanto, são candidatos à ressecção cirúrgica.

A decisão de proceder à cirurgia requer localizar o foco de convulsão, o que é pré-requisito para um plano cirúrgico. Inicialmente, técnicas não invasivas são usadas para tentar localizar o foco de convulsão. A EEG do couro cabeludo frequentemente fornece informações suficientes sobre o lado e a região hemisférica do foco de convulsão. Além disso, a MRI pode demonstrar lesões discretas, como a esclerose hipocampal vista na epilepsia do lobo temporal mesial (MTLE), as alterações sutis nas substâncias cinza e branca observadas na displasia cortical focal (FCD), além de tumores ou malformações vasculares. Nos casos em que a semiologia da convulsão, EEG do couro cabeludo e MRI são definitivamente concordantes, os pacientes podem ser submetidos à ressecção cirúrgica sem monitoramento invasivo.

Entretanto, o *workup* não invasivo muitas vezes é discordante e não permite identificar de maneira definitiva um foco de convulsão. Nestes casos, a eletrocorticografia (ECoG) invasiva pode ser usada para localizar o foco e guiar o tratamento cirúrgico.[11] Os *grids/strips* de eletrodo ou eletrodos estereotáticos profundos são colocados nas regiões de aparecimento putativo de convulsões e, então, monitorados extraoperatoriamente quanto à atividade convulsiva, propagação e formação de picos interictais. Estas técnicas propiciam a vantagem de uma resolução espacial significativamente melhorada, em comparação com a EEG do couro cabeludo, graças à colocação do eletrodo diretamente sobre ou na superfície cortical, além da aumentada densidade de eletrodos na área do(s) provável(is) sítio(s) epileptogênico(s). Como muitos tipos de convulsão se propagam muito rápido pelo cérebro, eletrodos intracranianos podem detectar o aparecimento da convulsão e seus padrões de dispersão em numerosos casos, quando os eletrodos do couro cabeludo podem ser não lateralizantes nem localizadores. Adicionalmente, os eletrodos podem ser usados para o mapeamento com base em estimulação de regiões cerebrais eloquentes adjacentes.

1.2 Colocação de *Grids* e *Strips* Subdurais: Abordagem Cirúrgica

1.2.1 Preparação Pré-Operatória

O monitoramento invasivo subdural é individualizado de acordo com cada paciente. As duas metas do monitoramento invasivo com eletrodos subdurais são: (1) definir o volume de tecido cortical responsável pelo aparecimento da convulsão e pela propagação imediata; e (2) "mapear" regiões de tecido funcional que possam ser afetadas pela ressecção do foco epiléptico. Embora em certos casos as regiões corticais que apresentam somente formação de picos interictais proeminentes sejam incluídas na ressecção cirúrgica planejada, a situação mais comum é a ressecção cirúrgica ser limitada à zona de aparecimento ictal.[12] Antes da cirurgia, uma equipe multidisciplinar incluindo representantes de neurologia especializada em epilepsia, neuropsicologia, neurorradiologia e neurocirurgia discute o plano de colocação dos eletrodos com base na semiologia da convulsão, achados de MRI, resultados do monitoramento das convulsões por vídeo-EEG do couro cabeludo, e testes de neuropsicologia (▶ Fig. 1.1). Uma vez finalizado o plano de colocação do eletrodo, as imagens de pré-operatório são usadas para construir planos volumétricos da colocação de eletrodo proposta. Uma MRI volumétrica, fina, com sequências T2 e sequências T1 intensificadas com contraste, é suficiente para o planejamento cirúrgico, na maioria dos casos.

Para realizar a cirurgia de implantação de monitoramento subdural, o *hardware* e equipamento necessários devem estar disponíveis. Os eletrodos *grids/strips* subdurais são de platina ou aço inoxidável, e estão embutidos em material flexível (Silastic), com espaçamento variável entre os eletrodos. Os arranjos de

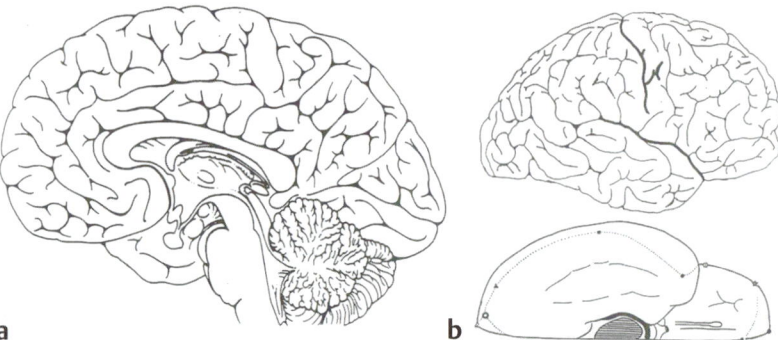

Fig. 1.1 (a, b) Molde de implante de registro invasivo proposto. Demonstra o implante proposto para um paciente com cobertura hemisférica de superfície medial e lateral, bem como a implantação de eletrodo profundo.

eletrodos clínicos comumente usados são espaçados em 1 cm, enquanto os arranjos de maior densidade usados no monitoramento de convulsões e em pesquisa costumam ser bem mais firmemente espaçados. Os eletrodos *grid/strip* subdurais podem ser pré-encomendados de empresas como AdTech e PMT, sendo comercializados em diversos formatos e tamanhos que podem ser personalizados de acordo com o plano de monitoramento do paciente (▶ Fig. 1.1). O requisito de cabos de conexão e equipamento de registro devem estar disponíveis na unidade de monitoramento de epilepsia (EMU), em seguida ao procedimento de implantação cirúrgica.

1.2.2 Procedimento Cirúrgico

No dia da cirurgia, após garantir que todos os eletrodos a serem implantados estejam disponíveis, o paciente é levado à sala cirúrgica. A cirurgia é conduzida sob anestesia geral. Antibióticos e esteroides são administrados antes da incisão; coloca-se um cateter de Foley e meias de compressão venosa. Adjuntos cirúrgicos como manitol ou drenagem de líquido cerebrospinal (CSF) lombar são usados de modos variáveis, de acordo com cada cirurgião/instituição. O paciente é posicionado em um suporte de cabeça Mayfield com pinos, e a anatomia craniana é corregistrada para a MRI volumétrica usando um *software* de navegação estereotática. Para tanto, usamos os sistemas Brainlab ou Medtronic Stealth. A estereotaxia sem enquadramento pode não ser imprescindível para todos os casos de colocação de eletrodo subdural. No entanto, esta tecnologia comumente está disponível e tem utilidade na determinação dos limites da exposição craniana requerida para acomodar o arranjo subdural de eletrodos. Também auxilia no direcionamento dos eletrodos colocados em sítios menos visíveis, como os espaços subtemporal, suboccipital, frontal basal e inter-hemisférico. Além disso, com frequência, colocamos os eletrodos profundos junto com o arranjo de eletrodos subdurais, e usamos a estereotaxia sem enquadramento para auxiliar na colocação.

A incisão planejada depende do plano de colocação do *grid* pré-operatório. Para um plano comumente usado incluindo eletrodos frontais, temporais e parietais anteriores, uma faixa de cabelos é tricotomizada ao longo de uma linha de incisão que se estende da raiz do zigoma, em um marco duvidoso reverso amplo, para a região atrás da linha capilar e lateralmente à linha média. Para as abordagens parietal superior ou no quadrante posterior/occipital, é comum usar retalhos retangulares de couro cabeludo. A incisão marcada deve se dirigir à porção inferior da parte raspada do couro cabeludo, para assim deixar espaço superiormente para as cabeças de eletrodo tuneladas. A cabeça então é preparada sob as condições estéreis de rotina e coberta com panos. Uma incisão é feita no couro cabeludo e no músculo subjacente (quando presente), seguindo até o crânio. As pinças de Rainey e o cautério bipolar são usados para estancar o sangramento do couro cabeludo, conforme a necessidade. A artéria temporal superficial é preservada, sempre que possível. Um segundo bisturi então é usado para criar uma incisão ao longo do músculo e da fáscia temporais, usando o cautério bipolar para prevenir sangramentos. Um elevador de Penfield número 1 ou elevador perióstero é usado para levantar o retalho miocutâneo a partir do crânio. O retalho então é retraído com elásticos, colocando-se um coxim de laparotomia atrás do retalho para minimizar o comprometimento vascular durante o procedimento.

A craniotomia então é elevada com base no plano pré-operatório de colocação do *grid*. De modo típico, a craniotomia deve ser ampla o suficiente para maximizar a exposição cortical, de modo a ajustar-se ao plano do eletrodo. Se o lobo temporal estiver sendo coberto com eletrodos, é importante garantir que a craniotomia se estenda o mais perto possível do assoalho da fossa média, a fim de expor o lobo temporal inferolateral e facilitar a colocação dos eletrodos subtemporais. A exposição da asa menor do esfenoide, anteriormente, facilita a colocação de um eletrodo de faixa medial ao longo da fissura de Sylvius temporal, para registrar as estruturas temporais mesiais.[13] Para a colocação do eletrodo inter-hemisférico, a craniotomia deve estar próxima o bastante da linha média para permitir a dissecação e a colocação de eletrodo ao redor e entre as veias de ponte. Para a colocação do eletrodo do quadrante posterior, a junção occipital temporal pode ser acessada por craniotomia posterolateral, enquanto os espaços suboccipital e inter-hemisférico posterior frequentemente podem ser acessados a partir de baixo do lobo occipital. A superfície occipital medial pode ser exposta no polo occipital, aproveitando-se a vantagem da ausência de veias de ponte mediais da superfície occipital medial para o seio sagital, logo acima da torcula.

Caso haja planos para eletrodos profundos, estes devem ser colocados através de incisões chanfradas na dura-máter, usando estereotaxia sem enquadramento, antes de qualquer possível desvio cerebral associado à abertura dural. Então, é feita uma incisão na dura-máter, começando sobre o ponto mais seguro do tecido cerebral subjacente, abrindo-a em um retalho, deixando um manguito de dura-máter nas margens para enxerto ou fechamento dural. Quando eletrodos profundos são colocados, as caudas são puxadas através das incisões durais e o retalho dural é erguido. Se o paciente tiver passado por cirurgia prévia, a abertura dural poderá ser um processo tedioso, devido à cicatrização cerebral, requerendo uma meticulosa microdissecação e paciência para permanecer na região extrapial e evitar lesão vascular a artérias ou veias subjacentes. Uma vez exposta a superfície cerebral, o registro de potencial evocado somatossensorial (SSEP) da atividade do nervo mediano é então usado para determinar a localização da reversão de fase entre os córtices motor e sensorial primários na

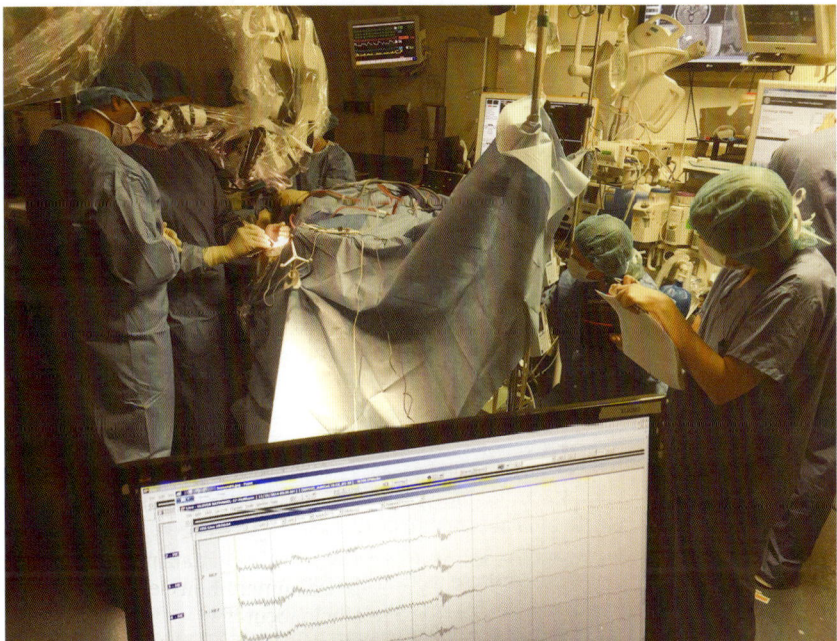

Fig. 1.2 Ajuste da sala cirúrgica. O cirurgião principal e o primeiro assistente se posicionam em pé junto à cabeça do paciente, com o instrumentador à esquerda. O equipamento de registro é retirado do campo estéril, passado na direção do lado direito do cirurgião e preso ao computador, com a equipe de neuromonitoramento (primeiro plano). Uma mesa de Mayo é usada para possibilitar à equipe de anestesistas e à equipe auxiliar (p. ex., neuropsicólogos, caso seja realizado o mapeamento com o paciente consciente) o fácil acesso ao paciente, quando necessário.

região da mão, para orientar a localização do *grid*. Os *grids* e *strips* subdurais são então colocados sobre a superfície do córtex, como planejado, usando orientação estereotática sem enquadramento, em consulta com o neurologista especialista em epilepsia e a equipe de neuromonitoramento eletrofisiológico. De modo geral, colocamos primeiro todos os componentes *strip* e, em seguida, os do *grid* subdural. Cada "cauda" de eletrodo é então presa ao sistema de EEG para obter os registros, com o intuito de garantir o funcionamento adequado do eletrodo e procurar atividade epileptiforme interictal (▶ Fig. 1.2). Se uma atividade epileptiforme interictal for detectada na margem do implante, eletrodos extras são colocados para cobrir além desta margem. Todas as caudas de eletrodos são costuradas a uma margem dural para evitar a migração. As localizações do eletrodo são então fotodocumentadas (▶ Fig. 1.3).

Para o fechamento dural, preferimos realizar uma duroplastia usando um substituto dural (como Durepair; Medtronic, Minneapolis, MN) para expandir a dura-máter e minimizar o efeito de massa a partir dos eletrodos subdurais. Suplementamos previamente a dura-máter nativa com um substituto dural como o Dura-Gen (Integra LifeSciences, Plainsboro, NJ) ou DURAFORM (DePuy Synthes, West Chester, PA); contudo, nos últimos anos, temos feito a ressecção e substituído o retalho dural após a colocação do eletrodo por duroplastia com enxerto sintético. Costurar esse enxerto às margens durais nativas com suturas Prolene 5-0 ou fios de seda 4-0 proporciona um fechamento à prova de água e não adere ao tecido cerebral subjacente durante o período de implante ou em seguida à cirurgia definitiva. Não notamos nenhuma diferença no risco de infecção usando esta técnica de duroplastia.

Múltiplas suturas em tenda epidurais são colocadas para ajudar a minimizar os acúmulos extra-axiais, no pós-operatório. O retalho de osso é lavado em irrigação antibiótica e 2-3 parafusos fixam as placas de titânio frouxamente, para prender o retalho de osso no lugar, uma vez que o paciente voltará à sala cirúrgica em um futuro próximo. Alguns centros defendem a exclusão do retalho ósseo, dadas as preocupações com os acúmulos extra-axiais sintomáticos ou com o edema cerebral pós-operatório necessitando de uma nova cirurgia.[14,15] Embora essas preocupações sejam reais, em nossa experiência, os acúmulos pré-operatórios

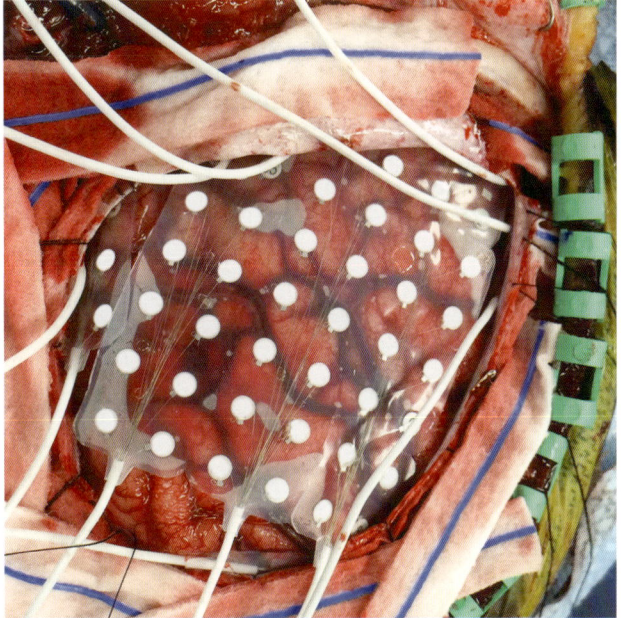

Fig. 1.3 Fotodocumentação da colocação de um *grid*.

são comuns e raramente precisam ser avaliados,[16] em particular quando fazemos o enxerto da dura-máter para minimizar o efeito de massa dos eletrodos subdurais. O estado clínico do paciente, em vez do efeito de massa em uma tomografia computadorizada (CT) ou MRI da cabeça, determina o curso de ação adequado com relação aos acúmulos extra-axiais pós-operatórios.

Uma agulha de Tuohy é usada para tunelar os eletrodos para fora do couro cabeludo, posteriormente, em pelo menos 2 cm a partir da linha de incisão, garantindo a permanência acima do músculo e da fáscia temporais, porém abaixo da gálea. A fáscia temporal é fechada com suturas Vicryl 3-0 e o couro cabeludo é fechado com suturas Vicryl 2-0 ou 3-0 e grampos. Uma sutura de seda 2-0 em cordão de bolsa é usada para costurar cada eletrodo ao couro cabeludo. Depois que a incisão é limpa e seca, um curativo é colocado sobre a incisão e um envoltório de cabeça estéril é colocado com os eletrodos vindo pelo topo desse envoltório.

1.2.3 Manejo Pós-Operatório Incluindo Possíveis Complicações

No pós-operatório, o paciente se recupera na unidade de terapia intensiva neurológica ou na unidade de terapia pós-anestesia. Usamos com frequência uma bomba de analgesia paciente-controlada (PCA) para auxiliar a dor associada à cirurgia. Uma radiografia de crânio anteroposterior (AP) e outra lateral é obtida para confirmar as localizações da colocação dos eletrodos *grids/strips*. Tipicamente, esperamos para conectar o paciente ao sistema de EEG clínico até a transferência para a EMU, no dia seguinte. A caminho da EMU, uma CT estereotática pós-operatória é obtida para documentar a localização do eletrodo, ser fundida à MRI pré-operatória e detectar quaisquer acúmulos extra-axiais ou outras anormalidades que possam não ser clinicamente evidentes. Na EMU, todos os eletrodos são conectados a um sistema de registros de 128 canais (p. ex., XLTek, Natus Medical Incorporated, Pleasanton, CA). Estes sinais são amplificados e enviados para um servidor ao qual a equipe de neurologia especializada em epilepsia tem acesso para monitorar e ler a atividade de EEG intracraniana do paciente. A administração de antibiótico varia amplamente entre os cirurgiões, desde a cobertura perioperatória ao período de monitoramento (ver adiante).

Uma vez que o paciente apresente suas convulsões clínicas típicas, os dados de EEG são examinados pelos neurologistas especialistas em epilepsia para determinar a zona de aparecimento ictal (▶ Fig. 1.4a, b). Em geral, pelo menos 3-4 convulsões com uma semiologia característica das convulsões habituais do paciente são desejáveis para confirmar a provável região de aparecimento ictal. As medicações são afuniladas pela equipe de neurologia em epilepsia, conforme o necessário para promover as convulsões, e outros adjuvantes como exercício, privação de sono e consumo de álcool podem ser necessários para ajudar a induzir convulsões. Uma vez definida a zona epileptogênica, as medicações antiepileptogênicas do paciente são reiniciadas. As potenciais funções eloquentes que podem estar próximas do foco epileptogênico são mapeadas estimulando diferentes localizações de eletrodo para testar funções como os seis aspectos principais de linguagem, atividade motora ou diversos aspectos da sensibilidade, dependendo da região de interesse.

Se a zona de aparecimento ictal tiver sido bem definida e não estiver localizada em uma área eloquente, o paciente pode ser levado de volta para a sala cirúrgica para a remoção dos eletrodos e ressecção da zona de aparecimento de convulsão determinada por EEG (▶ Fig. 1.5). O *grid* é parcialmente mantido no lugar, para orientar e guiar a ressecção, sendo removida após conclusão e fotodocumentação. Em casos como a FCD, onde muitas vezes existe uma anormalidade de EEG interictal focal, os registros de ECoG serão obtidos ao final da ressecção. A área de ressecção será estendida se as descargas interictais persistirem, e se for improvável que a ressecção adicional cause déficit neurológico. Se o foco epiléptico estiver parcialmente localizado em um tecido eloquente, então poderá ser necessário planejar uma ressecção subtotal, após uma abrangente discussão pré-operatória sobre os riscos e benefícios com o paciente e seus familiares. Nestes casos, o tecido eloquente envolvido na zona de aparecimento de convulsão pode ser tratado com múltiplas transecções subpiais ou, mais recentemente, neuroestimulação responsiva.

Durante o processo de mapeamento, é possível descobrir que a cobertura do eletrodo está inadequada. De fato, a maioria dos estudos relata falha em localizar o foco epiléptico em 5-15% dos pacientes,[17-24] levando à subsequente adição de mais eletrodos

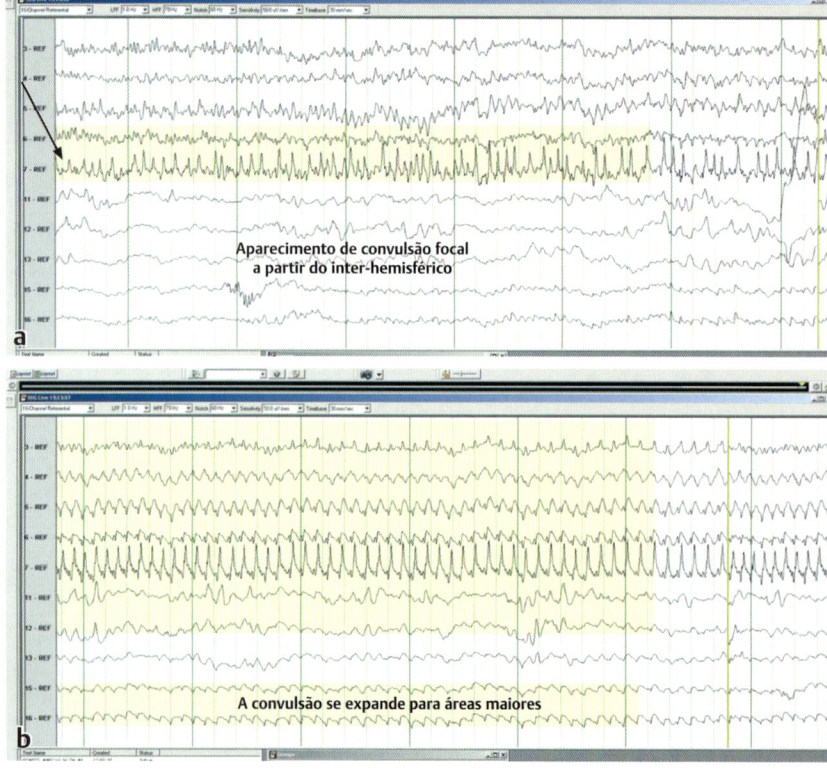

Fig. 1.4 Demonstração da zona de aparecimento da convulsão. **(a)** A convulsão focal surge a partir das derivações inter-hemisféricas destacadas em amarelo. **(b)** Mais tarde, a convulsão se dissemina para uma área mais ampla, conforme é captada em múltiplos eletrodos.

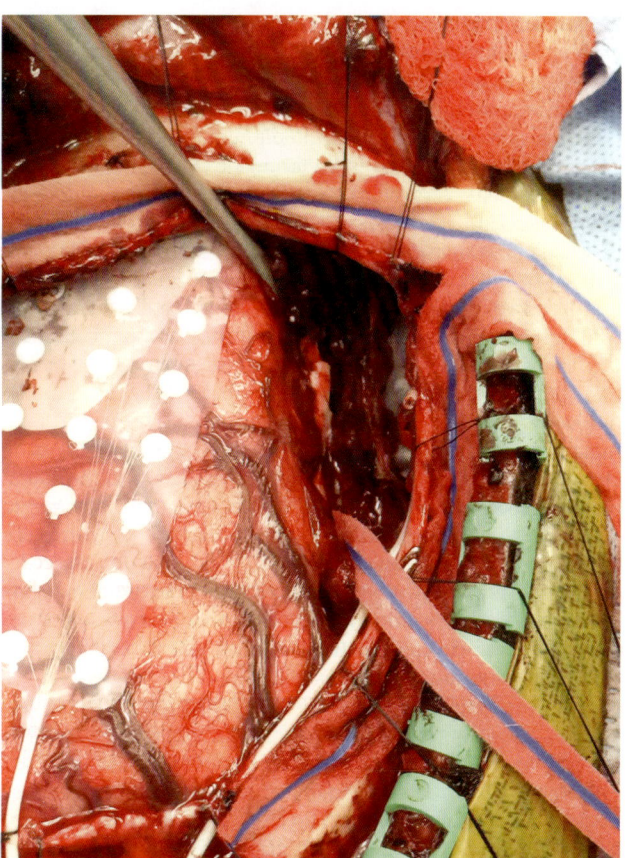

Fig. 1.5 Ressecção de foco epiléptico. Uma vez que as convulsões estejam registradas na unidade de monitoramento de epilepsia, os dados de registros invasivos são usados para planejar a ressecção do foco epiléptico. Esta foto pós-operatória documenta a ressecção feita no mesmo paciente mostrado na ▶ Fig. 1.3.

grid/strip numa tentativa de melhor localizar o foco. Nestes casos, o erro de amostragem decorrente da cobertura inadequada do eletrodo é a provável causa da falha de localização. Portanto, como já discutido, para evitar isso, a máxima cobertura do foco epileptogênico presumido durante a cirurgia inicial continua sendo um princípio importante. Quando não conseguimos localizar o foco epileptogênico e nossa equipe multidisciplinar acredita que mais eletrodos provavelmente localizariam o foco, levamos o paciente de volta para a sala cirúrgica para colocar mais eletrodos. Em outros casos, a colocação de eletrodo subdural pode identificar focos múltiplos ou bilaterais, um foco integralmente dentro do tecido eloquente, ou pode não identificar nenhuma atividade convulsiva. Nestes casos, uma nova cirurgia de ressecção adicional tipicamente não é oferecida.

Há uma ampla gama de complicações tipicamente associadas à colocação dos eletrodos subdurais. Durante a abordagem cirúrgica, podem ocorrer infecções em qualquer local, inclusive infecções de feridas superficiais, osteomielite do retalho ósseo, ou junto ao próprio sistema nervoso em si, na forma de meningite ou abscessos intraparenquimais. A prevalência de complicações infecciosas tende a ser de 2-3% para cada tipo de infecção mencionada, com base em uma recente revisão sistemática[25] e metanálise,[26] com uma variação de 1-15% em estudos individuais.[21,22,27-29]

Embora todos os centros relatem dosagem antibiótica pré-operatória, o uso no perioperatório varia de uma única profilaxia pré-operatória[17] ao uso com 24 horas de duração[30] e até por todo o período de monitoramento.[22,28,29,31,32] Não há relatos comparando diretamente as várias durações da profilaxia antibiótica, embora a maioria dos estudos não tenha demonstrado diferença entre pacientes que receberam profilaxia perioperatória *versus* profilaxia no decorrer de todo o período de monitoramento.[21,27,31,33,34] Por outro lado, estudos mais recentes relataram que a profilaxia antibiótica que se estende por todo o período de monitoramento tipicamente apresentou taxas de infecção menores do que as relatadas em estudos prévios.[22,28,29] Além disso, um estudo que não pode demonstrar um efeito da duração do uso de antibióticos constatou, mesmo assim, a ausência de infecções uma vez iniciada e mantida a administração de antibióticos durante todo o monitoramento.[31] Uma metanálise encontrou uma tendência à prevenção de infecções com o uso prolongado de antibióticos em pacientes com muitos (≥ 67) eletrodos.[26] Portanto, o cirurgião e a equipe especializada em epilepsia devem equilibrar a potencial morbidade associada ao uso de antibiótico com a incerteza associada à possível redução da taxa de infecções pelo uso prolongado de antibióticos.

As hemorragias intracranianas infelizmente constituem um risco aceito da colocação do eletrodo subdural. Os acúmulos de hematomas subdurais são mais frequentemente acompanhados de hematomas epidurais, e de modo menos comum de hemorragias intracerebrais. Em resumo, estima-se que estas hemorragias ocorram com uma prevalência aproximada de 2-4%,[25,26] variando de 1 a 17% na maioria dos estudos.[21,22,23,26,27,29,32,35] Embora muitos hematomas epidurais exijam uma nova cirurgia para avaliação, cerca de 1/3-1/2 dos pacientes com hematomas subdurais requerem evacuação,[17,21,36] embora este percentual provavelmente dependa da frequência das imagens pós-operatórias e seja determinado pela situação clínica do paciente. Alguns centros tentaram reduzir esta incidência colocando drenos[23] subdurais ou epidurais, embora isto teoricamente aumente o risco de infecção. Em nossa experiência, quando imagens de CT são obtidas no pós-operatório de todo paciente com eletrodo subdural, é comum encontrar acúmulos extra-axiais pós-operatórios que em poucas ocasiões necessitam de evacuação.[16]

Por ser uma complicação comum e conhecida associada à colocação do eletrodo subdural, o vazamento de CSF muitas vezes não é relatado em estudos que examinam as taxas de complicação, sendo considerada uma ocorrência que está dentro do curso pós-operatório esperado. Ao incluir os estudos que relatam vazamento de CSF, a prevalência aproximada é de 8-12%, variando entre 0 e 33%.[17,26,37] Curiosamente, a maioria dos estudos não encontrou nenhuma associação com infecção[17,27,34] e conseguiu diminuir a taxa de vazamento colocando uma camada de matriz colágena sobre o fechamento dural,[17] usando uma camada dupla de sutura em cordão de bolsa ao redor do sítio de saída,[22,28] e/ou usando o *colodion* neste mesmo sítio.[28] Quando detectamos um vazamento de CSF em um de nossos pacientes, em geral tratamos inicialmente com *colodion* no(s) sítio(s) de saída agressor(es), com reforço suplementar de suturas "em forma de oito", caso o vazamento persista.

Vários estudos relataram consequências graves relacionadas com a pressão intracraniana (ICP) elevada a partir do inchaço hemisférico subsequente à colocação do eletrodo subdural. Apesar de relativamente raro (prevalência aproximada de 2,5%[26]), o edema cerebral grave pode produzir efeitos devastadores, incluindo déficits neurológicos, síndromes de herniação requerendo hemicraniectomia emergente e até morte.[13,21,23,27,29,38] Como resultado, a maioria dos centros relata o uso perioperatório de corticosteroides, em geral afunilados em 1-2 semanas, embora a prática seja amplamente variável neste aspecto. Algumas instituições encontraram baixas taxas de inchaço cerebral sintomático e não tratam nenhum paciente de forma rotineira com esteroides no perioperatório, administrando esteroides somente àqueles em que o inchaço se torna clinicamente evidente.[17,39] Outros sugerem evitar cuidadosamente a compressão de veias ou seios corticais e articular o retalho de osso com o uso sintomático de esteroide.[29] No extremo oposto do espectro, algumas instituições realizam craniotomia de rotina e armazenam o retalho ósseo para prevenir quaisquer complicações relacionadas com o inchaço.[14,15] Como discutido, tipicamente enxertamos a dura-máter para minimizar o efeito de massa, substituir o retalho ósseo frouxamente com 2-3 placas de titânio, e colocar os pacientes em regime de afunilamento de dexametasona por 1 semana.

Um centro conduziu uma revisão retrospectiva de seu uso da dexametasona, quando perceberam uma queda na frequência de convulsões pós-operatórias com o uso de esteroide, e decidiram suspender sua administração de rotina.[40] Assim, organizaram dois grupos naturais de pacientes semelhantes que diferiam sobretudo quanto a terem ou não recebido dexametasona no pós-operatório. Constatou-se que a incidência de edema cerebral radiológico estava significativamente aumentada no grupo que não recebeu esteroides no pós-operatório, embora a maioria dos casos fosse clinicamente assintomática e tratada apenas com dexametasona por via intravenosa. Os pesquisadores confirmaram ainda sua noção de que os esteroides diminuíam a frequência das convulsões pós-operatórias, uma vez que o grupo que recebeu esteroides passou por períodos de monitoramento significativamente mais longos.[40] Mesmo assim, nenhum estudo testou diretamente esta hipótese, embora alguns estudos tenham examinado seus dados retrospectivos e, de modo semelhante, observado de modo pouco confiável um número menor de complicações relacionadas com o edema após o início do uso frequente de esteroide,[27] sem encontrar de modo geral qualquer diferença em termos de taxas de infecção.[14,22]

Os relatos de problemas com o eletrodo são infrequentes, apesar da possibilidade de mau funcionamento por diversos motivos. As complicações mecânicas relacionadas com os eletrodos são frequentemente descritas como fraturas e deslocamentos.[26] Também são raros os relatos de pacientes que removeram os eletrodos da faixa subdural por conta própria.[22,41]

Muitos estudos não relatam déficit neurológico, uma vez que frequentemente é difícil dissociar um déficit associado à cirurgia de ressecção de um déficit associado ao processo de monitoramento inicial. Dentre as complicações relatadas, a hemiparesia transitória é o déficit mais comum.[26,29] Na maioria dos casos, isto melhora com o uso de corticosteroides,[27] embora a remoção dos eletrodos ocasionalmente se faça necessária.[32,38] Em cada caso, o déficit neurológico permanente é raro e tipicamente está relacionado com casos de PIC elevada relacionada com edema, embora nitidamente existam casos em que o déficit ocorre após a colocação do eletrodo e persiste após a ressecção cirúrgica.[14] A morte, assim como o déficit neurológico permanente, é infrequente e em geral está relacionada com elevações descontroladas da PIC causadas pelo inchaço cerebral difuso.

De forma semelhante ao estado livre de convulsões, o processo de colocação do eletrodo subdural poderia se tornar mais seguro se o cirurgião conseguisse prever melhor quais pacientes são mais propensos a terem uma complicação pós-operatória e quais tipos de medidas podem ser usadas para prevenir a referida complicação. Como resultado, muitos estudos tentaram prever quais fatores estão relacionados com as complicações em suas respectivas populações de pacientes. Infelizmente, quase todos estes estudos sofrem com a natureza retrospectiva de centro único. Mesmo assim, da mesma forma que os desfechos de convulsão, vale a pena examinar a literatura.

Um dos fatores preditivos mais comuns e controversos de complicações pós-operatórias é o número de eletrodos colocados. De modo semelhante, isto muitas vezes é estendido para o tamanho do *grid* colocado, o número de *grids*,[27] ou a presença dos *grids* em si, em oposição aos eletrodos *strip*. A motivação por trás deste fator está relacionada com a sua presença como um corpo estranho e, portanto, com a propensão à infecção com números crescentes de eletrodos (aliada ao número de sítios de saída no couro cabeludo). Também está relacionado com o efeito de massa associado a sua colocação na superfície cerebral, e está potencialmente associado à compressão venosa e ao inchaço cerebral. Sendo assim, o número de eletrodos foi positivamente associado tanto às taxas de infecção em muitos estudos[27,31,38,42] quanto a qualquer tipo de complicação (frequentemente, associada de modo pouco confiável ao inchaço),[27,36,38,42] embora outros estudos não tenham confirmado isso.[17,22,30] Curiosamente, a maioria dos estudos que não confirmaram este efeito usou principalmente faixas[30] ou, de modo geral, limitou o número de eletrodos usados.[17] De fato, uma metanálise encontrou uma associação significativa do número de eletrodos e os eventos adversos com o risco de duplicação diante de um número de eletrodos ≥ 67.[26] Especificamente, o aumento do número de eletrodos foi associado à ocorrência de infecções e hemorragias intracranianas.[26]

Similarmente, a duração do monitoramento também foi associada à infecção,[27] embora um estudo tenha constatado o desaparecimento do efeito a partir de uma análise de regressão univariável a gradual,[42] enquanto outro observou que somente durações superiores a 14 dias eram significativas.[31] Outra vez, estudos adicionais falharam em encontrar qualquer relação entre a duração do monitoramento e qualquer complicação.[17,30,43] Entretanto, uma metanálise demonstrou que a duração do monitoramento estava associada ao risco aumentado de eventos adversos após cerca de 8 dias (4%/dia).[26]

Existem outros fatores preditivos em potencial oriundos de estudos retrospectivos e que permanecem sem confirmação em revisões sistemáticas ou metanálises. Alguns estudos constataram que o avanço da idade (em ambas as coortes, pediátrica[17,27] e adulta[36]) está associado a um aumento nas taxas de complicação, sobretudo pelo inchaço, porém outros estudos não observaram esta tendência.[14,32] Além disso, os sítios de implantação occipitais ou parietoccipitais foram associados à maior incidência de complicações em um dos estudos,[42] embora isto não tenha sido confirmado em outros estudos.

1.3 Eletroencefalografia Estereotática: Abordagem Cirúrgica

A estereoeletroencefalografia (SEEG) é uma técnica popularizada por Bancaud e Talairach nos anos 1970, usada com grande sucesso há décadas na Europa para localização do foco epiléptico no pré-operatório, antes da ressecção cirúrgica.[44] Como já discutido, caracteriza-se pela colocação estereotática de eletrodos empregando trajetórias pré-definidas até alvos, com base em uma avaliação pré-operatória feita por uma equipe multidisciplinar incluindo neurologistas, neuropsicólogos e neurocirurgiões. Embora a colocação do *grid/strip* seja limitada ao registro a partir da superfície cortical, a SEEG propicia a vantagem de fornecer registros oriundos de focos epilépticos profundos, potencialmente melhorando a capacidade de localizar um foco epiléptico no espaço tridimensional. Além disso, sua natureza menos invasiva está por trás do seu potencial de minimização de complicações, em comparação com o observado com a cirurgia aberta. Embora os desfechos de classe I de Engel obtidos após as ressecções guiadas por SEEG sejam comparáveis com as implantações subdural e de *grid*, o uso de SEEG nos Estados Unidos começou a ganhar impulso apenas recentemente. Como consequência, os principais centros especializados em epilepsia dos EUA acabam de começar a publicar suas experiências para, assim, ampliar a base de conhecimentos sobre SEEG.

1.3.1 Preparação Pré-Operatória

Assim como para o paciente com *grid* subdural, a equipe multidisciplinar discute o plano de colocação do eletrodo de EEG estereotática profunda, com base na semiologia da convulsão, achados de MRI, resultados do monitoramento de convulsões por vídeo-EEG do couro cabeludo e testes neuropsicológicos. Antes da cirurgia, uma sequência de MRI T2-ponderada volumétrica, uma sequência de MRI T1-ponderada volumétrica intensificada com dose dupla de contraste e uma varredura de CT intensificada com contraste volumétrica são realizados. Estas três sequências de imagem são transferidas para o *software* de navegação estereotática. Todos os alvos do eletrodo de profundidade são então planejados nas imagens fundidas de MRI e CT, com base na suspeita clínica de aparecimento de convulsão. Se um robô estereotático for usado para a colocação de SEEG (ROSA; Medtech, Montpelier, França), as trajetórias do SEEG são planejadas usando um *software* robótico, e não há necessidade de obter imagens volumétricas no dia da cirurgia. Se uma estrutura estereotática para cabeça for usada para colocar os eletrodos de SEEG, as trajetórias do eletrodo podem ser construídas com antecedência usando o *software* de navegação estereotática e, em seguida, fundindo no dia da cirurgia à CT craniana volumétrica obtida após a colocação da estrutura.

1.3.2 Procedimento Cirúrgico

No dia da cirurgia, o paciente é levado à sala cirúrgica e é feita a indução de anestesia geral. Para os procedimentos embasados em enquadramento, uma estrutura estereotática de cabeça de Cosman-Roberts-Wells (CRW) ou de Leksell é presa à cabeça do paciente com parafusos cranianos. Uma CT volumétrica então é obtida, com a estrutura para cabeça colocada, caso o *software* de navegação estereotática seja usado. A CT volumétrica e a MRI são então fundidas no *software* de navegação estereotática. O paciente é levado de volta para a sala cirúrgica, após a varredura de CT. Para a realização dos procedimentos robóticos, preferimos usar uma estrutura estereotática de cabeça com fixação por quatro pinos, em vez da fixação por três pinos do suporte de cabeça Mayfield, que pode ser volumoso demais e interferir no robô. A anatomia do paciente é corregistrada usando parafusos fiduciários colocados no pré-operatório ou o sistema de registro a *laser* do *software* robótico. O campo cirúrgico então é preparado e coberto com panos usando os métodos estéreis de rotina. Um fluoroscópio deve estar disponível na sala cirúrgica e ser coberto com panos com o restante do campo cirúrgico.

Usando as coordenadas robóticas ou baseadas em enquadramento estereotático planejadas, um procedimento similar é seguido para cada eletrodo de SEEG. Uma incisão de 3 mm é destacada no ponto de entrada no couro cabeludo da trajetória estereotática do eletrodo. O couro cabeludo é infiltrado com anestesia local e aberto profundamente para a gálea. O couro cabeludo profundo e o pericrânio é cauterizado com uma sonda monopolar isolada, caso seja necessário. Um orifício é aberto com uma broca helicoidal ao longo da trajetória estereotática, através do bloco e do manguito-guia até a dura-máter, usando uma broca de 2,1 mm. A dura-máter é aberta com uma sonda de cautério monopolar isolada. Um pino de âncora (PMT ou Adtech) é parafusado dentro do crânio, ao longo da trajetória estereotática, através do bloco apropriado. A distância entre o bloco e o pino de âncora é subtraída da distância estereotática total até o alvo, para obter a distância requerida para o eletrodo de SEEG desde o pino de âncora até a extremidade do eletrodo. Uma sonda obturadora pré-medida é colocada pelo pino de âncora para sondar a trajetória do eletrodo de SEEG. O eletrodo de SEEG é então cuidadosamente avançado até a profundidade pré-calculada e a tampa do pino de âncora é apertada para prender o eletrodo. Este processo é repetido para todos os eletrodos de SEEG profundos.

Enfim, o fluoroscópio é usado nos planos AP e lateral, para obter imagens fluoroscópicas que garantam a colocação de trajetórias adequadas de todos os eletrodos, sem deflexões nem desvios. Os comprimentos intracranianos do eletrodo em relação aos pinos de âncora e à anatomia do crânio também podem ser confirmados por meio das imagens fluoroscópicas, bem como ajustados, se necessário. Os eletrodos são então conectados ao sistema de EEG clínico, para verificar as impedâncias apropriadas, a fidelidade dos registros e para registrar a atividade de EEG inicial.

1.3.3 Manejo Pós-Operatório Incluindo Possíveis Complicações

Os cuidados pós-operatórios subsequentes à implantação da SEEG são mais simples que aqueles dispensados aos pacientes com *grid*, no sentido de que os cuidados na NICU (unidade de terapia intensiva neurológica) não são necessários para o monitoramento *overnight*, dada a ausência de craniotomia com os aumentados riscos inerentes de efeito de massa ou hemorragia extra-axial. Os pacientes de SEEG podem ser recuperados na unidade de terapia pós-anestesia (PACU) e, então, transferidos para a EMU para iniciar o monitoramento clínico no dia da colocação do eletrodo. Uma CT volumétrica é obtida para documentar as localizações dos eletrodos durante o transporte da PACU até a EMU.

A Cleveland Clinic, uma das primeiras clínicas a adotar a SEEG nos Estados Unidos, publicou recentemente duas amplas séries de casos descrevendo sua experiência com SEEG na epilepsia.[45,46]

O risco de complicações hemorrágicas foi de 0,2% por eletrodo, sem morbidade e mortalidade permanentes em decorrência de hemorragia. Outra recente série de casos europeia mais ampla, envolvendo pacientes de todas as idades, também foi publicada com sua metodologia.[47-49] A experiência desses casos inclui mais de 500 implantações, com faixas etárias variando entre 2 e 56 anos, usando angiografia de subtração digital e implantação de eletrodo robótico para minimizar as complicações e melhorar a precisão. Observou-se que 1% dos pacientes apresentaram hematoma pós-operatório requerendo intervenção, com 0,4% dos pacientes demonstrando incapacitação motora permanente e apenas uma mortalidade. A variância na precisão de sua localização foi mínima, com apenas 2 mm de desalinhamento médio da extremidade do eletrodo ao alvo profundo. Curiosamente, também foi descrita uma pequena série de casos envolvendo cinco pacientes, em que a termocoagulação dos focos epilépticos foi realizada aquecendo os eletrodos de SEEG com um gerador de radiofrequência, para gerar 2-8 lesões por paciente. Apesar da impossibilidade de derivar conclusões amplas a partir de uma série de casos pequena, três dos cinco pacientes alcançaram um desfecho de classe I de Engel, sugerindo um potencial uso terapêutico para a técnica.

1.4 Decidir entre *Grids/Strips* Subdurais e SEEG: Desfechos com Base em Evidência

1.4.1 Desfechos de *Grids/Strips* Subdurais

Os desfechos cirúrgicos em pacientes com epilepsia medicamente intratável têm enfocado classicamente pacientes com MTLE submetidos à lobectomia temporal anterior. Estes pacientes foram rigorosamente estudados em estudos controlados randomizados (RCTs) que demonstraram que a cirurgia é mais efetiva do que a terapia médica contínua.[50,51] Não foram conduzidos RCTs que examinassem os desfechos de convulsão em pacientes submetidos à colocação de eletrodo subdural. Esta população de pacientes é consideravelmente mais heterogênea e tende menos a se livrar das convulsões, dada a natureza do processo de seleção.[52] Além disso, poucos estudos prospectivos examinaram os resultados, sendo que grande parte da literatura é constituída por estudos retrospectivos com seguimentos variáveis. Como consequência, as taxas de isenção de convulsão classe I de Engel variam de maneira considerável. Em geral, a maioria dos estudos apresentam em torno de 50-70% de isenção de convulsões em 1-2 anos[14,18,23,29,35,52-59] com uma diminuição nas taxas de isenção de convulsões em 5 e 10 anos de aproximadamente 30-60%.[12,18-20,42,55,56] Entretanto, considerando o prognóstico em longo prazo dos pacientes com epilepsia medicamente intratável, as taxas de isenção de convulsão nesta ordem provavelmente ainda representam uma melhora significativa em relação ao observado com a terapia médica continuada.

Como esta população é tão heterogênea e apresenta taxas de isenção de convulsão menores que aquelas exibidas pelos pacientes com MTLE, é importante tentar identificar os fatores capazes de prever a isenção de convulsões, para melhorar os desfechos cirúrgicos. Embora a maioria dos estudos sofram por sua natureza retrospectiva, há temas comuns na literatura publicada. Em termos de *workup* pré-operatório, a maioria dos estudos mostraram que pacientes com anormalidade estrutural à MRI[19,52,55] e tumores[18,52] apresentam taxas de isenção de convulsões maiores. Estes resultados não causam espanto, no sentido de que tumores ou anormalidades estruturais muitas vezes representam lesões epileptogênicas discretas cuja remoção provavelmente prenuncia um desfecho satisfatório. Apesar de não examinados nem originados em uma metanálise, outros estudos identificaram como fatores preditivos positivos a execução da cirurgia precocemente no curso da doença,[55,60,61] a concordância EEG/PET (tomografia por emissão de pósitron)[58] e o aparecimento ictal focal na EEG.[58] Foi relatado que os picos interictais na EEG pré-operatória estão correlacionados com desfechos cirúrgicos satisfatórios,[56] porém a metanálise não demonstrou um efeito similar.[52] Por outro lado, alguns estudos demonstraram que uma história de cirurgia prévia[18,55] e a ausência de diagnóstico específico no pré-operatório[18] estão negativamente correlacionados com o desfecho da convulsão.

A extensão da ressecção da zona de aparecimento da convulsão é a única variável cirúrgica mais importante e tem sido associada com frequência ao desfecho de convulsão classe I de Engel.[20,52,58] Em contraste, a ressecção sublobar foi negativamente correlacionada com o desfecho da convulsão.[18] Portanto, embora a ressecção cirúrgica possa ser limitada pela presença de tecido eloquente, estes estudos indicam que os cirurgiões devem ser guiados pelo princípio da ressecção cirúrgica máxima da zona epileptogênica, quando possível. Apesar de não diretamente relacionado com o processo de colocação de eletrodo subdural, seu corolário deve ser o princípio de cobertura máxima de eletrodo. Para extirpar maximamente o foco epiléptico, a equipe especializada em epilepsia precisa primeiramente localizar o foco de maneira confiável, o que depende da cobertura do eletrodo subdural. Pesquisas recentes conduzidas por nosso grupo e outros pesquisadores indicaram que as oscilações de alta frequência na faixa gama observadas nos registros de ECoG podem ser usadas para diferenciar o tecido cortical epileptogênico central da região de penumbra circundante.[62] No futuro, isto poderá ajudar a limitar a ressecção cirúrgica exclusivamente à região epileptogênica e, ao mesmo tempo, preservar o córtex adjacente e manter os desfechos de convulsão de classe I de Engel. Atualmente, incluímos esta informação em nosso plano de ressecção, para avaliar esta ideia de maneira ativa.

No pós-operatório, uma análise multivariável demonstrou que a ausência de convulsões pós-operatórias imediatas apresenta correlação significativa com a isenção de convulsões,[58] enquanto uma metanálise demonstrou, similarmente, que as descargas pós-operatórias à EEG correlacionavam-se de forma negativa com a isenção de convulsões.[52] Quando de fato há recorrência das convulsões nestes pacientes, isto ocorre com mais frequência no início do curso pós-operatório. Cerca de 50% ocorrem em 2 meses,[18] 75% ocorrem em 6 meses[58] e 87% ocorrem em 2 anos,[55] com a ressalva de que todos estes estudos foram examinados de modo retrospectivo.

Ao examinar os desfechos livres de convulsão usando SEEG, a série da Cleveland Clinic descreve desfechos excelentes, com 62% dos pacientes em todas as faixas etárias alcançando a isenção de convulsões e 56% dos pacientes pediátricos tornando-se livres de convulsão no pós-operatório.[45,46] Usando em média 13 eletrodos por paciente, os pesquisadores conseguiram localizar a zona de aparecimento da convulsão em 96% dos pacientes, levando 75% dos pacientes implantados a serem submetidos à ressecção cirúrgica. Como em outra série cirúrgica, o único fator que apresentou correlação com a isenção de convulsões no pós-operatório foi uma patologia evidente observada à analise microscópica da amostra cirúrgica. Embora a série de casos pediátricos tenha descrito resultados a grosso modo similares, a implantação da SEEG resultou em localização menos frequente, menos casos cirúrgicos e risco diminuído de isenção de convulsões após a cirurgia, em comparação com a coorte adulta. Embora muitos estudos relatem pacientes que receberam SEEG ou eletrodos subdurais, outras instituições descreveram o uso das duas técnicas juntas.[42,63] Usar os dois tipos de eletrodos permite que os clínicos registrem tanto os sinais superficiais espacialmente consistentes fornecidos pelos eletrodos *grid* subdural quanto a neurofisiologia estrutural profunda com a SEEG. No entanto, a maioria dos estudos demonstrou que colocar mais eletrodos aumenta o risco de morbidade e o benefício da cobertura adicional pode ser superado pelo risco aumentado de complicação. Além disso, a SEEG pode ser usada após a falha da implantação subdural decorrente de convulsões persistentes ou de uma incapacidade de localizar a zona de aparecimento da convulsão.[64] Nesta pequena série de casos envolvendo 14 pacientes, a SEEG foi capaz de delinear a zona de aparecimento de convulsão em 13 pacientes, sugerindo que estes pacientes sofreram com focos epilépticos demasiadamente profundos para serem descobertos usando registros de superfície cortical. Um total de 10 dentre os 14 pacientes foram submetidos à ressecção cirúrgica, com 60% alcançando isenção de convulsões, notavelmente pela natureza refratária da doença nesses pacientes.

Embora muitos destes estudos descrevam os resultados excelentes alcançados com a SEEG, isto não sugere necessariamente uma clara superioridade da SEEG em relação aos eletrodos subdurais. Nenhum estudo clínico prospectivo comparou as duas técnicas, sendo que a taxa de complicações e a eficácia de ambas podem variar de acordo com a instituição. Em alguns pacientes em que é muito difícil realizar a lateralização e a localização, a SEEG pode ser usada a princípio como um procedimento potencialmente mais seguro e menos invasivo. Se o mapeamento detalhado, como um teste de linguagem, for então requerido, é possível considerar uma implantação subdural bem menor e mais segura. As duas técnicas podem ser apropriadas dependendo da apresentação do paciente. Por fim, a proficiência com ambos os tipos de cirurgia possibilitará maior flexibilidade em lidar com a ampla gama de pacientes com epilepsia, permitindo que o cirurgião ajuste a abordagem de acordo com o paciente.

1.5 Conclusão

A colocação de eletrodos subdurais e de SEEG geralmente é um procedimento seguro e efetivo, em ambos os casos, para localizar um foco epiléptico em pacientes com exames não invasivos discordantes. Embora as complicações sejam um aspecto aceito de cada procedimento, podem ser minimizadas por meio das técnicas e abordagens aqui destacadas. Para a colocação de *grid* subdural, uma técnica cirúrgica meticulosa, uma duroplastia generosa e uma esterilização pós-operatória diligente podem ajudar a minimizar a infecção e as complicações relacionadas com o efeito de massa dos implantes de eletrodo subdural. Um cuidadoso planejamento pré-operatório da trajetória cirúrgica com base em imagens fundidas de CT e MRI intensificadas com contraste ajuda a minimizar o risco de hemorragia perioperatória para a colocação do eletrodo de SEEG profundo. Dada a natureza menos invasiva da colocação do eletrodo de SEEG, parece provável que pesquisas futuras venham a demonstrar que esta técnica apresenta menor taxa de complicações. Entretanto, também é necessário que os estudos mostrem que a colocação do eletrodo de SEEG resulta em taxas de isenção de convulsões comparáveis ou melhores. Considerando a heterogeneidade da literatura publicada, defendemos a adoção de medidas de desfechos e complicações que sejam padronizadas e baseadas em registros de dados, de modo a permitir que os dados sejam mais livremente combinados e analisados no futuro.

Referências

[1] Murray CJLLA, ed. Global Comparative Assessments in the Health Sector: Disease Burden, Expenditures and Intervention Packages; Collected Reprints from the Bulletin of the World Health Organization. Geneva: World Health Organization; 1994
[2] Hauser WAHD. Epilepsy: Frequency, Causes and Consequences. New York, NY: Demos Press; 1990
[3] Berg AT. Understanding the delay before epilepsy surgery: who develops intractable focal epilepsy and when? CNS Spectr. 2004; 9(2):136–144
[4] Begley CE, Famulari M, Annegers JF, et al. The cost of epilepsy in the United States: an estimate from population-based clinical and survey data. Epilepsia. 2000; 41(3):342–351
[5] Choi H, Heiman G, Pandis D, et al. Seizure remission and relapse in adults with intractable epilepsy: a cohort study. Epilepsia. 2008; 49(8):1440–1445
[6] Choi H, Heiman GA, Munger Clary H, Etienne M, Resor SR, Hauser WA. Seizure remission in adults with long-standing intractable epilepsy: an extended follow-up. Epilepsy Res. 2011; 93(2–3):115–119
[7] Kwan P, Brodie MJ. Early identification of refractory epilepsy. N Engl J Med. 2000; 342(5):314–319
[8] Luciano AL, Shorvon SD. Results of treatment changes in patients with apparently drug-resistant chronic epilepsy. Ann Neurol. 2007; 62(4):375–381
[9] Callaghan B, Schlesinger M, Rodemer W, et al. Remission and relapse in a drug-resistant epilepsy population followed prospectively. Epilepsia. 2011; 52(3):619–626
[10] Callaghan BC, Anand K, Hesdorffer D, Hauser WA, French JA. Likelihood of seizure remission in an adult population with refractory epilepsy. Ann Neurol. 2007; 62(4):382–389
[11] Zumsteg D, Wieser HG. Presurgical evaluation: current role of invasive EEG. Epilepsia. 2000; 41 Suppl 3:S55–S60
[12] Asano E, Juhász C, Shah A, Sood S, Chugani HT. Role of subdural electrocorticography in prediction of long-term seizure outcome in epilepsy surgery. Brain. 2009; 132(Pt 4):1038–1047
[13] Spencer SS, Spencer DD, Williamson PD, Mattson R. Combined depth and subdural electrode investigation in uncontrolled epilepsy. Neurology. 1990; 40(1):74–79
[14] Van Gompel JJ, Worrell GA, Bell ML, et al. Intracranial electroencephalography with subdural grid electrodes: techniques, complications, and outcomes. Neurosurgery. 2008; 63(3):498–505, discussion 505–506
[15] Shah AK, Fuerst D, Sood S, et al. Seizures lead to elevation of intracranial pressure in children undergoing invasive EEG monitoring. Epilepsia. 2007; 48(6):1097–1103
[16] Mocco J, Komotar RJ, Ladoucer AK, Zacharia BE, Goodman RR, McKhann GM, II. Radiographic characteristics fail to predict clinical course after subdural electrode placement. Neurosurgery. 2006; 58(1):120–125, discussion 120–125
[17] Blauwblomme T, Ternier J, Romero C, et al. Adverse events occurring during invasive EEG recordings in children. Neurosurgery. 2011; 69:169–175
[18] Bulacio JC, Jehi L, Wong C, et al. Long-term seizure outcome after resective surgery in patients evaluated with intracranial electrodes. Epilepsia. 2012; 53(10):1722–1730
[19] Carrette E, Vonck K, De Herdt V, et al. Predictive factors for outcome of invasive video-EEG monitoring and subsequent resective surgery in patients with refractory epilepsy. Clin Neurol Neurosurg. 2010; 112(2):118–126
[20] Dorward IG, Titus JB, Limbrick DD, Johnston JM, Bertrand ME, Smyth MD. Extratemporal, nonlesional epilepsy in children: postsurgical clinical and neurocognitive outcomes. J Neurosurg Pediatr. 2011; 7(2):179–188
[21] Fountas KN, Smith JR. Subdural electrode-associated complications: a 20-year experience. Stereotact Funct Neurosurg. 2007; 85(6):264–272
[22] Johnston JM, Jr, Mangano FT, Ojemann JG, Park TS, Trevathan E, Smyth MD. Complications of invasive subdural electrode monitoring at St. Louis Children's Hospital, 1994–2005. J Neurosurg. 2006; 105(5) Suppl:343–347
[23] Lee WS, Lee JK, Lee SA, Kang JK, Ko TS. Complications and results of subdural grid electrode implantation in epilepsy surgery. Surg Neurol. 2000; 54(5):346–351
[24] MacDougall KW, Steven DA, Parrent AG, Burneo JG. Supplementary implantation of intracranial electrodes in the evaluation for epilepsy surgery. Epilepsy Res. 2009; 87(1):95–101
[25] Hader WJ, Tellez-Zenteno J, Metcalfe A, et al. Complications of epilepsy surgery: a systematic review of focal surgical resections and invasive EEG monitoring. Epilepsia. 2013; 54(5):840–847
[26] Arya R, Mangano FT, Horn PS, Holland KD, Rose DF, Glauser TA. Adverse events related to extraoperative invasive EEG monitoring with subdural grid electrodes: a systematic review and meta-analysis. Epilepsia. 2013; 54(5):828–839
[27] Hamer HM, Morris HH, Mascha EJ, et al. Complications of invasive video-EEG monitoring with subdural grid electrodes. Neurology. 2002; 58(1):97–103
[28] Musleh W, Yassari R, Hecox K, Kohrman M, Chico M, Frim D. Low incidence of subdural grid-related complications in prolonged pediatric EEG monitoring. Pediatr Neurosurg. 2006; 42(5):284–287
[29] Onal C, Otsubo H, Araki T, et al. Complications of invasive subdural grid monitoring in children with epilepsy. J Neurosurg. 2003; 98(5):1017–1026
[30] Burneo JG, Steven DA, McLachlan RS, Parrent AG. Morbidity associated with the use of intracranial electrodes for epilepsy surgery. Can J Neurol Sci. 2006; 33(2):223–227
[31] Wiggins GC, Elisevich K, Smith BJ. Morbidity and infection in combined subdural grid and strip electrode investigation for intractable epilepsy. Epilepsy Res. 1999; 37(1):73–80
[32] Ozlen F, Asan Z, Tanriverdi T, et al. Surgical morbidity of invasive monitoring in epilepsy surgery: an experience from a single institution. Turk Neurosurg. 2010; 20(3):364–372
[33] Wyler AR, Walker G, Somes G. The morbidity of long-term seizure monitoring using subdural strip electrodes. J Neurosurg. 1991; 74(5):734–737
[34] Simon SL, Telfeian A, Duhaime A-C. Complications of invasive monitoring used in intractable pediatric epilepsy. Pediatr Neurosurg. 2003; 38(1):47–52
[35] Kim SK, Wang KC, Hwang YS, et al. Pediatric intractable epilepsy: the role of presurgical evaluation and seizure outcome. Childs Nerv Syst. 2000; 16(5):278–285, discussion 286
[36] Hedegärd E, Bjellvi J, Edelvik A, Rydenhag B, Flink R, Malmgren K. Complications to invasive epilepsy surgery workup with subdural and depth electrodes: a prospective population-based observational study. J Neurol Neurosurg Psychiatry. 2014; 85(7):716–720
[37] Yang P-F, Zhang H-J, Pei J-S, et al. Intracranial electroencephalography with subdural and/or depth electrodes in children with epilepsy: techniques, complications, and outcomes. Epilepsy Res. 2014; 108(9):1662–1670

[38] Wong CH, Birkett J, Byth K, et al. Risk factors for complications during intracranial electrode recording in presurgical evaluation of drug resistant partial epilepsy. Acta Neurochir (Wien). 2009; 151(1):37–50

[39] Vale FL, Pollock G, Dionisio J, Benbadis SR, Tatum WO. Outcome and complications of chronically implanted subdural electrodes for the treatment of medically resistant epilepsy. Clin Neurol Neurosurg. 2013; 115 (7):985–990

[40] Araki T, Otsubo H, Makino Y, et al. Efficacy of dexamathasone on cerebral swelling and seizures during subdural grid EEG recording in children. Epilepsia. 2006; 47(1):176–180

[41] Tanriverdi T, Ajlan A, Poulin N, Olivier A. Morbidity in epilepsy surgery: an experience based on 2449 epilepsy surgery procedures from a single institution. J Neurosurg. 2009; 110(6):1111–1123

[42] Wellmer J, von der Groeben F, Klarmann U, et al. Risks and benefits of invasive epilepsy surgery workup with implanted subdural and depth electrodes. Epilepsia. 2012; 53(8):1322–1332

[43] Roth J, Carlson C, Devinsky O, Harter DH, Macallister WS, Weiner HL. Safety of staged epilepsy surgery in children. Neurosurgery. 2014; 74(2):154–162

[44] Bancaud J, Angelergues R, Bernouilli C, et al. Functional stereotaxic exploration (SEEG) of epilepsy. Electroencephalogr Clin Neurophysiol. 1970; 28(1):85–86

[45] Gonzalez-Martinez J, Bulacio J, Alexopoulos A, Jehi L, Bingaman W, Najm I. Stereoelectroencephalography in the "difficult to localize" refractory focal epilepsy: early experience from a North American epilepsy center. Epilepsia. 2013; 54(2):323–330

[46] Gonzalez-Martinez J, Mullin J, Bulacio J, et al. Stereoelectroencephalography in children and adolescents with difficult-to-localize refractory focal epilepsy. Neurosurgery. 2014; 75(3):258–268, discussion 267–268

[47] Cardinale F, Cossu M, Castana L, et al. Stereoelectroencephalography: surgical methodology, safety, and stereotactic application accuracy in 500 procedures. Neurosurgery. 2013; 72(3):353–366, discussion 366

[48] Cossu M, Fuschillo D, Cardinale F, et al. Stereo-EEG-guided radio-frequency thermocoagulations of epileptogenic grey-matter nodular heterotopy. J Neurol Neurosurg Psychiatry. 2014; 85(6):611–617

[49] Cossu M, Schiariti M, Francione S, et al. Stereoelectroencephalography in the presurgical evaluation of focal epilepsy in infancy and early childhood. J Neurosurg Pediatr. 2012; 9(3):290–300

[50] Wiebe S, Blume WT, Girvin JP, Eliasziw M, Effectiveness and Efficiency of Surgery for Temporal Lobe Epilepsy Study Group. A randomized, controlled trial of surgery for temporal-lobe epilepsy. N Engl J Med. 2001; 345(5):311–318

[51] Engel J, Jr, McDermott MP, Wiebe S, et al. Early Randomized Surgical Epilepsy Trial (ERSET) Study Group. Early surgical therapy for drug-resistant temporal lobe epilepsy: a randomized trial. JAMA. 2012; 307(9):922–930

[52] Tonini C, Beghi E, Berg AT, et al. Predictors of epilepsy surgery outcome: a meta-analysis. Epilepsy Res. 2004; 62(1):75–87

[53] Vadera S, Jehi L, Gonzalez-Martinez J, Bingaman W. Safety and long-term seizure-free outcomes of subdural grid placement in patients with a history of prior craniotomy. Neurosurgery. 2013; 73(3):395–400

[54] Cukiert A, Buratini JA, Machado E, et al. Results of surgery in patients with refractory extratemporal epilepsy with normal or nonlocalizing magnetic resonance findings investigated with subdural grids. Epilepsia. 2001; 42 (7):889–894

[55] Elsharkawy AE, Behne F, Oppel F, et al. Long-term outcome of extratemporal epilepsy surgery among 154 adult patients. J Neurosurg. 2008; 108(4):676– 686

[56] Jayakar P, Dunoyer C, Dean P, et al. Epilepsy surgery in patients with normal or nonfocal MRI scans: integrative strategies offer long-term seizure relief. Epilepsia. 2008; 49(5):758–764

[57] Placantonakis DG, Shariff S, Lafaille F, et al. Bilateral intracranial electrodes for lateralizing intractable epilepsy: efficacy, risk, and outcome. Neurosurgery. 2010; 66(2):274–283

[58] See S-J, Jehi LE, Vadera S, Bulacio J, Najm I, Bingaman W. Surgical outcomes in patients with extratemporal epilepsy and subtle or normal magnetic resonance imaging findings. Neurosurgery. 2013; 73(1):68–76, discussion 76–77

[59] Siegel AM, Jobst BC, Thadani VM, et al. Medically intractable, localizationrelated epilepsy with normal MRI: presurgical evaluation and surgical outcome in 43 patients. Epilepsia. 2001; 42(7):883–888

[60] Pomata HB, González R, Bartuluchi M, et al. Extratemporal epilepsy in children: candidate selection and surgical treatment. Childs Nerv Syst. 2000; 16 (12):842–850

[61] Ansari SF, Maher CO, Tubbs RS, Terry CL, Cohen-Gadol AA. Surgery for extratemporal nonlesional epilepsy in children: a meta-analysis. Childs Nerv Syst. 2010; 26(7):945–951

[62] Weiss SA, Banks GP, McKhann GM, Jr, et al. Ictal high frequency oscillations distinguish two types of seizure territories in humans. Brain. 2013; 136(Pt 12):3796–3808

[63] Enatsu R, Bulacio J, Najm I, et al. Combining stereo-electroencephalography and subdural electrodes in the diagnosis and treatment of medically intractable epilepsy. J Clin Neurosci. 2014; 21(8):1441–1445

[64] Vadera S, Mullin J, Bulacio J, Najm I, Bingaman W, Gonzalez-Martinez J. Stereoelectroencephalography following subdural grid placement for difficult to localize epilepsy. Neurosurgery. 2013; 72(5):723–729, discussion 729

2 Metodologia e Técnica da Estereoeletroencefalografia

Jorge Gonzalez-Martinez

Resumo

Uma vez que a cirurgia de epilepsia se baseia principalmente na localização precisa da zona epileptogênica (EZ), uma avaliação pré-cirúrgica se faz necessária para obter o espectro mais amplo e mais preciso de informação a partir das características clínicas, anatômicas e neurofisiológicas, com a meta final de executar uma estratégia cirúrgica individualizada. Resumidamente, as ferramentas de avaliação pré-cirúrgica incluem a análise de semiologia da convulsão, registros de videoeletroencefalografia (vídeo-EEG) do couro cabeludo, magnetoencefalografia (MEG), imagem de ressonância magnética (MRI) e outras modalidades de neuroimagem (técnicas de fMRI, SPECT ictal, PET). O uso destes métodos geralmente é complementar e os resultados são interpretados em conjunto, numa tentativa de compor uma hipótese de localização da localização anatômica da EZ. Quando os dados não invasivos são insuficientes para definir a EZ, o monitoramento invasivo extraoperatório pode ser indicado. A estereoeletroencefalografia (SEEG) é um dos métodos invasivos extraoperatórios que pode ser aplicado em pacientes com epilepsia focal medicamente refratária, para definir anatomicamente a EZ e as possíveis áreas corticais funcionais relacionadas. Os aspectos clínicos do método e da técnica de SEEG serão discutidos neste capítulo.

Palavras-chave: cirurgia de epilepsia, estereoeletroencefalografia, estereotaxia, morbidade, desfecho da convulsão.

2.1 Introdução

Uma das principais metas da cirurgia de epilepsia é a ressecção total (ou desconexão total) das áreas corticais responsáveis pela organização primária da atividade epileptogênica. Esta área também é conhecida como EZ. Como a EZ eventualmente pode sobrepor-se às áreas corticais funcionais (córtex eloquente), a preservação destas funções cerebrais essenciais é outra meta de qualquer ressecção cirúrgica em pacientes com epilepsia medicamente refratária.[1-7]

Uma vez que a cirurgia de ressecção bem-sucedida se baseia na localização pré-operatória precisa da EZ, uma avaliação pré-cirúrgica se faz necessária para obter o espectro mais amplo e mais preciso de informação a partir das características clínicas, anatômicas e neurofisiológicas, com a meta final de executar uma ressecção individualizada para cada paciente. Os métodos não invasivos de localização da convulsão e de lateralização (EEG de couro cabeludo, neuroimagem etc.) são complementares, e os resultados são interpretados de forma conjunta, numa tentativa de compor uma hipótese da localização anatômica da EZ. Quando os dados não invasivos são insuficientes para definir a EZ, o monitoramento invasivo extraoperatório pode ser indicado. A SEEG é um dos métodos invasivos extraoperatórios que pode ser aplicado em pacientes com epilepsia focal medicamente refratária, para definir anatomicamente a EZ e as possíveis áreas corticais relacionadas. Os aspectos clínicos do método e da técnica de SEEG serão discutidos neste capítulo.

2.2 Estereotaxia e Epilepsia: Origem e Princípios do Método

O método de SEEG foi originalmente desenvolvido por Jean Talairach e Jean Bancaud, durante os anos 1950,[8] tendo sido usado principalmente na França e depois na Itália, como método de escolha para mapeamento invasivo na epilepsia focal farmacorresistente.[7,9-31] Na França, após o desenvolvimento de técnicas estereotáticas e estruturas, as quais eram aplicadas inicialmente para a cirurgia do transtorno do movimento anormal, Jean Talairach dedicou a maior parte de suas atividades ao campo da epilepsia. Bancaud uniu-se a Talairach em 1952. A nova metodologia criada por estes dois médicos levou-os a partir muito rápido de outra abordagem que se limitava ao córtex superficial. O pensamento inovador de Talairach consistiu em implementar uma metodologia eficiente para uma análise abrangente do espaço cerebral morfológico e funcional. Seu atlas do telencéfalo, publicado em 1967, ilustram perfeitamente os novos conceitos anatômicos para estereotaxia.[32] O desenvolvimento de ferramentas, adaptadas a uma nova estrutura estereotática projetada por Talairach *et al.*, permitiu que os pesquisadores do Saint Anne (Talairach e Bancaud) iniciassem em 1957 a exploração funcional do encéfalo por meio de eletrodos profundos, possibilitando a exploração de áreas corticais superficiais e profundas. Partindo delas, os métodos atuais de monitoramento invasivo, como as implantações, permitiram a exploração da atividade de estruturas cerebrais diferentes, bem como o registro de convulsões espontâneas dos pacientes. Isto foi uma coisa que o método de investigação de Penfield falhou em alcançar. Em 1962, a nova técnica e método de Talairach e Bancaud foi denominada "estereoeletroencefalografia".[11,32]

Os princípios da metodologia de SEEG continuam sendo similares aos princípios originalmente descritos por Bancaud e Talairach, os quais se baseiam em correlações anatomoeletroclínicas (AEC) cujo objetivo principal é conceitualizar a organização espaço-temporal tridimensional (3D) da descarga epiléptica no encéfalo.[7,11-13,22-31,33,34] A estratégia de implantação é individualizada, com a colocação dos eletrodos baseada nas hipóteses pré-implantação que consideram as correlações eletroclínicas das convulsões do paciente e sua relação com uma lesão suspeita. Por isso, a formulação das hipóteses AEC pré-implantação é o único elemento mais importante no processo de planejamento da colocação dos eletrodos de SEEG. Se as hipóteses pré-implantação estiverem incorretas, a colocação dos eletrodos profundos será inadequada e a interpretação dos registros de SEEG não darão acesso à definição da EZ.

2.3 Indicações Clínicas para Estereoeletroencefalografia

2.3.1 Indicações Gerais para Monitoramento Invasivo de Epilepsia

Em seguida ao estabelecimento do diagnóstico de epilepsia farmacorresistente (definida como falha em responder a duas ou mais medicações antiepilépticas corretamente escolhidas e usadas),[35] indica-se uma avaliação pré-cirúrgica com duas metas principais: (1) mapeamento da rede AEC levando à identificação da EZ e sua extensão; e (2) avaliação do estado funcional da(s) região(ões) epileptogênica(s). A realização destas duas metas levará à otimização dos desfechos funcional e convulsivo pós-ressecção. Como discutido anteriormente, múltiplas técnicas podem ser usadas para alcançar as metas descritas. O monitoramento por vídeo-EEG do couro cabeludo é necessário para confirmar o diagnóstico de epilepsia focal (incluindo registros de EEG interictal e ictal) e identificar a estrutura cortical das redes hipotéticas que podem estar envolvidas na organização da convulsão (por meio da análise da semiologia elétrica e clínica registrada). Dados obtidos por monitoramento com vídeo-EEG de couro cabeludo podem levar à formação de hipóteses AEC claras. A validação adicional da hipótese anatômica é obtida por meio de imagens estruturais (identificação da lesão por MRI), com ou sem imagens metabólicas (incluindo tomografia por emissão de pósitron de fluorodesoxiglicose [FDG-PET] de hipometabolismo, que podem indicar regiões focais de disfunção cortical). Outros estudos podem incluir SPECT ictal, MEG e EEG-fMRI.[6,36,37]

Estes estudos não invasivos identificam a EZ em mais da metade dos pacientes submetidos ao *workup* pré-cirúrgico (cerca de 70% dos pacientes operados na Cleveland Clinic, em 2012; dados não publicados). Infelizmente, uma formulação de uma hipótese AEC clara e única pode não ser possível nos 30% de pacientes restantes. Neste caso, a epilepsia focal ou focal/regional é provável, contudo, a fase I não invasiva não pode permitir que os profissionais decidam entre duas ou três hipóteses no mesmo hemisfério. Alternativamente, existe uma sólida hipótese regional, porém não são gerados argumentos suficientes em favor de um hemisfério ou hipótese, contudo a localização exata da EZ, sua extensão e/ou sua sobreposição ao córtex funcional (eloquente) permanecem obscuras. Em consequência, estes pacientes podem ser candidatos à avaliação invasiva usando eletrocorticografia intraoperatória (EcoG) ou métodos extraoperatórios como *strips* e *grids* subdurais, eletrodos profundos e combinações subsequentes, ou SEEG.[38]

Em resumo, as indicações primárias para uma avaliação invasiva na epilepsia farmacorresistente focal (com a finalidade primordial de registro cortical direto) são a abordagem dos principais problemas e limitações das diversas técnicas não invasivas. Com base nas limitações das variadas técnicas não invasivas destacadas anteriormente, uma avaliação invasiva (seja SEEG ou *grids/strips* de superfície) deve ser considerada em qualquer um dos seguintes casos:

- *Casos com MRI negativa:* a MRI não mostra nenhuma lesão cortical em um local que seja concordante com a hipótese eletroclínica/funcional gerada pelos registros de vídeo-EEG.
- *Discordância entre os dados de MRI e eletroclínicos:* a localização anatômica da lesão identificada por MRI (e, às vezes, a localização de uma área focal nitidamente hipometabólica à PET) é discordante da hipótese eletroclínica. Nestes casos estão incluídas as lesões encefálicas profundamente assentadas, como a heterotopia nodular periventricular ou as lesões sulcais profundas. Em adição, os registros de EEG do couro cabeludo em 85-100% dos pacientes com displasia cortical focal (FCD) mostram picos interictais que variam quanto à distribuição, de lobares a lateralizados e de difíceis de localizar a difusos (incluindo padrões pico-onda generalizados em certos casos de heterotopia subependimária).[26,27,31,39-41] A distribuição espacial dos picos interictais em geral é mais extensiva do que a anormalidade estrutural, conforme avaliado por inspeção intraoperatória ou análise visual por MRI.[42]
- *Múltiplas lesões parcialmente discordantes:* existem duas ou mais lesões anatômicas e a localização de pelo menos uma delas é discordante da hipótese eletroclínica, ou ambas as lesões estão localizadas junto a mesma rede funcional e não está claro se uma ou ambas são epilépticas.
- *Sobreposição com o córtex eloquente:* a hipótese AEC gerada (lesão MRI-negativa ou MRI-identificável) envolve potencialmente o córtex funcional. A identificação da EZ, o mapeamento de sua extensão e/ou sua relação com o córtex potencialmente eloquente não são tipicamente resolvidos apenas com técnicas não invasivas, nestes casos. Isto inclui pacientes com suspeita de FCD como possível substrato patológico para epilepsia.[4,34,40,42-46] Nestes casos, uma avaliação invasiva geralmente leva à formulação de uma estratégia de ressecção cirúrgica clara. A recomendação para monitoramento invasivo e seu tipo é feita durante uma reunião interdisciplinar de abordagem do paciente, que inclui neurologistas, neurocirurgiões, neurorradiologistas e neuropsicólogos. As áreas e redes de cobertura/amostragem são determinadas com base em uma hipótese AEC bem formulada, incluindo os resultados dos exames não invasivos.

2.3.2 Escolha da Técnica de Monitoramento Invasivo: SEEG *versus* Monitoramento de Superfície Cortical

Não há um consenso claro acerca dos melhores critérios de seleção para os métodos SEEG *versus* monitoramento invasivo subdural (*i. e.*, superfície cortical). Alguns centros especializados em epilepsia aplicam os dois procedimentos de maneira sistemática, mas nenhum deles conduziu estudos comparativos definitivos. Os "grupos pró-SEEG" acreditam que este método pode fornecer as mesmas respostas que todos os outros métodos invasivos fornecem.[7,9-31,33,34,38,39,47-68] Ao contrário, os "grupos pró-subdural" consideram que as hipóteses concorrentes podem ser resolvidas apenas com monitoramento de superfície; quando usam explorações com eletrodos profundos, tendem a limitá-las à exploração de estruturas profundas, como a região temporal medial, por exemplo, e às heterotopias nodulares. Entretanto, as diferenças entre a SEEG e os *grid/strips* subdurais são mais extensivas e complexas do que apenas a dicotomia entre mapeamento profundo *versus* superficial. A "filosofia", as "definições" e os "conceitos" dos dois tipos de explorações podem ser bastante diferentes e por vezes divergentes. As explorações subdurais eram inicialmente (mas, agora nem sempre) orientadas para o exame invasivo da epilepsia lesional, enquanto a SEEG a princípio pouco considera a lesão em si e busca definir a rede epiléptica. Podemos especular que a SEEG é mais conveniente do que o eletrodo *grid* para explorar pacientes com MRIs não lesionais, para alguns dos quais não está completamente clara a necessidade de realizar uma cirurgia mais invasiva.[38,60-62] Além disso, a SEEG permite explorar áreas remotas e multilobares sem necessidade de craniotomias ou cirurgia imediata, proporcionando ao paciente mais tempo para refletir e, em consequência, um processo de consentimento

Tabela 2.1 Critérios de Seleção para Diferentes Métodos de Monitoramento Invasivo na Epilepsia Focal Medicamente Refratária

Cenário clínico	Método de escolha	Opção secundária
▪ MRI lesional: a potencial lesão epileptogênica está superficialmente localizada perto ou nas proximidades do córtex eloquente ▪ MRI não lesional: a EZ hipotética está localizada nas proximidades do córtex eloquente	SDG	SEEG
▪ MRI lesional: a potencial lesão epileptogênica está localizada em áreas subcorticais e corticais profundas ▪ MRI não lesional: a EZ hipotética está profundamente localizada ou está localizada em áreas não eloquentes	SEEG	SDG com profundidade
▪ Necessidade de explorações bilaterais e/ou reoperação	SEEG	SDG com profundidade
▪ Após a falha de *grids* subdurais	SEEG	SDG com profundidade
▪ Quando a hipótese AEC sugere envolvimento de uma rede epiléptica multilobar mais extensiva	SEEG	SDG com profundidade
▪ Suspeita de epilepsia do lobo frontal em um cenário de MRI não lesional	SEEG	SEEG

Abreviações: AEC = anatomoeletroclínico; EZ = zona epileptogênica; MRI = imagem de ressonância magnética; SDG = *grid* subdural; SEEG = estereoeletroencefalografia.

informado mais completo. O uso e a análise de estimulação elétrica direta em um método e outro diferem significativamente, chegando a ser opostas.[69]

O mapeamento extraoperatório com o método subdural (incluindo *grid*, *strip* e a possível combinação com eletrodos profundos) tem a vantagem de permitir uma amostragem e uma cobertura contínua e anatômica ideal do córtex adjacente, levando a uma exploração precisa por mapeamento funcional do córtex superficial (*i. e.*, não do córtex junto aos sulcos).[70,71] Isto é especialmente válido quando existe a necessidade de determinar a extensão da EZ associada a uma lesão superficial e sua relação anatômica com uma área funcional próxima. Isto, porém, não se aplica aos casos em que a lesão inclui um componente de localização profunda, onde o mapeamento funcional não pode ser obtido a partir do mapeamento funcional. De uma perspectiva cirúrgica, as implantações subdurais são procedimentos abertos, com um manejo melhor de eventuais complicações hemorrágicas intracranianas. As principais desvantagens do método subdural estão relacionadas com a incapacidade de registrar e mapear estruturas profundas como o córtex insular, córtex orbitofrontal, giro do cíngulo, as profundezas dos sulcos etc., e, consequentemente, a sua incapacidade de representar a dinâmica espacial-temporal da rede epileptogênica. Nestes cenários, a metodologia da SEEG pode ser considerada uma opção mais apropriada e segura. A SEEG tem as vantagens de permitir estimulações e registros cerebrais profundos extensivos e precisos (para localizar o aparecimento da convulsão) com mínima morbidade associada.[34,54,55,60-62]

Em consequência, baseando-se nas vantagens e desvantagens de cada método, é possível considerar indicações específicas para escolher SEEG em contraposição a outros métodos de monitoramento invasivo (▶ Tabela 2.1):

▪ A possibilidade de uma localização de EZ profunda ou difícil de cobrir, em áreas como as estruturas mesiais do lobo temporal, áreas perissilvianas, giro do cíngulo e regiões inter-hemisféricas mesiais, áreas pré-frontais ventromediais, ínsula e profundezas dos sulcos.
▪ Uma falha de um exame invasivo subdural prévio de destacar nitidamente a localização exata da zona de aparecimento da convulsão. A falha em identificar a EZ nestes pacientes pode ter múltiplas causas, entre as quais falta de amostragem adequada a partir de um foco profundo ou um foco clinicamente silencioso a montante a partir da EZ.
▪ A necessidade de extensivas explorações bi-hemisféricas (em particular nas epilepsias focais oriundas de regiões inter-hemisféricas ou insulares profundas, ou da junção temporoparietoccipital).
▪ Avaliação pré-cirúrgica sugestiva de envolvimento estendido de rede (p. ex., temporofrontal ou frontoparietal) no contexto de uma MRI normal.

A maioria dos pacientes reoperados pode ter passado por uma cirurgia de epilepsia malsucedida durante as avaliações subdurais precedentes, por causa das dificuldades para localizar a EZ com precisão. Estes pacientes representam um dilema significativo para manejo adicional, com um número relativamente pequeno de opções disponíveis. Mais avaliações com *grid* subdural aberto podem trazer riscos associados ao encontro de formações de cicatrizes, ainda tendo limitações relacionadas com os registros de estrutura cortical profunda. Uma avaliação subsequente empregando o método de SEEG pode superar estas limitações, oferecendo uma oportunidade adicional para localização da convulsão e libertação sustentada das convulsões.[54]

A desvantagem hipotética do método de SEEG é a capacidade mais restrita de executar o mapeamento funcional. Devido ao número limitado de contatos localizados no córtex superficial, um mapeamento contínuo de áreas cerebrais eloquentes não pode ser obtido como no método do mapeamento subdural.[34,54,55] É interessante notar que, na SEEG, o mapeamento funcional não pode ser dissociado do processo de localização eletroclínica, por isso é difícil realizar uma comparação justa entre ambos os métodos. Além disso, a precisão do mapeamento funcional subdural está longe de ser validada. Enfim, a informação do mapeamento funcional extraída a partir do método SEEG muitas vezes pode ser complementada com outros métodos de mapeamento, como a DTI (imagem por tensor de difusão) ou a craniotomia consciente,[34] minimizando as desvantagens relativas.

2.4 Planejamento da Implantação da Estereoeletroencefalografia

Como já indicado, o desenvolvimento do plano de implantação da SEEG requer a clara formulação das hipóteses AEC precisas a serem testadas. Estas hipóteses tipicamente são geradas durante a reunião multidisciplinar de manejo do paciente, com base nos resultados de vários testes não invasivos. Na Cleveland Clinic, uma estratégia de implantação ajustada final é gerada durante uma reunião pré-cirúrgica de implantação à parte. Eletrodos profundos devem amostrar a lesão anatômica (se identificada), a(s) estrutura(s) mais propensa(s) ao aparecimento ictal, as regiões de disseminação inicial e tardia, e as interações com as redes funcionais (cognitiva, sensoriomotora, comportamental etc.). Uma "conceitualização" 3D dos nodos da rede à jusante e à montante da rede epileptogênica hipotética é um componente essencial da estratégia de implantação pré-cirúrgica. Inicialmente, analisando os dados não invasivos disponíveis e a evolução temporal das manifestações clínicas ictais, formula-se uma hipótese sobre a localização anatômica da EZ.[72] O plano de implantação é criado em colaboração com especialistas em epilepsia, neurocirurgiões e neurorradiologistas que, juntos, formulam hipóteses para a localização da EZ. O conhecimento adequado das possíveis redes funcionais envolvidas na organização primária da atividade epiléptica é obrigatório para a formulação de hipóteses precisas. Além disso, os médicos responsáveis pelo tratamento terão que considerar os aspectos 3D dos registros dos eletrodos profundos que, apesar da limitada cobertura (que é amplamente compensada pelo processo de interpolação possibilitado pela metodologia eletrofisiológica: frequências, relações espaciais e análises de latência) da superfície cortical, em comparação com os *strips* e *grids* subdurais, possibilitam uma amostragem precisa das estruturas ao longo de suas trajetórias, desde o sítio de entrada até o ponto de impacto final. Portanto, a trajetória é mais importante do que do as áreas-alvo ou de ponto de entrada. Em consequência, a investigação pode incluir as superfícies lateral e mesial de diferentes lobos, córtices profundos nas profundezas dos sulcos, ínsula, córtex orbitofrontal posterior, áreas na superfície cortical inter-hemisférica etc. A implantação também deve considerar as diferentes áreas citoarquitetônicas corticais envolvidas nos padrões de organização de convulsão e sua provável conectividade com outras áreas corticais e subcorticais, como o polo temporal e as áreas orbitofrontais posteriores. É importante enfatizar que o foco da estratégia de implantação não é mapear lobos ou lóbulos e sim as redes epileptogênicas que, de modo geral, envolvem múltiplos lobos. Em adição, a estratégia de exploração também deve considerar possíveis hipóteses alternativas de localização.[57,62,73]

Por fim, o objetivo de obter toda informação possível a partir da exploração de SEEG não deve ser perseguido à custa de um número excessivo de eletrodos, o que provavelmente aumentará a morbidade da implantação. Em geral, implantações que excedem 15 eletrodos de profundidade são raras. Ademais, o possível envolvimento de regiões eloquentes na descarga ictal requer a cobertura sensata destas regiões, com a meta dupla de avaliar seu papel na organização da convulsão e de definir os limites de uma ressecção cirúrgica segura (▶ Fig. 2.1).

Os padrões de implantação de SEEG são baseados em uma estratégia adaptada de exploração, que resulta da hipótese primária da localização anatômica da EZ, para cada caso individual. Consequentemente, torna-se difícil conceitualizar as implantações padrão para lobos e áreas específicas. Mesmo assim, alguns padrões típicos de cobertura podem ser reconhecidos.

- *Explorações da rede límbica:* casos de epilepsia de lobo temporal com achados AEC consistentes sugerindo envolvimento de uma rede límbica em geral são operados após uma única investigação não invasiva. Em geral, o uso de monitoramento invasivo é desnecessário quando os estudos semiológicos e eletrofisiológicos demonstram epilepsia temporal mesial não dominante típica, e os exames de imagem mostram uma lesão clara (p. ex., esclerose temporal mesial) que se ajusta à hipótese de localização inicial. Mesmo assim, a exploração invasiva com registros de SEEG pode ser requerida em pacientes nos quais as supostas EZs, provavelmente envolvendo os lobos temporais, são suspeitas de envolverem também áreas extratemporais. Nestes casos, o padrão de implantação aponta para a revelação de uma disseminação preferencial da descarga para áreas perissilvianas temporoinsulares-anteriores, as áreas temporoinsulares-orbitofrontais, ou as áreas posterotemporal, insular posterior, temporobasal, parietal e do cíngulo posterior. Em consequência, a amostragem de áreas límbicas extratemporais deve ser ampla o bastante para fornecer informação que permita identificar uma possível origem extratemporal das convulsões que não poderia ser prevista de forma precisa pelos métodos não invasivos de investigação.

- *Explorações da rede frontoparietal:* devido ao amplo volume dos lobos frontal e parietal, um grande número de eletrodos se faz necessário para uma cobertura adequada desta região. Na maioria dos pacientes, contudo, a amostragem exagerada pode ser evitada e a implantação a porções mais limitadas dos lobos frontal e parietal pode ser feita. A suspeita de epilepsia orbitofrontal, por exemplo, muitas vezes requer investigação do giro reto, de áreas polares frontais, do giro do cíngulo anterior e de porções anteriores do lobo temporal (polo temporal). De modo similar, as convulsões consideradas originárias da parede mesial do córtex pré-motor são avaliadas alvejando pelo menos a parte rostral e caudal da área motora suplementar (SMA), a área pré-SMA, diferentes porções do sulco e giro do cíngulo, bem como o córtex motor primário e o córtex parietal mesial e dorsolateral. Em consequência, a amostragem baseada em hipótese muitas vezes possibilita a localização da EZ nos lobos frontal e/ou parietal e, em alguns casos, pode permitir a identificação de EZs relativamente pequenas. Ocasionalmente, as explorações da rede frontoparietal podem ser bilaterais e, às vezes, simétricas, sobretudo quando uma epilepsia frontoparietal mesial é suspeita e os métodos não invasivos de investigação falharam em lateralizar a atividade epiléptica.

Eletrodos em regiões rolândicas normalmente são colocados quando existe necessidade de definir a margem posterior da ressecção em explorações de rede frontal, a margem anterior em explorações parietoccipitais, ou quando a EZ pode estar localizada no ou perto do córtex rolândico. Aqui, a meta principal é avaliar a participação rolândica na descarga ictal e obter um mapeamento funcional por estimulação elétrica intracerebral. Nesta localização, os eletrodos de profundidade são particularmente úteis para amostrar as profundezas do sulco central, bem como as fibras de substância branca descendentes e ascendentes associadas a esta região.

- *Explorações de rede do quadrante posterior:* no quadrante posterior, a colocação de eletrodos limitados a um único lobo é extremamente incomum, devido ao frequente envolvimento simultâneo de várias estruturas occipitais, parietais e posterotemporais, bem como à disseminação multidirecional das descargas para as áreas supra e infrassilviana. Em consequência, as superfícies mesial e dorsolateral dos lobos occipitais são exploradas, cobrindo as áreas infra e supracalcarina, em associação com as áreas posterotemporal, perissilviana posterior, basal-temporal-occipital, e posteroparietal, incluindo o lóbulo parietal posteroinferior e o pré-cúneo posterior. Nas epilepsias de quadrante posterior, as explorações bilaterais geralmente são necessárias devido à rápida disseminação contralateral de atividade ictal.

Metodologia e Técnica da Estereoeletroencefalografia

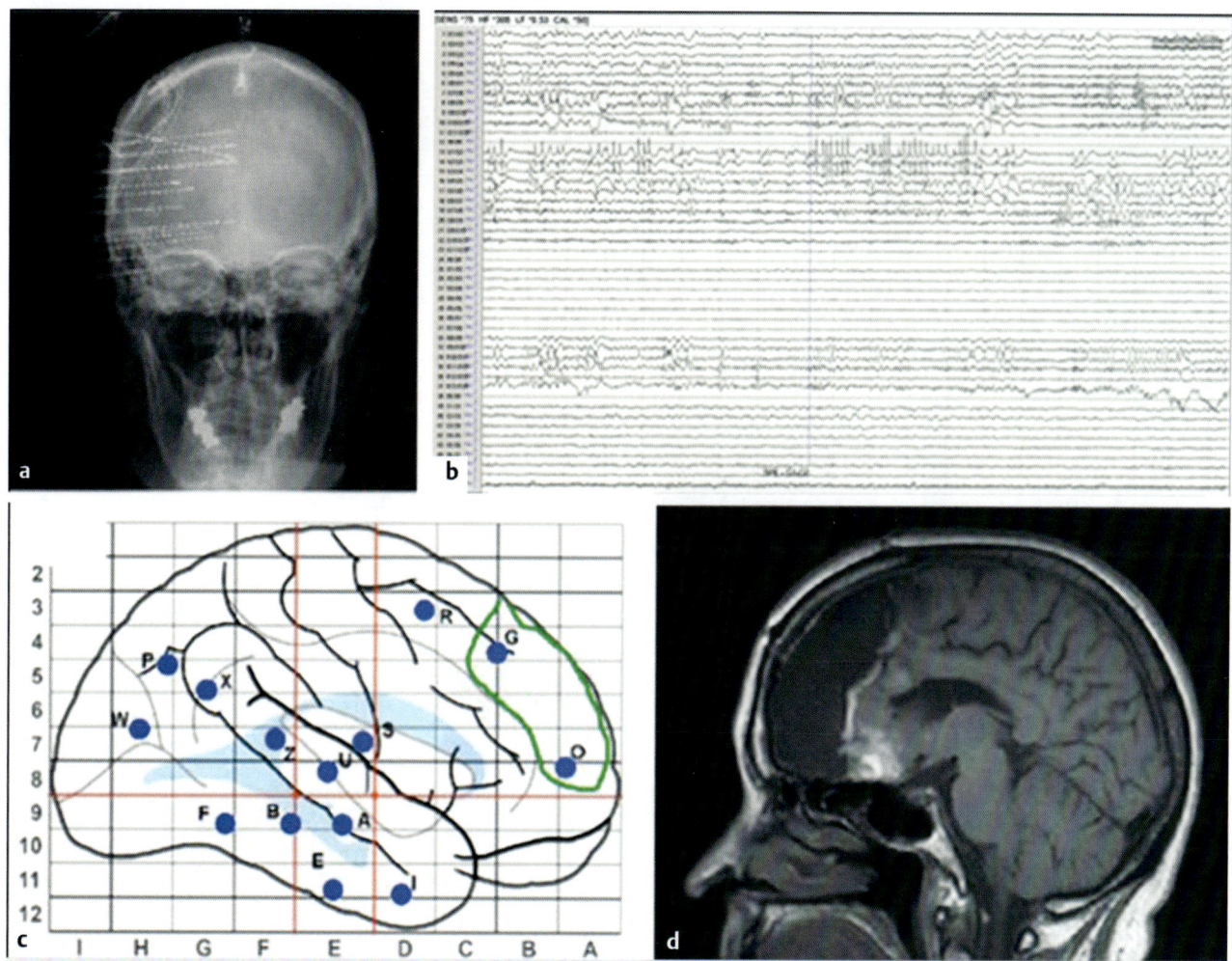

Fig. 2.1 Caso ilustrativo. Paciente de 65 anos de idade do sexo feminino, com epilepsia intratável e imagem de ressonância magnética (MRI) não lesional. **(a)** Radiografia anteroposterior mostrando implantação de SEEG (estereoeletroencefalografia) à direita. **(b)** Picos interictais oriundos do eletrodo frontal mesial direito. **(c)** Aparecimento ictal a partir do eletrodo frontal mesial direito (G) e do eletrodo frontopolar direito (O). **(d)** MRI pós-operatória mostrando ressecção frontal direita das regiões de eletrodo G e O, bem como a região orbitofrontal não amostrada.

2.5 *Nuances* Técnicas da Estereoeletroencefalografia

Uma vez finalizado o planejamento de SEEG, os alvos desejados são alcançados usando eletrodos de profundidade comerciais, disponíveis em vários comprimentos e números de contatos, dependendo das regiões encefálicas específicas a serem exploradas. Os eletrodos de profundidade são implantados usando a técnica estereotática convencional ou com assistência de dispositivos robóticos estereotáticos, através de orifícios medindo 2,5 mm de diâmetro, usando orientação ortogonal ou oblíqua, permitindo o registro intracraniano a partir de estruturas subcorticais ou corticais laterais, intermediárias ou profundas (p. ex., fascículos uncinado e occipital-frontal), em arranjo 3D, representando assim a organização espacial-temporal multidirecional e dinâmica das vias epileptogênicas.

A princípio, as implantações baseadas no quadro eram realizadas em nosso centro. Como parte da nossa prática rotineira, os pacientes eram admitidos no hospital no dia da cirurgia. No dia anterior ao da cirurgia, MRIs de sequência T1 volumétrica com contraste estereotáticas eram obtidas. As imagens eram então transferidas para nosso *software* de neuronavegação (iPlan Cranial 2.6; Brainlab AG, Feldkirchen, Alemanha), onde as trajetórias eram planejadas no dia seguinte. No dia da cirurgia, enquanto os pacientes estavam sob anestesia geral, quadros estereotáticos de Leksell (Elekta, Estocolmo, Suécia) eram aplicados usando a técnica padrão. Uma vez que os pacientes estivessem fixos à mesa de angiografia com o quadro, realizava-se o angiograma subtraído digital 3D (DSA) e o estéreo dynaCT. As MRIs pré-operatórias, o estéreo dynaCT e as imagens angiográficas eram então digitalmente processadas usando um *software* de fusão dedicado (syngo XWP; Siemens Healthcare, Forchheim, Alemanha). Estas imagens fundidas eram usadas durante o procedimento de implantação, para confirmar a precisão da posição final de cada eletrodo e garantir a ausência de estruturas vasculares ao longo da rota do eletrodo, o que poderia não ser notado em MRIs com contraste (▶ Fig. 2.2). Em seguida à fase de planejamento usando o *software* estereotático, as coordenadas de trajetória eram registradas e transportadas para a sala cirúrgica. De modo geral, as trajetórias eram planejadas em orientação ortogonal em relação ao plano sagital do crânio, para facilitar a implantação e a interpretação das posições do eletrodo. Usando o sistema estereotático de Leksell, as coordenadas para cada trajetória foram então ajustadas no quadro e a imagem fluoroscópica em vista

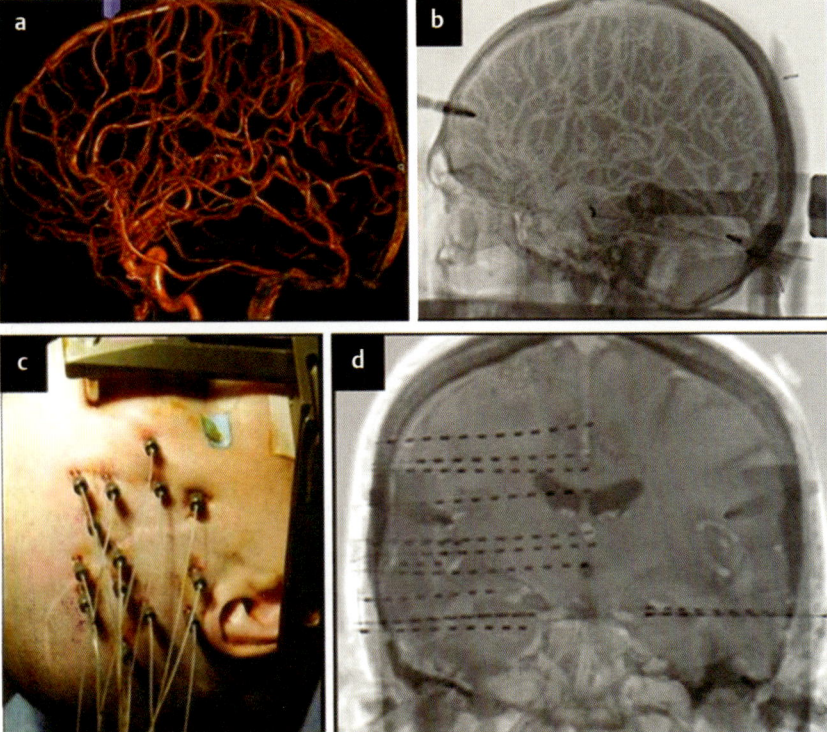

Fig. 2.2 Fusão de imagem e colocação de múltiplos eletrodos usando o método de estereoeletroencefalografia (SEEG). **(a,b)** Imagem pré-operatória com MRA (angiografia por ressonância magnética) e angiografia, respectivamente. Juntas, as trajetórias de eletrodo são planejadas com segurança, evitando estruturas vasculares e limitando o risco de sangramentos e colocação incorreta do eletrodo. **(c)** Fotografia mostrando 14 eletrodos na superfície da pele. **(d)** Imagem intraoperatória mostrando sobreposição de eletrodos de SEEG bilaterais em uma MRI ponderada em T1. Note a colocação paralela precisa, com as extremidades terminando na linha média ou na superfície dural.

lateral foi obtida em cada nova posição. Tomou-se o cuidado de assegurar que o feixe central de radiação durante a fluoroscopia fosse centralizado no meio da sonda de implantação, para evitar erros de paralaxe. Se a trajetória estivesse corretamente alinhada, correspondendo à trajetória planejada e passando ao longo de um espaço avascular, a implantação então era continuada, com perfuração do crânio, abertura da dura-máter, colocação do pino-guia e inserção final no eletrodo sob orientação fluoroscópica. Fundindo o angiograma pré-implantação às imagens de fluoroscopia ao vivo, era possível prever uma provável colisão de vasos e a trajetória então era ajustada. Se um vaso fosse identificado ao longo da via durante a fluoroscopia, o tubo-guia era deslocado manualmente em alguns milímetros, até o próximo espaço avascular ser reconhecido e a implantação era então continuada. O progresso da inserção do eletrodo foi observado sob controle fluoroscópico ao vivo, em uma vista frontal, para confirmar a trajetória reta de cada eletrodo. Para uma orientação extra, um corte de MRI coronal correspondendo ao nível de implantação de cada eletrodo, era sobreposta à imagem fluoroscópica.

Varreduras com dynaCT pós-implantação eram realizadas enquanto os pacientes ainda estavam anestesiados e posicionados sobre a mesa cirúrgica. As imagens reconstruídas eram então fundidas com o conjunto de dados de MRI usando o *software* de fusão previamente descrito. Os conjuntos de dados fundidos resultantes eram exibidos e revisados nos planos axial, sagital e coronal, possibilitando a verificação da correta colocação dos eletrodos de profundidade.[34]

Mais recentemente, foram empregados dispositivos auxiliados por robô. Similarmente à abordagem convencional, são obtidas MRIs pré-operatórias volumétricas e imagens no formato DICOM (*Digital Imaging and Communications in Medicine*) são digitalmente transferidas ao software de planejamento nativo do robô. As trajetórias individuais são planejadas na reconstrução de imagens 3D, de acordo com as localizações-alvo predeterminadas e trajetórias pretendidas. As trajetórias são selecionadas para maximizar a amostragem a partir de áreas subcorticais e corticais superficiais e profundas junto às zonas de interesse pré-selecionadas, e são orientadas de modo ortogonal (na maioria dos casos) para facilitar a correlação anátomo-eletrofisiológica durante a fase de registro extraoperatório, bem como para evitar possíveis desvios de trajetória em decorrência de pontos de entrada excessivamente angulados. Mesmo assim, quando múltiplos alvos são potencialmente acessíveis por uma única trajetória não ortogonal, estas trajetórias multialvos são selecionadas com o intuito de minimizar o número de eletrodos implantados por paciente.

Todas as trajetórias são avaliadas quanto à segurança e precisão do alvo em seus planos individualmente reconstruídos (axial, sagital, coronal), e também ao longo da "vista da ocular da sonda" reconstruída. Quaisquer trajetórias que pareçam comprometer estruturas vasculares são ajustadas adequadamente, sem afetar a amostragem das áreas de interesse. Uma distância de trabalho estabelecida de 150 mm a partir da plataforma de perfuração até o alvo inicialmente é usada para cada trajetória, que mais tarde é ajustada de modo a reduzir ao máximo a distância de trabalho e, em consequência, melhorar a precisão da implantação. Os esquemas gerais de implantação são analisados usando as capacidades de reconstrução craniana 3D. As trajetórias internas são checadas para garantir que não haja nenhuma colisão de trajetórias. As posições de trajetória externas são examinadas quanto a quaisquer sítios de entrada que possam ser proibitivamente fechados (uma distância < 1,5 cm) no nível da pele.

No dia da cirurgia, os pacientes são submetidos à anestesia geral. Para cada paciente, a cabeça é colocada em um suporte para cabeça com fixação em três pontos. O robô então é posicionado de modo que a distância de trabalho (distância entre a base do braço robótico e o ponto médio do crânio) seja de cerca de 70 cm. O robô é travado em posição e o dispositivo de suporte da cabeça é preso ao robô. Nenhum ajuste de posição adicional é

Metodologia e Técnica da Estereoeletroencefalografia

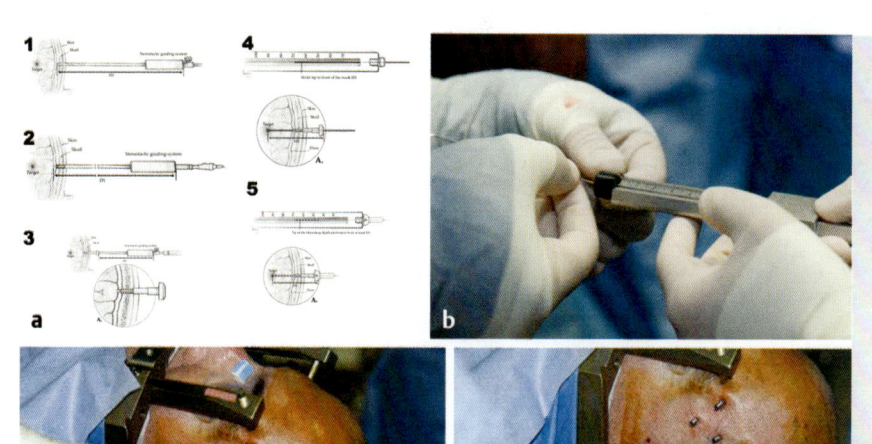

Fig. 2.3 (a) Etapas cirúrgicas da implantação de SEEG (estereoeletroencefalografia). 1: perfuração; 2: abertura da dura-máter; 3: implantação do pino; 4: medida do estilete; 5: medida do eletrodo final. **(b-d)** Fotografias intraoperatórias mostrando a medida do estilete **(b)**, a inserção do estilete **(c)** e a colocação final do eletrodo de profundidade guiado pelo pino de implantação **(d)**.

feito na mesa cirúrgica durante o procedimento de implantação. Após posicionar e prender o paciente ao robô, os registros de imagem são então iniciados. O reconhecimento facial a *laser* semiautomático é usado para registrar a MRI volumétrica pré-operatória com o paciente. Primeiro, o *laser* é calibrado com auxílio de uma ferramenta de calibração de distância. Os referenciais faciais anatômicos preestabelecidos são então manualmente selecionados com o *laser*. As áreas definidas pelos referenciais anatômicos manualmente introduzidos subsequentemente são registradas de maneira automática por varredura de superfície facial a *laser*. A precisão do processo de registro é confirmada correlacionando referenciais de superfície adicionais escolhidos de modo independente com a MRI registrada. Após o registro bem-sucedido, as acessibilidades das trajetórias planejadas são automaticamente verificadas pelo *software* do robô.

Os pacientes são então preparados e cobertos com panos, sob condições estéreis padrão. O braço de trabalho robótico também é coberto com uma cobertura de plástico estéril. Uma plataforma de perfuração, contendo uma cânula de trabalho medindo 2,5 mm de diâmetro, é presa ao braço robótico. As trajetórias desejadas são selecionadas na interface da tela sensível ao toque. Após a confirmação da trajetória, o movimento do braço é iniciado usando um pedal. O braço robótico automaticamente trava a plataforma de perfuração em uma posição estável, uma vez alcançada a posição calculada para a trajetória selecionada. Uma perfuradora manual de 2 mm de diâmetro (Stryker) é introduzida pela plataforma e usada para criar um orifício. A dura-máter então é aberta com um perfurador dural isolado, usando cautério monopolar ajustado com parâmetros menores. Um pino-guia (Ad-Tech; Racine, WI) é firmemente rosqueado dentro de cada orifício perfurado. A distância desde a plataforma de perfuração até o pino de retenção é medida e este valor é subtraído da plataforma de 150 mm padronizada para a distância-alvo. A diferença resultante é registrada para uso posterior, como comprimento final do eletrodo a ser implantado (▶ Fig. 2.3). Este processo é repetido para cada trajetória. Todos os orifícios perfurados e pinos de retenção são colocados antes de os eletrodos serem inseridos, tanto para trajetórias ortogonais como para trajetórias angulares (porém os eletrodos podem ser implantados após cada inserção, se desejado). Uma vez implantados os pinos-guia a ângulos de inserção específicos, nenhuma modificação adicional de trajetória é feita. Subsequentemente, para cada trajetória, um pequeno estilete (1 mm de diâmetro) é então ajustado para a distância do eletrodo previamente estabelecida, e passado com cuidado para dentro do parênquima, guiado pelo pino de implantação e seguido imediatamente pela inserção do eletrodo pré-medido (▶ Fig. 2.4).

2.6 Complicações e Resultados

Recentemente, nosso centro relatou 200 pacientes submetidos a 2.663 implantações de eletrodo de SEEG para os propósitos de monitoramento intracraniano invasivo por EEG, em conformidade com uma hipótese pré-implantação ajustada, para investigar e classificar anatomicamente a extensão da EZ. O grupo estudado foi um desafio por causa da escassez de dados não invasivos e/ou devido à possibilidade de uma patologia mais difusa sugerida por uma falha prévia de exploração por monitoramento invasivo: quase 1/3 dos pacientes estudados (58 pacientes; 29%) eram indivíduos previamente submetidos à intervenção cirúrgica para epilepsia medicamente refratária, resultando em convulsões recorrentes no pós-operatório. Apesar do cenário clínico desafiador, o método de SEEG conseguiu confirmar a EZ em 154 pacientes (77%), dos quais 134 (87%) submeteram-se posteriormente à craniotomia para ressecção orientada por SEEG. Nesta coorte, 90 pacientes passaram por um seguimento pós-operatório mínimo de pelo menos 12 meses; neste ponto, 61 pacientes (67,8%) continuavam livres de convulsões (*i. e.*, desfecho de Engel I). O diagnóstico patológico mais comum neste grupo foi a FCD de tipo I (55 pacientes; 61,1%). As complicações foram mínimas, incluindo infecções na ferida (0,08%), complicações hemorrágicas (0,08%) e um déficit neurológico transiente (0,04%) em um total de cinco pacientes, para uma taxa de morbidade total de 2,5%.

Os resultados em termos de desfecho da convulsão e complicações são compatíveis com os resultados já publicados por outros grupos. Estes resultados estão em paralelo com os resultados de estudos prévios descritos na literatura. Munari et al.[74] relataram em sua experiência com SEEG envolvendo 70 pacientes submetidos a uma coletiva total de 712 implantações de eletrodos. Nesta

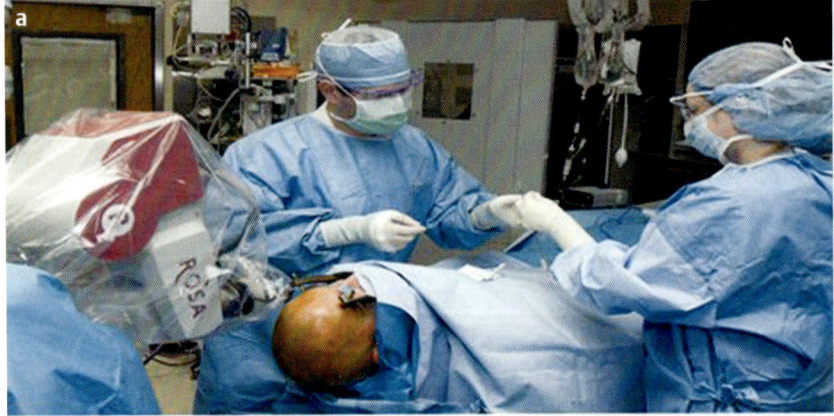

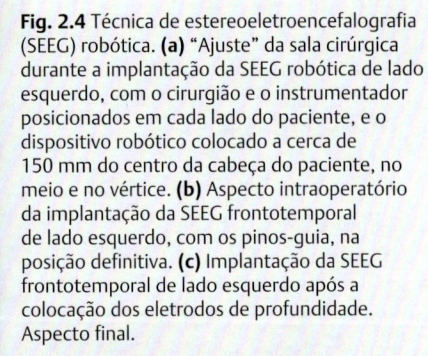

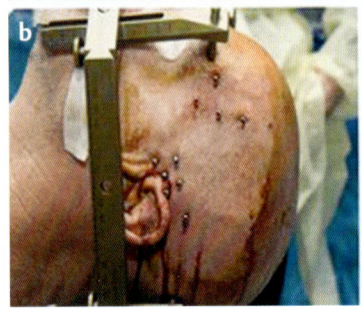

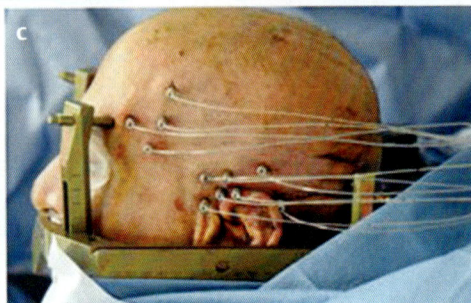

Fig. 2.4 Técnica de estereoeletroencefalografia (SEEG) robótica. **(a)** "Ajuste" da sala cirúrgica durante a implantação da SEEG robótica de lado esquerdo, com o cirurgião e o instrumentador posicionados em cada lado do paciente, e o dispositivo robótico colocado a cerca de 150 mm do centro da cabeça do paciente, no meio e no vértice. **(b)** Aspecto intraoperatório da implantação da SEEG frontotemporal de lado esquerdo, com os pinos-guia, na posição definitiva. **(c)** Implantação da SEEG frontotemporal de lado esquerdo após a colocação dos eletrodos de profundidade. Aspecto final.

coorte, uma ressecção cirúrgica individualizada e ajustada foi realizada em 60 pacientes (85,7%). Em sua série, especificamente relacionada com o SEEG, os autores identificaram uma complicação permanente decorrente do procedimento; isto implicou a formação de um hematoma intracerebral assintomático subsequente à remoção do eletrodo de SEEG (acarretando uma taxa de mortalidade de 1,4% ou de 0,1% por eletrodo). Mais recentemente, Guenot et al.[75] apresentaram uma série de 100 pacientes coletivamente submetidos a 1.118 implantações de eletrodos para monitoramento invasivo por EEG. Neste caso, a SEEG foi de fato útil para 84 pacientes (84%) seja por anular ou por confirmar (e também, no último caso, guiar) a ressecção cirúrgica da EZ. Além disso, a SEEG confirmou a indicação para ressecção em 14 casos (14%) que haviam sido previamente contestados com base no *workup* não invasivo. Estes autores relataram cinco complicações (5% dos casos), incluindo duas infecções no sítio do eletrodo (0,2% por eletrodo), duas fraturas por eletrodo intracraniano (0,2% por eletrodo) e um hematoma intracerebral resultando em morte (acarretando uma taxa de mortalidade de 1% no estudo). Em uma série ampla, Cossu et al.[76] relataram uma taxa de mortalidade de 5,6% com déficits graves permanentes decorrentes de hemorragia intracerebral em 1%. Em outro estudo, Tanriverdi et al.[77] resumiram sua experiência com uma subpopulação de 491 pacientes de epilepsia refratários coletivamente submetidos a 2.490 implantações de eletrodos de SEEG intracerebrais e 2.943 implantações de eletrodos de profundidade.[77] Com base em sua experiência, os autores identificaram quatro pacientes (0,8%) com hematoma intracraniano no sítio do eletrodo (0,07% por eletrodo) e nove pacientes (1,8%) com aparecimento de infecção a partir da colocação do eletrodo (0,2% por eletrodo); em adição, os autores relataram ausência de mortalidade diretamente decorrente da colocação dos eletrodos de SEEG. Por fim, Cardinale et al.[73] apresentaram mais recentemente sua experiência com 6.496 eletrodos estereotaticamente implantados em 482 pacientes com epilepsia refratária. Estes autores identificaram dois pacientes (0,4% ou 0,03% por eletrodo) com déficits neurológicos permanentes em sua série; 14 pacientes (2,9% ou 0,2% por eletrodo) com complicação hemorrágica; dois pacientes (0,4% ou 0,03% por eletrodo) com infecção, e uma mortalidade (0,2%) resultante de edema cerebral em massa e hiponatremia concomitante subsequente à implantação do eletrodo.

Em comparação com a morbidade, está historicamente comprovado que a implantação de eletrodo *grid* subdural apresenta baixa morbidade permanente (0-3%), em comparação com os eletrodos profundos (3-6%), dada a inexistência de passagem intraparenquimal.[2,37,78-83] Embora seja difícil comparar as taxas de morbidade entre *grids* subdurais e SEEG em razão da variabilidade na seleção do paciente, diferentes instituições e números variáveis de eletrodos implantados, a experiência clínica entre diferentes grupos na Europa e na América do Norte sugere que o método de SEEG propicia um grau de segurança no mínimo similar, quando comparado com os *grids* ou *strips* subdurais.[7,28,29,33,38,57,61,64,74,77,83-86]

2.7 Conclusão

A técnica e a metodologia de SEEG foram desenvolvidas há quase 60 anos, na Europa. A eficácia e a segurança da SEEG têm sido comprovadas ao longo dos últimos 55 anos. A principal vantagem do método está na possibilidade de estudar a rede neuronal epileptogênica em seu aspecto dinâmico e 3D, com correlação ideal de tempo e espaço, com a semiologia clínica das convulsões do paciente.

No futuro próximo, o principal desafio clínico continua sendo refinar ainda mais os critérios de seleção específicos para os diferentes métodos de monitoramento invasivo, com a meta final de comparar e validar os resultados (desfecho livre de convulsões a longo prazo) obtidos a partir de métodos distintos de monitoramento invasivo.

Referências

[1] Rosenow F, Lüders H. Presurgical evaluation of epilepsy. Brain. 2001; 124(Pt 9):1683-1700

[2] Wyllie E, Lüders H, Morris HH, III, et al. Subdural electrodes in the evaluation for epilepsy surgery in children and adults. Neuropediatrics. 1988; 19(2):80-86

[3] Jayakar P, Duchowny M, Resnick TJ. Subdural monitoring in the evaluation of children for epilepsy surgery. J Child Neurol. 1994; 9 Suppl 2:61-66

[4] Adelson PD, O'Rourke DK, Albright AL. Chronic invasive monitoring for identifying seizure foci in children. Neurosurg Clin N Am. 1995; 6(3):491-504

[5] Jayakar P. Invasive EEG monitoring in children: when, where, and what? J Clin Neurophysiol. 1999; 16(5):408-418

[6] Winkler PA, Herzog C, Henkel A, et al. Noninvasive protocol for surgical treatment of focal epilepsies. Nervenarzt. 1999; 70(12):1088-1093

[7] Cossu M, Chabardès S, Hoffmann D, Lo Russo G. Presurgical evaluation of intractable epilepsy using stereo-electro-encephalography methodology: principles, technique and morbidity. Neurochirurgie. 2008; 54(3):367-373

[8] Bancaud J, Dell MB. Technics and method of stereotaxic functional exploration of the brain structures in man (cortex, subcortex, central gray nuclei). Rev Neurol (Paris). 1959; 101:213-227

[9] Bancaud J, Talairach J, Waltregny P, Bresson M, Morel P. Stimulation of focal cortical epilepsies by megimide in topographic diagnosis. (Clinical EEG and SEEG study). Rev Neurol (Paris). 1968; 119(3):320-325

[10] Bancaud J, Talairach J, Waltregny P, Bresson M, Morel P. Activation by Megimide in the topographic diagnosis of focal cortical epilepsies (clinical EEG and SEEG study). Electroencephalogr Clin Neurophysiol. 1969; 26(6):640

[11] Bancaud J, Angelergues R, Bernouilli C, et al. Functional stereotaxic exploration (SEEG) of epilepsy. Electroencephalogr Clin Neurophysiol. 1970; 28(1):85-86

[12] Bancaud J, Favel P, Bonis A, Bordas-Ferrer M, Miravet J, Talairach J. Paroxysmal sexual manifestations and temporal lobe epilepsy. Clinical, EEG and SEEG study of a case of epilepsy of tumoral origin. Rev Neurol (Paris). 1970; 123(4):217-230

[13] Bancaud J, Talairach J. Methodology of stereo EEG exploration and surgical intervention in epilepsy. Rev Otoneuroophtalmol. 1973; 45(4):315-328

[14] Geier S, Bancaud J, Talairach J, Enjelvin M. Radio-telemetry in EEG and SEEG. Technology and material. Rev Electroencephalogr Neurophysiol Clin. 1973; 3(4):353-354

[15] Cabrini GP, Ettorre G, Marossero F, Miserocchi G, Ravagnati L. Surgery of epilepsy: some indications for SEEG. J Neurosurg Sci. 1975; 19(1-2):95-104

[16] Bancaud J, Talairach J, Geier S, Bonis A, Trottier S, Manrique M. Behavioral manifestations induced by electric stimulation of the anterior cingulate gyrus in man. Rev Neurol (Paris). 1976; 132(10):705-724

[17] Musolino A, Tournoux P, Missir O, Talairach J. Methodology of "in vivo" anatomical study and stereo-electroencephalographic exploration in brain surgery for epilepsy. J Neuroradiol. 1990; 17(2):67-102

[18] Engel J, Jr, Henry TR, Risinger MW, et al. Presurgical evaluation for partial epilepsy: relative contributions of chronic depth-electrode recordings versus FDG-PET and scalp-sphenoidal ictal EEG. Neurology. 1990; 40(11):1670-1677

[19] Baucaud J, Talairach J, Munari C, Giallonardo T, Brunet P. Introduction to the clinical study of postrolandic epileptic seizures. Can J Neurol Sci. 1991; 18(4) Suppl:566-569

[20] Talairach J, Bancaud J, Bonis A, et al. Surgical therapy for frontal epilepsies. Adv Neurol. 1992; 57:707-732

[21] Avanzini G. Discussion of stereoelectroencephalography. Acta Neurol Scand Suppl. 1994; 152:70-73

[22] Bartolomei F, Wendling F, Bellanger JJ, Régis J, Chauvel P. Neural networks involving the medial temporal structures in temporal lobe epilepsy. Clin Neurophysiol. 2001; 112(9):1746-1760

[23] Biraben A, Taussig D, Thomas P, et al. Fear as the main feature of epileptic seizures. J Neurol Neurosurg Psychiatry. 2001; 70(2):186-191

[24] Wendling F, Bartolomei F, Bellanger JJ, Chauvel P. Interpretation of interdependencies in epileptic signals using a macroscopic physiological model of the EEG. Clin Neurophysiol. 2001; 112(7):1201-1218

[25] Wendling F, Bartolomei F, Bellanger JJ, Chauvel P. Identification of epileptogenic networks from modeling and nonlinear analysis of SEEG signals. Neurophysiol Clin. 2001; 31(3):139-151

[26] Tassi L, Colombo N, Cossu M, et al. Electroclinical, MRI and neuropathological study of 10 patients with nodular heterotopia, with surgical outcomes. Brain. 2005; 128(Pt 2):321-337

[27] Battaglia G, Chiapparini L, Franceschetti S, et al. Periventricular nodular heterotopia: classification, epileptic history, and genesis of epileptic discharges. Epilepsia. 2006; 47(1):86-97

[28] Cossu M, Cardinale F, Castana L, Nobili L, Sartori I, Lo Russo G. Stereo-EEG in children. Childs Nerv Syst. 2006; 22(8):766-778

[29] Sindou M, Guenot M, Isnard J, Ryvlin P, Fischer C, Mauguière F. Temporomesial epilepsy surgery: outcome and complications in 100 consecutive adult patients. Acta Neurochir (Wien). 2006; 148(1):39-45

[30] Guenot M, Isnard J. Epilepsy and insula. Neurochirurgie. 2008; 54(3):374-381

[31] Guenot M, Isnard J. Multiple SEEG-guided RF-thermolesions of epileptogenic foci. Neurochirurgie. 2008; 54(3):441-447

[32] Talairach J, Bancaud J, Bonis A, Tournoux P, Szikla G, Morel P. Functional stereotaxic investigations in epilepsy. Methodological remarks concerning a case. Rev Neurol (Paris). 1961; 105:119-130

[33] Devaux B, Chassoux F, Guenot M, et al. Epilepsy surgery in France. Neurochirurgie. 2008; 54(3):453-465

[34] Gonzalez-Martinez J, Bulacio J, Alexopoulos A, Jehi L, Bingaman W, Najm I. Stereoelectroencephalography in the "difficult to localize" refractory focal epilepsy: early experience from a North American epilepsy center. Epilepsia. 2013; 54(2):323-330

[35] Kwan P, Brodie MJ. Definition of refractory epilepsy: defining the indefinable? Lancet Neurol. 2010; 9(1):27-29

[36] Najm IM, Naugle R, Busch RM, Bingaman W, Luders H. Definition of the epileptogenic zone in a patient with non-lesional temporal lobe epilepsy arising from the dominant hemisphere. Epileptic Disorders. 2006; 8 Suppl 2:S27-S35

[37] Nair DR, Burgess R, McIntyre CC, Lüders H. Chronic subdural electrodes in the management of epilepsy. Clin Neurophysiol. 2008; 119(1):11-28

[38] Gonzalez-Martinez J, Najm IM. Indications and selection criteria for invasive monitoring in children with cortical dysplasia. Childs Nerv Syst. 2014; 30 (11):1823-1829

[39] Marnet D, Devaux B, Chassoux F, et al. Surgical resection of focal cortical dysplasias in the central region. Neurochirurgie. 2008; 54(3):399-408

[40] Russo GL, Tassi L, Cossu M, et al. Focal cortical resection in malformations of cortical development. Epileptic Disorders. 2003; 5 Suppl 2:S115-S123

[41] Lüders H, Schuele SU. Epilepsy surgery in patients with malformations of cortical development. Curr Opin Neurol. 2006; 19(2):169-174

[42] Kellinghaus C, Moddel G, Shigeto H, et al. Dissociation between in vitro and in vivo epileptogenicity in a rat model of cortical dysplasia. Epileptic Disorders. 2007; 9(1):11-19

[43] González-Martínez JA, Srikijvilaikul T, Nair D, Bingaman WE. Long-term seizure outcome in reoperation after failure of epilepsy surgery. Neurosurgery. 2007; 60(5):873-880, discussion 873-880

[44] Tassi L, Colombo N, Garbelli R, et al. Focal cortical dysplasia: neuropathological subtypes, EEG, neuroimaging and surgical outcome. Brain. 2002; 125(Pt 8):1719-1732

[45] Srikijvilaikul T, Najm IM, Hovinga CA, Prayson RA, Gonzalez-Martinez J, Bingaman WE. Seizure outcome after temporal lobectomy in temporal lobe cortical dysplasia. Epilepsia. 2003; 44(11):1420-1424

[46] Francione S, Kahane P, Tassi L, et al. Stereo-EEG of interictal and ictal electrical activity of a histologically proved heterotopic gray matter associated with partial epilepsy. Electroencephalogr Clin Neurophysiol. 1994; 90(4):284-290

[47] Catenoix H, Mauguière F, Guénot M, et al. SEEG-guided thermocoagulations: a palliative treatment of nonoperable partial epilepsies. Neurology. 2008; 71(21):1719-1726

[48] Abraham G, Zizzadoro C, Kacza J, et al. Growth and differentiation of primary and passaged equine bronchial epithelial cells under conventional and airliquid-interface culture conditions. BMC Vet Res. 2011; 7:26

[49] Kerr MS, Burns SP, Gale J, Gonzalez-Martinez J, Bulacio J, Sarma SV. Multivariate analysis of SEEG signals during seizure. Annual International Conference of the IEEE Engineering in Medicine and Biology Society 2011:8279-8282

[50] Centeno RS, Yacubian EM, Caboclo LO, Júnior HC, Cavalheiro S. Intracranial depth electrodes implantation in the era of image guided surgery. Arq Neuropsiquiatr. 2011; 69(4):693-698

[51] Kakisaka Y, Kubota Y, Wang ZI, et al. Use of simultaneous depth and MEG recording may provide complementary information regarding the epileptogenic region. Epileptic Disorders. 2012; 14(3):298-303

[52] Yaffe R, Burns S, Gale J, et al. Brain state evolution during seizure and under anesthesia: a network-based analysis of stereotaxic eeg activity in

drugresistant epilepsy patients. Annual International Conference of the IEEE Engineering in Medicine and Biology Society 2012:5158–5161

[53] Antony AR, Alexopoulos AV, González-Martínez JA, et al. Functional connectivity estimated from intracranial EEG predicts surgical outcome in intractable temporal lobe epilepsy. PLoS One. 2013; 8(10):e77916

[54] Vadera S, Marathe AR, Gonzalez-Martinez J, Taylor DM. Stereoelectroencephalography for continuous two-dimensional cursor control in a brainmachine interface. Neurosurg Focus. 2013; 34(6):E3

[55] Vadera S, Mullin J, Bulacio J, Najm I, Bingaman W, Gonzalez-Martinez J. Stereoelectroencephalography following subdural grid placement for difficult to localize epilepsy. Neurosurgery. 2013; 72(5):723–729, discussion 729

[56] Wang S, Wang IZ, Bulacio JC, et al. Ripple classification helps to localize the seizure-onset zone in neocortical epilepsy. Epilepsia. 2013; 54(2):370–376

[57] Cardinale F, Cossu M, Castana L, et al. Stereoelectroencephalography: surgical methodology, safety, and stereotactic application accuracy in 500 procedures. Neurosurgery. 2013; 72(3):353–366, discussion 366

[58] Enatsu R, Bulacio J, Nair DR, Bingaman W, Najm I, Gonzalez-Martinez J. Posterior cingulate epilepsy: clinical and neurophysiological analysis. J Neurol Neurosurg Psychiatry. 2014; 85(1):44–50

[59] Enatsu R, Bulacio J, Najm I, et al. Combining stereo-electroencephalography and subdural electrodes in the diagnosis and treatment of medically intractable epilepsy. J Clin Neurosci. 2014; 21(8):1441–1445

[60] Gonzalez-Martinez J, Lachhwani D. Stereoelectroencephalography in children with cortical dysplasia: technique and results. Childs Nerv Syst. 2014; 30(11):1853–1857

[61] Gonzalez-Martinez J, Mullin J, Bulacio J, et al. Stereoelectroencephalography in children and adolescents with difficult-to-localize refractory focal epilepsy. Neurosurgery. 2014; 75(3):258–268, discussion 267–268

[62] Gonzalez-Martinez J, Mullin J, Vadera S, et al. Stereotactic placement of depth electrodes in medically intractable epilepsy. J Neurosurg. 2014; 120(3):639–644

[63] Johnson MA, Thompson S, Gonzalez-Martinez J, et al. Performing behavioral tasks in subjects with intracranial electrodes. J Vis Exp. 2014(92):e51947

[64] Serletis D, Bulacio J, Bingaman W, Najm I, González-Martínez J. The stereotactic approach for mapping epileptic networks: a prospective study of 200 patients. J Neurosurg. 2014; 121(5):1239–1246

[65] Vadera S, Burgess R, Gonzalez-Martinez J. Concomitant use of stereoelectroencephalography (SEEG) and magnetoencephalographic (MEG) in the surgical treatment of refractory focal epilepsy. Clin Neurol Neurosurg. 2014; 122:9–11

[66] Cardinale F, Cossu M. Letter to the Editor: SEEG has the lowest rate of complications. J Neurosurg. 2014:1–3

[67] Cossu M, Fuschillo D, Cardinale F, et al. Stereo-EEG-guided radiofrequency thermocoagulations of epileptogenic grey-matter nodular heterotopy. J Neurol Neurosurg Psychiatry. 2014; 85(6):611–617

[68] Enatsu R, Gonzalez-Martinez J, Bulacio J, et al. Connections of the limbic network: a corticocortical evoked potentials study. Cortex. 2015; 62:20–33

[69] Kovac S, Kahane P, Diehl B. Seizures induced by direct electrical cortical stimulation: mechanisms and clinical considerations. Clin Neurophysiol. 2016; 127(1):31–3

[70] Najm IM, Bingaman WE, Lüders HO. The use of subdural grids in the management of focal malformations due to abnormal cortical development. Neurosurg Clin N Am. 2002; 13(1):87–92, viii–ix

[71] Widdess-Walsh P, Jeha L, Nair D, Kotagal P, Bingaman W, Najm I. Subdural electrode analysis in focal cortical dysplasia: predictors of surgical outcome. Neurology. 2007; 69(7):660–667

[72] Chauvel P, McGonigal A. Emergence of semiology in epileptic seizures. Epilepsy Behav. 2014; 38:94–103

[73] Cardinale F, Lo Russo G. Stereo-electroencephalography safety and effectiveness: Some more reasons in favor of epilepsy surgery. Epilepsia. 2013; 54 (8):1505–1506

[74] Munari C, Hoffmann D, Francione S, et al. Stereo-electroencephalography methodology: advantages and limits. Acta Neurol Scand Suppl. 1994; 152:56–67, discussion 68–69

[75] Guenot M, Isnard J, Ryvlin P, et al. Neurophysiological monitoring for epilepsy surgery: the Talairach SEEG method. Stereoelectroencephalography. Indications, results, complications and therapeutic applications in a series of 100 consecutive cases. Stereotact Funct Neurosurg. 2001; 77(1–4):29–32

[76] Cossu M, Cardinale F, Colombo N, et al. Stereoelectroencephalography in the presurgical evaluation of children with drug-resistant focal epilepsy. J Neurosurg. 2005; 103(4) Suppl:333–343

[77] Tanriverdi T, Ajlan A, Poulin N, Olivier A. Morbidity in epilepsy surgery: an experience based on 2449 epilepsy surgery procedures from a single institution. J Neurosurg. 2009; 110(6):1111–1123

[78] Lee WS, Lee JK, Lee SA, Kang JK, Ko TS. Complications and results of subdural grid electrode implantation in epilepsy surgery. Surg Neurol. 2000; 54(5):346–351

[79] Rydenhag B, Silander HC. Complications of epilepsy surgery after 654 procedures in Sweden, September 1990–1995: a multicenter study based on the Swedish National Epilepsy Surgery Register. Neurosurgery. 2001; 49(1):51– 56, discussion 56–57

[80] Hamer HM, Morris HH, Mascha EJ, et al. Complications of invasive video-EEG monitoring with subdural grid electrodes. Neurology. 2002; 58(1):97–103

[81] Onal C, Otsubo H, Araki T, et al. Complications of invasive subdural grid monitoring in children with epilepsy. J Neurosurg. 2003; 98(5):1017–1026

[82] González Martínez F, Navarro Gutiérrez S, de León Belmar JJ, Valero Serrano B. Electrocardiographic disorders associated to recent onset epilepsy. Neurologia. 2005; 20(10):698–701

[83] Ozlen F, Asan Z, Tanriverdi T, et al. Surgical morbidity of invasive monitoring in epilepsy surgery: an experience from a single institution. Turk Neurosurg. 2010; 20(3):364–372

[84] Afif A, Chabardes S, Minotti L, Kahane P, Hoffmann D. Safety and usefulness of insular depth electrodes implanted via an oblique approach in patients with epilepsy. Neurosurgery. 2008; 62(5) Suppl 2:ONS471–ONS479, discussion 479–480

[85] Nobili L, Cardinale F, Magliola U, et al. Taylor's focal cortical dysplasia increases the risk of sleep-related epilepsy. Epilepsia. 2009; 50(12):2599–2604

[86] Serletis D, Bulacio J, Alexopoulos A, Najm I, Bingaman W, González-Martínez J. Tailored unilobar and multilobar resections for orbitofrontal-plus epilepsy. Neurosurgery. 2014; 75(4):388–397, discussion 397

3 Anatomia Cirúrgica do Lobo Temporal

Arthur J. Ulm ▪ Justin D. Hilliard ▪ Necmettin Tanriover ▪ Kaan Yagmurlu ▪ Albert L. Rhoton ▪ Steven N. Roper

Resumo

Um entendimento profundo da anatomia do lobo temporal é uma necessidade para uma cirurgia de epilepsia bem-sucedida. As referências anatômicas-chave delimitam as fronteiras do lobo temporal: a fissura silviana superiormente, os limites da fossa média inferiormente, a ínsula e as cisternas crural e *ambiens* medialmente, e a linha parietotemporal lateral, linha têmporo-occipital e linha parietotemporal basal posteriormente. Nós revisamos a anatomia funcional importante durante a lobectomia temporal, incluindo a área de linguagem primária posterior no lobo temporal lateral, e as radiações ópticas ao longo do lobo temporal mesial. Neuroimagem com contraste forneceu uma visão dos feixes de fibras que atravessam o lobo temporal, e a necessidade de preservação das mesmas, como os fascículos longitudinais mediais (envolvidos na linguagem e atenção), o fascículo arqueado, a comissura anterior, o fascículo uncinado e as fibras tapetais. Este capítulo ilustra várias dissecções, a fim de proporcionar ao cirurgião uma compreensão tridimensional da anatomia cirúrgica do lobo temporal, que irá equipá-lo para realizar com segurança e precisão uma lobectomia temporal anterior para epilepsia.

Palavras-chave: lobo temporal, epilepsia cirúrgica, feixes de fibras, hipocampo, amígdala, radiações ópticas.

3.1 Introdução

O lobo temporal é uma área de grande importância para todos os neurocirurgiões, mas especialmente para aqueles envolvidos no tratamento cirúrgico da epilepsia. Cirurgia bem-sucedida no lobo temporal requer uma compreensão das relações estruturais e funcionais, e demanda que o cirurgião possua uma visão tridimensional da anatomia, de modo que possa dissecar através do parênquima até as estruturas profundas sem desviar do trajeto. Assim como em outras áreas, a identificação apropriada das referências anatômicas-chave é crucial para este processo, e essas referências serão discutidas ao longo do capítulo. O córtex do lobo temporal inclui o neocórtex de seis camadas das superfícies superior, lateral e inferior, bem como o perialocórtex e alocórtex das estruturas temporais mesiais. Seus limites são formados pela ínsula e cisternas crural e *ambiens*. O limite posterior é definido pela linha parietotemporal lateral (que percorre do sulco parietoccipital até a incisura pré-occipital), a linha temporoccipital (que percorre perpendicular à linha parietotemporal e cruza a extensão posterior da fissura silviana), e a linha parietotemporal basal (a qual percorre ao longo da superfície medial do hemisfério, desde a incisura pré-occipital até a origem do sulco parietoccipital).

3.2 Lobo Temporal Superior

A fissura silviana forma o limite superior do lobo temporal. Esta é dividida em um compartimento esfenoidal anteriormente, e um compartimento operculoinsular posteriormente. A artéria cerebral média começa na bifurcação da artéria carótida interna e seu segmento M1 ruma através da porção esfenoidal da fissura silviana até a superfície da ínsula. O segmento M2 começa no compartimento operculoinsular da fissura silviana, na bifurcação da artéria cerebral média em um tronco superior e um tronco inferior (▶ Fig. 3.1). Os troncos dão origem aos vários ramos da artéria cerebral média, os quais rumam para o perímetro da ínsula, o sulco cerebral. O segmento M3 refere-se a estes ramos à medida que eles percorrem do sulco circular até a superfície da fissura silviana. Os ramos que percorrem a fissura silviana sobre a superfície do hemisfério são chamados de segmentos M4. Após saírem da fissura silviana, alguns ramos da artéria cerebral média percorrem sobre a superfície lateral do lobo temporal e fornecem seu suprimento arterial. Estas incluem as artérias uncal, temporopolar e temporal anterior, as quais podem ser originadas antes da bifurcação da artéria cerebral média, e as artérias temporal média e temporal posterior, as quais se originam no tronco inferior da artéria cerebral média (▶ Fig. 3.2). A fissura também contém as veias silvianas superficial e profunda. A veia silviana superficial drena a porção superior do lobo temporal lateral. Ela desemboca no seio esfenoparietal anteriormente, e no seio transverso, através da veia de Labbé, posteriormente. Também pode desembocar no seio sagital superior através de veias anastomóticas que percorrem sobre a convexidade do hemisfério. A veia silviana profunda percorre no assoalho da fissura silviana e desemboca na veia basal de Rosenthal.

A ínsula de Reil situa-se abaixo da fissura silviana e é revestida pelos, e perifericamente contínua, córtices operculares dos lobos frontal, temporal e parietal (▶ Fig. 3.3). Muitas descrições da lobectomia temporal anterior incluem uma ressecção subpial do giro temporal superior sobre a fissura silviana. É o límen da ínsula que marca o ponto anteroinferior final desta ressecção.

A superfície superior do lobo temporal é composta pela face superior do giro temporal superior, giro de Heschl e pleno temporal. O giro de Heschl, que pode ser único ou múltiplo em um determinado lobo temporal, percorre em uma direção oblíqua pela porção superior do lobo temporal, e contém o córtex auditivo primário (▶ Fig. 3.3). O plano temporal situa-se posterior ao giro de Heschl e é separado dele pelo sulco de Heschl (▶ Fig. 3.3c). É uma área triangular que está envolvida com o processamento da linguagem. O plano temporal mostra assimetria esquerda-direita, com o plano temporal dominante tendo uma área superficial mais ampla que a não dominante.

3.3 Lobo Temporal Lateral

A superfície lateral do lobo temporal é composta pelos giros temporal superior, médio e temporal inferior (▶ Fig. 3.4). Eles estão separados pelos sulcos temporal superior e temporal inferior. A anatomia dos sulcos está sujeita a uma variabilidade considerável. A extremidade anterior do sulco temporal superior pode estender-se até ou sobre a ponta temporal. Na sua extremidade posterior, ele pode comunicar-se com a fissura silviana, o sulco angular, o sulco occipital anterior ou o sulco temporal inferior. A parte mais profunda do sulco temporal superior é o ponto mais próximo na superfície lateral do lobo temporal até o corno temporal, uma distância de cerca de 10 a 12 mm de acordo com o artigo de Ono et al.[1] O sulco temporal inferior geralmente se estende sobre a ponta temporal. Posteriormente, ele pode comunicar-se com o sulco temporal superior, o sulco occipitotemporal, o sulco occipital lateral ou o sulco intraparietal.

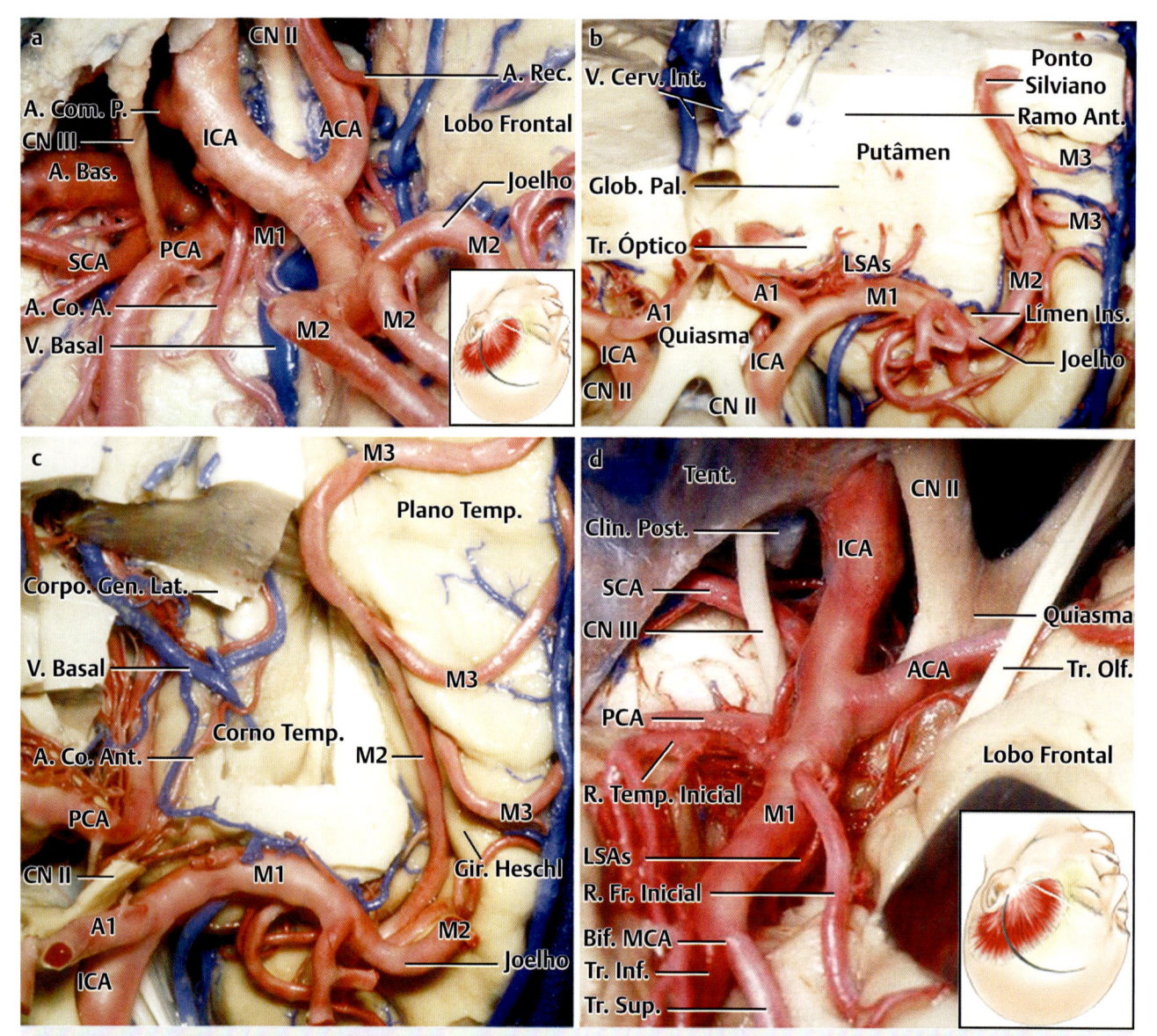

Fig. 3.1 (a) Vista cirúrgica da bifurcação da artéria carótida interna (ICA) em artéria cerebral anterior (ACA) e artéria cerebral média (MCA). A pré-bifurcação do segmento M1 da MCA estende-se da bifurcação da ICA até a bifurcação da MCA, e percorre no compartimento esfenoidal da fissura silviana. O segmento M1 continua a uma distância variável, na forma de troncos pós-bifurcação do M1 anterior ao joelho no nível do límen da ínsula. No límen da ínsula, os troncos pós-bifurcação viram e percorrem ao longo da superfície da ínsula na forma dos segmentos M2. Os segmentos M2 percorrem no interior do compartimento silviano da fissura silviana. **(b)** Dissecção coronal demonstrando o trajeto da MCA dentro dos compartimentos esfenoidal e silviano da fissura silviana. Os troncos pré-bifurcação e pós-bifurcação do M1 percorrem dentro do compartimento esfenoidal. No límen da ínsula, a artéria vira e percorre posteriormente no interior do compartimento silviano. O joelho marca a divisão entre os segmentos M1 e M2 da artéria. As artérias M2 emitem ramos para o córtex lateral que rumam sobre os opérculos frontal, parietal e temporal. As porções operculares da MCA correspondem aos segmentos M3. **(c)** Vista superior no interior do corno temporal demonstrando a relação próxima da MCA com as estruturas do lobo temporal. O segmento M1 situa-se anterior e superior ao polo anterior do corno temporal. A artéria coroideia anterior origina-se na ICA, distal à origem da artéria comunicante posterior (PCoA), atravessa a cisterna crural e entra na face medial do corno temporal, posterior ao ápice do úncus. **(d)** O segmento M1 frequentemente emite ramos corticais antes de sua bifurcação. Estes ramos são as artérias frontal e temporal iniciais. Artérias lenticuloestriadas geralmente se originam no segmento proximal destes ramos iniciais. A. Com. P. = artéria comunicante posterior; CNIII = nervo oculomotor; A. Bas. = artéria basilar; SCA = artéria cerebelar superior; A. Co. A. = artéria coroideia anterior; V. Basal = veia basal; PCA = artéria cerebral posterior; ICA = artéria cerebral interna; M1 = segmento M1; M2 = segmento M2; ACA = artéria cerebral anterior; A. Rec. = artéria recorrente de Heubner; Joelho = joelho da MCA; V. Cer. Int. = veia cerebral interna; Glob. Pal. = globo pálido; Tr. Óptico = trato óptico; A1 = segmento A1 da ACA; Quiasma = quiasma óptico; LSAs = artérias lenticuloestriadas; Límen. Ins. = límen da ínsula; Ramo ant. = ramo anterior da cápsula interna; Plano Temp. = plano temporal; Corpo Gen. Lat. = corpo geniculado lateral; Gir. Heschl = giro de Heschl; Corno Temp. = corno temporal; Tent. = tentório; Clin. Post. = clinoide posterior; SCA = artéria cerebelar superior; R. Fr. Inicial ramo frontal inicial; Bif. MCA = bifurcação da artéria cerebral média; Tr. Inf. = tronco inferior; Tr. Sup. = tronco superior; Tr. Olf. = trato olfatório.

Anatomia Cirúrgica do Lobo Temporal

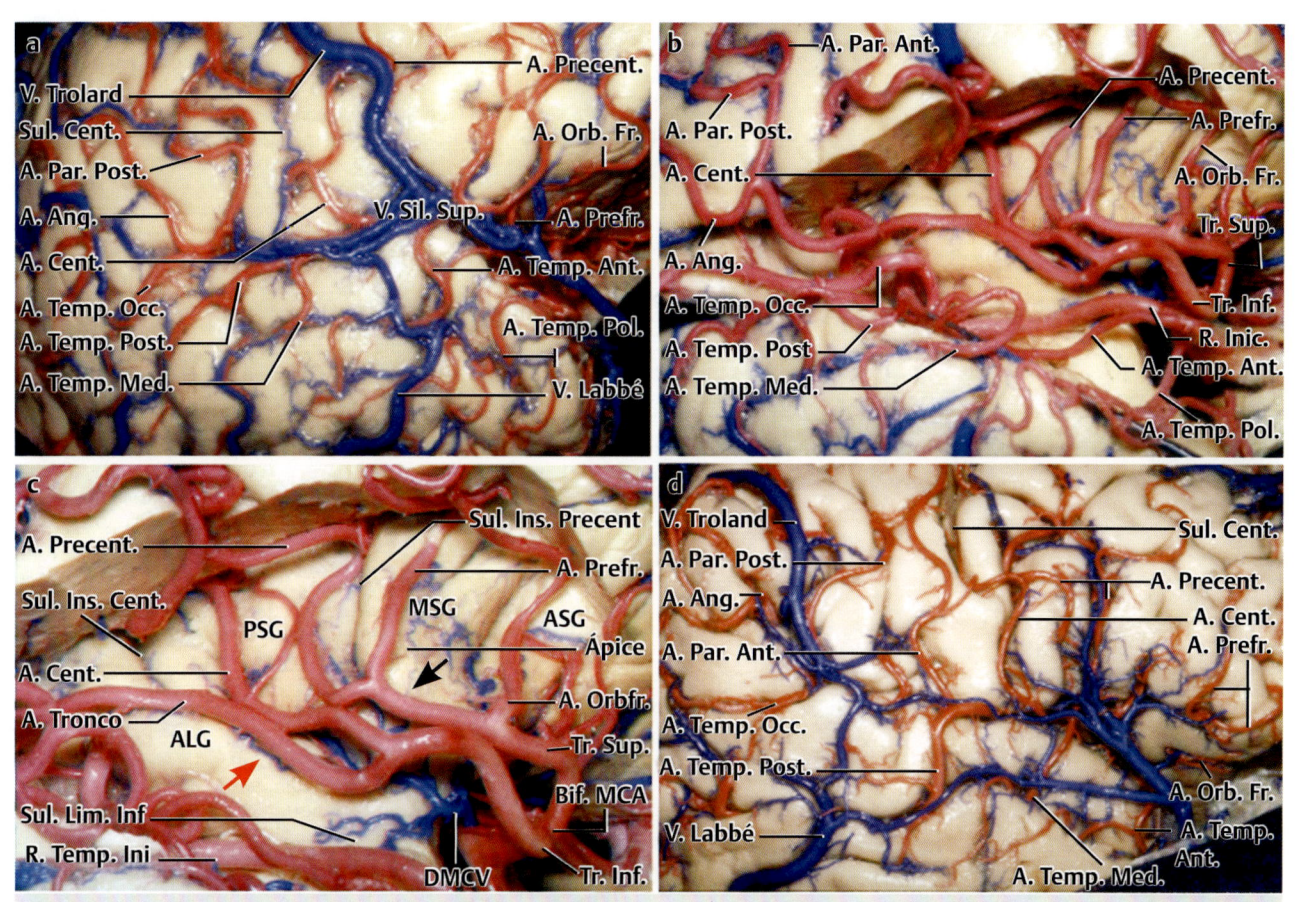

Fig. 3.2 (a) Vista do córtex lateral. O padrão primário de drenagem do córtex lateral é por três rotas: superiormente, no seio sagital superior, com uma contribuição significativa da veia de Trolard; inferiormente, o lobo temporal drena para a veia de Labbé; e medialmente, drena no seio esfenoidal e veia basal pelas veias silvianas superficial e profunda. **(b)** A fissura silviana foi aberta e os opérculos frontal e parietal removidos para demonstrar os ramos corticais que se originam das artérias insulares M2. Os troncos superior e inferior e ramos iniciais distais percorrem sobre a superfície da ínsula como segmentos M2 e origina os ramos corticais. Os ramos corticais incluem as artérias temporopolar, temporal anterior, temporal média, temporal posterior, têmporo-occipital e angular, que surgem como ramos distais a partir do tronco inferior e ramos temporais iniciais. As artérias orbital frontal, pré-frontal, pré-central, central e parietal anterior originam-se do tronco superior e dos ramos frontais iniciais. **(c)** Close da superfície insular após a remoção dos opérculos frontal e parietal. A artéria cerebral média (MCA) M1 bifurca-se do límen da ínsula em troncos superior e inferior. Os troncos M2 percorrem sobre a ínsula e originam os ramos corticais. Um tronco M2 que se origina de um ramo temporal inicial pode ser observado. As setas vermelha e preta marcam as artérias do tronco insular que emitem as perfurantes para a ínsula e se dividem em múltiplos ramos corticais. **(d)** Vista lateral do córtex perissilviano. As artérias terminais M4 corticais podem ser identificadas. Estas incluem os ramos orbital frontal, pré-frontal, pré-central, central, parietal anterior e parietal posterior das artérias frontais iniciais e a divisão superior da MCA. As artérias temporal anterior, temporal média, temporal posterior, temporoccipital e angular originam-se dos ramos temporais iniciais ou da divisão inferior da MCA. V. Trolard = veia de Trolard; Sul. Cent. = sulco central; A. Par. Post. = artéria parietal posterior; A. Ang. = artéria angular; A. Cent. = artéria central; A. Temp. Occ. = artéria temporoccipital; A. Temp. Post. = artéria temporal posterior; A. Temp. Med. = artéria temporal média; A. Precent. = artéria pré-central; A. Orb. Fr. = artéria orbital frontal; V. Siv. Sup. = veias silvianas superiores; A. Prefr. = artéria pré-frontal; A. Temp. Ant. = artéria temporal anterior; A. Temp. Pol. = artéria temporopolar; V. Labbé = veia de Labbé; A. Par. Ant. = artéria parietal anterior; Tr. Sup. = tronco superior; Tr. Inf. = tronco inferior; R. Inic. = ramo inicial; Sul. Ins. Cent. = sulco insular central; A. Tronco = artéria tronco; Sul. Lim. Inf. = sulco limitante inferior; R. Temp. Ini. = ramo temporal inicial; DMCV = veia cerebral média profunda; ALG = giro longo anterior; PSG = giro curto posterior; MSG = giro curto médio; ASG = giro curto anterior; Ápice = ápice da ínsula; Bif. MCA = bifurcação da artéria cerebral média.

A consideração funcional mais importante nesta área é a área de linguagem primária posterior. Com base em estudos de estimulação cortical, esta área está mais comumente localizada na porção posterior do giro temporal superior, embora esta posição esteja sujeita à variabilidade individual. O suprimento arterial para a superfície lateral do lobo temporal foi discutido na prévia seção sobre a fissura silviana. O lobo temporal lateral superior é drenado por um grupo de pequenas veias temporossilvianas que percorrem sobre o giro temporal superior e desembocam na veia silviana superficial. O restante da superfície lateral é drenado pelas veias temporais anterior, média e posterior, as quais percorrem inferiormente e desembocam no seio tentorial lateral, a veia de Labbé, ou diretamente no seio transverso.

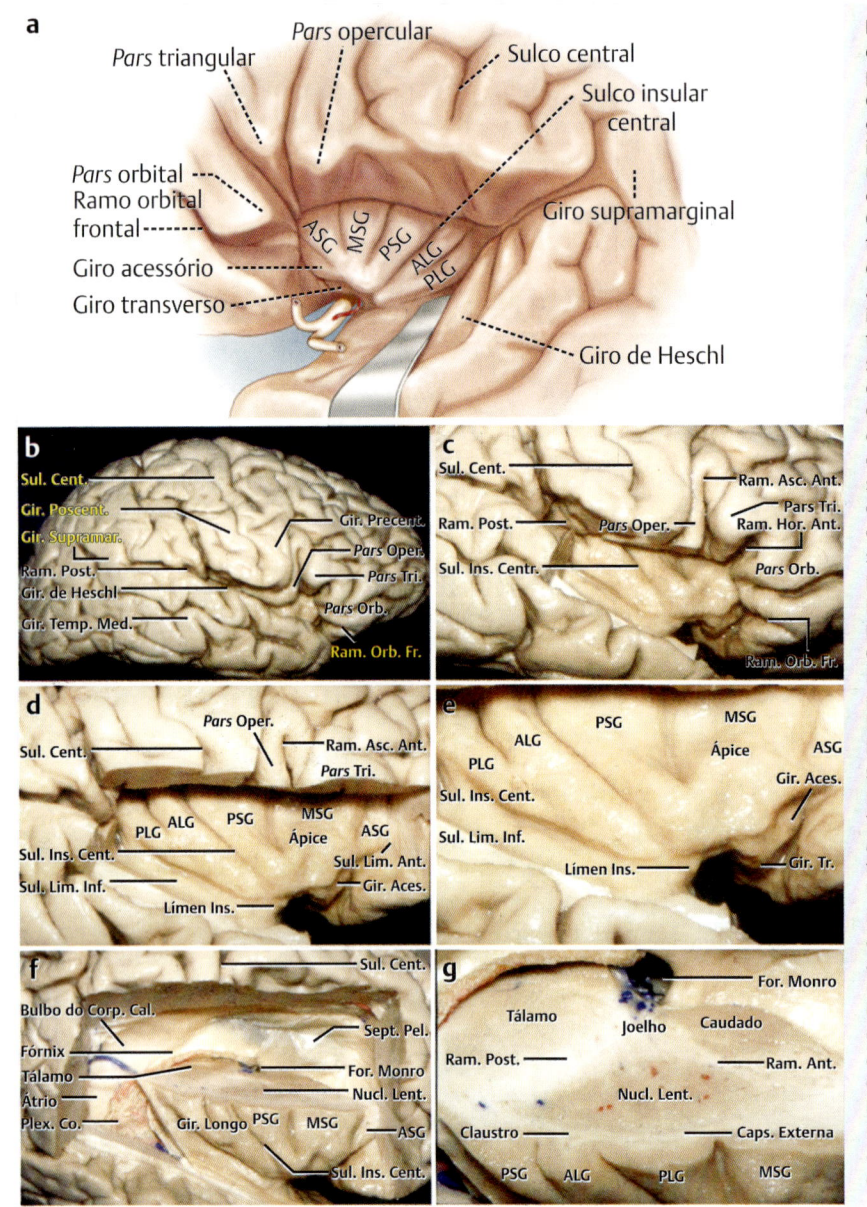

Fig. 3.3 (a) Representação esquemática da ínsula e estruturas perissilvianas. O opérculo frontal pode ser anatomicamente dividido em *pars* orbital, *pars* triangular e *pars* opercular. Há três giros insulares pequenos e dois grandes. O giro insular acessório situa-se anterior e ligeiramente medial ao giro curto anterior. O giro transverso conecta o límen da ínsula e lobo frontal inferior. O giro de Heschl é o mais proeminente dos giros temporais transversos. **(b)** Vista lateral do córtex com a vasculatura removida, demonstrando a anatomia dos giros e sulcos. **(c, d)** A porção inferior da porção frontal e superior do opérculo temporal foi removida para expor o córtex insular subjacente. O sulco insular central separa os giros curtos anteriores dos giros longos posteriores. O ápice da ínsula é a porção mais superficial do córtex insular. **(e)** Close da ínsula. **(f)** Relação da ínsula com as estruturas subjacentes. O átrio situa-se imediatamente atrás e abaixo do sulco circular. **(g)** Close da relação da ínsula com as estruturas profundas. Os núcleos lentiformes situam-se imediatamente abaixo do giro curto posterior, e o sulco insular central divide o terço posterior dos núcleos lentiformes. O ramo posterior da cápsula interna situa-se abaixo do giro longo posterior. ASG = giro curto anterior; MSG = giro curto médio; PSG = giro curto posterior; ALG = giro longo anterior; PLG = giro longo posterior; Sul. Cent. = sulco central; Gir. Poscent. = giro pós-central; Gir. Supramar. = giro supramarginal; Ram. Post. = ramo posterior; Gir. Heschl = giro de Heschl; Gir. Temp. Med. = giro temporal médio; Gir. Precent. = giro pré-central; *Pars*. Oper. = *pars* opercular; *Pars*. Tri. = *pars* triangular; *Pars*. Orb. = *pars* orbital; Ram. Orb. Fr. = ramo orbital frontal; Sul. Ins. Cent. = sulco insular central; Ram. Asc. Ant. = ramo ascendente anterior; Ram. Hor. Ant. = ramo horizontal anterior; Sul. Lim. Inf. = sulco limitante inferior; Límen Ins. = límen da ínsula; Sul. Lim. Ant. = sulco limitante anterior; Gir. Aces. = giro acessório; Gir. Tr. = giro transverso; Bulb. Corp. Cal. = bulbo do corpo caloso; Plex. Cor. = plexo coroide; Gir. Longo = giro longo; Nucl. Lent. = núcleo lentiforme; For. Monro = forame de Monro; Sept. Pel. = septo pelúcido; R. Post. = ramo posterior da cápsula interna; R. Ant. = ramo anterior da cápsula interna.

3.4 Lobo Temporal Inferior

A superfície inferior do lobo temporal é formada pela face inferior do giro temporal inferior, giro occipitotemporal lateral (fusiforme) e pelo giro para-hipocampal (▶ Fig. 3.5). O sulco occipitotemporal separa o giro temporal inferior do giro occipitotemporal. Anteriormente, o sulco occipitotemporal pode comunicar-se com o sulco rinal ou com o sulco colateral. Posteriormente, pode comunicar-se com o sulco temporal inferior, o sulco temporal superior ou com o sulco occipital lateral. O sulco colateral separa o giro occipitotemporal lateral do giro para-hipocampal. Anteriormente, pode comunicar-se com o sulco rinal. Posteriormente, pode comunicar-se com o sulco occipitotemporal, o sulco calcarino ou com o sulco interlingual. O sulco rinal forma o limite lateral da porção mais anterior do giro para-hipocampal. Grande parte da superfície inferior do lobo temporal é abastecida pelas artérias anterior, média e temporal posterior, que se originam nos segmentos P2p e P3 da artéria cerebral posterior na cisterna *ambiens* e, então, cursam sobre a borda do tentório e do giro para-hipocampal (▶ Fig. 3.6). Drenagem venosa da superfície temporal inferior (lateral ao sulco colateral) é fornecida pelas veias temporais basais anterior, média e posterior. Estas veias percorrem posterolateralmente e geralmente terminam no seio tentorial lateral.

Anatomia Cirúrgica do Lobo Temporal

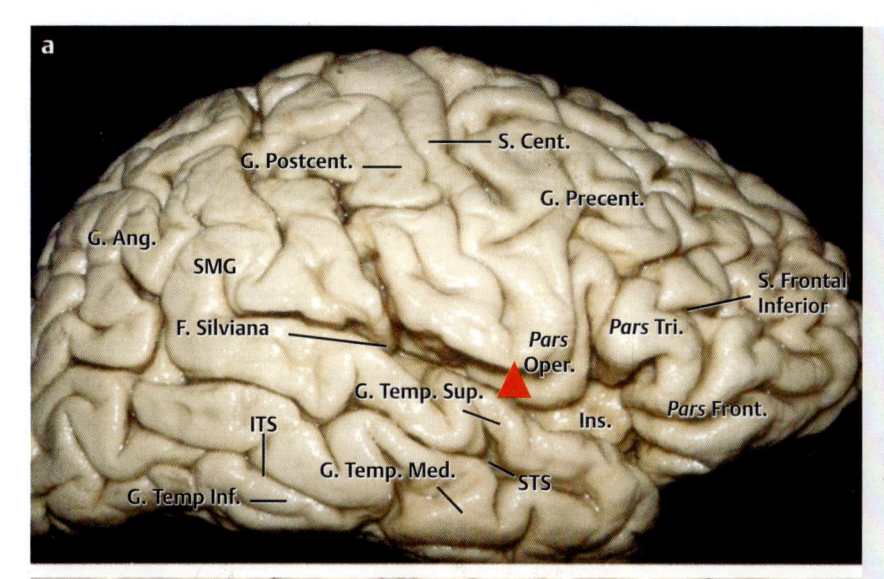

Fig. 3.4 (a) Córtex lateral com a vasculatura removida para demonstrar os padrões giral e sulcal. Os giros pré-central e pós-central geralmente são unidos por uma ponte giral abaixo do sulco central (triângulo vermelho). O giro angular recobre a extremidade distal do sulco temporal superior. **(b)** Close do córtex temporal lateral. O giro supramarginal recobre a extremidade distal da fissura silviana.
G. Ang. = giro angular; SMG = giro supramarginal; F. silviana = fissura silviana; ITS = sulco temporal inferior; G. Temp. Inf. = giro temporal inferior; G. Poscent. = giro pós-central; G. Temp. Sup. giro temporal superior; G. Temp. Med. = giro temporal médio; STS = sulco temporal superior; Ins = ínsula; *Pars Oper.* = *pars* opercular; *Pars Tri.* = *pars* triangular; *Pars Front.* = *pars* frontal; S. Frontal Inferior = sulco frontal inferior; G. Precent. = giro pré-central; Sul. Cent. = sulco central.

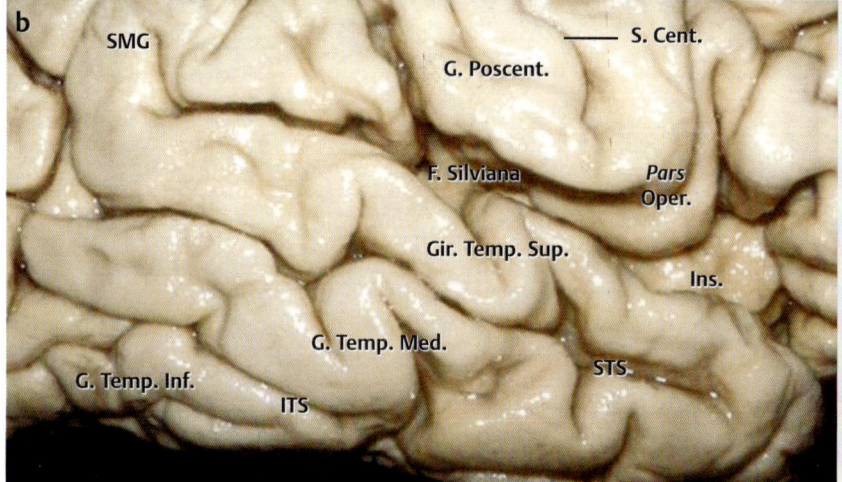

3.5 Lobo Temporal Mesial

As estruturas temporais mesiais se situam medial ao sulco colateral e inferior ao corno temporal do ventrículo lateral. Elas incluem o giro para-hipocampal, a formação hipocampal, o úncus e a amígdala. A vista a partir do corno temporal é crucial para orientar o cirurgião nas relações estruturais do lobo temporal mesial (▶ Fig. 3.7). O assoalho do corno temporal é formado medialmente pela superfície dorsal do hipocampo e, lateralmente, pela eminência colateral (▶ Fig. 3.7, ▶ Fig. 3.8). O teto do corno temporal é formado pela substância branca temporal profunda; a cauda do núcleo caudado e a estria terminal também estão presentes nesta área (▶ Fig. 3.8). O teto anterior do corno temporal é formado pela superfície inferior da amígdala. A face medial do corno temporal é formada pela fissura coroideia (▶ Fig. 3.7, ▶ Fig. 3.8). Um ângulo de orientação ligeiramente diferente é proporcionado pela abordagem transilviana transinsular usada para a amígdalo-hipocampectomia seletiva, tal como descrito por Yasargil (▶ Fig. 3.9).

3.6 Anatomia Intrínseca do Lobo Temporal Mesial

Seguindo o córtex a partir do giro para-hipocampal até o giro denteado, há uma transição de um neocórtex de seis camadas no giro para-hipocampal para um alocórtex de três camadas no hipocampo e giro denteado (▶ Fig. 3.8). As subdivisões do subículo (pré-subículo, parassubículo, subículo e pró-subículo), que se encontram entre o giro para-hipocampal e o hipocampo, formam uma zona de transição neste processo. O hipocampo próprio (corno de Ammon) é composto de uma camada que contém axônios de células piramidais e dendritos basais (estrato *oriens.*), uma camada que contém o corpo das células piramidais (estrato piramidal), e uma camada que contém os dendritos apicais das células piramidais (estrato molecular, radiado e lacunar). Álveo é o nome da estrutura anatômica macroscópica que é formada pelos axônios de células piramidais e forma a superfície de frente ao corno temporal do ventrículo lateral. Os mesmos axônios formam

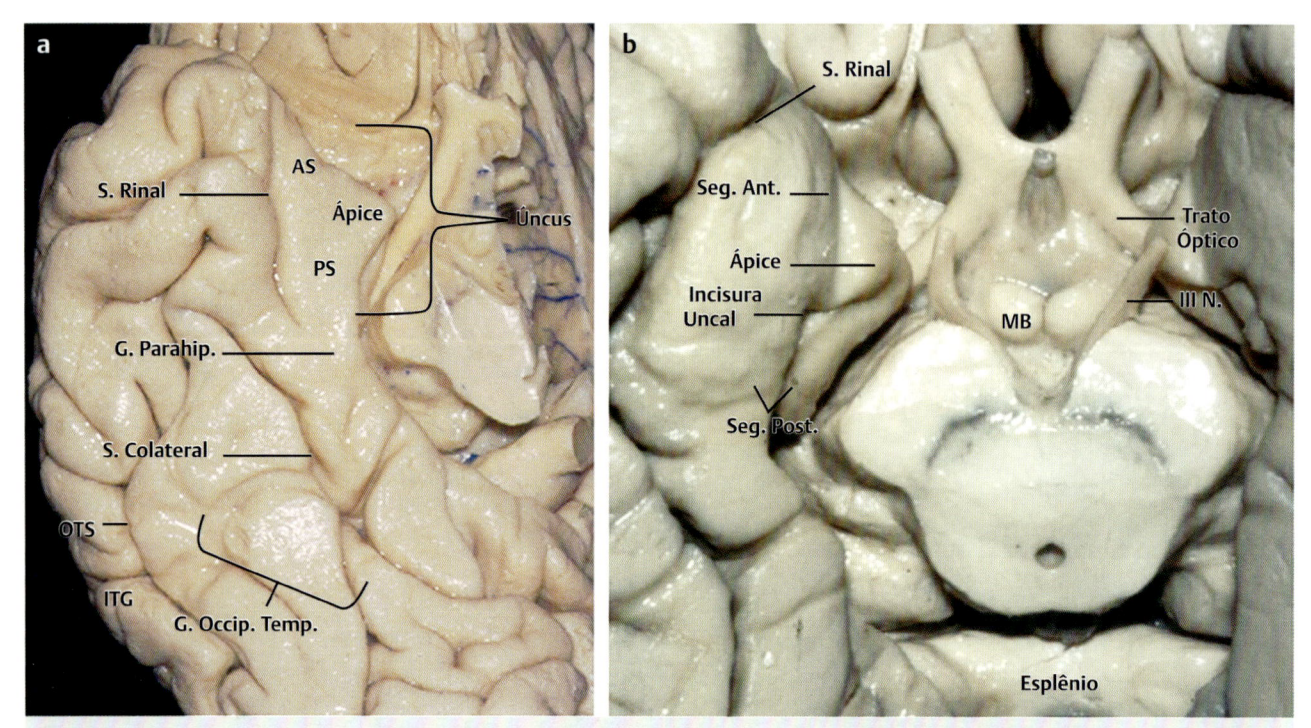

Fig. 3.5 (a) Vista inferior do lobo temporal, na direção lateral para medial, tem três sulcos proeminentes. O sulco occipitotemporal separa o giro temporal inferior do giro occipitotemporal (OTG). O sulco colateral separa o OTG do giro para-hipocampal. Anteriormente, o sulco rinal situa-se lateral ao úncus. **(b)** Close do úncus. O segmento anterior do úncus fica em frente à cisterna carotídea, enquanto o segmento posterior fica em frente ao pedúnculo cerebral. S. Rinal = sulco rinal; AS = segmento anterior do úncus; PS = segmento posterior do úncus; Ápice = ápice do úncus; G. Parahip. = giro para-hipocampal; S. Col. = sulco colateral; G. Occip. Temp. = giro occipitotemporal; OTS = sulco occipitotemporal; ITG = giro temporal inferior; Seg. Ant. = segmento anterior do úncus; Seg. Post. = segmento posterior do úncus; MB = corpo mamilar; III N. = nervo oculomotor; Esplênio = esplênio do corpo caloso.

a fímbria (uma dobra da substância branca que faz limite com a fissura coroideia) (▶ Fig. 3.8) e o fórnix. O fórnix é composto de fibras que percorrem entre o hipocampo e o subículo no lobo temporal e núcleos septal, hipotalâmico e talâmico. O giro denteado é composto por uma camada dendrítica (a camada molecular), uma camada que contém o corpo das células granulares denteadas (a camada celular granular), e uma camada polimorfonuclear (o hilo) que contém axônios de células granulares (fibras musgosas) e interneurônios. O hipocampo pode ser dividido em uma porção anterior (que é chamada de pé por alguns e cabeça por outros), que é reconhecida por várias protuberâncias pequenas arredondadas na sua superfície ventricular (as digitações), uma porção média (o corpo), e uma porção posterior que se curva posteriormente em direção ao esplênio do corpo caloso (a cauda; ▶ Fig. 3.6). Posteriormente, a cauda do hipocampo é contínua com o giro de Andreas Retzius, a fascíola cinérea, o giro fasciolar, e o giro subesplênico. No corte transversal, a formação hipocampal é uma estrutura em forma de "S", com o giro para-hipocampal formando a base, o subículo formando a primeira curva (lateralmente), a área CA1 do hipocampo formando a curva superior, e as áreas CA2 e CA3 curvando em direção ao subículo (▶ Fig. 3.8). A extremidade da camada piramidal hipocampal (CA4) está situada no hilo do giro denteado, e a camada celular granular em forma de "V" do giro denteado situa-se na extremidade desta camada piramidal. Devido a este pregueamento, o sulco hipocampal é formado entre a lâmina inferior do giro denteado (acima) e o subículo (abaixo). O sulco hipocampal é o ponto de entrada para as artérias hipocampais que abastecem esta área (▶ Fig. 3.6, ▶ Fig. 3.7). Elas originam-se como uma série de dois a seis ramos pequenos saindo da artéria cerebral posterior, e terminam em pequenos ramos radiais chamados de artérias de Uchimura.

O sulco hipocampal é a estrutura fundamental na ressecção em monobloco do lobo temporal mesial. A partir de uma posição estratégica do corno temporal, o sulco hipocampal é exposto separando-se a fímbria da fissura coroideia (▶ Fig. 3.7). Em seguida, o sulco é visualizado como uma estrutura pial de duas camadas, com pequenos vasos percorrendo entre suas lâminas piais que se situam abaixo da borda do giro denteado, com o subículo em um plano mais profundo. Anteriormente, o sulco hipocampal espalha-se de modo lateral e anterior, com uma porção do pé do hipocampo e a porção posterior do úncus situando-se acima dele e a extensão anterior do giro para-hipocampal situando-se inferior a ele (▶ Fig. 3.7). Esta extensão lateral é uma área excelente para começar a dissecção através do sulco hipocampal, pois, neste ponto, ele está lateral à borda do tentório e é muito menos provável de penetrar nas cisternas crural e *ambiens*.

O giro para-hipocampal percorre entre os sulcos colateral e rinal lateralmente, e o subículo medialmente (▶ Fig. 3.5, ▶ Fig. 3.10). Posteriormente, ele é contínuo com o istmo do giro cingulado e o giro lingual (▶ Fig. 3.10). Anteriormente, é contínuo com o úncus. O córtex entorrinal não é uma referência anatômica macroscópica, mas é funcionalmente importante, pois forma o ponto primário da comunicação entre a formação hipocampal e o restante do cérebro. Ele está localizado na porção anterior do giro hipocampal. O córtex perirrinal situa-se imediatamente lateral ao córtex entorrinal e reveste a parede do sulco rinal (▶ Fig. 3.10).

Anatomia Cirúrgica do Lobo Temporal

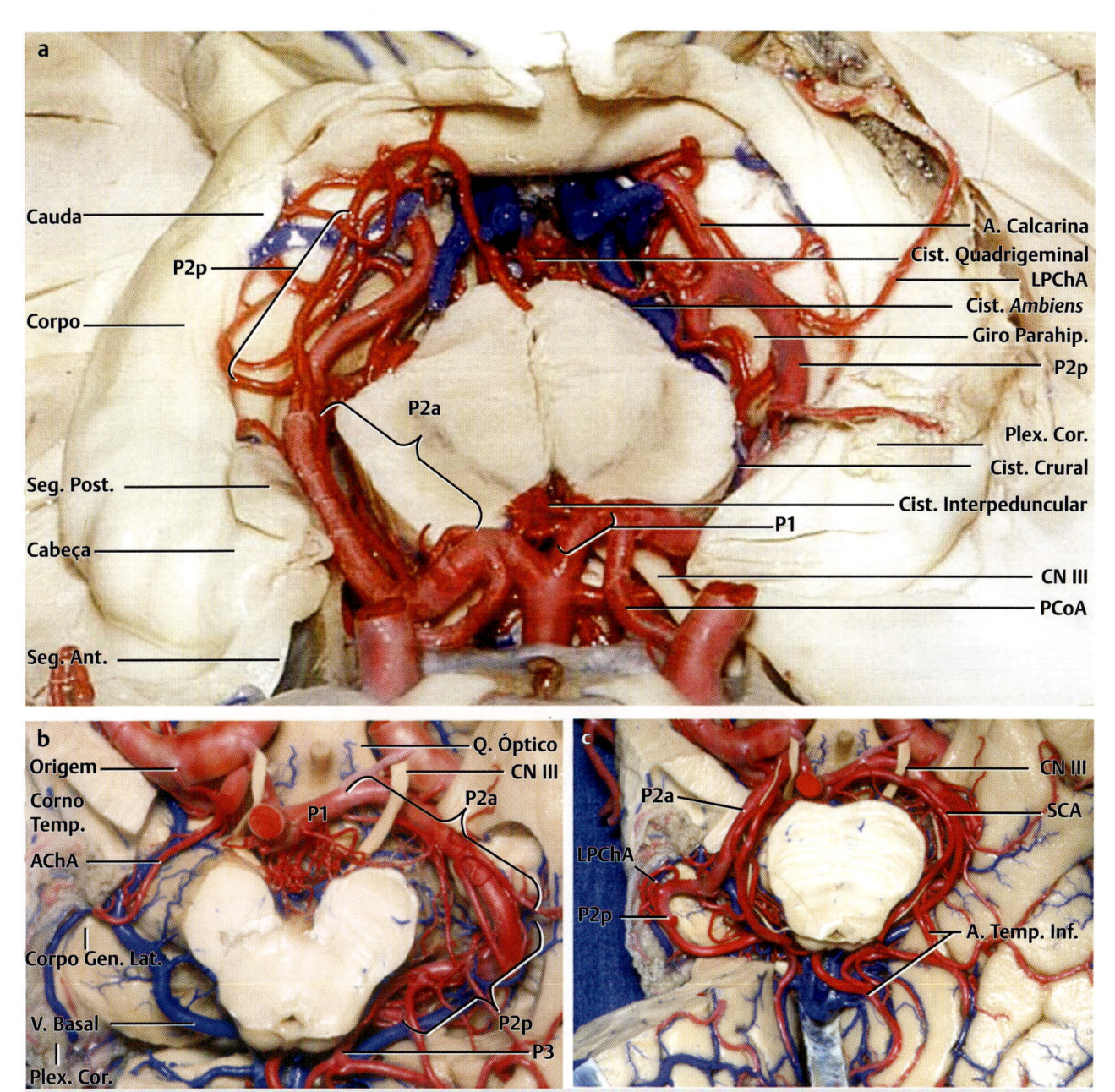

Fig. 3.6 (a) Dissecção das cisternas perimesencefálicas mostrando a relação do hipocampo com as estruturas temporais mesiais. A artéria cerebral posterior dá origem a múltiplas artérias perfurantes hipocampais, bem como às artérias coroideias posteriores lateral e medial. A cabeça do hipocampo situa-se lateral ao ápice e segmento posterior do úncus, e ocupa uma porção do assoalho e parede medial do corno temporal. **(b)** A artéria cerebral posterior é dividida em partes anatômicas, com base na localização. O segmento P1 estende-se da artéria basilar até a artéria comunicante posterior (PCoA). O segmento P2a estende-se da PCoA, através da cisterna crural, até a borda posterior do pedúnculo cerebral. O segmento P2p começa na borda posterior do pedúnculo cerebral, percorre pela cisterna *ambiens* e termina na placa colicular. O segmento P3 é a porção que atravessa a cisterna quadrigeminal. A artéria coroideia anterior origina-se na artéria carótida interna, imediatamente distal à PCoA, e percorre pela cisterna crural, entrando no corpo temporal no ponto coroideo inferior, que se situa imediatamente posterior ao segmento posterior do úncus. O ponto coroideo inferior marca o começo da fissura coroideia no interior do corno temporal. **(c)** Vista inferior do lobo temporal após remoção do úncus e giro para-hipocampal no lado direito da amostra. A PCA emite vários ramos na cisterna *ambiens*. Estes ramos incluem a artéria coroideia posterior lateral, que abastece o plexo coroide do corno temporal, e as artérias temporais inferiores, que abastecem o lobo temporal inferior e fazem anastomose com os ramos temporais da artéria cerebral média. O segmento P2p geralmente assume um percurso superior e lateral na cisterna *ambiens* acima do giro para-hipocampal, dificultando o acesso a este segmento. Cauda = cauda do hipocampo; Corpo = corpo do hipocampo; Cabeça = cabeça do hipocampo; Seg. Ant. = segmento anterior do úncus; Seg. Post. = segmento posterior do úncus; P2p = segmento P2p da PCA; P2a = segmento P2a da PCA; A. Calcarina = artéria calcarina; Cist. Quadrigeminal = cisterna quadrigeminal; LPChA = artéria coroideia posterior lateral; Cist. *Ambiens* = cisterna *ambiens*; Giro Parahipo. = giro para-hipocampal; Plex. Cor. = plexo coroide; Cist. Crural = cisterna crural; Cist. Interpeduncular = cisterna interpeduncular; P1 = segmento P1 da PCA; CN III = nervo oculomotor; Origem = origem da artéria coroideia anterior; Corno Temp. = corno temporal; AChA = artéria coroideia anterior; Corpo Gen. Lat. = corpo geniculado lateral; V. Basal = veia basal de Rosenthal; Q. Óptico = quiasma óptico; P3 = segmento P3 da PCA; A. Temp. Inf. = artéria temporal inferior; SCA = artéria cerebral superior.

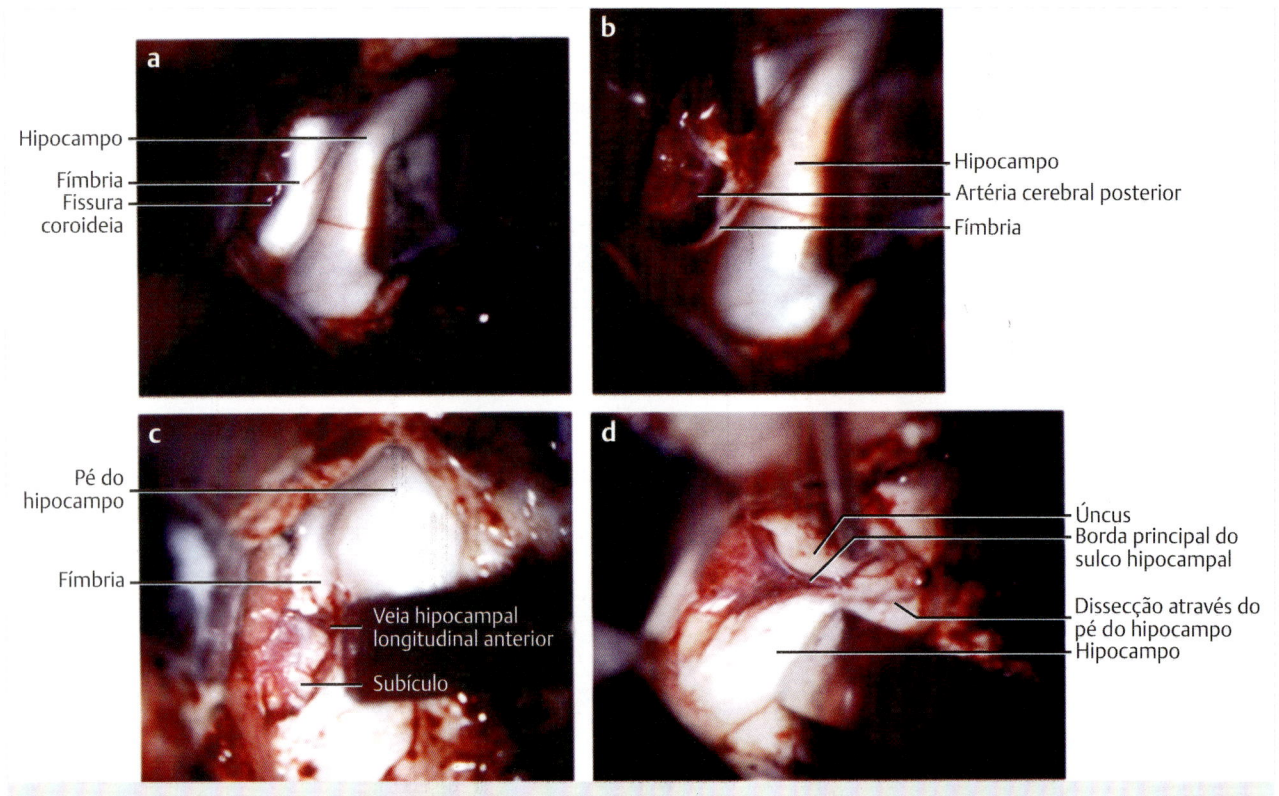

Fig. 3.7 Fotografias intraoperatórias demonstrando as relações entre o hipocampo direito, a fímbria, o sulco hipocampal e o úncus. Anterior é para cima e medial é para a esquerda em todas as imagens. **(a)** A fímbria é vista como um retalho de substância branca, que é contínuo com o álveo (que forma a superfície ventricular) do hipocampo. **(b)** A fímbria foi removida da fissura coroideia, expondo a artéria cerebral posterior na cisterna *ambiens* através da aracnoide intacta. **(c)** Mais da fímbria foi removida (e a posição estratégica do microscópio foi movida superiormente) para expor a veia hipocampal longitudinal anterior no sulco hipocampal. A superfície do subículo pode ser observada pelo sulco hipocampal. **(d)** A dissecção continuou pela face dorsal do pé do hipocampo para demonstrar a principal borda do sulco hipocampal. O úncus se estende medialmente a partir deste ponto para penetrar no espaço incisural anterior.

O úncus é uma extensão anteromedial do giro para-hipocampal e do pé do hipocampo (▶ Fig. 3.10). Ele estende-se medialmente, pela borda do tentório para fazer fronteira com a cisterna crural e o pedúnculo cerebral. Sua superfície medial contém cinco giros pequenos. Anteriormente, o sulco semianular separa o giro semilunar (acima) do giro *ambiens* (anteriormente) e giro uncinado (posteriormente). A banda de Giacomini e o giro intralímbico estão localizados posterior ao giro uncinado. O sulco uncal é formado pela dobra do úncus posteromedialmente sobre o giro para-hipocampal. Uma classificação mais geral do úncus consiste no segmento anterior, que fica em frente à cisterna carotídea, o segmento posterior, que fica em frente ao pedúnculo cerebral, e o ápice, que é o ponto mais medial do úncus.

A amígdala é um complexo nuclear que se situa em uma posição anterossuperior ao pé do hipocampo. Superiormente, a extensão lateral da comissura anterior (AC) e a substância inominada separam a amígdala do putâmem e globo pálido. Ela é composta por dois grupos de núcleos. O grupo corticomedial inclui a área amigdaloide anterior, o núcleo do trato amigdaloide lateral, o núcleo amigdaloide medial, e o núcleo amigdaloide cortical. O grupo basolateral maior inclui (no sentido lateral para medial) o núcleo amigdaloide lateral, o núcleo amigdaloide basal, e o núcleo amigdaloide basal acessório. Devido à ausência de referências anatômicas macroscópicas na amígdala, e de sua proximidade ao diencéfalo, a porção superomedial da amígdala geralmente é deixada intacta durante a lobectomia temporal anterior.

O suprimento arterial às estruturas temporais mesiais é fornecido pela artéria carótida interna, artéria coroideia anterior e artéria cerebral posterior. A artéria coroideia anterior origina-se da artéria carótida interna imediatamente superior à artéria comunicante posterior na cisterna carotídea (▶ Fig. 3.6b). O segmento cisternal da artéria coroideia anterior atravessa a cisterna crural, que é uma extensão lateral da cisterna interpeduncular que se situa entre o úncus e o pedúnculo cerebral. Atrás do úncus, a artéria coroideia anterior penetra na fissura coroideia e percorre pelo interior do plexo coroide na face superomedial do corno temporal (este é o segmento plexal da artéria coroideia anterior; ▶ Fig. 3.11c). Além das estruturas temporais mesiais, ela abastece porções do trato óptico, o corpo geniculado lateral, o ramo posterior da cápsula interna, o globo pálido, a origem das radiações ópticas (OR), o terço médio do pedúnculo cerebral, a cabeça do núcleo caudado, o núcleo vermelho, o núcleo subtalâmico e áreas do tálamo.

As artérias cerebrais posteriores originam-se na bifurcação da artéria basilar. O segmento P1 estende-se até o ponto onde é unido pela artéria comunicante posterior na porção lateral da cisterna interpeduncular. A porção P2 estende-se da artéria comunicante posterior até a borda posterior do pedúnculo cerebral; o segmento P2 começa na borda posterior do pedúnculo, atravessa a cisterna *ambiens* e termina na placa colicular (▶ Fig. 3.6). Os segmentos P2a e P2p emitem as artérias hipocampais (▶ Fig. 3.6, ▶ Fig. 3.11). O segmento P3 começa na borda posterior da placa colicular e atravessa a cisterna quadrigeminal. O segmento P4

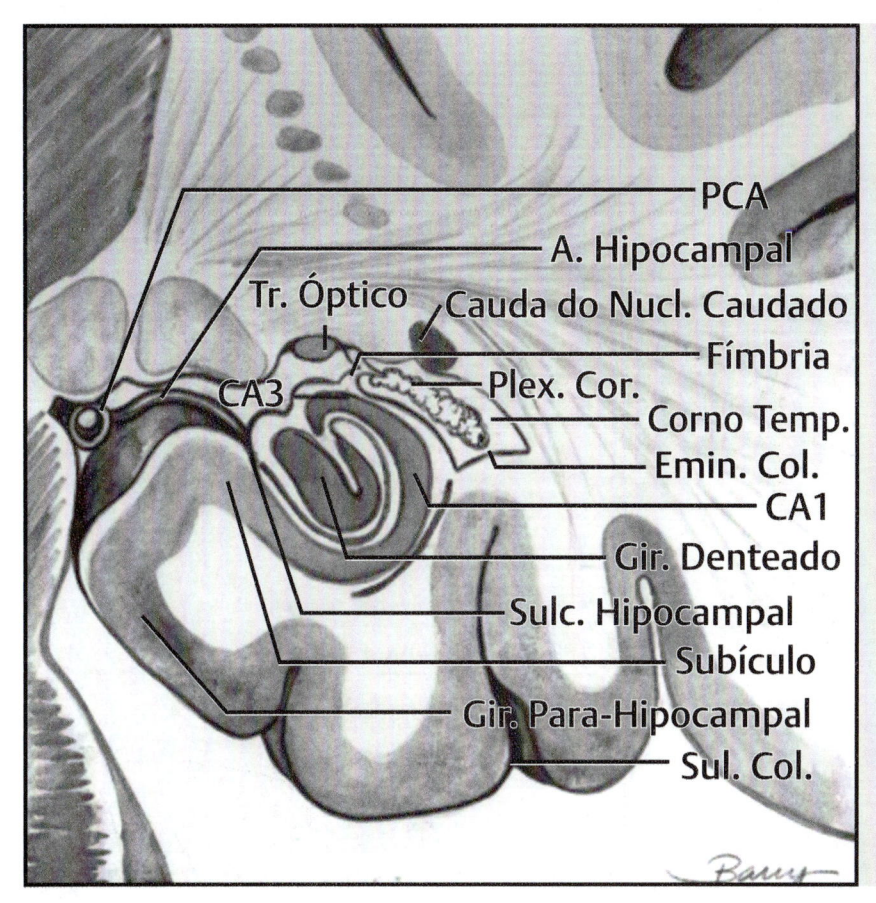

Fig. 3.8 Desenho do corte coronal através do lobo temporal mesial e tronco encefálico, na região da glândula pineal. Isto demonstra a estrutura em forma de "S" da formação hipocampal, e sua relação com o corno temporal e estruturas adjacentes. Corpo Gen. Med. E Lat. = corpos geniculados medial e lateral; Nucl. Caudado = cauda do núcleo caudado; Fiss. Cor. = fissura coroideia; Gir. = giro para-hipocampal; = Sulc. Col. = sulco colateral; Borda. Tent. = borda do tentório; Sulc. Pon. Mes. = sulco ponto-mesencefálico; Clinoide ant. = clinoide anterior; V. Cer. Int. = veia cerebral interna; Ped. = pedúnculo cerebral; Com. Ant., Post. e Hab. = comissuras anterior, posterior e habenular; Corpo Mam. = corpo mamilar; A. Car. = artéria carótida; CA1 = corno de Amon 1; CA3 = corno de Amon 3; PCA = artéria posterior. (Adaptado de Ono M, Rhoton AL, et al; Microsurgical anatomy of the region of the tentorial incisura. J Neurosurg 1984;60:365-399.)

começa onde a artéria cerebral posterior se bifurca nas artérias parietoccipital e calcarina. Os segmentos P2p e P3 emitem ramos temporais inferiores que abastecem a superfície inferior do lobo temporal e fazem anastomose com a artéria cerebral média. Além dos ramos do lobo temporal, a porção cisternal da artéria cerebral posterior também origina as artérias coroideias lateral e posterior (▶ Fig. 3.6), as artérias talamogeniculadas, e as artérias talamoperfurantes. Estes vasos abastecem porções do tálamo, o pulvinar, os corpos geniculados medial e lateral, a região da comissura posterior e o mesencéfalo lateral.

O úncus é suprido por pequenos ramos que podem originar-se na artéria carótida interna, na artéria cerebral média (antes de sua bifurcação), ou na artéria coroideia anterior (▶ Fig. 3.6). A amígdala é abastecida por ramos da artéria coroideia anterior ou pelo ramo temporal anterior da artéria cerebral média. O giro para-hipocampal é suprido pelos ramos temporais inferiores que se originam nos segmentos P2p e P3 da artéria cerebral posterior.

Drenagem venosa das estruturas temporais mesiais é fornecida pela veia hipocampal anterior, as veias uncais, as veias hipocampais longitudinais anterior e posterior (▶ Fig. 3.7c), a veia ventricular inferior, e as veias coroideias inferiores que desembocam na veia basal de Rosenthal. A veia basal de Rosenthal pode ser dividida em três segmentos. O segmento estriado estende-se da face ventral da substância perfurada anterior até o ponto onde é unida pela veia peduncular na superfície anterior do pedúnculo cerebral. O segmento peduncular (▶ Fig. 3.6, ▶ Fig. 3.12) estende-se da veia peduncular através da face superior da cisterna *ambiens* até o sulco mesencefálico lateral, onde é unida pela veia mesencefálica lateral. O segmento mesencefálico percorre ao redor do mesencéfalo pela cisterna quadrigeminal, e une as veias cerebrais internas e a veia basal contralateral para formar a veia de Galeno.

Além dos vasos sanguíneos, as cisternas crural e *ambiens* contêm e fazem fronteira com muitas estruturas que são importantes estar ciente, de modo que possam ser protegidas durante a cirurgia do lobo temporal mesial. O nervo oculomotor percorre na cisterna crural entre o úncus e o pedúnculo cerebral para entrar no seio cavernoso (▶ Fig. 3.6, ▶ Fig. 3.12). O nervo troclear atravessa a cisterna *ambiens* abaixo da borda do tentório para também entrar no seio cavernoso. O trato óptico percorre na face superior da cisterna *ambiens*, desde o quiasma até o corpo geniculado lateral (▶ Fig. 3.5). Após sair do corpo geniculado lateral, as fibras geniculocalcarinas (OR) assumem dois percursos até o córtex visual primário. As fibras destinadas à inervação do quadrante visual inferior contralateral percorrem posteriormente no teto do corno temporal posterior até o córtex supracalcarino. As fibras que carregam informações do quadrante visual superior contralateral assumem um percurso mais sinuoso (alça de Meyer) ao longo das paredes inferior e lateral do corno temporal. São estas fibras que podem ser danificadas durante a lobectomia temporal anterior, e produzir a quadrantanopia, que é uma sequela ocasional desta cirurgia. A face lateral do mesencéfalo também se encontra próxima das estruturas temporais mesiais posteriores. A borda posterior da placa colicular marca a fronteira entre as cisternas *ambiens* e quadrigeminal (▶ Fig. 3.7, ▶ Fig. 3.10).

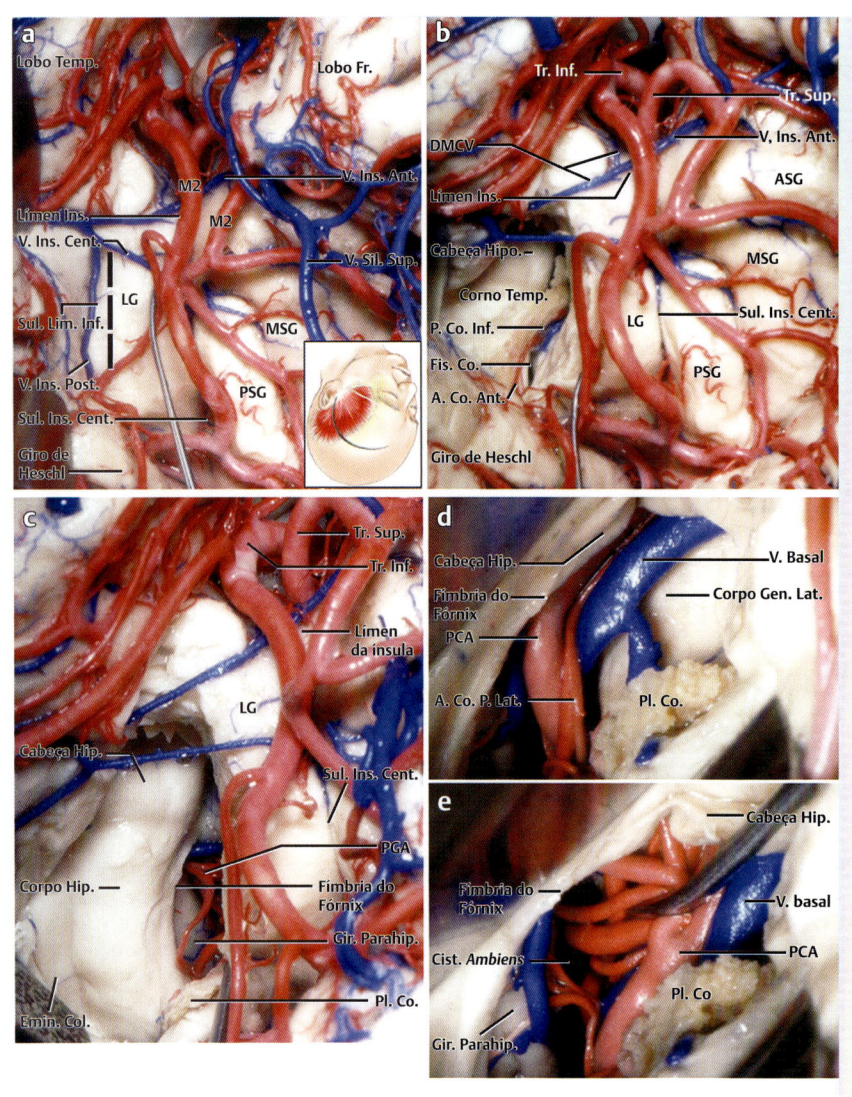

Fig. 3.9 Uma dissecção por etapas da abordagem transilviana, transinsular no hipocampo e cisterna *ambiens* é mostrada. **(a)** Fissura silviana foi amplamente aberta, e o sulco limitante inferior exposto abaixo de um ramo M2 da artéria cerebral média (MCA). A linha pontilhada mostra a corticectomia planejada. **(b)** O corno temporal situa-se, aproximadamente, 5 mm abaixo do sulco limitante inferior da ínsula. A cabeça hipocampal, o plexo coroide e o ponto coroide inferior podem ser observados. **(c)** Plexo coroide e artéria coroideia anterior estão sendo retraídos frontalmente, e a fissura coroideia foi aberta ao longo de sua inserção com a fímbria do fórnix. A depressão do sulco colateral, a eminência colateral, pode ser vista no assoalho do corno temporal, lateral ao hipocampo. **(d, e)** *Close* das estruturas no interior da cisterna *ambiens*. Anteriormente, a veia basal de Rosenthal e o corpo geniculado lateral podem ser observados. A dissecção posterior expõe o segmento P2p da artéria cerebral posterior e de seus ramos temporais inferiores. Lobo Temp. = lobo temporal; Lobo Fr. = lobo frontal; Límen Ins. = límen da ínsula; V. Ins. Cent. = veia insular central; Sul. Lim. Inf. = sulco limitante inferior; V. Ins. Post. = veia insular posterior; Sul. Ins. Cent. = sulco insular central; M2 = segmento M2 da MCA; LG = giro longo; PSG = giro curto posterior; MSG = giro curto médio; V. Ins. Ant. = veia insular anterior; V. Silv. Sup. = veia silviana superior; Tr. Inf. = tronco inferior; DMCV = veia cerebral média profunda; Cabeça Hipo. = cabeça do hipocampo; Corno Temp. = corno temporal; P. Co. Inf. = ponto coroide inferior; Fis. Co. = fissura coroideia; A. Co. Ant. = artéria coroideia anterior; Tr. Sup. = tronco superior; ASG = giro curto anterior; PCA = artéria cerebral posterior; Gir. Parahip. = giro para-hipocampal; Pl. Co. = plexo coroide; Corpo Hip. = corpo do hipocampo; Emin. Col. = eminência colateral; A. Co. P. Lat. = artéria coroideia posterior lateral; Corpo Gen. Lat. = corpo geniculado lateral; Cist. *ambiens* = cisterna *ambiens*; V. Basal = veia basal.

3.7 Feixes de Fibras do Lobo Temporal

Avanços na neuroimagem possibilitam uma definição superior dos feixes de fibras em todo o cérebro. Conhecimento dos feixes que atravessam o lobo temporal é importante para preservar a função neurológica durante a cirurgia do logo temporal para epilepsia. O lobo temporal inclui os feixes de fibras de associação curtas, o fascículo arqueado (AF), fascículos longitudinais médio e inferior, fascículos frontoccipitais uncinado e inferior, AC, fibras OR, e fibras tapetais do corpo caloso, no sentido lateral (superficial) para medial (profundo; ▶ Fig. 3.13). Abaixo dos feixes de fibras de associação curtas, o AF, um feixe de fibra frontotemporal, é o feixe de fibra de associação longa mais superficial conectando a área de broca com a área de Wernicke, ou seja, os centros de linguagem motora e sensorial, respectivamente. A área de Wernicke está situada nas porções médias e posterior do giro temporal superior, enquanto a área de Broca está situada no giro frontal inferior. O AF tem duas divisões: dorsal e ventral. O segmento dorsal do AF origina-se na parte posterior dos giros temporal médio e temporal inferior, e passa abaixo da parte inferior do giro angular, terminando nos giros frontais médio e inferior. O segmento ventral do AF origina-se nas partes média e posterior do giro temporal superior, e parte média do giro temporal médio, e passa abaixo da parte inferior do giro supramarginal, terminando no giro frontal inferior. Dano no segmento dorsal do AF está associado à parafasia semântica (déficit do significado das palavras), enquanto dano no segmento ventral está associado à parafasia fonológica (déficit do aspecto motor da fala, distúrbio de repetição).

O fascículo longitudinal medial (MdLF) e o fascículo longitudinal inferior (ILF) percorrem medial ao AF na área infrasilviana. O MdLF começa no polo temporal, atravessando o giro temporal superior e terminando no lóbulo parietal inferior. O MdLF pode ser dividido nas partes anterior e posterior no nível do ponto insular posterior, que é a junção dos sulcos limitantes superior

Anatomia Cirúrgica do Lobo Temporal

e inferior. A parte anterior do MdLF percorre superficial ao fascículo frontoccipital inferior (IFOF). A parte posterior do MdLF é entremeada com o IFOF. Funcionalmente, foi hipotetizado que o MdLF está envolvido na linguagem e na atenção: contudo, estudos demonstraram ausência de déficit associado à ressecção ou eletroestimulação da porção anterior do MdLF. Foi sugerido que a porção posterior do MdLF está relacionada com o processamento auditivo por causa de sua proximidade com o giro angular e com a área de recepção do giro de Heschl. O ILF, composto de fibras de associação curtas e longas, conecta o polo temporal ao córtex occipital dorsolateral ao atravessar o giro temporal inferior. Ele está localizado abaixo do nível axial do corno temporal do ventrículo lateral. O ILF está envolvido na identificação e no reconhecimento de objetos.

O IOF se estende dos giros frontais médio e inferior até os lobos parietal posterior e occipital, atravessando os giros temporal superior e temporal inferior. O IOF percorre entre as fibras da coroa radiada medialmente, e o AF lateralmente no lobo frontal. Na área insular, ele passa abaixo do terço anterior do sulco limitante superior e metade superior do sulco limitante inferior, continuando posterior nos giros temporal superior e temporal médio até alcançar o lobo occipital. Funcionalmente, o IFOF supostamente exerce um papel no processamento da semântica, reconhecimento visual, leitura, escrita, e produção e compreensão da fala. O IFOF recobre as fibras OR à medida que passam abaixo dos giros temporal superior e temporal médio e lobo occipital, e lateral ao corno temporal, átrio e corno occipital do ventrículo lateral. Drane et al.[2] demonstraram que uma ressecção no hemisfério dominante resultou em um declínio na nomeação de tarefas, enquanto uma ressecção no hemisfério não dominante resultou em uma diminuição no reconhecimento facial. Tais déficits podem ocorrer como resultado de dano nos tratos da substância branca (p. ex., o ILF ou IFOF) durante o acesso ao córtex do lobo temporal mesial, em vez de dano ao córtex propriamente dito.

O fascículo uncinado (UF), uma via frontotemporal de fibras de associação longas, conecta o polo temporal à área orbitofrontal lateral através de seu ramo dorsolateral, e as áreas orbitofrontal medial e septal através de seus ramos ventromediais. O UF percorre anterior à substância perfurada anterior, recobrindo a face inferomedial do núcleo *accumbens,* até encontrar o cíngulo na área subgenual. Dano ao UF pode resultar em distúrbios comportamentais.

A AC, uma via de fibras comissurais, conecta os lobos orbitofrontal, occipital e temporal a ambos os lados um ao outro. Ela está localizada anterior às colunas do fórnix, formando uma porção da parede anterior do terceiro ventrículo. A AC se estende frontalmente, alcançando a área orbitofrontal medial através de seu ramo posterior, onde se divide nos ramos temporal e occipital. A extensão temporal do ramo posterior da AC ruma de forma descendente até o polo temporal e amígdala, imediatamente atrás do UF, e a extensão occipital do ramo posterior da AC atravessa os giros temporal superior e temporal médio até alcançar o lobo occipital. Nenhum déficit foi observado no caso de destruição das fibras da AC.

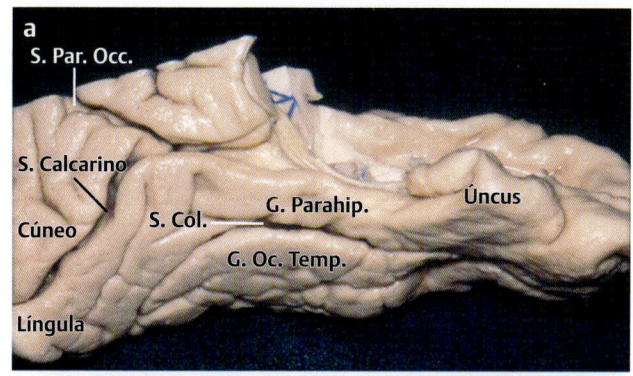

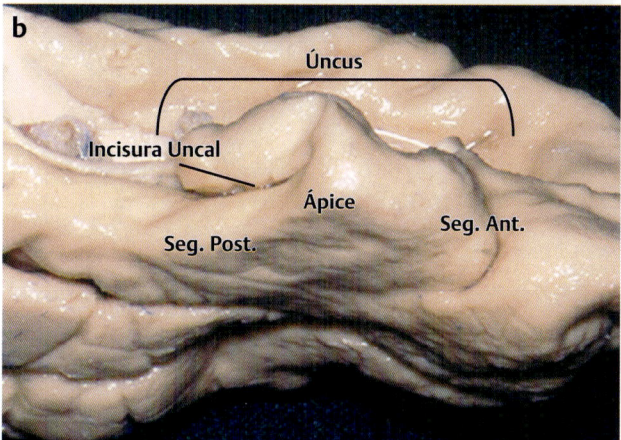

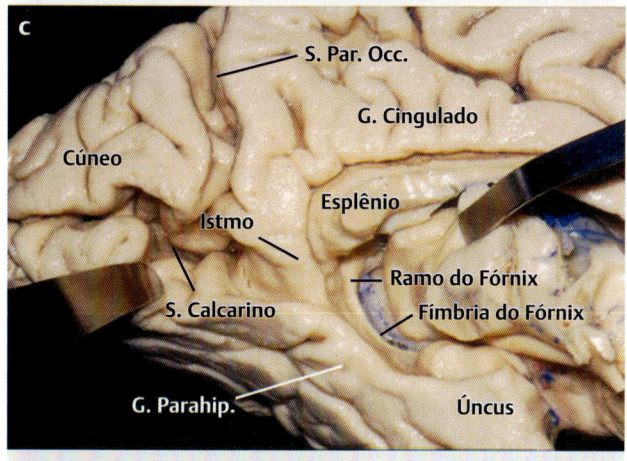

Fig. 3.10 (a) Vista do lobo temporal mesial. O cúneo e a língula encontram-se em cada lado do sulco calcarino. **(b)** *Close* das estruturas uncais. **(c)** Vista mesial do lobo temporal esquerdo demonstrando o sulco calcarino, a fímbria e ramo do fórnix. O istmo é uma ponte giral entre o giro cingulado e o giro para-hipocampal. S. Par. Occ. = sulco parietoccipital; S. Calcarino = sulco calcarino; S. Col. = sulco colateral; G. Parahip. = giro para-hipocampal; G. Oc. Temp. = giro occipitotemporal; Ápice = ápice do úncus; Seg. Post. = segmento posterior do úncus; Seg. Ant. = segmento anterior do úncus; G. Cingulado = giro cingulado.

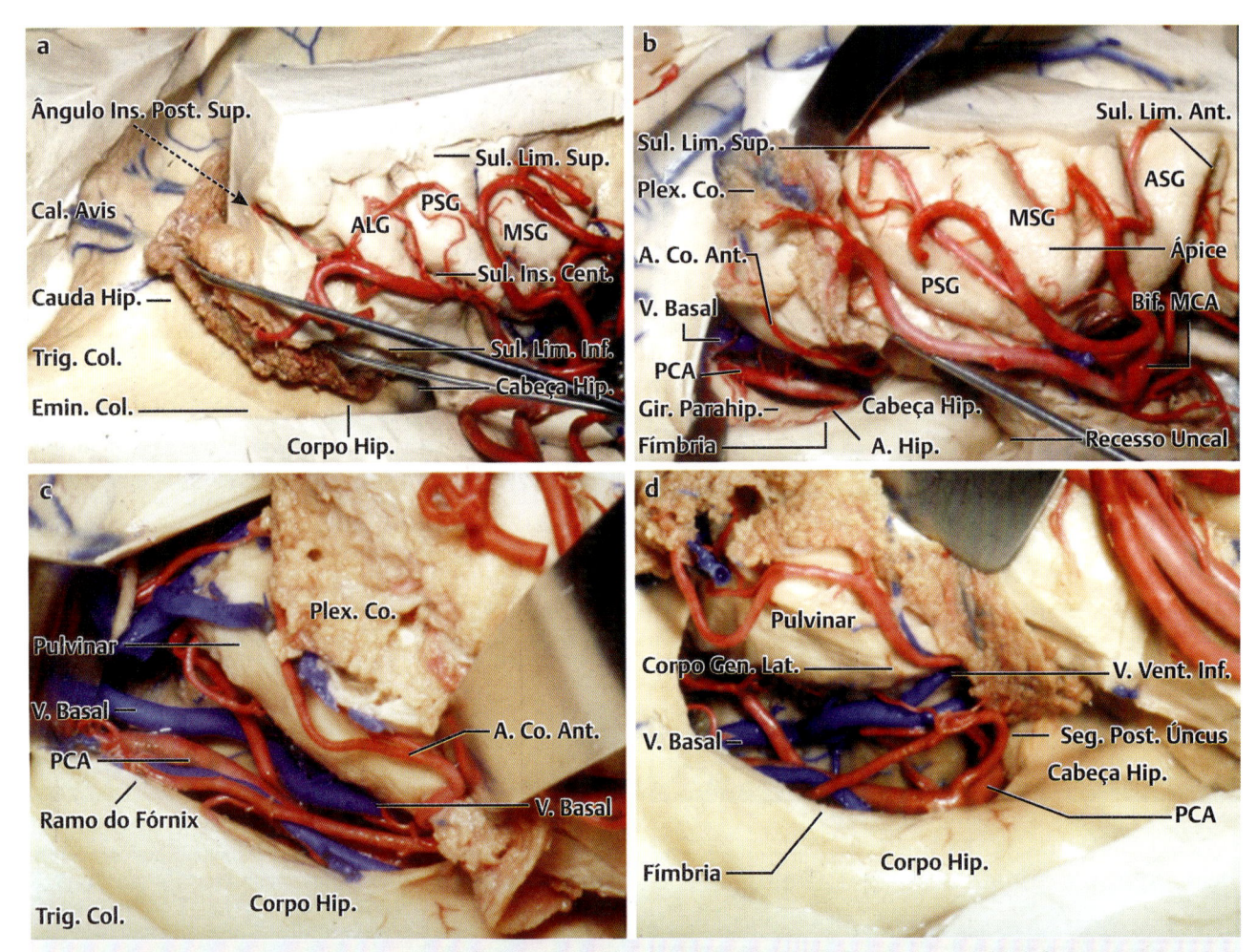

Fig. 3.11 (a) Relação entre o lobo temporal e o ventrículo lateral e ínsula. O plexo coroide é conectado em ambos os lados da fissura coroideia pela tênia do fórnix e tênia do tálamo. O trígono e eminência colateral são formados pela depressão do sulco colateral sobre o assoalho do corno temporal. O hipocampo começa no polo temporal do ventrículo lateral. A cabeça do hipocampo forma parte do assoalho do corno temporal e, anteriormente, situa-se abaixo da amígdala. **(b)** A fissura coroideia foi aberta no lado do fórnix, e o plexo coroide está sendo retraído superiormente. O ponto mais anterior da fissura coroideia no corno temporal é chamado de ponto coroideo inferior (ICP). O ICP marca o local de entrada da artéria coroideia anterior no corno temporal. O recesso uncal é uma fenda entre a cabeça anterior do hipocampo e a amígdala. Ele marca a extensão mais anterior do corno temporal e se situa anterolateral ao ICP. As artérias hipocampais originam-se da artéria cerebral posterior e rumam pelo sulco hipocampal. **(c)** Close da dissecção da fissura coroideia. A fímbria do fórnix origina-se na face superior e medial do corpo do hipocampo e é o sítio para ligamento da tênia do fórnix. O ramo do fórnix forma-se a partir da coalescência da fímbria, na face posterior do corpo hipocampal.
(d) Dissecção da fissura coroideia. A tênia do tálamo liga o plexo coroide ao pulvinar. A abertura da fissura coroideia fornece acesso às estruturas no interior da cisterna *ambiens*. As estruturas expostas incluem o segmento P2p da artéria cerebral posterior, a artéria coroideia posterior lateral, e a veia basal de Rosenthal. Ângulo Ins. Sup. Post. = ângulo insular superior posterior; Cal. Avis = calcar *avis*; Cauda Hip. = cauda do hipocampo; Trig. Col. = trígono colateral; Emi. Col. = eminência colateral; ALG = giro longo anterior; PSG = giro curto posterior; MSG = giro curto médio; Sul. Lim. Sup. = sulco limitante superior; Sul. Ins. Cent. = sulco insular central; Sul. Lim. Inf. = sulco limitante inferior; Cabeça Hip. = cabeça do hipocampo; Corpo Hip. = corpo do hipocampo; Plex. Co. = plexo coroide; A. Co. Ant. = artéria coroideia anterior; V. Basal = veia basal de Rosenthal; PCA = artéria cerebral posterior; Gir. Parahip. = giro para-hipocampal; Fímbria = fímbria do fórnix; Ápice = ápice do úncus; Sul. Lim. Ant. = sulco limitante anterior; Bif. MCA = bifurcação da artéria cerebral média; Pulvinar = pulvinar do tálamo; Corpo Gen. Lat. = corpo geniculado lateral; Seg. Post. Úncus = segmento posterior do úncus; V. Vent. Inf. = veia ventricular inferior; A. Hip. = artéria hipocampal.

Anatomia Cirúrgica do Lobo Temporal

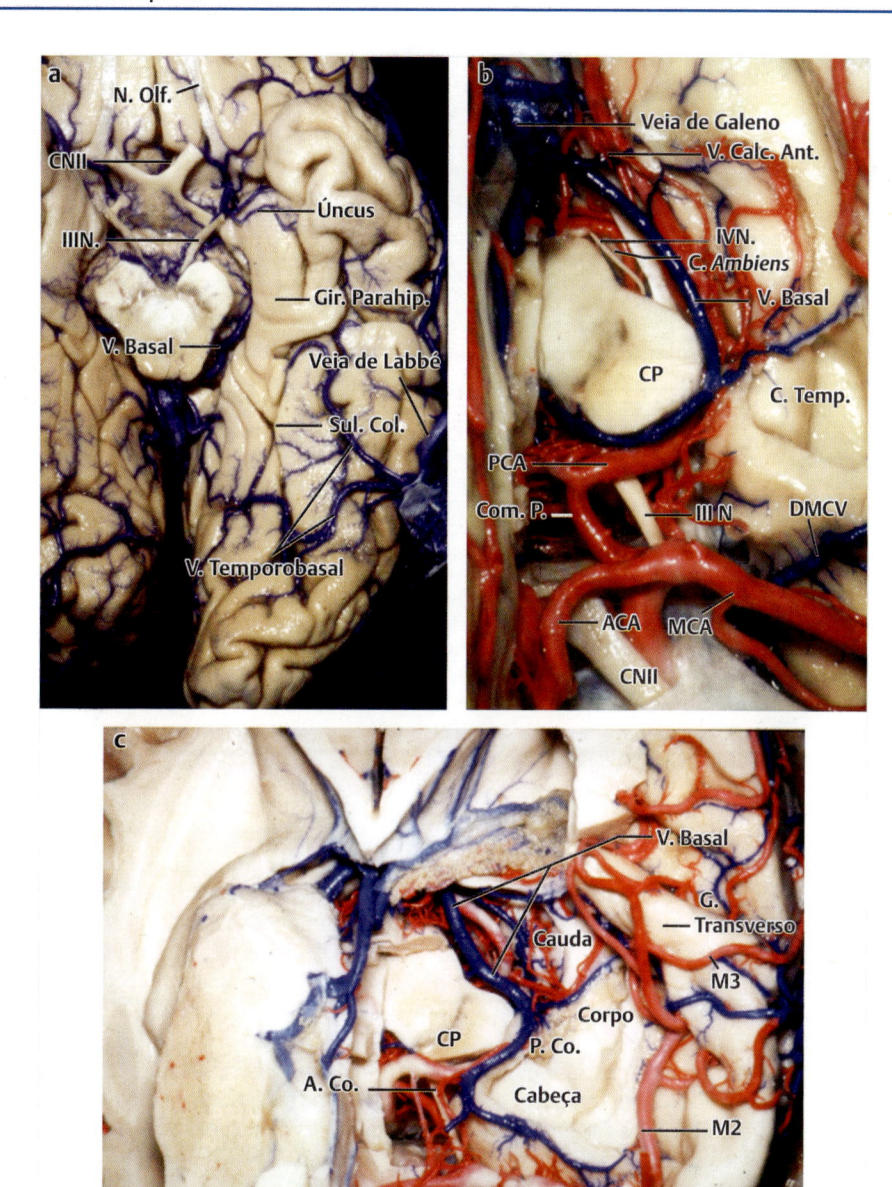

Fig. 3.12 (a) Vista inferior do lobo temporal demonstrando o padrão de drenagem venosa. A parte anterior da superfície basal do lobo temporal é drenada pelas veias temporossilvianas, que desembocam nas veias da fissura silviana. As veias temporobasais drenam para a superfície temporal inferior média e posterior e desembocam em um seio dural que se situa medial ao seio transverso. A superfície medial inferior drena para a veia basal, que desemboca no sistema galênico. **(b)** Dissecção demonstrando a anatomia das cisternas perimesencefálicas e lobo temporal medial. O lobo temporal mesial é primariamente drenado pelos tributários da veia basal de Rosenthal. O lobo temporal anterior também é drenado pela veia cerebral média profunda ou veia silviana profunda. **(c)** Dissecção coronal revelando as estruturas do corno temporal. A veia basal começa na confluência da veia silviana profunda e veias do córtex frontal inferior. A veia basal percorre pelas cisternas crural e *ambiens* até desembocar na veia de Galeno. CNII = nervo óptico; N. Olf. = nervo olfatório; IIIN. = nervo oculomotor; Gir. Parahip. = giro para-hipocampal; V. Basal = veia basal; Sul. Col. = sulco colateral; V. Temporobasal = veia temporobasal; V. Calc. Ant. = veia calcarina anterior; IVN = nervo troclear; C. Ambiens = cisterna *ambiens*; C. Temp. = corno temporal; CP = pedúnculo cerebral; PCA = artéria cerebral posterior; Com. P. = artéria comunicante posterior; DMCV = veia cerebral média profunda; ACA = artéria cerebral anterior; MCA = artéria cerebral média; A. Co. = artéria coroideia anterior; Cabeça = cabeça do hipocampo; Corpo = corpo do hipocampo; Cauda = cauda do hipocampo; P. Co. = plexo coroide; G. Transverso = giro transverso; M3 = segmento M3 da MCA; M2 = segmento M2 da MCA.

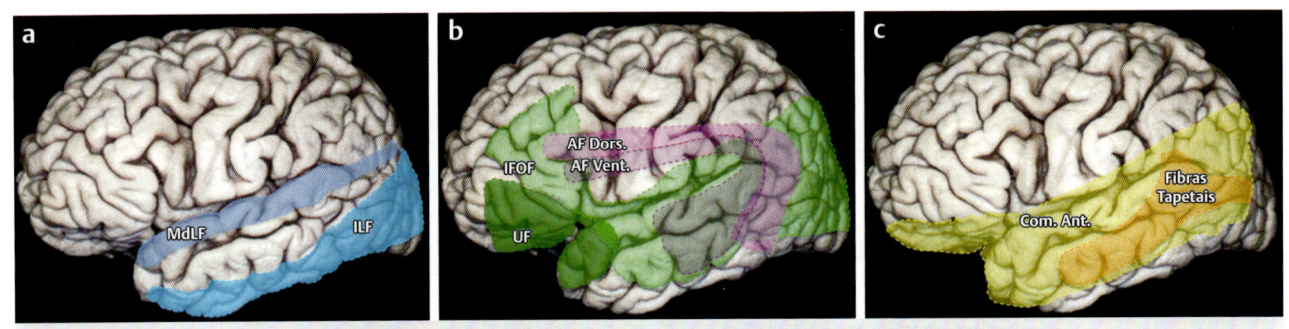

Fig. 3.13 (a) Vias de associação longa. O MdLF passa abaixo ou através dos giros temporal superior e angular. O ILF passa abaixo do giro temporal inferior e córtex occipital dorsolateral. **(b)** Posição do UF, IFOF, e dos segmentos dorsal e ventral do AF em relação à superfície cortical. O UF passa medial ao polo temporal, parte anterior dos giros temporal superior e temporal médio, e límen da ínsula, e conecta-se às áreas orbitofrontais medial e lateral. O IOF passa abaixo da parte média do giro frontal médio e parte anterior (*pars* orbital e triangular) do giro frontal inferior. Na área insular, o IOF passa abaixo dos giros insulares curtos e límen da ínsula, e abaixo dos giros temporais superior e médio, parte posterior do lobo parietal inferior, e lobo occipital. IFOF e UF formam a cápsula ventral externa. O segmento ventral do AF passa abaixo da parte média dos giros temporais superior e médio, parte posterior do giro temporal superior, parte inferior do giro supramarginal, e giros frontais inferiores pós- e pré-central. O segmento dorsal do AF passa abaixo da parte posterior dos giros temporais médio e inferior, parte inferior do giro angular, giros pós- e pré-central, e parte posterior dos giros frontais médio e inferior. **(c)** Localização das fibras comissurais anteriores. O ramo anterior da comissura anterior estende-se em direção ao núcleo olfatório, alcançando a área orbitofrontal medial. O ramo posterior da comissura anterior passa abaixo dos giros temporais superior e médio para alcançar o giro occipital. As fibras tapetais formam o teto e parede lateral do átrio, cornos temporal e occipital do ventrículo lateral. Com. Ant. = comissura anterior; AF = fascículo arqueado; Dors. = dorsal; IFOF = fascículo frontoccipital inferior; ILF = fascículo longitudinal inferior; MdLF = fascículo longitudinal medial; UF = fascículo uncinado; Vent. = ventral. (Modificada de Yagmurlu K. Vlasak AL, Rhoton Al Jr. Three-dimensional topographic fiber tract anatomy of the cerebrum. *Neurosurg* 2015;11:274-305.)

A OR, uma via de fibras de projeção, estende-se do corpo geniculado lateral e do pulvinar do tálamo até o córtex visual occipital. As fibras da OR são divididas em bandas anterior, central e posterior. Após serem originadas no corpo geniculado lateral, elas passam abaixo do sulco limitante inferior, através dos giros temporal superior e temporal médio, até recobrir o teto e a parede lateral do corno temporal e metade inferior do átrio do ventrículo lateral. A banda anterior (alça de Meyer) passa 10,6 ± 3,5 mm atrás do límen da ínsula, em um ponto mais profundo ao sulco limitante inferior até alcançar o ponto mais anteriormente possível da ponta do corno temporal do ventrículo lateral. Dano nas fibras da OR resulta em um defeito do campo visual chamado quadrantanopia. Contudo, com as estratégias modernas de ressecção, defeitos do campo visual após uma lobectomia temporal anterior são bastante pequenos, e geralmente indetectáveis, exceto por meio de um teste formal do campo visual.

O feixe de fibras localizado mais medialmente no lobo temporal é composto pelas fibras tapetais do corpo caloso. As fibras tapetais percorrem a partir do esplênio do corpo caloso, e curvam-se para baixo para cobrir as paredes lateral e superior do átrio, e cornos temporal e occipital do ventrículo lateral. A ▶ Tabela 3.1 lista a distância média desde a superfície dos giros superior, médio e inferior até os mencionados feixes de fibras.

Tabela 3.1 Distância da Superfície do Giro até os Tratos no Lobo Temporal (em cm)

Giro temporal superior	
Trato	Distância média da superfície do giro até o trato (cm)
MdLF	1,5 (1-3)
AF ventral e dorsal (parte posterior do giro)	3 (2,5-3,5)
UF (parte anterior do giro)	3 (2,5-3,5)
IFOF	3 (2,5-3,5)
Comissura anterior	> 3
Tapete	4 (3,5-4,5)
Giro temporal médio	
Trato	Distância média da superfície do giro até o trato (cm)
AF ventral e dorsal (parte posterior do giro)	1,5 (1-3)
UF (parte anterior do giro)	3 (2-5)
IFOF	2,4 (1,5-4)
Comissura anterior	3 (2-5)
Tapete	3,3 (3-6)
Giro temporal inferior	
Trato	Distância média da superfície do giro até o trato (cm)
AF dorsal (parte posterior do giro)	1,3 (0,5-2)
ILF	

Abreviações: AF = fascículo arqueado; IFOF = fascículo frontoccipital inferior; ILF = fascículo longitudinal inferior; MdLF = fascículo longitudinal medial; UF = fascículo uncinado.

Referências

[1] Ono M, Kubik S, Abernathy CD. Atlas of the Cerebral Sulci. Stuttgart, Germany: Georg Thieme Verlag; 1990:181

[2] Drane DL, Loring DW, Voets NL, et al. Better object recognition and naming outcome with MRI-guided stereotactic laser amygdalohippocampotomy for temporal lobe epilepsy. Epilepsia. 2015; 56(1):101–113

4 Lobectomia Temporal Padrão e Ajustada

Andrew L. Ko ▪ *Jeffrey G. Ojemann*

Resumo

A lobectomia anterotemporal padrão ou ajustada é um método seguro e efetivo de tratar a epilepsia do lobo temporal medicamente refratária. A avaliação pré-operatória para determinar os candidatos cirúrgicos apropriados deve incluir monitoramento em longo prazo por videoeletroencefalograma (vídeo-EEG), MRI (imagem de ressonância magnética) de alta resolução e testes neuropsicológicos, podendo incluir testes auxiliares como FDG-PET (tomografia por emissão de pósitron de fluoro-D-glicose), SPECT (tomografia computadorizada com emissão fotônica única) ictal ou, ainda, monitoramento invasivo com eletrocorticografia (ECoG) de superfície intracraniana ou colocação de eletrodos profundos intraparenquimais (estereoeletroencefalografia). A lobectomia temporal padrão inclui ressecção temporal anterolateral, remoção de estruturas mesiais (incluindo córtex entorrinal, unco, amígdala e para-hipocampo), além de mobilização e ressecção do hipocampo. A extensão da ressecção de estruturas laterais e mediais pode ser ajustada individualmente para os pacientes usando eletrocorticografia intracraniana para a máxima ressecção da zona epiléptica e mínimo impacto neuropsicológico da cirurgia, por meio da redução da ressecção de tecido desnecessário.

Palavras-chave: lobectomia temporal padrão; lobectomia temporal ajustada; eletrocorticografia intraoperatória.

4.1 Introdução

Estimativas recentes da carga global de epilepsia sugerem que mais de 32 milhões de pessoas são ativamente afetadas por esta condição neurológica comum.[1] Dentre aqueles que recebem tratamento, cerca de 1/3 são refratários ao tratamento médico, mesmo com a exposição a até nove regimes terapêuticos diferentes.[2,3] A epidemiologia da epilepsia do lobo temporal (TLE) é pouco definida.[4] Entretanto, de modo geral, costuma ser aceita como uma condição frequentemente refratária ao tratamento médico, além de ser um dos tipos mais comuns de epilepsia encaminhada para tratamento cirúrgico.[4,5] É vista classicamente como uma epilepsia adquirida, grave e farmacorresistente associada à esclerose hipocampal e responsiva ao tratamento cirúrgico. De modo significativo, existe uma evidência de classe I mostrando que a lobectomia temporal anteromedial (ATL) é nitidamente superior ao melhor dos tratamentos médicos para epilepsia de lobo temporal mesial (MTLE), em termos de isenção de convulsões e qualidade de vida.[6,7] A abordagem cirúrgica empregada nestes estudos foi a ATL "padrão", envolvendo a ressecção dos lobos temporais anterior e lateral, bem como a ressecção de estruturas mesiais, incluindo hipocampo, giro para-hipocampal e porções da amígdala.

O uso aumentado de testes auxiliares como a SPECT, FDG-PET e ECoG levou à noção de lobectomia temporal "ajustada", na qual a extensão da ressecção é guiada por informação prognóstica putativa recolhida de testes pré-cirúrgicos ou intraoperatórios. Esta abordagem é dirigida pela hipótese de que esse tipo de informação tem utilidade no planejamento da extensão da ressecção[8-10] ou na mitigação de efeitos colaterais cognitivos derivados da ressecção do tecido cerebral não envolvido na epileptogênese.[11,12] Pode ser particularmente útil em casos de MRI normal.[8,13,14] Entretanto, o papel desta abordagem ainda é pouco definido.[15-18]

4.2 Seleção do Paciente

A ATL padrão ou ajustada deve ser considerada em pacientes que apresentam convulsões parciais complexas refratárias às medicações administradas sob os cuidados de um neurologista especializado em epilepsia. A avaliação pré-operatória deve incluir (1) monitoramento em longo prazo por vídeo-EEG, para documentar as convulsões parciais complexas e avaliar a lateralidade da doença; (2) uma MRI cerebral volumétrica de campo superior (3-T), incluindo uma imagem T2 de alta resolução no plano coronal, para identificar esclerose temporal mesial; e (3) avaliação neuropsicológica com ênfase na função da memória e triagem de comorbidade psiquiátrica. Exames adicionais de lateralização de linguagem e memória, como o teste Wada ou MRI funcional, podem ser realizados. Os resultados destes testes devem ser concordantes, localizando um foco temporal unilateral, esclerose temporal mesial unilateral e disfunção de memória consistente com o lado do aparecimento ictal.

Nos casos em que estes critérios não são atendidos, os testes auxiliares podem incluir FDG-PET interictal, SPECT ictal e monitoramento invasivo com eletrodos subdurais (ECoG) ou profundos. A ausência de atrofia hipocampal à MRI, vídeo-EEG com capacidade de localização precária ou preocupação com doença bilateral, lesão estrutural neocortical, ou suspeita de aparecimento ictal neocortical lateral podem levar à colocação de eletrodos *grid* subdurais para localização ictal. Alguns desses pacientes talvez sejam inadequados para uma ATL padrão; estas ressecções podem ser consideradas "ajustadas" no sentido de que a ressecção é direcionada para o foco epiléptico e não para as estruturas temporais mesiais em si. Este procedimento tem mais em comum com as ressecções extratemporais na abordagem cirúrgica, bem como com os desfechos.

4.3 Preparação Pré-Operatória

4.3.1 Lobectomia Temporal Padrão

A neuronavegação pode ser útil, mesmo quando é realizada uma lobectomia anterotemporal padrão anatomicamente definida. Em nossa instituição, uma MRI T1 isotrópica de alta resolução não angular consiste em uma sequência padrão obtida durante a avaliação pré-operatória; isso em geral é suficiente. O estudo é carregado no sistema de neuronavegação e o paciente é registrado tão logo esteja anestesiado, com ou sem uso de marcadores fiduciários.

4.3.2 Lobectomia Temporal Ajustada

O uso da neuronavegação durante a lobectomia temporal ajustada pode ser acoplado a exames de imagem auxiliares obtidos durante o *workup* pré-operatório. Os dados de FDG-PET, SPECT, DTI (imagem por tensor difusional), ou outros dados de imagem, muitas vezes podem ser fundidos às imagens anatômicas obtidas em protocolos de navegação padrão. Caso o monitoramento intracraniano invasivo tenha sido realizado previamente, uma varredura de tomografia computadorizada (CT) de alta resolução com eletrodos anotados para indicar focos ictais também pode ser corregistrada com imagens anatômicas para auxiliar na orientação da ressecção.

Se a lateralização da dominância da linguagem indicar, uma craniotomia consciente com mapeamento intraoperatório pode ser considerada. Ressecções no lobo temporal dominante podem levar prontamente a uma abordagem ajustada do ventrículo, projetada para limitar a extensão da ressecção do neocórtex temporal lateral; alternativamente, se uma ressecção temporal lateral for de fato provável, esta é uma indicação para monitoramento intracraniano com eletrodos *grid*, e o mapeamento da linguagem pré-ressecção, fora da sala cirúrgica (OR), pode ser feito. Assim, a ATL padrão e a ATL ajustada costumam ser realizadas sob anestesia geral.

A escolha do agente anestésico pode ter impacto sobre a qualidade dos registros de ECoG intraoperatórios. Todos os agentes inalatórios em altas concentrações podem suprimir picos interictais espontâneos. Por outro lado, o sevoflurano e o enflurano podem aumentar a atividade de picos inespecífica. O isoflurano comumente é usado a 0,5 MAC (concentração alveolar mínima) ou menos, para evitar interferência nos registos intraoperatórios.[19] Propofol[20] ou dexmedetomidina[21] em doses sedativas podem ser usados, embora o primeiro também consiga suprimir a atividade e ECoG de fundo. Os opioides sintéticos em grandes doses em *bolus* podem aumentar a atividade de pico interictal, mas também são comumente usados para manter a anestesia como uma infusão.

4.4 Procedimento Cirúrgico

A noção de uma lobectomia temporal padrão é, de certa forma, falaciosa. A preferência do cirurgião resulta em múltiplas variações na técnica. Embora as nuances possam variar, a identificação de estruturas anatômicas relevantes e a cuidadosa dissecação subpial são fundamentais para o êxito de uma operação.

O paciente é posicionado em decúbito dorsal, com um apoio sob o ombro ipsilateral. A mesa cirúrgica deve estar na posição de Trendelenburg reversa, para facilitar a drenagem venosa. O último autor posiciona o plano sagital da cabeça em paralelo com o chão. Isto orienta as estruturas mesiais em paralelo ao chão, para facilitar a identificação da anatomia relevante. De modo significativo, com esta abordagem, o cirurgião fica em pé junto ao vértice da cabeça, para visualizar as estruturas anatômicas sem retração excessiva (▶ Fig. 4.1, **topo**). O primeiro autor prefere que a cabeça seja posicionada com três pontos de fixação e rotacionada em cerca de 30 graus a partir da vertical, com a eminência malar superior. Desta forma, a cabeça fica quase em posição neutra. Isto promove drenagem venosa e proporciona ao cirurgião uma vista ao longo do eixo do hipocampo e estruturas mesiais que é menos estranha e minimiza a retração (▶ Fig. 4.1, **embaixo**).

De modo geral, os autores preferem não usar manitol para relaxamento cerebral; a hipoventilação moderada, o uso criterioso de anestésicos inalatórios e o posicionamento cuidadoso

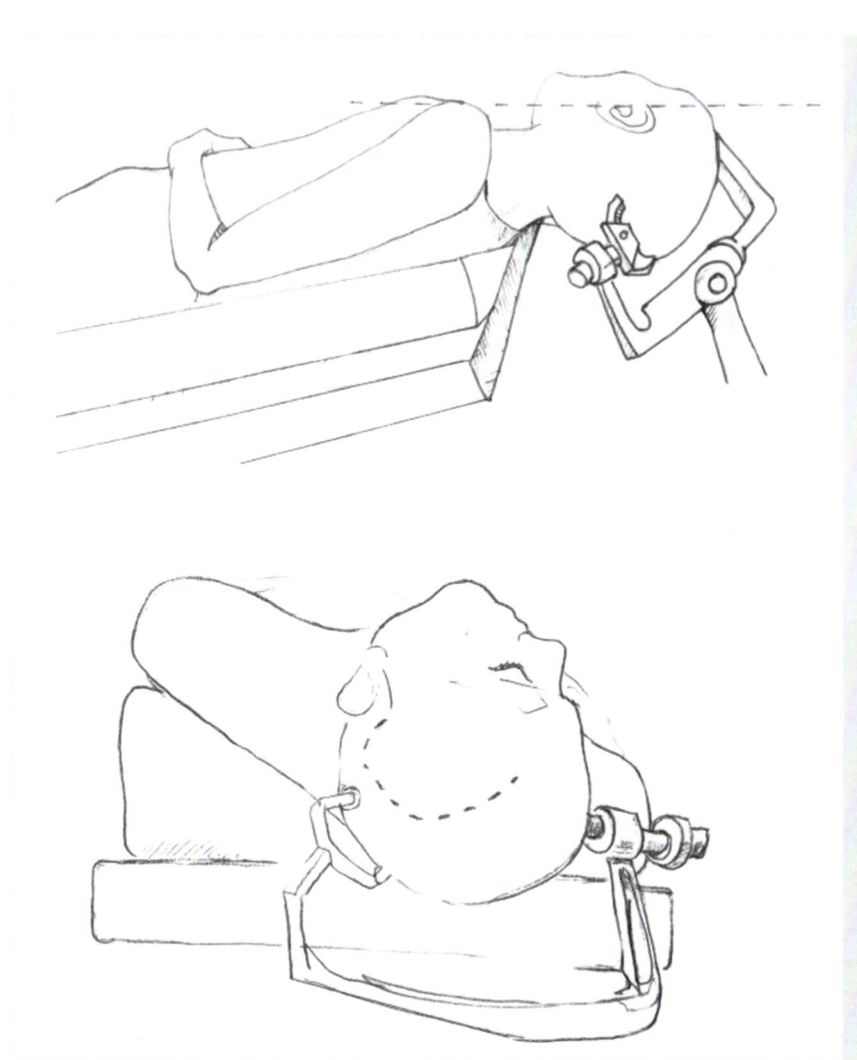

Fig. 4.1 Posicionamento e incisão.
Topo: posição preferida pelo último autor, com a orelha em paralelo com o chão.
Embaixo: posição preferida pelo primeiro autor, com a cabeça posicionada com a eminência malar superiormente, e o pescoço em posição neutra a discretamente estendida. A incisão de Falconer é mostrada (linhas pontilhadas), começando no nível do zigoma, 1 cm anterior ao trago da orelha, curvando-se posteriormente logo após à aurícula, quando anteriormente superior à linha superotemporal.

para promover drenagem venosa geralmente são suficientes. As expectativas podem incluir a presença de uma lesão em massa, ou um paciente obeso com comprometimento da drenagem venosa decorrente da compressão do pescoço e do tórax pelo tecido mole.

4.4.1 Lobectomia Temporal Padrão

O procedimento operatório para ATL padrão pode ser dividido nas seguintes etapas: exposição, ressecção do lobo temporal lateral, ressecção de estruturas mesiais, exposição do corno temporal, mobilização do hipocampo e fechamento.

A exposição é realizada via incisão de Falconer (▶ Fig. 4.1, **embaixo**). Em casos raros, usam-se grampos de hemostasia após fazer a incisão na pele e na gálea. O músculo temporal é dividido com precisão e refletido anteriormente ao longo da pele. Um *drill* de alta velocidade é usado para criar orifícios acima da raiz do zigoma, posterior à crista petrosa, no *keyhole*, e ao longo da linha superotemporal posterior. A dura-máter é limpa e a craniotomia é virada, tomando-se o cuidado de propiciar o máximo possível de exposição anterior e inferior. Uma broca redonda e *rongeurs* podem ser usados para garantir que a abertura óssea seja lavada com o assoalho da fossa média; a asa do esfenoide é achatada para propiciar a visualização da porção anterior da fissura silviana; o temporal escamoso adicional pode ser removido anteriormente, para facilitar a ressecção anterolateral e minimizar a retração durante a ressecção mesial (▶ Fig. 4.2). As células de ar expostas são enceradas e a hemostasia é cuidadosamente obtida com suturas alinhavadas circunferenciais. A abertura dural é em forma de "U", fundamentada superiormente à fissura silviana. O retalho dural é coberto com Telfa umedecida, enquanto as cristas durais são alinhavadas para propiciar melhor visualização.

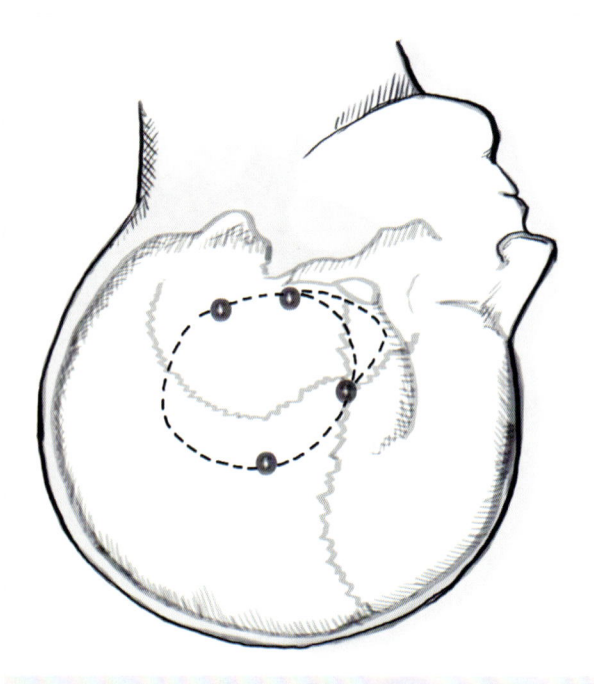

Fig. 4.2 Craniotomia. Orifícios são abertos com broca na raiz do zigoma, *keyhole*, posterior ao osso temporal petroso, e posterior à sutura coronal. Uma vez concluída a craniotomia inicial, osso temporal escamoso adicional pode ser removido com *rongeurs* de Leksell, para propiciar exposição anterior do polo temporal.

A ressecção temporal lateral é realizada por corticectomia circular. O corte lateral é feito 4 cm posterior ao polo temporal, cruzando a superfície lateral dos giros superotemporal, superotemporal médio e inferotemporal. Este corte é levado até as profundezas dos sulcos superotemporal e temporal médio, os quais são coagulados e divididos. Esta incisão cortical é estendida anteriormente, ao longo da superfície lateral do giro superotemporal, na direção do polo temporal, ao longo da superfície inferolateral da asa do esfenoide. A dissecação subpial com auxílio de um aspirador ultrassônico é usada para expor a superfície inferior da fissura silviana. A dissecação é então conduzida anteriormente para o polo temporal e, em seguida, ao longo da superfície inferomedial do giro superotemporal, até que o sulco rinal seja identificado (▶ Fig. 4.3). Isto completa as porções superior e medial da corticectomia. O corte inferolateral é realizado. A dissecação subpial é realizada para estender o corte lateral inicial ao longo da base da fossa média, identificando o sulco inferotemporal, o temporoccipital e, então, o sulco colateral. Este corte agora é estendido anteriormente, ao longo do sulco colateral, resseccionando o giro fusiforme. O sulco rinal pode ser contínuo com o sulco lateral, caso contrário prosseguir anteriormente no plano do sulco colateral completará a corticectomia circular. O lobo temporal anterolateral pode então ser atravessado *en bloc* (▶ Fig. 4.3).

A próxima etapa consiste na ressecção de estruturas mesiais. O microscópio cirúrgico é usado no restante da ressecção. O córtex entorrinal é removido usando aspirador ultrassônico, prosseguindo posteromedialmente de maneira subpial, e a crista do tentório será identificada (▶ Fig. 4.3). Conforme o giro *ambiens* é resseccionado, a artéria carótida interna é exposta, e a ressecção é conduzida superiormente até que a artéria cerebral média proximal se torne visível ao longo da pia-máter. O sulco uncal é identificado, à medida que a ressecção é conduzida posteriormente, dado que o segmento posterior do unco repousa medial a esta dobra pial. Este referencial possibilita a identificação de estruturas essenciais à ressecção mesial (▶ Fig. 4.3).

O recesso uncal do corno temporal repousa superior ao sulco uncal. O giro para-hipocampal e o subículo são laterais e posteriores a este banco pial, estando em continuidade superiormente com o sulco hipocampal.[22] A dissecação lateral e superior para o sulco uncal pode ser realizada para entrar no ventrículo pelo recesso uncal, no assoalho do ventrículo; a cabeça do hipocampo será visível, posteriormente (▶ Fig. 4.4; **em cima, à esquerda**).

Um retrator autorretentor pode ser colocado para facilitar a exposição e ressecção do para-hipocampo, ainda que a ressecção temporal lateral deste seja frequentemente desnecessária. O posicionamento da cabeça em um ângulo de 30 graus em relação ao plano horizontal, com a eminência malar superior, facilita a visualização das estruturas a serem removidas.

A técnica subpial é usada para remover o giro para-hipocampal; a borda pial pode ser acompanhada posteriormente, a partir do sulco uncal, com o hipocampo e o ventrículo retraídos superiormente (▶ Fig. 4.4, **no meio, à esquerda**). Estão visíveis ao longo da pia-máter, o pedúnculo cerebral, a fissura mesencefálica lateral e, então, a placa tectal (▶ Fig. 4.4, **no meio, à esquerda**). O istmo para-hipocampal será evidente além disto, ao se curvar medialmente em torno da parte detrás do tronco encefálico. A preservação da pia-máter durante essa ressecção é essencialmente importante. O nervo oculomotor, artéria cerebral posterior e veia basal seguem medialmente, sendo visíveis ao longo da pia-máter. Conforme o subículo é resseccionado e o sulco hipocampal é exposto, torna-se necessário ter cuidado, porque os ramos da artéria cerebral posterior e da artéria coroideia anterior que

Lobectomia Temporal Padrão e Ajustada

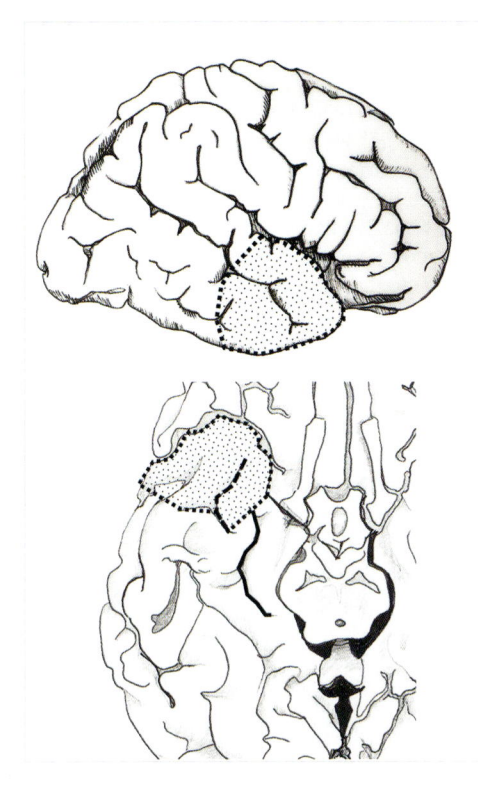

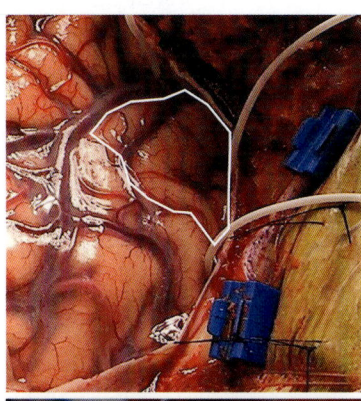

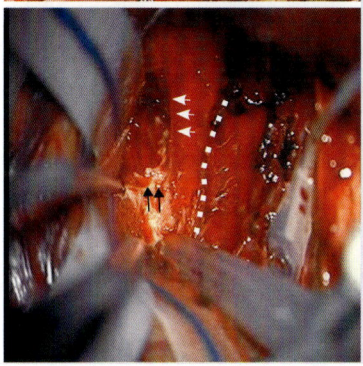

Fig. 4.3 Lobectomia temporal lateral. Em cima, à esquerda: vista lateral, hemisfério direito, mostrando as bordas de uma corticectomia lateral (*linha pontilhada*) para remoção do lobo temporal anterolateral (*região pontilhada*). Embaixo, à esquerda: vista subtemporal, hemisfério direito, mostrando as bordas da corticectomia lateral (*linha pontilhada, região pontilhada*). O sulco rinal é representado com uma linha interrompida, enquanto o sulco colateral é indicado por uma linha contínua. Em cima, à direita: vista intraoperatória para lobectomia temporal direita, mostrando corticectomia lateral planejada (*linha branca*). O polo temporal é superior; a fissura silviana está à esquerda da corticectomia planejada. Embaixo, à direita: vista intraoperatória após a conclusão da lobectomia temporal lateral. A linha branca pontilhada mostra o sulco colateral que, neste paciente, continua anteriormente como sulco rinal. O córtex entorrinal e o segmento anterior do unco foram removidos, expondo a crista do tentório (*setas brancas*) e a crista do sulco uncal (*setas pretas*).

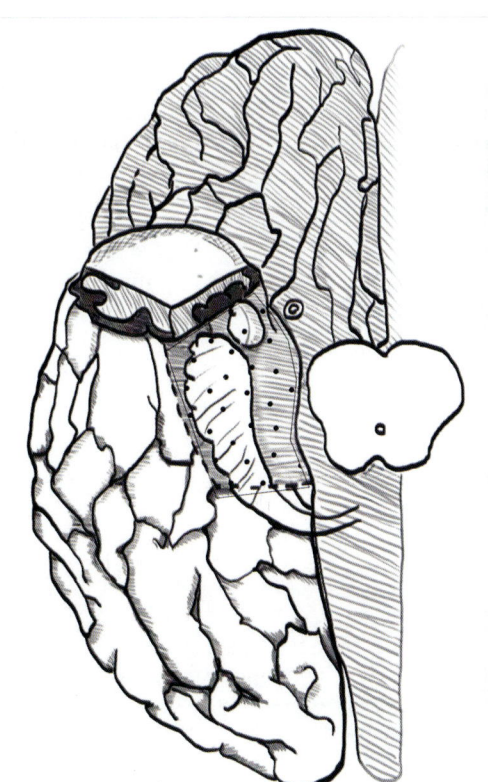

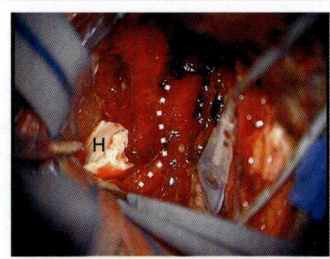

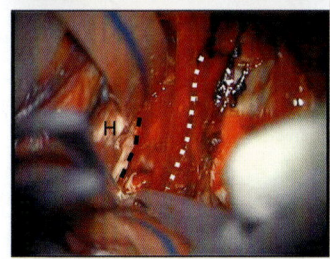

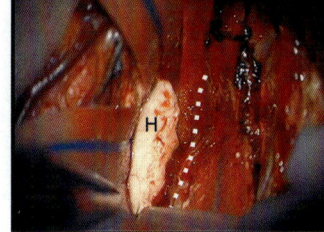

Fig. 4.4 Corno temporal e para-hipocampo. Esquerda: representação esquemática mostrando a relação entre o ventrículo e o hipocampo. O lobo temporal anterolateral foi removido. A região pontilhada mostra a região resseccionada, incluindo o para-hipocampo e o giro fusiforme. Direita: vistas intraoperatórias da ressecção do para-hipocampo e do giro fusiforme. Em cima, à direita: vista mostrando que o corno temporal foi aberto, com a cabeça do hipocampo (H), o sulco colateral (*linha pontilhada branca*) visível e a ressecção do para-hipocampo sendo iniciada. No meio, à direita: vista intraoperatória mostrando a ressecção do para-hipocampo, com a piamáter se sobrepondo à cisterna, ambiente visível inferiormente ao sulco hipocampal (*linha interrompida preta*) e medialmente ao sulco colateral (*linha pontilhada branca*). Embaixo, à direita: o para-hipocampo foi resseccionado atrás da placa tectal, e o ventrículo foi aberto ao longo do corpo do hipocampo (H), pela eminência colateral, que se sobrepõe ao giro fusiforme previamente resseccionado, superiormente ao sulco colateral (*linha pontilhada branca*).

suprem o hipocampo seguirão junto aos folhetos deste sulco, e é necessário preservar os ramos recorrentes que saem para suprir o mesencéfalo e o tálamo. Usar Gelfoam, em vez da coagulação, para obter hemostasia pode facilitar a preservação destas arteríolas. A face superior deste banco pial é o sulco hipocampal.

O corno temporal agora é aberto ainda mais e o hipocampo é exposto (▶ Fig. 4.4, **embaixo, à esquerda**). Com o hipocampo resseccionado, o ventrículo é facilmente aberto na direção lateral inferior. Esta abertura é estendida posteriormente, ao longo da extensão do hipocampo. O plexo coroide é identificado e protegido com um cotonoide comprido, ao longo de sua face inferior. Um retrator autorretentor pode ser colocado embaixo da coroide para prevenir a manipulação excessiva e a tração dos vasos existentes neste local. A direção da retração deve ser superior e é preciso ter cuidado para não retrair medialmente, uma vez que isto pode comprimir o tálamo e o mesencéfalo. Quando necessário, é possível fazer uma ressecção adicional do giro para-hipocampal, especialmente ao longo do sulco hipocampal, que pode ser facilmente visualizado com a manipulação do hipocampo (▶ Fig. 4.4).

A amígdala basolateral paira sobre a cabeça hipocampal ao longo de toda a sua superfície. A ressecção adicional da amígdala inferolateral pode ser realizada neste momento, tomando-se o cuidado de permanecer inferior e lateral ao plano estabelecido pelo ponto coroidal inferior e a origem da artéria cerebral média (linha carótida-coroidal).

A ressecção do hipocampo requer três incisões. O corte anterior desconecta a cabeça do hipocampo. O corte medial ao longo do fórnix da fímbria desconecta o corpo e a cauda desta estrutura, e o corte posterior transecciona a estrutura do hipocampo no ponto de encontro com o calcar *avis*. Estes cortes podem ser feitos em qualquer ordem; o primeiro autor prefere fazer primeiro o corte posterior, seguido do corte medial, e terminar fazendo a desconexão anterior. Depois que estes cortes são feitos, o hipocampo permanece ligado ao sulco hipocampal que, então, é dividido para concluir a ressecção.

O corte posterior ao longo da cauda do hipocampo é feito no local em que esta estrutura começa a se curvar medialmente ao redor da placa tectal, medial ao trígono colateral, onde o calcar *avis* é visível como uma protuberância no assoalho do ventrículo. É preciso ter o cuidado de permanecer inferior e lateral ao plexo coroide, uma vez que o tálamo está posicionado superior e medialmente à pia-máter neste local (▶ Fig. 4.5, **linha de cima, no meio**).

O plexo coroide é preso ao corpo do hipocampo pela tela coroidea, constituída por um plano aracnoide duplo composto pela tênia do fórnice e pela tênia do tálamo. O corpo e a cauda do hipocampo são desconectados medialmente, pela tênia do fórnice e ao longo do lado correspondente ao do fórnix do plexo coroide, para evitar danos ao diencéfalo, artéria coroidal anterior e artérias coroidais posteriores laterais (▶ Fig. 4.5, **linha de baixo, no meio**).

A desconexão da cabeça do hipocampo se dá pelo recesso uncal, levando à ressecção uncal prévia. O ponto coroidal inferior demarca a extensão posterior deste corte (▶ Fig. 4.5, **linha de cima, à direita**). A veia hipocampal longitudinal anterior que drena no interior da veia basal de Rosenthal é encontrada anterior ao ponto coroidal inferior, e isso pode ser coagulado e cuidadosamente cortado.

O sulco hipocampal previamente foi exposto, e a incisão ao longo deste plano aracnoide libera o corpo do hipotálamo. Uma cuidadosa coagulação e divisão das arteríolas que alimentam o hipocampo a esta distância, lateralmente, pode evitar danos aos ramos recorrentes das artérias coroidal anterior e cerebral posterior que seguem junto ao sulco hipocampal proximal e alimentam o tronco encefálico e o tálamo.[23] Por isso, o hipocampo é removido *en bloc*, mantendo o restante do sulco hipocampal inferior ao plexo coroide (▶ Fig. 4.5, **linha de baixo, à direita**). O ponto coroidal inferior é facilmente visível, assim como a origem

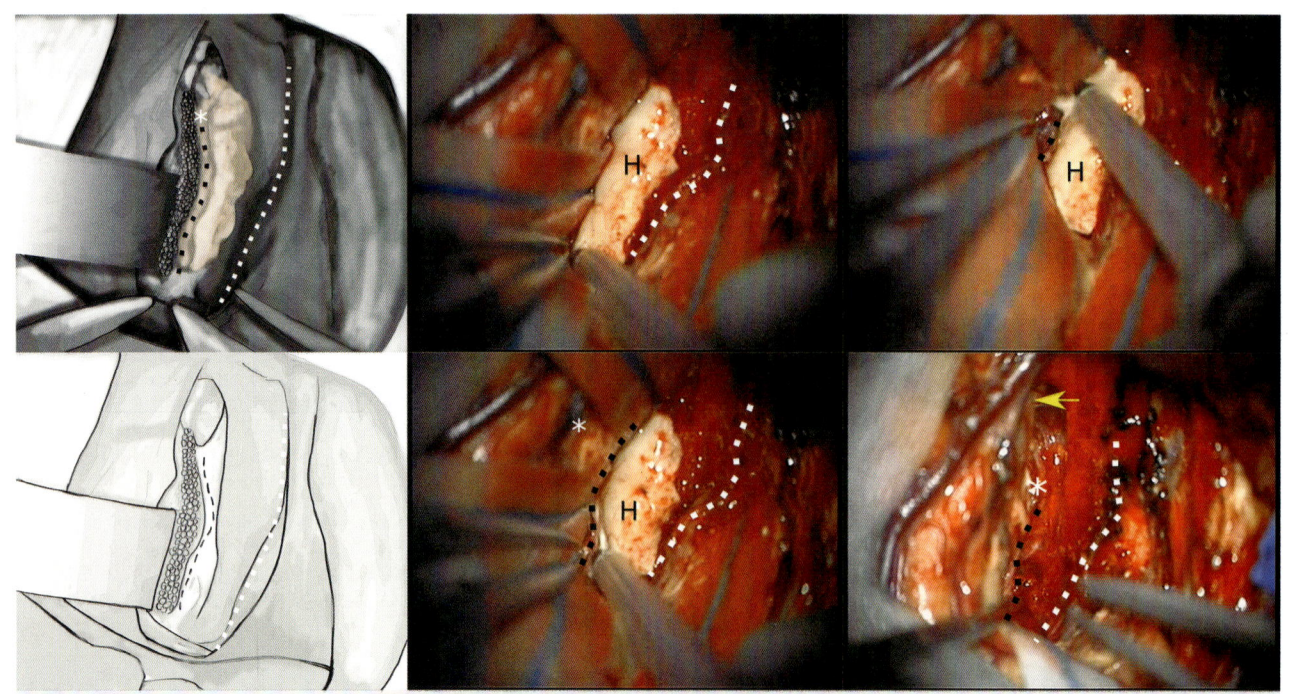

Fig. 4.5 Ressecção do hipocampo. Em cima, à esquerda: vista esquemática do hipocampo (*rosa*) junto ao ventrículo, mostrando fórnix da fímbria (*linha pontilhada preta*), plexo coroide e ponto coroidal inferior (*asterisco branco*), além dos sulcos colaterais (*linha pontilhada branca*). Em cima, no meio: corte posterior ao longo da cauda do hipocampo, seguido de (embaixo, no meio) exposição da fissura coroidal pela remoção da fímbria (*linha pontilhada preta*) ao longo do aspecto medial do hipocampo (H). Em cima, à direita: corte anterior a partir do ponto coroidal inferior para dentro do unco previamente resseccionado. Embaixo, à direita: o hipocampo foi removido, mostrando os remanescentes da fissura coroideia/sulco hipocampal (*linha pontilhada preta*), inferior ao ponto coroidal (*asterisco branco*) e o sulco colateral (*linha pontilhada branca*). A ressecção adicional da amígdala foi realizada em um plano situado entre o ponto coroidal inferior e a artéria cerebral média (*seta amarela*). Embaixo, à esquerda: vista esquemática da cavidade de ressecção, após a retirada do hipocampo, mostrando o sulco hipocampal (*linha pontilhada preta*) e o sulco colateral (*linha pontilhada branca*).

da MCA. A ressecção adicional da amígdala pode ser realizada neste momento, tomando-se o cuidado de não fazer a ressecção superiormente ao plano definido por estas duas estruturas (▶ Fig. 4.5, **linha de baixo, à direita**).

A hemostasia pode ser conseguida usando Gelfoam ou Surgicel. O ventrículo deve ser completamente irrigado. A dura-máter é reaproximada, usando um enxerto em caso de necessidade para obter fechamento à prova de água. Uma sutura alinhavada central é costurada e o retalho de osso é preso ao crânio usando placas de titânio. É preciso ter o cuidado de fechar a incisão no músculo temporal ao longo do zigoma. Os tecidos moles são fechados em camadas anatômicas.

4.4.2 Lobectomia Temporal Ajustada

A decisão de ajustar ou limitar a ressecção neocortical temporal lateral ou de estender a ressecção hipocampal é tomada com base em muitos fatores. No pré-operatório, fatores como achados de MRI, função neuropsicológica relativamente preservada, e lateralidade da ressecção são importantes. A colocação de eletrodos subdurais e profundos para fins de monitoramento prolongado e mapeamento tem amplo papel na determinação da extensão da ressecção, sobretudo em casos com localização incerta ou MRI normal, e nos casos com suspeita neocortical lateral no hemisfério dominante. No intraoperatório, a localização do córtex eloquente ou os achados de eletrocorticografia podem, do mesmo modo, afetar o grau de ressecção neocortical ou hipocampal.

Nesta instituição, quase todas as ressecções de lobo temporal passam por certo grau de ajuste, em particular as ressecções no lado dominante. Se houver algum problema relacionado com envolvimento neocortical lateral na epileptogênese, realiza-se o monitoramento invasivo usando eletrodos *grid*, *strip* e profundos, cuja discussão foge ao escopo deste capítulo. Basta dizer que a extensão da ressecção pode ser totalmente guiada pelos achados de ECoG intracranianos perioperatórios, ou suplementada com registros adicionais de ECoG intraoperatórios.

Quando a avaliação pré-operatória sugere apenas o envolvimento mesial, a preferência costuma ser realizar uma amígdalo-hipocampectomia a *laser* estereotática (SLAH, do inglês *stereotactic laser amygdalohippocampectomy*). Embora a experiência em longo prazo com esta abordagem seja limitada, nossa experiência até o presente com esse procedimento é comensurada com os relatos publicados[24] sugerindo uma taxa de isenção de convulsões da ordem de 60% em pacientes com MTLE. Isto é um pouco menos do que a taxa de isenção de convulsões a ser considerada à luz dos efeitos colaterais diminuídos,[25] em comparação com a ATL, particularmente ao tratar o hemisfério dominante.

A decisão de realizar uma ATL padrão, ATL justada ou SLAH é tomada após considerar muitos fatores. Imagens obtidas no pré-operatório, vídeo-EEG e imagens auxiliares têm algum papel; a avaliação neuropsicológica, lateralidade, fatores psicossociais, preferência do paciente e até a cobertura do seguro devem ser levados em consideração. Uma decisão simples e direta é impossível. Em nossa instituição, as recomendações são baseadas na informação dada por especialistas em epilepsia, neurocirurgiões, radiologistas e neuropsicólogos em uma reunião de casos cirúrgicos realizada semanalmente.

Uma abordagem aberta é ajustada para poupar totalmente o giro superotemporal e limitar ao máximo a ressecção do giro temporal médio. A preservação integral do córtex temporal lateral pode ser conseguida usando uma abordagem subtemporal, em que um retrator é avançado ao longo da base do lobo temporal, até que o segmento anterior do unco seja identificado. O relaxamento cerebral é incentivado pela saída de líquido cerebrospinal (CSF) da cisterna *ambiens*. É feita uma incisão cortical no ponto médio do unco, começando a 15 mm de onde o nervo oculomotor se torna visível ao cruzar o tentório.[26,27] O recesso uncal do corno temporal é penetrado por dissecação da substância branca perpendicular à superfície inferior do unco. A exposição do ventrículo, posteriormente, é então realizada por meio de uma incisão ao longo do para-hipocampo, posteriormente, por 3-4 cm.[26,27] A ressecção do para-hipocampo empregando uma técnica subpial cuidadosa possibilitará, então, a mobilização do hipocampo e este poderá ser removido usando os referenciais e as técnicas já descritas. A amígdala inferolateral forma a parede superolateral do corno temporal e pode ser ressecionada no nível da MCA, por aspiração ultrassônica, após a remoção do hipocampo. Outra vez, uma ECoG intraoperatória pode ser usada para ajustar ainda mais a extensão da ressecção; se desejado, é possível fazer a ressecção adicional do hipocampo, tomando-se o cuidado de permanecer inferior e lateral ao plexo coroide.

A ECoG intraoperatória pode ser separada em três fases distintas. A primeira é a fase de registro pré-ressecção; a segunda é a fase de registro direto a partir do hipocampo; e a terceira fase é a que garante a ausência de atividade epiléptica interictal residual no giro para-hipocampal ou no hipocampo posterior não ressecionado.

Fase 1

Após a exposição do córtex frontotemporal, eletrodos subdurais são colocados na subsuperfície do lobo temporal. Uma faixa de 4 ou 6 contatos é direcionada ao polo temporal e curvada inferior e medialmente, proporcionando a cobertura do córtex entorrinal e do para-hipocampo. Duas faixas adicionais de quatro contatos são colocadas em orientação medial-lateral para cobrir as regiões subtemporais anterior e posterior (Fig. 4.6). Uma vez garantida a cobertura subtemporal, nossa instituição usa eletrodos com ponta de carbono e o suporte de eletrodo Grass para fornecer cobertura ao lobo temporal lateral; são colocados 2-3 eletrodos nos giros superotemporal e temporal médio, na direção anterior-posterior. Alternativamente, eletrodos *strips* ou *grids* podem ser usados. A presença e a localização de atividade epileptiforme são observadas.

Caso esteja sendo realizado o mapeamento consciente da linguagem, permite-se que o paciente acorde da anestesia. O estimulador Ojemann movido à bateria é usado para fornecer estimulação bipolar, começando a uma amplitude de 2 mA, e vários sítios são estimulados com amplitudes gradativamente crescentes até que o limiar de pós-descarga seja determinado. O teste de linguagem é realizado a 1-2 mA abaixo do limiar de pós-descarga. É importante ter uma irrigação fria disponível, para ajudar a prevenir a disseminação de pós-descargas; a anestesia deve ser preparada para administrar midazolam, caso a estimulação produza convulsão.

Uma vez concluído o mapeamento, o paciente pode ser novamente anestesiado para o restante da cirurgia. A faixa de eletrodos subtemporal pode ser mantida, para ajudar na localização do tecido epileptogênico durante a ressecção.

O lobo temporal anterolateral é ressecionado, como acima. Os giros superotemporal e temporal médio podem ser poupados, se nenhuma atividade epileptiforme temporal lateral for observada. A identificação do sulco colateral, sulco uncal e a ressecção do giro fusiforme permite a entrada no ventrículo ao longo de sua borda lateral e inferior.

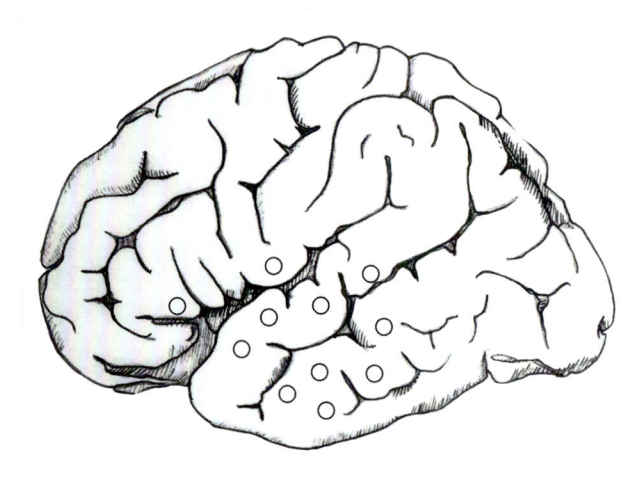

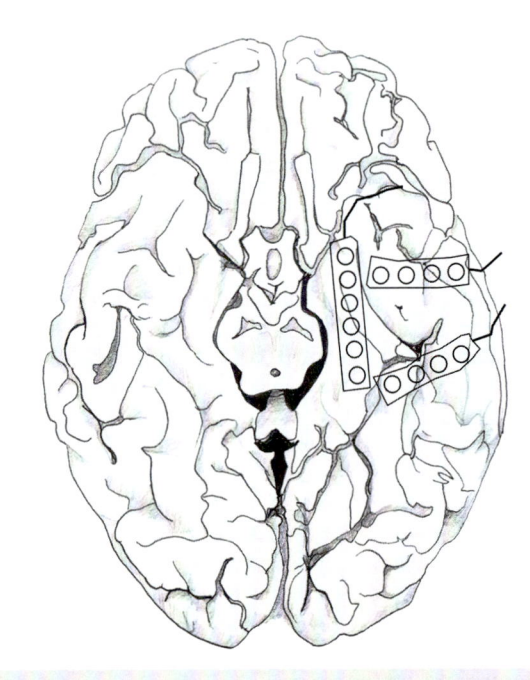

Fig. 4.6 Eletrocorticografia de superfície. Topo: vista lateral mostrando a colocação dos eletrodos. Embaixo: as localizações das faixas subtemporais durante a lobectomia temporal ajustada.

- Descargas em picos superfície-positivos demonstradas no hipocampo com picos superfície-negativos simultâneos ao longo do para-hipocampo.
- Descargas de pico isoladas aos eletrodos, ao longo do para-hipocampo.

Quando atividade epileptiforme é notada no eletrodo mais distal (posterior), a faixa é avançada até que uma zona clara seja identificada, posteriormente. As estruturas mesiais apropriadas são então resseccionadas conforme os resultados individuais.

Fase 3

Após a remoção das estruturas mesiais, uma terceira sessão de registros pode ser realizada. Uma faixa é colocada junto ao ventrículo, ao longo da porção não resseccionada do hipocampo; outra faixa é colocada ao longo do para-hipocampo não resseccionado. Este registro é usado para confirmar a inexistência de atividade epileptiforme remanescente no para-hipocampo ou hipocampo posterior não resseccionado.

4.5 Manejo Pós-Operatório Incluindo Possíveis Complicações

O paciente é observado durante toda a noite, na unidade de terapia intensiva (UTI). O cateter de Foley e a linha arterial são removidos, assim que possível. O paciente é transferido para uma unidade do andar cirúrgico, no dia seguinte; a espirometria de incentivo e a deambulação precoce são estimuladas. O paciente pode receber alta quando estiver deambulando e puder controlar adequadamente a dor com medicações orais. Os antiepilépticos são mantidos; o desmame das medicações pode ser considerado se o paciente permanecer livre de convulsões por 6 meses a 1 ano.

As complicações mais temidas deste procedimento podem ser evitadas prestando atenção diligente à dissecação subpial e à colocação do retrator.

A hemiparesia pode resultar do dano às artérias cerebral média, coroideia anterior ou cerebral posterior. A manipulação excessiva ou tração do plexo coroide junto ao ventrículo deve ser particularmente evitada. A cauterização do plexo coroide também pode levar à trombose da artéria coroideia anterior. A colocação de um cotonoide e do retrator inferior e lateralmente ao coroide pode ajudar a evitar estas armadilhas, tomando-se o cuidado de retrair superiormente esta estrutura. A retração medial pode resultar em dano ao mesencéfalo ou ao tálamo.

A cauterização dos vasos que suprem o hipocampo a partir da artéria coroideia anterior ou da artéria cerebral posterior junto ao sulco hipocampal deve ser realizada o mais distalmente possível, para evitar ramos recorrentes oriundos desses vasos que suprem o tronco encefálico e o tálamo. A tração excessiva, ao mesmo tempo em que mobiliza o hipocampo, também deve ser evitada para prevenir danos aos vasos proximais àqueles que suprem o hipocampo. Por fim, a cuidadosa preservação dos planos piais durante a sucção ou aspiração ultrassônica ajudará a evitar danos acidentais à artéria cerebral posterior, bem como às artérias perfurantes do tálamo, em especial ao realizar a desconexão hipocampal medial e a transecção posterior do hipocampo.

As neuropatias cranianas transientes podem ser evitadas tendo o cuidado de prestar atenção aos planos piais e evitando usar eletrocautério bipolar ao longo da incisura do tentório.

Os déficits de campo visual podem resultar do dano à alça de Meyer. A incidência pode ser reduzida com a minimização da ressecção cortical lateral e da entrada no ventrículo a partir de uma abordagem inferolateral. A hemianopsia pode resultar das

Fase 2

Depois que o ventrículo for acessado, uma faixa de ECoG de quatro contatos é colocada no ventrículo do corno temporal, ao longo do hipocampo, em orientação anteroposterior. A faixa previamente colocada orientada na direção do polo terminal é mantida em orientação anteroposterior na parte de baixo do giro para-hipocampal, enquanto a parte posterior das faixas subtemporais laterais-mediais fica posterior à ressecção. Esta localização infratemporal posterior pode exibir uma atividade rítmica precisamente contornada, que muitas vezes representa a atividade fisiológica alfa que não deve ser confundida com descargas epilépticas. A atividade epileptiforme interictal temporal mesial tende a ocorrer em um dentre três padrões (▶ Fig. 4.7):

- Picos superfície-positivos ou superfície-negativos, isolados apenas ao hipocampo.

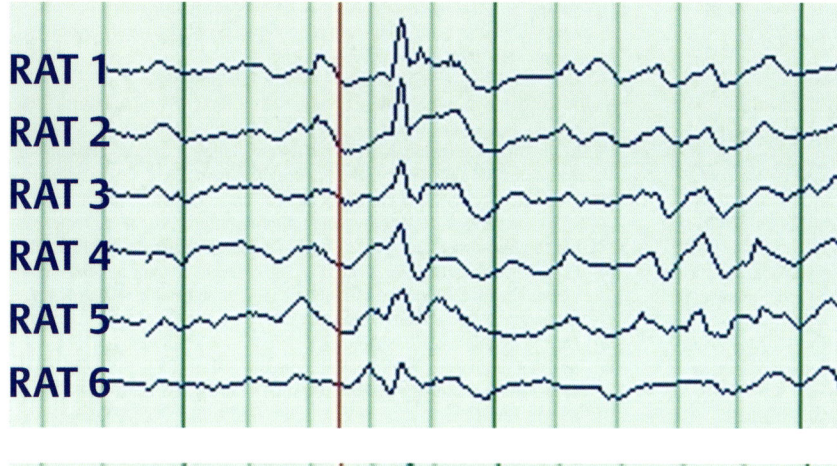

Fig. 4.7 Eletrocorticografia intraoperatória (ECoG). Topo: traçado de ECoG intraoperatória mostrando ondas precisas negativas a partir do para-hipocampo, vistas nos contatos distais da faixa subtemporal anterior. Embaixo: registro simultâneo a partir dos eletrodos hipocampais, mostrando picos de superfície positiva. O registro intraoperatório pode mostrar descargas epileptiformes no para-hipocampo, isoladamente, apenas no hipocampo ou em ambos (como na figura).

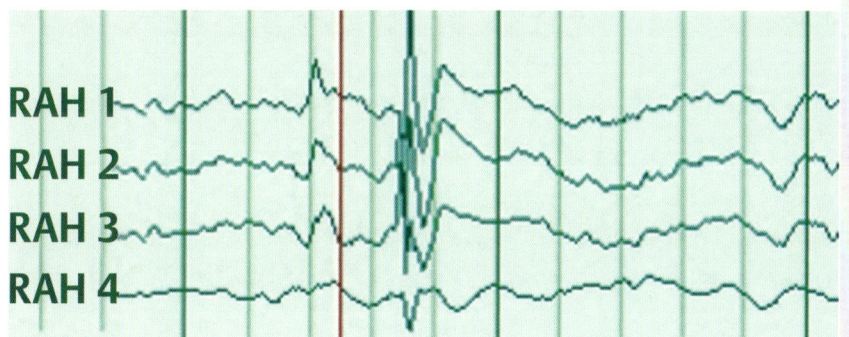

mesmas manobras que podem causar hemiplegia por dano à artéria coroidal anterior, ou dano ao corpo geniculado lateral do tálamo, podendo ser evitada com a adoção dos mesmos cuidados tomados com a técnica subpial.

4.6 Conclusão

A ATL, seja ajustada ou padrão, deve ser considerada em casos de pacientes que apresentem convulsões parciais complexas refratárias a medicamentos, além de avaliação pré-operatória adequada incluindo monitoramento por vídeo-EEG que demonstre foco temporal unilateral; esclerose temporal mesial à MRI; e testes adjuntos concordantes acompanhados de avaliação neuropsicológica, FDG-PET, SPECT ou monitoramento invasivo.

A lobectomia temporal padrão pode ser realizada em três etapas: ressecção anterolateral, remoção de estruturas mediais e mobilização do hipocampo. Para realizar uma ressecção segura e efetiva, é fundamental respeitar os limites piais e conhecer as estruturas anatômicas relevantes.

A ressecção do lobo temporal e de estruturas mesiais pode ser informada usando ECoG intraoperatória. Limitar a remoção de neocórtex lateral pode minimizar as sequelas neuropsicológicas da cirurgia de epilepsia, e uma abordagem subtemporal das estruturas mediais pode ser usada para preservar o giro fusiforme e o neocórtex lateral, particularmente com ressecções no hemisfério dominante.

Referências

[1] Ngugi AK, Bottomley C, Kleinschmidt I, Sander JW, Newton CR. Estimation of the burden of active and life-time epilepsy: a meta-analytic approach. Epilepsia. 2010; 51(5):883–890

[2] Brodie MJ, Barry SJE, Bamagous GA, Norrie JD, Kwan P. Patterns of treatment response in newly diagnosed epilepsy. Neurology. 2012; 78(20):1548–1554

[3] Schiller Y, Najjar Y. Quantifying the response to antiepileptic drugs: effect of past treatment history. Neurology. 2008; 70(1):54–65

[4] Téllez-Zenteno JF, Hernández-Ronquillo L. A review of the epidemiology of temporal lobe epilepsy. Epilepsy Res Treat. 2012; 2012:630853

[5] Labate A, Gambardella A, Andermann E, et al. Benign mesial temporal lobe epilepsy. Nat Rev Neurol. 2011; 7(4):237–240

[6] Wiebe S, Blume WT, Girvin JP, Eliasziw M, Effectiveness and Efficiency of Surgery for Temporal Lobe Epilepsy Study Group. A randomized, controlled trial of surgery for temporal-lobe epilepsy. N Engl J Med. 2001; 345(5):311–318

[7] Engel J, Jr, McDermott MP, Wiebe S, et al. Early Randomized Surgical Epilepsy Trial (ERSET) Study Group. Early surgical therapy for drug-resistant temporal lobe epilepsy: a randomized trial. JAMA. 2012; 307(9):922–930

[8] Vinton AB, Carne R, Hicks RJ, et al. The extent of resection of FDG-PET hypometabolism relates to outcome of temporal lobectomy. Brain. 2007; 130(Pt 2):548–560

[9] Umeoka S, Matsuda K, Baba K, et al. Usefulness of 123I-iomazenil single-photon emission computed tomography in discriminating between mesial and lateral temporal lobe epilepsy in patients in whom magnetic resonance imaging demonstrates normal findings. J Neurosurg. 2007; 107(2):352–363

[10] Kim DW, Kim HK, Lee SK, Chu K, Chung CK. Extent of neocortical resection and surgical outcome of epilepsy: intracranial EEG analysis. Epilepsia. 2010; 51(6):1010–1017

[11] Helmstaedter C, Van Roost D, Clusmann H, Urbach H, Elger CE, Schramm J. Collateral brain damage, a potential source of cognitive impairment after selective surgery for control of mesial temporal lobe epilepsy. J Neurol Neurosurg Psychiatry. 2004; 75(2):323–326

[12] Alpherts WCJ, Vermeulen J, van Rijen PC, da Silva FHL, van Veelen CWM, Dutch Collaborative Epilepsy Surgery Program. Standard versus tailored left temporal lobe resections: differences in cognitive outcome? Neuropsychologia. 2008; 46(2):455–460

[13] Henry TR, Roman DD. Presurgical epilepsy localization with interictal cerebral dysfunction. Epilepsy Behav. 2011; 20(2):194–208

[14] Capraz IY, Kurt G, Akdemir Ö, et al. Surgical outcome in patients with MRInegative, PET-positive temporal lobe epilepsy. Seizure. 2015; 29:63–68

[15] Burkholder DB, Sulc V, Hoffman EM, et al. Interictal scalp electroencephalography and intraoperative electrocorticography in magnetic resonance imaging-negative temporal lobe epilepsy surgery. JAMA Neurol. 2014; 71(6):702–709

[16] Schramm J, Lehmann TN, Zentner J, et al. Randomized controlled trial of 2.5cm versus 3.5-cm mesial temporal resection–Part 2: volumetric resection extent and subgroup analyses. Acta Neurochir (Wien). 2011; 153(2):221–228

[17] Falowski SM, Wallace D, Kanner A, et al. Tailored temporal lobectomy for medically intractable epilepsy: evaluation of pathology and predictors of outcome. Neurosurgery. 2012; 71(3):703–709, discussion 709

[18] Wolf RL, Ivnik RJ, Hirschorn KA, Sharbrough FW, Cascino GD, Marsh WR. Neurocognitive efficiency following left temporal lobectomy: standard versus limited resection. J Neurosurg. 1993; 79(1):76–83

[19] Chui J, Manninen P, Valiante T, Venkatraghavan L. The anesthetic considerations of intraoperative electrocorticography during epilepsy surgery. Anesth Analg. 2013; 117(2):479–486

[20] Hodkinson BP, Frith RW, Mee EW. Propofol and the electroencephalogram. Lancet. 1987; 2(8574):1518

[21] Souter MJ, Rozet I, Ojemann JG, et al. Dexmedetomidine sedation during awake craniotomy for seizure resection: effects on electrocorticography. J Neurosurg Anesthesiol. 2007; 19(1):38–44

[22] Duvernoy HM. The Human Hippocampus: Functional Anatomy, Vascularization, and Serial Sections with MRI. 3rd ed. Berlin: Springer; 2005

[23] Kucukyuruk B, Richardson RM, Wen HT, Fernandez-Miranda JC, Rhoton AL, Jr. Microsurgical anatomy of the temporal lobe and its implications on temporal lobe epilepsy surgery. Epilepsy Res Treat. 2012; 2012:769825

[24] Willie JT, Laxpati NG, Drane DL, et al. Real-time magnetic resonance-guided stereotactic laser amygdalohippocampotomy for mesial temporal lobe epilepsy. Neurosurgery. 2014; 74(6):569–584, discussion 584–585

[25] Drane DL, Loring DW, Voets NL, et al. Better object recognition and naming outcome with MRI-guided stereotactic laser amygdalohippocampotomy for temporal lobe epilepsy. Epilepsia. 2015; 56(1):101–113

[26] Park TS, Bourgeois BFD, Silbergeld DL, Dodson WE. Subtemporal transparahippocampal amygdalohippocampectomy for surgical treatment of mesial temporal lobe epilepsy. Technical note. J Neurosurg. 1996; 85(6):1172–1176

[27] Hori T, Tabuchi S, Kurosaki M, Kondo S, Takenobu A, Watanabe T. Subtemporal amygdalohippocampectomy for treating medically intractable temporal lobe epilepsy. Neurosurgery. 1993; 33(1):50–56, discussion 56–57

5 Amígdalo-Hipocampectomia Seletiva

Stephen Reintjes Jr. ▪ *Fernando L. Vale*

Resumo

A cirurgia do lobo temporal foi estabelecida como tratamento seguro e efetivo para a epilepsia de lobo temporal mesial (MTLE) farmacorresistente. A lobectomia anterotemporal tradicional abrange uma ressecção anatômica *en bloc* do lobo anterotemporal e de estruturas mesiais. Esta abordagem está associada a riscos neurocognitivos, em especial na cirurgia do lobo temporal dominante. Técnicas alternativas, como a amígdalo-hipocampectomia seletiva (SAH), foram propostas para diminuir os déficits neuropsicológicos pós-cirúrgicos (dano colateral) e, ao mesmo tempo, alcançar resultados livres de convulsão similares (ainda que não totalmente iguais). Niemeyer foi pioneiro na abordagem do giro temporal médio para acessar estruturas mesiais, nos anos 1950. Desde então, diversas abordagens foram descritas, mas cada técnica tem suas próprias vantagens e desafios. A ressecção adequada de estruturas mesiais é imperativa para a obtenção de desfechos satisfatórios. Evitar complicações exige conhecer a complexa anatomia do lobo temporal e das estruturas adjacentes. Este capítulo tenta discutir diferentes abordagens cirúrgicas para as estruturas mesiais. Uma descrição detalhada da craniotomia e do corredor de acesso ao corno temporal será descrita em cada seção. Em resumo, um amplo conhecimento anatômico, ótimas habilidades técnicas e experiência determinarão os desfechos cirúrgicos.

Palavras-chave: amígdalo-hipocampectomia seletiva, epilepsia do lobo temporal mesial, hipocampo, cirurgia de epilepsia.

5.1 Introdução

Apesar do crescente arsenal de fármacos antiepilépticos (AEDs), 20-30% dos pacientes com convulsões não ficam livres das convulsões. A MTLE é mais comum e também mais propensa a ser farmacorresistente. Felizmente, até metade destes pacientes pode ser potencialmente beneficiada pela cirurgia.[1]

5.2 História da Cirurgia do Lobo Temporal para Epilepsia

A cirurgia para convulsões refratárias surgiu há mais de um século, quando Sir Victor Horsley descreveu a ressecção cortical em 10 pacientes.[2] Estes procedimentos originais alcançaram um êxito modesto, porém aceitável, até a metade do século XX. Com o aprimoramento da tecnologia para o diagnóstico e lateralização de convulsões, o tratamento cirúrgico da epilepsia também evoluiu. Penfield *et al.* utilizaram avanços como a eletroencefalografia (EEG) para localizar as convulsões em estruturas temporais mediais, naquilo a que chamaram epilepsia "psicomotora". Penfield usou também o padrão convulsivo e craniotomias conscientes para encontrar e extirpar o foco epileptogênico.[3] À medida que o reconhecimento da MTLE evoluiu, também houve a evolução das técnicas cirúrgicas de ressecção do lobo temporal.

Vários cirurgiões deram contribuições relevantes ao tratamento da epilepsia do lobo temporal, na metade do século XX. Falconer *et al.* descreveram uma das primeiras técnicas difundidas de ressecção do lobo temporal. Esse pesquisador também usou o EEG para localização do aparecimento da convulsão e obteve resultado satisfatório em 26 dos 31 pacientes tratados.[4] Morris descreve sua experiência com a lobectomia temporal ao remover o unco, o giro hipocampal e o núcleo amigdaloide.[5] Niemeyer foi pioneiro no uso da SAH, na metade dos anos 1950, abordando as estruturas mesiais pelo ventrículo lateral.[6] As abordagens cirúrgicas seletivas receberam muita atenção na literatura, desde que Niemeyer descreveu essa técnica,[6] com diversos corredores cirúrgicos para acesso do hipocampo e da amígdala descritos por vários autores.[6-11]

5.3 Desfecho da Cirurgia do Lobo Temporal

Em um estudo controlado randomizado, foi demonstrado que a lobectomia anterotemporal (ATL) era superior ao manejo clínico para o tratamento da MTLE farmacorresistente. Resultados em 1 ano mostraram que uma taxa significativamente maior de liberdade de convulsões (58% da intenção de tratar; 64% dos pacientes verdadeiramente operados) e melhora da qualidade de vida dos pacientes submetidos à ATL *versus* manejo clínico isolado (8%).[12] As abordagens seletivas de estruturas temporais mesiais foram desenvolvidas com o objetivo de evitar o dano colateral e conseguir um controle satisfatório sobre as convulsões. Uma melhor compreensão acerca da semiologia da convulsão no lobo temporal mesial, da anatomia do lobo temporal e de neuroimagem tem permitido aos neurocirurgiões serem exatos e precisos na execução da cirurgia. A SAH é considerada uma abordagem segura e efetiva para MTLE, com desfechos livres de convulsão similar (mas não necessariamente iguais) àquele obtido com a ATL mais tradicional.[13,14] De fato, um conhecimento aprimorado sobre a rede da convulsão pode permitir selecionar melhor os pacientes.

Os avanços tecnológicos recentes em neuroimagem, incluindo a tomografia computadorizada de emissão fotônica única (SPECT, do inglês *single-photon emission computed tomography*), tomografia com emissão de pósitron (PET) e até a magnetoencefalografia (MEG), como adjunto do monitoramento de vídeo EEG invasivo e não invasivo, têm expandido a nossa confiança no diagnóstico da MTLE, aumentando assim a efetividade e a segurança da cirurgia.[12-17] A epilepsia clinicamente refratária muitas vezes é tratada em centros gerais que contam com uma equipe multidisciplinar composta por neurologistas, neuropsicólogos, técnicos de EEG e neurocirurgiões. Isto também requer uma infraestrutura para monitoramento de vídeo-EEG invasivo e não invasivo completo, realização de craniotomias conscientes e exames adicionais necessários.[18,19]

Apesar da proliferação dos centros gerais de epilepsia, limitações na efetividade farmacológica e tolerabilidade das ressecções temporais mesiais, além da baixa taxa de complicações,[20,21] a cirurgia ainda é subutilizada na comunidade médica.

5.4 Abordagens Cirúrgicas Seletivas para MTLE

Em seguida à descrição de Niemeyer de sua abordagem ao hipocampo e à amígdala através do giro temporal médio,[6] quase

30 anos se passariam até a SAH ser modificada e popularizada por Yasargil e Wieser,[22-24] Hori et al.,[11] Park et al.,[8] Duckworth e Vale,[7] Olivier[25] e Figueiredo et al.[26] A meta da SAH é remover o foco epileptogênico e, ao mesmo tempo, minimizar a remoção da substância cinza não epiléptica e a desorganização de estruturas neurovasculares adjacentes e tratos de substância branca (evitar o dano colateral). Cada abordagem tem sua dificuldade inerente, com determinados benefícios ou desvantagens. Embora existam muitas variações, há três corredores operatórios principais por meio dos quais as estruturas do lobo temporal mesial são acessadas (▶ Fig. 5.1). As abordagens transcortical (giro temporal inferior [ITG] ou médio), transilviana e subtemporal com modificações mínimas serão descritas neste capítulo. A abordagem pelo giro temporal médio, inicialmente descrita por Niemeyer[6] e modificada por Olivier,[25] envolve uma craniotomia temporal padrão com o acesso mais direto ao corno lateral do ventrículo. Entretanto, a desorganização dos tratos de substância branca funcionais, incluindo a alça de Meyer, é uma preocupação conhecida. A ressecção das estruturas mesiais é similar a outras técnicas e será explicada nas próximas seções.

A anatomia do lobo temporal medial é complexa e é necessário ter um conhecimento detalhado da anatomia microcirúrgica, como destacado por Wen et al.[27] A ressecção de estruturas mesiais requer um corredor de acesso através do ventrículo. O conhecimento do ângulo de abordagem ao corno temporal é essencial para evitar complicações. O teto ventricular é coberto com fibras da radiação óptica e a lesão ao tronco temporal pode ser devastadora na cirurgia do lobo temporal dominante. Além disso, a anatomia ventricular pode ser desafiadora. A amígdala é encontrada junto ao aspecto anterior do corno temporal (teto) e se estende para o nível das cisternas basais, de modo a incluir o unco (confinando o III nervo). A cabeça do hipocampo forma a borda medial do corno temporal e se conecta com a amígdala. O corpo do hipocampo forma a borda medial do assoalho ventricular. Em resumo, as estruturas mesiais incluem o giro dentado (hipocampo), o *subiculum,* o córtex entorrinal e o córtex pré-piriforme-periamigdaloide (ver Capítulo 2). Uma demarcação anatômica macroscópica mais clara é o sulco rinal, anteriormente; o sulco colateral, lateralmente; e a fissura coroidal, medialmente, para definir o lobo temporal (▶ Fig. 5.2). A fissura e o plexo coroide constituem um importante referencial na cirurgia de SAH. Como regra geral, estruturas mediais à fissura pertencem ao tálamo (diencéfalo) e jamais devem ser cortadas.

A principal meta da cirurgia de MTLE é a hipocampectomia total e a ressecção do arquicórtex circundante (amígdala/córtex entorrinal). De fato, pacientes com uma ressecção hipocampal mais completa relatam um desfecho livre de convulsão superior. Um estudo randomizado cego, conduzido por Wyler et al.,[28] demonstrou que os pacientes submetidos à hipocampectomia total apresentavam desfechos livres de convulsão estatisticamente superiores (69%), em comparação com os pacientes submetidos à hipocampectomia parcial (38%). O tempo para a recorrência da convulsão também foi maior para pacientes submetidos à hipocampectomia total.

5.4.1 Abordagem Transilviana

Yasargil foi o primeiro a descrever a SAH por uma abordagem transilviana, em 1973, com a meta de realizar uma "lesionectomia pura" sem romper nenhuma vasculatura nem os tratos de fibras nas áreas corticais-subcorticais.[10] Esta abordagem pode ser concluída sem danificar as estruturas do lobo temporal lateral e com retração mínima. O paciente é posicionado em supinação sobre a mesa cirúrgica e um fixador craniano é colocado de modo a permitir a rotação da cabeça em 30 graus na direção do lado contralateral, e estendida até a raiz do zigoma alcançar o ponto mais alto (▶ Fig. 5.3a). A elevação do zigoma permite que a gravidade puxe suavemente o lobo frontal para baixo, atuando como um retrator. Uma craniotomia pterional padrão, introduzida por Yasargil em 1967, é realizada. Depois que o retalho de osso é elevado, o teto orbital é achatado e a asa esfenoide é serrada para o nível da fissura orbital superior, para minimizar a retração cerebral. A dissecção da fissura silviana começa na superfície e é conduzida para o assoalho da fossa silviana, a fim de permitir a identificação dos ramos M1 e M2 distal (é necessária uma abertura de 3-5 cm de largura da fissura silviana proximal). Uma vez identificados os vasos da artéria cerebral média (MCA), é preciso ter cuidado com qualquer manipulação, para minimizar o risco de vasoespasmo. A abertura da fissura silviana para o nível do segmento M1 diminui ainda

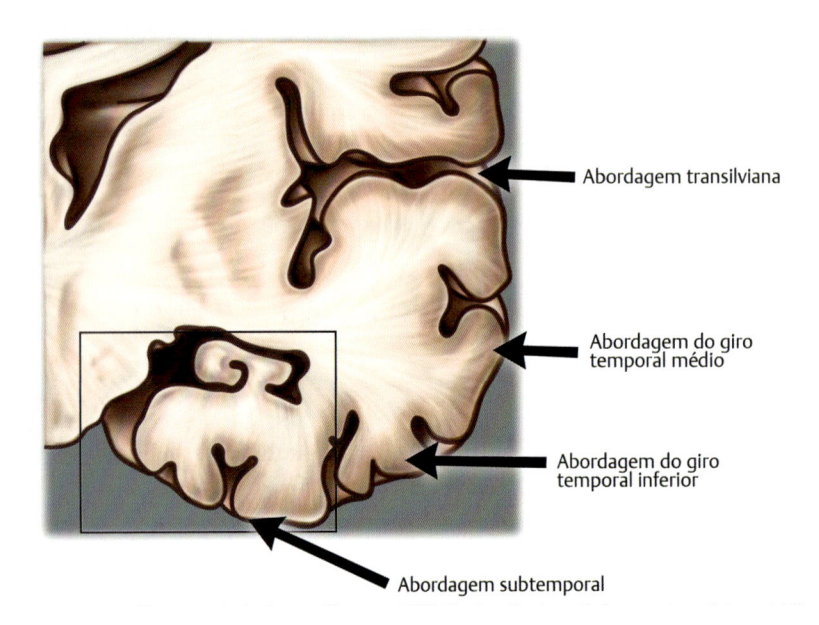

Fig 5.1 Ilustração do lobo temporal no nível da raiz zigomática demonstrando as abordagens cirúrgicas para estruturas mesiais via fissura silviana, giro inferotemporal e abordagem subtemporal (ver detalhe na ▶ Fig. 5.2a).

Amígdalo-Hipocampectomia Seletiva

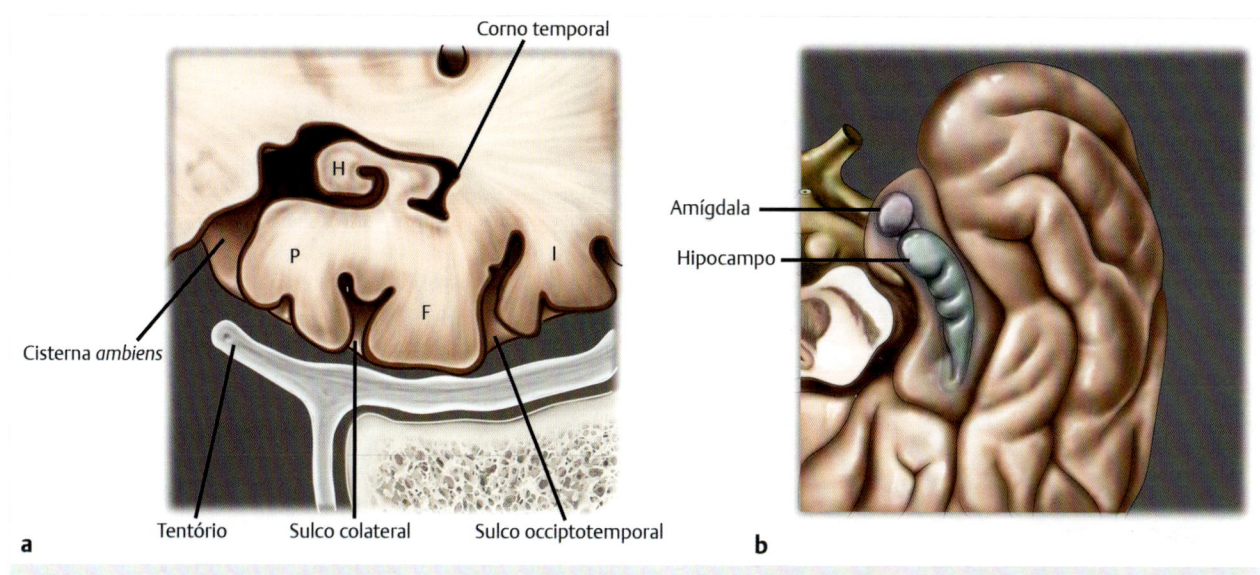

Fig 5.2 Representação artística da relação entre estruturas temporais mesiais e tronco encefálico. **(a)** Detalhe da ▶ Fig. 5.1; ilustração coronal de estruturas mesiais. **(b)** Vista ventral das estruturas mesiais. I = giro temporal inferior; F = giro fusiforme; P = giro para-hipocampal; H = hipocampo.

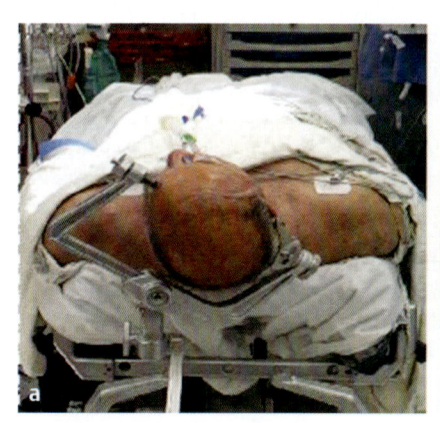

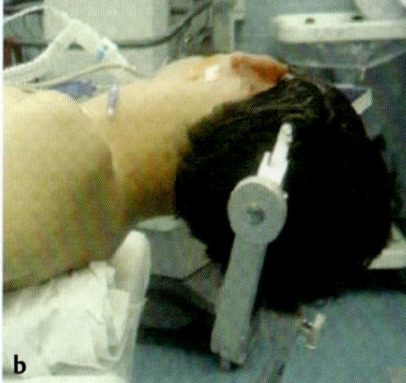

Fig 5.3 (a) Fotografia demonstrando paciente posicionado para craniotomia pterional, usada em abordagens transilvianas. **(b)** Fotografia mostrando paciente posicionado em supinação, com um rolo de ombro no lado ipsilateral, como usado na abordagem dos giros subtemporal e infratemporal.

mais a necessidade de retração (▶ Fig. 5.4). Uma incisão pial de 1,5-2 cm de comprimento é criada a 2-3 mm lateralmente ao segmento M1 da MCA, entre as artérias anterotemporal e temporopolar.[22,24] A veia parasilviana inferior deve ser coagulada e cortada. Este corredor aproxima e, ao mesmo tempo, evita o tronco temporal, para fornecer acesso à amígdala e ao hipocampo através do ventrículo lateral. Neste ponto, a navegação estereotática pode ser utilizada, uma vez que o corno temporal pode estar encolhido em razão da liberação de líquido cerebrospinal (CSF) durante a dissecação inicial. A amígdala constitui o teto anterior e a parede do corno temporal do ventrículo lateral, e é resseccionada a partir da lateral. A ressecção segue para a cisterna *ambiens* (contendo a artéria comunicante posterior [PCoA], artéria cerebral posterior [PCA] e nervo oculomotor) e mesencéfalo (▶ Fig. 5.2). O lobo temporal mesial é resseccionado entre a fissura coroideia e ao longo da fissura cerebral transversal e sulco colateral, medialmente ao giro fusiforme. O hipocampo e o para-hipocampo são então identificados junto ao aspecto anterior do corno temporal, formando a borda medial. O hipocampo é resseccionado no sentido anterior-posterior, primeiramente removendo uma porção com fórceps de biópsia ou fórceps *rongeur* para análise histológica, preservando o terço posterior.[10] A técnica microcirúrgica é usada para permanecer no plano subpial, com o intuito de não atravessar as membranas aracnoides protetoras de estruturas mais mediais e basais. Os ramos da PCA que suprem o hipocampo devem ser identificados, coagulados e cortados. A fissura coroidal marca um limite importante entre o plexo coroide e as fímbrias. É preciso ter cautela para evitar abri-la, uma vez que estas estruturas mediais pertencem ao diencéfalo.[27,29,30]

Uma das críticas pesadas sobre a abordagem transilviana refere-se ao potencial de complicações, por causa da dissecção tecnicamente complexa. É necessário ter uma compreensão confortável acerca da anatomia vascular e das variações. A manipulação dos vasos deve ser feita de maneira meticulosa, para evitar avulsão ou vasoespasmo que podem resultar de sangramento no campo cirúrgico ou de manipulação excessiva. Pode haver déficit de linguagem se o opérculo frontotemporal dominante for submetido a uma retração exagerada. Além disso, a ressecção ou o dano ao tronco temporal pode levar a déficits similares na cirurgia do lobo temporal dominante. O déficit de campo visual também é uma possível complicação, pelo dano causado à alça de Meyer, quando esta se dobra em torno do teto do corno temporal do ventrículo lateral.[10,29,30]

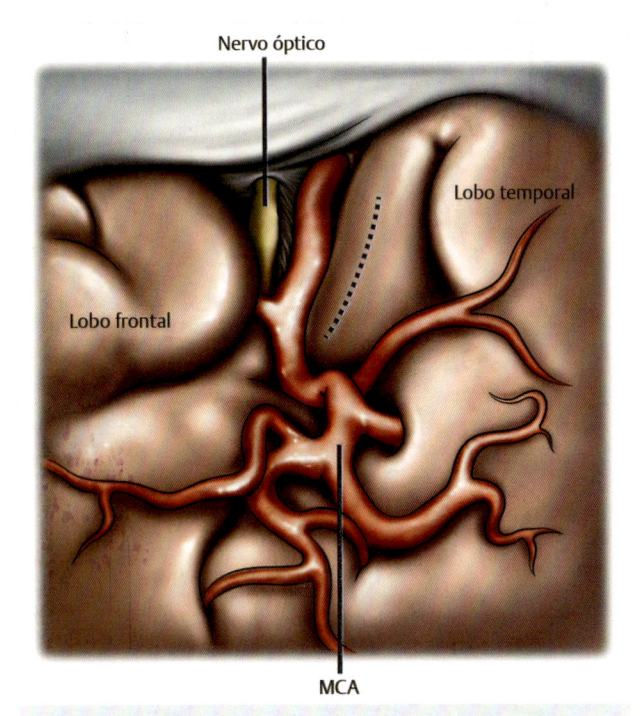

Fig 5.4 Ilustração da fissura silviana dissecada, com o lobo temporal, lateralmente e o lobo frontal, medialmente. Uma incisão pial de 10-20 mm é criada no córtex piriforme, posterior à artéria temporopolar. A incisão é localizada 2-3 mm lateralmente à artéria cerebral média (MCA) e acessará a amígdala, o hipocampo e o ventrículo lateral (*linha pontilhada*).

Os desfechos de convulsão após a SAH transilviana foram estudados em várias séries em análises retrospectivas, o que tende a superestimar os desfechos de convulsão, em comparação com os estudos controlados prospectivos, como aquele conduzido por Wiebe *et al.*[12] Yasargil *et al.* demonstraram 55 (75,3%) pacientes classificados como classe I de Engel (livres de convulsões incapacitantes) em um total de 73 pacientes submetidos a esta técnica. Dentre os pacientes com esclerose temporal mesial (MTS) confirmada, o desfecho classe I de Engel foi alcançado em 31 (88,6%) dos 35 pacientes e em 27 (90%) dos 30 pacientes com resultados anormais de imagem de ressonância magnética (MRI), EEG e histopatologia.[10]

5.4.2 Abordagem Subtemporal

A abordagem subtemporal é outra técnica usada para SAH (▶ Fig. 5.1). Esta técnica foi descrita pela primeira vez por Hori *et al.*[11] para preservar o córtex temporal lateral e, mais tarde, modificada por Park *et al.*[8] e Little *et al.*[31] A abordagem subtemporal é considerada uma abordagem direta a estruturas do lobo temporal mesial. Entretanto, esse corredor estreito pode exigir retração do lobo temporal, que adiciona o risco extra de lesão por retração, bem como de lesão a veias drenantes essenciais (*i. e.*, veia de Labbé).

O paciente é posicionado em supinação, com a cabeça rotacionada em cerca de 75 graus para um dos lados, com o vértice levemente inclinado para baixo (▶ Fig. 5.3b). Uma modificação introduzida por Park *et al.* consiste em rotacionar a cabeça para o lado oposto àquele em que o cirurgião está, com o vértice direcionado 30 graus para baixo, e instalar um dreno lombar.[8] Uma incisão invertida ou linear pode ser criada ao redor da aurícula, e uma craniotomia envolvendo o osso temporal é realizada no mesmo nível do assoalho da fossa média (requer uma pequena craniectomia), enquanto a dura-máter é refletida inferiormente. O cirurgião fica em pé, junto ao aspecto inferior da incisão; portanto, as estruturas mesiais e o lobo temporal são abordados a partir de baixo. O microscópio é posicionado de modo a ficar em paralelo com o tentório. Hori *et al.* favorecem a incisão no tentório e aracnoide adjacente para liberar o CSF do ambiente, ou a cisterna crural para relaxamento do encéfalo (▶ Fig. 5.2). O lobo temporal lateral, ITG e extremidade temporal são preservados, enquanto o hipocampo, a amígdala, o unco e o giro para-hipocampal são removidos usando o giro fusiforme e o sulco colateral como referenciais.[11] Park *et al.* favorecem o uso de retrator cerebral para elevar o unco no campo cirúrgico, em vez de produzir uma incisão no tentório. O nervo oculomotor na cisterna *ambiens* serve, então, como um ponto para realização da corticectomia 1-1,5 cm posterior ao nervo oculomotor que cruza o tentório, o que se correlaciona grosseiramente com a região mediana do unco. A orientação estereotática não estruturada pode ser usada para orientar a corticectomia na direção da extremidade temporal do ventrículo lateral. Uma vez aberto o ventrículo, a amígdala é identificada. Cria-se então uma incisão no giro para-hipocampal, até 4 cm posterior ao unco, para expor a cabeça ao hipocampo. O giro para-hipocampal sobrejacente à porção inferolateral do hipocampo é ressecionado, de modo subpial. O hipocampo é novamente identificado e separado da aracnoide subjacente. Esta aracnoide também se sobrepõe à cisterna *ambiens*. As artérias que entram no hipocampo a partir da coroideia anterior e PCA são identificadas, coaguladas e divididas, para possibilitar a ressecção *en bloc* do hipocampo anterior. Posteriormente, a amígdala é ressecionada com sucção controlada ou usando um aspirador ultrassônico.[8,11]

Usando esta abordagem, Park *et al.* relataram que 7 de 8 pacientes submetidos a um seguimento de até 19 meses apresentaram desfechos classificados como classe I de Engel, enquanto o outro paciente apresentou uma redução das convulsões em mais de 90%. Os autores notaram quadranopsia contralateral em um paciente e dano à memória em outro.[8] Em seguida a pequena série de quatro pacientes inicial, Hori *et al.* relataram resultados em uma série maior, de 26 pacientes. Após a cirurgia, 56% dos pacientes alcançaram desfecho classe I de Engel, e 28% dos pacientes apresentaram desfecho classe II de Engel. Neste subgrupo, um paciente apresentou comprometimento da memória após a cirurgia.[32]

5.4.3 Abordagem do Giro Temporal Inferior

Outra abordagem para SAH é via ITG, descrita pela primeira vez por Duckworth e Vale.[7,33] Esta abordagem emprega uma abordagem de acesso mínimo via craniotomia com trefina para SAH (▶ Fig. 5.1). Os pacientes são posicionados em supinação, com um rolo de ombro e a cabeça rotacionada em cerca de 90 graus para o lado oposto, tornando a raiz do zigoma o referencial anatômico mais superior (▶ Fig. 5.3b). A orientação estereotática não estruturada pode ser usada em especial para lesões neoplásicas, displásicas ou vasculares. Uma incisão linear vertical é criada, 5-10 mm anterior ao trago, e estendida seguindo uma linha reta vertical por 6-8 cm. Uma craniotomia com trefina de 2 × 3 cm oval é produzida no nível do assoalho da fossa média (de modo similar à abordagem subtemporal, requer uma pequena craniectomia). Quaisquer células aéreas mastóideas são fastigiosamente obliteradas com cera óssea; a dura-máter é aberta e refletida inferiormente. O acesso a estruturas temporais mesiais é feito por uma pequena corticectomia no ITG. A corticectomia começa no nível da raiz do corredor de acesso ao zigoma e é direcionada anterior e medialmente para acessar o corno temporal.[34] Durante a abordagem, o sulco occipitotemporal, o giro fusiforme e o sulco colateral são identificados. A ponta do corno temporal do ventrículo lateral é identificada e um tampão de algodão é colocado ao longo do teto do corno temporal, para identificar esse referencial e assim minimizar o dano à radiação óptica que segue junto ao teto desta estrutura. Uma vez identificado o corno temporal, o unco pode ser visto prontamente e resseccionado com auxílio de cautério bipolar e aspiração. O III nervo craniano e a carótida ipsilateral são identificados por meio da aracnoide da cisterna crural, porém uma meticulosa ressecção é feita para prevenir a violação da aracnoide, minimizando a lesão a essas estruturas. Em seguida, a amígdala é removida usando o texto (parede) do ventrículo como extensão superior da ressecção, para evitar dano aos gânglios basais. Uma vez resseccionada a amígdala, o hipocampo é visualizado e subsequentemente resseccionado *en bloc* e enviado para análise histológica. O hipocampo é dividido posteriormente em um ponto em continuidade com o ambiente e as cisternas das placas do quadrigêmeo. Depois que o hipocampo é removido *en bloc* (como descrito nas duas seções prévias), a ressecção pode ser adicionalmente estendida na direção posterior.[7,33] A preservação do plano da pia e a identificação da fissura coroideia são de suma importância para evitar danos às estruturas neurovasculares circundantes (▶ Fig. 5.5).

Duckworth e Vale[7] observam que ao longo de um período de 8 anos, 201 pacientes foram operados usando uma abordagem de ITG. Todos os pacientes haviam passado por um seguimento mínimo de 2 anos; 156 (78%) pacientes apresentaram desfecho classe I de Engel; e 20 (10%) pacientes apresentaram desfecho classe II de Engel no último seguimento. Os melhores desfechos foram os de esclerose temporal mesial (MTS), com 85% dos pacientes apresentando desfechos classe I de Engel, em comparação com os pacientes com MTLE sem MTS, dos quais 63% tiveram desfecho classe I de Engel. Em suas séries, foram observadas três complicações, entre as quais uma infecção de ferida superficial, um hematoma subdural tardio, e um acidente vascular encefálico lacunar. Não foram identificados problemas de fala nem déficits de campo visual.[7,20]

5.4.4 Amígdalo-Hipocampectomia Anterior Seletiva

Uma técnica usada com menos frequência é a SAH anterior. Esta abordagem usa uma minicraniotomia supraorbital e evita danos ao neocórtex temporal e ao tronco temporal. Embora continue sendo uma cirurgia de acesso mínimo, a abordagem se baseia significativamente em navegação orientada por imagem, para acessar o lobo temporal mesial.[26] Reisch *et al.* descreveram inicialmente a abordagem pelo orifício supraorbital, em que é feita uma incisão na sobrancelha, com dissecação meticulosa do tecido mole e uso do orifício de trepanação frontobasal. A craniotomia mantém a borda orbital, a asa esfenoidal e o músculo temporal no lugar (evita a atrofia do músculo temporal observada ocasionalmente com as craniotomias pterionais e temporais), minimizando a retração do lobo frontal.[35] Do mesmo modo que a via transilviana, a SAH anterior é tecnicamente difícil. A MCA e a carótida são identificadas primeiro, após a conclusão da craniotomia e depois de o lobo frontal ter sido liberado de seu ponto de fixação dural. O unco e o nervo oculomotor são então identificados e os pontos de fixação são cortados com precisão, expondo a cisterna crural. Uma vez identificada a cisterna crural, a PCA e o lobo temporal mesial são visualizados. Figueiredo *et al.* preferem realizar uma corticectomia lateral e superior ao unco, enquanto a ressecção prossegue subpialmente para o corno temporal do ventrículo lateral e hipocampo. Os limites de dissecção são estabelecidos lateralmente, como a parede lateral do corno temporal, medialmente pelo aspecto medial do lobo temporal, superiormente pelo teto do corno temporal, e posteriormente pela cisterna *ambiens* e borda posterior do pedúnculo cerebral. Entretanto, Figueiredo *et al.* estressa a importância da remoção da borda orbital e da perfuração esfenoide na abordagem, para ampliar a visualização. Os autores conseguiram resseccionar em média 26 mm (± 3,2 mm) do hipocampo, antes que o pedúnculo cerebral limitasse sua visualização. A ressecção continua subpialmente, para remover o hipocampo, giro para-hipocampal e amígdala.[26] Uma dissecação meticulosa deve evitar violar a membrana aracnoide medialmente, para assim evitar lesar o nervo oculomotor, a artéria coroideia anterior, a PCA, a veia basal de Rosenthal e o mesencéfalo.

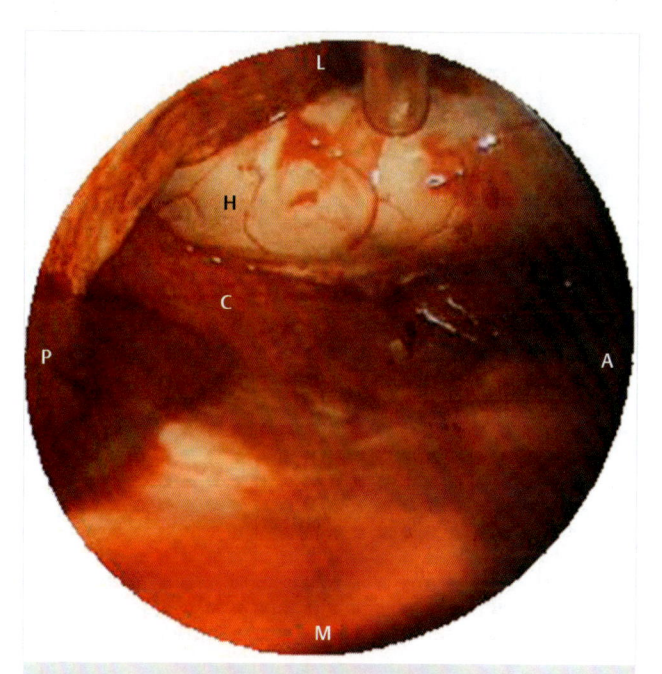

Fig 5.5 Fotografia intraoperatória mostrando o hipocampo (H) e o plexo coroide (C). Orientações: A = anterior; P = posterior; L = lateral; M = medial.

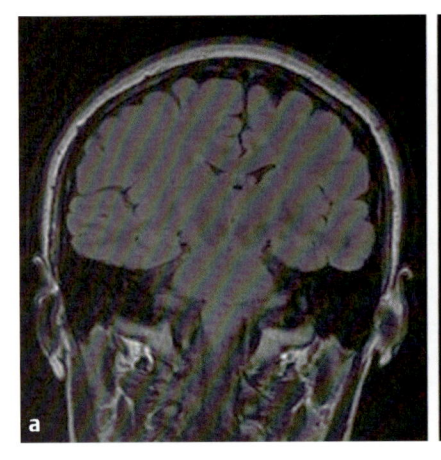

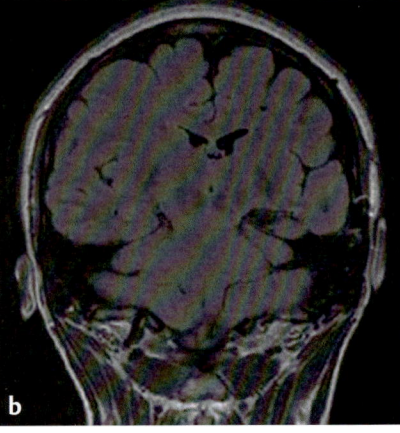

Fig 5.6 FLAIR (do inglês, *fluid attenuation inversion recovery*) coronal pré-operatória e **(a)** FLAIR coronal pós-operatória **(b)** mostrando esclerose temporal mesial, antes e após a ressecção.

5.5 Complicações

As complicações da cirurgia de epilepsia diminuíram drasticamente ao longo dos últimos 20 anos. As taxas de complicação após a cirurgia do lobo temporal são consideradas baixas, inferiores a 5,2%, com até 1% de déficits neurológicos permanentes.[20,21] Cada técnica para SAH enfoca a ressecção de focos epileptogênicos, ao mesmo tempo em que minimiza o dano neuropsicológico e o comprometimento neurológico operando no lobo temporal, particularmente no hemisfério dominante. Claramente, existe mais de um método de acessar estruturas no lobo temporal mesial. Cada abordagem tem suas vantagens e desafios exclusivos, e se baseia no nível de conforto do cirurgião com a abordagem. A abordagem transilviana requer uma dissecção cautelosa da fissura silviana e seus vasos sanguíneos penetrantes, podendo resultar em vasoespasmo ou lesão vascular.[10] Similarmente, a abordagem anterior proporciona visualização limitada, requer manipulação e dissecção ao redor do aparato óptico e artéria carótida, devendo ser completada por cirurgiões que estejam confortáveis com essas abordagens primariamente vasculares e da base do crânio.[26] A abordagem subtemporal necessita de uma retração cuidadosa, de modo a não lesar veias conectoras (veia de Labbé) nem causar contusões ou infarto venoso no lobo temporal.[8,11] Por fim, abordagens laterais como a abordagem do ITG evitam as armadilhas das técnicas anteriormente mencionadas, mas podem desorganizar uma pequena quantidade de tratos de substância branca e isso pode ter implicações neurocognitivas.[7,33] Todas as abordagens seletivas impõem risco ao trato óptico (alça de Meyer) e a nervos cranianos (paralisia do III ou IV nervo). O dano ao teto do ventrículo causará um déficit de campo visual (em geral, quadranopsia contralateral superior). A dissecação subpial minimizará o risco de paralisia de nervo craniano. Contudo, a verdadeira incidência de déficits de campo visual e déficits de nervo craniano após a SAH é desconhecida, porém os desfechos neurológicos melhoraram drasticamente com o passar do tempo. Além disso, o dano a estruturas vasculares como a artéria coroideia pode levar a uma hemiparesia significativa. Entretanto, menos de 1% de todos os pacientes apresentam um déficit neurológico permanente significativo.[21] Como com todas as abordagens seletivas, a dissecação subpial e a manutenção dos planos aracnoides são fundamentais para evitar a invasão das cisternas *ambiens* e crurais, evitando assim a PCA e os nervos cranianos contidos nesses locais.

5.5.1 Discussão

A SAH se tornou uma alternativa à ATL para o tratamento de MTLE (▶ Fig. 5.6). Antes do início dos anos 1990, a ATL tradicional era o tratamento de escolha no manejo da patologia do lobo temporal mesial. O surgimento da microcirurgia e das técnicas de imagem e ferramentas de navegação aprimoradas levou a ressecções mais seletivas para a MTLE (▶ Fig. 5.7). Desde então, a SAH tem ganhado popularidade e vários corredores de acesso às estruturas do lobo temporal mesial foram descritos.[7,8,10,11,26,27,33] Apesar da heterogeneidade das abordagens cirúrgicas "seletivas", nenhum estudo indica que o desfecho de convulsão e a qualidade de vida sejam afetados de maneira significativa pela escolha da abordagem. Foi sugerido que ressecções mais seletivas proporcionam desfechos neuropsicológicos melhores.[15-17] Mesmo assim, os resultados de neuropsicologia variam dependendo do tipo de procedimento cirúrgico realizado, da extensão da ressecção e ainda de qual hemisfério é operado (dominante vs. não dominante). Não obstante a heterogeneidade dos dados disponíveis, as cirurgias no hemisfério dominante, em especial na ausência de patologia hipocampal definitiva, tendem a estar associadas ao um risco aumentado de declínio neurocognitivo.[36,37] Entretanto, o perigo do declínio cognitivo deve ser ponderado contra os benefícios da isenção de convulsões. Isso tem sido observado na ATL, em comparação com a SAH. Duas metanálises recentes demonstraram que os pacientes eram estatisticamente mais propensos a alcançar um desfecho de classe I de Engel após a ATL, do que com uma cirurgia mais seletiva.[13,14] No entanto, os avanços tecnológicos e o conhecimento mais amplo da rede da convulsão podem ajudar a definir quem será beneficiado por uma cirurgia mais seletiva, em um futuro próximo.

Apesar das desvantagens das abordagens de SAH, o tratamento cirúrgico da MTLE ainda é seguro e efetivo. Os desfechos alcançados em pacientes com MTLE devidamente selecionados tratados com SAH são superiores. O que continua sendo mais importante para alcançar o sucesso na cirurgia da epilepsia é o conforto do cirurgião com a abordagem e a extensão da ressecção de estruturas mesiais. As abordagens seletivas se empenham em minimizar o dano colateral e, ao mesmo tempo, manter um alto nível de desfechos livres de convulsão. Mesmo assim, um conhecimento aprofundado da anatomia do lobo temporal e das estruturas neurovasculares relevantes, como destacado por Wen et al.,[27] aliado à experiencia cirúrgica contribuem para o êxito cirúrgico na SAH.

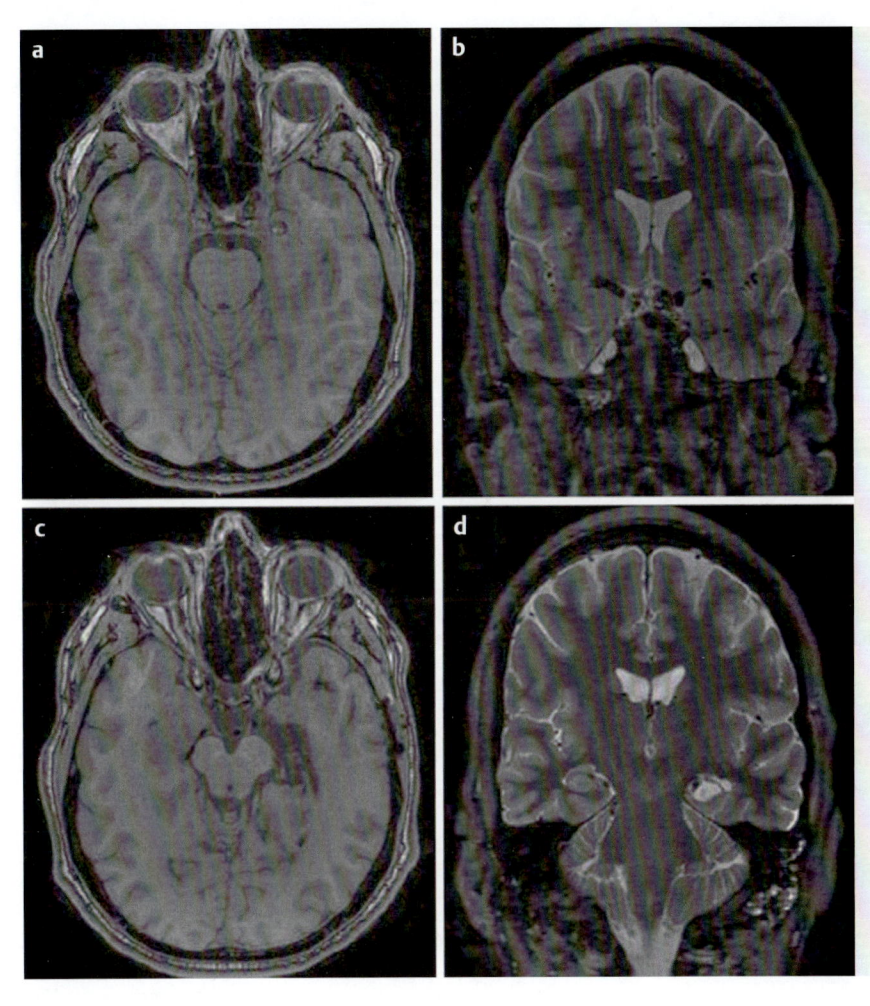

Fig 5.7 Varredura de imagem axial pré-operatória ponderada em T1 (a) e coronal ponderada em T2 (b), mostrando uma malformação cavernosa na superfície basal do lobo temporal esquerdo. Imagens pós-operatórias axial ponderada em T1 (c) e coronal ponderada em T2 (d) obtidas 3 meses após a cirurgia, mostrando ressecção completa.

Referências

[1] Engel J, Jr. Etiology as a risk factor for medically refractory epilepsy: a case for early surgical intervention. Neurology. 1998; 51(5):1243–1244
[2] Horsley V. Remarks on ten consecutive cases of operations upon the brain and cranial cavity to illustrate the details and safety of the method employed. BMJ. 1887; 1(1373):863–865
[3] Penfield W, Baldwin M. Temporal lobe seizures and the technic of subtotal temporal lobectomy. Ann Surg. 1952; 136(4):625–634
[4] Falconer MA, Meyer A, Hill D, Mitchell W, Pond DA. Treatment of temporallobe epilepsy by temporal lobectomy; a survey of findings and results. Lancet. 1955; 268(6869):827–835
[5] Morris AA. Temporal lobectomy with removal of uncus, hippocampus, and amygdala; results for psychomotor epilepsy three to nine years after operation. AMA Arch Neurol Psychiatry. 1956; 76(5):479–496
[6] Niemeyer P. Amygdalohippocampectomy for temporal lobe epilepsy: microsurgical technique. In: Baldwin M, Bailey P, ed. The Temporal Lobe Epilepsy. Vol. 1958. Springfield, IL: Charles C Thomas; 1958:461–482
[7] Duckworth EA, Vale FL. Trephine epilepsy surgery: the inferior temporal gyrus approach. Neurosurgery. 2008; 63(1) Suppl 1:ONS156–ONS160, discussion ONS160–ONS161
[8] Park TS, Bourgeois BF, Silbergeld DL, Dodson WE. Subtemporal transparahippocampal amygdalohippocampectomy for surgical treatment of mesial temporal lobe epilepsy. Technical note. J Neurosurg. 1996; 85(6):1172–1176
[9] Spencer DD, Spencer SS, Mattson RH, Williamson PD, Novelly RA. Access to the posterior medial temporal lobe structures in the surgical treatment of temporal lobe epilepsy. Neurosurgery. 1984; 15(5):667–671
[10] Yaşargil MG, Krayenbühl N, Roth P, Hsu SP, Yaşargil DC. The selective amygda-lohippocampectomy for intractable temporal limbic seizures. J Neurosurg. 2010; 112(1):168–185
[11] Hori T, Tabuchi S, Kurosaki M, Kondo S, Takenobu A, Watanabe T. Subtemporal amygdalohippocampectomy for treating medically intractable temporal lobe epilepsy. Neurosurgery. 1993; 33(1):50–56, discussion 56–57
[12] Wiebe S, Blume WT, Girvin JP, Eliasziw M, Effectiveness and Efficiency of Surgery for Temporal Lobe Epilepsy Study Group. A randomized, controlled trial of surgery for temporal-lobe epilepsy. N Engl J Med. 2001; 345(5):311–318
[13] Hu WH, Zhang C, Zhang K, Meng FG, Chen N, Zhang JG. Selective amygdalohippocampectomy versus anterior temporal lobectomy in the management of mesial temporal lobe epilepsy: a meta-analysis of comparative studies. J Neurosurg. 2013; 119(5):1089–1097
[14] Josephson CB, Dykeman J, Fiest KM, et al. Systematic review and meta-analysis of standard vs selective temporal lobe epilepsy surgery. Neurology. 2013; 80(18):1669–1676
[15] Wendling AS, Hirsch E, Wisniewski I, et al. Selective amygdalohippocampectomy versus standard temporal lobectomy in patients with mesial temporal lobe epilepsy and unilateral hippocampal sclerosis. Epilepsy Res. 2013; 104(1–2):94–104
[16] Paglioli E, Palmini A, Portuguez M, et al. Seizure and memory outcome following temporal lobe surgery: selective compared with nonselective approaches for hippocampal sclerosis. J Neurosurg. 2006; 104(1):70–78
[17] Clusmann H, Schramm J, Kral T, et al. Prognostic factors and outcome after different types of resection for temporal lobe epilepsy. J Neurosurg. 2002; 97(5):1131–1141
[18] Engel J, Jr. Surgery for seizures. N Engl J Med. 1996; 334(10):647–652
[19] Benbadis SR, Heriaud L, Tatum WO, Vale FL. Epilepsy surgery, delays and referral patterns-are all your epilepsy patients controlled? Seizure. 2003; 12(3):167–170
[20] Vale FL, Reintjes S, Garcia HG. Complications after mesial temporal lobe surgery via inferiortemporal gyrus approach. Neurosurg Focus. 2013; 34(6):E2

[21] Tebo CC, Evins AI, Christos PJ, Kwon J, Schwartz TH. Evolution of cranial epilepsy surgery complication rates: a 32-year systematic review and metaanalysis. J Neurosurg. 2014; 120(6):1415–1427

[22] Wieser HG, Yaşargil MG. Selective amygdalohippocampectomy as a surgical treatment of mesiobasal limbic epilepsy. Surg Neurol. 1982; 17(6):445–457

[23] Wieser HG. Selective amygdalo-hippocampectomy for temporal lobe epilepsy. Epilepsia. 1988; 29 Suppl 2:S100–S113

[24] Yaşargil MG, Teddy PJ, Roth P. Selective amygdalo-hippocampectomy. Operative anatomy and surgical technique. Adv Tech Stand Neurosurg. 1985;12:93–123

[25] Olivier A. Transcortical selective amygdalohippocampectomy in temporal lobe epilepsy. Can J Neurol Sci. 2000; 27 Suppl 1:S68–S76, discussion S92–S96

[26] Figueiredo EG, Deshmukh P, Nakaji P, et al. Anterior selective amygdalohippocampectomy: technical description and microsurgical anatomy. Neurosurgery. 2010; 66(3) Suppl Operative:45–53

[27] Wen HT, Rhoton AL, Jr, de Oliveira E, et al. Microsurgical anatomy of the temporal lobe: part 1: mesial temporal lobe anatomy and its vascular relationships as applied to amygdalohippocampectomy. Neurosurgery. 1999; 45(3):549–591, discussion 591–592

[28] Wyler AR, Hermann BP, Somes G. Extent of medial temporal resection on outcome from anterior temporal lobectomy: a randomized prospective study. Neurosurgery. 1995; 37(5):982–990, discussion 990–991

[29] Kovanda TJ, Tubbs RS, Cohen-Gadol AA. Transsylvian selective amygdalohippocampectomy for treatment of medial temporal lobe epilepsy: surgical technique and operative nuances to avoid complications. Surg Neurol Int. 2014; 5:133

[30] Kucukyuruk B, Richardson RM, Wen HT, Fernandez-Miranda JC, Rhoton AL, Jr. Microsurgical anatomy of the temporal lobe and its implications on temporal lobe epilepsy surgery. Epilepsy Res Treat. 2012; 2012:769825

[31] Little AS, Smith KA, Kirlin K, et al. Modifications to the subtemporal selective amygdalohippocampectomy using a minimal-access technique: seizure and neuropsychological outcomes. J Neurosurg. 2009; 111(6):1263–1274

[32] Hori T, Yamane F, Ochiai T, et al. Selective subtemporal amygdalohippocampectomy for refractory temporal lobe epilepsy: operative and neuropsychological outcomes. J Neurosurg. 2007; 106(1):134–141

[33] Uribe JS, Vale FL. Limited access inferior temporal gyrus approach to mesial basal temporal lobe tumors. J Neurosurg. 2009; 110(1):137–146

[34] Beckman JM, Vale FL. Using the zygomatic root as a reference point in temporal lobe surgery. Acta Neurochir (Wien). 2013; 155(12):2287–2291

[35] Reisch R, Perneczky A, Filippi R. Surgical technique of the supraorbital keyhole craniotomy. Surg Neurol. 2003; 59(3):223–227

[36] Hill SW, Gale SD, Pearson C, Smith K. Neuropsychological outcome following minimal access subtemporal selective amygdalohippocampectomy. Seizure. 2012; 21(5):353–360

[37] Schoenberg MR, Clifton WE, Sever RW, Vale FL. Neuropsychology outcomes following trephine epilepsy surgery: the inferior temporal gyrus approach for amygdalohippocampectomy in medically refractory mesial temporal lobe epilepsy. Neurosurgery. 2017:(e-pub ahead of print)

6 Tratamento Cirúrgico da Epilepsia Extratemporal

Ali Jalali ■ Daniel Yoshor

Resumo

Epilepsia do lobo temporal é relativamente comum e frequentemente tratada com uma cirurgia estereotípica. Epilepsia do lobo extratemporal, por outro lado, é mais variável e a identificação da fonte epileptogênica é geralmente um desafio. Eletroencefalografia, imagem por ressonância magnética, e uma variedade de outros estudos não invasivos são realizados primeiro para identificar a zona epileptogênica e quaisquer lesões estruturais, bem como a localização do córtex eloquente. Se uma lesão estrutural bem definida é identificada com dados clínicos, eletroencefalográficos e imagens funcionais concordantes, uma cirurgia ressectiva de único estágio, com ou sem mapeamento eletrocardiográfico ou intraoperatório, é geralmente realizada. Nos casos em que nenhuma lesão estrutural é identificada, ou quando há uma lesão pouco definida, eletrodos intracranianos de superfície ou de profundidade são implantados para monitorização invasiva adicional da epilepsia antes da cirurgia ressectiva, a qual é realizada em uma segunda etapa. Monitorização invasiva permite a localização mais precisa do foco epileptogênico, bem como a determinação das áreas eloquentes. Cuidados adicionais e diferentes técnicas são empregados para cirurgia perto do córtex eloquente, a fim de minimizar o risco de déficits neurológicos pós-operatórios. A meta do tratamento cirúrgico de epilepsia clinicamente intratável é a de cessar ou reduzir de forma significativa a carga de convulsões e a toxidades das drogas antiepilépticas, com mínimo risco de lesão neurológica. Com o uso apropriado das ferramentas e técnicas disponíveis para um neurocirurgião de epilepsia, esta meta é possível em uma proporção significativa de pacientes com epilepsia extratemporal.

Palavras-chave: cirurgia de epilepsia extratemporal, monitorização invasiva da epilepsia, epilepsia do lobo frontal, epilepsia do lobo parietal, epilepsia do lobo occipital.

6.1 Introdução

Nos Estados Unidos, aproximadamente 150.000 pessoas desenvolvem epilepsia todos os anos.[1] A maioria consegue alcançar um bom ou excelente controle através de medicamentos; no entanto, o tratamento médico irá falhar em 20 a 40% dos epilépticos, que serão diagnosticados com epilepsia clinicamente intratável.[2-6] Uma variedade de intervenções cirúrgicas está disponível para ajudar os pacientes com epilepsia clinicamente intratável. Historicamente, epilepsia do lobo temporal tem sido o tipo predominante encaminhado para intervenção cirúrgica, em parte, pela taxa de sucesso superior da cirurgia para epilepsia do lobo temporal, a qual é abordada nos Capítulos 3 a 5. Ainda assim, a epilepsia do lobo temporal compreende apenas uma minoria de todas as epilepsias associadas ao local.[7] Epilepsia extratemporal, a qual é diagnosticada mais frequentemente,[7] tem historicamente sido encaminhada em menor grau para tratamento cirúrgico, em parte, por uma menor taxa de sucesso. Todavia, em pacientes cuidadosamente selecionados e avaliados, vários estudos relatam taxas de cura (definidas como Engel classe I, livre de crises) superiores a 60% para ressecções extratemporais,[8,9] o qual é um forte indicador da utilidade de tais procedimentos.

Epilepsia extratemporal pode envolver áreas individuais do córtex frontal, parietal, occipital ou insular. Em outros casos, pode ter origem multifocal ou multilobar, incluindo o envolvimento concomitante dos lobos temporais, ou pode ser não lobar, como é o caso dos hamartomas hipotalâmicos, associados à epilepsia gelástica, a qual é discutida no capítulo 8. Neste capítulo, focaremos no tratamento cirúrgico de epilepsia associada ao local envolvendo o córtex frontal, parietal ou occipital e, em particular, focaremos na cirurgia ressectiva do foco epileptogênico. Modalidades ablativas na epilepsia extratemporal, como ablação por *laser* ou radiofrequência, são opções adicionais disponíveis aos neurocirurgiões de epilepsia, tal como discutido no Capítulo 7. Quando a epilepsia associada ao local não é uma boa candidata para ressecção ou ablação em razão de eloquência ou multifocalidade, ou quando as modalidades cirúrgicas primárias do tratamento falham, estimulação cerebral profunda ou estimulação do nervo vago podem ser consideradas como medidas paliativas, tal como discutido no Capítulo 14. Mais recentemente, a neuroestimulação responsiva também está se mostrando promissora como uma abordagem cirúrgica paliativa, como discutido no Capítulo 13. No geral, opções cirúrgicas paliativas não fornecem uma alta probabilidade de remissão, mas podem fornecer reduções mensuráveis na frequência e na duração da convulsão em uma porção considerável dos pacientes.

6.1.1 Semiologia Clínica

Por causa do seu tamanho, o lobo frontal é o local mais frequente de epilepsia extratemporal. Estes pacientes podem ter uma gama complexa de manifestações convulsivas. Convulsões do lobo frontal são geralmente breves em duração: elas tendem a ocorrer à noite, ter um início súbito, e ter mínima ou nenhuma confusão pós-ictal. Convulsões se originando na área motora suplementar são geralmente caracterizadas por postura tônica complexa sem perda da consciência. "Postura de esgrimista" se refere ao "braço sendo elevado, e a cabeça e olhos virados como se estivessem olhando para a mão,"[10] "M2e" descreve uma postura que consiste em abdução tônica e rotação externa do ombro, com flexão do cotovelo.[11] Embora características de convulsões na área motora suplementar, estas posturas não são específicas a esta área, ou ao lobo frontal. Bloqueio da fala também é comum com convulsões nesta área. Convulsões do giro cingulado são descritas como crises de ausência ou tônico-clônicas generalizadas, também manifestando automatismos límbicos (como vocalização ou incontinência urinária). Outros autores descrevem ataques epilépticos de origem no lobo frontal como começando de diversas maneiras. Perda da consciência e virar a cabeça para o lado contralateral são frequentes manifestações iniciais. Os pacientes frequentemente sofrem convulsões tônico-clônicas generalizadas após isto.

Epilepsia isolada ao lobo parietal ou occipital é rara e geralmente observada em associação com lesões estruturais ou neoplásicas. Convulsões do lobo temporal podem manifestar-se como sensações contralaterais ou (ocasionalmente) bilaterais, incorporando todas as modalidades sensoriais. A maioria dos pacientes com epilepsia originando-se no lobo parietal não tem sinais ou sintomas sugestivos desta localização. Se o paciente tem sintomas, parestesias ictais lateralizadas – sensações de picadas na pele, dormência, formigamento ou "choque elétrico" nos braços ou face – são ocasionalmente descritas por estes pacientes. Atividade ictal occipital pode ser provocada por estímulos envolvendo a função receptora dos lobos parietal e occipital. A fonte mais comum é a fotoestimulação. Descargas ictais originando-se no lobo occipital ou na junção parietoccipital são caracterizadas por fenômenos visuais como *flashes* de luz, ou cores, ou amaurose descrita como um preto ou branco total. As convulsões podem espalhar-se rapidamente e se manifestar como atividade motora ou disfunção de linguagem, que pode ser enganoso ao sugerir uma área diferente de epileptogenicidade.

6.1.2 Fonte Epileptogênica

Epilepsia extratemporal tem sido historicamente diagnosticada com base na semiologia convulsiva relevante, bem como nos padrões correspondentes de disseminação elétrica na eletroencefalografia (EEG). Localização do foco epileptogênico, a área cortical indispensável para a geração das convulsões, foi geralmente bastante imprecisa e, às vezes, incluiu áreas eloquentes. Embora uma ressecção cortical generosa da zona epileptogênica tenha sido usada no passado em uma tentativa de tratar a epilepsia, ressecção cortical nas áreas eloquentes pode estar associada a déficits neurológicos pós-operatórios significativos e inaceitáveis. Neste século, o procedimento de ressecção cortical tem sido cada vez mais substituído pela lesionectomia em pacientes com epilepsia associada a uma lesão concordante e discreta identificada nos estudos imagiológicos. Um fator importante nesta transformação tem sido a variedade crescente e resolução da tecnologia imagiológica, as quais permitiram até a identificação de anormalidades estruturais menores e menos conspícuas, tumores, e defeitos do desenvolvimento na área da zona epileptogênica primária. Isto possibilitou ao cirurgião de epilepsia realizar uma ressecção mais precisa da lesão epileptogênica, em vez de uma corticectomia menos específica na área da zona epileptogênica primária. O termo lesão epileptogênica inclui anormalidades congênitas como displasia cortical, tumores, encefalomalácia secundária a um prévio derrame ou trauma, e malformações vasculares como cavernomas e malformações arteriovenosas. Quando estudos Imagiológicos realizados em um paciente com distúrbio convulsivo identifica uma lesão, a equipe multidisciplinar de epilepsia tenta definir a relação da lesão radiográfica com a geração de convulsões. Geralmente, esta relação é pouco definida. A elaboração de uma estratégia cirúrgica pode ser particularmente desafiadora quando a localização da lesão é discordante com outros dados clínicos que apontam para um foco epileptogênico distante. Diversas abordagens cirúrgicas podem ser propostas: (1) ressecção apenas da lesão; (2) ressecção da lesão e da margem adjacente do cérebro potencialmente epileptogênico; (3) ressecção da lesão e foco epileptogênico não lesional distante, e (4) ressecção do foco epileptogênico não lesional distante sem ressecção da lesão.

A cirurgia lesional é baseada no pressuposto de que um distúrbio convulsivo e a presença de uma lesão não são coincidentes. Tentativas devem ser feitas para fornecer evidência de que as convulsões do paciente são causadas pela lesão radiográfica. Isto pode ser desafiador na epilepsia extratemporal, visto que a semiologia da convulsão às vezes não está bem correlacionada com a localização da lesão epileptogênica. Nas áreas de um foco epileptogênico silencioso, como a maioria do lobo parietal, a semiologia da convulsão pode estar mais bem correlacionada com um foco a jusante, tais como os lobos frontal ou temporal. Nos pacientes em que a localização da lesão se correlaciona bem com a semiologia da convulsão, uma lesionectomia pura pode parecer uma opção cirúrgica razoável. Contudo, diversos estudos demonstraram que apenas uma fração (50-80%) dos pacientes com epilepsia extratemporal causada por um tumor ou outra lesão ficam livres de crises após uma lesionectomia isolada.[12,16] Além disso, pacientes com uma lesão radiográfica extratemporal, cuja epilepsia tenha durado menos de 1 ano antes da cirurgia de lesionectomia, são mais prováveis de se tornarem livre de crises do que aqueles que têm epilepsia por mais de 1 ano,[17] sugerindo que o foco epileptogênico pode expandir-se além da lesão anatômica identificável na imagem, especialmente na epilepsia prolongada. Nestes pacientes, as vantagens de excisar uma lesão com uma margem do cérebro, com ou sem um foco epileptogênico distante, devem ser pesadas contra o risco cirúrgico e neurológico, e discutidas com uma equipe multidisciplinar de epilepsia, bem como com o paciente. Dados adicionais obtidos com a monitorização com eletrodos de superfície e profundos, bem como com a eletrocorticografia (ECoG) intraoperatória, pode às vezes ajudar a delinear a melhor estratégia.

Pacientes com convulsões e lesões clinicamente refratárias no ou próximo do córtex eloquente devem ser consideradas para uma abordagem por etapas, incluindo a implantação inicial de eletrodos intracranianos, seguida pela ressecção da área epileptogênica, como sugerido pela monitorização intracraniana inicial. A monitorização intracraniana usando eletrodo *grids* e *strip* de, bem como a profundidade de colocação do eletrodo usando a técnica de estereoeletroencefalografia (SEEG), é discutida mais a fundo nos capítulos 1 e 2, respectivamente, e a técnica cirúrgica é brevemente discutida neste capítulo. Alternativamente, um paciente com uma lesão nas ou próximo das áreas eloquentes pode ser tratado em uma cirurgia única, com mapeamento cortical intraoperatório para definir a eloquência cortical, e uma ressecção estabelecida na lesão anatômica com ou sem ajustamento adicional com base na ECoG intraoperatória. Áreas epileptogênica no córtex criticamente eloquente podem ser tratadas com múltiplas transecções subpiais (MSTs), tal como discutido no Capítulo 11.

6.2 Preparação Pré-Operatória

Epilepsia extratemporal é um grupo heterogêneo de distúrbios epilépticos, que são geralmente mais difíceis de caracterizar do que a epilepsia do lobo temporal. Ferramentas não invasivas que têm ajudado na avaliação pré-operatória incluem EEG, tomografia computadorizada (CT), imagem por ressonância magnética (MRI) com e sem contraste, tomografia por emissão de pósitrons (PET), tomografia computadorizada por emissão de fóton único (SPECT), e magnetoencefalografia (MEG). Todas essas têm sido usadas com graus variados de sucesso para delinear a área de epileptogenicidade.

Desde o advento da MRI, lesões como neoplasias benignas e malignas, displasia cortical, malformações vasculares, e lesão cerebral pós-traumática ou pós-derrame são visualizadas e caracterizadas com uma melhor precisão do que a CT poderia anteriormente fornecer. Alguns pacientes com epilepsia extratemporal podem evitar a monitorização invasiva se uma anormalidade ou lesão estrutural é observada na MRI, e seu local for concordante com a semiologia da convulsão e achados da EEG de superfície. EEG de superfície é a principal ferramenta para identificação e caracterização não invasiva da zona epileptogênica. É geralmente realizada no hospital durante um período de 1 a 2 semanas na unidade de monitorização de epilepsia (EMU), onde o paciente pode ser monitorizado por vídeo 24 horas por dia. As doses do medicamento antiepiléptico do paciente são geralmente reduzidas em uma tentativa de provocar convulsões durante o período de monitorização.

Se a MRI e a EEG de superfície não fornecem informações suficientes para o cirurgião, uma PET ou SPECT pode ser obtida para ajudar com a localização do foco epileptogênico. Uma PET demonstra a atividade metabólica do cérebro e é tipicamente realizada durante o período interictal, visto que é difícil cronometrar a aquisição com convulsões ativas. Em uma PET interictal, o foco epileptogênico deve estar com uma intensidade de sinal reduzida, correspondente à atividade metabólica interictal diminuída na região da epileptogenicidade. Durante a atividade convulsiva, o foco deve demonstrar metabolismo aumentado e, portanto, intensidade de sinal aumentada na PET, caso sua aquisição coincida com a convulsão. A PET é mais confiável na identificação de focos epileptogênicos no lobo temporal, e menos confiável na localização de focos extratemporais não lesionais. SPECT é útil tanto no período ictal quanto no interictal. No entanto, a SPECT ictal tem uma maior sensibilidade e especificidade, e pode ser obtida apenas se o radioisótopo for injetado após segundos do início da convulsão. O isótopo é concentrado na região de início da convulsão. Imagens sequenciais podem ser obtidas até várias horas depois da injeção para demonstrar a área de início ictal. As imagens são geralmente subtraídas uma da outra, e a diferença é comparada com um banco de dados de variações esperadas normais. Diferenças significativas das variações normais podem indicar áreas de atividade ictal. Esta análise é referida como ISAS, ou análise SPECT ictal-interictal por SMP (mapeamento paramétrico estatístico). Quando a imagem SPECT subtraída é corregistrada com a MRI, a imagem resultante pode auxiliar na localização da região ictal. Esta técnica é chamada de SISCOM (subtração do SPECT ictal corregistrado com a MRI).

O uso da MEG na avaliação pré-operatória do paciente epiléptico também ganhou certo respaldo durante a última década. A MEG tira vantagem da detecção de pequenos campos magnéticos criados durante a atividade elétrica focal e sincronizada no cérebro, tal como seria observado durante os picos interictais ou convulsões focais. Desse modo, a MEG pode ser usada para localizar convulsões ou atividade interictal de forma similar àquela que a EEG de superfície é usada. No entanto, um estudo ictal usando a MEG é mais logisticamente difícil de se obter, quando comparado com o uso da EEG; portanto, a maioria dos estudos por MEG são interictais, e a presença de picos interictais é um pré-requisito para uma imagem por MEG bem-sucedida. A MEG tem outras vantagens e desvantagens com relação à EEG, e ambas são geralmente usadas para mapeamento funcional do cérebro, tais como localização da linguagem ou córtex motor, que também é importante no planejamento pré-operatório para a cirurgia de epilepsia. Outras ferramentas não invasivas usadas para localização pré-operatória do córtex eloquente incluem a MRI funcional (fMRI) e a estimulação magnética transcraniana (TMS). Os dados obtidos com o uso de cada uma dessas modalidades podem ser usados para definir melhor os limites da ressecção relativamente mais segura, e se o córtex eloquente é observado como intimamente envolvido com o foco epileptogênico, mudanças apropriadas ao plano cirúrgico, incluindo o possível uso da técnica MST, poderiam talvez ser feitas no pré-operatório.

Apesar de todas as modalidades não invasivas discutidas anteriormente, vários pacientes requerem monitorização invasiva para definir melhor ou caracterizar o foco epileptogênico. Em casos de epilepsia extratemporal não lesional, a EEG de superfície com videomonitorização geralmente não fornece uma localização específica o bastante para que um plano cirúrgico seja desenvolvido. Para estes pacientes, tal como discutido nos Capítulos 1 e 2, eletrodos *grids/strips* subdurais e de profundidade são usados para reunir informações adicionais. A principal vantagem dos eletrodos subdurais, em relação aos eletrodos de profundidade, é que eles não penetram o tecido cerebral e são capazes de registrar a partir de uma área ampla da superfície cortical. Eletrodos de superfície colocados para monitorização da epilepsia também podem ser facilmente usados para estimulação cortical extraoperatória, para mapear as áreas funcionais do cérebro.

A colocação estereotáxica de múltiplos eletrodos de profundidade para registros extraoperatórios ou SEEG, por outro lado, não requer uma craniotomia e pode ser automatizada usando um braço robótico. Embora a SEEG não se iguale à capacidade dos eletrodos *grids* subdurais de abranger uma região do hemisfério com um verdadeiro "tapete" de eletrodos, ou de facilitar o mapeamento cerebral extraoperatório com estimulação elétrica direta, ela oferece várias vantagens que levaram ao crescimento de sua popularidade. A SEEG permite obter amostras de múltiplos sítios em ambos os hemisférios com um alto grau de segurança. Ela é particularmente útil para obter registros invasivos de uma região que foi previamente operada, pois evita os perigos associados à cicatrização pós-operatória, o que torna a colocação de desafiadora após *grids* prévia cirurgia. Além disso, a SEEG possibilita a amostragem eletrocorticográfica de dois terços do córtex cerebral que se encontra abaixo da superfície hemisférica e dentro de sulcos, e pode aumentar uma visualização da rede epiléptica 3D.

Grids e *strips* subdurais têm pontos de contato metálicos (de aço inoxidável ou platina) planos acoplados a um silicone (Silastic) transparente, e estão disponíveis em uma variedade de tamanhos (▶ Fig. 6.1). A transparência possibilita que o córtex subjacente seja facilmente visualizado, permitindo que o cirurgião garanta que as veias corticais ou outras estruturas importantes não sejam excessivamente comprimidas ou danificadas pelo arranjo de eletrodos. *Grids* estão comercialmente disponíveis, com tamanhos que variam de 16 pontos de contato até 64 pontos de contato, com fios protegidos conectados à lateral ou próximo do centro da placa de Silastic. *Strips* também estão disponíveis comercialmente com tamanhos de 2 a 12 contatos, e os fios protegidos conectados a uma extremidade da tira. Os *grids* podem ser cortados para fornecer um ajuste customizado e cobertura adequada para um caso específico. *Grids* subdurais são úteis nos casos em que o foco epileptogênico não é bem localizado com a EEG de superfície, ou quando uma grande área do córtex precisa ser monitorizada. *Strips* subdurais são úteis para avaliar superfícies corticais menos acessíveis, como o córtex orbitofrontal e o giro cingulado.

Eletrodos de profundidade são feitos de plástico flexível fino e têm múltiplos pontos de contato (▶ Fig. 6.1). Eles estão comercialmente disponíveis com opções para o número de pontos de contato e espaçamento entre eles. Eles podem ser posicionados ao lado de outros eletrodos de profundidade, como em um estéreo-EEG, ou em combinação com, e para aumentar, arranjos de eletrodos subdurais.

6.3 Procedimento Cirúrgico
6.3.1 Colocação de *Grids*

Grids subdurais devem ser colocados através de uma borda da craniotomia e, portanto, os *grids* são geralmente colocados apenas unilateralmente. O uso deles é indicado quando a zona epileptogênica é grande ou pouco definida, e requer a monitorização de uma área de superfície grande do córtex. O paciente é posicionado na mesa de cirurgia, da mesma forma que para uma craniotomia padrão. A área da cabeça a ser operada é clipada (isto é útil, pois as caudas do eletrodo devem ser tunelizadas por via percutânea fora da incisão de craniotomia, e isto é difícil de conquistar com o cabelo deixado intacto) e exposta no campo cirúrgico. Em seguida, o paciente é preparado com antissépticos e coberto de maneira estéril, da mesma forma que para uma craniotomia padrão. O paciente deve receber uma dose de antibióticos antes da incisão cutânea. Nós não usamos manitol rotineiramente para evitar o relaxamento excessivo do cérebro. *Strips* subdurais podem ser colocadas através de um orifício de trepanação.

Fig. 6.1 Eletrodos invasivos de monitorização. *Grids* e *strips* subdurais estão disponíveis em uma variedade de dimensões. Múltiplos *strips* e *grids* geralmente são usados para uma cobertura adequada da área de interesse. Eletrodos de profundidade também são usados exclusivamente ou combinados com arranjos subdurais para monitorização de focos inacessíveis mais profundos.

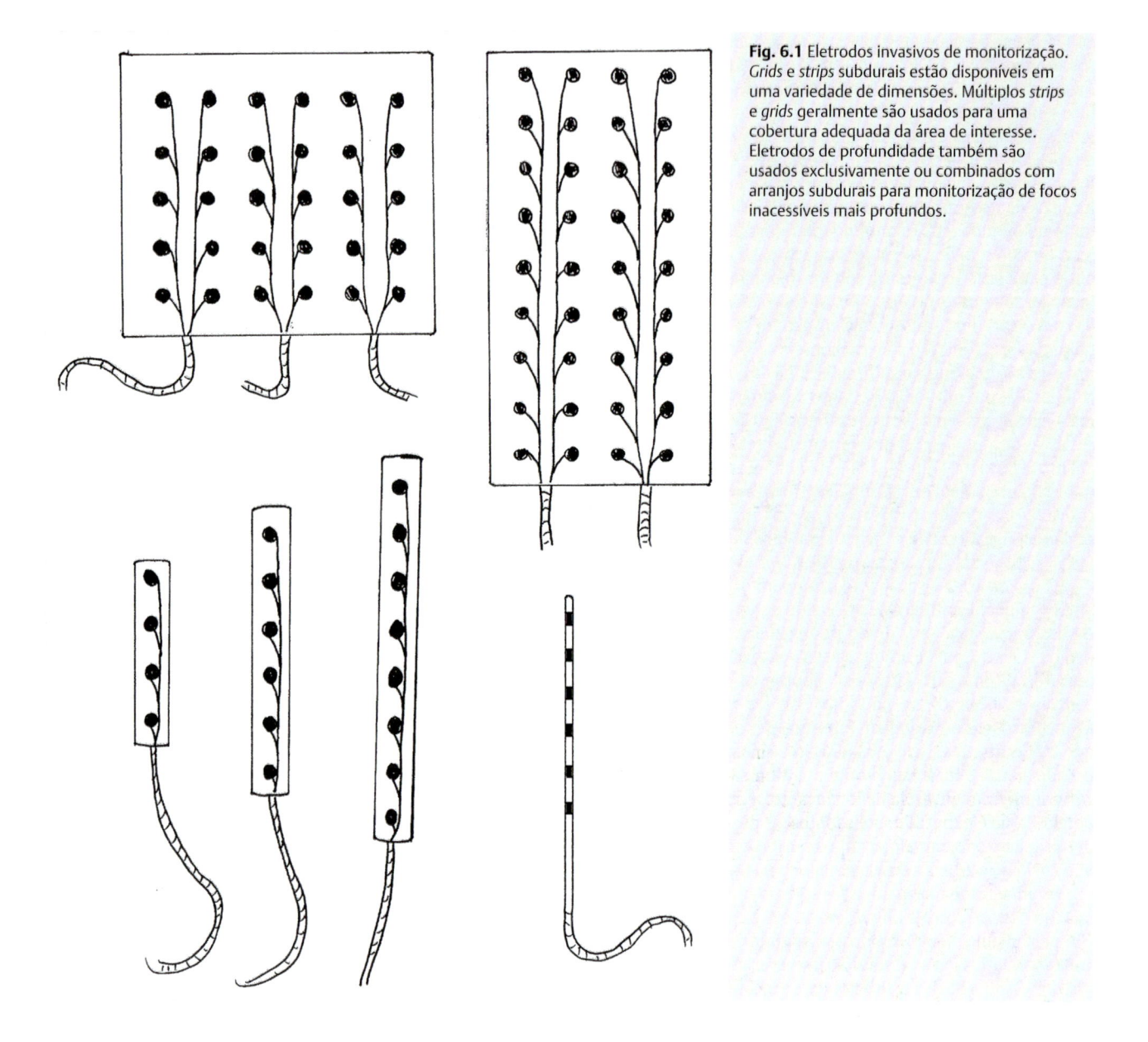

Isso possibilita que o cirurgião coloque cada tira em uma área separada no espaço subdural. Para *strips* e *grids* subdurais, os fios dos eletrodos devem ser tunelizados sob o escalpo através de uma incisão separada a uma distância de vários centímetros. Durante a delimitação por campos cirúrgicos do escalpo, um espaço de pelo menos 5 cm ao redor da incisão deve ser deixado exposto, antecipando a tunelização dos fios. A tunelização dos eletrodos reduz o potencial de infecção enquanto os eletrodos permanecem implantados. A maioria dos pacientes mantém os *grids* ou *strips* por vários dias e, possivelmente, até 3 semanas ou mais (raramente). Durante o período inteiro de monitorização, o paciente deve receber antibióticos profiláticos. As complicações mais comumente observadas são hemorragia intracraniana e infecção. A maioria dos autores descreve taxas de complicação de 4 a 6% com a colocação de *grids* grandes.

Para colocar um *grid* subdural, um retalho ósseo generoso é, geralmente, elevado (▶ Fig. 6.2). Quando os arranjos são colocados na convexidade do cérebro, há vários pontos importantes para lembrar. A superfície cerebral e a superfície do arranjo de Silastic devem ser umedecidas com irrigação a fim de permitir um deslizamento fácil e atraumático do arranjo no espaço subdural. A maioria dos eletrodos *grids* que escolhemos têm fios conectados próximo ao centro do *grid*, o que permite o avanço mais fácil das bordas do *grid* abaixo da dura, particularmente em uma craniotomia menor. A borda de um *grid* não deve sobrepor as veias de drenagem maiores, pois compressão dessas veias poderia resultar em comprometimento da drenagem venosa, ingurgitamento venoso ou trombose. Além disso, ao usar mais de um *grid* ou uma combinação de *grids* e *strips*, as bordas devem sobrepor-se ou serem suturadas juntas, antes e após colocá-las sobre a convexidade do cérebro. Se houver um pequeno espaço entre as duas, pode ocorrer lacerações corticais ou herniação do tecido cerebral através do espaço. Logo que isto é feito, fotografias intraoperatórias devem ser tiradas para servir como referência durante o período de monitorização.

A dura é reaproximada sobre os *grids* e *strips*. Nós fechamos a dura frouxamente com o uso de algumas suturas, e colocamos uma camada de esponja de colágeno (BICOL) ou matriz de colá-

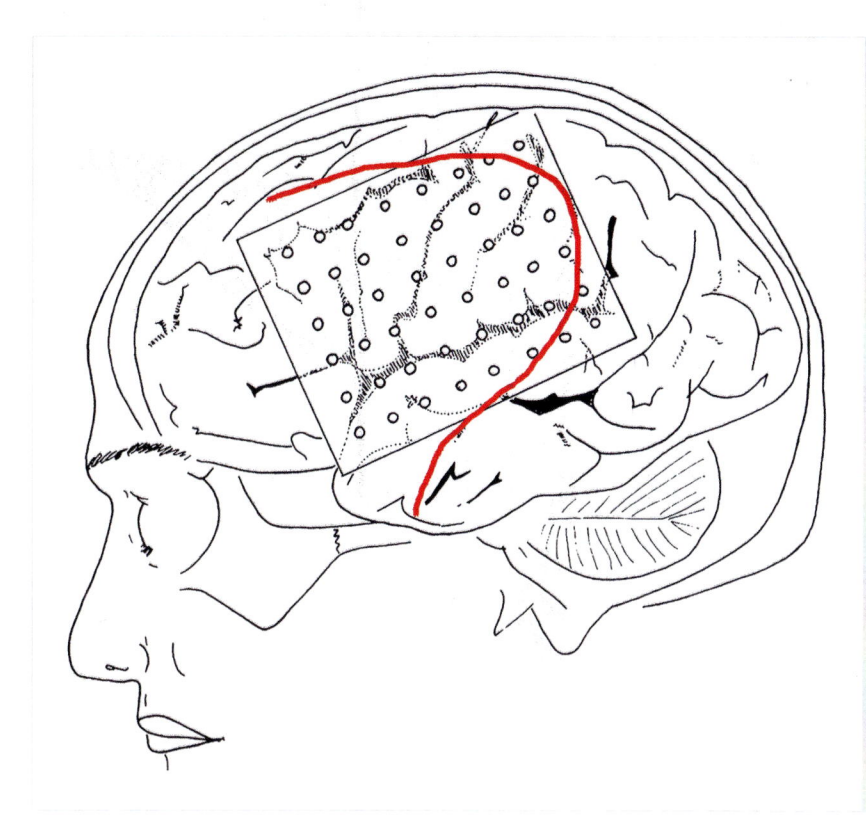

Fig. 6.2 Colocação do *grid* subdural. Um retalho de craniotomia frontoparietotemporal adequado é necessário para possibilitar a colocação de um *grid* subdural grande. Arranjos adicionais de eletrodos, ou eletrodos de profundidade, também podem ser colocados para adicional cobertura. A linha vermelha define uma incisão cutânea típica.

geno (DuraGen) sobre a dura, com cortes para acomodar a saída dos fios. Isto ajuda a reduzir o extravasamento de líquido cerebrospinal (CSF), um problema mais comumente encontrado com a monitorização invasiva de longo prazo, e protege a superfície cerebral que é exposta entre os folhetos durais. Outros podem escolher fechar a dura de forma impermeável para minimizar a saída de CSF. Nós preferimos armazenar o retalho ósseo em um *freezer* pelo período de duração da monitorização da epilepsia, a fim de conceder espaço para um inchaço pós-operatório, porém outros podem afixar o retalho ósseo frouxamente com o uso de placas de fixação curvas ou apenas uma placa para fornecer uma dobradiça. Um dreno Jackson-Pratt plano é geralmente colocado no espaço subgaleal e tunelizado para fora sob o escalpo para remover qualquer CSF subgaleal e acúmulo de sangue com um bulbo de aspiração. Após a tunelização dos fios através do escalpo, os orifícios são fechados com suturas em bolsa de tabaco, e a sutura é envolta e atada fortemente ao redor de cada fio para reduzir o risco de fístula liquórica e escorregamento do fio. A gálea e a pele são fechadas de forma usual, e a cabeça é tipicamente envolta com fios saindo do invólucro no vértex.

Embora o tópico de SEEG seja discutido no Capítulo 2, aqui discutimos brevemente a técnica cirúrgica da colocação estereotáxica de múltiplos eletrodos de profundidade através de múltiplos orifícios de trepanação. Este procedimento pode ser realizado com ou sem um halo estereotáxico. Para a estereotaxia sem halo, a posição da cabeça no espaço precisará ser registrada a uma referência externa fixada na cabeça, como é tipicamente realizado para uso de navegação intraoperatória. Com um conjunto de alvos e trajetórias cerebrais planejados na plataforma de navegação, o ponto de entrada de cada eletrodo de profundidade é marcado no escalpo. A área deve ser preparada com antissépticos e delimitada por campos cirúrgicos como de costume. Uma incisão no escalpo deve permitir a passagem de uma broca espiral. Um orifício é feito ao longo da trajetória navegada e a dura subjacente é perfurada. Em seguida, o eletrodo de profundidade é avançado no comprimento desejado, com a ajuda de um estilete rígido. A incisão é fechada com suturas em bolsa de tabaco ao longo do fio do eletrodo, e o fio é suturado no escalpo. Alternativamente, um sensor pode ser ficado no crânio ao longo da trajetória desejada, e o eletrodo de profundidade é passado pelo sensor e fixado apertando o mecanismo do sensor. O fio é fixado novamente em uma região do escalpo próxima com o uso de suturas para ajudar a reduzir o risco de deslizamento. O procedimento é repetido para todos os eletrodos e trajetórias necessários.

Uma série de radiografias anteroposteriores e laterais devem ser obtidas no período pós-operatório imediato, bem como vários dias após os eletrodos serem colocados, a fim de monitorizar suas posições e qualquer movimento durante a atividade convulsiva. Além disso, uma CT volumétrica é tipicamente obtida e unida com a MRI pré-operatória, a fim de possibilitar uma identificação precisa das posições dos eletrodos. O paciente é monitorizado para atividade convulsiva na EMU. Isto é frequentemente realizado em conjunto com o paciente reduzindo ou interrompendo os fármacos antiepilépticos. Além do mais, mapeamento funcional extraoperatório no paciente consciente, estimulando os *strips* e *grids* pode auxiliar no planejamento cirúrgico ao definir as bordas das áreas eloquentes. As áreas de interesse mais frequentes são a área de Broca, área de Wernicke e área motora, e a área somatossensorial do lobo parietal.

6.3.2 Ressecção Cortical

Quando os dados dos estudos não invasivos e invasivos são avaliados, e a área de ressecção definida, o plano para ressecção cirúrgica é discutido com o paciente. O paciente é posicionado na mesa de cirurgia com três pontos de fixação da cabeça. Se a ECoG intraoperatória for usada para mapeamento motor e da fala, anestesia local é utilizada caso o paciente consiga tolerar o procedimento e

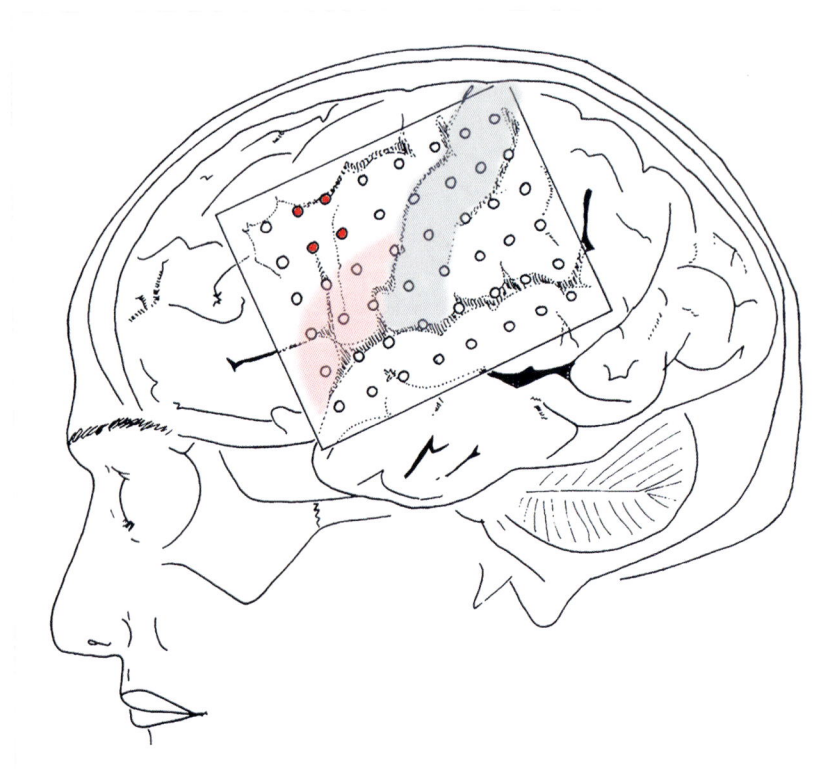

Fig. 6.3 Cirurgia para epilepsia do lobo frontal. Os contatos destacados em vermelho neste *grid* indicam a área da epileptogenicidade identificada após monitorização invasiva do hemisfério dominante. Uma ressecção cirúrgica minuciosa desta área é realizada após mapeamento cortical intraoperatório, a fim de evitar danos ao córtex eloquente da fala (*sombra rosada*) e córtex motor primário (*sombra acinzentada*).

participar nos testes intraoperatórios. O paciente é preparado com antissépticos e delimitado por campos cirúrgicos, da mesma forma que na craniotomia padrão. Excisões no lobo frontal geralmente requerem um retalho grande de craniotomia para exposição adequada da região motora e área de Broca, as quais serão avaliadas minuciosamente com ECoG intraoperatória. A espessura inteira de um giro cingulado deve ser resseccionada para um tratamento bem-sucedido.

Para lobectomias frontais, as porções superior, média e inferior do giro frontal sobre a convexidade lateral devem ser resseccionadas em monobloco. Ressecções frontais amplas podem ser realizadas com segurança no hemisfério não dominante. Se os testes extraoperatórios e intraoperatórios localizam a zona epileptogênica no lobo frontal dominante, próximo do córtex da fala eloquente, cuidado adicional é necessário para evitar danos nestas áreas (▶ Fig. 6.3). Tipicamente, a ressecção deve ser interrompida a meio caminho do giro frontal médio, e os 2,5 cm posteriores do giro frontal inferior devem ser deixados intactos, a menos que o mapeamento da linguagem sugira que a ressecção será bem tolerada. A fala do paciente é repetidamente testada com estímulos visuais, enquanto o córtex é repetidamente estimulado. O córtex da linguagem é identificado e mapeado quando disfasia ou bloqueio da fala ocorre. O mapeamento continua durante a ressecção, para minimizar o risco de danificar a função da fala do paciente. Cautela é necessária para evitar a precipitação de uma convulsão durante a estimulação para fins de mapeamento. Irrigação gelada deve estar prontamente disponível caso uma convulsão ocorra no intraoperatório. O cirurgião pode usar uma seringa com um cateter plástico flexível em uma extremidade para gentilmente gotejar sobre a área estimulada, a fim de cessar a atividade convulsiva. Mesmo com a monitorização intraoperatória cuidadosa da fala, o paciente pode desenvolver disfasia pós--operatória. Isto pode ser transitório e deve melhorar durante o curso pós-operatório.

Excisões do polo anterior-frontal ou polo frontal são geralmente realizadas em pacientes com epilepsia pós-traumática, secundária a prévias contusões do lobo frontal ou displasia cortical no córtex orbitofrontal. O polo frontal pode ser resseccionado com segurança em monobloco.

Ressecções frontais mediais podem ser realizadas por meio da remoção do giro cingulado sobre o corpo caloso. Extrema cautela deve ser usada com relação à drenagem venosa; é ideal ter drenagem venosa para as veias silvianas, a fim de compensar qualquer drenagem venosa frontal que seja sacrificada. Disfasia pós-operatória transitória após a lobectomia frontal pode ser atribuída a oclusões venosas, quando o seio sagital superior, e não as veias silvianas, tenha sido a veia receptora da drenagem.

Convulsões que se originam no córtex perirrolândico são difíceis de tratar cirurgicamente. O lóbulo central é tradicionalmente considerado uma região inoperável, por causa dos déficits neurológicos pós-operatórios inaceitáveis. Estes pacientes podem ter convulsões somatomotoras, convulsões somatossensoriais, ou ambas. As áreas centrais inferiores do giro pré-central e pós-central podem ser resseccionadas se convulsões focais motoras ou sensoriais são os sintomas predominantes dos pacientes. A ressecção deve estender-se superiormente, 2,5 a 3 cm acima da fissura silviana. Mapeamento extraoperatório e intraoperatório extenso da língua, lábio e função da mão é crucial nesta operação, a fim de minimizar morbidade neurológica pós-operatória. Pacientes que já tenham déficits neurológicos no segmento próximo da área de interesse, podem ser submetidos a uma ressecção mais agressiva, pois o risco de danificar o córtex funcional normal é menor, mas não inexistente. Estudos demonstraram um risco variável de déficit neurológico secundário à cirurgia para epilepsia rolândica e perirrolândica e, embora muitos destes déficits melhorem em 3 a 6 meses, o risco de um déficit permanente deve ser ponderado em função das chances de um controle bom a excelente da convulsão.[18-20]

O paciente ideal para cirurgia de epilepsia no córtex perirrolândico é uma criança pequena, devido ao potencial de recuperação da função motora com plasticidade neuronal. A idade em que a plasticidade neuronal e recuperação da função são possíveis não é claramente definida, mas crianças com menos de 7 anos de idade recuperam bem a função. A ressecção é realizada com um aspirador ultrassônico com baixa sucção e amplitude de vibração baixa, de modo que a pia adjacente, especialmente a margem superior da ínsula, seja deixada intacta.

Ressecções na região parietal devem seguir um mapeamento meticuloso do giro pós-central. Ressecção cortical do hemisfério dominante deve ser realizada sob anestesia local se possível, com ECoG intraoperatória para evitar déficits sensoriais pós-operatórios graves. Ressecções parietais no hemisfério não dominante podem ser realizadas com menor preocupação de déficits proprioceptivos ou apraxias, desde que o giro pós-central seja deixado intacto. Déficits parciais do campo visual devem ser esperados quando qualquer um dos lados é ressecionado.

O lobo occipital é resseccionado com o paciente na posição prona (▶ Fig. 6.4 e ▶ Fig. 6.5) e acordado. A cirurgia deve ser realizada com ECoG para definir áreas de descargas epileptiformes. Redução nas descargas eletrocorticográficas pós-ressecção tem sido associada a um resultado mais favorável.[21] Potencial visual evocado intraoperatório também é útil para identificar as bordas do córtex visual, e para minimizar a perda visual secundária à ressecção.

6.4 Manejo Pós-Operatório Incluindo Possíveis Complicações

Após ressecção cirúrgica, o paciente é tipicamente observado na ICU (unidade de tratamento intensivo) por uma noite, com particular atenção ao controle da pressão sanguínea. Imagens pós-operatórias, como CT ou MRI, são opcionais; todavia, a imagem é aconselhada para avaliação de isquemia ou hemorragia em casos de uma mudança neurológica inesperada. Se a cirurgia resulta em um déficit neurológico, então terapia apropriada é iniciada e um serviço de reabilitação pode ser consultado para auxiliar na transição pós-operatória do paciente. Os medicamentos antiepilépticos pré-operatórios são tipicamente continuados após a cirurgia, pelo menos inicialmente. Dependendo do desfecho na convulsão, os medicamentos antiepilépticos podem ser lentamente removidos ao longo dos meses seguintes.

6.5 Conclusão

Ressecção extratemporal para pacientes com epilepsia clinicamente intratável é um tratamento seguro e eficaz. Resultados livres de crises são descritos em aproximadamente dois terços dos pacientes, e a mortalidade é muito baixa em toda a literatura recente. A morbidade é geralmente aquela esperada no pré-operatório, com base na zona epileptogênica primária identificada por MRI, SPECT, EEG de superfície e, em alguns casos, eletrodos subdurais. Resultados bem-sucedidos dependem do sítio de origem do foco epileptogênico e sítio do envolvimento cirúrgico. No geral, o tratamento cirúrgico de epilepsia extratemporal tem uma menor taxa de sucesso do que aquele para epilepsia temporal, e o tratamento cirúrgico da epilepsia de lobo frontal é a cirurgia mais bem-sucedida para epilepsia extratemporal.

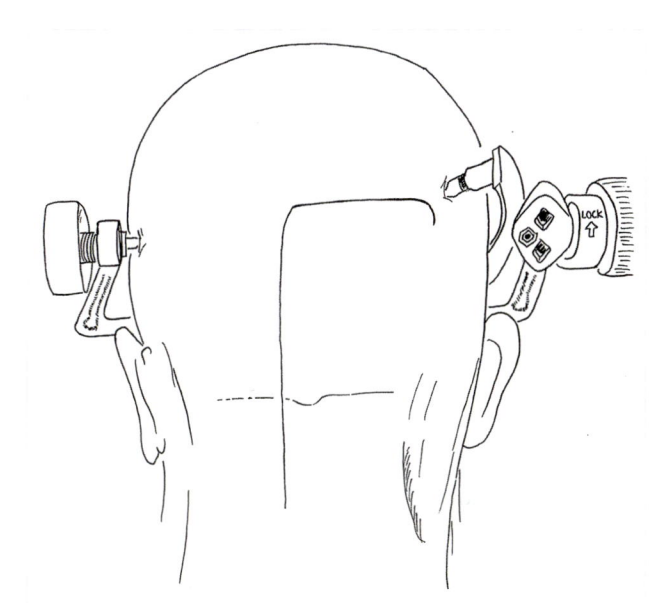

Fig. 6.4 Cirurgia para epilepsia occipital. O paciente é colocado na posição prona na mesa de cirurgia, com a cabeça no suporte Mayfield com três pontos de fixação.

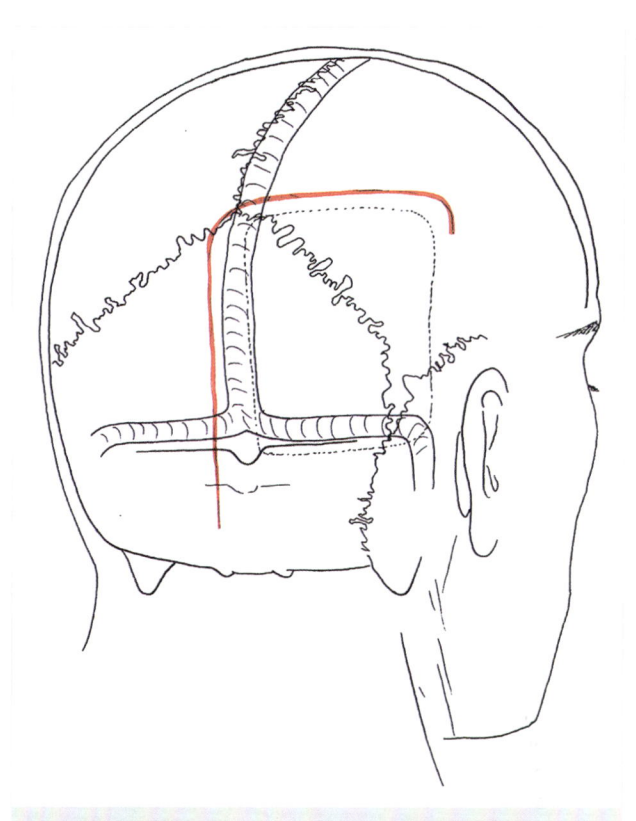

Fig. 6.5 Craniotomia occipital para epilepsia. A incisão cutânea é uma incisão em taco de hóquei generosa para permitir exposição adequada e monitorização intraoperatória. Note a relação da incisão com as referências anatômicas, como o ínio externamente e os seios sagital, transverso e sigmoide.

Referências

[1] Ngugi AK, Kariuki SM, Bottomley C, Kleinschmidt I, Sander JW, Newton CR. Incidence of epilepsy: a systematic review and meta-analysis. Neurology. 2011; 77(10):1005–1012

[2] Sander JW. Some aspects of prognosis in the epilepsies: a review. Epilepsia. 1993; 34(6):1007–1016

[3] Hart YM, Shorvon SD. The nature of epilepsy in the general population. I. Characteristics of patients receiving medication for epilepsy. Epilepsy Res. 1995; 21(1):43–49

[4] Devinsky O. Patients with refractory seizures. N Engl J Med. 1999; 340 (20):1565–1570

[5] Brodie MJ, Kwan P. Staged approach to epilepsy management. Neurology. 2002; 58(8) Suppl 5:S2–S8

[6] Kwan P, Brodie MJ. Drug treatment of epilepsy: when does it fail and how to optimize its use? CNS Spectr. 2004; 9(2):110–119

[7] Manford M, Hart YM, Sander JWAS, Shorvon SD. The National General Practice Study of Epilepsy. The syndromic classification of the International League Against Epilepsy applied to epilepsy in a general population. Arch Neurol. 1992; 49(8):801–808

[8] Bauman JA, Feoli E, Romanelli P, Doyle WK, Devinsky O, Weiner HL. Multistage epilepsy surgery: safety, efficacy, and utility of a novel approach in pediatric extratemporal epilepsy. Neurosurgery. 2005; 56(2):318–334

[9] Elsharkawy AE, Pannek H, Schulz R, et al. Outcome of extratemporal epilepsy surgery experience of a single center. Neurosurgery. 2008; 63(3):516–525, discussion 525–526

[10] Penfield W, Jasper HH. Epilepsy and the Functional Anatomy of the Human Brain. Boston, MA: Little, Brown; 1954

[11] Ajmone-Marsan C, Ralston BL. The Epileptic Seizure: Its Functional Morphology and Diagnostic Significance: A Clinical-Electrographic Analysis of Metrazol-Induced Attacks. Springfield, IL: Thomas; 1957

[12] Kral T, Clusmann H, Blümcke I, et al. Outcome of epilepsy surgery in focal cortical dysplasia. J Neurol Neurosurg Psychiatry. 2003; 74(2):183–188

[13] Alexandre V, Walz R, Bianchin MM, et al. Seizure outcome after surgery for epilepsy due to focal cortical dysplastic lesions. Seizure. 2006; 15(6):420–427

[14] Lombardi D, Marsh R, de Tribolet N. Low Grade Glioma in Intractable Epilepsy: Lesionectomy versus Epilepsy Surgery. In: Ostertag CB, Thomas DGT, Bosch A, Linderoth B, Broggi G. eds. Advances in Stereotactic and Functional Neurosurgery 12. Vienna: Springer; 1997:70–74

[15] Giulioni M, Gardella E, Rubboli G, et al. Lesionectomy in epileptogenic gangliogliomas: seizure outcome and surgical results. J Clin Neurosci. 2006; 13(5):529–535

[16] Dhiman V, Rao S, Sinha S, et al. Outcome of lesionectomy in medically refractory epilepsy due to non-mesial temporal sclerosis (non-MTS) lesions. Clin Neurol Neurosurg. 2013; 115(12):2445–2453

[17] Englot DJ, Berger MS, Barbaro NM, Chang EF. Predictors of seizure freedom after resection of supratentorial low-grade gliomas. A review. J Neurosurg. 2011; 115(2):240–244

[18] Benifla M, Sala F, Jr, Jane J, et al. Neurosurgical management of intractable rolandic epilepsy in children: role of resection in eloquent cortex. Clinical article. J Neurosurg Pediatr. 2009; 4(3):199–216

[19] Delev D, Send K, Wagner J, et al. Epilepsy surgery of the rolandic and immediate perirolandic cortex: surgical outcome and prognostic factors. Epilepsia. 2014; 55(10):1585–1593

[20] DuanYu N, GuoJun Z, Liang Q, LiXin C, Tao Y, YongJie L. Surgery for perirolandic epilepsy: epileptogenic cortex resection guided by chronic intracranial electroencephalography and electric cortical stimulation mapping. Clin Neurol Neurosurg. 2010; 112(2):110–117

[21] Salanova V, Andermann F, Olivier A, Rasmussen T, Quesney LF. Occipital lobe epilepsy: electroclinical manifestations, electrocorticography, cortical stimulation and outcome in 42 patients treated between 1930 and 1991. Surgery of occipital lobe epilepsy. Brain. 1992; 115(Pt 6):1655–1680

7 Ablação a *Laser* Estereotáxica Guiada por Ressonância Magnética para Epilepsia

Jon T. Willie ▪ *Robert E. Gross*

Resumo

Termoterapia intersticial a laser (LITT) guiada por ressonância magnética (MR) é um método minimamente invasivo para destruição térmica de tecido maligno ou benigno. LITT implica (1) no uso de uma sonda intersticial a *laser* (fibra óptica dentro de uma cânula internamente resfriada) para aquecer tecido de forma controlada, e (2) imagem térmica por MR (*termografia por MR*) para monitorizar as temperaturas dos tecidos e volumes de tratamento em tempo real. Na neurocirurgia, várias técnicas estereotáxicas são usadas para aplicar de forma precisa a sonda de *laser* no espaço intracraniano e, por isso, o uso do nome alternativo *ablação a laser estereotáxica (SLA)* para descrever o procedimento composto. SLA produz espacial e temporalmente lesões precisas do tecido intracraniano, incluindo pequenos tumores, lesões focais associadas à epilepsia e nódulos cruciais associados a distúrbios funcionais. Como uma alternativa minimamente invasiva à ressecção aberta, a ablação está associada a uma superior tolerabilidade do paciente e riscos reduzidos de exposição e lesão fora do alvo. Para a *epilepsia do lobo temporal mesial* em particular, a *amígdalo-hipocampectomia a laser estereotáxica* é uma alternativa eficaz às cirurgias abertas do lobo temporal que melhora os resultados neurocognitivos.

Palavras-chave: epilepsia do lobo temporal, epilepsia neocortical, hipocampo, termoterapia intersticial a *laser,* orientação por MRI, calosotomia do corpo caloso.

7.1 Equipamento

Dois sistemas comerciais de termoterapia intersticial a *laser* (LITT), apropriados para neurocirurgia, estão atualmente disponíveis nos Estados Unidos; o *Visualase Thermal Therapy System* (Medtronic, Inc., Louisville, CO) e o *NeuroBlate System* (Monteris Medica, Inc., Plymouth, MN).[1] O sistema Visualase mais amplamente distribuído (▶ Fig. 7.1) é altamente adequado para epilepsia e é composto por uma estação de trabalho informatizada, um *laser* de diodo de 980 nm e 15 W,[2] uma bomba peristáltica de resfriamento líquido, agulhas descartáveis de ancoragem óssea de policarbonato ou titânio, e um conjunto aplicador de *laser* descartável composto por uma fibra óptica de sílica de 400 µm com uma ponta de difusão cilíndrica (comprimentos opcionais de 10 ou 3 mm) alojada em uma cânula de resfriamento de policarbonato resfriada com salina de 1,65 mm de diâmetro.[3] A estação de trabalho se conecta via *Ethernet* ao *scanner* de ressonância magnética (MR) e recolhe imagens em planos especificados pelo usuário. Dados térmicos extraídos geram imagens dos "danos" acumulados e térmicos em tempo real e codificadas por cores na estação de trabalho. A imagem da lesão representa os efeitos cumulativos da história da relação tempo-temperatura de cada voxel. O usuário pode definir e mudar os limites de temperatura para específicos pontos marcadores nas imagens durante toda a terapia, os quais são usados para desativar o *laser* automaticamente como uma medida de segurança. A qualquer momento, o procedimento pode ser pausado e a imagem anatômica padrão adquirida para corroborar a extensão desejada da ablação.

7.2 Princípios Físico-Anatômicos

Lesão tecidual é um processo dependente do tempo e da temperatura, a qual pode ser estimada por um algoritmo empiricamente derivado com o uso da *equação de Arrhenius*. Em temperaturas inferiores a 42°C, o tecido cerebral não é lesionado, enquanto a lesão tecidual em temperaturas de aproximadamente 43 a 59°C são dependentes do tempo. Em temperaturas superiores a 60°C, o tecido sofre uma rápida termocoagulação (desnaturação proteica instantânea). Em temperaturas superiores a 100°C, a água é vaporizada causando expansão tecidual e carbonização, a penetração de luz é potencialmente comprometida, e o calor se espalha de forma imprevisível. A bainha de resfriamento, a qual transmite luz, resfria a fibra com salina (▶ Fig. 7.1) para amenizar efeitos indesejáveis. Imagens termoanatômicas por MR (baseadas na frequência dos prótons, no coeficiente de difusão, e nos tempos de relaxação T1 e T2) geram uma monitorização rápida das alterações da temperatura por minuto ($\pm 0,2°C$) no interior dos tecidos moles.[5] Uma estação de trabalho informatizada reproduz dados termoanatômicos por MR em tempo real, gerando gráficos da relação tempo-temperatura nos locais desejados, e mapas realistas da zona de ablação (▶ Fig. 7.2a).[2] Imagem anatômica tradicional (p. ex., T2/FLAIR, difusão, e sequências em T1 realçadas por contraste) corrobora e detalha ainda mais as zonas de lesão (▶ Fig. 7.2b, ▶ Fig. 7.3).[6-9] Ablações ao longo de uma trajetória única são elipsóides e tipicamente de até 2,5 cm de diâmetro, dependendo do tempo, potência e características do tecido.[1] Para alvos maiores que 2,5 cm, geometrias complexas, ou estruturas anatomicamente separadas (p. ex., giros adjacentes), múltiplas trajetórias estereotáxicas podem ser empregadas.

7.3 Indicações e Seleção do Paciente

Termoterapia intersticial a *laser* é aprovada pela FDA "para necrosar ou coagular tecido mole através de termoterapia... na neurocirurgia, cirurgia geral, urologia... e múltiplas especialidades adicionais... sob orientação por MR." Embora não aprovado pela FDA para indicações clínicas específicas, as plataformas modernas de LITT têm sido usadas com eficácia para tratar epilepsia focal nos casos de epilepsia do lobo temporal mesial (MTLE), com ou sem esclerose temporal mesial (MTS; ▶ Fig. 7.3),[10,12] hamartoma hipotalâmico (HH) causando convulsões gelásticas,[13,14] malformações cavernosas (▶ Fig. 7.4),[15] e alvos neocorticais como displasia cortical, esclerose tuberosa e tumores de baixo grau (▶ Fig. 7.5).[13,16,17] Calosotomia estereotáxica a *laser* do corpo caloso desconectado para convulsões atônicas (▶ Fig. 7.6),[18] e alvos funcionais/dolorosos como cingulotomia para dor do câncer e transtorno obsessivo-compulsivo[19,20] também foram descritos. Outros alvos oncológicos, como gliomas profundos inacessíveis, recorrência tumoral nodular, metástases resistentes à radiação, necrose por radiação sintomática, e metástases espinais estão além do escopo deste capítulo.[21-26]

Para epilepsia focal, os pacientes devem ser submetidos aos mesmos exames que para qualquer outra cirurgia de epilepsia.[1,27,28]

Avaliações típicas e tomada de decisão cirúrgica usadas para selecionar os pacientes para **amígdalo-hipocampectomia a *laser* estereotáxica** (SLAH) para MTLE são resumidas no Quadro 1 (p. 62) e ▶ Fig. 7.7:

> **Quadro 1: Seleção do paciente para amígdalo-hipocampectomia a *laser* estereotáxica (SLAH)**
>
> - **Clinicamente refratária:** falha em alcançar ausência sustentada de crises após tentativas adequadas de dois ou mais regimes de medicamentos antiepilépticos tolerados e apropriados (monoterapia ou em combinação).
> - **Semiologia:** convulsões discognitivas complexas ± aura típica (odor, sensação epigástrica, medo, *déjà vu*).
> - **Monitorização prolongada por videoeletroencefalografia (vídeo-EEG):** localização da região temporal anterior unilateral.
> - **MRI:** imagem de alto campo (3 T) para definir anormalidades estruturais como MTS, displasia cortical e gliose.
> - **Tomografia de emissão de pósitrons com fluorodeoxiglicose (FDG-PET):** hipometabolismo concordante com EEG ± MRI (p. ex., temporal mesial). Na ausência de MTS, requeremos concordância dos achados da PET com a semiologia, EEG e teste neuropsicológico.
> - **± Tomografia computadorizada por emissão de pósitron único (SPECT) interictal/± ictal subtrativa:** pode fornecer informação de localização adicional em pacientes com convulsões frequentes de uma única semiologia.
> - **± Magnetoencefalografia (MEG):** pode fornecer informação de localização adicional das descargas epileptiformes interictais frequentes.
> - **Teste neuropsicológico:** geralmente concordante com o declínio de memória domínio-específica.
> - **MRI funcional ± teste do amobarbital intracarotídeo (teste de Wada):** pode ser necessário para avaliar a dominância da linguagem e o risco relativo da memória no lado da ablação antecipada.
> - **± EEG intracraniana:** utilizada quando a EEG de escalpo resulta em localização inadequada, ou quando há discordância dos achados anteriormente mencionados. EEG intracraniana (p. ex., eletrodos de profundidade) implica na candidatura para ablação para suporte do lobo temporal mesial ipsilateral unilateral. Padrões bilaterais/multifocais devem incitar uma estratégia não ablativa (p. ex., neuroestimulação responsiva).

7.3.1 MTLE com Esclerose Temporal Mesial (MTS +)

Assim como a cirurgia aberta do lobo temporal resulta nas taxas mais elevadas de ausência de crises em pacientes com evidência de MTS na MRI pré-operatória,[29,30] a SLAH resulta nas taxas mais elevadas de ausência de crises nos casos de MTS.[10,12] Portanto, oferecemos *SLAH como a terapia de primeira linha para pacientes com MTS unilateral, padrões ictais concordantes ipsilaterais confinados ao lobo temporal anteromesial na vídeo-EEG, e hipometabolismo concordante ipsilateral na FDG-PET* (Quadro 1 (p. 62), ▶ Fig. 7.7). Contraindicações relativas a serem consideradas incluem *padrões ictais bilaterais*,[29,10,12] *comprometimento contralateral da memória* e, particularmente, *risco para a memória verbal*.[31,32] Para padrões ictais temporais mesiais bilaterais bem documentados, a neuroestimulação responsiva (RNS) pode ser a intervenção e primeira linha.[33,34]

7.3.2 MTLE sem Esclerose Temporal Mesial (MTS −)

Avaliação dos pacientes com MTLE sem evidência de MTS (MRI "negativo") requer um limiar mais baixo para usar EEG intracraniana (eletrodos de profundidade) para confirmar a zona de início da convulsão, pois estes pacientes que são submetidos à ressecção aberta do lobo temporal correm um maior risco de falha em controlar as convulsões e de desenvolvimento de novos déficits neurocognitivos (processamento da linguagem e socioemocional; memória episódica; e reconhecimento de rostos, lugares e animais), alguns dos quais são secundários à lesão das estruturas laterais do lobo temporal.[31,32,35,36] Para minimizar dano colateral, nós preferimos usar a SLAH para inícios temporais mesiais não dominantes, embora a ressecção aberta também seja fortemente considerada. No entanto, para pacientes com MRI normal do hemisfério dominante, nós geralmente oferecemos RNS como a terapia de primeira linha, em vez de cirurgia ablativa ou ressectiva, a menos que a RNS seja contraindicada, e a SLAH como segunda opção (▶ Fig. 7.7).

7.3.3 Patologia Dupla e Falhas Terapêuticas

Patologia dupla bem estabelecida (geralmente estabelecida por registros intracranianos) também pode ser tratada com ablações múltiplas (▶ Fig. 7.8a). Para a minoria dos pacientes com MTLE sendo submetidos à SLAH que não conquistam a ausência de crises, ablação mais extensa, registros intracranianos adicionais, e/ou ressecção aberta padrão podem ser considerados. Em particular, ablação repetida pode ser considerada quando a MRI pós-operatória revela tecido temporal mesial persistente que pode representar falha do tratamento (▶ Fig. 7.8b).

7.3.4 Abordagem Estereoeletroencefalográfica Ablativa Combinada

Estereoeletroencefalografia (SEEG; ver Capítulos 1 e 2) é uma abordagem minimamente invasiva, usada para caracterizar as redes de convulsão. Múltiplos parafusos estereotáxicos e eletrodos de profundidade são colocados usando diversas plataformas estereotáxicas (p. ex., braço robótico estereotáxico). Uma vez que a zona de início é eletrofisiologicamente definida, a mesma pode ser usada como alvo para ablação (▶ Fig. 7.9), ressecção ou neuromodulação, de acordo com as circunstâncias. Há variações em uma abordagem SEEG ablativa combinada, a qual pode utilizar termocoagulação por radiofrequência através de eletrodos de profundidade de demora de forma similar a outras sondas de radiofrequência, ablação a *laser* ao longo das trajetórias de SEEG ou trocando um arranjo de eletrodo por um aparelho a *laser* através de um parafuso compatível, ou criação de novas trajetórias de ablação a *laser* usando qualquer fluxo de trabalho/dispositivo estereotáxico. A abordagem SEEG ablativa pode ser aplicada na epilepsia temporal mesial (▶ Fig. 7.8a) e neocortical (▶ Fig. 7.9).

Ablação a *Laser* Estereotáxica Guiada por Ressonância Magnética para Epilepsia

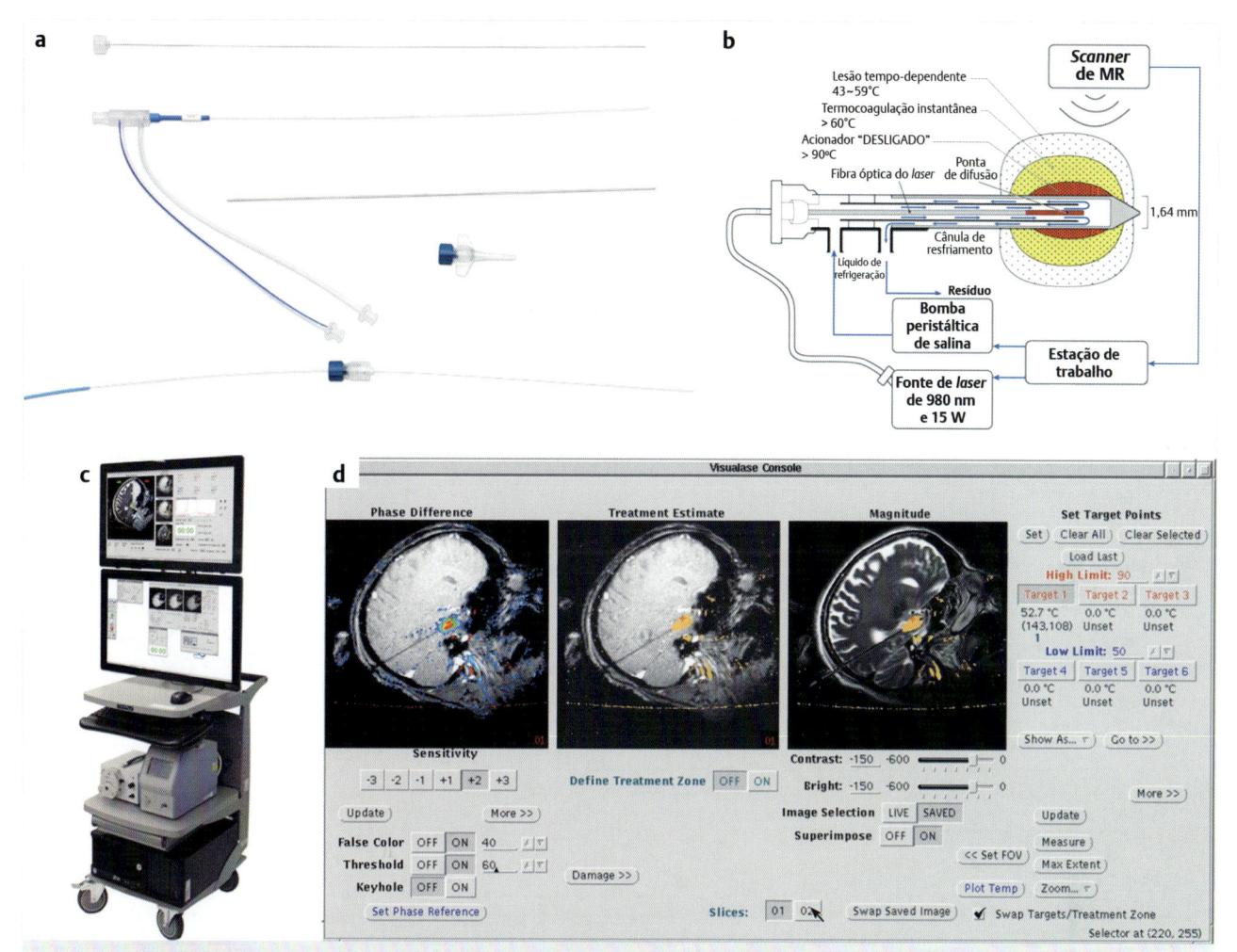

Fig. 7.1 Termoterapia intersticial a *laser* (LITT) com o sistema Medtronic Visualase para uso no cérebro. **(a)** Componentes descartáveis incluem estilete de titânio, cânula de resfriamento de policarbonato transmissora de luz flexível, instrumento de alinhamento estereotáxico, parafuso estereotáxico para fixação do dispositivo no crânio, fibra óptica com escolha de ponta de difusão cilíndrica de 10 ou 3 mm. **(b)** A fibra óptica instalada dentro da cânula de resfriamento, quando inserida no alvo intracraniano desejado, fornece energia a *laser* no tecido adjacente a partir da ponta de difusão. Uma bomba peristáltica resfria a ponta da fibra com salina circulante, e a estação de trabalho fornece imagens em tempo real (anatômicas e termográficas) derivadas de um *scanner* diagnóstico de MRI. As temperaturas medidas a várias distâncias da ponta fornecem controle sobre a ablação. **(c)** O carrinho do sistema Visualase é composto pelo disco rígido controle da estação de trabalho e monitores de visualização, conexão Ethernet com o *scanner* da MRI diagnóstica, uma bomba de salina peristáltica, e uma fonte de *laser* de diodo de 980 nm e 15 W. **(d)** Captura de tela do monitor da estação de trabalho mostrando a de baixa resolução em tempo real do mapa térmico com diferença de fase (imagem da esquerda), imagem de baixa resolução em tempo real da estimativa do tratamento (*pixels* alcançaram o limiar térmico letal em laranja, imagem do meio), e uma sobreposição da estimativa do tratamento sobre um exame de referência anatômica de alta resolução (imagem da direita). A temperatura em tempo real de um ponto selecionado próximo da fibra de *laser* (sinal de mais vermelho) é demonstrada no lado direito da tela. Múltiplas incidências (p. ex., axial, sagital, coronal) podem ser visualizadas simultaneamente.
O sistema Visualase é aprovado pela *U.S. Food and Drug Administration* (FDA) para "necrosar ou coagular tecido mole através da radiação intersticial ou sob orientação de imagens por ressonância magnética (MRI) na medicina e cirurgia...", em vez de indicações clínicas particulares (*website* da U.S. Food and Drug Administration (FDA). Disponível na página: http://www.accessdata.fda/cdrh_docs/pdf7/k071328.pdf. Acessado em 13 de dezembro de 2016).[4]

7.4 Preparação Pré-Operatória

Anestesia geral e fixação craniana é a técnica de eleição para a maioria das cirurgias, visto que é crucial que a cabeça do paciente não se movimente durante o procedimento, a fim de manter o registro do mapa térmico com a MRI anatômica. O sítio de entrada aproximado (para SLAH: 4-5 cm acima do ínio, 4-5 cm lateral à linha média, próximo sutura lambdoide) é mantido livre de impedimento estérico (▶ Fig. 7.10a, b). O cabelo pode ser preso próximo do sítio de entrada pretendido antes da antissepsia e delimitação por campos cirúrgicos. Ou, alternativamente, uma pequena área do cabelo submetido à antissepsia pode ser cortada com tesouras depois que a trajetória final tenha sido determinada. Nós tipicamente administramos por via intravenosa 10 mg de dexametasona, 1.000 mg de levetiracetam e um antibiótico de amplo espectro antes da incisão.

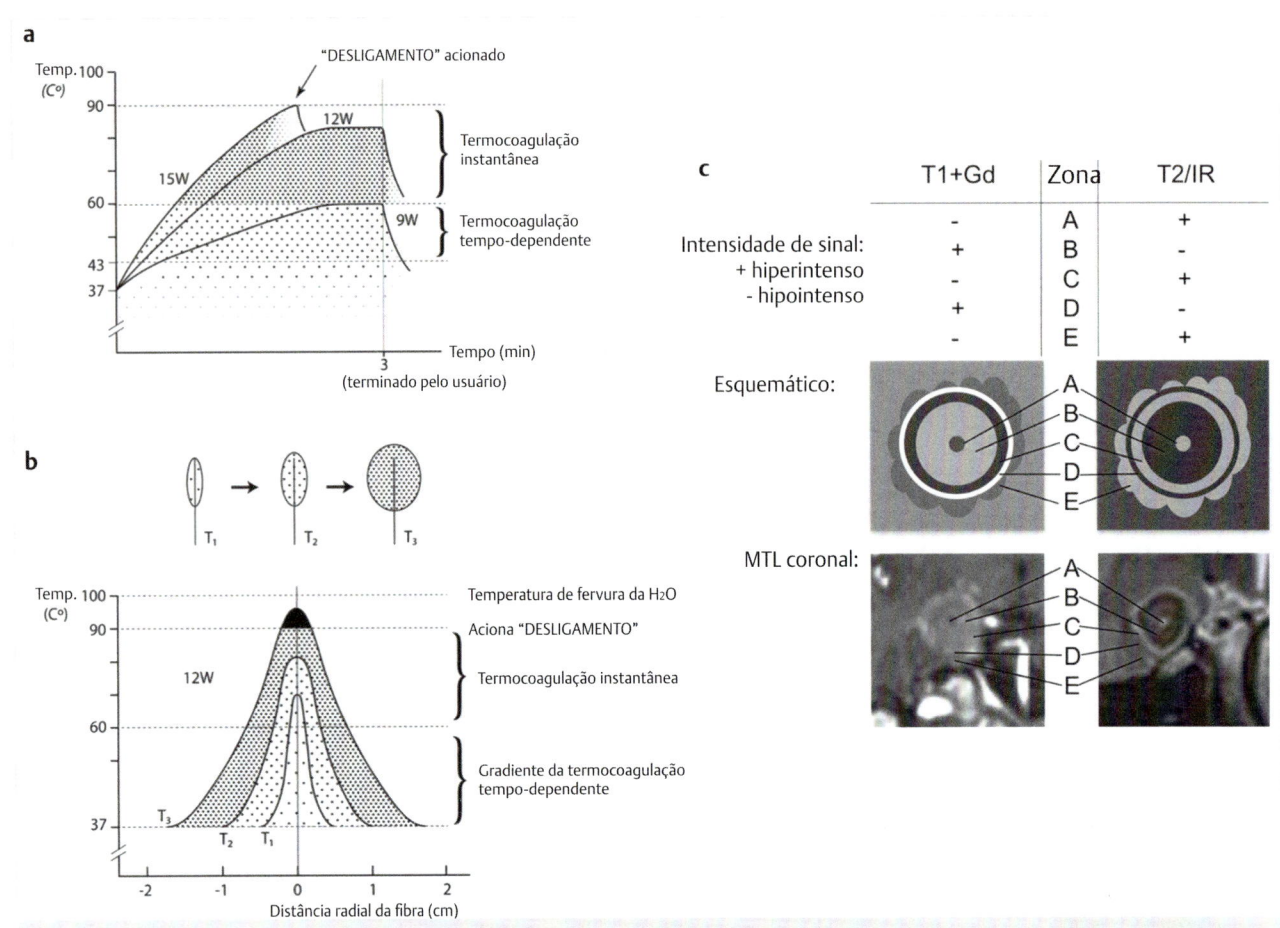

Fig. 7.2 Dinâmica da ablação e imagem pós-ablação. **(a)** Efeito da potência do *laser* (watts) sobre a temperatura do tecido ao longo do tempo. Em geral, o aumento da potência do *laser* (exemplificado aqui como três curvas separadas para 9, 12 e 15 W), enquanto as outras variáveis são mantidas constantes (p. ex., taxa de fluxo da irrigação de resfriamento), produzirá temperaturas mais elevadas do tecido e uma dinâmica de ablação mais rápida próxima da fibra. Em uma potência alta, contudo, estimativas termográficas de 90°C cessariam o ciclo de ablação antes que a extensão desejada da ablação fosse alcançada. Em uma potência baixa, uma temperatura tecidual menor estável também pode limitar a extensão desejada da ablação. Portanto, um equilíbrio empírico é necessário para alcançar o volume máximo de ablação desejado para qualquer alvo, necessitando de discernimento clínico. **(b)** Efeito da potência do *laser* (watts) sobre o diâmetro da ablação. Em geral, o aumento do tempo com configurações do *laser* e taxa de fluxo do líquido de refrigeração constantes resulta em uma distância radial progressivamente mais ampla do volume de ablação a partir da fibra. Dinâmica constante e extensão da ablação variarão de acordo com as características do tecido (p. ex., substância cinzenta *versus* branca, e neurópilo normal *versus* tumor), dissipadores de calor estruturais adjacentes (p. ex., ventrículo, cisterna e vasos), e barreiras (p. ex., epêndima, pia-máter e dura-máter), todos que afetam a penetração da luz, a geração de calor e a disseminação térmica. O grau de termocoagulação irreversível é um processo dependente do tempo e da temperatura (descrito pelas derivações de uma equação de Arrhenius) até o alcance de ~60°C, em que o dano celular irreversível tenha sido empiricamente observado ser essencialmente instantâneo. Temperaturas ablativas desejáveis variam entre ~50° e 90°C, mas dependem do alvo anatômico e da proximidade das estruturas colaterais poupadas. Quando usada de acordo com as instruções, as configurações de segurança da estação de trabalho Visualase irão "desligar" o *laser* quando a estimativa termométrica da temperatura do tecido limítrofe à cânula/fibra alcançar 90°C, a fim de evitar o aquecimento excessivo do tecido e do aparelho. **(c)** Interpretação da imagem pós-ablação. As intensidades de sinal na MRI de imagens com contraste gadolínio ponderadas em T1 (T1 + Gd) e T2 (T2 + Gd) ou de inversão-recuperação (T2 + IR), representadas em cinco zonas concêntricas, desenhos esquemáticos, e exemplos ilustrativos de casos imediatamente após a ablação térmica induzida por *laser* para epilepsia. A, caminho da cânula de *laser*; B, zona central; C, zona periférica; D, borda da lesão fina; E, edema periférico. As zonas A a D correspondem fortemente ao volume do dano irreversível estimado pela estação de trabalho Visualase.

7.5 Procedimento Cirúrgico

7.5.1 Planejamento de Trajetória

O planejamento da trajetória é definido pela anatomia relevante e extensão desejada da ablação. Como a SLAH para MTLE é uma aplicação prototípica da LITT/SLA (ablação a *laser* estereotáxica) para epilepsia, o planejamento da trajetória ideal e os problemas de trajetórias inadequadas, independentemente da plataforma estereotáxica, são enfatizados (▶ Fig. 7.3, Quadro 2 (p. 67) e ▶ Tabela 7.1). Outros alvos serão planejados de maneira análoga.

Ablação a *Laser* Estereotáxica Guiada por Ressonância Magnética para Epilepsia

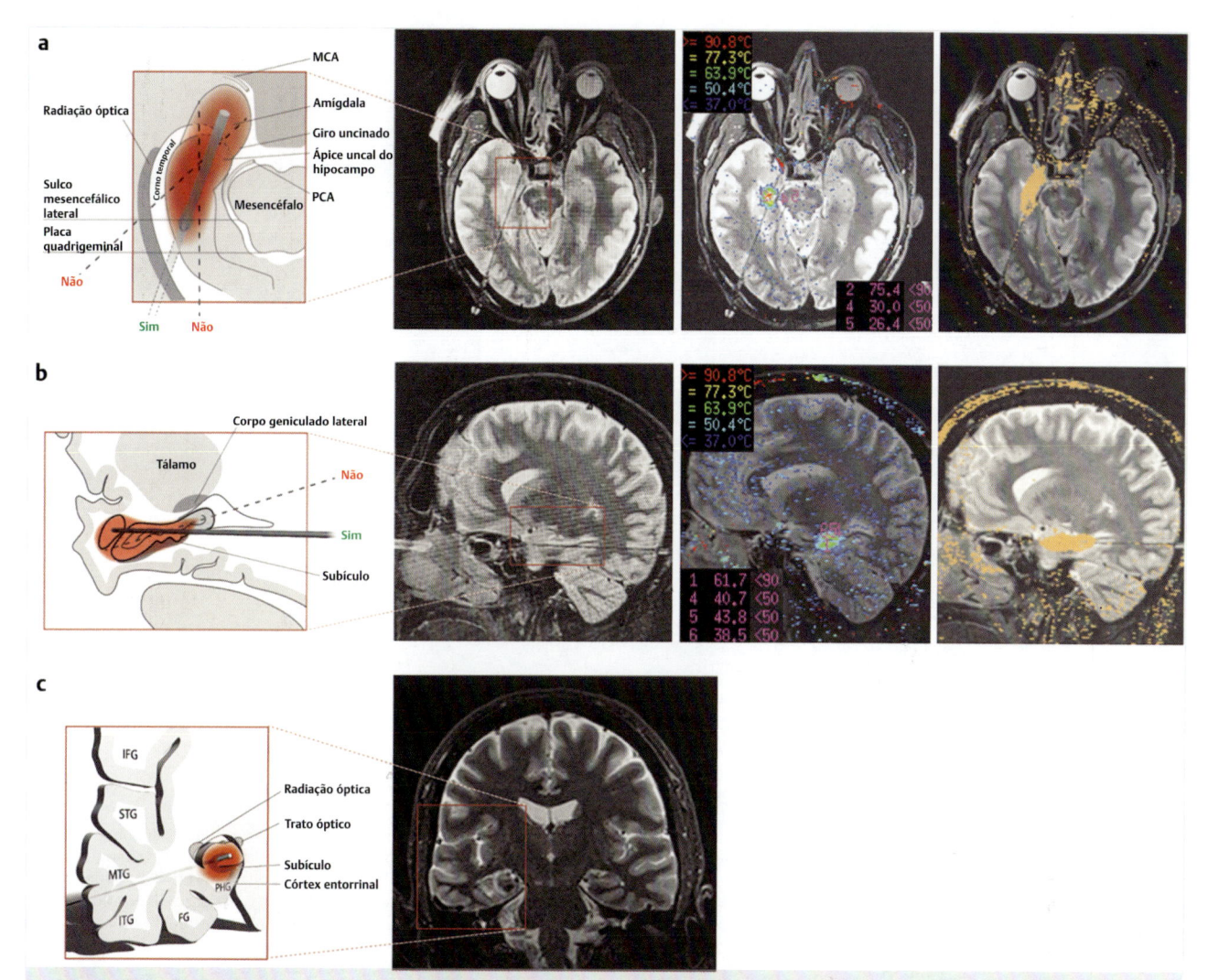

Fig. 7.3 Amígdalo-hipocampectomia a *laser* estereotáxica para epilepsia do lobo temporal média. **(a)** Diagrama esquemático axial (esquerda), imagem por MR demonstrando a colocação do aparelho de *laser* através das estruturas temporais mediais (imagem do meio), e capturas de tela da estação de trabalho da terapia a *laser*, demonstrando o mapa térmico e a região estimada final da ablação em laranja (direita). O diagrama esquemático demonstra a colocação desejável da fibra para ablação em relação à anatomia adjacente, e as colocações medial e lateral subideais (ver Quadros 1 (p. 62) e 2 (p. 67) para detalhes adicionais). **(b)** Diagrama esquemático sagital (esquerda), imagem por MR demonstrando colocação do aparelho de *laser* (imagem do meio), mapa térmico, e região estimada final da ablação em laranja (direita). O diagrama esquemático demonstra a colocação desejável da fibra para ablação, em relação à anatomia adjacente, e a colocação subideal. **(c)** Diagrama esquemático coronal (esquerda) e imagem por MR de recuperação-inversão pós-ablação (direita) demonstrando o dano térmico às estruturas temporais mediais.

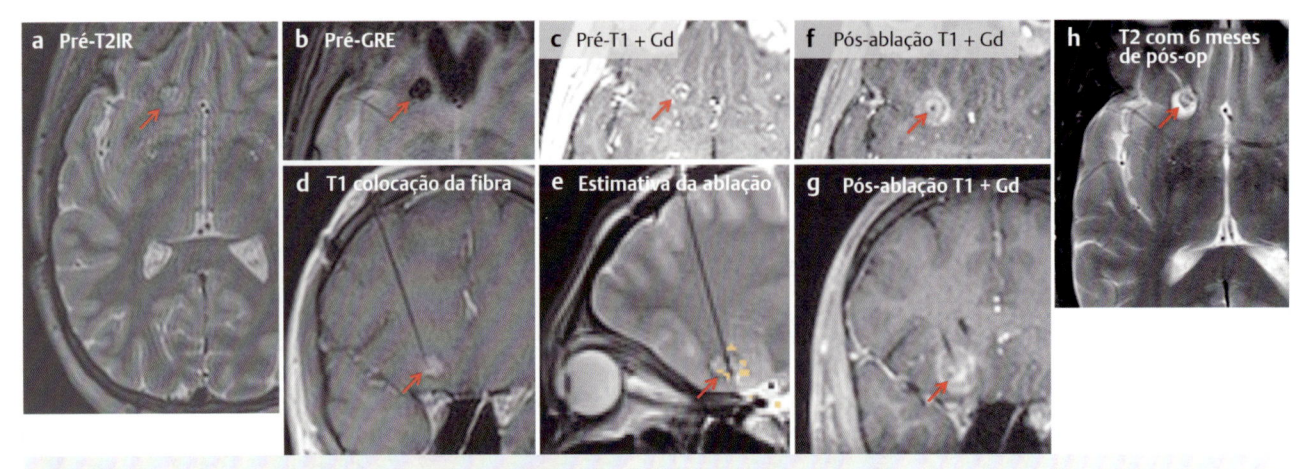

Fig. 7.4 Ablação da malformação cavernosa suspeita associada à epilepsia. Imagens de MR pré-operatória demonstram malformação cavernosa no lobo frontal direito profundo associada à epilepsia **(a-c)**. Imagens intraoperatórias demonstram a colocação da fibra sem evidência de nova hemorragia aguda **(d)**, e uma captura de tela da ablação estimada obtida com a estação de trabalho Visualase **(e)** mostra o quanto a redução do sinal térmico neste tipo de lesão pode não gerar uma estimativa confluente da ablação. Imagens obtidas imediatamente após a ablação **(f, g)** demonstram o efeito do tratamento final, e a imagem 6 meses após a ablação **(h)** mostra a encefalomalácia pós-ablativa bem demarcada e malformação involutiva central. As setas vermelhas apontam para a malformação cavernosa em cada imagem.

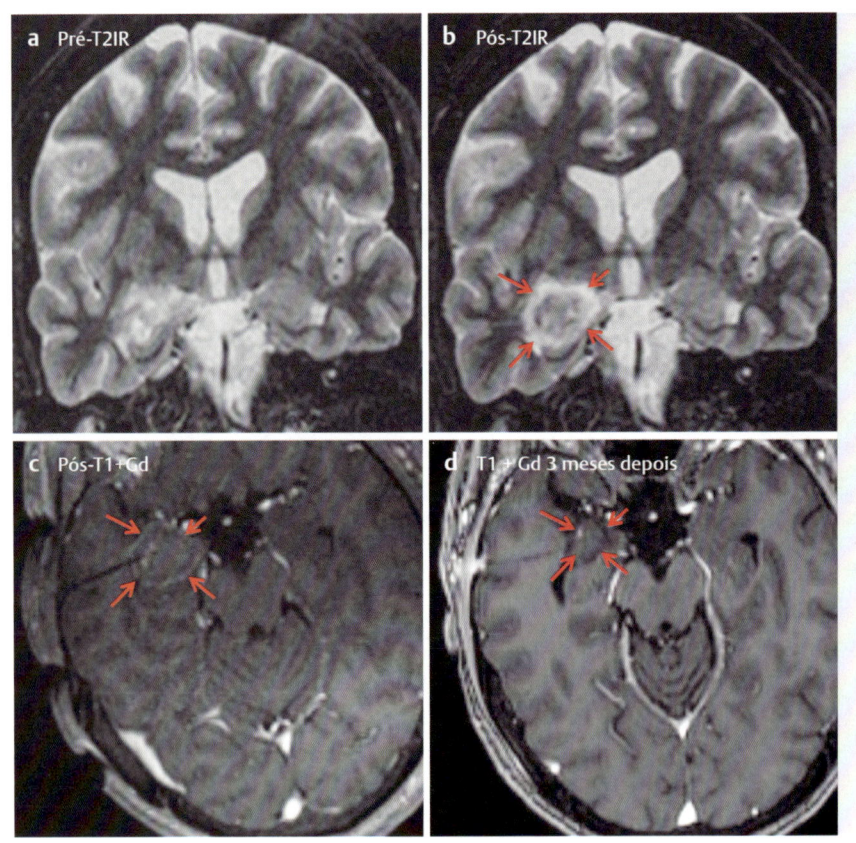

Fig. 7.5 Ablação do suposto tumor de baixo grau da amígdala. **(a)** Imagem por MR coronal em T2 pré-operatória de uma lesão não captante centralizada na amígdala direita. O paciente apresentava convulsões parciais complexas de início no lobo temporal anterior direito. Localização e aspectos da imagem foram interpretados como sendo mais compatíveis com um tumor neuroepitelial disembrioplástico (TNED), embora uma biópsia não tenha sido obtida. **(b)** Imagem coronal em T2, obtida imediatamente após a ablação, da zona de ablação mostra as zonas central e periférica da coagulação, marcadas por hipointensidade e hiperintensidade em T2, respectivamente (coronal). **(c)** Imagem em T1 com gadolínio obtida imediatamente após a ablação, mostra realce da borda fina e uniforme da ablação ("casca de ovo") ao redor da zona de ablação. Note a preservação intencional do hipocampo. **(d)** Imagem por MR em T1 com gadolínio 3 meses após a ablação mostra a borda da ablação periférica hipointensa não captante e redução no volume da zona de ablação, novamente com preservação relativa do hipocampo. As setas vermelhas demarcam as bordas da ablação. Note a presença sutil do aparelho de *laser* lateral à zona de ablação nas imagens pós-operatórias.

Ablação a *Laser* Estereotáxica Guiada por Ressonância Magnética para Epilepsia

> **Quadro 2:** Planejamento da trajetória ideal para SLAH (ver também ▶ Fig. 7.3, ▶ Fig. 7.8, ▶ Fig. 7.10)
>
> - A entrada aproximada no escalpo é de ~ 4 a 5 cm acima do ínio (protuberância occipital externa) e ~ 4 a 5 cm lateral à linha média (geralmente próximo da sutura lambdoide; ▶ Fig. 7.10). Evitar a fixação craniana nesta região.
> - Usar imagens de MR volumétricas em T1/T2 com contraste em uma estação de trabalho estereotáxica para selecionar um **alvo inicial** no centro geométrico ou na face medial do pé (cabeça) do hipocampo (▶ Fig. 7.3) em uma incidência coronal (no nível do pedúnculo cerebral na incidência axial).
> - Selecionar uma **entrada inicial** no centro geométrico na face inferior do corpo hipocampal posterior na incidência coronal (penetrando o hipocampo no intervalo anteroposterior entre as referências anatômicas axiais do sulco mesencefálico lateral e placa quadrigeminal; ▶ Fig. 7.3). Isto fornece uma trajetória inicial que entre no hipocampo posterior a partir da porção inferior lateralmente. Evitar o ventrículo e o plexo coroide se possível, a fim de minimizar deflexão ou hemorragia.
> - Usando uma vista estereotáxica da trajetória, estender a trajetória anteriormente através da amígdala inferior e úncus anteromedial até o polo temporal medial (onde pode haver displasia cortical focal criptogênica) e, posteriormente até o escalpo occipital.
> - Modificar a trajetória conforme necessário para evitar a vasculatura, sulcos, ventrículo e plexo coroide (ver ▶ Tabela 7.1). Alteração indesejável da trajetória forçada na entrada (p. ex., evitando os vasos de superfície na entrada) pode necessitar de desvios compensatórios na outra extremidade (p. ex., alvo). Afastamento de uma trajetória pretendida da vasculatura dependerá das tolerâncias do método estereotáxico utilizado. Para evitar o contato da broca (3,2 mm de diâmetro) com vasos superficiais do lobo occipital, realizar um afastamento superior a 4-5 mm. Uma trajetória ideal pode passar próxima aos ramos da artéria cerebral posterior no sulco colateral posterior (entre os giros para-hipocampal e fusiforme) antes de perfurar o hipocampo (▶ Fig. 7.3).
> - Antecipar um diâmetro máximo da ablação típica no lobo temporal mesial de ~ 2 a 2,5 cm, exceto onde é impedido por barreiras reflectivas/isolantes, como as fronteiras pial/ependimária. Prever a ablação das estruturas seguintes, no sentido anterior para posterior: giro uncinado, amígdala inferomedial, hipocampo invertido (superomedial), toda a extensão medial-lateral do pé do hipocampo, subículo (face superior do giro para-hipocampal, inferior ao sulco hipocampal), e corpo do hipocampo (idealmente, até a placa quadrigeminal, ▶ Fig. 7.3). Não mirar diretamente a cauda do hipocampo além da placa quadrigeminal, em razão da sua proximidade à radiação óptica (ver problemas na ▶ Tabela 7.1). Os córtices entorrinal, perirrinal e fusiforme geralmente não são visados (especialmente no lado dominante), a menos que diretamente implicados pelos registros intracranianos.
> - Doses mais elevadas de ablação ampliam a ablação anteriormente; doses menores posteriormente evitam lesão colateral à substância branca temporal (lateralmente) ou ao tálamo (superiormente, ▶ Fig. 7.3). Ver problemas na ▶ Tabela 7.1.
> - Hipocampos maiores ou patologia dupla (p. ex., implicação do polo temporal ou regiões basais) podem necessitar de mais do que uma trajetória para alcançar uma ablação completa, especialmente se a trajetória inicial não for ideal (▶ Fig. 7.8). Além disso, a anatomia individual (p. ex., uma vasculatura ou hipocampo muito curvo que demanda uma entrada mais medial) ou deflexões do cateter podem exigir um segundo caminho de ablação, tipicamente a partir de uma entrada mais lateral.

7.5.2 Fluxo de Trabalho Cirúrgico

O fluxo de trabalho padrão envolve a conclusão das ações estereotáxicas (colocação do parafuso e fixação da cânula de *laser*) em uma sala de cirurgia (OR), seguido pela transferência para uma sala de MRI. O fluxo de trabalho realizado totalmente em uma sala de MRI, contudo, pode usar uma armação de orientação por MRI direta, sem a necessidade de um parafuso ou de transferência do paciente (▶ Fig. 7.10, ▶ Fig. 7.11).

Armações estereotáxicas tradicionais são o padrão ouro histórico de estabilidade e precisão, tornando-as a plataforma de eleição para trajetórias a *laser* longas, profundas e sensíveis. Nós realizamos a fixação dos anéis de base após anestesia geral e intubação. Para SLAH, evite a colisão estérica da fixação craniana com a trajetória transoccipital pretendida (▶ Fig. 7.3, ▶ Fig. 7.10).

Braços robóticos estereotáxicos (assistente estereotáxico robótico, MedTech, Inc.; Neuromate, Renishaw, Inc.) são relativamente precisos, estáveis e particularmente úteis quando múltiplas trajetórias são desejadas (p. ex., calosotomia do corpo caloso a *laser*, ▶ Fig. 7.6, ▶ Fig. 7.10e; patologia dupla, ▶ Fig. 7.8a; e/ou abordagem ablativa com SEEG, ▶ Fig. 7.9). CT intraoperatória pode aprimorar a verificação da trajetória.

Sistemas de neuronavegação óptica sem armação, pareados com braços articulados, podem ser propensos a erros de registro, instabilidade e resultante imprecisão nas trajetórias longas. De modo ideal, fiduciais ósseos e CT intraoperatória para verificação da trajetória devem ser usados para otimizar a precisão.

Armação estereotáxica customizada com impressão 3D (StarFix MicroTargeting Platform com software Waypoint, FHC, Inc.) também pode fornecer uma plataforma estereotáxica sólida e precisa para a ablação a *laser*,[37,38] mas trajetórias pré-planejadas são relativamente imutáveis no momento da cirurgia, quando a necessidade de uma trajetória adicional pode surgir.

Armação com trajetória guiada por MRI (ClearPoint SmartFrame, MRI Interventions, Inc.). Uma armação guiada por MRI (▶ Fig. 7.10d, ▶ Fig. 7.11b) e *software* de planejamento estereotáxico associado oferece várias vantagens com relação a outros fluxos de trabalho: (1) todos os procedimentos estereotáxicos e ablação realizados inteiramente no ambiente da MRI, eliminando transferências do paciente; (2) não dependência do parafuso estereotáxico; (3) reconhecimento imediato e fácil correção do desvio da trajetória planejada; (4) precisão excepcional (erro radial 2D no alvo tipicamente < 0,5 mm); e (5) facilidade de criar trajetórias adicionais quando a necessidade surge para o alcance dos objetivos da ablação.[10,1]

Colocação do dispositivo. Para colocar o aparelho de *laser*, obter uma imagem volumétrica, e usar uma estação de trabalho estereotáxica para planejar a trajetória, convertendo para coordenadas da armação se necessário. Colocar o paciente na posição supina semissentada com flexão do pescoço (ou em prona nos casos de orientação por MRI). Infundir o sítio de entrada com anestésico local, e realizar uma incisão. Usar a guia de broca apropriada para uma craniotomia-durotomia de 3,2 mm com uma broca e um limitador de profundidade (▶ Fig. 7.10e). Usar um tubo-guia para inserir um bastão de alinhamento estereotá-

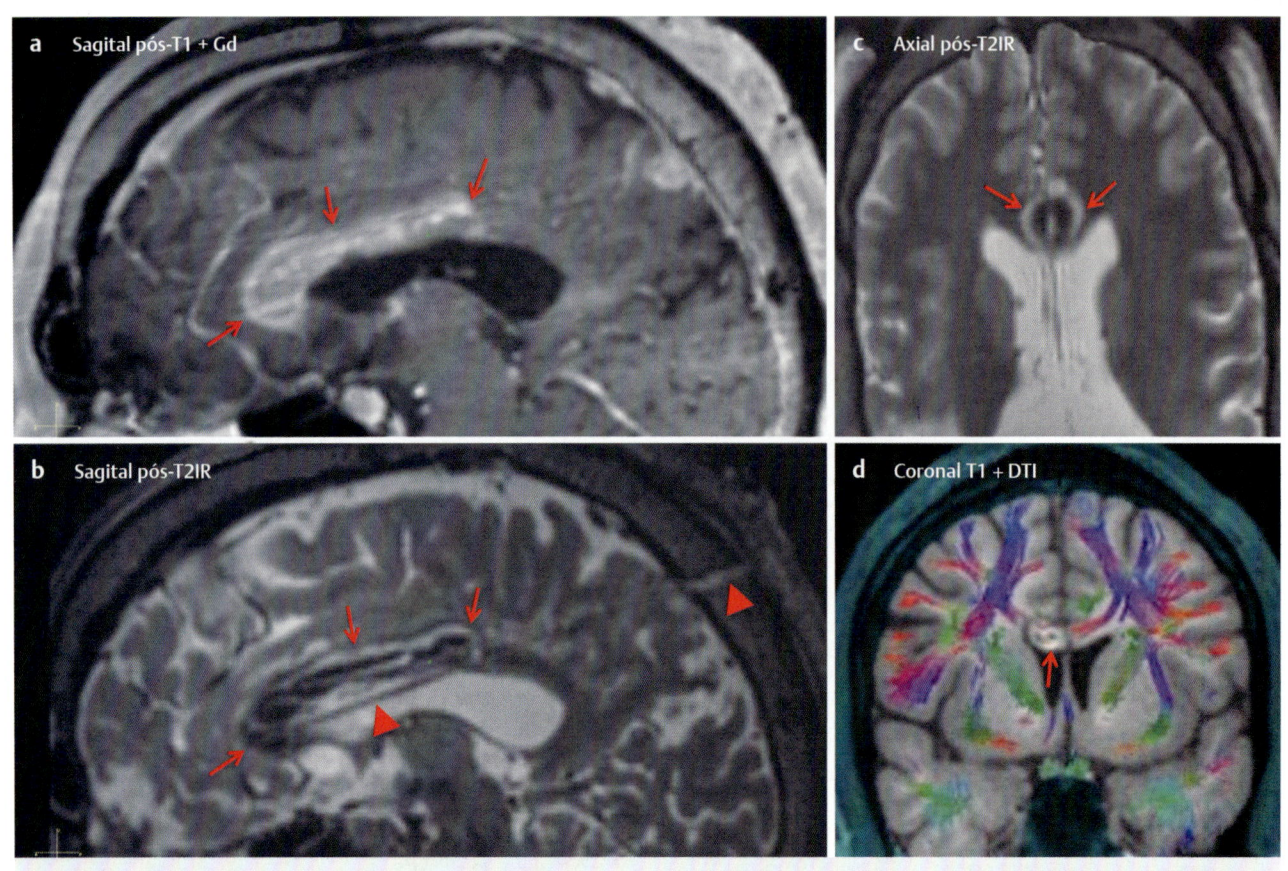

Fig. 7.6 Calosotomia do corpo caloso a *laser* estereotáxica para tratar convulsões atônicas em um paciente com síndrome de Lennox-Gastaut.
(a) Imagem sagital pós-ablação por MR em T1 com gadolínio mostrando os dois terços anteriores da calosotomia realizada, neste caso com três trajetórias transparietais, com ablação seriada durante uma única sessão cirúrgica, por meio de uma craniotomia occipital com broca espiral. As setas vermelhas indicam os limites da ablação. **(b)** Imagem sagital pós-ablação em T2/IR, análoga à imagem **a**. As setas vermelhas indicam os limites da ablação e as pontas de seta vermelhas apontam para o caminho transventricular transparietal do dispositivo, terminando no joelho do corpo caloso. Trajetórias estereotáxicas alternativas (também ilustradas na Fig. 7.10e) são definidas de acordo com a anatomia individual do paciente. **(c)** Imagem axial pós-ablação em T2/IR, demonstrando coagulação do joelho, com as setas vermelhas demarcando os limites da ablação. **(d)** Imagem coronal pós-ablação em T1 com gadolínio, fusionada com a tractografia pós-ablação imediata (imagem por tensor de difusão), mostra a zona de coagulação e sugere desconexão. As setas vermelhas apontam para a zona de ablação.

xico na profundidade cerebral desejada sob controle radiológico (fluoroscopia, CT intraoperatória ou MRI), rosquear firmemente o parafuso de ancoragem no osso sobre o bastão de alinhamento e, então, remover o bastão. Inserir a cânula de resfriamento com profundidade marcada (contendo o estilete de reforço) na profundidade do alvo através do parafuso de ancoragem sob controle radiológico. Substituir o estilete de reforço pela fibra óptica do *laser*, e fixá-la através do adaptador Touhy-Borst na cabeça do parafuso. Se estiver usando uma armação, remover o arco da armação estereotáxica, e transportar o paciente anestesiado para a sala de MRI. Se estiver utilizando a técnica direta de orientação por MRI, a haste de alinhamento e o parafuso não são necessários, visto que a armação guia a inserção da cânula e a mantém no lugar durante todo o procedimento (▶ Fig. 7.10d).

Se o paciente for transportado da OR para a sala de MRI (▶ Fig. 7.11a), colocá-lo na posição supina no túnel do magneto, virando a cabeça e base da armação no interior da bobina e colidindo no ombro, mantendo acesso à fibra óptica para manipulação. Acoplar o tubo de irrigação às portas na cânula de resfriamento, e acoplar a fibra óptica à fonte de alimentação do *laser* na estação de trabalho Visualase. Obter sequências anatômicas volumétricas ponderadas em T1 e/ou T2 para verificar o posicionamento apropriado na trajetória desejada, e para reconstruir planos de imagem apropriados do *gantry* ao longo da fibra para subsequente monitorização da ablação.

7.5.3 Tratamento

Pelo menos dois planos de imagem ao longo da trajetória da fibra são selecionados para monitorização no controle de *laser* na estação de trabalho (▶ Fig. 7.1, ▶ Fig. 7.3). A estação de trabalho apresenta o aspecto dos dados térmicos sobrepostos aos planos da imagem anatômica em T1 ou T2. Múltiplos marcadores de "segurança" térmica são posicionados em locais definidos pelo usuário em cada plano de monitorização, os quais "desligam" o *laser* se as temperaturas especificadas forem excedidas durante a ablação. Marcadores "altos" (tipicamente configurados para tolerar < 90°C) são posicionados próximo da ponta de difusão e da região mais quente da ablação, a fim de evitar aquecimento excessivo. Marcadores "baixos" (tipicamente configurados para tolerar < 45-50°C) são posicionados perifericamente para proteção de lesão colateral fora do alvo. Para SLAH, marcadores "altos" são posicionados no interior da amígdala e no hipocampo, enquanto marcadores "baixos" são tipicamente posicionados no pedúnculo cerebral, trato óptico, radiação óptica (ou seja, estrato sagital externo) e núcleo geniculado lateral do tálamo.

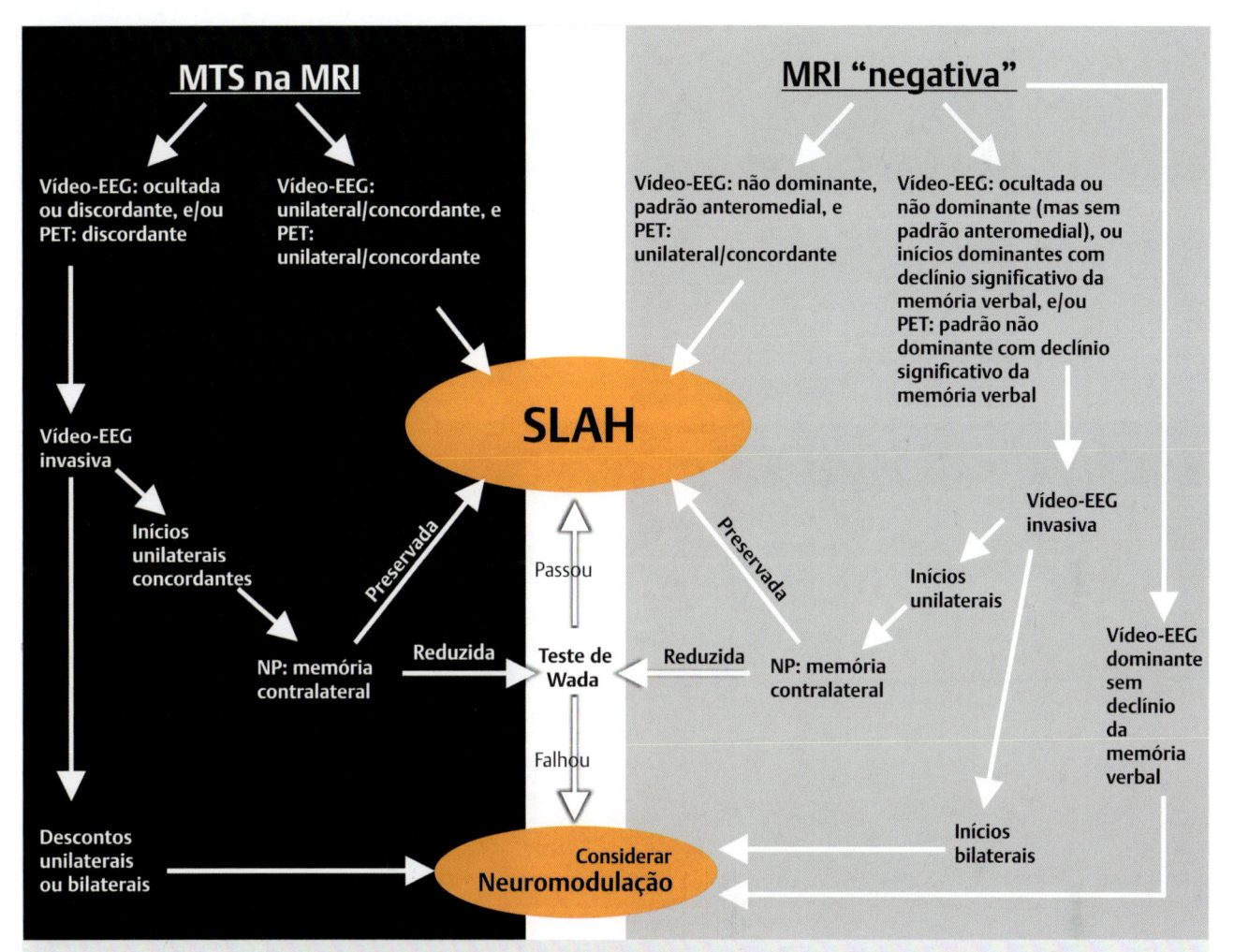

Fig. 7.7 Papel da amígdalo-hipocampectomia a *laser* estereotáxica (SLAH) na tomada de decisão cirúrgica para MTLE na *Emory University*. MTS = esclerose temporal mesial; MRI = imagem por ressonância magnética; EEG = eletroencefalografia; PET = tomografia por emissão de pósitrons; NP = teste neuropsicológico. Ver texto para detalhes da tomada de decisão cirúrgica.

Inicialmente, uma potência de *laser* baixa é brevemente aplicada durante a obtenção de imagem térmica para validar a posição da ponta do difusor e marcadores térmicos. Incidências em tempo real do mapa térmico e as estimativas da ablação cumulativa são simultaneamente monitorizadas na estação de trabalho (▶ Fig. 7.1, ▶ Fig. 7.3). A potência é escalada em um ou mais ciclos de tratamento, conforme necessário (tipicamente < 3 minutos), com monitorização apropriada para alcançar os resultados desejados. Para SLAH, geralmente, uma potência mais alta (p. ex., ≤ 80% de 15 W) pode ser usada na amígdala e hipocampo anterior, e uma potência menor (≤ 60%) deve tipicamente ser usada no corpo no ou próximo ao ponto coroide inferior, e ≤ 55% no ou além do sulco mesencefálico lateral, devido ao diâmetro mais estreito do hipocampo posterior e a proximidade das radiações ópticas lateralmente e tálamo superiormente (▶ Tabela 7.1). Com uma ponta de difusão de 10 mm, transferindo a fibra em incrementos de < 10 mm e realizando adicionais ciclos de ablação cria a zona de ablação tubular confluente única. Para SLAH, isto inclui o úncus, amígdala inferior, hipocampo e subículo, pelo menos tão posterior quanto o sulco mesencefálico lateral e não mais posterior do que o teto mesencefálico (▶ Fig. 7.3, ▶ Fig. 7.8b).

7.5.4 Imagem Pós-Ablação

MRI anatômica volumétrica pós-LITT imediata, usando sequências por difusão, FLAIR, em T2, e/ou em T1 com gadolínio com reconstruções em múltiplos planos, verifica a ablação cumulativa estimada da estação de trabalho com um alto grau de consistência. Lesões agudas pós-LITT demonstram múltiplas zonas concêntricas nas imagens ponderadas em T1 e T2 (▶ Fig. 7.2b); o caminho da cânula de *laser* (zona A), a zona de coagulação central (zona B); a zona de coagulação periférica (zona C); uma borda fina na borda externa da zona periférica, marcando a borda da ablação total (zona D), e um edema perifocal variável (zona E).[7] As intensidades de sinal das diferentes zonas são opostas nas imagens ponderadas em T1 e T2. A zona D é adicionalmente definida por uma borda fina ("casca de ovo") de captação de contraste e hiperintensidade na sequência FLAIR, e as zonas de ablação inteiras A à D restringem a difusão. As zonas A à D correspondem à verdadeira destruição tecidual,[10,39] e a zona E pode estar ausente agudamente ou onde a ablação é anatomicamente confinada por limites piais ou ventriculares/cisternais (p. ex., hipocampo). Para a SLAH em particular, incidências coronais do

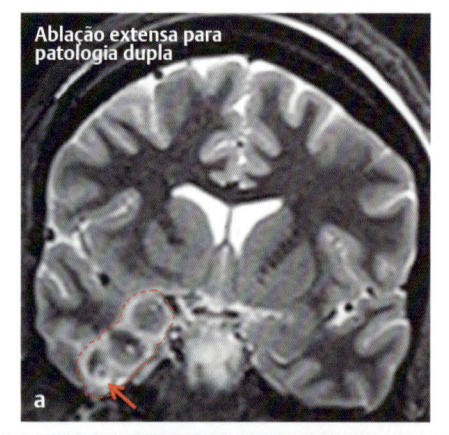

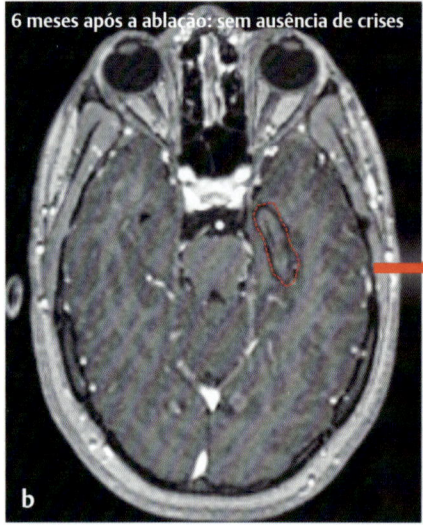

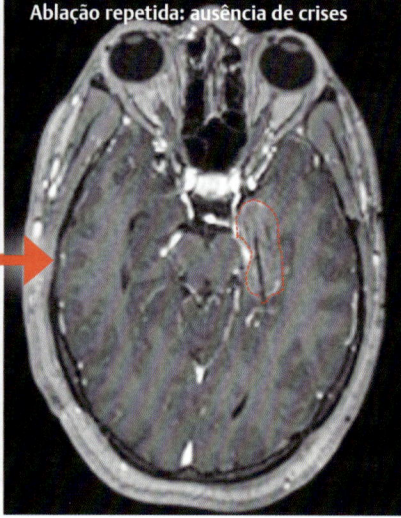

Fig. 7.8 Exemplos da ablação a *laser* para patologia dupla e ablação repetida. **(a)** Múltiplas trajetórias estereotáxicas a *laser* usadas para ablação das estruturas mediais e temporais basais após prévia monitorização intracraniana implicou ambas as regiões na epileptogênese. O pontilhado vermelho mostra a área confluente de ablação, e a seta vermelha pequena aponta para a região de uma encefalocele temporal basal pequena. **(b)** Repetição da ablação após falha técnica inicial ainda pode alcançar a ausência de crises. Na esquerda, uma imagem por MR em T1 com gadolínio pós-ablação exibindo os resultados da prévia tentativa de SLAH (linha pontilhada vermelha), em que as faces mediais do úncus, amígdala e hipocampo foram preservadas e o paciente não ficou livre de crises. Imagem por MR em T1 com gadolínio, obtida imediatamente após repetição da SLAH medialmente, exibe uma ablação mais completa da amígdala e hipocampo, o que resultou em ausência prolongada de crises convulsivas.

lobo temporal (▶ Fig. 7.2b, ▶ Fig. 7.3c) pode ser completamente avaliada para garantir uma extensão satisfatória da ablação. Se o objetivo da ablação não foi alcançado, trajetórias adicionais podem ser necessárias.

Embora não tipicamente necessário, a obtenção intermitente de imagens é caracterizada subagudamente (~ 2 semanas) por uma leve expansão do volume total de ablação e possível edema perifocal (zona E).[7] Os meses subsequentes mostram: (1) redução exponencial no volume da zona de ablação, (2) espessura e luminosidade reduzida da borda de realce, e (3) resolução de qualquer edema. Focos de realce residual podem permanecer indefinitivamente.

7.6 Manejo Pós-Operatório Incluindo Possíveis Complicações

Internação na enfermaria para observação durante a noite é típica. Doses pré-operatórias de anticonvulsivantes são estritamente mantidas e/ou suplementadas por via intravenosa. Esteroides perioperatórios podem possivelmente atenuar o potencial de cefaleia pós-operatória leve ou rara irritação do nervo craniano. Convulsões pós-operatórias ocasionais, em 6 a 8 semanas após a cirurgia, não necessariamente prenunciam falha em longo prazo. No entanto, recidiva ou continuação das convulsões em mais de 2 meses (sem distúrbio do regime anticonvulsivante) deve incitar a realização de exames para ablação insuficiente (repetir a MRI; ▶ Fig. 7.8b) e/ou repetir a vídeo-EEG para excluir a presença de inícios multifocais/contralaterais desmascarados.

7.6.1 Resultados

Tumor

O papel da LITT nos tumores cerebrais malignos é uma área ativa de pesquisa clínica contínua, a qual está fora do escopo deste capítulo.[21-25,40]

Epilepsia

Desde o primeiro artigo publicado de ablação a *laser* para epilepsia lesional em cinco pacientes pediátricos com displasia cortical, esclerose tuberosa, HH e MTS,[13] uma experiência crescente nos centros de epilepsia da América do Norte sugere que a SLA é uma abordagem segura e eficaz para tratar lesões epilépticas focais e profundas.[10,1,11,12,14-17,27] A SLA se adapta bem à SEEG, e também pode ser aplicada à calosotomia do corpo caloso desconectado para convulsões atônicas (▶ Fig. 7.6).[18] A SLA para epilepsia deve ser comparada, contudo, com as abordagens cirúrgicas padrão no que diz respeito às taxas de ausência de crises, efeitos colaterais neurológicos e cognitivos, taxas de complicação, satisfação do paciente e custos médicos.

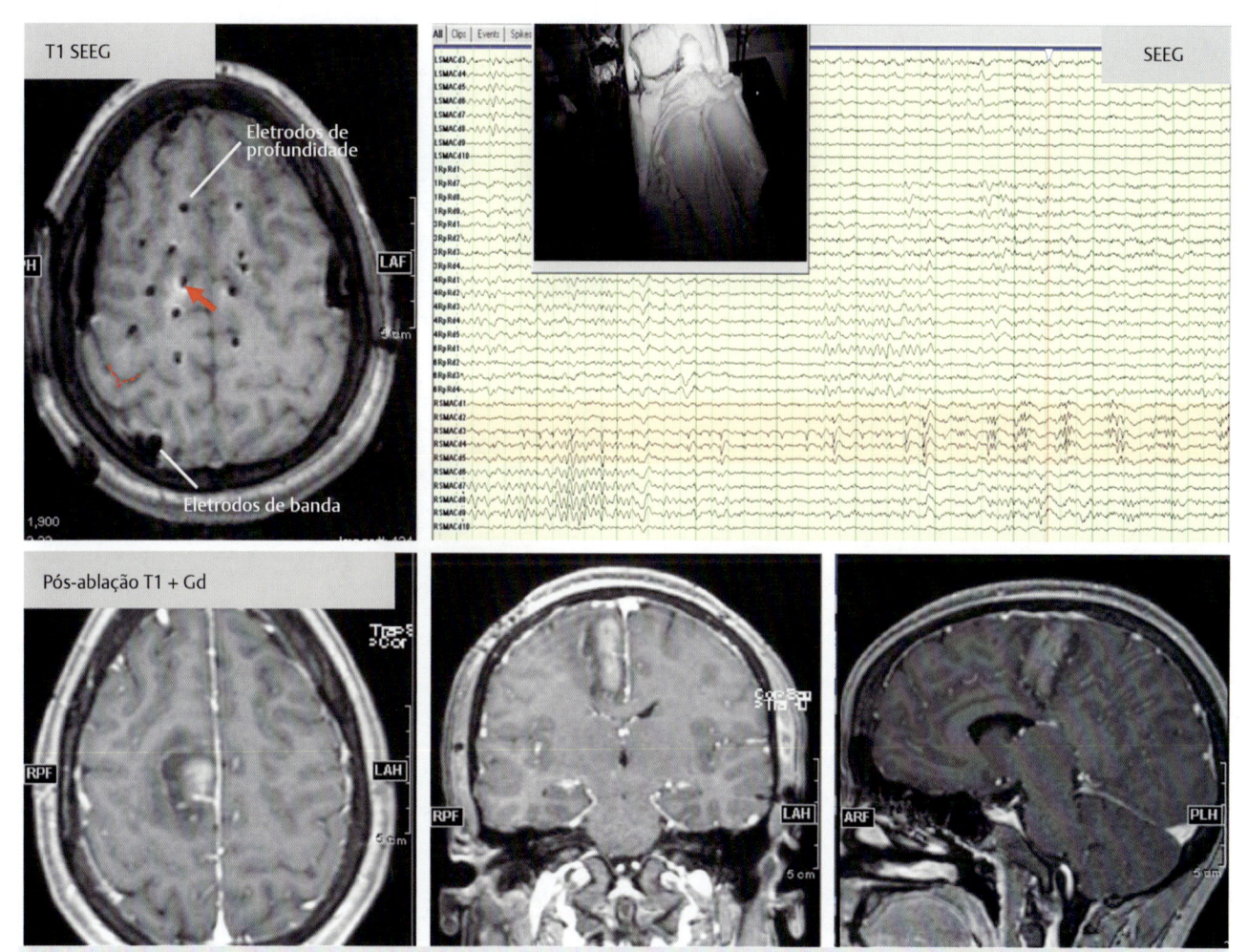

Fig. 7.9 Ablação a *laser* guiada por eletroencefalografia estereotáxica (SEEG) do lobo frontal medial. MR axial em T1 dos arranjos dos eletrodos de profundidade na SEEG (imagem superior esquerda), com amostragem pré-frontal, da área motora suplementar (SMA), campos oculares frontais, e áreas motoras primárias, em um paciente com convulsões hipermotoras noturnas. Os inícios foram registrados nos eletrodos na SMA direita (*seta vermelha pequena*) e nos córtices do cingulado subjacentes, com rápida disseminação contralateral. Note os traços correspondentes da SEEG (imagem superior direita) mostrando descargas epileptiformes contínuas na SMA (*destacada em rosa*). O mapeamento da estimulação confirmou um córtex motor primário funcional no giro, posterior à zona de início (a área motora primária direita é enfatizada com o sinal ômega pontilhado vermelho). As imagens axial, coronal e sagital em T1 com gadolínio (imagens inferiores) demonstram achados pós-ablação, após duas trajetórias parassagitais paralelas serem usadas para coagular a zona de início implicada. No período pós-operatório agudo, o paciente exibiu breve síndrome na SMA, mas recebeu alta hospitalar sem a necessidade de reabilitação e, desde então, tem mantido a ausência de crises.

SLAH para Epilepsia do Lobo Temporal Mesial

A MTLE é a causa mais comum de epilepsia resistente a medicamentos em adultos. Tal como qualquer abordagem cirúrgica, o desfecho da convulsão depende altamente na seleção do paciente. Uma metanálise de pacientes que foram submetidos à cirurgia *aberta* do lobo temporal demonstra taxas de ausência de crises em 1 ano de 75% (lobectomia temporal anterior com amígdalo-hipocampectomia) e de 67% (amígdalo-hipocampectomia "seletiva"), determinadas a partir dos índices relatados de risco e das reduções absolutas de risco.[30] Em comparação, na primeira série de SLAH em 13 pacientes adultos com MTLE (incluindo subgrupos de pacientes com e sem MTS, e alguns com inícios contralaterais coexistentes), 54% geral e 67% daqueles com MTS exibiram ausência de crises em um período superior a 12 meses (▶ Tabela 7.2).[10] O tempo de internação hospitalar médio geral foi de apenas 1 dia. Embora as estimativas da extensão e o volume da ablação não tenham previsto a ausência de crises em um nível e grupo, a experiência mostrou que casos com trajetórias de ablação tecnicamente insuficientes causam convulsões recorrentes,[10,41] e esta situação pode ser controlada com eficácia com a repetição da ablação (▶ Fig. 7.8b) e/ou ressecções abertas.[11] Outra série subsequente sugere uma ausência de crise variando de 36 a 80% com os subgrupos com MTS geralmente se saindo melhor, mas variando de 40 a 73% (▶ Tabela 7.2).[13,11,41,42] Portanto, um ensaio clínico controlado de grande porte seria necessário, mas parece que que a amígdalo-hipocampectomia "seletiva" aberta é ligeiramente menos eficaz do que a lobectomia temporal anterior para o controle de convulsões em grandes amostras de pacientes – da mesma forma, SLAH é provável de ser menos eficaz do que os procedimentos abertos direcionados a regiões mais amplas do lobo temporal. No entanto, os resultados neurocognitivos (descritos mais adiante) e as preferências do paciente também devem ser levados em consideração.

Complicações da SLAH

O potencial para complicações depende da trajetória/estratégia da ablação, experiência do cirurgião, precisão da platafor-

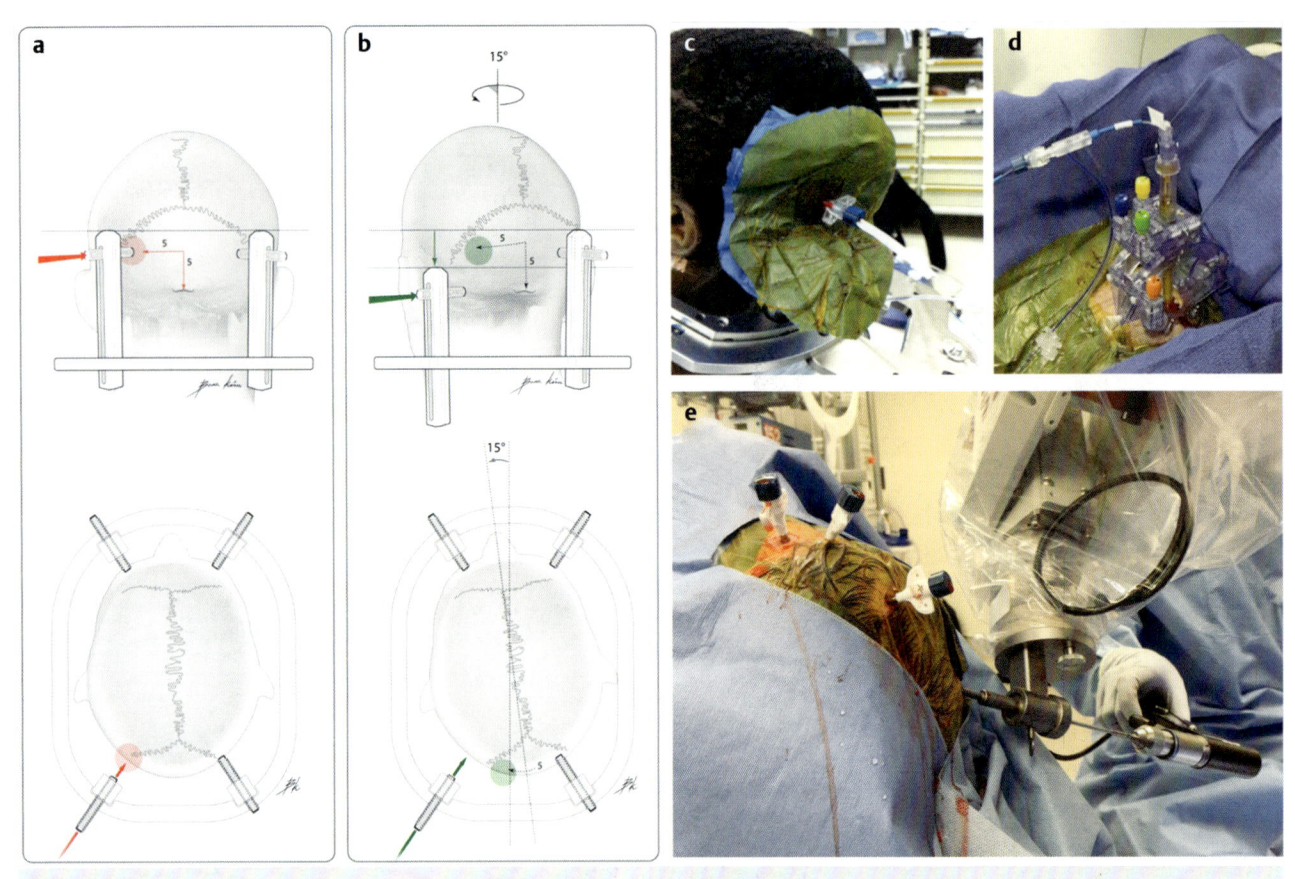

Fig. 7.10 Posicionamento apropriado de métodos estereotáxicos distintos. Ao usar uma armação estereotáxica tradicional para SLAH, evitar o impedimento estérico da armação **(a)** com a entrada aproximada (~5 cm superior ao ínio, ~5 cm lateral à linha média), girando a armação 15 a 20 graus em torno do eixo dorsoventral e rebaixando a barra occipital ipsilateral, fixando o pino craniano potencialmente ofensor no mastoide ipsilateral **(b)**. **(c)** Imagem de um paciente sendo submetido à SLAH em posição semissentada com o parafuso e o aparelho Visualase posicionados pela armação estereotáxica tradicional. A barra e o pino occipital são ocultados pelo pano de campo residual. **(d)** Outro paciente sendo submetido à SLAH, colocado na posição prona em uma mesa de MRI, em que a craniotomia estereotáxica e a colocação do aparelho de *laser* foram facilitadas pela miniarmação de orientação direta por MRI (ClearPoint, MRI Interventions, Inc.). **(e)** Paciente na posição supina sendo submetido à colocação de múltiplos parafusos estereotáxicos por meio de um braço robótico estereotáxico (ROSA, Zimmer, Inc.) para a realização de calosotomia do corpo caloso de múltiplas trajetórias (ver também ▶ Fig. 7.6).

Tabela 7.1 Problemas Associados a Trajetórias Impróprias durante a SLAH (Comparar com ▶ Fig. 7.3)

Deflexão	Problemas/Riscos
Muito superior	Lesão ao trato óptico (acima da amígdala), tálamo/núcleo geniculado lateral (acima do hipocampo posterior) Ablação insuficiente do subículo (abaixo do sulco hipocampal)
Muito inferior	Ablação insuficiente do hipocampo próprio (pé medial e hipocampo invertido), particularmente se a trajetória se encontra inferior ao sulco hipocampal (reflexão da luz limitará a ablação)
Muito lateral	Lesão ao tronco temporal e radiações ópticas no estrato sagital externo Ablação incompleta do pé medial do hipocampo e giro uncinado
Muito medial	Lesão ao pedúnculo cerebral, CN3, CN4 e trato óptico Ablação hipocampal lateral insuficiente (até o corno temporal)

ma estereotáxica, e o sistema LITT utilizado. Complicações em diversos artigos[10,11,41-43] incluem defeitos parciais evitáveis no campo visual secundários a trajetórias não ideais ou ablações excessivamente agressivas que não protegeram de forma suficiente o trato óptico, núcleo geniculado lateral ou radiações ópticas (▶ Tabela 7.1 e ▶ Tabela 7.2). Distúrbios transitórios e esporádicos dos nervos cranianos III e IV também foram observados, os quais podem ser minimizados com planejamento e técnica estereotáxica cuidadosa. Estas complicações podem refletir uma combinação de falhas técnicas provenientes de trajetórias não ideais, imprecisões estereotáxicas ou ablação excessiva (▶ Fig. 7.3, ▶ Tabela 7.1). Nós alcançamos uma precisão estereotáxica mais consistente quando convertemos de um fluxo de trabalho usando uma armação tradicional para uma orientação por MRI direta (miniarmação ClearPoint; ▶ Fig. 7.10, ▶ Fig. 7.11).[10]

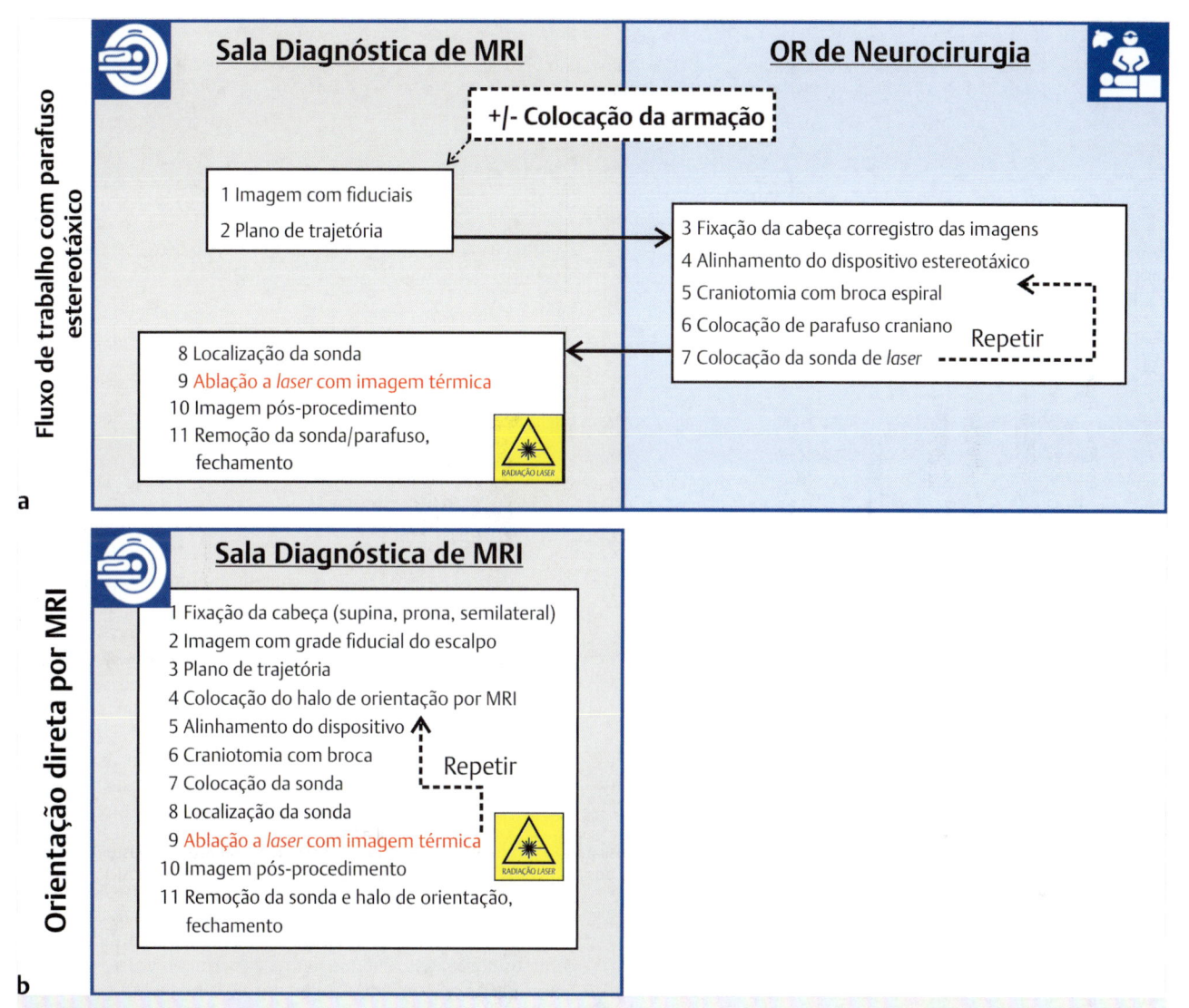

Fig. 7.11 (a,b) Fluxogramas comparando o fluxo de trabalho e o transporte do paciente para os procedimentos de ablação a *laser*, de acordo com a escolha do método estereotáxico. Algumas vantagens da orientação direta por MRI incluem a garantia da precisão estereotáxica no momento da inserção do dispositivo e o transporte reduzido do paciente. Ver texto para detalhes. O transporte entre a sala de MRI e a OR é necessário quando salas intraoperatórias/intervencionais de MRI não estão disponíveis.

Resultados Neurocognitivos da SLAH

Cirurgias abertas do lobo temporal (incluindo lobectomia temporal anterior e amígdalo-hipocampectomia "seletiva") comportam riscos de declínio neurocognitivo com uma ressecção mesial (p. ex., memória declarativa) e/ou lesão colateral em decorrência de transecção, retração ou remoção de outras estruturas do lobo temporal.[44,45] Na verdade, declínios cognitivos permanentes na nomeação e no aprendizado verbal (hemisfério dominante), ou reconhecimento de objetos e aprendizado de figuras (hemisfério não dominante), provavelmente se relacionam com uma lesão ou ressecção do lobo temporal anterior e lateral.[32] Embora a cirurgia aberta do lobo temporal esteja associada a frequentes déficits na nomeação confrontativa e reconhecimento facial, a SLAH não está.[31] Com relação à memória, os pacientes sendo submetidos à SLAH são mais propensos a melhorar, com menor probabilidade de declínio, do que os pacientes sendo submetidos a ressecções abertas do lobo temporal. Especificamente, observamos em uma grande série que ressecções temporais abertas dominantes para a linguagem (incluindo procedimentos abertos "seletivos") causaram declínio da memória verbal, enquanto a SLAH frequentemente provocou melhora da memória verbal e espacial, independente do hemisfério (Drane DL, Gross RE e Willie JT, dados não publicados). Estudos menores também constataram que a SLAH preserva os processos do lobo temporal lateral, e também permite uma melhor recuperação da memória do que a cirurgia aberta do lobo temporal.

Hamartoma Hipotalâmico

Em uma série de 14 ablações de HHs pediátricos associadas a convulsões gelásticas, 86% alcançaram ausência de crises (média: 9 meses, variação: 1-24 meses de seguimento) com excelente segurança (um paciente sofrendo uma hemorragia subaracnóidea assintomática) e breve internação hospitalar (média: 1 dia).[14] Dada a morbidade das abordagens cirúrgicas abertas e endoscópicas, e o atraso na eficácia e possíveis efeitos adversos induzidos pela radiação proveniente da radiocirurgia estereotáxica,[46] a SLA

Tabela 7.2 Resultados de Sequência de Casos Selecionados da Amígdalo-Hipocampectomia a *Laser* Estereotáxica para MTLE

Estudo	Pacientes totais	Pacientes com > 12 m f/u	Faixa de idade (anos)	LOS (média dos dias)	Complicações	Seguimento (meses)	Resultados da convulsão Engel 1
Curry et al. (2012)	1	1	16	NR	Nenhuma	12	MTS: 1/1 (100%)
Willie et al. (2014)	13	13	16-64	1	1 defeito do campo visual 1 SDH agudo (sem déficit)	5-26 (média: 14)	Todas MTLE: 7/13 (54%) MTS: 6/9 (67%)
Waseem et al. (2015)	7	5	54-67	1	2 defeitos parciais do campo visual	Média: 12	Todas MTLE: 4/5 (80%)
Kang et al. (2016)	20	11	11-66	1	1 IPH com defeito do campo visual 1 paralisia transitória do CN IV	1-39 (média: 13)	Todas MTLE: 4/11 (36%) MTS: 4/10 (40%)
Jermakowicz et al. (2017)	23	23	21-60	1	1 déficit do campo visual	Média: 22	Todas MTLE: 15/23 (65%) MTS: 11/15 (73%)

Abreviações: CN = nervo craniano; Engel 1 = livre de convulsões incapacitantes por > 12 meses; IPH = hemorragia intraparenquimal; LOS = tempo de internação; MTLE = epilepsia do lobo temporal mesial; MTS = esclerose temporal mesial; NR = não relatado; SDH = hematoma subdural.

parece ser uma nova modalidade de tratamento importante para esta indicação (ver também Capítulo 8).

Malformação Cavernosa

Em uma série inicial pequena de SLA para epilepsia causada por malformações cavernosas lobares, quatro dos cinco (80%) pacientes alcançaram o Engel classe I com ausência de crises em um tempo médio de seguimento de 17,4 meses.[15] Em uma extensão desta série, 12 dos 14 (86%) pacientes permaneceram livres de crises após 1 ano (Willie JT e Gross RE, dados não publicados). Com concordância suficiente dos estudos imagiológicos e vídeo-EEG, prévia monitorização intracraniana foi tipicamente desnecessária. As trajetórias foram planejadas para evitar quaisquer anomalias venosas do desenvolvimento associadas, e os volumes de ablação foram direcionados para a substância cinzenta adjacente corada com hemossiderina (ou seja, suposta zona epileptogênica; ▶ Fig. 7.4). Ablação da malformação cavernosa lobar para epilepsia foi realizada sem complicações, e o tempo de internação médio foi de 1 dia. Digno de nota, a imagem térmica da malformação cavernosa é propensa a ausência de sinal interno devido a produtos sanguíneos intrínsecos com efeitos de suscetibilidade atípicos,[47] resultando em um mapeamento de ablação falso-negativo na malformação cavernosa até que as temperaturas aumentem no tecido cerebral adjacente (▶ Fig. 7.4e). Portanto, a malformação cavernosa em si é ablacionada empiricamente, e o tecido cerebral adjacente é ablacionado à critério do médico, de acordo com o local e a indicação.

Malformações do Desenvolvimento Cortical e Tumores Glioneuronais

Displasias corticais focais e tumores glioneuronais relacionados (▶ Fig. 7.5) são alvos epiléticos que podem ser tratáveis com ablação a *laser* estereotáxica, especialmente quando suficiente localização eletrofisiológica da zona epileptogênica tenha sido alcançada. A possível eficácia é corroborada por relatos de casos escassos.[48,49] Em uma série relatando ablação a *laser* em 17 pacientes pediátricos predominantemente com displasias corticais, lesões de esclerose tuberosa e tumores glioneuronais, 41% conquistou ausência prolongada de crises.[17] Contudo, a interpretação foi confundida por uma localização variável da patologia, métodos inconsistentes de localização da convulsão, complicações associadas à imprecisão estereotáxica sem armação (p. ex., hemorragia intracraniana) e ablações subtotais. Experiência clínica adicional, técnica estereotáxica ideal, caracterização mais extensa das redes epileptogênicas e ablação mais agressiva podem ser necessárias para avaliar completamente a segurança e a eficácia da SLA para displasia cortical e tumores glioneuronais.

Heterotopias nodulares periventriculares estão associadas à epilepsia, geralmente como um sinal de anormalidade do desenvolvimento mais generalizado do córtex epileptogênico sobrejacente. Heterotopias podem ser cirurgicamente difíceis de acessar, e o uso isolado da ablação a *laser* é útil nos casos específicos em que a heterotopia, em vez do córtex sobrejacente, é determinada como a zona de início da convulsão, permitindo a preservação da substância branca sobrejacente (p. ex., radiações ópticas).[50] Em geral, todavia, a experiência publicada com ablação a *laser* das heterotopias no controle das convulsões ainda é limitada.

7.7 Conclusão

Dispositivos de LITT modernos comercialmente disponíveis reúnem tecnologias imagiológicas, ablativas e estereotáxicas previamente estabelecidas em uma plataforma flexível relativamente simples para realizar a extirpação bem controlada do tecido cerebral através de uma abordagem segura, eficaz e minimamente invasiva. As vantagens potenciais da LITT/SLA incluem desconforto reduzido, melhores resultados estéticos, hospitalizações breves, e a segurança fornecida pelas imagens em tempo real. Evidências sugerem controle eficaz das convulsões, capacidade de um perfil cognitivo melhorado, utilização reduzida dos serviços de saúde em pacientes relutantes à cirurgia aberta e satisfação persistente dos pacientes. Ensaios clínicos e registros multicêntricos prospectivos para várias indicações específicas e subgrupos de pacientes (p. ex., SLAH para MTLE com ou sem MTS), com diferentes tecnologias e abordagens estereotáxicas, fornecerão resultados clínicos objetivos em que a LITT será comparada com terapias ressectivas mais estabelecidas.

Referências

[1] Willie JT, Tung JK, Gross RE. MRI-guided stereotactic laser ablation. In: Golby AJ, ed. Image-Guided Neurosurgery. Elsevier; 2015:375–403

[2] McNichols RJ, Gowda A, Kangasniemi M, Bankson JA, Price RE, Hazle JD. MR thermometry-based feedback control of laser interstitial thermal therapy at 980 nm. Lasers Surg Med. 2004; 34(1):48–55

[3] McNichols RJ, Kangasniemi M, Gowda A, Bankson JA, Price RE, Hazle JD. Technical developments for cerebral thermal treatment: water-cooled diffusing laser fibre tips and temperature-sensitive MRI using intersecting image planes. Int J Hyperthermia. 2004; 20(1):45–56

[4] U.S. Food and Drug Administration. (FDA) Website. Available at: http://www.accessdata.fda.gov/cdrh_docs/pdf7/k071328.pdf. Accessed December 13, 2016

[5] Stollberger R, Ascher PW, Huber D, Renhart W, Radner H, Ebner F. Temperature monitoring of interstitial thermal tissue coagulation using MR phase images. J Magn Reson Imaging. 1998; 8(1):188–196

[6] Breen MS, Breen M, Butts K, Chen L, Saidel GM, Wilson DL. MRI-guided thermal ablation therapy: model and parameter estimates to predict cell death from MR thermometry images. Ann Biomed Eng. 2007; 35(8):1391–1403

[7] Schwabe B, Kahn T, Harth T, Ulrich F, Schwarzmaier HJ. Laser-induced thermal lesions in the human brain: shortand long-term appearance on MRI. J Comput Assist Tomogr. 1997; 21(5):818–825

[8] Tracz RA, Wyman DR, Little PB, et al. Magnetic resonance imaging of interstitial laser photocoagulation in brain. Lasers Surg Med. 1992; 12(2):165–173

[9] Yung JP, Shetty A, Elliott A, et al. Quantitative comparison of thermal dose models in normal canine brain. Med Phys. 2010; 37(10):5313–5321

[10] Willie JT, Laxpati NG, Drane DL, et al. Real-time magnetic resonance-guided stereotactic laser amygdalohippocampotomy for mesial temporal lobe epilepsy. Neurosurgery. 2014; 74(6):569–584, discussion 584–585

[11] Kang JY, Wu C, Tracy J, et al. Laser interstitial thermal therapy for medically intractable mesial temporal lobe epilepsy. Epilepsia. 2016; 57(2):325–334

[12] Wicks RT, Jermakowicz WJ, Jagid JR, et al. Laser interstitial thermal therapy for mesial temporal lobe epilepsy. Neurosurgery. 2016; 79 Suppl 1:S83–S91

[13] Curry DJ, Gowda A, McNichols RJ, Wilfong AA. MR-guided stereotactic laser ablation of epileptogenic foci in children. Epilepsy Behav. 2012; 24(4):408–414

[14] Wilfong AA, Curry DJ. Hypothalamic hamartomas: optimal approach to clinical evaluation and diagnosis. Epilepsia. 2013; 54 Suppl 9:109–114

[15] McCracken DJ, Willie JT, Fernald B, et al. Magnetic resonance thermometryguided stereotactic laser ablation of cavernous malformations in drug-resistant epilepsy: imaging and clinical results. Oper Neurosurg (Hagerstown). 2016; 12(1):39–48

[16] Ellis JA, Mejia Munne JC, Wang S-H, et al. Staged laser interstitial thermal therapy and topectomy for complete obliteration of complex focal cortical dysplasias. J Clin Neurosci. 2016; 31:224–228

[17] Lewis EC, Weil AG, Duchowny M, Bhatia S, Ragheb J, Miller I. MR-guided laser interstitial thermal therapy for pediatric drug-resistant lesional epilepsy. Epilepsia. 2015; 56(10):1590–1598

[18] Ho AL, Miller KJ, Cartmell S, Inoyama K, Fisher RS, Halpern CH. Stereotactic laser ablation of the splenium for intractable epilepsy. Epilepsy Behav Case Rep. 2016; 5:23–26

[19] Patel NV, Agarwal N, Mammis A, Danish SF. Frameless stereotactic magnetic resonance imaging-guided laser interstitial thermal therapy to perform bilateral anterior cingulotomy for intractable pain: feasibility, technical aspects, and initial experience in 3 patients. Neurosurgery. 2015; 11 Suppl 2:17–25, discussion 25

[20] Sundararajan SH, Belani P, Danish S, Keller I. Early MRI characteristics after MRI-guided laser-assisted cingulotomy for intractable pain control. AJNR Am J Neuroradiol. 2015; 36(7):1283–1287

[21] Carpentier A, Chauvet D, Reina V, et al. MR-guided laser-induced thermal therapy (LITT) for recurrent glioblastomas. Lasers Surg Med. 2012; 44(5):361–368

[22] Carpentier A, McNichols RJ, Stafford RJ, et al. Laser thermal therapy: real-time MRI-guided and computer-controlled procedures for metastatic brain tumors. Lasers Surg Med. 2011; 43(10):943–950

[23] Carpentier A, McNichols RJ, Stafford RJ, et al. Real-time magnetic resonanceguided laser thermal therapy for focal metastatic brain tumors. Neurosurgery. 2008; 63(1) Suppl 1:ONS21–ONS28, discussion ONS28–ONS29

[24] Hawasli AH, Kim AH, Dunn GP, Tran DD, Leuthardt EC. Stereotactic laser ablation of high-grade gliomas. Neurosurg Focus. 2014; 37(6):E1

[25] Rao MS, Hargreaves EL, Khan AJ, Haffty BG, Danish SF. Magnetic resonanceguided laser ablation improves local control for postradiosurgery recurrence and/or radiation necrosis. Neurosurgery. 2014; 74(6):658–667, discussion 667

[26] Tatsui CE, Lee S-H, Amini B, et al. Spinal laser interstitial thermal therapy: a novel alternative to surgery for metastatic epidural spinal cord compression. Neurosurgery. 2016; 79 Suppl 1:S73–S82

[27] Gross RE, Willie JT, Drane DL. The role of stereotactic laser amygdalohippocampotomy in mesial temporal lobe epilepsy. Neurosurg Clin N Am. 2016; 27(1):37–50

[28] Kwan P, Arzimanoglou A, Berg AT, et al. Definition of drug resistant epilepsy: consensus proposal by the ad hoc Task Force of the ILAE Commission on Therapeutic Strategies. Epilepsia. 2010; 51(6):1069–1077

[29] Bell ML, Rao S, So EL, et al. Epilepsy surgery outcomes in temporal lobe epilepsy with a normal MRI. Epilepsia. 2009; 50(9):2053–2060

[30] Josephson CB, Dykeman J, Fiest KM, et al. Systematic review and meta-analysis of standard vs selective temporal lobe epilepsy surgery. Neurology. 2013; 80(18):1669–1676

[31] Drane DL, Loring DW, Voets NL, et al. Better object recognition and naming outcome with MRI-guided stereotactic laser amygdalohippocampotomy for temporal lobe epilepsy. Epilepsia. 2015; 56(1):101–113

[32] Drane DL, Ojemann GA, Aylward E, et al. Category-specific naming and recognition deficits in temporal lobe epilepsy surgical patients. Neuropsychologia. 2008; 46(5):1242–1255

[33] King-Stephens D, Mirro E, Weber PB, et al. Lateralization of mesial temporal lobe epilepsy with chronic ambulatory electrocorticography. Epilepsia. 2015; 56(6):959–967

[34] Morrell MJ, RNS System in Epilepsy Study Group. Responsive cortical stimulation for the treatment of medically intractable partial epilepsy. Neurology. 2011; 77(13):1295–1304

[35] Crane J, Milner B. Do I know you? Face perception and memory in patients with selective amygdalo-hippocampectomy. Neuropsychologia. 2002; 40(5):530–538

[36] Wassenaar M, Leijten FS, Egberts TC, Moons KG, Uijl SG. Prognostic factors for medically intractable epilepsy: a systematic review. Epilepsy Res. 2013; 106(3):301–310

[37] Brandmeir NJ, McInerney J, Zacharia BE. The use of custom 3D printed stereotactic frames for laser interstitial thermal ablation: technical note. Neurosurg Focus. 2016; 41(4):E3

[38] Dadey DY, Kamath AA, Smyth MD, Chicoine MR, Leuthardt EC, Kim AH. Utilizing personalized stereotactic frames for laser interstitial thermal ablation of posterior fossa and mesiotemporal brain lesions: a single-institution series. Neurosurg Focus. 2016; 41(4):E4

[39] Schober R, Bettag M, Sabel M, Ulrich F, Hessel S. Fine structure of zonal changes in experimental Nd:YAG laser-induced interstitial hyperthermia. Lasers Surg Med. 1993; 13(2):234–241

[40] Sharma M, Balasubramanian S, Silva D, Barnett GH, Mohammadi AM. Laser interstitial thermal therapy in the management of brain metastasis and radiation necrosis after radiosurgery: an overview. Expert Rev Neurother. 2016; 16(2):223–232

[41] Jermakowicz WJ, Kanner AM, Sur S, et al. Laser thermal ablation for mesiotemporal epilepsy: Analysis of ablation volumes and trajectories. Epilepsia. 2017; 58(5):801–810

[42] Waseem H, Osborn KE, Schoenberg MR, et al. Laser ablation therapy: An alternative treatment for medically resistant mesial temporal lobe epilepsy after age 50. Epilepsy Behav. 2015; 51:152–157

[43] Jermakowicz WJ, Ivan ME, Cajigas I, et al. Visual deficit from laser interstitial thermal therapy for temporal lobe epilepsy: anatomical considerations. Operative Neurosurgery.. 2017; 13(5):627–633

[44] Helmstaedter C. Cognitive outcomes of different surgical approaches in temporal lobe epilepsy. Epileptic Disord. 2013; 15(3):221–239

[45] Helmstaedter C. Neuropsychological aspects of epilepsy surgery. Epilepsy Behav. 2004; 5 Suppl 1:S45–S55

[46] Mittal S, Mittal M, Montes JL, Farmer J-P, Andermann F. Hypothalamic hamartomas. Part 2. Surgical considerations and outcome. Neurosurg Focus. 2013; 34(6):E7

[47] De Poorter J. Noninvasive MRI thermometry with the proton resonance frequency method: study of susceptibility effects. Magn Reson Med. 1995; 34(3):359–367

[48] Bandt SK, Leuthardt EC. Minimally invasive neurosurgery for epilepsy using stereotactic MRI guidance. Neurosurg Clin N Am. 2016; 27(1):51–58

[49] Buckley R, Estronza-Ojeda S, Ojemann JG. Laser ablation in pediatric epilepsy. Neurosurg Clin N Am. 2016; 27(1):69–78

[50] Thompson SA, Kalamangalam GP, Tandon N. Intracranial evaluation and laser ablation for epilepsy with periventricular nodular heterotopia. Seizure. 2016; 41:211–216

8 Hamartomas Hipotalâmicos

Anish N. Sen ▪ Jared Fridley ▪ Rachel Curry ▪ Daniel Curry

Resumo

Os hamartomas hipotalâmicos (HHs) são lesões raras do desenvolvimento, formadas a partir de neurônios não neoplásicos e da glia localizada ao longo do túber cinéreo. Os HHs geralmente se manifestam com sinais de puberdade precoce, retardo comportamental ou intelectual, ou convulsões. De modo típico, os HHs se manifestam com epilepsia da variedade gelástica durante a infância. Perturbações comportamentais significativas estão associadas a HH, entre elas a incapacitação intelectual. A intervenção cirúrgica precoce ainda é uma das bases do tratamento para pacientes com HH, uma vez que o tratamento médico apresenta eficácia historicamente limitada. A meta da intervenção cirúrgica é curar ou diminuir a frequência das convulsões e, possivelmente, reverter os sintomas de puberdade precoce central. As três abordagens cirúrgicas mais comuns para ressecção de HH são as abordagens interfórnices anterior transcalosa, subfrontal e pterional. Entretanto, a significativa morbidade associada a abordagem e operação das lesões hipotalâmicas levou ao desenvolvimento e à utilização de várias técnicas não cirúrgicas e minimamente invasivas em epilepsia e tratamento de puberdade precoce em pacientes com HH, incluindo radiocirurgia estereotática, termocoagulação por radiofrequência e ablação a *laser*.

Palavras-chave: hamartomas hipotalâmicos, convulsões gelásticas, puberdade precoce, ablação por radiofrequência, terapia termal intersticial a *laser*.

8.1 Introdução

Os HHs são lesões raras do neurodesenvolvimento formadas a partir de neurônios heterotópicos e da glia junto e ao redor do hipotálamo. Essas malformações congênitas resultam do neurodesenvolvimento aberrante *in utero*; contudo, não evoluem nem metastatizam para outras localizações anatômicas, mantendo a mesma proporção em relação ao encéfalo, apesar do crescimento e do desenvolvimento subsequentes. Investigações clínicas recentes melhoraram a compreensão acerca do HH e levaram à conclusão de que os HH são quase uniformemente epileptogênicos em natureza. As convulsões gelásticas, ou paroxismos de riso sem alegria, constituem a manifestação clínica primária da doença, e a epilepsia é notoriamente refratária ao tratamento médico. Por muito anos, as técnicas cirúrgicas maximamente invasivas dominaram como modalidade de escolha, embora costumem proporcionar uma melhora apenas modesta e conferir risco e morbidade significativos. Em uma tentativa de superar as complicações inerentes à cirurgia maximamente invasiva, esforços recentes foram empreendidos no sentido de desenvolver técnicas minimamente invasivas com eficácia aumentada. Recentemente, a ablação a *laser* estereotática (SLA) orientada por imagem de ressonância magnética (MRI) mostrou-se efetiva no tratamento de HH com poucas complicações cirúrgicas, déficits neurológicos ou perturbações neuroendócrinas. No presente capítulo, revisamos a literatura antiga e atual sobre HH, e discutimos as perspectivas futuras para as opções de tratamento do HH.

8.2 Subtipos Clinicopatológicos

Embora exista considerável diversidade na apresentação e na gravidade dos sintomas, dois fenótipos clinicamente relevantes foram reorganizados: a puberdade precoce central (CPP) e a epilepsia com problemas neurocomportamentais associados. Para indivíduos apenas com CPP, os sintomas de HH podem surgir a partir dos 2 anos de idade e se manifestar como aparecimento anormalmente prematuro de eventos fisiológicos associados à puberdade. Nestes pacientes, os sintomas neurológicos, entre os quais a epilepsia, em geral, permanecem ausentes. Indivíduos que apresentam epilepsia e anormalidades de neurodesenvolvimento costumam manifestar sintomas na infância.[1] As convulsões relacionadas com o HH são classicamente atribuídas à *síndrome de epilepsia gelástica-hipotalâmica*, em que as convulsões gelásticas se manifestam como crises breves e incontroláveis de riso (convulsões gelásticas) ou choro[2] (convulsões dacrísticas). O aparecimento fisiológico de convulsões gelásticas tipicamente é seguido de encefalopatia progressiva com subsequente declínio comportamental e intelectual, e epileptogênese secundária.[3] A falha em atingir os marcos de desenvolvimento, o declínio cognitivo e as anormalidades psiquiátricas, incluindo comportamentos de ira, são relatados com frequência. A MRI tende a revelar lesões de HH maiores nestes pacientes, as quais podem ser encontradas na região anterior ou posterior do hipotálamo. A puberdade precoce é identificada em quase metade dos pacientes que apresentam epilepsia, e tem correlação com o aparecimento de alterações comportamentais e do desenvolvimento.[4]

8.3 Epidemiologia

A incidência estimada de HH é 1 em cada 100.000,[5] com a epilepsia HH-associada ocorrendo com frequência de 1:200.000.[6] Quase 2/3 dos pacientes com HH inicialmente apresentam puberdade precoce ou eventos de epilepsia, enquanto o 1/3 restante apresenta coincidência de ambas.[7] As malformações do HH surgem na ausência de padrões de herança familiar, embora tenha sido observado comorbidade na síndrome de Waardenburg,[8] síndrome oral-facial-digital de tipo IV,[9,10] síndrome de Bardet-Biedl[9] e, em menor extensão, neurofibromatose I.[11] A síndrome associada mais frequente – síndrome de Pallister-Hall – ocorre em 5% dos pacientes com HH e está associada a anormalidades anatômicas, incluindo polidactilia, ânus imperfurado e epiglote bífida.[9,12] Curiosamente, tumores que aparecem nas mesmas regiões hipotalâmicas, como os craniofaringiomas, astrocitomas e gliomas de nervo óptico, podem estar associados a função endócrina desregulada resultando em puberdade precoce; contudo, as convulsões gelásticas permanecem ausentes.[13] Não há previsões geográficas, raciais e étnicas identificadas para o HH, assim como não há relatos de fatores de risco maternos nem exposições fetais que aumentem o risco de HH.

8.4 Neuropatologia e Classificação Anatômica

As malformações de HH tendem a exibir uma morfologia arredondada, medindo cerca de 10-30 mm de diâmetro.[14] A análise ultraestrutural do HH revelou a presença de neurônios contendo grânulos neurossecretores, células endoteliais fenestradas e membranas basais duplas.[15] Embora as células gliais e neurais individuais pareçam normais, as relações intracelulares e a organização espacial das células estão desorganizadas. As lesões do HH são marcadas por agrupamentos neuronais, conduzindo os pesquisadores à hipótese de que esses grupos de neurônios aberrantes atuam juntos como epicentros para epileptogênese.[16] Os neurônios presentes no HH atualmente são classificados com base em seus tamanhos observados em relação uns aos outros, por isso foram então nomeados neurônios de HH grandes e pequenos. Os neurônios de HH grandes tipicamente são menos frequentes, ocorrendo no *milieu* celular do HH e sem apresentar as propriedades disparadoras de marca-passo inerentes. Os neurônios de HH grandes são definidos por um diâmetro menor que 20 μm, um formato piramidal e aparência do tipo dendrítica, enquanto os neurônios de HH pequenos são marcados por um diâmetro menor que 16 μm e morfologia similar à dos interneurônios.[17] Em contraste com suas contrapartes maiores, os neurônios de HH pequenos representam um percentual menor de células neuronais no HH e são caracterizados pela expressão de ácido glutâmico descarboxilase (GAD).[18] Os neurônios de HH pequenos parecem ter uma excitabilidade do tipo marca-passo inerente e aparentemente usam *gap junctions*.[19] Esta última descoberta abre outro caminho empolgante para a pesquisa terapêutica usando a farmacologia anti-*gap junction*.

A localização mais comum dos HHs é ao longo do III ventrículo inferior, e é possível agrupar os HH em dois subtipos anatomicamente distintos: séssil (intra-hipotalâmico) e pedunculado[20] (para-hipotalâmico; ▶ Fig. 8.1). Os HHs sésseis são caracterizados por fixações basais amplas ao hipotálamo, enquanto os HHs pedunculados exibem uma anatomia morfologicamente distinta com uma projeção semelhante a um pedúnculo estendendo-se do hipotálamo. Os HHs sésseis estão mais frequentemente associados a epilepsia e disfunção comportamental, em comparação com a variante pedunculada, embora essa correlação não seja observada de maneira uniforme.[4]

Os HHs, por meio de sua excitabilidade do tipo marca-passo, transmitem suas perturbações elétricas para dentro do encéfalo a partir de regiões profundas do hipotálamo e da região subcortical, sendo assim o arquétipo para a epilepsia subcortical. Além disso, a progressão da doença recruta repetidamente estas regiões de propagação em uma rede epiléptica, servindo portanto como um exemplo demonstrável de epileptogênese secundária.[21,22] Por fim, à medida que estas redes convulsivas dominam os engramas de uma rede neural em desenvolvimento no *lieu* do desenvolvimento de uma rede normal, a condição se torna um exemplo claro de

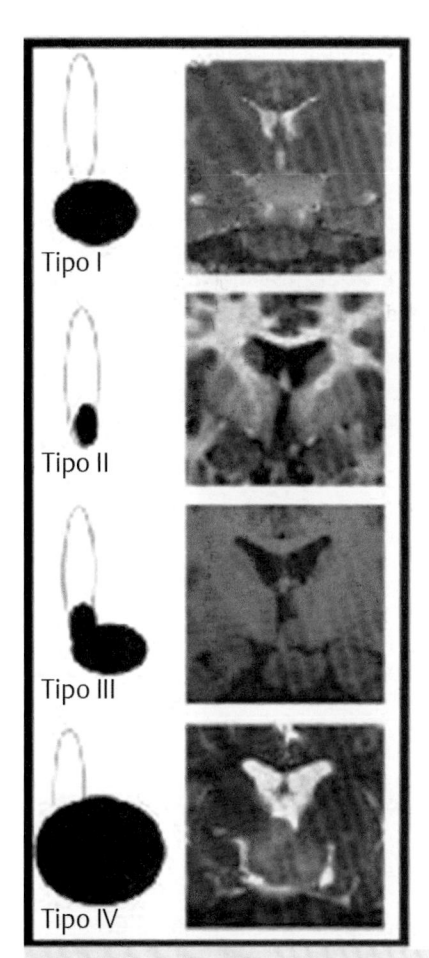

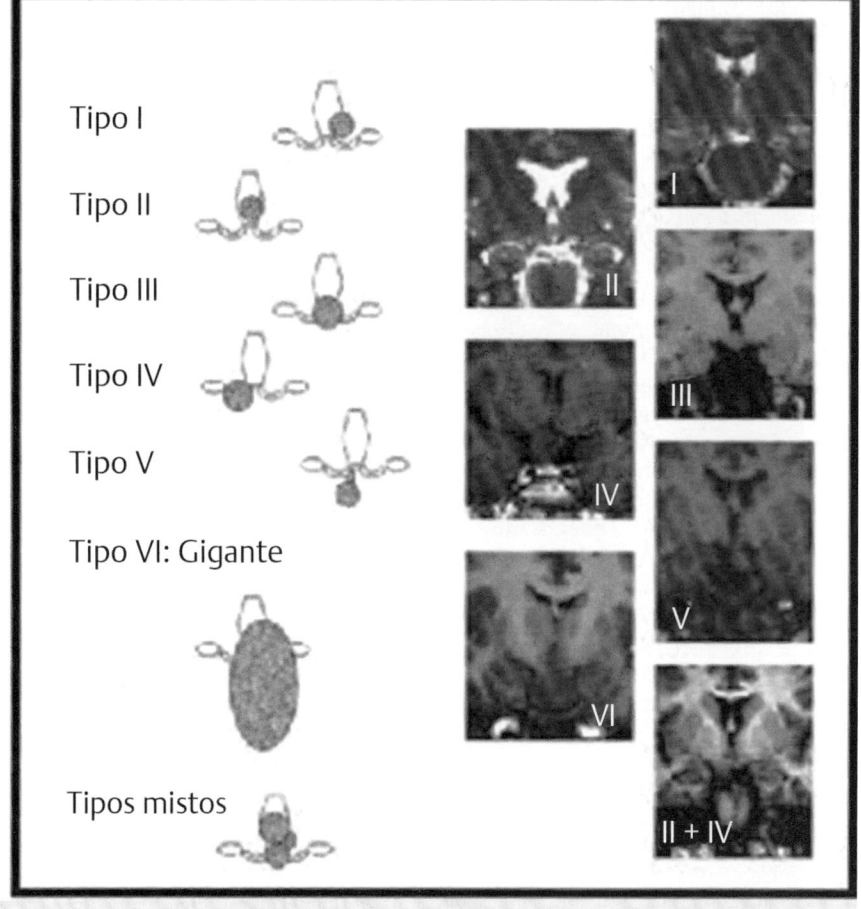

Fig. 8.1 Classificação de hamartomas hipotalâmicos. Esquemas de classificação de Delalande (esquerda) e Régis (direita) para hamartomas hipotalâmicos. O esquema Delalande determinado e uma abordagem desconectiva intraventricular (tipo II) ou pterional (tipo I), com ambas as técnicas sendo empregadas sequencialmente em lesões de tipos III e IV, sem nenhuma vantagem cirúrgica clara associada a uma ou outra. O esquema Régis estratificou o risco para as estruturas adjacentes, recomendando uma ressecção de tipo II, radiocirurgias para os tipos I e III, desconexão endoscópica de tipos IV e V, e estratégias de combinação para o tipo VI e tipos mistos. (Esquerda, reproduzida com permissão do Barrow Neurological Institute. Direita, reproduzida com permissão de Régis J, Scavarda D, Tamura M *et al. Epilepsy related to hypothalamic hamartomas: surgical management with special reference to gamma knife surgery. Childs Nerv Syst* 2006;22(8):881-895.)

encefalopatia epilética, bem como uma evidência da afirmação de que a epilepsia é uma doença de rede.[3] A natureza de rede da síndrome, apesar da origem focal do gerador de convulsão, foi estudada em alguns artigos. Kahane et al. foram os primeiros a identificar o hamartoma como fonte de epilepsia por estereoeletroencefalografia (SEEG).[23] Usami et al. e Leal et al. utilizaram o paradigma eletroencefalograma-MRI funcional correlacionada (EEG-fMRI) para correlacionar os picos interictais encontrados em pacientes de HH com alterações no sinal dependente do nível de oxigênio no sangue (BOLD, do inglês *blood oxygen level dependent*), para elucidar as associações de rede do hamartoma.[24,25] Boerwinkle et al. usaram fMRI em estado de repouso para definir de forma clara as regiões mais estreitamente associadas em diversos hamartomas.[26] Esses artigos explicam a história de localização mal dirigida e intervenção terapêutica no HH, e lembram ao profissional que o hamartoma é a zona de aparecimento de convulsão mais dominante da síndrome, e não a zona sintomatogênica de manifestação fenotípica da síndrome.

Embora múltiplos sistemas de classificação de HH tenham sido propostos, as lesões de HH bem definidas são raras e frequentemente existem dentro de um espectro da doença.[27-29] Mesmo assim, a classificação geral pode ser vantajosa para a perspectiva cirúrgica. A prática neurocirúrgica atual usa a classificação de Delalande e Fohlen (▶ Fig. 8.1) para recomendações referentes às abordagens cirúrgicas e ao manejo.[30]

8.5 Etiologia

Embora os casos de HH sejam primariamente idiopáticos em origem, algumas mutações genéticas foram identificadas. Curiosamente, foram observadas mutações somáticas ocorrendo em vias que comprovadamente atuam na padronagem e no desenvolvimento do sistema nervoso central (CNS), bem como no destino celular. Estima-se que 15-25% dos casos de HH esporádicos foram correlacionados com mutações em GLI3,[31,32] um fator de transcrição antagonista da via SHH (do inglês *sonic hedgehog*).[33] SHH é essencial à padronagem adequada dos ramos[34] e da estrutura de linha média do encéfalo e medula espinal[35] e, curiosamente, a haploinsuficiência de *GLI3* foi citada como uma causa do distúrbio HH-relacionado com a síndrome de Pallister-Hall.[36] Anormalidades genéticas adicionais foram relatadas nos fatores de transcrição *SOX2*[37] e *FOXC1*.[38] *SOX2* é necessário à formação do telencéfalo ventral durante o desenvolvimento embrionário,[39] e também é requerido para a manutenção continuada da célula-tronco neural (NSC).[40] Similarmente, *FOXC1* regula a formação de somitos durante o neurodesenvolvimento.[40] Tomados em conjunto, os eventos de mutação somática que ocorrem em cada um destes três fatores de transcrição sugerem que a expressão aberrante de vias relevantes para o desenvolvimento podem ser responsáveis pela ocorrência de HH.

8.6 Apresentação Clínica e Avaliação

O HH tipicamente se manifesta com epilepsia de variedade gelástica, durante a infância. Esta rara semiologia ictal, com uma MRI confirmatória, é suficiente para estabelecer o diagnóstico, com a análise de EEG tendo utilidade localizadora limitada pela profundidade da lesão epileptogênica. A avaliação do outro sintoma apresentado, a puberdade precoce central, começa com o exame físico, seguido da medida seriada dos níveis hormonais. Perturbações cognitivas e comportamentais frequentemente associadas ao HH devem ser avaliadas com testes neuropsiquiátricos e psicológicos, para determinar a resposta ao tratamento.

- As convulsões gelásticas são caracterizadas por um riso que é notado primeiramente na infância, mas em geral somente compreendido pelos pais como sendo anormal no final da infância.[3]
- De modo característico, as convulsões gelásticas inicialmente não são associadas a alterações na consciência, porém a progressão ao longo do tempo em geral resulta na evolução para convulsões motoras focais ou generalizadas secundárias.[3]
- O EEG do couro cabeludo em geral falha em demonstrar a localização da convulsão por causa da localização profunda desta, embora às vezes possa fornecer informação referente à lateralidade da propagação da convulsão.
- O EEG pode ser uma medida indireta da progressão da doença, com os exames iniciais frequentemente resultando normais, progressão ao longo do tempo pata envolvimento lobar em pacientes com convulsões parciais, seguida de picos interictais lentos e morfologia de onda em pacientes com epilepsia generalizada sintomática.
- A SPECT (do inglês *single-photon emission computed tomography*) ictal e a FDG-PET (do inglês *fluorodeoxyglucose pósitron emission tomography*) ictal, embora raramente obtidas, demonstram a hiperperfusão e o hipermetabolismo do HH, respectivamente. A PET interictal também pode permitir a identificação da porção mais metabolicamente ativa de um hamartoma gigante, possibilitando assim estabelecer o alvo cirúrgico seletivo.
- A MRI continua sendo a modalidade de imagem pré e pós-cirúrgica mais útil a demonstrar uma massa isointensa sem intensificação em T1, hiperintensa em T2 e sem calcificação.
- Os diagnósticos diferenciais com base em imagens incluem o glioma óptico hipotalâmico, craniofaringioma, vários tumores de células germinativas e cistos aracnoides.
- Os sinais clínicos de CPP são engrossamento da voz, aumento dos testículos e do pênis, desenvolvimento prematuro de pelos pubianos, e hipertrofia muscular em indivíduos do sexo masculino.
- Em casos raros, o HH pode manifestar-se com outras endocrinopatias como o gigantismo, além de hipotireoidismo e obesidade.

8.7 Manejo Não Cirúrgico e Outras Abordagens

Os HHs são notoriamente resistentes ao tratamento com fármacos antiepilépticos (AEDs).[41] Embora sejam usadas medicações, estas são mais úteis no manejo de convulsões secundárias na rede epiléptica. Ainda assim, de modo geral, os pacientes atingem um estado medicamente refratário com triagens usando ao menos duas medicações, antes da cirurgia. No pós-operatório, os AEDs podem ser usados para suprimir convulsões agudas e controlar redes de epilepsia secundária durante o processo de extenuação.

8.8 Achados Psiquiátricos

Apesar da gravidade da epilepsia e da encefalopatia frequentemente concomitante, a perturbação comportamental associada ao HH é a morbidade mais problemática que as famílias de pacientes com HH enfrentam. Os mecanismos neurofisiológicos subjacentes a estes eventos psicológicos ainda precisam ser determinados. Além dos retardos do desenvolvimento observados, também foram relatados ansiedade, depressão, transtorno desafiador opositivo, transtorno de condução e, mais comumente, incapacitação intelectual e transtornos de subtipo de agressão e raiva, tanto no HH neurocirúrgico como na literatura psiquiátrica.[4,5] De modo específico, crianças com HH apresentando convulsões gelásticas têm risco aumentado de comorbidades de transtornos psiquiátricos, comparativamente com os irmãos biológicos saudáveis.

Pelas dificuldades para testar pacientes com HH usando as avaliações diagnósticas neuropsicológicas convencionais, pode ser difícil estabelecer a causalidade de problemas psiquiátricos como um resultado direto de HH. De modo significativo, indivíduos diagnosticados no pré-operatório com convulsões induzidas por HH apresentaram melhora unilateral no desempenho acadêmico e diminuição da agressão após a remoção cirúrgica da lesão do HH.[27,29,42] A incapacitação intelectual é mais facilmente avaliada em crianças com HH e, de modo mais frequente, manifesta-se em pacientes de HH com CPP e hamartomas intra-hipotalâmicos maiores.[43]

Foram publicados relatos anteriores de disfunção hipotalâmica levando a problemas comportamentais em outros distúrbios (*i. e.*, síndrome de Prader-Willi), sugerindo que as anormalidades psiquiátricas encontradas em pacientes com HH não são apenas correlativas e sim causais.[44] Pesquisas futuras devem ter como objetivo uma melhor compreensão sobre como o HH contribui especificamente para as anormalidades cognitivas e comportamentais observadas nestes pacientes. Dada a superprodução comprovada de fator liberador de hormônio luteinizante[15,45] e relatos de níveis anormais de hormônio do crescimento em pacientes com HH,[46] uma atenção particular deve ser dada às alças de *feedback* neuroendócrinas que podem alterar os níveis de neurotransmissor. Com papéis bem estabelecidos na agressão[47] e na depressão,[48,49] os níveis de dopamina e serotonina devem ser avaliados em conjunto com avaliações pré e pós-operatórias.

8.9 Procedimento Cirúrgico

8.9.1 Indicações e Abordagens Cirúrgicas

O processo de escolher a abordagem cirúrgica ideal para cada paciente com HH atualmente está em evolução, devido ao advento das técnicas minimamente invasivas eficazes. Com múltiplas opções disponíveis para a equipe de tratamento,[50] é ideal combinar a anatomia do paciente, a carga de epilepsia e o potencial intelectual do paciente com a razão benefício/risco da técnica cirúrgica escolhida. Exemplificando, as ressecções cirúrgicas abertas devem considerar o risco relativamente alto de disfunção da memória, menos notável na população que apresenta grave incapacitação intelectual. De modo alternativo, uma criança com encefalopatia epiléptica progressiva pode não conseguir esperar o período de 36 meses necessário à manifestação do efeito da radiocirurgia estereotática (SRS), apesar do perfil de segurança muito favorável. A ablação estereotática pode ser ideal para os tipos Régis I a IV, mas pode ser necessário considerar um processo iterativo em lesões maiores.

8.9.2 Técnicas Cirúrgicas Abertas

A intervenção cirúrgica precoce ainda é uma das bases do tratamento para pacientes com HH. A meta da intervenção cirúrgica é curar ou diminuir a frequência das convulsões na ausência de complicações incapacitantes. As três abordagens cirúrgicas abertas mais comuns para ressecção de HH são: (1) interfórnix anterior transcalosa, (2) subfrontal e (3) pterional (▶ Fig. 8.2).

- Abordagem interfórnix anterior transcalosa:
  - Principais etapas da abordagem: craniotomia inter-hemisférica anterior, calosotomia focal, separação dos folhetos do septo e consequente separação das colunas do fórnix, e visualização do III ventrículo a partir de cima.
  - Ressecção da massa protuberante facilitada pelo uso de aspirador ultrassônico ajustados com os parâmetros mais reduzidos, empregando diferença ocasional de cor e textura na lesão.
  - As margens da ressecção são delimitadas pela pia/aracnoide inferiormente, contudo podem ser desafiadoras nas laterais, tanto por uma fenda inconsistente lateral à lesão quanto por um *feedback* visual e háptico não confiável.
  - As dicas para evitar complicações incluem a manutenção de uma abordagem de linha média, proteção das artérias cerebrais anteriores e das veias cerebrais internas, e evitação de lesão perfurante acima da artéria basilar e lateral ao hamartoma.[51]
  - Dentre os 29 pacientes operados em uma série, 52% ficaram livres de convulsões e os 24% restantes alcançaram eliminação superior a 90% das convulsões.[52]

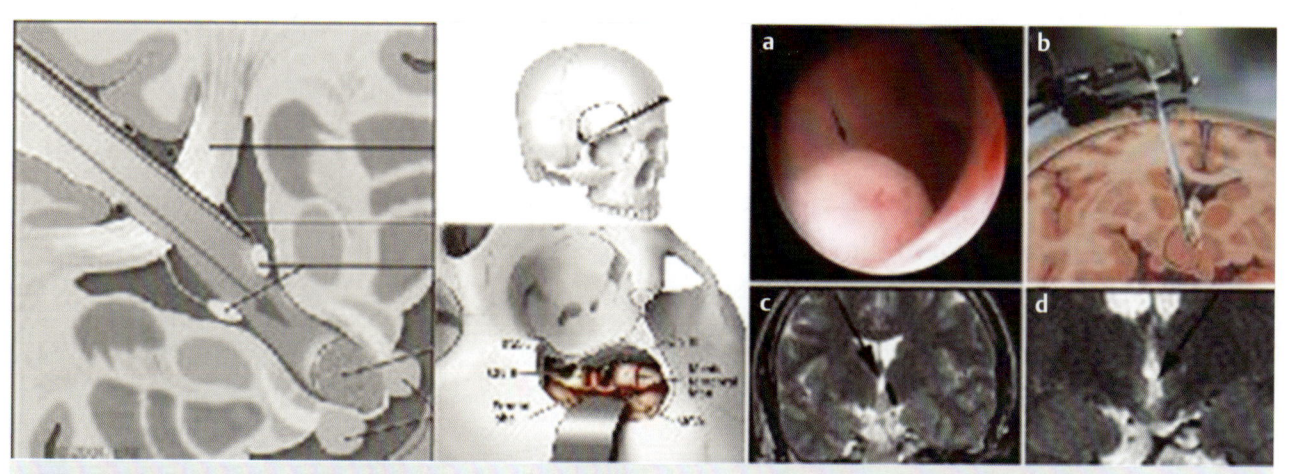

Fig. 8.2 Abordagens cirúrgicas para hamartomas hipotalâmicos e vistas endoscópicas. As abordagens cirúrgicas ilustradas acima incluem a abordagem interfórnix transcalosa para lesões intraventriculares (esquerda) e a abordagem orbitozigomática (meio) para desconexão ou ressecções de lesão abaixo do assoalho do III ventrículo. O painel da direita ilustra a vista do hamartoma por endoscópio (**a**), a linha proposta de desconexão (**b**; *linha preta em* **c**) e a imagem pós-operatória da ressecção endoscópica (*seta em* **d**). (Reproduzida com permissão do Barrow Neurological Institute.)

- Entre as principais complicações potenciais, estão a disfunção da memória por lesão no fórnix e corpo mamilar; acidentes vasculares talâmicos por lesão perfurante; ganho de peso decorrente de lesão ao núcleo hipotalâmico; e diabetes melito por lesão ao pedúnculo hipofisário.
- A disfunção de memória pós-operatória transiente é comum (~ 50% dos pacientes) com esta abordagem, observando-se uma significativa disfunção de memória em longo prazo de quase 14%.

■ A abordagem pterional envolve dissecação da fissura silviana para acessar o hipotálamo:[52]
  - Rota curta e direta para hamartomas de Delalande tipo I ou de Régis tipo IV, ou hamartomas V.
  - O HH intraventricular não pode ser acessado com esta abordagem.
  - Risco de lesão à artéria carótida interna (ICA), nervos ópticos, nervos oculomotores e núcleos hipotalâmicos.

■ Na abordagem translaminar subfrontal[53]/abordagem orbitozigomática:[54]
  - As principais etapas são: craniotomia orbitozigomática, retração dos lobos frontais para cima, dissecação via lâmina terminal e entrada no III ventrículo, através do túber cinéreo.
  - Esta abordagem e a abordagem pterional têm como alvo as lesões pedunculadas, mas também a porção do HH gigante que estiver abaixo do III ventrículo.
  - Risco de lesão às artérias comunicante anterior e cerebral anterior.

■ A abordagem endoscópica transventricular envolve neuroendoscopia para ressecção de hamartomas tipo II com uso de um emulsificante tecidual. Alguns grupos defendem puramente intervenções desconectivas, as quais têm sido realizadas por endoscopia:[55]
  - Em uma série do grupo Barrow, incluindo 44 pacientes tratados com endoscopia, constatou-se que dos 14 indivíduos submetidos à ressecção completa (31,8%), 13 estavam livres de convulsões.[55]
  - Em uma série do grupo Barrow, incluindo pacientes tratados apenas com descontinuação via endoscopia, 12 de um total de 37 indivíduos conseguiram obter desconexão total e ressecção. Oito pacientes se livraram das convulsões e seis alcançaram uma redução superior a 90% da carga convulsiva.[56]
  - Uma série antiga constatou uma taxa de 30% de acidente vascular talâmico por lesão perfurante.
  - Uma síndrome de disnatremia transiente grave foi descrita em uma cirurgia aberta ou endoscópica de HH que pode estender a fase de cuidados intensivos dos pacientes. Em uma série de técnicas combinadas, observou-se que 2% dos pacientes obtiveram esse resultado, sendo que 2/3 desses indivíduos necessitaram de DDAVP (desmopressina) cronicamente.[57]

8.9.3 Técnicas Minimamente Invasivas

Embora a maioria dos tratamentos de HH enfoque a intervenção cirúrgica, a significativa morbidade associada à abordagem e à operação de lesões hipotalâmicas resultou no desenvolvimento e na utilização de várias técnicas minimamente invasivas e não invasivas na epilepsia em pacientes com HH, incluindo SRS, termocoagulação por radiofrequência e ablação a *laser*.

Radiocirurgia Estereotática

■ As modalidades de SRS no tratamento de HH envolvem o uso de radiação altamente conformacional, via Gamma Knife ou sistemas baseados em LINAC, para obter o controle das convulsões.

■ Régis *et al.*[58] publicaram a maior de todas séries publicadas até o presente sobre HH tratado com Gamma Knife. Nesta série, foram incluídos 60 pacientes inscritos para receber tratamento radiocirúrgico. Um total de 27 pacientes foram seguidos e, destes, apenas 10 alcançaram resolução completa das convulsões. Nenhum paciente apresentou complicações significativas em longo prazo, em decorrência da irradiação hipotalâmica. Os autores recomendaram o uso da SRS como tratamento de primeira linha para HH. Em adição, Arita *et al.*,[14] do Japão, também defenderam o uso da SRS como tratamento de primeira linha. Como a eliminação das convulsões somente foi conseguida em 37% dos casos, a SRS também pode ser usada na paliação. Pode demorar até 36 meses para que o efeito máximo da SRS seja alcançado. Do mesmo modo, essa técnica é menos usada em pacientes que sofrem de encefalopatia epilética, quando a demora da resposta terapêutica não é ideal. Notavelmente, quase nenhuma alteração radiológica é produzida no HH após o tratamento com Gamma Knife.
  - A técnica é executada de modo similar a outros procedimentos radiocirúrgicos que usam Gamma Knife. Após a fixação rígida, a radiação planejada é distribuída de maneira multi-isocêntrica, com um sistema Leksell de cobalto-60 de 201 fontes. A dose de 13-26 Gy (média = 17 Gy), em uma margem de isodose de 50%, foi aplicada a lesões de 5-26 mm (média = 9,5 mm). As doses são planejadas para evitar o aparato óptico radiossensível adjacente, bem como o hipotálamo. Os sistemas LINAC também podem ser usados, com um relato de uso de 15-18 Gy à linha de isodose de 95%.[59]

Ablação por Radiofrequência Estereotática

■ A termorregulação por radiofrequência também é uma abordagem terapêutica mais moderna para HH, relatada pela primeira vez na década de 1990.
  - Kameyama *et al.* relataram a maior série de pacientes tratados com termocoagulação por radiofrequência, em que 100 pacientes foram tratados e, deste total, 70 eram pediátricos.[60] A eliminação das convulsões gelásticas foi conseguida em 86% dos casos (82% dos pacientes pediátricos e 93% dos pacientes adultos). Múltiplas sessões de ablação foram requeridas em 35% dos casos. É importante notar que, com o advento do termo "guiado por MR" na literatura, esse termo se refere à fase de planejamento por ressonância magnética (MR) do procedimento, uma vez que o equipamento de radiofrequência é incompatível com a MR e isso, portanto, impede seu uso na termografia com MR.
  - A técnica começa com o planejamento de múltiplas trajetórias no espaço estereotático, usando um *software* estereotático. A termoablação é planejada estimando ablações de 5 mm ao longo de múltiplas trajetórias, para cobrir a lesão-alvo. Esse diâmetro é extrapolado a partir de dados da clara do ovo. Os autores usam de 1 a 36 ablações em 1 a 10 trajetórias por paciente. Cada lesão é testada com 60ºC por 30 segundos e, em seguida, submetida à ablação com 74ºC por 60 segundos. Os autores usam hipodensidades na varredura de tomografia computadorizada (CT) para confirmação da lesão e identificação de complicações.[60]

Termoterapia Intersticial a *Laser* Guiada por MRI

■ A termoterapia intersticial a *laser* guiada por MRI (MRgLITT), ou SLA, foi recentemente descrita como uma abordagem terapêutica para HH.[61-63] Combina a colocação estereotática de uma fonte de calor a *laser* com a termografia com MR quase

Hamartomas Hipotalâmicos

em tempo real, para possibilitar o controle preciso do processo de ablação. Em uma série de 59 pacientes, 93% estavam livres das convulsões gelásticas em 1 ano; 86% se livraram das convulsões gelásticas de modo geral; e 22% necessitaram de mais de uma ablação[63] (▶ Fig. 8.3).

- A orientação por imagem, além do planejamento por MRI, permite ao cirurgião visualizar a distinção entre o hamartoma e as estruturas hipotalâmicas adjacentes, superiormente, em comparação com a microscopia óptica intraoperatória. O *laser* é compatível com a MR e exibe mínima interferência de artefatos, permitindo que a operação seja realizada durante a termografia com MR quase em tempo real. Agora, o cirurgião pode ver onde o calor oriundo do *laser* está sendo aplicado, o que possibilita fazer ajustes de intensidade e localização ao longo da trajetória estereotática. Os controles de alça fechada permitem que os pontos sejam colocados sobre estruturas a serem preservadas que saltam fora do *laser* quando tais pontos aquecem até uma temperatura subletal preservada. No alvo, as regiões aquecidas até temperaturas letais mudam de cor, fornecendo ao cirurgião uma estimativa do tamanho da ablação e se o hamartoma é totalmente incluído. O *laser* é descontinuado quando o hamartoma é consumido na ablação ou estruturas essenciais são atingidas.

- A técnica é realizada com fixação rígida. Notavelmente, crianças ou pacientes com crânio delgado podem requerer outras opções, como estruturas de distribuição de força com seis pinos, sistemas de miniestrutura ou sistemas sem estrutura. A trajetória é projetada em um espaço estereotático usando um *software* estereotático à escolha do cirurgião, todavia que tenha capacidade de fundir muitas séries de imagens para esclarecer a margem distinta entre a lesão e estruturas hipotalâmicas, ópticas e límbicas, como as sequências de MRI T1, T2, FLAIR (do inglês, *fluid-attenuated inversion recovery*), FIESTA (do inglês, *fast imaging employing steady-state acquisition*) e sequências STIR (do inglês, *short tau inversion recovery*) em pacientes jovens com hipomielinização. Ocasionalmente, as varreduras de PET e DTI (do inglês, *diffusion tensor imaging*) podem ser úteis. A trajetória é projetada para maximizar o volume de ablação; se for prevista a necessidade de um diâmetro maior que 18 mm, múltiplas trajetórias devem ser empregadas. Os escoadouros de calor identificados são abordados aproximando mais a cânula do *laser* do suposto escoador de calor, cerca de 1/3 da distância mais próximo da fonte a partir do centro da trajetória. Assegura-se que a trajetória seja avascular usando uma vista em corte transversal, ou a vista do orifício da sonda, por meio de uma sequência T1 gadolínio-intensificada.

- Uma vez executado o plano, o pino (de plástico ou titânio) de âncora MR-compatível é colocado na trajetória com uma estrutura estereotática ou robô cirúrgico (melhor opção para múltiplas trajetórias). Com uma broca giratória, cria-se um orifício que corresponda ao pino de âncora selecionado. O cirurgião precisa estar ciente de que, se for usado um pino de âncora de titânio, isto gerará um artefato de termograma com MR de área de superfície, fazendo com que as ablações na superfície não sejam orientadas por termografia com MR. Se um pino plástico de âncora for usado, então deverá ser rosqueado manualmente no orifício perfurado pela broca depois que a dura-máter é atravessada com cautério e uma haste-guia é inserida até o alvo. Se um pino de âncora de titânio for usado, será necessário prendê-lo ao orifício da broca com auxílio de uma chave de fenda, e a haste-guia é inserida até o alvo depois que o cautério atravessa a dura-máter. Uma vez concluído o trato com a haste-guia, esta é removida, o aparato estereotático é removido e o cateter de ablação é inserido até o alvo com auxílio de um estilete firmador, o

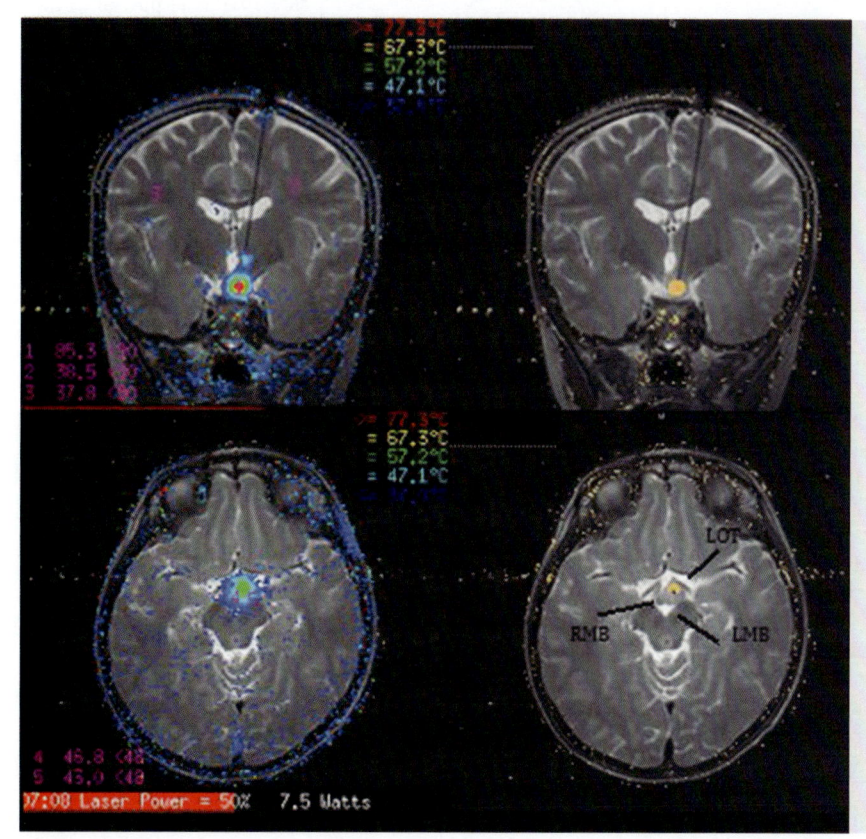

Fig. 8.3 Termografia e ressonância magnética (MR) e mapa de dano irreversível na termoablação a *laser*. Imagens intraoperatórias coronal (em cima) e axial (em baixo) de MRgLITT (termoterapia intersticial a *laser* guiada por MRI) de hamartoma hipotalâmico. O termograma com MR quase em tempo real à esquerda mostra o aquecimento do hamartoma hipotalâmico, com marcadores de limite baixo 4 e 5 posicionados nos corpos mamilares para garantir o corte do *laser* antes do aquecimento acima de 48°C. O mapa de dano irreversível, mostrado em laranja, está acumulando sobre o hamartoma-alvo, no plano axial, entre os corpos mamilares protegidos e o trato óptico.

qual então é substituído por uma fibra de *laser* com ponta difusora. Essa ponta difusora de 3 mm é ideal para HH, dada a precisão aumentada e a falta de necessidade de estender a lesão para além do alvo. Nos casos de HH gigante, pode ser usada uma fibra de *laser* com ponta difusora de 10 mm.

- Uma vez que a cânula esteja no alvo, o paciente é submetido à MRI tridimensional (3D), para encontrar a cânula e ajustar as imagens de fundo, tanto no sentido axial como no sentido oblíquo, ao longo do cateter, e então é obtido um termograma com MR contínuo quase em tempo real. As imagens de fundo são então usadas para estabelecer um marcador de limite alto próximo à fonte de calor, e um marcador de limite baixo nas estruturas a serem preservadas. Isto inclui os fórnices, os tratos mamilotalâmicos, os corpos mamilares e o hipotálamo. Os marcadores de limites alto e baixo permitem que o *laser* seja saltado quando o marcador atinge a temperatura estabelecida. Os marcadores de limite alto são ajustados em 90ºC, enquanto os marcadores de limite baixo são ajustados em 48ºC para segurança adicional, em comparação com o padrão de 50ºC. A irrigação contínua é estabelecida e uma dose de teste do aquecimento a *laser* é aplicada, com o *laser* ajustado em 8-15% do parâmetro de potência de 10 W. Isto permite que o cirurgião confirme a aplicação de calor ideal e faça os devidos ajustes na fibra de *laser* junto à cânula. Uma vez otimizada a posição, realiza-se a ablação dosando a potência do *laser* para alcançar a temperatura entre 80 e 90ºC no marcador de limite alto (que serve como temperatura-alvo) por 3 minutos, ou até que o mapa de dano irreversível abranja a lesão. Trações para trás e ablações adicionais, aliadas a trajetórias extras, são feitas em conformidade até a lesão de HH estar maximamente contida dentro do mapa de dano. Imagens de seguimento de MRI de T1 gadolínio-infundidas e de difusão são obtidas para confirmar a extensão da ablação.

8.10 Manejo Pós-Operatório

Apesar de não ter sido conduzido nenhum estudo sobre cuidados pós-operatórios ideais para pacientes submetidos à cirurgia de ablação para HH, constatamos que as seguintes medidas são úteis:

- O controle da disnatremia pós-operatória, que é constante em procedimentos abertos e rara em procedimentos ablativos, devendo ser tratada com uso mínimo de DDAVP para evitar a hiponatremia iatrogênica. A hipernatremia permissiva, na faixa de 145-155 ng/dL por reposição volumétrica de apenas 2/3 do débito urinário, pode evitar flutuações intensas de sódio.
- A administração pré e intraoperatória de dexametasona, seguida de um afunilamento lento para minimizar o edema pós-operatório, em especial ao usar termoablação.
- A MRI intra-ablação com contraste e com difusão ou sequências DTI para confirmar que a lesão foi totalmente submetida à ablação durante a ablação a *laser*.
- O tratamento pós-operatório na unidade de terapia intensiva é requerido para pacientes submetidos à craniotomia aberta, enquanto um leito de assoalho neurológico monitorizado *overnight* é apropriado para pacientes de ablação.
- Realização de exames pós-operatórios de neurocognição, neuropsiquiátricos e endocrinológicos, agendados em 3 e 9 meses de seguimento.
- Seguimento pós-operatório estreito realizado por especialista em epilepsia, para monitorização da recorrência das convulsões e titulação de AEDs pré-procedimento para controlar a epilepsia secundária, é essencial para o manejo do efeito de extenuação em crianças com altas cargas convulsivas.

Referências

[1] Palmini A, Paglioli-Neto E, Montes J, Farmer JP. The treatment of patients with hypothalamic hamartomas, epilepsy and behavioural abnormalities: facts and hypotheses. Epileptic Disord. 2003; 5(4):249–255

[2] Marliani AF, Tampieri D, Melançon D, Ethier R, Berkovic SF, Andermann F. Magnetic resonance imaging of hypothalamic hamartomas causing gelastic epilepsy. Can Assoc Radiol J. 1991; 42(5):335–339

[3] Berkovic SF, Arzimanoglou A, Kuzniecky R, Harvey AS, Palmini A, Andermann F. Hypothalamic hamartoma and seizures: a treatable epileptic encephalopathy. Epilepsia. 2003; 44(7):969–973

[4] Arita K, Ikawa F, Kurisu K, et al. The relationship between magnetic resonance imaging findings and clinical manifestations of hypothalamic hamartoma. J Neurosurg. 1999; 91(2):212–220– Review

[5] Weissenberger AA, Dell ML, Liow K, et al. Aggression and psychiatric comorbidity in children with hypothalamic hamartomas and their unaffected siblings. J Am Acad Child Adolesc Psychiatry. 2001; 40(6):696–703

[6] Shahar E, Kramer U, Mahajnah M, et al. Pediatric-onset gelastic seizures: clinical data and outcome. Pediatr Neurol. 2007; 37(1):29–34

[7] Maixner W. Hypothalamic hamartomas: clinical, neuropathological and surgical aspects. Childs Nerv Syst. 2006; 22(8):867–873

[8] Sener RN. Cranial MR imaging findings in Waardenburg syndrome: anophthalmia, and hypothalamic hamartoma. Comput Med Imaging Graph. 1998; 22(5):409–411

[9] Biesecker LG. Heritable syndromes with hypothalamic hamartoma and seizures: using rare syndromes to understand more common disorders. Epileptic Disord. 2003; 5(4):235–238

[10] Poretti A, Vitiello G, Hennekam RC, et al. Delineation and diagnostic criteria of oral-facial-digital syndrome type VI. Orphanet J Rare Dis. 2012; 7:4

[11] Biswas K, Kapoor A, Jain S, Ammini AC. Hypothalamic hamartoma as a cause of precocious puberty in neurofibromatosis type 1: patient report. J Pediatr Endocrinol Metab. 2000; 13(4):443–444

[12] Biesecker LG, Abbott M, Allen J, et al. Report from the workshop on Pallister-Hall syndrome and related phenotypes. Am J Med Genet. 1996; 65(1):76–81

[13] Taylor M, Couto-Silva AC, Adan L, et al. Hypothalamic-pituitary lesions in pediatric patients: endocrine symptoms often precede neuro-ophthalmic presenting symptoms. J Pediatr. 2012; 161(5):855–863

[14] Arita K, Kurisu K, Kiura Y, Iida K, Otsubo H. Hypothalamic hamartoma. Neurol Med Chir (Tokyo). 2005; 45(5):221–231

[15] Judge DM, Kulin HE, Page R, Santen R, Trapukdi S. Hypothalamic hamartoma: a source of luteinizing-hormone-releasing factor in precocious puberty. N Engl J Med. 1977; 296(1):7–10

[16] Beggs J, Nakada S, Fenoglio K, Wu J, Coons S, Kerrigan JF. Hypothalamic hamartomas associated with epilepsy: ultrastructural features. J Neuropathol Exp Neurol. 2008; 67(7):657–668

[17] Fenoglio KA, Wu J, Kim DY, et al. Hypothalamic hamartoma: basic mechanisms of intrinsic epileptogenesis. Semin Pediatr Neurol. 2007; 14(2):51–59

[18] Wu J, Xu L, Kim DY, et al. Electrophysiological properties of human hypothalamic hamartomas. Ann Neurol. 2005; 58(3):371–382

[19] Wu J, Gao M, Rice SG, et al. Gap junctions contribute to ictal/interictal genesis in human hypothalamic hamartoma. EBioMedicine. 2016; 8:96–102

[20] Pati S, Sollman M, Fife TD, Ng YT. Diagnosis and management of epilepsy associated with hypothalamic hamartoma: an evidence-based systematic review. J Child Neurol. 2013; 28(7):909–916

[21] Striano S, Santulli L, Ianniciello M, Ferretti M, Romanelli P, Striano P. The gelastic seizures-hypothalamic hamartoma syndrome: facts, hypotheses, and perspectives. Epilepsy Behav. 2012; 24(1):7–13

[22] Scholly J, Valenti MP, Staack AM, et al. Hypothalamic hamartoma: is the epileptogenic zone always hypothalamic? Arguments for independent (third stage) secondary epileptogenesis. Epilepsia. 2013; 54 Suppl 9:123–128

[23] Kahane P, Ryvlin P, Hoffmann D, Minotti L, Benabid AL. From hypothalamic hamartoma to cortex: what can be learnt from depth recordings and stimulation? Epileptic Disord. 2003; 5(4):205–217

[24] Usami K, Matsumoto R, Sawamoto N, et al. Epileptic network of hypothalamic hamartoma: an EEG-fMRI study. Epilepsy Res. 2016; 125:1-9

[25] Leal AJR, Passão V, Calado E, Vieira JP, Silva Cunha JP. Interictal spike EEG source analysis in hypothalamic hamartoma epilepsy. Clin Neurophysiol. 2002; 113(12):1961-1969

[26] Boerwinkle VL, Wilfong AA, Curry DJ. Resting state functional connectivity by independent component analysis-based markers corresponds to areas of initial seizure propagation established by prior modalities from the hypothalamus. Brain Connect. 2016; 6(8):642-651

[27] Valdueza JM, Cristante L, Dammann O, et al. Hypothalamic hamartomas: with special reference to gelastic epilepsy and surgery. Neurosurgery. 1994; 34 (6):949-958, discussion 958

[28] Régis J, Hayashi M, Eupierre LP, et al. Gamma knife surgery for epilepsy related to hypothalamic hamartomas. Acta Neurochir Suppl (Wien). 2004; 91:33-50

[29] Fohlen M, Lellouch A, Delalande O. Hypothalamic hamartoma with refractory epilepsy: surgical procedures and results in 18 patients. Epileptic Disord. 2003; 5(4):267-273

[30] Delalande O, Fohlen M. Disconnecting surgical treatment of hypothalamic hamartoma in children and adults with refractory epilepsy and proposal of a new classification. Neurol Med Chir (Tokyo). 2003; 43(2):61-68

[31] Craig DW, Itty A, Panganiban C, et al. Identification of somatic chromosomal abnormalities in hypothalamic hamartoma tissue at the GLI3 locus. Am J Hum Genet. 2008; 82(2):366-374

[32] Wallace RH, Freeman JL, Shouri MR, et al. Somatic mutations in GLI3 can cause hypothalamic hamartoma and gelastic seizures. Neurology. 2008; 70 (8):653-655

[33] Ruiz i Altaba A, Palma V, Dahmane N. Hedgehog-Gli signalling and the growth of the brain. Nat Rev Neurosci. 2002; 3(1):24-33

[34] Currie PD, Ingham PW. Induction of a specific muscle cell type by a hedgehog-like protein in zebrafish. Nature. 1996; 382(6590):452-455

[35] Lewis KE, Eisen JS. Hedgehog signaling is required for primary motoneuron induction in zebrafish. Development. 2001; 128(18):3485-3495

[36] Démurger F, Ichkou A, Mougou-Zerelli S, et al. New insights into genotypephenotype correlation for GLI3 mutations. Eur J Hum Genet. 2015; 23(1):92- 102

[37] Bilginer B, Akbay A, Akalan N. Hypothalamic hamartoma with bilateral anophthalmia. Childs Nerv Syst. 2007; 23(7):821-823

[38] Kerrigan JF, Kruer MC, Corneveaux J, et al. Chromosomal abnormality at 6p25.1-25.3 identifies a susceptibility locus for hypothalamic hamartoma associated with epilepsy. Epilepsy Res. 2007; 75(1):70-73

[39] Ferri A, Favaro R, Beccari L, et al. Sox2 is required for embryonic development of the ventral telencephalon through the activation of the ventral determinants Nkx2.1 and Shh. Development. 2013; 140(6):1250-1261

[40] Wegner M, Stolt CC. From stem cells to neurons and glia: a Soxist's view of neural development. Trends Neurosci. 2005; 28(11):583-588

[41] Nguyen D, Singh S, Zaatreh M, et al. Hypothalamic hamartomas: seven cases and review of the literature. Epilepsy Behav. 2003; 4(3):246-258

[42] Freeman JL, Harvey AS, Rosenfeld JV, Wrennall JA, Bailey CA, Berkovic SF. Generalized epilepsy in hypothalamic hamartoma: evolution and postoperative resolution. Neurology. 2003; 60(5):762-767

[43] Prigatano GP, Wethe JV, Rekate HL, et al. Neuropsychological dysfunction in patients with hypothalamic hamartomas and refractory epilepsy. Am Epilepsy Soc. 2006:Abstract

[44] Verhoeven WM, Tuinier S, Curfs LM. Prader-Willi syndrome: the psychopathological phenotype in uniparental disomy. J Med Genet. 2003; 40(10):e112

[45] Mahachoklertwattana P, Kaplan SL, Grumbach MM. The luteinizing hormonereleasing hormone-secreting hypothalamic hamartoma is a congenital malformation: natural history. J Clin Endocrinol Metab. 1993; 77(1):118-124

[46] Feuillan P, Peters KF, Cutler GB, Jr, Biesecker LG. Evidence for decreased growth hormone in patients with hypothalamic hamartoma due to Pallister-Hall syndrome. J Pediatr Endocrinol Metab. 2001; 14(2):141-149

[47] Yanowitch R, Coccaro EF. The neurochemistry of human aggression. Adv Genet. 2011; 75:151-169- Review

[48] Zangen A, Nakash R, Overstreet DH, Yadid G. Association between depressive behavior and absence of serotonin-dopamine interaction in the nucleus accumbens. Psychopharmacology (Berl). 2001; 155(4):434-439

[49] Frisch A, Postilnick D, Rockah R, et al. Association of unipolar major depressive disorder with genes of the serotonergic and dopaminergic pathways. Mol Psychiatry. 1999; 4(4):389-392

[50] Addas B, Sherman EM, Hader WJ. Surgical management of hypothalamic hamartomas in patients with gelastic epilepsy. Neurosurg Focus. 2008; 25(3):E8

[51] Rosenfeld JV, Freeman JL, Harvey AS. Operative technique: the anterior transcallosal transseptal interforniceal approach to the third ventricle and resection of hypothalamic hamartomas. J Clin Neurosci. 2004; 11(7):738-744

[52] Harvey AS, Freeman JL, Berkovic SF, Rosenfeld JV. Transcallosal resection of hypothalamic hamartomas in patients with intractable epilepsy. Epileptic Disord. 2003; 5(4):257-265

[53] Polkey CE. Resective surgery for hypothalamic hamartoma. Epileptic Disord. 2003; 5(4):281-286- Review

[54] Frazier JL, Goodwin CR, Ahn ES, Jallo GI. A review on the management of epilepsy associated with hypothalamic hamartomas. Childs Nerv Syst. 2009; 25(4):423-432

[55] Mittal S, Mittal M, Montes JL, Farmer JP, Andermann F. Hypothalamic hamartomas. Part 2. Surgical considerations and outcome. Neurosurg Focus. 2013; 34(6):E7

[56] Ng YT, Rekate HL, Prenger EC, et al. Endoscopic resection of hypothalamic hamartomas for refractory symptomatic epilepsy. Neurology. 2008; 70 (17):1543-1548

[57] Abla AA, Wait SD, Forbes JA, et al. Syndrome of alternating hypernatremia and hyponatremia after hypothalamic hamartoma surgery. Neurosurg Focus. 2011; 30(2):E6

[58] Régis J, Arkha Y, Yomo S, Bartolomei F, Peragut JC, Chauvel P. Radiosurgery for drug-resistant epilepsies: state of the art, results and perspectives. Neurochirurgie. 2008; 54(3):320-331

[59] Selch MT, Gorgulho A, Mattozo C, Solberg TD, Cabatan-Awang C, DeSalles AA. Linear accelerator stereotactic radiosurgery for the treatment of gelastic seizures due to hypothalamic hamartoma. Minim Invasive Neurosurg. 2005; 48 (5):310-314

[60] Kameyama S, Shirozu H, Masuda H, Ito Y, Sonoda M, Akazawa K. MRI-guided stereotactic radiofrequency thermocoagulation for 100 hypothalamic hamartomas. J Neurosurg. 2016; 124(5):1503-1512

[61] Curry DJ, Gowda A, McNichols RJ, Wilfong AA. MR-guided stereotactic laser ablation of epileptogenic foci in children. Epilepsy Behav. 2012; 24(4):408- 414

[62] Wilfong AA, Curry DJ. Hypothalamic hamartomas: optimal approach to clinical evaluation and diagnosis. Epilepsia. 2013; 54 Suppl 9:109-114

[63] North RY, Raskin JS, Curry DJ. MRI-guided laser interstitial thermal therapy for epilepsy. Neurosurg Clin N Am. 2017; 28(4):545-557

9 Hemisferectomia Anatômica

Atthaporn Boongird ▪ William E. Bingaman

Resumo

A hemisferectomia anatômica continua sendo um tratamento efetivo para a epilepsia hemisférica. A técnica cirúrgica envolve remoção do hemisfério cerebral, em etapas, de modo a não deixar nenhum tecido epiléptico remanescente. A operação pode ser realizada de forma bem-sucedida em pacientes altamente selecionados como uma abordagem inicial, ou em pacientes submetidos uma hemisferectomia desconectiva que falhou. As principais complicações incluem um risco aumentado de hidrocefalia que precisa ser discutido com pacientes/pais.

Palavras-chave: hemisferectomia, anatômico, cirurgia de epilepsia, hemimegalencefalia, hidrocefalia.

9.1 Introdução

A hemisferectomia anatômica é um tratamento cirúrgico efetivo para epilepsia hemisférica intratável. Introduzida por Dandy em 1923, para o glioma maligno, a operação foi modificada por vários autores para diminuir as complicações por vezes associadas à hemisferectomia anatômica.[1] Apesar dessas modificações e dos relatos de complicações, a remoção anatômica do hemisfério adoecido continua sendo útil para certas patologias, como hemimegalencefalia e malformações difusas do desenvolvimento cortical, bem como na reoperação subsequente à falha de outras técnicas de hemisferectomia desconectiva.[2,3]

9.2 Seleção do Paciente e Avaliação Pré-Operatória

Os pacientes são selecionados com base na presença de epilepsia medicamente intratável surgindo a partir de um hemisfério cerebral. Pacientes com hemimegalencefalia ou malformações hemisféricas difusas do desenvolvimento cortical são considerados para hemisferectomia anatômica, uma vez que a anatomia distorcida dificulta o uso das técnicas desconectivas.[4-7] Em nosso centro, a remoção anatômica do tecido afetado é preferível à desconexão, para maximizar as chances de que todos os tecidos anormalmente formados sejam removidos e a atividade convulsiva cesse totalmente. Outra indicação comum para hemisferectomia anatômica é o paciente de hemisferectomia desconectiva em pós-operatório que apresenta convulsões recorrentes. Para estes pacientes, a remoção anatômica do hemisfério remanescente cessa as convulsões em cerca de 50% dos pacientes (séries pessoais).

No pré-operatório, uma equipe de especialistas, incluindo epileptologistas, neurologistas, neurorradiologistas e neuropsicólogos de adultos e crianças, avalia esses pacientes. A avaliação pré-operatória de rotina para determinar se um paciente é candidato à cirurgia é a seguinte:

1. *História e exame físico* – é obtida uma história detalhada, incluindo eventos pré-natais, história do nascimento e fatores de risco de epilepsia. A história do desenvolvimento também é importante. O exame neurológico enfoca as funções sensoriomotora, de linguagem e visuais. A função cognitiva geralmente deve ser avaliada. O candidato ideal à hemisferectomia é aquele com hemiparesia contralateral e hemianopsia sem movimentos finos nos dedos da mão. O grau de comprometimento motor precisa ser precisamente documentado para auxiliar no aconselhamento dos pais sobre o que esperar no pós-operatório. De modo similar, a presença ou ausência de hemianopsia deve ser avaliada e os pais precisam ser aconselhados quanto à presença de uma hemianopsia contralateral no pós-operatório. Este déficit de campo visual específico pode impedir futuramente o paciente de dirigir veículos motores.

2. *Semiologia clínica e videoeletroencefalografia (vídeo-EEG)* – Todos os pacientes são submetidos ao monitoramento pré-operatório por vídeo-EEG, para documentar a semiologia convulsiva e os dados ictais de eletroencefalografia (EEG). O tipo de convulsão e a localização dos eventos epiléticos são documentados e caracterizados. Os achados do EEG podem ser variáveis, com lateralização em relação ao hemisfério ipsilateral adoecido ou seguindo um padrão bilateral ou generalizado. Embora não seja uma contraindicação absoluta, a evidência de padrões ictais hemisféricos bilaterais pode influenciar o desfecho convulsivo pós-operatório e os pais devem ser devidamente aconselhados.

3. *Imagem de ressonância magnética (MRI)* – a MRI de rotina, incluindo T1 e T2 volumétricas, além de sequenciamento de recuperação de inversão fluido-atenuada (FLAIR, do inglês *fluid-attenuated inversion recovery*), é realizada em todos os pacientes. Esta, talvez, é a informação pré-operatória mais importante para o neurocirurgião, porque a anatomia individual ajuda a determinar a técnica operatória e documenta a integridade do hemisfério não afetado. Pacientes com patologia em imagens bilaterais não necessariamente são excluídos da consideração para hemisferectomia, contudo é preciso ter cautela em tais circunstâncias. Os detalhes anatômicos específicos envolvendo o tamanho ventricular, a presença de displasia cortical, a anatomia do córtex frontal basal posterior e do corpo caloso, e a localização da linha média ajudam a definir o plano cirúrgico.

4. *Outros exames pré-operatórios adjuntos* – a tomografia computadorizada com emissão fotônica única (SPECT, do inglês *single photon emission computed tomography*) e a varredura de tomografia com emissão de pósitron (PET) de 18-fluorodesoxiglicose são realizadas com pouca frequência para obter informação metabólica adicional, em especial quando há doença bilateral à MRI. O teste amital de sódio intracarótico não é realizado de forma rotineira, dadas as considerações de idade pediátrica e funcionamento basal precário da linguagem em alguns pacientes. Esse teste pode ser útil em pacientes de idade mais avançada que possivelmente não apresentem transferência de linguagem após a hemisferectomia dominante. Enfim, é preciso tentar realizar uma avaliação neuropsicológica para medir o grau de retardo do desenvolvimento e estabelecer o basal pré-operatório. Quaisquer problemas comportamentais associados também devem ser documentados.

9.2.1 *Timing* da Cirurgia

O *timing* apropriado da intervenção cirúrgica é controverso. Muitos especialistas em epilepsia experientes recomendam a intervenção antecipada para cessar as convulsões e maximizar as chances de neurodesenvolvimento. Mesmo assim, a literatura mostra pouca evidência para sustentar uma cirurgia precoce, e os riscos do procedimento cirúrgico (perda de sangue, hipotermia) em pacientes mais jovens precisam ser considerados. Em geral, para a

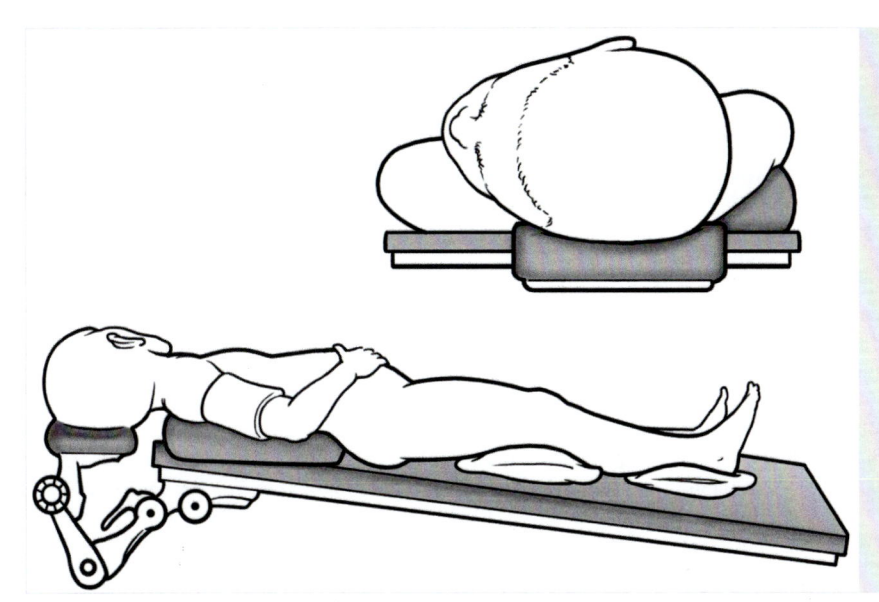

Fig. 9.1 Posicionamento do paciente para hemisferectomia anatômica. (Cortesia de Cleveland Clinic.)

epilepsia menos grave, consideramos um peso corporal de 10 kg como sendo aceitável para submeter o paciente ao procedimento. Para o paciente com epilepsia hemisférica catastrófica, a cirurgia é realizada antecipadamente com o consentimento informado acerca dos riscos de perda excessiva de sangue e mortalidade.

9.2.2 Preparação Pré-Operatória

Os fármacos antiepilépticos (AEDs) devem ser tomados na manhã do dia da cirurgia. Durante a cirurgia, devem ser administrados AEDs intravenosos, conforme a necessidade. A avaliação laboratorial pré-operatória, incluindo hemograma completo, contagem de plaquetas, painel bioquímico, perfis de coagulação e níveis atuais de AED, é realizada antes da cirurgia. Os esteroides e antibióticos intravenosos são administrados na hora imediatamente anterior à cirurgia. Imediatamente antes da cirurgia, o paciente é identificado pelas equipes cirurgia, de enfermagem e de anestesia, e o tipo e localização do procedimento são revisados e documentados. Uma linha arterial interna, um cateter vesical e cateterismo intravenoso através de cânulas venosas periféricas e/ou centrais são colocadas após a indução de anestesia endotraqueal. A temperatura corporal é mantida igual ou acima de 36°C por meio do aquecimento do quarto e com o usa de cobertores. Bloqueio neuromuscular, narcóticos e agentes inalatórios são usados de forma rotineira para fins de anestesia geral, enquanto a eletrocorticografia e a estimulação cortical não são usadas de forma rotineira durante a cirurgia. A navegação estereotática não é tipicamente usada pelo autor, mas pode ser benéfica para ajudar a encontrar referenciais anatômicos essenciais.

9.3 Procedimento Cirúrgico

9.3.1 Posicionamento e Craniotomia

O posicionamento do paciente é otimizado para permitir o acesso à superfície lateral do hemisfério cerebral afetado e minimizar a torção cervical. A cabeça pode ser posicionada em fixação de ponto rígido ou repouso sobre um apoio de cabeça. A cabeça é posicionada lateralmente com suporte no ombro ipsilateral. A cabeça é elevada acima do nível do coração para auxiliar o retorno venoso e diminuir o risco de sangramento. O vértice é discretamente descido para permitir um melhor acesso às estruturas do lobo temporal mesial e à fissura inter-hemisférica (▶ Fig. 9.1). Os pontos de compressão corporal são amortecidos e o paciente é coberto com cobertores para aquecimento. O cabelo é preso e uma incisão em forma de "T" é planejada para possibilitar o acesso a partir do assoalho da fossa média até a linha média da cabeça. Os referenciais superficiais úteis para o planejamento da incisão são a linha média anatômica desde o násio até o ínio, a borda lateral da fontanela anterior, a localização do seio transversal, a asa maior do osso esfenoidal, e o arco zigomático (▶ Fig. 9.2).

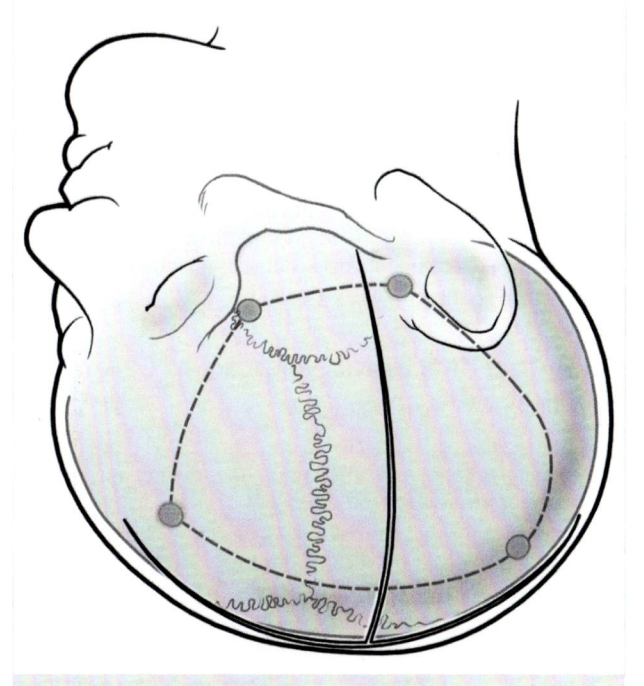

Fig. 9.2 Referenciais superficiais importantes, incisão em "T" e craniotomia planejada. (Cortesia de Cleveland Clinic.)

A incisão em "T" é projetada por uma linha a pelo menos 0,5 cm da linha média e uma perpendicular desde a raiz do zigomático anterior ao trago. A incisão na linha média estende-se da linha capilar até um ponto situado a 4-5 cm acima do ínio. O couro cabeludo é preparado com esfregação cirúrgica estéril, tomando-se o cuidado de evitar a entrada de solução preparatória nos olhos. A preparação de uma ampla área cirúrgica é realizada para permitir a escavação dos drenos pós-operatórios por via subcutânea. Após a injeção subcutânea de um anestésico local dosado de acordo com o peso corporal individual, a incisão é criada usando um bisturi cirúrgico, tomando cuidado para evitar uma lesão ao seio sagital em pacientes jovens com fontanela anterior aberta. Todos os pontos de sangramento devem ser cuidadosamente controlados com eletrocautério bipolar. Em seguida, pequenos grampos hemostáticos são aplicados nas bordas da pele que, então, são refletidas permitindo a visualização do periósteo e da fáscia do músculo temporal. O músculo é mobilizado para fora do osso subjacente com uma incisão em "T", refletindo cada manguito muscular, inferiormente. A raiz do zigomático e o encaixe anatômico são identificados. Quando aplicável, a sutura coronal deve ser cuidadosamente separada da dura-máter, começando pela borda lateral da fontanela anterior. Orifícios são criados com broca no encaixe, no assoalho da fossa média logo acima do arco zigomático e, por fim, ao longo das áreas parassagitais fora da linha média, para evitar a lesão do seio sagital (se a fontanela anterior estiver fechada). O retalho de craniotomia ideal permite a exposição à linha média, base orbitofrontal, assoalho da fossa média e extensão total da fissura silviana. O retalho de craniotomia é cuidadosamente removido com uma serra de craniótomo pneumática de alta velocidade. O corte na linha média deve ser feito por último e mantido a 1 cm de distância da sutura sagital, para minimizar a perda de sangue e a lesão sinusal. Uma broca reta menor é usada para criar pontos alinhados durais. A dura-máter então é alinhada até o osso sobrejacente usando suturas 4-0. A asa esfenoide então é parcialmente removida e a hemostasia é alcançada com cera óssea. Todas as superfícies de osso temporal inferior são cuidadosamente inspecionadas quanto às células aeradas mastoideas que, então, são enceradas.

9.3.2 Abertura Dural e Exposição Cerebral Inicial

Depois que a dura-máter é aberta em forma de "H" (▶ Fig. 9.3), a fissura silviana é identificada e os padrões de drenagem venosa são inspecionados. A distância desde a borda da craniotomia superior até a fissura inter-hemisférica é verificada. A localização das principais veias drenantes em relação ao seio sagital é observada e cuidadosamente protegida até um momento mais tardio no procedimento, para evitar uma perda de sangue precoce e frequentemente grave. A região orbitofrontal é inspecionada e a posição do trato olfatório é visualizada como um guia anatômico para o giro reto e estruturas da linha média.

9.3.3 Dissecação da Fissura Silviana

A dissecação começa com a exposição inicial e o controle do tronco da artéria cerebral média (MCA) na fissura silviana, distal aos ramos lenticuloestriados. A fissura silviana é dividida ao longo de toda a sua extensão, usando eletrocautério bipolar, aspiração e microdissecação precisa (o aumento de lupa é preferido nesta parte do procedimento; ▶ Fig. 9.4). Isso deve ser feito tomando cuidado para minimizar o sangramento, porém o córtex pode ser aspirado conforme a necessidade, para auxiliar a exposição. Uma vez aberto, o córtex insular, incluindo os sulcos circulares inferior e superior, deve ser visualizado ao longo da extensão da fissura silviana (▶ Fig. 9.5). A MCA então é ligada com cautério bipolar e grampos hemostáticos cirúrgicos, conforme a necessidade.

9.3.4 Dissecação Infrassilviana e Acesso Ventricular

O sulco circular inferior é identificado e a substância branca do tronco temporal também é identificada profundamente a este. Usando aspiração, a substância branca é removida ao longo do tronco temporal e o corno temporal do ventrículo lateral é invadido. Um bolo cotonoide é colocado neste ponto para proteger o plexo coroide e prevenir a entrada de sangue no sistema ventricular. A dissecação pial ao longo do aspecto anterior (temporal) da fissura silviana é conduzida sob a veia silviana principal rumo ao assoalho do aspecto anterior da fossa média. O polo temporal anterior então é aspirado para expor a borda do tentório, tomando o cuidado de não violar a pia mesial. A dissecação da substância branca do tronco temporal é então

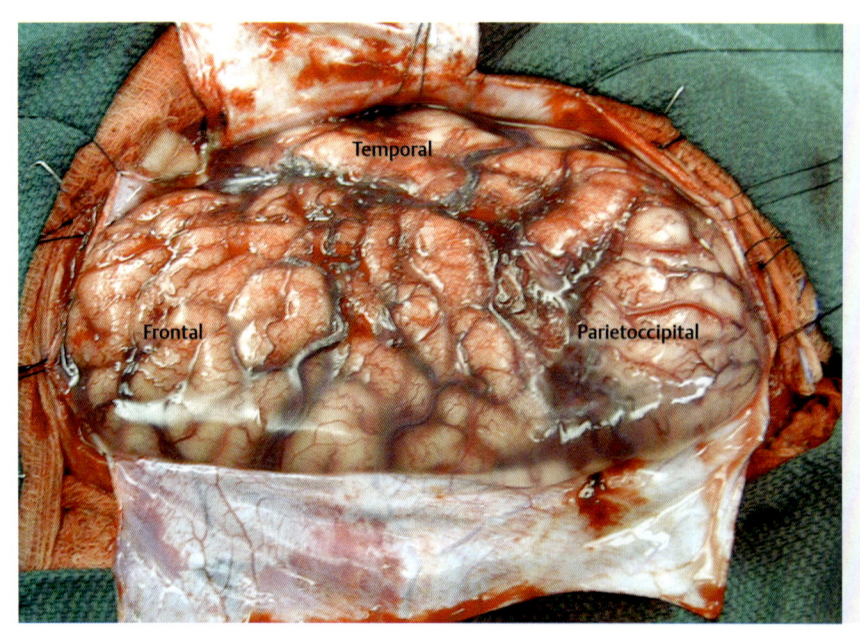

Fig. 9.3 Abertura dural em "H" e encéfalo hemimegalencefálico.

Hemisferectomia Anatômica

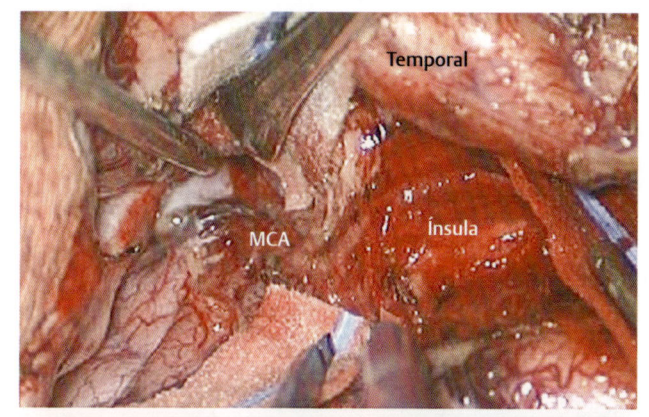

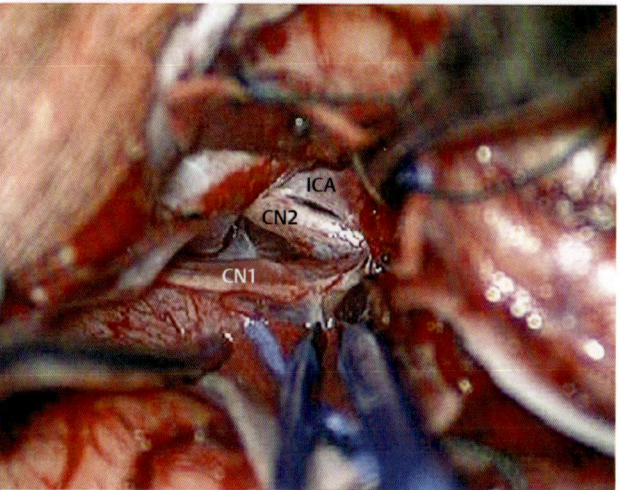

Fig. 9.4 Abertura ampla da fissura silviana ao longo da artéria cerebral média distal até a cisterna suprasselar proximal. ICA = artéria carótida interna; MCA = artéria cerebral média.

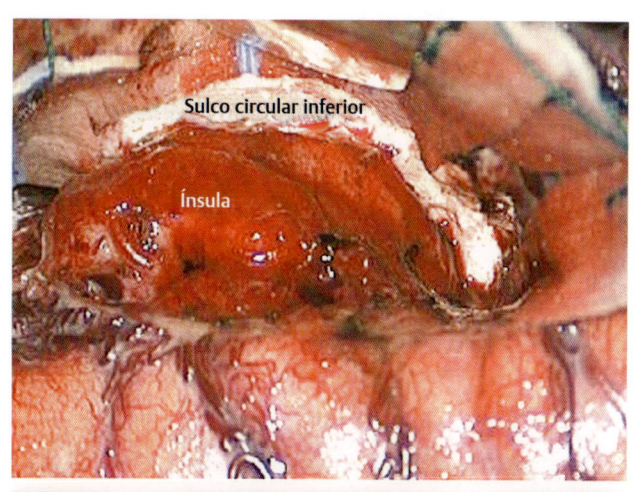

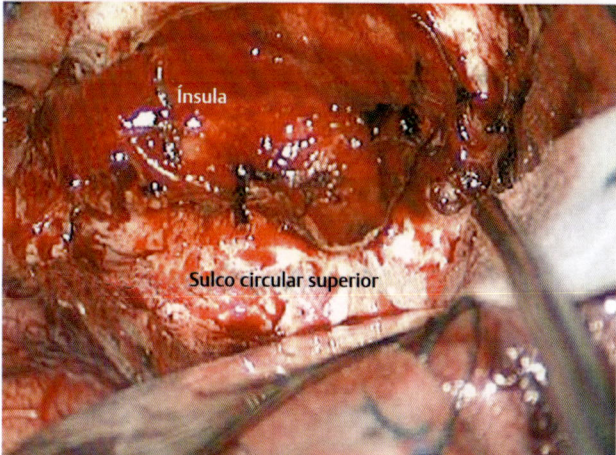

Fig. 9.5 Exposição dos sulcos circulares superior e inferior circundando o córtex insular.

continuada posteriormente, para expor o corno temporal desde o aspecto anterior até a região do trígono (▶ Fig. 9.6). Um bolo cotonoide longo e fino é então colocado posteriormente dentro do ventrículo, passando do trígono para dentro do ventrículo lateral. A área trigonal posterior é tampada com uma bola de algodão grande, para prevenir a entrada de sangue no ventrículo lateral e passagem para o hemisfério dependente. Em seguida, o cirurgião disseca ao longo do sulco ventricular lateral do corno temporal inferior, para acessar o giro para-hipocampal. O giro para-hipocampal é aspirado desde o polo temporal até a região têmporo-occipital basal posterior (região do istmo). A borda tentorial é um excelente referencial e pode ser seguida ao se curvar na direção da linha média, atrás do tronco encefálico. Para tanto, é possível usar a coagulação bipolar e a aspiração ou aspiração ultrassônica. Em ambos os casos, a amígdala, o hipocampo e o plexo coroide são protegidos contra lesões por ação dos bolos cotonoides. Neste ponto, os ramos da artéria cerebral posterior podem ser ligados ao passarem da cisterna perimesencefálica, por cima da borda tentorial, para o córtex têmporo-occipital. Na conclusão desta fase da operação, o lobo temporal lateral ao giro para-hipocampal terá sido desconectado e os ramos da artéria cerebral posterior, divididos. A amígdala, o hipocampo e o restante do giro para-hipocampal (unco) permanecem no lugar. Estas estruturas são removidas após a tomada do hemisfério, uma vez que o acesso se torna muito mais fácil após a remoção do neocórtex.

9.3.5 Dissecção Suprassilviana e Acesso Ventricular

A dissecção suprassilviana ao longo do sulco limitante superior (circular) da ínsula é realizada para dividir a coroa radiata e expor o ventrículo lateral em toda a sua extensão. Para fazer isso, é possível dissecar cuidadosamente partindo de cima da ínsula ou seguindo a abertura ventricular trigonal ao redor do aspecto posterior da ínsula rumo ao ventrículo lateral (▶ Fig. 9.7). A dissecação é facilitada dividindo os ramos posteriores da MCA no final da fissura silviana. Depois que a coroa radiata é dividida, toda a extensão do ventrículo lateral é aberta e o forame de Monro é tampado com uma bola de algodão pequena, para evitar a entrada de sangue no sistema ventricular dependente. É preciso ter cuidado para proteger o plexo coroide com o intuito de evitar sangramento desnecessário. De modo similar, o rompimento dos gânglios basais pode ser propenso ao sangramento e a melhor forma de controlar isso é aplicando agentes hemostáticos para as superfícies expostas.

9.3.6 Corpo Calosotomia e Desconexão Mesial

O corpo caloso é identificado a partir do ventrículo, na junção do septo pelúcido e o teto do ventrículo lateral. Quando essa área estiver exposta, as artérias pericalosas e o corpo caloso próprio

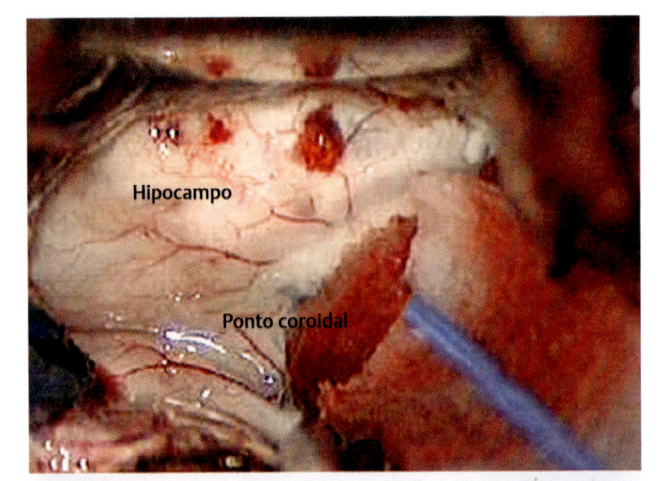

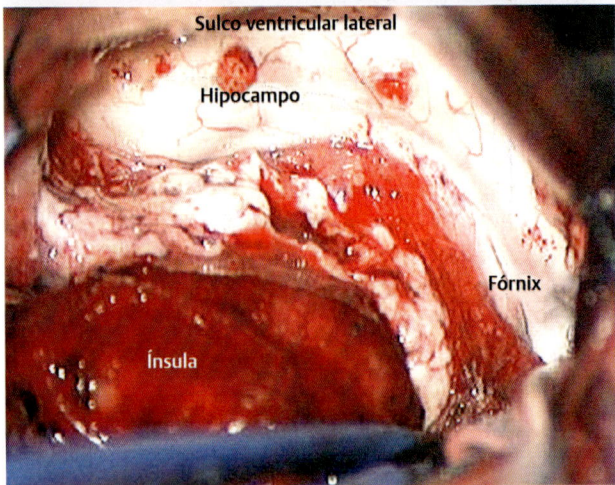

Fig. 9.6 Acesso ao corno temporal através do sulco circular inferior e identificação de referenciais importantes para dissecação de estruturas mesiais.

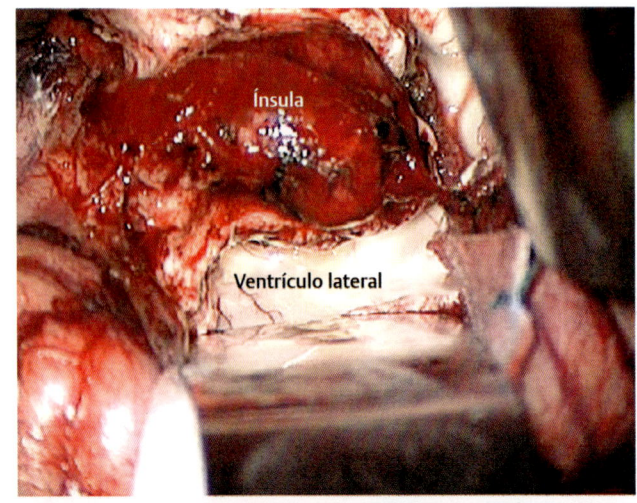

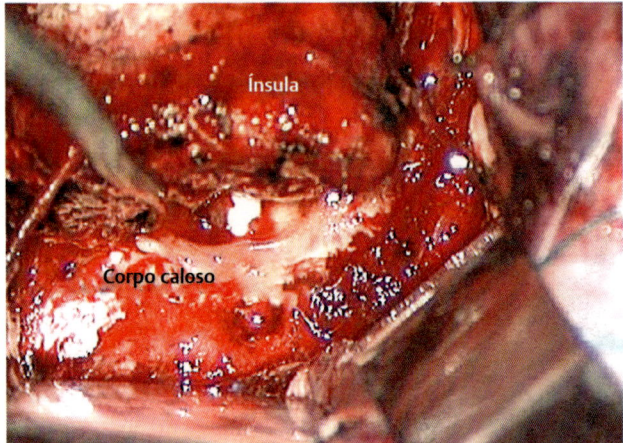

Fig. 9.7 Abertura do sistema ventricular lateral e corpo calosotomia. (A extremidade do desvio a partir do hemisfério oposto também estava visível.)

são facilmente identificados. A aspiração do caloso no teto do ventrículo lateral, logo acima desta área, leva à substância cinza do giro do cíngulo ipsilateral e à foice cerebral. O giro do cíngulo é meticulosamente aspirado para prevenir lesões no cíngulo contralateral. O corpo caloso e o giro do cíngulo ipsilateral são aspirados desde o joelho até o esplênio. É importante obter uma secção completa e isso pode ser conseguido seguindo os vasos pericalosos, que seguem estreitamente o curso característico do caloso. É preciso prestar atenção especialmente ao joelho e ao esplênio, a fim de garantir o rompimento completo das fibras horizontais. A remoção do giro do cíngulo e a identificação da borda inferior da foice inter-hemisférica proporcionam auxílio adicional. Por fim, a foice ipsilateral é rompida por aspiração em um ponto anterior ao esplênio. É importante proteger as artérias pericalosas, porque muitas vezes é difícil determinar quais irrigam o hemisfério ipsilateral. A foice é um referencial importante, ainda que variável, e, quando visualizada, deve ser utilizada para aspirar o córtex cingulado na volta à transição para o tentório. Nessa região, o cirurgião deve "encontrar" a partir da porção infrassilviana do procedimento. A pia frontoparietal mesial e os vasos da circulação anterior são divididos no nível da foice, com o avanço da dissecação. Esta desconexão frontoparietal mesial é seguida anteriormente à base do lobo frontal, logo acima do nervo olfatório (polo frontal). Neste ponto,

o caloso é desconectado e a pia ao longo do aspecto mesial de todo o hemisfério é coagulada e dividida. A única porção remanescente do hemisfério no lugar são o lobo frontal basal acima do joelho, as estruturas temporais mesiais, e as veias drenantes para os seios no topo do hemisfério.

9.3.7 Desconexão Frontoccipital e Remoção Hemisférica

A última pia remanescente a ser dividida estende-se do aspecto anterior da fissura silviana descendo ao longo do lobo frontal basal posterior. Esta pia é coagulada e dividida com os ramos da MCA para o córtex frontal. O lobo frontal basal posterior é aspirado mantendo um plano anterior à ínsula anterossuperior (▶ Fig. 9.8). A pia orbitofrontal é então coagulada e dividida até o nervo olfatório, e a pia sobrejacente ao giro reto é identificada e dividida. Em seguida, o giro reto é aspirado para expor o giro reto contralateral e um bolo cotonoide é colocado para marcar a linha média. A dissecação pial ao longo do nervo olfatório então é conduzida anteriormente, para evitar a ruptura do nervo. O giro reto remanescente então é aspirado com o limite posterior marcado pela artéria carótida interna visualizada embaixo da pia frontal mesial. A substância branca profunda e os giros frontais mesiais são removidos por baixo da pia através de um plano de dissecação marcado pelo aspecto anterior do corno frontal, começando embaixo da dissecação do joelho do corpo caloso. Esta dissecação é realizada através do núcleo caudado, ao longo do curso da artéria cerebral anterior, aonde se une à artéria carótida interna. A dissecação posterior a este referencial é pouco aconselhada, para evitar a lesão ao hipotálamo e tronco encefálico. É necessário ter cuidado especialmente após a remoção do hemisfério, para garantir que o lobo frontal posterior basal seja totalmente removido. Uma vez cortadas as superfícies piais e os tratos de substância branca, as veias drenantes para os seios são circunferencialmente coaguladas e divididas, e quaisquer pontos de sangramento são acondicionados com agente hemostático. Neste ponto, o hemisfério inteiro pode ser removido em uma peça anatômica e enviado para estudos patológicos (▶ Fig. 9.9).

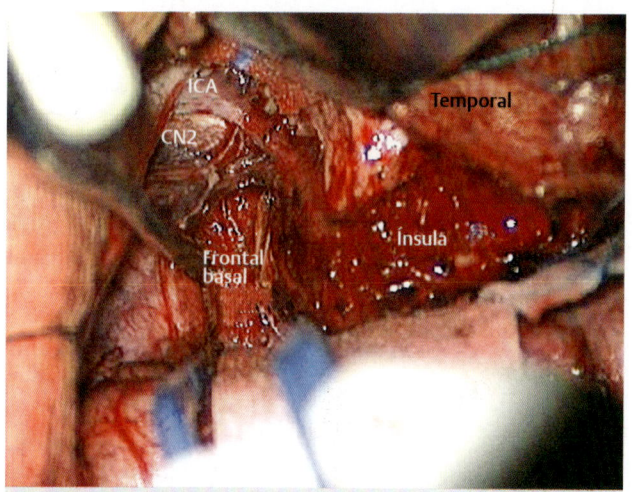

Fig. 9.8 Referenciais cirúrgicos importantes de desconexão frontobasal direita.

9.3.8 Amígdalo-Hipocampectomia

A entrada da artéria coroidal anterior no corno temporal (ponto coroidal) é identificada, e a amígdala é dissecada ao longo do plano que conecta o segmento M-1 da MCA e o ponto coroidal (▶ Fig. 9.6). Esta dissecação segue da substância branca superficial do tronco temporal remanescente, passando pela amígdala e, por fim, entrando no unco. Os remanescentes do para-hipocampo e unco são então removidos via aspiração subpial. É necessário ter cuidado para não violar a pia mesial nem lesar as estruturas na cisterna perimesencefálica (nervo oculomotor, tronco encefálico, artéria cerebral posterior e veia basal de Rosenthal). O hipocampo então é refletido inferiormente e a fissura coroidal é aberta por aspiração das fímbrias ou fórnix. Neste ponto, o sulco hipocampal é identificado e desenvolvido aspirando adicionalmente o giro dentado. Ao ser visualizado, o sulco hipocampal, incluindo as artérias e veias hipocampais, é coagulado e dividido. O hipocampo então é removido em um segmento para estudo patológico.

9.3.9 Remoção da Ínsula

O aspirador ultrassônico ou aspiração-coagulação pode ser usada para remover o córtex insular por aspiração subpial. Uma vez que a MCA já estiver controlada, a lesão arterial torna-se menos preocupante que operação de hemisferectomia desconectiva. É preciso ter o cuidado de limitar a ressecção aos giros insulares, para assim evitar lesar estruturas talâmicas mais profundas e estruturas troncoencefálicas. Imagens estereotáticas poderiam ser úteis neste estágio, ainda que uma abordagem prática seja interromper a dissecação ao alcançar a substância branca subjacente.

9.3.10 Fechamento

Um cateter ventricular subdural é colocado dentro da cavidade operatória e trazido para fora por meio de uma incisão perfurada separada na pele. A dura-máter é fechada com suturas 4-0 contínuas, e aproximada com suturas ao retalho ósseo. O retalho ósseo é reaproximado com placas de titânio e parafusos ou

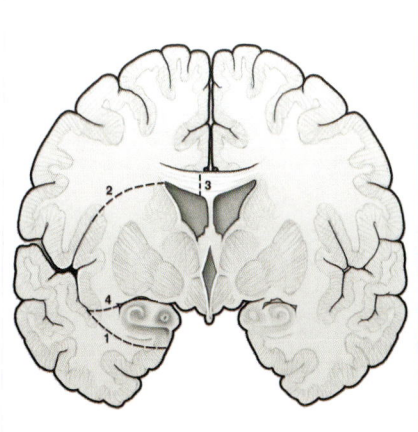

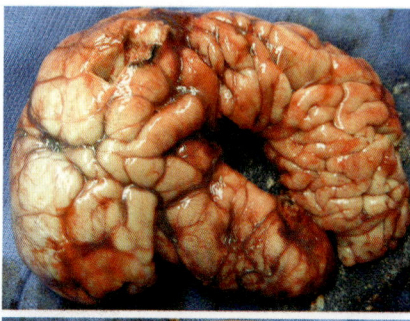

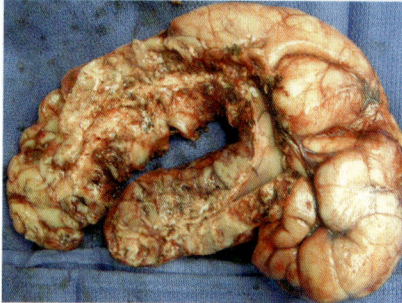

Fig. 9.9 Destaque de dissecação cirúrgica e amostra *en bloc* de hemisferectomia anatômica.

suturas, dependendo da idade do paciente. O músculo temporal é reparado com sutura permanente e um dreno subgaleano é colocado através de uma incisão perfurada. A gálea e a pele são então fechadas em camadas anatômicas separadas. Em seguida, a incisão é protegida com curativos estéreis e a cabeça é envolvida com um curativo de gaze.

9.4 Manejo Pós-Operatório Incluindo Possíveis Complicações

As complicações pós-operatórias agudas consistem em hemorragia, coagulopatia, meningite asséptica, infecção pós-craniotomia e hidrocefalia. O trabalho de rotina com sangue, incluindo hematócrito, plaquetas e parâmetros de coagulação, é estreitamente monitorado durante as primeiras 48-72 horas. Os tempos de coagulação comumente são observados e sua correção é feita com a administração de plasma fresco congelado. O cateter ventricular externo é ajustado no nível do forame de Monro e mantido por 4-5 dias, para permitir o egresso do líquido cerebrospinal sanguinolento, minimizando assim a gravidade da meningite asséptica. A profilaxia com antibióticos intravenosos e esteroides é mantida durante esse período. Os níveis de anticonvulsivos são checados diariamente e os ajustes de dosagem são feitos de acordo com a necessidade. Todos os pacientes passam por avaliação médica física e de reabilitação, e recebem fisioterapia, terapia ocupacional e terapia da fala. A obtenção de imagens cerebrais de seguimento é agendada para a 6ª semana de pós-operatório, com o intuito de verificar a possível existência de hidrocefalia. Todos os pacientes continuam com o mesmo regime de AEDs no momento da alta, sob orientação de médicos especialistas em epilepsia.

Referências

[1] Dandy WL. Removal of right cerebral hemisphere for certain tumors with hemiplegia. JAMA. 1928; 90(11):823–825

[2] Lega B, Mullin J, Wyllie E, Bingaman W. Hemispheric malformations of cortical development: surgical indications and approach. Childs Nerv Syst. 2014; 30(11):1831–1837

[3] Vadera S, Moosa AN, Jehi L, et al. Reoperative hemispherectomy for intractable epilepsy: a report of 36 patients. Neurosurgery. 2012; 71(2):388–392, discussion 392–393

[4] Moosa AN, Gupta A, Jehi L, et al. Longitudinal seizure outcome and prognostic predictors after hemispherectomy in 170 children. Neurology. 2013; 80 (3):253–260

[5] Gupta A, Carreño M, Wyllie E, Bingaman WE. Hemispheric malformations of cortical development. Neurology. 2004; 62(6) Suppl 3:S20–S26

[6] Hadar EJ, Bingaman WE. Surgery for hemispheric malformations of cortical development. Neurosurg Clin N Am. 2002; 13(1):103–111, ix

[7] Carreño M, Wyllie E, Bingaman W, Kotagal P, Comair Y, Ruggieri P. Seizure outcome after functional hemispherectomy for malformations of cortical development. Neurology. 2001; 57(2):331–333

10 Hemisferectomia Peri-Insular

Brian J. Dlouhy ▪ Matthew D. Smyth

Resumo

A desconexão hemisférica é usada há muito tempo para tratar pacientes com epilepsia intratável secundária a síndromes hemisféricas unilaterais como displasia cortical unilateral extensiva, hemimegalencefalia, doença de Sturge-Weber, encefalite de Rasmussen, infarto hemisférico perinatal e outras epilepsias refratárias unilaterais difusas. Krynauw relatou as primeiras séries relevantes de hemisferectomia anatômica (AH) para convulsões intratáveis, em 1950. As complicações estimularam a inclusão de modificações na técnica original. Rasmussen introduziu a hemisferectomia funcional (FH) em 1974, a qual possibilitou uma excisão cerebral significativamente menor e lançou o conceito de desconexão hemisférica. Modificações adicionais continuaram sendo realizadas, todas baseadas no conceito de desconexão máxima e excisão mínima. Sendo assim, as modificações subsequentes tornaram-se conhecidas como variantes da "hemisferectomia". Em 1995, Villemure introduziu a hemisferotomia peri-insular (PIH). Aqui, discutimos as indicações, planejamento pré-operatório, etapas cirúrgicas e manejo pós-operatório de pacientes submetidos à PIH – nossa modificação da abordagem descrita por Villemure e Mascott, e por Shimizu e Maehara.

Palavras-chave: epilepsia, convulsões, hemisferectomia, hemisferotomia, refratária, intratável, hemimegalencefalia, encefalite de Rasmussen; peri-insular, transilviana.

10.1 Introdução

A desconexão hemisférica é usada há muito tempo para tratar pacientes com epilepsia intratável secundária a síndromes hemisféricas unilaterais como displasia cortical unilateral extensiva, hemimegalencefalia, doença de Sturge-Weber, encefalite de Rasmussen, infarto hemisférico perinatal e outras epilepsias refratárias unilaterais difusas.[1,2] Múltiplos estudos demonstraram que a desconexão hemisférica resulta em uma taxa de liberdade de convulsão de 43-90%.[1]

A primeira AH realizada para tratar epilepsia foi relatada em 1938, por McKenzie.[3] Em 1950, Krynauw relatou as primeiras séries relevantes de AH para convulsões intratáveis em 12 pacientes.[4] Nestes 12 pacientes, o controle da convulsão obtido foi excelente e a AH veio a se tornar amplamente popular.[4] As complicações da AH, como siderose cerebral superficial,[5] estimularam modificações na técnica original. Desse modo, o procedimento evoluiu e variações técnicas foram estabelecidas com base na constatação de que partes do hemisfério poderiam ser mantidas *in situ*, porém desconectadas.

Empregando técnicas de desconexão e remoção subtotal anatômica do hemisfério, Rasmussen introduziu a FH, em 1974.[6] A FH consiste em cinco etapas: (1) lobectomia temporal; (2) ressecção do córtex frontoparietal; (3) calosotomia; (4) desconexão dos lobos residuais frontal e parietoccipital; e (5) remoção da ínsula. Foi constatado que a FH produz desfechos de convulsão comparáveis aos da AH, porém com a vantagem de menos ressecção cerebral ao desconectar o tecido remanescente.[7] A efetividade da FH abriu caminho para modificações adicionais. Todas estas abordagens são baseadas no conceito de desconexão máxima e excisão mínima. As técnicas de FH modificadas usavam muito mais desconexão do que excisão e, portanto, esses procedimentos desconectivos tornaram-se conhecidos como uma variante da "hemisferotomia".

As técnicas de hemisferotomia consistem em uma quantidade variável de remoção cortical associada a desconexão hemisférica.[6-15] Todas as técnicas compartilham calosotomia e desconexão dos lobos frontal, temporal, parietal e occipital, podendo ser resumidas em três grupos: (1) abordagem lateral via opérculos frontais e/ou temporais e fissura silviana, também conhecida como PIH e relatada pela primeira vez por Villemure e Mascott;[14] (2) abordagem vertical, empregando uma técnica que alcança o ventrículo lateral e, em seguida, o corpo caloso a partir do vértice cerebral, também conhecida como hemisferotomia paramediana vertical e descrita pela primeira vez por Delalande *et al.*;[9,10] e (3) abordagem lateral via fissura silviana, também conhecida como hemisferotomia transilviana e relatada pela primeira vez por Schramm *et al.*[12] Como descrito por Morino *et al.*,[16] especificamente, todas as técnicas de hemisferotomia consistem em desconexão das seguintes fibras de projeção e comissurais: interrupção da cápsula interna e da coroa radial; ressecção de estruturas temporais mediais; calosotomia do corpo transventricular; e interrupção de fibras frontais horizontais (▶ Fig. 10.1).

Aqui, discutimos as etapas operatórias associadas à PIH – nossa modificação da abordagem descrita por Villemure e Mascott, e Shimizu e Maehara (▶ Fig. 10.1).[13,14]

10.2 Seleção do Paciente

De modo geral, a PIH é indicada para o tratamento de epilepsia hemisférica refratária. A indicação é a mesma, independentemente de ser usada a hemiesferectomia ou a hemiesferotomia. Como descrito por Villemure e Daniel,[2] a decisão cirúrgica para proceder à hemisferotomia é baseada em uma avaliação crítica dos seis parâmetros a seguir, em pacientes com epilepsia: convulsões, etiologias, estado neurológico, eletroencefalografia (EEG), exames de imagem e neuropsicologia.

A intratabilidade médica é um requisito. Entretanto, longas triagens exaustivas de medicações anticonvulsivas podem ser desnecessárias na epilepsia hemisférica, uma vez que a frequência das convulsões costuma ser muito alta. Determinar a etiologia da epilepsia ajudará a prever a efetividade das medicações anticonvulsivas. Na encefalite de Rasmussen, síndrome de Sturge-Weber e displasia cortical quase sempre há epilepsia intratável.

Em um paciente ideal, a agressão cerebral é unilateral e amplamente disseminada ao longo do hemisfério. As patologias que comprovadamente se beneficiam da hemisferotomia estão identificadas. Entre as condições adquiridas, estão o traumatismo, infecção e encefalite de Rasmussen. As condições congênitas incluem infarto vascular perinatal resultante de oclusão da artéria carótida ou cerebral média; hemimegalencefalia, displasia cortical hemisférica difusa; distúrbio migracional não hipertrófico hemisférico difuso; e uma extensiva síndrome de Sturge-Weber.

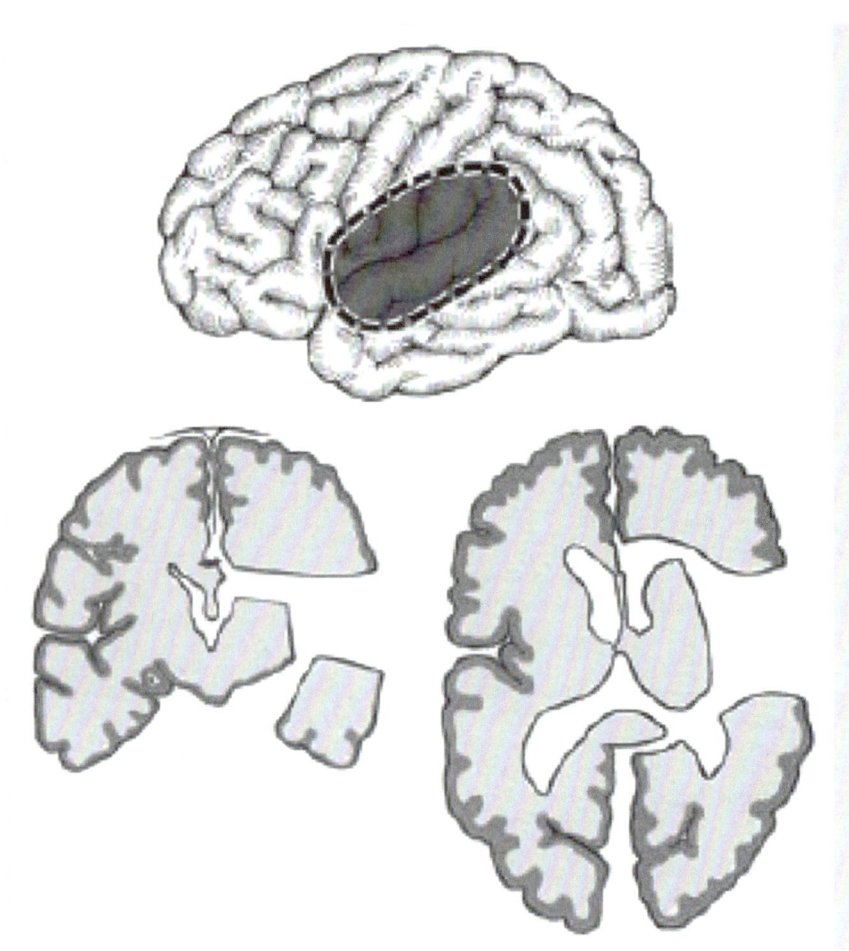

Fig. 10.1 Técnica de desconexão mostrando "cortes" anatômicos criados durante uma hemisferotomia peri-insular (PIH). Ressecção anatômica dos opérculos frontal e temporal através da região peri-insular (destaque) para permitir a desconexão hemisférica na PIH. Vistas coronal e axial ilustrando a desconexão. (Adaptada de Limbrick et al.[1])

Classicamente, o paciente apresenta síndrome hemisférica completa e estável caracterizada por hemiplegia e hemianopsia. Entretanto, essa condição varia dependendo da etiologia. Em certos casos, como no infarto perinatal, a plasticidade pode ter resultado em graus variáveis de preservação da função motora, bilateralmente. Em certas condições em estágio ainda bastante precoce, como a encefalite de Rasmussen ou síndrome de Sturge-Weber extensiva, pode haver convulsões debilitantes e déficits neurológicos mínimos no momento da apresentação. Contudo, em todos esses casos, a própria doença em si (p. ex., encefalite de Rasmussen) ou convulsões contínuas levarão à piora do declínio neurológico.

As anormalidades eletroencefalográficas do hemisfério afetado em geral são multifocais, difusas e independentes, refletindo a extensão do envolvimento hemisférico e a grave epileptogenicidade. Anormalidades epilépticas a partir do hemisfério normalmente são observadas com frequência.[17] Da perspectiva prognóstica, é importante valorizá-las e determinar se são secundárias ou independentes. Sua presença não é contraindicação à PIH, uma vez que podem representar epileptogenicidade dependente ou intermediária, quando o desfecho final sobre as convulsões tem que ser excelente; sua presença continua sendo discretamente desfavorável. No entanto, as anormalidades no "hemisfério normal" preocupam quanto a uma etiologia, que poderia afetar bilateralmente o cérebro, bem como com relação a questões acerca da natureza do substrato anatômico e a presença de epileptogênese secundária. Poderiam ser uma contribuição para compreender a persistência de convulsões após a hemisferectomia.

O candidato ideal a uma hemisferectomia é o paciente com atividade epileptiforme ictal ipsilateral e interictal, anormalidades em imagens de ressonância magnética (MRI) unilaterais, hemiplegia contralateral e um hemisfério contralateral normal. Entretanto, alguns pacientes apresentam um quadro misto de achados de EEG bilaterais e epilepsia intratável grave, levando à imediata consideração de uma abordagem terapêutica mais agressiva. Ciliberto et al.[18] constataram que sete pacientes com aparecimento de convulsão bilateral detectado por monitoramento de rotina ou com vídeo-EEG, foram beneficiados por uma hemiesferotomia e apresentaram melhora no controle das convulsões e na qualidade de vida, introduzindo assim a possibilidade de cirurgia para pacientes que normalmente não atenderiam aos critérios para hemiesferotomia.

De modo típico, a obtenção de imagens cerebrais estruturais e funcionais detalhadas, bem como avaliação neuropsicológica, é necessária antes da cirurgia, para estabelecer dados basais e comprovar o hemisfério patológico, além de demonstrar a integridade do hemisfério "bom".

10.3 Preparação Pré-Operatória

Todos os pacientes são avaliados pela equipe multidisciplinar de epilepsia. Essa avaliação consiste em monitoramento de convulsões por vídeo-EEG, MRI, tomografia por emissão de pósitrons (PET) e avaliação neuropsicológica. Ocasionalmente, são usados exames diagnósticos adicionais como tomografia com emissão de pósitron única (SPECT, do inglês, *single positron emission com-*

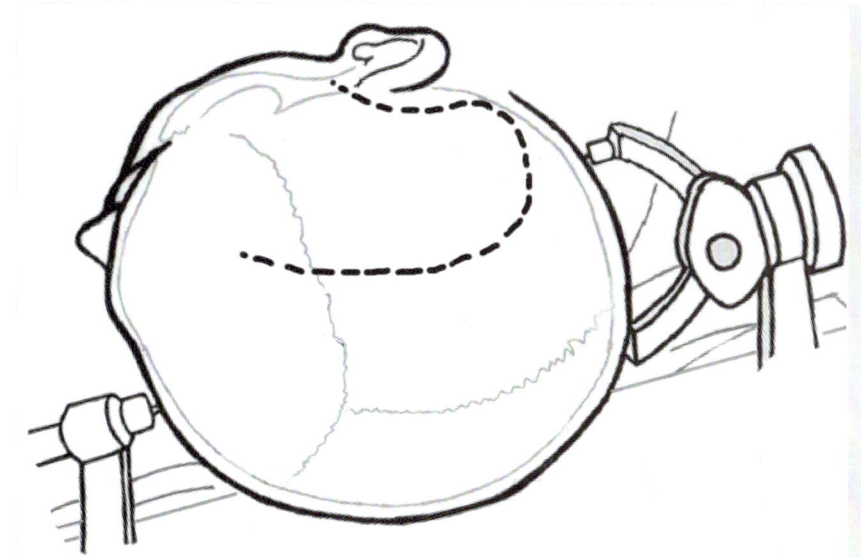

Fig. 10.2 Posicionamento operatório da cabeça e incisão cutânea para hemisferotomia peri-insular. A cabeça é posicionada diretamente lateral em um descanso de cabeça em forma de "ferradura", ou sobre um apoio de três pinos para crânio Mayfield. A incisão é produzida em forma de "C" para permitir que a craniotomia fique centralizada sobre a asa esfenoidal e estendendo-se para o aspecto posterior da fissura silviana.

puted tomography) e magneto-EEG (MEG). Deve ser demonstrado por avaliação radiológica (MRI/CT) e funcional (vídeo-EEG/PET) que o hemisfério contralateral à hemiplegia apresenta uma anormalidade difusa. De modo mais significativo, o restante do hemisfério deve estar normal para que um resultado satisfatório seja obtido após a cirurgia, ainda que, como já discutido,[18] a hemisferotomia tenha sido usada em casos paliativos com bons resultados. Além disso, como mencionado antes, a disseminação de descargas epileptiformes para o hemisfério normal ao EEG, ou até mesmo descargas independentes raras no lado normal, não necessariamente implicam em resposta precária à cirurgia, uma vez que isso não determina que o aparecimento da convulsão ou o circuito convulsivo envolva o outro hemisfério.[17] Tendo sido recomendado para hemisferectomia/hemisferotomia, o paciente passa por MRI adicional para uso com o sistema de navegação estereotático *frameless*.

10.4 Procedimento Cirúrgico

10.4.1. Posicionamento

Os pacientes são posicionados em supinação sobre a mesa cirúrgica, com a cabeça posicionada lateralmente (▶ Fig. 10.2). Um rolo de gel ou uma toalha enrolada pode ser colocada sob o ombro, para facilitar o posicionamento da cabeça em posição totalmente lateral. Todos os pontos de compressão são amortecidos e múltiplas faixas são colocadas ao longo do paciente. A cabeça pode ser colocada em um suporte de crânio (p. ex., Mayfield) ou sobre um descanso de cabeça em forma de ferradura, dependendo do paciente (▶ Fig. 10.2). A navegação estereotática *frameless* é registrada para o paciente e a craniotomia proposta, e a incisão na pele é planejada e marcada.

10.4.2 Incisão, Craniotomia e Abertura Dural

Uma incisão em forma de "C" padrão é usada para possibilitar uma craniotomia frontotemporal que englobe a fissura silviana (▶ Fig. 10.2). A navegação estereotática *frameless* pode ser útil no planejamento da incisão e na execução da craniotomia. esta é realizada com orifícios de trepanação e moldada com uma pla-

taforma. É possível usar Rongeurs para remover também a asa esfenoidal, anteriormente. Após a remoção do retalho ósseo, a dura é aberta com uma incisão em forma de "C", seguindo na direção da asa do esfenoide, e suturas de permanência são colocadas ao longo das bordas da dura-máter, para manter a tensão no retalho dural e nas margens durais, de modo a limpar o campo cirúrgico (▶ Fig. 10.3a, b).

10.4.3 Abordagem Cirúrgica: As Sete Etapas

Uma vez aberta a dura-máter, a fissura silviana o lobo temporal e o giro frontal inferior devem ser visualizados (▶ Fig. 10.3b). Dividimos nossa técnica para PIH em sete etapas. Todas as ressecções e desconexões são realizadas usando uma combinação de cautério bipolar, microtesouras, aspiração e aspirador ultrassônico.

- Etapa 1: a fissura silviana é amplamente dissecada desde a asa esfenoidal até o aspecto posterior da fissura e medialmente, para expor a ínsula inteira (▶ Fig. 10.3c). A extensão do sulco circular então é definida e dissecada.
- Etapa 2: os opérculos frontal e temporal são ressecionados e enviados para avaliação patológica (▶ Fig. 10.3d).
- Etapa 3: o corno frontal do ventrículo lateral é penetrado com auxílio da orientação e da trajetória obtida com a navegação estereotática (▶ Fig. 10.4a, b). A abertura ventricular é continuada posteriormente para o átrio do ventrículo lateral, e segue rumo à extensão anterior do corno temporal (▶ Fig. 10.4.c, d).
- Etapa 4: uma vez aberto o corno temporal, uma amígdalo-hipocampectomia é realizada e enviada para avaliação patológica (▶ Fig. 10.4e). A cauda do hipocampo é ressecionada posterior e medialmente, conferindo a desconexão occipital mesial (▶ Fig., 10.4f).
- Etapa 5: a partir do corno frontal do ventrículo lateral (▶ Fig. 10.5a), usa-se orientação por imagem e/ou ultrassonografia com Doppler para localizar as artérias pericalosas através do corpo caloso (▶ Fig. 10.5b). Uma corpo calosotomia transventricular é realizada e estendida do corno frontal até a desconexão occipital mesial (▶ Fig. 10.5c, d).
- Etapa 6: uma desconexão basal frontal é realizada usando as artérias cerebrais anteriores para seguir o aspecto anterior da corpo calosotomia a partir do corno frontal do ventrículo lateral através do córtex frontal basal até a aracnoide da fissura

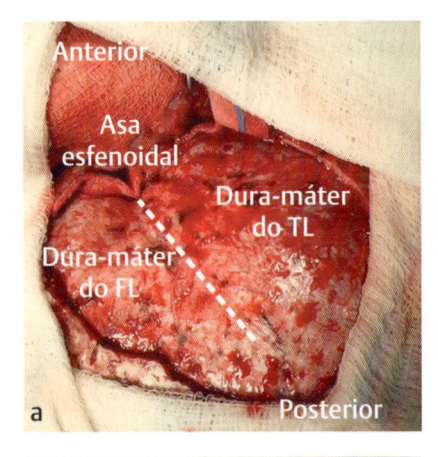

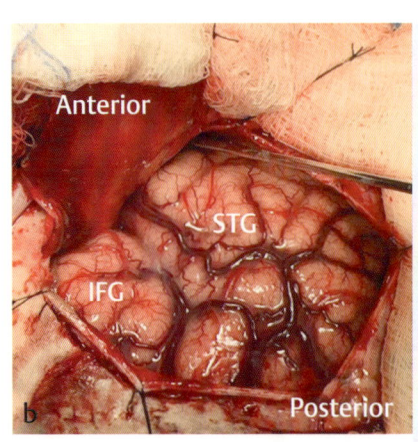

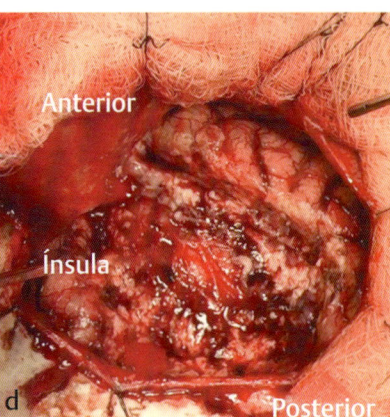

Fig. 10.3 Fotografias intraoperatórias: craniotomia, abertura dural e etapas 1 a 2: dissecação da fissura silviana, e ressecção dos opérculos frontal e temporal. **(a)** Usando a navegação estereotática, uma craniotomia frontotemporal é moldada e centralizada sobre a fissura silviana. **(b)** A dura-máter é aberta em forma de "C" e refletida anteriormente na direção da asa esfenoidal e mantida em posição com suturas de permanência. **(c)** A fissura silviana é dissecada de forma amplamente aberta até o nível da ínsula. O sulco circular subjacente aos opérculos frontal e temporal é dissecado também. **(d)** Os opérculos frontal e temporal são resseccionados, expondo a ínsula com os ramos da artéria cerebral média. TL = lobo temporal; FL = lobo frontal; STG = giro temporal superior; IFG = giro frontal inferior.

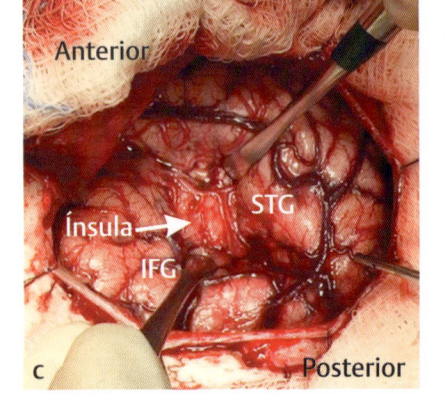

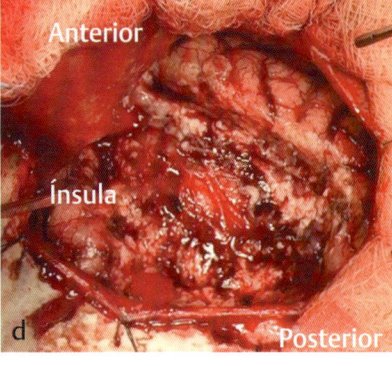

de Sylvian e pia-máter/aracnoide da asa esfenoidal e assoalho da fossa craniana anterior através do giro reto (▶ Fig. 10.5e).
- Etapa 7: por fim, a ínsula é descorticada, deixando a substância branca e os gânglios basais subjacentes intactos (▶ Fig. 10.5f).

A hemostasia é conseguida usando cautério bipolar e bolas de algodão umedecidas em trombina ou peroxido de hidrogênio diluído. Um dreno ventricular externo é colocado no corno frontal do ventrículo lateral para eliminar sangue e produtos de degradação. O retalho de osso é substituído e o músculo temporal, fáscia, gálea e pele são fechados em camadas.

10.5 Dicas e Armadilhas

Durante a desconexão, as veias drenantes de grande calibre devem ser preservadas para evitar o edema cerebral e o sangramento aumentado no decorrer do procedimento. Quando a descorticação da ínsula é realizada, é preciso ter o cuidado de não invadir a os gânglios basais. Estes consistem em um tecido friável e, uma vez penetrados, sangram com frequência. Pode ser difícil manter a hemostasia dos gânglios basais usando cautério bipolar, sendo em geral necessário usar agentes hemostáticos para cessar o sangramento.

As áreas onde uma desconexão incompleta é mais comumente observada incluem o tecido occipital mesial e o tecido frontal basal, com remanescentes de córtex occipital e córtex frontal inferior, respectivamente. Portanto, estas áreas requerem mais atenção para garantir uma desconexão completa. Seguir as artérias cerebrais anteriores proximalmente garantirá a desconexão frontal basal mais completa, além de prevenir a invasão do hemisfério contralateral. Em certos casos, a anatomia anormal pode dificultar ainda mais os aspectos da hemisferotomia. O volume maior de tecido a ser desconectado na hemimegalencefalia pode ser desafiador e em geral requer um tempo de cirurgia maior, além de uma perda de sangue potencialmente maior. Acompanhar as artérias cerebrais anteriores pode ser difícil e, se a anatomia for proibitiva, a foice da linha média pode servir de guia e como um bom referencial para seguir. Na maioria dos casos, as artérias cerebrais médias são cauterizadas e cortadas durante a ressecção do opérculo temporal e frontal, bem como durante a descorticação da ínsula. A remoção do tecido peri-insular e uma generosa ressecção tecidual com a desconexão do lobo temporal elimina preocupações relacionadas com edema infarto-relacionado/infarto-não relacionado e efeito de massa sobre o hemisfério contralateral e tronco encefálico. De maneira invariável, dada a existência de uma quantidade significativamente maior de tecidos em casos de hemimegalencefalia, uma ressecção tecidual mais substancial é feita ao longo de todos os aspectos da desconexão, de novo minimizando qualquer efeito de massa relacionado com edema.

10.6 Manejo Pós-Operatório Incluindo Possíveis Complicações

Uma MRI do cérebro é obtida no primeiro dia de pós-operatório, para demonstrar a desconexão e confirmar a integridade do hemisfério contralateral. Se uma MRI pós-operatória for realizada algumas semanas após a cirurgia, os tecidos podem tornar-se mais opostos e a demonstração da desconexão em imagens pode tornar-se difícil. A desconexão pode ser confirmada com DTI, porém imagens T1 e imagens suscetibilidade-ponderadas cos-

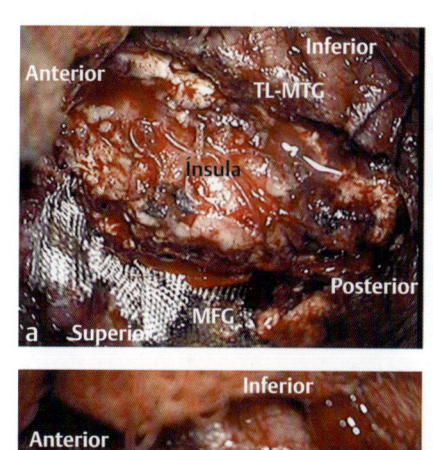

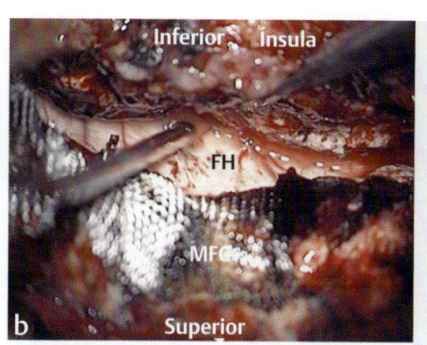

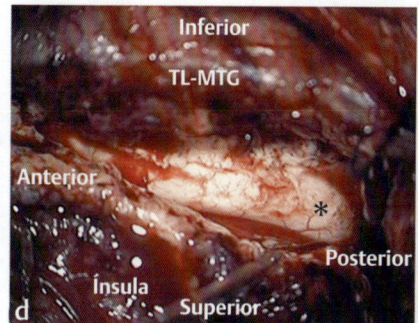

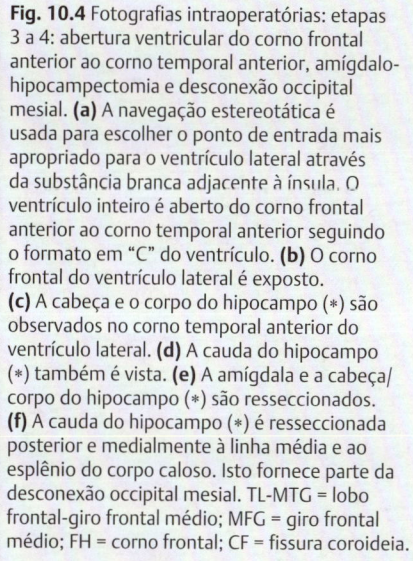

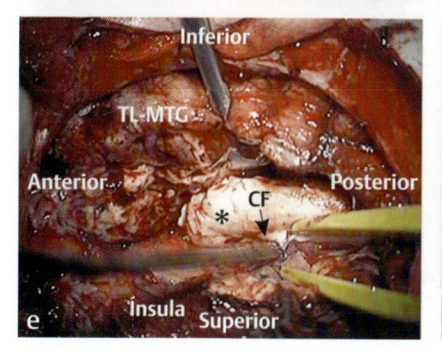

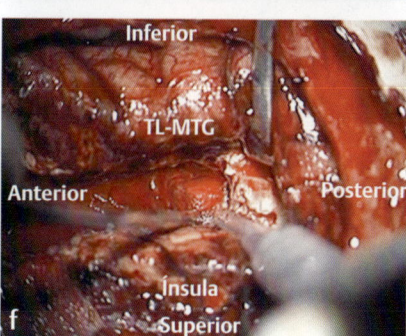

Fig. 10.4 Fotografias intraoperatórias: etapas 3 a 4: abertura ventricular do corno frontal anterior ao corno temporal anterior, amígdalo-hipocampectomia e desconexão occipital mesial. **(a)** A navegação estereotática é usada para escolher o ponto de entrada mais apropriado para o ventrículo lateral através da substância branca adjacente à ínsula. O ventrículo inteiro é aberto do corno frontal anterior ao corno temporal anterior seguindo o formato em "C" do ventrículo. **(b)** O corno frontal do ventrículo lateral é exposto. **(c)** A cabeça e o corpo do hipocampo (∗) são observados no corno temporal anterior do ventrículo lateral. **(d)** A cauda do hipocampo (∗) também é vista. **(e)** A amígdala e a cabeça/corpo do hipocampo (∗) são resseccionados. **(f)** A cauda do hipocampo (∗) é resseccionada posterior e medialmente à linha média e ao esplênio do corpo caloso. Isto fornece parte da desconexão occipital mesial. TL-MTG = lobo frontal-giro frontal médio; MFG = giro frontal médio; FH = corno frontal; CF = fissura coroideia.

tumam ser as mais nítidas para demonstrar a totalidade de cada uma das desconexões de substância branca. O dreno ventricular externo é nivelado para garantir uma drenagem contínua por 5 dias no pós-operatório. Em geral, por volta do quinto dia de pós-operatório, o líquido cerebrospinal (CSF) está xantocrômico e o dreno ventricular pode ser removido. Em alguns casos, quando há necessidade de desconexão de mais tecido, como na hemimegaloencefalia, o dreno ventricular precisa ser mantido por mais de 5 dias. É comum haver febre após a hemisferotomia, provavelmente devido aos hemoderivados no sistema ventricular e não por causa de infecção.[19] O uso de ventriculostomia externa pode diminuir a incidência da febre pós-operatória.[20]

10.6.1 Desfechos

No longo prazo, estes pacientes caracterizam-se por hemiparesia, hemianopia, déficits de linguagem e comprometimento cognitivo. O grau de todos esses achados depende da síndrome de epilepsia, do hemisfério envolvido e da idade de tratamento, bem como de quaisquer outros problemas médicos associados. A hemiparesia é espástica, os pacientes conseguem andar e frequentemente há um maior comprometimento do movimento do braço do que do movimento da perna. Em muitos casos, os movimentos finos de pinçamento do dedo indicador com o polegar tornam-se impossíveis; contudo, o aperto de mão ainda é possível. Os pacientes necessitarão de reabilitação, fisioterapia e terapia ocupacional. EEGs realizados após a desconexão em geral continuam demonstrando atividade convulsiva intrínseca isolada no hemisfério desconectado, porém melhora no hemisfério contralateral. As convulsões pós-operatórias ocorrem em uma minoria de casos; quando presentes, são devidas à desconexão incompleta ou ao aparecimento de convulsão no hemisfério contralateral. Uma atenção diligente para uma desconexão completa pode minimizar a primeira causa, enquanto a seleção cuidadosa do paciente minimizará a segunda. Se uma desconexão incompleta for identificada, é possível que a repetição da operação seja indicada.[21] Nestes casos, a tratografia por difusão pode ser um adjunto para avaliar a existência de sítios de desconexão incompleta.

10.7 Conclusão

Pacientes com hemiplegia máxima ou quase máxima apresentando epilepsia intratável com imagens radiográficas e funcionais que mostram anormalidade hemisférica unilateral devem ser considerados candidatos à hemisferotomia. Este procedimento, seja qual for a variante atual realizada, confere um estado totalmente livre ou quase totalmente livre de convulsão em 43-90% dos casos.[22]

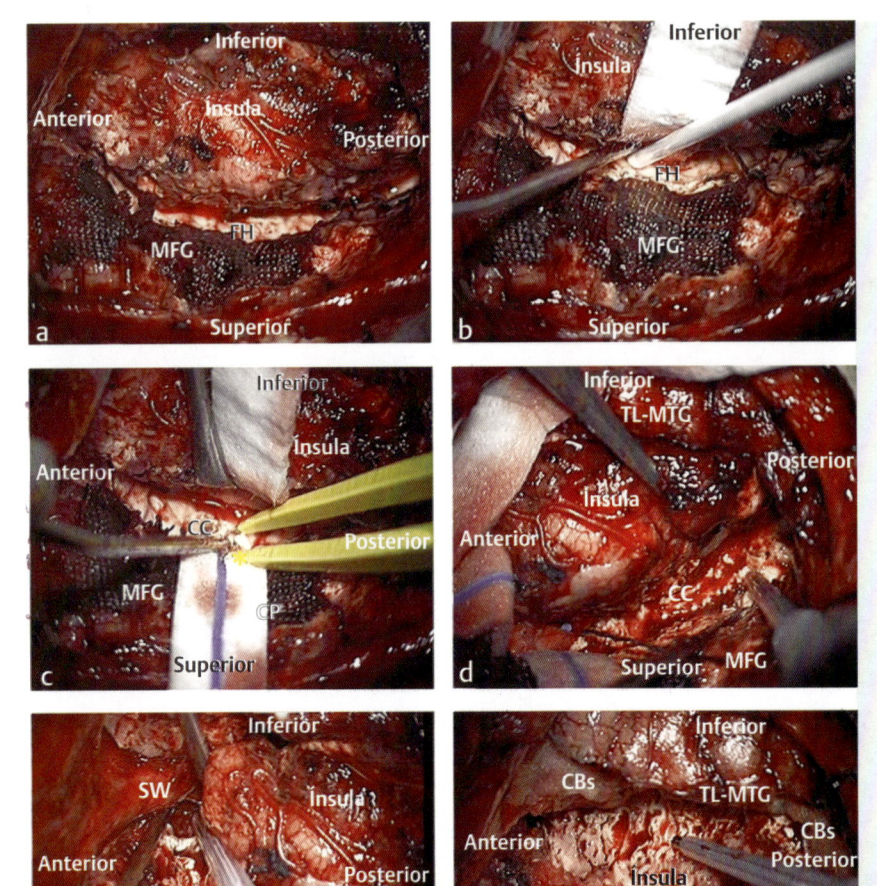

Fig. 10.5 Fotografias intraoperatórias: etapas 5 a 7: corpo calosotomia transventricular, desconexão frontal basal e descorticação da ínsula. **(a,b)** A ultrassonografia com Doppler é usada para localizar a artéria pericalosa logo acima da interface, entre o septo pelúcido e o corpo caloso. **(c)** Uma vez localizada a artéria, usa-se cautério bipolar e aspiração para dissecar ao longo do corpo caloso (CC), via aspiração subpial até o nível do vaso. **(d)** A corpo calosotomia transventricular continua posteriormente, seguindo o curso da artéria pericalosa. A corpo calosotomia é continuada para a área da ressecção prévia da cauda hipocampal, para completar a desconexão occipital mesial. **(e)** Uma desconexão frontal basal é realizada usando as artérias cerebrais anteriores para acompanhar o aspecto anterior da corpo calosotomia a partir do corno frontal do ventrículo lateral, ao longo do córtex frontal basal até a aracnoide da fissura silviana e pia-máter/aracnoide da asa esfenoidal e assoalho da fossa craniana anterior. **(f)** Os ventrículos laterais são preenchidos com bolas de algodão umedecidas em peróxido de hidrogênio diluído, para auxiliar na homeostasia. A ínsula então é descorticada. FH = corno frontal; MFG = giro frontal médio; CC = corpo caloso; TL-MTG = lobo temporal-giro temporal médio; SW = asa esfenoidal; CBs = bolas de algodão.

Referências

[1] Limbrick DD, Narayan P, Powers AK, et al. Hemispherotomy: efficacy and analysis of seizure recurrence. J Neurosurg Pediatr. 2009; 4(4):323–332
[2] Villemure JG, Daniel RT. Peri-insular hemispherotomy in paediatric epilepsy. Childs Nerv Syst. 2006; 22(8):967–981
[3] McKenzie KG. The present status of a patient who had the right cerebral hemisphere removed. JAMA. 1938; 111:168–183
[4] Krynauw RA. Infantile hemiplegia treated by removing one cerebral hemisphere. J Neurol Neurosurg Psychiatry. 1950; 13(4):243–267
[5] Rasmussen T. Postoperative superficial hemosiderosis of the brain, its diagnosis, treatment and prevention. Trans Am Neurol Assoc. 1973; 98:133–137
[6] Rasmussen T. Hemispherectomy for seizures revisited. Can J Neurol Sci. 1983; 10(2):71–78
[7] Daniel RT, Villemure JG. Peri-insular hemispherotomy: potential pitfalls and avoidance of complications. Stereotact Funct Neurosurg. 2003; 80(1-4):22–27
[8] Danielpour M, von Koch CS, Ojemann SG, Peacock WJ. Disconnective hemispherectomy. Pediatr Neurosurg. 2001; 35(4):169–172
[9] Delalande O, Bulteau C, Dellatolas G, et al. Vertical parasagittal hemispherotomy: surgical procedures and clinical long-term outcomes in a population of 83 children. Neurosurgery. 2007; 60(2) Suppl 1:ONS19–ONS32, discussion ONS32
[10] Delalande O, Pinard JM, Basevant C, Gauthe M, Plouin P, Dulac O. Hemispherotomy: a new procedure for central disconnection [abstract]. Epilepsia. 1992; 33 Suppl 3:99–100
[11] Schramm J, Behrens E, Entzian W. Hemispherical deafferentation: an alternative to functional hemispherectomy. Neurosurgery. 1995; 36(3):509–515, discussion 515–516
[12] Schramm J, Kral T, Clusmann H. Transsylvian keyhole functional hemispherectomy. Neurosurgery. 2001; 49(4):891–900, discussion 900–901
[13] Shimizu H, Maehara T. Modification of peri-insular hemispherotomy and surgical results. Neurosurgery. 2000; 47(2):367–372, discussion 372–373
[14] Villemure JG, Mascott CR. Peri-insular hemispherotomy: surgical principles and anatomy. Neurosurgery. 1995; 37(5):975–981
[15] De Almeida AN, Marino R, Jr, Aguiar PH, Jacobsen Teixeira M. Hemispherectomy: a schematic review of the current techniques. Neurosurg Rev. 2006; 29 (2):97–102, discussion 102
[16] Morino M, Shimizu H, Ohata K, Tanaka K, Hara M. Anatomical analysis of different hemispherotomy procedures based on dissection of cadaveric brains. J Neurosurg. 2002; 97(2):423–431
[17] Smith SJ, Andermann F, Villemure JG, Rasmussen TB, Quesney LF. Functional hemispherectomy: EEG findings, spiking from isolated brain postoperatively, and prediction of outcome. Neurology. 1991; 41(11):1790–1794
[18] Ciliberto MA, Limbrick D, Powers A, Titus JB, Munro R, Smyth MD. Palliative hemispherotomy in children with bilateral seizure onset. J Neurosurg Pediatr. 2012; 9(4):381–388
[19] Kamath AA, Limbrick DL, Smyth MD. Characterization of postoperative fevers after hemispherotomy. Childs Nerv Syst. 2015; 31(2):291–296
[20] Sood S, Asano E, Chugani HT. Role of external ventriculostomy in the management of fever after hemispherectomy. J Neurosurg Pediatr. 2008; 2(6):427–429
[21] Vadera S, Moosa AN, Jehi L, et al. Reoperative hemispherectomy for intractable epilepsy: a report of 36 patients. Neurosurgery. 2012; 71(2):388–392, discussion 392–393
[22] De Ribaupierre S, Delalande O. Hemispherotomy and other disconnective techniques. Neurosurg Focus. 2008; 25(3):E14

11 Transecções Subpiais Múltiplas e Hipocampais Múltiplas para Epilepsia em Áreas Cerebrais Eloquentes

Thomas A. Ostergard ▪ *Fady Girgis* ▪ *Jonathan Miller*

Resumo

Ressecção cirúrgica pode ser eficaz para epilepsia focal resistente a fármacos, mas está associada a um risco de déficit neurológico permanente quando a zona epileptogênica inclui tecido eloquente. Visto que a organização funcional do tecido cerebral está orientada perpendicularmente à superfície, foi proposto que uma série de pequenos cortes verticais pode prevenir a sincronização e a propagação de impulsos convulsivos ao passo que atenua os déficits funcionais associados à cirúrgica. Aplicações desta estratégia ao neocórtex e hipocampo foram denominadas de *transecção subpial múltipla* e *transecção hipocampal múltipla*, respectivamente. Neste capítulo, discutimos a lógica, a técnica e o desfecho destes procedimentos.

Palavras-chave: epilepsia, cirurgia, epilepsia do lobo temporal, transecção subpial, transecção hipocampal.

11.1 Introdução

A transecção subpial múltipla (MST, ▶ Fig. 11.1) foi proposta pela primeira vez em 1969[1] por Frank Morrell na forma de uma opinião para pacientes com epilepsia cuja zona epileptogênica estava em uma localização anatômica eloquente, mas a técnica não obteve uma ampla aceitação até sua descrição mais formal em 1989.[2] A lógica é baseada na anatomia e na eletrofisiologia do córtex cerebral, tirando partido da orientação perpendicular das estruturas neurais: entradas e saídas corticais, e suprimento vascular percorrem perpendicular à superfície cortical, enquanto as fibras de associação intracortical percorrem paralelas à superfície e a última é provável de ser responsável pela disseminação de descargas epilépticas. Fibras talamocorticais entram radialmente e terminam nas células estreladas e piramidais na camada granular interna (camada IV). De modo similar, fibras corticotalâmicas se originam na camada polimórfica e abandonam o córtex de forma radial para completar o circuito córtico-tálamo-cortical. Estudos experimentais confirmaram que o córtex pode manter a função sem as fibras intracorticais,[3] e estas fibras provavelmente representam a via de propagação lenta durante a epileptogênese. Como resultado, transecções corticais perpendiculares à superfície podem teoricamente romper os circuitos epileptogênicos intracorticais, ao mesmo tempo em que preservam a função cortical local e a vascularização cortical (▶ Fig. 11.2).

A base eletrofisiológica da MST surgiu de múltiplos achados que culminam no que Morrell chama de "massa crítica do tecido cerebral". Em uma distância superior a 5 mm,[5] as conexões intracorticais entre dois focos epileptogênicos têm a capacidade de sincronizar. Estes dados sugerem que a separação de focos epileptogênicos nesta distância pode prevenir a sincronia, sugerindo que a transecção de fibras intracorticais pode prevenir a propagação da convulsão e, potencialmente, a geração da convulsão.

A transecção hipocampal múltipla (MHT; ▶ Fig. 11.3) é a análoga da MST quando aplicada ao hipocampo. Epilepsia do lobo temporal é o tipo mais comum de epilepsia focal resistente a fármacos, mas a preservação da memória e a ausência de uma lesão ou esclerose na imagem por ressonância magnética (MRI) estão associadas a um risco elevado de déficits cognitivos pós-operatórios, especialmente quando o procedimento é realizado no lado dominante: pacientes submetidos à lobectomia temporal esquerda possuem aproximadamente uma taxa de déficit de memória verbal duas vezes maior (44 *versus* 20%) quando comparados com os pacientes submetidos à lobectomia temporal direita.[6] Idade mais avançada e presença de memória verbal pré-operatória intacta estão similarmente associadas a um maior risco de declínio pós-operatório.[7] Uma população específica a ser considerada é de pacientes com uma profissão em que o déficit de memória verbal poderia potencialmente ser funcionalmente limitante.

O procedimento de MHT foi inicialmente descrito pode Shimizu *et al.* como uma alternativa à lobectomia temporal.[8] O desenvolvimento desta técnica tinha como objetivo preservar a via intra-hipocampal e, consequentemente, preservar a função da memória verbal. Similar à orientação colunar do neocórtex, a unidade funcional básica do hipocampo é de supostamente ser a "via trissináptica" que consiste em projeções para-hipocampais ao giro denteado e, então, ao CA1, CA3 e de volta ao subículo, todos no plano transversal. Além desta via, também existem fibras longitudinais que conectam essas lamelas que consistem em projeções longitudinais do giro denteado, células piramidais do subcampo CA3, e camadas moleculares internas e externas. Estas fibras são supostamente menos importantes funcionalmente,

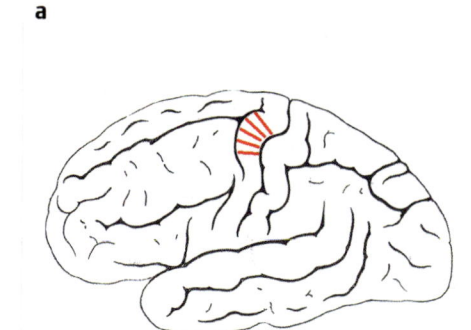

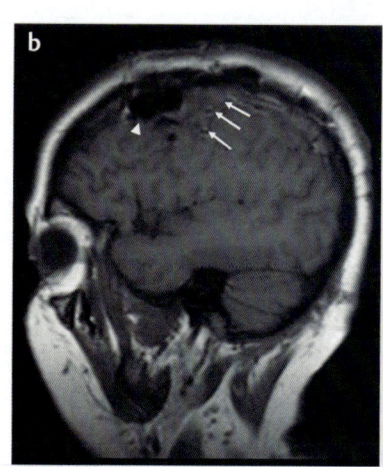

Fig. 11.1 Transecção subpial múltipla (MST). **(a)** Diagrama esquemático da MST do córtex motor primário (*exibido em vermelho*). Cada transecção consiste em um corte linear vertical de 4 mm de profundidade que se estende através do giro. (Adaptada de Gray[4] [Fig. 739].) **(b)** MRI pós-operatória demonstrando ressecção pré-motora (*ponta de seta*) em conjunto com a MST do córtex motor primário (*setas*).

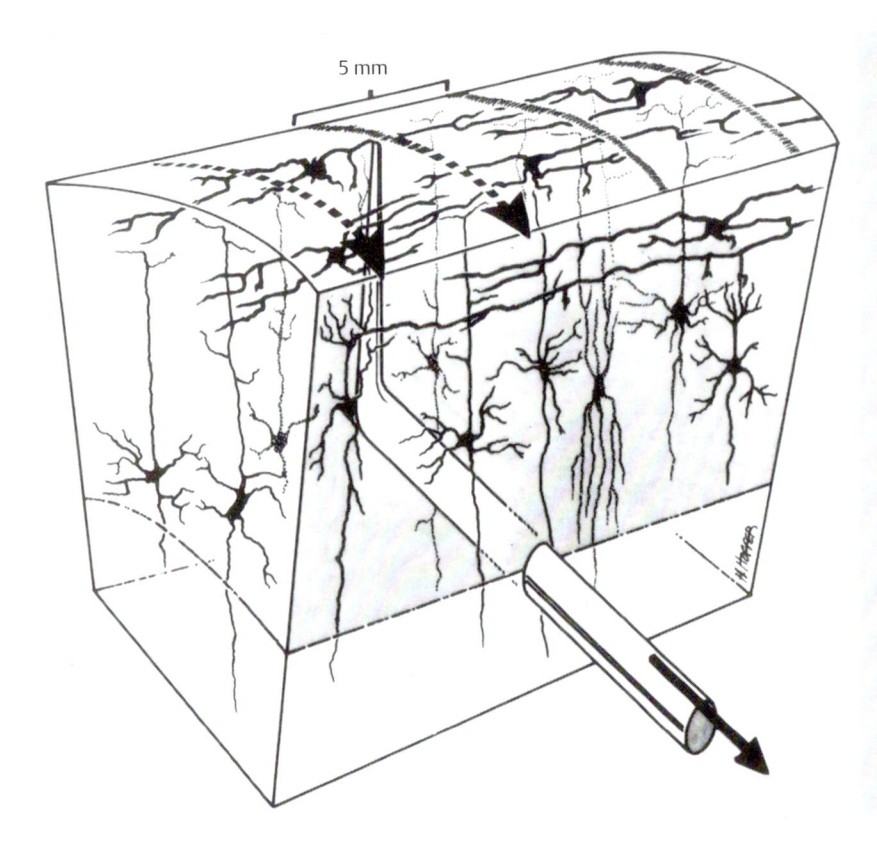

Fig. 11.2 Gancho de transecção rompendo as conexões das fibras horizontais sem romper a organização vertical do córtex.

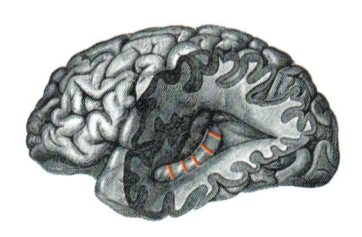

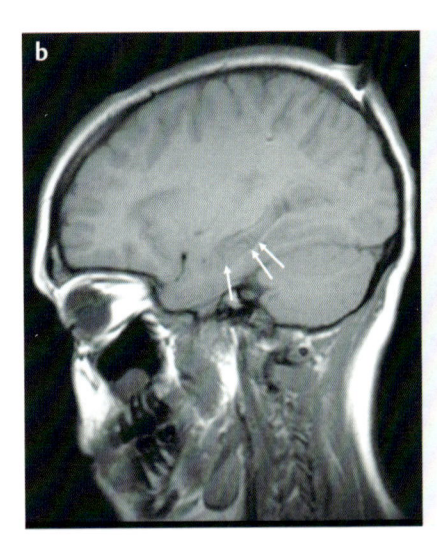

Fig. 11.3 Transecção hipocampal múltipla (MHT). **(a)** Diagrama esquemático da MHT do hipocampo esquerdo (*exibido em vermelho*). Cada transecção consiste em um corte transverso através do subcampo CA1, que se estende até a pia, evitando a fímbria. (Adaptada de Gray[4] [Fig. 726].) **(b)** MRI pós-operatória demonstrando a MHT com um total de três transecções guiadas pela eletrofisiologia (*setas*); neste caso, o pico da atividade cessou após a realização de apenas três transecções, mas se tivesse continuado, transecções adicionais teriam sido feitas.

mas representam uma fonte importante de sincronização ictal e propagação da convulsão no lobo temporal. No plano transverso, a via intra-hipocampal direta recebe a maioria de seu estímulo do córtex de associação temporal inferior.[9] Após alcançar o córtex entorrinal através do córtex perirrinal, as fibras se projetam diretamente para as células piramidais de CA1, ao contrário da rota indireta da via perfurante ou polissináptica. Estas podem, então, projetar-se para o subículo e de volta para o córtex entorrinal. O circuito é concluído pelas projeções provenientes do córtex entorrinal retornando ao córtex de associação temporal inferior. Em humanos, a via polissináptica é considerada exercer um papel importante na memória espacial, enquanto a via direta exerce um papel significativo na memória semântica.[10] Como a MST, a MHT pode prevenir a geração de convulsão pela separação das ilhas de tecido epileptogênico, a fim de evitar sincronia, mas também possibilita a desconexão das fibras que permitem a propagação das convulsões ao longo do hipocampo.

Shimizu *et al.* relataram duas falhas terapêuticas que sugerem que a teoria subjacente à MHT está correta.[8] Ambas as falhas terapêuticas estavam localizadas no córtex temporal posterior, imediatamente distal à região onde a MHT foi realizada. Eles também realizaram procedimentos em etapas para tratar cirurgicamente dois pacientes com epilepsia do lobo temporal bilateral. Em ambos os casos, os pacientes apresentaram cura das convulsões que se originavam de seus lobos temporais. Embora ambos os pacientes tenham apresentado novos focos epileptogênicos em outros locais, nenhum sofre déficits catastróficos de memória anterógrada.

11.2 Seleção do Paciente

A MST deve ser considerada ao tratar pacientes com um foco epileptogênico neocortical dominante envolvendo a memória de domínio específico ligada ao lado de início da convulsão, e a MHT deve ser considerada em pacientes que possuam epilepsia do lobo temporal mesial com memória ipsilateral normal. Conforme o campo da neurociência descobre mais sobre as funções cognitivas de nível mais elevado, a lista das áreas corticais que são consideradas "eloquentes" aumenta. No entanto, se um paciente tem epilepsia localizada em uma área não eloquente, a ressecção tradicional do foco epiléptico está associada a um desfecho excelente e é preferível a ambas as abordagens de transecção. Isto é verdade especialmente quando o foco é muito próximo, mas não dentro, da área eloquente, e é às vezes possível usar técnicas de mapeamento (tanto no intraoperatório com o uso de anestesia com o paciente desperto ou extraoperatoriamente com o uso de monitorização eletrofisiológica invasiva) ou exames imagiológicos funcionais para identificar a fronteira entre as zonas epileptogênicas e eloquentes.

Uma vantagem da MST e MHT é que as relações anatômicas não são comprometidas, e a opção de uma subsequente ressecção é preservada. Ao considerar a lesionectomia de um foco epileptogênico adjacente ao tecido eloquente, deve-se ter em mente que a cicatriz glial adjacente à lesão também pode ser epileptogênica e necessitar de excisão para uma melhora no controle epiléptico.[11] É importante personalizar a escolha do procedimento para cada paciente e, para isso, é impossível combinar a MST com outros procedimentos, incluindo a ressecção. Isto é mais acentuado em pacientes passando por uma lobectomia com focos epileptogênicos se estendendo para as áreas eloquentes. Por exemplo, uma lobectomia temporal anterior pode ser realizada com uma MST da área de Wernicke, ou com uma lobectomia pré-frontal combinada com uma MST das áreas de Broca ou das regiões motoras primárias.

11.3 Procedimento Cirúrgico

11.3.1 Transecções Subpiais Múltiplas

O procedimento de MST é mais comumente realizado sob anestesia geral. As equipes de anestesia e neuromonitorização devem ser orientadas em relação às limitações farmacológicas, a fim de possibilitar uma eletrocorticografia intraoperatória optimizada. Um sistema sem halo estereotáxico pode ser muito útil para o planejamento incisional e para a neuronavegação intraoperatória. Durante o planejamento da craniotomia, é importante que uma anatomia cortical suficiente seja exposta para permitir a identificação confiante de estruturas corticais, bem como para permitir uma extensão apropriada da ressecção do tecido epileptogênico não eloquente. Após a craniotomia e durotomia, uma eletrocorticografia intraoperatória é realizada para confirmar a localização dos focos epileptogênicos e as áreas planejadas de transecção subpial são confirmadas. Estes focos são marcados com números sequenciais na direção inferior para superior, de modo que as primeiras transecções planejadas ocorram na porção dependente da ferida, para que as transecções subsequentes sejam realizadas no tecido não ocultado por produtos sanguíneos.

O transector subpial (▶ Fig. 11.4) pode ser obtido comercialmente ou criado com um curto segmento de fio de sutura de aço nº 2, possibilitando a otimização do ângulo em relação ao córtex. A porção do instrumento distal à dobra de 90 graus deve ser precisamente de 4 mm, visto que a ponta do instrumento será visualizada através da pia durante a transecção e este comprimento permite uma medida de segurança para prevenir lesão à substância branca que se situa abaixo da transecção. Uma alça de fita, ou outra referência direcional, pode ser usada para lembrar o cirurgião da orientação do segmento distal do instrumento, visto que sua orientação pode ser ocultada quando for intracortical.

Para cada transecção, um pequeno orifício é criado na pia com uma agulha espinhal ou com a ponta de uma lâmina de bisturi nº 11 (▶ Fig. 11.5). O transector subpial é inserido através do defeito pial, em um ângulo perpendicular ao córtex (▶ Fig. 11.6). Conforme é inserido, o transector é girado em torno do cotovelo do instrumento, criando um arco circular à medida que penetra no tecido. Durante este movimento, é importante manter a extremidade pontuda do instrumento na direção da superfície cortical, de modo que não interrompa as fibras intracorticais. Se mantido perpendicular à superfície cortical, irá cortar uma área muito maior das fibras talamocorticais verticalmente orientadas. Quando a ponta do instrumento alcança a extremidade mais distante do giro, esta se tornará visível imediatamente abaixo da superfície da pia. O instrumento é recuado no mesmo plano, com sua ponta sob constante visualização imediatamente abaixo da superfície pial, após o qual uma compressa de esponja gelatinosa embebida em trombina é aplicada no sítio de punção da pia (▶ Fig. 11.7). Isto garante uma transecção completa do giro (▶ Fig. 11.8). Ntsambi-Eba et al. descreveram uma técnica modificada que consiste em um ponto de entrada cortical único com transecções subpiais estendendo-se em sentido externo a partir daquele único ponto de entrada, em cada direção conforme se necessário.[12] A lógica por trás desta abordagem é minimizar o número de pontos de entrada que cruza os pequenos vasos ao longo da superfície cortical. A taxa de complicação naquela série foi um pouco inferior que a historicamente relatada.[13]

11.3.2 Transecções Hipocampais Múltiplas

A abordagem cirúrgica para MHT é similar àquela da craniotomia tradicional para uma lobectomia temporal. De um ponto de vista cirúrgico, a anatomia funcional da via direta enfatiza a impor-

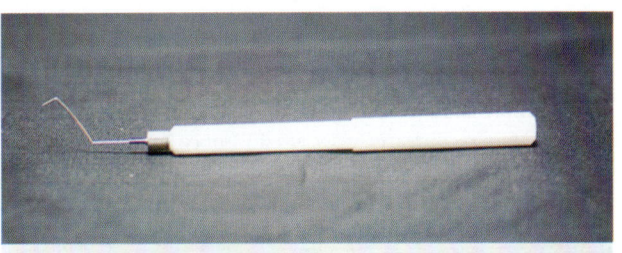

Fig. 11.4 Fotografia do transector subpial. A ponta deste instrumento (distal à dobra final) mede apenas 4 mm para limitar a profundidade da transecção.

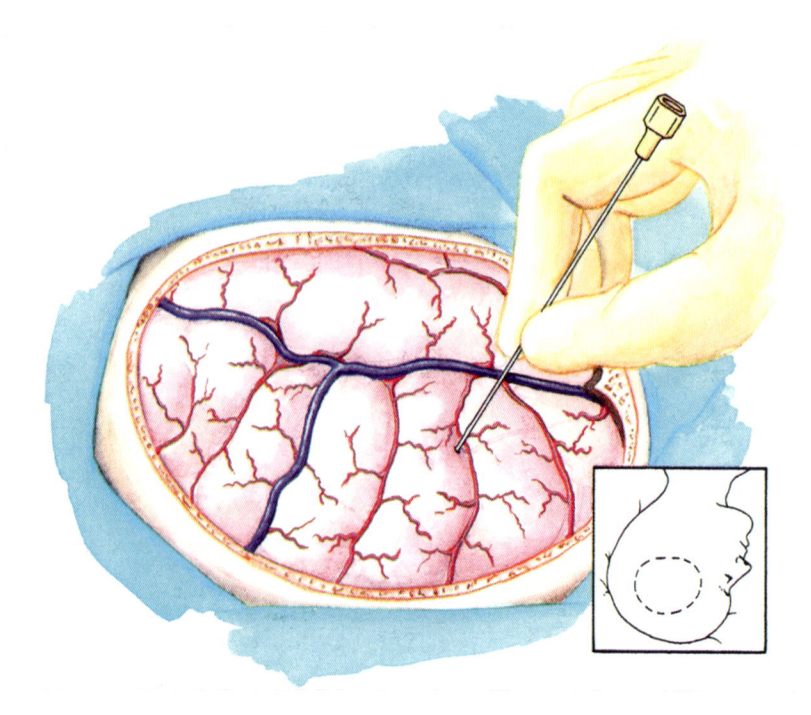

Fig. 11.5 Craniotomia com exposição do córtex frontoparietal temporal esquerdo. Um orifício é feito na pia com agulha espinhal nº 20.

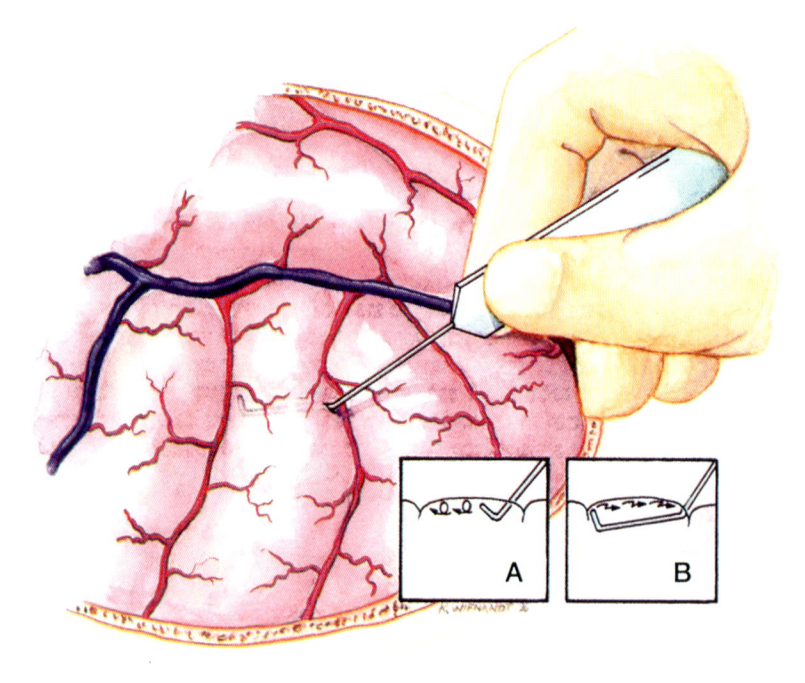

Fig. 11.6 O gancho de transecção subpial múltipla é passado por um giro. (**Inserção A**) A ponta do gancho é elevada até a superfície em uma série de passos para manter a profundidade correta. (**Inserção B**) O gancho é recuado através do giro, mantendo a ponta do gancho visível abaixo da pia.

tância em preservar as estruturas na face inferior do lobo temporal. De modo contrário, a secção do tronco temporal é geralmente bem tolerada. Consequentemente, a abordagem consiste em corticotomia na porção anterior do giro temporal superior[8] ou médio[14], ou de uma dissecção da fissura silviana.[15] O tronco temporal é transeccionado, confirmado pela entrada no teto do corno temporal do ventrículo lateral.

Similar à MST nos locais neocorticais, o registro intraoperatório é realizado para personalizar o local e a extensão das transecções. Registros são realizados em intervalos de 5 mm ao longo do eixo longo do hipocampo. Ao realizar transecções no plano transverso, é importante lembrar que o hipocampo é convexo. Se, após as transecções, descargas epileptogênicas ainda são observadas, o cirurgião deve primeiro reexaminar as transecções para garantir que elas romperam completamente todas as porções do hipocampo. Em seguida, o córtex adjacente deve ser investigado para a presença de disseminação das descargas epileptogênicas. Se focos corticais são localizados, estes podem ser transeccionados com o uso das técnicas anteriormente descritas.

Um transector anelar reto de 2 mm é usado para a transecção (▶ Fig. 11.9). Este instrumento é inserido na formação hipocampal de forma transversa, paralelo às lamelas, para seccionar as fibras longitudinais. Ao contrário da técnica mais simples de MST realizada nos giros corticais, a anatomia coronal do hipocampo deve ser considerada, de modo que a transecção seja realizada através das fibras longitudinais conectando o giro denteado, de CA4 à CA1. Alguns centros escolhem seccionar apenas as fibras CA1 superficiais usando dissectores anelares,[8] mas outros (incluindo nós) realizam uma transecção mais completa, atravessando toda a formação hipocampal com exceção da fímbria com o uso de transectores de tamanhos diferentes, com base nas medidas pré-operatórias.[14] Também deve ser lembrado que o hipocampo estreita e o formato transverso muda ao longo do eixo, da cabeça à cauda. Na presença de evidência de atividade convulsiva originando-se na amígdala ou outras estruturas adjacentes, a ressecção pode ser feita neste momento.

11.4 Manejo Pós-Operatório Incluindo Possíveis Complicações

A transecção subpial múltipla é um procedimento eficaz, sendo geralmente bem tolerado nas áreas eloquentes. Quando realizada isoladamente, a MST diminui a frequência de crises convulsivas em aproximadamente 80 a 90% dos pacientes, com 40% dos pacientes tendo um "desfecho excelente" (definido como 95% de ausência de crises), embora o número de pacientes que alcançam a classe I de Engel pode ser muito menor.[2,16] Déficits neurológicos pós-operatórios são observados em 15% dos pacientes, metade dos quais é transitório e autolimitante. O desfecho geral é significativamente inferior na lesionectomia/lobectomia, mas isto pode ser compensado evitando-se déficits inaceitáveis relacionados com a ressecção de tecido eloquente. É difícil estimar a verdadeira taxa de ausência de crises e de déficits neurológicos, pois muitos autores combinam a MST com outras técnicas cirúrgicas, como topectomia e lesionectomia, e a MST tem sido utilizada para múltiplos tipos diferentes de epilepsia focal, os quais são conhecidos por terem desfechos diferentes após a realização de outras técnicas cirúrgicas.

Existem diversos artigos descrevendo a segurança e o desempenho eficaz da MST em estruturas corticais vitais. Morrell *et*

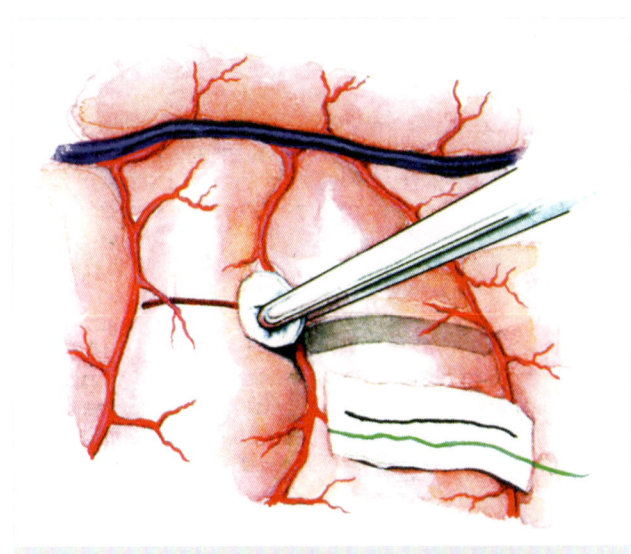

Fig. 11.7 Uma compressa de esponja gelatinosa embebida em trombina é aplicada no sítio de punção na pia. Um tampão cirúrgico de algodão e leve pressão são aplicados sobre a área de transecção.

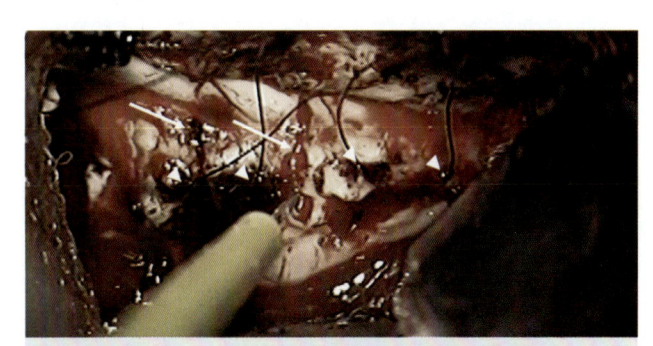

Fig. 11.9 Transecção realizada no hipocampo. Anterior está à esquerda, inferior está na região superior da fotografia. Note a presença de eletrodos (*pontas de seta*), que indicam onde a transecção (*setas*) deve ser feita.

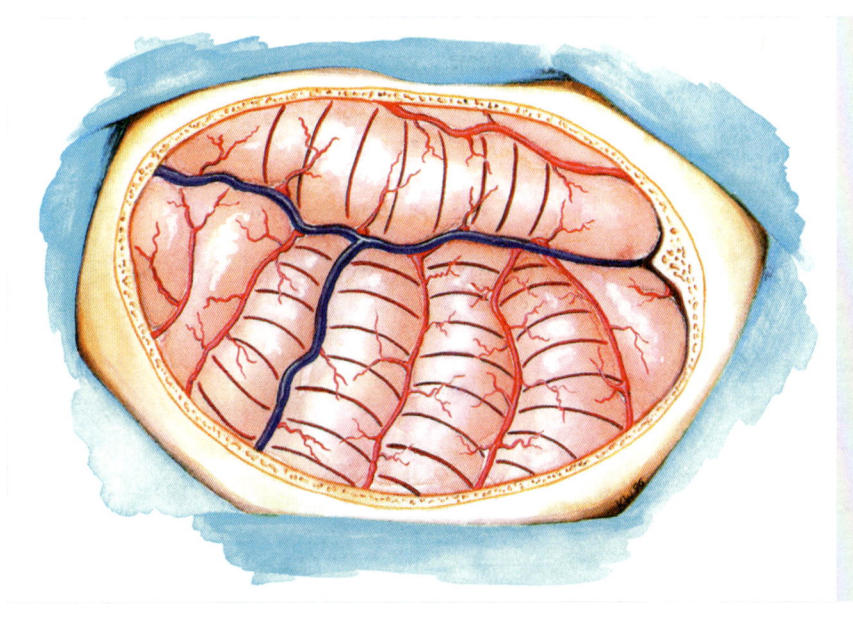

Fig. 11.8 Aparência do córtex após a realização da transecção subpial múltipla. A distância das transecções paralelas é de 5 mm.

al. relataram 16 casos de MST do giro pré-central, nove dos quais alcançaram um bom controle das crises convulsivas sem déficits.[2] Em uma série subsequente, Wyler *et al.* demonstraram que a MST do giro pré-central, após registros invasivos pré-operatórios usando *grids* subdurais, produziu ausência de crises em cinco dos seis pacientes, sem déficits.[16] Smith relatou MST na área de Broca em 23 pacientes que não resultou em nenhum déficit novo, e apenas um dos 42 pacientes sofreu déficit pós-operatório de linguagem receptiva após uma MST na área de Wernicke, o qual foi atribuído a uma hemorragia subcortical profunda associada ao procedimento.[17] Em uma subsequente metanálise de 211 casos de MST com ou sem ressecção, observou-se uma redução de 95% na frequência de crises convulsivas em mais de dois terços, com novos déficits neurológicos em apenas 22%, embora o número de pacientes livres de crises convulsivas não tenha sido relatado nesta série.[13]

A MST é especialmente útil na epilepsia envolvendo o lóbulo paracentral, devido à importância funcional deste tecido, e a MST do giro pré-central representou a primeira descrição da técnica. Smith também relatou a MST do giro pré-central lateral (áreas da mão/face) em 44 pacientes sem déficit pós-operatório, embora dois de sete pacientes submetidos à MST do giro pré-central medial (área dos membros inferiores) desenvolveram fraqueza dos membros inferiores devido a um infarto venoso.[17] No entanto, há evidência que sugere que a ressecção focal do córtex motor primário pode ser associada a um resultado de longo prazo que não é inferior à MST, com melhor controle das crises convulsivas.[18,19] Por exemplo, uma série comparando 28 pacientes submetidos à ressecção focal com 20 submetidos à MST do giro pré-central demonstrou um resultado motor de longo prazo equivalente, com um controle das crises convulsivas acentuadamente inferior no grupo submetido à MST (45 *versus* 72%).[20] MST do giro pós-central está associada a uma menor incidência de déficits motores pós-operatórios do que a MST do giro pré-central, embora déficits motores sutis possam ocorrer após uma MST do giro pós-central. Por exemplo, em uma série de 56 pacientes submetidos à MST pós-central, apenas um paciente apresentou evidência pós-operatória de déficit sensorial, e mais da metade dos pacientes apresentou uma leve redução nos movimentos especializados.[17]

Uma seleção cuidadosa dos pacientes pode ajudar a minimizar o risco de complicações. Uma anatomia da superfície relativamente normal é necessária para realizar a MST com segurança. Existe uma maior dificuldade em pacientes com distúrbios de migração ou cicatrização antes dos procedimentos corticais. É importante considerar o último, pois muitos candidatos à MST serão submetidos à monitorização eletrofisiológica profunda antes da cirurgia definitiva. Se *grids* subdurais são usados, é recomendável que a MST seja realizada durante o mesmo procedimento da remoção do *grid*. MST também não pode ser realizada nas profundezas do sulco, onde displasias corticais focais estão tipicamente localizadas. Pacientes com encefalite de Rasmussen podem obter algum benefício com a MST, embora a maioria dos pacientes com este diagnóstico não melhore.[2,21,22]

Em pacientes com epilepsia temporal mesial, a MHT também foi associada a um excelente controle das crises convulsivas, com um resultado neuropsicológico favorável.[8,14,15,23,24] Shimizu *et al.* documentaram o alcance da classe I de Engel por 82% dos 21 pacientes com MHT, oito dos quais foram submetidos a testes neuropsicológicos abrangentes, com preservação da memória verbal em todos, exceto um paciente que teve uma recuperação completa em 6 meses.[8] Umeoka *et al.* relataram três pacientes tratados com MHT com controle das crises convulsivas por pelo menos 2 anos, e preservação da memória verbal em dois pacientes.[14] Uda *et al.* relataram uma modificação do procedimento abordando o hipocampo através do límen da ínsula, em vez do giro temporal superior ou médio, e constatou que 68% dos 37 pacientes estavam livre de crises.[15] Vinte e dois destes pacientes foram submetidos a testes de memória, e diferenças foram encontradas com base no lado da cirurgia: aqueles submetidos a uma cirurgia do lado direito tiveram, em média, aumentos estatisticamente significativos na memória verbal, mas não na visual, enquanto aqueles submetidos a uma cirurgia no lado esquerdo não mostraram mudanças significativas na memória verbal ou visual.[15] Finalmente, Patil e Andrews combinaram a MHT com a MST das superfícies laterais e basais do lobo temporal, 5 a 7 cm posterior à ponta, e documentaram uma taxa de ausência de crises em 95% entre 15 pacientes. Nove pacientes nesta série foram submetidos a testes repetidos de memória: a memória verbal melhorou em sete dos nove pacientes e ficou estável nos outros dois pacientes, enquanto a memória visual melhorou em quatro, ligeiramente deteriorou em dois e ficou estável em três dos nove pacientes.[24] É importante observar que mudanças não significativas nos resultados da memória pós-operatória não necessariamente significam que a função está preservada, visto que falha em melhorar pode ser um indicador de lesão às estruturas da memória. De modo contrário, ausência de declínio pode indicar que o hipocampo não era funcional: notavelmente, a proporção de pacientes com esclerose temporal mesial não está clara na maioria dos casos publicados. Nos pacientes em que o tecido hipocampal é claramente não funcional (ou seja, características imagiológicas são compatíveis com esclerose temporal mesial e/ou resultados neuropsicológicos que sugerem uma função pouco útil), a ressecção, em vez de MHT, pode ser mais apropriada.

11.5 Conclusão

MST e MHT representam alternativas à ressecção do tecido neocortical ou hipocampal funcional, respectivamente, em pacientes comprovadamente com epilepsia resistente a fármacos envolvendo estas estruturas. O desfecho funcional é favorável, comparado com a ressecção tradicional, embora o desfecho das crises convulsivas seja provavelmente inferior. Estas técnicas representam uma opção para melhorar o fardo das crises convulsivas em pacientes com epilepsia focal em regiões eloquentes que podem não ser candidatos para tratamento cirúrgico.

Referências

[1] Morrell F, Hanbery JW. A new surgical technique for the treatment of focal cortical epilepsy. Electroencephalogr Clin Neurophysiol. 1969; 26(1):120
[2] Morrell F, Whisler WW, Bleck TP. Multiple subpial transection: a new approach to the surgical treatment of focal epilepsy. J Neurosurg. 1989; 70(2):231–239
[3] Sperry RW, Miner N, Myers RE. Visual pattern perception following subpial slicing and tantalum wire implantations in the visual cortex. J Comp Physiol Psychol. 1955; 48(1):50–58
[4] Gray H. Anatomy of the Human Body. Warren H. Lewis, ed. Philadelphia, PA: Lea and Febiger; 1918
[5] Lueders H, Bustamante LA, Zablow L, Goldensohn ES. The independence of closely spaced discrete experimental spike foci. Neurology. 1981; 31(7):846–851
[6] Sherman EM, Wiebe S, Fay-McClymont TB, et al. Neuropsychological outcomes after epilepsy surgery: systematic review and pooled estimates. Epilepsia. 2011; 52(5):857–869
[7] Baxendale S, Thompson P, Harkness W, Duncan J. Predicting memory decline following epilepsy surgery: a multivariate approach. Epilepsia. 2006; 47 (11):1887–1894
[8] Shimizu H, Kawai K, Sunaga S, Sugano H, Yamada T. Hippocampal transection for treatment of left temporal lobe epilepsy with preservation of verbal memory. J Clin Neurosci. 2006; 13(3):322–328
[9] Van Hoesen G, Pandya DN. Some connections of the entorhinal (area 28) and perirhinal (area 35) cortices of the rhesus monkey. I. Temporal lobe afferents. Brain Res. 1975; 95(1):1–24

[10] Manns JR, Eichenbaum H. Evolution of declarative memory. Hippocampus. 2006; 16(9):795–808

[11] Cendes F, Cook MJ, Watson C, et al. Frequency and characteristics of dual pathology in patients with lesional epilepsy. Neurology. 1995; 45(11):2058–2064

[12] Ntsambi-Eba G, Vaz G, Docquier MA, van Rijckevorsel K, Raftopoulos C. Patients with refractory epilepsy treated using a modified multiple subpial transection technique. Neurosurgery. 2013; 72(6):890–897, discussion 897898

[13] Spencer SS, Schramm J, Wyler A, et al. Multiple subpial transection for intractable partial epilepsy: an international meta-analysis. Epilepsia. 2002; 43(2):141–145

[14] Umeoka SC, L, ü, ders HO, Turnbull JP, Koubeissi MZ, Maciunas RJ. Requirement of longitudinal synchrony of epileptiform discharges in the hippocampus for seizure generation: a pilot study. J Neurosurg. 2012; 116(3):513–524

[15] Uda T, Morino M, Ito H, et al. Transsylvian hippocampal transection for mesial temporal lobe epilepsy: surgical indications, procedure, and postoperative seizure and memory outcomes. J Neurosurg. 2013; 119(5):1098–1104

[16] Wyler AR, Wilkus RJ, Rostad SW, Vossler DG. Multiple subpial transections for partial seizures in sensorimotor cortex. Neurosurgery. 1995; 37(6):1122–1127, discussion 1127–1128

[17] Smith MC. Multiple subpial transection in patients with extratemporal epilepsy. Epilepsia. 1998; 39 Suppl 4:S81–S89

[18] Pondal-Sordo M, Diosy D, T, é, llez-Zenteno JF, Girvin JP, Wiebe S. Epilepsy surgery involving the sensory-motor cortex. Brain. 2006; 129(Pt 12):3307–3314

[19] Behdad A, Limbrick DD, Jr, Bertrand ME, Smyth MD. Epilepsy surgery in children with seizures arising from the rolandic cortex. Epilepsia. 2009; 50 (6):1450–1461

[20] Delev D, Send K, Wagner J, et al. Epilepsy surgery of the rolandic and immediate perirolandic cortex: surgical outcome and prognostic factors. Epilepsia. 2014; 55(10):1585–1593

[21] Hufnagel A, Zentner J, Fernandez G, Wolf HK, Schramm J, Elger CE. Multiple subpial transection for control of epileptic seizures: effectiveness and safety. Epilepsia. 1997; 38(6):678–688

[22] Sawhney IM, Robertson IJ, Polkey CE, Binnie CD, Elwes RD. Multiple subpial transection: a review of 21 cases. J Neurol Neurosurg Psychiatry. 1995; 58 (3):344–349

[23] Sunaga S, Morino M, Kusakabe T, Sugano H, Shimizu H. Efficacy of hippocampal transection for left temporal lobe epilepsy without hippocampal atrophy. Epilepsy Behav. 2011; 21(1):94–99

[24] Patil AA, Andrews R. Long term follow-up after multiple hippocampal transection (MHT). Seizure. 2013; 22(9):731–734

12 Aspectos Técnicos da Calosotomia

Arthur Cukiert

Resumo

Calosotomia é um procedimento paliativo útil para tratar convulsões generalizadas refratárias, especialmente em pacientes com a síndrome de Lennox-Gastaut ou síndromes tipo Lennox. Secção maximizada (90%) do corpo caloso é a opção preferencial. A cirurgia é realizada sob anestesia geral, sem registro eletrocardiográfico. Uma craniotomia parassagital é seguida pela dissecção da fissura inter-hemisférica e exposição do corpo caloso. A porção anterior do corpo caloso é seccionada sob visualização direta, e a porção posterior é aspirada. O uso de uma técnica microcirúrgica adequada, ausência de retração e preservação venosa resultam em uma taxa de complicação muito baixa. A maioria dos pacientes apresenta uma síndrome de desconexão aguda transitória. Uma melhora de 90% na frequência de convulsão generalizada é esperada em pacientes bem selecionados.

Palavras-chave: epilepsia generalizada, calosotomia, desfecho, técnica cirúrgica, seleção do paciente.

12.1 Introdução

Calosotomia tem sido utilizada para tratar epilepsia refratária desde de 1940.[1,2] O papel do corpo caloso na disseminação de descargas generalizadas foi confirmado na pesquisa básica e clínica.[3] No início, a calosotomia era usada para tratar uma variedade de síndromes epilépticas focais e generalizadas, bem como uma alternativa à hemisferectomia (a qual não é). A série inicial, realizada antes da era de microcirurgias, descreveu uma alta prevalência de complicações, especialmente aquelas relacionadas com lesão ou edema do lobo frontal, ou hemorragia ventricular. Estas complicações desapareceram com a introdução do microscópio na prática neurocirúrgica.

O corpo caloso é a principal comissura inter-hemisférica em humanos. A fundamentação para a realização de calosotomia é a de bloquear a disseminação de descargas de um hemisfério para o outro, reduzindo assim a frequência de convulsões generalizadas. A calosotomia não remove os geradores corticais responsáveis pelos picos e, consequentemente, deve ser considerada como um procedimento paliativo. Assim como todos os procedimentos paliativos, o desfecho clínico após a calosotomia deve ser classificado com o uso de um sistema diferente e não pela escala de Engel, desenvolvida para classificar o desfecho após a cirurgia ressectiva.

12.2 Seleção do Paciente

A calosotomia é atualmente usada para tratar pacientes com epilepsia generalizada secundária, especialmente aqueles com síndrome de Lennox-Gastaut ou síndrome tipo Lennox (similar à Lennox-Gastaut, mas sem as características diagnósticas). Pacientes em que as convulsões atônicas prevalecem são especialmente bons respondedores após secção do corpo caloso. Epilepsia generalizada primária refratária também tem sido tratada com sucesso por secção do corpo caloso. Os pacientes tipicamente têm algum grau de comprometimento cognitivo, achados eletroencefalográficos (EEG) generalizados e ausência de achado focal na imagem por ressonância magnética (MRI). Pacientes com convulsões ou achados focais não são bons candidatos para calosotomia.[4,5,6]

A calosotomia é um procedimento desconectivo, e seus efeitos estão relacionados com o número de fibras desconectadas. Pacientes com corpo caloso fino (atrófico) não são bons candidatos para o procedimento (▶ Fig. 12.1). Embora a atrofia avançada do corpo caloso possa ser evidente no exame imagiológico, achados mais discretos podem ser difíceis de avaliar. A perda de incisura parietal fina presente no corpo caloso normal é provavelmente o achado inicial associado à atrofia do corpo caloso.

12.3 Preparação Pré-Operatória

Calosotomia é realizada sob anestesia geral, sem registro eletrocorticográfico (ECoG). Anestesia com propofol/opioide é o tipo anestésico de eleição. O cérebro deve ser profundamente anestesiado e a PCO_2 deve ser mantida em torno de 25 mmHg até a abertura dural. Não há necessidade de punções lombares, esteroides ou manitol. Antibióticos profiláticos são administrados (24 horas), de acordo com o protocolo da instituição para cirurgia não contaminada. Fármacos antiepilépticos habituais são administrados por via intravenosa ou enteral.

12.4 Procedimento Cirúrgico

Na maioria dos casos, realizamos secções estendidas do corpo caloso. Estas incluem 90% do corpo caloso, deixando apenas o esplênio intacto, em um procedimento de estágio único. Não realizamos calosotomia anterior, posterior ou de dois terços. Nos pacientes com grave comprometimento cognitivo, realizamos uma calosotomia completa em um procedimento de estágio único.

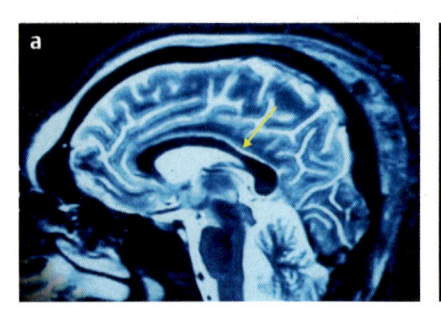

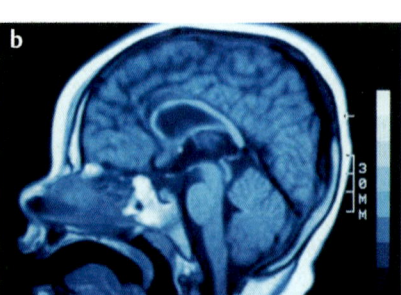

Fig. 12.1 (a) Corpo caloso de aparência normal (favor notar a incisura parietal [*seta*]). **(b)** Corpo caloso fino. Pacientes com corpo caloso fino não são bons candidatos à calosotomia.

Aspectos Técnicos da Calosotomia

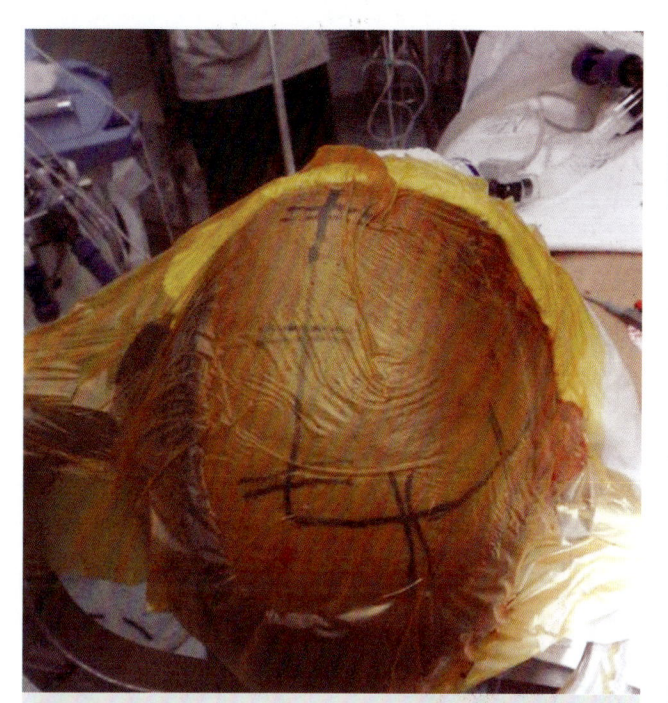

Fig. 12.2 Visão intraoperatória mostrando o posicionamento da cabeça e da incisão cutânea. O paciente está na posição supina e a cabeça está posicionada de modo que o corpo do corpo caloso fique perpendicular ao chão (neuronavegação é útil). A incisão cutânea em L é realizada sobre a linha média, centralizada na sutura coronal, e continua lateralmente em direção ao zigoma.

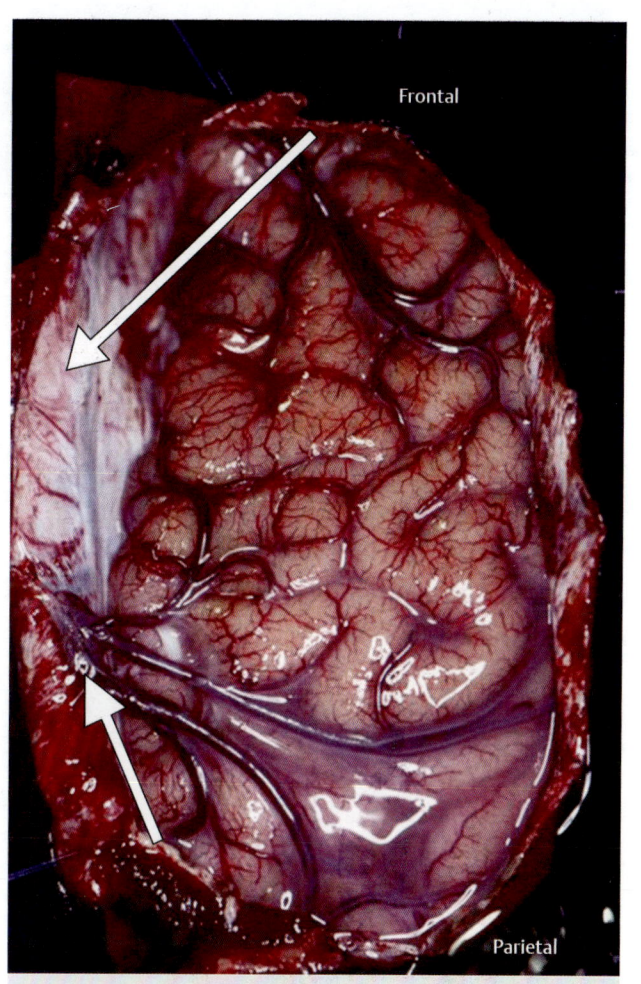

Fig. 12.3 Visão intraoperatória mostrando a exposição mesial e parassagital antes da dissecção da fissura inter-hemisférica. Tanto o seio sagital (*seta maior*) quanto a veia de drenagem maior (complexo de Trolard; *seta menor*) podem ser observados.

O paciente é colocado em posição supina. A cabeça deve ficar posicionada de modo que o corpo do corpo caloso fique perpendicular ao chão. Isto pode ser facilmente conquistado com o uso de neuronavegação e com a experiência adquirida ao longo do tempo. Posicionar a cabeça desta forma favorecerá a secção da porção posterior do corpo caloso, e geralmente deixa o pescoço livre e fornece uma boa drenagem venosa (▶ Fig. 12.2).

Uma incisão em L é realizada. Um dos segmentos do "L" é colocado sobre a linha média, centralizado na sutura coronal, e o outro ruma na direção do zigoma a partir da parte posterior do segmento na linha média. Uma craniotomia parassagital grande é realizada. A craniotomia deve ser grande na direção anteroposterior, e não na direção mediolateral. O número e qualidade das vias de acesso inter-hemisféricas são maiores com exposições mesiais medianas maiores. Orifícios de trepanação são colocados sobre o seio sagital e parassagitalmente. Alguns centros preferem fazer os orifícios de trepanação em ambos os lados do seio sagital, evitando colocá-los exatamente sobre o seio. Nunca tivemos problemas ao fazer os orifícios de trepanação sobre o seio, e o descolamento do seio sagital, na verdade, é menor. A dura-máter é aberta com uma base direcionada ao seio sagital e enrolada para evitar desidratação (▶ Fig. 12.3). Extremo cuidado é tomado para não coagular as veias. Se durante a abertura dural veias são encontradas drenando para o seio sagital (e deveriam ser encontradas), a dura-máter é cortada ao redor da veia, mas nenhuma veia deve ser ligada. Angiografias regulares e por MRI pré-operatórias são úteis para prever a posição destas veias, mas somente a visualização intraoperatória é capaz de localizar o verdadeiro ponto de entrada dural de cada vaso. A melhor janela inter-hemisférica é escolhida, geralmente entre duas veias de drenagem, e a dissecção inter-hemisférica é iniciada. Não há necessidade de retração durante qualquer parte do procedimento. A metade anterior do corpo caloso é exposta após separação de ambos os giros cingulados, revelando ambas as artérias cerebrais anteriores. A metade anterior do corpo caloso é seccionada sob visualização direta entre as artérias cerebrais anteriores. Ambos os segmentos A2 devem ser expostos para alcançar uma secção anterior completa do corpo caloso. A comissura anterior não é seccionada. Secção lateral à artéria cerebral anterior é provável de gerar infartos do giro cingulado, e deve ser evitada. Grande parte do procedimento deve ser realizada sem abertura ependimária (ventricular). Isto garante a ausência de entrada de sangue no sistema ventricular. Embora hematomas ventriculares grandes sejam extremamente raros, mesmo uma pequena quantidade de sangue no ventrículo poderia ser responsável por um desconforto pós-operatório e cefaleia. Se aberto, o epêndima deve ser imediatamente coberto com Surgicel/Gelfoam. A porção posterior do corpo caloso é seccionada (aspirada) sem dissecção

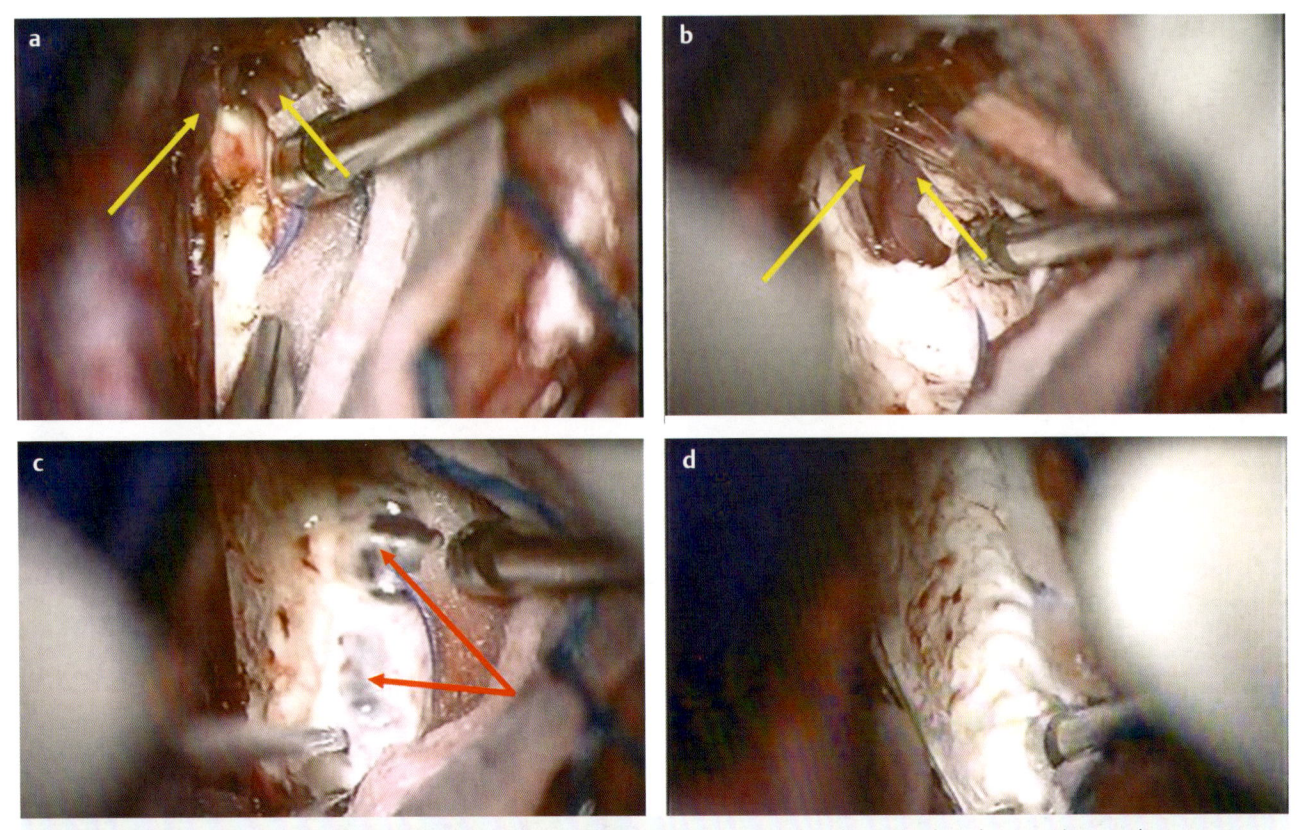

Fig. 12.4 Vistas intraoperatórias. **(a)** Dissecção inter-hemisférica com exposição do corpo caloso (*branco*) e de ambas as artérias cerebrais anteriores (*setas*). Nenhum afastador é usado. **(b)** Após completa desconexão anterior, os dois segmentos A2 podem ser visualizados no campo (*setas*). **(c)** Secção do corpo caloso é realizada até o nível do epêndima (*setas*), que deve ser mantido intacto sempre que possível. **(d)** A secção posterior do corpo caloso é realizada pela aspiração do corpo caloso, até que a região pré-esplenial seja alcançada.

inter-hemisférica direta. Isto minimiza os efeitos potenciais de manipulação da área da linha média próxima do córtex rolândico, onde o complexo de Trolard é geralmente encontrado. Esta porção posterior é aspirada a partir de seu interior, até o ponto em que o corpo caloso vira para baixo para formar o esplênio. Antes de chegar na área pré-esplenial, a área parietal do adelgaçamento do corpo caloso é alcançada, seguida por seu reespessamento e visualização da borda posterior do giro cingulado (▶ Fig. 12.4). A secção do esplênio na calosotomia completa geralmente requer a abertura do ventrículo posterior em um lado. Isto é realizado pela abertura do epêndima no teto do ventrículo posterior (o qual é, de preferência, mantido intacto) e ganhando acesso intraventricular e visualização direta do esplênio. Neuronavegação é útil durante todo o procedimento (▶ Fig. 12.5). Hemostasia é realizada com o uso de Surgicel/Gelfoam, os retalhos são fechados, e o dreno subgaleal é mantido no local por 24 h.

12.5 Manejo Pós-Operatório Incluindo Possíveis Complicações

Calosotomia é um procedimento paliativo realizado em pacientes com alta frequência de convulsões, e convulsões pós-operatórias são sempre uma grande preocupação. Por outro lado, a experiência mostrou que a secção do corpo caloso resulta em um aumento agudo do limiar convulsivo, e que as convulsões tipicamente diminuem durante o período pós-operatório imediato. As primeiras 2 a 3 semanas após a cirurgia são caracterizadas por uma síndrome de desconexão aguda, a qual inclui apatia, incontinência urinária e heminegligência não dominante. Estes sintomas agudos desaparecem completamente em 2 a 3 semanas. Uma MRI pós-operatória é obtida para adequadamente verificar a secção do corpo caloso (▶ Fig. 12.6).

Complicações são atualmente extremamente raras, mas podem variar de cefaleia pós-operatória a grandes infartos ou hematoma.

12.6 Conclusão

A calosotomia é extremamente eficaz no tratamento de convulsões generalizadas, especialmente aquelas associadas a quedas na população alvo. Uma redução de 90% na frequência do principal tipo epiléptico generalizado pode ser esperada. Aumento da atenção tem sido frequentemente associado à calosotomia, e pode não estar relacionado com o controle da convulsão.[7-10]

Dicas Cirúrgicas

- Posicionamento adequado.
- Nenhuma ligação venosa.
- Não usar afastadores.
- Técnica microcirúrgica cuidadosa.

Aspectos Técnicos da Calosotomia

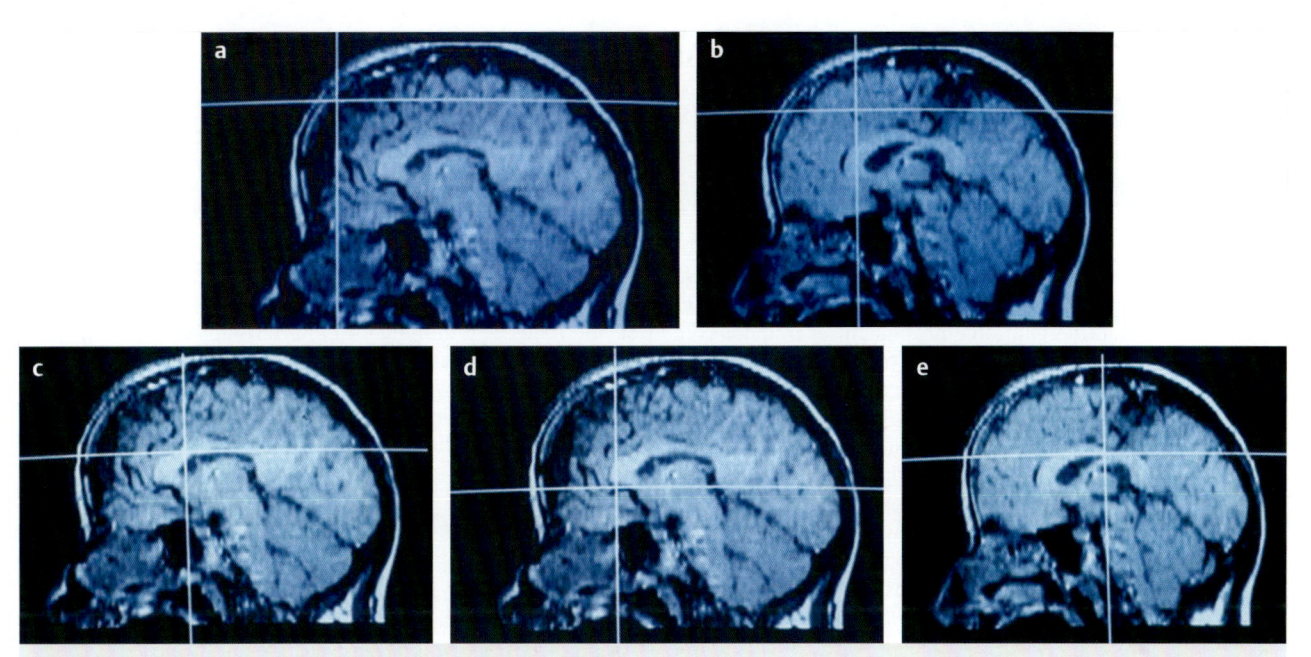

Fig. 12.5 Fotografias intraoperatórias da neuronavegação mostrando a posição bipolar durante diferentes estágios do procedimento. **(a)** Início da dissecção da fissura inter-hemisférica; **(b)** dissecção da fissura inter-hemisférica; **(c)** exposição do corpo caloso; **(d)** final da secção do corpo caloso; **(e)** secção posterior do corpo caloso alcançando a incisura parietal fina do corpo caloso.

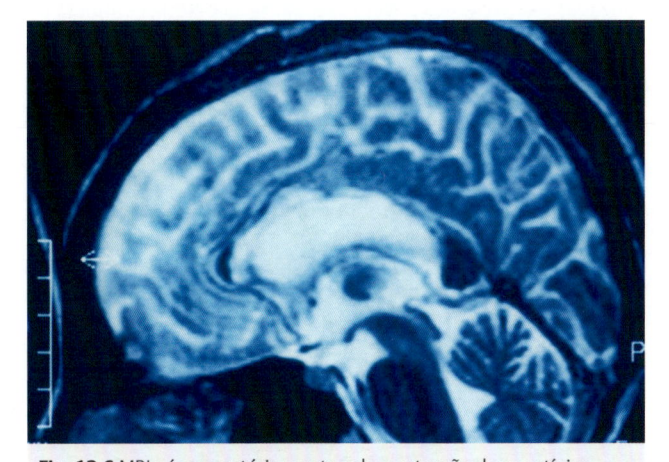

Fig. 12.6 MRI pós-operatória mostrando a extensão de uma típica secção de 90% do corpo caloso, deixando apenas o esplênio no local.

Referências

[1] Wilson DH, Reeves A, Gazzaniga M. Division of the corpus callosum for uncontrollable epilepsy. Neurology. 1978; 28(7):649–653

[2] Spencer SS, Spencer DD, Williamson PD, Sass K, Novelly RA, Mattson RH. Corpus callosotomy for epilepsy. I. Seizure effects. Neurology. 1988; 38(1):19–24

[3] Cukiert A, Timo-Iaria C. An evoked potential mapping of transcallosal projections in the cat. Arq Neuropsiquiatr. 1989; 47(1):1–7

[4] Maehara T, Shimizu H. Surgical outcome of corpus callosotomy in patients with drop attacks. Epilepsia. 2001; 42(1):67–71

[5] Oguni H, Olivier A, Andermann F, Comair J. Anterior callosotomy in the treatment of medically intractable epilepsies: a study of 43 patients with a mean follow-up of 39 months. Ann Neurol. 1991; 30(3):357–364

[6] Cukiert A, Burattini JA, Mariani PP, et al. Outcome after extended callosal section in patients with primary idiopathic generalized epilepsy. Epilepsia. 2009; 50(6):1377–1380

[7] Gates JR, Rosenfeld WE, Maxwell RE, Lyons RE. Response of multiple seizure types to corpus callosum section. Epilepsia. 1987; 28(1):28–34

[8] Cukiert A, Burattini JA, Mariani PP, et al. Extended, one-stage callosal section for treatment of refractory secondarily generalized epilepsy in patients with Lennox-Gastaut and Lennox-like syndromes. Epilepsia. 2006; 47(2):371–374

[9] Nordgren RE, Reeves AG, Viguera AC, Roberts DW. Corpus callosotomy for intractable seizures in the pediatric age group. Arch Neurol. 1991; 48 (4):364–372

[10] McInerney J, Siegel AM, Nordgren RE, et al. Long-term seizure outcome following corpus callosotomy in children. Stereotact Funct Neurosurg. 1999; 73(1–4):79–83

13 Neuroestimulação Responsiva ao Tratamento de Epilepsia

Ryder P. Gwinn

Resumo

Neuroestimulação responsiva para o tratamento de epilepsia focal foi aprovada pela Food and Drug Administration (FDA) em 2013. Pacientes com 18 ou mais anos de idade, com convulsões parcialmente refratárias clinicamente, podem ser tratados com esta terapia se tiverem um ou dois focos conhecidos, ou tiverem tido falha terapêutica com dois ou mais medicamentos. O dispositivo é implantado cranialmente e utiliza até dois eletrodos para continuamente monitorizar a atividade cerebral e fornecer estimulação terapêutica quando apropriado. Estes eletrodos contêm quatro contatos e podem ser um eletrodo *strip* ou um eletrodo de profundidade. Estes eletrodos podem ser colocados com navegação sem ou com halo estereotáxico, e conectados ao neuroestimulador responsivo, o qual substitui uma craniotomia cirúrgica, tipicamente na região parietal do crânio. Após a cirurgia, as configurações do dispositivo podem ser modificadas para reconhecer o padrão de início da atividade convulsiva elétrica do indivíduo e estimular de modo autônomo as regiões do cérebro para abortar ou modificar a atividade convulsiva. Eletrocorticografia e os parâmetros do dispositivo podem ser salvos através de redes sem fio e transmitidos para servidores, onde podem ser revisados por clínicos. A neuroestimulação responsiva foi estudada em todos os lobos cerebrais, com aproximadamente 50% dos eletrodos implantados posicionados no hipocampo. A porcentagem média da redução de convulsões alcançada pela neuroestimulação responsiva foi de 53% em 2 anos durante a fase aberta do estudo pivotal, sendo estatisticamente melhor quando comparada com os dados de 1 ano de seguimento. Eventos adversos foram similares àqueles encontrados em outros procedimentos de implante craniano. Atualmente, existem evidências classe 1 para confirmar a eficácia da neuroestimulação responsiva no tratamento de convulsões parciais refratárias.

Palavras-chave: epilepsia, neuroestimulação responsiva, neuromodulação, convulsões, neurocirurgia funcional.

13.1 Introdução

O uso de eletricidade na medicina tem um longo histórico, mas a recente introdução de microprocessadores, materiais biocompatíveis e baterias de alta capacidade para armazenamento de energia abriu novas fronteiras no tratamento de distúrbios do sistema nervoso central (CNS). Até hoje, a estimulação nervosa central tem sido utilizada no tratamento de distúrbios do movimento, transtornos psiquiátricos e cognitivos, dor e epilepsia. A implantação de estimuladores crônicos para tratar epilepsia tem sido tentada desde 1972, com resultados variáveis. Estimulação do nervo vago para o tratamento de epilepsia foi aprovada pela Food and Drug Administration (FDA) em 1997, e tornou-se amplamente aceita, mas muitos pacientes ainda sofrem de convulsões refratárias, e novas estratégias eficazes para controle das crises convulsivas são desesperadamente necessárias. Estimulação bem-sucedida de regiões cerebrais para cessar experimentalmente pós-descargas induzidas[1] em humanos levou ao desenvolvimento de uma nova terapia que emprega um sistema neuroestimulador responsivo (RNS) implantável (NeuroPace, Montain View, CA), o qual foi aprovado pela FDA para o tratamento de epilepsia focal em 2013. Este é o primeiro uso clínico de estimulação responsiva ao tratamento de doença neurológica, utilizando um neuroestimulador cranialmente implantado e até dois eletrodos, que podem ser eletrodos de profundidade e/ou eletrodos *strip* (▶ Fig. 13.1). Neste capítulo, descrevemos a seleção de pacientes, o procedimento cirúrgico e os cuidados pós-operatórios necessários para empregar com sucesso esta nova terapia neuromoduladora para o tratamento de epilepsia focal.

13.2 Seleção do Paciente

Uma terapia utilizando o RNS foi aprovada pela FDA em 14 de novembro de 2013 para uso em pacientes com 18 ou mais anos de idade com convulsões de início parcial refratárias clinicamente. As indicações descritas na aprovação seguiram, no geral, aquelas utilizadas nos ensaios de viabilidade e pivotais. Os pacientes devem apresentar convulsões frequentes e incapacitantes, as quais são definidas como convulsões motoras parciais simples, convulsões parciais complexas e/ou convulsões secundariamente generalizadas. Os pacientes devem realizar uma bateria completa de exames cirúrgicos com uma equipe multidisciplinar experiente, e não ter mais do que dois focos convulsivos, os quais devem ser discretos e cirurgicamente acessíveis com eletrodos de profundidade ou *strip*. A identificação dos focos convulsivos pode ser feita por diversas metodologias, incluindo semiologia ictal, imagem por ressonância magnética (MRI), tomografia por emissão de pósitrons/tomografia computadorizada (PET/CT), monitorização por videoeletroencefalografia (vídeo-EEG) superficial, e monitorização invasiva como eletrodos subdurais *grid* e *strip* ou de profundidade, incluindo a técnica recentemente popular de estereoeletroencefalografia (SEEG). No estudo pivotal, 59% dos pacientes inscritos foram submetidos pela mesma forma de monitorização invasiva.[2] Prévio tratamento cirúrgico para convulsões com estimulação do nervo vago (VNS) ou terapia ablativa/desconectiva não é uma indicação nem contraindicação para o uso de RNS. Quase um terço dos pacientes inscritos no estudo pivotal foi previamente tratado com VNS e um terço havia sido submetido a uma cirurgia ressectiva ou desconectiva (▶ Tabela 13.1). Nenhuma destas prévias intervenções previu sucesso ou fracasso com o RNS.[2]

Considerações psicológicas, sociais, financeiras e geográficas são criticamente importantes para o sucesso do tratamento, e os pacientes devem passar por uma avaliação e educação pré-operatória com membros da equipe multidisciplinar para garantir a ausência de sinais de alerta. Pacientes que moram longe do centro de tratamento devem ser analisados cuidadosamente, pois um seguimento frequente é necessário, particularmente nos primeiros 3 a 6 meses após o implante. Os pacientes serão orientados a transferir os dados regularmente de seus dispositivos para um *laptop* (monitor remoto) e, então, transferir do *laptop* para o sistema de gerenciamento de dados do paciente (PDMS). Isto requer que o paciente ou o cuidador aprenda a utilizar o monitor remoto em casa; portanto, pacientes ou cuidadores com problemas de linguagem ou cognitivos podem apresentar um desafio significativo para a equipe de programação no pós-operatório.

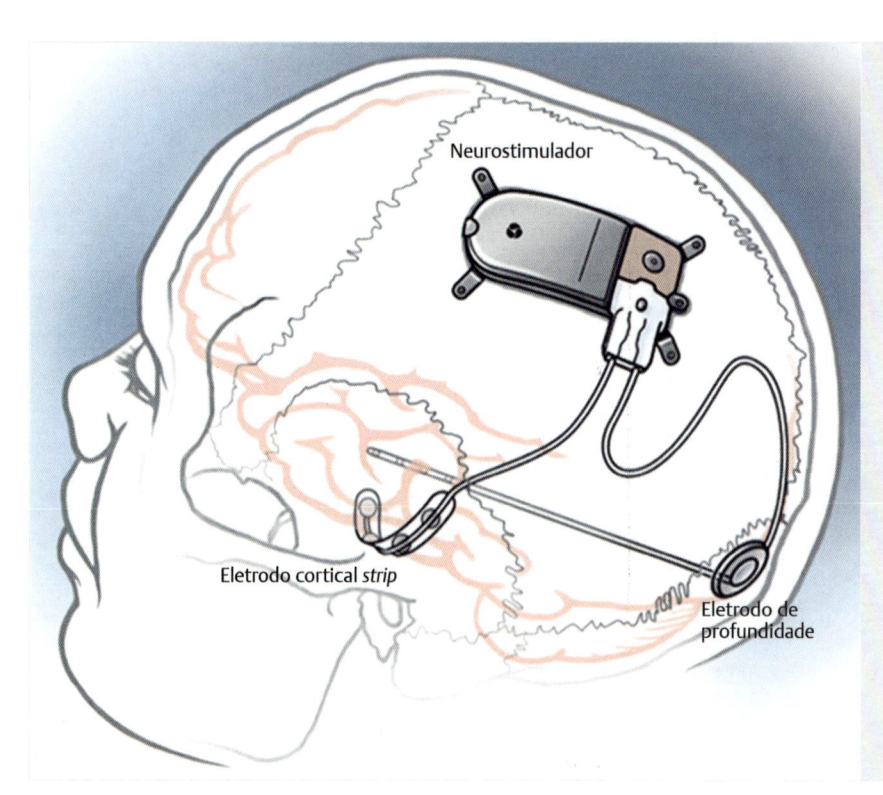

Fig. 13.1 RNS implantado com eletrodo de profundidade e *strip*. (Imagem reproduzida com permissão de NeuroPace, Inc.)

Tabela 13.1 População de Pacientes do Estudo Pivotal do RNS

Característica	Todos implantados (N = 191)	Tratamento (N = 97) Média ± (min-máx) ou % (n)	Simulação (N = 94)
Idade (y)	34,9 ± 11,6 (18-66)	34 ± 11,5 (18-60)	35,9 ± 11,6 (18-66)
Sexo feminino	48 (91)	48 (47)	47 (44)
Duração da epilepsia (y)	20,5 ± 11,6 (2-57)	20 ± 11,2 (2-57)	21 ± 12,2 (2-54)
Número de AEDs na admissão	34,3 ± 61,9 (3-338)	33,5 ± 56,8 (3-295)	34,9 ± 67,1 (3-338)
Frequência média de crises convulsivas durante o período pré-implante (convulsões/mês), mediana	9,7	8,7	11,6
Local do aparecimento da convulsão–lobo temporal mesial (*versus* outro)[a]	50 (95)	49 (48)	50 (47)
Número de focos epilépticos–dois (*versus* um)[a]	55 (106)	49 (48)	62 (58)
Prévia cirurgia terapêutica para epilepsia[a]	32 (62)	35 (34)	30 (28)
Prévia monitorização EEG com eletrodos intracranianos	59 (113)	65 (63)	53 (50)
VNS Prévia	34 (64)	31 (30)	36 (34)

Abreviações: AEDs = drogas antiepilépticas; EEG = eletroencefalografia; RNS = sistema neuroestimulador responsivo; VNS = estimulação do nervo vago.
Fonte: Heck et al.[2]
[a]Características usadas no algoritmo de randomização.

Depressão significativa, ansiedade ou transtornos de personalidade, comumente vistos em pacientes com epilepsia, podem apresentar desafios ao sucesso, visto que é preciso haver uma relação de trabalho próxima entre o paciente e a equipe de tratamento. Embora a presença de ansiedade ou depressão não seja uma contraindicação, avaliação e tratamento psiquiátrico devem ser considerados nestes pacientes antes da cirurgia.

13.3 Preparação Pré-Operatória

Uma vez que a equipe tenha selecionado um paciente para cirurgia, um planejamento operatório cuidadoso ajudará a garantir a segurança e colocação eficaz do estimulador. O principal fator considerado o responsável pelo fracasso do tratamento é a não localização do verdadeiro foco epiléptico durante o implante do eletrodo. Isto

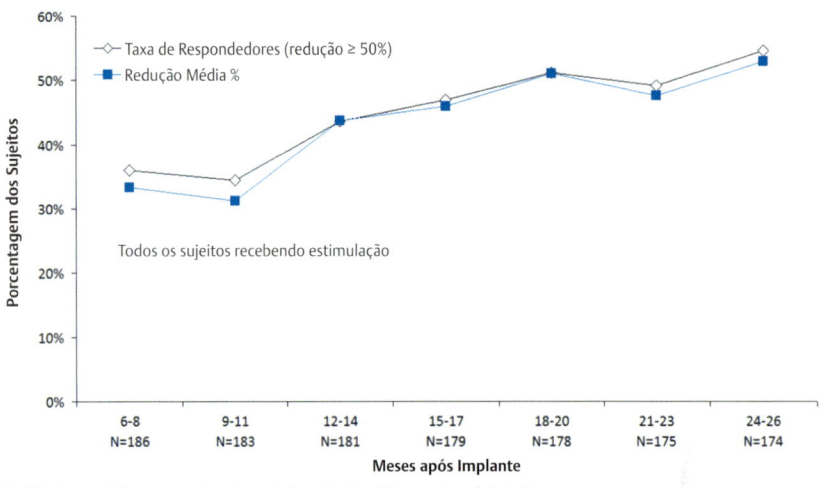

Fig. 13.2 Taxa de respondedores e redução percentual média nas convulsões em 2 anos.[1]

*Inclui todos os sujeitos para os quais quaisquer dados estão disponíveis por cada período de 3 meses.

pode ocorrer por um erro na seleção do verdadeiro foco epiléptico ou na aplicação do eletrodo ao foco. Para minimizar estes riscos, não deveria haver ambiguidade com relação ao local do alvo preciso ao ir para a sala de cirurgia. Um ou dois focos podem ser tratados, mas eles devem ser discretos e cirurgicamente acessíveis por um eletrodo de profundidade ou *strip*. O alvo é tipicamente localizado por achados na MRI, como esclerose hipocampal, ou por prévios registros intracranianos pelos eletrodos de profundidade ou de superfície. Em ambos os casos, uma imagem de alta resolução do alvo é necessária para navegação sem ou com halo para garantir a aplicação precisa do eletrodo na zona ictogênica. Quando eletrodos RNS são aplicados aos focos previamente identificados com eletrodos intracranianos, é fundamental que a posição anatômica dos principais contatos ictais seja registrada no momento do estudo. Isto pode ser realizado com fotografias, marcadores físicos como grampos hemostáticos aplicados na dura acima dos eletrodos ou, de modo ideal, uma CT ou MRI de alta resolução obtida após o implante dos eletrodos de registro. Isto pode, então, ser utilizado durante a colocação do RNS para marcar o alvo com navegação com ou sem halo.

A escolha dos eletrodos a serem usados deve ser feita antes da cirurgia, visto que isto pode afetar o tipo de navegação necessária na sala de cirurgia. Pacientes necessitando apenas de eletrodos de profundidade podem ser bons candidatos para uma abordagem com halo estereotáxico, seja com halos Leksell, seja com CRW (Cosman-Roberts-Wells), já pacientes nos quais *strips* serão utilizados podem ser melhores candidatos para uma navegação sem halo. Pacientes necessitando de uma combinação de eletrodo *strip* e de profundidade podem necessitar de um procedimento em etapas ou de uma abordagem sem halo para o implante do eletrodo de profundidade. Discernimento deve ser usado ao tomar esta decisão, a fim de equilibrar a necessidade de precisão e flexibilidade na sala de cirurgia, mas a navegação sem halo de rotina pode não ser adequada para o tratamento de epilepsia do lobo temporal mesial. Há inevitavelmente um corredor estreito de trajetórias que irá posicionar com sucesso quatro contatos dos eletrodos de profundidade do RNS nos alvos temporais mesiais críticos, e erros na colocação medial nesta região podem levar a sequelas neurológicas significativas. Portanto, recomendamos uma abordagem com halo estereotáxico para o implante de eletrodo temporal mesial ou uma abordagem sem halo que tenha uma taxa de erro validada inferior a 2 mm[3]. Imagens intraoperatórias, realizadas com CT ou MRI, são extremamente úteis em ambas as técnicas para verificar se o alvo foi alcançado.

Educação do paciente também é muito importante para um desfecho bem-sucedido com o tratamento RNS. Muitos pacientes assumem que após serem submetidos à cirurgia, o benefício será totalmente obtido durante a recuperação ou logo após. A atenção naturalmente gira em torno do procedimento propriamente dito e não no que ocorre após. Embora a cirurgia possa temporariamente diminuir a frequência de convulsões por causa do efeito pós-implante, há uma necessidade de treinar o dispositivo para detectar com sucesso os episódios epilépticos antes que a estimulação possa ser ativada, e pode demorar até 2 anos ou mais até que uma resposta terapêutica máxima seja alcançada.[2,4,5] O estudo pivotal randomizado prospectivo multicêntrico, examinando a segurança e eficácia do tratamento com RNS, mostrou que os pacientes apresentaram uma redução de 38% na frequência de convulsões durante a fase de avaliação cega 3 meses após o início da terapia. Esta redução nas convulsões aumentou para 44 e 53% em 1 e 2 anos, respectivamente, durante a fase aberta do estudo.[2] As taxas de respondedores e da redução percentual média deste estudo são exibidas na ▶ Fig. 13.2. Além de educar o paciente com respeito ao prazo de resposta, também é importante estabelecer expectativas apropriadas. No estudo aberto de 2 anos, 16/183 (8,7%) ficaram livres de crises nos últimos 3 meses de observação, mas nenhum paciente ficou completamente livre de crises durante os 2 anos inteiros pós-implante. Embora muitos pacientes recebam um benefício considerável com a terapia, seria ilusório caracterizar o objetivo como ausência total de crises convulsivas. Pacientes com expectativas apropriadas e educação em relação ao seguimento, treinamento no dispositivo e desfechos, estarão preparados para o sucesso cirúrgico.

13.4 Procedimento Cirúrgico

O procedimento cirúrgico é geralmente dividido em duas fases: implante do eletrodo e colocação do dispositivo. O implante do eletrodo é tipicamente realizado primeiro para garantir que a navegação estereotáxica seja precisa nesta fase, e para que nenhuma craniotomia seja realizada até que a colocação adequada do eletrodo tenha sido alcançada. Anestesia geral é normalmente empregada, visto que testes intraoperatórios não são necessários, além de um curto período de eletrocorticografia antes do fechamento, para garantir registros de qualidade de um implante funcional. Uma dose de antibióticos é fornecida dentro de um prazo de 1 hora da cirurgia.

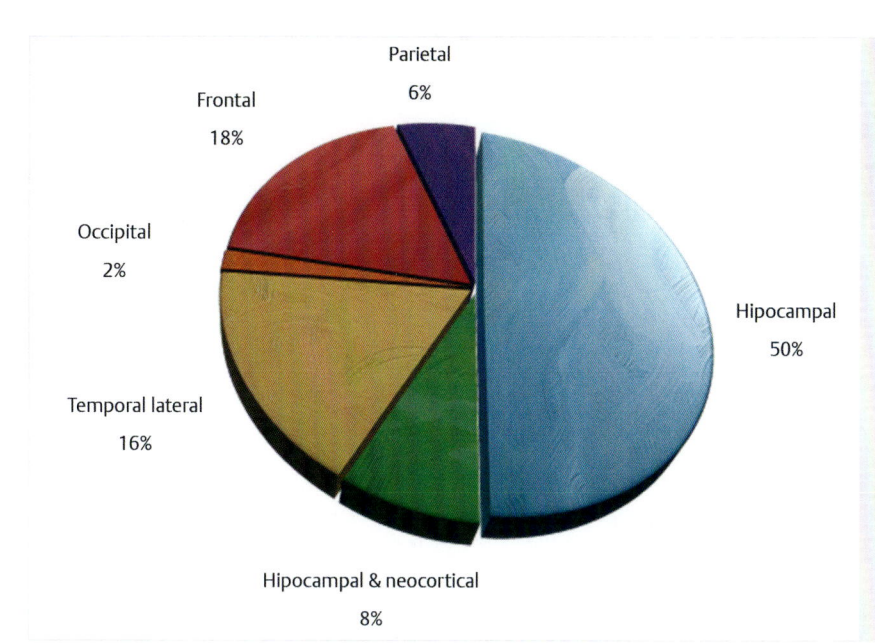

Fig. 13.3 Gráfico de pizza mostra as localizações dos eletrodos nos pacientes tratados no estudo pivotal RNS.[4]

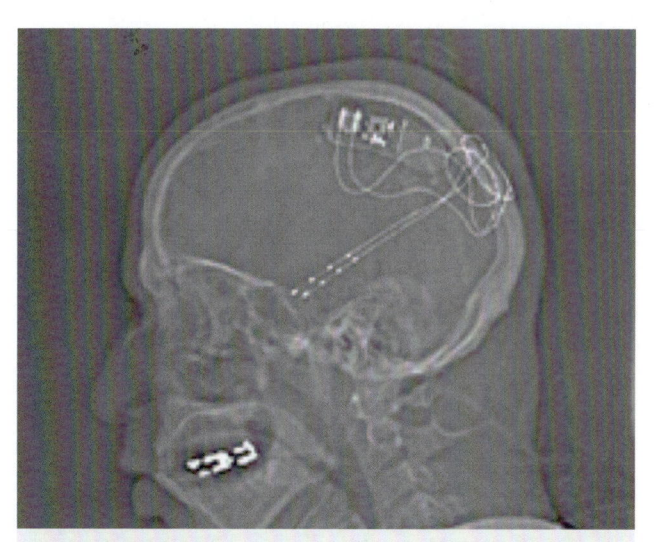

Parietal 6%
Frontal 18%
Occipital 2%
Temporal lateral 16%
Hipocampal & neocortical 8%
Hipocampal 50%

Fig. 13.4 Escanograma por CT de um paciente após implante do eletrodo de profundidade hipocampal bilateral e colocação de um RNS parietal direito na posição prona. Frame Leksell, e CT intraoperatória (Airo, Brainlab).

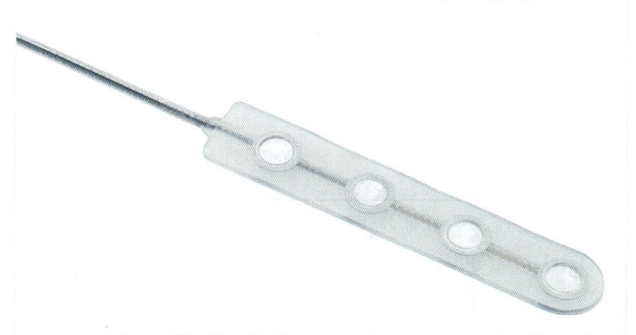

Fig. 13.5 O eletrodo de banda NeuroPace RNS tem quatro contatos com espaçamento de 10 mm entre cada um, e está disponível nos comprimentos de 15, 25 e 35 cm. (Imagem reproduzida com permissão de NeuroPace, Inc.)

O paciente é posicionado para permitir um fácil acesso craniano para a inserção dos eletrodos e do neuroestimulador. Todas as regiões neocorticais podem ser tratadas com o dispositivo RNS (▶ Fig. 13.3) e o posicionamento deve ser otimizado para cada paciente. A configuração mais comum do eletrodo é a colocação temporal mesial de eletrodos de profundidade bilaterais, a qual pode ser alcançada com o paciente na posição prona ou na posição de cadeira de praia. A região craniana parietal alta é o local mais comum para a colocação do neuroestimulador, com o lado direito sendo o de eleição (▶ Fig. 13.4). Mantendo em mente a localização do eletrodo e do neuroestimulador durante o posicionamento irá criar um ambiente de trabalho mais ergonômico para o cirurgião e aumentar a probabilidade de sucesso.

Tal como previamente mencionado, o foco epiléptico deve ser bem caracterizado por imagens (p. ex., esclerose hipocampal), ou através de monitorização invasiva, e a seleção do tipo e localização do eletrodo deve ser feita durante o planejamento pré-operatório, e não na sala de cirurgia. Muitas vezes, mais de dois eletrodos (ou seja, até quatro) são colocados no momento da cirurgia, embora apenas dois por vez possam ser conectados. Isto possibilita que o neurocirurgião coloque eletrodos de reserva que podem ser facilmente conectados posteriormente, caso um dos eletrodos iniciais não esteja sobre o foco epiléptico.

13.4.1 Implante do Eletrodo *Strip*

Todos os eletrodos RNS contêm quatro contatos e os eletrodos *strips* têm uma distância fixa de 10 mm entre os contatos. Três comprimentos estão disponíveis (com caudas de 15, 25 e 35 cm), e todos os eletrodos vêm com um estilete pré-inserido que fornece certa rigidez à cauda do eletrodo (▶ Fig. 13.5). Isto permite que o cirurgião direcione os *strips* para locais distantes no espaço subdural quando uma exposição direta não é possível, tal como nas regiões subtemporal e inter-hemisférica. A colocação precisa do *strip* sobre o foco exato, e a fixação dos contatos sobre a região cerebral pretendida, torna-se mais difícil à medida que os *strips* são colocadas a uma maior distância da abertura craniana

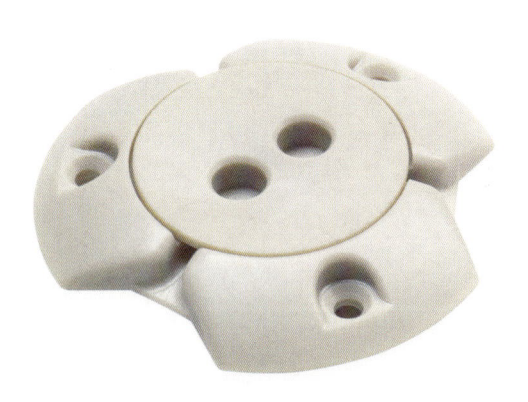

Fig. 13.6 Capa NeuroPace do orifício de trepanação. (Imagem reproduzida com permissão de NeuroPace, Inc.)

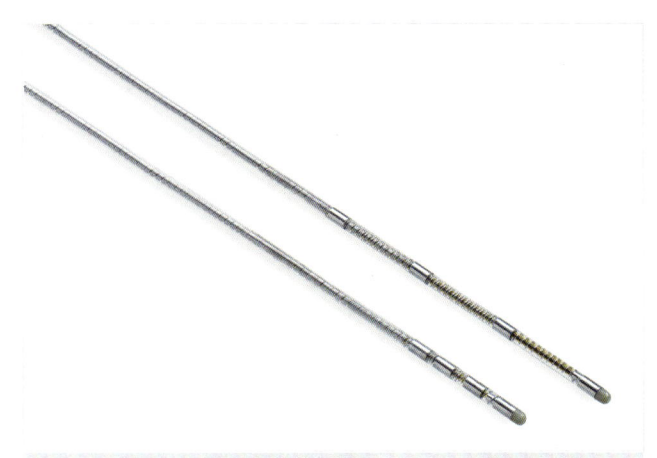

Fig. 13.7 Eletrodos de profundidade NeuroPace têm quatro contatos, com espaçamento de 3,5 ou 10 mm, e comprimentos de 35 ou 45 cm. (Imagem reproduzida com permissão de NeuroPace, Inc.)

e, portanto, eletrodos de profundidade podem ser preferíveis ao tratar estes alvos distais.

Eletrodos *strips* podem ser colocados através de uma craniotomia ou através de orifícios de trepanação, dependendo da localização, preferência do cirurgião e prévio histórico cirúrgico. Se um orifício de trepanação é usado, a capa de orifício de trepanação NeuroPace pode ser empregada para estabilizar o eletrodo e cobre o sítio de saída (▶ Fig. 13.6).

13.4.2 Implante do Eletrodo de Profundidade

Eletrodos de profundidade são comumente utilizados para alcançar as estruturas do lobo temporal medial, bem como outros focos epilépticos profundos. Ambas as técnicas com e sem halo estereotáxico têm sido utilizadas para o implante do eletrodo de profundidade, e os detalhes de cada abordagem estão além do escopo deste capítulo, mas o uso de uma abordagem com halo e/ou imagem intraoperatória irá maximizar a chance de colocação precisa do eletrodo antes de deixar a sala de cirurgia.

Eletrodos de profundidade RNS são fabricados com um espaçamento de 3,5 ou 10 mm entre os quatro contatos (▶ Fig. 13.7). Os comprimentos do eletrodo são de 30 ou 44 cm, e todos têm um diâmetro de 1,27 mm. Isto permite que eles sejam colocados com cânulas para estimulação cerebral profunda (DBS) padrão, já que o comprimento de 30 cm não possibilitará a estabilização contínua do eletrodo utilizando cânulas de inserção de comprimento padrão. Uma cânula fenestrada pode ser empregada para estabilizar o eletrodo antes da remoção da cânula, mas a maioria dos cirurgiões utiliza o eletrodo de 44 cm ao usar estratégias com halo, de modo que microestímulos DBS comuns (p. ex., Star Drive, FHC, Bowdoin, ME) podem ser usados para estabilizar o eletrodo durante a remoção da cânula.

13.4.3 Colocação do Dispositivo RNS

O dispositivo RNS é tipicamente inserido através de uma craniectomia profunda, e é fixado ao crânio com uma ponteira ou placa de titânio, a qual é afixada ao crânio adjacente por quatro abas (▶ Fig. 13.1). A curvatura da ponteira e do RNS foi criada para a região parietal média a alta do crânio, e a colocação neste local é ideal para a estética e cirurgia de reposição do RNS. Uma incisão

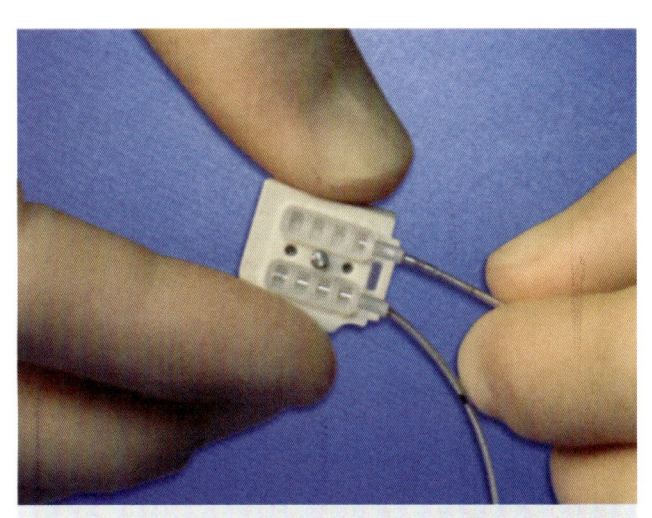

Fig. 13.8 Capa do conector RNS NeuroPace mostrando a linha âmbar nos eletrodos, que são alinhados com a capa quando totalmente inseridos. (Imagem reproduzida com permissão de NeuroPace, Inc.)

em forma de U permite um acesso adequado ao osso parietal, ao mesmo tempo em que mantém um bom suprimento sanguíneo ao retalho. Isto também possibilita o fácil acesso ao RNS para reposição por meio da abertura de apenas metade da incisão original.

Logo que o retalho é aberto, o molde do RNS é usado para contornar a craniectomia, e um orifício de trepanação, seguido pelo alicate de corte com placa basal, é suficiente para completar a craniectomia. Alguma modificação adicional das bordas pode ser necessária para obter um encaixe perfeito da ponteira, e as quatro abas devem ser alinhadas sobre o osso antes da colocação dos parafusos ósseos.

Ao planejar a craniectomia, é importante observar o local onde os eletrodos sairão do dispositivo. De modo ideal, os eletrodos não passarão abaixo da incisão, visto que isso os sujeita ao risco durante a cirurgia de reposição do RNS. Os eletrodos são inseridos na capa do conector, com cuidado para observar exatamente qual eletrodo é colocado na porta 1 e na porta 2 da capa. Uma linha âmbar em cada eletrodo é alinhada com a capa do conector quando totalmente inserido (▶ Fig. 13.8). A capa é então parafusada no neuroestimulador, o qual é posicionado no interior da ponteira. Telemetria é realizada através da haste de programação em uma bainha estéril para verificar impedâncias e para obter amostras da eletrocardiografia, a fim de verificar um sinal adequado. O dispositivo é tipicamente configurado com um conjunto inicial de detectores para captar convulsões, e estes são substituídos por detectores mais específicos após o registro das convulsões. A estimulação RNS não é ligada até que a detecção tenha sido otimizada.

Um fechamento em dois planos da gálea e da derme é tipicamente realizado após lavagem abundante com salina impregnada com antibiótico. Quaisquer eletrodos não usados são cobertos com protetores de eletrodos fornecidos com o RNS. Ao fechar a ferida, é importante considerar que a incisão pode precisar ser aberta múltiplas vezes no futuro para reposição do RNS; um descolamento extenso da gálea, e ser meticuloso ao juntar uma camada distinta e generosa da camada de tecido profunda, ajudará a garantir uma boa cicatrização da ferida, com cobertura tecidual adequada abaixo da incisão.

13.5 Manejo Pós-Operatório

Após a cirurgia, os pacientes devem ser submetidos a uma CT de alta resolução (MRI é contraindicada) para documentar a localização dos eletrodos e garantir a ausência de hemorragia pós-operatória. Os pacientes são tipicamente observados durante a noite, recebendo alta hospitalar no dia seguinte. O paciente e a família recebem o programador e são instruídos a como usá-lo se ainda não tiverem sido ensinados. Os pacientes são solicitados a fazerem o *upload* do programados diariamente até que a detecção tenha sido finalizada e a estimulação seja iniciada.

13.6 Conclusão

Antes da aprovação do RNS, a estimulação do CNS para controle de convulsões havia sido tentada por décadas, com evidências apenas limitadas da eficácia. Hoje, este tratamento representa a melhor alternativa à ressecção cirúrgica em pacientes com convulsões focais não tratáveis farmacologicamente. Localização precisa da convulsão a um ou dois focos, e implante preciso dos eletrodos, são fundamentais para o sucesso da terapia, e os pacientes necessitarão de seguimento de longo prazo com uma equipe que tenha experiência com a terapia RNS, a fim de garantir uma monitorização de rotina e uma programação precisa. Dados de estudos controlados por placebo, duplo-cegos, randomizados de classe I, mostraram que, neste cenário, pacientes com convulsões incapacitantes podem alcançar uma redução bastante significativa em suas cargas epilépticas com uma terapia não destrutiva e muito bem tolerada.

Referências

[1] Lesser RP, Kim SH, Beyderman L, et al. Brief bursts of pulse stimulation terminate afterdischarges caused by cortical stimulation. Neurology. 1999; 53 (9):2073–2081
[2] Heck CN, King-Stephens D, Massey AD, et al. Two-year seizure reduction in adults with medically intractable partial onset epilepsy treated with responsive neurostimulation: final results of the RNS System Pivotal trial. Epilepsia. 2014; 55(3):432–441
[3] Bjartmarz H, Rehncrona S. Comparison of accuracy and precision between frame-based and frameless stereotactic navigation for deep brain stimulation electrode implantation. Stereotact Funct Neurosurg. 2007; 85(5):235–242
[4] Morrell MJ, RNS System in Epilepsy Study Group. Responsive cortical stimulation for the treatment of medically intractable partial epilepsy. Neurology. 2011; 77(13):1295–1304
[5] Bergey GK, Morrell MJ, Mizrahi EM, et al. Long-term treatment with responsive brain stimulation in adults with refractory partial seizures. Neurology. 2015; 84(8):810–817

14 Estimulação Cerebral Profunda dos Núcleos Talâmicos Anteriores para Epilepsia

Ravichandra A. Madineni ▪ *Jeffrey D. Oliver* ▪ *Chengyuan Wu* ▪ *Ashwini D. Sharan*

Resumo

Estimulação cerebral profunda (DBS) para o tratamento de epilepsia refratária fornece opções cirúrgicas para pacientes com convulsões não localizáveis ou não ressecáveis. O núcleo anterior do tálamo (ANT) como o alvo para tratamento de epilepsia foi aprovado pela União Europeia e pelo Canadá. Na Europa, a DBS do núcleo talâmico anterior é oferecida para pacientes com epilepsia parcialmente refratária clinicamente que tenham uma qualidade de vida significativamente afetada por pelo menos 12 a 18 meses. A DBS para epilepsia ainda está na infância, com um estudo randomizado mostrando bons resultados, mas não é aprovada nos Estados Unidos. A DBS-ANT de longo prazo é bem tolerada e fornece uma redução sustentada e significativa na frequência e na severidade das convulsões em pacientes bem selecionados.

Palavras-chave: epilepsia, estimulação cerebral, núcleo anterior do tálamo, estereotáxica, eletroencefalografia, eletrodo, convulsões.

14.1 Introdução

Estimulação cerebral profunda (DBS) para o tratamento de epilepsia refratária fornece opções cirúrgicas para pacientes com convulsões não localizáveis ou não ressecáveis. Ensaios clínicos com humanos e animais indicaram uma variedade de locais anatômicos para a DBS, incluindo o núcleo anterior do tálamo (ANT), o cerebelo, hipocampo, núcleo subtalâmico (STN), núcleo caudado, núcleo centromediano do tálamo, e tratos da substância branca, bem como o próprio foco epiléptico. O ANT[1-9] foi aprovado para o tratamento de epilepsia pela União Europeia e pelo Canadá[1]; entretanto, a DBS para epilepsia nos Estados Unidos está apenas agora se aproximando da aprovação final pela Food and Drug Administration (FDA).

O mecanismo exato pelo qual a DBS ajuda a reduzir convulsões não é completamente compreendido, mas acredita-se que a estimulação cause rompimento da propagação epiléptica[3,4] ou que resulte em mudanças gerais nos limiares convulsivos.[10,11] Estes mecanismos podem ser causados por uma combinação de efeitos inibitórios e excitatórios nas redes epilépticas.[5] Foi demonstrado que enquanto a estimulação de baixa frequência pode restaurar a atividade elétrica neuronal normal se coordenada apropriadamente, a estimulação de alta frequência é geralmente considerada ser mais eficaz na interrupção da atividade sincronizada.[12] Além do ANT, a maioria dos alvos para a DBS é componente do circuito de Papez, o qual foi demonstrado exercer um papel vital na geração e propagação da atividade epiléptica.[13,14] Além dos alvos no circuito de Papez, o cerebelo, o STN e o caudado estão entre os alvos que foram explorados no cérebro para o tratamento de epilepsia.

14.2 Seleção do Paciente

Na Europa, a DBS no ATN é oferecida a pacientes entre 18 e 65 anos de idade, com epilepsia parcialmente refratária clinicamente que tenham uma qualidade de vida significativamente afetada por pelo menos 12 a 18 meses. Durante os exames, é importante que uma monitorização videoeletroencefalográfica (vídeo-EEG) seja realizada, e que a cirurgia ressectiva tradicional tenha sido explorada ou descartada como opção. Visto que muitos pacientes no estudo multicêntrico foram previamente submetidos a uma cirurgia para epilepsia,[5] o implantador deve estar ciente das limitações no planejamento incisional impostas pela vascularização alterada do couro cabeludo. Embora a DBS não tenha sido testada especificamente em crianças, ela pode servir como uma potencial opção de tratamento para epilepsias infantis graves no futuro.[15]

Todos os pacientes sendo submetidos à DBS para epilepsia devem satisfazer os critérios de seleção, como mencionado por Fisher *et al.* no ensaio *Anterior Nucleus of the Thalamus for Epilepsy* (SANTE),[5] o qual foi resumido na seção anterior. Antes de ser considerado para DBS, todos os pacientes devem ser examinados por uma equipe de médicos consistindo em um epileptologista, um neurocirurgião e um neuropsicólogo. Um paciente que está sendo considerado para DBS deve passar por uma avalião não invasiva de longo prazo por vídeo-EEG, com possível avaliação intracraniana invasiva para localizar o sítio de início e o padrão de disseminação da convulsão.

14.3 Preparação Pré-Operatória

Não só a imagem anatômica é necessária para avaliar o paciente para a presença de epilepsia lesional, como também imagens por ressonância magnética (MRI) volumétrica de alta resolução do cérebro são necessárias para o planejamento da trajetória e localização do alvo. Além disso, o uso de imagens realçadas pelo gadolínio é útil para delinear os vasos no planejamento da trajetória. A literatura é emergente com relação ao ajuste do alvo indireto. Lehtimäki *et al.* observaram melhores resultados nos eletrodos, os quais foram colocados em uma posição mais anterior e superior no ANT.[6] Recentemente, Wu *et al.* também demonstraram variação na morfologia do ANT em pacientes com epilepsia quando comparados com os normais, tomando como base o atlas de Schaltenbrand.[16] Em um estudo publicado por Möttönen *et al.*, o ANT foi delineado usando MRI 3T com sequência STIR (inversão e recuperação com tempo curto), visualizando lâminas da substância branca ao redor do ANT. Eles também notaram que existe um alto grau de variação interindividual e um baixo grau de sobreposição anatômica na localização do ANT no sistema de coordenadas AC-PC comumente usado.[7]

A trajetória pode ser adicionalmente refinada por visualização direta do alvo. O ANT é uma pequena protuberância no teto do tálamo, e geralmente pode ser observado na MRI (▶ Fig. 14.1).[17] Mais comumente, a trajetória é seguida através do ventrículo quando uma abordagem superoinferior é desejada. Alternativamente, alguns neurocirurgiões também exploraram uma abordagem no sentido lateral para medial, a fim de evitar a transgressão do epêndima ventricular (comunicação pessoal com o autor sênior do Medtronics Europe).

É claro que a autorização médica de rotina para cirurgia, exames de sangue para descartar a presença de distúrbios coagulopáticos ocultos, e uma avaliação do risco de infecção com o

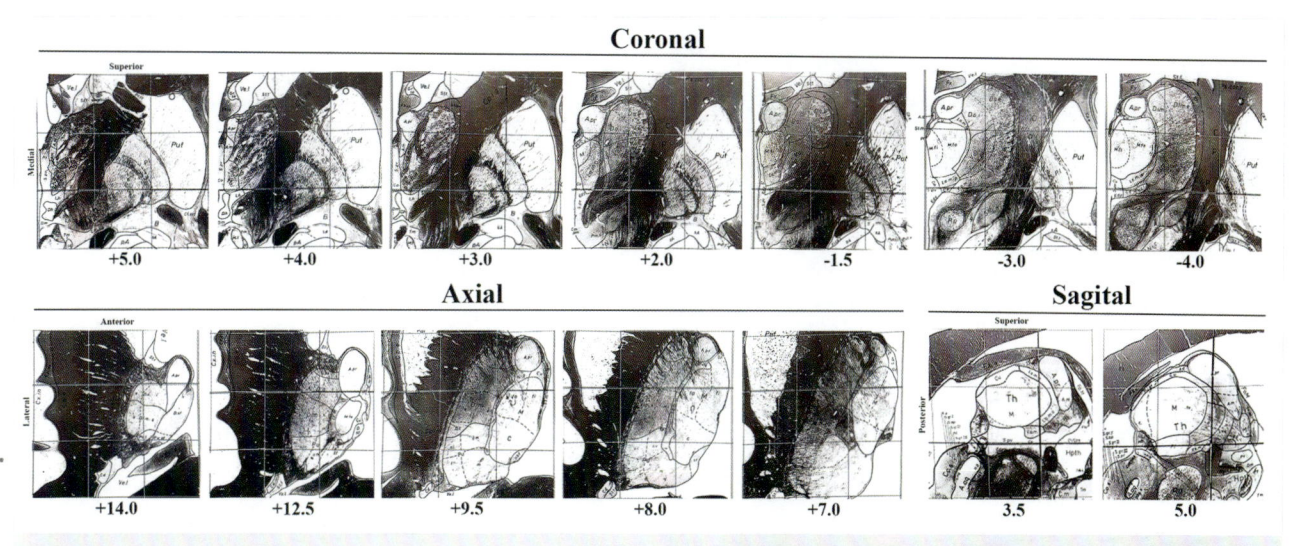

Fig. 14.1 Relação anatômica dos subnúcleos anteroventral (Apr), anteromedial (Am) e anterodorsal (Ad) do ANT. O subnúcleo anterodorsal é o maior dos três e ocupa as porções anterior e dorsal do ANT. O subnúcleo anteromedial encontra-se abaixo do subnúcleo anterodorsal, anteriormente. O subnúcleo anteromedial é o menor dos três e situa-se posteromedialmente no ANT. O número abaixo de cada corte indica a distância em milímetros desde o ponto médio comissural. (Reproduzida com permissão de Schaltenbrand e Wahren.[17])

implante permanente de *hardware*, também são fundamentais. Quando se decide pela opção de DBS, é preferível ter membros familiares do paciente no consultório durante a discussão sobre a opção de DBS e consentimento para a cirurgia.

14.4 Procedimento Cirúrgico

O procedimento é conduzido em duas partes, a primeira sendo a aplicação da armação estereotáxica ou de um sistema de navegação similar para garantir uma fixação rígida do crânio. Esta armação estereotáxica possibilita a transposição precisa da trajetória planejada na imagem pré-operatória para um sistema de coordenadas real, consistindo nas coordenadas mediolateral, anteroposterior, vertical, do arco e anelares.

A segunda parte do procedimento é realizada na sala de cirurgia. Sedação intravenosa e anestesia geral são administradas ao paciente. Esta tem sido a abordagem de eleição para o autor sênior. Embora o procedimento possa ser realizado com anestesia local e o paciente desperto, a cooperação do paciente não é necessária para o procedimento e a anestesia geral irá evitar a ocorrência de uma convulsão durante a fixação da armação. Registro com microeletrodos é usado por alguns cirurgiões, mas não em nosso centro para a DBS-ANT.

A cabeça é preparada com antissépticos e coberta de maneira estéril de forma padrão. Antibióticos intravenosos são administrados para profilaxia perioperatória, e uma incisão cutânea linear é feita após a aplicação das coordenadas e localização do ponto de entrada. Orifícios de trepanação são feitos em cada lado, a dura é aberta tanto quanto necessário, uma pequena corticectomia é criada, e a cânula é passada próximo do alvo para prevenir desvio do eletrodo através do ventrículo. A profundidade do eletrodo da DBS é calculada e o eletrodo é inserido através da cânula e fixado com a ajuda de fluoroscopia. Eletrodos são tunelizados através do espaço subgaleal, abaixo da bossa parietal no lado da inserção da bateria.

Uma incisão torácica é feita e uma bolsa subcutânea é criada. Com o uso do dispositivo de tunelização, cabos de extensão são passados até a incisão torácica e conectados ao gerador de pulsos implantável. Os conectores são mantidos em posição rostral ao mastoide, a fim de prevenir ruptura do eletrodo com o tempo e com o movimento da coluna cervical. Além disso, atenção é dada para manter as extensões na direção do triângulo cervical anterior, a fim de reduzir o risco de cicatrização hipertrófica e lesão do nervo acessório espinhal. É boa prática registrar os valores de impedância antes do fechamento, e assegurar continuidade do sistema. Assim que as conexões estiverem fixas, o estimulador é colocado na bolsa subcutânea e as incisões são fechadas em camadas, e curativos são aplicados.

14.5 Manejo Pós-Operatório

No pós-operatório, o paciente é levado para uma unidade de tratamento intensivo para monitorização noturna em nosso centro. Uma MRI da cabeça é regularmente realizada de acordo com a orientação fornecida pelo fabricante para uma MRI segura (Medtronic, Minneapolis, MN). O objetivo desta imagem pós-operatória é identificar o melhor contato no ANT para fins de estimulação. Alternativamente, uma tomografia computadorizada (CT) da cabeça deve ser obtida, e unida à MRI para a mesma finalidade. Também obtemos radiografias cranianas e radiografia do pescoço e tórax para visualizar todos os fios e o sistema de bateria. O paciente é iniciado em seus medicamentos antiepilépticos basais, e recebem alta no dia seguinte. Subsequentemente, os pacientes precisam de sessões de programação. Para a maioria dos pacientes descritos na literatura, as configurações utilizadas são de frequências de 60 a 185 Hz, largura do pulso de 9 a 150 μs, e voltagem de 3,5 a 10 V.[18] Uma redução média de aproximadamente 60% das convulsões foi relatada com o uso da DBS-ATN e, frequentemente, uma estimulação de alta frequência bilateral > 100 Hz é usada para obter um benefício máximo.[8] Em um estudo realizado por Krishna *et al.*, uma redução > 50% na frequência das convulsões foi observada em 68% dos pacientes. Foi constatado que o sítio mais eficaz de estimulação é o ANT anteroventral (▶ Fig. 14.2).[9]

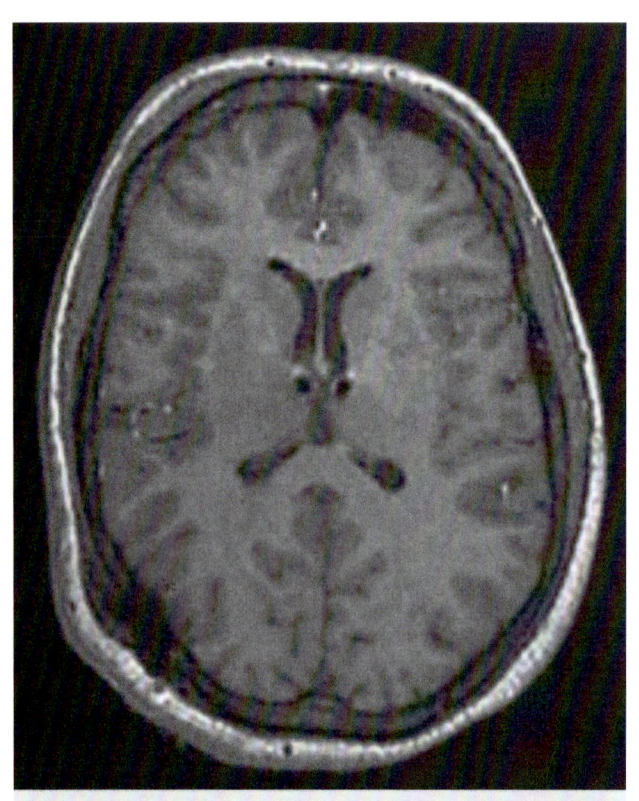

Fig. 14.2 MRI axial do cérebro pós-contraste mostrando o implante bilateral de eletrodo no ANT.

14.6 Conclusão

DBS para epilepsia ainda está em sua infância, com um estudo randomizado mostrando bons resultados, mas é apenas aprovada na Europa e no Canadá, não (no momento desta escrita) nos Estados Unidos. Uma compreensão clara do mecanismo de ação da DBS na epilepsia ainda não existe. Apesar disso, a DBS-ANT é bem tolerada em longo prazo, e fornece uma redução sustentada e significativa na frequência e na gravidade das convulsões em pacientes bem selecionados que sejam refratários a múltiplos medicamentos antiepilépticos, e não tratáveis por cirurgia ressectiva ou ablativa.

Referências

[1] Lyons MK. Deep brain stimulation: current and future clinical applications. Mayo Clin Proc. 2011; 86(7):662–672
[2] Gigante PR, Goodman RR. Alternative surgical approaches in epilepsy. Curr Neurol Neurosci Rep. 2011; 11(4):404–408
[3] Kerrigan JF, Litt B, Fisher RS, et al. Electrical stimulation of the anterior nucleus of the thalamus for the treatment of intractable epilepsy. Epilepsia. 2004; 45(4):346–354
[4] Hamani C, Hodaie M, Chiang J, et al. Deep brain stimulation of the anterior nucleus of the thalamus: effects of electrical stimulation on pilocarpineinduced seizures and status epilepticus. Epilepsy Res. 2008; 78(2-3):117–123
[5] Fisher R, Salanova V, Witt T, et al. SANTE Study Group. Electrical stimulation of the anterior nucleus of thalamus for treatment of refractory epilepsy. Epilepsia. 2010; 51(5):899–908
[6] Lehtimäki K, Möttönen T, Järventausta K, et al. Outcome based definition of the anterior thalamic deep brain stimulation target in refractory epilepsy. Brain Stimul. 2016; 9(2):268–275
[7] Möttönen T, Katisko J, Haapasalo J, et al. Defining the anterior nucleus of the thalamus (ANT) as a deep brain stimulation target in refractory epilepsy: delineation using 3 T MRI and intraoperative microelectrode recording. Neuroimage Clin. 2015; 7:823–829
[8] Klinger NV, Mittal S. Clinical efficacy of deep brain stimulation for the treatment of medically refractory epilepsy. Clin Neurol Neurosurg. 2016; 140:11–25
[9] Krishna V, King NKK, Sammartino F, et al. Anterior nucleus deep brain stimulation for refractory epilepsy: insights into patterns of seizure control and efficacious target. Neurosurgery. 2016; 78(6):802–811
[10] Mirski MA, Rossell LA, Terry JB, Fisher RS. Anticonvulsant effect of anterior thalamic high frequency electrical stimulation in the rat. Epilepsy Res. 1997; 28(2):89–100
[11] Jobst BC, Darcey TM, Thadani VM, Roberts DW. Brain stimulation for the treatment of epilepsy. Epilepsia. 2010; 51 Suppl 3:88–92
[12] Wyckhuys T, Raedt R, Vonck K, Wadman W, Boon P. Comparison of hippocampal deep brain stimulation with high (130 Hz) and low frequency (5 Hz) on afterdischarges in kindled rats. Epilepsy Res. 2010; 88(2-3):239–246
[13] Lega BC, Halpern CH, Jaggi JL, Baltuch GH. Deep brain stimulation in the treatment of refractory epilepsy: update on current data and future directions. Neurobiol Dis. 2010; 38(3):354–360
[14] Oikawa H, Sasaki M, Tamakawa Y, Kamei A. The circuit of Papez in mesial temporal sclerosis: MRI. Neuroradiology. 2001; 43(3):205–210
[15] Florczak JW, Roberts DW, Morse RP, Darcey TM, Holmes GL, Jobst BC. Deep brain stimulation (DBS) for the treatment of epileptic encephalopathy. [abstract 1.093]. Epilepsia. 2006; 47 Suppl 4:119–204
[16] Wu C, D'Haese PF, Pallavaram S, et al. Deep brain stimulator electrode position requires critical analysis in stimulation of the anterior nucleus of the thalamus for epilepsy. Paper presented at: International Neuromodulation Society, 12th World Congress; June 8, 2015; Montreal, QC, Canada
[17] Schaltenbrand G, Wahren W. Atlas for Stereotaxy of the Human Brain. 2nd ed. New York, NY: Thieme Medical Publishers; 1977
[18] Morace R, DI Gennaro G, Quarato P, et al. Deep brain stimulation for intractabile epilepsy. J Neurosurg Sci. 2016; 60(2):189–198

15 Estimulação do Nervo Vago para Epilepsia Intratável

Muaz Qayyum ▪ Chengyuan Wu ▪ Ashwini D. Sharan

Resumo

Estimulação do nervo vago (VNS) começou há mais de um século, quando diferentes experimentos foram realizados para ver a significância e o papel da terapia de VNS no tratamento de pacientes sofrendo de epilepsia intratável ou resistente a fármacos. A Food and Drug Administration (FDA) aprovou a VNS como um modo de terapia há duas décadas. A VNS é realizada com a *NeuroCybernetic Prosthesis* (NCP) implantável, a qual foi desenvolvida pela Cyberonics Inc. (Houston, TX). Após a VNS, ocorre elevação dos níveis de norepinefrina no *locus* cerúleo do tronco encefálico, o qual por sua vez aumenta a transmissão gabaérgica, resultando na elevação do limiar convulsivo. A VNS é tipicamente oferecida para aqueles pacientes que não podem beneficiar-se com a ressecção cirúrgica ou aqueles que se recusam a serem submetidos a uma ressecção cirúrgica para controle das convulsões. A NCP consiste em eletrodo e gerador. Aspire 106 é versão mais recente que desencadeia a estimulação com base em um algoritmo definido que detecta o aumento na frequência cardíaca, o qual ocorre na maioria dos pacientes que sofrem de convulsões epilépticas. O componente não implantável do dispositivo é um ímã portátil, o qual, quando passado sobre a parede torácica sobreposta ao gerador, é capaz de induzir ou interromper a estimulação; portanto, a autoestimulação também pode ser controlada de acordo com a demanda manual. O eletrodo da VNS é aplicado na porção cervical média esquerda do nervo vago esquerdo, que ajuda a evitar assístole ou bradicardia associada à estimulação. Eficácia e segurança incluem suspensão das convulsões, redução da frequência, intensidade e duração das convulsões, recuperação pós-ictal física, cognitiva e emocional melhorada, e melhora da qualidade de vida, como aumento da energia e redução da fadiga com a diminuição na gravidade das convulsões. Complicações pós-operatórias incluem infecção do sítio do gerador ou eletrodo, anormalidades nas cordas vocais, bradicardia/assistolia, e distúrbios respiratórios relacionados com o sono, como a apneia obstrutiva do sono. Se o paciente precisa ser submetido a uma imagem por ressonância magnética (MRI), então o dispositivo é geralmente desligado. Contraindicações à terapia de VNS incluem arritmias cardíacas, gravidez, doença pulmonar obstrutiva crônica, asma, úlcera péptica ativa, e doença sistêmica e neurológica progressiva. A razão mais comum para revisão da VNS é de bateria descarregada do gerador de pulsos implantável, e a revisão pode ser realizada como um procedimento ambulatorial com anestesia local. A VNS é uma terapia eficaz para epilepsia não tratável, e as indicações são prováveis de aumentar no futuro.

Palavras-chave: estimulação do nervo vago, *NeuroCybernetic Prosthesis*, epilepsia intratável, efeito anticonvulsivante, Food and Drug Administration, arritmia cardíaca, anormalidade das cordas vocais, imagem por ressonância magnética.

15.1 Introdução

Experimentos para o tratamento de epilepsia com estimulação do nervo vago (VNS) são documentados desde 1880.[1] Em 1938, durante a realização de experimentos em gatos, Bailey e Bremer mostraram a significância da dessincronização da atividade do córtex orbital usando a VNS.[2] Posteriormente, Radna e MacLean também demonstraram mudanças na atividade unitária nas estruturas límbicas basais em macacos-esquilos com o uso de VNS.[3] Além disso, massagem do seio carotídeo, que em alguns casos pode cessar a atividade epiléptica por estimulação vagal retrógrada, corroborou a ideia de usar VNS como tratamento para convulsões.[4,5]

O primeiro paciente a ser submetido à VNS como uma opção terapêutica para convulsões epilépticas foi tratado com sucesso em 1988.[6] A fim de analisar a segurança e a eficácia da VNS como uma opção terapêutica para convulsões epilépticas, cinco estudos clínicos de fase aguda foram conduzidos.[7-11] Estes estudos clínicos, junto com prévias demonstrações experimentais, resultaram na aprovação pela Food and Drug Administration (FDA) da VNS para o tratamento de convulsões intratáveis em crianças com mais de 12 anos de idade e em adultos em 1997.[12] Desde então, a VNS se tornou uma opção terapêutica viável para pacientes com convulsões intratáveis. A VNS é realizada através da NeuroCybernetic Prosthesis (NCP) implantável da Cyberonics Inc. (Houston, TX), e tem sido um tratamento adjuvante importante para convulsões intratáveis. Este dispositivo implantável fornece estimulação elétrica aferente ao tronco do nervo vago cervical esquerdo a partir do local onde os impulsos rostrais secundários exercem um efeito disseminado no sistema nervoso central.[13] O efeito anticonvulsivante da VNS supostamente ocorre por ativação retrógrada do *locus* cerúleo no tronco encefálico[14], resultando em níveis elevados de norepinefrina no córtex,[15-20] que por sua vez ativa a transmissão produtora de ácido γ-aminobutírico (gabaérgica), consequentemente aumentando o limiar convulsivo.[21,22]

15.2 Seleção do Paciente

Pacientes com epilepsia resistente a fármacos são candidatos para consideração da VNS, a qual reduz não apenas a duração da convulsão como também a frequência e a intensidade. A avaliação do paciente inclui um histórico epiléptico completo e exame físico, monitorização videoeletroencefalográfica para descartar pseudoconvulsões, testes neuropsicológicos, e neuroimagens anatômicas e funcionais. Geralmente, a VNS é considerada uma opção paliativa e usada na gestão do espectro, além dos medicamentos. Portanto, a VNS é normalmente oferecida para aqueles que não podem beneficiar-se de uma ressecção cirúrgica potencialmente curativa ou para aqueles que se recusam a realizar a ressecção cirúrgica. Os candidatos devem ser aconselhados com relação aos benefícios e riscos da VNS, bem como com relação a outras opções terapêuticas. Outras contraindicações à VNS incluem doença sistêmica e neurológica progressiva, gravidez, arritmia cardíaca, asma, doença pulmonar obstrutiva crônica, úlcera péptica ativa, e diabetes melito insulinodependente.

15.3 Preparação Pré-Operatória

Fibras nervosas vagais contêm aferentes viscerais especiais e somáticos, com projeções eferentes para a laringe e projeção parassimpática para os pulmões, coração e trato gastrointestinal. O eletrodo da VNS é aplicado à porção cervical média do nervo vago esquerdo, o qual é relativamente livre desses ramos. O lado esquerdo é o escolhido, pois estudos com caninos demonstraram que o nervo vago direito supre o nodo sinoatrial do coração, enquanto o nervo vago esquerdo supre preferencialmente o nodo atrioventricular. Por conseguinte, simulação do nervo vago esquerdo evita bradicardia ou assístole associa-

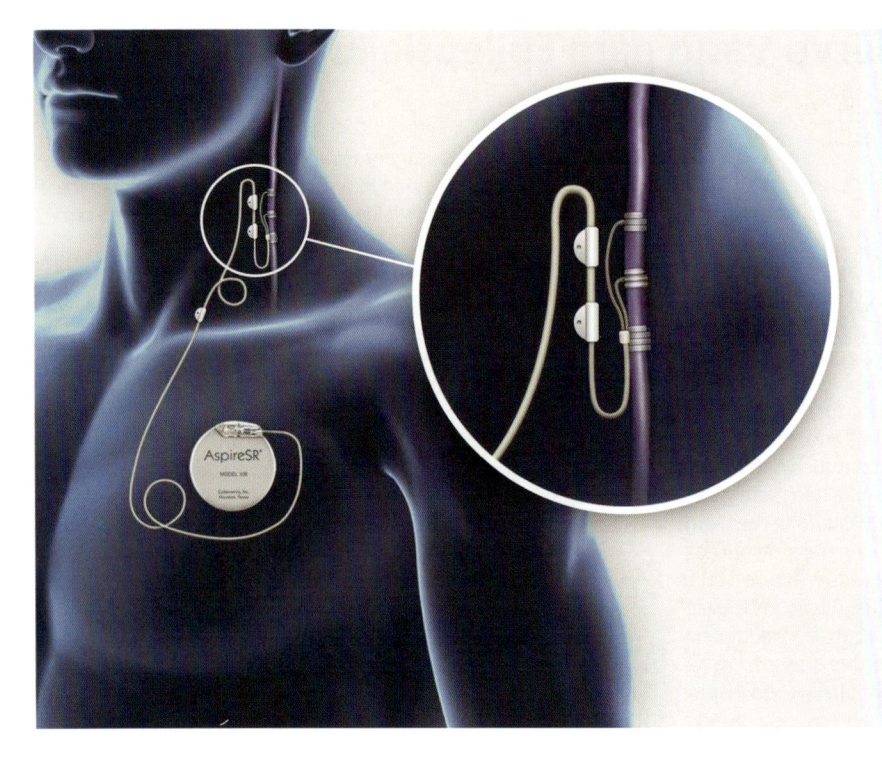

Fig. 15.1 Localização do gerador e fios conectados ao nervo vago para estimulação automatizada. (Reproduzida com permissão de Cyberonics.)

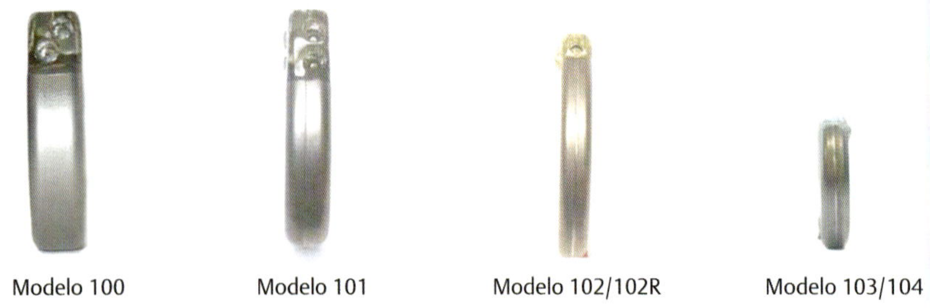

Fig. 15.2 Vistas laterais dos geradores de estimulação do nervo vago mostrando redução progressiva no tamanho ao longo do tempo, desde o gerador modelo 100 original (1994) até o modelo 103/104 atual (2007). (Reproduzida com permissão de Cyberonics.)

Modelo 100 Modelo 101 Modelo 102/102R Modelo 103/104

da à estimulação.[23] Também é importante observar que o nervo laríngeo recorrente percorre com o tronco principal do nervo vago antes de se ramificar em arco aórtico e ascender na fossa traqueoesofágica. Como resultado, os pacientes podem notar mudanças em suas vozes com a cirurgia. Embora essa rouquidão possa ser permanente, é tipicamente autolimitante. Lesão ao nervo frênico, o qual se situa em um plano mais profundo e lateral à bainha carotídea, pode resultar em paralisia unilateral do hemidiafragma esquerdo. Embora as fibras do nervo facial sejam encontradas bem acima do tronco cervical médio, lesões a estas fibras foram relatadas. O tronco simpático encontra-se abaixo da carótida comum e suas fibras ascendem com a artéria carótida interna; complicação da síndrome de Horner também foi relatada com a implantação da VNS.[24]

15.4 NeuroCybernetic Prosthesis

Os dois componentes implantáveis da NCP incluem um gerador e um eletrodo estimulador (▶ Fig. 15.1, ▶ Fig. 15.2a, b). O eletrodo NCP é isolado com um elastômero de silicone e pode ser implantado com segurança em pacientes com alergias ao látex. O eletrodo tem três bobinas: as bobinas distal, média e mais proximal são bobinas negativa, positiva e de ancoragem, respectivamente. Há cabos da sutura que se estendem de cada extremidade da bobina helical, o que permite a manipulação intraoperatória das bobinas.

Os geradores passaram por uma evolução nos últimos 20 anos com relação aos seus aspectos, tamanho e formato (▶ Fig. 15.2). A versão mais recente da VNS possui uma função de estimulação automática, a qual pode desencadear a estimulação com base em um algoritmo definido que detecta aumentos na frequência cardíaca, que ocorre em 82% dos pacientes que sofrem de epilepsia. Este dispositivo, conhecido como Aspire Model-106 (▶ Fig. 15.3), é a primeira geração que fornece uma VNS padrão com estimulação magnética sob demanda e estimulação automática na detecção de mudanças de 20% ou mais na frequência cardíaca, comparado com os valores basais. O limiar para o fornecimento de estimulação automática é programado para cada paciente com base no aumento na frequência cardíaca durante as convulsões (taquicardia ictal), que variam de 20 a 70% acima do valor basal.[25,26]

O componente não implantável do dispositivo consiste em um ímã portátil, o qual desencadeia a estimulação sobreposta à produção basal quando passado sobre a parede torácica sobreposta ao gerador. Esta estimulação sob demanda pode reduzir ou interromper a convulsão. Ao mesmo tempo, segurar o ímã sobre o gerador desliga a estimulação e permite que os pacientes participem de atividades como o canto, que poderia, de outra forma, ser afetado pela VNS (▶ Tabela 15.1; ▶ Fig. 15.4, ▶ Fig. 15.5, ▶ Fig. 15.6).

15.5 Procedimento Cirúrgico

O procedimento cirúrgico é realizado com anestesia geral e, tipicamente, demora menos de 2 horas. O paciente recebe antibióticos intravenosos profiláticos no pré-operatório e durante 24 horas no pós-operatório. A cabeça é mantida em uma posição neutra, e uma incisão horizontal de 2 a 3 cm é feita na região média do esternocleidomastóideo (SCM) e direcionada medialmente. O platisma é dissecado verticalmente e, então, a camada envolvente da fáscia cervical profunda é aberta ao longo da borda anterior do SCM para possibilitar sua mobilização. Conforme a dissecção avança para a camada mais profunda, a carótida e seu feixe neurovascular são identificados e incisados para revelar seus conteúdos. Os tecidos moles são retraídos com os afastadores venosos e o nervo vago é geralmente encontrado no nível da cartilagem tireoide, encontrando-se abaixo da veia jugular interna e lateral à artéria carótida comum. Após sua identificação, manipulação direta do nervo vago deve ser minimizada. Aproximadamente 3 a 4 cm do nervo vago devem ser mobilizados e gentilmente retraídos com uma alça de silicone para uso vascular.

Uma segunda incisão de 5 cm é realizada medial ao manúbrio em uma região subclavicular ou ao longo da prega anterior da axila, em direção paralela ao peitoral maior. A gordura subjacente é dissecada até o nível da fáscia peitoral. O eletrodo é tunelizado nesta incisão, tipicamente antes de fixá-lo no nervo para prevenir que se desloque do nervo.

Após a tunelização do fio distal no sítio destinado ao gerador de pulso implantável, as três hélices do eletrodo são posicionadas em torno do nervo. Cada bobina é aplicada por meio da preensão da cauda da sutura em cada extremidade e esticando a bobina até que suas circunvoluções sejam eliminadas. A rotação central é aplicada obliquamente ou perpendicularmente através do nervo vago, e envolta na superfície do nervo. Um laço frouxo é criado e o eletrodo é fixado no músculo/tecidos adjacentes com as âncoras fornecidas.

O gerador é conectado no eletrodo com um conjunto de parafusos e chave, e fixado à fáscia da parede torácica ou, em determinadas situações, no músculo peitoral, ou até mesmo um implante subpeitoral já foi descrito. Um teste eletrodiagnóstico é realizado antes do fechamento, a fim de garantir o acoplamento de todos os

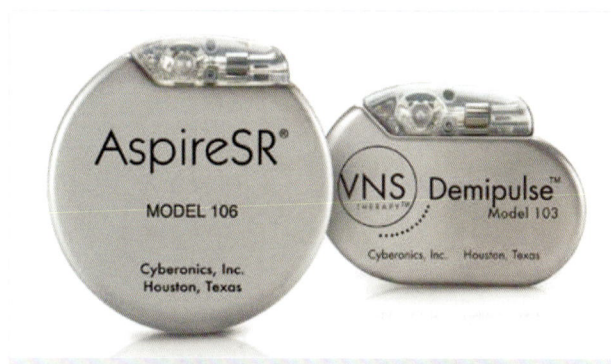

Fig. 15.3 AspireSR Model 106 e Deimpulse 103. (Reproduzida com permissão de Cyberonics.)

Tabela 15.1 Comparação dos Geradores de VNS

	Modelo do gerador					
	102 Pulse	102R Pulse Duo	103 Demipulse	104 Demipulse Duo	105 AspireHC	106 AspireSR
Compatibilidade do eletrodo	Pino único	Pino duplo	Pino único	Pino duplo	Pino único	Pino único
Disponível desde	2002	2003	2007	2007	2011	2015
Espessura[a]	7 mm	7 mm	7 mm	7 mm	7 mm	7 mm
Volume[a]	14 mL	16 mL	8 mL	10 mL	14 mL	14 mL
Peso[a]	25 g	27 g	16 g	18 g	25 g	25 g

Fonte: Usada com permissão de Cyberonics.
Nota: Os Geradores Modelo 100 e Modelo 101 não são mais distribuídos.
[a]Valores aproximados.

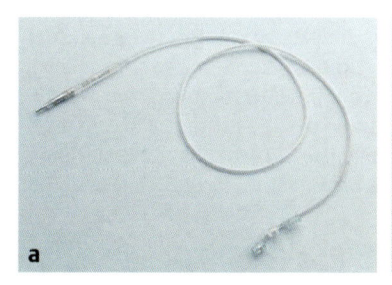

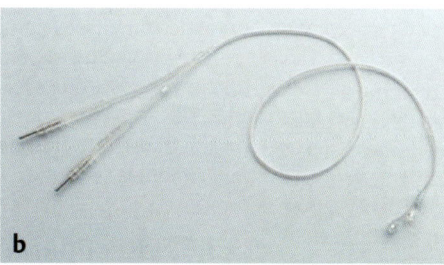

Fig. 15.4 (a) Eletrodo de estimulação monopolar do nervo vago. **(b)** Eletrodo de estimulação bipolar do nervo vago. (Reproduzida com permissão de Cyberonics.)

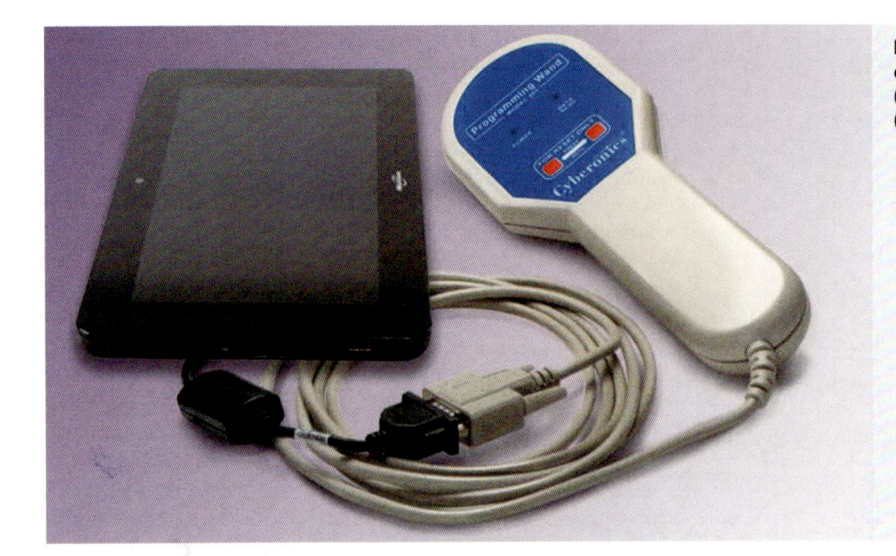

Fig. 15.5 Peça de programação da estimulação do nervo vago e computador de programação (*tablet*) tipo assistente pessoal digital. (Reproduzida com permissão de Cyberonics.)

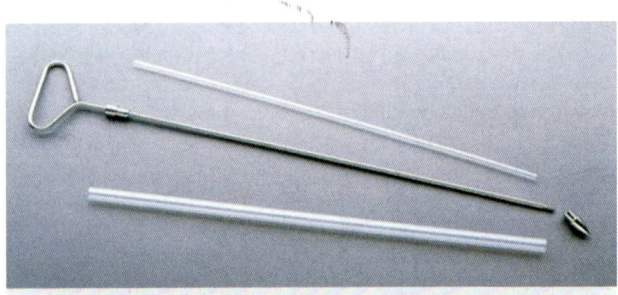

Fig. 15.6 Dispositivo de tunelização usado na estimulação do nervo vago desmontado, com o parafuso na cabeça do marcador e bainhas do eletrodo transparentes. (Reproduzida com permissão de Cyberonics.)

componentes. No sistema mais recente com detecção da frequência cardíaca, este teste intraoperatório é mandatório para confirmar a sensibilidade e as características de detecção cardíaca. Bradicardia profunda/assistolia pode ser observada, mas é um achado raro durante este teste. Caso ocorra, pode haver a necessidade de deslocar os eletrodos mais caudalmente para evitar seus ramos cardíacos. O platisma e as estruturas subcutâneas da fáscia e do tecido mole cervical e peitoral do tórax são fechados em camadas, e isto geralmente resulta em um resultado estético agradável.

15.6 Eficácia e Segurança da VNS

O estudo E-37[24] mostrou uma melhora significativa em vários resultados clínicos. A eficácia e a segurança do dispositivo são descritas a seguir.

15.6.1 Interrupção da Convulsão

Este estudo, conduzido por Fisher e Afra et al.[24], mostrou a interrupção das convulsões em 61,3% dos pacientes tratados com o dispositivo de estimulação automática, incluindo convulsões parciais complexas em 5/12 (41,7%), convulsões secundariamente generalizadas em 0/1 (0,0%), convulsões parciais simples em 10/12 (83,3%), convulsões subclínicas em ¾ (75,0%) e convulsões desconhecidas em ½ 50,0%), tratadas com aparelho de estimulação automática (▶ Fig. 15.7), o qual detecta aumento na frequência cardíaca ictal associada a convulsões e aplica a terapia adequada.[25-27]

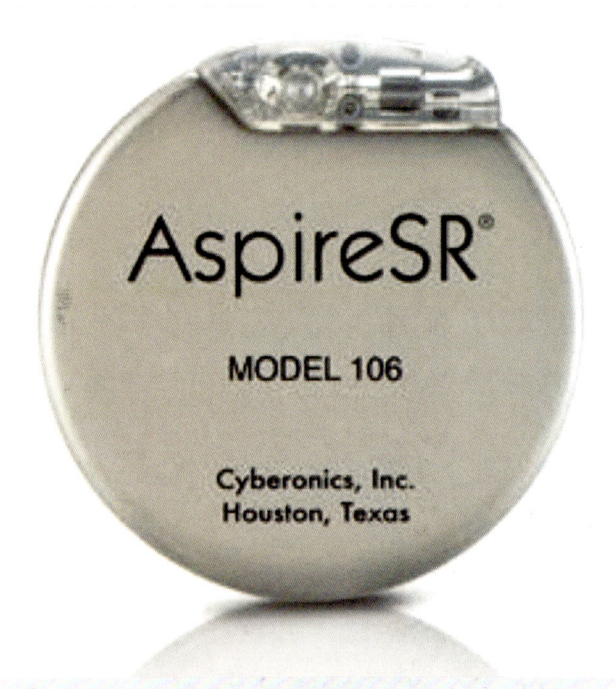

Fig. 15.7 Dispositivo AspireSR 106 Auto Stimulation (também conhecido como AutoStim). (Reproduzida com permissão de Cyberonics.)

15.6.2 Duração Reduzida das Convulsões

Fisher e Afra et al.[24] também demonstraram redução na duração total de convulsões parciais simples. A duração se tornou mais curta nas convulsões com estimulação próxima ao sítio de início da convulsão, as quais foram por fim interrompidas com o AutoStim, e o tempo médio registrado desde a estimulação com o dispositivo até o término das convulsões (para convulsões que foram interrompidas durante o uso do AutoStim) foi de 35 segundos.[25-27]

15.6.3 Recuperação Pós-Ictal

Redução na gravidade da convulsão e melhora de vários aspectos da recuperação pós-ictal (com base no questionário da gravidade

Tabela 15.2 Resumo dos Dados dos Desfechos Clínicos

1. Interrupção da convulsão	19/31 (61,3%) de todas as convulsões tratadas foram interrompidas durante o uso do AutoStim, incluindo 10/12 (83,3%) das SPS, 5/12 (41,7%) das CPS e 5/13 (38,5%) das convulsões debilitantes
2. Duração reduzida da convulsão	Redução em 62% das SPS na EMU, comparada com os dados históricos de EMU
3. Gravidade reduzida da convulsão	Redução na atividade durante as convulsões em 3 e 6 meses (SSQ) Redução na gravidade geral em 3 e 6 meses (SSQ)
4. Melhora na recuperação pós-ictal	Melhora na recuperação emocional, física e cognitiva em 3 e 6 meses (SSQ)
5. Melhora da qualidade de vida	Melhora em 3 e 6 meses (SSQ)

Abreviações: CPS = convulsões parciais complexas; EMU = unidade de monitorização de epilepsia; QOLIE-31-P = qualidade de vida; SPS = convulsões parciais simples; SSQ = questionário da gravidade das convulsões.
Fonte: Fischer and Afra et al.[24] Reproduzida com permissão de Cyberonics.

das convulsões), como melhora emocional, recuperação física e cognitiva, e redução nos efeitos lesivos que ocorrem durante as convulsões, foram claramente observados no estudo E-37. Isto porque um dos principais aspectos do dispositivo é a detecção do aumento da frequência cardíaca ictal e, como consequência, a autoestimulação automática.[25-27]

15.6.4 Melhora da Qualidade de Vida

O estudo com o AutoStim mostrou melhora na qualidade de vida, como redução da fadiga, aumento de energia, diminuição da preocupação com convulsão, melhor funcionamento social, cognitivo, psicológico e emocional (com base no QQLIE-31-P em 3 e 6 meses de seguimento), e dissolução das convulsões.[27]

O estudo, conduzido por Fisher e Afra et al.[24], e realizado em 20 pacientes, demonstrou os seguintes benefícios (▶ Tabela 15.2).

15.7 Manejo Pós-Operatório Incluindo Possíveis Complicações

15.7.1 Infecção

Uma metanálise de 454 pacientes mostrou infecção no sítio de implante do gerador ou do eletrodo como a complicação mais comum. Estas infecções foram tratadas com sucesso com antibioticoterapia, e apenas 1,1% necessitou de exploração da infecção do dispositivo.[11] Smyth et al. relataram taxas mais elevadas de infecção que necessitaram de remoção do dispositivo em pacientes pediátricos.[28]

15.7.2 Anormalidades nas Cordas Vocais

Anormalidades nas cordas vocais, incluindo paralisia, foram observadas em 0,7% dos pacientes.[11] Entre estes, os casos mais significativos clinicamente foram autolimitantes. Smyth et al. relataram um caso de paralisia das cordas vocais e um caso de pneumonia aspirativa fatal em estudo de 74 pacientes.[28] Os dados indicam que pacientes com anormalidades pré-operatórias nas cordas vocais correm um maior risco de paresia ou paralisia das cordas vocais em longo prazo do que aqueles sem anormalidades pré-existentes.[29] Por isso, se houver anormalidade das cordas vocais pré-existente, a VNS não deve ser oferecida ao paciente.

15.7.3 Bradicardia/Assístole

Esta anormalidade intraoperatória é uma observação rara (incidência estimada de 1 em 800 pacientes) durante a realização um teste com eletrodo, o qual é tratado com atropina. Alguns pacientes toleram a VNS em configurações muito baixas, as quais são lentamente aumentadas até o nível terapêutico.[27,28]

15.7.4 Distúrbio Respiratório Associado ao Sono

Após a implantação da VNS, algumas crianças apresentam um fluxo de ar respiratório reduzido durante o sono. Um paciente desenvolveu apneia obstrutiva do sono na polissonografia, mas esta se resolveu com a descontinuação da VNS.[29] O controle é feito com tratamento por pressão positiva em pacientes diagnosticados com apneia do sono, com ajustes na VNS.

15.7.5 Protocolo da Ressonância Magnética em Pacientes com VNS

O protocolo da FDA para MRI em pacientes com o dispositivo de VNS foi recentemente incrementado, porém a preocupação de aquecimento tecidual no sítio do eletrodo permanece. No geral, o dispositivo é desligado durante a MRI, e cautela é necessária na monitorização dos valores específicos das taxas de absorção e na escolha dos tipos de bobinas usadas. Recentemente, a FDA considerou segura a realização de MRI em pacientes com eletrodos VNS, desde que o eletrodo seja encurtado próximo ao nervo. Recomendamos a estrita adesão às recomendações do fabricante ao realizar uma MRI em um paciente com um implante VNS. O fabricante fornece aos médicos um manual com detalhes em seu *website* (http://us.livanova.cyberonics.com/en/vns-therapy-for-epilepsy/healthcare-professionals/vns-therapy/manuals-page/).

15.7.6 Efeitos Adversos Graves Relacionados com o Dispositivo AutoStim (AspireSR 106)

Dos efeitos adversos graves (SAEs) foram relatados em dois sujeitos: celulite da ferida incisional e hematoma pós-operatório. De acordo com os pesquisadores, estes dois SAEs foram relacionados com o implante. Apesar disso, o registro de segurança para os dispositivos permanece significativamente inferior àquele da maioria dos dispositivos médicos.[26,30]

15.7.7 Revisão do Gerador

O motivo mais comum para a revisão do dispositivo VNS é o de bateria descarregada do gerador de pulsos implantável. Esta revisão é realizada como um procedimento ambulatorial simples com anestesia local.

15.8 Conclusão

VNS é um tratamento seguro e eficaz em pacientes com epilepsia clinicamente intratável. Se o dispositivo VNS é implantado nos estágios iniciais da doença, o resultado é muito melhor. As indicações para o uso da VNS são prováveis de aumentar no futuro.

Referências

[1] Lanska DJJL. J.L. Corning and vagal nerve stimulation for seizures in the 1880s. Neurology. 2002; 58(3):452–459
[2] Bailey P, Bremer F. A sensory cortical representation of the vagus nerve with a note on the effects of low pressure on the cortical electrogram. J Neurophysiol. 1938; 1:405–412
[3] Radna RJ, MacLean PD. Vagal elicitation of respiratory-type and other unit responses in basal limbic structures of squirrel monkeys. Brain Res. 1981; 213(1):45–61
[4] Salanova V, Worth R. Neurostimulators in epilepsy. Curr Neurol Neurosci Rep. 2007; 7(4):315–319
[5] Ghaemi K, Elsharkawy AE, Schulz R, et al. Vagus nerve stimulation: outcome and predictors of seizure freedom in long-term follow-up. Seizure. 2010; 19(5):264–268
[6] Penry JK, Dean JC. Prevention of intractable partial seizures by intermittent vagal stimulation in humans: preliminary results. Epilepsia. 1990; 31 Suppl 2:S40–S43
[7] Uthman BM, Wilder BJ, Hammond EJ, Reid SA. Efficacy and safety of vagus nerve stimulation in patients with complex partial seizures. Epilepsia. 1990; 31 Suppl 2:S44–S50
[8] Uthman BM, Wilder BJ, Penry JK, et al. Treatment of epilepsy by stimulation of the vagus nerve. Neurology. 1993; 43(7):1338–1345
[9] The Vagus Nerve Stimulation Study Group. A randomized controlled trial of chronic vagus nerve stimulation for treatment of medically intractable seizures. Neurology. 1995; 45(2):224–230
[10] Handforth A, DeGiorgio CM, Schachter SC, et al. Vagus nerve stimulation therapy for partial-onset seizures: a randomized active-control trial. Neurology. 1998; 51(1):48–55
[11] Morris GL, Mueller WM. Long-term treatment with vagus nerve stimulation in patients with refractory epilepsy. The Vagus Nerve Stimulation Study Group E01-E05. Neurology. 1999; 53(8):1731–1735
[12] Cyberonics, Inc. Physicians Manual for the VNS Therapy Pulse Model 102 Generator. Houston, TX: Cyberonics; 2002
[13] Henry TR. The antiseizure effect of VNS is mediated by ascending pathways. In: Miller JW, Silbergeld DL, eds. Epilepsy Surgery: Principles and Controversies. New York, NY: Taylor & Francis; 2006:624–629
[14] Groves DA, Bowman EM, Brown VJ. Recordings from the rat locus coeruleus during acute vagal nerve stimulation in the anaesthetised rat. Neurosci Lett. 2005; 379(3):174–179
[15] Hasselmo ME. Neuromodulation and cortical function: modeling the physiological basis of behavior. Behav Brain Res. 1995; 67(1):1–27
[16] Krahl SE, Clark KB, Smith DC, Browning RA. Locus coeruleus lesions suppress the seizure-attenuating effects of vagus nerve stimulation. Epilepsia. 1998; 39(7):709–714
[17] Devoto P, Flore G, Saba P, Fà M, Gessa GL. Stimulation of the locus coeruleus elicits noradrenaline and dopamine release in the medial prefrontal and parietal cortex. J Neurochem. 2005; 92(2):368–374
[18] Follesa P, Biggio F, Gorini G, et al. Vagus nerve stimulation increases norepinephrine concentration and the gene expression of BDNF and bFGF in the rat brain. Brain Res. 2007; 1179:28–34
[19] Roosevelt RW, Smith DC, Clough RW, Jensen RA, Browning RA. Increased extracellular concentrations of norepinephrine in cortex and hippocampus following vagus nerve stimulation in the rat. Brain Res. 2006; 1119(1):124–132
[20] Barry DI, Wanscher B, Kragh J, et al. Grafts of fetal locus coeruleus neurons in rat amygdala-piriform cortex suppress seizure development in hippocampal kindling. Exp Neurol. 1989; 106(2):125–132
[21] Nai Q, Dong HW, Hayar A, Linster C, Ennis M. Noradrenergic regulation of GABAergic inhibition of main olfactory bulb mitral cells varies as a function of concentration and receptor subtype. J Neurophysiol. 2009; 101(5):2472–2484
[22] DeGiorgio CM, Amar AP, Apuzzo MLJ. Vagus nerve stimulation: surgical anatomy, technique and operative complications. In: Schacter S, Schmidt D, eds. Vagal Nerve Stimulation. London: Dunitz; 2001:31–50
[23] Amar AP, Levy ML, Appuzzo MLJ. Vagus nerve stimulation for intractable epilepsy. In: Winn HR, ed. Youmans Neurological Surgery. 5th ed. Philadelphia, PA: WB Saunders; 2001:2643–2653
[24] Fisher RS, Afra P, Macken M, et al. Automatic vagus nerve stimulation triggered by ictal tachycardia: clinical outcomes and device performance–the U. S. E-37 trial. Neuromodulation. 2016; 19(2):188–195
[25] Smyth MD, Tubbs RS, Bebin EM, Grabb PA, Blount JP. Complications of chronic vagus nerve stimulation for epilepsy in children. J Neurosurg. 2003; 99(3):500–503
[26] Shaw GY, Sechtem P, Searl J, Dowdy ES. Predictors of laryngeal complications in patients implanted with the Cyberonics vagal nerve stimulator. Ann Otol Rhinol Laryngol. 2006; 115(4):260–267
[27] Tatum WO, IV, Moore DB, Stecker MM, et al. Ventricular asystole during vagus nerve stimulation for epilepsy in humans. Neurology. 1999; 52 (6):1267–1269
[28] Ali II, Pirzada NA, Kanjwal Y, et al. Complete heart block with ventricular asystole during left vagus nerve stimulation for epilepsy. Epilepsy Behav. 2004; 5(5):768–771
[29] Hsieh T, Chen M, McAfee A, Kifle Y. Sleep-related breathing disorder in children with vagal nerve stimulators. Pediatr Neurol. 2008; 38(2):99–103
[30] Révész D, Rydenhag B, Ben-Menachem E. Complications and safety of vagus nerve stimulation: 25 years of experience at a single center. J Neurosurg Pediatr. 2016; 18(1):97–104

16 Implante de DBS com Halo Estereotáxico do Vim para Tremor Essencial e Outros Tremores de Fluxo de Saída Cerebelar

Matthew K. Mian ▪ *Athar N. Malik* ▪ *Emad N. Eskandar*

Resumo

Tremor é um distúrbio de movimento comum que, em casos severos, pode ser funcionalmente incapacitante. Estimulação cerebral profunda (DBS) emergiu nas últimas décadas como o tratamento neurocirúrgico de eleição para pacientes cujo tratamento medicamentoso fracassou. O núcleo intermediário ventral (Vim) do tálamo foi estabelecido como um alvo cirúrgico eficaz para a supressão de tremor associado a uma variedade de distúrbios, mas comumente o tremor essencial. Pacientes com tremor das extremidades superiores distais são mais propensos a se beneficiar da cirurgia. Realizamos DBS talâmica com o paciente desperto e em um halo estereotáxico. O direcionamento pré-operatório do Vim é corroborado com registros com microeletrodos, os quais identificam as *células do tremor* características no Vim, que se rompem em sincronia com o tremor do paciente. A macroestimulação confirma o bloqueio do tremor e rastreia para efeitos colaterais indesejados, particularmente parestesia e disartria. Muitos pacientes são capazes de receber alta hospitalar no dia seguinte à colocação do eletrodo, retornando para implante de um dispositivo gerador de pulsos, o qual pode ser realizado em regime ambulatorial. Efeitos adversos associados à estimulação são comuns, mas tendem a ser transitórios e sensíveis à reprogramação do dispositivo. Complicações cirúrgicas podem incluir infecção, hemorragia intracerebral e falha ou mau funcionamento do dispositivo, embora estas sejam raras. Mais de 80% dos pacientes com tremor desfrutam de uma supressão prolongada relevante dos tremores. Ao contrário da talamotomia, a DBS também pode ser realizada bilateralmente, e está associada a melhoras no estado funcional.

Palavras-chave: estimulação cerebral profunda, tremor, Vim, tálamo, estereotáxica.

16.1 Introdução

Tremor é um distúrbio do movimento comum, caracterizado por movimentos involuntários e rítmicos em uma ou mais articulações. Pode ocorrer em repouso (*tremor de repouso*) ou durante a contração muscular voluntária (*tremor de ação*). Tremor de ação pode ser classificado como *postural* (ocorrendo quando uma posição contra a gravidade é mantida) ou *cinético* (ocorrendo durante o movimento). Embora a etiologia e sintomatologia do tremor varie amplamente entre os pacientes, em suas formas mais severas, o tremor pode ser funcionalmente incapacitante.

Observações que ligam o tálamo motor ventrolateral ao tremor levaram ao desenvolvimento da talamotomia em meados do século 20 como um tratamento neurocirúrgico para pacientes com sintomas refratários severos. Com o tempo, o núcleo intermediário ventral (Vim) foi estabelecido como o alvo cirúrgico mais eficaz.

O Vim é um núcleo de transmissão talâmica, que recebe estímulos do cerebelo contralateral através do pedúnculo cerebelar superior; ele, por sua vez, projeta os córtices motor e pré-motor (▶ Fig. 16.1). Estudos eletrofisiológicos identificaram neurônios no Vim que se rompem em sincronia com os tremores patológicos,[1] corroborando o papel do Vim nos circuitos postulados de tremor.

Relatos de bloqueio do tremor por estimulação de alta frequência durante o mapeamento para talamotomia[2,3] motivaram ensaios de estimulação talâmica crônica.[4] Nas últimas duas décadas, a estimulação cerebral profunda (DBS) substituiu a talamotomia na forma de terapia neurocirúrgica de eleição para tremor não parkinsoniano. A DBS mostrou ser tão eficaz quanto a talamotomia na supressão do tremor; está associada a um me-

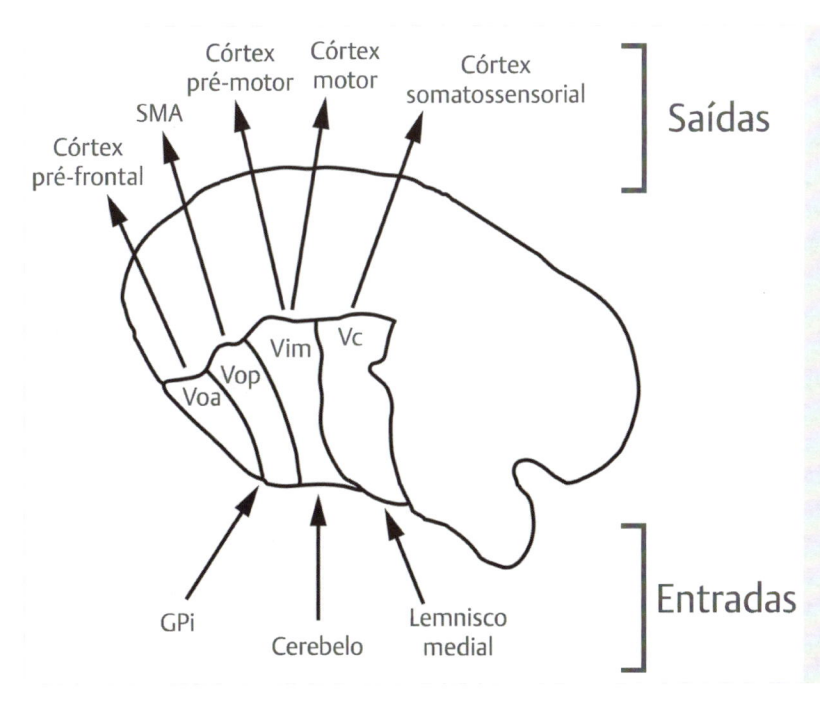

Fig. 16.1 Conexões funcionais do tálamo ventrolateral. Núcleos talâmicos são identificados por meio da nomenclatura de Hassler,[17] junto com as principais entradas e saídas, com as vias fibrosas representadas na forma de setas. GPi = globo pálido interno; SMA = área motora suplementar; Vc = ventral caudal; Vim = intermediário ventral; Voa = ventral oral anterior; Vop = ventral oral posterior.

nor número de eventos adversos, é reversível e ajustável, e pode ser realizada bilateralmente.[5-7]

O tremor essencial (ET) é a indicação mais comum para DBS talâmica, embora esta tenha sido usada para uma variedade de tremores de fluxo de saída cerebelar. Em 1997, a DBS talâmica foi aprovada pela U.S. Food and Drug Administration para o tratamento do ET.

16.2 Seleção do Paciente

Os candidatos são avaliados por um neurologista especialista em distúrbios do movimento. Encaminhamento neurocirúrgico é considerado para aqueles pacientes com sintomas incapacitantes apesar de tentativas medicamentosas adequadas. Sintomas de tremor são quantificados com uma das várias escalas clínicas (p. ex., a escala para avaliação de tremor de Fahn-Tolosa-Marin), embora nós não utilizemos uma pontuação de "corte" em nossa avaliação pré-operatória. Tentativas medicamentosas para pacientes com ET devem, no mínimo, incluir propranolol e primidona em doses apropriadas.

Alguns centros realizam estimulação talâmica em pacientes com doença de Parkinson (PD), em quem o tremor é o sintoma mais incapacitante.[8] Em nossa prática, implantamos até mesmo pacientes com PD com tremor dominante em outros alvos – globo pálido interno ou núcleo subtalâmico – reconhecendo que (1) os efeitos da estimulação talâmica nos outros sintomas cardinais da PD podem ser imprevisíveis, e (2) a PD é uma doença progressiva e degenerativa, e pode-se prever que os sintomas que não sejam de tremor (p. ex., rigidez, bradicinesia) evoluam para a forma dominante da incapacidade. Em nosso centro, a DBS do Vim é realizada quase exclusivamente para ET.

Não usamos a idade avançada ou condições médicas comórbidas como critérios desqualificadores absolutos para cirurgia, mas os candidatos devem ser capazes de tolerar despertos um procedimento de várias horas de duração, bem como o anestésico geral necessário para o implante do gerador de pulsos. Disartria ou ataxia da marcha pré-existente é uma contraindicação relativa à DBS talâmica, visto que estes são efeitos colaterais comuns da estimulação talâmica e poderiam ser agravados.

Uma conversa clara e abrangente dos objetivos e expectativas com o paciente no pré-operatório é mandatória. Esta conversa deve focar no contexto ou dimensão dos sintomas de tremor que um paciente considera mais incapacitante, bem como uma estimativa se a cirurgia resultaria em um benefício significativo. Pacientes com tremor das extremidades superiores distais, prejudicando a escrita à mão ou outras atividades de destreza, têm uma boa chance de melhora funcional, enquanto aqueles com tremor vocal, da cabeça e do membro mais proximal, ou aqueles com ansiedades sociais relacionadas com o tremor, são menos prováveis de ficarem satisfeitos.

16.3 Preparação Pré-Operatória

Realizamos uma imagem por ressonância magnética (MRI) volumétrica de alta resolução, com e sem gadolínio. Se um paciente for incapaz de realizar uma MRI, realizamos uma tomografia computadorizada (CT) de corte fino pré-operatória, visto que os detalhes anatômicos da CT intraoperatória são geralmente ocultados pelo halo estereotáxico.

Ao contrário dos pacientes com PD, nós não suspendemos os medicamentos antitremor na noite anterior à cirurgia, pois os sintomas dos pacientes tendem a ser severos mesmo após a administração dos medicamentos (portanto, a indicação para cirurgia).

16.4 Procedimento Cirúrgico

Um halo estereotáxico (CRW System, Integra LifeSciences, Plainsboro, NJ) é fixado no crânio, usando uma solução de 1% lidocaína com epinefrina 1:200.000 nos sítios dos pinos. Uma CT de corte fino é realizada com o halo devidamente posicionado, e o paciente é colocado em uma posição reclinada, com a base do halo fixada na mesa de cirurgia com o uso de um adaptador Mayfield. Cuidado é tomado para assegurar que o pescoço do paciente fique em uma posição neutra, a qual será tolerada por várias horas.

A MRI pré-operatória do paciente e a CT intraoperatória são unidas (iStereotaxy, BrainLab, Munique, Alemanha), e as comissuras anterior e posterior (AC e PC) são identificadas. Para o alvo cirúrgico, selecionamos um ponto 5 mm posterior ao ponto médio da linha Ac-PC, 15 mm lateral à linha média, e 0 a 1 mm acima do plano intercomissural. Ligeiras modificações podem ser necessárias, dependendo das particularidades da anatomia do paciente ou da localização de seus sintomas de tremor (ou seja, extremidade superior *versus* cabeça ou extremidade inferior). Para a trajetória do eletrodo, selecionamos um caminho através da coroa de um giro, aproximadamente 3 cm de distância da linha média, no nível da sutura coronal.

Antibióticos profiláticos são administrados nos pacientes, geralmente vancomicina e ceftriaxona. Solicitamos que a equipe de anestesia suspenda a administração de benzodiazepínicos e outros sedativos que poderiam mascarar os sintomas de tremor, ou interferir com a capacidade do paciente de fornecer *feedback* ou de participar no teste motor. Com a aplicação abundante de anestésico local, e pequenos *bolus* ocasionais de fentanil, a maioria dos pacientes tolera o procedimento sem desconforto significativo.

O cabelo é tricotomizado, e a sutura coronal é palpada e marcada. A área é lavada com clorexidina e coberta com panos de campo, e uma quantidade generosa de lidocaína com epinefrina é instilada no couro cabeludo. Para procedimentos bilaterais, uma incisão transversa é realizada no nível da sutura coronal em ambos os lados, a uma distância suficiente para acomodar os sítios de entrada cortical selecionados. Para procedimentos unilaterais, podemos usar uma incisão parassagital de aproximadamente 3 cm.

Para procedimentos bilaterais, começamos com o hemisfério contralateral aos sintomas mais incapacitantes do paciente (geralmente correspondendo à mão dominante). Um orifício de trepanação é feito com uma broca perfurante; a dura e, em seguida, a pia são cauterizadas e incisadas. O arco do halo estereotáxico é girado para a posição correta, e os tubos-guia de microeletrodos são abaixados até o córtex. Nós utilizamos três microeletrodos (Neuroprobe, Alpha Omega, Nazaré, Israel) em um arranjo parassagital. O orifício de trepanação é preenchido com selante de fibrina para limitar a pulsação cortical e a flacidez cerebral.

16.4.1 Registros de Microeletrodos

Mapeamento intraoperatório do alvo talâmico é essencial. Nossa abordagem é usar registros de microeletrodos (MERs), seguidos por macroestimulação. Estas técnicas são complementares; os registros identificam a fisiologia talâmica característica, incluindo assinaturas do tremor, enquanto a macroestimulação confirma o bloqueio do tremor na ausência de efeitos colaterais indesejáveis. Nosso objetivo é colocar o eletrodo de estimulação permanente próximo da borda inferior do Vim, e aproximadamente 3 mm anterior à região somatotópica apropriada do tálamo sensorial, medial ao ramo posterior da cápsula interna (▶ Fig. 16.2).

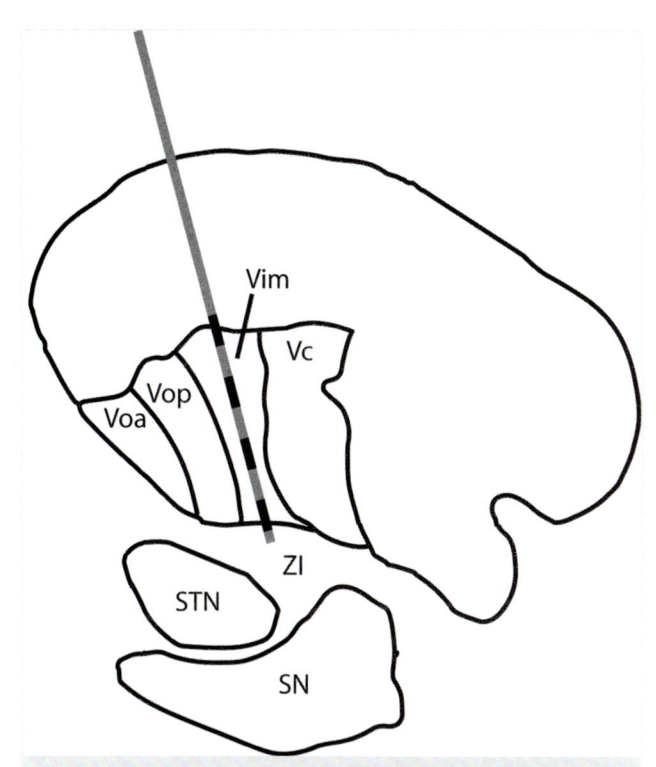

Fig. 16.2 Corte sagital através do tálamo ventrolateral mostrando a posição final de um eletrodo de estimulação. A ponta se situa próxima à borda inferior do Vim, ~3 mm anterior à sua borda com o Vc. Este corte está a uma distância de 14,5 mm da linha média. SN = substância negra; STN = núcleo subtalâmico; Vc = ventral caudal; Vim = intermediário ventral; Voa = ventral oral anterior; Vop = ventral oral posterior; ZI = zona incerta. (Modificado do Atlas de Schaltenbrand.[17])

Os microeletrodos são avançados em direção ao alvo com o uso de um microimpulso, e os potenciais medidos são amplificados e filtrados através de um sistema de registro comercial (Neuro Omega, Alpha Omega, Nazaré, Israel). Durante os registros, apagamos as luzes da sala e desconectamos da tomada as bombas de infusão, a fim de minimizar interferências elétricas.

Uma trajetória típica do microeletrodo é a passagem posterior e ventralmente através da substância branca, caudado, tálamo não motor e, finalmente, tálamo motor ventrolateral (▶ Fig. 16.2). Os núcleos talâmicos nesta região têm assinaturas eletrofisiológicas que permitem sua diferenciação intraoperatória. Estas características e os tipos celulares, todavia, não são exclusivos aos núcleos individuais. É o padrão e a preponderância dos dados coletados ao longo de diversos MERs, associados às respostas durante a macroestimulação, que guia a colocação do eletrodo permanente.

No tálamo motor ventrolateral, as trajetórias do MER geralmente percorrem um canto do núcleo ventral oral posterior (Vop). Embora os neurônios no Vop e no Vim tendem a ter taxas similares de atividade basal (10-20 Hz), o Vop tem uma maior densidade de neurônios respondendo antecipadamente ou no início dos movimentos voluntários contralaterais, e estes são chamados de *células voluntárias* (70% no Vop versus 49% no Vim).[9]

Em uma região posterior no próprio Vim, os registros tendem a ser ruidosos. As respostas de alguns neurônios podem ser sintonizadas aos estímulos proprioceptivos contralaterais, como movimentos passivos dos membros e a compressão dos ventres musculares ou tendões. Estas são chamadas de *células cinestésicas*, e também podem modular seus disparos com os movimentos voluntários. Também encontradas no Vim são as características *células do tremor*, as quais se rompem em um tempo similar ao tremor do paciente, embora estas também possam ser encontradas no Vop.[1]

Posterior ao Vim se encontra o tálamo sensorial (caudal ventral, Vc), preenchido por *células táteis*, as quais são ativadas com um toque leve. Abaixo do tálamo está a zona incerta, identificada como uma zona quieta, com uma escassez de atividade espontânea.

16.4.2 Macroestimulação

Após os registros, removemos os microeletrodos e inserimos o eletrodo de estimulação permanente ao longo do trajeto do microelétrodo que mais bem reproduz a trajetória desejada. Nós utilizamos um eletrodo permanente com quatro contatos de platina iridiada, cada um com 1,5 mm de largura, e espaçados por 1,5 mm (Modelo #3387, Medtronic, Inc., Minneapolis, MN).

A estimulação intraoperatória ocorre sequencialmente com o uso de pares de contato adjacentes que recuam da ponta do eletrodo. Utilizamos um neuroestimulador externo comercial (N'Vision Programmer, Medtronic, Inc., Minneapolis, MN). Parâmetros de estimulação tipicamente combinam com aqueles usados para supressão do tremor de longo prazo: largura do pulso de 60 a 90 μs, frequência de 130 a 180 Hz. Com um eletrodo adequadamente colocado, o bloqueio do tremor pode ser alcançado em 0,5 a 2 volts. Limiares de supressão iguais ou superiores a 4 volts sugerem que um reposicionamento do eletrodo pode ser necessário.

Nos ensaios de macroestimulação, pedimos ao paciente para realizar uma tarefa que enfatize os aspectos incapacitantes de seu tremor. A seleção da tarefa depende dos sintomas específicos do paciente; as tarefas comuns para tremor da extremidade superior distal incluem escrever à mão, desenhar uma espiral ou segurar os braços estendidos. Durante este processo, observamos o paciente com atenção para a presença de disartria, parestesia e outros efeitos colaterais.

O Vim está delimitado por núcleos talâmicos adjacentes (Vop e Vc, entre outros), tratos adjacentes da substância branca (p. ex., ramo da cápsula interna, pedúnculo cerebelar superior) e zona incerta. Assim, um posicionamento errôneo do eletrodo gera efeitos colaterais induzidos pela estimulação previsíveis. O padrão desses efeitos colaterais pode ajudar a determinar a direção do posicionamento errôneo e, consequentemente, a revisão necessária (▶ Fig. 16.3 e ▶ Fig. 16.4, ▶ Tabela 16.1). Deve-se observar, todavia, que parestesias transitórias são comumente evocadas com o posicionamento preciso do eletrodo no Vim – e não devem, por si só, validar o reposicionamento.

16.4.3 Colocação do Gerador de Pulsos

Após o implante dos eletrodos permanentes, colocamos as pontas distais abaixo da gálea, vários centímetros posteriormente à incisão, direcionadas para o lado direito do couro cabeludo, acima e atrás da orelha. Proximalmente, os eletrodos são fixados firmemente ao crânio com o uso de placas de titânio com dois orifícios, e o orifício de trepanação é preenchido com cimento ósseo. A ferida é lavada com antibióticos, e a incisão fechada com suturas galeais e, então, uma sutura contínua com fio absorvível.

Em nossa prática, estagiamos a colocação do gerador de pulsos como um segundo procedimento ambulatorial. O paciente recebe anestesia geral e é colocado na posição supina, com a cabeça virada para o lado do implante (geralmente para a direita), similar a uma derivação ventrículo-peritoneal. Um cobertor dobrado é colocado abaixo do tórax. O couro cabeludo é raspado, e o cou-

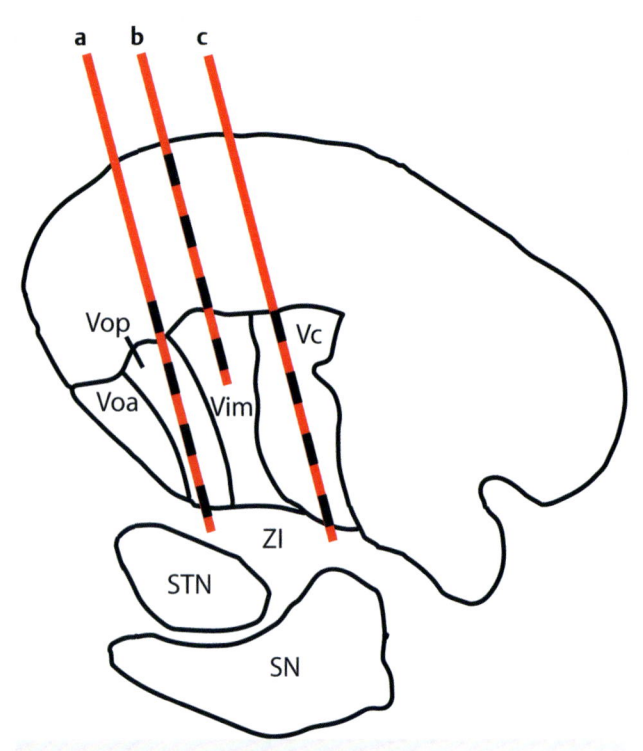

Fig. 16.3 Corte sagital através do tálamo mostrando o posicionamento errôneo do eletrodo **(a)** anteriormente, **(b)** superiormente e **(c)** posteriormente. Quando o eletrodo é centralizado em uma estrutura fora do Vim, a estimulação pode resultar em efeitos colaterais (▶ Tabela 16.1). SN = substância negra; STN = núcleo subtalâmico; Vc = ventral caudal; Vim = intermediário ventral; Voa = ventral oral anterior; Vop = ventral oral posterior; ZI = zona incerta.

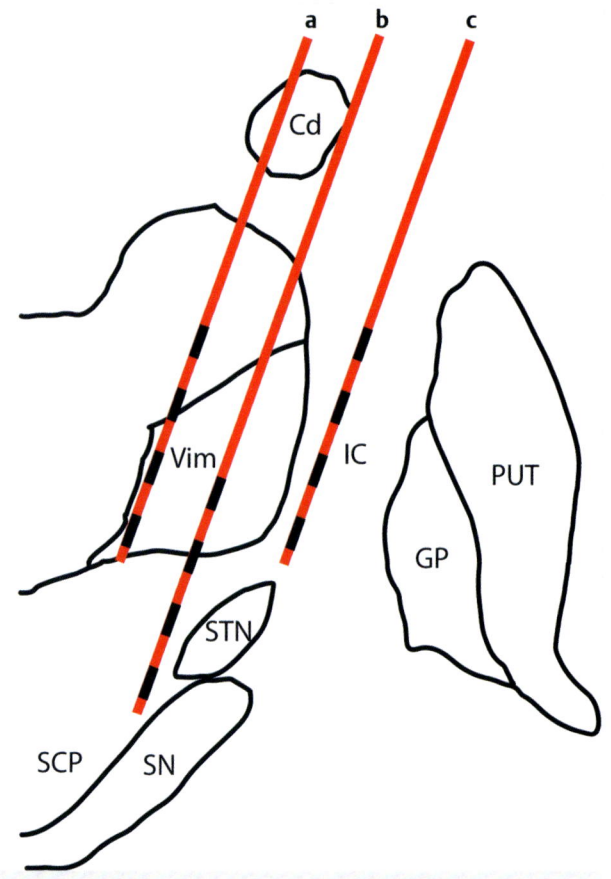

Fig. 16.4 Corte coronal através do Vim mostrando o posicionamento errôneo do eletrodo **(a)** medialmente, **(b)** inferiormente e **(c)** lateralmente. Os efeitos colaterais da estimulação podem indicar a direção do posicionamento errôneo do eletrodo (▶ Tabela 16.1). Cd = caudado; GP = globo pálido; IC = cápsula interna; PUT = putâmem; SCP = pedúnculo cerebelar superior; SN = substância negra; STN = núcleo subtalâmico; Vim = intermediário ventral.

ro cabeludo, pescoço e tórax são limpos e cobertos de maneira estéril. Uma única dose de antibiótico profilático – geralmente vancomicina e ceftriaxona – é administrada. No pós-operatório, os pacientes são enviados para casa com vários dias de profilaxia oral contra a flora cutânea, geralmente dicloxacilina.

Uma incisão vertical de 6 a 8 cm é aberta, começando a dois dedos de largura abaixo da clavícula, próximo do terço lateral do peitoral maior. Uma bolsa é criada acima da fáscia peitoral.

As extremidades distais dos eletrodos de estimulação são palpadas, e uma incisão de 2 a 3 cm é realizada no couro cabeludo. As pontas do eletrodo são expostas, e uma tuneladora é usada para passar uma derivação de conexão subcutaneamente até a bolsa infraclavicular. A derivação de conexão é fixada na ponta distal do eletrodo de estimulação em uma extremidade e ao gerador de pulsos na outra. O gerador é fixado na bolsa infraclavicular, contra a fáscia peitoral, com um fio de sutura de seda. As feridas são irrigadas com solução antibiótica e, então, fechadas em camadas.

16.5 Manejo Pós-Operatório Incluindo Possíveis Complicações

Após o implante do eletrodo, o paciente é monitorado por várias horas em uma sala de recuperação. Todos os pacientes são submetidos a uma CT pós-operatória (▶ Fig. 16.5). A estadia hospitalar é geralmente de uma noite, e os pacientes recebem 24 horas de profilaxia antibiótica.

Tabela 16.1 Efeitos Colaterais Induzidos pela Estimulação

Direção (relativa ao Vim)	Estrutura	Possíveis efeitos colaterais
Anterior	Vop	Supressão do tremor de alta voltagem
Posterior	Vc Lemnisco medial (inferiormente)	Parestesia Parestesia
Superior (dorsal)	Núcleos dorsolaterais	Supressão do tremor de alta voltagem
Inferior (ventral)	Zona incerta *Brachium conjunctivum*	(Pode não haver nenhum) Ataxia
Medial	Região medial do Vim	Disartria, disfagia
Lateral	Ramo posterior da cápsula interna	Retração facial, movimentos distônicos, disartria

Abreviações: Vc = causal ventral; Vim = ventral intermediário; Vop = ventral oral posterior.

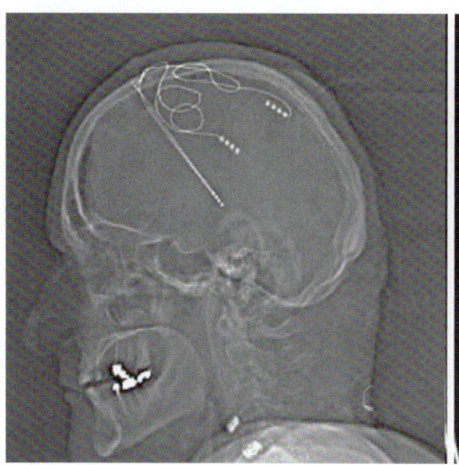

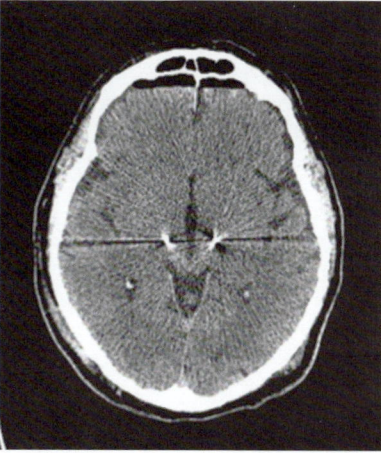

Fig. 16.5 Radiografia (esquerda) e CT axial (direita) do crânio demonstrando as posições finais dos eletrodos estimuladores do Vim.

Mantemos o paciente em seu regime medicamentoso antitremor pré-existente, o qual, algumas vezes, é posteriormente reduzido.

A programação do dispositivo é realizada junto com um neurologista especialista em distúrbios do movimento. Os pacientes podem necessitar de ajustes frequentes nas primeiras semanas após a cirurgia, à medida que se acostumam com o dispositivo. Seleção do par de contato e parâmetros de estimulação são ajustados individualmente com base na posição da derivação do paciente, sintomas e perfil de efeitos colaterais. Os parâmetros de estimulação típicos incluem uma largura de pulso de 60 a 90 μs, uma frequência de 130 a 180 Hz e uma voltagem de 1 a 2 volts. Os pacientes são encorajados a desligar o dispositivo de noite antes de dormir para preservar a bateria; isto é realizado com um ímã de programação portátil.

A taxa de complicações graves da DBS talâmica é favorável quando comparada com a talamotomia, particularmente para procedimentos bilaterais. Efeitos colaterais associados à estimulação – parestesia, ataxia, disartria, desequilíbrio e distonia, entre outros – são comuns, mas geralmente transitórios e/ou sensíveis à reprogramação do dispositivo. Complicações associadas ao procedimento são aquelas comuns a todos os alvos da DBS: hemorragia intracerebral (sintomática < 2%), infecção (2-5%) e mau funcionamento, migração ou falha mecânica do implante (< 2%).[10-12]

Infecção do sítio cirúrgico profundo, no sítio craniano ou no sítio do gerado de pulsos, exige uma lavagem e explantação do dispositivo. Dados publicados sugerem que os componentes do sistema, localizados distal ao sítio de infecção, podem ocasionalmente ser salvos; em uma série, a remoção somente do componente infectado foi bem-sucedida em 9 de 14 casos.[11]

Estimulação talâmica resulta em uma supressão do tremor excelente e duradoura. A maioria das séries mostra que 70 a 90% dos pacientes desfrutam de um alívio significativo do tremor, com reduções da pontuação do tremor persistindo por anos.[5,10,13-15] Ao contrário da talamotomia, os pacientes de DBS também relatam melhoras no estado funcional.[7,15,16]

16.6 Conclusão

A DBS do Vim é uma terapia eficaz para pacientes com tremor incapacitante e resistente a medicamentos. Devido à sua eficácia, ajustabilidade e perfil de segurança favorável, a DBS tem substituído a talamotomia como o tratamento neurocirúrgico de eleição para tremores. Nós realizamos da DBS talâmica quase exclusivamente para ET, embora o procedimento seja útil para suprimir uma variedade de tipos de tremor, incluindo tremor da PD. Mapeamento intraoperatório do tálamo é essencial; nós utilizamos uma combinação de MERs para identificar a fisiologia do tremor, e macroestimulação para confirmar o bloqueio do tremor e para rastrear a presença de efeitos colaterais. As séries de grande porte indicam que aproximadamente 80% dos pacientes desfrutam de um alívio do tremor de longo prazo.

Referências

[1] Lenz FA, Tasker RR, Kwan HC, et al. Single unit analysis of the human ventral thalamic nuclear group: correlation of thalamic "tremor cells" with the 3–6 Hz component of parkinsonian tremor. J Neurosci. 1988; 8(3):754–764

[2] Hassler R, Riechert T, Mundinger F, Umbach W, Ganglberger JA. Physiological observations in stereotaxic operations in extrapyramidal motor disturbances. Brain. 1960; 83:337–350

[3] Ohye C, Kubota K, Hongo T, Nagao T, Narabayashi H. Ventrolateral and subventrolateral thalamic stimulation. Motor effects. Arch Neurol. 1964; 11:427–434

[4] Benabid A-L, Pollak P, Gervason C, et al. Long-term suppression of tremor by chronic stimulation of the ventral intermediate thalamic nucleus. Lancet. 1991; 337(8738):403–406

[5] Schuurman PR, Bosch DA, Bossuyt PMM, et al. A comparison of continuous thalamic stimulation and thalamotomy for suppression of severe tremor. N Engl J Med. 2000; 342(7):461–468

[6] Pahwa R, Lyons KE, Wilkinson SB, et al. Comparison of thalamotomy to deep brain stimulation of the thalamus in essential tremor. Mov Disord. 2001; 16(1):140–143

[7] Schuurman PR, Bosch DA, Merkus MP, Speelman JD. Long-term follow-up of thalamic stimulation versus thalamotomy for tremor suppression. Mov Disord. 2008; 23(8):1146–1153

[8] Hariz MI, Krack P, Alesch F, et al. Multicentre European study of thalamic stimulation for parkinsonian tremor: a 6 year follow-up. J Neurol Neurosurg Psychiatry. 2008; 79(6):694–699

[9] Lenz FA, Kwan HC, Dostrovsky JO, Tasker RR, Murphy JT, Lenz YE. Single unit analysis of the human ventral thalamic nuclear group. Activity correlated with movement. Brain. 1990; 113(Pt 6):1795–1821

[10] Limousin P, Speelman JD, Gielen F, Janssens M. Multicentre European study of thalamic stimulation in parkinsonian and essential tremor. J Neurol Neurosurg Psychiatry. 1999; 66(3):289–296

[11] Sillay KA, Larson PS, Starr PA. Deep brain stimulator hardware-related infections: incidence and management in a large series. Neurosurgery. 2008; 62(2):360–366, discussion 366–367

[12] Fenoy AJ, Simpson RK, Jr. Risks of common complications in deep brain stimulation surgery: management and avoidance. J Neurosurg. 2014; 120(1):132–139

[13] Rehncrona S, Johnels B, Widner H, Törnqvist A-L, Hariz M, Sydow O. Longterm efficacy of thalamic deep brain stimulation for tremor: double-blind assessments. Mov Disord. 2003; 18(2):163–170

[14] Zhang K, Bhatia S, Oh MY, Cohen D, Angle C, Whiting D. Long-term results of thalamic deep brain stimulation for essential tremor. J Neurosurg. 2010; 112 (6):1271–1276

[15] Baizabal-Carvallo JF, Kagnoff MN, Jimenez-Shahed J, Fekete R, Jankovic J. The safety and efficacy of thalamic deep brain stimulation in essential tremor: 10 years and beyond. J Neurol Neurosurg Psychiatry. 2014; 85(5):567–572

[16] Koller W, Pahwa R, Busenbark K, et al. High-frequency unilateral thalamic stimulation in the treatment of essential and parkinsonian tremor. Ann Neurol. 1997; 42(3):292–299

[17] Hassler R. Anatomy of the thalamus. In Schaltenbrand G, Bailey P, eds. Introduction to Stereotaxis with an Atlas of Human Brain. Stuttgart: Thieme; 1959:230–290

17 Estimulação Crônica do Núcleo Subtalâmico na Doença de Parkinson

Jonathan J. Rasouli ▪ *Brian Harris Kopell*

Resumo

Doença de Parkinson crônica é caracterizada pela perda progressiva de células dopaminérgicas na substância negra. Embora os medicamentos dopaminérgicos e anticolinérgicos funcionem bem para controlar os sintomas parkinsonianos no início do curso da doença, a cirurgia de estimulação cerebral profunda é indicada para pacientes que continuam a apresentar tremor refratário, flutuações medicamentosas randômicas ou discinesia induzida pela levodopa. Estimulação cerebral profunda crônica do núcleo subtalâmico demonstrou eficácia no alívio de sintomas motores da doença de Parkinson e na redução da necessidade medicamentosa. Neste capítulo, descrevemos a técnica cirúrgica do autor sênior (B. H. K) da cirurgia de estimulação cerebral profunda do núcleo subtalâmico, os exames pré-operatórios e os cuidados pós-operatórios, e discutimos recentes diretrizes de manejo cirúrgico baseadas em evidências. A anatomia e o circuito funcional da rede dos gânglios basais são descritos em detalhes. Pontos técnicos fundamentais relacionados com a colocação apropriada de uma armação estereotáxica são examinados. Dicas sobre a avaliação da precisão da colocação intraoperatória do eletrodo, utilizando tomografia computadorizada intraoperatória, são revisadas. Localização do alvo anatômico com o mapeamento de suscetibilidade quantitativa por ressonância magnética é descrita. Informações básicas sobre os registros intraoperatórios dos microeletrodos e da programação da estimulação cerebral profunda também são discutidas. Prevenção e manejo de complicações intraoperatórias e pós-operatórias são revisadas e discutidas em detalhes.

Palavras-chave: doença de Parkinson, estimulação cerebral profunda, núcleo subtalâmico, estereotaxia.

17.1 Introdução

Doença de Parkinson (PD) é um distúrbio neurológico progressivo associado à morte de células dopaminérgicas na substância negra *pars* compacta (SNc).[1-5] Apesar dos avanços na compreensão da fisiologia da PD e melhoras no manejo farmacológico, um número substancial destes pacientes é considerado refratário ao manejo médico.[1-3] Atualmente, o tratamento cirúrgico considerado padrão ouro para estes pacientes é a estimulação cerebral profunda (DBS); mais de 100.000 sistemas foram implantados mundialmente.[1-5]

O núcleo subtalâmico (STN) é o alvo mais comum para o implante de DBS, pois trata de forma eficaz todo o espectro dos sintomas motores da PD avançada, ou seja, tremor, rigidez, bradicinesia, flutuações motoras e discinesia induzida por fármacos. Além disso, a DBS-STN oferece aos pacientes uma redução robusta na necessidade de medicação dopaminérgica pós-operatória, quando comparada com outros alvos da PD, como o globo pálido interno (GPi).[6]

O mecanismo de ação da DBS-STN é supostamente uma interrupção da atividade neuronal excessiva e anormalmente padronizada na saída dos gânglios basais.[7] As conexões do STN, no que diz respeito ao circuito motor córtico-gânglios basais-talamocortical são exibidas na ▶ Fig. 17.1. Sinais neurais que atravessam os gânglios basais são organizados através de uma via direta e uma via indireta. Com relação à informação motora, o putâmem serve como a estrutura de entrada primária, recebendo informação do córtex cerebral. Informação da via direta passa monossinapticamente pelas estruturas de saída primária dos gânglios basais: GPi e substância negra *pars reticulata* (SNr). Informação da via indireta passa multissinapticamente através do globo pálido externo (GPe) e SNT antes de terminar no GPi/SNr. Nestas duas vias, apenas o STN é excitatório e glutamatérgico; todas as outras estruturas são inibitórias e GABAérgicas.

Outras relações anatômicas envolvendo o STN foram elucidadas, e caracterizam o papel central que pode exercer na modulação do comportamento motor. O STN tem uma conexão direta com a SNc e com as projeções recíprocas ao GPe e ao núcleo centromediano do tálamo (CM/Pf). Além disso, projeções corticais diretas, provenientes do córtex motor primário, área motora suplementar e área pré-motora ao STN, foram descritas (a "via hiperdireta") e podem ser importantes na transmissão de estímulos sensoriais para os gânglios basais e na sincronização da atividade oscilatória no córtex, STN e paleoestriado.[7]

O STN é um núcleo em forma de lente biconvexa com um arranjo denso de 560.000 neurônios densamente aglomerados em um volume de 240 mm^3.[7] Várias estruturas cercam o STN que possuem relevância particular quando se considera a implanta-

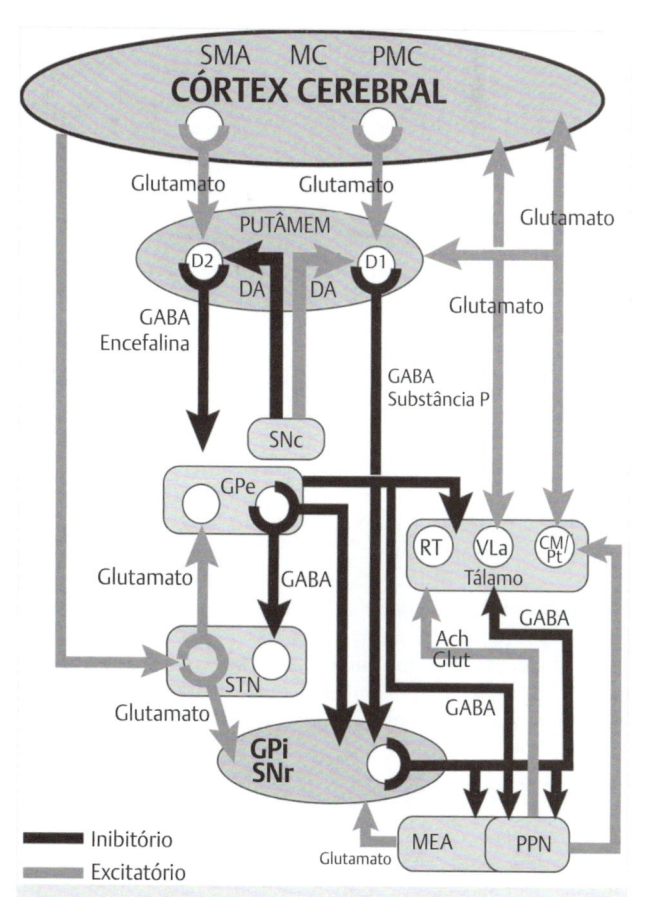

Fig. 17.1 Circuito motor córtico-gânglios basais-talamocortical. (Reproduzida com permissão de Kopell *et al.*[7])

ção de um eletrodo de DBS nesta área. Ao longo das bordas lateral e anterior do SNT está a cápsula interna, através da qual as fibras corticoespinais e corticobulbares passam. Fibras do terceiro nervo, hipotálamo posteromedial e porções dos campos de Forel situam-se anteromedialmente. O núcleo rubro (RN), fibras da substância branca com projeções cerebelotalâmicas, e a radiação pré-lemnisco com fibras provenientes do sistema ativador reticular mesencefálico situam-se posteromedialmente. Dorsal ao SNT estão a zona incerta (ZI) e o campo de Forel H2, que separa o SNT da borda ventral do tálamo motor. Ventral ao STN estão o pedúnculo cerebral e a substância negra. Um eletrodo de DBS inadequadamente posicionado pode inadvertidamente estimular as áreas previamente mencionadas e levar a efeitos adversos (descritos em mais detalhes mais adiante neste capítulo).

17.2 Seleção do Paciente

17.2.1 Triagem Neurológica

Candidatos cirúrgicos devem ser minuciosamente avaliados por um neurologista especialista em distúrbios do movimento antes que a cirurgia seja oferecida. É importante excluir pacientes com "Parkinson-Plus", tal como atrofia multissistêmica, paralisia supranuclear progressiva e degeneração estriatonigral, visto que estes pacientes não demonstraram beneficiar-se da cirurgia de DBS. Imagem por ressonância magnética (MRI) do cérebro é útil para descartar aqueles com atrofia global significativa, alterações isquêmicas crônicas severas e anormalidades estruturais sugestivas de parkinsonismo atípico.

Candidatos da DBS do ATN devem ser submetidos a um teste de desafio com levodopa como parte do processo de triagem. No mínimo, pontuações da Escala Unificada de Avaliação da Doença de Parkinson (UPDRS), parte III (motor), devem ser obtidas nos estados sem e com medicação. Pacientes considerados apropriados para cirurgia devem ter uma redução de pelo menos 30% as pontuações da UPDRS III em resposta à levodopa. Esta avaliação pré-cirúrgica padronizada é um componente do conhecido Programa de Avaliação Central para Intervenções Cirúrgicas e Terapias em PD (CAPSIT-PD). Os sintomas mais beneficiados da DBS-STN são bradicinesia apendicular, rigidez e tremor. Digno de nota, tremor é o único sintoma que foi demonstrado responder à DBS-STN, independente de seu grau de resposta à levodopa. No entanto, é geralmente aceito que a DBS-STN apenas pode melhorar o distúrbio de marcha de um paciente na mesma extensão que melhora com a levodopa. A DBS também pode melhorar complicações causadas pela terapia de reposição de dopamina, como discinesia, flutuações randômicas e distonia que ocorre com a levodopa. Destes sintomas, as melhoras nas flutuações randômicas tendem a ter o maior impacto positivo na qualidade de vida de um paciente.

Pacientes com sintomas assimétricos, ou aqueles com comorbidades médicas significativas que os colocam em alto risco cirúrgico para implante bilateral simultâneo de DBS, podem ser inicialmente tratados unilateralmente (ver "Triagem Médica"). Sintomas axiais, como instabilidade postural, congelamento quando medicado e hipofonia não respondem à DBS-STN.

17.2.2 Triagem Médica

Comorbidades médicas, como coronariopatia, diabetes e hipertensão, provavelmente aumentam o risco cirúrgico, mas não excluem a cirurgia se os pacientes estiverem estáveis e forem controlados adequadamente. Pacientes mais jovens tendem a ser melhores candidatos; entretanto, pacientes na sétima década de vida também podem beneficiar-se da cirurgia, com um risco aceitável. Pacientes que dependem de medicamentos antiplaquetários ou outros anticoagulantes, devem ser capazes de tolerar a completa interrupção destes medicamentos antes de serem submetidos ao implante.

17.2.3 Triagem Neuropsicológica

Pacientes com disfunção cognitiva grave ou demência no exame neuropsicológico devem ser excluídos da intervenção cirúrgica. Pacientes com comprometimento cognitivo leve ou síndrome disexecutiva frontal ainda são candidatos para a cirurgia, mas eles e seus familiares devem receber aconselhamento adicional sobre o potencial de um maior risco de confusão e comprometimento cognitivo pós-operatório.[1-5] Para pacientes com comprometimento cognitivo moderado, forte consideração deve ser dada ao risco *versus* benefícios da cirurgia antes de proceder. Condições psiquiátricas, como ansiedade, depressão e obsessão, devem ser identificadas e adequadamente tratadas no pré-operatório. O paciente e seus familiares são orientados com relação às expectativas cirúrgicas, enfatizando que a DBS-STN não é uma cura, mas sim uma maneira de controlar os sintomas. Sintomas que são improváveis de responder à DBS, como sintomas não motores e sintomas motores sob medicação, devem ser enfatizados.

17.3 Preparação Pré-Operatória

17.3.1 Implante do Eletrodo de Estimulação Cerebral Profunda

Nós usamos o registro de microeletrodos (MER) para realizar o implante da DBS-STN em pacientes com sedação consciente e em um estado sem medicação. Este estado acentua as características eletrofisiológicas identificadas com o MER e possibilita testar intraoperatoriamente o eletrodo para eficácia e possíveis efeitos adversos.

17.3.2 Colocação da Armação Estereotáxica

A armação da DBS (utilizamos a Leksell G, Elekta, Inc., Norcross, GA; outras estão disponíveis e são equivalentes, como a Integra CRW System, Plainsboro, NJ) é colocada na manhã da cirurgia com o paciente desperto e sentado em uma cadeira de rodas (▶ Fig. 17.2). O couro cabeludo é anestesiado com anestesia local em cada sítio dos pinos (mistura 1:1 de bupivacaína 0,25% e lidocaína 2%). Bloqueios dos nervos supraorbital, supratroclear e occipital também são realizados para intensificar o efeito do anestésico local utilizado para infiltrar os sítios dos pinos. O anel de base da armação deve ser posicionado o mais paralelo possível ao plano da comissura anterior-comissura posterior (AC-PC). O plano AC-PC pode ser estimado desenhando-se uma linha imaginária do meato acústico externo até o canto lateral do olho (plano de Frankfort). Além disso, é preciso cautela para evitar qualquer rotação, inclinação ou bocejo, pois isto minimizará os ajustes dos planos quando alterações das coordenadas são realizadas durante a cirurgia. Barras auriculares ou um assistente segurando o anel da base da armação pode ser usado para garantir um alinhamento apropriado. Sistemas alternativos sem halo para o implante de DBS são exibidos na ▶ Fig. 17.3.

Existem várias dificuldades durante a colocação do Leksell G e de outras armações, as quais podem ser evitadas com uma técnica apropriada e atenção aos detalhes. Em geral, as complicações causadas pela colocação da armação podem ser decorrentes dos

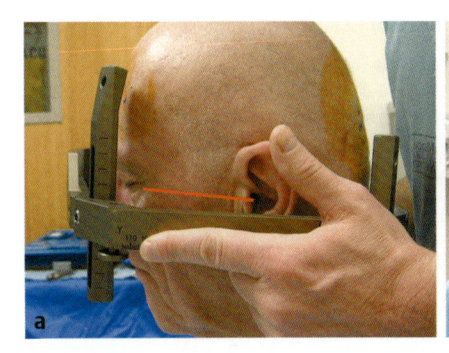

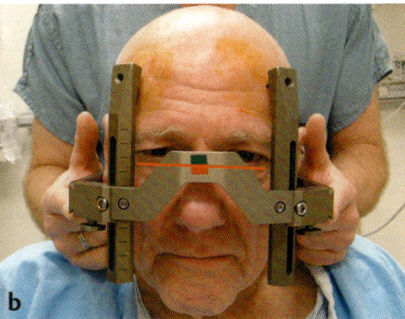

Fig. 17.2 Colocação da armadura. **(a)** Vista lateral. A linha cantomeatal é exibida em vermelho. **(b)** Vista frontal. O plano horizontal é exibido em vermelho.

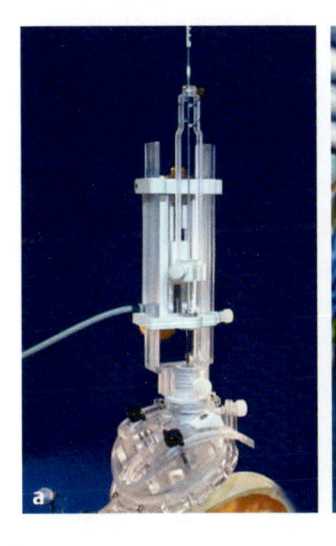

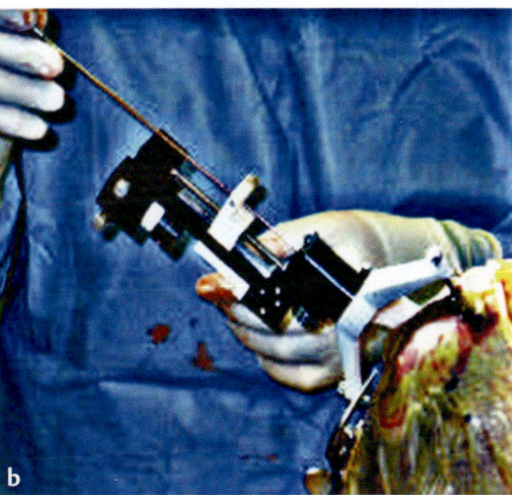

Fig. 17.3 Plataformas alternativas de fixação craniana para implante da DBS. **(a)** Dispositivo Medtronic Nexframe. (Reproduzido com permissão da Medtronic, Inc. © 2004 Image-guided Neurologics.) **(b)** Sistema Frederick Haer Starfix. (Imagem cortesia de FHC, Inc. Usada com permissão.)

pinos cranianos ou do anel da base. Os pinos cranianos vêm em diversos tamanhos e devem ser selecionados apropriadamente, a fim de fornecer um posicionamento seguro da armadura que seja confortável para o paciente. Em nossa prática, geralmente selecionamos um tamanho de 37,5 a 55 mm. Evitamos infecção do sítio do pino raspando a cabeça com cortadores elétricos de cabelos e realizando a antissepsia do couro cabeludo com solução de iodopovidona antes da inserção o pino. Os pinos frontais devem ser ajustados acima e próximos do processo frontozigomático. Os pinos que são colocados muito superiormente têm o potencial de sair do osso frontal durante o procedimento e, nesse caso, a cirurgia deve ser abortada.

Os pinos cranianos devem ser apertados à mão com uma chave até que posicionados diretamente na tábua externa do crânio. Cautela é necessária com os pacientes com seios frontais alargados ou crânios finos, a fim de prevenir rompimentos inadvertidos. Após os pinos terem sido apropriadamente apertados, testamos a integridade da armação por meio da movimentação gentil da armação em uma direção rostrocaudal, antes de levar o paciente para a tomografia computadorizada (CT). Dessa forma, se houver quaisquer problemas com a colocação do pino, estes podem ser abordados imediatamente antes do transporte. Quando o paciente estiver posicionado no *scanner* de CT, ajustes adicionais podem ser feitos utilizando-se as opções "*tilt*" (flexão/extensão) e "*twist*" (rotação esquerda-direita) da mesa de CT (A0401-19, Elekta).

Confirmamos um alinhamento apropriado da cabeça na mesa de CT por meio da obtenção de radiografias anteroposterior (AP) e lateral do crânio antes da CT. Isto garante um alinhamento ideal da cabeça para a fusão CT-MR. No raro evento de o paciente sofrer uma convulsão enquanto estiver com a armação, esta pode ser rapidamente desmontada com o uso da chave inglesa para remover a parte nasal. Quando a parte nasal é removida, a armação e os pinos cranianos podem ser removidos como um todo segurando as bordas laterais do anel de base e expandindo para fora o comprimento da armação. A armação pode acomodar níveis razoáveis de força expansível, a fim de removê-la rapidamente e com segurança.

17.3.3 Investigação por Imagens

A MRI é a modalidade imagiológica de escolha para o direcionamento e o planejamento estereotáxico. Um dia antes da cirurgia, obtemos três sequências de imagem: uma aquisição volumétrica ponderada em T1 do cérebro inteiro, e duas aquisições de mapeamento de suscetibilidade quantitativa (QSM), uma axial através da região do subtálamo, paralelo ao plano AC-PC, e outra coronal através da região do subtálamo, ortogonal ao plano AC-PC. As imagens ponderadas de MR são adquiridas em intervalos de 2 mm, sem intervalo entre os cortes e com *voxels* isotrópicos. Foi demonstrado que o QSM representa precisamente o STN e o GPi na MRI em 3 T.[8,9] Por experiência, ao usar o QSM para direcionamento da DBS em nossa instituição, constatamos que este é uma sequência de MR simples e precisa. Além disso, o QSM tem a capacidade de representar e caracterizar outros alvos subcorticais potenciais da DBS, como os feixes de fibras da ZI caudal. Digno de nota, outros autores descreveram o prévio uso bem-sucedido de T2∗, SPGR (aquisição de ecos de gradientes refocalizados em um estado de equilíbrio com dissipação de coerência) e HR 3-D SWAN (angiografia ponderada em T2∗ tridimensional de alta resolução) para o direcionamento do STN. Preferimos as imagens 3 T às 1,5 T, sempre que possível.

Na manhã da cirurgia, uma CT volumétrica de alta resolução é obtida (cortes de 1 mm sem intervalo entre os cortes e sem rotação de *gantry*) e computacionalmente unida à MRI em uma estação de planejamento estereotáxico. Uma vantagem da CT é a sua ausência das distorções das imagens inerentes à MRI e, portanto, possibilita que o espaço estereotáxico seja definido com um alto grau de precisão. Pacientes com PD com tremor dominante e ausência de discinesia podem ser escaneados na fase sem medicação para obter imagens com mínimos artefatos de movimento. Preferimos realizar a maioria das MRI intraoperatórias sob anestesia geral com intubação, sedação com propofol e bloqueio neuromuscular. Isso possibilita imagens de qualidade mais elevada, sem artefatos de movimento causados por tremor ou discinesia.

Localização Anatômica do Alvo

O STN pode ser localizado de duas maneiras: direcionamento indireto e direto. O direcionamento indireto refere-se ao método de localização das estruturas subcorticais em relação às posições dos pontos de referência anatômica periventriculares, a AC e a PC, respectivamente. Um atlas padronizado do cérebro é utilizado para definir as coordenadas x, y e z do STN com relação ao ponto médio de uma linha traçada entre as comissuras (ponto comissural médio, MCP) (▶ Fig. 17.4).

À medida que a qualidade das imagens de MR evoluiu, o método de direcionamento direto por visualização por MR das bordas do STN tornou-se a abordagem padrão. O STN e outras estruturas anatômicas regionais, como o RN e a SN, são bem visualizadas nas imagens ponderadas em QSM (▶ Fig. 17.5).[8,9] Na prática, utilizamos uma combinação de técnicas. Inicialmente, definimos a borda ventral do STN motor, com base no atlas de estereotaxia de Schaltenbrand-Wahren. Normalmente, isto corresponde a 11 a 12 mm lateral à linha média, 3 a 4 mm posterior ao MCP e 4 a 5 mm ventral ao MCP. Em seguida, utilizamos as imagens ponderadas em QSM para ajustar o alvo STN obtido pelo método indireto. Nós nos baseamos nas imagens QSM axiais para ajustar as coordenadas x e y, e nas imagens QSM coronais para ajustar as coordenadas x e z, bem como minimizar a imprecisão inerente da escolha de coordenadas que são coplanares ao plano de aquisição.

Logo que o STN é direcionado, o ângulo de abordagem é selecionado com uma imagem volumétrica ponderada em T1 com contraste. Em geral, começamos com um ângulo AP de aproximadamente 50 a 70 graus em relação ao plano AC-PC, e um ângulo lateral de aproximadamente 10 a 20 graus a partir do plano sagital. A trajetória é alterada de forma a evitar uma abordagem transependimária ou transventricular, levando em consideração o volume do eletrodo. Isto é realizado para evitar complicações

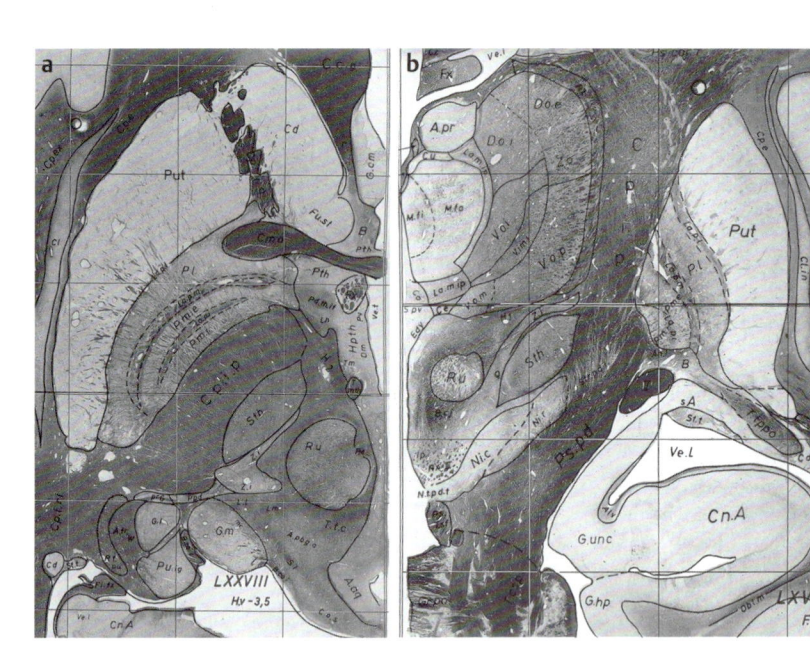

Fig. 17.4 Anatomia do STN definida pelo atlas do cérebro humano de Schaltenbrand-Wahren. **(a)** Incidência axial. **(b)** Incidência coronal. (Reproduzida com permissão de Schaltenbrand F, Wahren W. Atlas for Stereotaxy of the Human Brain. New York, NY: Thieme; 1997:Plates 54 and 55.)

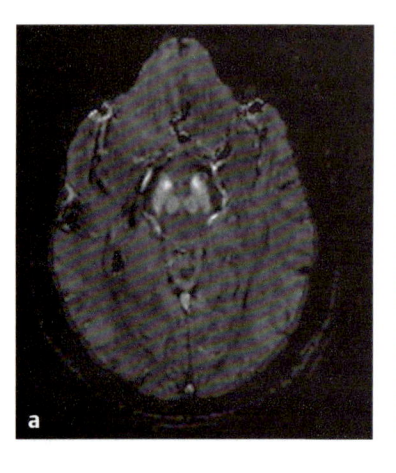

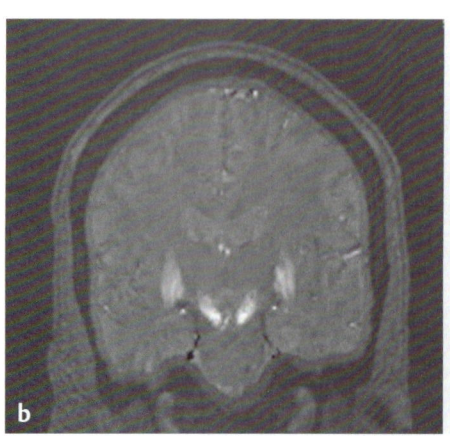

Fig. 17.5 STN e estruturas adjacentes, tal como observado na imagem por ressonância magnética (MRI) de mapeamento de suscetibilidade quantitativa. **(a)** Incidência axial. **(b)** Incidência coronal. Os pontos vermelhos marcam o alvo pretendido.

hemorrágicas associadas a danos dos vasos sanguíneos ependimários.[10] De forma similar, a trajetória é modificada para evitar sulcos transversais, lagos venosos durais ou vasos intrasulcais realçados pelo gadolínio (▶ Fig. 17.6). Ocasionalmente, um alvo ligeiramente mais medial ou lateral pode precisar ser selecionado, a fim de garantir que todo o volume do eletrodo fique apropriadamente posicionado no STN.

17.4 Procedimento Cirúrgico

O paciente é colocado na posição supina na mesa de cirurgia, com os joelhos flexionados e a cabeceira da mesa levemente elevada (posição de cadeira de praia). A armação é fixada na mesa. O *feedback* verbal do paciente é solicitado para encontrar uma posição cervical que seja bem tolerada. Em seguida, iniciamos a sedação de curta duração usando dexmedetomidina, um agonista α_2. Isto é para maximizar o conforto do paciente durante a inserção do cateter de Foley, incisões e perfuração do orifício de trepanação. Em geral, preferimos realizar a subsequente localização fisiológica do STN sem sedação, a fim de prevenir qualquer confusão dos dados do MER, e porque um paciente completamente consciente fornecerá o melhor *feedback* durante o teste de macroestimulação. Em nossa experiência, todavia, temos realizados com sucesso o implante da DBS-STN sob sedação com dexmedetomidina quando a sedação é absolutamente necessária.

Antibióticos intravenosos profiláticos são administrados. Em nossa instituição, utilizamos uma combinação de cefuroxima e vancomicina para cobertura dupla contra microrganismos Gram-positivos e Gram-negativos. Controle da pressão arterial (pressão arterial sistólica inferior a 130 mmHg) é útil para prevenir hemorragia intracraniana. Pacientes com pressão arterial instável podem beneficiar-se da monitorização direta da pressão sanguínea com cateter arterial para uma titulação aprimorada dos medicamentos anti-hipertensivos. Bloqueios bilaterais do nervo supraorbital e occipital são realizados novamente para intensificar o anestésico local usado para infiltrar os sítios de incisão. A cabeça do paciente e a mesa são posicionadas no *gantry* do O-arm Surgical Imaging System (Medtronic), sob supervisão de um técnico treinado. A delimitação por campos deve ser realizada, a fim de permitir acesso visual ao rosto, braços e pernas do paciente ao mesmo tempo em que um sítio cirúrgico estéril é mantido.

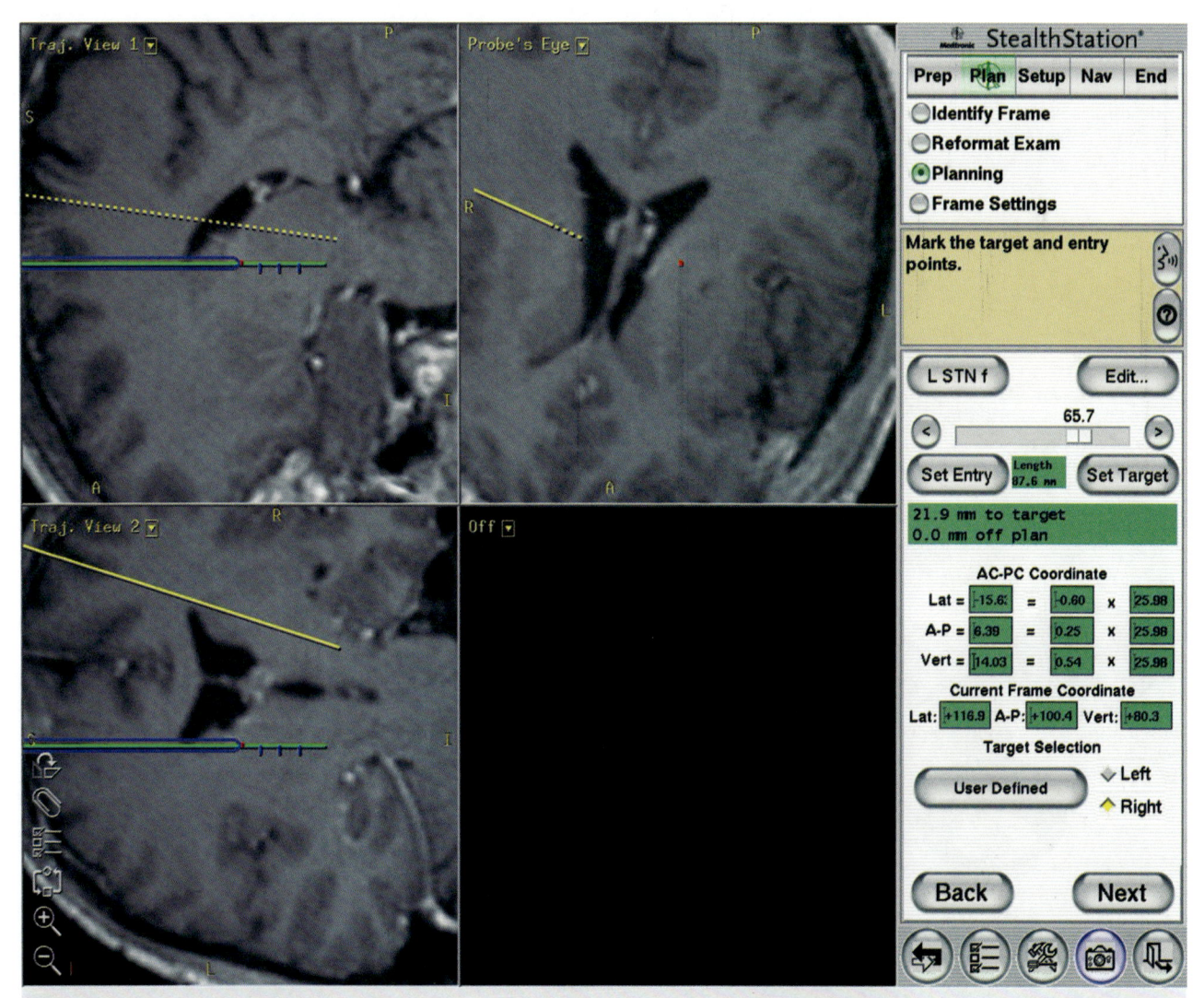

Fig. 17.6 Trajetória ao STN, definida por meio do uso de incidências de navegação no *software* de planejamento cirúrgico (Framelink, Medtronic-SNT).

As coordenadas x, y e z são definidas, e os pontos de entrada e a linha média são marcados na pele. O arco estereotáxico é usado para marcar precisamente o sítio de incisão e do orifício de trepanação, tal como determinado pelo planejamento da trajetória com o *software*. Geralmente usamos incisões AP retas, mas uma pequena aba arqueada pode ser considerada para reduzir o risco de erosão do dispositivo através da incisão, especialmente em pacientes com couros cabeludos muito finos. Imediatamente antes da perfuração do orifício de trepanação, a sedação é gradualmente descontinuada para permitir que o paciente fique completamente consciente para o MER. Um orifício de trepanação é, então, criado com uma broca de 14 mm de diâmetro montada em um perfurador craniano de liberação automática. Vale à pena iniciar o implante no lado oposto aos piores sintomas do paciente, no caso de o paciente não tolerar um procedimento bilateral. O orifício de trepanação é preparado e ampliado com o uso de um perfurador Kerrison de 3 mm, e a hemostasia é obtida pela combinação de eletrocautério bipolar e cera óssea para sangramento de osso esponjoso. Uma vez estabelecida a hemostasia, fixamos o dispositivo de ancoragem Stimloc (Medtronic) sobre o furo da broca. O dispositivo Stimloc consiste em um anel do orifício de trepanação que é ancorado ao crânio com dois parafusos, um mecanismo de travamento interno com porta articulada que se encaixa ao redor do terminal DBS e uma tampa (▶ Fig. 17.7). Outros pesquisadores relataram o escareamento do StimLoc para evitar uma erosão tardia do couro cabeludo.[11]

A dura-máter é coagulada e aberta de forma cruzada, a fim de permitir a visualização de quaisquer vasos superficiais corticais subjacentes. A cânula é inserida para o MER em um desvio dorsal pré-determinado ao alvo anatômico escolhido. Gelfoam e cola de fibrina são aplicadas ao redor da cânula no orifício de trepanação para fornecer vedação e minimizar perda liquórica, pneumocefalia e subsequente deslocamento do cérebro, o qual pode afetar a precisão do direcionamento anatômico.[12] Ocasionalmente, obtemos uma CT intraoperatória (utilizando o O-arm) antes do MER, para uma estimativa aproximada da trajetória e posição final do eletrodo antes do implante.

17.4.1 Localização Fisiológica do Alvo

Um *microdrive* hidráulico ou elétrico é usado para avançar um microeletrodo em passos submilimétricos. Os microeletrodos aprovados pela Food and Drug Administration (FDA) estão comercialmente disponíveis, e são feitos de tungstênio ou platina iridiada. A impedância desses microeletrodos está geralmente na faixa de 0,3 a 1,0 MΩ para permitir que a atividade de uma única unidade neural seja resolvida, e para manter a capacidade de detectar atividades de fundo dos grupos de neurônios, como atividade multiunidade e potenciais de campo local. Começamos o MER 15 mm acima do alvo anatômico. As estruturas típicas encontradas em um MER incluem o tálamo, a ZI/campos de Forel, o STN e a SNr (▶ Fig. 17.8).[11]

A ▶ Fig. 17.9 mostra registros neuronais representativos. O tálamo é tipicamente a estrutura inicial encontrada. Os núcleos talâmicos específicos registrados dependem do ângulo AP da abordagem, mas tipicamente incluem o núcleo reticular, o ventral oral anterior e o ventral oral posterior. Há duas atividades celulares típicas: unidades de surtos (frequência entre os surtos de 15 ± 19 Hz) e disparo tônico irregular (cerca de 28 Hz). A atividade de fundo é substancialmente menos densa que aquela do STN. Após sair do tálamo, uma redução da

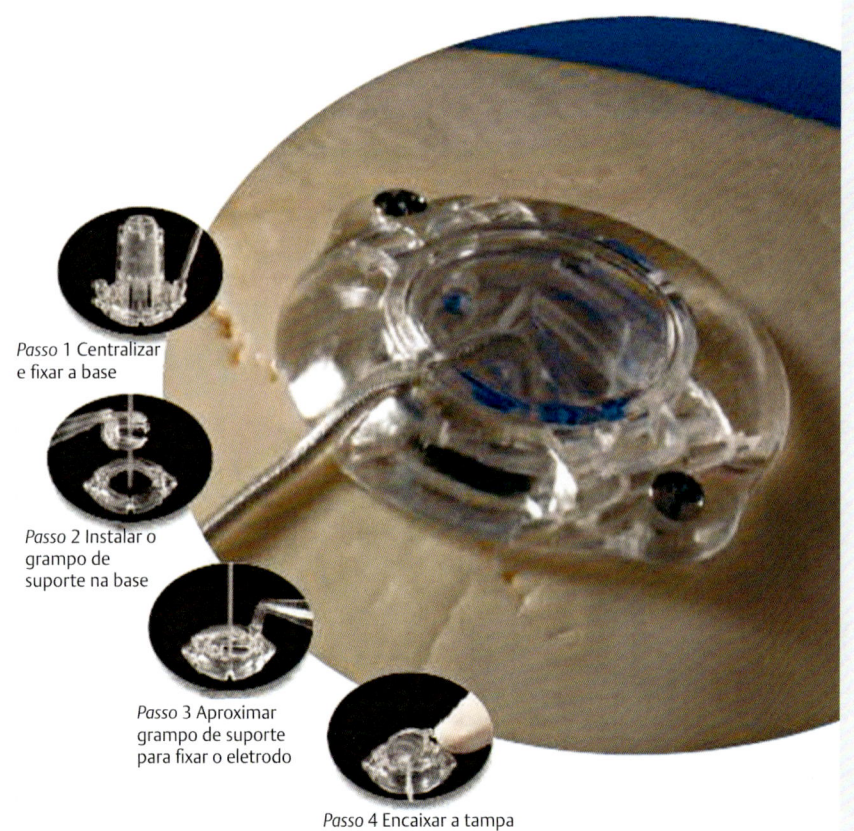

Fig. 17.7 O StimLoc direciona o sistema de fixação do eletrodo de estimulação cerebral. (Reproduzida com permissão de Medtronic, Inc. © 2004 Image-guided Neurologics.)

Passo 1 Centralizar e fixar a base

Passo 2 Instalar o grampo de suporte na base

Passo 3 Aproximar grampo de suporte para fixar o eletrodo

Passo 4 Encaixar a tampa para proteger o eletrodo

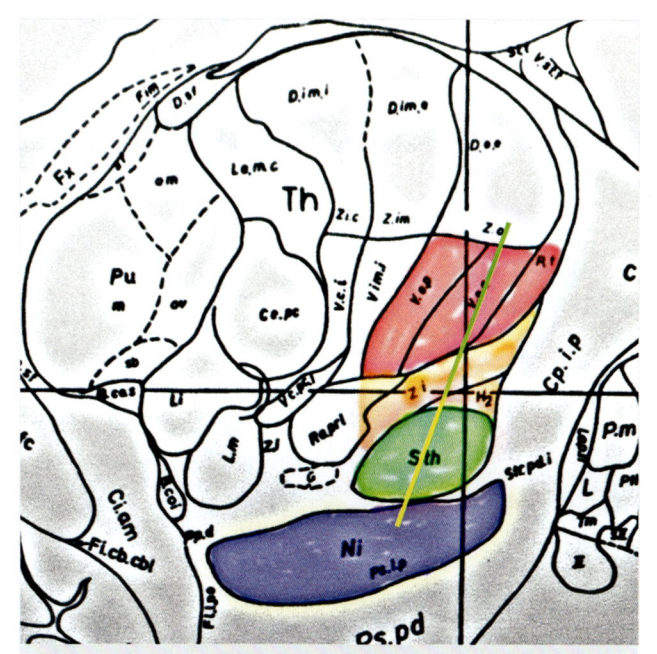

Fig. 17.8 Estruturas encontradas na trajetória de localização fisiológica no núcleo subtalâmico típico. Vermelho = tálamo; laranja = zona incerta; verde = núcleo subtalâmico; azul = substância negra. (Reproduzida com permissão de Schaltenbrand G, Wahren W. Atlas for Stereotaxy of the Human Brain. New York, NY: Thieme; 1997:Plate 43.)

inferior a 5 mm, ou se as unidades cinestésicas-responsivas não forem encontradas, obteremos uma CT intraoperatória com a ponta do microeletrodo no alvo. Esta imagem é, então, unida ao MRI-QSM pré-operatório do paciente para visualizar o ponto do microeletrodo no STN, bem como sua relação com o RN, cápsula interna, etc. Se esta imagem demonstra uma posição aceitável do microeletrodo no STN dorsolateral, implantamos o eletrodo da DBS nesta posição, independente se os resultados do MER forem subótimos (p. ex., extensão menor que 5 mm ou ausência de respostas cinestésicas). O avanço progressivo da MRI resultou em nossa maior confiança e conforto no implante guiado por imagem do eletrodo da DBS, no evento incomum dos resultados do MER serem discordantes.

Estimulação elétrica através do microeletrodo (microestimulação) pode ser um complemento útil para a localização baseada no MER. Os parâmetros típicos são: 0 a 100 μA, trens de pulso de 0,2 a 0,7 ms, 330 Hz. Tais níveis de estimulação estão bem abaixo das correntes fornecidas pelos eletrodos terapêuticos da DBS (intervalo mA). Parestesia evocada, contraturas motoras focais ou fenômenos oculares ipsilaterais podem dar pistas da posição relativa da trajetória no núcleo se o lemnisco medial, os tratos corticobulbar/corticoespinal, e os fascículos do terceiro nervo, respectivamente, forem estimulados. Realizamos a microestimulação no final de cada MER, em incrementos de 2 mm, na direção ventral para dorsal. Devido às pequenas correntes usadas, a microestimulação não pode garantir uma posição segura do eletrodo da DBS e, portanto, não pode substituir o teste intraoperatório de estimulação com o eletrodo de DBS. Embora não realizada regularmente em nossa instituição, a macroestimulação através da cânula de orientação do microeletrodo durante o implante do eletrodo também pode fornecer informações adicionais do direcionamento.

17.4.2 Implante e Fixação do Eletrodo

Os dois eletrodos comercialmente disponíveis têm quatro contatos de 1,5 mm de altura e 1,27 mm de diâmetro, e diferem apenas no espaçamento entre os contatos: 1,5 mm no modelo 3387 e 0,5 mm no modelo 3389 (Medtronic, Minneapolis, MN). O contato 0 (o contato na ponta do eletrodo) pode ser posicionado na borda ventral fisiologicamente definida do STN, e os contatos restantes serão de 10,5 mm (3387) ou 7,5 mm (3389) na trajetória (▶ Fig. 17.10).

É importante testar a estimulação elétrica através do eletrodo de DBS implantado (macroestimulação) com parâmetros clinicamente terapêuticos para confirmar que o sítio do implante produzirá bons resultados clínicos. A estimulação pode ser realizada de forma bipolar ou monopolar com o uso do Medtronic Screener Box. Os parâmetros típicos refletem as configurações usadas para estimulação crônica: 1 a 5 V, largura do pulso (PW) de 90 μs, 130 Hz. Os efeitos da estimulação são observados com respeito ao benefício terapêutico e efeitos colaterais. Grandes diferenças no limiar entre o benefício e os efeitos colaterais garantem uma variação terapêutica aceitável para subsequente programação. Efeitos sobre o tremor, rigidez e bradicinesia são observados. Eventos adversos a baixos limiares (tipicamente inferiores a 5-V monopolar), como fenômenos motores (p. ex., contratura da língua/face/mão, desvio ocular conjugado ou disartria), inversão ocular ipsilateral/midríase, ou parestesia persistente ou desconfortável indicam um eletrodo posicionado de forma lateral, medial ou posterior, respectivamente. Nestas circunstâncias, o eletrodo pode precisar ser reposicionado em uma direção apropriada a uma distância de pelo menos 2 mm do sítio inicial de implante. O reimplante do eletrodo de DBS em

atividade de fundo, acoplada com a resolução de um número geralmente menor de unidades, indica que a ZI/campos de Forel foram penetrados. A atividade aqui tem uma distribuição bimodal similar das unidades de surtos e disparo tônico, geralmente com taxas baixas de disparo. Um aumento substancial na atividade neuronal de fundo anuncia a entrada no STN. Este aumento, talvez a característica mais diferenciadora do STN, quando comparado com outras estruturas encontradas neste procedimento, pode preceder a resolução da atividade de uma única unidade indicativa do STN em 1 a 2 mm.[13] Taxas médias de disparo foram relatadas na faixa de 34 a 47 Hz, com desvios-padrão na faixa de 25 Hz.[13,14] Unidades de surtos são comuns. As células que respondem ao movimento passivo dos membros são encontradas na parte dorsolateral do STN. Nesta área motora, unidades associadas às extremidades inferiores tendem a ser mais mediais do que as unidades associadas às extremidades superiores. Uma redução abrupta no ruído de fundo é indicativa de saída do STN e entrada na SNr. O intervalo entre o STN e a SNr pode variar de algumas centenas de micras a 3 mm. Em geral, os aspectos que distinguem a SNr do STN incluem taxas mais elevadas de disparo (50-70 Hz), escassez de unidades cinestésicas-responsivas, e um padrão de disparo mais tônico/menos irregular (menor número de unidades de surto).[14]

Embora o MER possa ser realizado com múltiplos eletrodos de modo paralelo, escolhemos usar eletrodos únicos de modo seriado, de forma que apenas um sinal precisa ser interpretado em um determinado momento. Além disso, uma estratégia seriada pode possibilitar um menor número de passes do que uma paralela. O trajeto MER usa o alvo anatômico definido pelo atlas e dados imagiológicos específicos ao paciente. Em nossa prática, um determinado alvo/trajetória é considerado adequado para o implante final do eletrodo se o segmento do STN obtido for de aproximadamente 5 mm, e unidades cinestésicas-responsivas forem obtudas.[14] Se a espessura do STN registrada no MER for

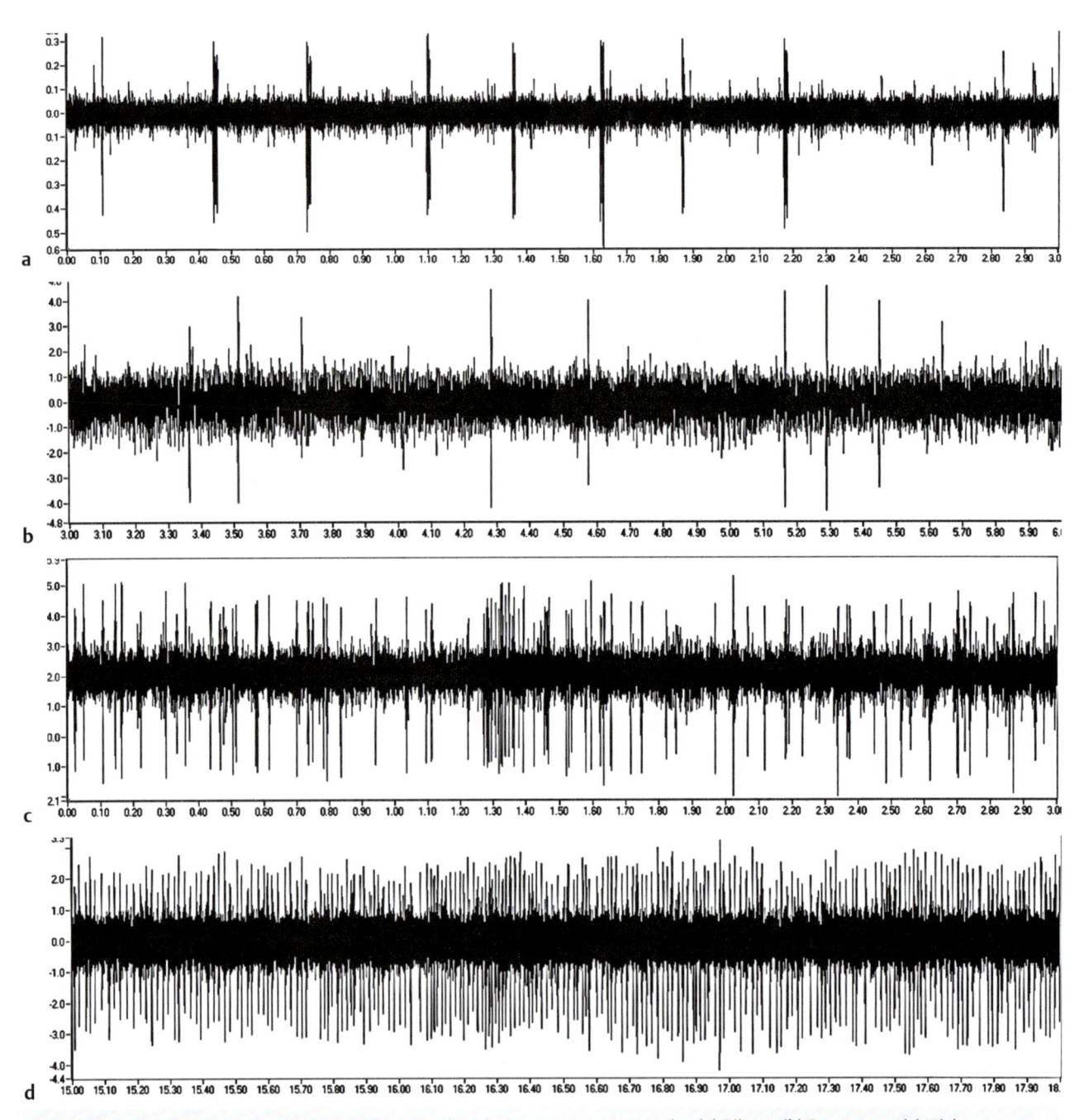

Fig. 17.9 Assinaturas fisiológicas típicas no registro de microeletrodo das estruturas encontradas. **(a)** Tálamo. **(b)** Zona incerta. **(c)** Núcleo subtalâmico. **(d)** Substância negra *pars reticulata*.

um raio de 2 mm pode resultar no eletrodo de DBS seguindo o prévio trajeto de penetração.[11,14]

Neste momento, a fluoroscopia pode ser útil para assegurar a ausência de mudança na posição do eletrodo, à medida que o aparelho estereotáxico mecânico é desarmado ao redor do eletrodo (▶ Fig. 17.11). Finalmente, o estilete é removido do eletrodo de DBS e fixado no StimLoc, com o dispositivo de travamento articulado e tampa sobrejacente. A região distal do eletrodo é protegida por um conector cego e tunelizada distalmente à região pós-auricular. Outros autores descreveram o uso de uma microplaca de titânio ou cimento acrílico para fixação do eletrodo de DBS no evento de mau funcionamento do StimLoc ou por uma questão de preferência do cirurgião.[15,16]

Imagens pós-operatórias são úteis para detectar hemorragia ou pneumocefalia, e para avaliar a precisão da colocação do eletrodo (▶ Fig. 17.12). Se CT é utilizada, cortes de 1 mm ou mais finos sem *gantry* devem ser obtidos para maximizar a informação espacial. Se MRI é usada, as diretrizes do fabricante devem ser seguidas à risca para evitar lesão cerebral térmica permanente; o eletrodo de DBS da Medtronic é atualmente aprovado pela FDA para MRI sob condições estipuladas.

Estimulação Crônica do Núcleo Subtalâmico na Doença de Parkinson

17.4.3 Implante do Neuroestimulador

O segundo estágio do procedimento de DBS é a colocação do neuroestimulador (também chamado de gerador de pulsos implantável, IPG) e do eletrodo de extensão que conecta o eletrodo de DBS ao neuroestimulador. Atualmente, três tipos de neuroestimuladores são aprovados pela FDA nos Estados Unidos: canal único (Medtronic Activa SC), canal duplo (Medtronic Activa PC) e canal duplo recarregável (Medtronic Activa RC) (▶ Fig. 17.13). Esta parte geralmente acontece sob anestesia geral, pois os eletrodos de extensão devem ser tunelizados através de uma quantidade considerável de tecido mole. Realizamos este estágio na semana seguinte, possibilitando a recuperação dos pacientes após o processo do implante do eletrodo, antes de passarem pelo estresse da anestesia geral.

O paciente é posicionado em supina, com a cabeça virada para o lado oposto do sítio de implante do neuroestimulador. Antibióticos pré-operatórios são administrados 30 minutos antes da incisão. Uma bolsa subcutânea é criada para o neuroestimulador, e conectada ao eletrodo de DBS tunelizado previamente na região pós-auricular. A localização mais comum de implante do neuroestimulador é infraclavicular e, tipicamente, 2 cm abaixo da clavícula e a uma distância de 4 cm da linha média ou de 2 cm da borda manubrial lateral. No entanto, alguns pacientes podem necessitar ser implantados em outro local em razão do biotipo (pacientes muito magros), idade (pacientes pediátricos), um histórico de cirurgia na região, ou preferência estética ou de estilo de vida. Nestes casos, uma colocação abdominal é útil. Na maioria dos indivíduos, é possível criar uma bolsa subcutânea subclavicular profunda o bastante para o implante do *hardware*. A colocação sob a fáscia peitoral previne a posterior migração gravitacional. Em pacientes magros, pode ser necessário criar uma bolsa submuscular sob o peitoral, embora cuidado adicional deve ser tomado para evitar um hematoma pós-operatório nesta

Fig. 17.10 Os dois eletrodos de estimulação cerebral direta disponíveis comercialmente: 3387 e 3389. (Reproduzida com permissão da Medtronic, Inc. © 2007.)

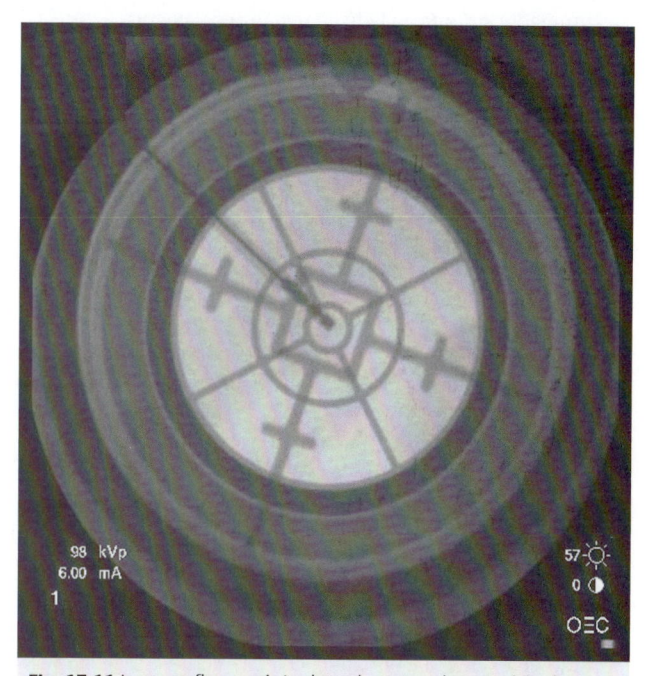

Fig. 17.11 Imagem fluoroscópica lateral mostrando o modelo de eletrodo de DBS 3390 da Medtronic. A imagem está alinhada aos anéis do Leksell.

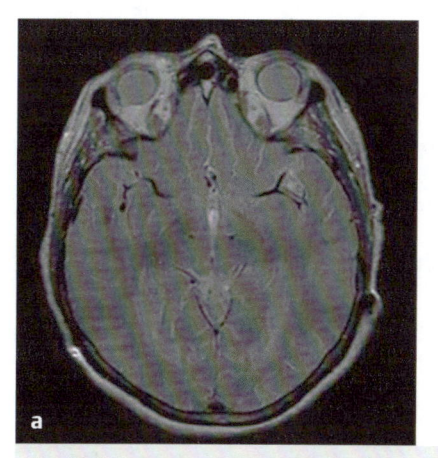

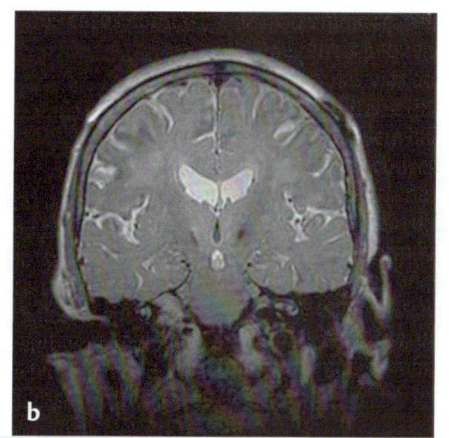

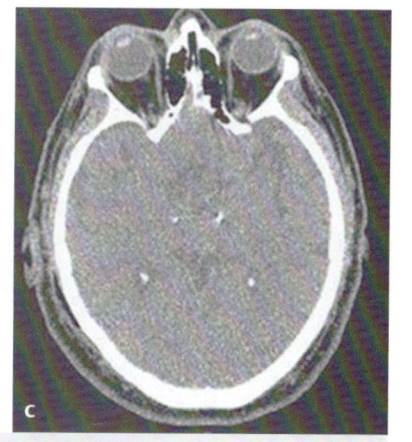

Fig. 17.12 Imagem axial pós-operatória dos eletrodos implantados. **(a)** Imagem por ressonância magnética axial (MRI) ponderada em densidade de prótons. **(b)** Imagem por ressonância magnética coronal ponderada em densidade de prótons. **(c)** Tomografia computadorizada.

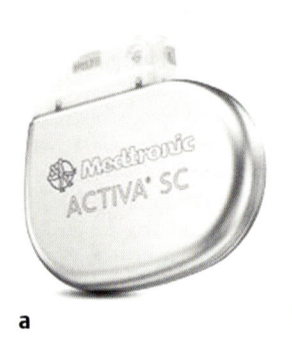

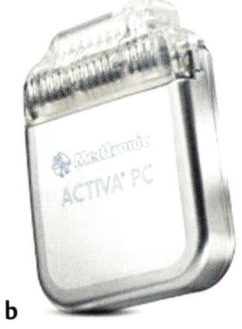

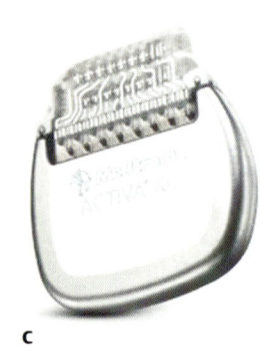

Fig. 17.13 Geradores de pulsos implantáveis de **(a)** canal único (Activa SC), **(b)** canal duplo (Activa PC) e **(c)** recarregável (Activa RC). (Reproduzida com permissão da Medtronic, Inc. © 2015.)

região fortemente vascularizada. Além disso, ao implantar o neuroestimulador na área ao lado da região subclavicular, cautela é necessária para garantir que o dispositivo não invada qualquer proeminência óssea, como a costela ou a crista ilíaca.

Uma pequena incisão parietal é feita para exteriorizar a extremidade distal do eletrodo de DBS previamente implantado. Ao manipular o eletrodo de DBS, instrumentos pontiagudos ou instrumentos com "dentes" devem sempre ser evitados. Cautela é necessária para evitar a prensagem acidental dos fios. Instrumentos com ponta de borracha podem ser usados, mas as pontas dos dedos do cirurgião podem ser os melhores instrumentos para manusear o eletrodo.

Um túnel é criado da região parietal até a bolsa do neuroestimulador e, tipicamente, o fio extensor implantável de 51 cm é passado e conectado à face distal do eletrodo de DBS e da cabeça do neuroestimulador. Um sítio de implante alternativo, como o abdome, requer o uso de um eletrodo de extensão mais longo. Uma boa posição para o conector é a região pós-auricular. Quando localizado muito posteriormente, pode causar dor na posição supina e pode entrar em contato com os nervos occipitais menor e maior. Se localizado muito próximo da orelha, pode causar desconforto durante o uso de óculos. Uma posição baixa (cervical) predispõe a fraturas do eletrodo. O neuroestimulador é ancorado à fáscia com suturas não absorvíveis, atrás das quais o excesso do eletrodo de extensão é enrolado. O fechamento é realizado em camadas com fios de sutura Vicryl 2-0 após irrigação abundante com solução à base de bacitracina. Regularmente, aplicamos na ferida uma ampola (1 grama) de pó de vancomicina tópico antes do fechamento da pele. Constatamos que este método é fácil de usar e bem tolerado pelos pacientes. Fechamento superficial da incisão do neuroestimulador é obtido com uma sutura contínua subcuticular com fio Monocryl 3-0 e, finalmente, uma camada de Dermabond Advanced (Ethicon) é colocada sobre a incisão. A incisão parietal é fechada em camadas com fio Vicryl 3-0 e, então, uma sutura contínua com fio de *nylon* 3-0 para a pele. Quando um neuroestimulador de camada dupla (Medtronic Activa PC) é usado, ambos os eletrodos de extensão são passados sob a pele do mesmo lado. As desvantagens deste sistema incluem o maior volume que pode impor um risco de erosão em pacientes muito magros, maior risco de formação de cicatriz dolorosa, e contratura do pescoço sobre os cabos de extensão ("encurvamento"), e infecção na bolsa do neuroestimulador colocaria ambos os eletrodos de DBS em risco.[17]

17.5 Manejo Pós-Operatório Incluindo Possíveis Complicações

17.5.1 Programação da Estimulação Cerebral Profunda

Cada um dos quatro contatos (numerados de 0 a 3 na direção distal para proximal) pode ser designado ânodo ou cátodo. Estimulação pode ocorrer de forma monopolar, em que um ou mais dos contatos são cátodos e o neuroestimulador é o ânodo, ou bipolar, em que um ou mais dos contatos são ânodos e cátodos. O contato ativo mais fisiológico é o cátodo.

Vários parâmetros podem ser manipulados pelo clínico: voltagem (V), corrente, PW e frequência (R). Para dispositivos que geram uma voltagem constante apesar das variações na impedância local, a amplitude da corrente gerada pelo sistema é determinada pela configuração da V (sistema controlado pela voltagem). Por outro lado, um sistema controlado pela corrente controla a estimulação por meio do ajuste da frequência em que a eletricidade (corrente) flui da bateria. Há evidência que sugere que a estimulação controlada pela corrente minimiza as flutuações da voltagem associadas à resistência do tecido cerebral e, portanto, reduz os efeitos colaterais associados à DBS.[18] Em geral, a DBS terapêutica no STN varia de 1,5 a 4 V, com uma PW de 60 a 120 μs e frequência de até 185 Hz.[14] A programação inicial começa aproximadamente 4 semanas após o implante, a fim de possibilitar a redução do edema ao redor do eletrodo de DBS. Pacientes com PD devem ser inicialmente programados em um estado sem medicação para facilmente observar os efeitos da estimulação. Começamos com uma única estimulação monopolar envolvendo um contato na região dorsal do STN. Para a primeira sessão, a estimulação é configurada para 1 V. Medicamento antiparkinsoniano é reiniciado em uma dose ligeiramente reduzida. A estimulação, então, é gradualmente aumentada à medida que o medicamento é titulado para baixo. A programação da DBS para pacientes com PD pode ter muitas nuances que estão além do escopo deste capítulo.

17.5.2 Desfechos Clínicos e Complicações

Desde 2014, mais de 100.000 pacientes com PD foram submetidos à cirurgia de DBS no mundo inteiro.[19] Uma metanálise dos dados dos desfechos da DBS-STN para PD foi publicada em 2006 em um suplemento especial do *Moviment Disorders*.²⁰ As reduções estimadas nas escalas UPDRS II (atividades da vida diária) e III (motora) após a cirurgia na estimulação com ou sem medicação, comparada com o estado pré-operatório sem medicação, foram de 50 e 52%, respectivamente.²⁰ Redução média nos equivalentes de levodopa após a cirurgia foi de 55,9%. Redução média na discinesia após a cirurgia foi de 69,1%.²⁰ Redução média nos períodos livres diários foi de 68,2%. Melhora média na qualidade de vida usando o PQD-39 foi de 34,5 ± 15,3%.²⁰ Em 2008, uma revisão da UPDRS foi publicada pela *Movement Disorders Society* (MDS-UPDRS), a qual incluiu mais itens não motores.²¹ Em 2013, Chou *et al.* examinaram os escores da MDS-UPDRS pré-operatória e pós-operatória em pacientes com Parkinson que foram submetidos à cirurgia de DBS-STN bilateral.²² Aos 6 meses, a DBS-STN melhorou os escores em todas as categorias, incluindo os itens não motores, como constipação, atordoamento e fadiga.²²

Em 2009, um ensaio clínico controlado randomizado multicêntrico foi publicado no Journal of the American Medical Association comparando a DBS e a melhor terapia médica em pacientes com PD avançada aos 6 meses.²³ Os resultados deste estudo demonstraram superioridade da DBS na melhora da função motora (71 *versus* 32%), discinesia induzida por medicamentos e qualidade de vida. ²³ Além disso, pacientes submetidos à DBS ganharam uma média de 4 a 5 horas/dia sem discinesia, comparada com 0 hora/dia na coorte de terapia médica.²³

Complicações potenciais da DBS-STN podem ser agrupadas nas categorias estimulação-independente e estimulação-dependente.¹⁴ Eventos adversos independentes da estimulação incluem hemorragia intracerebral e acidente vascular cerebral, infecção, confusão pós-operatória e complicações associadas ao *hardware*. Eventos adversos dependentes da estimulação são comuns e incluem parestesia, contrações motoras, desvio ocular, e alterações cognitivas e comportamentais. Os efeitos colaterais são esperados em altas amplitudes. Eletrodos adequadamente colocados produzem boas melhoras clínicas em baixas amplitudes com altos limiares para efeitos colaterais.¹⁴

Desde 2003, o autor sênior (B. H. K.) colocou aproximadamente 1.000 eletrodos DBS, com uma incidência geral de hemorragia intracerebral de < 1% por eletrodo. Esta taxa é similar a outra série de casos que examinou 432 eletrodos de DBS implantados no Rush/Emory Hospital, demonstrando uma incidência de 2,5% de hemorragia intracerebral.²⁴ A taxa de complicações hemorrágicas clinicamente significativas é de aproximadamente 0,75% por eletrodo. Quando uma hemorragia pós-operatória é identificada, internamos o paciente na unidade de tratamento intensivo para um controle rigoroso da pressão arterial (sistólica < 130 mmHg), imagens de seguimento e exames neurológicos seriados. A maioria das hemorragias pós-operatórias pode ser controlada clinicamente; hemorragia clinicamente significativa, necessitando de evacuação na sala cirúrgica, é rara (< 1%).²⁴

Infecções pós-operatórias do sítio cirúrgico (SSIs) também são uma complicação comum após a cirurgia de DBS. A taxa geral de DBS-SSI citada na literatura varia, mas em geral está entre 1 e 9%.²⁵⁻²⁷ SSIs associadas à DBS tipicamente ocorrem dentro de 1 ano após a cirurgia, e geralmente nos primeiros 3 meses após a cirurgia (50-80%).²⁶,²⁸ Os microrganismos mais comuns identificados são os *Staphylococcus aureus* coagulase-negativos (40-60%), seguidos por bacilos Gram-negativos (10-20%).²⁵,²⁶ Os fatores de risco paciente-específicos para SSIs na DBS não foram identificados; entretanto, Bjerknes *et al.* sugeriram uma maior taxa de infecção em pacientes com Parkinson.²⁵ A incidência de infecção em nossa série é de 2,7% por sistema unilateral segregado (eletrodo de DBS + extensão + neuroestimulador de canal único). Constatamos que a aplicação de pó de vancomicina tópico no leito da ferida antes do fechamento cutâneo é tolerada bem por pacientes e pode potencialmente prevenir SSIs do *hardware*.²⁹ Estes resultados são similares àqueles observados por outros autores no cenário de cirurgia espinal.³⁰,³¹

Piancentino *et al.* notaram que a maioria das infecções comumente envolve o IPG e a extensão.²⁷ Infecções superficiais médias, sem evidência de coleção líquida subcutânea significativa ao redor do neuroestimulador, podem ser inicialmente tratadas com antibióticos. No entanto, monitorização é necessária para prevenir extensão da infecção e contaminação ao longo do sistema de fios, a qual pode resultar em meningite ou cerebrite. Envolvimento cerebral é felizmente raro (< 1%).²⁷⁻²⁹ Evidência de infecção afetando os eletrodos de DBS (proximal ou no nível do eletrodo de DBS/eletrodo conector de extensão) deve induzir a equipe cirúrgica a explantar o sistema, a fim de permitir um tratamento antimicrobiano adequado.

Falha do *hardware* tipicamente se manifesta com perda do benefício motor. Uma análise eletrônica do sistema pode mostrar altas impedâncias, indicando um circuito aberto e ruptura do eletrodo ou fio de extensão. Alguns pacientes podem relatar sensações similares a choques próximo do ponto de perda do isolamento no eletrodo. Radiografias dos eletrodos e das extensões (craniana AP/lateral, torácica AP) podem mostrar o sítio onde o eletrodo está danificado. Entretanto, falta de evidência radiográfica não descarta falha do *hardware*. Qualquer *hardware* que tenha erodido através da pele e sido exposto ao ar deve ser considerado contaminado, e provavelmente necessitará ser retirado.

Referências

[1] Benabid AL, Krack PP, Benazzouz A, Limousin P, Koudsie A, Pollak P. Deep brain stimulation of the subthalamic nucleus for Parkinson's disease: methodologic aspects and clinical criteria. Neurology. 2000; 55(12) Suppl 6:S40-S44

[2] Burchiel KJ, Anderson VC, Favre J, Hammerstad JP. Comparison of pallidal and subthalamic nucleus deep brain stimulation for advanced Parkinson's disease: results of a randomized, blinded pilot study. Neurosurgery. 1999; 45(6):1375-1382, discussion 1382-1384

[3] Limousin P, Krack P, Pollak P, et al. Electrical stimulation of the subthalamic nucleus in advanced Parkinson's disease. N Engl J Med. 1998; 339(16):1105-1111

[4] Dowsey-Limousin P, Fraix V, Benabid AL, Pollak P. Deep brain stimulation in Parkinson's disease. Funct Neurol. 2001; 16(1):67-71

[5] Yoon MS, Munz M. Placement of deep brain stimulators into the subthalamic nucleus. Stereotact Funct Neurosurg. 1999; 72(2-4):145-149

[6] Obeso JA, Olanow CW, Rodriguez-Oroz MC, Krack P, Kumar R, Lang AE, DeepBrain Stimulation for Parkinson's Disease Study Group. Deep-brain stimulation of the subthalamic nucleus or the pars interna of the globus pallidus in Parkinson's disease. N Engl J Med. 2001; 345(13):956-963

[7] Kopell BH, Rezai AR, Chang JW, Vitek JL. Anatomy and physiology of the basal ganglia: implications for deep brain stimulation for Parkinson's disease. Mov Disord. 2006; 21 Suppl 14:S238-S246

[8] Liu T, Eskreis-Winkler S, Schweitzer AD, et al. Improved subthalamic nucleus depiction with quantitative susceptibility mapping. Radiology. 2013; 269(1):216-223

[9] Wang Y, Liu T. Quantitative susceptibility mapping (QSM): Decoding MRI data for a tissue magnetic biomarker. Magn Reson Med. 2015; 73(1):82-101

[10] Gologorsky Y, Ben-Haim S, Moshier EL, et al. Transgressing the ventricular wall during subthalamic deep brain stimulation surgery for Parkinson disease increases the risk of adverse neurological sequelae. Neurosurgery. 2011; 69(2):294-299, discussion 299-300

[11] Hilliard JD, Bona A, Vaziri S, Walz R, Okun MS, Foote KD. 138 delayed scalp erosion after deep brain stimulation surgery: incidence, treatment, outcomes, and prevention. Neurosurgery. 2016; 63 Suppl 1:156

[12] Petersen EA, Holl EM, Martinez-Torres I, et al. Minimizing brain shift in stereotactic functional neurosurgery. Neurosurgery. 2010; 67(3) Suppl Operative:ons213-ons221, discussion ons221

[13] Zonenshayn M, Rezai AR, Mogilner AY, Beric A, Sterio D, Kelly PJ. Comparison of anatomic and neurophysiological methods for subthalamic nucleus targeting. Neurosurgery. 2000; 47(2):282-292, discussion 292-294

[14] Machado A, Rezai AR, Kopell BH, Gross RE, Sharan AD, Benabid AL. Deep brain stimulation for Parkinson's disease: surgical technique and perioperative management. Mov Disord. 2006; 21 Suppl 14:S247-S258

[15] Contarino MF, Bot M, Speelman JD, et al. Postoperative displacement of deep brain stimulation electrodes related to lead-anchoring technique. Neurosurgery. 2013; 73(4):681-688, discussion 188

[16] Favre J, Taha JM, Steel T, Burchiel KJ. Anchoring of deep brain stimulation electrodes using a microplate. Technical note. J Neurosurg. 1996; 85(6):1181-1183

[17] Miller PM, Gross RE. Wire tethering or 'bowstringing' as a long-term hardware-related complication of deep brain stimulation. Stereotact Funct Neurosurg. 2009; 87(6):353-359

[18] Lempka SF, Johnson MD, Miocinovic S, Vitek JL, McIntyre CC. Current-controlled deep brain stimulation reduces in vivo voltage fluctuations observed during voltage-controlled stimulation. Clin Neurophysiol. 2010; 121(12):2128-2133

[19] Okun MS. Deep-brain stimulation–entering the era of human neural-network modulation. N Engl J Med. 2014; 371(15):1369-1373

[20] Pahwa R, Factor SA, Lyons KE, et al. Quality Standards Subcommittee of the American Academy of Neurology. Practice Parameter: treatment of Parkinson disease with motor fluctuations and dyskinesia (an evidence-based review): report of the Quality Standards Subcommittee of the American Academy of Neurology. Neurology. 2006; 66(7):983-995

[21] Goetz CG, Tilley BC, Shaftman SR, et al. Movement Disorder Society UPDRS Revision Task Force. Movement Disorder Society-sponsored revision of the Unified Parkinson's Disease Rating Scale (MDS-UPDRS): scale presentation and clinimetric testing results. Mov Disord. 2008; 23(15):2129-2170

[22] Chou KL, Taylor JL, Patil PG. The MDS-UPDRS tracks motor and non-motor improvement due to subthalamic nucleus deep brain stimulation in Parkinson disease. Parkinsonism Relat Disord. 2013; 19(11):966-969

[23] Weaver FM, Follett K, Stern M, et al. CSP 468 Study Group. Bilateral deep brain stimulation vs best medical therapy for patients with advanced Parkinson disease: a randomized controlled trial. JAMA. 2009; 301(1):63-73

[24] Falowski SM, Ooi YC, Bakay RA. Long-term evaluation of changes in operative technique and hardware-related complications with deep brain stimulation. Neuromodulation. 2015; 18(8):670-677

[25] Bjerknes S, Skogseid IM, Sæhle T, Dietrichs E, Toft M. Surgical site infections after deep brain stimulation surgery: frequency, characteristics and management in a 10-year period. PLoS One. 2014; 9(8):e105288

[26] Fenoy AJ, Simpson RK, Jr. Management of device-related wound complications in deep brain stimulation surgery. J Neurosurg. 2012; 116(6):1324-1332

[27] Piacentino M, Pilleri M, Bartolomei L. Hardware-related infections after deep brain stimulation surgery: review of incidence, severity and management in 212 single-center procedures in the first year after implantation. Acta Neurochir (Wien). 2011; 153(12):2337-2341

[28] Dlouhy BJ, Reddy A, Dahdaleh NS, Greenlee JD. Antibiotic impregnated catheter coverage of deep brain stimulation leads facilitates lead preservation after hardware infection. J Clin Neurosci. 2012; 19(10):1369-1375

[29] Rasouli JJ, Kopell BH. The adjunctive use of vancomycin powder appears safe and may reduce the incidence of surgical-site infections after deep brain stimulation surgery. World Neurosurg. 2016; 95:9-13

[30] Bakhsheshian J, Dahdaleh NS, Lam SK, Savage JW, Smith ZA. The use of vancomycin powder in modern spine surgery: systematic review and meta-analysis of the clinical evidence. World Neurosurg. 2015; 83(5):816-823

[31] Godil SS, Parker SL, O'Neill KR, Devin CJ, McGirt MJ. Comparative effectiveness and cost-benefit analysis of local application of vancomycin powder in posterior spinal fusion for spine trauma: clinical article. J Neurosurg Spine. 2013; 19(3):331-335

18 Estimulação Cerebral Profunda com Halo do Globo Pálido para Doença de Parkinson ou Distonia

Ron L. Alterman ▪ Jay L. Shils

Resumo

Neste capítulo, os autores detalham suas abordagens para a realização da estimulação cerebral profunda (DBS) com halo do globo pálido interno (GPi) para o tratamento de doença de Parkinson ou distonia de torção primária. Os autores inicialmente localizam o GPi com uma combinação de sequência *spin-eco* rápida com inversão-recuperação e MRI de eco-gradiente rápido preparado por magnetização (MPRAGE) ponderada em T1, e ajustam o alvo no intraoperatório com registros por microeletrodo em única célula. O teste de estimulação é realizado para garantir que a estimulação terapêutica possa ser administrada sem efeitos colaterais capsulares. O implante final do eletrodo é monitorado com fluoroscopia com arco em "C" ou tomografia computadorizada (CT) intraoperatória.

Palavras-chave: cirurgia estereotáxica, estimulação cerebral profunda, distonia, doença de Parkinson, registro com microeletrodo, neuromodulação.

18.1 Introdução

Estimulação elétrica crônica (ou seja, estimulação cerebral profunda [DBS]) do globo pálido interno (GPi) é indicada para pacientes com distonia de torção primária ou doença de Parkinson (PD) idiopática, cujos sintomas sejam incapacitantes e refratários à terapia médica padrão.

18.2 Seleção do Paciente

A seleção apropriada de candidatos para a cirurgia de DBS é um processo complexo, o qual é mais bem-sucedido no cenário de um centro de distúrbios do movimento multidisciplinar. Uma discussão detalhada com relação à seleção do paciente e os benefícios relativos da estimulação palidal *versus* subtalâmica está além do escopo deste capítulo, e pode ser encontrada em outro local.[1] Em resumo, a DBS palidal é indicada nas seguintes situações:

- Pacientes com distonia de torção segmentar ou generalizada primária clinicamente refratária, incluindo pacientes com distonia cervical com início na vida adulta que seja refratária a medicamentos e injeções direcionadas de toxina botulínica.
- Pacientes com PD idiopática, que sejam responsivos à levodopa mas sofrem flutuações incapacitantes na função motora e/ou discinesia induzida por medicamentos. Os pacientes não devem ter déficits cognitivos significativos, tal como determinado por uma avaliação neuropsiquiátrica formal. Congelamento e instabilidade da marcha são improváveis de serem melhorados por DBS.

18.3 Preparação Pré-Operatória

Exames laboratoriais pré-operatórios de rotina devem ser obtidos. Testes adicionais podem ser realizados quando indicados. Aspirina e outros anticoagulantes devem ser descontinuados no mínimo 7 dias antes da cirurgia, a fim de minimizar o risco de hemorragia intracraniana.

Pacientes com PD não devem tomar levodopa ou agonistas da dopamina na manhã da cirurgia. Pacientes com distonia podem tomar seus medicamentos. Em particular, baclofeno e triexifenidil não devem ser interrompidos, visto que a suspensão destes medicamentos pode precipitar uma crise distônica.

18.4 Procedimento Cirúrgico

18.4.1 Aplicação do Halo

Aplicação apropriada do halo é um primeiro passo essencial para o implante preciso do eletrodo. O autor sênior prefere o Leksell Model G Frame (Elekta Instruments, Atlanta, GA), o qual é equipado com barras auriculares que minimizam a rotação coronal (rolagem) e axial (guinada) do halo durante sua aplicação (▶ Fig. 18.1). O halo é assentado de forma que o anel de base fique paralelo ao zigoma. Pinos opostos são aplicados e apertados simultaneamente para minimizar rotação do halo.

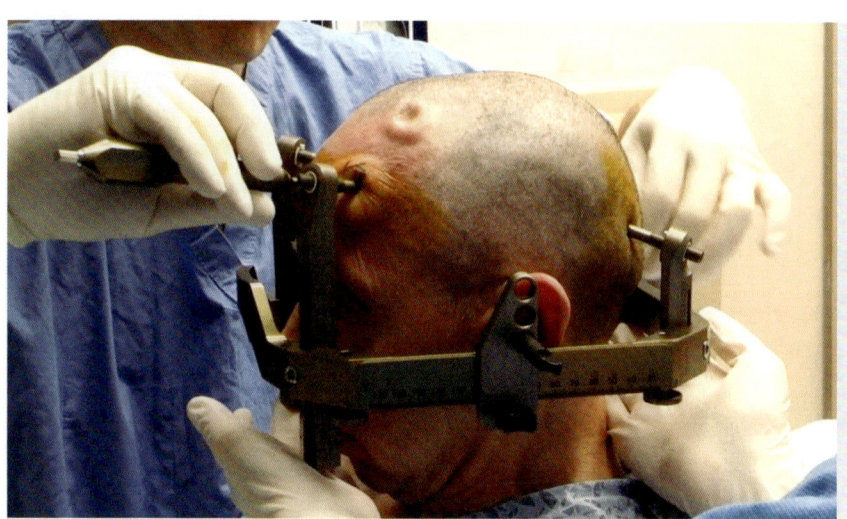

Fig. 18.1 Aplicação da armação. A base do halo é assentada de forma que fique paralela ao zigoma. As barras auriculares ajudam a centralizar o halo e prevenir rotação coronal e axial.

18.4.2 Direcionamento Anatômico

Empregamos uma combinação de sequência *spin-eco* rápida/inversão-recuperação FSE/IR) e imagem por ressonância magnética (MRI) de MPRAGE ponderada em T1 com contraste para o direcionamento anatômico. A primeira fornece uma resolução superior da substância cinzenta profunda (▶ Fig. 18.2), enquanto a última é uma aquisição tridimensional que resiste ao artefato de suscetibilidade magnética, tornando-a ideal para o registro fiducial e reformatação das imagens ortogonais ao meridiano intercomissural (IC).[2] Os parâmetros de varredura da MRI FSE/IR são fornecidos na ▶ Tabela 18.1.

Os conjuntos de dados imagiológicos são transferidos para uma estação de trabalho independente equipada com um *software* de direcionamento estereotáxico. Após a fusão do conjunto de imagens e registro dos fiduciais, o cirurgião define as comissuras anterior e posterior, bem como a linha média anatômica, possibilitando que o *software* reformate as imagens ortogonais ao plano IC. O alvo desejado pode então ser definido com relação às comissuras, ou selecionados visualmente com ou sem a assistência de sobreposições do atlas. O alvo cirúrgico é a borda inferior do GPi posterolateral, a qual se situa 19 a 21 mm lateral, 2 a 3 mm anterior, e 4 a 5 mm inferior ao ponto comissural médio.[3] Usando o resultado como um ponto de partida, ajustamos o alvo à anatomia do paciente. Nosso alvo de eleição situa-se 2 a 3 mm superolateral ao trato óptico (OT), e 19 a 21 mm lateral à linha média (▶ Fig. 18.2).

Pelo fato de o alvo terapêutico ser um volume de tecido, a seleção de uma trajetória apropriada ao alvo é tão importante quando a seleção do alvo propriamente dito. Nossa trajetória de eleição é demonstrada esquematicamente na ▶ Fig. 18.3. Os ângulos de abordagem são de 60 a 65 graus acima do plano IC e 0 a 10 graus

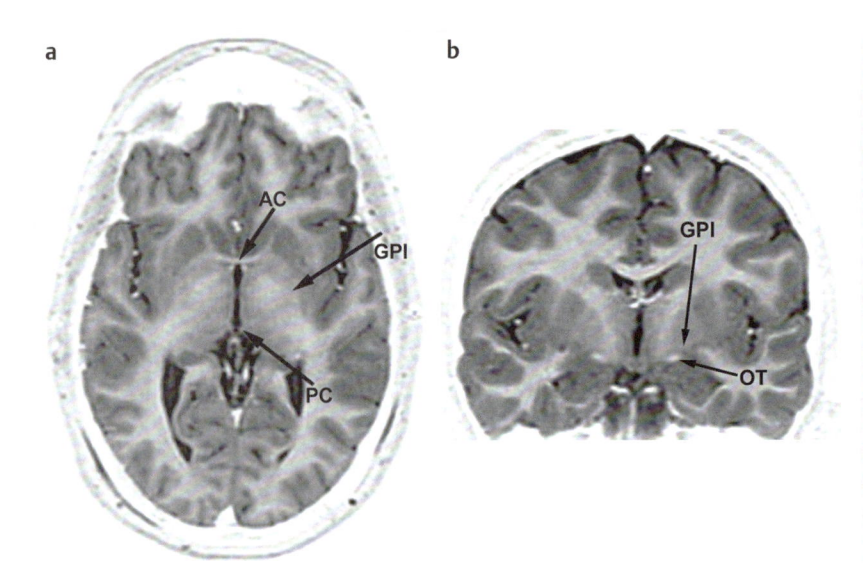

Fig. 18.2 Direcionamento palidal com MRI de *spin-eco* rápida/inversão-recuperação (FSE/IR). Imagens FSE/IR axiais **(a)** e coronais **(b)** são empregadas para localizar o GPi. As comissuras anterior e posterior são facilmente visíveis na imagem axial, assim como o GPi posteroventral. Visualizado na imagem coronal, o alvo situa-se 2 a 3 mm superior e lateral ao trato óptico.

Tabela 18.1 Parâmetros de Varredura para Imagens Axiais *Spin-Eco* Rápidas/Inversão-Recuperação

Tempo de excitação (T_e)	120 ms
Tempo de relaxação (T_r)	10.000 ms
Tempo de inversão (T_i)	2.200 ms
Largura de banda	20,83
Campo de visão (FOV)	24
Espessura do corte	3 mm
Espaçamento do corte	0 mm
Frequência	192 Hz
Fase	160
Número de excitações	1
Direção da frequência	Anteroposterior (AP)
Frequência autocontrolada	Água
Direção da compensação do fluxo	Direção do corte

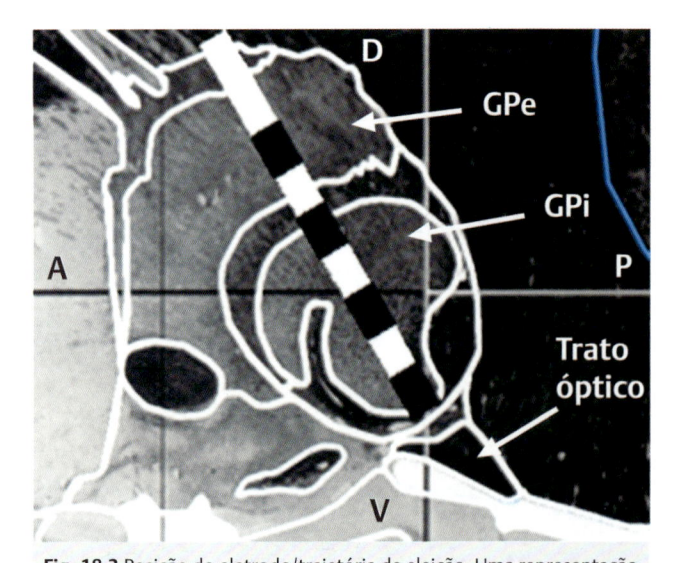

Fig. 18.3 Posição do eletrodo/trajetória de eleição. Uma representação esquemática de nossa posição de eleição do eletrodo é demonstrada. Nossa meta é posicionar o eletrodo de DBS na sub-região sensoriomotora do GPi, 20 mm lateral à linha média. O contato mais profundo (contato 0) é posicionado na borda inferior do GPi, que é delineado pelo registro de microeletrodos.

lateral ao eixo vertical. É preferível penetrar no cérebro através de um giro (evitando, assim, as veias sulcais) e evitar atravessar o ventrículo lateral. O *software* de navegação cirúrgica fornece uma "visão panorâmica" da trajetória, que pode ser muito útil ao processo.

18.4.3 Posicionamento do Paciente e Abertura

O paciente é posicionado em supina, com a cabeça elevada em 30 graus (▶ Fig. 18.4). Um bloqueio completo do couro cabeludo aumenta o conforto do paciente.[4] A pressão arterial sistólica deve ser mantida em 100 a 140 mmHg para minimizar o risco de hemorragia intracerebral. Recomenda-se monitoramento da oxigenação sanguínea e da concentração de CO_2 no final da expiração para evidência de embolia aérea venosa. Antibióticos profiláticos são administrados por via intravenosa.

Após antissepsia padrão e delimitação por campos cirúrgicos, as coordenadas do alvo, derivadas da MRI, são definidas no halo e o arco cirúrgico é fixado e definido nos ângulos planejados de abordagem. Uma incisão pré-coronal e um orifício de trepanação são realizados, centralizados na trajetória desejada. A dura é incisada de forma cruzada. Uma corticectomia cortante possibilita que o tubo-guia do eletrodo seja inserido no cérebro gentilmente sem um deslocamento inferior. Anterior à colocação do eletrodo permanente, confirmamos/ajustamos nossa posição com o registro de microeletrodo (MER) em única célula.

18.4.4 Localização Fisiológica: Registro do Microeletrodo

Os pequenos detalhes de nossa técnica MER são relatados em outro local.[5] O eletrodo de registro é avançado com um *microdrive* motorizado, e as características de profundidade e disparo de cada célula encontrada são minuciosamente registradas (▶ Fig. 18.5). Os dados de cada trajetória são mapeados em cortes sagitais escalados com o atlas Schaltenbrand-Wahren usando uma técnica de "melhor ajuste" (▶ Fig. 18.6). Trajetórias que sejam aceitáveis para o implante tipicamente incluem uma extensão de 3 a 4 mm do globo pálido externo (GPe) e pelo menos 6 mm do GPi. A saída do eletrodo pelo GPi é marcada por uma queda acentuada na atividade de fundo. Aproximadamente 2 a 3 mm abaixo da borda inferior do GPi, é possível encontrar o OT. A sala é escurecida e uma lanterna é passada na frente dos olhos do paciente. Se a ponta do eletrodo estiver próxima do OT, haverá uma onda inconfundível de atividade registrada à medida que a luz oscila. A identificação do OT confirma que o eletrodo saiu do GPi inferiormente. Embora esta seja uma confirmação bem-vinda de um direcionamento apropriado, o OT não é identificado universalmente e não vemos sua identificação como uma exigência para proceder ao implante do eletrodo permanente.

De forma ideal, os implantes do eletrodo de DBS são realizados com o paciente desperto; entretanto, isto pode não ser possível para alguns pacientes, particularmente crianças com distonia generalizada grave. Nestes casos, é possível empregar infusões de baixa dose de propofol ou dexmedetomidina, ou mesmo de anestesia geral para concluir o procedimento. Estes medicamentos podem degradar a qualidade do sinal do MER, dificultando a sua interpretação.[4]

18.4.5 Implante, Teste de Estimulação e Fixação do Eletrodo

O eletrodo de DBS é inserido ao longo da trajetória desejada, de modo que o contato mais profundo (contato 0) situe-se na borda inferior fisiologicamente definido do GPi (▶ Fig. 18.3). O teste de estimulação é realizado em configuração bipolar, empregando os seguintes parâmetros: largura do pulso, 60 μs; frequência, 130 Hz; amplitude, 0 a 6 V. O teste inicial é realizado com o par mais profundo dos contatos (ou seja, 0-, 1 +), visto que estes são mais prováveis de gerar efeitos adversos (AEs). Se AEs não são observados, o campo de estimulação é ampliado, configurando-se o contato 3 como o ânodo (ou seja, 0-, 3 +). Pacientes despertos com PD tipicamente notam uma melhora na bradicinesia e rigidez contralateral durante a estimulação. O tremor também pode ser reduzido. Os efeitos sobre a discinesia não podem ser avaliados no intraoperatório, pois o paciente não terá tomado sua dose matinal de levodopa.

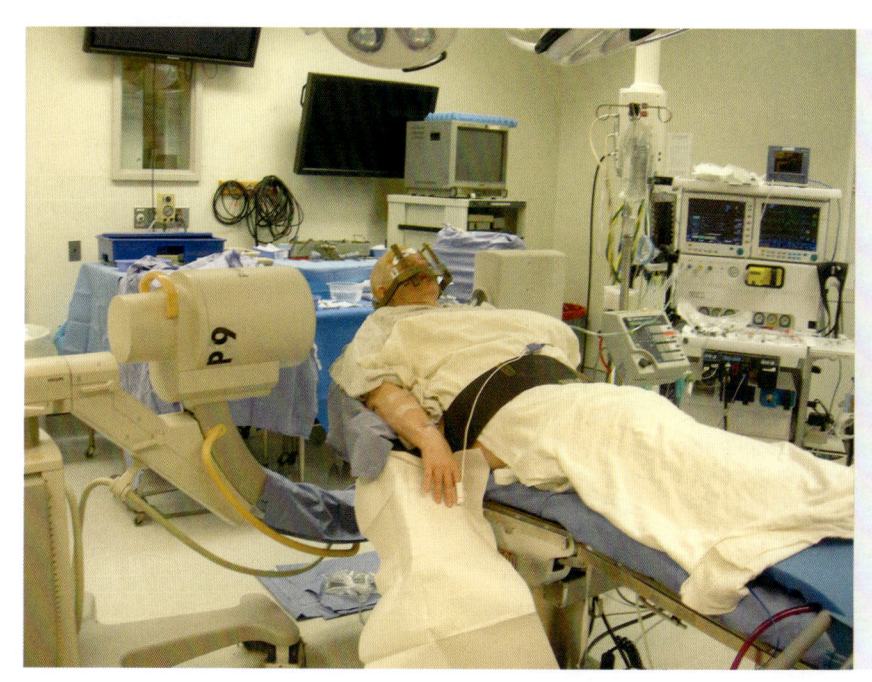

Fig. 18.4 Posicionamento do paciente e preparação da sala de cirurgia. O paciente é posicionado em supina, com a cabeça elevada em 30 graus. O arco em "C" ou a CT intraoperatória é coberta de maneira estéril no início do procedimento.

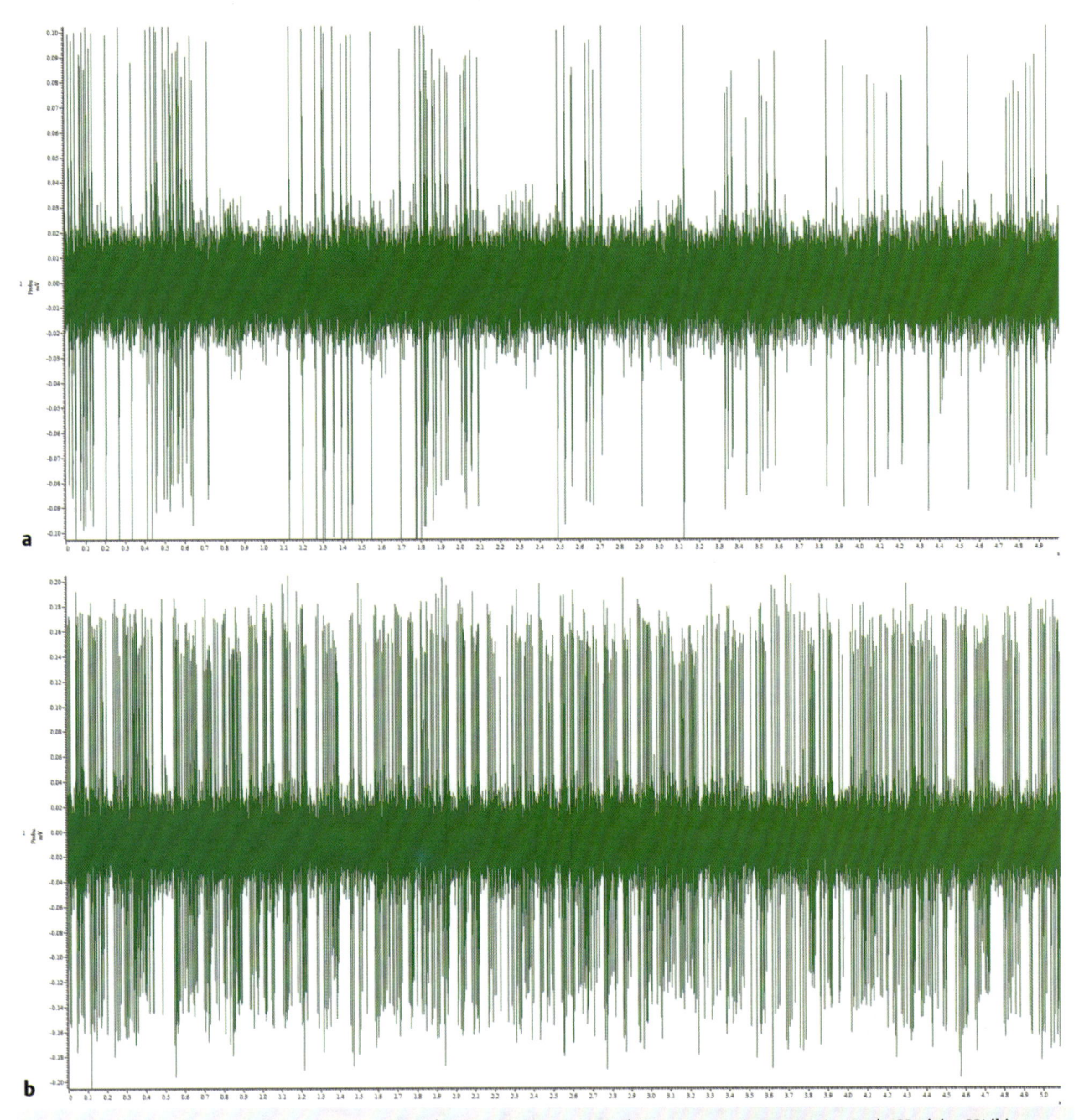

Fig. 18.5 Registros unitários representativos provenientes do GPe e GPi. Registros unitários representativos provenientes do GPe **(a)** e GPi **(b)** em paciente com doença de Parkinson. As células no GPe disparam a uma frequência mais baixa do que as células do GPi. As células do GPe também exibirão breves pulsos de atividade, quando comparadas com o disparo mais estável, mas ainda irregular, da GPi.

Ao contrário da PD, a distonia responde à estimulação de forma tardia (dias a semanas), e uma resposta positiva ao teste de estimulação intraoperatória não é esperada. Aqui, a função primária do teste de estimulação é rastrear a presença de AEs, particularmente efeitos capsulares que podem limitar as amplitudes de estimulação e, portanto, a terapia. Contrações sustentadas da face contralateral e/ou hemicorpo a < 4 V de estimulação bipolar sugere que o eletrodo está posicionado muito medialmente e deve ser reposicionado de acordo. A indução de fosfenos através do contato 0 indica que o eletrodo está muito profundo e deveria ser recuado em 1 a 2 mm.

O autor sênior emprega o dispositivo Stimloc™ para fixar o eletrodo (▶ Fig. 18.7). Embora seu perfil seja ligeiramente mais alto do que alguns preferem, é fácil de usar e eficaz. Fluoroscopia seriada ou tomografia computadorizada (CT) intraoperatória ajudam a garantir que o eletrodo não é deslocado durante o processo de fixação (▶ Fig. 18.8). A incisão é fechada de forma padrão.

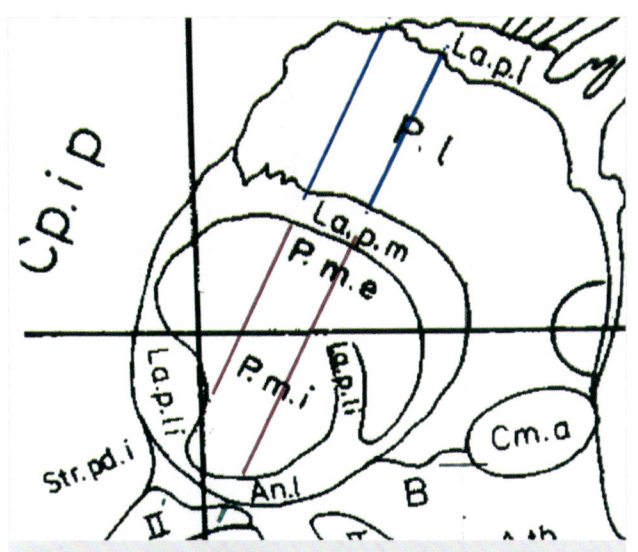

Fig. 18.6 Mapeamento neurofisiológico da trajetória cirúrgica. A extensão registrada de cada estrutura encontrada é marcada com cores únicas em uma película de plástico transparente, que é, então, mapeada contra vários cortes sagitais do atlas de *Schaltenbrand and Wahren*, empregando a técnica de "melhor ajuste". P.l., "paleoestriado lateral" ou globo pálido externo (GPe); P.m.e e P.m.i, "paleoestriado medial externo" e "paleoestriado medial interno", respectivamente, que, quando combinados, formam o globo pálido interno (GPi); II, trato óptico; Cp.ip, cápsula interna.

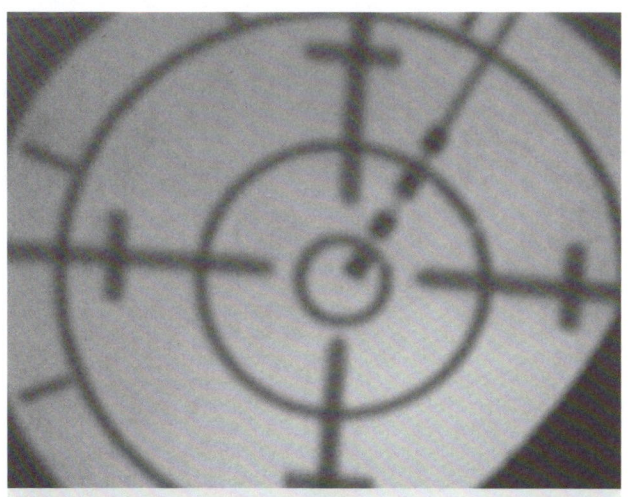

Fig. 18.8 Confirmação por fluoroscopia do implante apropriado do eletrodo. Esferas e retículos de pontos de intersecção são anexados à armação de Leksell. O arco em "C" e a cama cirúrgica são manipulados a fim de gerar radiografias laterais puras centralizadas no ponto do alvo. A radiografia inicial confirma que o eletrodo percorreu direto ao alvo desejado. Radiografias seriadas são, em seguida, obtidas para verificar o avanço do eletrodo ou seu recuo durante o processo de fixação.

18.5 Manejo Pós-Operatório Incluindo Possíveis Complicações

Pacientes passam o período pós-operatório imediato na unidade de cuidados pós-anestésicos até que seus medicamentos sejam retomados e estes pacientes sejam determinados estáveis neurologicamente. A pressão arterial é mantida em 100 a 140 mmHg para evitar hemorragia. Narcóticos leves são administrados para dor, conforme necessário. Crianças com distonia generalizada grave são monitoradas em uma unidade de tratamento intensivo pediátrico durante as primeiras 24 horas após a cirurgia, visto que o estresse do procedimento pode induzir o desenvolvimento de uma crise distônica. Todos os pacientes são submetidos a uma MRI pós-operatória para confirmar uma posição apropriada do eletrodo e para descartar a presença de hemorragia intracerebral (▶ Fig. 18.9). Nós desenvolvemos um protocolo de FSE/IR de baixa energia que adere aos requisitos de segurança da Food and Drug Administration.[6]

18.6 Implante dos Geradores de Pulsos

O restante do sistema de DBS pode ser implantado no mesmo dia que o eletrodo, ou em qualquer momento depois disso. Este é um procedimento simples, realizado com anestesia geral, que envolve

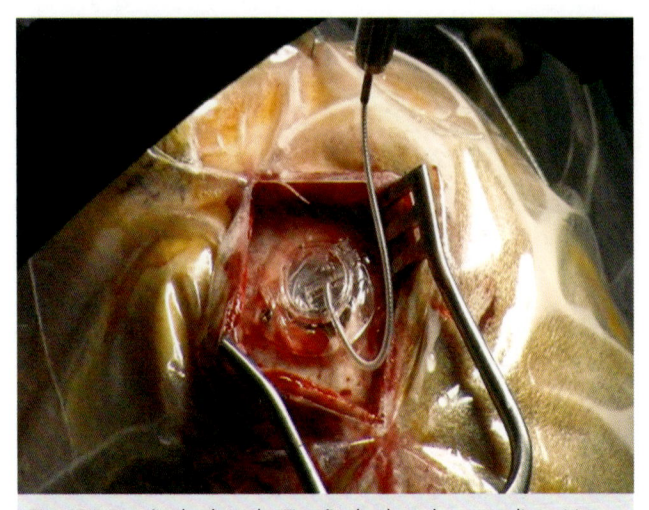

Fig. 18.7 Fixação do eletrodo. Fixação do eletrodo com o dispositivo Stimloc™ é demonstrada. O anel externo do dispositivo não é chanfrado e, portanto, deve ser fixado ao crânio antes que o tubo-guia do eletrodo seja inserido no cérebro.

a criação de uma bolsa subcutânea infraclavicular para acomodar o gerador de pulsos, tunelização de um cabo de extensão entre esta incisão torácica e a incisão craniana, e o estabelecimento de conexões limpas, secas e seguras.

Referências

[1] Tagliati M, Isaias IU. Patient selection for movement disorders surgery. In: Winn HR, ed. Youmans Neurological Surgery. 6th ed. New York, NY: Elsevier; 2011:914–922
[2] Ben-Haim S, Gologorsky Y, Monahan A, Weisz D, Alterman RL. Fiducial registration with spoiled gradient-echo magnetic resonance imaging enhances the accuracy of subthalamic nucleus targeting. Neurosurgery. 2011; 69(4):870–875–, discussion 875
[3] Laitinen LV, Bergenheim AT, Hariz MI. Leksell's posteroventral pallidotomy in the treatment of Parkinson's disease. J Neurosurg. 1992; 76(1):53–61
[4] Osborn IP, Kurtis SD, Alterman RL. Functional neurosurgery: anesthetic considerations. Int Anesthesiol Clin. 2015; 53(1):39–52
[5] Shils J, Alterman RL. Interventional neurophysiology during movement disorder surgery. In: Deletis V, Shils J, eds. Interventional Neurophysiology. San Diego, CA: Academic Press; 2002:405–448
[6] Sarkar SN, Papavassiliou E, Rojas R, et al. Low-power inversion recovery MRI preserves brain tissue contrast for patients with Parkinson disease with deep brain stimulators. AJNR Am J Neuroradiol. 2014; 35(7):1325–1329

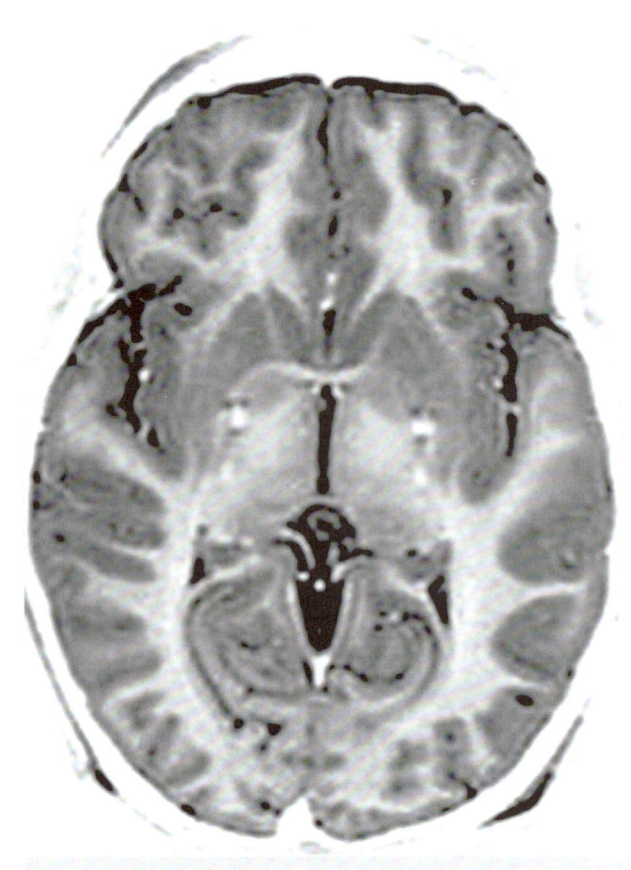

Fig. 18.9 MRI pós-operatória. Imagens axiais de FSE/IR demonstram o implante apropriado do eletrodo no GPi e confirmam a ausência de hemorragia.

19 Implante do Estimulador Cerebral Profundo Guiado por MRI Intervencionista

Paul S. Larson ▪ *Philip A. Starr* ▪ *Alastair J. Martin*

Resumo

Implante do estimular cerebral profundo (DBS) guiado por imagem por ressonância magnética (MRI) intervencionista é uma alternativa à cirurgia fisiologicamente guiada com o paciente desperto para alvos que sejam visíveis na MRI 1.5T ou 3T. A técnica é realizada em um único procedimento que inclui antissepsia da pele do paciente e delimitação por campos cirúrgicos, inteiramente no túnel de um *scanner* diagnóstico padrão no departamento de radiologia ou em um magneto de alto campo intraoperatório. Procedimentos bilaterais simultâneos podem ser realizados, e implantes no lado oposto em pacientes com sistemas de DBS previamente implantados são possíveis, desde que um *scanner* 1,5 T seja usado com sequências de imagens de baixa taxa de absorção específica. Os passos do procedimento são descritos em detalhes, incluindo a metodologia para a seleção do alvo anatômico no núcleo subtalâmico e no globo pálido interno.

Palavras-chave: MRI intervencionista, estimulação cerebral profunda, doença de Parkinson, distonia, núcleo subtalâmico, globo pálido, ClearPoint, SmartFrame.

19.1 Introdução

Implante do estimulador cerebral profundo (DBS) guiado por imagem por ressonância magnética intervencionista (iMRI) para doença de Parkinson e distonia é oferecida em nosso centro como uma cirurgia alternativa à cirurgia fisiologicamente guiada, com registro de microeletrodos e macroestimulação com o paciente desperto.[1-3] Os alvos normalmente implantados são o núcleo subtalâmico (STN) e o globo pálido interno (GPi). A técnica se baseia na colocação do implante, a qual é selecionada e confirmada por visualização direta do alvo por meio da MRI em tempo real. O procedimento inteiro é realizado no *scanner* de MRI 1,5 T ou 3 T, com antissepsia da pele do paciente e delimitação por campos cirúrgicos; não há planejamento pré-operatório, fusão de imagens de prévios exames ou mobilidade do paciente do *scanner* para uma sala de procedimento adjacente. O *scanner* não precisa ser um magneto intraoperatório especializado, embora, é claro, estes possam ser utilizados. Em nosso centro, esses procedimentos são todos realizados em *scanners* de MRI localizados na radiologia.

O fato de esses procedimentos serem realizados sob anestesia geral levou alguns a chamarem esta técnica de DBS "adormecida". No entanto, a DBS adormecida também se refere a implantações realizadas sob anestesia geral guiadas por tomografia computadorizada (CT), a qual possui um fluxo de trabalho significativamente diferente. Portanto, chamamos esta técnica de iMRI DBS. A técnica apresentada aqui é de longe o método mais amplamente adotado para a iMRI DBS, embora existam variações baseadas na plataforma específica do *scanner* sendo usada e nas preferências de cada centro. Esta técnica usa uma plataforma comercialmente disponível chamada ClearPoint (MRI Interventions, Irvine, CA), que consiste em um dispositivo preso ao crânio (SmartFrame) e um *software* executado em um *laptop* (ClearPoint Software).[4-6] Implantes unilaterais ou bilaterais simultâneos podem ser realizados, e implantes no lado oposto são possíveis em pacientes com sistemas de DBS existentes com o uso de um *scanner* 1,5 T e sequências de imagens com uma baixa taxa de absorção específica. Para simplificação, um procedimento unilateral é ilustrado abaixo.

19.2 Procedimento Cirúrgico

Anestesia é induzida em uma sala adjacente à sala do *scanner* de MRI. Se o *scanner* de MRI possui um *gantry*/tampo de mesa de rodas, o paciente é posicionado primeiramente neste, antes de ser levado ao *scanner* de MRI. Caso não possua, o paciente é colocado em uma maca MR-compatível para transporte até o *scanner*. Em ambos os casos, cautela é necessária para acolchoar adequadamente os pontos de pressão, visto que a maca de MR não é acolchoada como uma mesa de cirurgia tradicional. A cabeça do paciente é fixada em um suporte de fibra de carbono, e os braços são acolchoados e colocados em uma posição neutra. O cabelo na região frontal é grampeado e anestésico local é infiltrado na região prevista da incisão. Apenas cautério bipolar pode ser usado no ambiente da MRI, portanto é importante administrar o anestésico local o mais cedo possível para ajudar na hemostasia. Também é importante ter todas as linhas e fios esticados sobre o paciente, sem laços, e minimizar o contato cutâneo para evitar o potencial de queimaduras que podem ser induzidas durante o escaneamento (▶ Fig. 19.1).

Uma vez confirmado que todos os objetos não seguros para MR foram removidos do paciente e pessoal cirúrgico, o paciente é colocado no túnel de um *scanner* de MRI 1,5 T ou 3 T. Monitores e aparelho anestésico compatíveis com a MR são utilizados pelo anestesista. O paciente é movido para o final do *scanner*, até que sua cabeça esteja saindo da extremidade final do túnel. A cabeça é preparada com antissépticos e coberta com campos cirúrgicos com o uso de um pano de campo personalizado com um corte central similar a um acordeão que permite que um campo estéril seja estabelecido, que abrange a metade distal do túnel e a extremidade final do *scanner* (▶ Fig. 19.2). Antibióticos intravenosos profiláticos são administrados.

Uma grade de marcação MR-visível é colocada na região do ponto de entrada previsto na área frontal, geralmente ao lado ou anterior à sutura coronal (▶ Fig. 19.3a). O *gantry* é movido para posicionar a cabeça no isocentro, e uma imagem volumétrica em T1 com gadolínio é adquirida para selecionar um ponto de entrada e a trajetória da região-alvo. As imagens são transferidas para um *laptop* com o *software* ClearPoint, e um alvo preliminar é determinado com base puramente nas coordenadas da comissura anterior-comissura posterior (AC-PC). Os alvos tipicamente implantados (STN e GPi) não são visíveis nas imagens ponderadas em T1; pelo fato de o paciente precisar ser movido para a borda do túnel para abertura, qualquer direcionamento realizado neste momento terá que ser repetido. Por esta razão, não obtemos sequências de alta resolução para visualização do alvo durante a definição do ponto de entrada. Nossa experiência mostrou que alterações de até 5 mm no local do alvo selecionado nas varreduras subsequentes não mudam de forma considerável a trajetória ou as estruturas que percorrem o caminho até o alvo.

O *software* ClearPoint detecta o centro da grade de marcação, e apresenta ao cirurgião uma trajetória usando isto como um ponto de entrada proposto (▶ Fig. 19.3b). O ponto de entrada e a trajetória são modificados para evitar sulcos, o ventrículo e quais-

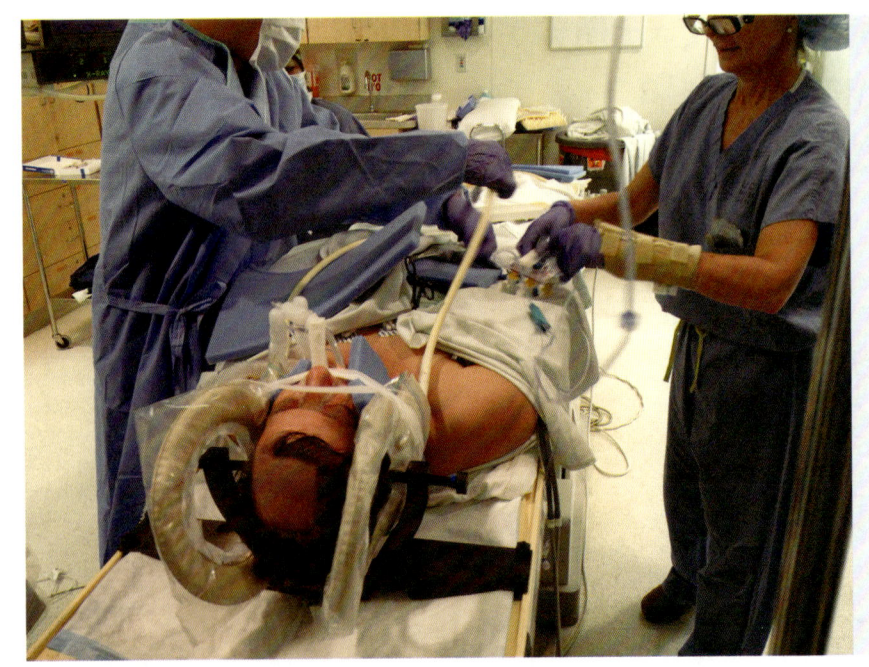

Fig. 19.1 O paciente é posicionado em supina, em um tampo de mesa de rodas na sala de controle externa da MRI. A cabeça é fixada em um suporte de fibra de carbono, e duas bobinas de MRI flexíveis são posicionadas uma de cada lado da cabeça. Os braços são colocados em posição neutra, e todas as linhas e fios esticados sobre o paciente com mínimo contato cutâneo.

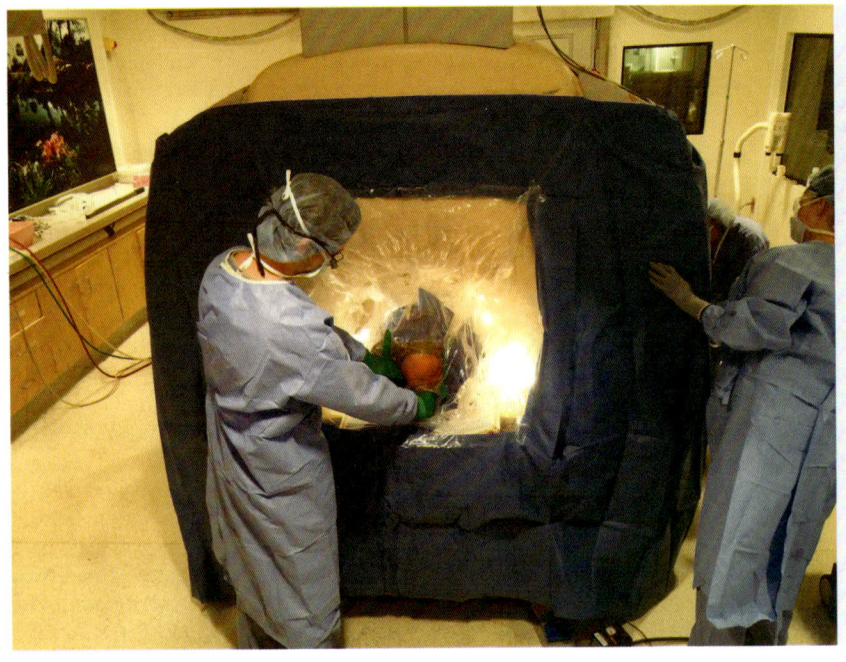

Fig. 19.2 A cabeça é preparada com antissépticos e coberta com campos cirúrgicos com o uso de um pano de campo MRI-personalizado. O corte central em acordeão (claro) do campo cirúrgico permite que o paciente seja movido da borda do *scanner* para o centro do túnel para obtenção de imagens, ao mesmo tempo em que um campo estéril é mantido.

quer vasos visíveis (▶ Fig. 19.3c). Após seleção da trajetória final, o ClearPoint apresenta ao cirurgião a localização apropriada na grade de marcação para centralizar o orifício de trepanação (▶ Fig. 19.3d). A camada externa da grade de marcação é removida para revelar uma grade impressa abaixo. Um instrumento cortante, com uma ponta rosqueada (a ferramenta de marcação) é usado para perfurar o couro cabeludo no local específico e, então, aparafusado na tábua externa do crânio para deixar uma cavidade visível no crânio.

Uma incisão linear é realizada no ponto de entrada, paralela à sutura coronal. No caso de implantes bilaterais, uma incisão longa ou duas incisões menores podem ser usadas. O SmartFrame tem duas bases diferentes; uma é fixada diretamente ao crânio através de uma incisão maior (base de fixação do crânio), enquanto a outra é fixada percutaneamente através da pele (base de fixação do couro cabeludo) e permite que uma incisão menor seja usada. Um orifício de trepanação de 14 a 15 mm é centralizado na cavidade no crânio realizada com a ferramenta de marcação. Ao centralizar o orifício de trepanação nesta marca, é essencial garantir que o ponto de entrada cortical esteja no local apropriado. Também é importante alargar as paredes do orifício de trepanação, particularmente ao longo da margem lateral da abertura, a fim de evitar colisões com o osso durante a inserção do estilete.

A dura é coagulada e pode ser aberta de forma cruzada ampla ou deixada intacta (a chamada técnica da dura fechada, descrita abaixo). O dispositivo de ancoragem do DBS, StimLoc (Medtronic, Minneapolis, MN), é parafusado no crânio ao redor do orifício de trepanação, e o SmartFrame é fixado usando a base de fixação

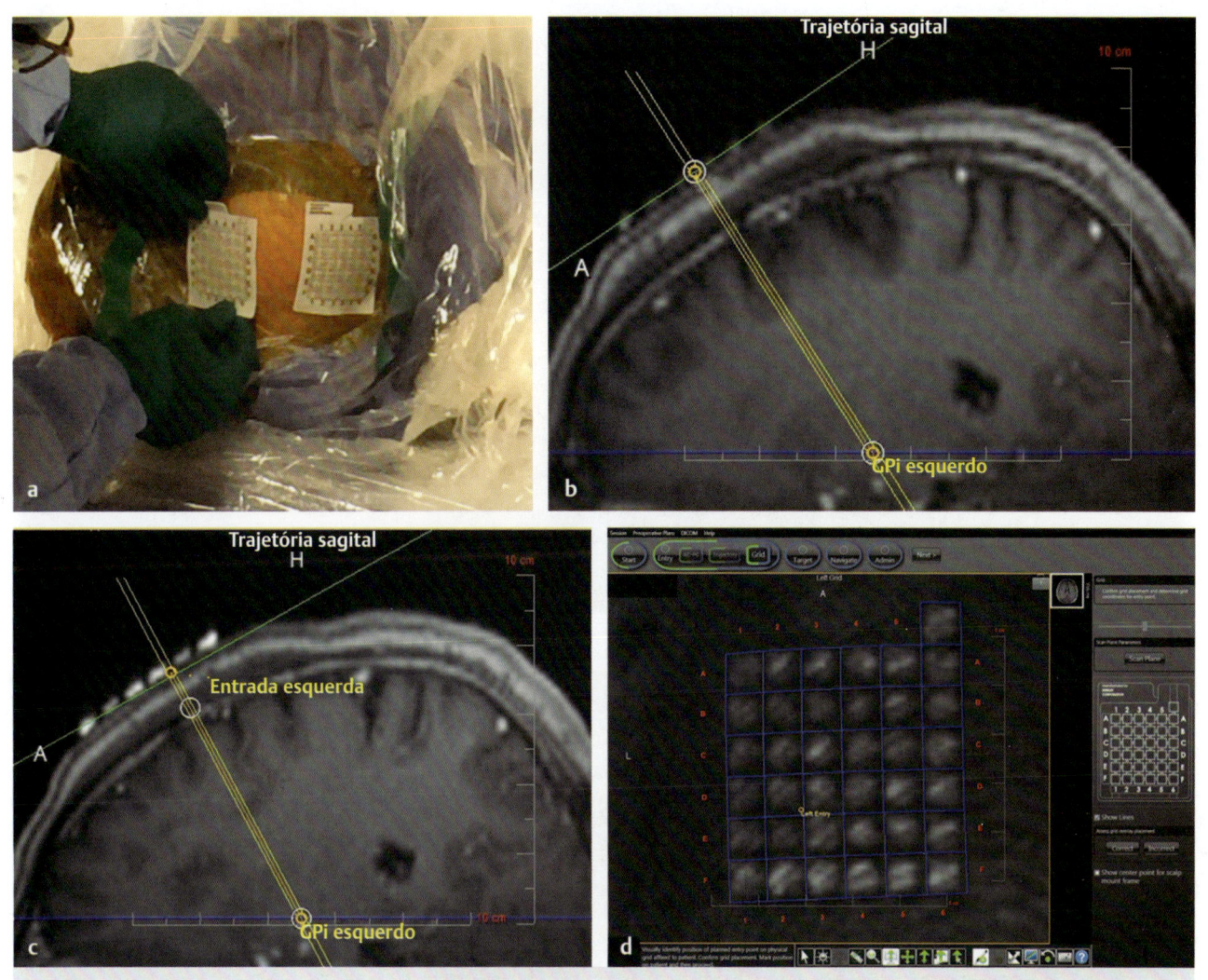

Fig. 19.3 Seleção do ponto de entrada. **(a)** Grades de marcação são colocadas no couro cabeludo. **(b)** MRI em T1 com gadolínio é obtida, e o ClearPoint fornece uma trajetória inicial com base no centro da grade de marcação; a trajetória neste exemplo atravessa um sulco, portanto, será modificada. O *software* mostra incidência coronal oblíqua, sagital oblíqua e em olho de boi ao longo da trajetória (apenas a sagital oblíqua é demonstrada aqui). **(c)** Trajetória final, como observada na incidência sagital oblíqua. **(d)** O ClearPoint mostra o local onde o orifício de trepanação deve ser centralizado, com base na trajetória planejada.

do crânio ou a base de fixação do couro cabeludo. Novamente, a preocupação primária neste momento é a de evitar qualquer colisão potencial com a margem óssea durante a inserção do estilete. Visto que colisões com a margem lateral do orifício de trepanação são mais comuns (particularmente com o GPi), é útil fixar a base ligeiramente medial ao centro do orifício de trepanação. Na preparação de mover o paciente para o isocentro para direcionamento e implantação, os controladores manuais são fixados aos botões de ajuste *pitch-roll* e x-y do SmartFrame (▶ Fig. 19.4). Quando o paciente é movido para o isocentro para direcionamento e implantação, ele não retorna para a margem do *scanner* até que a inserção seja concluída.

Uma sequência volumétrica em T1, abrangendo toda a cabeça e incluindo a base do SmartFrame, é adquirida. O volume escaneado deve incluir a base do SmartFrame, de modo que o *software* possa detectar a posição dos três fiduciais e o "marcador de bola" (▶ Fig. 19.5). O marcador de bola, também chamado como ponto pivô, está na extremidade inferior da cânula de direcionamento (TC). É o centro da rotação para o SmartFrame à medida que se movimenta em direção anterior-posterior (*pitch*) ou medial-lateral (*roll*). Estes dois graus de liberdade resultam em ajustes angulares à trajetória que giram em torno do marcador de bola. A TC (e o marcador de bola) são MR-visíveis e têm um lúmen central, através do qual o estilete de cerâmica e o eletrodo de DBS serão inseridos. A TC, portanto, precisa ser alinhada o mais precisamente possível ao alvo. O *software* deve ser capaz de detectar os três fiduciais e o marcador de bola neste escaneamento volumétrico, a fim de determinar a posição do SmartFrame no crânio e como este será orientado no espaço com relação ao alvo que será selecionado.

Uma aquisição em corte de alta resolução é obtida na região do alvo. esta é a sequência que será usada para direcionamento. Tipicamente, usamos uma sequência intercalada em T2 para o STN e uma sequência IR intercalada ou "FGATIR" volumétrica para o GPi. Estas sequências são transferidas à estação de trabalho do ClearPoint, onde o cirurgião pode combinar o volume T1 e o escaneamento direcionado. Visto que a cabeça está na mesma posição com relação ao *scanner* para cada aquisição, nenhuma fusão de imagens é necessária e as sequências são imediatamente disponíveis para visualização. Os escaneamentos de definição do

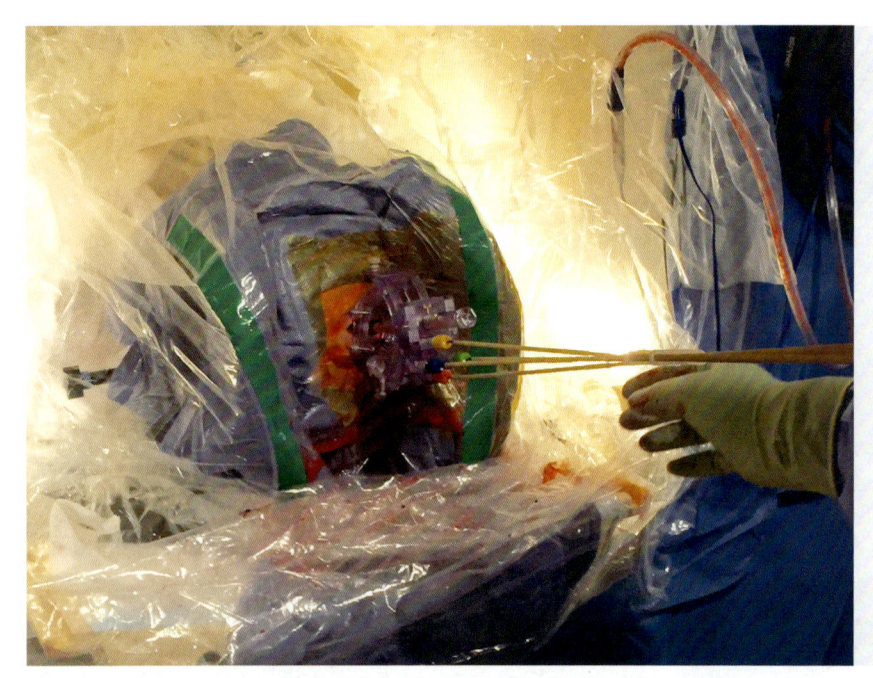

Fig. 19.4 SmartFrame usando a base de fixação do couro cabeludo para um caso unilateral. Os cabos do controlador manual são fixados aos botões de ajuste *pitch-roll* e x-y do SmartFrame, e o paciente está prestes a ser movido para o isocentro do túnel para direcionamento e implantação.

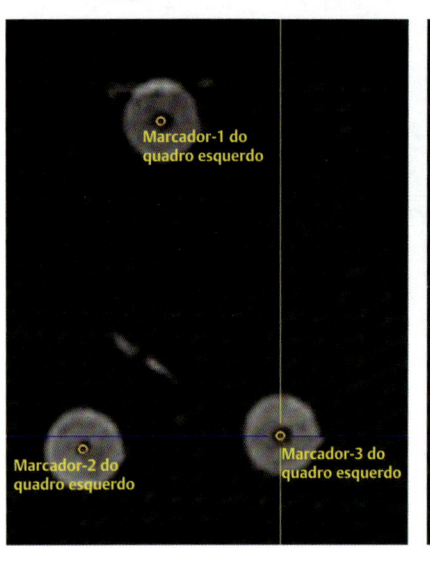

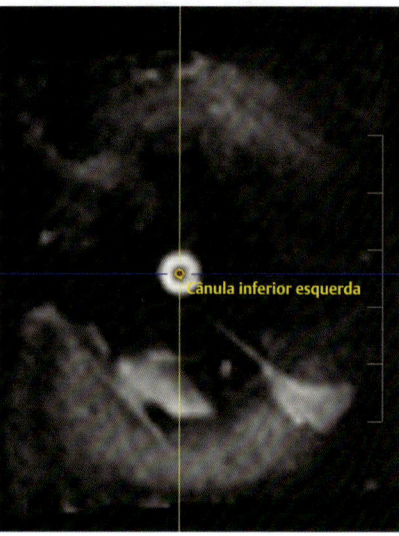

Fig. 19.5 Visualização dos marcadores fiduciais na base do SmartFrame (esquerda) e do marcador de bola (direita) em uma imagem volumétrica em T1 realizada após o paciente ter sido movido de volta para o isocentro para direcionamento e implantação.

alvo são obtidos paralelamente ao plano AC-PC, o que facilita a interpretação das imagens pela equipe cirúrgica.

O STN é tipicamente direcionado em um plano axial 4 mm abaixo do AC-PC. Uma linha é traçada ao longo da borda anterior do núcleo vermelho a 90 graus da linha média, e seguida até o STN. A borda medial do STN é sempre bem visualizada, mas a borda lateral frequentemente não é discernível. Se a borda lateral do STN é bem visualizada, o alvo é centralizado no STN na direção medial-lateral. Nesta circunstância, certifique-se de que o alvo esteja a uma distância de pelo menos 2 mm da borda lateral do STN. Se a borda lateral não é bem visualizada, colocar o alvo plano à borda anterior do núcleo vermelho e a uma distância de 2 mm da borda medial do STN medido tangencialmente (▶ Fig. 19.6a). A ponta do eletrodo deve ser posicionada ligeiramente além do alvo, para colocar o contato desejado na região apropriada do núcleo. Uma ultrapassagem típica no STN durante o implante do eletrodo da Medtronic modelo 3389 é de 2 mm. Isto irá posicionar o contato 1 na região dorsal do STN (▶ Fig. 19.6b).

O GPi é direcionado no nível do plano AC-PC. Uma linha é traçada ao longo da borda medial do GPi (a borda palidocapsular). Esta linha é tipicamente de 18 a 21 mm de comprimento. A borda GPe/GPi às vezes "engancha" de forma significativa na direção da cápsula interna e de sua extremidade anterior. A linha é dividida em terços, e uma segunda linha é iniciada na junção dos dois terços anteriores com o terço posterior da borda palidocapsular. Esta linha é traçada tangencialmente na direção oposta da cápsula interna, a uma distância de 3 a 4 mm. Isto irá posicionar o alvo próximo à borda GPe/GPi. Não posicionamos o alvo a menos de 3 mm da cápsula interna (▶ Fig. 19.7). Novamente, o eletrodo é intencionalmente posicionado depois do alvo, desta vez posicionando a ponta na base do paleoestriado. Medidas podem ser feitas na tela do ClearPoint para determinar a distância; uma ultrapassagem típica é de 4 a 5 mm.

Uma vez definido o alvo, o processo de alinhamento da TC com o alvo começa. O *software* ClearPoint fornece ao técnico de MRI planos de escaneamento que permitem que o *software* de-

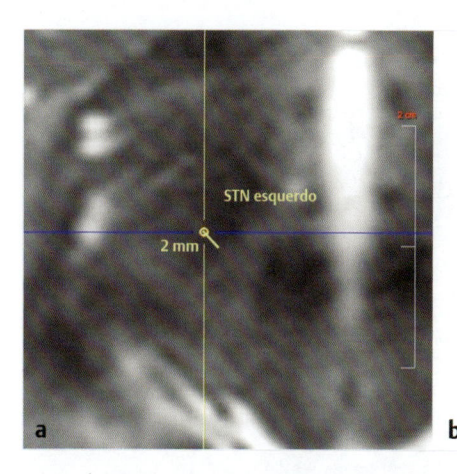

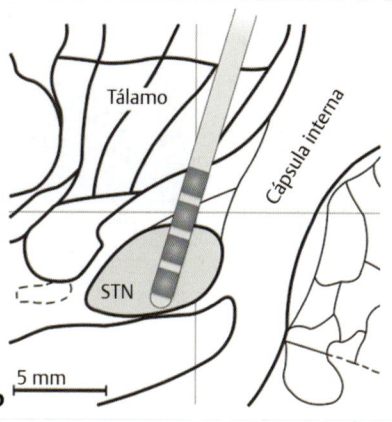

Implante do Estimulador Cerebral Profundo Guiado por MRI Intervencionista

Fig. 19.6 Direcionamento ao STN.
(a) Direcionamento em corte axial em T2 localizado 4 mm abaixo do plano AC-PC, como observado no *software* ClearPoint. O alvo é centralizado no STN na direção medial-lateral e nivelado com a borda anterior do núcleo vermelho (linha azul). Se a borda lateral do STN não for bem visualizada, o alvo é nivelado com a borda anterior do núcleo vermelho e posicionado a uma distância de 2 mm, tangencialmente, da borda medial do STN. **(b)** Diagrama esquemático sagital do STN e estruturas adjacentes, mostrando típica ultrapassagem para colocar o contato 1 no STN dorsal; um eletrodo Medtronic 3389 é representado neste exemplo.

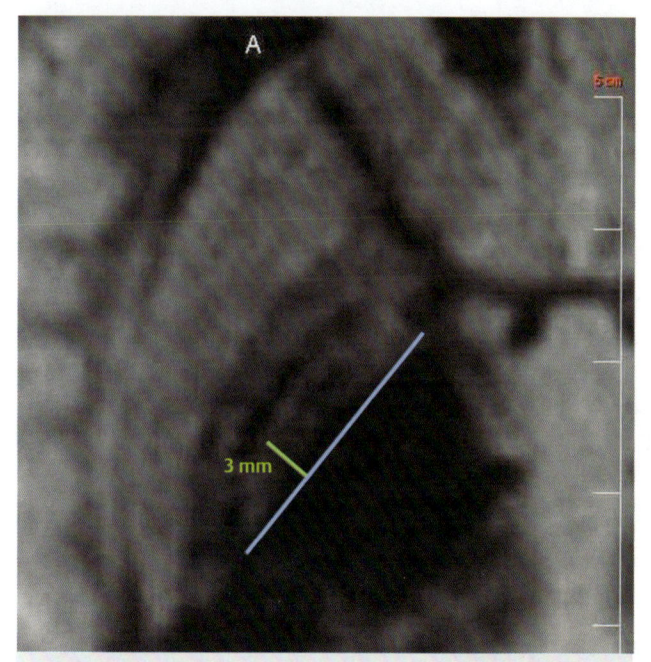

Fig. 19.7 Direcionamento ao GPi demonstrado, esquematicamente, em uma sequência FGATIR axial no nível do plano AC-PC. Uma linha é traçada ao longo da borda palidocapsular (*linha azul*). Esta linha é dividida em terços. Na junção dos dois terços anterior com o terço posterior, uma segunda linha é traçada tangencialmente para o lado oposto da cápsula, a uma distância de 3 a 4 mm (*linha verde*). Note que o alvo estará próximo à borda do GPe/GPi.

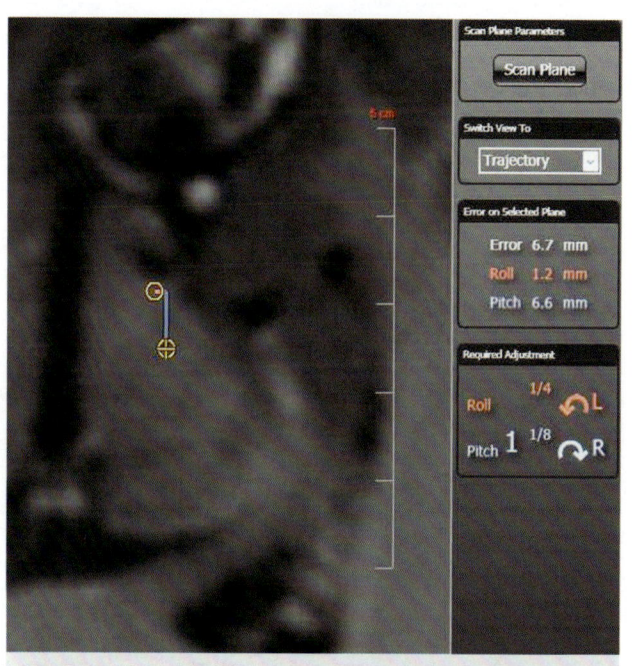

Fig. 19.8 Processo de alinhamento no *software* ClearPoint. O círculo com mira é o alvo selecionado, e o círculo aberto é onde a TC está direcionada. Os painéis da direita mostram o erro previsto nas direções anterior-posterior (*roxo*) e medial-lateral (*vermelho*), bem como nas direções dos botões de ajuste *pitch-roll* no SmartFrame, a fim de alinhar a TC com o alvo. Após a realização destes ajustes, o escaneamento é repetido e o erro previsto e as instruções são atualizadas com base no conjunto de imagens recém-adquirido.

termine a orientação atual da TC e forneça ao cirurgião instruções para ajustar os botões *pitch-roll* e x-y no SmartFrame, bem como o erro previsto levando em conta a orientação atual da TC (▶ Fig. 19.8). Após a realização dos ajustes, o escaneamento é repetido e o *software* atualiza o erro previsto, fornecendo instruções atualizadas caso o cirurgião deseje fazer ajustes adicionais. O processo é iterativo e continuado até que o erro previsto pelo *software* seja igual ou inferior a 0,4 mm. Os escaneamentos obtidos durante essa etapa levam de 6 a 60 segundos, e todo o processo leva aproximadamente 10 a 15 minutos.

Os movimentos de *pitch-roll* são ajustes angulares da TC, sendo geralmente usados para se aproximar do alvo. Movimentos angulares têm a vantagem de não aproximarem o ponto pivô das bordas do orifício de trepanação. Em contraste, os ajustes x-y fornecem movimentos de deslocamento linear (paralelos à trajetória atual) que são mais úteis para fazer pequenos ajustes para alcançar o alinhamento final. No entanto, existe uma faixa limitada sobre a qual estes ajustes podem ser feitos (cerca de 2,5 mm em cada direção), e eles podem aproximar a TC da borda do orifício de trepanação, o que pode aumentar a probabilidade de colisão com o osso durante a inserção.

Uma vez concluído o alinhamento, o processo de inserção começa. O *software* fornece ao cirurgião a profundidade a partir do topo do SmartFrame. Um limitador de profundidade é colocado na distância correspondente a partir da ponta de um estilete de cerâmica com revestimento plástico, que é aproximadamente o mesmo diâmetro externo do eletrodo de DBS. Uma bainha destacável, significativamente mais longa do que o estilete de cerâmica, é colocada em um dispositivo plástico simples chamado de dispositivo de dispositivo de travamento O dispositivo de travamento permite que o estilete seja colocado através da bainha descartável de forma que esta possa ser encurtada ao comprimento desejado e, por fim, removida sem atrapalhar qualquer dispositivo colocado através dela. Na técnica ClearPoint, a bainha destacável substitui um tubo-guia rígido de comprimento fixo. O estilete com o limitador de profundidade é colocado através do dispositivo de travamento e bainha destacável até atingir o fundo; é fixado na devida posição com um parafuso de bloqueio, e o bainha é encurtada até que a ponta do estilete comece a ser projetada. Este conjunto é, então, colocado através da TC e passado até o alvo. Imagens seriadas podem ser obtidas para monitorar a inserção (▶ Fig. 19.9). A posição final do estilete é avaliada por imagens de alta resolução (▶ Fig. 19-10).

Se a posição do estilete for aceitável, o estilete de cerâmica é removido, deixando a bainha destacável no alvo. Um limitador de profundidade é colocado sobre um eletrodo de DBS na mesma distância da ponta que a usada no estilete, e o eletrodo é inserido no dispositivo de travamento passando pela bainha destacável até o alvo. Se o procedimento é realizado em um *scanner* 1,5 T, um escaneamento final pode ser realizado para confirmação a colocação do eletrodo. Note que o eletrodo de DBS causa um artefato relativamente grande nas imagens de MR e, por isso, a precisão da inserção é realmente determinada pela imagem do estilete de cerâmica, o qual deixa um artefato muito menor. Se o procedimento estiver sendo realizado em um *scanner* 3 T, a imagem do eletrodo de DBS inserido não é atualmente recomendada de acordo com a rotulagem do produto.

O paciente é colocado de volta na margem do túnel para fixação do eletrodo e fechamento. A bainha destacável é removida, deixando o eletrodo em sua devida posição. O eletrodo é fixado com o StimLoc, e o estilete do eletrodo de DBS é removido. O eletrodo é, em seguida, desinserido do dispositivo de travamento e puxado para baixo e para fora da TC pela região inferior, com o uso de uma pinça para soltá-lo do SmartFrame. O SmartFrame é, então, removido, e a touca do StimLoc é colocada para ancorar

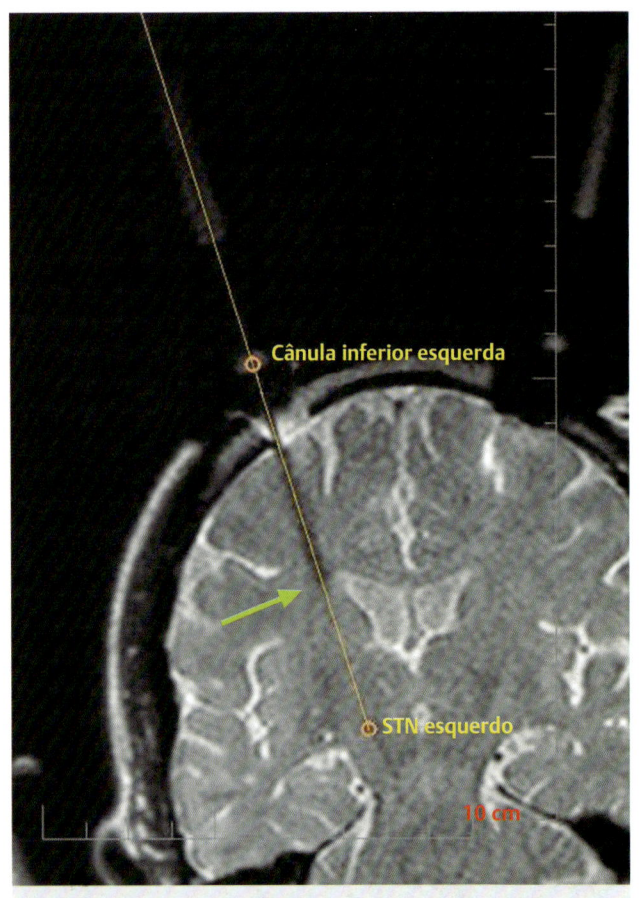

Fig. 19.9 *Software* ClearPoint mostrando o estilete de cerâmica inserido até a meio caminho do alvo durante a inserção no STN. O artefato do estilete de cerâmica pode ser observado atrás da linha gerada pelo computador, mostrando a trajetória desejada desde o ponto pivô ou marcador de bola ("cânula inferior esquerda") até o STN esquerdo; a ponta do estilete é indicada por uma seta verde.

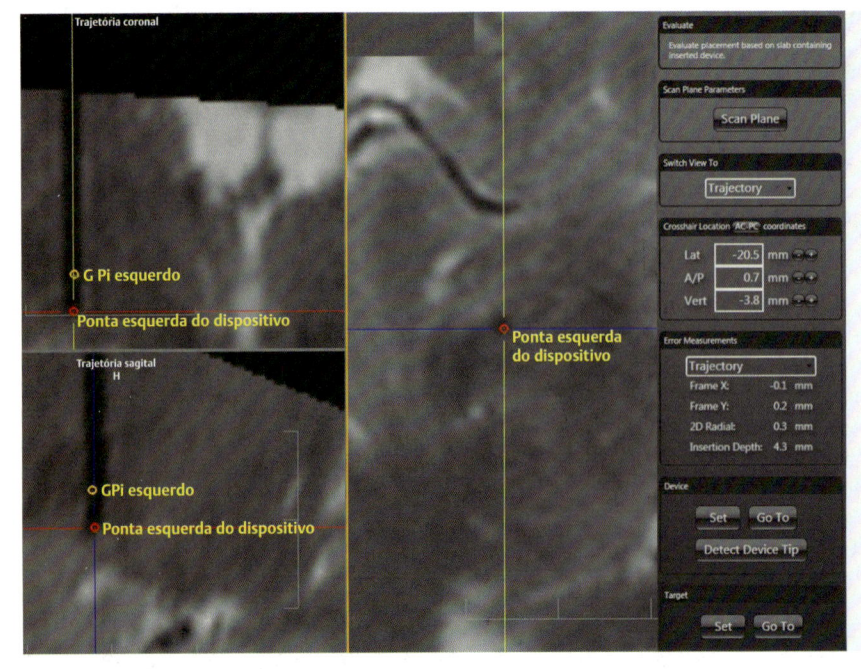

Fig. 19.10 Captura de tela mostrando a avaliação da posição final do estilete, tal como visualizado em três planos em um caso de GPi. No plano axial usado para seleção do alvo, o painel da direita mostra erros de 0,1 mm para x e de 0,2 mm para y, com erro radial (distância vetorial entre a posição desejada e a posição real) de 0,3 mm. Note que a ponta do estilete é intencionalmente colocada além do alvo (4,3 mm neste caso) para posicionar a ponta do eletrodo de DBS na base do paleoestriado.

definitivamente o eletrodo. A ferida é irrigada com solução antibiótica. Tesouras curvas são usadas para criar uma bolsa subgaleal em direção ao lado que as extensões do eletrodo e o gerador de pulsos será colocado em um procedimento separado ambulatorial (tipicamente 1-3 semanas após a colocação do eletrodo por iMRI). A capa do eletrodo é colocada na extremidade dele, e é presa debaixo do couro cabeludo na bolsa subgaleal. Fechamento é realizado com fios de sutura absorvíveis 3-0 na gálea e com grampos na pele. A maioria dos grampeadores padrões é compatível com a MRI, mas isto deve ser estabelecido antes de os usar em um procedimento. As agulhas de sutura também são padrão e não são MR-seguras; cautela é necessária para sempre passar as agulhas de um lado para o outro entre o cirurgião e o técnico, com as agulhas fixas em um porta-agulhas. Após fechamento e curativo da ferida, o paciente é removido da sala de MRI para extubação.

Referências

[1] Martin AJ, Larson PS, Ostrem JL, et al. Placement of deep brain stimulator electrodes using real-time high-field interventional magnetic resonance imaging. Magn Reson Med. 2005; 54(5):1107–1114

[2] Ostrem JL, Galifianakis NB, Markun LC, et al. Clinical outcomes of PD patients having bilateral STN DBS using high-field interventional MR-imaging for lead placement. Clin Neurol Neurosurg. 2013; 115(6):708–712

[3] Starr PA, Martin AJ, Ostrem JL, Talke P, Levesque N, Larson PS. Subthalamic nucleus deep brain stimulator placement using high-field interventional magnetic resonance imaging and a skull-mounted aiming device: technique and application accuracy. J Neurosurg. 2010; 112(3):479–490

[4] Chabardes S, Isnard S, Castrioto A, et al. Surgical implantation of STN-DBS leads using intraoperative MRI guidance: technique, accuracy, and clinical benefit at 1-year follow-up. Acta Neurochir (Wien). 2015; 157(4):729–737

[5] Larson PS, Starr PA, Bates G, Tansey L, Richardson RM, Martin AJ. An optimized system for interventional magnetic resonance imaging-guided stereotactic surgery: preliminary evaluation of targeting accuracy. Neurosurgery. 2012; 70(1) Suppl Operative:95–103, discussion 103

[6] Starr PA, Markun LC, Larson PS, Volz MM, Martin AJ, Ostrem JL. Interventional MRI-guided deep brain stimulation in pediatric dystonia: first experience with the ClearPoint system. J Neurosurg Pediatr. 2014; 14(4):400–408

20 Implante de DBS sem Halo com o O-Arm

Rafael A. Veja ▪ *Kathryn L. Holloway*

Resumo

A cirurgia de estimulação cerebral profunda (DBS) tem desempenhado um papel importante no tratamento de pacientes com distúrbios do movimento. Avanços nesse campo foram alcançados através do uso de direcionamento estereotáxico de trajetos-chave em pacientes submetidos à cirurgia no estado desperto. A DBS apresenta uma precisão média de 2 a 3 mm (varia de 0 a 6 mm). A detecção intraoperatória da localização do trajeto é útil na interpretação dos resultados fisiológicos e também limitou o número de penetrações cerebrais, e também reduz a incidência de reoperações. O O-Arm foi adaptado na cirurgia de DBS sem halo para incorporar o registro e a colocação fiducial em um único procedimento, bem como para fornecer identificação intraoperatória das posições do microeletrodo e do eletrodo de DBS.

Palavras-chave: estimulação cerebral profunda, estereotaxia sem halo, neurocirurgia funcional, imagem intraoperatória, distúrbios do movimento, neuronavegação, cirurgia estereotáxica, localização do alvo.

20.1 Introdução

Ferramentas de direcionamento e de navegação altamente precisas são necessárias para a realização eficaz de intervenções terapêuticas nas estruturas cerebrais profundas. Ao longo dos anos, esta necessidade foi alcançada por uma variedade de dispositivos estereotáxicos. O objetivo destes métodos é o implante preciso do eletrodo de estimulação cerebral profunda (DBS) na localização anatômica desejada, bem como evitar baixos limiares dos efeitos colaterais.[1] O primeiro halo estereotáxico foi introduzido na prática clínica há mais de 50 anos, e versões modernas do halo continuam a ser utilizadas neste contexto. No entanto, halos estereotáxicos têm diversas limitações, as quais incluem um tempo de procedimento prolongado, potenciais obstáculos na vigilância da resposta do paciente durante a cirurgia, e a pressão do halo pesado e restritivo sobre o paciente durante a cirurgia. Talvez, e mais importante, a percepção do paciente do halo estereotáxico como claustrofóbico e medieval em aparência levou à necessidade de estratégias alternativas. Como resultado, sistemas de navegação sem halo guiados por imagem foram desenvolvidos como uma alternativa, e seu uso se tornou comum ao longo da última década.[2,3] Inicialmente, sistemas sem halo estereotáxico eram amplamente encarados como fornecedores de uma precisão insuficiente para uma estereotaxia verdadeira; entretanto, isto não é verdade com os dispositivos estereotáxicos sem halo desenvolvidos especificamente para a cirurgia de DBS. Uma variedade de estudos na literatura demonstrou repetitivamente precisões de localização equivalentes àquelas alcançadas com um halo estereotáxico.[4-7] Maior conforto e menor apreensão do paciente resultaram no maior uso de sistemas sem halo como uma alternativa aos halos na neurocirurgia funcional estereotáxica.

20.1.1 Sistemas sem Halo

Existem dois sistemas atualmente usados para a cirurgia de implante de DBS sem halo no paciente desperto, o Nexframe (Medtronic, Minneapolis, MN) e a plataforma Starfix (FHC, Bowdoinham, ME). Ambos contam com fiduciais colocados no crânio para obtenção da maior precisão possível. Estes dispositivos são pequenos, leves e rigidamente fixados no crânio, tornando a fixação da cabeça à mesa desnecessária.

A plataforma Starfix é um dispositivo personalizado, com base na tecnologia de prototipagem rápida. Após a colocação do fiducial e obtenção de imagem (imagem por ressonância magnética [MRI] e tomografia computadorizada [CT]), um *software* personalidade é usado para planejar a trajetória de entrada no alvo. Este plano é, então, enviado à empresa, a qual fabrica uma plataforma em plástico de alta qualidade que é fixada aos marcadores fiduciais implantados. A plataforma personalizada concluída é enviada por correio expresso em 24 a 72 horas. No dia da cirurgia, a plataforma é fixada ao fiducial colocado após preparação estéril, e serve como um guia da trajetória. Embora ajustes da trajetória sejam possíveis com o uso de um adaptador multilúmen, sem ou com desvios, estes ajustes são limitados a 5 mm. Esta abordagem troca a flexibilidade completa do ajuste da trajetória em tempo real pela simplicidade e rigidez absoluta.

O Nexframe é uma plataforma ajustável, a qual é registrada no intraoperatório e pode, então, ser alinhada a qualquer alvo. Este dispositivo foi extensivamente testado clinicamente e no laboratório, demonstrando precisão equivalente a um halo estereotáxico.[4-10] Este capítulo focará no uso de Nexframe para a realização de intervenções terapêuticas nos alvos cerebrais profundos.

20.1.2 Abordagens Guiadas por Imagens

Conhecimento da localização anatômica do eletrodo de DBS na região cerebral profunda é essencial para o controle de qualidade, seleção dos parâmetros de estimulação e, por fim, pelo sucesso da terapia. Diversas modalidades imagiológicas foram modificadas e adotadas para uso no direcionamento intraoperatório. Tanto a CT como a MRI foram integradas com sucesso no fluxo de trabalho do implante do eletrodo de DBS por uma variedade de centros cirúrgicos.[1] Este capítulo irá focar nos métodos guiados por CT.

Há um número crescente de aparelhos de tomografia computadorizada (CT) disponíveis para uso na sala de cirurgia. Este capítulo focará no uso de um dispositivo de CT multiuso amplamente disponível. O O-Arm (Medtronic Inc, Minneapolis, MN) é uma CT de feixe cônico (CBCT) de painel plano, desenvolvido para uso intraoperatório durante os procedimentos de instrumentação espinal e, portanto, está disponível em muitas salas de cirurgia. Embora sua resolução de tecidos moles seja inferior à do *scanner* diagnóstico de feixe em leque, ele possibilita a localização dos fiduciais ósseos, trajetos dos microeletrodos e do eletrodo de DBS. O campo de visão abrange toda a cabeça, o que permite a fácil autofusão com as imagens de MRI pré-operatórias. A MRI vinculada fornece a trajetória planejada e as coordenadas da comissura anterior-comissura posterior (AC-PC) dos implantes. O dispositivo tem uma abertura larga, permitindo a incorporação do dispositivo no campo cirúrgico em uma posição "estacionada" que possibilita o fácil acesso cirúrgico à cabeça do paciente, e também pode ser suavemente migrado para uma posição de *scan* gravada, que também é ideal para exame do paciente durante o teste intraoperatório. A fácil transição entre estas posições permite que o dispositivo seja eficiente e repetidamente usado durante todo o procedimento para verificar os trajetos dos microeletrodos durante o registro fisiológico. Múltiplos estudos demonstraram a capacidade do

O-Arm em detectar trajetos enviesadas e fornecer precisão de registro equivalente a uma CT.[5,11] Portanto, foi demonstrado em múltiplos centros que o O-Arm é uma adição útil ao procedimento de DBS.

20.2 Seleção do Paciente

A abordagem sem halo pode ser usada por qualquer paciente sendo submetido a uma cirurgia estereotáxica, embora seja particularmente apropriada para determinados subgrupos de pacientes. Alguns pacientes podem ter cabeças muito grandes ou muito pequenas que não podem ser confortavelmente acomodadas por um halo. Outros podem ter cifose severa, que limita a MRI ou a CT com um halo posicionado. A maioria dos pacientes sente-se menos intimidada pela colocação fiducial do que pela colocação de um halo, e a capacidade de reajustar a posição durante a cirurgia é muito útil para pacientes com dorsalgia ou claustrofobia. Procedimentos sem halo são particularmente úteis para pacientes com movimentos da cabeça que ameaçariam o apoio do halo sobre o crânio. Os dispositivos sem halo se movimentam junto com o paciente e, portanto, não estão sujeitos ao torque gerado pela fixação do halo na mesa.

20.3 Preparação Pré-Operatória

Exames imagiológicos são adquiridos em caráter ambulatorial. As imagens consistem em cortes de CT de 1 mm de espessura, as quais são obtidas com a tomada de imagem de todo o volume craniano, e de imagens por MR obtidas vários dias ou semanas antes da cirurgia. Existem ocasionais dificuldades com as fusões MRI – O-Arm e, assim, uma CT é incluída nas imagens pré-operatórias. Isto garante que uma fusão adequada do conjunto de dados, e que a trajetória planejada possa ser incorporada com a varredura de referência intraoperatória. A realização precoce deste procedimento permite o planejamento em qualquer momento antes da cirurgia. Embora a colocação fiducial possa ser realizada como um procedimento ambulatorial separado, preferimos e descreveremos a colocação fiducial intraoperatória.

O planejamento cirúrgico é realizado em uma estação de trabalho guiada por imagens (ou seja, FrameLink), de forma idêntica àquela usada com a estereotaxia com halo. O sítio de entrada do orifício de trepanação é escolhido para otimizar o máximo número de contatos na região-alvo, e para minimizar a aproximação destes contatos à cápsula interna. A trajetória planejada é revisada em imagens ponderadas em T1, a fim de evitar transgressão de veias corticais, sulcos ou ventrículos, e para ser ajustada de acordo. As distâncias entre os orifícios de trepanação e as suturas coronal e sagital são medidas e anotadas para referência futura.

Medicamentos para tremor ou PD são descontinuados na noite anterior à cirurgia. Antibióticos pré-operatórios são regularmente administrados 30 minutos antes da incisão cutânea.

20.4 Procedimento Cirúrgico

20.4.1 Visão Geral

A lógica por trás de uma abordagem sem halo com orientação imagiológica usando o O-Arm é de maximizar as informações que melhoram o direcionamento, ao mesmo tempo em que melhora o conforto do paciente durante todo o procedimento cirúrgico. Sendo assim, esse procedimento combina a imagem anatômica e o teste fisiológico. Imagem intraoperatória com o O-Arm possibilita a correção do erro médio de direcionamento de 2 mm observado com a estereotaxia com e sem halo.[4-7] Testes fisiológicos fornecem um ajuste para a variabilidade de fisiologia e sintomatologia entre os pacientes. Tanto o registro de microeletrodos (MER) quanto o teste intraoperatório para acinesia, rigidez e tremor pode ser útil neste aspecto. É fundamental tornar a porção desperta do procedimento o mais confortável possível. O uso do dispositivo sem halo fornece um suporte confortável para a cabeça e o pescoço, e permite que o paciente ajuste a posição da cabeça e do corpo durante a cirurgia. Por fim, sedação é administrada durante as porções desagradáveis do procedimento, como a criação do orifício de trepanação, e é pausada durante o MER e a avaliação da eficácia usando macroestimulação. Alternativamente, o MER e o teste de estimulação para efeitos do lado motor podem ser conduzidos enquanto o paciente está sedado.

20.4.2 DBS Guiada por O-Arm sem Arco com Teste Fisiológico

O paciente é inicialmente colocado em uma posição de cadeira de descanso otimizada para conforto do paciente. A cabeça é repousada em um suporte passivo radiotransparente. O suporte não invasivo possui um colar cervical estabilizador, que é usado para fornecer segurança durante o despertar da sedação e que pode ser removido quando o paciente estiver acordado, permitindo ajuste da posição do paciente durante a cirurgia para um maior conforto (▶ Fig. 20.1a). Isto também diminui a claustrofobia e possibilita o teste da musculatura cervical para distonia cervical durante a cirurgia.

A agregação do O-Arm no procedimento fornece a oportunidade de incorporar os fiduciais na porção sedada do procedimento e obter a varredura de registro *in situ*. Isto aumenta ainda mais o conforto do paciente. Para minimizar artefatos nas subsequentes varreduras com O-Arm, o colar e o suporte radiotransparente são presos à mesa e fixados de modo que o perfil vertical do aparato seja minimizado. O O-Arm é, então, posicionado com a base nos ombros e pescoço do paciente. Três posições do O-Arm (estacionada, intermediária e varredura) são criadas neste momento e salvas. O arco é posicionado com a cabeça no centro do arco para aquisição da imagem (posição de varredura). A posição estacionada deve otimizar o acesso cirúrgico, e uma posição intermediária é escolhida para permitir a transição entre as posições de varredura e estacionada sem colisão com a mesa ou com os dispositivos cranianos. Imagens com o O-Arm podem ser obtidas em modo padrão, a fim de minimizar a dose de radiação (0,6 mSV) ou em modo realçado para aumentar o contraste de tecidos moles (2,2 mSV), o qual tem uma dose de radiação similar a uma CT regular (~ 2-4 mSV). A aquisição de imagens no modo realçado fornece uma precisão ligeiramente maior para localização fiducial do que as imagens não realçadas (0,61 *versus* 0,70; $p = 0,04$) e, portanto, o modo realçado é usado para varredura de registro, enquanto o modo padrão ou alta definição são usados para as varreduras subsequentes dos trajetos dos microeletrodos.

A região superior e dorsal da cabeça é preparada com antissépticos e um adesivo de pele Ioban lateral transparente com centro adesivo lobulado é aderido à cabeça do paciente e as bordas são fixadas ao O-Arm (▶ Fig. 20.1b, c). Este pano de campo fornece uma barreira transparente entre o campo cirúrgico estéril e a equipe de neurologia durante o MER e o exame clínico. Após a colocação do pano de campo, o paciente sedado é injetado com anestesia local e seis fiduciais ósseos são inseridos através de incisões de 3 mm criadas com a ponta de um Colorado Bovie (▶ Fig. 20.2a, b). Um

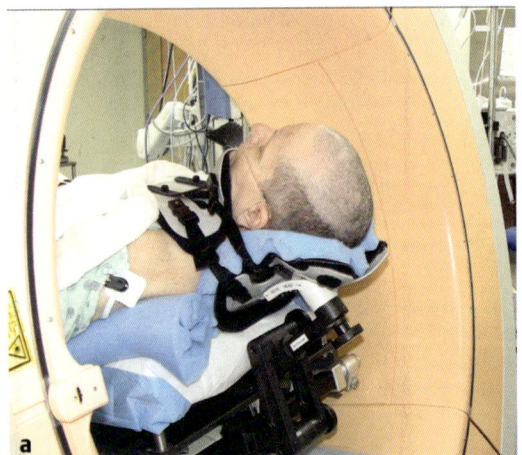

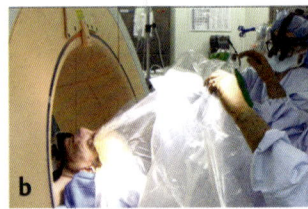

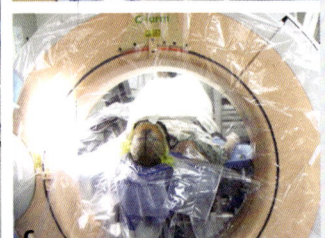

Fig. 20.1 Paciente posicionado e coberto com pano de campo para inserção do DBS. **(a)** O suporte é fixado à mesa com um Mayfield radiotransparente, minimizando seu perfil vertical para facilitar a obtenção da imagem. O colar cervical modificado fornece suporte à cabeça e ao pescoço. A porção anterior do colar é presa enquanto o paciente está adormecido, e removida quando o paciente está desperto e cooperativo para a monitorização eletrofisiológica. **(b)** Um adesivo de pele Ioban lateral transparente com centro adesivo lobulado é aderido à cabeça do paciente de forma estéril, **(c)** com cuidado para fornecer suficiente folga no pano de campo para os movimentos do O-Arm.

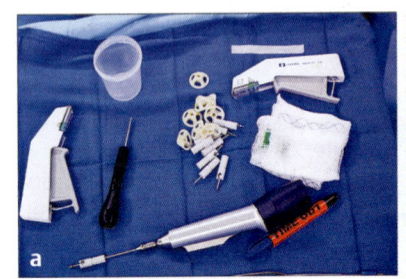

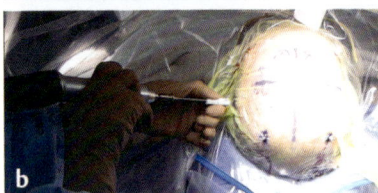

Fig. 20.2 (a) Bandeja de instrumentais na mesa de cirurgia durante a colocação dos fiduciais, que inclui o parafusador, os grampos cutâneos e seis a sete fiduciais ósseos e protetores. **(b)** Colocação dos fiduciais ósseos sob sedação com o O-Arm na posição estacionada. **(c)** Os fiduciais são presos com fita no couro cabeludo para marcar a localização aproximada dos sítios dos orifícios de trepanação.

parafusador a bateria é necessário para um ponto de apoio seguro durante a inserção, a fim de alcançar suficiente precisão durante o registro. Fiduciais colocados apropriadamente não apresentam deformações mecânicas que importunam os sistemas de halo estereotáxico, e podem fornecer níveis muito altos de precisão.

Medir a distância a partir das suturas coronal e sagital nas imagens pré-operatórias e da cabeça do paciente aproxima o sítio de entrada do orifício de trepanação. O local é marcado com fiduciais, os quais são presos com fita no couro cabeludo (▶ Fig. 20.2c). Uma imagem com O-Arm em modo realçado é obtida, transferida para o StealthStation e escolhida como a varredura de referência (▶ Fig. 20.3). As imagens pré-operatórias são simultaneamente unidas à varredura de referência. Os locais visualizados por imagem dos fiduciais presos com fita são comparados com as trajetórias planejadas, e qualquer desvio é corrigido alterando-se o sítio de incisão planejada e marcando o crânio com um fiducial ou uma perfuração. Os locais dos fiduciais implantados são, então, marcados nas imagens enquanto a incisão do orifício de trepanação é realizada. Um orifício de trepanação de 14 mm é criado com um perfurador craniano automático padrão centralizado precisamente na marcação piloto. Uma broca é usada para alargar o orifício de trepanação circunferencialmente e lateralmente. Esta manobra reduz a chance de uma função imprópria do StimLoc e de interferência com a borda lateral do orifício de trepanação, que pode ocorrer quando passagens mais laterais do eletrodo são feitas (▶ Fig. 20.4a). As margens ósseas são enceradas e porções residuais da tábua interna do crânio são removidas com uma cureta.

Após o alcance da hemostasia, a base do StimLoc (Medtronic, Minneapolis, MN) é colocada sobre o orifício de trepanação e fixada ao crânio com dois parafusos autoperfurantes e automacheantes. A plataforma do guia de trajetória ou a base do Nexframe é colocada sobre a base do StimLoc e fixada com três parafusos com um parafusador a bateria, a fim de garantir um ponto de apoio seguro e estável (▶ Fig. 20.4b). O acoplamento entre a plataforma e o crânio deve ser completamente rígido; caso contrário, a plataforma pode movimentar-se durante a cirurgia e deslocar a cânula ou o eletrodo.

Quando satisfeito com a rigidez da fixação craniana, o arco de referência é fixado na plataforma. Neste momento, o paciente é registrado no espaço estereotáxico tocando-se os marcadores fiduciais em sequência com a sonda de registro (▶ Fig. 20.5a). Vários pontos técnicos sutis, porém importantes, podem melhorar a precisão do registro durante este passo. A sonda de registro deve ser alinhada de forma paralela ao eixo longo do fiducial, se possível, a fim de permitir que a ponta da sonda penetre na região inferior da cavidade de registro. As câmeras do sistema de navegação cirúrgica devem ser cuidadosamente alinhadas, de modo que erros de geometria da sonda e armação de referência sejam minimizados. As esferas refletoras da sonda e da armação devem ser limpas para minimizar erros que podem ser introduzidos por respingos de sangue ou fluidos.

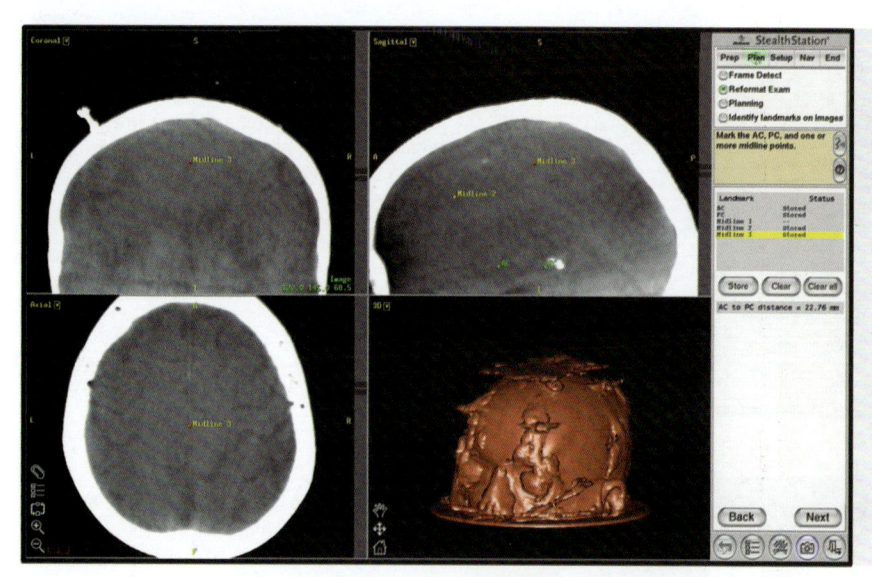

Fig. 20.3 Imagem obtida pelo O-Arm em modo realçado, que aumenta o contraste dos tecidos moles, fornecendo assim a anatomia sulcal e maior precisão para a localização intraoperatória dor marcadores fiduciais.

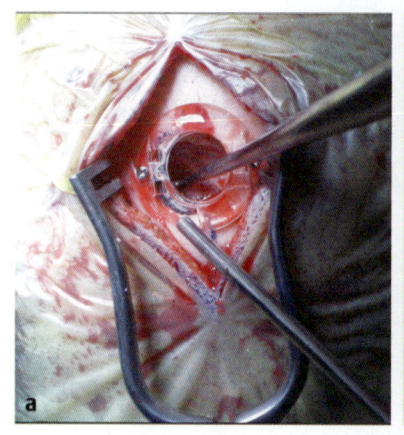

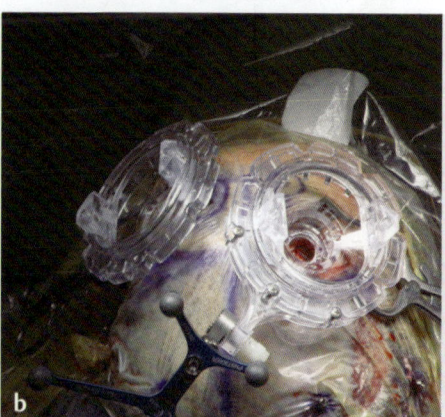

Fig. 20.4 (a) As bases do StimLoc e **(b)** do Nexframe são fixadas sobre o orifício de trepanação com parafusadores, e o arco de referência Stealth é rigidamente fixado à armação. As bases podem ser colocadas bilateralmente se os orifícios de perfuração estiverem suficientemente separados.

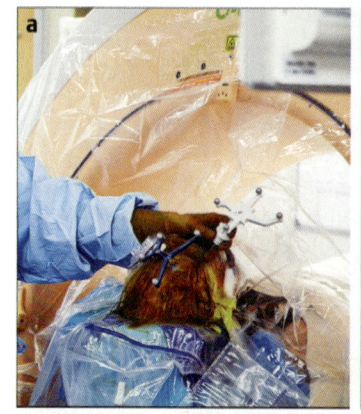

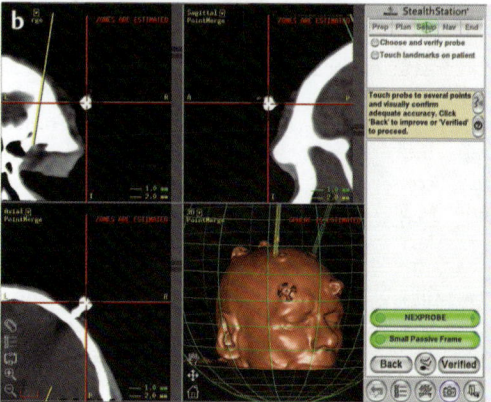

Fig. 20.5 (a) A Nexprobe é usada para localizar os fiduciais no paciente. **(b)** Os centros de cada marcador fiducial são encontrados ao imaginar um disco completo nas três incidências ortogonais, e colocando o cursor no centro daquele disco imaginário. Isto é realizado usando o modo realçado do O-Arm para registro.

Girar as esferas com uma esponja limpa geralmente melhora o erro geométrico. O registro é verificado avaliando-se a localização precisa do fiducial em ambos os lados do orifício de trepanação com a sonda de registro. Erros de registro devem ser inferiores a 0,6 mm, e a esfera da precisão prevista de 1 mm deve abranger todo o volume craniano (▶ Fig. 20.5b). A precisão do sistema deve ser verificada em cada estágio do procedimento para minimizar erros e alcançar uma precisão ideal.

Em seguida, a dura é aberta e uma pequena incisão cortical é realizada com um eletrocauterizador bipolar. O orifício de trepanação é selado com esponja de gelatina (Gelfoam) e cola de fibrina. Deve-se prestar especial atenção para substituir o selante imediatamente todas as vezes em que o acesso ao orifício de trepanação for necessário durante o procedimento, pois quanto mais líquor for perdido, maior a chance de deslocamento do cérebro. A torre (acessório de alinhamento) é montada e a Nexprobe

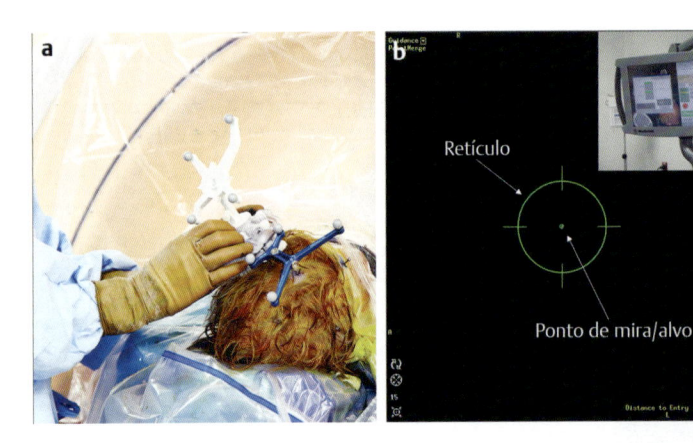

Fig. 20.6 (a) A Nexprobe é usada em conjunto com o sistema de navegação StealthStation para alinhar a torre do Nexframe com o alvo desejado. **(b)** O Nexprobe é arrastado e girado em sua amplitude total de movimento, observando o movimento do ponto de mira e do retículo. Quando o ponto de mira repousa dentro do círculo alvo, os parafusos manuais são firmemente apertados e o alinhamento concluído.

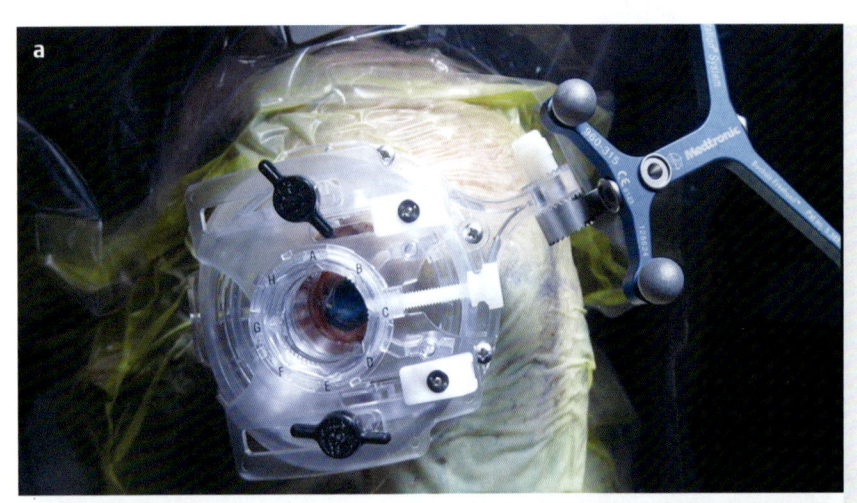

Fig. 20.7 Visão do guia de trajetória Nexframe. **(a)** A plataforma do guia de trajetória contendo o conjunto de arco e cavidade, que foi alinhado ao plano AC-PC, de modo que o A no arco fique em uma posição anterior e o E em posição posterior. **(b)** Subsequente colocação do adaptador multilúmen (BenGun). Os quatro lúmens paralelos estão a uma distância de 2 mm do lúmen central e alinhados com as quatro direções cardinais. Nesta figura, a peça côncava é mostrada na posição lateral, o que permite percursos adicionais 3 a 5 mm lateral ao alvo original.

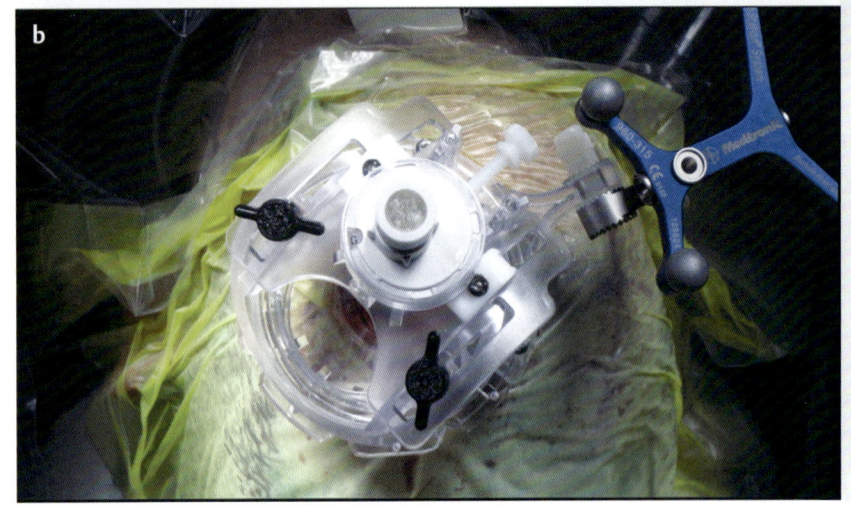

é usada para alinhar o dispositivo com o alvo por meio de movimentos de rotação e varredura (▶ Fig. 20.6a). O guia de trajetória é movimentado para a frente e para trás, observando-se a tela do computador, visto que este procedimento desloca o ponto de mira ao longo de uma linha, a qual geralmente não irá cruzar o alvo na primeira tentativa. A base do guia é girada, repetindo o movimento de varredura e observando a mudança na movimentação do ponto de mira através do alvo. Por fim, o movimento de varredura levará o ponto de mira ao ponto alvo, e os parafusos de bloqueio na base podem ser apertados (▶ Fig. 20.6b). Novamente é preciso cautela para garantir que a geometria do instrumento seja verificada, e que o alinhamento seja realizado precisamente com o uso da maior magnificação possível, visto que pequenas diferenças na trajetória, medidas na superfície do crânio, podem ocasionar grandes erros no ponto-alvo.

Após a fixação do guia de trajetória, uma distância para a medida do alvo é fornecida pelo sistema de navegação. Ao contrário da estereotaxia com halo, a configuração da anatomia craniana de cada paciente determinará a profundidade do alvo. O dispositivo de microposicionamento é, então, configurado nesta distância.

Neste momento, o arco superior é girado para alinhar com o plano AC-PC, de modo que quando o adaptador multilúmen é

Implante de DBS sem Halo com o O-Arm

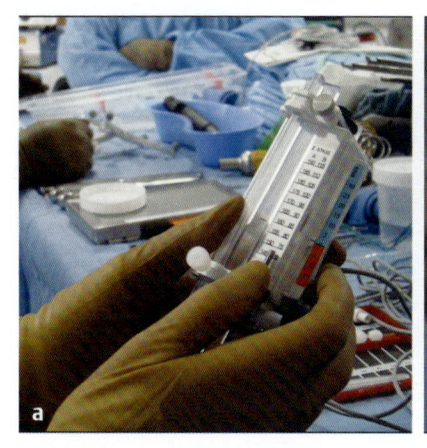

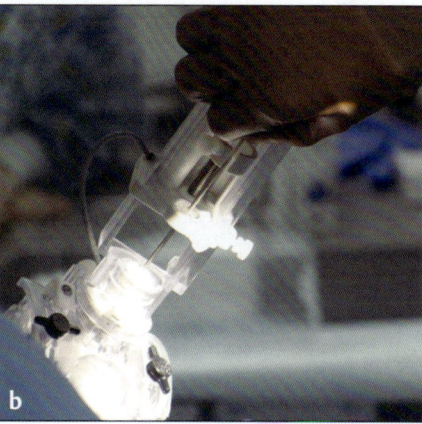

Fig. 20.8 (a) O dispositivo de microposicionamento Nexdrive é configurado na profundidade apropriada do alvo. **(b)** Isto é fixado ao adaptador multilúmen (BenGun) e é usado para o avanço do microeletrodo e eletrodos.

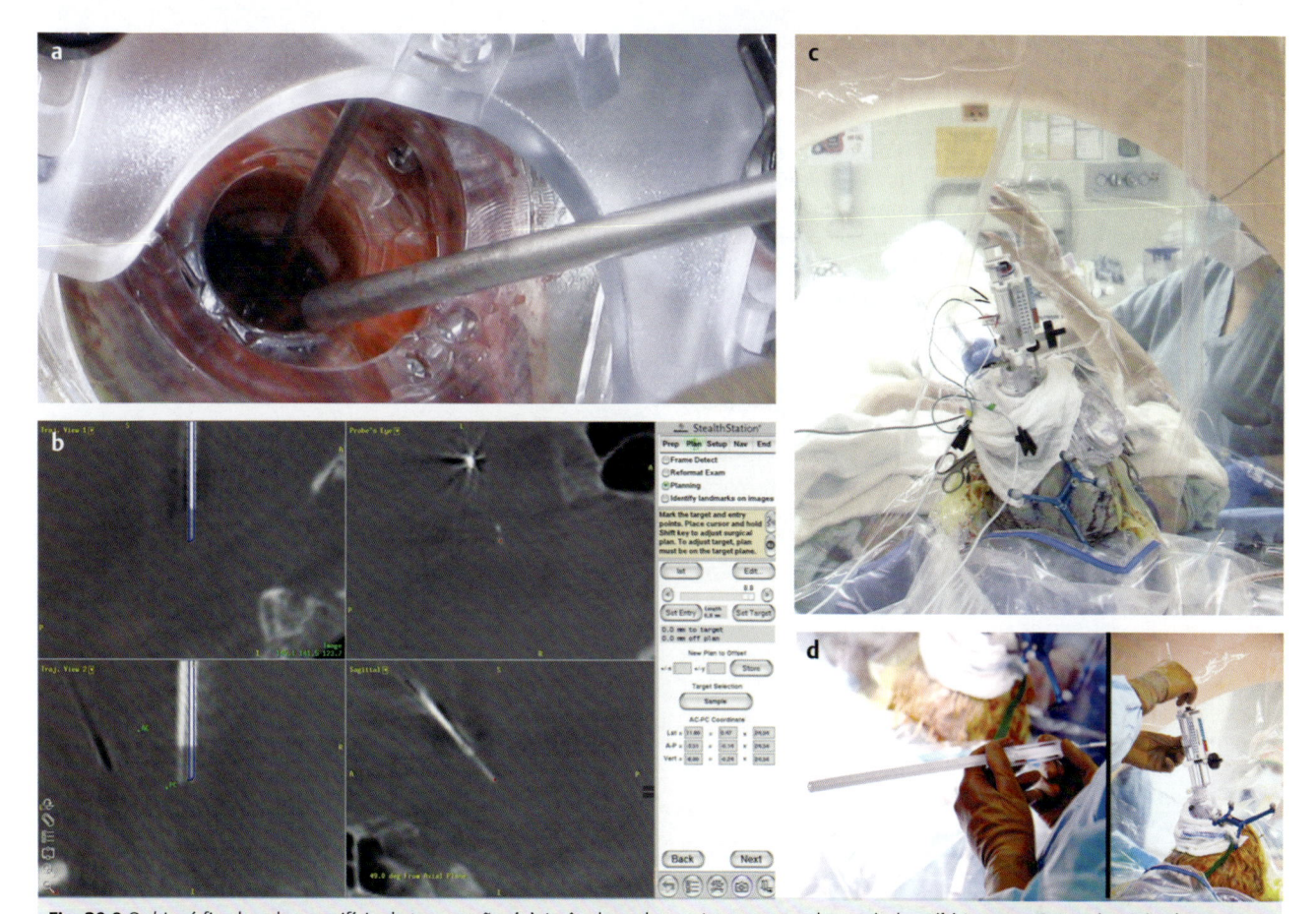

Fig. 20.9 O *drive* é fixado sobre o orifício de trepanação. **(a)** A cânula pode ser vista penetrando no cérebro. **(b)** Imagem O-Arm (posição da varredura) obtida a partir dos dois microeletrodos no cérebro, no alvo. **(c)** O pano de campo cirúrgico transparente fornece uma barreira estéril e permite que o cirurgião observe o paciente durante o teste, que geralmente é realizado com o O-Arm na posição de varredura. Isto possibilita a visibilidade mútua do paciente e fornece amplo espaço ao examinador para a realização do exame. Uma varredura pode ser obtida em qualquer momento do procedimento sem a necessidade de desmontar o *drive*. **(d)** O comprimento apropriado do eletrodo de DBS é medido com o uso de um medidor de profundidade cilíndrico (*esquerda*) e, depois, colocado pela cânula externa até a localização definida do alvo (*direita*).

inserido, os canais são alinhados com as quatro direções cardinais (▶ Fig. 20.7). O dispositivo de microposicionamento é fixado no adaptador (▶ Fig. 20.8). O uso da abordagem de escala do alvo permite o microrregistro padronizado da distância até o alvo para cada caso. A cola de fibrina é removida do orifício de trepanação e uma ou mais cânulas são introduzidas através do *drive*, de modo que se estendam até um ponto que seja 10 mm acima do alvo planejado, a fim de possibilitar a realização do teste fisiológico (▶ Fig. 20.9a). Cautela é necessária para evitar qualquer deflexão do osso ou bordas da dura, e a cânula deve ser lentamente introduzida, sentindo qualquer resistência ao avanço. A esponja de gelatina e a cola de fibrina são substituídas. O estilete é removido da cânula externa e substituído por uma cânula interna, através da qual o microeletrodo pode ser colocado.

Logo que os microeletrodos alcançam a profundidade do alvo, uma varredura por O-Arm em modo padrão ou alta defini-

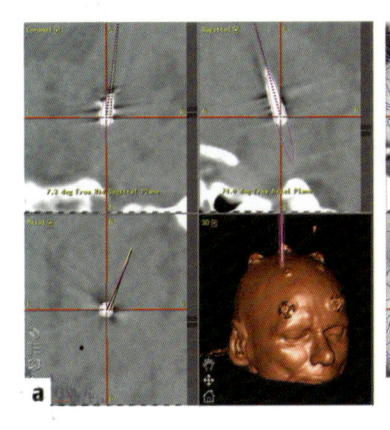

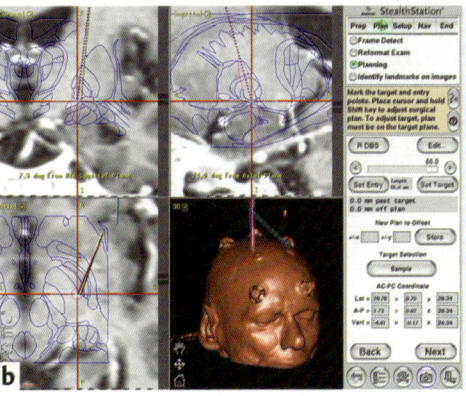

Fig. 20.10 (a) A posição do eletrodo de DBS (linha magenta) com relação ao GPi pode ser identificada com o uso do O-Arm, que é combinado à varredura existente e comparado com a trajetória planejada (*linha amarela*). **(b)** O atlas de Schaltenbrand-Wahren é unido à imagem MR, e a imagem por O-Arm adquirida é adicionada, permitindo a verificação da localização do alvo com os planos pré-operatórios.

ção é obtida, transferida e unida com as varreduras existentes. A posição do eletrodo adquirida por imagem é comparada com a trajetória planejada (▶ Fig. 20.9b). Os dados fisiológicos são interpretados considerando a posição dos eletrodos na varredura. Se o rendimento clínico for subótimo, um trajeto paralelo pode ser criado, removendo-se uma única cânula e colocando-a em um dos quatro outros orifícios no adaptador multilúmen para encontrar um alvo melhor. Um adaptador está disponível para possibilitar trajetórias paralelas de até 1 mm ou de até 5 mm em cada direção a partir do centro do orifício de trepanação.

Assim que o alvo é fisiologicamente definido (▶ Fig. 20.9c), o microeletrodo e a cânula interna são removidos. O comprimento do eletrodo de DBS é medido com um medidor de profundidade cilíndrico (▶ Fig. 20.9d). O DBS é então inserido pela cânula externa. A cânula externa é removida, e o eletrodo fixado com o sistema StimLoc. Uma caneta é usada para marcar o eletrodo à medida que este entra no StimLoc, a fim de possibilitar a monitorização de qualquer deslizamento durante os passos subsequentes. O estilete do eletrodo, a cânula e os componentes da torre do Nexframe são removidos em etapas, monitorando a posição do eletrodo. Finalmente, o eletrodo é reforçado com a tampa do StimLoc.

Imagens do eletrodo de DBS após a sua colocação assegura ao cirurgião que sua posição é aceitável (▶ Fig. 20.10). Visto que nada foi desmontado para a varredura, é fácil ajustar o eletrodo se desejado, mas surpresas são raras se uma imagem do trajeto do microeletrodo correspondente tenha sido adquirida. Esta varredura não tem a resolução de tecidos moles para descartar a presenta de um pequeno sangramento.

20.5 Manejo Pós-Operatório Incluindo Possíveis Complicações

Os pacientes são geralmente monitorados durante a noite no atendimento geral se o caso foi tranquilo. No entanto, se o controle da pressão arterial permanece um problema (pressão arterial sistólica > 155 mmHg) na sala de recuperação após a administração dos medicamentos de Parkinson do paciente, este deve ser transferido para a unidade de tratamento intensivo para controle da pressão arterial, a fim de minimizar complicações (ou seja, hemorragia intracerebral). CT pós-operatória também pode ser obtida para verificar a posição do eletrodo e verificar a presença de hemorragia intra-axial ou extra-axial. Para pacientes parkinsonianos, os medicamentos pré-operatórios devem ser imediatamente reiniciados na sala de recuperação.

As complicações são as mesmas que aquelas observadas com qualquer procedimento estereotáxico, mais comumente infecção (5-8%) e hemorragia (1-2%). Infecções podem ser minimizadas com a administração pré-operatória de antibióticos, atenção especial à técnica estéril e manutenção da normotermia. Hemorragia intracerebral é provavelmente inevitável em um pequeno número de casos, mas hemorragias mais superficiais podem ser prevenidas projetando-se uma trajetória que evite os vasos superficiais, sulcos e a zona periventricular. Estudos imagiológicos com contraste podem ajudar a identificar e evitar os vasos sanguíneos.

20.6 Conclusão

Uma abordagem sem halo na DBS oferece uma alternativa viável para sistemas estereotáxicos, com diversas vantagens distintas. Entre estas, as mais importantes são o conforto e a cooperação do paciente. Este método possibilita ao paciente o movimento livre da cabeça, a capacidade de reajustar a posição, e menor claustrofobia durante o procedimento. A utilização da modalidade imagiológica O-Arm durante a DBS foi capaz de fornecer uma confirmação intraoperatória precisa da colocação do eletrodo com relação à imagem e ao planejamento pré-operatório, e pode ser realizada em qualquer momento durante a cirurgia. Além disso, o O-Arm tem sido utilizado pelo investigador como a varredura de registro, com uma precisão excelente. Isto permite que a colocação de fiduciais seja incorporada na porção sedada do procedimento sem precisar sair da sala de cirurgia para uma varredura. O O-Arm também fornece informação sobre a localização anatômica do trajeto do microeletrodo, o que pode ajudar na interpretação dos dados fisiológicos. Esta combinação de técnicas fornece um modo eficaz e confortável de localização fisiológica e anatômica do alvo.

Referências

[1] Vega RA, Holloway KL, Larson PS. Image-guided deep brain stimulation. Neurosurg Clin N Am. 2014; 25(1):159–172
[2] Henderson JM, Holloway KL, Gaede SE, Rosenow JM. The application accuracy of a skull-mounted trajectory guide system for image-guided functional neurosurgery. Comput Aided Surg. 2004; 9(4):155–160
[3] Holloway KL, Gaede SE, Starr PA, Rosenow JM, Ramakrishnan V, Henderson JM. Frameless stereotaxy using bone fiducial markers for deep brain stimulation. J Neurosurg. 2005; 103(3):404–413
[4] Kelman C, Ramakrishnan V, Davies A, Holloway K. Analysis of stereotactic accuracy of the cosman-robert-wells frame and nexframe frameless systems in deep brain stimulation surgery. Stereotact Funct Neurosurg. 2010; 88(5):288–295
[5] Holloway K, Docef A. A quantitative assessment of the accuracy and reliability of O-arm images for deep brain stimulation surgery. Neurosurgery. 2013; 72 Suppl Operative:47–57

[6] Shahlaie K, Larson PS, Starr PA. Intraoperative computed tomography for deep brain stimulation surgery: technique and accuracy assessment. Neurosurgery. 2011; 68(1) Suppl Operative:114–124, discussion 124

[7] Starr PA, Vitek JL, DeLong M, Bakay RA. Magnetic resonance imaging-based stereotactic localization of the globus pallidus and subthalamic nucleus. Neurosurgery. 1999; 44(2):303–313, discussion 313–314

[8] Anheim M, Batir A, Fraix V, et al. Improvement in Parkinson disease by subthalamic nucleus stimulation based on electrode placement: effects of reimplantation. Arch Neurol. 2008; 65(5):612–616

[9] Ellis T-M, Foote KD, Fernandez HH, et al. Reoperation for suboptimal outcomes after deep brain stimulation surgery. Neurosurgery. 2008; 63(4):754–760, discussion 760–761

[10] Richardson RM, Ostrem JL, Starr PA. Surgical repositioning of misplaced subthalamic electrodes in Parkinson's disease: location of effective and ineffective leads. Stereotact Funct Neurosurg. 2009; 87(5):297–303

[11] Smith AP, Bakay RAE. Frameless deep brain stimulation using intraoperative O-arm technology. Clinical article. J Neurosurg. 2011; 115(2):301–309

21 Implante de DBS com Plataformas Estereotáxicas de Impressão 3D e o Atlas Probabilístico CranialVault

Vishad V. Sukul ▪ *Wendell Lake* ▪ *Joseph S. Neimat*

Resumo

Por muitos anos, estiveram disponíveis plataformas estereotáxicas com halo que fixam de forma rígida a cabeça do paciente à mesa, e permitem que o cirurgião precisamente insira um dispositivo em um alvo no cérebro. Recentes avanços em prototipagem rápida, especialmente impressão 3D, possibilitam uma abordagem alternativa à cirurgia estereotáxica. Com o uso de miniplataformas de impressão 3D comercialmente disponíveis, os cirurgiões podem colocar um dispositivo de orientação estereotáxica diretamente no crânio do paciente e inserir dispositivos, como eletrodos de estimulação cerebral profunda, com um alto grau de precisão. Visto que o dispositivo estereotáxico é acoplado diretamente no crânio, a necessidade de fixação rígida da cabeça do paciente é evitada. Muitos se referem a isto como "abordagem sem halo" da estereotaxia. O *software* que auxilia na construção da miniplataforma de impressão 3D customizada oferece ao cirurgião a opção de usar um atlas probabilístico para ajudar no direcionamento de locais comuns para o tratamento de tremor, doença de Parkinson e distonia. O atlas probabilístico foi criado usando uma abordagem de "grandes dados" para compilar contatos ativos de um banco de dados de pacientes em múltiplos centros. Estes dados de contatos ativos são sobrepostos ao espaço estereotáxico usando transformações imagiológicas não lineares para produzir uma nuvem de dados capaz de prever onde um paciente é provável de ter uma boa resposta para o implante do eletrodo de estimulação cerebral profunda. Embora o uso de miniplataformas customizadas tenha algumas desvantagens logísticas, muitos centros consideram que o uso deste sistema estereotáxico "sem halo" acoplado ao alvo probabilístico fornece resultados satisfatórios ao paciente e pode reduzir o tempo de cirurgia, ao mesmo tempo em que aumenta o conforto do paciente.

Palavras-chave: plataforma microTargeting, sem halo, atlas probabilístico, estimulação cerebral profunda, estereotaxia, impressão 3D.

21.1 Introdução

Métodos direcionados para estimulação cerebral profunda (DBS) evoluíram consideravelmente nos últimos 60 anos. Desde os modelos e metodologias iniciais propostos por Lars Leksell *et al.*, neurocirurgiões funcionais modernos têm uma variedade de novas tecnologias para planejar e cirurgicamente abordar os alvos estereotáxicos.

O ato cirúrgico de direcionamento pode ser separado em duas entidades distintas – o método conceitual usado para selecionar o alvo e o método cirúrgico empregado para alcançar o alvo. Historicamente, os alvos da DBS foram selecionados usando uma variedade de métodos baseada em atlas. Melhoras na resolução da imagem também levaram a um interesse renovado na seleção de alvos baseada diretamente nas imagens. Nosso grupo emprega um novo método aplicando conceitos de "grandes dados" para auxiliar na seleção de alvos funcionais. Esse atlas probabilístico é habilitado pelo uso de técnicas de deformação imagiológica não linear em combinação com uma compilação estatística dos locais finais dos eletrodos, eletrofisiologia intraoperatória, eficácia da estimulação, e dados dos efeitos colaterais para prever os alvos específicos do paciente e sugerir regiões de eficácia da estimulação. A precisão é similar – e, em alguns casos, superior – aos métodos mais tradicionais de seleção do alvo.[1] Além disso, esses processos podem ser automatizados, de modo que até médicos inexperientes possam selecionar alvos otimizados sem dificuldades ou suposições.

Metodologias cirúrgicas tradicionais geralmente necessitam usar um halo estereotáxico rígido tradicional, como a armação de Leksell ou a armação de CRW (Cosman-Roberts-Wells). Métodos com halo ainda são comumente utilizados em toda a comunidade de neurocirúrgica funcional, visto que fornecem um alto nível de precisão, confiabilidade e versatilidade. Na verdade, muitos argumentariam que algum grau de fixação é necessário para manter a precisão do direcionamento. Métodos mais recentes, todavia, oferecem maiores graus de liberdade com precisão equivalente. Por exemplo, técnicas robóticas geralmente requerem fixação da cabeça do paciente, mas são extremamente versáteis com relação à extensão do alvo e à seleção do ponto de entrada.[2,3]

A ciência material moderna, junto com técnicas de prototipagem rápida como impressão 3D, atualmente possibilita a produção rápida de sistemas de orientação. Estes dispositivos menores são descartáveis, afixados diretamente no crânio do paciente e não requerem que o paciente seja rigidamente preso à mesa de cirurgia.[4] Eles oferecem maior conforto ao paciente e versatilidade no planejamento cirúrgico, mas não requerem mais planejamento prospectivo para dar tempo à criação da armação. Visto que a maioria de nossos procedimentos de DBS é realizada com o paciente acordado, nossa prática evoluiu garantindo o conforto do paciente durante a mobilidade, bem como eficácia cirúrgica. Miniplataformas customizadas e pré-fabricadas de impressão 3D, como o sistema microTargeting (FHC, Inc.), enfatizam esta versatilidade, ao mesmo tempo em que sacrificam certo grau de maneabilidade intraoperatória no que se refere às modificações do ponto de entrada e trajetória. No entanto, é nossa experiência que os benefícios para o paciente e para o cirurgião excedem esta particular desvantagem.

Neste capítulo, descrevemos nosso fluxo de trabalho, combinando métodos de direcionamento probabilístico com miniplataformas customizadas de DBS. Além disso, a combinação de plataforma customizada, sistema de direcionamento e *software* constitui um sistema estereotáxico completo. Como tal, pode ser usado para diversos procedimentos funcionais com uma boa precisão e exatidão, incluindo a colocação de eletrodos de DBS e eletrodos de profundidade.[4,5]

21.2 Seleção do Paciente

A seleção do paciente é um aspecto crítico da cirurgia de DBS bem-sucedida, e é discutida em detalhes em outras partes deste texto. Com relação aos distúrbios de movimento, três alvos são tipicamente descritos na literatura para a DBS. O núcleo subtalâmico (STN) e o globo pálido interno (GPi) são usados para o tratamento da doença de Parkinson, e o núcleo intermediário ventral (VIM) do tálamo é tipicamente o alvo no tremor essencial.

No presente momento, a versão comercial deste sistema (Waypoint Navigator) aprovada pela Food and Drug Administration (FDA) suporta o mapeamento probabilístico apenas destes locais. Futuras versões irão provavelmente suportar regiões adicionais, ou seja, para transtorno obsessivo-compulsivo, epilepsia ou depressão. A plataforma microTargeting de impressão 3D, todavia, pode ser usada para agir sobre qualquer região do cérebro, e nós a aplicamos em diversas técnicas, incluindo estereoeletroencefalografia, ablação a *laser* guiada por ressonância magnética (MRI) e DBS de alvos atípicos. Além disso, eletrodos podem ser implantados em estágios ou bilateralmente, dependendo da escolha do cirurgião, com apenas adaptações menores na plataforma microTargeting de impressão 3D. A versatilidade do desenho da armação é um de seus pontos fortes, permitindo trajetórias baixas e múltiplos alvos que são desafiadores ou impossíveis com as metodologias tradicionais.

21.3 Preparação Pré-Operatória

21.3.1 Fluxo de Trabalho Pré-Operatório

A sequência de nosso fluxo de trabalho geralmente envolve a colocação de fiduciais ósseos 1 semana antes do implante do eletrodo. O plano da armação é criado 1 a 2 dias após a colocação do fiducial e transmitido eletronicamente ao FHC. A plataforma microTargeting de impressão 3D é gerada pela empresa, testada para precisão e enviada para chegar 2 a 3 dias antes do implante do eletrodo. Achamos que esse fluxo de trabalho possibilita o planejamento das trajetórias do eletrodo sem a pressão do tempo e outras distrações de uma sala de cirurgia movimentada. Separando o plano do dia da cirurgia também é ideal para o ensinamento, visto que bolsistas, residentes ou alunos podem tentar desenvolver um plano para ser revisado e discutido pelo cirurgião responsável antes do envio.

21.3.2 Colocação do Fiducial Ósseo

O primeiro estágio do implante do DBS com o uso da plataforma microTargeting de impressão 3D é a colocação dos fiduciais ósseos, seguida pela obtenção de imagens. Os fiduciais neste sistema são parafusos ósseos de titânio de 4 a 5 mm, com uma região serrilhada na cabeça do parafuso que permite o acoplamento da armação durante o estágio 2 do procedimento. Estes fiduciais projetam-se minimamente da superfície craniana e repousam inteiramente abaixo do escalpo, o qual é fechado com sutura ou grampos. Eles tipicamente causam apenas mínimo desconforto ao paciente. É importante lembrar que os fiduciais servem como uma base e ponto de ancoragem da plataforma microTargeting. Como tal, recomendamos que eles sejam amplamente espaçados para maximizar a estabilidade. O *software* fornece o *feedback* com relação à adequabilidade dos locais dos fiduciais (▶ Fig. 21.11).

O implante dos fiduciais pode ser realizado sob anestesia local ou geral. No pré-operatório, o cabelo é raspado no nível do escalpo com cortador elétrico. A cabeça é limpa com antissépticos e delimitada por campos cirúrgicos. Os sítios de incisão são infiltrados com anestésico local. Quatro incisões pequenas são criadas com uma lâmina de bisturi e um fiducial ósseo é colocado em cada sítio com o uso de uma chave de fenda de Osteomed (Addison, TX). A ▶ Fig. 21.2 demonstra a aparência dos fiduciais em uma tomografia computadorizada (CT) volumétrica típica com jane-

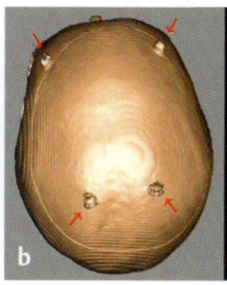

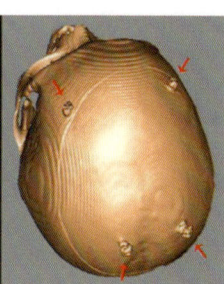

Fig. 21.1 (a,b) Fiduciais ósseos e padrão típico do implante do fiducial do DBS.

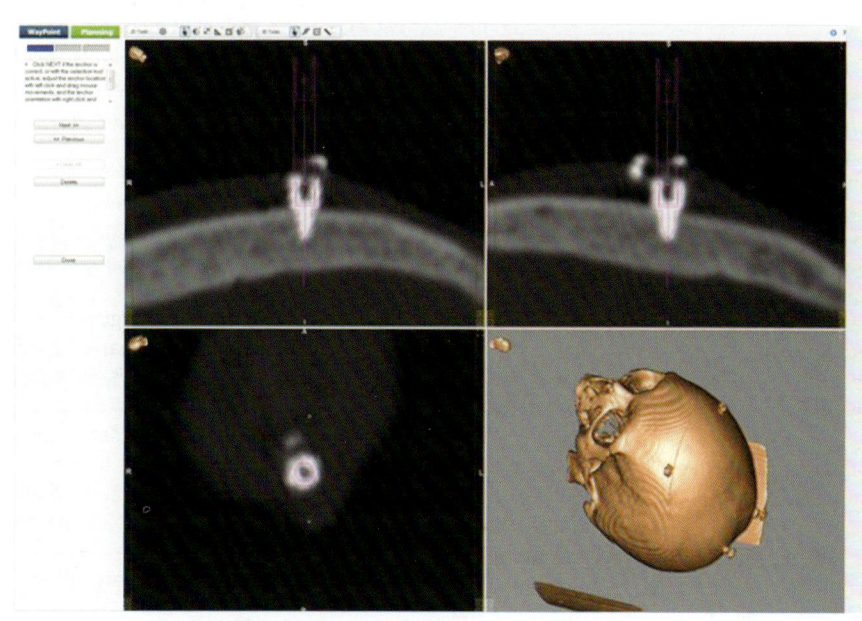

Fig. 21.2 CT (janela óssea) com marcadores ósseos implantados, tal como visualizado no *software* de planejamento.

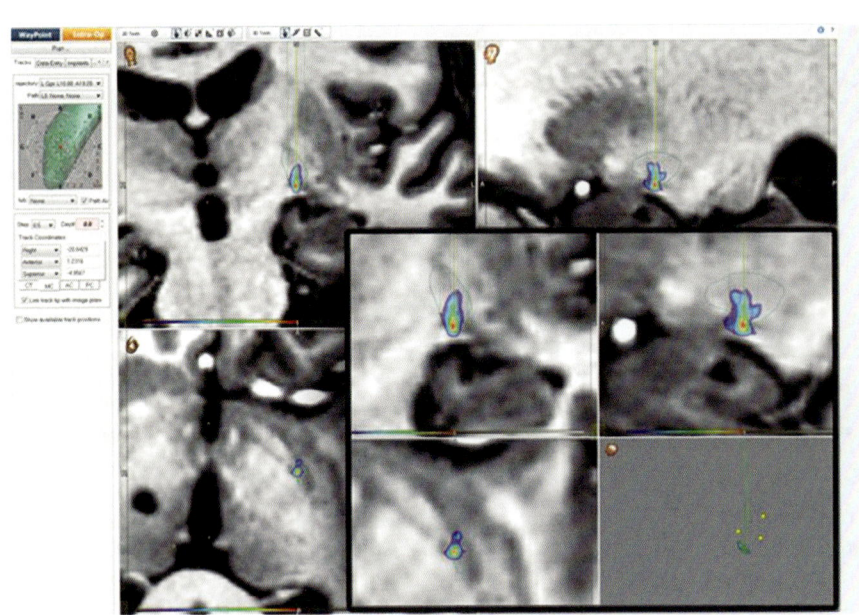

Fig. 21.3 Mapas de eficácia probabilística sobrepostos à MRI do paciente (visão intraoperatória com trajetórias do eletrodo).

las ósseas. Cada sítio de incisão é fechado com um clipe cutâneo ou com suturas absorvíveis. Uma CT sem contraste de corte fino da cabeça e uma MRI de corte fino de alta resolução do cérebro com ou sem contraste (T1, T1 com contraste e T2) são obtidas. Nós mantemos a anestesia geral durante a obtenção de imagens para eliminar artefatos de tremor, mas isso não é obrigatório. A CT é de 512 × 512 *pixels,* com espessura de corte de 0,5 a 1 mm. A MRI é obtida em magnetos de 1,5 T ou 3 T e usa 3D-SPGR, TR: 122; TE: 2,4; *voxel* de 256 × 256 × 170; e um *voxel* de dimensão de 1 mm³. O paciente recebe alta no mesmo dia, com a prescrição de analgésicos quando necessário.[4]

21.3.3 Direcionamento Probabilístico e Planejamento da Trajetória

Após obtenção da imagem necessária, esta é carregada no sistema de planejamento para a criação da armação. Embora outros sistemas de planejamento sejam compatíveis com o sistema microTargeting, utilizamos o *software* de planejamento Waypoint, o qual é disponibilizado pela FHC, Inc. (Bowdoin, ME). Além disso, o sistema Waypoint é integrado com as técnicas de direcionamento probabilístico derivadas do atlas do paciente normalizado (fornecido pela NeuroTargeting, Inc.).[6]

Após verificação das imagens corretas e dados de estudo corretos, nós registramos as sequências T1 com contraste, T1 sem contraste e T2 na CT de corte fino. O *software* é, então, usado para identificar e segmentar os fiduciais ósseos que foram previamente implantados. A posição dos marcadores ósseos é verificada e as posições da comissura anterior (AC), comissura posterior (PC) e linha média (geralmente a foice cerebral) são selecionadas.

Os alvos podem ser definidos por meio de diversos métodos, tal como descrito em outras porções deste texto. Nossa equipe usa um sistema conhecido como direcionamento probabilístico, que utiliza um atlas de imagens normalizadas de MRI para prever a localização ideal para implante do eletrodo com base na posição final do eletrodo de centenas de eletrodos de DBS previamente implantados. Parte deste fluxo de trabalho é disponibilizado na atual iteração comercial do planejador Waypoint, através do sistema CranialVault (▶ Fig. 21.3). Dados DICOM da MRI são processados e normalizados para um atlas de MRI mediante uma sequência de deformação não linear. O algoritmo é executado em ambas as direções e usado para verificar a precisão do registro final. Dados estatísticos de todos os pacientes anteriores com o alvo especificado – incluindo dados da eficácia, dados dos efeitos colaterais, e dados da colocação final do eletrodo – são mapeados na imagem atual do paciente e combinados para identificar um alvo ideal. Em seguida, este alvo é registrado no *software* de planejamento. Além disso, os mapas da eficácia e efeitos colaterais também são importados para o planejador. O sistema gera um alvo e uma trajetória preliminares, que o cirurgião pode usar como o ponto de partida para criar um plano final. É possível visualizar mapas estatísticos específicos da eficácia para cada tipo de alvo (atualmente, VIM, STN e GPi), que são reproduzidos no estilo visual de um mapa de calor e embasados nos dados de estimulação intraoperatória. Dados dos efeitos colaterais de prévias informações de estimulação intraoperatória podem ser carregados de forma similar. A posição-alvo do eletrodo é ajustada pelo cirurgião com base nesses dados. Correlação com os sistemas anatômicos e de coordenadas AC-PC também pode ser realizada. Com o STN como alvo, este método foi testado lado a lado com previsões manuais usando direcionamento direto, AC-PC e núcleo vermelho. O método automatizado foi demonstrado ser tão preciso quanto o direcionamento ao núcleo vermelho, e possui uma maior exatidão e precisão do que outros métodos.[1]

Com o alvo escolhido, o ponto de entrada é selecionado na região da sutura coronal. A trajetória específica escolhida permite que o eletrodo alcance seu alvo final sem lesionar os vasos visíveis na sequência de MRI em T1 pós-contraste e sem violar a superfície ependimária. Após a criação das trajetórias, o *software* Waypoint gera um modelo 3D da armação, e este é verificado para garantir que seja de uma configuração apropriada. A ▶ Fig. 21.4 fornece uma captura de tela das trajetórias no *software* Waypoint e um modelo da armação. Logo que a armação é criada no *software* de planejamento, os dados podem ser transferidos para o FHC e a plataforma microTargeting de impressão 3D pode ser gerada, geralmente em 72 horas. Antes do envio, a armação é testada para garantir sua precisão. A armação deve chegar até 48 horas antes do implante do eletrodo, a fim de permitir sua esterilização a gás.

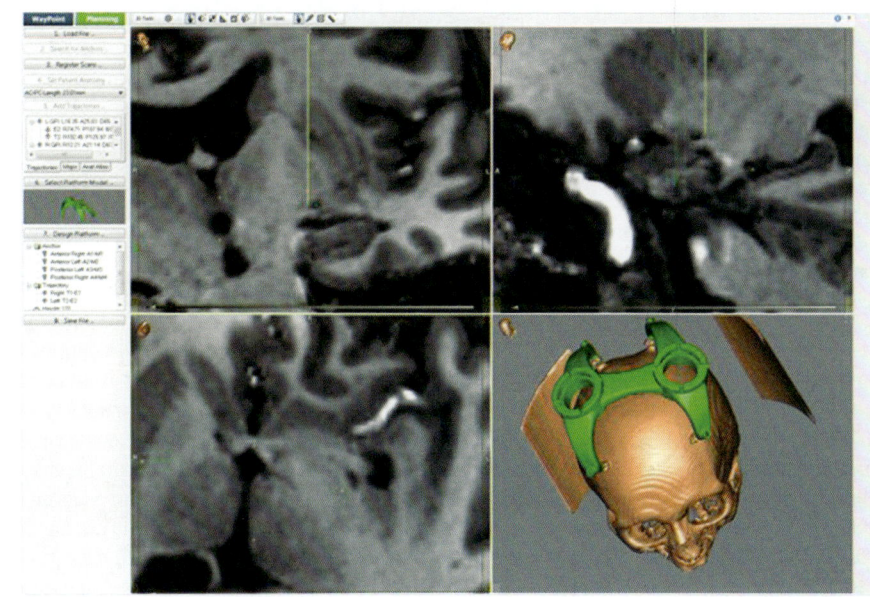

Fig. 21.4 Exemplo de trajetórias com o modelo gerado da armação 3D customizada.

21.4 Procedimento Cirúrgico

Implante do eletrodo usando a plataforma microTargeting é bastante similar ao procedimento realizado com um sistema estereotáxico com halo. Nosso protocolo padrão para a maioria dos pacientes com distúrbios do movimento é realizar o implante do eletrodo com o paciente acordado e não medicado com benzodiazepínicos ou com fármacos para doença de Parkinson.

No momento do procedimento, o paciente é colocado em supina na mesa de cirurgia, em uma posição semirreclinada. Nós utilizamos um suporte craniano customizado que é fixado à base do Mayfield; todavia, qualquer suporte craniano compacto (ou seja, em forma de ferradura) que possibilita o acesso à maior parte da cabeça, ao mesmo tempo em que fornece conforto ao paciente, pode ser usado. O cabelo e o escalpo do paciente são tricotomizados e antissepsia é realizada conforme o protocolo da instituição. Um campo cirúrgico de plástico transparente, com um componente adesivo bacteriostático, é aplicado ao escalpo e suspenso sobre a cabeça do paciente, de modo que a visão do paciente não seja obstruída. Um opioide intravenoso de curta duração, como o fentanil, é administrado no início do procedimento para minimizar desconforto durante a injeção do anestésico local. Uma mistura de lidocaína e bupivacaína é injetada em cada sítio do marcador ósseo. Epinefrina contendo anestésico local pode ser usada se a pressão arterial do paciente for bem controlada (sistólica < 140 mmHg). As prévias incisões realizadas para inserção dos marcadores ósseos são abertas e parafusos espaçadores são rosqueados nos parafusos marcadores ósseos. A plataforma microTargeting é acoplada após verificação que a mesma é para o paciente correto e alvo correto. Uma armação só vai ter um encaixe apropriado quando criada para o paciente específico, pois cada armação é customizada. A base do aparelho microTargeting é inserida na plataforma microTargeting de impressão 3D, e o ponto de entrada é indicado usando um trocarte rosqueado na base e tocando o escalpo. Uma caneta de marcação é usada para marcar o local. A plataforma microTargeting é então removida, e incisões são criadas e retração aplicada de forma padrão. Após a abertura do escalpo, a plataforma microTargeting é novamente acoplada e o osso é marcado com o trocarte. Um perfurador é inserido na porção do tubo de orientação da armação e um orifício de trepanação padrão é criado na trajetória da armação. A dura é

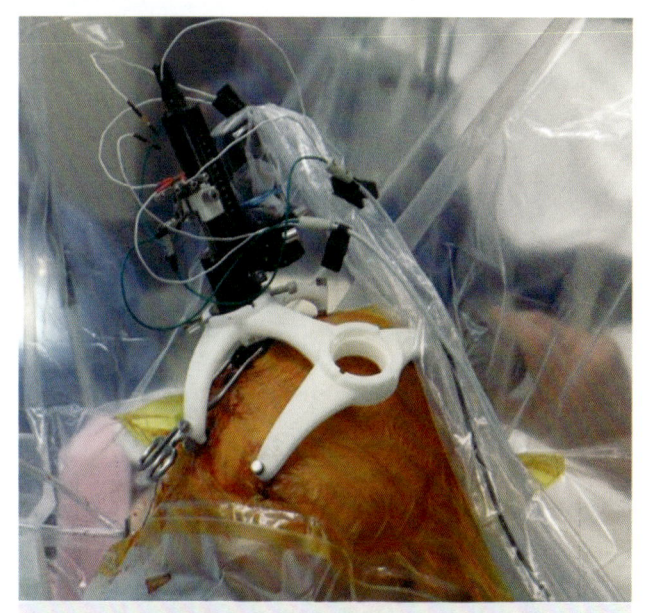

Fig. 21.5 Instalação intraoperatória do DBS. Esta imagem mostra a plataforma microTargeting colocada em paciente que está sendo submetido ao MER com um único dispositivo de microposicionamento. Note que dois dispositivos de microposicionamento podem ser colocados simultaneamente para um MER simultâneo bilateral.

coagulada e aberta de forma cruzada com o uso de uma lâmina de bisturi n.º 11. A superfície do cérebro é inspecionada e quaisquer vasos piais abaixo do orifício de trepanação são coagulados. A pia também é coagulada e aberta.

O dispositivo de microposicionamento, posicionado 10 mm acima do nível do alvo, é colocado em um adaptador fixado na armação (▶ Fig. 21.5). Verificamos com a equipe de anestesiologia para garantir que a pressão arterial sistólica do paciente é < 140 mmHg e que as microcânulas estão inseridas. Uma plataforma microTargeting acoplada e configurada para registro de microeletrodos (MER) é mostrada na ▶ Fig. 21.5, com apenas um único dispositivo de posicionamento no local para fins ilustrativos (em casos bilaterais, geralmente procedemos com MER e dispositivos de posicionamento acoplados simultaneamente). O MER pode ser realizado de forma padrão a partir deste ponto. Tipicamente, realizamos registro multifaixa, com três a quatro faixas paralelas (com espaços de 2 mm entre elas) em cada lado.

Após o MER, realizamos testes adicionais com estimulação por microeletrodos a partir da ponta da cânula do eletrodo, depois de recuar a ponta do microeletrodo. Este teste de estimulação permite a avaliação da presença de efeitos colaterais, como desvio ocular, contração muscular e parestesia. Além disso, o teste de estimulação também possibilita alguns testes preliminares de eficácia.[7-9] Em nossa instituição, este teste é realizado em conjunto com o neurologista do paciente, que está presente na sala de cirurgia. Em cada caso, o módulo intraoperatório do módulo de planejamento Waypoint é usado para visualizar a posição de cada trato. O *software* também possibilita a entrada de dados do MER e os resultados do teste de estimulação em relação à posição.

A posição final do eletrodo é determinada com base em uma destilação do MER e características do teste de estimulação. Com a posição final do eletrodo escolhida, inserimos o eletrodo de DBS através de uma cânula de diâmetro maior que 1,6 mm. Testamos cada um dos quatro contatos usando uma configuração caso+ contatoe lentamente aumentado a voltagem. Ao fazer isto, nós predominantemente testamos para efeitos colaterais. Neste momento, o eletrodo é fixado por meio da touca presa ao crânio ou, como é mais típico em nossos casos, uma técnica de cimento e grampo de titânio.[10] O eletrodo é cuidadosamente desengatado do dispositivo de microposicionamento. A plataforma microTargeting é removida, os eletrodos são posicionados sob o escalpo de forma apropriada, e as incisões são fechadas. Se um caso unilateral ou bilateral é realizado, os marcadores ósseos podem ser removidos neste momento. Se um caso bilateral em estágios está sendo realizado, os marcadores ósseos são mantidos no local para reuso no segundo estágio do procedimento. O paciente geralmente retorna em um diferente dia para colocação do gerador de pulsos interno e fios de extensão.

Embora a plataforma microTargeting não ofereça a opção de ajustes infinitos da trajetória como uma plataforma com halo, nós nunca encontramos uma situação em que poderíamos não alcançar um alvo. O dispositivo de posicionamento e os adaptadores estão disponíveis. Usando o adaptador, o dispositivo de posicionamento e corretores de entrada com a roseta padrão do dispositivo de microposicionamento, uma ampla variedade de alvos, com distâncias de até 1 mm do alvo inicial, podem ser alcançados.[4]

21.5 Manejo Pós-Operatório Incluindo Possíveis Complicações

Tipicamente, mantemos todos os pacientes pós-implantados por uma noite em regime de internação. Uma CT pós-operatória é obtida antes de o paciente deixar a unidade de recuperação para verificar ausência de hemorragia. Após a alta hospitalar, o paciente geralmente retorna 1 a 2 semanas para colocação do gerador de pulsos e fios de extensão sob anestesia geral. Com o uso do *software* Waypoint, um arquivo pós-operatório pode ser gerado, o qual graficamente exibe o teste de eficácia intraoperatório, os efeitos colaterais e o posicionamento relativo destes com relação ao implante final do eletrodo. Este arquivo pode ser enviado para o neurologista do paciente para ajudar na subsequente programação.

21.6 Conclusão

Nosso centro tem utilizado extensivamente a plataforma estereotáxica microTargeting, bem como muitos outros centros com um grande número de procedimentos.

Este sistema estereotáxico está crescendo em popularidade pela sua facilidade de uso, versatilidade e relativo conforto do paciente. Adicionalmente, nossos cirurgiões integraram o direcionamento probabilístico em suas práticas, visto que a técnica continua a se validar, e constataram que ela tem alta eficácia e confiabilidade em uma variedade de cenários clínicos.

21.6.1 Vantagens e Desvantagens do Sistema Estereotáxico microTargeting

Este sistema é capaz de alcançar um nível de exatidão demonstrado ser equivalente às armações rígidas tradicionais.[11] No entanto, alguns argumentam que o sistema microTargeting possibilita um maior nível de precisão, pois cada armação é customizada para o cada paciente sendo tratado e não se desloca ou deforma com o tempo. Além disso, ajustes não são necessários, como no caso dos sistemas tradicionais com halo, eliminando assim o potencial de erro humano. Vantagens adicionais incluem uma distância menor até o alvo (120-130 mm, comparado a 160-190 mm para os sistemas com halo) e, portanto, pequenas irregularidades são menos significativas.

O conforto do paciente e as reduções no tempo de cirurgia e de recursos também constituem vantagens adicionais do sistema. Escaneamentos de direcionamento não são necessários no dia da cirurgia e, consequentemente, a quantidade de tempo que o paciente está acordado em uma armação e não medicado é reduzida por, aproximadamente, 60 a 90 minutos. O conforto do paciente também pode ser aumentado pelo fato de que a cabeça não está rigidamente fixada à mesa cirúrgica. A ausência de fixação rígida também permite o acesso livre às vias aéreas, aumentando a segurança do procedimento. Finalmente, para centros com baixos volumes, o custo necessário para usar o sistema microTargeting é menor do que a compra do sistema com halo. Isto é importante se um número relativamente pequeno de casos de distúrbio do movimento será realizado.

As principais desvantagens da plataforma microTargeting são primariamente de caráter logístico, e podem ser facilmente superadas com um pouco de premeditação. Os pacientes devem realizar uma viagem adicional ao centro para a colocação dos marcadores ósseos e obtenção de imagens em uma semana diferente que a semana do procedimento. Para muitos pacientes, esta é uma troca aceitável por passar por um procedimento acordado mais curto. Além disso, a equipe de materiais da OR deve possuir um sistema para verificar se a armação é recebida antes do dia da cirurgia para esterilização a gás.[4]

De um ponto de vista cirúrgico, é importante lembrar os pacientes que a colocação de cada fiducial ósseo requer uma pequena incisão, ao contrário do sítio de incisão dos sistemas tradicionais com halo. Em geral, estas incisões podem ser colocadas atrás da linha de implantação capilar, com um bom resultado estético. Alguns pacientes também podem queixar-se do leve desconforto nos sítios dos marcadores enquanto aguardam a porção da cirurgia de colocação do eletrodo. Isto é rapidamente resolvido após a remoção dos marcadores. Além disso, como descrito anteriormente, embora o sistema microTargeting ofereça alguma variabilidade intraoperatória para mudança das trajetórias, as opções não são infinitas. Esta limitação pode ser resolvida por meio do planejamento detalhado no pré-operatório, com uma seleção cuidadosa da entrada e do alvo. Todavia, uma variedade do alvo, entrada e adaptadores permitem grande modificação intraoperatória quando necessária.

21.6.2 Vantagens e Desvantagens do Método de Direcionamento Probabilístico

O método de normalização CranioVault é uma excelente forma de aplicar informação agregada de prévias experiências com um particular alvo, a fim de fazer previsões probabilísticas para o paciente sendo atualmente tratado. A metodologia possibilita não apenas previsões de implante do eletrodo, como também a projeção de um mapa de calor probabilístico de uma região provável de estimulação bem-sucedida. Além disso, ele aumenta a referência para entender e evitar potenciais efeitos colaterais.[12] Este tipo de direcionamento é particularmente valioso nas regiões que podem ser definidas mais variavelmente de um ponto de vista de direcionamento, como o VIM. Já vimos excelentes correlações com pontos previstos, regiões de eficácia sugeridas, e direcionamento anatômico em relação ao STN e ao GPi.[1] Enquanto extremamente valioso na fase de planejamento, este método também é muito útil no intraoperatório, devido à possibilidade de registrar os pontos de dados obtidos através do MER e da macroestimulação, e sobrepô-los aos dados de eficácia previstos.[6]

Existem desvantagens associadas a este método. Tirando sua relativa novidade, a utilidade da técnica está diretamente relacionada com os dados que foram coletados. O navegador Waypoint fornece acesso a atlas previamente definidos que podem gerar mapas de eficácia, mas os conjuntos de dados ainda não são automaticamente atualizados. Em nossa instituição, somos capazes de internamente adicionar novos casos ao conjunto de dados a partir do qual o direcionamento é gerado, mas isto não está amplamente disponível. A distribuição e implementação da rede CranialVault permitirá que os cirurgiões selecionem e acessem um conjunto de dados mais amplo sobre o implante e a eficácia, a partir do qual será possível gerar previsões.[13]

Referências

[1] S, D'Haese PF, Lake W, Konrad PE, Dawant BM, Neimat JS. Fully automated targeting using nonrigid image registration matches accuracy and exceeds precision of best manual approaches to subthalamic deep brain stimulation targeting in Parkinson disease. Neurosurgery. 2015; 76(6):756–765

[2] González-Martínez J, Bulacio J, Thompson S, et al. Technique, results, and complications related to robot-assisted stereoelectroencephalography. Neurosurgery. 2016; 78(2):169–180

[3] von Langsdorff D, Paquis P, Fontaine D. In vivo measurement of the framebased application accuracy of the Neuromate neurosurgical robot. J Neurosurg. 2015; 122(1):191–194

[4] Konrad PE, Neimat JS, Yu H, et al. Customized, miniature rapid-prototype stereotactic frames for use in deep brain stimulator surgery: initial clinical methodology and experience from 263 patients from 2002 to 2008. Stereotact Funct Neurosurg. 2011; 89(1):34–41

[5] Stuart RM, Goodman RR. Novel use of a custom stereotactic frame for placement of depth electrodes for epilepsy monitoring. Neurosurg Focus. 2008; 25(3):E20

[6] D'Haese P-F, Pallavaram S, Li R, et al. CranialVault and its CRAVE tools: a clinical computer assistance system for deep brain stimulation (DBS) therapy. Med Image Anal. 2012; 16(3):744–753

[7] Camalier CR, Konrad PE, Gill CE, et al. Methods for surgical targeting of the STN in early-stage Parkinson's disease. Front Neurol. 2014; 5:25

[8] Gross RE, Krack P, Rodriguez-Oroz MC, Rezai AR, Benabid A-L. Electrophysiological mapping for the implantation of deep brain stimulators for Parkinson's disease and tremor. Mov Disord. 2006; 21 Suppl 14:S259–S283

[9] Starr PA. Placement of deep brain stimulators into the subthalamic nucleus or Globus pallidus internus: technical approach. Stereotact Funct Neurosurg. 2002; 79(3–4):118–145

[10] White-Dzuro GA, Lake W, Eli IM, Neimat JS. Novel approach to securing deep brain stimulation leads: technique and analysis of lead migration, breakage, and surgical infection. Stereotact Funct Neurosurg. 2016; 94(1):18–23

[11] D'Haese P-F, Pallavaram S, Konrad PE, Neimat J, Fitzpatrick JM, Dawant BM. Clinical accuracy of a customized stereotactic platform for deep brain stimulation after accounting for brain shift. Stereotact Funct Neurosurg. 2010; 88(2):81–87

[12] D'Haese P-F, Pallavaram S, Kao C, Neimat JS, Konrad PE, Dawant BM. Effect of data normalization on the creation of neuro-probabilistic atlases. Stereotact Funct Neurosurg. 2013; 91(3):148–152

[13] D'Haese P-F, Konrad PE, Pallavaram S, et al. CranialCloud: a cloud-based architecture to support trans-institutional collaborative efforts in neurodegenerative disorders. Int J CARS. 2015; 10(6):815–823

22 Implante de Eletrodo sem Halo e com Halo na Tomografia Computadorizada

David S. Xu ▪ *Francisco A. Ponce*

Resumo

O implante com e sem halo de eletrodos de estimulação cerebral profunda em uma tomografia computadorizada intraoperatória (iCT) permite diversos aprimoramentos no fluxo de trabalho e na precisão estereotáxica. Ao permitir a aquisição imediata de imagens de alta resolução, a iCT pode ser usada para rapidamente registrar sequências de planejamento por imagem por ressonância magnética estereotáxica e para verificar a precisão do implante do eletrodo. Embora exista uma variedade de configurações diferentes do equipamento no que diz respeito às plataformas de imagem e estereotáxicas, várias combinações compatíveis diferentes podem ser usadas com eficácia. Com a disponibilidade crescente de modalidades imagiológicas intraoperatórias, o erro estereotáxico é um ponto de dados que pode ser obtido no intraoperatório. Isto, junto com o registro de microeletrodos e o teste de estimulação, pode ajudar a fundamentar a decisão para o implante final do eletrodo.

Palavras-chave: estimulação cerebral profunda, tomografia computadorizada intraoperatória, distúrbios do movimento, procedimentos neurocirúrgicos, técnicas estereotáxicas.

22.1 Introdução

A cirurgia de estimulação cerebral profunda (DBS) requer a colocação precisa do eletrodo de estimulação em um alvo. A questão de como aquele alvo é definido – eletrofisiologicamente *versus* anatomicamente – ganhou interesse crescente, em parte devido aos avanços nas técnicas imagiológicas ao longo de décadas que a DBS tem sido praticada. A viabilidade de selecionar o alvo correto através da ressonância magnética (MR) ("direcionamento direto") continua a ser avaliada.

A cirurgia de DBS tem sido tradicionalmente realizada com o paciente acordado, como registro de microeletrodos, com teste de estimulação intraoperatória, e sem imagem pós-implante intraoperatória, a fim de verificar as coordenadas estereotáxicas do implante final do eletrodo. Análise das falhas do tratamento de DBS sugere que estas geralmente ocorrem devido a eletrodos "inadequadamente colocados". Esta avaliação é baseada na análise estereotáxica da imagem obtida durante a avaliação da falha de um paciente em responder apropriadamente à DBS, e não em uma revisão de dados cirúrgicos (p. ex., alvo do cirurgião, registros celulares, benefícios clínicos, e efeitos colaterais do teste de estimulação) que pode justificar um eletrodo que está a mais de 2 mm de um alvo estereotáxico mais tradicional. Portanto, existe um reconhecimento crescente de que a verificação baseada em imagens do implante final do eletrodo de DBS fornece importantes dados intraoperatórios adicionais, os quais não são substituídos por dados intraoperatórios mais tradicionais obtidos dos registros de microeletrodos ou teste de estimulação.

A capacidade de obter verificação imagiológica do implante final do eletrodo de DBS tornou-se possível pela maior disponibilidade de modalidades imagiológicas intraoperatórias que podem ser usadas para documentar as coordenadas estereotáxicas dos eletrodos de DBS, e comparar estas com o alvo pretendido enquanto o paciente ainda está na sala de cirurgia. Isto pode ser realizado com sistemas embasados na MR ou na tomografia computadorizada (CT).

A disponibilidade de sistemas com base na CT aumentou em parte por causa do uso crescente de navegação intraoperatória para cirurgia espinal, bem como a necessidade de aparelhos portáteis de CT em hospitais. Com o último, para todos os efeitos, um aparelho portátil de CT equivale a um *scanner* de CT intraoperatório. Ambos os *scanners* de CT de feixe cônico e feixe em leque estão sendo usados na sala de neurocirurgia.

Imagem por tomografia computadorizada intraoperatória (iCT) pode agilizar consideravelmente o fluxo de trabalho necessário para a colocação dos eletrodos usados na DBS. Além da confirmação intraoperatória do implante do eletrodo, a rápida aquisição de imagem craniana volumétrica por CT possibilita o registro estereotáxico e o registro simultâneo de imagens por MR (MRI) sem sair da sala de cirurgia.

O uso de iCT de forma eficaz requer considerações técnicas específicas e do fluxo de trabalho que dependem da tecnologia imagiológica e do sistema de direcionamento disponíveis. Especificamente, existem dois tipos de plataformas de imagem (túnel estreito e túnel largo) e dois tipos de sistemas estereotáxicos (sem halo e com halo) que possibilitam quatro permutações de configuração do equipamento. Neste capítulo, nós destacamos as técnicas e nuances do uso eficaz de ambos os sistemas com e sem halo com diferentes plataformas de iCT. A discussão é limitada ao uso de *scanners* de CT convencionais (ou seja, feixe em leque).

22.2 Seleção do Paciente

A maioria das instituições não tem acesso à iCT ou a sistemas de direcionamento estereotáxico. A seleção de pacientes para o equipamento disponível depende portanto de múltiplos fatores anatômicos e clínicos. A ▶ Tabela 22.1 resume as variáveis a serem consideradas para cada permutação de equipamento. O uso de um sistema sem halo estereotáxico pode ser apropriado para pacientes com claustrofobia, ou para pacientes cujas cabeças são muito grandes para um halo estereotáxico. Em nossa experiência, deparamo-nos com o problema de uma cabeça não se encaixar no halo estereotáxico apenas com o sistema CRW (Integra LifeSciences Corp.).

22.2.1 Considerações sobre os Tamanhos do Túnel da iCT

Sistemas de iCT com túnel estreito, como o CereTom (Samsung NeuroLogica Corp.) estão disponíveis para acomodar a maioria dos pacientes. No entanto, nossa experiência mostra que a maioria dos sistemas com halo, exceto a armação de Leksell (Leksell Stereotactic System; Elekta, Estocolmo, Suécia), não passará no túnel (▶ Fig. 22.1a).

Embora a CT com túnel estreito estivesse inicialmente disponível, a disponibilidade de CTs com túneis largos está aumentando. Sistemas com túnel largo como o BodyTom CereTom (Samsung NeuroLogica Corp.) e o Airo (Mobius Imaging, LLC) têm poucas restrições com relação ao biotipo do paciente e podem acomodar todos os sistemas estereotáxicos com e sem halo (▶ Fig. 22.1b). Estes sistemas que não requerem modificação na colocação do halo são muito mais versáteis; *scanners* de iCT

Tabela 22.1 Resumo das Considerações para as Diferentes Configurações de Equipamento de Tomografia Computadorizada Intraoperatória

Equipamento	Vantagens	Desvantagens
Scanner		
Túnel pequeno	Maior disponibilidade e acesso	Modificações necessárias com a colocação do halo Difícil de escanear um paciente acordado e delimitado por campos Armação CRW (Integra LifeSciences Corp.) não encaixa
Túnel largo	Maior flexibilidade cirúrgica com relação ao posicionamento do paciente Utilização para cirurgia espinal Compatível com a maioria dos sistemas estereotáxicos	Caro Não amplamente acessível
Estereotáxico		
Com halo	Custo inicial pode ser pago em um período mais longo após uso contínuo Menor número de etapas para o registro estereotáxico Mais fácil de corrigir erro estereotáxico via compensações de 2 mm	Pode ser difícil a colocação apropriada do halo em pacientes com restrições anatômicas Halo bloqueia parcialmente a face para exame/anestesia Somente a armação Leksell (Elekta) se encaixa nos *scanners* de túnel pequeno
Sem halo	Maior liberdade cirúrgica Acesso livre à face Custos iniciais mais baixos	Fiduciais ósseos requerem tempo e incisões adicionais Maiores custos por caso relacionados com os descartáveis

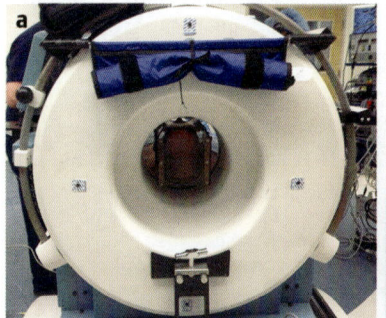

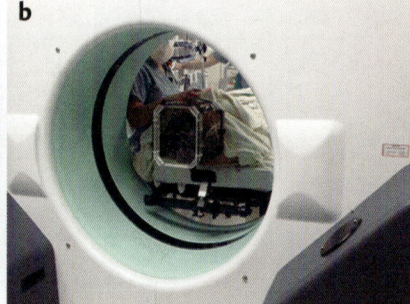

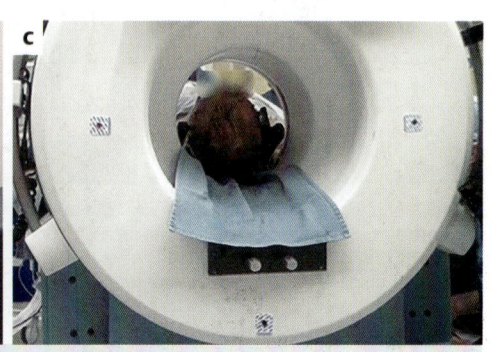

Fig. 22.1 Acomodação do paciente nos trabalhos do túnel da tomografia computadorizada intraoperatória. **(a)** Existem limites com relação aos halos estereotáxicos que podem ser acomodados na abertura de *scanners* com túneis pequenos, como o CereTom (NeuroLogica Corp.). **(b)** Os pacientes podem ser acomodados mais facilmente nos *scanners* com túneis largos, como o BodyTom (NeuroLogica Corp.), bem como maior variedade de *hardware* estereotáxico. **(c)** Sistemas sem halo, como o Nexframe (Medtronic, plc), são mais fáceis de acomodar em *scanners* de túneis pequenos. (Reproduzida com permissão de Barrow Neurological Institute, Fênix, AZ, Estados Unidos.)

com túnel largo podem ser usados para cirurgias espinais e de aneurisma (p. ex., angiografia por iCT), além dos casos cranianos estereotáxicos.

22.2.2 Considerações sobre o Direcionamento com Halo *versus* sem Halo

Sistemas de iCT com halo oferecem excelente precisão estereotáxica à custa do conforto e liberdade posicional do paciente. Alguns estudos,[1-3] incluindo nossa própria experiência, sugerem que os sistemas de direcionamento sem halo apresentam um maior erro do alvo de até 1 mm superior aos sistemas com halo. No entanto, a eficácia clínica geral parece ser similar quando ambos os sistemas são utilizados durante o implante de DBS no paciente acordado,[4-6] e recentes dados usando um sistema sem halo na MRI mostraram excelentes resultados com uma baixa taxa de revisão do eletrodo.[7]

Ao contrário dos halos estereotáxicos, os sistemas sem halo como o Nexframe (Medtronic, plc) funcionam mediante a colocação de fiduciais *in situ* ao longo do crânio do paciente. Sem a necessidade de fixação rígida, há uma maior flexibilidade para o posicionamento do paciente, bem como uma redução do volume de instrumentação necessário para se acomodar nos sistemas de iCT de túneis pequenos (▶ Fig. 22.1c). Para pacientes com impedimentos das vias aéreas ou cervicais significativos, que podem não possibilitar a fixação do halo tradicional, o direcionamento estereotáxico sem halo pode oferecer maior segurança, e também pode ser mais conveniente para o cirurgião e o anestesiologista.

A preferência do cirurgião e as considerações do custo provavelmente exercem um papel decisivo na escolha entre estes sistemas. Sistemas sem halo são descartáveis e, portanto, aumentam o curto por caso, enquanto os sistemas com halo são caros, visto que este custo é assumido de início. Para centros com pequenos volumes de casos, um sistema sem halo pode fazer sentido financeiramente, enquanto um centro de alto volume pode achar a aquisição de um sistema com halo financeiramente vantajoso.

22.3 Registro Estereotáxico

Em nossa instituição, o registro estereotáxico intraoperatório é realizado transferindo diretamente a sequência CT para uma

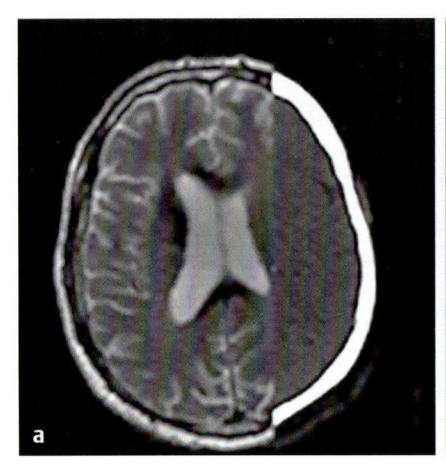

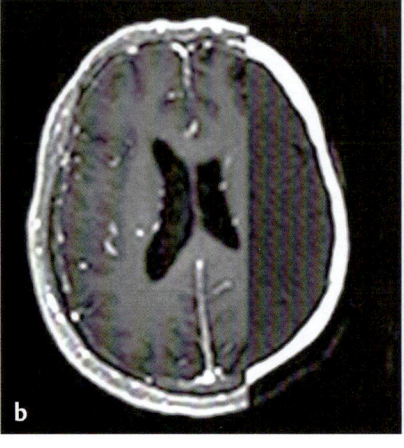

Fig. 22.2 Registro simultâneo das imagens de tomografia computadorizada (CT) intraoperatória. **(a)** Imagens por ressonância magnética com gadolínio ponderada em T2 e **(b)** T1 são demonstradas sendo unidas e registradas simultaneamente a uma CT intraoperatória por uma estação de trabalho móvel StealthStation S7. (Reproduzida com permissão de Barrow Neurological Institute, Fênix, AZ, Estados Unidos.)

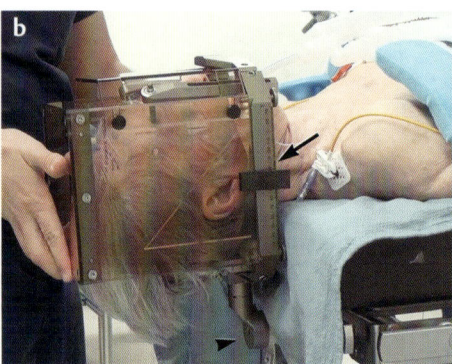

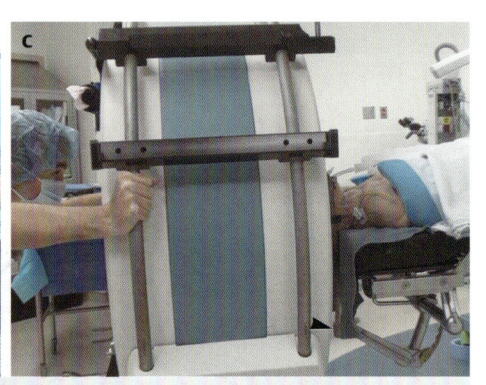

Fig. 22.3 Posicionamento do corpo e halo para tomografia computadorizada intraoperatória. **(a)** *Scanners* com túneis largos são capazes de acomodar leves elevações da cabeça do paciente, enquanto sistemas de túneis pequenos requerem que o paciente esteja deitado totalmente na horizontal. **(b, c)** A abertura menor do CereTom (NeuroLogica Corp.) requer que a armação de Leksell (Elekta) seja posicionada o mais baixo possível na cabeça do paciente (**b**, *seta*) para maximizar o volume da cabeça que seja escaneada quando o paciente estiver inserido no *scanner* **(c)**; a extensão na qual a armação de Leksell pode ser inserida no *scanner* é limitada pelo grampo de fixação (**b**, *ponta de seta*). (Reproduzida com permissão de Barrow Neurological Institute, Fênix, AZ, Estados Unidos.)

estação de trabalho StealthStation S7 (Medtronic, plc), em que o registro automático e a fusão da imagem à MRI pré-operatória são realizados, independente do janelamento da CT. Porções das imagens unidas e referências anatômicas podem ser especificamente inspecionadas visualmente para verificar a qualidade da fusão (▶ Fig. 22.2). Vantagens distintas com a iCT incluem o seguinte: (1) a imagem de registro é obtida no intraoperatório e (2) o cirurgião tem a capacidade de validar a precisão estereotáxica antes de fechar a pele. Vantagens adicionais incluem (3) rápida aquisição, a qual é possível com a CT, e (4) nenhum movimento do paciente após o registro estereotáxico, o que pode potencialmente minimizar quaisquer movimentos menores no halo estereotáxico que poderiam resultar do transporte.

Ganhos consideráveis no fluxo de trabalho podem ser obtidos com o uso da iCT para aquisição, fusão e registro no local de uma CT volumétrica do crânio com sequências MRI pré-operatórias para planejamento estereotáxico pré-operatório. Quando esta abordagem foi avaliada em nosso centro após 96 implantes consecutivos de eletrodo de DBS, por meio da comparação de fusões iCT-MRI com MRIs pós-operatórias, constatamos ausência de redução na precisão ou na fidelidade do direcionamento.[3]

A imagem de CT é obtida com a cabeceira da cama plana. Um nivelador instalado por *smartphone* pode ser usado para garantir que o halo esteja paralelo ao chão. Visto que a cabeceira da cama está plana durante a MRI e a CT, e considerando o potencial de deslocamento do cérebro no interior da calota craniana com mudanças no ângulo da cabeça, a cabeceira é mantida plana durante toda a cirurgia, com ajuste da altura cirúrgica obtida através da translação vertical de toda a cama. Isto pode resultar em desconforto em um paciente acordado e, nesse caso, as costas podem ser elevadas se necessário, embora tenha sido constatado que a manutenção da cabeceira plana estatisticamente afeta a precisão quando usada em combinação com um halo estereotáxico rígido[3] (▶ Fig. 22.3a).

A segunda consideração é que o uso de uma CT de túnel pequeno com a armação de Leksell resulta em uma abertura do *scanner* que não irá acomodar os ombros do paciente ou a dobradiça de fixação acoplada à base do halo. Como resultado, a base do halo deve ser posicionada o mais baixo possível sobre a cabeça do paciente para maximizar o volume cerebral sendo escaneado e, ao mesmo tempo, minimizar a impedância do adaptador para dobradiça (▶ Fig. 22.3b, c). Com *scanners* com túnel pequeno, a cabeça deve ficar plana ou em uma leve posição de Trendelenburg para maximizar o volume cerebral sendo escaneado e para facilitar a entrada do paciente no *scanner*, garantindo que a imagem alcance a parte inferior da órbita.

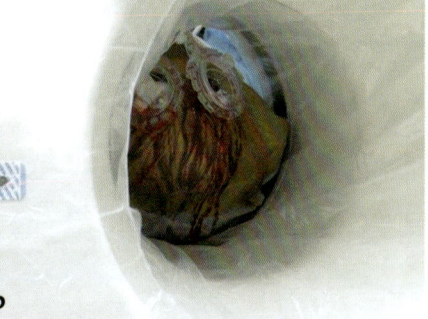

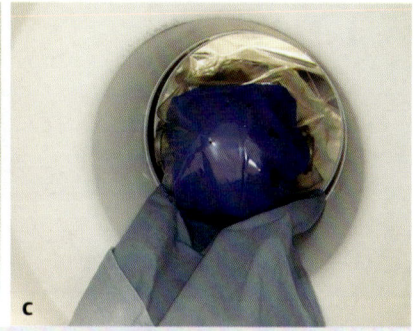

Fig. 22.4 Verificação intraoperatória do implante do eletrodo com a tomografia computadoriza intraoperatória (iCT). Plataformas de iCT com túnel grande podem acomodar o paciente com todo o conjunto estereotáxico, como a armação de Leksell (Elekta) **(a)**, incluindo a unidade inteira do anel e arco com o dispositivo de microposicionamento e dispositivos de inserção do eletrodo acoplados, mostrado aqui cobertos por um plástico branco estéril (*ponta de seta*). A manutenção da unidade completamente montada possibilita o reposicionamento imediato do eletrodo com os dispositivos de inserção de desvio embutidos no dispositivo de inserção do eletrodo. iCTs de túnel pequeno conseguem acomodar apenas a cabeça do paciente, sem qualquer equipamento estereotáxico acoplado. Exemplos mostrados incluem **(b)** o Nexframe (Medtronic, plc), que permite o acoplamento apenas do dispositivo de microposicionamento, e **(c)** a armação de Leksell (Elekta), a qual deve ter o arco e o anel removidos. Em todos os exemplos, o paciente é coberto com um campo estereotáxico transparente e estéril antes de sua inserção no aparelho. (Reproduzida com permissão de Barrow Neurological Institute, Fênix, AZ, Estados Unidos.)

22.4 Procedimento Cirúrgico

O implante cirúrgico dos eletrodos de DBS deve proceder com uma ênfase na preservação do ângulo da cabeceira e na minimização da perda do líquido cerebrospinal com resultante pneumoencéfalo. Uma técnica eficaz para minimizar a perda de líquido cerebrospinal é abrir a dura com um eletrocautério, com a abertura não sendo mais ampla do que o necessário para a inserção do diâmetro da cânula do eletrodo e, então, ocluir o orifício de trepanação com cola de fibrina após a inserção da cânula. Quando ambas as técnicas são usadas, não observamos pneumoencéfalo visível após 37 pacientes tratados consecutivamente (manuscrito em processo de impressão). Cautela é necessária para garantir que a pia seja aberta antes de passar a cânula. Para isso, recentemente usamos um estilete de ponta afiada, introduzido através do dispositivo de microposicionamento, para abrir a dura com eletrocautério monopolar. Em seguida, avançamos manualmente o estilete por aproximadamente 1 cm para garantir que a pia estava aberta. Este passo é seguido pela introdução da cânula. Combinamos esta técnica com o planejamento estereotáxico de uma trajetória que evita os sulcos e os vasos sanguíneos corticais, com estrita adesão ao ponto de entrada selecionado. Esta técnica minimiza a quantidade da dura que deve ser aberta para introduzir os eletrodos de DBS e, adicionalmente, minimiza a saída de líquido cerebrospinal.

22.4.1 Verificação do Implante do Eletrodo

A maior ajuda que a iCT fornece ao cirurgião é a imediata verificação do implante do eletrodo. As quatro permutações de equipamento (ou seja, halo *versus* sem halo, túnel pequeno *versus* túnel largo) permite a validação do direcionamento intraoperatório, mas com diferenças no tempo de escaneamento e na configuração do equipamento.

Para iCTs de túnel largo, o orifício da obtenção de imagem é grande o suficiente para acomodar o conjunto inteiro de colocação do eletrodo para os sistemas com halo e sem halo. Portanto, eles permitem que uma imagem de verificação seja obtida imediatamente após a colocação do eletrodo, antes da remoção do estilete do eletrodo ou da desmontagem do aparelho estereotáxico, o que facilita bastante o uso de um dispositivo de inserção de desvio de 2 mm embutido no dispositivo de inserção da cânula da armação de Leksell, caso o reposicionamento do eletrodo seja necessário (▶ Fig. 22.4a). Para iCTs de túnel pequeno, apenas a cabeça do paciente cabe dentro do *scanner* e, portanto, todo o equipamento de colocação do eletrodo deve primeiro ser demonstrado (▶ Fig. 22.4b, c). Para implante bilateral do eletrodo, recomendamos realizar o escaneamento após o implante dos dois eletrodos, a fim de minimizar interrupção do fluxo de trabalho e da configuração estereotáxica. Na dúvida se o eletrodo está em uma posição apropriada, com base nos registros de microeletrodo intraoperatórios e teste de estimulação para determinar os benefícios clínicos e efeitos colaterais, a obtenção de imagem intraoperatória pode fornecer um ponto de dados adicional para fundamentar a decisão para o implante final do eletrodo.

Após a conclusão da imagem de verificação, esta pode ser simultaneamente registrada com a MRI de planejamento pré-operatório com fusão adicional das imagens, a fim de permitir a sobreposição entre as projeções das trajetórias planejadas dos eletrodos e as reais posições dos eletrodos (▶ Fig. 22.5a, b). Medidas subsequentes de erro quantitativo podem ser obtidas para determinar se uma revisão é necessária e, em caso positivo, o vetor para correção. Estes dados são incluídos como parte da documentação da cirurgia.

22.5 Manejo Pós-Operatório Incluindo Possíveis Complicações

Aquisição de imagem iCT após o implante do eletrodo também permite uma avaliação concomitante de lesões iatrogênicas acidentais, como hemorragias ou *hardware* significativamente mal posicionados. Em nossa instituição, pacientes com imagens intraoperatórias sem incidentes e comorbidades médicas limitadas são rotineiramente internados na enfermaria, em vez da unidade de tratamento intensivo, para recuperação pós-operatória.

22.6 Conclusão

O uso de iCT para o implante de eletrodos de DBS pode produzir considerável melhora no fluxo de trabalho cirúrgico e, mais importante, pode reduzir o limiar para o reposicionamento do eletrodo. As principais vantagens incluem o seguinte: (1) o paciente não precisa sair da sala de cirurgia; (2) a posição do paciente não

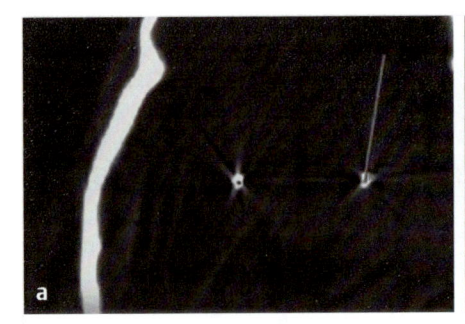

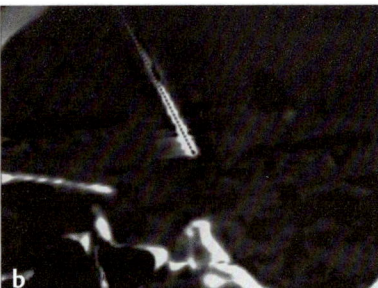

Fig. 22.5 Imagem de verificação. A imagem de verificação por tomografia computadorizada (CT) pode ser simultaneamente registrada à imagem por ressonância magnética (MRI) de planejamento e, então, as duas são unidas para mostrar as reais posições dos eletrodos, que são sobrepostos às posições planejadas para avaliar a precisão. **(a)** A fotografia tirada da estação de planejamento Framelink (STEALTH, Medtronic, plc) mostra o contato 1 (R1) à direita, posicionado em (11.94, -2.72, -3.66). O alvo estava em (12, -3, -4), e o *software* mostra um erro radial de 0,2 mm e um erro vetorial de 0,4 mm. **(b)** A fusão das imagens ilustra a posição do contato, visível na CT, sobre o núcleo subtalâmico, como visto na MRI ponderada em T2. (Reproduzida com permissão de Barrow Neurological Institute, Fênix, AZ, Estados Unidos.)

muda após a obtenção da imagem para registro estereotáxico, o que potencialmente aumenta a precisão estereotáxica, e (3) a verificação intraoperatória da precisão estereotáxica, que serve como um parâmetro ou um ponto de dados complementar, é combinada com os registros e o teste de estimulação para determinar a posição final do eletrodo. Embora o acesso e a disponibilidade da iCT sejam variáveis, a maioria dos modelos pode ser acoplada de forma eficaz aos sistemas estereotáxicos comuns com e sem halo para uma ampla gama de pacientes.

Referências

[1] Tai CH, Wu RM, Lin CH, et al. Deep brain stimulation therapy for Parkinson's disease using frameless stereotaxy: comparison with frame-based surgery. Eur J Neurol. 2010; 17(11):1377–1385
[2] Bjartmarz H, Rehncrona S. Comparison of accuracy and precision between frame-based and frameless stereotactic navigation for deep brain stimulation electrode implantation. Stereotact Funct Neurosurg. 2007; 85(5):235–242
[3] Mirzadeh Z, Chapple K, Lambert M, Dhall R, Ponce FA. Validation of CT-MRI fusion for intraoperative assessment of stereotactic accuracy in DBS surgery. Mov Disord. 2014; 29(14):1788–1795
[4] Henderson JM, Holloway KL. Achieving optimal accuracy in frameless functional neurosurgical procedures. Stereotact Funct Neurosurg. 2008; 86(5):332–333
[5] Zahos PA, Shweikeh F. Frameless deep brain stimulation surgery: a community hospital experience. Clin Neurol Neurosurg. 2013; 115(7):1083–1087
[6] Brontë-Stewart H, Louie S, Batya S, Henderson JM. Clinical motor outcome of bilateral subthalamic nucleus deep-brain stimulation for Parkinson's disease using image-guided frameless stereotaxy. Neurosurgery. 2010; 67(4):1088– 1093, discussion 1093
[7] Larson PS, Starr PA, Bates G, Tansey L, Richardson RM, Martin AJ. An optimized system for interventional magnetic resonance imaging-guided stereotactic surgery: preliminary evaluation of targeting accuracy. Neurosurgery. 2012; 70(1) Suppl Operative:95–103, discussion 103

23 Procedimentos Ablativos para Distúrbios do Movimento: Palidotomia

Robert E. Wharen Jr. ▪ *Sanjeet S. Grewal* ▪ *Bruce A. Kall* ▪ *Ryan J. Uitti* ▪ *Paul S. Larson*

Resumo

Embora a estimulação cerebral profunda (DBS) tenha dominado a neurocirurgia funcional desde a sua introdução no final da década de 1990, ainda existe um papel para técnicas lesionais no tratamento de alguns pacientes com doença de Parkinson (PD), distonia, tremor ou hemibalismo. A evidência e as potenciais vantagens da indução de lesão comparada com a DBS foram revisadas, e enfatizou-se a importância de um neurocirurgião funcional capacitado nas técnicas de indução de lesão além da DBS para tratar de forma mais adequada os vários sintomas de pacientes adequadamente selecionados com distúrbios do movimento. A mais recente revisão de medicina baseada em evidências, realizada pela Movement Disorder Society[6], concluiu que a palidotomia unilateral é eficaz como um auxiliar sintomático à levodopa (L-Dopa) para flutuações motoras e discinesia, e a talamotomia unilateral também é provavelmente eficaz para pacientes com PD. Palidotomia unilateral é consideravelmente melhor para pacientes com PD avançada do que a melhor terapia clínica usada isoladamente,[7] e melhor que a DBS palidal, pelo menos para discinesia.[8,9] A principal vantagem da DBS é que pode ser realizada bilateralmente com maior segurança do que a palidotomia ou talamotomia. A Palidotomia, entretanto, tem sido usada com eficácia após falhas da DBS.[4] A técnica padrão de indução de lesão envolve o uso de um gerador de radiofrequência, embora técnicas mais recentes atualmente sendo desenvolvidas incluam lesão focal por ultrassom guiada por ressonância magnética (MR)[10] e ablações a *laser* guiadas por MRI.

Palavras-chave: palidotomia, doença de Parkinson, distonia, ablação a *laser*, ablação por radiofrequência.

23.1 Seleção do Paciente

A seleção de pacientes com doença de Parkinson (PD) para cirurgia é realizada de forma mais apropriada por uma equipe multidisciplinar (neurologista especialista em distúrbios do movimento, neuropsicólogo, psiquiatra e neurocirurgião). Os melhores candidatos para palidotomia têm PD idiopática assimétrica responsiva à terapia dopaminérgica, mas com flutuações motoras moderadas a graves, discinesia ou tremor, apesar da terapia médica ideal. Problemas na fala, equilíbrio ou marcha que não são responsivos à levodopa não são indicações primárias para cirurgia. Contraindicações relativas para cirurgia incluem demência (miniexame do estado mental [MMSE] ≤ 24/30, ou Escala de Avaliação de Demência de Mattis [MDRS] ≤ 130/144), depressão (Escala de Avaliação para Depressão de Montgomery e Asberg [MADRS] ≥ 19 pontos), transtornos psiquiátricos não controlados, instabilidade postural grave, e pacientes com parkinsonismo secundário ou síndrome de Parkinson *plus*. Palidotomia unilateral é um procedimento seguro e eficaz, que resulta em reduções de 20 a 30% nas pontuações "não" motoras, com excelentes efeitos sobre a discinesia contralateral e a distonia, bons benefícios sobre o tremor, acinesia e rigidez, mas com mínimos benefícios sobre os sintomas axiais.[3] Seleção de pacientes para palidotomia, em vez de estimulação cerebral profunda (DBS), pode incluir o seguinte: (1) problemas logísticos relacionados com a DBS (ou seja, programação); (2) escolha do paciente contra *hardware* implantado e complicações associadas ao *hardware*; (3) comorbidades médicas proibindo o uso de anestesia geral (palidotomia pode ser realizada inteiramente sob anestesia local); (4) imunossupressão, aumentando o risco de infecção com o *hardware* implantado; (5) pacientes com um prévio procedimento de DBS que sofreram uma complicação infecciosa pós-operatória necessitando de remoção do sistema de DBS; e (6) DBS não está disponível devido à geografia ou custo. Pacientes com PD são avaliados pela equipe de neurologia especialista em distúrbios do movimento, tanto não medicados (definido como 8 horas sem a medicação), como medicados (definido como 1 hora após tomar o medicamento). Medidas objetivas de incapacidade são documentadas usando escalas padronizadas para avaliação da PD (a escala de Hoehn e Yahr, a escala de incapacidade de Schwab e England e a Escala Unificada de Avaliação da Doença de Parkinson [UPDRS]). Avaliação neuropsicológica e rastreio psiquiátrico são realizados para todos os pacientes.

A seleção para cirurgia de pacientes com distonia requer uma equipe multidisciplinar (neurologista especialista em distúrbios do movimento, neuropsicólogo, psiquiatra, neurorradiologista e neurocirurgião). Os melhores candidatos são os pacientes mais jovens com distonia primária (particularmente aqueles com mutações no gene DYPT-1) e/ou distonia tardia em que a terapia médica foi malsucedida e que estejam bastante incapacitados. A gravidade da distonia e a incapacidade devem ser avaliadas por escalas de avaliação apropriadas (incluindo a Escala de Avaliação da Distonia de Burke-Fahn-Marsden e a Escala de Avaliação de Torcicolo Espasmódico de Toronto), e avaliações cognitivas e psiquiátricas são necessárias como medidas de referência. A palidotomia é uma opção para pacientes que não são candidatos para a DBS.[11,12]

23.2 Preparação Pré-Operatória

Quando possível, a cirurgia é realizada após a retirada dos medicamentos por uma noite e sem sedação, a fim de facilitar a avaliação clínica dos efeitos das lesões incrementais. Uma imagem por ressonância magnética (MRI) é obtida, a qual inclui uma sequência volumétrica de SPGR (aquisição de ecos de gradientes refocalizados) com corte de 1 mm de espessura, permitindo a reconstrução nos planos sagital, coronal e axial, e uma sequência SWI (ponderada em suscetibilidade magnética) (tempo de repetição [TR]: 49 milissegundos; tempo de eco (TE): 40 milissegundos; espessura do corte: 3 mm; resolução: 256 × 192) que claramente delineia os núcleos do globo pálido a partir da cápsula interna (▶ Fig. 23.1).

23.3 Técnica Cirúrgica

23.3.1 Preparação da Anestesia

O acesso intravenoso (IV) ipsilateral é estabelecido para permitir liberdade de movimento da extremidade de interesse. Oxigênio

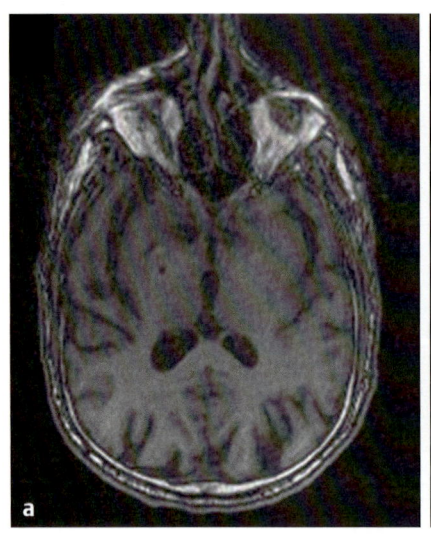

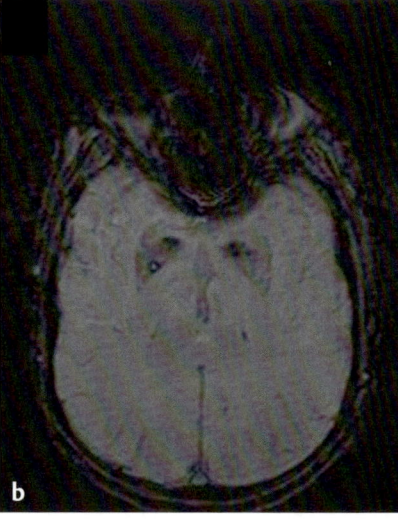

Fig. 23.1 Sequências de planejamento por MRI (imagem por ressonância magnética): T1 **(a)** e SWI **(b)** revelando palidotomia direita em localização ideal.

é fornecido através de uma cânula nasal, e EEG (eletrocardiograma), oximetria de pulso e pressão arterial (BP) são monitorados. Colocação de uma cânula arterial e cateterismo vesical não são rotineiramente realizados. A palidotomia é facilitada pela total cooperação do paciente, e realizada com anestésico local. A BP deve ser bem controlada no intraoperatório e pós-operatório para reduzir o risco de hemorragia.

23.3.2 Colocação da Armação Estereotáxica

O paciente é sedado com um anestésico de curta duração, como propofol, e após a infiltração dos sítios de inserção de pinos, uma armação estereotáxica COMPASS (Rochester, MN, Estados Unidos)[13] é fixada na tábua externa do crânio. Após a aplicação da armação, uma tomografia computadorizada (CT) é obtida (cortes contínuos de 1 mm, matriz 512 × 512, sem inclinação de *gantry*).

23.3.3 Planejamento do Alvo e Trajetória

As imagens por CT e MR são analisadas usando o *software* COMPASS, o qual é compatível com um sistema estereotáxico COMPASS ou Leksell, e os fiduciais de CT são selecionados.[13] A CT estereotáxica é unida à MRI pré-operatória.[14] O direcionamento para o globo pálido interno (GPi) é realizado indiretamente em relação ao ponto comissural médio (2-3 mm anterior, 3-5 mm inferior, 19-22 mm lateral) e por visualização direta do GPi nas imagens axiais e coronais da MR. O alvo direto é selecionado usando o corte no nível do AC-PC (comissura anterior-comissura posterior) e traçando uma linha ao longo da borda palidocapsular (a borda do GPi e a cápsula interna). Esta linha é tipicamente de 18 a 20 mm de comprimento. Esta linha é dividida em terços e o alvo é posicionado a um terço de distância da extremidade posterior da linha e 3 mm lateral ao longo de uma linha traçada da borda palidocapsular. Após selecionar este alvo, o alvo final é escolhido ao longo da trajetória usando a visualização *Probe's Eye* para a parte inferior do GPi, em um ponto geralmente imediatamente lateral e 2 mm acima do trato óptico.[15] O alvo GPi pode ser visualizado em um atlas estereotáxico que tenha sido proporcionalmente ajustado para o paciente em questão.[16] Uma vez selecionado o alvo apropriado, uma trajetória é escolhida o mais próximo possível do plano parassagital que evite o ventrículo lateral e os sulcos (▶ Fig. 23.2). As coordenadas do alvo GPI são colocadas no centro da armação estereotáxica COMPASS.

23.3.4 Técnica Cirúrgica: Palidotomia Estereotáxica

O paciente é posicionado com a cabeça fixa no suporte estereotáxico, na posição semissentada. Todos os esforços devem ser feitos para deixar o paciente o mais confortável possível. Constatamos que um enchimento de espuma atrás do pescoço é particularmente útil. Antibióticos profiláticos apropriados e uma única dose de 8 mg de dexametasona são administrados por via intravenosa, e uma placa de aterramento é aplicada para estimulação e lesão. O sítio de entrada (escolhido na simulação pré-operatória) e a incisão linear na direção coronal são marcados, e o cabelo é dividido ao longo da linha de incisão. A ferida é preparada com antissépticos e coberta por campos cirúrgicos, mantendo a cobertura mínima, geralmente com um campo cirúrgico Ioban (3 M, St. Paul, MN, Estados Unidos) e um único campo cirúrgico de craniotomia fixado aos suportes IV em ambos os lados de forma esticada, de modo que o rosto e o corpo do paciente fiquem livres para serem avaliados pela equipe de neurologia especialista em distúrbios do movimento (neurologista especialista em distúrbio do movimento que avalia a função do paciente e a enfermeira que registra o achado).

O couro cabeludo é infiltrado com anestésico local (ropivacaína 1%), a incisão é realizada, e um orifício de trepanação colocado usando uma broca de alta velocidade. A dura é coagulada e incisada para garantir a inserção atraumática do eletrodo. A armação estereotáxica é posicionada e o tubo-guia inserido no orifício de trepanação. Esponja hemostática (Gelfoam®) é usada para preencher o orifício de trepanação ao redor do tubo-guia, e cera óssea é usada para selar a abertura para minimizar a perda de líquido cerebrospinal.

23.3.5 Confirmação Fisiológica do Alvo

O próximo passo é a confirmação fisiológica do alvo. As duas opções são registro/microestimulação e macroestimulação do microeletrodo. O papel do registro do microeletrodo na palidotomia é ativamente debatido. Registros de microeletrodo têm sido usados por muitos centros em uma tentativa de identificar o alvo ideal e minimizar lesão à cápsula interna e trato óptico, com relatos de um benefício claro daqueles centros que usam esta técnica.[17-20] Entretanto, palidotomia sem registros de microeletrodo podem alcançar resultados similares.[21-23] A questão dos

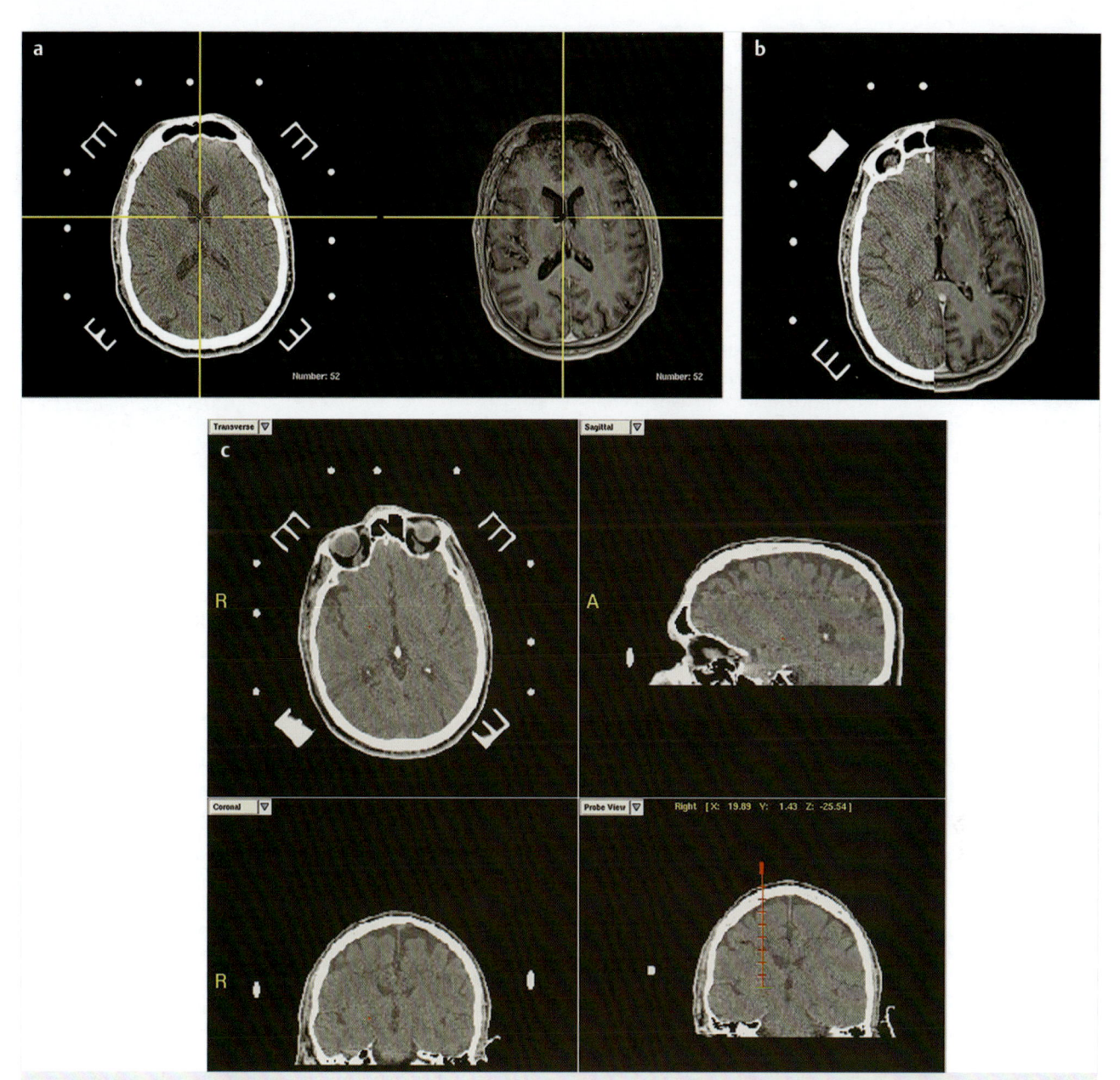

Fig. 23.2 Fusão da CT (tomografia computadorizada) estereotáxica e MRI (imagem por ressonância magnética) pré-operatória, com registro do ponto de verificação **(a)** unido **(b)**, e planejamento da trajetória **(c)**.

benefícios potenciais dos registros de microeletrodo comparados com os riscos crescentes de hemorragia e cirurgia prolongada ainda não está resolvida e provavelmente permanecerá dessa forma, visto que é improvável que um grande estudo randomizado para definitivamente responder essa questão seja concluído. Basta dizer que a especialização no tratamento cirúrgico de distúrbios do movimento demanda familiaridade e competência em ambas as técnicas.

As técnicas de registro de microeletrodo foram bem descritas por Lozano et al.[24] e Starr et al.[25] Os princípios são que as transições entre as substâncias cinzenta e branca podem ser identificadas, e que os núcleos dos gânglios basais têm padrões característicos de descarga espontânea que podem ser identificados.[24,26] Além disso, subterritórios motores de uma região podem ser diferenciados das regiões não motoras por meio da identificação de neurônios cujas frequências de descarga podem ser moduladas pelo movimento, e a organização somatotópica de um núcleo pode ser determinada. Neurônios do GPe têm dois padrões distintos de atividade. Algumas unidades têm uma frequência de descarga de 10 a 20 Hz marcada por breves descargas, enquanto outras têm um padrão de disparo irregular em 36 a 60 Hz com períodos intermediários de baixa atividade. Neurônios do GPi em pacientes com PD têm uma taxa de disparo basal mais contínua (80 Hz) do que os neurônios do globo pálido externo (GPe), e respondem aos movimentos contralaterais com um aumento na taxa de disparo. À medida que o microeletrodo abandona a borda inferior do GPi e entra na substância branca da ansa lenticular, a atividade neuronal diminui. Alguns milímetros além da borda inferior da GPi está o trato óptico, que é mais bem identificado por microestimulação (sequências de 1 a 2 s de ondas quadradas de 1 a 2 ms a 100-300 Hz) que provoca fenômenos visuais de luzes piscando relatados pelos paciente, embora ocasionalmente atividade neuronal espontânea possa ser evocada com o uso de estimulação fótica. Uma radiografia lateral ou com arco em C é obtida para confirmar o sítio do alvo.

Em nossa instituição, a palidotomia é agora mais comumente realizada sem registros de microeletrodo, com confirmação fisiológica do alvo realizada por macroestimulação com o uso de um gerador de RF (radiofrequência) (Cosman G4). Um macroeletrodo de 1,1 mm com uma ponta exposta de 3 mm (Radionics, Burlington, MA, Estados Unidos) é inserido através do tubo-guia com monitorização da impedância[27] (impedância diminui na substância cinzenta dos gânglios basais), e avançado até um ponto 4 mm acima do sítio do alvo. A macroestimulação é, então, realizada usando estimulação de alta frequência (100 Hz) para avaliar a proximidade ao trato óptico, disfunção da fala e melhora dos sintomas, enquanto a estimulação de baixa frequência (5 Hz) é realizada para avaliar os limiares motores e a proximidade à cápsula interna. O limiar para qualquer fenômeno visual como luzes piscantes ou fosfinas no hemicampo contralateral deve ser um mínimo de 2 V, e preferencialmente de 3 a 4 V. Um limiar inferior a 2 V significa que o eletrodo está muito próximo do trato óptico e deve ser recuado até que o limiar visual satisfaça estes critérios. Limiares motores são avaliados aumentando-se lentamente a estimulação de baixa frequência, até que contrações sejam observadas na mão contralateral ou na língua. Os limiares motores devem ser no mínimo de 2 V, e preferencialmente de 3 a 4 V. Um limiar motor inferior a 2V significa que o eletrodo está muito próximo da cápsula interna e deve ser deslocado lateral ou anteriormente. Macroestimulação a uma frequência baixa e alta é realizada a uma distância de 4 e 2 mm acima do alvo e no alvo. Estimulação de alta frequência geralmente produz melhoras na rigidez contralateral, e bradicinesia é avaliada durante a cirurgia por percussão dos dedos da mão e do pé, e pronação/supinação do antebraço. Em alguns casos, a estimulação de alta frequência gera discinesia, um achado que geralmente representa um resultado favorável. Fala é avaliada durante a estimulação de alta frequência para qualquer disfunção.

Assim que o eletrodo é avançado até o alvo, uma radiografia lateral ou com arco em C do crânio (radiografia lateral fixa em nossa sala de cirurgia; ▶ Fig. 23.3) é obtida para verificar a posição do eletrodo no centro dos sítios de bombardeio estereotáxico, confirmando que o eletrodo está no sítio do alvo escolhido, posicionado no centro da armação estereotáxica. Se necessário, o eletrodo é reposicionado com base nos achados da macroestimulação e radiográficos, usando-se uma trajetória 2 mm paralela na direção apropriada da trajetória inicial.

23.3.6 Indução de Lesão

Após confirmação do sítio do alvo, uma lesão teste é primeiramente realizada a 46 graus por 60 segundos, e o paciente é avaliado para a presença de qualquer evidência de comprometimento motor, da fala ou visual. Se a lesão teste for tolerada sem efeitos colaterais, uma lesão terapêutica é realizada usando 80 graus por 60 segundos. O eletrodo é então recuado 2 mm e, subsequentemente, 4 mm acima do alvo, e uma lesão feita em cada sítio usando os mesmos parâmetros (80 graus por 60 segundos). Após cada lesão, o paciente é avaliado para efeitos terapêuticos sobre a rigidez, bradicinesia e tremor, bem como para quaisquer efeitos colaterais motores ou visuais. Após conclusão destas lesões, se adicional benefício terapêutico for necessário,

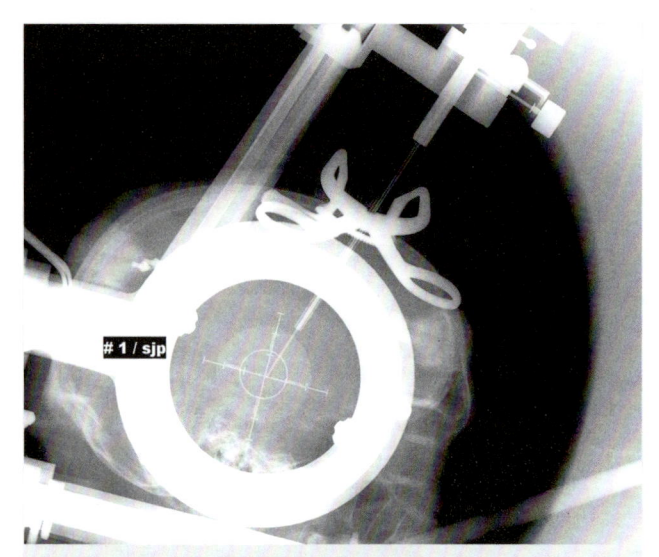

Fig. 23.3 Confirmação radiológica do alvo usando radiografia lateral fixa.

pode-se considerar o uso de uma trajetória paralela com a mesma técnica e expandir a lesão. Quando os resultados da palidotomia são considerados satisfatórios, o eletrodo é recuado. A ferida é irrigada, o orifício de trepanação fechado com Gelfoam, e a ferida fechada em camadas. A armação é removida.

23.3.7 Técnica Cirúrgica: Palidotomia a *Laser* Guiada por MRI Intraoperatória

A base para uma palidotomia ou talamotomia bem-sucedida sempre foi uma colocação cirúrgica apropriada da sonda de lesão e um exame neurológico confiável do paciente durante o processo de indução da lesão. Em raras circunstâncias, pode ser desafiador realizar avaliações neurológicas, as quais podem comprometer a capacidade do cirurgião em precisamente avaliar o tamanho da lesão durante a cirurgia. Por exemplo, com ansiedade grave, dificuldade de concentração ou distúrbio da fala significativo (como hipofonia ou festinação), pode ser difícil examinar de forma rápida e confiável.

Nos últimos anos, a MRI intervencionista tem sido usada para realizar o implante de estimulador cerebral profundo sob anestesia geral. Esta técnica permite a colocação de dispositivos nos gânglios basais usando orientação por MR em tempo real com um alto grau de precisão e resultados clínicos que são comparáveis com a cirurgia acordada fisiologicamente guiada.[28-30] Mais recentemente, o uso de sequências por MR sensíveis à temperatura e o desenvolvimento de sistemas de aplicação de *laser* de fibra ótica agora possibilitam a criação de lesões térmicas no CNS (sistema nervoso central) e a monitorização de seu progresso em tempo real usando a MRI intervencionista.[28]

Lesão guiada por MRI sob anestesia geral é atualmente uma consideração para pacientes considerados candidatos motores apropriados para cirurgia, mas que não tolerariam um procedimento acordado. Nesta técnica, o tamanho apropriado da lesão é determinado não pelo exame físico, mas pela visualização direta do volume de destruição tecidual nas sequências termossensíveis em relação às estruturas adjacentes como a cápsula interna.

O planejamento é realizado com as sequências de MR, que permitem a visualização direta do GPi e da cápsula interna (como as sequências de inversão-recuperação). O *software* específico ao sistema de *laser* sendo usado permite que a equipe cirúrgica configure limites de segurança térmica nas estruturas específicas, como a cápsula interna; se a temperatura excede estes limites predefinidos à medida que a lesão está se expandindo, o *laser* irá desligar automaticamente. Isto é importante porque as imagens termossensíveis são, por necessidade, adquiridas rapidamente (a cada 6 segundos) para monitorar o crescimento da lesão, o que significa que elas possuem uma resolução relativamente baixa e não fornecem a discriminação tecidual de uma imagem que é adquirida ao longo de 8 ou 10 minutos. Por esta razão, o cirurgião deve selecionar o alvo e planejar o tamanho da lesão nas imagens de alta resolução que mostram a anatomia relevante e, então, configurar os limites térmicos *sublesionais* nas estruturas que eles desejam proteger.

Na palidotomia, as estruturas que devem ser protegidas são a cápsula interna e o trato óptico, ambos dos quais podem ser observados claramente em imagens apropriadas. A seleção do alvo é determinada com base na visualização direta do GPi e anatomia adjacente, e é realizada da mesma maneira que descrita anteriormente para pacientes acordados.

Uma vez que o *laser* de fibra é introduzido e a posição é confirmada, o processo de indução de lesão pode começar. O *software* do *laser* mostra um mapa de danos; este é o tamanho previsto da lesão com base nas sequências de MR sensíveis à temperatura (▶ Fig. 23.4). Lembre-se que haverá uma penumbra ou "halo" de temperaturas mais elevadas, porém sublesionais, maior do que o tamanho real da lesão. Por esta razão, deve-se prestar atenção ao mapa de danos e usar os limites térmicos para monitorar o progresso, visto que o processo de lesão acontece muito rapidamente. Quando o *laser* é desligado pelo cirurgião ou automaticamente por um limite térmico, é possível obter uma imagem ponderada em difusão configurada para avaliar o verdadeiro tamanho da lesão. Tenha o cuidado de usar sequências T2 neste estágio, visto que elas frequentemente mostram um hipersinal que é significativamente maior do que a lesão verdadeira.

Os méritos relativos desta técnica, quando comparada com a cirurgia acordada, devem ser considerados caso a caso, e a tomada de decisão deve basear-se nos fatores clínicos, não na conveniência.

23.4 Manejo Pós-Operatório Incluindo Possíveis Complicações

Todos os pacientes são monitorados no hospital durante a noite, com atenção especial à BP para evitar hipertensão, e a maioria dos pacientes (87%) volta para casa no dia seguinte à cirurgia. Medicamentos de Parkinson pré-operatórios são retomados, e a rapidez de ação, magnitude e duração da resposta motora à terapia de levodopa são mantidas após a palidotomia.[31] Nenhum dos pacientes (mais de 360) sendo submetidos a procedimentos de indução de lesão em nosso centro sofreu um déficit do campo visual, nenhum paciente precisou de uma craniotomia para evacuação de um hematoma intracerebral agudo, e não houve infecções. Os efeitos colaterais mais comuns são confusão transitória e leve fraqueza transitória, particularmente na face, a qual se resolve em 7 a 10 dias após a cirurgia. Pacientes que tiveram fraqueza transitória apresentaram uma tendência a ter resultados excelentes com a palidotomia, uma observação realizada por muitos cirurgiões estereotáxicos. Um paciente ficou mudo por 2 semanas após uma palidotomia esquerda, mas recuperou a fala na 6ª semana. Em geral, os riscos de complicações após uma palidotomia varia de 2 a 5%.[32-34]

Um benefício primário da palidotomia é a redução de discinesia contralateral no estado ligado, visto que 90 a 100% dos pacientes com lesões bem posicionadas têm uma redução significativa ou erradicação da discinesia contralateral.[17,33,35-37] Rigidez e tremor também respondem bem à palidotomia, com melhora nas pontuações UPDRS, no estado desligado, de 25 a 30%[17,37,38] (▶ Fig. 23.5). Distúrbios da marcha, equilíbrio e marcha congelada têm uma resposta menos previsível. Sintomas não responsivos incluem disfunção autonômica, incontinência, sialorreia, dificuldades de deglutição e comprometimento cognitivo.[34] Os benefícios da cirurgia são duráveis, com um artigo demonstrando melhoras por 4 anos após a cirurgia.[19] Estudos dos desfechos neuropsicológicos após a palidotomia constataram que as habilidades cognitivas geralmente permanecem estáveis após a cirurgia; no entanto, o desempenho das medidas da fluência fonêmica e semântica pode diminuir com a palidotomia esquerda. O declínio da fala foi modesto e leve quando ocorreu.[37] Além disso, a palidotomia unilateral é segura e está associada a uma melhora do funcionamento motor no idoso, bem como em pacientes mais jovens com PD sofrendo de incapacidade significativa apensar da terapia médica ideal.[20] No entanto, alterações na fluência semântica foram mais prováveis de se desenvolver em pacientes mais velhos.[39]

A MRI pós-operatória revela lesão aguda, com tamanho variando de 75 a 200 mm³, que diminui em tamanho ao longo do tempo (▶ Fig. 23.6). No geral, o volume da lesão não está correlacionado com o desfecho motor ou neuropsicológico.[39,40] Análise do desfecho relacionado com a localização da lesão[41,42] (▶ Fig. 23.7) revela uma relação espacial nas palidotomias esquerda e direita. Lesões anteromediais tendem a ser mais eficazes para rigidez contralateral

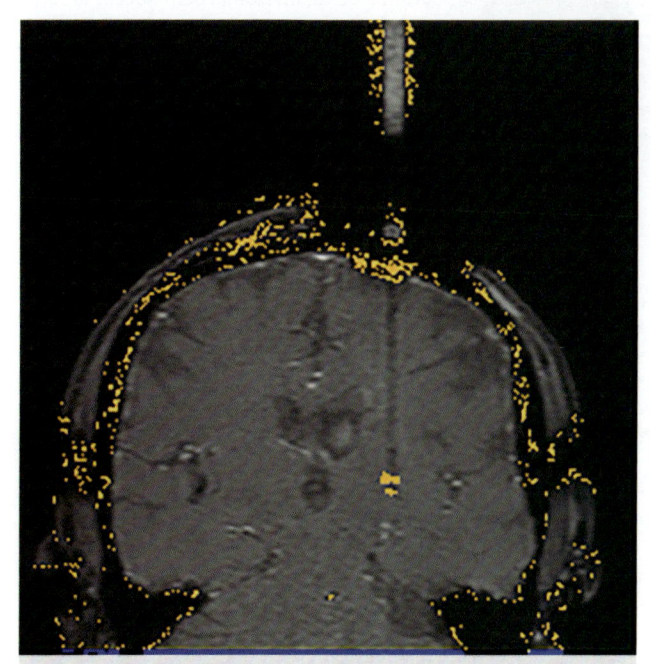

Fig. 23.4 *Software* do *laser* demonstrando um "mapa de danos", que é o tamanho previsto da lesão com base nas sequências de MR (ressonância magnética) sensíveis à temperatura realizadas durante uma ablação térmica a *laser* na palidotomia com o paciente adormecido.

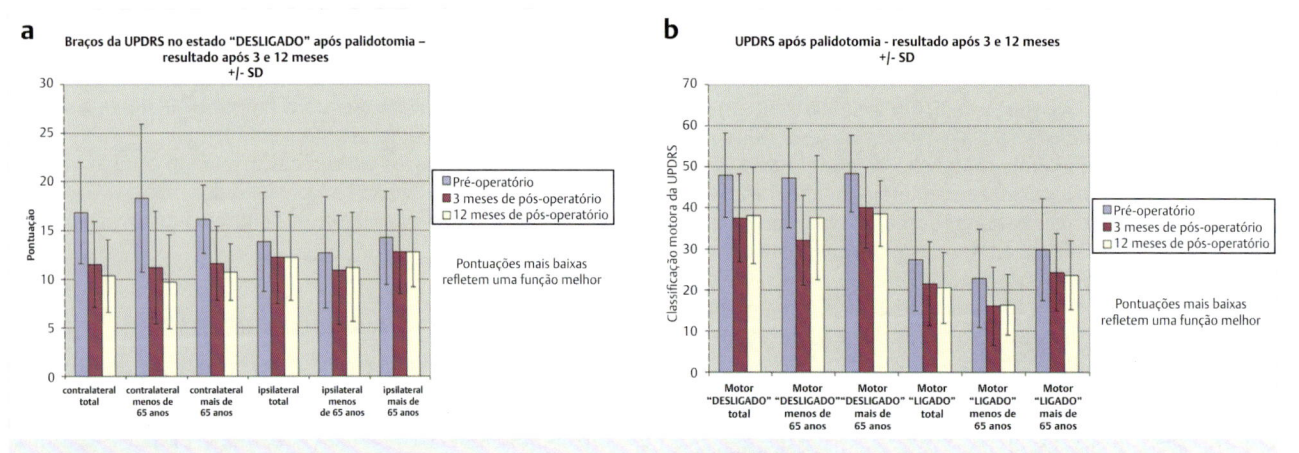

Fig. 23.5 Pontuações totais da Escala Unificada de Avaliação da Doença de Parkinson (UPDRS) no estado "desligado" após a palidotomia **(a)**, e pontuações motoras da UPDRS nos estados "desligado" e "ligado" após palidotomia de pacientes com doença de Parkinson **(b)**.

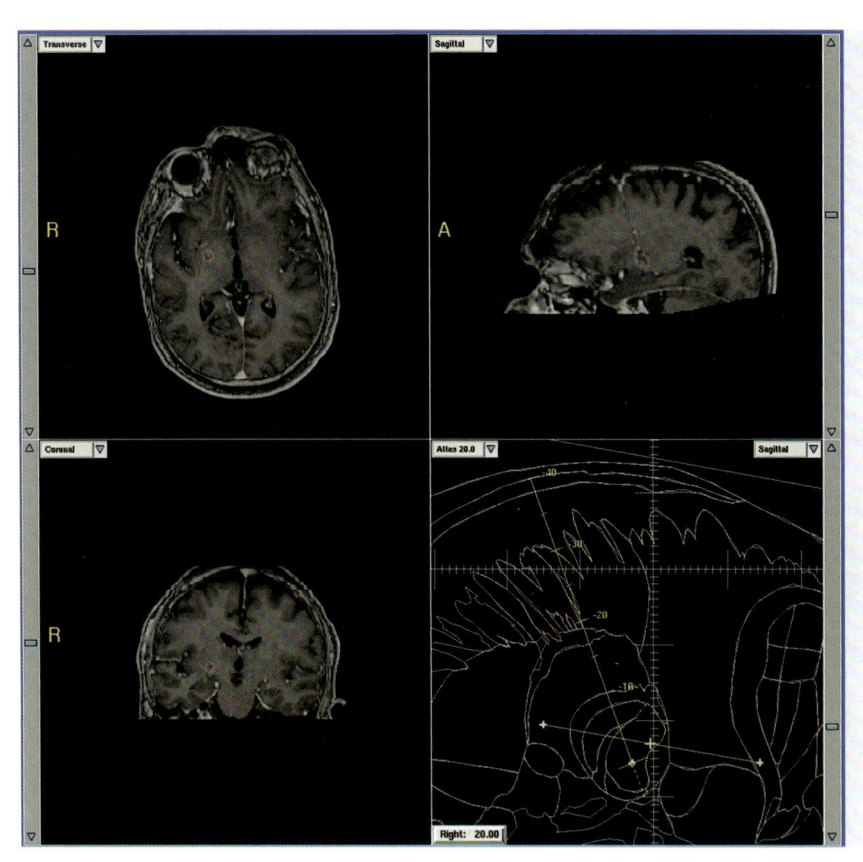

Fig. 23.6 MRI (imagem por ressonância magnética) pós-operatória triplanar imediata de palidotomia direita.

e pontuações motoras na UPDRS com a medicação (▶ Fig. 23.8). Lesões posterolaterais foram mais eficazes para acinesia contralateral e ipsilateral, pontuações motoras na UPDRS sem a medicação, melhora "pontual" e pontuações das atividades diárias (▶ Fig. 23.9). Melhoras no tremor estão fracamente correlacionadas com a localização da lesão, sendo maior com lesões posterolaterais (▶ Fig. 23.10a), enquanto melhoras nos distúrbios da marcha e instabilidade postural foram maiores com lesões localizadas mais centralmente (▶ Fig. 23.10b). Estes achados estão supostamente correlacionados com a organização segregada, porém paralela, dos circuitos motores específicos nos gânglios basais, e podem ajudar a explicar a variabilidade no resultado clínico após a palidotomia.

23.5 Conclusão

Palidotomia unilateral pode ser um tratamento seguro e eficaz para pacientes minuciosamente selecionados com PD e distonia. Não existem estudos randomizados de grande porte de terapia lesiva e de DBS para PD, embora um estudo pequeno tenha demonstrado ausência de diferença entre estimulação do GPi e indução de lesão do GPi.[43] A DBS é mais segura quando realizada bilateralmente, mas é claramente mais cara, particularmente quando ocorrem problemas de fraturas dos eletrodos, reposições de bateria, erosões cutâneas e infecção, que variam de 25 a 55% em centros especializados.[44,45] O número significativamente inferior

Procedimentos Ablativos para Distúrbios do Movimento: Palidotomia

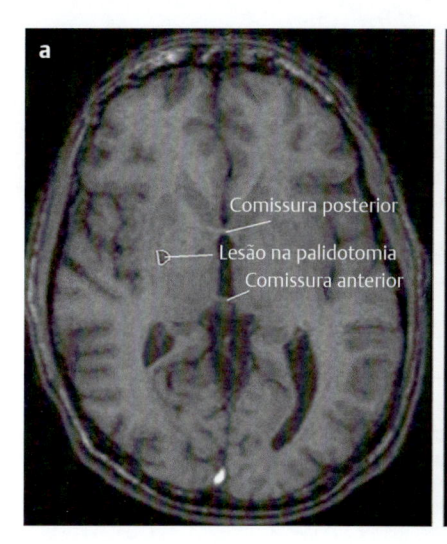

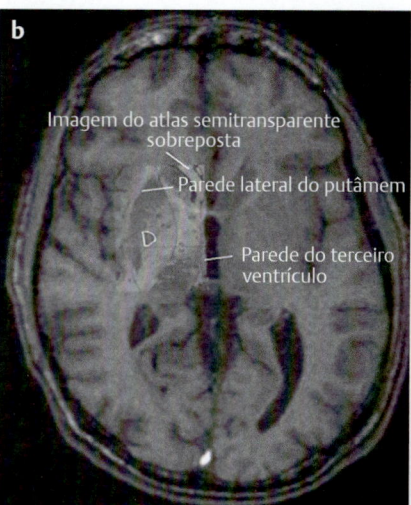

Fig. 23.7 (a,b) MRI pós-operatória (imagem por ressonância magnética), com lesão segmentada por palidotomia após reconstrução ao longo do nível AC-PC (comissura anterior-comissura posterior).

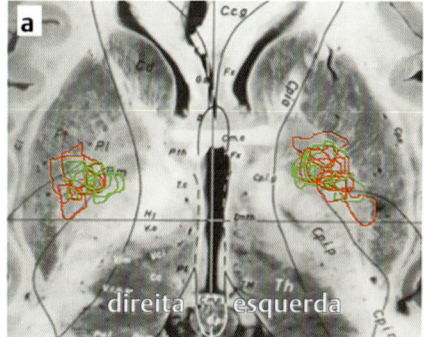

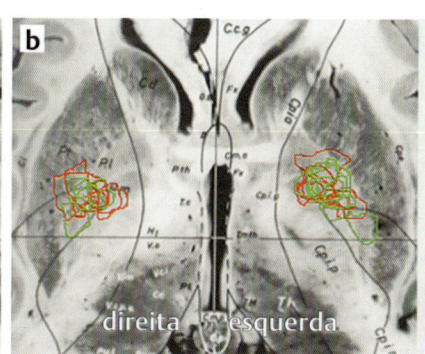

Fig. 23.8 Correlação do resultado usando um limiar quartílico (0-25% = vermelho; 25-50% = amarelo; 50-75% = amarelo-verde; 75-100% = verde) na lesão de palidotomia. Lesões anteromediais tendem a ser mais eficazes para rigidez contralateral **(a)** e nas pontuações motoras na UPDRS (Escala Unificada de Avaliação da Doença de Parkinson) com a medicação **(b)**.

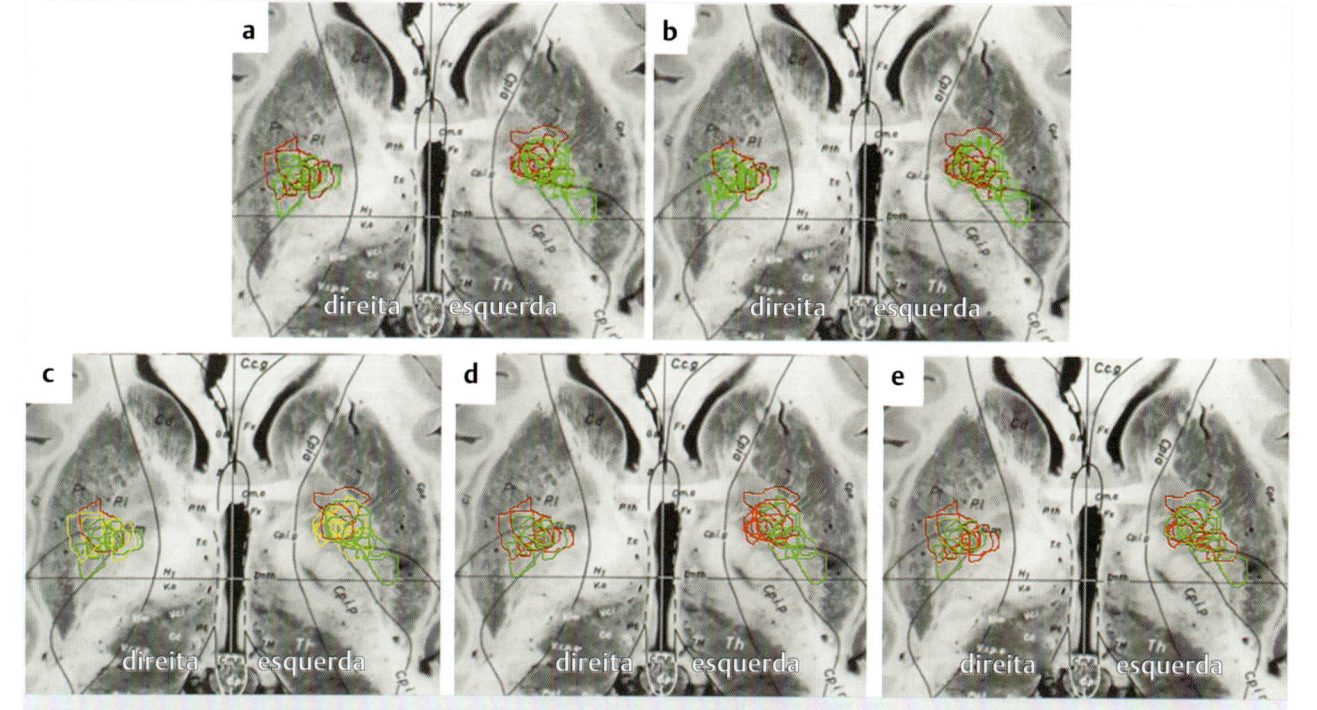

Fig. 23.9 Correlação do resultado usando limiar quartílico (0-25% = vermelho; 25-50% = amarelo; 50-75% = amarelo-verde; 75-100% = verde) na lesão de palidotomia. Lesões posterolaterais foram mais eficazes para acinesia contralateral **(a)** e ipsilateral **(b)**, pontuações motoras na UPDRS (Escala Unificada de Avaliação da Doença de Parkinson) sem a medicação **(c)**, melhora "pontual" **(d)** e pontuações das atividades diárias **(e)**.

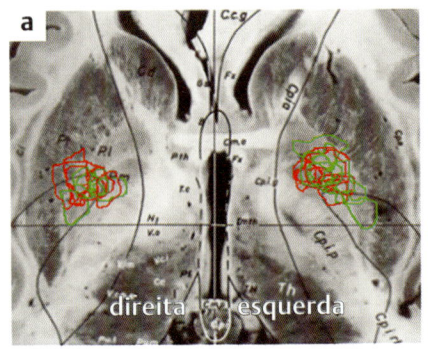

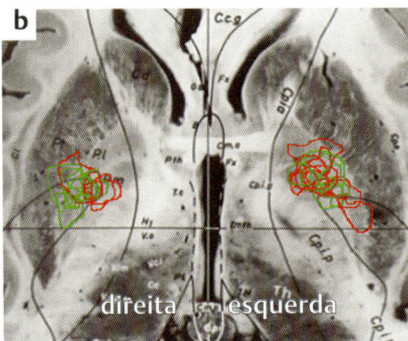

Fig. 23.10 Correlação do resultado usando limiar quartílico (0-25% = vermelho; 25-50% = amarelo; 50-75% = amarelo-verde; 75-100% = verde) na lesão de palidotomia. Melhoras no tremor foram fracamente correlacionadas com a localização da lesão, sendo maior com lesões posterolaterais **(a)**, enquanto melhoras no distúrbio da marcha e instabilidade postural foram maiores com lesões localizadas mais centralmente **(b)**.

de complicações relatado para a cirurgia de indução de lesão, e os custos reduzidos associados ao procedimento, podem reabrir o debate relacionado com o apropriado equilíbrio da terapia lesiva *versus* terapia de estimulação.[1] Consequentemente, é importante que um neurocirurgião funcional seja experiente nas técnicas de indução de lesão e DBS, a fim de tratar de forma mais apropriada os vários sintomas dos pacientes adequadamente selecionados com distúrbios do movimento.

Referências

[1] Okun MS, Vitek JL. Lesion therapy for Parkinson's disease and other movement disorders: update and controversies. Mov Disord. 2004; 19(4):375–389

[2] Hariz MI, Hariz GM. Therapeutic stimulation versus ablation. In: Lozano AM, Hallett M, eds. Handbook of Clinical Neurology. Vol. 116 (3rd series). Brain Stimulation. Philadelphia, PA: Elsevier, B.V.; 2013:63–71

[3] Gross RE. What happened to posteroventral pallidotomy for Parkinson's disease and dystonia? Neurotherapeutics. 2008; 5(2):281–293

[4] Bulluss KJ, Pereira EA, Joint C, Aziz TZ. Pallidotomy after chronic deep brain stimulation. Neurosurg Focus. 2013; 35(5):E5

[5] Hooper AK, Okun MS, Foote KD, et al. Clinical cases where lesion therapy was chosen over deep brain stimulation. Stereotact Funct Neurosurg. 2008; 86(3):147–152

[6] Fox SH, Katzenschlager R, Lim SY, et al. The Movement Disorder Society evidence-based medicine review update: treatments for the motor symptoms of Parkinson's disease. Mov Disord. 2011; 26 Suppl 3:S2–S41

[7] Vitek JL, Bakay RA, Freeman A, et al. Randomized trial of pallidotomy versus medical therapy for Parkinson's disease. Ann Neurol. 2003; 53(5):558–569

[8] Blomstedt P, Hariz GM, Hariz MI. Pallidotomy versus pallidal stimulation. Parkinsonism Relat Disord. 2006; 12(5):296–301

[9] Jiménez F, Velasco F, Carrillo-Ruiz JD, et al. Comparative evaluation of the effects of unilateral lesion versus electrical stimulation of the globus pallidus internus in advanced Parkinson's disease. Stereotact Funct Neurosurg. 2006; 84(2-3):64–71

[10] Na YC, Chang WS, Jung HH, Kweon EJ, Chang JW. Unilateral magnetic resonance-guided focused ultrasound pallidotomy for Parkinson disease. Neurology. 2015; 85(6):549–551

[11] Lozano AM, Kumar R, Gross RE, et al. Globus pallidus internus pallidotomy for generalized dystonia. Mov Disord. 1997; 12(6):865–870

[12] Ondo WG, Desaloms JM, Jankovic J, Grossman RG. Pallidotomy for generalized dystonia. Mov Disord. 1998; 13(4):693–698

[13] Kall BA. Comprehensive multimodality surgical planning and interactive neurosurgery. In: Kelly PJ, Kall BA, eds. Contemporary Issues in Neurological Surgery: Computers in Stereotactic Surgery. Boston, MA: Blackwell Scientific Publications; 1992:5–16

[14] Kall BA. Image reconstruction and fusion. In: Lozano AM, Gildenberg PL, Tasker RR, eds. Textbook of Stereotactic and Functional Neurosurgery. 2nd ed. Berlin: Springer-Verlag; 2009:335–343

[15] Larson P, Starr P, Martin A. Interventional MRI-Guided DBS. A Practical Atlas. Available at: https://itunes.apple.com/us/book/interventional-mri-guided/id554568402?mt=13

[16] Kall BA, Kelly PJ, Goerss S, Frieder G. Methodology and clinical experience with computed tomography and a computer-resident stereotactic atlas. Neurosurgery. 1985; 17(3):400–407

[17] Baron MS, Vitek JL, Bakay RAE, et al. Treatment of advanced Parkinson's disease by posterior GPi pallidotomy: 1-year results of a pilot study. Ann Neurol. 1996; 40(3):355–366

[18] Dogali M, Fazzini E, Kolodny E, et al. Stereotactic ventral pallidotomy for Parkinson's disease. Neurology. 1995; 45(4):753–761

[19] Lang AE, Lozano AM, Montgomery E, Duff J, Tasker R, Hutchinson W. Posteroventral medial pallidotomy in advanced Parkinson's disease. N Engl J Med. 1997; 337(15):1036–1042

[20] Uitti RJ, Wharen RE, Jr, Turk MF, et al. Unilateral pallidotomy for Parkinson's disease: comparison of outcome in younger versus elderly patients. Neurology. 1997; 49(4):1072–1077

[21] Giller CA, Dewey RB, Ginsburg MI, Mendelsohn DB, Berk AM. Stereotactic pallidotomy and thalamotomy using individual variations of anatomic landmarks for localization. Neurosurgery. 1998; 42(1):56–62, discussion 62–65

[22] Kishore A, Turnbull IM, Snow BJ, et al. Efficacy, stability and predictors of outcome of pallidotomy for Parkinson's disease. Six-month follow-up with additional 1-year observations. Brain. 1997; 120(Pt 5):729–737

[23] Scott R, Gregory R, Hines N, et al. Neuropsychological, neurological and functional outcome following pallidotomy for Parkinson's disease. A consecutive series of eight simultaneous bilateral and twelve unilateral procedures. Brain. 1998; 121(Pt 4):659–675

[24] Lozano A, Hutchison W, Kiss Z, Tasker R, Davis K, Dostrovsky J. Methods for microelectrode-guided posteroventral pallidotomy. J Neurosurg. 1996; 84(2):194–202

[25] Starr PA, Vitek JL, Bakay RA. Ablative surgery and deep brain stimulation for Parkinson's disease. Neurosurgery. 1998; 43(5):989–1013, discussion 1013–1015

[26] Vitek JL, Bakay RAE, Hashimoto T, et al. Microelectrode-guided pallidotomy: technical approach and its application in medically intractable Parkinson's disease. J Neurosurg. 1998; 88(6):1027–1043

[27] Limonadi FM, Roberts DW, Darcey TM, Holtzheimer PE, III, Ip JT. Utilization of impedance measurements in pallidotomy using a monopolar electrode. Stereotact Funct Neurosurg. 1999; 72(1):3–21

[28] Larson PS, Starr PA, Bates G, Tansey L, Richardson RM, Martin AJ. An optimized system for interventional magnetic resonance imaging-guided stereotactic surgery: preliminary evaluation of targeting accuracy. Neurosurgery. 2012; 70(1) Suppl Operative:95–103

[29] Ostrem JL, Galifianakis NB, Markun LC, et al. Clinical outcomes of PD patients having bilateral STN DBS using high-field interventional MR-imaging for lead placement. Clin Neurol Neurosurg. 2013; 115(6):708–712

[30] Starr PA, Markun LC, Larson PS, Volz MM, Martin AJ, Ostrem JL. Interventional MRI-guided deep brain stimulation in pediatric dystonia: first experience with the ClearPoint system. J Neurosurg Pediatr. 2014; 14(4):400–408

[31] Uitti RJ, Wharen RE, Jr, Turk MF. Efficacy of levodopa therapy on motor function after posteroventral pallidotomy for Parkinson's disease. Neurology. 1998; 51(6):1755–1757

[32] Hua Z, Guodong G, Qinchuan L, Yaqun Z, Qinfen W, Xuelian W. Analysis of complications of radiofrequency pallidotomy. Neurosurgery. 2003; 52(1):89–99, discussion 99–101

[33] Eskandar E, Shinobu LA, Penney JB, Jr, Cosgrove GR. Non-microelectrode guided stereotactic pallidotomy for Parkinson's disease: surgical technique and results. Stereotact Funct Neurosurg. 1999; 72(2-4):245

[34] Bronstein JM, DeSalles A, DeLong MR. Stereotactic pallidotomy in the treatment of Parkinson disease: an expert opinion. Arch Neurol. 1999; 56(9):1064–1069

[35] Iacono RP, Shima F, Lonser RR, Kuniyoshi S, Maeda G, Yamada S. The results, indications, and physiology of posteroventral pallidotomy for patients with Parkinson's disease. Neurosurgery. 1995; 36(6):1118–1125, discussion 1125–1127

[36] Laitinen LV, Bergenheim AT, Hariz MI. Leksell's posteroventral pallidotomy in the treatment of Parkinson's disease. J Neurosurg. 1992; 76(1):53–61

[37] Lozano AM, Lang AE, Galvez-Jimenez N, et al. Effect of GPi pallidotomy on motor function in Parkinson's disease. Lancet. 1995; 346(8987):1383–1387

[38] Uitti RJ, Wharen RE, Duffy JR, et al. Unilateral pallidotomy for Parkinson's disease: speech, motor, and neuropsychological outcome measurements. Parkinsonism Relat Disord. 2000; 6(3):133–143

[39] Obwegeser AA, Uitti RJ, Lucas JA, Witte RJ, Turk MF, Wharen RE, Jr. Predictors of neuropsychological outcome in patients following microelectrode-guided pallidotomy for Parkinson's disease. J Neurosurg. 2000; 93(3):410–420

[40] Junqué C, Alegret M, Nobbe FA, et al. Cognitive and behavioral changes after unilateral posteroventral pallidotomy: relationship with lesional data from MRI. Mov Disord. 1999; 14(5):780–789

[41] Obwegeser AA, Uitti RJ, Lucas JA, et al. Correlation of outcome to neurosurgical lesions: confirmation of a new method using data after microelectrodeguided pallidotomy. Br J Neurosurg. 2008; 22(5):654–662

[42] Gross RE, Lombardi WJ, Lang AE, et al. Relationship of lesion location to clinical outcome following microelectrode-guided pallidotomy for Parkinson's disease. Brain. 1999; 122(Pt 3):405–416

[43] Merello M, Nouzeilles MI, Kuzis G, et al. Unilateral radiofrequency lesion versus electrostimulation of posteroventral pallidum: a prospective randomized comparison. Mov Disord. 1999; 14(1):50–56

[44] Oh MY, Abosch A, Kim SH, Lang AE, Lozano AM. Long-term hardware-related complications of deep brain stimulation. Neurosurgery. 2002; 50(6):1268–1274, discussion 1274–1276

[45] Lyons KE, Koller WC, Wilkinson SB, Pahwa R. Surgical and device-related events with deep brain stimulation. Neurology. 2001; 56:A147

24 Cirurgia Estereotáxica para Transtornos Obsessivos-Compulsivos e Síndrome de Tourette

Pablo Andrade ▪ Daniel Huys ▪ Jens Kuhn ▪ Veerle Visser-Vandewalle

Resumo

Enfermidades psiquiátricas são uma causa comum de incapacidade crônica e graves em indivíduos de todas as faixas etárias, e representam um fardo socioeconômico significativo nas sociedades modernas. A primeira linha de tratamento destes pacientes inclui o uso de psicoterapia e medicação. No entanto, 40 a 50% dos pacientes não respondem suficientemente a estes tratamentos ou sofrem de efeitos colaterais por uso prolongado dos medicamentos, e são considerados refratários ao tratamento. Para estes pacientes, a cirurgia cerebral é considerada a última opção terapêutica. No passado, muitos procedimentos de indução de lesão foram realizados em várias regiões cerebrais para estes transtornos com resultados variados, mas desde o final da década de 1990, a estimulação cerebral profunda (DBS) tem sido aplicada como uma alternativa segura para estes pacientes refratários ao tratamento. A DBS tem sido realizada por mais de 15 anos para a síndrome de Tourette (TS) e para o transtorno obsessivo-compulsivo (OCD), e sua eficácia está sendo investigada para depressão, vício e demência. A DBS no OCD recebeu aprovação pela *U.S. Food and Drug Administration*, bem como um selo CE (*Conformité Européenne*). Neste capítulo, descrevemos as atuais diretrizes para a seleção de pacientes para DBS na TS e no OCD, seus detalhes cirúrgicos e problemas, bem como recomendações para o seguimento pós-operatório.

Palavras-chave: estimulação cerebral profunda, síndrome de Tourette, transtorno obsessivo-compulsivo, neuropsiquiatria, cirurgia estereotáxica.

24.1 Seleção do Paciente

Seleção cuidadosa de pacientes é um fator decisivo para o resultado favorável de qualquer procedimento cirúrgico neuromodulador. Estimulação cerebral profunda (DBS) para transtorno obsessivo-compulsivo (OCD) e síndrome de Tourette (TS) pode ser considerada apenas para pacientes em que outras terapias tenham fracassado. A seleção e avaliação clínica de potenciais candidatos para DBS compreende um dos aspectos mais difíceis do procedimento. É altamente recomendado que cada caso individual seja revisado por um comitê multidisciplinar, consistindo em psiquiatras, neurocirurgiões, neurologistas e psicólogos, a fim de decidir sobre a adequabilidade do paciente para a DBS.

24.1.1 Critérios de Seleção

Critérios de seleção específicos para a adequabilidade dos candidatos para DBS devem ser aplicados de acordo com as diretrizes internacionalmente consentidas. O diagnóstico e classificação do OCD e da TS deve basear-se na Quinta Edição do *Diagnostic and Statistical Manual of Mental Disorders* (DSM-5). Cada transtorno tem suas diretrizes específicas, as quais serão abordadas na próxima seção.

Transtorno Obsessivo-Compulsivo

Nos ensaios de OCD, a gravidade da doença é geralmente pontuada com a Escala de Sintomas Obsessivos-Compulsivos de Yale-Brown (YBOCS),[1] uma escala de 40 itens em que os pacientes respondem 20 perguntas relacionadas com obsessões e 20 relacionadas com compulsões. Pontuações altas estão associadas a sintomas de OCD mais graves.[2] Em uma recente revisão de literatura incluindo 25 estudos com 130 pacientes com OCD tratados com DBS,[3] os critérios de inclusão foram amplamente uniformes: embora houvesse leves variações, a DBS foi oferecida a pacientes sofrendo por pelo menos 5 anos de OCD grave, definida como uma YBOCS de 25 a 28. Os sintomas devem ser refratários ao tratamento, tipicamente descritos como nenhuma melhora ou uma melhora insuficiente após administração adequada durante um período adequado de tempo de (1) três tentativas de tratamento com inibidores seletivos da recaptação de serotonina, dos quais um deveria ser clomipramina; (2) aumento com um neuroléptico e/ou um benzodiazepínico; (3) um mínimo de 16 a 20 sessões de terapia cognitiva comportamental.

Síndrome de Tourette

Para DBS na TS, recomenda-se seguir as diretrizes documentadas na última revisão atualizada da Associação da síndrome de Tourette.[4] Em resumo, a inclusão de pacientes deve ser considerada para casos com início dos sintomas antes dos 18 anos de idade. Não há um critério de idade absoluto para DBS; no entanto, para pacientes com menos de 18 anos de idade, recomenda-se incluir um comitê ético no processo de decisão. Gravidade da doença é definida através da Escala de Gravidade de Tiques da Yale (YGTSS), que deve ter uma pontuação de pelo menos 35 pontos por, no mínimo, 12 meses. Tiques devem ser a principal causa de incapacidade e devem incluir múltiplos tiques motores, e pelo menos um tique fônico, que de modo ideal deve ser gravado em vídeo como referência para a avaliação do resultado pós-operatório. Tal como anteriormente mencionado, todos os pacientes devem ser refratários às terapias conservadoras padrão. Para a TS, isto é definido como uma resposta insatisfatória aos agonistas alfa-adrenérgicos, a pelo menos um antagonista de dopamina típico e um atípico e, finalmente, a pelo menos um fármaco que não pertença aos outros dois grupos, em doses adequadas administradas por pelo menos 3 meses. Nas diretrizes mencionadas acima para DBS na TS, a importância de um suporte social e familiar adequado, e de uma situação psicossocial estável, é enfatizada. Nos casos em que o candidato apresenta comorbidade neurológica ou psiquiátrica, o transtorno adicional deve ser tratado e estar estável por pelo menos 6 meses. Além das contraindicações gerais para cirurgia, os critérios de exclusão incluem ideação suicida ou homicida em um período de 6 meses antes da cirurgia. Além disso, episódios depressivos persistentes e abuso de substâncias são considerados uma contraindicação absoluta, a menos que sejam tratados e considerados como baixo risco de recidiva. Tiques psicogênicos ou situações fictícias devem ser descartados.

24.2 Preparação Pré-Operatória

Os pacientes devem ser submetidos a uma avaliação médica extensa, a fim de excluir condições cardiorrespiratórias e hematológicas que possam ameaçar o sucesso do procedimento cirúrgico. A análise pré-operatória de pacientes com OCD e TS deve conter uma avaliação detalhada da medicação, humor, cognição, qualidade de vida, comorbidades neurológicas e psiquiátricas, e das escalas psiquiátricas correspondentes para avaliar a gravidade e complexidade do transtorno.

24.2.1 Alvos

Vários estudos analisaram os efeitos da DBS em pacientes com OCD em várias regiões do cérebro. Os alvos propostos incluem o ramo anterior da cápsula interna (ALIC),[5,6] o núcleo *accumbens* (NAc),[7,8] a cápsula ventral e estriado ventral (VC/VS),[9,10] o núcleo subtalâmico (STN),[11-13] e o pedúnculo talâmico inferior.[14,15] Os alvos mais frequentemente aplicados para OCD são o ALIC, o NAc e a VC/VS (▶ Fig. 24.1).

Os alvos da DBS que foram investigados para TS incluem o tálamo,[16-19] o globo pálido interno (GPi),[20-22] o globo pálido externo (GPe),[23,24] a cápsula interna e NAc (IC/NAc),[25-27] e o STN.[28] As regiões cerebrais mais frequentemente aplicadas para DBS em pacientes com TS são o tálamo, o GPi e a IC/NAc (▶ Fig. 24.2).

24.2.2 Investigação por Imagens

Todos os pacientes são submetidos a uma imagem por ressonância magnética (MRI) pré-operatória, preferencialmente imagens 3 T, a fim de descartar a presença de anormalidades cerebrais críticas e para posteriormente correlacionar essas imagens com a tomografia computadorizada (CT) intraoperatória. Para um plano estereotáxico pré-operatório adequado, recomendados um corte de 1 mm de espessura para uma MRI e de 0,625 mm para uma CT. Alvos como o GPi, STN e NAc podem ser facilmente identificados nas imagens-padrão de MRI, ao contrário dos diferentes núcleos do tálamo. Para os últimos, o direcionamento indireto com base nas coordenadas AC-PC (comissura anterior-comissura posterior) é aplicado com maior frequência. Ao direcionar para o NAc, uma sequência de MRI STIR (inversão e recuperação com tempo curto) coronal é recomendada para visualização ideal do núcleo.

24.3 Procedimento Cirúrgico

24.3.1 Anestesia e Imagem Pré-Operatória

A DBS para TS é frequentemente realizada com os pacientes sob anestesia geral em razão da natureza hipercinética da doença. Nos pacientes com OCD, a anestesia geral é aplicada quando o paciente é muito ansioso para ficar acordado durante a cirurgia. Para ambos os transtornos, a cirurgia também pode ser realizada com anestesia local, junto com o uso de sedativos. A última opção oferece a vantagem da possibilidade de testar a presença de efeitos colaterais, e possibilita melhores registros da profundidade intraoperatória. A combinação recomendada de sedativos para estes pacientes inclui a administração de propofol ou lormetazepam combinado com clonidina.

Após a aplicação de anestésicos locais, ou após intubação, o halo estereotáxico é fixado no crânio do paciente e as imagens são obtidas, de acordo com a preferência do cirurgião. Isto pode incluir uma CT estereotáxica que é unida a uma MRI sem halo, obtida no pré-operatório, ou uma MRI estereotáxica realizada com um halo compatível com a MRI. Geralmente, a MRI é realizada após a administração de gadolínio para visualizar os vasos sanguíneos. A CT é realizada de forma similar após a administração de meio de contraste, visto que os vasos sanguíneos não visíveis na MRI podem ser visualizados na CT, especialmente as estruturas venosas.

24.3.2 Planejamento Estereotáxico

Dependendo do núcleo a ser estimulado, o planejamento do alvo baseia-se na visualização direta ou em coordenadas indiretas em referência à linha AC-PC. As coordenadas AC-PC para alvo da borda anteromedial do complexo centromediano parafascicular, em sua junção com o núcleo ventro-oral interno (Voi), são propostas como segue: 5 mm lateral, 4 mm posterior à região média da AC-PC, e a coordenada ventrodorsal no nível da AC-PC. Também foi demonstrado melhoras clínicas significativas com a DBS de um alvo

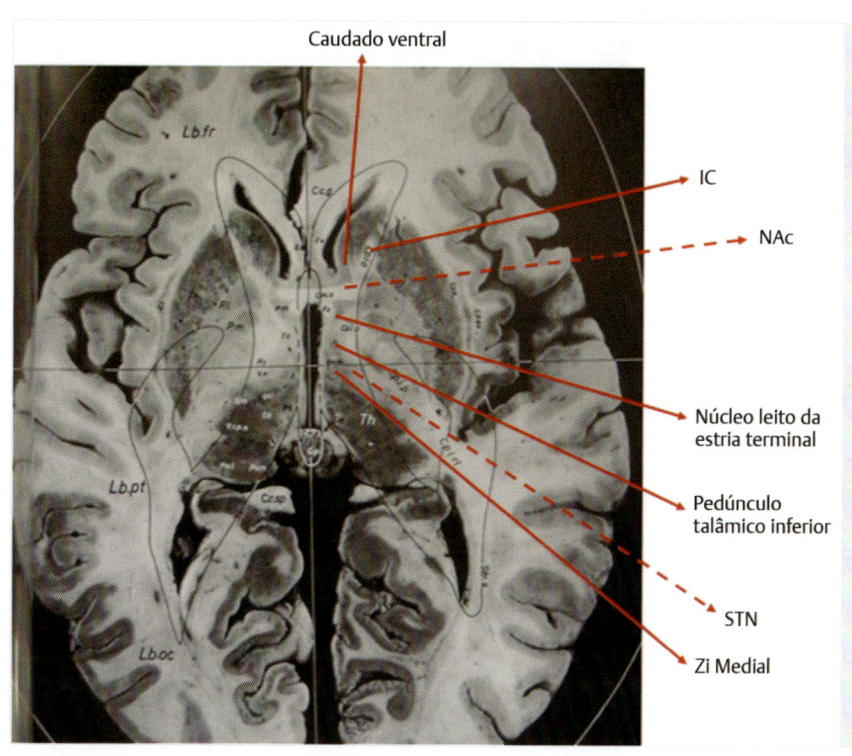

Fig. 24.1 Local representativo dos alvos mais comuns usados para estimulação cerebral profunda de pacientes com transtorno obsessivo-compulsivo. As setas com linhas pontilhadas representam os alvos que estão localizados mais ventralmente do que o plano da seção representada. IC = cápsula interna; NAc = núcleo *accumbens*; STN = núcleo subtalâmico. (Adaptada de Krack P, Hariz MI, Baunez C, Guridi J, Obeso JA. Deep brain stimulation: from neurology to psychiatry? Trends Neurosci 2010;33:474-484.)

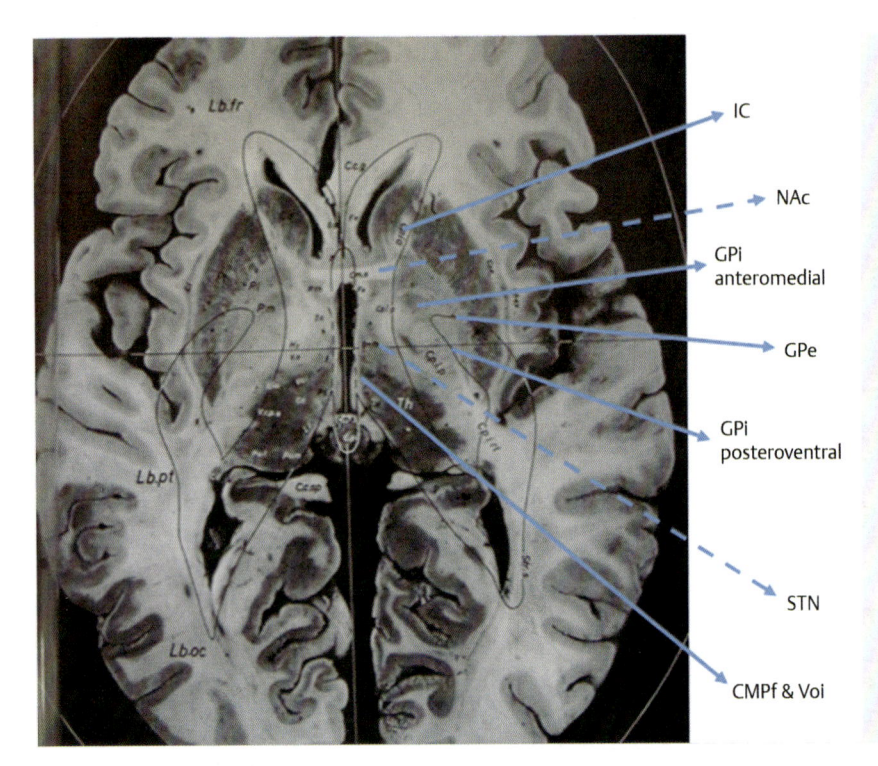

Fig. 24.2 Local representativo dos alvos mais comuns usados para estimulação cerebral profunda de pacientes com TS. As setas com linhas pontilhadas representam os alvos que estão localizados mais ventralmente do que o plano da seção representada. IC = cápsula interna; NAc = núcleo accumbens; GPe = globo pálido externo; GPi = globo pálido interno; STN = núcleo subtalâmico; CMPf = núcleo centromediano parafascicular; Voi = ventro-oral interno. (Adaptada de Krack P, Hariz MI, Baunez C, Guridi J, Obeso JA. Deep brain stimulation: from neurology to psychiatry? Trends Neurosci 2010;33:474-484.)

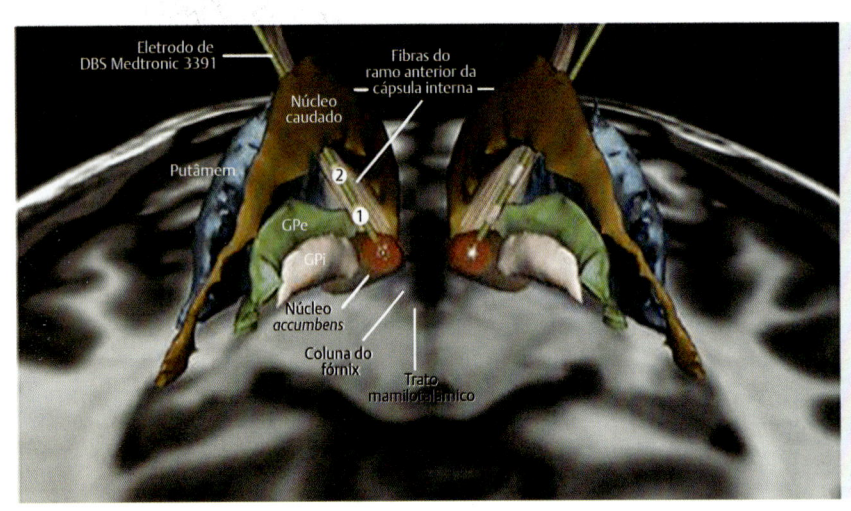

Fig. 24.3 Exemplo de implante bilateral de eletrodos da cápsula ventral/estriado ventral (VC/VS). Nesta ilustração, o eletrodo é implantado através do ramo anterior da cápsula interna no núcleo *accumbens*. (Reproduzida com permissão de Goodman WK, Alterman RL. Deep brain stimulation for intractable psychiatric disorders. Annu Rev Med 2012; 63:511-524.)

a 2 mm mais anterior.[18] No caso da parte anteromedial do GPi, as coordenadas padrões são 20 mm anterior, 12 mm lateral e 3 mm ventral à PC.[13] O alvo no GPi posteroventrolateral é similar àquele usado em pacientes com doença de Parkinson. No caso do OCD, o ALIC pode ser facilmente identificado nas imagens por MR, bem como a região do NAc. Coordenadas padrões propostas para o alvo no NAc são de 3 mm anterior, 7 mm lateral e 4 mm inferior à borda anterior da AC.[7] Quando o alvo é o NAc, a trajetória recomendada deve passar pelo ALIC. Além disso, qual o alvo é a VC/VS, a trajetória deve passar pela cápsula interna (▶ Fig. 24.3), com o contato mais proximal do eletrodo na margem dorsal da cápsula, e o mais distal implantado no estriado ventral no NAc caudal.[10]

24.3.3 Eletrofisiologia

Eletrofisiologia intraoperatória pode ser uma ferramenta útil para identificar o alvo ideal na cirurgia de OCD e TS. O objetivo da estimulação teste não é avaliar os efeitos positivos sobre os sintomas, como na cirurgia de distúrbios do movimento, pois os tiques na TS são reduzidos pela sedação e, no OCD, o efeito sobre as obsessões e compulsões é geralmente observado após uma DBS prolongada. No entanto, pode ser útil para definir o limiar para os efeitos colaterais induzidos pela estimulação, especificamente na TS, por exemplo, por estimulação da cápsula interna durante a estimulação do GPi.

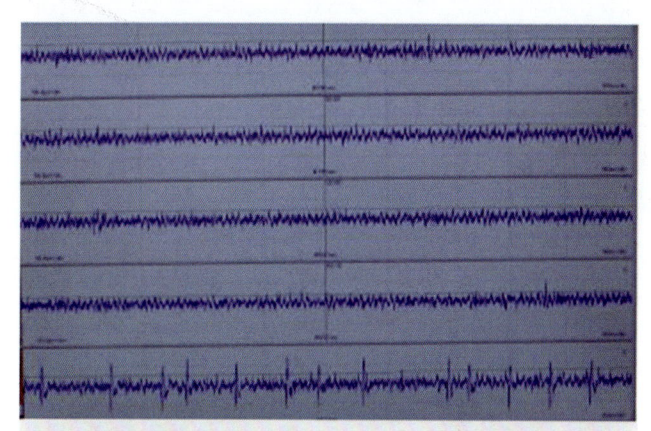

Fig. 24.4 Registros intraoperatórios de microeletrodos mostrando a atividade espontânea típica do núcleo *accumbens*.

Registros de Microeletrodos nas Estruturas Cerebrais Profundas

Registros intracerebrais de microeletrodos da atividade neuronal extracelular são ferramentas valiosas para identificar diversos núcleos cerebrais profundos com base em seus padrões frequentemente característicos de descarga. Estes já podem ser diferenciados visualmente durante uma intervenção estereotáxica sem uma adicional análise de sinal *off-line*. Na ▶ Fig. 24.4, um exemplo típico de registros intraoperatórios do NAc é apresentado. A atividade espontânea foi registrada com um microeletrodo de tungstênio de alta impedância ao longo da trajetória pré-planejada do eletrodo, começando em um ponto na trajetória 7 mm acima do alvo, e terminando no próprio alvo. O microeletrodo foi avançado lentamente, usando um dispositivo de microposicionamento manual, em passos de 1 mm. A figura mostra a tela do sistema usado de registro de microeletrodos (Inomed, Isis/Osiris, Teningen, Alemanha). Os cinco traços mostrados na tela representam a atividade espontânea de 4 mm acima do alvo (superior) até o próprio alvo 0 mm (inferior). Com base na inspeção visual, os traços em + 4,0, + 3,0, + 2,0 e +1,0 mm diferem de forma insignificante no que diz respeito às amplitudes do pico, formatos do pico, frequência do pico e composição da atividade de fundo. Em contrapartida, o registro inferior mostra um padrão de descarga completamente diferente, indicando que a ponta do eletrodo penetrou um conjunto neuronal ativo. Os aspectos notáveis típicos e característicos do NAc são – entre outros – complexos de picos simétricos de grande amplitude, indicando que os grupos de neurônios estão próximos. Além disso, a frequência dos picos é bastante alta, e a descarga pico é relativamente regular. A atividade de fundo exibe agrupamento e fragmentação considerável, em vez de uma série cronológica pseudoaleatória. Agrupamento ou fragmentação da linha de base é um indicador importante de atividade de fundo no NAc.

24.4 Manejo Pós-Operatório Incluindo Possíveis Complicações

Nas primeiras 24 horas do pós-operatório, os pacientes devem ser cuidadosamente monitorados por ser o período mais crítico, em que complicações graves associadas ao implante podem ocorrer. Sangramento após a DBS, embora em geral raro, ocorre principalmente neste período de tempo. Recomenda-se realizar uma CT ou MRI 1 dia após a cirurgia, a fim de descartar um sangramento pós-operatório (assintomático) ou outras anormalidades estruturais, como pneumocefalia, e para verificar a exata localização do eletrodo. Muitos centros preferem uma CT, a qual é unida à MRI pré-operatória, em decorrência das limitações para realizar uma MRI após o implante dos eletrodos no cérebro. No caso de pneumocefalia severa levando a um deslocamento do eletrodo, uma segunda CT deve ser realizada após 6 semanas. Especificamente, para OCD e TS, é importante correlacionar sistematicamente a exata localização do eletrodo com os efeitos clínicos, visto que o alvo mais ideal ainda não está definido.

Estimulação pode ser iniciada logo que o paciente se recupera da cirurgia, geralmente após alguns dias. Para OCD e TS, estimulação de alta frequência (> 100 Hz) é frequentemente aplicada. Os efeitos sobre os tiques são geralmente observados imediatamente. O efeito sobre os transtornos comportamentais associados na TS, como comportamento autolesivo, bem como sobre obsessões e compulsões na TS e OCD, pode ocorrer apenas após estimulação prolongada, e no OCD não é raro ocorrer apenas após 1 ano de estimulação crônica.

24.5 Conclusão

DBS para OCD e TS é considerada uma opção terapêutica segura e eficaz. Várias regiões cerebrais foram descritas como alvos válidos para a DBS como um tratamento para transtornos intratáveis, especialmente ALIC, NAc, VC/VS, STN e ITP para OCD, e a região medial do tálamo (CM/Voi), GPi, GPe, ALIC/NAc e STN para TS. Grandes ensaios clínicos duplo-cegos ainda são necessários para definir o alvo mais ideal.

Referências

[1] Goodman WK, Price LH, Rasmussen SA, et al. The Yale-Brown Obsessive Compulsive Scale. I. Development, use, and reliability. Arch Gen Psychiatry. 1989; 46(11):1006–1011
[2] Hamani C, Pilitsis J, Rughani AI, et al. American Society for Stereotactic and Functional Neurosurgery, Congress of Neurological Surgeons, CNS and American Association of Neurological Surgeons. Deep brain stimulation for obsessive-compulsive disorder: systematic review and evidence-based guideline sponsored by the American Society for Stereotactic and Functional Neurosurgery and the Congress of Neurological Surgeons (CNS) and endorsed by the CNS and American Association of Neurological Surgeons. Neurosurgery. 2014; 75(4):327–333, quiz 333
[3] Blomstedt P, Sjöberg RL, Hansson M, Bodlund O, Hariz MI. Deep brain stimulation in the treatment of obsessive-compulsive disorder. World Neurosurg. 2013; 80(6):e245–e253
[4] Schrock LE, Mink JW, Woods DW, et al. Tourette Syndrome Association International Deep Brain Stimulation (DBS) Database and Registry Study Group. Tourette syndrome deep brain stimulation: a review and updated recommendations. Mov Disord. 2015; 30(4):448–471
[5] Gabriëls L, Cosyns P, Nuttin B, Demeulemeester H, Gybels J. Deep brain stimulation for treatment-refractory obsessive-compulsive disorder: psychopathological and neuropsychological outcome in three cases. Acta Psychiatr Scand. 2003; 107(4):275–282
[6] Nuttin B, Cosyns P, Demeulemeester H, Gybels J, Meyerson B. Electrical stimulation in anterior limbs of internal capsules in patients with obsessive-compulsive disorder. Lancet. 1999; 354(9189):1526

[7] Denys D, Mantione M, Figee M, et al. Deep brain stimulation of the nucleus accumbens for treatment-refractory obsessive-compulsive disorder. Arch Gen Psychiatry. 2010; 67(10):1061-1068

[8] Huff W, Lenartz D, Schormann M, et al. Unilateral deep brain stimulation of the nucleus accumbens in patients with treatment-resistant obsessive-compulsive disorder: outcomes after one year. Clin Neurol Neurosurg. 2010; 112(2):137-143

[9] Goodman WK, Foote KD, Greenberg BD, et al. Deep brain stimulation for intractable obsessive compulsive disorder: pilot study using a blinded, staggered-onset design. Biol Psychiatry. 2010; 67(6):535-542

[10] Greenberg BD, Malone DA, Friehs GM, et al. Three-year outcomes in deep brain stimulation for highly resistant obsessive-compulsive disorder. Neuropsychopharmacology. 2006; 31(11):2384-2393

[11] Chabardès S, Polosan M, Krack P, et al. Deep brain stimulation for obsessivecompulsive disorder: subthalamic nucleus target. World Neurosurg. 2013; 80(3-4):31.e1-31.e8

[12] Mallet L, Mesnage V, Houeto JL, et al. Compulsions, Parkinson's disease, and stimulation. Lancet. 2002; 360(9342):1302-1304

[13] Welter ML, Mallet L, Houeto JL, et al. Internal pallidal and thalamic stimulation in patients with Tourette syndrome. Arch Neurol. 2008; 65(7):952-957

[14] Jiménez F, Nicolini H, Lozano AM, Piedimonte F, Salín R, Velasco F. Electrical stimulation of the inferior thalamic peduncle in the treatment of major depression and obsessive compulsive disorders. World Neurosurg. 2013; 80 (3-4):30.e17-30.e25

[15] Jiménez-Ponce F, Velasco-Campos F, Castro-Farfán G, et al. Preliminary study in patients with obsessive-compulsive disorder treated with electrical stimulation in the inferior thalamic peduncle. Neurosurgery. 2009; 65(6) Suppl:203-209, discussion 209

[16] Ackermans L, Duits A, van der Linden C, et al. Double-blind clinical trial of thalamic stimulation in patients with Tourette syndrome. Brain. 2011; 134(Pt 3):832-844

[17] Maciunas RJ, Maddux BN, Riley DE, et al. Prospective randomized doubleblind trial of bilateral thalamic deep brain stimulation in adults with Tourette syndrome. J Neurosurg. 2007; 107(5):1004-1014

[18] Servello D, Porta M, Sassi M, Brambilla A, Robertson MM. Deep brain stimulation in 18 patients with severe Gilles de la Tourette syndrome refractory to treatment: the surgery and stimulation. J Neurol Neurosurg Psychiatry. 2008; 79(2):136-142

[19] Vandewalle V, van der Linden C, Groenewegen HJ, Caemaert J. Stereotactic treatment of Gilles de la Tourette syndrome by high frequency stimulation of thalamus. Lancet. 1999; 353(9154):724

[20] Dehning S, Leitner B, Schennach R, et al. Functional outcome and quality of life in Tourette's syndrome after deep brain stimulation of the posteroventrolateral globus pallidus internus: long-term follow-up. World J Biol Psychiatry. 2014; 15(1):66-75

[21] Houeto JL, Karachi C, Mallet L, et al. Tourette's syndrome and deep brain stimulation. J Neurol Neurosurg Psychiatry. 2005; 76(7):992-995

[22] Van der Linden C, Colle H, Vandewalle V, Alessi G, Rijckaert D, De Waele L. Successful treatment of tics with bilateral internal pallidum (GPi) stimulation in a 27-year-old male patient with Gilles de la Tourette's syndrome (GTS). Mov Disord. 2002; 17(Suppl 5):S341

[23] Piedimonte F, Andreani JC, Piedimonte L, et al. Behavioral and motor improvement after deep brain stimulation of the globus pallidus externus in a case of Tourette's syndrome. Neuromodulation. 2013; 16(1):55-58, discussion 58

[24] Vilela Filho O, Ragazzo PC, Souza JT, et al. Bilateral GPE-DBS for Tourette syndrome: a double-blind prospective controlled study of seven patients. In Abstract book of the ASSFN (American Society for Stereotactic and Functional Neurosurgery) 2010 biennial meeting. Bridging the Future of Neurosurgery. New York, New York

[25] Flaherty AW, Williams ZM, Amirnovin R, et al. Deep brain stimulation of the anterior internal capsule for the treatment of Tourette syndrome: technical case report. Neurosurgery. 2005; 57(4) Suppl:E403-, discussion E403

[26] Kuhn J, Lenartz D, Mai JK, et al. Deep brain stimulation of the nucleus accumbens and the internal capsule in therapeutically refractory Tourette-syndrome. J Neurol. 2007; 254(7):963-965

[27] Neuner I, Podoll K, Lenartz D, Sturm V, Schneider F. Deep brain stimulation in the nucleus accumbens for intractable Tourette's syndrome: follow-up report of 36 months. Biol Psychiatry. 2009; 65(4):e5-e6

[28] Martinez-Torres I, Hariz MI, Zrinzo L, Foltynie T, Limousin P. Improvement of tics after subthalamic nucleus deep brain stimulation. Neurology. 2009; 72(20):1787-1789

25 Cirurgia Estereotáxica para Depressão

Ausaf Bari ▪ *Clement Hamani*

Resumo

Depressão é um transtorno prevalente e uma fonte principal de incapacidade médica. Embora a maioria dos pacientes responda ao tratamento médico inicial, até 40% são refratários a antidepressivos, psicoterapia e à eletroconvulsoterapia. Tratamento cirúrgico foi proposto para esta população de pacientes refratários. Neste capítulo, discutimos os tratamentos cirúrgicos estereotáxicos para pacientes com depressão, incluindo procedimentos ablativos e estimulação cerebral profunda em vários alvos cerebrais. A lógica para seleção de cada modalidade, alvo, resultado clínico e complicações são apresentadas.

Palavras-chave: estereotaxia, estimulação cerebral profunda, depressão, cápsula anterior, giro cingulado, cirurgia psiquiátrica, lesão.

25.1 Introdução

De todos os transtornos neuropsiquiátricos, o transtorno depressivo maior é o mais prevalente, representando uma fonte principal de incapacidade médica.[1] Somente nos Estados Unidos, a depressão afeta 20 milhões de pessoas e resulta em um peso socioeconômico de aproximadamente $40 bilhões por ano, perdendo apenas para a doença cardiovascular. O tratamento médico padrão atual baseia-se primariamente em uma abordagem farmacológica envolvendo antidepressivos, psicoterapia e eletroconvulsoterapia (ECT) para casos refratários. Os objetivos primários do tratamento incluem a restauração do humor e a melhora na qualidade de vida e capacidade funcional. Estima-se que 60 a 70% dos pacientes respondem ao manejo médico inicial. Todavia, até 40% dos pacientes são refratários a antidepressivos, psicoterapia e ECT, com uma alta taxa de hospitalização e suicídio em pacientes com sintomas mais graves. Sendo assim, tratamentos alternativos para a depressão resistente ao tratamento (TRD) são necessários.

Nosso conhecimento da base neuroquímica e neuroanatômica dos transtornos neuropsiquiátricos em geral, e depressão em particular, evoluiu muito ao longo dos últimos 50 anos. À medida que nossa compressão da neurofisiologia e neuroanatomia subjacente aumentaram, as opções terapêuticas progrediram de lesão cirúrgica grosseira, seguida pela era de farmacoterapia, e o uso recente de lesões estereotáxicas mais precisas e estimulação cerebral profunda (DBS). Aqui, revisaremos o desenvolvimento histórico e resultado clínico das lesões estereotáxicas e da DBS no tratamento de TRD.

25.2 Lesões Estereotáxicas para Depressão Maior

A era de cirurgia ressectiva para transtornos psiquiátricos começou em 1891 com Gottlieb Burckhardt, considerado por alguns como o pai da neurocirurgia psiquiátrica.[2] Burckhardt desenvolveu o uso da topectomia, em que diferentes focos de tecido cortical eram removidos em pacientes esquizofrênicos. Experimentos subsequentes, realizados por John Fulton na década de 1930, mostraram que primatas com ressecções frontais apresentavam reatividade emocional reduzida.[3] Inspirado por este trabalho, o neurologista português Egas Moniz introduziu o uso de leucotomia frontal em humanos em 1936.[4] A partir desta ablação frontal relativamente inespecífica, o campo subsequentemente evoluiu em quatro tipos de lesões seletivas que foram a base daquelas usadas atualmente. Estas são a cingulotomia anterior, tractotomia subcaudada, leucotomia límbica e capsulotomia anterior.[5,6]

Embora Horsley e Clarke desenvolveram um halo estereotáxico para uso em animais usando referências anatômicas superficiais,[7-9] não foi até o desenvolvimento do sistema criado por Sipegel e Wycis[10] usando coordenadas cartesianas que a cirurgia estereotáxica humana realmente começou. Em seu artigo inicial, descrevendo o aparelho, Spiegel e Wycis notaram o uso potencial de seu sistema para uma variedade de indicações, incluindo a psicocirurgia.

25.2.1 Cingulotomia

Cingulectomia, como descrito em 1949 por Le Beau, foi inicialmente usada para a ressecção cirúrgica de gliomas do corpo caloso anterior. Além de dados humanos, o envolvimento do cíngulo nas experiências emocionais havia sido caracterizado em primatas.[11] Na verdade, Papez postulou um papel central do giro cingulado na emoção. A cingulectomia de Le Beau era realizada através de uma craniotomia aberta, e uma lesão de 3 cm de comprimento e 1,5 cm de altura era criada na parte anterior da área 24 de Brodmann, porém essa lesão poderia estender-se 2 cm ventralmente na área 25, bem como nas áreas 32 e 12. Os resultados iniciais em pacientes com depressão comórbida e "neurose obsessiva" foram promissores.[11] Em 1962, Foltz e White descreveram o uso de cingulotomia estereotáxica para o tratamento de dor.[12] Em 1967, Ballantine aplicou uma técnica similar para o tratamento de depressão maníaca no Massachusetts General Hospital, com resultados iniciais promissores.[13] Mais recentemente, o mesmo centro publicou um estudo prospectivo de ablações estereotáxicas para depressão intratável em 33 pacientes. Estes foram submetidos a uma leucotomia límbica ou cingulotomia anterior única ou repetida, um procedimento em que uma cingulotomia anterior é combinada com a tractotomia subcaudada.[14,15] Em conjunto, o grupo constatou que 75% de seus pacientes haviam respondido ao tratamento, tal como mensurado pelo Inventário de Depressão de Beck (BDI) e pela escala de Impressão Clínica Global (CGI).[15]

O suposto alvo anatômico da cingulotomia anterior estereotáxica é o giro cingulado anterior dorsal coincidindo com a área 24 de Brodmann.[13-18] A lesão moderna é tipicamente realizada 20 a 25 mm posterior à superfície anterior do corno frontal do ventrículo lateral, 5 mm dorsal ao corpo caloso e 7 mm lateral à linha média. Todavia, o tamanho e local do sítio de lesão mais eficaz nesta área ainda estão sendo investigados. Ao passo que os procedimentos anteriores realizam uma lesão única bilateralmente, a técnica evoluiu para incluir múltiplas lesões posicionadas mais anteriormente (▶ Fig. 25.1). A correlação entre o local da lesão no giro cingulado anterior e a eficácia clínica foi previamente investigada em pacientes com transtorno depressivo maior por meio do uso de morfometria baseada no *voxel*.[16] Este estudo constatou que lesões mais anteriores no córtex cingulado anterior (ACC) resultaram em um melhor desfecho clínico.

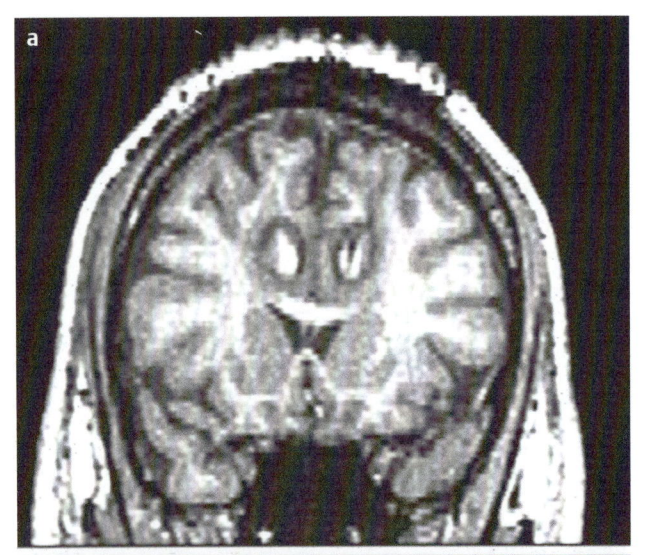

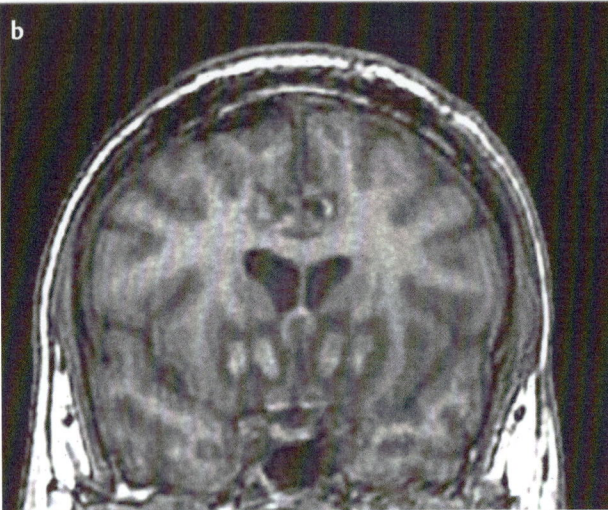

Fig. 25.1 Imagens por ressonância magnética pós-operatória da cingulotomia anterior **(a)** e tractotomia subcaudada **(b)**. Juntas fazem com que o procedimento seja chamado de leucotomia límbica. (Reproduzida com permissão de AANS.[14])

Inicialmente, as lesões eram criadas através de uma craniotomia aberta e, posteriormente, foram modificadas para a colocação estereotáxica de *pellets* de ítrio-90 radioativo no alvo.[26] O uso de *pellets* radioativos possibilitava uma lesão mais restrita, evitando-se lesão ao estriado adjacente.[25] Com base nesse artigo inicial, 46 dos 48 pacientes com depressão mostraram alguma melhora, enquanto 35 pacientes não necessitaram de tratamento médico adicional.[25] Na década de 1990, a ablação radioativa foi substituída pela termocoagulação.[27] Uma revisão das tractotomias subcaudadas, realizadas de 1979 a 1991 na *Geoffrey Knight National Unit for Affective Disorders* em Londres, relatou mínimos sintomas residuais em 34%, e alguma melhora em um adicional 32% dos pacientes em um seguimento de 12 meses.[27,28] Um estudo prospectivo do mesmo centro, avaliando 23 pacientes consecutivos sendo submetidos à tractotomia subcaudada para depressão, mostrou melhora significativa nas pontuações da Escala de Avaliação de Depressão de Hamilton (HAMD) e do BDI.[29] Melhora clínica após a tractotomia subcaudada não é imediata e pode demorar de vários meses a até 2 anos em casos de depressão bipolar.[27] Complicações maiores são relativamente raras. Uma revisão de 1.300 casos relatou confusão pós-operatória reversível em 10%, convulsões em 2% e um óbito no início da série decorrente de colocação errônea [90] dos pellets de Y.[27] Testes neuropsicológicos durante o período pós-operatório inicial revelaram déficits transitórios na memória sem efeitos duradouros no seguimento de longo prazo.[30] Embora o número de procedimentos de tractotomia subcaudada tenha progressivamente declinado ao longo do tempo, a TRD permanece uma das indicações mais comuns, com uma taxa de eficácia de 34 a 68%.[31]

25.2.3 Leucotomia Límbica

Em 1973, Desmond Kelly cogitou a hipótese de que combinando a cingulotomia anterior com a tractotomia subcaudada (um procedimento chamado de leucotomia límbica) seria mais eficaz do que se um dos procedimentos fosse realizado isoladamente no tratamento da ansiedade e depressão intratável.[32] Ao redor desta época, dois circuitos cerebrais emocionais haviam sido postulados: um sistema frontal-cingulado-hipocampal com base no trabalho de Papez, e uma rede orbitofrontal-amigdalar, ambos com incidência a jusante sobre o hipotálamo e tronco encefálico.[33] A leucotomia límbica se destinava a influenciar a atividade de ambas as redes. Em seus trabalhos iniciais de leucotomia límbica, realizados em 30 pacientes com depressão, Kelly descreveu uma melhora em 80%, com 50% alcançando a ausência de sintomas 17 meses após a cirurgia. Um estudo subsequente, realizado pelo mesmo grupo em 66 pacientes, mostrou melhoras na depressão em 78% dos pacientes.[34] Os efeitos colaterais incluíram confusão pós-operatória, convulsões e incontinência. A leucotomia límbica estereotáxica moderna pode ser realizada como um procedimento em estágios ou combinado, com duas a três lesões no lobo frontal anteromedial abaixo do núcleo caudado, e duas a quatro lesões no giro cingulado[15,30,32-40] (▶ Fig. 25.1). Embora os procedimentos iniciais realizados na década de 1970 usassem ventriculografia com ar para colocação estereotáxica, a maioria dos centros atualmente usa localização guiada por ressonância magnética (MRI). Nos primeiros artigos utilizando leucotomia límbica estereotáxica guiada por MRI para depressão maior, os pacientes foram submetidos à cirurgia combinada ou em estágios, com 40 a 100% sendo considerados respondedores com base nas pontuações do BDI e HAMD.[39,41] Em uma série mais recente de 18 pacientes com transtorno bipolar, a leucotomia límbica resultou em uma redução significativa na depressão, tal como medida no BDI e HAMD, sem reduções significativas

Curiosamente, lesões menores de 1 a 2 mL foram melhores do que volumes maiores, insinuando a heterogeneidade funcional desta região.[16] Vários efeitos colaterais foram descritos para este procedimento, com o mais comumente relatado sendo convulsões e incontinência urinária.[18-21]

25.2.2 Tractotomia Subcaudada

Em 1949, Scoville descreveu o subcorte supraorbital seletivo do giro cingulado e do córtex pré-frontal adjacente (áreas 9 e 10 de Brodmann), localizado 2 a 4 cm posterior ao corno frontal do ventrículo lateral. O procedimento foi relatado ser bem-sucedido em 85% de seus pacientes.[22,23] Knight subsequentemente modificou a cirurgia de Scoville com um subcorte orbital mais restrito, limitando sua extensão lateral a fim de evitar efeitos colaterais de personalidade indesejados.[24] O objetivo de Knight era o de reduzir o córtex orbitofrontal posterior que corresponde à área agranular 13 de Brodmann, bem como a substância inominada.[25] Este procedimento originou o que foi posteriormente chamado de tractotomia subcaudada (▶ Fig. 25.1b).

nos sintomas maníacos.⁴² A ausência de resposta adequada (até 60%) em algumas séries foi atribuída a vários fatores, incluindo a seleção de pacientes mais doentes para leucotomia límbica, a heterogeneidade da doença e a possibilidade de que as lesões fossem muito restritivas em suas extensões.³¹

25.2.4 Capsulotomia Anterior

Capsulotomia anterior é a ablação cirúrgica de fibras que atravessam o ramo anterior da cápsula interna (ALIC) e interconectam o pré-frontal e o ACC com o tálamo, amígdala e hipocampo. O procedimento foi inicialmente desenvolvido por Talairach em 1949, e subsequentemente modificado em uma radiocirurgia com raios gama (capsulotomia) por Lars Leksell.⁴³ Esta técnica foi primariamente usada para o transtorno obsessivo-compulsivo refratário, e não tem sido realizada extensivamente no tratamento da depressão.

25.3 Estimulação Cerebral Profunda para Depressão Maior

A principal desvantagem da cirurgia ablativa é a natureza persistente das lesões e a incapacidade de modular o tratamento ou os efeitos colaterais em resposta às alterações na resposta clínica. O último é provavelmente ainda mais importante nos transtornos psiquiátricos, dada a heterogeneidade da doença e do resultado. Em contraste às lesões cirúrgicas, a DBS pode ser ajustada para alcançar uma resposta terapêutica desejada e minimizar os efeitos colaterais. Além disso, ao contrário da cirurgia ablativa, a DBS permitiu que os pesquisadores realizassem ensaios randomizados controlados utilizando estimulação simulada, visto que a estimulação pode ser ligada ou desligada de forma cega. Até a presente data, seis regiões cerebrais estão sendo estudadas como alvos para a DBS em pacientes com TRD. Estas incluem o giro cingulado subgenual (SCG), cápsula ventral/estriado ventral (VC/VS), núcleo *accumbens* (NAc), feixe medial do prosencéfalo (MFB), habênula lateral (LH) e o pedúnculo talâmico inferior (ITP).

Estratégias adicionais de neuromodulação sendo investigadas para o tratamento de depressão maior incluem a estimulação do córtex pré-frontal dorsolateral⁴⁴ e do nervo vago (VNS).⁴⁵⁻⁵⁰ Embora aproximadamente 40 a 50% dos pacientes tenham respondido a essas terapias nos estudos abertos,⁴⁵⁻⁵⁰ nenhuma diferença foi observada entre a estimulação ativa e a estimulação simulada durante as avaliações cegas.⁴⁴,⁴⁷ Visto que nem a estimulação cortical nem a VNS são formalmente consideradas procedimentos estereotáxicos, elas não serão abordadas em detalhes neste capítulo.

25.3.1 Giro Cingulado Subgenual

O SCG, incluindo a área de Brodmann 25, é uma sub-região do giro cingulado anterior, ventral ao corpo caloso.⁵¹ Estudos imagiológicos funcionais demonstraram um aumento do fluxo sanguíneo no SCG em sujeitos normais durante a recordação de lembranças autobiográficas tristes.⁵² Em pacientes com depressão maior, existe um aumento basal na atividade metabólica no SCG que pode ser revertido com vários tratamentos antidepressivos.⁵¹,⁵³⁻⁵⁵ Com base nesses estudos, um ensaio aberto inicial de DBS bilateral do SCG foi conduzido em seis pacientes com TRD severa.⁵⁶ Para inclusão no ensaio, os pacientes precisavam ter TRD severa, determinado por uma pontuação na HAMD-17 superior a 20. O procedimento cirúrgico envolvia a colocação do halo sob anestesia local e a obtenção de uma MRI de alta resolução pré-operatória. O alvo SCG era identificado com base nas referências anatômicas, e tipicamente encontrado em um corte coronal no início dos cornos anteriores dos ventrículos laterais e mediolateralmente na junção das substâncias cinzenta e branca do SCG (▶ Fig. 25.2). Eletrodos quadripolares eram colocados bilateralmente de modo sequencial. Eventos adversos cirúrgicos foram similares àqueles observados com a DBS para transtornos do movimento, e incluíam infecção do *hardware* e dor no sítio cirúrgico.⁵⁶ Além disso, não houve efeitos neuropsicológicos adversos no seguimento de 1 ano.⁵⁷

Os resultados do ensaio inicial revelaram que quatro de seis pacientes tinham uma resposta clínica sustentada ou remissão, definida como uma redução de pelo menos 50% na pontuação HAMD 6 meses após a cirurgia. Além disso, a resposta clínica foi associada a uma redução no metabolismo da glicose no SCG.⁵⁶ Com estes achados promissores, o ensaio foi expandido para 20 pacientes.⁵⁸ Em 3 anos, a taxa de resposta foi similar àquela do ensaio inicial.⁵⁹ Desde aqueles relatos iniciais, vários estudos foram publicados, revelando taxas de resposta de 40 a 60% em mais de 60 pacientes tratados com DBS do SCG.⁵⁶,⁵⁸⁻⁶³

Mais recentemente, a tractografia probabilística tem sido utilizada para investigar diferenças na conectividade neuronal entre pacientes com diferentes respostas à DBS para TRD. Diferenças significativas foram encontradas na conectividade estrutural

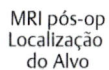

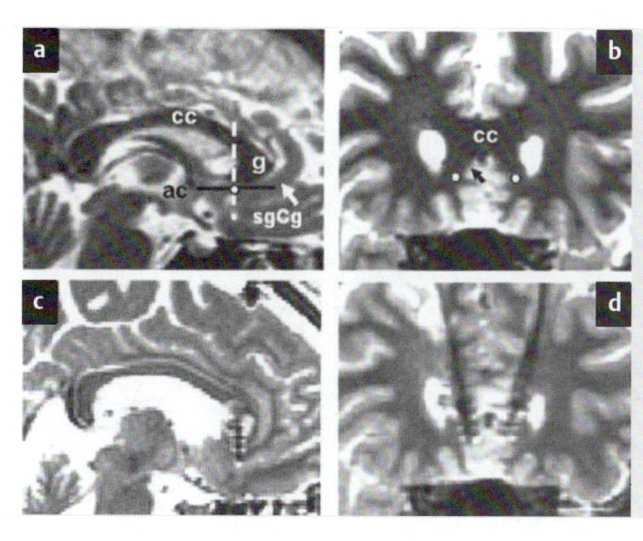

Fig. 25.2 Implante do eletrodo de estimulação cerebral profunda (DBS) na região cingulada subgenual. Incidências sagital (a) e coronal (b) do alvo da DBS, mapeado em imagem por ressonância magnética (MRI) em T1 de alta resolução. Incidências sagital (c) e coronal (d) das MRIs pós-operatórias demonstrando a localização dos eletrodos, com o contato central centralizado no local predeterminado. sgCG = cingulado subgenual; cc = corpo caloso; g = joelho do corpo caloso; ac = comissura anterior; círculos brancos = alvo do eletrodo na substância branca do sgCg; setas branca e preta = giro sgCg; linha pontilhada = posição anteroposterior do eletrodo em relação à linha ac-g. (Reproduzida com permissão de Elsevier.⁵⁶)

entre respondedores e não respondedores.[64] Especificamente, o estudo constatou que três feixes de fibras distintos na região adjacente são prováveis de mediar a resposta clínica à DBS. Estas vias incluem o fórceps menos, o fascículo do cíngulo e o ramo medial do fascículo uncinado.[64] Otimização dos parâmetros de estimulação, a fim de melhor abranger os três feixes de fibra resultou na conversão dos pacientes que eram inicialmente não respondedores em respondedores. O uso prospectivo de imagens estruturais e funcionais pode possibilitar o direcionamento específico para uma DBS mais eficaz. Isto é particularmente pertinente para o tratamento de depressão, visto que pode haver uma heterogeneidade significativa entre pacientes, inviabilizando a ideia de uma receita padronizada universal que beneficiará todos os pacientes igualmente.

Além das melhoras técnicas, um passo mais necessário para avançar o campo é a corroboração dos resultados abertos pelos ensaios clínicos duplo-cegos, randomizados e prospectivos. Esse tipo de ensaio clínico foi, na verdade, recentemente conduzido (estudo *BROdmann Area 25 DEep brain Neuromodulation* ou estudo BROADEN), mas foi descontinuado em razão dos resultados de uma análise fútil. Dados reais ainda não foram publicados.

25.3.2 Cápsula Ventral/Estriado Ventral

A lógica em ter a cápsula interna como alvo na depressão provém dos resultados clínicos usando cirurgia neste alvo para transtorno obsessivo-compulsivo.[65-67] Além disso, tal como anteriormente descrito, a capsulotomia como técnica cirúrgica tem sido utilizada por várias décadas para tratar pacientes com transtornos psiquiátricos.

Em um ensaio clínico inicial, 15 pacientes com TRD foram tratados em diferentes centros.[68] Eletrodos foram orientados de uma forma em que suas trajetórias fossem paralelas ao ALIC (▶ Fig. 25.3). Quarenta por cento dos sujeitos recrutados foram considerados respondedores aos 6 meses, e 53,3% durante o último seguimento. Além dos efeitos colaterais induzidos pela DBS comumente relatados, os autores relataram episódios de hipomania, piora da depressão, desinibição e impulsividade. Nenhuma alteração neuropsicológica foi notada após estimulação.[68]

Em um estudo mais recente, 30 pacientes com TRD foram randomizados para receber tratamento com DBS ativa *versus* simulada com alocação cega por 16 semanas, seguido por uma fase aberta.[69] No geral, nenhuma diferença significativa no número de respondedores foi observada entre pacientes recebendo DBS ativa (20%) ou simulada (14,3%). Diferenças entre os grupos às 16 semanas na Escala de Avaliação da Depressão de Montgomery--Asberg também não foram significativas. As taxas de resposta em 12, 18 e 24 meses durante a fase aberta do estudo foram de 20, 26,7 e 23,3%, respectivamente. Apesar dos resultados negativos da fase de alocação cega, muitos investigadores têm a esperança de que uma seleção de pacientes mais apropriada e o uso de marcadores biológicos mais precisos podem eventualmente validar esta técnica.

25.3.3 Núcleo *Accumbens*

O NAc, o qual faz parte do estriado ventral, foi selecionado como um alvo da DBS para depressão, visto que está implicado nos mecanismos de recompensa, serve como uma porta entre o sistema límbico envolvidos na emoção e controle motor, e está envolvido no neurocircuito da doença.[70] Quanto aos outros alvos descritos anteriormente, estudos abertos mostraram que 40 a 50% dos sujeitos respondem à terapia.[71,72] Estes pacientes eram mais empenhados em atividades positivas e tiveram melhoras significativas na ansiedade. Eletrodos implantados nos ensaios que têm como alvo o NAc tiveram uma trajetória similar àquela do alvo VC/VS, mas os contatos usados foram mais ventrais, dentro do núcleo (▶ Fig. 25.4). O perfil dos efeitos colaterais da DBS no *accumbens* foi similar àquele descrito em outras aplicações da DBS, com um suicídio sendo relatado. Aos 6 meses, a PET (tomografia por emissão de pósitrons) demonstrou uma redução na atividade em várias estruturas pré-frontais, incluindo o SCG, córtex orbitofrontal, núcleo caudado e tálamo.[71]

25.3.4 Feixe Medial do Prosencéfalo

A via mesolímbica é conhecida por estar envolvida em vários aspectos do processamento de recompensa. Atividade dos neurônios dopaminérgicos que se projetam da VTA (área tegmental ventral) através do MFB até o NAc e VS e podem codificar vários aspectos do processamento de recompensa, como hedonismo e saliência do incentivo. Portanto, a DBS nestas áreas pode modular uma rede de recompensa patológica comum envolvida na depressão. Na verdade, foi proposto que o MFB é um trajeto comum, pelo qual a DBS destas estruturas díspares pode resultar em eficácia clínica. A porção superolateral do MFB (slMFB),

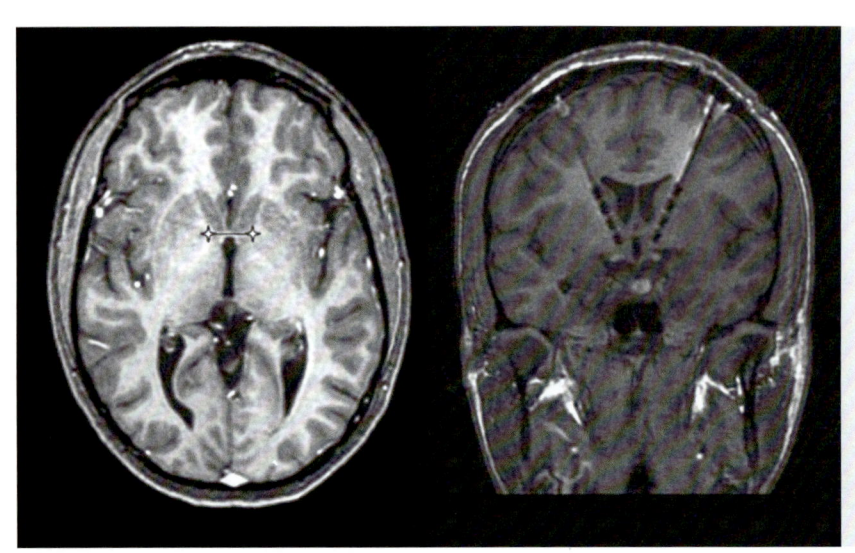

Fig. 25.3 Imagens por ressonância magnética mostrando o direcionamento pré-operatório (*esquerda*) e a posição pós-operatória do eletrodo de estimulação cerebral profunda (*direita*). (Reproduzida com permissão de Elsevier.[56])

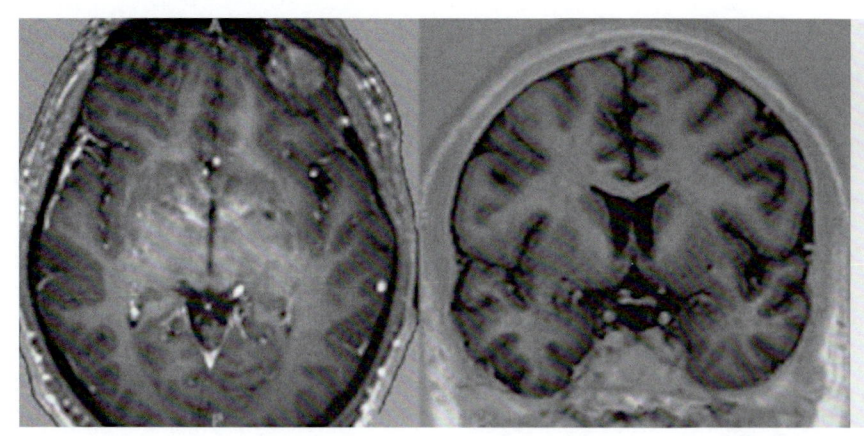

Fig. 25.4 Localização do núcleo *accumbens* e posição dos eletrodos de estimulação cerebral profunda. Localização do contato mais inferior do eletrodo de estimulação em um plano horizontal e coronal, com projeções da via esquerda e direita do eletrodo no estágio do planejamento cirúrgico. (Reproduzida com permissão de Macmillan Publishers.[70])

que contém projeções ascendentes da VTA para a VC/VS e NAc, tem sido usada como alvo para o tratamento da depressão. Visto que a slMFB não é diretamente visível na MRI convencional, uma tractografia baseada na DTI (imagem por tensores de difusão) foi utilizada para localização e direcionamento.[73] Neste estudo, seis dos sete pacientes recebendo DBS na slMFB foram respondedores, com quatro pacientes relatados estarem em remissão. Curiosamente, ao contrário da resposta clínica mais lenta após a DBS de outro alvo cerebral, que tipicamente leva vários dias a semanas para alcançar eficácia, a DBS da slMFB foi relatada responder rapidamente em horas a dias.[73]

25.3.5 Habênula Lateral e Pedúnculo Talâmico Inferior

A LH é uma estrutura epitalâmica, demonstrada ser hiperativa nos estados depressivos.[74] A LH se projeta para os núcleos monoaminérgicos, como o *locus* cerúleo, rafe dorsal e VTA, através da estria medular do tálamo, o que pode influenciar nos estados de humor. Dado o seu potencial papel na depressão, a DBS da estria medular foi relatada em um único paciente resultando em períodos de remissão completa.[75]

O ITP é um feixe de fibra que conecta o tálamo dorsomedial ao córtex orbitofrontal.[76] A DBS do ITP também foi relatada em um único paciente com TRD, com uma redução significativa na pontuação HAMD pós-operatória.[77]

Devido aos seus papéis potencialmente intrigantes na depressão, estudos adicionais em coortes maiores de pacientes foram realizados para o ITP e para a LH.

25.4 Futuros Desafios

Um grande desafio no uso de DBS para depressão é que a resposta clínica é geralmente tardia, e pode não ser evidente até vários meses depois do início da DBS. Ao contrário dos transtornos de movimento, não está claro se uma resposta clínica aguda pode ser usada para verificar a posição apropriada do eletrodo de DBS. Além disso, sem um efeito clínico agudo, há pouca informação para guiar o clínico com relação aos cenários iniciais que devem ser utilizados para programar o sistema para um determinado paciente. Apesar da ausência de um efeito clínico observável, a neuroimagem funcional pode ajudar a identificar "biomarcadores" que podem ser usados como substitutos na ausência de uma resposta aguda. No entanto, embora a fMRI (MRI funcional) forneça uma alta resolução espacial, sua resolução temporal é baixa e ela não está atualmente aprovada para uso em pacientes com *hardware* de DBS. Por outro lado, a magnetoencefalografia (MEG) é completamente não invasiva, tem uma resolução temporal na ordem de milissegundos, e pode ser usada com segurança em pacientes com DBS. A aplicação de novas técnicas, como a MEG, pode permitir a identificação de alterações na atividade neuronal decorrentes da DBS aguda antes da resposta clínica tardia. A identificação de biomarcadores imagiológicos pode ajudar a melhorar a colocação dos eletrodos, bem como a identificar os parâmetros de programação apropriados específicos ao paciente. Isto, combinado com uma melhora na nosologia da doença e classificação do paciente, provavelmente permitirá a realização de ensaios clínicos mais apropriados.

Referências

[1] Lépine JP, Briley M. The increasing burden of depression. Neuropsychiatr Dis Treat. 2011; 7 Suppl 1:3–7
[2] Mueller C. Gottlieb BURCKHARDT, the father of topectomy. Am J Psychiatry. 1960; 117:461–463
[3] Horwitz NH. Library: historical perspective. John Farquhar Fulton. Neurosurgery. 1998; 43(1):178–184
[4] Moniz E. How I came to perform prefrontal leucotomy. J Med (Oporto). 1949; 14(355):513–515
[5] Lapidus KA, Kopell BH, Ben-Haim S, Rezai AR, Goodman WK. History of psychosurgery: a psychiatrist's perspective. World Neurosurg. 2013; 80(3–4):S:27.e1–S–27.e16
[6] Leiphart JW, Valone FH, III. Stereotactic lesions for the treatment of psychiatric disorders. J Neurosurg. 2010; 113(6):1204–1211
[7] Horsley V, Clarke R. The structure and functions of the cerebellum examined by a new method. Brain. 1908; 31(1):45–124
[8] Jensen RL, Stone JL, Hayne RA. Introduction of the human Horsley-Clarke stereotactic frame. Neurosurgery. 1996; 38(3):563–567, discussion 567
[9] Gildenberg PL. Evolution of basal ganglia surgery for movement disorders. Stereotact Funct Neurosurg. 2006; 84(4):131–135
[10] Spiegel EA, Wycis HT, Marks M, Lee AJ. Stereotactic apparatus for operations on the human brain. Science. 1947; 106(2754):349–350
[11] Le Beau J. Anterior cingulectomy in man. J Neurosurg. 1954; 11(3):268–276
[12] Foltz EL, White LE, Jr. Pain "relief" by frontal cingulumotomy. J Neurosurg. 1962; 19:89–100
[13] Ballantine HT, Jr, Cassidy WL, Flanagan NB, Marino R, Jr. Stereotaxic anterior cingulotomy for neuropsychiatric illness and intractable pain. J Neurosurg. 1967; 26(5):488–495
[14] Yang JC, Ginat DT, Dougherty DD, Makris N, Eskandar EN. Lesion analysis for cingulotomy and limbic leucotomy: comparison and correlation with clinical outcomes. J Neurosurg. 2014; 120(1):152–163
[15] Shields DC, Asaad W, Eskandar EN, et al. Prospective assessment of stereotactic ablative surgery for intractable major depression. Biol Psychiatry. 2008; 64(6):449–454
[16] Steele JD, Christmas D, Eljamel MS, Matthews K. Anterior cingulotomy for major depression: clinical outcome and relationship to lesion characteristics. Biol Psychiatry. 2008; 63(7):670–677

[17] Richter EO, Davis KD, Hamani C, Hutchison WD, Dostrovsky JO, Lozano AM. Cingulotomy for psychiatric disease: microelectrode guidance, a callosal reference system for documenting lesion location, and clinical results. Neurosurgery. 2004; 54(3):622–628, discussion 628–630

[18] Ballantine HT, Jr, Bouckoms AJ, Thomas EK, Giriunas IE. Treatment of psychiatric illness by stereotactic cingulotomy. Biol Psychiatry. 1987; 22(7):807–819

[19] Baer L, Rauch SL, Ballantine HT, Jr, et al. Cingulotomy for intractable obsessive-compulsive disorder. Prospective long-term follow-up of 18 patients. Arch Gen Psychiatry. 1995; 52(5):384–392

[20] Jenike MA, Baer L, Ballantine T, et al. Cingulotomy for refractory obsessivecompulsive disorder. A long-term follow-up of 33 patients. Arch Gen Psychiatry. 1991; 48(6):548–555

[21] Dougherty DD, Baer L, Cosgrove GR, et al. Prospective long-term follow-up of 44 patients who received cingulotomy for treatment-refractory obsessivecompulsive disorder. Am J Psychiatry. 2002; 159(2):269–275

[22] Scoville WB. Late results of orbital undercutting. Report of 76 patients undergoing quantitative selective lobotomies. Am J Psychiatry. 1960; 117:525–532

[23] Scoville WB. Late results of orbital undercutting. Report of 76 patients undergoing quantitative selective lobotomies. Proc R Soc Med. 1960; 53:721–728

[24] Knight GC, Tredgold RF. Orbital leucotomy; a review of 52 cases. Lancet. 1955; 268(6872):981–986

[25] Knight G. Stereotactic surgery for the relief of suicidal and severe depression and intractable psychoneurosis. Postgrad Med J. 1969; 45(519):1–13

[26] Knight G. Stereotactic tractotomy in the surgical treatment of mental illness. J Neurol Neurosurg Psychiatry. 1965; 28:304–310

[27] Bridges PK, Bartlett JR, Hale AS, Poynton AM, Malizia AL, Hodgkiss AD. Psychosurgery: stereotactic subcaudate tractomy. An indispensable treatment. Br J Psychiatry. 1994; 165(5):599–611, discussion 612–613

[28] Hodgkiss AD, Malizia AL, Bartlett JR, Bridges PK. Outcome after the psychosurgical operation of stereotactic subcaudate tractotomy, 1979–1991. J Neuropsychiatry Clin Neurosci. 1995; 7(2):230–234

[29] Poynton AM, Kartsounis LD, Bridges PK. A prospective clinical study of stereotactic subcaudate tractotomy. Psychol Med. 1995; 25(4):763–770

[30] Kelly D, Richardson A, Mitchell-Heggs N, Greenup J, Chen C, Hafner RJ. Stereotactic limbic leucotomy: a preliminary report on forty patients. Br J Psychiatry. 1973; 123(573):141–148

[31] Malhi GS, Bartlett JR. Depression: a role for neurosurgery? Br J Neurosurg. 2000; 14(5):415–422, discussion 423

[32] Kelly D. Psychosurgery and the limbic system. Postgrad Med J. 1973; 49 (578):825–833

[33] Richardson A. Stereotactic limbic leucotomy: surgical technique. Postgrad Med J. 1973; 49(578):860–864

[34] Mitchell-Heggs N, Kelly D, Richardson A. Stereotactic limbic leucotomy: a follow-up at 16 months. Br J Psychiatry. 1976; 128:226–240

[35] Bridges PK, Bartlett JR. Limbic leucotomy. Br J Psychiatry. 1976; 129:399–400

[36] Kelly D. Therapeutic outcome in limbic leucotomy in psychiatric patients. Psychiatr Neurol Neurochir. 1973; 76(5):353–363

[37] Kelly D, Mitchell-Heggs N. Stereotactic limbic leucotomy–a follow-up study of thirty patients. Postgrad Med J. 1973; 49(578):865–882

[38] Bourne SK, Sheth SA, Neal J, et al. Beneficial effect of subsequent lesion procedures after nonresponse to initial cingulotomy for severe, treatment-refractory obsessive-compulsive disorder. Neurosurgery. 2013; 72(2):196–202, discussion 202

[39] Montoya A, Weiss AP, Price BH, et al. Magnetic resonance imaging-guided stereotactic limbic leukotomy for treatment of intractable psychiatric disease. Neurosurgery. 2002; 50(5):1043–1049, discussion 1049–1052

[40] Price BH, Baral I, Cosgrove GR, et al. Improvement in severe self-mutilation following limbic leucotomy: a series of 5 consecutive cases. J Clin Psychiatry. 2001; 62(12):925–932

[41] Kim MC, Lee TK, Choi CR. Review of long-term results of stereotactic psychosurgery. Neurol Med Chir (Tokyo). 2002; 42(9):365–371

[42] Cho DY, Lee WY, Chen CC. Limbic leukotomy for intractable major affective disorders: a 7-year follow-up study using nine comprehensive psychiatric test evaluations. J Clin Neurosci. 2008; 15(2):138–142

[43] Heller AC, Amar AP, Liu CY, Apuzzo ML. Surgery of the mind and mood: a mosaic of issues in time and evolution. Neurosurgery. 2006; 59(4):720–733, discussion 733–739

[44] Kopell BH, Halverson J, Butson CR, et al. Epidural cortical stimulation of the left dorsolateral prefrontal cortex for refractory major depressive disorder. Neurosurgery. 2011; 69(5):1015–1029, discussion 1029

[45] Sackeim HA, Rush AJ, George MS, et al. Vagus nerve stimulation (VNS) for treatment-resistant depression: efficacy, side effects, and predictors of outcome. Neuropsychopharmacology. 2001; 25(5):713–728

[46] Rush AJ, Sackeim HA, Marangell LB, et al. Effects of 12 months of vagus nerve stimulation in treatment-resistant depression: a naturalistic study. Biol Psychiatry. 2005; 58(5):355–363

[47] Rush AJ, Marangell LB, Sackeim HA, et al. Vagus nerve stimulation for treatment-resistant depression: a randomized, controlled acute phase trial. Biol Psychiatry. 2005; 58(5):347–354

[48] Rush AJ, George MS, Sackeim HA, et al. Vagus nerve stimulation (VNS) for treatment-resistant depressions: a multicenter study. Biol Psychiatry. 2000; 47(4):276–286

[49] Nahas Z, Marangell LB, Husain MM, et al. Two-year outcome of vagus nerve stimulation (VNS) for treatment of major depressive episodes. J Clin Psychiatry. 2005; 66(9):1097–1104

[50] Marangell LB, Martinez M, Jurdi RA, Zboyan H. Neurostimulation therapies in depression: a review of new modalities. Acta Psychiatr Scand. 2007; 116 (3):174–181

[51] Hamani C, Mayberg H, Stone S, Laxton A, Haber S, Lozano AM. The subcallosal cingulate gyrus in the context of major depression. Biol Psychiatry. 2011; 69(4):301–308

[52] Damasio AR, Grabowski TJ, Bechara A, et al. Subcortical and cortical brain activity during the feeling of self-generated emotions. Nat Neurosci. 2000; 3 (10):1049–1056

[53] Mayberg HS. Modulating dysfunctional limbic-cortical circuits in depression: towards development of brain-based algorithms for diagnosis and optimised treatment. Br Med Bull. 2003; 65:193–207

[54] Mayberg HS, Liotti M, Brannan SK, et al. Reciprocal limbic-cortical function and negative mood: converging PET findings in depression and normal sadness. Am J Psychiatry. 1999; 156(5):675–682

[55] Mayberg HS, Brannan SK, Tekell JL, et al. Regional metabolic effects of fluoxetine in major depression: serial changes and relationship to clinical response. Biol Psychiatry. 2000; 48(8):830–843

[56] Mayberg HS, Lozano AM, Voon V, et al. Deep brain stimulation for treatmentresistant depression. Neuron. 2005; 45(5):651–660

[57] McNeely HE, Mayberg HS, Lozano AM, Kennedy SH. Neuropsychological impact of Cg25 deep brain stimulation for treatment-resistant depression: preliminary results over 12 months. J Nerv Ment Dis. 2008; 196(5):405–410

[58] Lozano AM, Mayberg HS, Giacobbe P, Hamani C, Craddock RC, Kennedy SH. Subcallosal cingulate gyrus deep brain stimulation for treatment-resistant depression. Biol Psychiatry. 2008; 64(6):461–467

[59] Kennedy SH, Giacobbe P, Rizvi SJ, et al. Deep brain stimulation for treatmentresistant depression: follow-up after 3 to 6 years. Am J Psychiatry. 2011; 168(5):502–510

[60] Riva-Posse P, Holtzheimer PE, Garlow SJ, Mayberg HS. Practical considerations in the development and refinement of subcallosal cingulate white matter deep brain stimulation for treatment-resistant depression. World Neurosurg. 2013; 80(3–4):S:27.e25–27.e34

[61] Lozano AM, Giacobbe P, Hamani C, et al. A multicenter pilot study of subcallosal cingulate area deep brain stimulation for treatment-resistant depression. J Neurosurg. 2012; 116(2):315–322

[62] Holtzheimer PE, Kelley ME, Gross RE, et al. Subcallosal cingulate deep brain stimulation for treatment-resistant unipolar and bipolar depression. Arch Gen Psychiatry. 2012; 69(2):150–158

[63] Puigdemont D, Pérez-Egea R, Portella MJ, et al. Deep brain stimulation of the subcallosal cingulate gyrus: further evidence in treatment-resistant major depression. Int J Neuropsychopharmacol. 2012; 15(1):121–133

[64] Riva-Posse P, Choi KS, Holtzheimer PE, et al. Defining critical white matter pathways mediating successful subcallosal cingulate deep brain stimulation for treatment-resistant depression. Biol Psychiatry. 2014; 76(12):963–969

[65] Greenberg BD, Malone DA, Friehs GM, et al. Three-year outcomes in deep brain stimulation for highly resistant obsessive-compulsive disorder. Neuropsychopharmacology. 2006; 31(11):2384–2393

[66] Nuttin B, Cosyns P, Demeulemeester H, Gybels J, Meyerson B. Electrical stimulation in anterior limbs of internal capsules in patients with obsessive-compulsive disorder. Lancet. 1999; 354(9189):1526

[67] Nuttin BJ, Gabriëls LA, Cosyns PR, et al. Long-term electrical capsular stimulation in patients with obsessive-compulsive disorder. Neurosurgery. 2003; 52(6):1263–1272, discussion 1272–1274

[68] Malone DA, Jr, Dougherty DD, Rezai AR, et al. Deep brain stimulation of the ventral capsule/ventral striatum for treatment-resistant depression. Biol Psychiatry. 2009; 65(4):267–275

[69] Dougherty DD, Rezai AR, Carpenter LL, et al. A randomized sham-controlled trial of deep brain stimulation of the ventral capsule/ventral striatum for chronic treatment-resistant depression. Biol Psychiatry. 2015; 78(4):240–248

[70] Schlaepfer TE, Cohen MX, Frick C, et al. Deep brain stimulation to reward circuitry alleviates anhedonia in refractory major depression. Neuropsychopharmacology. 2008; 33(2):368–377

[71] Bewernick BH, Hurlemann R, Matusch A, et al. Nucleus accumbens deep brain stimulation decreases ratings of depression and anxiety in treatment-resistant depression. Biol Psychiatry. 2010; 67(2):110–116

[72] Bewernick BH, Kayser S, Sturm V, Schlaepfer TE. Long-term effects of nucleus accumbens deep brain stimulation in treatment-resistant depression: evidence for sustained efficacy. Neuropsychopharmacology. 2012; 37(9):1975–1985

[73] Schlaepfer TE, Bewernick BH, Kayser S, Mädler B, Coenen VA. Rapid effects of deep brain stimulation for treatment-resistant major depression. Biol Psychiatry. 2013; 73(12):1204–1212

[74] Sartorius A, Henn FA. Deep brain stimulation of the lateral habenula in treatment resistant major depression. Med Hypotheses. 2007; 69(6):1305–1308

[75] Sartorius A, Kiening KL, Kirsch P, et al. Remission of major depression under deep brain stimulation of the lateral habenula in a therapy-refractory patient. Biol Psychiatry. 2010; 67(2):e9–e11

[76] Velasco F, Velasco M, Jiménez F, Velasco AL, Salin-Pascual R. Neurobiological background for performing surgical intervention in the inferior thalamic peduncle for treatment of major depression disorders. Neurosurgery. 2005; 57(3):439–448, discussion 439–448

[77] Jiménez F, Velasco F, Salin-Pascual R, et al. A patient with a resistant major depression disorder treated with deep brain stimulation in the inferior thalamic peduncle. Neurosurgery. 2005; 57(3):585–593, discussion 585–593

26 Neurocirurgia Funcional Pediátrica

John Honeycutt

Resumo

Embora a população de pacientes seja diferente, na sua maior parte, a neurocirurgia funcional pediátrica difere pouco da neurocirurgia funcional de adultos. Este capítulo não irá repetir o que já foi descrito em outros capítulos deste livro; em vez, irá descrever como as abordagens neurocirúrgicas pediátricas diferem em decorrência do tamanho do paciente, da fisiologia e dos processos patológicos.

Palavras-chave: distúrbios pediátricos do movimento, estimulador cerebral profundo, bomba de baclofeno, epilepsia, iMRI.

26.1 Distúrbios do Movimento

Distúrbios do movimento na população pediátrica diferem de modo significativo daqueles dos adultos. Espasticidade e distonia, comumente combinadas, lideram a lista. Doença de Parkinson não é encontrada. Infusão intratecal contínua de baclofeno (bomba de baclofeno) é o tratamento base para espasticidade, pelos seus efeitos reversíveis e à quadriparesia espástica mais comum. Rizotomia dorsal é uma alternativa excelente para pacientes com diplegia espástica. Estimulação cerebral profunda (DBS) é um tratamento eficaz para distonia e tremores. Enquanto a distonia primária (genética) responde bem à DBS, nossa série também demonstrou que a distonia secundária também responde. Em nossa população de pacientes, a distonia secundária é mais comum, sendo a paralisia cerebral relacionada com complicações de prematuridade a etiologia mais frequente. Também usamos DBS para tremor essencial, uma condição que ocorre mais frequentemente em adultos.

26.1.1 Espasticidade/Bomba de Baclofeno

A seleção e avaliação de pacientes, incluindo um ensaio funcional que assegure a resposta ao baclofeno intratecal, é realizada pela equipe de distúrbios do movimento. Geralmente, administramos uma única dose teste de baclofeno por meio de uma punção lombar simples. Pacientes mais complexos necessitam da colocação de cateter intratecal lombar sob anestesia geral, seguido por vários dias de avaliação em nossa unidade de reabilitação. Candidatos apropriados são submetidos à colocação da bomba um mês após a remoção do cateter, a fim de minimizar o risco de infecção.

Uma das perguntas comuns: "A criança é grande o bastante ou tem idade suficiente para uma bomba de baclofeno?" Visto que a grande maioria de nossos pacientes é magra e de baixo peso, as bombas são colocadas por via submuscular. Ao introduzir as bombas submusculares, o tamanho da bomba não é uma grande preocupação (bomba de 20 *versus* 40 mL). A massa dos músculos abdominais desloca a bomba em direção ao peritônio, aliviando a pressão sobre as incisões superficiais, permitindo a colocação de bombas de 40 mL mesmo em pacientes pequenos. Visto que os diâmetros transversais das bombas de 20 e 40 mL são idênticos, sempre usamos uma bomba de 40 mL, a qual requer recargas e consultas menos frequentes. O que importa é a distância entre a crista ilíaca e a caixa torácica, um detalhe rapidamente avaliado por meio da introdução de uma bomba (ou outro objeto do mesmo diâmetro) no abdome durante uma consulta clínica. A aplicação deste critério possibilita a inserção de bombas em crianças tão novas quanto 3 anos de idade. Todavia, os tempos de dissecção ligeiramente mais longos e os tecidos frágeis associados a uma nutrição inadequada relacionada com o aumento das necessidades calóricas impostas pela gravidade da espasticidade, colocam estes pacientes menores em maior risco de infecção. Embora fosse preferível melhorar a nutrição deles, adiar a colocação da bomba para permitir adicional crescimento pode ser problemático, visto que a terapia intratecal com baclofeno pode permitir que esses pacientes ganhem peso e diminuam as contraturas dolorosas. Estes problemas justificam uma conversa atenciosa com os familiares, explicando os prós e contras de introdução precoce da bomba.

26.2 Técnica Cirúrgica

Após o estabelecimento do acesso intravenoso (IV) apropriado e anestesia geral, o paciente é colocado em decúbito lateral, como lado do implante abdominal para cima. As pernas são gentilmente flexionadas e os pontos de pressão são bem acolchoados. Uma fita de 5 a 7,5 cm fixa o paciente à cama no ombro, no joelho e no quadril. Antes da antissepsia, empregamos uma fita métrica para estimar o comprimento correto do cateter espinal. Preferimos usar um aplicador de álcool iodado. Campos operatórios adesivos impregnados com iodo, auxiliados pelo álcool iodado pegajoso, atuam como uma barreira cutânea ao mesmo tempo em que prende os campos cirúrgicos. Duas folhas intercruzadas permitem a cobertura apropriada para a área irregular. Uma incisão curvilínea começa inferior à margem costal, e gentilmente se curva em direção à crista ilíaca. Isto mantém a incisão fora da bomba (▶ Fig. 26.1). Com o uso de eletrocautério, a dissecção é continuada até a junção da fáscia externa do reto com os músculos oblíquos. Imediatamente medial a esta junção, a fáscia é incisada (para diminuir a dor muscular) para expor o plano abaixo dos músculos reto e oblíquo. Uma bolsa é criada para a bomba. Geralmente, artérias/veias epigástricas requerem coagulação e secção para prevenir hemorragia dentro da bolsa (▶ Fig. 26.2). Dissecção abaixo da linha arqueada é evitada, pois a fáscia transversal é fina abaixo da linha arqueada (a bomba de um paciente herniou para a cavidade peritoneal, necessitando de reoperação e extração). Após a criação da bolsa, uma incisão vertical mediana é realizada sobre a coluna lombar inferior, começando no nível planejado para punção lombar. Isto fornece espaço abaixo do sítio de punção para tunelização e ancoragem do cateter espinal. Uma dissecção subcutânea satisfatória é concluída para possibilitar o curvamento suave do cateter; preferimos um cateter de duas peças, visto que a peça de conexão ajuda a ancorar o cateter, diminuindo a probabilidade de migração do cateter para fora do canal espinal. A dura é penetrada com a agulha de Tuohy em uma abordagem paramediana, a fim de evitar que os processos espinhosos danifiquem o cateter ao longo do tempo. Com experiência, a execução da abordagem paramediana torna-se fácil. Com a agulha ainda no local, realizamos um ponto em bolsa (fio de sutura não absorvível) na fáscia ao redor dela e a acomodamos com segurança. Isto ajuda a prevenir o extravasamento de líquor, se colocado ao redor da agulha primeiro, previne o encurvamento do cateter após a remoção da agulha. Em seguida, a agulha e o fio são removidos simultaneamente. É preciso muito cuidado para evitar a remoção do cateter enquanto a agulha ainda está posicionada, a fim de prevenir

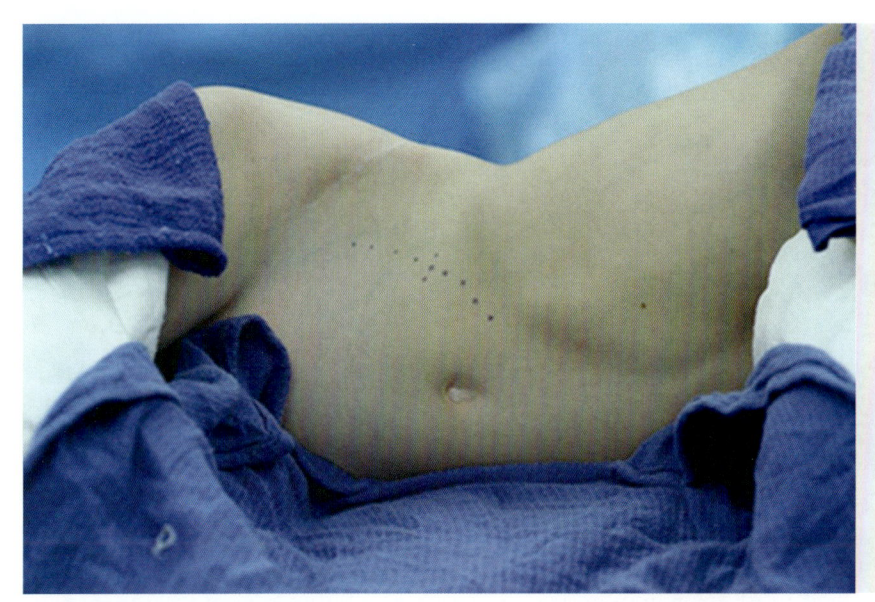

Fig. 26.1 Posição de decúbito lateral com incisão abdominal marcada.

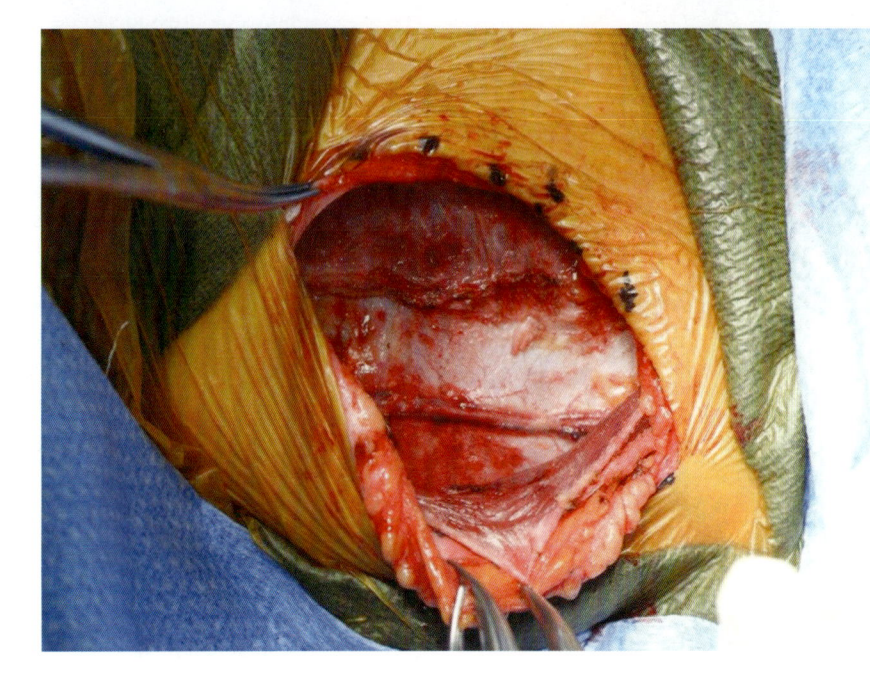

Fig. 26.2 O músculo oblíquo externo e o músculo reto são seccionados, criando uma bolsa acima da fáscia interna/transversal. Uma artéria epigástrica é observada, e precisará ser coagulada.

laceração da ponta do cateter pela agulha. O cateter é fixado à fáscia na âncora incluída com sutura não absorvível. É claro que a saída de líquido cerebrospinal (CSF) da extremidade distal do cateter é verificada e documentada. Nós avançamos o cateter até onde ele for com facilidade, tendo previamente medido o comprimento do cateter para certificar que ele entre no crânio. Para nossa população de pacientes, um terminal cervical alto funciona bem. Quando a inserção do cateter é difícil, nós empregamos fluoroscopia, inserindo o cabo no interior do cateter para aumentar a visualização, para verificar a posição do cateter; caso contrário, evitamos a fluoroscopia para evitar a perda de tempo e aumentar o risco de infecção.

O cateter é clampeado enquanto se aguarda a tunelização do segundo comprimento do cateter da incisão abdominal até a incisão no dorso. Nós elevamos o músculo oblíquo, de modo que o cateter fique abaixo do músculo, permitindo um trânsito mais suave para a bomba e o posicionamento do cateter mais profundamente, mais distante da incisão, e o fechamento (▶ Fig. 26.3). O cateter da bomba é, então, fixado no segmento espinal através do aro. O cateter e o alo são gentilmente curvados na bolsa preparada no dorso. Evitamos posicionar o aro diretamente debaixo da incisão. O segmento da bomba do cateter é conectado à bomba e gentilmente enrolado debaixo da bomba dentro da bolsa. A porta de conexão da bomba é direcionada inferomedialmente, em direção ao umbigo, de modo que não colida com a caixa torácica ou crista ilíaca. Duas suturas não absorvíveis ancoram a bomba à fáscia interna para prevenir rotação/inversão da bomba. Ambas as incisões são irrigadas com solução antibiótica e fechadas em camadas (▶ Fig. 26.4). O cateter que foi cortado e será descartado é cuidadosamente medido, de modo que um *bolus* preciso possa ser administrado. Programamos a bomba antes de sair da sala de cirurgia (OR). Mantemos o paciente em uma posição plana por 24 horas antes de lentamente permitir a elevação da cabeça. A maioria dos pacientes recebe alta após 48 horas de observação.

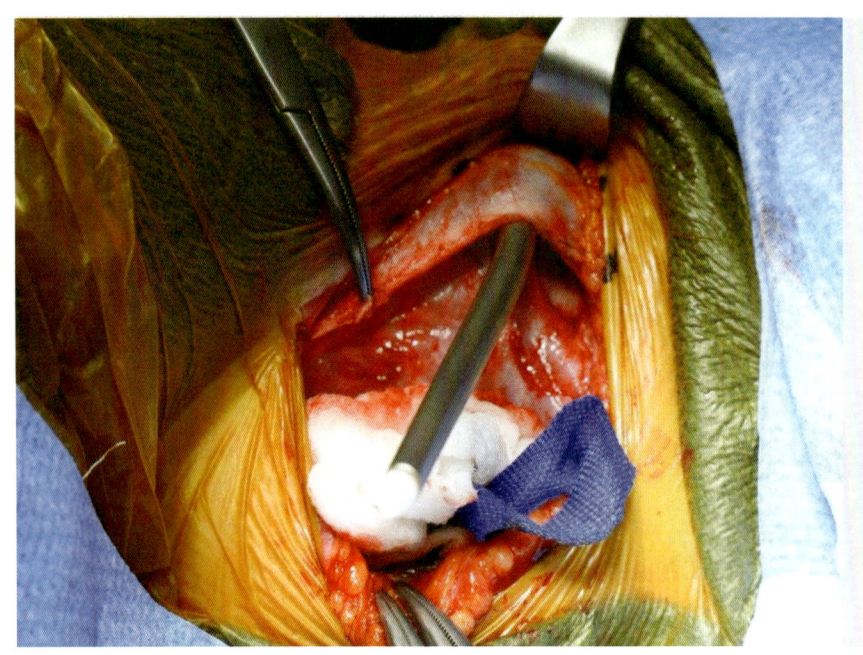

Fig. 26.3 O cateter tunelizador é navegado sob o músculo oblíquo elevado para ajudar a proteger o cateter.

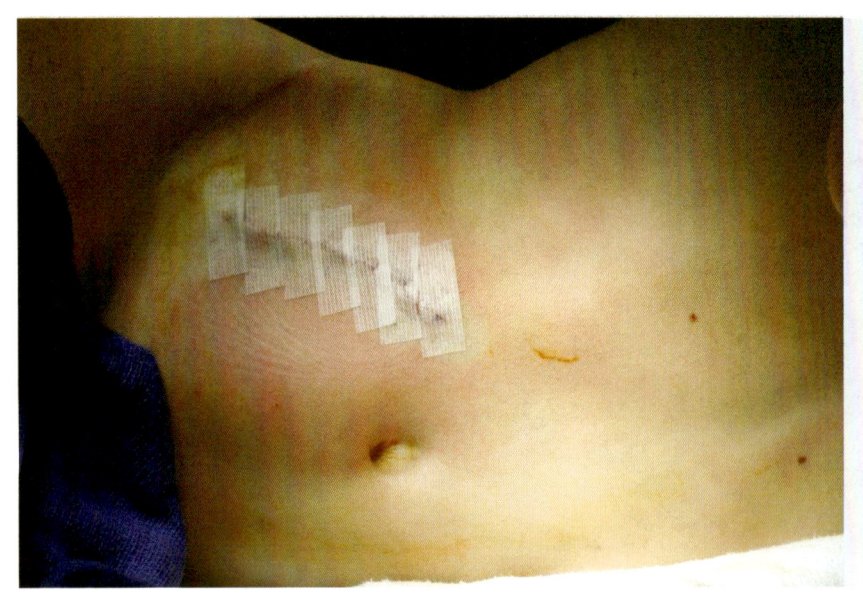

Fig. 26.4 Fechamento final da bomba mostrando o quão pouco a bomba é visível com a colocação submuscular.

Baclofeno oral é descontinuado no momento da inserção da bomba. Radiografias espinais são obtidas 1 mês após a cirurgia para documentar a localização do cateter.

26.2.1 Estimulação Cerebral Profunda

A DBS na população pediátrica difere da população adulta, em que a indicação primária para a DBS pediátrica é a distonia. Realizamos a DBS para distonia primária e secundária, com a secundária sendo mais comum. A população secundária comumente possui uma anatomia cerebral anormal, atrofia e ventrículos aumentados. Isto causa dificuldades no planejamento das trajetórias. Nosso alvo é principalmente a região lateral posterior do globo pálido interno (GPi). Utilizamos o núcleo subtalâmico com resultados similares quando o GPi está severamente lesionado ou atrófico. A técnica de implante do DBS não é diferente daquela realizada em adultos, e isto é abrangido em outros capítulos. Discutiremos nosso protocolo abaixo.

Realizados o implante do eletrodo de DBS em 100 pacientes. Nos primeiro 80 pacientes, fizemos isto como uma cirurgia acordada modificada com registros por microeletrodos (MER). A natureza de nossa população de pacientes não permite o luxo de mapear o núcleo com múltiplos passes, visto que isto requer tempo adicional. Em vez, escolhemos um alvo/trajetória que seja mais provável de garantir um implante preciso com registros satisfatórios. Se obtivermos isso no primeiro passe do MER, o eletrodo é colocado neste alvo. No início de nossas séries, usamos passes únicos do MER. Nossos dados indicaram que nossa média foi de 1,5 passe por lado. No final de nossa série, convertemos para três passes simultaneamente, com as três agulhas alinhadas na orientação X, pois nossos passes únicos no início da série indicaram que geralmente apenas ajustamos na orientação X. Nós não observamos aumento das complicações com mais passes e esta técnica encurtou nosso tempo na OR, aumentando o conforto do paciente. No entanto, nosso protocolo requer a realização de imagem por ressonância magnética (MRI) 1 semana após o implante do eletrodo; com três passes simultâneos, observamos aumento de edema cerebral ao longo da trajetória do eletrodo, quando comparado com aquele observado após passes únicos, mas sem a observação de efeitos colaterais clínicos. Para os últimos 20 pacientes, usamos anestesia geral (adormecido), com um protocolo de MRI intraoperatória (iMRI) com o sistema ClearPoint (MRI Interventions, Irvine, CA, Estados Unidos). O protocolo HDE (isenção de dispositivo humanitário) aprovado por nosso IRB (Conselho de Revisão Institucional) não nos permite colocar o DBS em pacientes com menos de 7 anos de idade.

Cirurgia de Registro por Microeletrodos/Paciente Acordado

Um dos aspectos únicos de nosso programa é treinar o paciente em técnicas de relaxamento no pré-operatório. Se possível, a criança e a família conversam com um psicólogo infantil para aprender estas técnicas, as quais podem incluir *biofeedback*. Também usamos um especialista em vida infantil durante o procedimento. O especialista em vida infantil se encontra com o paciente e sua família no pré-operatório para discutir sobre técnicas de relaxamento comprovadamente úteis para a criança, como respiração profunda, técnicas de distração, música, leitura de livros ou assistir filmes. Um monitor de vídeo é fornecido para que a criança possa assistir filmes ou programas favoritos durante o procedimento. O especialista em vida infantil fica com a criança durante todo o procedimento, incluindo a colocação do halo (▶ Fig. 26.5) e relata para o cirurgião/anestesiologista quando a criança está ficando ansiosa ou experimentando desconforto. Este protocolo, o qual possibilita que o cirurgião se concentre no procedimento enquanto as necessidades emocionais da criança estão sendo atendidas, revelou-se extremamente valioso.

O paciente é levado para a OR, onde uma IV é iniciada e um *bolus* e gotejamento de dexmedetomidina são iniciados. Com sedação apropriada, o anestesiologista bloqueia os nervos supraorbitais, e os nervos occipital maior e menor bilateralmente. Os bloqueios nervosos aumentam o conforto durante a colocação do halo e nas subsequentes intervenções, resultando no uso de menos sedativo. A colocação de halo ortogonal resulta em menor manipulação do arco durante o procedimento, facilitando a colocação bilateral do orifício de trepanação sem a necessidade de reposição. Uma MRI planejada é realizada e o paciente retornado à OR. O couro cabeludo é preparado com antissépticos e os sítios de incisão infiltrados com anestésico local tamponado com bicarbonato (para reduzir o ardor durante a injeção) antes da incisão para garantir anestesia do couro cabeludo. *Bolus* de diprivan durante a injeção do couro cabeludo minimiza o desconforto. O *bolus* é às vezes repetido durante a colocação do orifício de trepanação. Neste estágio, narcóticos de curta duração produziram algumas reações adversas (restrição da mobilidade da parede torácica suficiente para comprometer a ventilação) e, portanto, esta prática foi abandonada. Logo após a realização do orifício de trepanação, o gotejamento de dexmedetomidina é reduzido ou interrompido, conforme permitido. O MER é iniciado. Embora geralmente observemos MER bons, eles podem ser degradados pela sedação. É claro que a necessidade de sedação durante o MER depende do paciente. Se tudo falha, a criança é mantida sedada e nós fazemos o possível para interpretar o MER. Uma vez introduzido, o eletrodo é estimulado para comprovar a ausência de efeitos colaterais. Comumente, observamos pelo menos alguma redução do tônus, sugerindo uma colocação precisa.

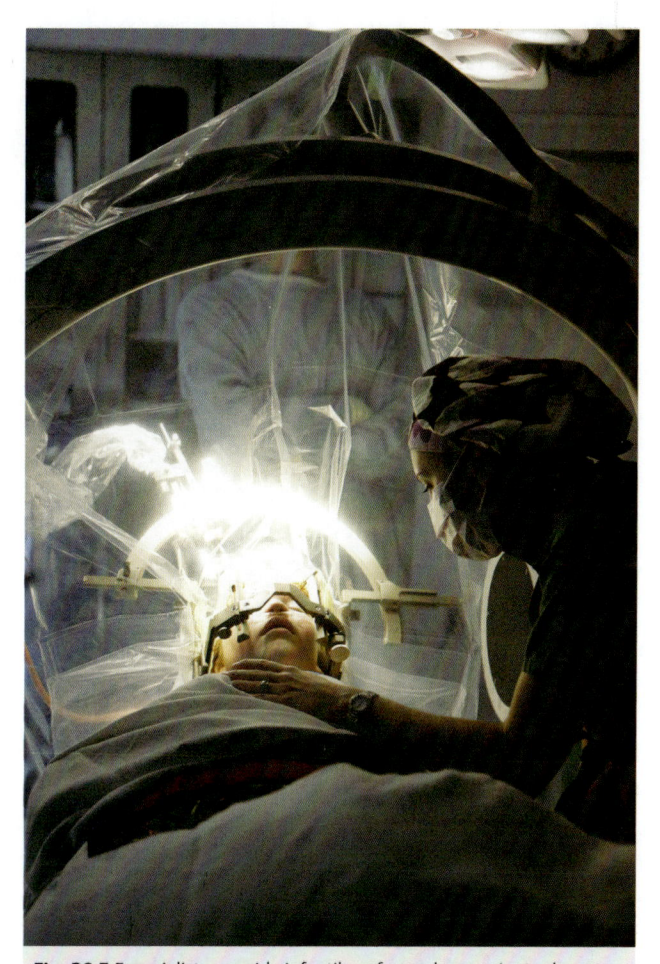

Fig. 26.5 Especialista em vida infantil confortando o paciente durante o procedimento.

Ressonância Magnética Intraoperatória ClearPoint/Paciente Adormecido

Nos últimos 20 pacientes, empregamos anestesia geral em nossa iMRI 1,5 T com o magneto chegando no paciente estacionário por trilhos de teto. Este arranjo permite a colocação bastante precisa de eletrodos, com conforto máximo do paciente. Após a substituição do eletrodo, dois pacientes que haviam sido previamente submetidos à cirurgia acordada preferiram a "técnica adormecida". O procedimento foi descrito no Capítulo 19. Nosso protocolo é idêntico, exceto pelo o que está descrito abaixo. Para nossa iMRI, um bloco é colocado abaixo da mesa de cirurgia, enquanto ainda está no túnel do magneto, para estabilizar a cama (▶ Fig. 26.6). Isto aumenta a reprodutibilidade da posição da cama à medida que o magneto é avançado para dentro e para longe do campo. Pelo fato de o magneto ser é avançado para dentro e para longe do campo durante todo o caso, instrumentos/brocas compatíveis com a MRI são desnecessários. Um campo cirúrgico, especialmente desenvolvido, no interior do túnel do magneto garante a esterilidade.

O erro radial 2D (bidimensional) médio (média dos erros das coordenadas *x* e *y*) foi de 0,39 mm. Observamos uma infecção em nossa série de cirurgia com o paciente adormecido, mas nenhum derrame ou hemorragia associada à colocação do eletrodo. Apenas um paciente necessitou de dois passes (bilateralmente), por causa de um erro de alvo do primeiro passe ligeiramente superior a 1 mm. Observamos um hematoma epidural agudo associado à colocação de um suporte de cabeça de quatro pinos. Empregamos a bobina imóvel sólida em nossos primeiros pacientes, mas rapidamente ficou aparente que isto limitou o acesso ao sítio cirúrgico, devido ao menor tamanho da cabeça das crianças necessitando de um suporte de quatro pinos sobre o crânio. Tal colocação caudal posiciona os dois pinos anteriores próximo do sulco da artéria meníngea média. Um desses pinos perfurou o sulco (e artéria), resultando na revelação de um grande hematoma epidural agudo na MRI inicial, realizada para localizar a colocação dos orifícios de trepanação/incisão (▶ Fig. 26.7). Craniotomia de emergência para evacuação do hematoma foi realizada em seguida. A colocação bem-sucedida do DBS aconteceu vários meses depois. Atualmente, utilizamos bobina flexível, a qual permite um posicionamento ligeiramente mais alto dos pinos do suporte de cabeça, com sorte evitando esta complicação, visto que a bobina pode ser gentilmente deslocada durante a colocação das torres, possibilitando maior liberdade na escolha dos pontos de entrada. É altamente recomendável utilizar a bobina flexível para casos pediátricos. A ▶ Fig. 26.8 ilustra a diferença entre as bobinas fixas e flexíveis.

Complicações Gerais da Estimulação Cerebral Profunda

A maioria das infecções parece ocorrer na extensão dos sítios do cabo/gerador. Nossos esforços para salvar os eletrodos não foram bem-sucedidos. Em vez de colocar o sistema de DBS inteiro de uma vez, nós agora realizamos o procedimento em etapas, colocando os cabos extensores e o gerador 1 semana depois do implante bilateral do eletrodo. Esta modificação do nosso protocolo parece ter diminuído dramaticamente a taxa de infecção (▶ Fig. 26.9). Embora esta melhora represente uma consequência do aumento na experiência da equipe, estamos convencidos que a mudança no protocolo também ajudou.

Observamos diversos pequenos AVCs/hemorragias, que pareciam estar localizados no caminho que se estende até a cabeça do caudado. Dois destes pacientes sofreram hemiparesia transitória, porém ambos tiveram uma recuperação completa. Visto que todos os pacientes realizam uma MRI de seguimento 1 semana após a cirurgia, descobrimos algumas hemorragias assintomáticas, todas elas ocorrendo no início de nossa série. Após ajustarmos a tra-

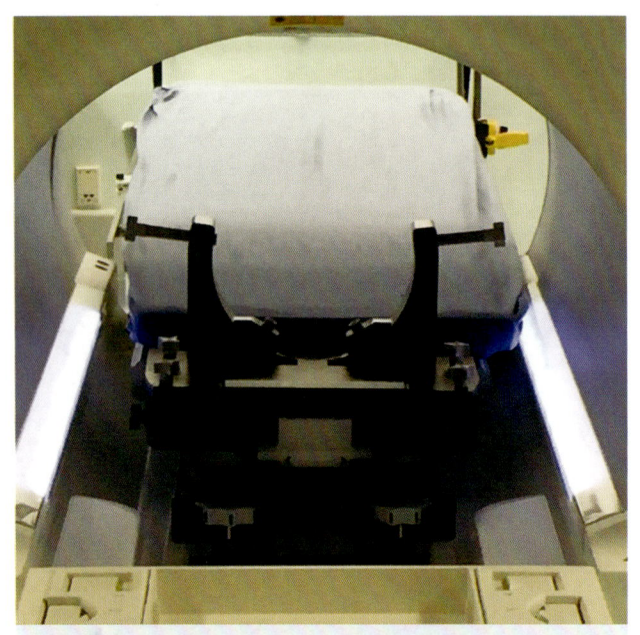

Fig. 26.6 O bloco colocado abaixo da OR (mesa de cirurgia) para a iMRI (imagem por ressonância magnética intraoperatória), no túnel do magneto.

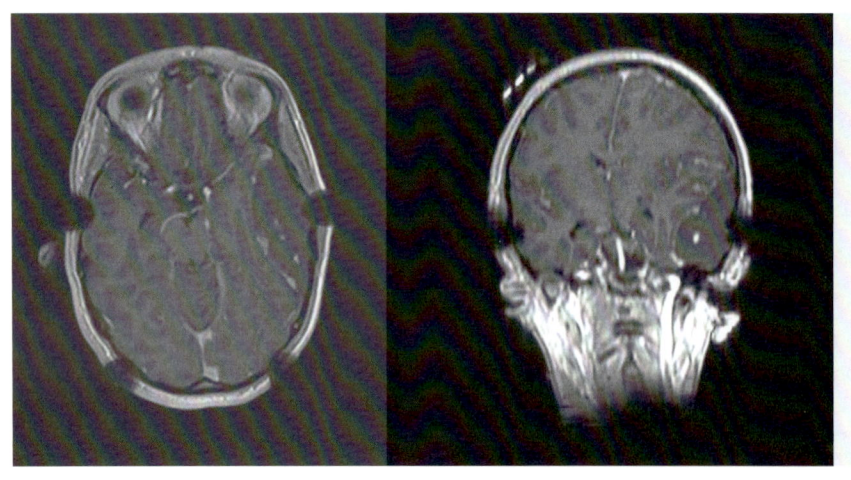

Fig. 26.7 MRI (imagem por ressonância magnética) inicial mostrando hematoma epidural agudo.

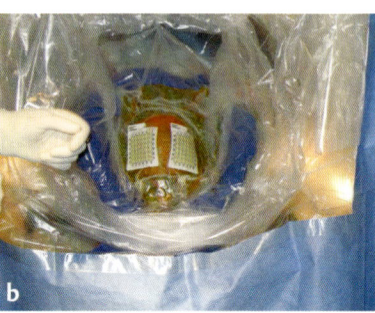

Fig. 26.8 (a) Bobina rígida limitando o campo cirúrgico. **(b)** Bobina flexível permitindo maior espaço no sítio cirúrgico.

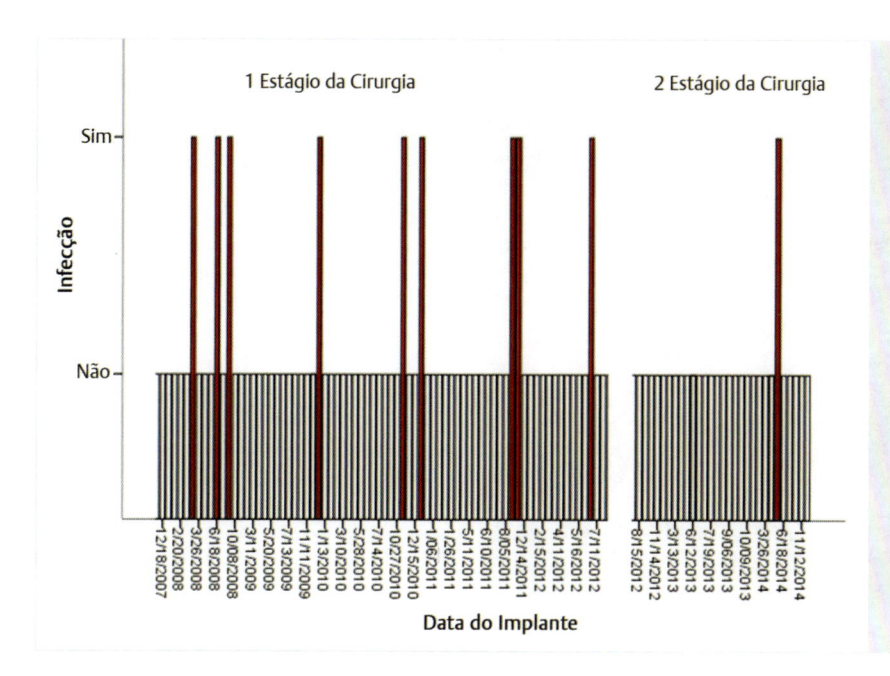

Fig. 26.9 Representação gráfica das ocorrências de infecção do estimulador cerebral profundo ao longo do tempo.

jetória do eletrodo para uma posição mais lateral, estes eventos desapareceram. Nossos dados também mostram que crianças com menos de 10 anos de idade tiveram uma taxa duas vezes maior de hemorragia, quando comparadas com pacientes com 10 anos de idade ou mais. Especulamos que ramos perfurantes da artéria cerebral média próximos do núcleo caudado são mais vulneráveis à lesão em pacientes mais jovens.

Finalmente, tivemos um aumento na taxa de mau funcionamento no cabo extensor, resultando em maiores impedâncias e, ocasionalmente, choques elétricos/dor ao longo do cabo no pescoço. Isso é tratado com reposição do cabo. Isto também está sendo observado com os novos cabos extensores (Stretch-Coil extension modelo 37086, Medtronic, Minneapolis, MN, Estados Unidos). Acreditamos que isto seja explicado pela idade de nossos pacientes e pela natureza dos próprios movimentos distônicos, visto que observamos mau funcionamento dos cabos extensores mesmo em pacientes que já passaram da fase de crescimento. Radiografias de triagem geralmente não revelam uma fratura evidente. Todos os nossos pacientes têm cabos extensores tunelizados no mesmo lado, pois usamos intensamente geradores recarregáveis. Duvidamos que esta tunelização unilateral aumente a incidência de mau funcionamento do cabo extensor, embora não tenhamos um grupo de comparação (ou seja, pacientes sendo submetidos à tunelização bilateral do cabo extensor). Outros relataram a migração do eletrodo de DBS em pacientes jovens ainda passando por crescimento da cabeça. Não observamos esta complicação, de modo que se a cabeça aumenta, parte do eletrodo ainda permanecerá no núcleo. Em qualquer caso, nosso protocolo requer que o paciente tenha 7 anos de idade, de modo que grande parte do crescimento da cabeça já tenha ocorrido.

26.3 Cirurgia de Epilepsia

26.3.1 Eletrodos Subdurais

Fixação dos eletrodos é essencial. Após a colocação do eletrodo, e o fechamento impermeável da incisão dural e dos sítios de saída do eletrodo, cada cabo do eletrodo é passado através de sua própria abertura oblíqua da broca espiral, criada sobre a margem da craniotomia antes do retalho ósseo ser recolocado e, então, é fixado na calota craniana com um fio de sutura 0 ou 2-0 (▶ Fig. 26.10).

Após a passagem pelo couro cabeludo pela técnica da agulha oca, o cabo é fixado no couro cabeludo com a sutura. Não observamos extração de eletrodos de banda desde a instituição desta técnica.

26.3.2 Eletrodos Eletroencefalográficos Estereotáxicos

Se o crânio fino não acomoda nem mesmo os pinos do eletrodo, o cabo do eletrodo é fixado no couro cabeludo com suas suturas fortes.

26.3.3 O Infante

Bebês ou crianças muito pequenas podem não se ajustar ao encosto de cabeça em pinhão, necessitando de um encosto cerebelar ou em forma de rosca. Durante todo o procedimento, uma perfusão adequada do couro cabeludo do lado dependente da cabeça é garantida afastando cuidadosamente a cabeça do encosto a cada 30 ou 40 minutos. Se o encosto em pinhão é usado, o cirurgião deve ser cauteloso com as suturas cranianas ou *hardware* do *shunt*. A pressão é sutil e gradualmente aumentada à medida que os pinos e o medidor de tensão são observados cuidadosamente. Apenas 4,5 kg de pressão podem ser suficientes para fixar a cabeça, presumindo uma técnica cirúrgica cuidadosa durante todo o caso. Inchaço cerebral intraoperatório inexplicável pode revelar um sangramento epidural ou subdural relacionado com a lesão causada pelo encosto em pinhão. Isto é facilmente corrigido pelo rápido reconhecimento (facilmente feito na iMRI) e evacuação do coágulo ofensor.

O ramo pré-auricular da incisão frontotemporal do couro cabeludo deve ser confeccionado próximo da face anterior da orelha externa em infantes e crianças pequenas, visto que a incisão irá migrar para mais longe do lóbulo da orelha à medida que a criança cresce. Embora os seios frontais possam não estar presentes na criança muito pequena, as células mastoides geralmente estão. Esforços para efetuar um fechamento dural impermeável do bebê chorando irá inevitavelmente incluir as células aeradas da mastoide igualmente ocluídas (enceradas).

Posição de Trendelenburg reverso com menor inclinação, evitando o encurvamento ou a canulação venosa da jugular ipsilateral pelo giro excessivamente zeloso da cabeça, e prevenindo a compressão abdominal, minimiza a ocorrência de sangramento e hi-

Fig. 26.10 Cabos dos eletrodos são fixados ao crânio, prontos para a passagem pelo escalpo através da técnica da agulha oca.

pertensão venosa, que é especialmente importante nos pacientes jovens com menor volume sanguíneo e cérebro inadequadamente mielinizado. Acesso IV pelo escalpo nunca é usado. O bebê é cuidadosamente fixado à mesa de cirurgia. Os pontos de pressão são verificados e reverificados, antes e durante a cirurgia.

26.3.4 Procedimentos Estereotáxicos em Crianças

Empregamos sistemas estereotáxicos que variam desde estruturas tradicionais até dispositivos robóticos (ou seja, ROSA; Medtech Surgical Inc., Newark, NJ, Estados Unidos). Todos fornecem uma plataforma que permite a biópsia e técnicas lesivas precisas de lesões epileptogênicas superficiais ou profundas, incluindo hamartoma hipotalâmico, esclerose temporal mesial e lesões displásicas corticais tipo Taylor II, ou focos convulsivos presumidos em pacientes não lesionais. Relatos preliminares do controle de convulsão em crianças com pequenas lesões epileptogênicas estáticas, tratadas por ablação a *laser*, parecem promissores. Embora lesões pequenas possam assemelhar-se com a displasia cortical estática, a biópsia no momento da indução de lesão é aconselhável. A ablação a *laser* permite algum grau de monitorização em tempo real do dano alvo e temperatura adjacente durante a indução de lesão.

A ablação a *laser* pode ser aplicada tanto em adultos quanto em pacientes muito jovens. A maioria dos pacientes recebe alta em até 48 horas após a cirurgia e recebe um ciclo de 7 a 10 dias de esteroides orais. Estamos impressionados com os resultados da ablação a *laser* de lesões insulares sintomáticas (▶ Fig. 26.11).

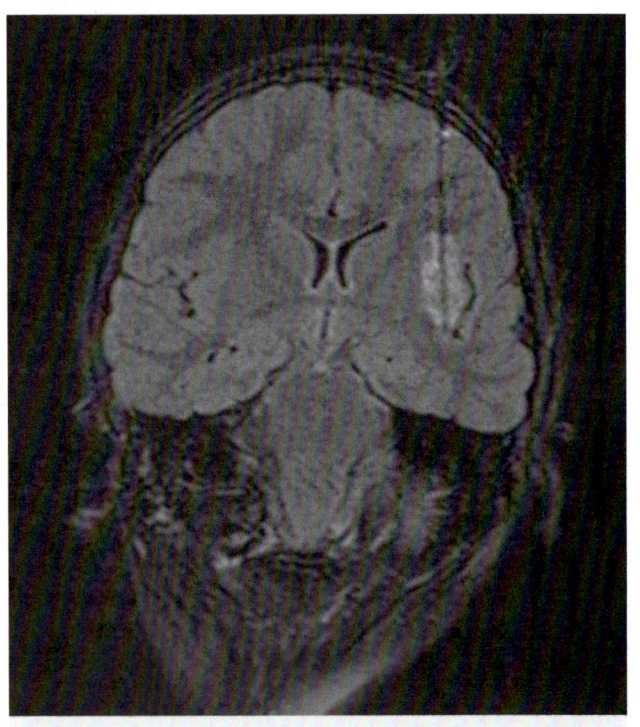

Fig. 26.11 Ablação a *laser* estereotáxica assistida por robô de uma lesão insular dominante.

26.3.5 Imagem por Ressonância Magnética Intraoperatória

Embora não absolutamente necessária, a iMRI pode demonstrar a extensão da ressecção e confirmar a ausência de complicações como hematomas extra-axiais remotos associados ao encosto de cabeça em pinhão ou colapso cerebral associado à saída prolongada de CSF. O uso da iMRI envolve o posicionamento, assegurando a passagem do paciente através do túnel do magneto, e colocação da bobina otimizando a qualidade da imagem. Lesão térmica pode ocorrer com a posição incorreta da bobina, cabos do equipamento de monitorização ou contato pele a pele.

26.3.6 Cuidados Pós-Operatórios

Na ICU (unidade de tratamento intensivo), o infante é observado para evidência clínica e laboratorial de hipovolemia. Nós geralmente não colocamos um dreno ventricular externo nos pacientes de lobectomia ou hemisferectomia. Ocasionalmente, um problema de absorção de CSF recém-identificado será manifestado pela aparência da ventriculomegalia, fístula liquórica ou pseudomeningocele problemática.

27 Radiocirurgia para Procedimentos Neurocirúrgicos Funcionais

Jean Régis ■ Constantin Tuleasca

Resumo

Radiocirurgia (RS) é atualmente cada vez mais usada como uma alternativa aos procedimentos microcirúrgicos abertos. Lars Leksell inicialmente projetou a RS como uma técnica para o tratamento de transtornos funcionais. Em 1951, ele realizou o primeiro procedimento radiocirúrgico em um paciente com neuralgia do trigêmeo (TN). Em 1967, ele projetou o *gama knife* (GK), que utiliza fontes de cobalto 60 (^{60}Co). Com a chegada da técnica de imagem por ressonância magnética no início da década de 1990, bem como as limitações exibidas dos fármacos, a RS funcional reconquistou o interesse e criou uma mudança paradigmática, à medida que o número de casos tratados anualmente aumentava constantemente. Após a TN (que possui a melhor evidência) e outras neuralgias cranianas (p. ex., glossofaríngea, cefaleia em salvas), o GK tem sido usado com sucesso em transtornos do movimento (especialmente tremor essencial, a melhor evidência), epilepsia (epilepsia do lobo mesial temporal, hamartoma hipotalâmico, calosotomia), indicações psiquiátricas e dor do câncer. Neste capítulo, apresentamos uma visão geral das indicações atuais na RS funcional. Descrevemos o nível de evidência para cada uma delas, bem como a segurança e a eficácia, tal como relatado na literatura atual. Realizamos uma visão geral das nuances técnicas e resultados de longo prazo (quando disponíveis). Comparamos a evidência atual em cada indicação com a evidência dos estudos de microcirurgia (quando relevante).

Palavras-chave: radiocirurgia, *gama knife*, neuralgia do trigêmeo, neuralgia glossofaríngea, dor do câncer, tremor essencial, hamartoma hipotalâmico, calosotomia.

27.1 Introdução

Radiocirurgia (RS) é atualmente cada vez mais usada como uma alternativa aos procedimentos microcirúrgicos abertos. Lars Leksell inicialmente projetou a RS como uma técnica para o tratamento de transtornos funcionais. Ele a definiu como o "fornecimento de uma dose alta única de radiação ionizante a um volume intracraniano pequeno e criticamente localizado através do crânio intacto". Em 1951, ele realizou o primeiro procedimento radiocirúrgico em um paciente com neuralgia do trigêmeo (TN). Leksell também tratou a dor do câncer usando o tálamo como um alvo. Em 1967, ele projetou o *gama knife* (GK), que utiliza fontes de Cobalto 60 (^{60}Co). Devido ao desenvolvimento de agentes farmacoterapêuticos, bem como de procedimentos imagiológicos não sofisticados naquela época, a RS foi temporariamente abandonada. Com a chegada da técnica de imagem por ressonância magnética (MRI) no início da década de 1990, bem como as limitações exibidas dos fármacos, a RS funcional reconquistou o interesse e criou uma mudança paradigmática, à medida que o número de casos tratados anualmente aumentava constantemente. Após a TN (que possui a melhor evidência) e outras neuralgias cranianas, o GK tem sido usado com sucesso em transtornos do movimento, epilepsia, indicações psiquiátricas e dor do câncer. Neste capítulo, apresentamos uma visão geral das indicações e evidências atuais na RS funcional.

27.2 Neuralgia do Trigêmeo

Neuralgia do trigêmeo, denominada também *tic douloureux* por Nicholas André, um neurocirurgião francês,[1] tem uma prevalência de 12,6 em cada 100.000 pessoas[2] e continua sendo um problema de saúde grave. Os pacientes geralmente apresentam uma dor severa e inesperada no rosto, descrita como choque elétrico. A causa subjacente ainda é incerta, embora evidências crescentes sugiram uma compressão da raiz do nervo trigêmeo, próximo ou no ponto de entrada do nervo na ponte, por uma alça arterial (muito frequente) ou venosa (rara).[3] Associado a isto, Love e Coakham[4] preconizaram uma desmielinização das fibras trigeminais sensoriais na raiz do nervo ou, menos comumente, no tronco cerebral. Embora mecanismos patofisiológicos próximos permaneçam desconhecidos, a remielinização pode ser responsável pelas remissões espontâneas ou alívio após os tratamentos cirúrgicos.[4]

O diagnóstico permanece clínico e deve ser realizado antes que qualquer procedimento seja considerado. A TN clássica (CTN), incluindo todos os casos sem etiologia estabelecida (a chamada idiopática), deve ser separada da TN sintomática.[5] A CTN está geralmente associada a mais de 50% de dor episódica, enquanto a sintomática está associada a mais de 50% de dor constante.[6] Uma MRI é mandatória para descartar quaisquer casos secundários associados a tumor, esclerose múltipla, etc.

A primeira linha de tratamento é farmacológica (carbamazepina, com o nível mais elevado de evidência, o único medicamento que demonstrou ser eficaz em ensaios controlados randomizados; oxcarbazepina, com a melhor tolerância). A segunda linha é a cirurgia e inclui descompressão microvascular (MVD), procedimentos ablativos (termocoagulação, microcompressão por balão e injeção de glicerol) e RS.

27.2.1 Breve Vinheta Histórica

Historicamente, o tratamento cirúrgico era usado bem antes do tratamento farmacológico. Na década de 1990, o cavo de Meckel foi usado por Roos,[7] mas foi rapidamente abandonado por causa de suas complicações, incluindo anestesia dolorosa. Em 1920, Dandy desenvolveu uma técnica de neurotomia no nível da entrada na ponte, por uma abordagem suboccipital.[7] Em 1952, Taarnhij propôs descompressão do gânglio gasseriano, por meio da abertura do teto do cavo de Meckel, embora com pouca eficácia. No mesmo sentido, abordagens percutâneas foram desenvolvidas e rapidamente usadas em grande escala.[8-11] MVD foi realizada pela primeira vez por Gardner e em grande parte desenvolvida por Jannetta,[12-14] e aborda a causa subjacente, tornando-se uma técnica de referência.

Em 1951, um paciente com TN foi o primeiro paciente a ser tratado por Lars Leksell com RS, com o uso de um aparelho de raios X acoplado a um dispositivo dentário. O alvo foi o gânglio glasseriano (▶ Fig. 27.1), e a técnica foi com sucesso aplicada em 40 pacientes, relatado primeiro pelo próprio Leksell[15] e, subsequentemente, por Lindquist *et al.*[16] No início da década de 1980,

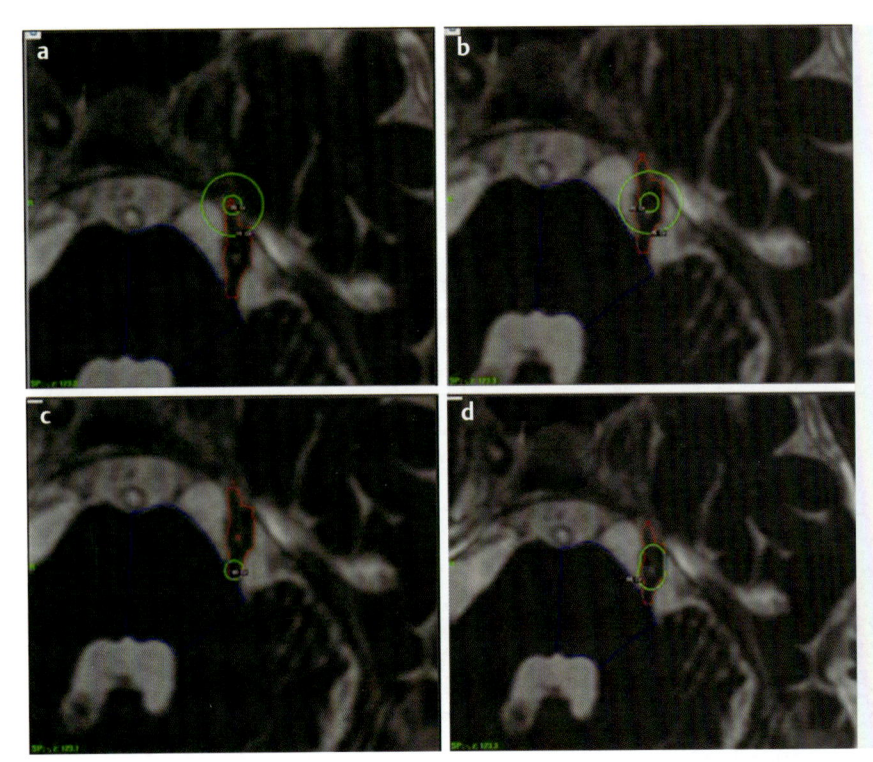

Fig. 27.1 (a) Direcionamento radiocirúrgico na neuralgia do trigêmeo; gânglio gasseriano; **(b)** parte da cisterna; **(c)** DREZ; **(d)** usando dois isocentros.

Häkanson descobriu que a injeção de glicerol, usada para uma melhor visualização do cavo de Meckel, era mais eficaz no alívio dos sintomas.[17] Esta, em combinação com as técnicas imagiológicas de baixa qualidade daquela época, limitou o uso de RS. A chegada das técnicas de MRI, com uma visualização muito melhor do nervo trigêmeo e direcionamento mais preciso, combinado com as limitações claras das técnicas médica e cirúrgica, foi responsável pelo ressurgimento do uso da RS no início dos anos 1990. Na época, Rand *et al.* propuseram mudar o alvo para a cisterna trigeminal[18] e relataram uma série de 12 pacientes com quase 70% de alívio inicial da dor. Em 1993, Lindquist promoveu a ideia elegante de ter como alvo a zona de entrada da raiz (REZ; também inadequadamente chamada de zona de entrada da raiz dorsal [DREZ] na literatura), com um colimador de 4 mm e uma dose de 70 Gy na isodose de 100%, "incluindo a raiz nervosa e o tronco encefálico adjacente com a isodose de 50% da superfície (35 Gy)".[17,19] Em nosso centro, preocupados com a lesão do tronco encefálico, propusemos e usamos desde o início um alvo mais anterior (retrogasseriano), localizado em 7 a 8 mm de distância da entrada do nervo na ponte[20,21] (▶ Fig. 27.2). Após publicarmos o primeiro e único ensaio controlado randomizado em 2006,[20] recentemente publicamos a única série com resultados de longo prazo com o uso desta estratégia técnica.[21]

27.2.2 Revisão Sistemática da Literatura

Definição Anatômica de um Alvo

O alvo anterior retrogasseriano foi relatado pela primeira vez por Rand *et al.* em 1993[18] (▶ Fig. 27.3), e depois por um grupo em 1994,[22] em uma pequena série de 20 pacientes. O alvo clássico da cisterna é definido como 7 a 8 mm de distância da entrada do nervo no tronco encefálico,[21] usando um colimador único de 4 mm e uma dose de 90 Gy na isodose de 100%.

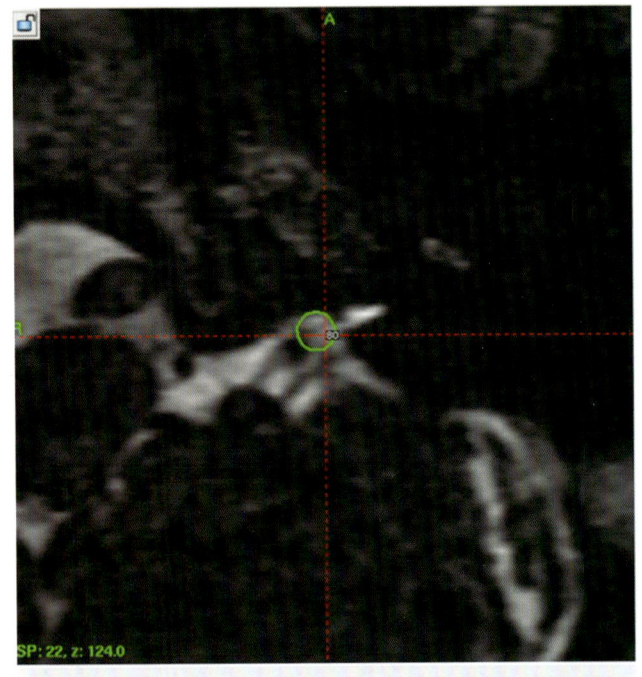

Fig. 27.2 Direcionamento radiocirúrgico na neuralgia glossofaríngea.

O alvo REZ (ou o inadequadamente chamado alvo DREZ) está no nível, ou muito próximo, da borda da ponte. Esta zona é caracterizada pela passagem da mielina periférica (células de Schwann) para a mielina central (oligodendrócitos) e pode ser muito variável no que se refere à localização, como demonstrado por De Ridder *et al.*[23] Por ser impossível avaliar isto *in vivo*, o termo alvo DREZ deve ser usado com cautela, visto que permanece um tanto inapropriado.

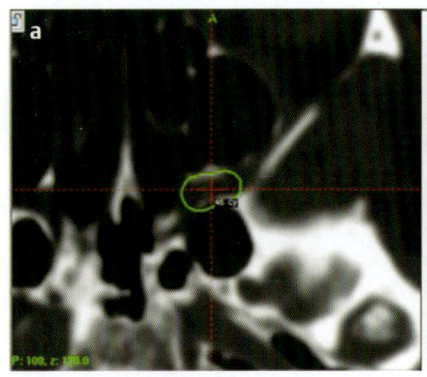

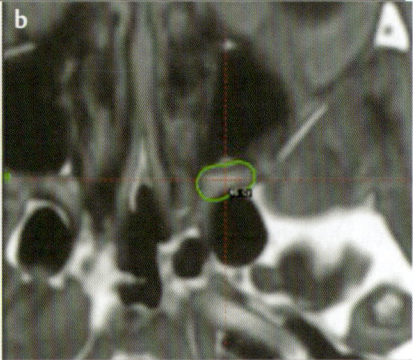

Fig. 27.3 (a, b) Direcionamento do gânglio esfenopalatino na cefaleia em salvas.

Nível de Evidência

Não há nível I ou II de evidência para o uso do alvo anterior ou posterior. Os dados publicados são confundidos pelo uso de medidas de resultado inconsistentes, por uma mistura de definições (p. ex., completamente livre de dor ou mais de 90% com ou sem medicamento, usando diferentes escalas de medida) e por uma falta completa de uniformidade, pelo uso de metodologias heterogêneas. Existem três estudos retrospectivos relatando os resultados de longo prazo para o alvo posterior[24-26] e apenas um publicado por nosso grupo para o alvo anterior.[21] Este único ensaio randomizado prospectivo foi publicado em 2006 pelo nosso grupo e defende a segurança e eficácia da RS.[20] O ensaio randomizado comparativo de Flickinger et al. abordou um método técnica (um versus dois colimadores)[27] e demonstrou um aumento na toxicidade com o aumento no comprimento do nervo tratado (o chamado efeito Flickinger). A heterogeneidade dos resultados sugere um grande impacto de nuances técnicas. Depois do artigo de referência de Kondziolka et al.,[28] o uso de RS na TN ajudou em uma grande escala alimentar uma revolução na neurocirurgia funcional,[29] com a maioria dos dados publicados sendo séries sobre o GK.[29]

Grande Impacto das *Nuances* Técnicas: Dose, Localização do Alvo, Dose Integrada ao Nervo

Dose Máxima

Foi claramente demonstrado que a dose máxima tem um impacto sobre a cessação inicial da dor, tanto em nossa série quanto na literatura.[21,24-26] O estudo multicêntrico publicado em 1996 estabeleceu uma dose eficaz mínima de 70 Gy.[28] Pollock et al. publicaram um estudo comparativo[30] usando doses de 70 e 90 Gy, respectivamente, e sugeriram um maior alívio da dor com doses mais altas, mas com uma maior toxicidade (15 versus 54%), e isto em grande parte devido ao uso do alvo DREZ (ver mais adiante). Os estudos realizados em babuínos[31] e também em humanos[32] sugeriram um limite superior de 90 Gy, que implica em um bom equilíbrio entre a segurança e a eficácia. Após esse regime posológico, a taxa de complicações é mais elevada, sem benefício na eficácia.

Localização do Alvo

A localização do colimador é o principal indicador da toxicidade. Quatro alvos principais na TN têm sido usados na RS desde a existência desta técnica: o gânglio (chamado de gangliotomia estereotáxica por Leksell[115]), o retrogasseriano (alvo de Merseille[21]), a DREZ (o grupo de Gorgulho e De Salles[33]) e um comprimento mais longo irradiado do nervo tratado (efeito de Flickinger[27]).

A dose a DREZ, e mais exatamente às vias do nervo trigêmeo dentro do tronco encefálico, é dramaticamente aumentada com o alvo DREZ. Isto foi demonstrado em uma variedade de estudos, incluindo a RS como primeiro tratamento ou tratamento repetido,[34,35] independentemente do dispositivo usado. Além disso, o grupo de Jason Sheehan comparou o uso de um alvo DREZ com um retrogasseriano em um posterior experimento, passando de 53 para 25%.[36] No mesmo sentido, Park et al.[37] publicaram um estudo comparativo retrospectivo do alvo DREZ e plexo triangular (alvo retrogasseriano). Os autores descobriram que pacientes tratados com o alvo anterior são mais prováveis de ficarem livres da dor quando comparados com os tratados com o alvo DREZ (93,8 versus 87%), e ainda mais rapidamente (atraso médio de 4,1 versus 64 semanas) com taxas menores/ausência de hipoestesia e síndrome do olho seco (0 e 0%, comparado a 13,1 e 8,7%). Esta grande complicação de olho seco nunca apareceu em nossa série, mas também foi relatada por Matsuda et al.[38] com o alvo DREZ.

Outros estudos usando diferentes tipos de dispositivos, incluindo a série de Novalis, relataram uma taxa anormalmente alta de toxicidade usando o alvo DREZ. Gorgulho e De Salles na Universidade da Califórnia, Los Angeles, publicaram uma série de 126 pacientes tratados com um colimador de 4 mm na entrada do nervo na ponte, com 90 Gy no centro.[33] A taxa de hipoestesia foi de 58,3%, com 30,5% de olho seco subjetivo e 30,5% de reflexo corneano reduzido. John Adler relatou em 2009 o uso de *gama knife* direcionado ao mesmo alvo DREZ, ao mesmo tempo em que tratava um volume considerável do nervo trigêmeo.[39] O uso de uma única fração de uma dose marginal mediana de 62 Gy, um comprimento médio do nervo tratado de 6,75 mm (variando de 3 a 12), o alívio da dor não foi superior ao de outros dados publicados, mas houve uma taxa de dormência de 74%, com 39% de casos graves. Em estudos mais recentes com o bisturi cibernético, Karam et al.,[40] usando uma metodologia similar, relataram uma taxa de 33,3% de hipoestesia um pouco ou muito incômoda para uma taxa de alívio da dor inicial de 81%. Eles limitaram a radiação do tronco encefálico a 22,5 Gy. Em contraste, Fariselli et al.[41] usaram um bisturi cibernético e, após limitar a dose radiação no tronco encefálico em 14 Gy, relataram ausência de dormência facial incômoda.

Dose Integrada ao Nervo

Foi descoberto que a dose integrada ao nervo (o volume do nervo irradiado e/ou dose média) está associada a um risco de disfunção do nervo trigêmeo (o efeito de Flickinger). Pelo menos dois ensaios clínicos mostraram um grande impacto deste parâmetro no aumento da toxicidade com o aumento de seu valor. Flickinger et al.[27] compararam o uso de um *versus* dois colimadores contínuos de 4 mm e constataram um aumento dramático na toxicidade. Além disso, nosso grupo, junto com o estudo realizado por Massager et al., publicou um artigo explicando que o aumento na dose integral (2,76 mL, comparado a 3,28 mL) levou a um grande aumento nas taxas de hipoestesia, passando de 15% para 49%.[42]

A Perspectiva de Nosso Grupo e os Resultados de Longo Prazo

Em nosso grupo, estávamos preocupados com o risco de fornecer uma alta dose para o tronco encefálico, e decidimos desde o início a usar um alvo cisternal. Nossa recomendação é colocar um único colimador de 4 mm na porção cisternal do nervo trigêmeo, em uma distância média de 7,6 mm (variando de 4,5 a 14) da entrada no tronco encefálico. A dose máxima mediana (100%) foi de 85 Gy (variando de 70-90). Avaliamos a dose (10 mL) recebida pelo tronco encefálico. Se esta dose for superior a 15 Gy, reduzimos a dose e até mesmo usamos tampão, evitando o efeito de Flickinger.

Entre julho de 1992 e novembro de 2010, um total de 737 pacientes apresentando TN intratável foram prospectivamente selecionados e tratados com RS no *Timote University Hospital* em Marseille, França. Um total de 497 pacientes foram acompanhados por mais de 1 ano. Nós excluímos de nossa análise final os pacientes com TN secundária à esclerose múltipla[43] ou à compressão da artéria megadolicobasilar,[44] ou com uma prévia cirurgia com GK (GKS),[45] todos dos quais foram considerados ter respostas mais variáveis à RS. A MRI pré-operatória revelou a presença de uma compressão vascular em 278 casos (55,9%).

Um total de 456 pacientes (91,75%) estavam inicialmente livres de dor em um período médio de 10 dias (variando de 1 a 180 dias). As taxas atuariais iniciais de ausência de dor em 0,5, 1, 2, 3, 4, 5 e 6 meses foram de 53,52%, 73%, 83,5%, 88,1%, 88,9%, 89,5% e 91,75%, respectivamente.

A taxa atuarial de hipoestesia em 5 anos foi de 20,4%, e em 7 anos alcançou 21,1%, permanecendo estável durante 14 anos com um atraso médio de início de 12 meses (variando de 1 a 65). Hipoestesia facial muito incômoda foi relatada em apenas três casos (0,6%). De modo interessante, a taxa de hipoestesia foi mais elevada em casos com ocorrência mais tardia da ausência de dor (após 30 dias), comparado a aqueles aliviados nas primeiras 48 horas, ou entre 48 horas e 30 dias.[46]

A probabilidade de permanecer livre da dor em 3, 5, 7 e 10 anos foi de 71,8%, 64,9%, 59,7% e 45,3%, respectivamente. Além disso, a taxa de recidiva suficientemente severa à ponto de necessitar uma nova cirurgia foi de 67,8% em 10 anos.[21]

Comparação com Outros Resultados de Longo Prazo Relatados

Dhople et al.[24] relataram uma série de 102 pacientes com um período médio de seguimento de 5,6 anos. Embora a ausência de dor inicial tenha sido tão alta quanto 81%, hipoestesia incômoda foi de 6% e ausência de dor sem medicação foi de apenas 22% em 7 anos. Kondziolka et al.[25] publicaram a série Pittsburgh, com uma taxa bastante baixa de hipoestesia (10,5%) e uma taxa de ausência de dor sem medicação em 10 anos de 26%.

Algumas Situações Particulares

TN associada à esclerose múltipla é uma sintomatologia frequente nesta doença específica, geralmente bilateral. As taxas de eficácia do GK são altas, similares à CTN, mas a manutenção do alívio da dor em longo prazo é menor por causa da fisiopatologia particular da esclerose múltipla.[43,47]

Compressão megadolicobasilar foi abordada por nossa equipe[44] e pelo grupo Pittsburgh.[48] Em nossa experiência, estes pacientes apresentam taxas mais elevadas de manutenção do alívio da dor sem medicação durante o seguimento de longo prazo.

GKS como um procedimento de salvamento após uma MVD inicial bem-sucedida, mas na presença de dor recorrente, também permanece um caso particular. Nossos dados sugerem uma taxa atuarial mais baixa de alívio inicial da dor. No entanto, com uma baixa taxa de complicação, estes pacientes têm a mesma probabilidade que nossa série global para manter o alívio da dor em um prazo longo.[49]

Uma RS repetida para casos recorrentes é marcada na maioria das séries por taxas mais elevadas de hipoestesia.[45] A eficácia inicial é similar ou mais alta, quando comparada com o primeiro procedimento, com taxas de ausência de dor em longo prazo ainda mais altas.

O grupo *North American* recentemente abordou o problema de um terceiro procedimento com GK para casos recorrentes.[50] Em uma revisão retrospectiva de 17 casos, após um tempo médio de seguimento de 22,9 meses, 35,3% eram BNI I, enquanto 41,2% eram BNI II-IIIb (definições da escala do *Barrow Neurological Institute* [BNI] como segue: classe I – ausência de dor trigeminal, sem medicação; classe II – dor ocasional, nem necessidade de medicação; classe IIIa – sem dor, medicação contínua; classe IIIb – dor persistente, controlada com medicação; classe IV – alguma dor, não adequadamente controlada com medicação; e classe V – dor severa/sem alívio da dor. Os graus I a IIIa denotam alívio significativo da dor; os graus IV e V denotam fracassos).[20] Um paciente tratado com sucesso é considerado um paciente livre de dor sem medicação (BNI classe I). A dor recorreu em 23,5% dos pacientes, após um intervalo médio de 19,1 meses. Nenhum paciente sustentou um distúrbio sensorial adicional após uma terceira GKS.

27.2.3 Conclusão: Neuralgia do Trigêmeo

A radiocirurgia continua sendo a técnica menos invasiva para o tratamento de TN clinicamente refratária. Nuances técnicas explicam a heterogeneidade dos resultados relatados na literatura atual. Em nossa experiência, o alvo cisternal anterior (retrogasseriano) é o mais seguro e eficaz em longo prazo. Mesmo os resultados em 10 anos sendo modestos, comparados com a MVD, a única complicação encontrada com a RS é a hipoestesia, geralmente muito bem tolerada pelo paciente e discreta.[51] Hipoestesia não é mandatória para manter o alívio da dor. Nesse sentido, a RS não é uma técnica ablativa e pode ser proposta com segurança como uma terapia de primeira e segunda linha.

27.3 Neuralgia Glossofaríngea

Neuralgia glossofaríngea é muito rara, com uma prevalência de 0,7 a 0,8 por 100.000. Os pacientes geralmente descrevem curtos episódios de dor paroxística, que começa na base da língua e da faringe e se irradia em direção ao pescoço e ao ouvido interno. Isto pode estar clinicamente associado a síncope, hipotensão, epilepsia (raramente) ou até mesmo parada cardíaca.[52]

A estratégia terapêutica é a mesma que na TN, o tratamento de primeira linha sendo clínico, com a cirurgia reservada para casos refratários. O último inclui MVD se uma compressão neurovascular está presente, rizotomia e RS.[53-55] Para a MVD, Patel et al.[56] relataram uma eficácia de longo prazo de 58%; a taxa inicial de mortalidade antes de 1987 era de 6% e, então, foi reduzida para 0%; déficits dos nervos cranianos eram de até 30% antes de 1995, sendo reduzidos para 3%. Na série de Sindou et al.,[54] a taxa de complicação foi quase de 9%.

Os primeiros tratamentos com RS foram realizados por Stieber et al.[57] Também publicamos nossos resultados em dois casos preliminares tratados em Marseille[58] e outras equipes relataram resultados de longo prazo.[59] Mantendo em mente os mesmos princípios patofisiológicos que na TN, deduzimos que o tratamento com GK pode ser eficaz em casos clinicamente refratários e/ou após uma prévia MVD fracassada.

A aplicação do halo é similar para a TN, com a principal característica sendo o de colocá-lo em uma posição muito baixa, devido à posição anatômica do nervo. Uma aquisição CISS/Fiesta em T2 em cortes finos é necessária, bem como possível para visualizar o nervo glossofaríngeo, o forame jugular e o meato glossofaríngeo (GM). Utilizamos um único colimador de 4 mm na parte cisternal do nervo glossofaríngeo ou no GM (▶ Fig. 27.3). A gama de doses foi entre 60 Gy, em nossa experiência, e 80 Gy, nos últimos casos.

Até o presente momento, entre 2005 e 2014, um total de 18 pacientes com neuralgia glossofaríngea farmacorresistente foram tratados com esta metodologia em nosso centro. A idade média foi de 70 ± 12 anos. O período médio de seguimento foi de 5,5 anos ± 3 (variando de 1 a 10). Dez pacientes eram homens e oito eram mulheres. A dor estava presente no lado esquerdo em 16 casos (88,9%). Três casos tiveram prévia MVD, a qual foi eficaz por 2, 8 e 13 anos, respectivamente.

Três pacientes necessitaram de um segundo procedimento de radiocirurgia; um caso precisou de um terceiro procedimento. O segundo procedimento de RS foi realizado em 7, 17, 19 e 30 meses após o primeiro. Especificamente, um paciente foi submetido a uma segunda RS 19 meses após a primeira e era BNI IIIa em seu último seguimento. Uma paciente foi submetida a uma segunda RS 7 meses após a primeira e não melhorou; ela foi tratada 9 meses após a segunda RS por termocoagulação, tornando-se livre de dor (BNI classe I). Um paciente foi submetido a um segundo procedimento de RS 17 meses após o primeiro e, então, a um terceiro 30 meses após o segundo. Para este paciente, não houve efeitos colaterais e ele ainda é livre de dor sem medicação (BNI classe I).

No geral, o alvo foi a parte cisternal do nervo em dois (9,1%) e o GM em 20 procedimentos (91,9%). A distância média entre o tronco encefálico e o alvo foi de 15 ± 3 mm (variando de 9,3 a 23,5). A dose máxima média foi de 81 Gy (60-90). A dose exata prescrita foi de 60, 70, 75, 80, 85 e 90 Gy para um, um, dois, sete, nove e dois pacientes, respectivamente. O principal preditor positivo foi uma dose de pelo menos 75 Gy na isodose de 100%.

Em treze procedimentos (59,1%), a dor cessou durante os primeiros 3 dias após o tratamento. O alívio inicial da dor com ou sem medicação (BNI I-IIIA) foi relatado em 86% dos casos. No último seguimento, 12 pacientes eram BNI IA, três pacientes eram BNI IC, e um era BNI IVB. Em oito casos, a dor recorreu após um período médio de 14 meses (3-36). Nenhum déficit motor e/ou sensorial foi encontrado.

Tal como em todas as neuralgias cranianas, a técnica de referência permanece a MVD, visto que ela trata a causa (p. ex., a compressão neurovascular). RS é uma alternativa valiosa, menos invasiva, com uma taxa muito alta de eficácia na ausência de complicações. O aspecto mais importante é que o quinto nervo é facilmente identificável, enquanto o nono nervo permanece mais desafiador e, consequentemente, seu direcionamento. Uma abordagem multidisciplinar envolvendo um neurologista e neurorradiologista pode ser necessária, tanto para diagnóstico como para aquisição de imagens.

27.4 Cefaleia em Salvas

Cefaleia em salvas é considerada a síndrome de cefaleia mais grave. A prevalência é de um caso por 1.000. A fisiopatologia ainda é completamente desconhecida. É caracterizada por ataques dolorosos orbitais/supraorbitais/temporais severos e unilaterais, que podem durar entre 15 e 180 minutos e podem ocorrer várias vezes por dia, frequentemente durante a noite, e vem acompanhada por congestão nasal, agitação, lacrimejamento e rinorreia.[5] Geralmente, os pacientes descrevem uma forma episódica (90%), com ataques recorrentes e períodos calmos de 30 dias, mas raramente (10%) podem ter a forma crônica.

Três critérios devem ser atendidos para os candidatos cirúrgicos: dor clinicamente refratária, unilateral, principalmente no ramo trigeminal oftálmico, em pacientes fisiologicamente estáveis.

As opções cirúrgicas incluem interrupção das fibras parassimpáticas por meio da secção do nervo intermédio,[60] do nervo petroso superficial ou gânglio esfenopalatino,[61] ou por meio de lesão do nervo trigêmeo.[62] A primeira série de RS foi publicada por Ford et al. (1998), relatando resultados positivos de curto prazo com o uso do alvo DREZ e uma dose de 70 Gy em seis pacientes.[63]

Organizamos um ensaio multicêntrico em Marseille (2002-2003) e incluímos 10 pacientes, tendo como alvo a porção cisternal do nervo trigêmeo e usando um colimador de 4 mm e uma dose de 80 Gy. O período médio de seguimento foi de 6,7 meses (variando de 1 a 14). Três pacientes (33,3%) ficaram completamente livres da dor; dois (20%) apresentaram uma redução transitória na intensidade por um curto período e uma recorrência tão severa quanto a dor inicial. Não houve complicação em curto prazo, mas posteriormente três pacientes (33,3%) desenvolveram parestesia e hipoestesia, com uma dor por deaferentação, motivando a realização de um tratamento com um estimulador cortical.

Em nossa experiência, a RS para cefaleia em salvas tem uma baixa taxa de eficácia, com uma alta taxa de toxicidade, muito superior àquela da TN. Continuamos a tratar casos muito altamente selecionados na ausência de outra alternativa, usando outro alvo, o qual é o gânglio esfenopalatino (▶ Fig. 27.4).

27.5 Dor do Câncer e Hipofisectomia

Existe uma indicação rara para a RS. Lars Leksell inicialmente tinha como alvo o tálamo medial para dor associada a tumores malignos.[64] Existe, até hoje, um número muito pequeno de dados publicados sobre essa indicação. O alvo foi mudado com base em observações feitas por Liscák e Vladyka,[65] que usaram a hipófise em pacientes com metástase óssea; em 1 a 2 anos, todos os pacientes apresentaram um benefício significativo com ausência de complicações.

Em nossa experiência, este procedimento é seguro e eficaz. Usamos como alvo a haste hipofisária (mais precisamente a parte superior da hipófise, ▶ Fig. 27.5), utilizando uma dose entre 70 e 90 Gy na isodose de 50%, e um único colimador de 8 mm. O alívio permanece superior a 90% na ausência de complicações, principalmente sem diabetes *insipidus* ou hipopituitarismo. Um ensaio controlado multicêntrico prospectivo está atualmente sendo realizado em Marseille.

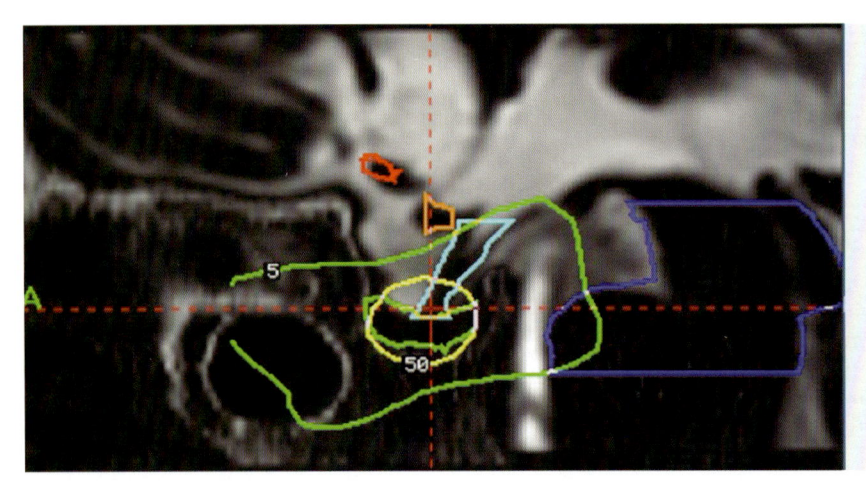

Fig. 27.4 Hipofisectomia para dor do câncer.

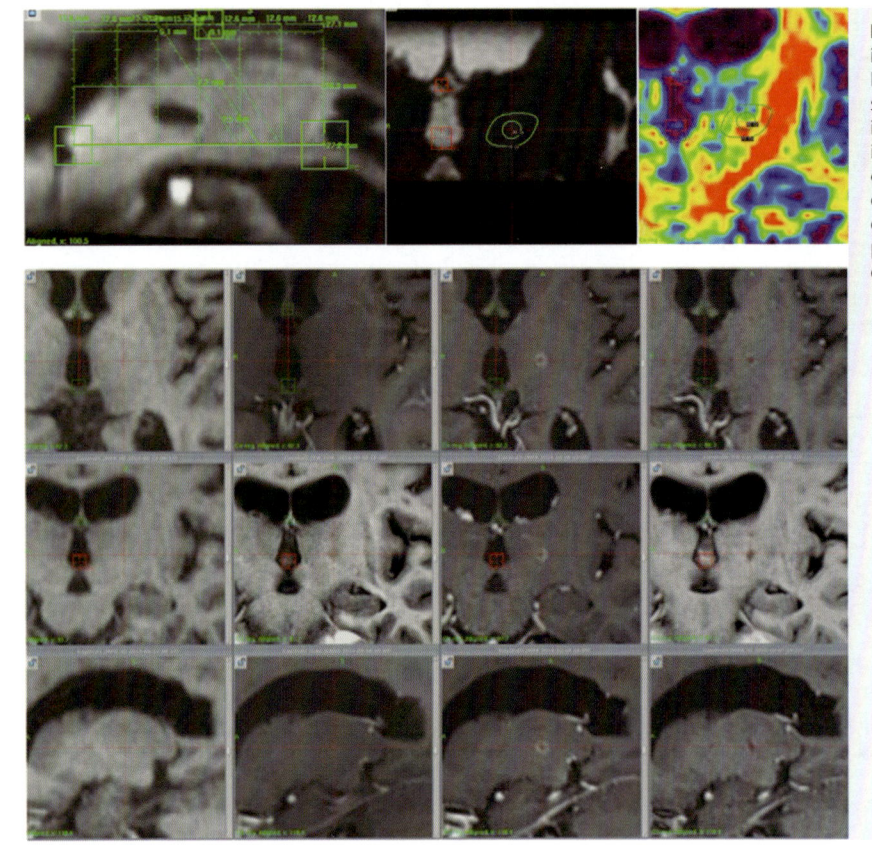

Fig. 27.5 Direcionamento para o núcleo ventral intermediário do tálamo para tremor essencial. Imagem superior: quadrilátero de Guiot, substituindo a antiga ventriculografia (*esquerda*), ilustração coronal do posicionamento no isocentro (*meio*) e com a imagem por tensores de difusão mostrando a cápsula interna, colorida em vermelho (*direita*). Imagem inferior: da esquerda para a direita, dia do direcionamento e posterior imagem de seguimento corregistrada em 3, 9 e 12 meses.

27.5.1 Transtornos do Movimento

Os métodos usados para interrupção do circuito dos gânglios basais além da excisão cirúrgica clássica datam do início dos anos 1940 até a década de 1950 e eram lesionais (p. ex., tratotomia mesencefálica,[66] e coagulação dos núcleos dos gânglios basais, incluindo palidotomias e talamotomias). Em 1959, a termocoagulação por ultrassom focalizado de alta intensidade (HIFU) foi relatada no Journal of Neurosurgery por Meyers *et al*.[69] Em 1962, Guiot *et al*. definiram o núcleo ventral intermédio (VIM) como um conceito eletrofisiológico e alvo para o tremor intratável.[70]

Em 27 de maio de 1960, Leksell descreveu uma mesencefalotomia para dor intratável.[71,72] Nas indicações funcionais, naquela época, a RS era considerada uma técnica lesional, usando altas doses em um pequeno alvo claramente limitado, em uma única sessão, com precisão estereotáxica. No entanto, atualmente, a neuromodulação é considerada como um mecanismo possível,[73] visto que a lesão propriamente dita não é capaz de explicar todo o alívio clínico.[74] Até a presente data, mais de 70 estudos relataram cerca de 470 procedimentos. O efeito positivo da RS é sustentado ao longo do tempo.

Em 1987, Benabid *et al*. publicaram os primeiros resultados sobre a estimulação cerebral profunda (DBS), a qual criou uma mudança de paradigma no campo dos transtornos de movimento.[75] A DBS é considerada a técnica de referência na cirurgia de transtornos do movimento. Comparada com a talamotomia por GK, a indução de lesão por eletrodo de radiofrequência e a DBS do Vim são técnicas invasivas que são atualmente consideradas como os procedimentos padrões para o tratamento de tremor clinicamente refratário, pelos seguintes motivos: existe uma confirmação intraoperatória do alvo, com a possibilidade de ajustar a colocação do eletrodo se necessário, mais recentemente sendo realizada com base na eletrofisiologia intraoperatória e resposta clínica; também fornece efeitos clínicos pós-operatórios imediatos com relação ao alívio do tremor. O único ensaio prospectivo randomizado abordando a indução de lesão versus a estimulação continua sendo o de Schuurman et al., publicado em 2000.[76] Este ensaio comparou 34 casos de talamotomia e 34 casos de DBS. A taxa de complicação em 6 meses foi de 47% na talamotomia versus 17,6% na estimulação; no primeiro grupo, um paciente morreu. Há um problema adicional associado ao custo que favorece a indução de lesão.

A talamotomia com GK, pela incapacidade de verificar o alvo eletrofisiologicamente ou clinicamente antes da indução da lesão, tem sido em grande parte limitada a pacientes com contraindicação à cirurgia aberta. Visto que estudos clínicos demonstraram que os resultados da talamotomia com GK correspondem àqueles da cirurgia aberta, a talamotomia com GK está ganhando aceitação como uma alternativa ou até mesmo como a primeira escolha para tremor intratável.[77,78] Indicações atuais da talamotomia com GK incluem principalmente o tremor essencial e o tremor parkinsoniano, bem como outros tipos de tremores como indicações secundárias (esclerose múltipla, pós-infarto e pós-encefalite).[79-82]

Além do problema de definição do alvo, as nuances técnicas e a dosimetria influenciarão no refeito radiobiológico da talamotomia com GK, e podem consequentemente afetar a resposta clínica. A dose prescrita ideal foi estabelecida empiricamente. Na década de 1980, Steiner et al. relataram uma dose eficaz de não mais do que 160 Gy.[64] A dose máxima efetiva amplamente aceita na literatura varia entre 130 e 150 Gy,[78] com doses mais elevadas associadas a um maior risco de complicações.[83] Kondziolka et al. relataram seus resultados da talamotomia com GK do Vim: a dose máxima foi de 130 a 140 Gy, e eles afirmaram que os efeitos tardios da irradiação de alta dose precisam ser estudados em futuras pesquisas.[81] A talamotomia com GK é universalmente realizada com o colimador de menor tamanho (4 mm), visto que colimadores de maior tamanho também resultam em efeitos colaterais clínicos.[83,84] Além disso, o bloqueio de algumas fontes de ^{60}Co do GK permite a alteração da distribuição da dose, e é usado para garantir um gradiente de irradiação ótimo para proteger a cápsula interna.[77,85] Portanto, esses parâmetros devem ser considerados ao analisar a resposta clínica e radiológica da talamotomia com GK.

Ao contrário dos efeitos de procedimentos cirúrgicos abertos, a resposta clínica da talamotomia com GK é tardia e aparece gradualmente.[78] Portanto, a avaliação clínica é geralmente feita na linha de base e repetida em intervalos fixos após o GK (p. ex., 3, 6, 9, 12, 18 e 24 meses). A avaliação clínica imediata após o procedimento mostra ausência de alterações visíveis nos sintomas.[78] O atraso na melhora é geralmente de aproximadamente 4 meses, variando entre 3 semanas e 12 meses.[77] A taxa de sucesso varia entre 73 e 93%, com uma baixa taxa de complicação variando de 0 a 8,4% para autores usando a mesma faixa de dose prescrita. As complicações primariamente incluem perda sensorial contralateral limitada ou deficiências motoras, dificuldades na fala, hemorragia e edema.[77,78,81,82]

As alterações neurorradiológicas clássicas da talamotomia com GK consistem em uma área pequena de sinal hipointenso, cercada por um anel de realce de contraste, o qual começa a aparecer após vários meses, sendo bem visualizado aos 12 meses na MRI realçada pelo gadolínio.[77] Para acompanhar essas alterações radiológicas, os protocolos atuais incluem MRIs seriadas em 3, 6, 9 e 12 meses e, após, anualmente.[77,78,81] Entretanto, após a talamotomia com GK, os pacientes podem apresentar diferentes tipos de resposta radiológica, com base na forma e tamanho da lesão.[78,81,86] O formato da lesão é descrito como típico (uma zona hiperintensa esférica, com um contorno desfocado e uma zona hipointensa central; aproximadamente 5 mm de diâmetro) ou atípico (a zona hipointensa central é pequena e circundada por uma zona hiperintensa em formato de rosca; aproximadamente 10 mm de diâmetro). Ohye et al.[87] sugeriram que as lesões atípicas não estavam associadas à idade do paciente, atrofia cortical ou tipo de sintoma (tremor, rigidez ou distonia) e levantaram a hipótese de que o aumento na taxa da dose de radiação das fontes de ^{60}Co pode ser responsável por este fenômeno. A maioria dos pacientes apresentará uma pequena lesão reproduzível. Todavia, alguns pacientes mostraram mínimas alterações na MRI. Outros pacientes podem apresentar reações em forma de cordão ao longo da borda do tálamo, e também ao longo do segmento interno do globo pálido; no primeiro, com aparências de "lesão" maior na MRI, as lesões de estendem até a cápsula interna ou região talâmica medial, geralmente envolvendo estrias ao longo da borda talamocapsular. Isto pode corresponder a uma população de pacientes "hiper-respondedores"; Ohye et al. sugeriram que 2% da população pode ser hipersensível à irradiação, embora nenhum fator preditivo ou de risco tenha sido identificado. Portanto, grandes variações individuais foram observadas em resposta à talamotomia com GK.[78,82,88] Estes autores[74] relataram ausência de correlação entre essas reações teciduais e o desfecho do tremor. Kondziolka et al. estudaram a possível modulação da resposta ao GK usando o aminoesteroide U-74389G, e mostraram que este reduz a expressão de citocinas normalmente observada após uma lesão por radiação.[89]

Existem poucos estudos que visam uma melhor compreensão da correlação entre o tamanho da lesão da talamotomia com GK e o resultado. Ohye et al.[74] sugeriram que o efeito clínico da talamotomia com GK pode não ser apenas decorrente da chamada lesão necrótica, com base na observação de que o tamanho da lesão visível na MRI é muito pequeno para explicar o efeito clínico observado. Terao et al.[90] relataram que a distribuição somatotópica das células cinestésicas do Vim foi modificada após a talamotomia com GK, levantando a possibilidade de que propriedades específicas dos neurônios são alteradas em resposta à RS, tanto no interior da lesão quanto na área talâmica adjacente.

Em nossa experiência, a talamotomia com GK do Vim chegou mais tarde, no final de 2004 (▶ Fig. 27.6). A indicação é o tremor resistente a fármacos. Desde 2004, um total de 305 talamotomias com GK foram realizadas. O protocolo imagiológico padrão incluía as seguintes sequências de MR: coronal ponderada em T2 (T2w), sequência CISS (interferência construtiva no estado estacionário) ponderada em T2 (cortes de 0,4 mm, substituindo a antiga ventriculografia), ponderada em T1 (T1w) com contraste, e imagens ponderadas em difusão (DWI). O alvo era o Vim esquerdo, direcionado com o uso do quadrilátero de Guiot et al.[70] Sempre utilizamos um único colimador de 4 mm. A dose prescrita era sempre de 130 Gy na isodose de 100%. Imagem por tensores de difusão era usada para visualizar a cápsula interna e limitar a dose recebida. Neste aspecto, as isodoses de 90 e 15 Gy eram exibidas. Bloqueador do canal de irradiação foi usado de modo que a linha de isodose de 15 Gy não se estendesse em direção à cápsula interna.[73]

Recentemente analisamos um subgrupo de 50 casos, com um tempo de seguimento mínimo de 12 meses.[91] Trinte e dois casos eram homens e 18 casos eram mulheres. A idade média era 75 anos (variando de 60 a 91). Tremor essencial foi diagnosticado em 36 casos (72%) e doença de Parkinson em 14 (28%). A duração média da doença foi de 22,4 anos (variando de 4 a 74). Todos os casos apresentavam contraindicação para DBS em razão de idade avançada e/ou comorbidades, tratamentos concomitantes, etc. Talamotomia do Vim esquerdo foi realizada em 38 casos (76%) e talamotomia do Vim direito em 12 (24%). Uma avaliação cega foi realizada junto com o Dr. Paul Krack, um neurologista especializado em distúrbios do movimento em outro centro (Grenoble).

O atraso médio para melhora foi de 5,3 meses (variando de 1 a 12). A taxa geral de sucesso foi de 72%. O escore do tremor dos membros superiores teve uma melhora de 54,2% na avaliação cega ($p = 0{,}0001$). Todos os componentes do tremor (intenção, postural, repouso) melhoraram. A melhora geral no escore das atividades da vida diária foi de 72,6%. No teste neuropsicológico, não houve declínio cognitivo.

Apenas um caso (2%) apresentou hemiparesia transitória esquerda em 6 meses. Neste paciente de 77 anos de idade, a MRI revelou uma área anormalmente grande de realce com grande edema. Ele se recuperou espontaneamente em 3 semanas.

Nossa atividade teve uma mudança de paradigma por causa de um ensaio multicêntrico que organizamos na França. No presente momento, a talamotomia com GK do Vim representa a atividade mais importante nos distúrbios funcionais, mais do que a TN, a qual é considerada o procedimento GKS funcional mais comum (aproximadamente 87% das indicações de RS funcional, desde as estatísticas mais recentes da *Leksell Gamma Knife Society*). Em nossa experiência, o GK pode ser usado com segurança e eficácia como uma alternativa viável à DBS em casos em que é necessária (comorbidades importantes, medicação anticoagulante, etc.) ou como resultado da escolha do paciente. O mecanismo está provavelmente relacionado com uma indução de um processo biológico lento que pode ser muito mais bem tolerado do que a realização de uma lesão aguda. HIFU parece promissor, mas precisa de um maior período de seguimento e é irritante em uma lesão aguda significativa; além disso, ainda é um instrumento de pesquisa, com dados limitados na literatura e ausência de uma avaliação cega e avaliação de longo prazo.[92]

Adicional e recentemente começamos um ensaio multicêntrico prospectivo de fase III de indução de lesão radiocirúrgica do núcleo subtalâmico. Isto inclui pacientes que são candidatos para uma DBS, mas com contraindicações médicas. O resultado primário é tolerância (▶ Fig. 27.7). Até agora, a segurança tem sido excelente. Não tivemos nenhum hemibalismo pós-radiológico. Geralmente, a lesão radiológica é mais progressiva e menor do que a observada na talamotomia do Vim com GK. Nesse sentido, nossos resultados diferem daqueles previamente publicados por Alvarez *et al*.[93]

27.5.2 Epilepsia

Radiocirurgia é geralmente usada na epilepsia como um tratamento para lesões sintomáticas, incluindo tumores ou malformações vasculares.[94] Mais recentemente, o uso do GK estendeu-se ao tratamento de lesões fisiológicas, incluindo epilepsia do lobo temporal mesial (MTLE), bem como lesões inoperáveis ou aquelas com alta morbidade pós-operatória, como hamartoma hipotalâmico (HH).

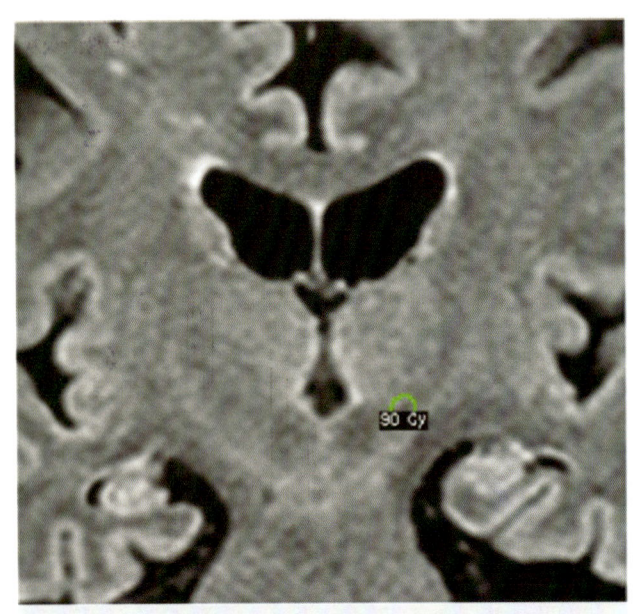

Fig. 27.6 Direcionamento do núcleo subtalâmico para doença de Parkinson.

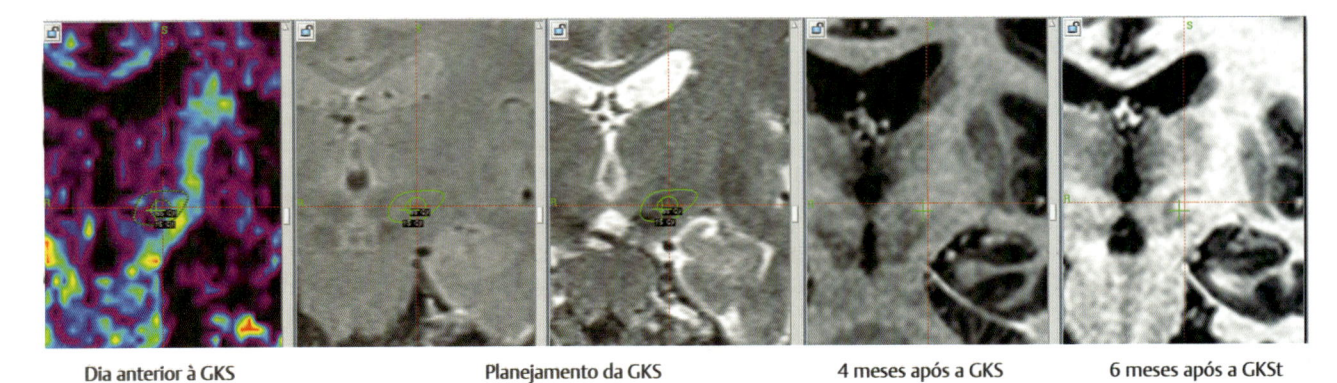

Dia anterior à GKS | Planejamento da GKS | 4 meses após a GKS | 6 meses após a GKSt

Fig. 27.7 Direcionamento do núcleo subtalâmico para doença de Parkinson e posterior imagem de seguimento corregistrada em 4 e 6 meses após a GKS.

27.6 Epilepsia do Lobo Temporal Mesial

Epilepsia do lobo temporal mesial consiste em atrofia, gliose e perda discriminatória de células neuronais no hipocampo e sistema límbico conectado. É, atualmente, a causa mais frequente de epilepsia clinicamente intratável em adultos.

Embora Leksell tenha criado o GK como uma ferramenta para distúrbios funcionais (dor, doença de Parkinson, transtorno obsessivo-compulsivo), ele não se envolve na cirurgia de epilepsia. Os primeiros casos foram tratados com radioterapia ou outras técnicas,[16] com resultados decepcionantes. A primeira série cirúrgica pertence a Talairach et al.,[95] que tratou 44 pacientes usando ítrio, resultando em uma taxa de 75% de ausência de crises após um período médio de seguimento de 5,7 anos.

Atualmente, há evidências convergentes de que um efeito bioquímico diferencial existe. Nosso grupo criou o modelo pré-clínico com ratos em 1992, o qual foi posteriormente publicado em 1996.[96] Jason Sheehan também confirmou recentemente alterações histológicos seletivas.[97] O autor examinou ratos epilépticos irradiados com 40 Gy no lobo temporal mesial com o uso do GK. Achados imuno-histoquímicos claramente sugeriram que pelo menos um subtipo de neurônios hipocampais era seletivamente vulnerável ao GK. Células neuronais pareceram ter passado por uma mudança fenotípica no que diz respeito à expressão de calbindina e GAD-67. Estes dados sugerem uma vulnerabilidade seletiva a determinados subtipos neuronais como mecanismos do efeito "neuromodulador".

Em 1993, o ensaio de fase II em Marseille avaliou a faixa de dose e toxicidade em um estudo prospectivo de quatro pacientes. Mais tarde, em 1995 e 1996, dois ensaios de fase III foram realizados. O primeiro foi em Marseille, avaliando a eficácia com o uso de 24 Gy, em um volume total de tratamento de 7 a 8 mL em quatro paciente. O segundo, um ensaio multicêntrico europeu, incluiu 21 pacientes.[98,99] Em 1998, houve um estudo de desintensificação da dose.[100] Em 2008, publicamos os resultados de longo prazo após mais de 5 anos de seguimento (média: 8 anos, faixa: 6-10 anos) em 15 casos consecutivos.[101] Engel I foi encontrado em até 60% dos casos no último seguimento, comparando-se com os resultados de longo prazo após a cirurgia aberta na TLE ou MTLE. Sete (53,8%) dos treze casos eram no lado dominante. Onze (84,6%) dos treze pacientes alcançaram a ausência de crises (três com auras residuais), incluindo dois respondedores tardios (atraso superior a 3 anos). Não houve piora neuropsicológica; em 4 de 13 casos (30,8%), a memória verbal teve uma grande melhora.

Na atual série publicada, há uma ampla variedade de taxas de remissão das convulsões relatadas, com uma média de 50%.[98,99,102-106] A heterogeneidade dos resultados deve-se a uma variedade de metodologias, incluindo o alvo anatômico, a dose e os volumes. Há um efeito clínico tardio, quando comparado com a microcirurgia aberta.

Publicamos vários estudos defendendo a segurança e a eficácia nesta indicação. Além disso, esclarecemos o cronograma de eventos, mostrando um padrão estável e um atraso variável. Geralmente, o pico na cessação das crises convulsivas é observado entre o 8º e 18º mês, com início variável. Importa referir que nenhum de nossos pacientes sofreu piora clínica e, especialmente, nenhum declínio na memória verbal.[99,106] Em nossa experiência, o resultado Engel classe I pode ser alcançado em aproximadamente 60% dos pacientes, após um período de seguimento médio de 8 anos. Testes neuropsicológicos mostraram ausência de deterioração (mesmo quando foram realizados no lado dominante). À luz de tudo isso, a RS é atualmente a "terapia cirúrgica" mais seletiva que podemos oferecer. É preciso cautela, pois nem todas as epilepsias que podem ser curadas com uma lobectomia temporal também podem ser curadas com RS.

Propomos um caso ilustrativo de uma paciente tratado em Marseille (▶ Fig. 27.8, sem atrofia do hipocampo, mas com atrofia do polo temporal esquerdo, com um teste de Wada mostrando uma contraindicação à cirurgia ressectiva aberta). Após uma avaliação pré-operatória, a equipe em Lyon propôs a RS, a qual foi realizada em maio de 2004 com uma dose de 20 GY, em vez de 24 Gy. A epilepsia desapareceu progressivamente. De modo interessante, mas de acordo com a menor dose empregada, a resposta clínica apareceu progressivamente em cerca de 2 anos após o procedimento. Desde 2006, a paciente apresentou auras e crises somente raramente. Sete anos depois, em 2001, ela parou de convulsionar. Ela estava tomando três fármacos antiepilépticos no início do tratamento, mas atualmente toma apenas um, a carbamazepina. A MRI exibiu desaparecimento de todos os sinais radioinduzidos.

As indicações para RS na MTLE são principalmente pacientes jovens, lado dominante, alto nível de funcionamento, socialmente adaptado, trabalhando, preocupado com o risco da microcirurgia e prejuízo de sua atividade profissional, sem atrofia e poucos déficits neuropsicológicos.

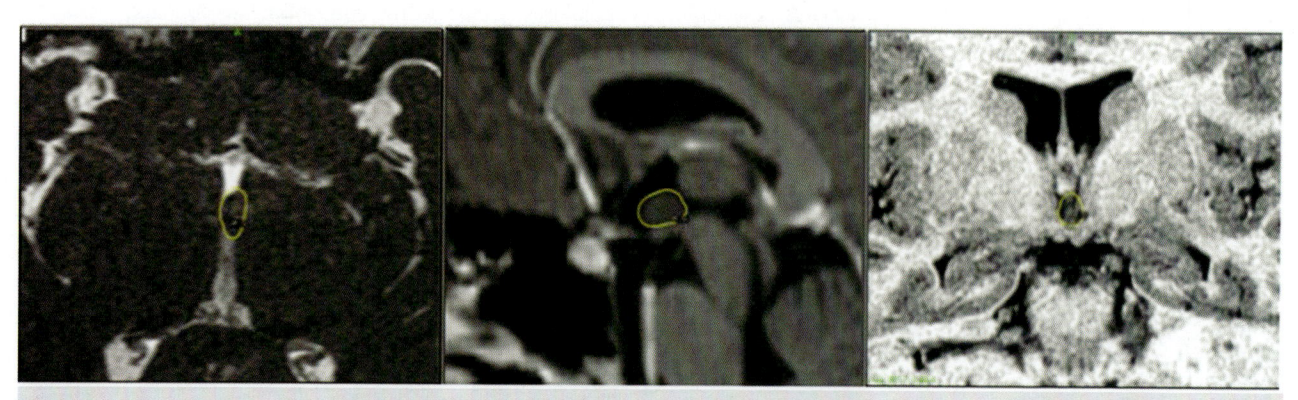

Fig. 27.8 Direcionamento radiocirúrgico de hamartoma hipotalâmico usando múltiplas sequências de MR.

Existe claramente um efeito não lesional da RS nesta indicação por ser um procedimento mais seletivo, tal como demonstrado por estudos realizados em animais. O prazo de aparecimento de melhora após o procedimento é compatível com a plasticidade cerebral.

MTLE associada à esclerose mesial temporal (MTS)[107] seja talvez a síndrome epiléptica mais bem definida que é responsiva a intervenções estruturais como cirurgia, com resultados claramente superiores à terapia médica prolongada,[108] com um desfecho de ausência de crises em aproximadamente 70% dos casos.[109] Complicações maiores são raras, mas não negligíveis.[110] Quando epilepsia do lobo temporal é causada por MTS subjacente, a ausência de crises com ressecções microcirúrgicas abertas foi relatada em 65 a 90% dos pacientes.[111-114] Radiocirurgia é uma opção atraente,[115] pela sua relativa não invasividade, com menor morbidade e mortalidade, quando comparada com a excisão microcirúrgica aberta. No caso de falha da radiocirurgia, uma lobectomia temporal aberta pode ser realizada após um intervalo de 3 anos. A principal desvantagem da RS permanece o atraso de ação no controle da convulsão, um período em que os pacientes continuam sofrendo das sequelas das convulsões.

27.7 Hamartoma Hipotalâmico

Hamartomas hipotalâmicos são lesões congênitas, raras e heterotópicas[42] encontradas no nível do *tuber cinereum* ou corpos mamilares, e formados por neurônios e células gliais. Eles podem ser isolados ou associados a outras lesões cerebrais, ou podem fazer parte de uma síndrome genética.

Eles estão frequentemente associados à epilepsia quando imóveis[8] e intimamente conectados aos corpos mamilares.[46,52,67] Quando estão em contato com o *tuber cinereum* e/ou infundíbulo, eles podem ser acompanhados por puberdade precoce.[11] Pacientes epilépticos classicamente começam a apresentar convulsões gelásticas (risadas) durante os primeiros anos de vida.[65] Nos casos mais graves, durante os anos seguintes, eles progridem para uma encefalopatia epiléptica:[27] resistência a fármacos, vários tipos de convulsões com generalização, crises de queda,[65] declínio cognitivo,[7,18,41,48] e comorbidade psiquiátrica maior.[70]

Há uma demonstração clara de um efeito não destrutivo da RS nesta indicação. Recentemente, analisamos prospectivamente nossa série de 64 pacientes com seguimento de longo prazo (▶ Fig. 27.9). O período médio de seguimento foi de 71 meses (36-153). Nenhuma alteração foi observada durante as imagens de seguimento por MR, com a exceção de três casos, dois com pequena redução no tamanho (mas sem qualquer hiperintensidade em T2) e um com hiperintensidade em T2. O risco cognitivo e de memória permanece muito menor, quando comparada com a microcirurgia convencional.

A eficácia sobre as convulsões no último seguimento foi Engel I em 19 dos 48 pacientes (39,6%). Em um grupo adicional de 14 pacientes (29,2%) quase se obteve ausência de crises, com raras convulsões incapacitantes (Engel II). Portanto, um bom resultado (Engel I ou II) foi alcançado em 68,8% dos pacientes.

Comorbidade psiquiátrica global foi considerada curada em 15 pacientes (28%), com melhor em 23 pacientes (56%), estável em seis pacientes (8%) e com piora contínua em um paciente (8%).

Não houve declínio cognitivo, déficit da função visual, novo caso de obesidade, síndrome de secreção inapropriada do hormônio antidiurético, morte súbita inesperada na epilepsia e mortalidade. Poiquilotermia transitória estava presente em 6,2% e convulsão transitória aumentou em 16,6%. Nenhum efeito colateral permanente foi encontrado.

Este é o primeiro ensaio prospectivo avaliando uma técnica cirúrgica para hamartomas hipotalâmicos. Prévias séries relatadas foram todas monocêntricas, retrospectivas e com coortes históricos, exceto por um estudo multicêntrico prospectivo publicado por Palmini *et al*.[44] Neste grupo de pacientes que comumente apresentavam sintomas sugerindo envolvimento do lobo temporal ou frontal, a série de Cascino *et al*. relatou falha sistemática no controle das convulsões após a lobectomia temporal ou frontal.[111] Técnicas paliativas inespecíficas, como estimulação do nervo vago[37] e calosotomias,[43] foram propostas com benefícios reduzidos. O HH é atualmente reconhecido como o ponto inicial da epilepsia na maioria dos pacientes.[6,25,27,29,36] Foi relatado que a ressecção através das abordagens pterional, interfoniceal transcalosa (TAIF) e endoscópica alivia a epilepsia em 43 a 68% dos pacientes (Engel I-II). Os riscos cirúrgicos importantes da cirurgia ressectiva[44] foram dramaticamente reduzidos por neurocirurgiões com experiência no uso de abordagens endoscópicas ou TAIF, visando uma redução significativa na taxa de morbidade maior e mortalidade. Todavia, toxicidade endocrinológica maior (obesidade maligna, diabetes *insipidus*) ainda são descritas com essas técnicas.[16,20] Mais recentemente, deterioração neuropsicológica significativa também foi relatada após a endoscopia.[40,62] Com uma perspectiva de reduzir a invasividade, procedimentos estereotáxicos, como termocoagulação por radiofrequência, braquiterapia e RS, apareceram como uma alternativa. Todavia, a braquiterapia também foi relatada ser um risco para problemas endocrinológicos maiores[59] e piora da memória.[49] Schulze-Bonhage[116] relatou a

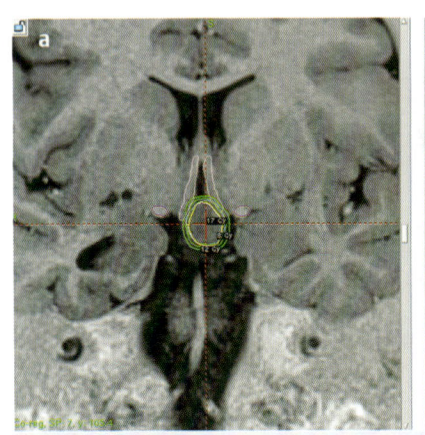

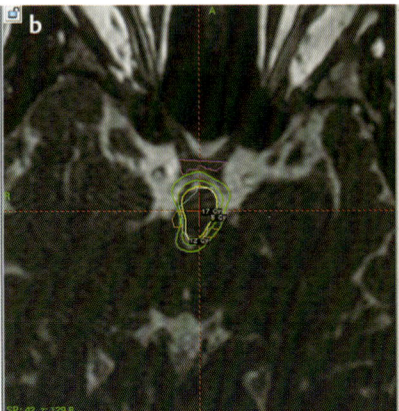

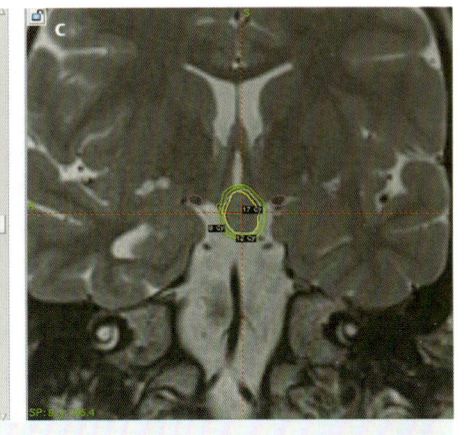

Fig. 27.9 (a-c) Direcionamento radiocirúrgico no hamartoma hipotalâmico.

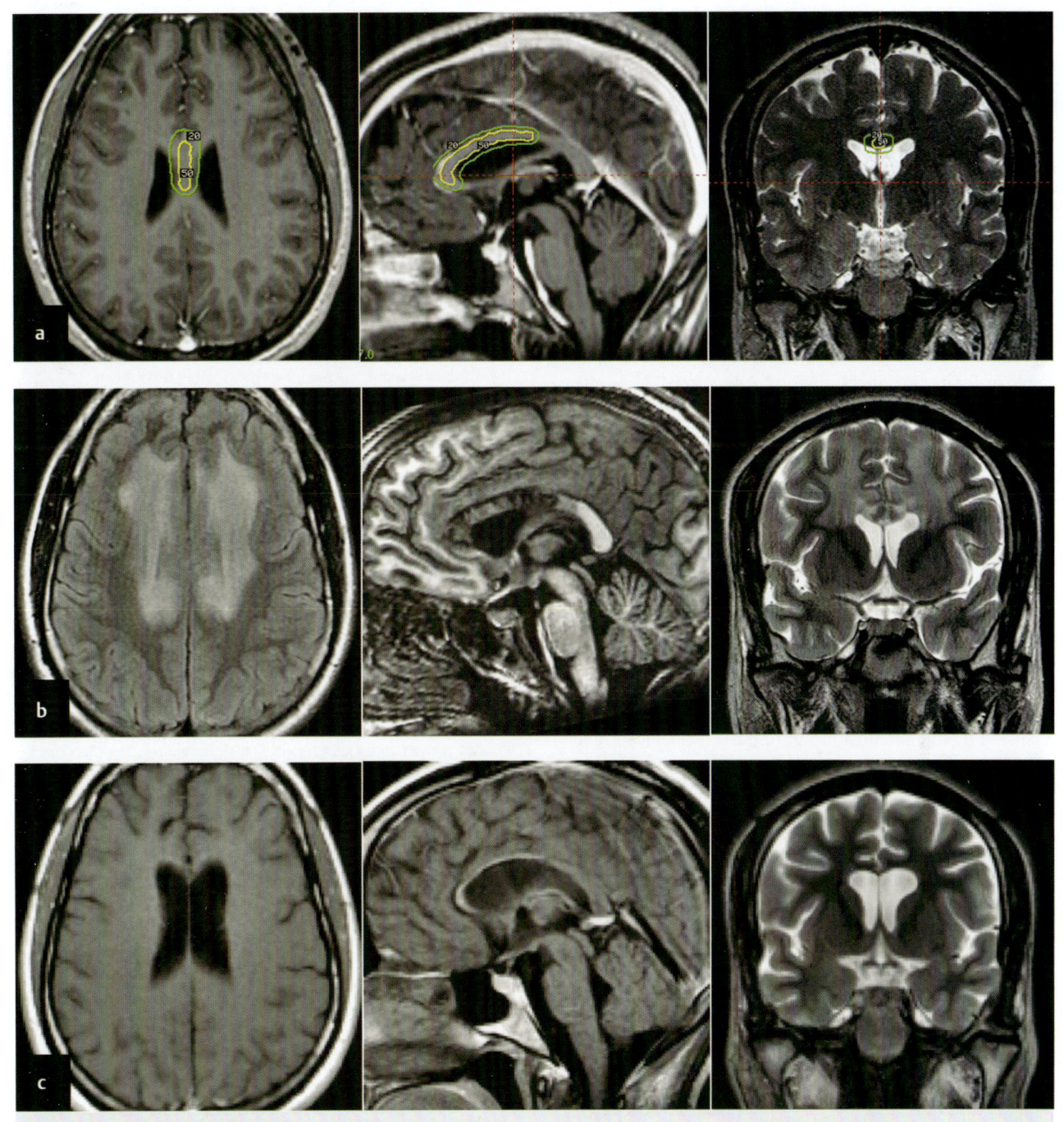

Fig. 27.10 (a-c) Calosotomia de corpo com radiocirurgia.

maior série de braquiterapia (série retrospectiva de 38 pacientes; idade média: 23 anos, variando de 3-54 anos). De acordo com os autores, a eficácia da braquiterapia parece ser inferior àquela dos dados publicados sobre ressecção e desconexão. Eles relataram edema radiotóxico em 16% dos pacientes com debilidade transitória (cefaleia, fadiga). Ganho de peso permanente superior a 5 kg (até 24 kg) foi observado em 10% dos pacientes. Do ponto de vista cognitivo, declínio da memória de longo prazo foi relatado em 10 a 20% dos pacientes. Em 26 pacientes com seguimento de pelo menos 1 ano, Wagner,[117] do mesmo grupo, mostrou que deteriorações ocorreram mais frequentemente nas funções da memória declarativa em 20 a 50% dos pacientes.[68]

Nosso ensaio prospectivo demonstra boa segurança e eficácia de longo prazo para o tratamento radiocirúrgico do HH, especialmente em lesões de tamanho pequeno a médio (subtipos I-IV), com comorbidade epiléptica, psiquiátrica e cognitiva, o que é comparável àquelas públicas com outras técnicas cirúrgicas. Quando mais cedo o tratamento é realizado, melhor para o paciente, uma vez que evita o aparecimento de encefalopatia epiléptica. Além disso, há uma ausência de complicações endocrinológicas e neurológicas (especialmente em termos de memória) permanentes, as quais são relatadas com outras técnicas cirúrgicas (TAIF, endoscopia, braquiterapia). Adicionalmente, adultos com um alto nível de funcionamento são candidatos excelentes para a RS. Abordagens combinadas (excisão subtotal planejada e RS no restante) também são possíveis quando o tamanho é muito grande. Seguimento mais longo permanece mandatório por causa da idade jovem desta população.

27.8 Calosotomia

A indicação para calosotomia é a presença de convulsões tônicas ou atônicas generalizadas com crises de queda. A calosotomia pode ser realizada com segurança por RS, tal como previamente relatado por Feichtinger et al.[118] Na calosotomia do corpo caloso anterior com GKS, altas doses de radiação são usadas (dose máxima varia de 55 a 170 Gy[119-122]) em um volume relativamente pequeno, o qual gerará uma destruição focal das fibras do corpo caloso (▶ Fig. 27.10). Há, portanto, um relação dose-volume muito maior na calosotomia do corpo caloso com GKS do que na MTLE. Radionecrose focal, seguida por atrofia no corpo caloso, foi demonstrada na MRI, e a imagem por tensores de difusão[123] sugere que a GKS induz degeneração axonal das fibras do corpo caloso.

Um total de aproximadamente 19 casos pediátricos e adultos foi descrito até o momento. Relatos apresentam calosotomia anterior[119,121-123] e, menos comumente, posterior[121,124], geralmente na síndrome de Lennox-Gastaut com crises de queda. Embora quase todos tenham utilizado GKS, um único estudo de caso mostrou um resultado similar utilizando o acelerador linear.[120] Embora nenhum caso com ausência completa de crises tenha sido relatado, melhora significativa nas convulsões incapacitantes (convulsões tônico-clônicas generalizadas [GTCS] e/ou crises de queda) foram descritas em todos os estudos publicados, com nenhum efeito adverso grave. Os tipos de convulsão que não a crise de queda e a GTCS apresentaram uma menor resposta na maior série (oito pacientes).[118] Melhora no controle das crises convulsivas aparece mais cedo do que na MTLE tratada com GKS, com um início médio de aproximadamente 3 meses.[122]

Em conclusão, evidências clínicas e experimentais na epilepsia corroboram a eficácia de doses subnecróticas na RS. RS na MTLE comprovou sua segurança e eficácia, com uma vantagem potencial de preservação da memória verbal. Em um subgrupo altamente selecionado de pacientes, a RS mostra benefícios claros, incluindo para MTLE, hamartoma hipotalâmico, calosotomia do corpo caloso, displasia profunda, epilepsia residual pós-cortectomia e foco epiléptico neocortical na área altamente funcional. A seleção de pacientes permanece o principal problema. Nuances técnicas são cruciais e fazem a diferença clínica. Precisamos de um modelo adequado para avaliar o impacto dos parâmetros técnicos e para compreender melhor a radiologia. Uma abordagem multidisciplinar direcionada ao paciente individual é mandatória.

Referências

[1] André N. Observations pratiques sur les maladies de l'urethre et sur plusieurs faites convulsifs, la guerisson de plusieurs maladies chirurgicales, avec la décomposition d'un rémède propre à reprimer la dissolution gangréneurse et cancereuse, la reparer; avec des principes qui pourront servir à employer les différentes caustiques. Delaguette, ed. Paris: 1976

[2] Zakrzewska JM, Akram H. Neurosurgical interventions for the treatment of classical trigeminal neuralgia. Cochrane Database Syst Rev. 2011(9):CD007312

[3] Harsh GR, IV, Wilson CB, Hieshima GB, Dillon WP. Magnetic resonance imaging of vertebrobasilar ectasia in tic convulsif. Case report. J Neurosurg. 1991; 74(6):999–1003

[4] Love S, Coakham HB. Trigeminal neuralgia: pathology and pathogenesis. Brain. 2001; 124(Pt 12):2347–2360

[5] Society HcsotIH. Headache Classification Subcommittee of the International Headache Society: The International Classification of Headache Disorders. Blackwell; 2004;9–160

[6] Burchiel KJ, Slavin KV. On the natural history of trigeminal neuralgia. Neurosurgery. 2000; 46(1):152–154, discussion 154–155

[7] Dandy WE. The treatment of trigeminal neuralgia by the cerebellar route. Ann Surg. 1932; 96(4):787–795

[8] Brown JA, McDaniel MD, Weaver MT. Percutaneous trigeminal nerve compression for treatment of trigeminal neuralgia: results in 50 patients. Neurosurgery. 1993; 32(4):570–573

[9] Burchiel KJ. Percutaneous retrogasserian glycerol rhizolysis in the management of trigeminal neuralgia. J Neurosurg. 1988; 69(3):361–366

[10] Kanpolat Y, Berk C, Savas A, Bekar A. Percutaneous controlled radiofrequency rhizotomy in the management of patients with trigeminal neuralgia due to multiple sclerosis. Acta Neurochir (Wien). 2000; 142(6):685–689, discussion 689–690

[11] Kanpolat Y, Savas A, Bekar A, Berk C. Percutaneous controlled radiofrequency trigeminal rhizotomy for the treatment of idiopathic trigeminal neuralgia: 25-year experience with 1,600 patients. Neurosurgery. 2001; 48(3):524–532, discussion 532–534

[12] Jannetta PJ. Observations on the etiology of trigeminal neuralgia, hemifacial spasm, acoustic nerve dysfunction and glossopharyngeal neuralgia. Definitive microsurgical treatment and results in 117 patients. Neurochirurgia (Stuttg). 1977; 20(5):145–154

[13] Jannetta PJ. Microsurgical management of trigeminal neuralgia. Arch Neurol. 1985; 42(8):800

[14] Jannetta PJ. Microvascular decompression of the trigeminal root entry zone. In: Rovit RL, Murali R, Janetta PJ, eds. Theoretical Considerations, Operative Anatomy, Surgical Technique, and Results. Baltimore, MD: Williams & Wilkins; 1990;201–222

[15] Leksell L. Sterotaxic radiosurgery in trigeminal neuralgia. Acta Chir Scand. 1971; 137(4):311–314

[16] Lindquist C, Kihlström L, Hellstrand E. Functional neurosurgery–a future for the gamma knife? Stereotact Funct Neurosurg. 1991; 57(1–2):72–81

[17] Håkanson S. Trigeminal neuralgia treated by the injection of glycerol into the trigeminal cistern. Neurosurgery. 1981; 9(6):638–646

[18] Rand RW, Jacques DB, Melbye RW, Copcutt BG, Levenick MN, Fisher MR. Leksell Gamma Knife treatment of tic douloureux. Stereotact Funct Neurosurg. 1993; 61 Suppl 1:93–102

[19] Alexander E, Loeffler JS, Lunsford DL. Stereotactic Radiosurgery. In: Lunsford D, ed. New York: McGraw-Hill; 1993:254

[20] Régis J, Metellus P, Hayashi M, Roussel P, Donnet A, Bille-Turc F. Prospective controlled trial of gamma knife surgery for essential trigeminal neuralgia. J Neurosurg. 2006; 104(6):913–924

[21] Regis J, Tuleasca C, Resseguier N, et al. Long-term safety and efficacy of Gamma Knife surgery in classical trigeminal neuralgia: a 497-patient historical cohort study. J Neurosurg. 2016; 124(4):1079–1087

[22] Régis J, Manera L, Dufour H, Porcheron D, Sedan R, Peragut JC. Effect of the Gamma Knife on trigeminal neuralgia. Stereotact Funct Neurosurg. 1995; 64 Suppl 1:182–192

[23] De Ridder D, Møller A, Verlooy J, Cornelissen M, De Ridder L. Is the root entry/exit zone important in microvascular compression syndromes? Neurosurgery. 2002; 51(2):427–433, discussion 433–434

[24] Dhople AA, Adams JR, Maggio WW, Naqvi SA, Regine WF, Kwok Y. Longterm outcomes of Gamma Knife radiosurgery for classic trigeminal neuralgia: implications of treatment and critical review of the literature. Clinical article. J Neurosurg. 2009; 111(2):351–358

[25] Kondziolka D, Zorro O, Lobato-Polo J, et al. Gamma Knife stereotactic radiosurgery for idiopathic trigeminal neuralgia. J Neurosurg. 2010; 112(4):758–765

[26] Young B, Shivazad A, Kryscio RJ, St Clair W, Bush HM. Long-term outcome of high-dose γ knife surgery in treatment of trigeminal neuralgia. J Neurosurg. 2013; 119(5):1166–1175

[27] Flickinger JC, Pollock BE, Kondziolka D, et al. Does increased nerve length within the treatment volume improve trigeminal neuralgia radiosurgery? A prospective double-blind, randomized study. Int J Radiat Oncol Biol Phys. 2001; 51(2):449–454

[28] Kondziolka D, Lunsford LD, Flickinger JC, et al. Stereotactic radiosurgery for trigeminal neuralgia: a multiinstitutional study using the gamma unit. J Neurosurg. 1996; 84(6):940–945

[29] Régis J, Tuleasca C. Fifteen years of Gamma Knife surgery for trigeminal neuralgia in the Journal of Neurosurgery: history of a revolution in functional neurosurgery. J Neurosurg. 2011; 115 Suppl:2–7

[30] Pollock BE, Phuong LK, Foote RL, Stafford SL, Gorman DA. High-dose trigeminal neuralgia radiosurgery associated with increased risk of

trigeminal nerve dysfunction. Neurosurgery. 2001; 49(1):58–62, discussion 62–64 Epub20010707

[31] Kondziolka D, Lacomis D, Niranjan A, et al. Histological effects of trigeminal nerve radiosurgery in a primate model: implications for trigeminal neuralgia radiosurgery. Neurosurgery. 2000; 46(4):971–976, discussion 976–977

[32] Longhi M, Rizzo P, Nicolato A, Foroni R, Reggio M, Gerosa M. Gamma knife radiosurgery for trigeminal neuralgia: results and potentially predictive parameters–part I: Idiopathic trigeminal neuralgia. Neurosurgery. 2007; 61(6):1254–1260, discussion 1260–1261

[33] Gorgulho AA, De Salles AA. Impact of radiosurgery on the surgical treatment of trigeminal neuralgia. Surg Neurol. 2006; 66(4):350–356

[34] Park KJ, Kondziolka D, Berkowitz O, et al. Repeat Gamma Knife radiosurgery for trigeminal neuralgia. Neurosurgery. 2012;70(2):295–305, discussion 305

[35] Park SC, Kwon D, Lee DH, Lee JK. Repeat gamma-knife radiosurgery for refractory or recurrent trigeminal neuralgia with consideration about the optimal second dose. World Neurosurg. 2016; 86:371–383

[36] Xu Z, Schlesinger D, Moldovan K, et al. Impact of target location on the response of trigeminal neuralgia to stereotactic radiosurgery. J Neurosurg. 2014; 120(3):716–724

[37] Park SH, Hwang SK, Kang DH, Park J, Hwang JH, Sung JK. The retrogasserian zone versus dorsal root entry zone: comparison of two targeting techniques of gamma knife radiosurgery for trigeminal neuralgia. Acta Neurochir (Wien). 2010; 152(7):1165–1170

[38] Matsuda S, Serizawa T, Sato M, Ono J. Gamma knife radiosurgery for trigeminal neuralgia: the dry-eye complication. J Neurosurg. 2002; 97(5) Suppl:525–528

[39] Adler JR, Jr, Bower R, Gupta G, Lim M, Efron A, Gibbs IC, Chang SD, Soltys SG. Nonisocentric radiosurgical rhizotomy for trigeminal neuralgia. Neurosurgery. 2009; 64(2 Suppl):A84–90

[40] Karam SD, Tai A, Snider JW, et al. Refractory trigeminal neuralgia treatment outcomes following CyberKnife radiosurgery. Radiat Oncol. 2014; 9:257

[41] Fariselli L, Marras C, De Santis M, Marchetti M, Milanesi I, Broggi G. CyberKnife radiosurgery as a first treatment for idiopathic trigeminal neuralgia. Neurosurgery. 2009; 64(2) Suppl:A96–A101

[42] Massager N, Murata N, Tamura M, Devriendt D, Levivier M, Régis J. Influence of nerve radiation dose in the incidence of trigeminal dysfunction after trigeminal neuralgia radiosurgery. Neurosurgery. 2007; 60(4):681–687, discussion 687–688

[43] Tuleasca C, Carron R, Resseguier N, et al. Multiple sclerosis-related trigeminal neuralgia: a prospective series of 43 patients treated with gamma knife surgery with more than one year of follow-up. Stereotact Funct Neurosurg. 2014; 92(4):203–210

[44] Palmini A, Chandler C, Andermann F, Da Costa J, Paglioli-Neto E, Polkey C, Rosenblatt B, Montes J, Martínez JV, Farmer JP, Sinclair B, Aronyk K, Paglioli E, Coutinho L, Raupp S, Portuguez M. Resection of the lesion in patients with hypothalamic hamartomas and catastrophic epilepsy. Neurology. 2002; 58(9):1338–1347

[45] Tuleasca C, Carron R, Resseguier N, et al. Repeat Gamma Knife surgery for recurrent trigeminal neuralgia: long-term outcomes and systematic review. J Neurosurg. 2014; 121 Suppl:210–221

[46] Tuleasca C, Carron R, Resseguier N, et al. Patterns of pain-free response in 497 cases of classic trigeminal neuralgia treated with Gamma Knife surgery and followed up for least 1 year. J Neurosurg. 2012; 117 Suppl:181–188

[47] Rogers CL, Shetter AG, Ponce FA, Fiedler JA, Smith KA, Speiser BL. Gamma knife radiosurgery for trigeminal neuralgia associated with multiple sclerosis. J Neurosurg. 2002; 97(5) Suppl:529–532

[48] Park KJ, Kondziolka D, Kano H, et al. Outcomes of Gamma Knife surgery for trigeminal neuralgia secondary to vertebrobasilar ectasia. J Neurosurg. 2012; 116(1):73–81

[49] Tuleasca C, Carron R, Resseguier N, et al. Decreased probability of initial pain cessation in classical trigeminal neuralgia treated with Gamma Knife surgery in case of previous microvascular decompression! A prospective series of 45 patients with more than one year of follow-up. Neurosurgery. 2015; 77(1):87–94, discussion 94–95

[50] Tempel ZJ, Chivukula S, Monaco EA, III, et al. The results of a third Gamma Knife procedure for recurrent trigeminal neuralgia. J Neurosurg. 2015; 122(1):169–179

[51] Cruccu G, Gronseth G, Alksne J, et al. American Academy of Neurology Society, European Federation of Neurological Society. AAN-EFNS guidelines on trigeminal neuralgia management. Eur J Neurol. 2008; 15(10):1013–1028

[52] Barbash GI, Keren G, Korczyn AD, et al. Mechanisms of syncope in glossopharyngeal neuralgia. Electroencephalogr Clin Neurophysiol. 1986; 63 (3):231–235

[53] Isamat F, Ferrán E, Acebes JJ. Selective percutaneous thermocoagulation rhizotomy in essential glossopharyngeal neuralgia. J Neurosurg. 1981; 55 (4):575–580

[54] Sindou M, Henry JF, Blanchard P. Idiopathic neuralgia of the glossopharyngeal nerve. Study of a series of 14 cases and review of the literature [in French]. Neurochirurgie. 1991; 37(1):18–25

[55] Taha JM, Tew JM, Jr. Long-term results of surgical treatment of idiopathic neuralgias of the glossopharyngeal and vagal nerves. Neurosurgery. 1995; 36(5):926–930, discussion 930–931

[56] Patel A, Kassam A, Horowitz M, Chang YF. Microvascular decompression in the management of glossopharyngeal neuralgia: analysis of 217 cases. Neurosurgery. 2002; 50(4):705–710, discussion 710–711

[57] Stieber VW, Bourland JD, Ellis TL. Glossopharyngeal neuralgia treated with gamma knife surgery: treatment outcome and failure analysis. Case report. J Neurosurg. 2005; 102 Suppl:155–157

[58] Yomo S, Arkha Y, Donnet A, Régis J. Gamma Knife surgery for glossopharyngeal neuralgia. J Neurosurg. 2009; 110(3):559–563

[59] Martínez-Álvarez R, Martínez-Moreno N, Kusak ME, Rey-Portolés G. Glossopharyngeal neuralgia and radiosurgery. J Neurosurg. 2014; 121 Suppl:222–225

[60] Rowed DW. Chronic cluster headache managed by nervus intermedius section. Headache. 1990; 30(7):401–406

[61] Meyers R, Fry WJ, Fry FJ, Dreyer LL, Schultz DF, Noyes RF. Early experiences with ultrasonic irradiation of the pallidofugal and nigral complexes in hyperkinetic and hypertonic disorders. J Neurosurg. 1959; 16(1):32–54

[62] Taha JM, Tew JM, Jr. Long-term results of radiofrequency rhizotomy in the treatment of cluster headache. Headache. 1995; 35(4):193–196

[63] Ford RG, Ford KT, Swaid S, Young P, Jennelle R. Gamma knife treatment of refractory cluster headache. Headache. 1998; 38(1):3–9

[64] Steiner L, Forster D, Leksell L, Meyerson BA, Boëthius J. Gammathalamotomy in intractable pain. Acta Neurochir (Wien). 1980; 52(3–4):173–184

[65] Liscák R, Vladyka V. Radiosurgical hypophysectomy in painful bone metastases of breast carcinoma. Cas Lek Cesk. 1998; 137(5):154–157

[66] Walker AE. Relief of pain by mesencephalic tractotomy. Arch NeurPsych. 1942; 48(6):865–83

[67] Spiegel EA, Wycis HT. Mesencephalotomy in treatment of intractable facial pain. AMA Arch Neurol Psychiatry. 1953; 69(1):1–13

[68] Talairach J, Hécaen H, David M. Lobotomie préfrontale limitée par électrocoagulation des fibres thalamo-frontales à leur émergence du bras antérieur de la capsule interne. Rev Neurol. 1949; 83:59

[69] Meyers R, Fry W. J, Fry F. J, Dreyer L. L, Schultz D. F, Noyes R. F. Early experiences with ultrasonic irradiation of the pallidofugal and nigral complexes in hyperkinetic and hypertonic disorders. Journal of Neurosurgery. 1959;16(1):32–54.

[70] Guiot G, Hardy J, Albe-Fessard D. Precise delimitation of the subcortical structures and identification of thalamic nuclei in man by stereotactic electrophysiology [in French]. Neurochirurgia (Stuttg). 1962; 5:1–18

[71] Leksell L. Cerebral radiosurgery. I. Gammahalanotomy in two cases of intractable pain. Acta Chir Scand. 1968; 134(8):585–595

[72] Leksell L, Meyerson BA, Forster DM. Radiosurgical thalamotomy for intractable pain. Confin Neurol. 1972; 34(2):264

[73] Régis J, Carron R, Park M. Is radiosurgery a neuromodulation therapy?: A 2009 Fabrikant Award lecture. J Neurooncol. 2010; 98(2):155–162

[74] Ohye C, Shibazaki T, Ishihara J, Zhang J. Evaluation of gamma thalamotomy for parkinsonian and other tremors: survival of neurons adjacent to the thalamic lesion after gamma thalamotomy. J Neurosurg. 2000; 93 Suppl 3:120–127

[75] Benabid AL, Pollak P, Louveau A, Henry S, de Rougemont J. Combined (thalamotomy and stimulation) stereotactic surgery of the VIM thalamic nucleus for bilateral Parkinson disease. Appl Neurophysiol. 1987; 50(1–6):344–346

[76] Schuurman PR, Bosch DA, Bossuyt PM, et al. A comparison of continuous thalamic stimulation and thalamotomy for suppression of severe tremor. N Engl J Med. 2000; 342(7):461–468

[77] Carron R, Witjas T, Lee JK, Park MC, Azulay J-P, Regis J. Gamma Knife Vim thalamotomy for tremor. Outcome in a series of 61 consecutive patients. J Radiosurg SRBT. 2011; 1 Suppl 1:59–60

[78] Ohye C, Higuchi Y, Shibazaki T, et al. Gamma knife thalamotomy for Parkinson's disease and essential tremor: a prospective multicenter study. Neurosurgery. 2012; 70(3):526–535; discussion 535–536

[79] Duma CM, Jacques DB, Kopyov OV, Mark RJ, Copcutt B, Farokhi HK. Gamma knife radiosurgery for thalamotomy in parkinsonian tremor: a five-year experience. J Neurosurg. 1998; 88(6):1044–1049

[80] Friehs GM, Park MC, Goldman MA, Zerris VA, Norén G, Sampath P. Stereotactic radiosurgery for functional disorders. Neurosurg Focus. 2007; 23(6):E3

[81] Kondziolka D, Ong JG, Lee JY, Moore RY, Flickinger JC, Lunsford LD. Gamma knife thalamotomy for essential tremor. J Neurosurg. 2008; 108(1):111–117

[82] Young RF, Li F, Vermeulen S, Meier R. Gamma Knife thalamotomy for treatment of essential tremor: long-term results. J Neurosurg. 2010; 112(6):1311–1317

[83] Okun MS, Stover NP, Subramanian T, et al. Complications of gamma knife surgery for Parkinson disease. Arch Neurol. 2001; 58(12):1995–2002

[84] Bonnen JG, Iacono RP, Lulu B, Mohamed AS, Gonzalez A, Schoonenberg T. Gamma knife pallidotomy: case report. Acta Neurochir (Wien). 1997; 139(5):442–445

[85] Massager N, Nissim O, Murata N, et al. Effect of beam channel plugging on the outcome of gamma knife radiosurgery for trigeminal neuralgia. Int J Radiat Oncol Biol Phys. 2006; 65(4):1200–1205

[86] Friedman DP, Goldman HW, Flanders AE, Gollomp SM, Curran WJ, Jr. Stereotactic radiosurgical pallidotomy and thalamotomy with the gamma knife: MR imaging findings with clinical correlation–preliminary experience. Radiology. 1999; 212(1):143–150

[87] Ohye C, Shibazaki T, Sato S. Gamma knife thalamotomy for movement disorders: evaluation of the thalamic lesion and clinical results. J Neurosurg. 2005; 102 Suppl:234–240

[88] Friehs GM, Norén G, Ohye C, et al. Lesion size following Gamma Knife treatment for functional disorders. Stereotact Funct Neurosurg. 1996; 66 Suppl 1:320–328

[89] Kondziolka D, Somaza S, Martinez AJ, et al. Radioprotective effects of the 21aminosteroid U-74389G for stereotactic radiosurgery. Neurosurgery. 1997; 41(1):203–208

[90] Terao T, Yokochi F, Taniguchi M, et al. Microelectrode findings and topographic reorganisation of kinaesthetic cells after gamma knife thalamotomy. Acta Neurochir (Wien). 2008; 150(8):823–827, discussion 827

[91] Witjas T, Carron R, Krack P, et al. A prospective single-blind study of Gamma Knife thalamotomy for tremor. Neurology. 2015; 85(18):1562–1568

[92] Elias WJ, Huss D, Voss T, et al. A pilot study of focused ultrasound thalamotomy for essential tremor. N Engl J Med. 2013; 369(7):640–648

[93] Alvarez L, Macias R, Pavón N, et al. Therapeutic efficacy of unilateral subthalamotomy in Parkinson's disease: results in 89 patients followed for up to 36 months. J Neurol Neurosurg Psychiatry. 2009; 80(9):979–985

[94] Ding D, Quigg M, Starke RM, et al. Cerebral arteriovenous malformations and epilepsy, Part 2: Predictors of seizure outcomes following radiosurgery. World Neurosurg. 2015; 84(3):653–662

[95] Talairach J, Bancaud J, Szikla G, eds. New approaches in epilepsy surgery: stereotactic methods and results. Congrés Annuel de la Societé de Langue Francaise; Marseille; 1974

[96] Régis J, Kerkerian-Legoff L, Rey M, et al. First biochemical evidence of differential functional effects following Gamma Knife surgery. Stereotact Funct Neurosurg. 1996; 66 Suppl 1:29–38

[97] K. Lee, personal communication, 2009

[98] Régis J, Bartolomei F, Rey M, Hayashi M, Chauvel P, Peragut JC. Gamma knife surgery for mesial temporal lobe epilepsy. J Neurosurg. 2000; 93 Suppl 3:141–146

[99] Régis J, Bartolomei F, Rey M, et al. Gamma knife surgery for mesial temporal lobe epilepsy. Epilepsia. 1999; 40(11):1551–1556

[100] Regis J, Levivier M, Motohiro H. Radiosurgery for intractable epilepsy. Tech Neurosurg. 2003; 9:191–203

[101] Rheims S, Fischer C, Ryvlin P, et al. Long-term outcome of gamma-knife surgery in temporal lobe epilepsy. Epilepsy Res. 2008; 80(1):23–29

[102] Barbaro NM, Quigg M, Broshek DK, et al. A multicenter, prospective pilot study of gamma knife radiosurgery for mesial temporal lobe epilepsy: seizure response, adverse events, and verbal memory. Ann Neurol. 2009; 65 (2):167–175

[103] Kawai K, Suzuki I, Kurita H, Shin M, Arai N, Kirino T. Failure of low-dose radiosurgery to control temporal lobe epilepsy. J Neurosurg. 2001; 95(5):883–887

[104] McDonald CR, Norman MA, Tecoma E, Alksne J, Iragui V. Neuropsychological change following gamma knife surgery in patients with left temporal lobe epilepsy: a review of three cases. Epilepsy Behav. 2004; 5(6):949–957

[105] Régis J, Peragui JC, Rey M, et al. First selective amygdalohippocampal radiosurgery for 'mesial temporal lobe epilepsy'. Stereotact Funct Neurosurg. 1995; 64 Suppl 1:193–201

[106] Régis J, Rey M, Bartolomei F, et al. Gamma knife surgery in mesial temporal lobe epilepsy: a prospective multicenter study. Epilepsia. 2004; 45(5):504–515

[107] Engel J, Jr. Introduction to temporal lobe epilepsy. Epilepsy Res. 1996; 26(1):141–150

[108] Spencer SS, Berg AT, Vickrey BG, et al. Multicenter Study of Epilepsy Surgery. Initial outcomes in the multicenter study of epilepsy surgery. Neurology. 2003; 61(12):1680–1685

[109] Wieser HG, Ortega M, Friedman A, Yonekawa Y. Long-term seizure outcomes following amygdalohippocampectomy. J Neurosurg. 2003; 98(4):751–763

[110] Jutila L, Immonen A, Mervaala E, et al. Long term outcome of temporal lobe epilepsy surgery: analyses of 140 consecutive patients. J Neurol Neurosurg Psychiatry. 2002; 73(5):486–494

[111] Cascino GD. Structural neuroimaging in partial epilepsy. Magnetic resonance imaging. Neurosurg Clin N Am. 1995; 6(3):455–464

[112] Garcia PA, Laxer KD, Barbaro NM, Dillon WP. Prognostic value of qualitative magnetic resonance imaging hippocampal abnormalities in patients undergoing temporal lobectomy for medically refractory seizures. Epilepsia. 1994; 35(3):520–524

[113] Mori Y, Kondziolka D, Balzer J, et al. Effects of stereotactic radiosurgery on an animal model of hippocampal epilepsy. Neurosurgery. 2000; 46(1):157– 165, discussion 165–168

[114] Kondziolka D, Lunsford LD, Witt TC, Flickinger JC. The future of radiosurgery: radiobiology, technology, and applications. Surg Neurol. 2000; 54(6):406–414

[115] Gianaris T, Witt T, Barbaro NM. Radiosurgery for medial temporal lobe epilepsy resulting from mesial temporal sclerosis. Neurosurg Clin N Am. 2016; 27(1):79–82

[116] Schulze-Bonhage A, Quiske A, Homberg V, Trippel M, Wagner K, Frings L, Bast T, Huppertz HJ, Warnke C, Ostertag CH. Effect of interstitial stereotactic radiosurgery on behavior and subjective handicap of epilepsy in patients with gelastic epilepsy. Epilepsy Behav. 2004; 5(1):94–101

[117] Wagner K, Buschmann F, Zentner J, Trippel M, Schulze-Bonhage A. Memory outcome one year after stereotactic interstitial radiosurgery in patients with epilepsy due to hypothalamic hamartomas. Epilepsy Behav. 2014; 37:204–209

[118] Feichtinger M, Schröttner O, Eder H, et al. Efficacy and safety of radiosurgical callosotomy: a retrospective analysis. Epilepsia. 2006; 47(7):1184–1191

[119] Bodaghabadi M, Bitaraf MA, Aran S, et al. Corpus callosotomy with gamma knife radiosurgery for a case of intractable generalised epilepsy. Epileptic Disord. 2011; 13(2):202–208

[120] Celis MA, Moreno-Jiménez S, Lárraga-Gutiérrez JM, et al. Corpus callosotomy using conformal stereotactic radiosurgery. Childs Nerv Syst. 2007; 23(8):917–920

[121] Eder HG, Feichtinger M, Pieper T, Kurschel S, Schroettner O. Gamma knife radiosurgery for callosotomy in children with drug-resistant epilepsy. Childs Nerv Syst. 2006; 22(8):1012–1017

[122] Pendl G, Eder HG, Schroettner O, Leber KA. Corpus callosotomy with radiosurgery. Neurosurgery. 1999; 45(2):303–307, discussion 307–308

[123] Moreno-Jiménez S, San-Juan D, Lárraga-Gutiérrez JM, Celis MA, AlonsoVanegas MA, Anschel DJ. Diffusion tensor imaging in radiosurgical callosotomy. Seizure. 2012; 21(6):473–477

[124] Smyth MD, Klein EE, Dodson WE, Mansur DB. Radiosurgical posterior corpus callosotomy in a child with Lennox-Gastaut syndrome. Case report. J Neurosurg. 2007; 106(4) Suppl:312–315

28 Descompressão Microvascular e Rizotomia Aberta para Neuralgias Cranianas

Andrew L. Ko ▪ Aly Ibrahim ▪ Kim J. Burchiel

Resumo

Neuropatias cranianas envolvendo os nervos trigêmeo, facial e glossofaríngeo estão associadas a sintomas clínicos debilitantes. A abordagem e exposição dos nervos cranianos (CNs) V, VII e IX no tratamento dessas síndromes são muito similares. Drenagem do líquido cerebrospinal para relaxamento cerebral, cuidadosa e mínima retração cerebral, ampla dissecção da aracnoide, e visualização apropriada das zonas de entrada da raiz do nervo no tronco cerebral são importantes para uma cirurgia segura e eficaz. Neuralgia do trigêmeo, neuralgia geniculada, neuralgia glossofaríngea, e espasmo hemifacial estão frequentemente associados à compressão vascular dos CNs V, VII e IX. Craniotomia e descompressão microvascular são tratamentos extremamente bem-sucedidos quando uma compressão neurovascular está presente. Neurólise interna do CN V é uma alternativa eficaz e duradoura para neuralgia do trigêmeo quando compressão neurovascular não está presente. Rizotomia do nervo intermédio é recomendada para neuralgia geniculada, e rizotomia do nervo glossofaríngeo e dos dois primeiros filamentos radiculares do nervo vago para neuralgia glossofaríngea causa alguns efeitos colaterais, e é nossa recomendação mesmo na presença de compressão neurovascular para estas síndromes.

Palavras-chave: neuralgia do trigêmeo, neuralgia geniculada, neuralgia glossofaríngea, espasmo hemifacial, descompressão microvascular, neurólise interna, rizotomia aberta.

28.1 Introdução

Neuropatias cranianas envolvendo os nervos trigêmeo, glossofaríngeo e facial estão frequentemente associadas a sintomas clínicos debilitantes. Neuralgia do trigêmeo (TN), neuralgia geniculada (GN) ou neuralgia do nervo intermédio, e neuralgia do glossofaríngeo (GPN) são classicamente caracterizadas pelo início espontâneo de dor unilateral, episódica, lancinante nas distribuições sensoriais do nervo apropriado. Espasmo hemifacial (HFS) tipicamente se manifesta com contrações tônicas ou clônicas involuntárias dos músculos inervados pelo nervo facial ipsilateral. Embora alguns casos respondam bem à terapia médica, o tratamento cirúrgico é geralmente usado para casos refratários. Estas neuralgias são frequentemente, mas nem sempre, associadas à compressão de nervo craniano (CN) por uma artéria. Descompressão microvascular se tornou o tratamento cirúrgico de escolha quando a compressão neurovascular (NVC) está presente. Terapias ablativas abertas, como rizotomia aberta ou neurólise interna, também são seguras e eficazes, e são opções viáveis quando uma NVC convincente não é encontrada durante a cirurgia.

28.2 Seleção do Paciente

As neuralgias cranianas e o HFS são entidades clínicas em que o diagnóstico é estabelecido através de uma anamnese detalhada e exame físico. Tratamento médico, no caso de neuralgias, é tipicamente bem-sucedido inicialmente, com antiepilépticos (AEDs) como carbamazepina, oxcarbazepina e gabapentina sendo os tratamentos de primeira linha.[1] HFS, por outro lado, raramente responde aos AEDs; injeções de toxina botulínica fornecem alívio transitório na maioria dos pacientes, mas o uso prolongado comporta um risco de fraqueza facial.[2,3]

28.2.1 Neuralgia do Trigêmeo

TN tipo 1 é definida como início *espontâneo* de dor episódica (> 50%), lancinante e elétrica em uma ou mais distribuições do nervo trigêmeo. Caminhar, comer, barbear e sentir o vento geralmente precipitam os sintomas. Os pacientes tipicamente têm um início abrupto e memorável de sintomas, com uma duração variável de remissão. Alternativamente, o início espontâneo de dor constante (> 50%), aguda, pulsátil ou em queimação na distribuição do trigêmeo, com ou sem dor lancinante concomitante, é classificada como TN tipo 2.

Dor facial na distribuição do trigêmeo também pode ser *precipitada* por uma variedade de etiologias, e a descompressão microvascular (MVD) ou neurólise interna não é apropriada para esses pacientes. Estas síndromes dolorosas são classificadas por Burchiel como dor neuropática trigeminal, dor por desaferentação trigeminal, TN sintomática, neuralgia pós-herpética e dor facial atípica.[4] Ver ▶ Tabela 28.1 para um resumo dessas síndromes dolorosas faciais. Outra condição que pode ser confundida com dor do trigêmeo são os distúrbios da articulação temporomandibular (TMJ). Cautela é necessária para distinguir este grupo de condições da patologia do nervo trigêmeo. Na disfunção da TMJ, a dor é geralmente maçante, unilateral e aumentada pela mastigação. No exame, pode haver sensibilidade ao toque do músculo temporal, e estalos no *tragus* enquanto o paciente está movimentando a mandíbula.

28.2.2 Espasmo Hemifacial

HFS é extremamente raro. É duas vezes mais comum em mulheres, as quais têm uma incidência de 0,8 em cada 100.000 nos Estados Unidos.[5] É caracterizada por contrações intermitentes, involuntárias, tônicas ou clônicas, dos músculos inervados pelo nervo facial. Na grande maioria dos casos, as contrações começam nos músculos periorbitais e então progridem envolvendo o restante da musculatura facial. HFS atípico começa nos músculos vestibulares e progridem rostralmente. HFS deve ser diferenciado de outras entidades como HFS pós-paralítica, contratura facial parética espástica, blefaroespasmo benigno, tiques faciais e até mesmo convulsões parciais simples focais.

28.2.3 Neuralgia Geniculada

Dor unilateral e lancinante na orelha, de início espontâneo, caracteriza esta entidade clínica extremamente rara. NVC na zona de entrada da raiz (REZ) do CN VII foi implicada na patogênese dessa doença, e ocasionalmente um ramo da artéria cerebelar anteroinferior (AICA) pode ser visto no próprio complexo nervoso VII-VIII. As entidades mais comuns no diagnóstico diferencial são a TN e a GPN. Os clínicos devem tomar cuidado ao rotular dor de ouvido como GN, pois a sensação para o ouvido pode ser

Tabela 28.1 Esquema de Classificação das Dores Faciais Comumente Encontradas na Prática Neurocirúrgica

Diagnóstico	História	Tratamento
Neuralgia do trigêmeo tipo I	Início espontâneo de dor episódica (> 50%)	Médico Procedimentos ablativos percutâneos ou SRS Descompressão microvascular[a]
Neuralgia do trigêmeo tipo II	Início espontâneo de dor constante (> 50%)	Médico (menos bem-sucedido) Descompressão microvascular (menos comum ter compressão vascular) Procedimentos ablativos percutâneos ou SRS Neurólise interna[a]
Neuralgia do trigêmeo sintomática	Esclerose múltipla (talvez bilateral)	Médico (geralmente fracassa) Procedimentos ablativos percutâneos ou SRS[a]
Dor neuropática trigeminal	Lesão acidental do trigêmeo (extração dentária, trauma facial)	Médico (menos bem-sucedido) Terapia estimulatória Tractotomia/nucleotomia trigeminal
Dor de desaferentação trigeminal	Desaferentação intencional (rizotomia aberta ou excisão de schwannoma trigeminal)	Tractotomia/nucleotomia trigeminal
Neuralgia trigeminal pós-herpética	Surto de herpes-zóster do nervo trigêmeo	Difícil de tratar Terapia estimulatória pode ser benéfica
Dor facial atípica	Transtorno doloroso somatoforme	Avaliação neuropsicológica e tratamento da etiologia psicológica subjacente
Condições raras		
Neuralgia glossofaríngea	Dor na parte posterior da garganta e da língua, que pode irradiar para o ângulo da mandíbula	Médico Compressão microvascular Rizotomia aberta do IX nervo craniano e dois filamentos superiores do X[a]
Neuralgia geniculada (nervo intermédio)	Dor de ouvido profunda, intermitente, aguda, tipo "furador de gelo"	Médico Descompressão microvascular com secção do nervo intermédio

Abreviação: SRS = radiocirurgia estereotáxica.
[a]Tratamento cirúrgico de escolha.

fornecida pelos CNs V, VII, IX e X, bem como pelas segunda e terceira raízes cervicais.

28.2.4 Neuralgia Glossofaríngea

GPN é caracterizada por dor paroxística na distribuição sensorial do CN IX, com pontadas elétricas de dor na região da amígdala ou terço posterior da língua, geralmente desencadeadas pela deglutição. Radiação da dor para a orelha ou ângulo da mandíbula pode dificultar sua diferenciação da TN, e exploração cirúrgica dos CNs V e IX pode ser necessária.

28.3 Preparação Pré-Operatória

Embora o diagnóstico de neuralgias cranianas e HFS seja embasado apenas na anamnese e exame físico, é importante obter imagens pré-operatórias para descartar a presença de tumores, cistos, anormalidades congênitas (malformação de Chiari) e anomalias vasculares, como aneurisma ou malformação arteriovenosa. Em nosso instituto, a prática atual é a de realizar uma MRI/MRA de alta resolução, com subsequente reconstrução 3D do tronco cerebral, CNs e vasculatura (▶ Fig. 28.1).[6] Isto fornece uma avaliação muito precisa da NVC anterior à cirurgia, facilita a discussão pré-operatória da MVD e oferece alternativas à descompressão (como neurólise interna ou rizotomia aberta), se indicado. Testes audiométricos podem ser realizados para determinação quantitativa da deterioração intraoperatória nos potenciais evocados auditivos do tronco cerebral (BAEPs). Alterações tipicamente observadas no BAEP em resposta às manobras cirúrgicas, como retração cerebelar, manipulação das artérias e vasoespasmo subsequente, ou compressão neural durante o fechamento, incluem um aumento na latência interpico entre III e V; a amplitude das ondas III e V também podem mudar em resposta às manobras cirúrgicas. Uma redução de 50% na amplitude da onda V e um aumento superior e 2 ms na latência das ondas I a V são indicadores significativos de perda auditiva, porém esses dados foram obtidos em pacientes sendo submetidos a uma ressecção do schwannoma vestibular. Para a MVD, há evidência de que apenas a perda total da onda V prediz perda auditiva pós-operatória,[7] enquanto um aumento de 1 ms na latência da onda V foi associada a uma redução na audição após a cirurgia.[8]

28.4 Procedimento Cirúrgico

Abordagens cirúrgicas para MVD, neurólise interna ou rizotomia aberta são em grande parte idênticas. O posicionamento do pa-

Descompressão Microvascular e Rizotomia Aberta para Neuralgias Cranianas

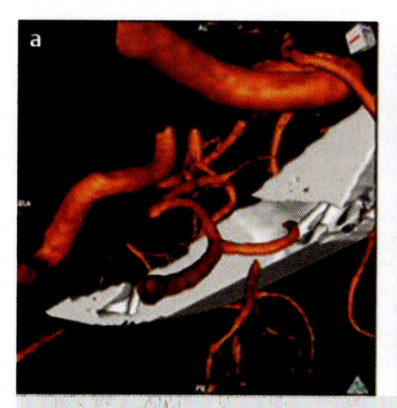

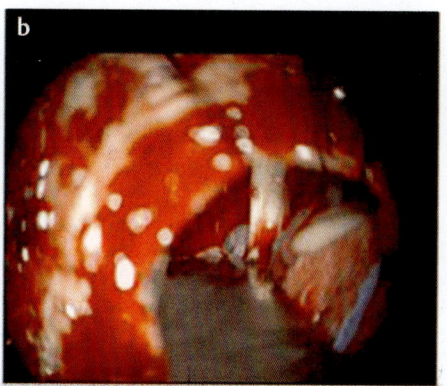

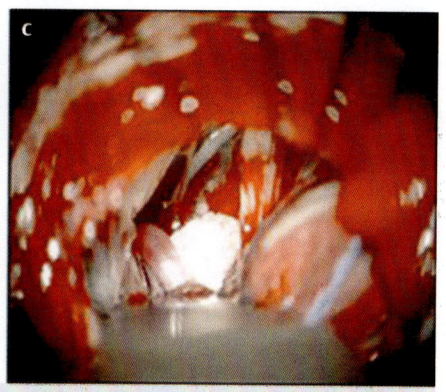

Fig. 28.1 (a) Reconstrução 3D pré-operatória da MRI/MRA de um paciente com espasmo hemifacial esquerdo, mostrando dobramento ascendente da PICA, comprimindo o complexo nervoso facial na junção REZ-tronco cerebral. **(b, c)** Imagem intraoperatória mostrando a ponta da dobra da PICA na base do nervo facial antes e após descompressão com membrana de Teflon. PICA = artéria cerebelar posteroinferior; REZ = zona de entrada da raiz.

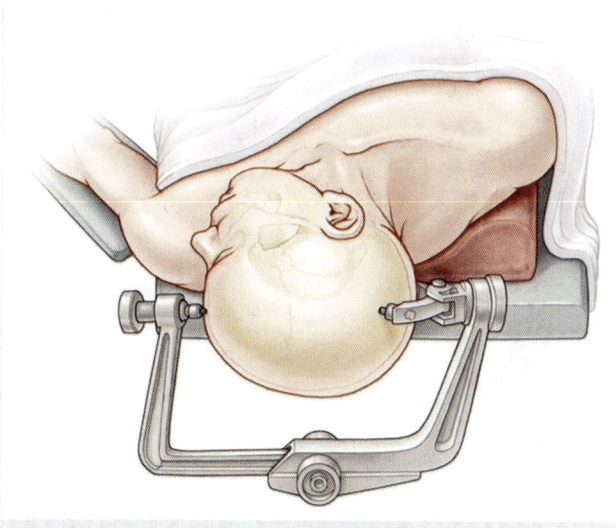

Fig. 28.2 Uma incisão curvilínea paralela à orelha e na porção posterior da mesma. A incisão é realizada pela borda posterior da base do mastoide ou fossa digástrica, se a última puder ser sentida. O tamanho da craniotomia é de aproximadamente 2,5 cm e é realizada de modo que a extensão superolateral fique na junção transverso-sigmoide (ver texto para detalhes). Para exposição do nervo craniano inferior, a craniotomia deve ser aumentada inferiormente. (Adaptada com permissão de Burchiel KJ. Microvascular decompression for trigeminal neuralgia. In: Burchiel KJ, ed. Surgical Management of Pain, 2nd ed. New York: Thieme; 2014.)

ciente é de extrema importância. A mesa de cirurgia é invertida, com a cabeça no pé da cama, fornecendo máximo espaço para o cirurgião. Uma pinça de Mayfield é aplicada e o paciente é colocado na posição supina, com a cabeça virada de modo que a orelha fique paralela ao chão e ligeiramente elevada, com o pescoço ligeiramente fletido, permitindo dois dedos de largura entre o mento e o esterno. Um rolo de gel pode ser colocado debaixo do ombro ipsilateral para reduzir a rotação do pescoço (▶ Fig. 28.2). Alternativamente, se o pescoço do paciente não estiver flexível o suficiente para possibilitar esta manobra, ele pode ser posicionado em decúbito lateral, com todos os pontos de pressão acolchoados e um rolo axilar. O paciente é fixado à cama com cintas e fita adesiva, com o ombro enfaixado caudalmente para adicional espaço de trabalho. BAEPs de referência e monitorização do nervo facial devem ser confirmados. Alguns cirurgiões empregam a drenagem do líquido cerebrospinal (CSF) ou colocam um dreno lombar para facilitar o relaxamento cerebral e prevenir fístula liquórica pós-operatória. Na experiência do autor, isto não é necessário para relaxamento cerebral. A presença de um dreno lombar, na experiência primária do autor, na verdade aumenta o tempo de permanência hospitalar após esses procedimentos, parcialmente devido a uma maior incidência de hipotensão intracraniana necessitando de tampão sanguíneo em uma taxa mais elevada do que fístula liquórica no sítio cirúrgico primário.

28.4.1 Neuralgia do Trigêmeo

Abertura e Exposição do Nervo Trigêmeo

A incisão, aproximadamente de 3 a 5 cm de comprimento, é realizada 2 a 3 cm posterior à pina auricular, estendendo-se um quarto acima da linha iniomeatal e três quartos abaixo (▶ Fig. 28.3). Como regra prática, se a incisão se estende acima da pina, a mesma é posicionada muito superiormente. Dissecção cortante e eletrocautério é usado para liberar o tecido mole até que a eminência mastóidea esteja adequadamente exposta. A fossa digástrica deve ser visualizada (5 cm atrás do canal auricular [4 cm em mulheres] e 1 cm caudal à face lateral do canal auditivo externo). A veia emissária mastóidea, a qual é uma boa referência para a junção entre os seios sigmoide e transverso, pode sangrar. Ela deve ser encerada. Uma referência alternativa à posição da craniotomia é o astério, geralmente marcando a borda inferior da junção transverso-sigmoide. Estereotaxia sem halo pode ser usada para precisamente definir a posição dos seios na pele para o planejamento da incisão, e do crânio para planejamento da craniotomia, mas não é necessário. A craniotomia é realizada com uma broca estriada redonda de 6 mm, começando inferomedialmente, e é expandida superior e lateralmente até que a junção dos seios transverso e sigmoide seja definitivamente reconhecida. Não há necessidade de esqueletizar os seios. Alguns cirurgiões preferem usar um craniótomo para realizar uma craniotomia, permitindo a substituição de um retalho ósseo. Com o uso de cimento ósseo ou placa de titânio durante o fechamento, os autores constataram que isso é desnecessário. Células aeradas expostas são parafinadas, e uma durotomia curvilínea é realizada, a poucos milímetros inferior à borda do seio, com o ápice apontando para o topo da pina (▶ Fig. 28.4).

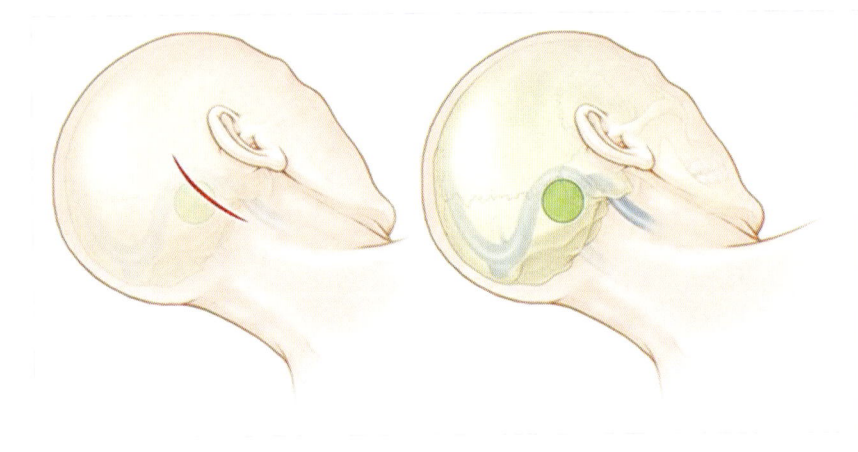

Fig. 28.3 Uma incisão curvilínea paralela à orelha e na porção posterior da mesma. A incisão é realizada através da borda posterior da base do mastoide ou fossa digástrica, se a última puder ser sentida. O tamanho da craniotomia é de aproximadamente 2,5 cm e é realizada de modo que a extensão superolateral fique na junção transverso-sigmoide (ver texto para detalhes). Para exposição do nervo craniano inferior, a craniotomia deve ser aumentada inferiormente. (Adaptada com permissão de Burchiel KJ. Microvascular decompression for trigeminal neuralgia. In: Burchiel KJ, ed. Surgical Management of Pain, 2nd ed. New York: Thieme; 2014.)

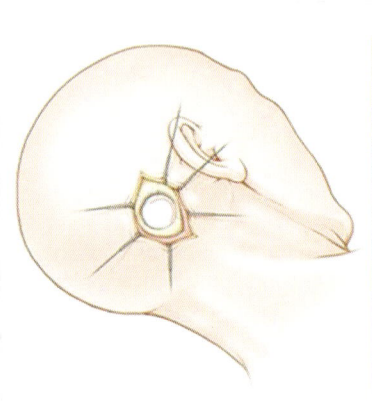

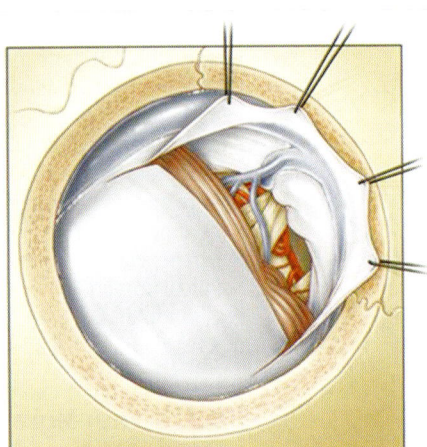

Fig. 28.4 A dura é incisada de forma curvilínea alguns milímetros posterior e paralela à borda transverso-sigmoide. Três a quatro pontos são colocados para retrair a dura em direção aos seios. (Adaptada com permissão de Burchiel KJ. Microvascular decompression for trigeminal neuralgia. In: Burchiel KJ, ed. Surgical Management of Pain, 2nd ed. New York: Thieme; 2014.)

Lesão acidental ao seio pode ser uma fonte de complicação durante a exposição. Isso pode ser minimizado com atenção especial à imagem pré-operatória e anatomia individual. Em particular, deve-se manter em mente que o seio sigmoide é relativamente superficial à dura sobrejacente ao hemisfério cerebelar. Dissecção com uma cureta nas bordas ósseas anteriores e superficiais para definir a anatomia pode ajudar a evitar desventuras.

Se sangramento do seio é encontrado, existem diversas estratégias para alcançar o controle. Cautério bipolar deve ser evitado, visto que isto irá geralmente resultar em retração das bordas durais, piorando a situação. Defeitos maiores no seio podem ser controlados com reparo direto usando sutura, ou um tampão muscular pode ser coletado e colocado sobre a abertura. Uma técnica útil para reparo do seio compreende primeiro a fixação do tampão muscular na sutura e, então, a passagem da agulha através da própria abertura, desembocando lateral ao defeito. Em seguida, a agulha é passada através da borda contralateral da abertura antes de fixar o tampão muscular. Defeitos menores podem ser cobertos com um pedaço de Gelfoam. O uso de agentes hemostáticos líquidos, como Flo-Seal, pode ser minimizado, visto que a infiltração destes produtos pode causar trombose dos seios intracranianos. A borda dural ao longo do seio transverso e sigmoide é curvada para fora usando três a quatro suturas. Um cotonoide é colocado na abertura e mantido no local por alguns minutos para encorajar a saída de CSF, permitindo a expansão do cerebelo, minimizando a retração. O microscópio cirúrgico deve ser posicionado contralateral ao cirurgião. Um afastador autoestático é avançado ao longo da superfície superolateral do cerebelo sob visão direta. Muitos cirurgiões evitam o uso de retração fixa; o uso desses afastadores pode ser evitado com um relaxamento cerebral adequado e com o uso de retração "dinâmica" com sucção. A junção do tentório e osso petroso forma um corredor que pode ser seguido para chegar ao nervo trigêmeo. Mínima retração é necessária para "virar a esquina", expondo o ângulo pontocerebelar. A cisterna trigeminal deve ser aberta para permitir adicional saída de CSF. Com drenagem adequada de CSF, o afastador pode não ser mais necessário para fornecer adequada visualização das estruturas necessárias.

O complexo da veia petrosa é geralmente constituído pelos primeiros vasos encontrados, sendo compostos de três a quatro ramos que coalescem antes de entrar no seio petroso superior. Estes podem ser individualmente coagulados e cortados, com cuidado para fornecer um "coto" adequado ao longo da superfície petrosa. Avulsão deste complexo pode criar um buraco no tentório, o qual pode dificultar a hemostasia. Caso isto aconteça, o defeito pode ser gentilmente comprimido com Surgicel e Gelfoam embebidos em trombina, e o tamponamento é mantido com um pequeno cotonoide. Irrigação deve ser usada para eliminar completamente o sangue, de modo que os planos aracnoides fiquem novamente visíveis. A preservação desta estrutura é uma opção; infarto venoso, embora incomum, pode ser causado pela remoção desse complexo venoso. Devido à variabilidade na anatomia venosa, vale à pena fazer uma avaliação minuciosa dos padrões de drenagem individuais, e pode valer à pena fazer um esforço adicional para preservar esta estrutura.

Abertura da aracnoide ao longo da fissura cerebelomesencefálica permite que o cerebelo se expanda e exponha o nervo trigêmeo. Qualquer retração deve ser aplicada em uma direção inferomedial para evitar tração sobre o complexo nervoso VII-VIII. O cirurgião deve pausar na ocorrência de alterações na amplitude e latência do BAEP em qualquer ponto durante o procedimento. Relaxamento da retração irá geralmente reverter qualquer alteração. Dissecção aracnoide adicional ao longo do complexo nervoso VII-VIII pode ser necessária para a adequada exposição sem estirar o nervo vestibulococlear.

Descompressão Microvascular

O nervo trigêmeo deve ser examinado desde o tronco cerebral até o cavo de Meckel. O vaso compressor mais frequente é a artéria cerebelar superior (SCA). Todas as aderências aracnóideas devem ser removidas do nervo, a fim de possibilitar a inspeção ao longo de suas faces superior, inferior e medial. A SCA é geralmente bifurcada ou trifurcada, e todas as alças ofensoras do vaso devem ser identificadas e mobilizadas. O curso usual desse vaso é acima da raiz do trigêmeo, porém alças redundantes geralmente rumam abaixo do nível da raiz do trigêmeo, pressionando a REZ ao longo da face inferomedial do nervo. Com menor frequência, a AICA pode dobrar de forma ascendente e comprimir o nervo; uma artéria basilar dilatada e tortuosa também pode ser o vaso ofensor. Compressão venosa do nervo também pode ser encontrada. O complexo da veia petrosa pode produzir um sulco no nervo à medida que atravessa a REZ. Todas as relações neurovasculares com o nervo devem ser avaliadas antes de descomprimir sistematicamente, de modo que nenhum vaso passe despercebido.

Teflon em pedaços é colocado entre o vaso ofensor e o nervo. Múltiplos pedaços são geralmente necessários (▶ Fig. 28.5). Cautela é necessária para não entortar as artérias compressoras durante a descompressão. Ramos perfurantes da SCA podem limitar a mobilidade da artéria, mas devem ser preservados. Se houver compressão venosa, o vaso deve ser mobilizado e descomprimido com Teflon; alternativamente, pode ser coagulado e cortado, com cuidado para afastá-lo adequadamente do tronco cerebral ou nervo, a fim de evitar lesão térmica a estas estruturas. Na presença de compressão venosa isolada, os autores geralmente realizam uma neurólise interna além da MVD.

Neurólise Interna

Neuralgia do trigêmeo ocorre e recorre na ausência de NVC. Até 29% dos pacientes com TN tipo 1 não têm uma NVC significativa durante a exploração.[9] Rizotomia sensorial parcial (PSR), ou a secção da metade a dois terços da porção lateral do nervo trigêmeo, bem como neurólise interna, têm sido realizadas em casos e TN recorrente, em que descompressão adequada tenha sido previamente realizada, ou quando nenhuma NVC é observada na cirurgia inicial. PSR tem sido associada a uma satisfação reduzida do paciente, quando comparada com a MVD,[10] e estudos cadavéricos identificaram interconexões entre a porção menor e maior do nervo trigêmeo, fornecendo uma explicação anatômica para potenciais falhas da PSR.[11] Os autores defendem o uso da neurólise interna nos casos em que nenhuma NVC é identificada no momento da cirurgia. Visto que o epineuro deriva da dura, qualquer procedimento intracraniano não pode, por definição, ser uma neurólise verdadeira. No entanto, se um exame cuidadoso e detalhado do nervo trigêmeo entre a REZ e o cavo de Meckel revela ausência de NVC, este procedimento destrutivo resulta em déficits sensoriais relativamente menores, com alívio excelente e duradouro dos sintomas de TN, que são comparáveis à MVD.[12]

Para realizar a neurólise, um dissector é gentilmente inserido no nervo trigêmeo e usado para separar o nervo em 6 a 10 fascículos, ao longo de todo o seu curso intracraniano, desde o tronco cerebral até o poro trigeminal, incluindo a porção menor (▶ Fig. 28.6). Este procedimento pode desencadear bradicardia e estimulação dolorosa grave; a garantia de uma anestesia adequada e administração profilática de 0,2 mg de glicopirrolato e alfentanil pode atenuar este reflexo, o qual pode ser dramático. Os déficits sensoriais resultantes são relativamente menores, e

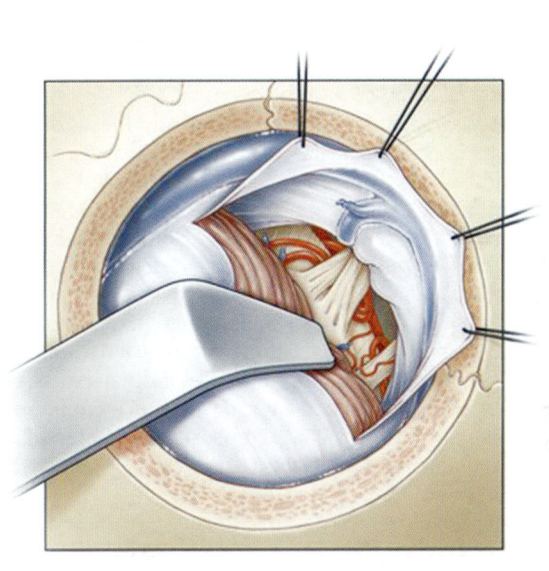

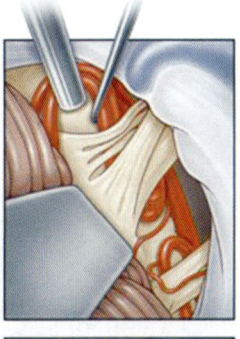

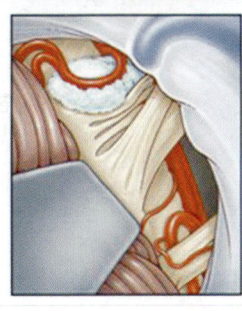

Fig. 28.5 Zona de entrada da raiz do nervo trigêmeo deve ser visualizada. Isto é auxiliado pela drenagem de CSF, dissecção da aracnoide e retração cerebelar gentil. Os vasos são gentilmente afastados do nervo e o espaço recém-criado é preservado com Teflon. (Adaptada com permissão de Burchiel KJ. Microvascular decompression for trigeminal neuralgia. In: Burchiel KJ, ed. Surgical Management of Pain, 2nd ed. New York: Thieme; 2014.)

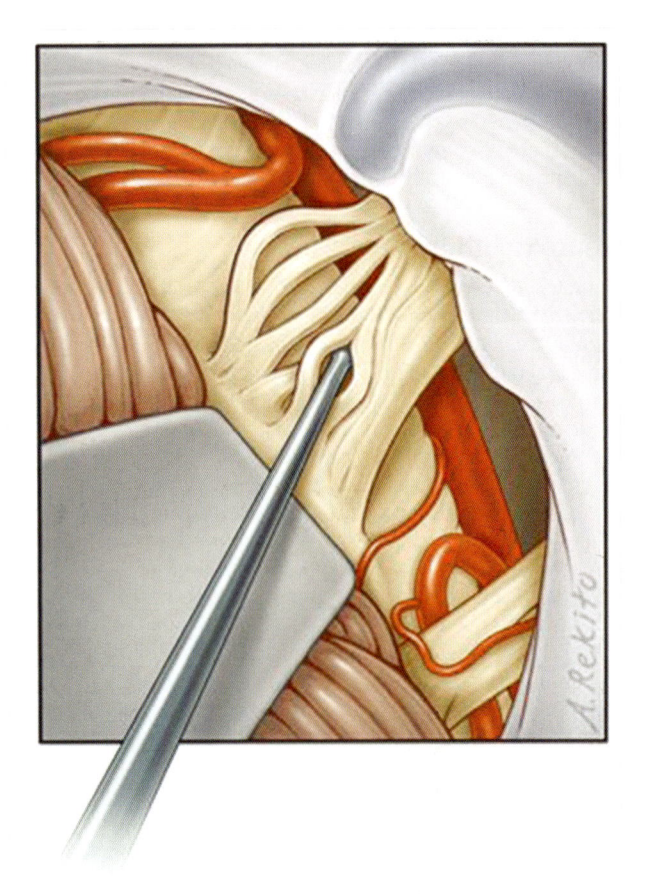

Fig. 28.6 Neurólise interna é a cirurgia de escolha no caso de neuralgia trigeminal sem compressão vascular; o nervo é rombamente dissecado em fascículos (geralmente 6-10) com o uso de um microdissector (Fukushima), desde o tronco cerebral até o cavo de Meckel, incluindo a porção menor e a porção maior. Analgesia adequada e monitorização rigorosa da frequência cardíaca são essenciais durante a neurólise.

se alívio da dor é bem-sucedido e duradouro, o procedimento tem muito pouco impacto na qualidade de vida do paciente.[12]

Fechamento

Hemostasia é obtida. Irrigação é usada para eliminar o sangue do espaço subaracnoideo. Um fechamento impermeável da dura é realizado; material cadavérico ou sintético pode ser usado para realizar uma duroplastia se necessário. Bordas ósseas são parafinadas pela segunda vez. A dura é coberta com uma camada fina de cola de fibrina, e uma cranioplastia é realizada usando cimento de hidroxiapatita. Fáscia, tecido subcutâneo e pele são fechados de forma padrão.

28.4.2 Espasmo Hemifacial

Abertura e Exposição

Exposição do CN VII e de sua REZ é realizada de modo similar àquela do CN V, com várias diferenças importantes. O paciente pode ser colocado em posição supina ou lateral como para a TN. Todavia, o vértex da cabeça deve estar inclinado cerca de 15 graus em direção ao chão, permitindo uma melhor exposição da porção proximal do CN VII. A monitorização do CN deve ser realizada como na TN. A incisão e dissecção de tecidos moles são idênticas ao procedimento na TN e HFS. A craniotomia pode ser estendida mais inferiormente e lateralmente, com durotomia similar e drenagem de CSF para relaxamento cerebral.

Descompressão Microvascular

O nervo facial emerge do tronco cerebral no sulco pontomedular na borda superior da fossa supraolivar. Ele então percorre adjacente a ponte por cerca de um centímetro. A REZ e esta porção proximal do nervo facial são ocultadas pelo flóculo. Esta região deve ser explorada para garantir adequada descompressão, mas manipulação e retração do flóculo geralmente produzem aumento imediato das latências do BAEP ou redução na amplitude da onda. Dissecção aracnoide adequada e relaxamento intermitente da retração são necessários para evitar deficiência auditiva permanente. Retração do cerebelo em direção cefálica, e dissecção do aracnoide ao longo da face medial do nervo glossofaríngeo facilita a visualização da REZ.

A artéria cerebelar posteroinferior é a responsável em até 70% dos casos, com a AICA ou artéria vertebral sendo responsáveis no restante dos casos. O vaso está tipicamente localizado anterior e caudal à REZ. Exposição inadequada da REZ é a causa mais comum de falha da MVD para tratar HFS. Assim que as relações neurovasculares são firmemente estabelecidas, descompressão com Teflon é realizada como na TN.

Fechamento

Após confirmação da descompressão e hemostasia, o fechamento é idêntico àquele realizado para TN.

28.4.3 Neuralgia Geniculada

Abertura e Exposição

Cirurgia para dor na distribuição do nervo intermédio é em grande parte idêntica àquela para HPS. GN pode estar associada à NVC da REZ do CN VII; exposição e exame do tronco cerebral e complexo CN VII-VIII são realizados da mesma forma que para HFS.

Descompressão Microvascular versus Rizotomia Aberta

Se NVC for observada, descompressão com compressas de Teflon, como no HFS, é recomendada. Uma alça vascular no complexo VII-VIII também é ocasionalmente observada durante a cirurgia. Isto é geralmente devido a um ramo menor da AICA. A mobilidade deste vaso pode ser limitada por artérias perfurantes, as quais devem ser preservadas, embora a descompressão possa inda ser possível.

Para todos os casos, a secção do nervo intermédio é recomendada. Dissecção cuidadosa no complexo VII-VIII é usada para expor os pequenos filamentos radiculares deste nervo, os quais podem ser seccionados com a ajuda de um gancho rombo e eletrocautério bipolar (▶ Fig. 28.7). É importante lembrar que dois ou até três filamentos radiculares podem existir e que estes devem ser identificados e seccionados.

Este nervo tem três partes: o segmento proximal é aderente ao nervo vestibular superior; a porção intermediária está livre entre o oitavo nervo e a raiz motora do facial; e o segmento distal está incorporado no nervo facial. Em aproximadamente um

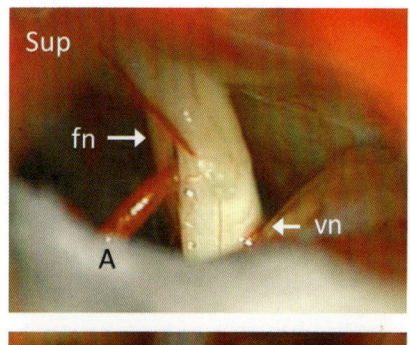

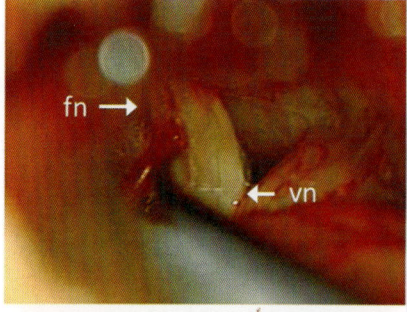

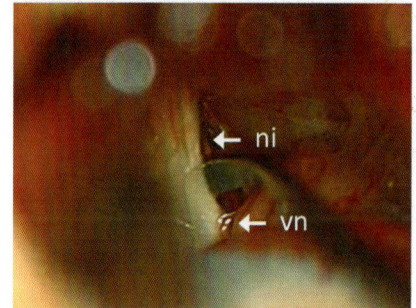

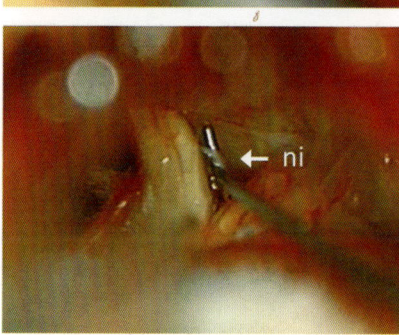

Fig. 28.7 Vistas intraoperatórias do nervo intermédio sem o complexo VII/VIII. A figura mostra a abordagem durante uma craniotomia suboccipital direita para neuralgia geniculada. As figuras estão orientadas de modo que o lado esquerdo da figura é cranial (Sup). *Esquerda superior:* Uma alça da AICA ("A" preto) entra no complexo VII/VIII entre o nervo facial ("fn") e os nervos vestibulares ("vn"). *Direita superior:* O nervo intermédio geralmente está localizado entre o nervo vestibular superior e o nervo facial. Dissecção entre os dois geralmente revelará a porção livre deste nervo. Neste caso, a alça da AICA parece ter deslocado o nervo inferiormente. *Esquerda inferior:* Dissecção ao longo da porção inferior do nervo vestibular revela a porção livre do nervo intermédio ("ni"), que pode ser observado imediatamente lateral ao nervo coclear. Este é retraído e liberado do restante do complexo nervoso VII/VIII usando um gancho rombo (*direita inferior*).

quinto dos casos, a porção livre do nervo pode ser vista apenas após sua entrada no meato acústico interno, e remoção de uma porção do canal é necessária para localizar o nervo intermédio. Estimulação com uma sonda Prass em uma amplitude de 0,05 a 0,1 mA, sem ativação dos músculos faciais, pode ser tranquilizador antes da secção do nervo intermédio.

Lacrimejamento reduzido no olho ipsilateral e paladar alterado na porção anterior da língua ipsilateral foram descritos. Rizotomia aberta deste nervo não resulta em fraqueza facial.

Fechamento

Após descompressão ou secção do nervo intermédio, o fechamento é idêntico àquele para TN.

28.4.4 Neuralgia Glossofaríngea

Abertura e Exposição

A posição do paciente para acesso ao CN IX e X é similar àquela para HFS. Monitorização da BAEP e do nervo facial é realizada. A craniotomia pode ser estendida inferiormente e lateralmente ao longo do seio sigmoide à medida que se aproxima do bulbo da jugular. Abertura da dura e drenagem de CSF são realizadas da mesma forma que para HFS. Abertura da cisterna magna para encorajar a saída de CSF possibilitará a exposição dos CNs IX e X, e dissecção meticulosa da aracnoide permite a visualização máxima dos CNs inferiores.

Descompressão Microvascular e Rizotomia

Compressão vascular é geralmente observada no tronco cerebral, nos CNs IX e X, e pode estar localizada rostralmente, anteriormente ou posteriormente aos CNs, e os vasos podem percorrer entre eles. Novamente, visualização minuciosa dos nervos e tronco cerebral é realizada. Se um vaso ofensor é visualizado, este pode ser afastado do nervo e mantido nesta posição com Teflon. Manipulação do CN X também pode causar arritmias cardíacas que são transitórias. MVD foi associada à recidiva da dor, e é frequentemente menos satisfatória na fossa inferoposterior. Em geral, o CN IX é seccionado ao longo dos dois primeiros filamentos do CN X. Sensação e o reflexo faríngeo são reduzidos ipsilateralmente, mas disfagia não foi relatada com esta técnica (▶ Fig. 28.8).

Fechamento

Fechamento após hemostasia e exame do campo intraoperatório são realizados como descrito acima.

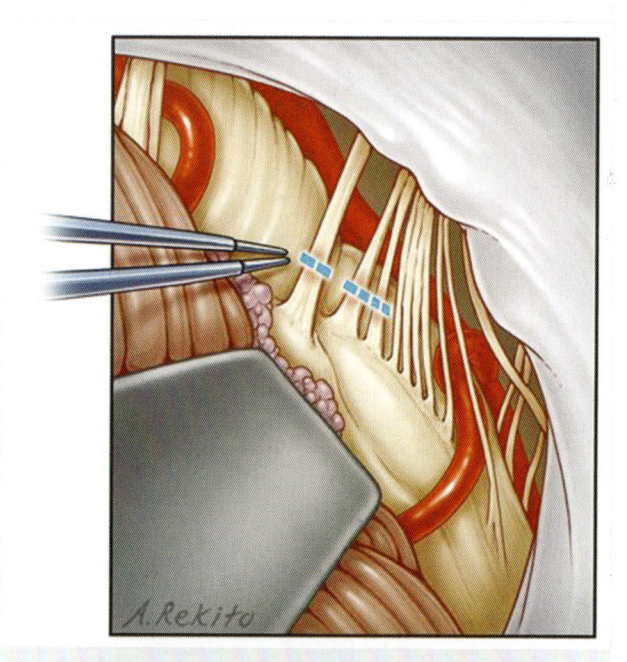

Fig. 28.8 Manejo cirúrgico da neuralgia glossofaríngea consiste em uma descompressão microvascular combinada com a secção do nervo glossofaríngeo e dos dois filamentos radiculares superiores do nervo vago. Rotineiramente usamos a rizotomia, visto que o uso isolado de MVD foi associado à recidiva da dor e resultados menos satisfatórios.

28.5 Manejo Pós-Operatório Incluindo Possíveis Complicações

O paciente é observado em uma unidade de cuidados intensivos durante a noite, mantendo a pressão arterial sistólica inferior a 160 mmHg. Náusea e cefaleias são controladas sintomaticamente. Dieta e atividade são normalizadas conforme tolerado. AEDs usados para controlar a dor são reduzidos gradualmente, diminuindo a ingestão de um comprimido a cada 2 dias. Alívio dos sintomas é geralmente observado imediatamente para neuralgias, enquanto no HFS os sintomas podem persistir durante dias ou meses em alguns pacientes.

As complicações mais comuns específicas à MVD ou rizotomia incluem fístula liquórica, lesão cerebelar, fraqueza facial ipsilateral ou perda auditiva. Estas são raras, e podem ser atenuadas com um fechamento cuidadoso, minimizando a retração, e com o uso apropriado de monitorização intraoperatória.

28.6 Conclusão

Descompressão microvascular e rizotomia aberta são muito bem-sucedidas na produção de alívio das neuralgias cranianas e HFS quando o manejo clínico fracassa. Neurólise interna oferece um tratamento seguro, eficaz e duradouro para TN quando NVC não está presente. Recomendamos a rizotomia aberta para GN e GPN. O perfil de efeitos colaterais deste tratamento justifica seu uso; recidiva após uma MVD implica apenas em um procedimento repetido que é mais difícil.

Referências

[1] Loeser JD. What to do about tic douloureux. JAMA. 1978; 239(12):1153–1155
[2] Dutton JJ, Buckley EG. Long-term results and complications of botulinum A toxin in the treatment of blepharospasm. Ophthalmology. 1988; 95(11):1529–1534
[3] Park YC, Lim JK, Lee DK, Yi SD. Botulinum a toxin treatment of hemifacial spasm and blepharospasm. J Korean Med Sci. 1993; 8(5):334–340
[4] Burchiel KJ. A new classification for facial pain. Neurosurgery. 2003; 53(5):1164–1166, discussion 1166–1167
[5] Auger RG, Whisnant JP. Hemifacial spasm in Rochester and Olmsted County, Minnesota, 1960 to 1984. Arch Neurol. 1990; 47(11):1233–1234
[6] Miller JP, Acar F, Hamilton BE, Burchiel KJ. Radiographic evaluation of trigeminal neurovascular compression in patients with and without trigeminal neuralgia. J Neurosurg. 2009; 110(4):627–632
[7] Simon MV. Neurophysiologic intraoperative monitoring of the vestibulocochlear nerve. J Clin Neurophysiol. 2011; 28(6):566–581
[8] Polo G, Fischer C, Sindou MP, Marneffe V. Brainstem auditory evoked potential monitoring during microvascular decompression for hemifacial spasm: intraoperative brainstem auditory evoked potential changes and warning values to prevent hearing loss–prospective study in a consecutive series of 84 patients. Neurosurgery. 2004; 54(1):97–104, discussion 104–106
[9] Lee A, McCartney S, Burbidge C, Raslan AM, Burchiel KJ. Trigeminal neuralgia occurs and recurs in the absence of neurovascular compression: clinical article. J Neurosurg. 2014; 120(5):1–7
[10] Zakrzewska JM, Lopez BC, Kim SE, Coakham HB. Patient reports of satisfaction after microvascular decompression and partial sensory rhizotomy for trigeminal neuralgia. Neurosurgery. 2005; 56(6):1304–1311, discussion 1311–1312
[11] Tubbs RS, Griessenauer CJ, Hogan E, Loukas M, Cohen-Gadol AA. Neural interconnections between portio minor and portio major at the porus trigeminus: application to failed surgical treatment of trigeminal neuralgia. Clin Anat. 2014; 27(1):94–96
[12] Ko AL, Ozpinar A, Lee A, Raslan A, McCartney S, Burchiel KJ. Long-term efficacy and safety of internal neurolysis for trigeminal neuralgia without vascular compression. J Neurosurg. 2014

29 Radiocirurgia Estereotáxica para Neuralgia do Trigêmeo

Bruce E. Pallock

Resumo

Neuralgia do trigêmeo (TN) é a síndrome dolorosa facial mais comum, com uma incidência de aproximadamente 27 em cada 100.000 pacientes por ano. A terapia médica elimina ou reduz de forma significativa a dor em quase 90% dos pacientes e é considerada o tratamento de escolha para novos casos de TN; no entanto, o alívio da dor fornecido pela terapia médica geralmente diminui com o tempo e a cirurgia se torna necessária para manter a qualidade de vida dos pacientes. Muitos tipos de cirurgias foram utilizados para tratar pacientes com TN não responsiva clinicamente, incluindo vários procedimentos destrutivos como a radiocirurgia estereotáxica (SRS). Nos últimos 25 anos, mais de 50.000 pacientes foram submetidos à SRS para TN, com o uso de uma variedade de abordagens de fornecimento de radiação (*gama knife*, aceleradores lineares modificados, CyberKnife). O mecanismo de alívio da dor permanece controverso, mas a maioria dos estudos relatou uma correlação entre o desenvolvimento de novos déficits trigeminais e resultados mais favoráveis da dor facial. Para pacientes com TN idiopática, a realização de SRS com doses radioativas iguais ou superiores a 80 Gy, entre 40 e 70% ficam livres da dor com ou sem medicamentos após o procedimento. Embora a descompressão microvascular (MVD) seja considerada a melhor cirurgia para pacientes clinicamente adequados com TN, a SRS é tipicamente realizada para quando o paciente é idoso, sofre de comorbidades médicas significativas ou têm dor facial recorrente após uma prévia MVD. Mais recentemente, a preferência do paciente tem sido considerada um fator de decisão importante, e um grande número de pacientes escolhe SRS como o procedimento menos invasivo para neuralgia do trigêmeo.

Palavras-chave: radiocirurgia estereotáxica, técnica, neuralgia do trigêmeo.

29.1 Introdução

Os métodos cirúrgicos usados para tratar pacientes com neuralgia do trigêmeo (TN) clinicamente não responsiva são considerados destrutivos ou não destrutivos. Descompressão microvascular (MVD) é destinada ao alívio da compressão neurovascular de um paciente, e é a única cirurgia não destrutiva para TN.[1] Ao contrário das técnicas destrutivas (ablativas), o alívio da dor após MVD independente dos transtornos sensoriais faciais pós-operatórios.[2] Além disso, foi demonstrado que o alívio da dor após a MVD é bastante duradouro. Barker *et al.* revisaram 1.185 pacientes com TN e constataram que 64% dos pacientes não sofriam de dor sem medicamentos 10 anos após uma única cirurgia.[1] Portanto, se os objetivos da cirurgia de da TN são a eliminação da dor facial sem medicamentos e a preservação da função do trigêmeo, então a MVD é considerada a melhor cirurgia disponível.[3] Diversas técnicas cirúrgicas menos invasivas foram desenvolvidas ao longo dos anos para tratar pacientes com TN não responsiva clinicamente não considerados candidatos adequados para MVD por causa da idade avançada ou de comorbidades médicas significativas. Estas cirurgias incluem rizotomia com glicerol, termocoagulação por radiofrequência e microcompressão por balão. Todas são consideradas técnicas cirúrgicas destrutivas, e o sucesso de cada uma está relacionado diretamente com a produção de nova dormência facial.[4]

Radiocirurgia estereotáxica se tornou uma cirurgia aceita para pacientes com TN clinicamente refratária. Radiocirurgia é frequentemente descrita como a cirurgia para TN "menos invasiva" associada à segurança e facilidade do procedimento, quando comparada com outras opções cirúrgicas.[5] Ao longo dos últimos 25 anos, mais de 50.000 pacientes foram submetidos à SRS para TN. O mecanismo de alívio da dor permanece controverso, com alguns autores postulando que a SRS seletivamente lesiona as fibras envolvidas na transmissão dos estímulos dolorosos provenientes da face,[6] enquanto outros argumentam que a SRS é não seletiva e danifica os axônios de tosas a classes de fibras presentes no nervo trigêmeo.[7] A maioria dos estudos sobre SRS na TN observou uma correlação entre o desenvolvimento de novos déficits trigeminais e resultados melhores sobre a dor facial (▶ Tabela 29.1).[8-11] Embora a SRS na TN tenha sido descrita usando aceleradores lineares modificados e o CyberKnife (Accuray, Inc, Sunnyvale, CA)[12,13], a experiência dos autores é limitada à SRS com *gama knife* (Elekta AB, Stockholm, Suécia); portanto este capítulo se limitará ao tratamento com SRS e os resultados embasados na SRS com *gama knife*.

Tabela 29.1 Resultados da Radiocirurgia para Neuralgia Trigeminal Idiopática

Estudo	Nº de pacientes	Dose média	Alívio da dor	Déficit	Correlação entre o déficit e o alívio da dor
Dhople *et al.* (2009)[8]	95	75 Gy	34% em 5 anos[a]	6%	Não testado
Pollock e Schoeberl (2010)[3]	49	85 Gy	56% em 4 anos[b]	33%	Sim
Kondziolka *et al.* (2010)[9]	503	80 Gy	41% em 5 anos[a]	11%	Sim
Marshall *et al.* (2012)[10]	353	90 Gy	58% em 4 anos[a]	27%	Sim
Young *et al.* (2013)[11]	250	90 Gy	71%[c]	33%	Sim
Régis *et al.* (2015)[6]	497	85 Gy	65% em 5 anos[b]	13%	Não testado

[a]Alívio da dor definido como livre de dor sem ou com medicamentos.
[b]Alívio da dor definido como livre de dor sem medicamentos.
[c]Alívio da dor definido como livre de dor sem ou com medicamentos no último seguimento (69 meses).

29.2 Seleção do Paciente

Não existe um teste para diagnosticar a TN. Um diagnóstico de TN baseia-se na descrição do paciente da dor facial, bem como em um exame neurológico detalhado. Outros transtornos como arterite temporal, neuralgia pós-herpética e cefaleia em salvas devem ser descartados. Além disso, dano ao nervo trigêmeo provocado por uma prévia cirurgia sinusal, cirurgia oral ou trauma facial pode produzir dor neuropática, a qual é caracterizada por uma dor mais constante e chata que é geralmente descrita como sensação de queimação, de insetos andando ou de retração.

Logo que o paciente é diagnosticado com TN, uma imagem por ressonância magnética (MRI) de alta qualidade da cabeça é essencial para investigar a presença de um tumor ou de evidência radiológica de esclerose múltipla como a causa da dor. Embora sequências de MRI típicas são capazes de descartar estas causas secundárias de TN, este tipo de imagem não é adequado para demonstrar de forma consistente uma compressão vascular do nervo trigêmeo. Uma sequência de MRI tridimensional, como interferência construtiva em estado estacionário (CISS), imagem rápida empregando aquisição em estado estacionário (FIESTA), e aquisição de ecos de gradientes refocalizados com dissipação de coerência transversal (SPGR), possibilitam uma visualização clara do nervo trigêmeo e da vasculatura adjacente, sendo útil no planejamento pré-operatório. As imagens da MRA podem ajudar a diferenciar entre compressões arterial e venosa. MRI de alta qualidade é especialmente útil para orientar na tomada de decisão cirúrgica nos pacientes com TN tipo 2,[14] e em pacientes previamente submetidos a procedimentos cirúrgicos.

Uma vez determinado que o paciente tem TN intratável clinicamente, a decisão de qual cirurgia realizar é baseada em vários fatores, incluindo a idade do paciente, condição médica e história de prévios procedimentos. Se um paciente não é considerado um bom candidato para uma MVD, a gravidade de sua dor é a próxima consideração importante ao decidir entre os diferentes procedimentos destrutivos. Geralmente, pacientes com dor tolerável podem ser tratados com SRS, que tipicamente requer várias semanas a meses para ser eficaz, enquanto os pacientes com dor severa necessitam de um procedimento que funcione imediatamente, como as várias técnicas com agulhas.[15,16] Pacientes com TN secundária a grandes artérias vertebrobasilares dolicoectásicas também são considerados maus candidatos para SRS pela baixa taxa de alívio de dor neste grupo de pacientes.[17] Pacientes com TN secundária à esclerose múltipla podem ser seguramente tratados com SRS, com mais de 50% dos pacientes apresentando melhora 5 anos após a SRS.[18,19]

29.3 Preparação Pré-Operatória

A preparação para a SRS consiste, primariamente, na consulta com o neurocirurgião e oncologista de radiação que realizarão a cirurgia. Os pacientes são instruídos a não comer na noite anterior ao procedimento, mas a tomar todos os medicamentos típicos na manhã da cirurgia, incluindo varfarina ou outros medicamentos usados para anticoagulação. Ao chegar na enfermaria, os pacientes recebem 0,5 a 1,0 mg de lorazepam para aliviar a ansiedade. Acesso intravenoso é estabelecido para possibilitar a administração de fluidos, gadolínio e, ocasionalmente, narcóticos ou benzodiazepina adicional, conforme necessário.

29.4 Procedimento Cirúrgico

O primeiro passo é a colocação da armação estereotáxica. A cabeça do paciente é limpa com álcool isopropílico; o cabelo não precisa ser raspado. Uma combinação de lidocaína e bupivacaína é injetada nos sítios dos quatro pinos, e os pinos são avançados até que penetrem o córtex externo do crânio para fornecer fixação rígida. O paciente é então transferido para a unidade radiológica para obtenção de imagens estereotáxica.

A técnica imagiológica usada para a SRS da TN consiste em MRI volumétrica (CISS, FIESTA, SPGR) para identificar o nervo trigêmeo. Na última década, também realizamos tomografia computadorizada (CT) com corte fino para corrigir quaisquer erros de distorção na MRI. Estas imagens são importadas para a estação de trabalho informatizada para planejamento da dose. Na maioria dos casos, um único isocentro de radiação de 4 mm é colocado ao longo do nervo trigêmeo. A colocação do isocentro pode ser proximal (zona de entrada da raiz dorsal, DREZ) ou distal (zona retrogasseriana, RGZ), a critério do cirurgião (▶ Fig. 29.1). Em muitos pacientes, o comprimento da cisterna do nervo é curto; desse modo, a diferença entre as duas abordagens é insignificante. Prescrição da dose para uma primeira SRS para TN varia de 80 a 90 Gy. Foi relatado que doses superiores têm uma taxa inaceitável de disestesia facial incômoda.[20] O fornecimento de radiação requer aproximadamente 30 a 60 minutos, dependendo da era do cobalto-60. Logo após conclusão do fornecimento da radiação, a armação é removida e um curativo estéril aplicado. Os pacientes recebem alta hospitalar em 1 a 2 horas sem restrições.

29.5 Manejo Pós-Operatório Incluindo Possíveis Complicações

Os pacientes são instruídos a continuar com seus regimes médicos pré-operatórios até a dissipação da dor facial e, após ligar para nosso consultório para obter instruções de redução gradativa das doses. A maioria dos pacientes fica livre de dor em 1 a 3 semanas, mas alguns pacientes têm benefícios tardios que podem estender-se por 6 ou mais meses. Nós regularmente contatamos os pacientes 3 meses após a SRS e, então, anualmente, para avaliar o *status* de suas dores faciais e perguntar sobre o desenvolvimento de dormência ou parestesia facial. A maioria dos pacientes não retorna para um exame de seguimento, salvo quando continuam a sofrer dor facial significativa ou desenvolvem dormência após a SRS. Se um paciente desenvolve dormência facial (disestesia), nós tipicamente realizamos uma MRI de seguimento para descartar alterações imagiológicas no tronco cerebral adjacente, embora isto seja extremamente raro após procedimentos com *gama knife* para TN. Inicialmente, terapia médica usando amitriptilina de gabapentina é tentada. Para pacientes com queixas clinicamente resistentes, estimulação do córtex motor pode ser considerada se o desconforto facial afeta a qualidade de vida do paciente.

Uma consulta com pacientes com TN persistente ou recorrente após uma SRS e que não podem ser controladas com medicamentos, é realizada para discutir as opções cirúrgicas disponíveis. Em raros casos, os pacientes serão incapazes de manter a hidratação logo após a SRS e requerem cirurgia adicional. No mínimo, tentamos esperar pelo menos 3 meses, idealmente, 6 meses antes de considerar o fracasso da SRS. Pacientes que ficaram bem apenas

Radiocirurgia Estereotáxica para Neuralgia do Trigêmeo

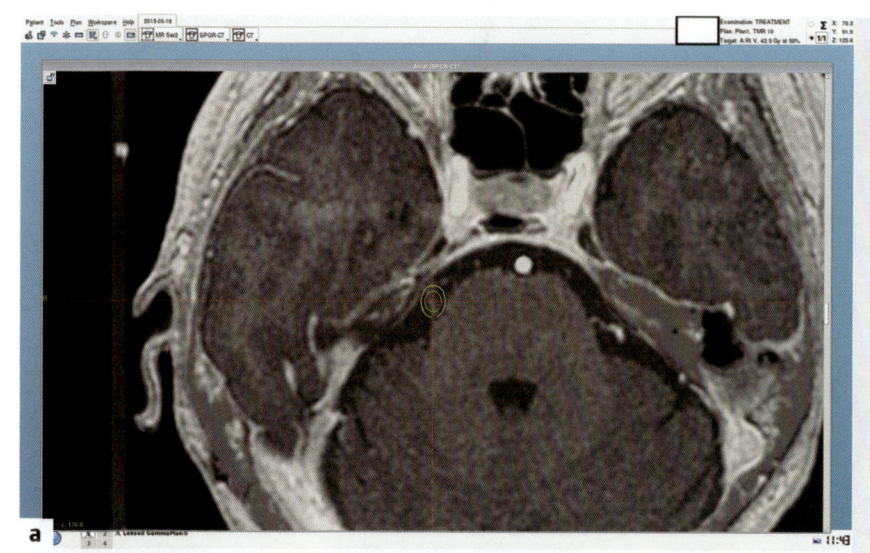

Fig. 29.1 MRI-CT axial unida mostrando os alvos DREZ (zona de entrada da raiz dorsal) e RG (zona retrogasseriana) para a radiocirurgia para neuralgia do trigêmeo. **(a)** Alvo DREZ com isocentro de 4 mm colocado a 3 mm de distância da superfície do tronco cerebral. Note que a linha de isodose de 50% está em contato com o tronco cerebral. **(b)** Alvo RG com isocentro de 4 mm colocado a uma distância de 7 mm da superfície do tronco cerebral.

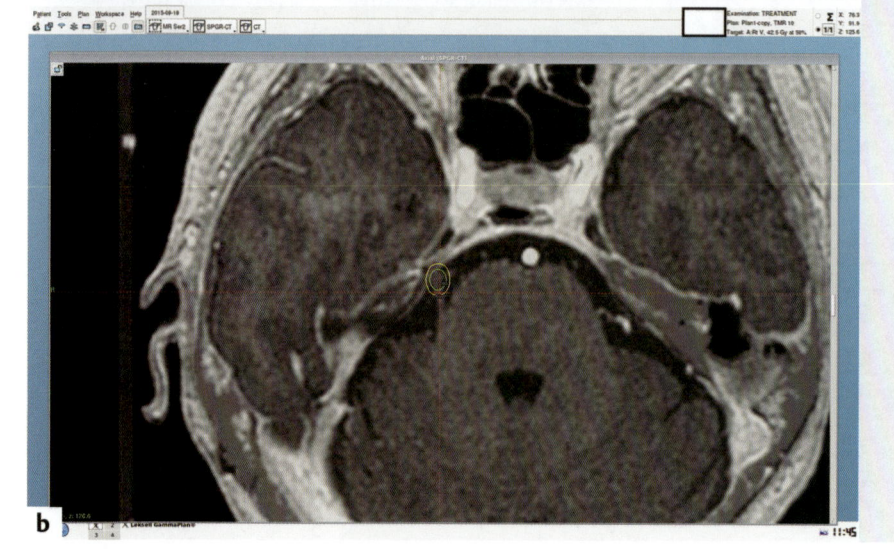

Tabela 29.2 Resultados da Radiocirurgia Repetida para Neuralgia Trigeminal Idiopática

Estudo	Nº de paciente	Dose	Alívio da dor	Déficit	Correlação entre o déficit e o alívio da dor
Aubuchon et al. (2011)[21]	37	84 Gy (média)	52% em 4 anos[a]	57%	Sim
Park et al. (2012)[22]	119	70 Gy (média)	44% em 5 anos[b]	21%	Sim

[a]Alívio da dor definido como livre de dor sem ou com medicamentos.
[b]Alívio da dor definido como redução da dor > 50% sem ou com medicamentos.

por um período após a SRS e pacientes com uma experiência ruim com outras cirurgias para TN geralmente solicitam uma nova SRS. Similar à SRS para TN realizada pela primeira vez, o sucesso da SRS repetida está associada ao desenvolvimento de novos déficits trigeminais (▶ Tabela 29.2).[21,22] Para pacientes que não obtêm sucesso com a SRS para TN, o autor não achou que a MVD tardia é mais difícil que o normal, com base em mais de 70 casos.

29.6 Conclusão

Nas últimas duas décadas, foi demonstrado que a radiocirurgia é uma opção segura e eficaz para pacientes com TN clinicamente intratável. SRS é considerada uma abordagem destrutiva, com resultados na dor facial similares à cirurgia percutânea para TN. O tempo necessário para que a SRS faça efeito a torna uma má escolha para pacientes com dor severa e dificuldade em manter a hidratação.

Referências

[1] Barker FG, II, Jannetta PJ, Bissonette DJ, Larkins MV, Jho HD. The long-term outcome of microvascular decompression for trigeminal neuralgia. N Engl J Med. 1996; 334(17):1077-1083

[2] Barker FG, II, Jannetta PJ, Bissonette DJ, Jho HD. Trigeminal numbness and tic relief after microvascular decompression for typical trigeminal neuralgia. Neurosurgery. 1997; 40(1):39-45

[3] Pollock BE, Schoeberl KA. Prospective comparison of posterior fossa exploration and stereotactic radiosurgery dorsal root entry zone target as primary surgery for patients with idiopathic trigeminal neuralgia. Neurosurgery. 2010; 67(3):633-638, discussion 638-639

[4] Lopez BC, Hamlyn PJ, Zakrzewska JM. Systematic review of ablative neurosurgical techniques for the treatment of trigeminal neuralgia. Neurosurgery. 2004; 54(4):973-982, discussion 982-983

[5] Kondziolka D, Lunsford LD, Flickinger JC, et al. Stereotactic radiosurgery for trigeminal neuralgia: a multiinstitutional study using the gamma unit. J Neurosurg. 1996; 84(6):940-945

[6] Régis J, Tuleasca C, Resseguier N, et al. Long-term safety and efficacy of Gamma Knife surgery in classical trigeminal neuralgia: a 497-patient historical cohort study. J Neurosurg. 2016; 124(4):1079-1087

[7] Pollock BE. Radiosurgery for trigeminal neuralgia: is sensory disturbance required for pain relief? J Neurosurg. 2006; 105 Suppl:103-106

[8] Dhople AA, Adams JR, Maggio WW, Naqvi SA, Regine WF, Kwok Y. Long-term outcomes of Gamma Knife radiosurgery for classic trigeminal neuralgia: implications of treatment and critical review of the literature. Clinical article. J Neurosurg. 2009; 111(2):351-358

[9] Kondziolka D, Zorro O, Lobato-Polo J, et al. Gamma Knife stereotactic radiosurgery for idiopathic trigeminal neuralgia. J Neurosurg. 2010; 112(4):758-765

[10] Marshall K, Chan MD, McCoy TP, et al. Predictive variables for the successful treatment of trigeminal neuralgia with gamma knife radiosurgery. Neurosurgery. 2012; 70(3):566-572, discussion 572-573

[11] Young B, Shivazad A, Kryscio RJ, St Clair W, Bush HM. Long-term outcome of high-dose γ knife surgery in treatment of trigeminal neuralgia. J Neurosurg. 2013; 119(5):1166-1175

[12] Smith ZA, Gorgulho AA, Bezrukiy N, et al. Dedicated linear accelerator radiosurgery for trigeminal neuralgia: a single-center experience in 179 patients with varied dose prescriptions and treatment plans. Int J Radiat Oncol Biol Phys. 2011; 81(1):225-231

[13] Tang CT, Chang SD, Tseng KY, Liu MY, Ju DT. CyberKnife stereotactic radiosurgical rhizotomy for refractory trigeminal neuralgia. J Clin Neurosci. 2011; 18(11):1449-1453

[14] Burchiel KJ. A new classification for facial pain. Neurosurgery. 2003; 53(5):1164-1166, discussion 1166-1167

[15] Henson CF, Goldman HW, Rosenwasser RH, et al. Glycerol rhizotomy versus gamma knife radiosurgery for the treatment of trigeminal neuralgia: an analysis of patients treated at one institution. Int J Radiat Oncol Biol Phys. 2005; 63(1):82-90

[16] Mathieu D, Effendi K, Blanchard J, Séguin M. Comparative study of Gamma Knife surgery and percutaneous retrogasserian glycerol rhizotomy for trigeminal neuralgia in patients with multiple sclerosis. J Neurosurg. 2012; 117 Suppl:175-180

[17] Park KJ, Kondziolka D, Kano H, et al. Outcomes of Gamma Knife surgery for trigeminal neuralgia secondary to vertebrobasilar ectasia. J Neurosurg. 2012; 116(1):73-81

[18] Weller M, Marshall K, Lovato JF, et al. Single-institution retrospective series of gamma knife radiosurgery in the treatment of multiple sclerosis-related trigeminal neuralgia: factors that predict efficacy. Stereotact Funct Neurosurg. 2014; 92(1):53-58

[19] Zorro O, Lobato-Polo J, Kano H, Flickinger JC, Lunsford LD, Kondziolka D. Gamma knife radiosurgery for multiple sclerosis-related trigeminal neuralgia. Neurology. 2009; 73(14):1149-1154

[20] Pollock BE, Phuong LK, Foote RL, Stafford SL, Gorman DA. High-dose trigeminal neuralgia radiosurgery associated with increased risk of trigeminal nerve dysfunction. Neurosurgery. 2001; 49(1):58-62, discussion 62-64

[21] Aubuchon AC, Chan MD, Lovato JF, et al. Repeat gamma knife radiosurgery for trigeminal neuralgia. Int J Radiat Oncol Biol Phys. 2011; 81(4):1059-1065

[22] Park KJ, Kondziolka D, Berkowitz O, et al. Repeat gamma knife radiosurgery for trigeminal neuralgia. Neurosurgery. 2012; 70(2):295-305, discussion 305

30 Tratamento Ablativo Percutâneo da Dor Facial Neuropática

Jeffrey A. Brown

Resumo

Este capítulo revisará a anatomia cirúrgica essencial do sistema trigeminal, os princípios da seleção de pacientes para o tratamento ablativo percutâneo da dor neuropática trigeminal, e os princípios técnicos comuns às três principais abordagens para seu tratamento cirúrgico. Finalmente, irá resumir alguns problemas terapêuticos e técnicos, e brevemente comparar as complicações e resultado.

Palavras-chave: dor, dor neuropática, neuralgia trigeminal, nervo trigêmeo.

30.1 Introdução

A organização do nervo trigêmeo é comparável àquela de um nervo espinal. O nervo trigêmeo se origina a partir de uma raiz motora e sensorial, é um nervo composto e tem um gânglio. Apesar da inervação sensorial facial bem conhecida da fronte, bochechas e mandíbula, lesão em sua raiz sensorial modifica a sensação da mucosa oral, dois terços anteriores da língua, fossa craniana média e anterior da dura, polpa dentária e gengiva, e membrana periodontal. A função motora afetada inclui os músculos masseter e pterigoide, bem como os músculos digástrico anterior, milo-hióideo, tensor do tímpano e palatino. Cada um dos ramos periféricos está associado a um elemento autonômico. O ramo oftálmico está associado ao gânglio ciliar, o maxilar ao esfenopalatino, e o mandibular ao gânglio ótico. O gânglio ciliar é primordialmente distribuído para o músculo ciliar, esfíncter e dilatador da pupila e músculos do tarso. O gânglio esfenopalatino está associado à glândula lacrimal e o ótico às glândulas parótida, submandibular e lingual, além do tensor do tímpano. Fibras simpáticas têm corpos celulares no gânglio cervical superior.[1] A resposta depressora do trigêmeo que ocorre durante a compressão mecânica e estimulação de baixa frequência do sistema trigeminal é consequência de uma combinação de estimulação parassimpática e resposta inibitória simpática à estimulação ou lesão do trigêmeo.[2]

Estimulação corneana (reflexo trigeminopupilar) causa uma dilatação inicial seguida por constrição. Estimulação trigeminal direta pode causar constrição pupilar. Disfunção da glândula lacrimal e olho seco são considerações clínicas após a primeira lesão por secção. As glândulas salivares também podem ser afetadas pela lesão trigeminal, bem como a função da tuba auditiva e do paladar.[3] Fraqueza do músculo masseter e pterigoide, com desvio mandibular para o lado ipsilateral com a abertura, pode ocorrer, especialmente após compressão com balão. As consequências da lesão ao músculo tensor do tímpano são incertas, mas os pacientes podem queixar-se de sensibilidade a sons altos.

30.2 Seleção do Paciente

Um procedimento ablativo percutâneo para dor facial neuropática é indicado quando o tratamento médico de dor facial tenha fracassado ou quando o mesmo não é mais tolerado pelo paciente em razão das frequentes pontadas na distribuição do nervo trigêmeo que ocorrem espontaneamente, ou que são precipitadas por atividades que aumentam a sensação na face.

unilateral, mas, especialmente em pacientes com esclerose múltipla, pode ser bilateral. Existem palavras de interesse histórico que têm sido usadas para descrever a parestesia da dor neuropática trigeminal. Entre as principais é a descrição "lancinante", uma palavra raramente usada pelos pacientes. O questionário de dor McGill é um instrumento validado, usado para avaliar dor crônica, que também tem sido testado com dor neuropática facial.[4] Descritores compatíveis com parestesia da dor trigeminal contidos no questionário são classificados em termos de intensidade. Eles são classificados como espacial, puntiforme ou incisivo. Em ordem crescente de intensidade, os descritores espaciais incluem disparo, intermitente e agudo. Descritores puntiformes são as palavras pontiagudo, maçante, perfurante, em pontada e lancinante. Descritores incisivos são intenso, cortante e dilacerante. Se um paciente seleciona tais descritores para descrever sua dor, então existe um componente que é neuropático.

Procedimentos ablativos são relativamente contraindicados quando a dor neuropática evolui para predominantemente constante e disestésica. Os descritores dessa dor disestésica registrados no Questionário de Dor McGill estão incluídos nas categorias de térmica e brilho. Descritores térmicos são quente, queimação, escaldante e ardente. Descritores de brilho são formigamento, prurido, lancinante, afiada.

A tomada de decisão em relação ao tratamento ablativo pode ser complexa. Por exemplo, um paciente que tenha desenvolvido dor facial severa, intermitente e em pontada na bochecha também pode ter perda sensorial na mandíbula após ter passado por um procedimento ablativo no passado. A área de dormência pode causar um elemento menor de constante dor em queimação. Isto ainda é TN1 de acordo com os critérios de Burchiel ou isto é TN2? Isto é dor "atípica"?[5] A presença de dormência disestésica em um ramo trigeminal previne o tratamento ablativo para dor em pontada severa em outro ramo? Não deve haver absolutos que interferem com a tomada de decisão de proceder com a terapia ablativa para dor facial. Porém, deve haver uma avaliação abrangente da natureza da dor a ser tratada (combinada com um entendimento da composição emocional e física do paciente).

Quando uma decisão de realizar um procedimento ablativo percutâneo é tomada, uma escolha deve ser feita entre as opções atualmente favorecidas. Estas são rizotomia térmica por radiofrequência, rizotomia com glicerol e rizotomia por compressão com balão. Cada uma delas tem vantagens e desvantagens.

Rizotomia térmica permite a opção de lesão seletiva no ramo mandibular e maxilar do nervo trigêmeo, pois é realizada com base na interação estimulatória com o paciente entre pulsos de sedação intravenosa com propofol. Rizotomia com glicerol é barata e mais útil para dor no segundo e terceiro ramos, devido à dificuldade da técnica no tratamento do primeiro ramo. Compressão com balão é mais apropriada para dor em múltiplos ramos, e para dor no primeiro ramo, pois a lesão induzida é disseminada no nervo e porque o reflexo corneano é seletivamente preservado.

Rizotomia térmica por radiofrequência envolve a interação intraoperatória com o paciente, primeiro para saber se a estimulação desencadeia uma parestesia que reproduz o padrão de dor do paciente e, segundo, para determinar a densidade e a localização da hipoestesia induzida pela indução de lesão pelo calor antes de proceder com lesões adicionais. Em razão da diversidade crescente da população de pacientes, pode haver problemas de comunicação que não são facilmente resolvidos em uma sala de cirurgia. Isso é ainda mais dificultado, pois a atividade mental do paciente durante o procedimento está, em certa medida, ainda perturbada pelo efeito residual do sedativo. Isso também pode ser exacerbado pelo fato de que a neuralgia do trigêmeo ocorre com mais frequência na população idosa, e geralmente esses pacientes são candidatos para procedimentos ablativos.

30.3 Preparação Pré-Operatória

30.3.1 Estudos Imagiológicos

Uma imagem por ressonância magnética (MRI), ou tomografia computadorizada (CT) quando a MRI é contraindicada, ambas com ou sem contraste, deve ser obtida durante a triagem inicial. Sequências T1 com contraste são as melhores para detectar um tumor associado. Raramente, pode haver um meningioma benigno, ou um schwannoma acústico ou trigeminal. Isto não impede um tratamento ablativo da dor facial do paciente, especialmente se houver proibições médicas para craniotomia (▶ Fig. 30.1). Contudo, a presença de um schwannoma trigeminal, especialmente um que envolva o cavo de Meckel, provavelmente evitaria um tratamento ablativo por dois motivos: Primeiro, um paciente com um schwannoma trigeminal provavelmente tem um grande componente de dor constante e disestésica que poderia ser agravado por um procedimento ablativo. Segundo, se o tumor envolve o cavo de Meckel, a cisterna trigeminal será obliterada, impedindo a injeção de glicerol e prevenindo a passagem segura de uma agulha de radiofrequência ou cateter balão.

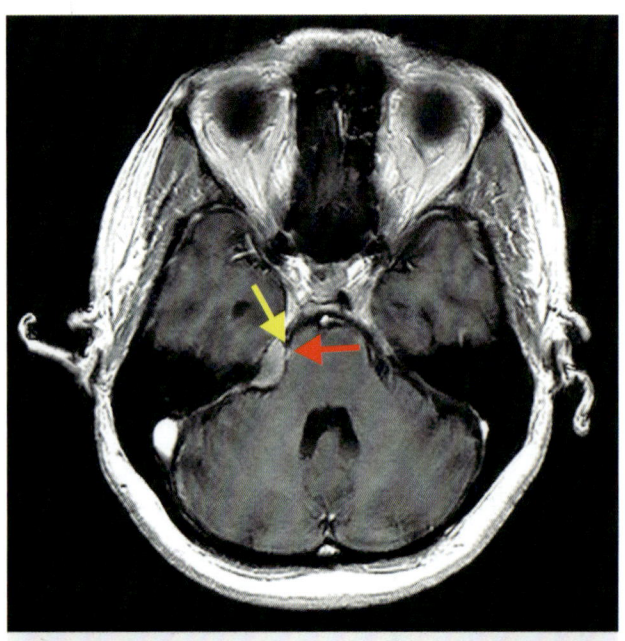

Fig. 30.1 MRI axial em paciente com dor facial neuropática mostrando um meningioma cerebelopontino direito que desvia a porção da cisterna do nervo trigêmeo (seta oblíqua) contra uma alça da artéria cerebelar superior (seta horizontal).

As técnicas de MRI avançaram de uma forma que é geralmente possível determinar a natureza da associação vascular antes da realização de um procedimento.[6] Isto necessita de uma sequência separada que não é habitualmente realizada.

Com um sistema de MRI elétrico, a sequência é chamada pelo acrônimo FIESTA (imagem rápida empregando aquisição de estado estacionário em fases cíclicas).[7] Se um aparelho Siemens é usado, é chamada pelo acrônimo CISS (interferência construtiva com sequência eco-gradiente em estado estacionário).[8] Quando combinadas com cortes finos, essas sequências permitem o contraste entre o líquido cerebrospinal, o nervo trigêmeo e os vasos sanguíneos associados. Todavia, uma prévia cirurgia de descompressão irá interferir na capacidade de a MRI obter imagem do nervo. Nesse caso, a MRI pode ser útil para determinar a densidade da perda sensorial necessária para fornecer alívio da dor. Embora uma compressão vascular mais significativa provavelmente resulte em um maior sucesso após a descompressão microvascular, sua persistência indica uma maior dificuldade em fornecer alívio da dor duradouro com um procedimento ablativo. Uma perda sensorial mais intensa pode ser necessária.[9]

Neuralgia trigeminal é reconhecidamente associada à esclerose múltipla. FLAIR ou sequências T2 são mais apropriadas para detectar evidência de um diagnóstico de esclerose múltipla. É raro, contudo, que esclerose múltipla esteja presente com a parestesia facial da neuralgia do trigêmeo como o primeiro sintoma. Embora a MRI possa diagnosticar esclerose múltipla, ainda é possível que a causa de dor facial seja compressão vascular, e não esclerose múltipla. Se placas são observadas no tronco cerebral ao longo das vias trigeminais, então MS é provavelmente a causa. Também pode ser possível que a MS seja quiescente, não sendo a causa da dor facial. Uma placa de MS na porção superior da coluna cervical pode causar dor de garganta neuropática. Pode ser necessário incluir a coluna cervical na MRI de pacientes com MS.

Raramente, um tumor da glândula parótida pode causar dor facial neuropática disestésica, contínua e em queimação. É importante que a MRI avaliativa de dor neuropática trigeminal visualize a base do crânio e a glândula parótida, bem como o nervo trigêmeo e o tronco cerebral.

30.3.2 Comorbidades

A idade média para início de neuralgia do trigêmeo é 65 anos. Cada vez com maior frequência, pacientes mais velhos estão sendo tratados com uma variedade de anticoagulantes, mais comumente aspirina, bem como clopidogrel, varfarina e vários anticoagulantes novos como apixaban, dabigatran e rivaroxaban. Estes devem ser descontinuados e seus efeitos normalizados antes de qualquer cirurgia ablativa. O risco e a duração da descontinuação dependem da natureza da indicação de seu uso. Por exemplo, baixa dose de aspirina é frequentemente usada para redução profilática do risco de acidente vascular cerebral. Esta é uma situação diferente daquela de um paciente tomando anticoagulantes para fibrilação atrial, com um histórico de acidente vascular cerebral embólicos múltiplos.

Níveis de sódio devem ser determinados, especialmente quando os pacientes são tratados com oxcarbazepina ou com uma versão de liberação prolongada. Hiponatremia é um efeito colateral conhecido, e se os níveis de sódio forem inferiores a 130 mg%, anestesia pode ser contraindicada.

Flutuações na frequência cardíaca e pressão arterial são conhecidas por ocorrerem durante o posicionamento da agulha, eletrodo ou balão, e durante a ablação do nervo. O anestesiologista pode controlar essas alterações por meio da alteração da profundidade da anestesia. Se betabloqueadores são usados, então a resposta depressora trigeminal esperada que ocorre durante a compressão com balão e que confirma lesão do nervo pode não acontecer. Uma eletrocardiografia deve ser obtida para liberação pré-operatória, a fim de identificar pacientes com arritmias que podem correr risco quando a bradicardia ou taquicardia reflexa esperada ocorre durante a compressão com balão.

Surtos de herpes labial, causado pelo vírus herpes simples, ocorrem após lesão do nervo trigêmeo. Pacientes com uma prévia história de herpes labial podem ser profilaticamente tratados com o antiviral oral aciclovir, e/ou uma pomada à base de aciclovir.[10] Dor com as feridas é tratada com medicamento isento de receita médica.

30.4 Técnica Cirúrgica

Princípios do posicionamento da agulha/eletrodo através do forame oval: houve vários estágios no desenvolvimento da técnica de canulação percutânea do forame oval. A primeira descrita é comumente chamada de técnica de Haërtel, a qual usa referências que necessitam de três pontos para serem identificadas. Primeiro, um ponto 2,5 cm lateral ao ângulo do lábio é identificado. A segunda referência está 2,5 cm anterior ao canal auditivo externo ao longo do arco zigomático, e o terceiro é a face medial da pupila. Embora tecnicamente estereotáxica, é uma descrição de uma abordagem cega, a qual não deve mais ser usada isoladamente.

A técnica descrita por John Tew[17] para a penetração do forame oval usa a abordagem de Haërtel, além de uma imagem fluoroscópica lateral e orientação tátil para a inserção de uma agulha calibre 21 com um dedo indicador com luva posicionado dentro da bochecha, inferior e lateral à placa pterigoide da base do crânio. Quando o paciente está levemente sedado, geralmente com propofol intravenoso, há uma contração dos músculos mandibulares inervados e uma breve bradicardia quando o forame é abordado. A agulha é apontada em direção à interseção radiográfica do clivo e do osso petroso, tal como observado em uma projeção lateral verdadeira.

Esta técnica é um avanço da colocação de Haërtel, mas tem limitações importantes. É possível penetrar o forame lacerado, o canal carotídeo e a artéria carótida. O forame jugular e veia jugular, a fissura orbital inferior, e o lobo temporal usando apenas o plano único da imagem lateral (▶ Fig. 30.2).

Para a rizotomia com glicerol, contudo, a posição final da ponta da agulha fica no interior da cisterna trigeminal (cavo de Meckel). E para a rizotomia térmica, a posição final do eletrodo fica no interior das fibras retrogasserianas do nervo trigeminal, na entrada da cisterna trigeminal. É possível ficar posicionado lateral às fibras retrogasserianas e fora do cavo de Meckel, apesar de uma entrada apropriada através do forame oval. Para um direcionamento apropriado para a cisterna e fibras retrogasserianas no poro trigeminal (o sítio de entrada do nervo trigêmeo no cavo de Meckel), uma segunda incidência imagiológica deve ser obtida.

A abordagem mais consistente para a colocação apropriada da agulha e cânula usa uma combinação de três imagens fluoroscópicas, caso o procedimento seja realizado na sala de cirurgia. Se o procedimento é realizado na sala de angiografia, então uma imagem biplanar, a qual combina uma incidência lateral e uma incidência submentoniana modificada para acessar o forame oval, pode ser obtida.

Para a compressão com balão e rizotomia térmica, a entrada pode ser mais cranial ou caudal ao ponto de Haërtel, dependendo se o objetivo é tratar dor no primeiro ou terceiro ramo. Se a dor é predominantemente no terceiro ramo, então a agulha/cânula deve penetrar a bochecha do ponto paralelo e imediatamente acima da projeção da linha do osso petroso até o ponto de entrada como observado em uma imagem lateral pura (▶ Fig. 30.3). Para dor no primeiro ramo, o ponto de entrada deve ser ligeiramente mais lateral e inferior, de modo que se posicione oblíquo ao teto do osso petroso. Dessa forma, o balão ou eletrodo é direcionado na posição cefálica e medial das fibras do primeiro ramo, visto que o gânglio trigeminal é ligeiramente inclinado e as fibras oftálmicas são superomediais, quando comparadas com as fibras mandibulares e maxilares. Independentemente, a imagem radiográfica lateral é usada para posicionar a agulha na base do crânio/forame oval, mas não para penetrar através dela.

Uma incidência lateral verdadeira pode ser obtida alinhando as linhas radiográficas que representam o assoalho das fossas anteriores direita e esquerda. A imagem também deve alinhar as

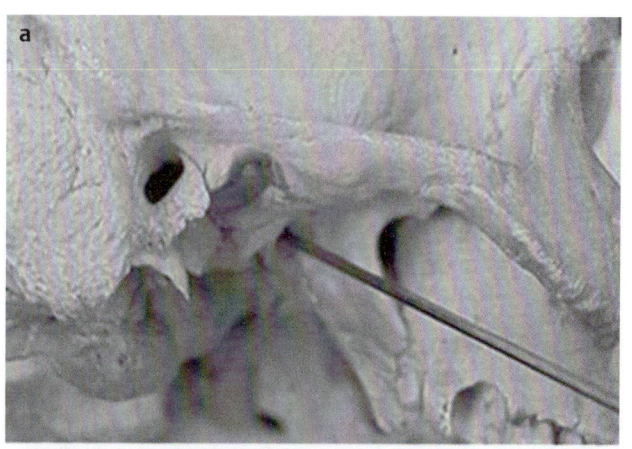

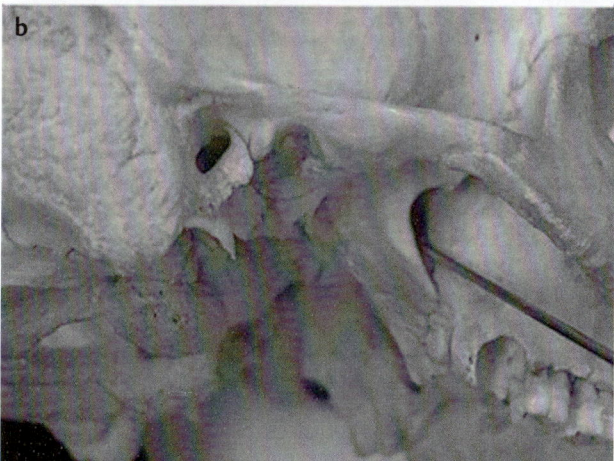

Fig. 30.2 Fotografia de um crânio cadavérico com cânula calibre 14 inserida no forame oval **(a)** e na fissura orbital inferior **(b)**. Sem uma imagem submentoniana para confirmar a localização do forame oval, os trajetos parecem similares.

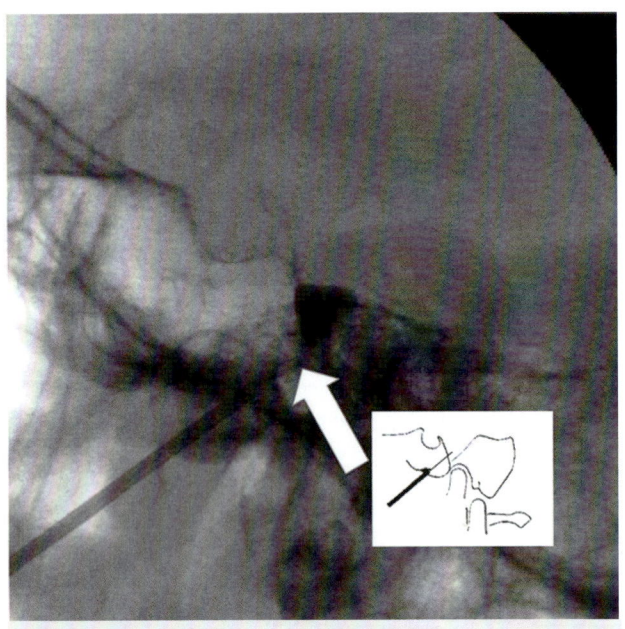

Fig. 30.3 Radiografia craniana lateral, em que a seta aponta para a cânula que está inserida através do forame oval em um trajeto paralelo e ao longo da base do crânio. A ponta do balão está posicionada na borda da crista petrosa, onde uma divisão na dura permite a passagem da raiz trigeminal (poro trigeminal). Um formato piriforme do balão resultará no posicionamento do balão neste local. Isto está radiograficamente atrás da linha do clivo, e será a posição mais favorável para tratamento de dor isolada no terceiro ramo.

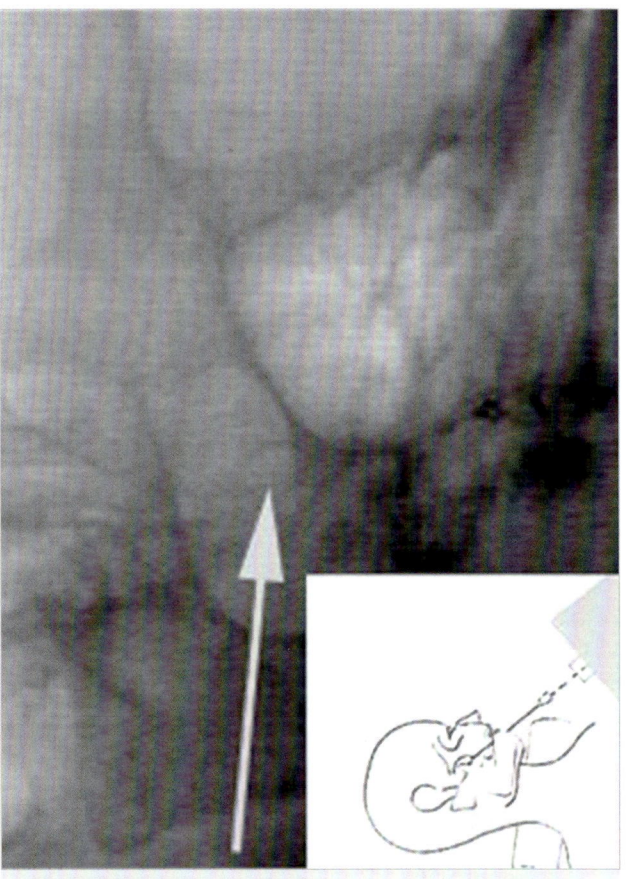

Fig. 30.4 Imagem fluoroscópica do crânio usando uma incidência submentoniana modificada. O forame oval (seta) é visto imediatamente acima do osso petroso, medial à mandíbula e lateral ao seio maxilar.

bordas do clivo e assoalho da fossa hipofisária. Esta incidência é usada para alcançar a posição extracraniana da agulha.

Em seguida, obter uma incidência submentoniana modificada. Nesta incidência, a unidade imagiológica está em um ângulo de aproximadamente 30 graus abaixo do mento. O pescoço é ligeiramente estendido e a cabeça é girada 15 graus lateralmente para o lado oposto. Alternativamente, o intensificador de imagem pode ser inclinado. Quando realizado adequadamente, o forame oval é observado medial à mandíbula, lateral ao seio maxilar e superior à crista petrosa (▶ Fig. 30.4). A agulha /cânula pode ser, então, posicionada precisamente no forame oval, evitando os problemas de uma colocação inapropriada, especialmente com a cânula mais larga 14 G. Quando o forame oval é alcançado, CSF ainda não é obtido. Se nenhum relaxante muscular é usado, pode haver uma contração à medida que o ramo mandibular é comprimido ou irritado pela agulha ou cânula.

A próxima imagem a ser obtida é uma que posiciona o intensificador cranialmente a 90 graus, e pode ser chamada de uma incidência anteroposterior modificada (▶ Fig. 30.5). Aqui, a raiz do osso petroso é ajustada no centro da órbita ipsilateral, tal como observado na imagem fluoroscópica. Nesta incidência, há uma depressão no osso petroso feita pelo nervo trigêmeo na entrada do cavo de Meckel. Este é o poro trigeminal, cuja borda superior é formada pela margem firme da dura, que se divide para permitir a passagem do nervo. Esta entrada da fossa posterior está posicionada 17 mm além da tábua externa do forame oval, e seu ponto central está aproximadamente 15 graus medial à tábua. Tanto a cabeça quanto o intensificador de imagem devem ser inclinados, de modo que fiquem centralizados na órbita. Para a compressão com balão, a ponta do cateter é posicionada 2 mm além da borda. Para a rizotomia com glicerol, a ponta da agulha deve ser curta para preencher o cavo de Meckel. Caso contrário, o químico será derramado na fossa posterior. Para a rizotomia térmica, o eletrodo curvo será curto no poro trigeminal e em sua face lateral para estimulação mandibular ou para contato oftálmico mais profundo e mais medial.

30.4.1 Rizotomia com Glicerol

A descoberta inesperada da eficácia do glicerol no tratamento da neuralgia do trigêmeo surgiu com seu uso na forma de um carreador para o pó de tântalo usado para registrar a localização da cisterna e raiz trigeminal na preparação para radiocirurgia com bisturi gama.[11] Glicerol causa desmielinização por contato, tal como foi demonstrado histologicamente com a injeção experimental em gatos.[12] Estudos fisiológicos mostraram que a rizotomia com glicerol normalizou o pico temporal anormal de dor desencadeado pela alfinetada com monofilamentos de von Frey, sem reduzir a sensação nas prévias zonas desencadeadoras.[13]

Técnica

O procedimento pode ser realizado em regime ambulatorial ou com a internação hospitalar por uma noite. Sedação intravenosa é usada. De acordo com a técnica de Kondziolka e Lunsford[14], uma pequena mesa de procedimento é preparada, contendo uma agulha raquidiana calibre 20, um frasco de 2 mL de glicerol anidro 99,9% estéril, outro frasco de pó de tântalo, e uma seringa pequena com lidocaína a 1%. O anestésico inicial usado pode ser midazolam e fentanil, que pode ser suplementado com propofol intravenoso. Este é o único procedimento ablativo percutâneo em que lidocaína é usada. Uma injeção subcutânea inicial de lidocaína é seguida por uma infiltração mais profunda ao longo do trajeto planejado da agulha. Anestésico adicional é injetado antes da penetração do forame oval. Antes de remover o cateter, o paciente deve estar em uma posição semissentada e o pescoço ligeiramente fletido. O volume da cisterna é mensurado usando até 0,5 mL de iohexol, o qual é injetado com uma seringa de tuberculina, ao mesmo tempo em que imagens fluoroscópicas anteroposteriores e laterais seriadas são obtidas. Em seguida, o contraste é drenado. Se o contraste não for totalmente drenado da cisterna, a mesa de cirurgia pode ser inclinada em uma posição com a cabeça abaixo do nível do corpo e o pescoço do paciente estendido. Hakanson[11] recomenda misturar 2 mL de glicerol com 0,5 mg de pó de tântalo para contornar a cisterna para uma possível repetição da injeção. Por outro lado, para dor multidivisional, ele recomenda que seja injetado até 0,3 mL de glicerol. Volumes menores podem ser usados em uma tentativa de lesionar de forma seletiva o terceiro ou o segundo e terceiro ramos. Também pode ser possível sobrepor glicerol sobre um corante de densidade superior para evitar lesão ao terceiro ou segundo ramo. Aderências secundárias a uma prévia injeção de glicerol podem evitar a secção seletiva do terceiro ramo. Ao contrário da rizotomia térmica (em que a temperatura e duração da lesão térmica são mensuradas) e da compressão com balão (em que o volume ou a pressão e duração são mensurados), além do volume de fluidos e de uma diretriz aproximada do tempo na posição semissentada, não existem outras variáveis numéricas para controlar a lesão criada.

Após remover a agulha raquidiana, a posição semissentada é mantida por 1 ou 2 horas. Quando o paciente é transferido para a cama, o pescoço deve permanecer fletido.

30.4.2 Rizotomia Térmica

Fisiologia

A técnica moderna de termocoagulação diferencial do nervo trigêmeo na forma de um tratamento ablativo foi criada por Sweet e Wepsic[15], e refinada por Nugent e Berry[16] e Taha *et al.*[17] A técnica é baseada na observação fisiológica de que a lesão térmica bloqueia preferencialmente os potenciais de ação compostos das fibras A-delta e fibras C em temperaturas inferiores às das fibras A-alfa e A-beta. Contudo, não há confirmação histológica desta observação fisiológica.[18] A lesão da rizotomia térmica parece ser não discriminatória entre as fibras do nervo trigêmeo.

Técnica

O eletrodo Tew é pré-curvado e contém um termopar em sua ponta que monitora a temperatura com uma precisão de 2°C. Sua ponta condutora tem 7,5 mm de comprimento e 0,5 mm de diâmetro (Cosman Medical, Inc., Burlington, MA).

Rizotomia térmica é realizada com o uso de sedação intravenosa em várias profundidades. Pode ser realizada na sala de radiologia ou na sala de cirurgia. A colocação da agulha raquidiana é geralmente feita sob anestesia intravenosa com propofol, visto que anestesiologistas modernos estão mais familiarizados com este fármaco e com a duração de sua eficácia. O paciente dever estar apoiado, com uma almofada padrão, ou uma agulha raquidiana inserida no músculo deltoide. Uma simples placa de aterramento descartável é adequada. Tew usava metohexital (Brevital), que é um anestésico com uma duração muito mais curta e que pode não estar disponível. É possível usar a técnica previamente descrita com o paciente sedado. A agulha raquidiana é posicionada um pouco antes da linha do clivo para dor mandibular e um pouco além da linha do clivo para dor ocular. O eletrodo curvo é inclinado ao contrário para dor no terceiro ramo, posicionado reto para o segundo ramo e para cima para dor no primeiro ramo (▶ Fig. 30.6). Logo que o eletrodo é posicionado, o anestésico é descontinuado e, quando o paciente acorda, uma série de estimulações são realizadas para garantir que o eletrodo esteja posi-

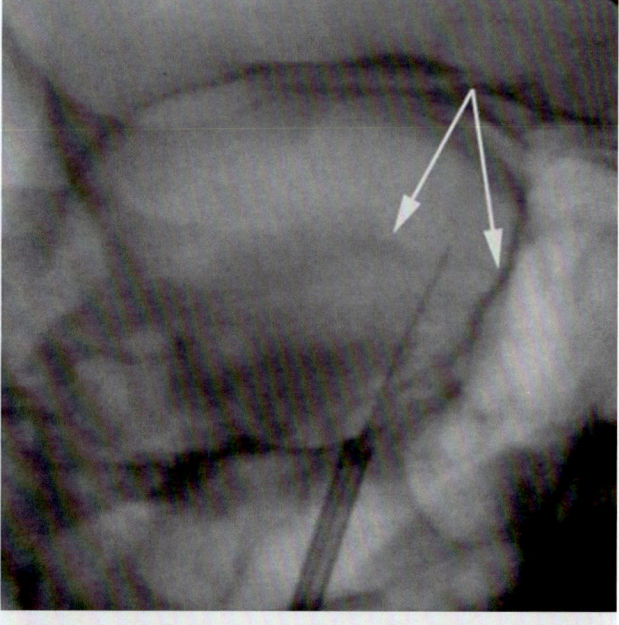

Fig. 30.5 Imagem fluoroscópica anteroposterior modificada do crânio, com a borda do osso petroso alinhada na porção média da órbita, tal como observado radiograficamente. A cabeça é girada 15 graus na direção oposta ao feixe da imagem. As *setas* apontam para a depressão do osso petroso, representando a entrada do cavo de Meckel. Há uma divisão na dura que permite a passagem do nervo trigêmeo da fossa média à fossa posterior, que está posicionada imediatamente posterior ao gânglio trigeminal.

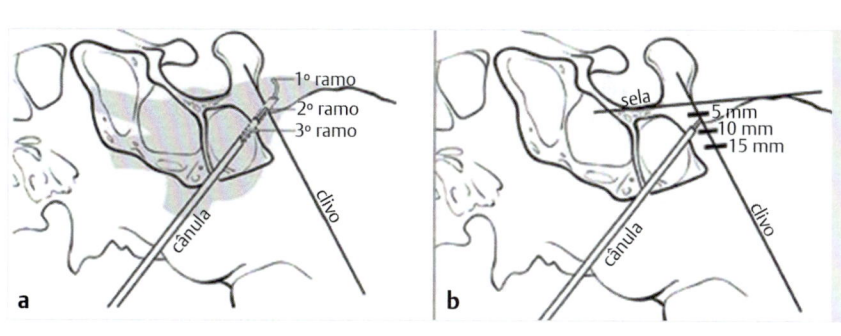

Fig. 30.6 (a) Representação esquemática de uma radiografia lateral do crânio mostrando as posições aproximadas para colocação do eletrodo curvo durante as medidas da rizotomia térmica seletiva **(b)** para colocação da ponta do eletrodo em relação à interseção radiográfica do clivo/osso petroso.

cionado no ramo trigeminal desejável. De modo ideal, um pulso em onda quadrada de 1 ms a 50 Hz e 100 a 400 mV produzirá parestesia na área alvo. Para pacientes que já passaram por uma prévia lesão ablativa, 500 a 1.000 mV podem ser necessários. Se o nervo for sensível à estimulação de baixa voltagem, então isso sugere que adequada hipoestesia pode ser obtida com lesões de menores temperaturas e menor duração.

A primeira série de lesões incrementais é feita, começando com 60°C por 60 segundos. Após cada lesão, o anestésico é descontinuado. É permitido que o paciente acorde, até ser capaz de se comunicar com o cirurgião e, então, um alfinete estéril é usado para avaliar a presença de hipoestesia. O objetivo é uma hipoestesia na área da dor, não da anestesia. Incrementos de 5°C na temperatura são realizados e lesões adicionais de 60 segundos geradas. Após cada lesão, o paciente é retestado. A lesão final pode precisar de uma temperatura de até 90°C por 60 a 90 segundos. Tal como todos os procedimentos ablativos, a presença de um reflexo corneano deve ser confirmada antes do paciente receber alta.

A técnica de Nugent utiliza um eletrodo de 0,4 × 3 mm de diâmetro que se projeta 2 mm além de uma agulha raquidiana.[19] A posição do eletrodo é confirmada pela estimulação do nervo a 0,1-0,5 V, 50 Hz e duração do pulso de 1 ms. Se intensidades maiores são necessárias, o eletrodo deve ser reposicionado. Apesar deste cuido no posicionamento, uma lesão pode ser máxima em um ramo, além de uma lesão aparentemente evidente após estimulação. Nugent recomenda que lesões com o eletrodo do tipo cordotomia de menor tamanho seja usado apenas com o paciente acordado.[19] Isso é possível devido ao menor tamanho do eletrodo, possibilitando um maior controle sobre a extensão da lesão. O tamanho da lesão é determinado por meio da realização de lesões incrementais, começando com 10 V e 60 mA por 15 segundos. A duração da lesão pode aumentar gradualmente até 40 segundos. Se lesões adicionais são necessárias, a voltagem pode ser aumentada até 20 V e a corrente até 100 mA.

Com a técnica do eletrodo tipo cordotomia, o reflexo cocleopalpebral pode ser repetidamente testado durante a geração da lesão, caso lesão do primeiro ramo seja o objetivo. A lesão elétrica deve ser parada quando o reflexo direto desaparece.

30.4.3 Compressão com Balão

Há várias indicações que favorecem a escolha da rizotomia por compressão com balão à rizotomia com glicerol ou térmica. A compressão com balão lesiona de forma seletiva fibras mielinizadas grandes e pequenas que desencadeiam os choques da neuralgia trigeminal.[20] Esta técnica seletivamente preserva as fibras não mielinizadas que medeiam o reflexo cocleopalpebral e, portanto, pode ser vantajosa no tratamento da dor no primeiro ramo. As alterações sensoriais que ocorrem com a compressão com balão variam nos três ramos, de modo que dor em múltiplos ramos pode ser mais facilmente tratada por uma compressão com balão, em vez de precisar reposicionar o eletrodo térmico e fazer lesões adicionais. Pacientes idosos, que podem ter dificuldade em cooperar durante um procedimento ablativo, podem ser mais facilmente tratados com anestesia geral. Prévio tratamento ablativo por glicerol ou rizotomia térmica não deve interferir com o sucesso da compressão com balão, embora com o glicerol e a rizotomia térmica pode haver uma maior dificuldade em repetir o procedimento.

Uma simples brisa desencadeia a dor neuropática facial, bem como a fala, a mastigação ou a luz no rosto. Estas sensações não são mediadas por fibras dolorosas, mas sim por grandes fibras sensoriais mielinizadas. O objetivo da ablação é "desligar" o interruptor que desencadeia o curto circuito da neuralgia trigeminal. Isto não requer lesão das fibras dolorosas especificamente, visto que isto foi preconizado como uma vantagem da rizotomia térmica.[20] Como tal, a compressão com balão é fisiologicamente específica ao tratamento da neuralgia trigeminal se o objetivo for leve perda sensorial que pode ser tolerada pelo paciente. Além disso, pelo fato de os axônios não serem lesionados, a remielinização pode ocorrer e a sensação irá, em parte, voltar. Rizotomia com glicerol também cria uma lesão desmielinizante.[12] Esta é a filosofia do "menos é mais". Embora uma lesão menor possa sempre ser adicionada, não se pode esperar a resolução da dormência grave e frequentemente desconfortável e difícil de tratar da analgesia intensa. É aqui que reside a "arte" da medicina em calcular antecipadamente o grau de perda sensorial necessária para um tratamento eficaz. Por outro lado, o tratamento mais adequado para um paciente jovem saudável com dor em ponta-da intermitente, que toca trompete profissionalmente, seria uma lesão mais leve. O grau de lesão pode ser ajustado modificando a pressão e a duração da compressão. Compressão com balão tem uma incidência mais elevada de fraqueza dos músculos masseter e pterigoide do que a rizotomia com glicerol ou térmica. O desequilíbrio muscular na articulação temporomandibular (TMJ) ipsilateral provoca desvio da mandíbula para o mesmo lado, e pode causar má oclusão temporária e dor da TMJ.

Técnica

Compressão com balão é realizada sob anestesia geral. A compressão é muito desconfortável para ser realizada sem sedação intravenosa. O anestésico pode ser endotraqueal ou através de uma máscara laríngea (LMA) supraglótica. Se realizado na sala de cirurgia, a unidade de fluoroscopia tipo arco em C é posicionada com o intensificador de imagem no lado da cirurgia e o écran de visualização no lado oposto ao da cirurgia na cabeceira da cama. É apropriado fornecer antibiótico profilático intravenoso. Por causa da presença de uma resposta depressora trigeminal, um marcapasso externo testado deve ser usado para captar os batimentos cardíacos. O marcapasso é configurado para funcionar automaticamente a uma frequência cardíaca inferior a 40 batimentos por minuto.[2] A resposta depressora consiste em uma mistura de ativação parassimpática e inibição simpática. O núcleo trigeminal interpolar pode mediar a respota.[21] Rizotomia térmica é mais provável de desencadear uma resposta vasopressora e, após esvaziamento do balão, pode ocorrer uma taquicardia reflexa e, secundariamente, hipertensão. A resposta depressora pode ser inibida com anticolinérgicos; no entanto, a presença de bradicardia ajuda a confirmar que houve lesão adequada ao nervo trigêmeo durante a compressão. Independentemente, o anestesiologista deve estar preparado para injetar atropina se a resposta depressora persistir.

Antes de proceder com a cirurgia, anterior à delimitação por campos e antissepsia, as três incidências necessárias para a posição da cânula devem ser obtidas, e o ângulo e a posição da unidade imagiológica anotados. Isto acelera a cirurgia antes de seu início, visto que às vezes é difícil visualizar o forame oval. A mesa de cirurgia é posicionada de modo que o lado da cirurgia seja oposto ao do anestesiologista, com o cirurgião posicionado no lado da cirurgia.

Compressão com balão pode ser seletiva para dor em diferentes ramos. Para dor predominantemente no terceiro ramo, a cânula é inserida a partir de uma posição ligeiramente medial ao ponto de entrada de Haërtel. Na imagem fluoroscópica lateral, o trajeto da cânula é alinhado com o teto do osso petroso. Na imagem anteroposterior, com o poro trigeminal visualizado no centro da órbita, a cânula deve ser posicionada na face lateral do poro trigeminal, com sua ponta na borda do osso petroso. As fibras do terceiro ramo são mais laterais e inferiores do que as fibras do primeiro ramo. Quando insuflado, o balão deve preferencialmente criar mais perda sensorial na mandíbula.

Para dor no segundo ramo, a cânula é ligeiramente inclinada cranialmente, e posicionada no centro do poro trigeminal, com sua ponta 2 mm além da borda do osso petroso, visto que é visualizada radiograficamente através da órbita. Esta é a posição padrão para a compressão com balão, resultando na lesão mais consistente.

Para dor no primeiro ramo, o ponto de inserção é ligeiramente lateral e inferior ao ponto de entrada de Haërtel, de modo que o balão ficará direcionado superomedialmente. Na imagem anteroposterior, a ponta do balão estará na mesma face mais medial do poro trigeminal e penetrará pela lateral. Nesta incidência, a ponta do balão deve estar 2 mm além da borda do osso petroso, pois pode ser difícil alcançar o formato "piriforme" que está associado a uma compressão nervosa adequada por causa da abordagem inclinada.

Se, contudo, o balão é demasiadamente inserido, o diâmetro mais largo do balão irá penetrar na cisterna trigeminal, em vez de no cavo de Meckel. Isto nunca causou problemas, e tampouco resultará em uma compressão adequada. Se isto acontecer, o balão deve ser esvaziado e reposicionado. O "kit de microcompressão do gânglio trigeminal" (Cook Medical, Bloomington, IN) é usado para exibir uma marca no cateter balão 17 mm além da ponta da cânula quando a cânula está apropriadamente posicionada. Isto representa a posição do poro trigeminal com relação ao forame oval.

Após o posicionamento da cânula calibre 14 no forame oval, o obturador de ponta romba é removido e um trajeto para o balão é criado usando os estiletes guias. Estes são projetados de forma que se a cânula é posicionada na base do crânio, então o estilete totalmente inserido terá sua ponta no poro trigeminal. Se o estilete reto é posicionado lateral ao poro, ele deve ser removido e um estilete orientador curvo usado para direcionar o trajeto mais medial. Ao fazer isto, a curva do estilete deve inicialmente ser direcionada para baixo, em direção à base do crânio e, então, girada. Isto pode limitar o risco de penetração da dura, possivelmente resultando na colocação subdural do cateter balão. O estilete e cateteres são posicionados interdural, entre as lâminas da dura, após penetrar no forame oval. O espaço subaracnóideo não é encontrado até que a cisterna trigeminal seja alcançada. É importante entender isto, pois ao contrário da rizotomia térmica e rizotomia com glicerol, o posicionamento inicial da cânula não é confirmado pela presença de drenagem de líquido cerebrospinal, pois a cânula não penetra na cavidade intracraniana.

Uma abordagem simples para a insuflação do balão é injetar 0,75 a 1 mL de corante radiopaco não iônico usando uma seringa de tuberculina e, então, monitorar com fluoroscopia a aparência do formato piriforme do balão. O formato piriforme estará presente em uma pressão de 1,3 a 1,6 atmosferas, e o tamanho do balão insuflado irá variar com uma gama de pressões de aproximadamente 500 mmHg. Isso tornará a profundidade da perda sensorial menos previsível do que quando a pressão e duração precisa da compressão são mensuradas. A abordagem alternativa é mensurar a pressão intraluminal do balão. O objetivo é alcançar uma pressão estável de 1,5 atmosfera. Existe uma seringa de insuflação separada para isto (Merit Medical, South Jordan, UT), a qual está conectada a um monitor digital. Há o risco de ruptura do balão com pressões superiores a 1,6 atmosfera. Se houver uma alergia conhecida ao corante, os pacientes podem ser pré-tratados com esteroides. Independentemente, nunca nenhuma morbidade ocorreu por causa da ruptura do balão.

Durante a compressão, uma bradicardia significativa pode ocorrer. Geralmente, ela é breve, mas se causar uma frequência cardíaca inferior a 40 batimentos por minuto, o marcapasso externo deve ser acionado. Se persistente, o anestesiologista pode injetar atropina. Também pode ocorrer uma reposta hipertensiva reflexa. Se isso acontecer, também é breve, e é mais adequadamente controlada por meio do ajuste da profundidade da anestesia, em vez do fornecimento de medicamento anti-hipertensivo.

O cateter e a cânula devem ser removidos juntos se houver qualquer resistência ao livre movimento do cateter. Se o cateter é removido separadamente, líquido cerebrospinal irá, provavelmente, drenar. Este pode conter estrias de sangue. Pode ser útil drenar algumas gotas para reduzir qualquer pressão elevada criada pela colocação do cateter e insuflação do balão.

30.5 Problemas Terapêuticos e Técnicos

Procedimentos percutâneos ablativos são indicados para dor facial neuropática em pontada intermitente. Esses procedimentos não devem ser usados se o sintoma predominante for dor em queimação constante. Eles podem ser usados seletivamente se houver dor em queimação em um ramo trigeminal, e dor em pontada em outro. Em alguns pacientes, há uma dor maçante aguda que persiste após episódios de dor em pontada severa, e isto pode desaparecer gradualmente após a resolução do componente neuropático da dor. Raramente, um tumor de glândula parótida pode causar dor facial neuropática em queimação contínua e disestésica. Uma MRI avaliativa deve observar o estado da glândula parótida em cada caso novo. Neste caso, o tratamento da dor neuropática também necessitaria de um tratamento separado para o tumor.

A presença de tumor no cavo de Meckel previne a inserção da agulha entre as fibras retrogasserianas do nervo trigêmeo. Além disso, um schwannoma trigeminal é mais provável de causar dor disestésica constante que não deve ser tratada por uma cirurgia ablativa. É interessante notar que o suposto mecanismo da parestesia facial intermitente quando um meningioma de fossa média está presente é a lesão pulsátil de uma artéria ou veia associada em contato com o nervo (▶ Fig. 30.1). Sendo assim, é o efeito secundário da massa tumoral e não a presença do tumor adjacente ao nervo que causa a dor da neuralgia trigeminal.

A presença de um schwannoma vestibular não é necessariamente uma contraindicação ao tratamento ablativo percutâneo da neuralgia trigeminal se o tumor não for sintomático. Tratamento do tumor com radiocirurgia não irá necessariamente eliminar a dor neuropática. A terapia primária pode ser o tratamento ablativo da dor neuropática e, secundariamente, o tumor vestibular pode ser tratado com radiocirurgia.

Em um paciente idoso e osteoporótico, pode ser difícil visualizar o forame oval. Neuronavegação guiada por CT pode ser usada para canular o forame oval em casos selecionados.[22]

Ardor ocular severo pós-operatório pode ser causado por uma abrasão na córnea, em vez de lesão primária do nervo trigêmeo. A abrasão pode ser diferenciada por meio de um exame clínico minucioso e achados de uma conjuntiva inflamada. Compressão com balão pode causar sintomas dolorosos na TMJ. Esta dor é forte, associada a uma sensibilidade à palpação na TMJ e tratada com anti-inflamatórios orais. Ela se resolve após várias semanas, à medida que a fraqueza mandibular se recupera.

Se a perda sensorial causada pela compressão com balão for inadequada para aliviar a dor neuropática, ela pode ser temporariamente agravada. Estudos histológicos, realizados na Nova

Zelândia em coelhos, mostram evidência de inflamação contínua após a compressão.[20] Caso isso ocorra, é possível que a dor neuropática se resolva em alguns dias. Se não se resolver, é sensata a repetição dos procedimentos iniciais, visto que são feitos por rizotomia térmica.

30.6 Resultados

A maioria dos estudos clínicos que revisou o benefício dos procedimentos ablativos percutâneos é retrospectiva. Estudos longitudinais de grande porte analisam a tendência moderna em relação à criação de hipoestesia, em vez da anestesia com o resultante aumento no índice de recidiva. Uma anestesia mais densa reduzirá o índice de recidiva, mas causa aumento de disestesia e desconforto. Contudo, o índice de recidiva é apenas um indicador do benefício. Existe, todavia, um estudo relevante que revisou a qualidade de vida após compressão percutânea e descompressão microvascular. A descompressão microvascular levou à maior qualidade de vida, seguida de perto pela compressão com balão, injeção de glicerol e rizotomia térmica. Medicação levou à menor qualidade de vida.[17,23-25]

Os resultados da análise de sobrevivência de Kaplan-Meir da rizotomia com glicerol mostram um tempo médio de recidiva de 3 anos.[26,27] Tempo mais longo para a recidiva está associado a uma maior taxa de disestesia (12%) e hipoestesia (72%). Taha *et al.* publicaram uma revisão prospectiva definitiva dos resultados da rizotomia térmica.[17] As curvas da sobrevivência de Kaplan-Meir revelaram um índice de recidiva em 14 anos de 60% nos pacientes que alcançaram leve hipoalgesia e 20% naqueles com analgesia. Recidiva da dor em pacientes com hipoalgesia leve ocorreu em um prazo de até 4 anos após o procedimento e a sobrevida média livre de dor foi de 32 meses. Se hipoalgesia densa foi alcançada, a taxa de sobrevida livre de dor foi superior a 15 anos.[17] Para compressão com balão em uma série de 183 pacientes tratados durante 14 anos, o índice de recidiva geral foi de 25%.[25] Seis por cento dos pacientes descreveram suas perdas sensoriais como severas. Houve apenas um paciente com um reflexo corneano ausente. A incidência de fraqueza motora foi de 19%. Compressão com balão tem a maior incidência de fraqueza mandibular, quando comparada com a rizotomia com glicerol ou térmica, porém uma menor incidência de anestesia corneana.

Referências

[1] Brown JA. Neurosurgical Perspectives on Trigeminal Neuralgia. In: Brown J, ed. Vol. 8. Philadelphia, PA: Harcourt Brace & Co.; 1997:1–10
[2] Brown JA, Preul MC. Trigeminal depressor response during percutaneous microcompression of the trigeminal ganglion for trigeminal neuralgia. Neurosurgery. 1988; 23(6):745–748
[3] Brown JA. The trigeminal complex. Anatomy and physiology. Neurosurg Clin N Am. 1997; 8(1):1–10
[4] Melzack R, Terrence C, Fromm G, Amsel R. Trigeminal neuralgia and atypical facial pain: use of the McGill Pain Questionnaire for discrimination and diagnosis. Pain. 1986; 27(3):297–302
[5] Miller JP, Acar F, Burchiel KJ. Classification of trigeminal neuralgia: clinical, therapeutic, and prognostic implications in a series of 144 patients undergoing microvascular decompression. J Neurosurg. 2009; 111(6):1231–1234
[6] Miller JP, Acar F, Hamilton BE, Burchiel KJ. Radiographic evaluation of trigeminal neurovascular compression in patients with and without trigeminal neuralgia. J Neurosurg. 2009; 110(4):627–632
[7] Wang TJ, Brisman R, Lu ZF, et al. Image registration strategy of T(1)-weighted and FIESTA MRI sequences in trigeminal neuralgia gamma knife radiosurgery. Stereotact Funct Neurosurg. 2010; 88(4):239–245
[8] Yousry I, Moriggl B, Schmid UD, Naidich TP, Yousry TA. Trigeminal ganglion and its divisions: detailed anatomic MR imaging with contrast-enhanced 3D constructive interference in the steady state sequences. AJNR Am J Neuroradiol. 2005; 26(5):1128–1135
[9] Sindou M, Howeidy T, Acevedo G. Anatomical observations during microvascular decompression for idiopathic trigeminal neuralgia (with correlations between topography of pain and site of the neurovascular conflict). Prospective study in a series of 579 patients. Acta Neurochir (Wien). 2002; 144(1):1–12, discussion 12–13
[10] Park NH, Pavan-Langston D, McLean SL. Acylovir in oral and ganglionic herpes simplex virus infections. J Infect Dis. 1979; 140(5):802–806
[11] Hakanson S. Trigeminal neuralgia treated by the injection of glycerol into the trigeminal cistern. Neurosurgery. 1981; 9(6):638–646
[12] Lunsford LD, Bennett MH, Martinez AJ. Experimental trigeminal glycerol injection. Electrophysiologic and morphologic effects. Arch Neurol. 1985; 42(2):146–149
[13] Eide PK, Stubhaug A. Relief of trigeminal neuralgia after percutaneous retrogasserian glycerol rhizolysis is dependent on normalization of abnormal temporal summation of pain, without general impairment of sensory perception. Neurosurgery. 1998; 43(3):462–472, discussion 472–474
[14] Kondziolka D, Lunsford LD. Percutaneous retrogasserian glycerol rhizotomy for trigeminal neuralgia: technique and expectations. Neurosurg Focus. 2005; 18(5):E7
[15] Sweet WH, Wepsic JG. Controlled thermocoagulation of trigeminal ganglion and rootlets for differential destruction of pain fibers. 1. Trigeminal neuralgia. J Neurosurg. 1974; 40(2):143–156
[16] Nugent GR, Berry B. Trigeminal neuralgia treated by differential percutaneous radiofrequency coagulation of the Gasserian ganglion. J Neurosurg. 1974; 40 (4):517–523
[17] Taha JM, Tew JM, Jr. Comparison of surgical treatments for trigeminal neuralgia: Reevaluation of radiofrequency rhizotomy. Neurosurgery. 1996; 38:865–871
[18] Smith HP, McWhorter JM, Challa VR. Radiofrequency neurolysis in a clinical model. Neuropathological correlation. J Neurosurg. 1981; 55(2):246–253
[19] Nugent GR. Radiofrequency treatment of trigeminal neuralgia using a cordotomy-type electrode. A method. Neurosurg Clin N Am. 1997; 8(1):41–52
[20] Brown JA, Hoeflinger B, Long PB, et al. Axon and ganglion cell injury in rabbits after percutaneous trigeminal balloon compression. Neurosurgery. 1996; 38 (5):993–1003, discussion 1003–1004
[21] McCulloch PF, Paterson IA, West NH. An intact glutamatergic trigeminal pathway is essential for the cardiac response to simulated diving. Am J Physiol. 1995; 269(3, Pt 2):R669–R677
[22] Olivero WC, Wang H, Rak R, Sharrock MF. Percutaneous balloon rhizotomy for trigeminal neuralgia using three-dimensional fluoroscopy. World Neurosurg. 2012; 77(1):202.e1–202.e3
[23] Spatz AL, Zakrzewska JM, Kay EJ. Decision analysis of medical and surgical treatments for trigeminal neuralgia: how patient evaluations of benefits and risks affect the utility of treatment decisions. Pain. 2007; 131(3):302–310
[24] Fraioli B, Esposito V, Guidetti B, Cruccu G, Manfredi M. Treatment of trigeminal neuralgia by thermocoagulation, glycerolization, and percutaneous compression of the gasserian ganglion and/or retrogasserian rootlets: long-term results and therapeutic protocol. Neurosurgery. 1989; 24(2):239–245
[25] Brown JA, Gouda JJ. Percutaneous balloon compression of the trigeminal nerve. Neurosurg Clin N Am. 1997; 8(1):53–62
[26] North RB, Kidd DH, Piantadosi S, Carson BS. Percutaneous retrogasserian glycerol rhizotomy. Predictors of success and failure in treatment of trigeminal neuralgia. J Neurosurg. 1990; 72(6):851–856
[27] Young RF. Glycerol rhizolysis for treatment of trigeminal neuralgia. J Neurosurg. 1988; 69(1):39–45

31 Zona de Entrada da Raiz Dorsal: Medula Espinal

Amr O. El-Naggar ▪ Stephen Sandwell

Resumo

O lesionamento da zona de entrada da raiz dorsal (DREZ) espinal é um procedimento ablativo de dor que visa os neurônios de projeção de segunda ordem do corno dorsal com lesionamento por radiofrequência, bloqueando assim a transmissão do sinal anormal de dor espinotalâmica em casos de dor neuropática clinicamente refratária e de desaferentação. O tratamento bem-sucedido e a experiência foram atingidos pela primeira vez nos níveis da medula espinal cervical. As lesões se estenderam, mais tarde, pelos níveis torácico e lombossacral. Este capítulo detalha a anatomia relevante e a técnica cirúrgica para essa cirurgia efetiva de ablação da dor.

Palavras-chave: dor neuropática, dor por desaferentação, dor de membro fantasma, lesionamento da DREZ.

31.1 Introdução

O lesionamento da zona de entrada da raiz dorsal (DREZ) por radiofrequência (RF) é um procedimento ablativo de dor desenvolvido pelo Doutor Blaine Nashold para casos de dor neuropática clinicamente refratária e de desaferentação.[1] Outros métodos de criação de lesões da DREZ já foram aplicados por outros cirurgiões, como *laser* CO_2 e uso de cautério bipolar. Descrevemos aqui o uso de lesionamento por RF causado por precisão e reprodutibilidade do método. Na maioria dos casos de síndromes de dor neuropática clinicamente refratária e de desaferentação, existe a hipótese de que interneurônios inibidores ao longo das lâminas de Rexed I a V sejam menos ativos, resultando em transmissão desinibida de sinal de dor de segunda ordem.[2] Ao longo dos segmentos que se correlacionam com a distribuição de dor de um paciente, esses neurônios de segunda ordem que projetam a dor sofrem ablação com um eletrodo de RF. Essas lesões visam às células de origem dos neurônios de segunda ordem ao longo das camadas II e V de Rexed, que dão origem aos tratos espinotalâmico e espinorreticular.

31.2 Seleção do Paciente

O lesionamento da DREZ é reservado para pacientes com dor neuropática ou de desaferentação que falharam no tratamento clínico e em terapias menos invasivas. As síndromes de dor por desaferentação podem desenvolver-se após um trauma (lesões por avulsão dos plexos braquial ou lombossacral), tratamentos cirúrgicos ou progressão para malignidade. A neuralgia pós-herpética e a dor de membro fantasma após amputação também podem ser tratadas com sucesso pelo procedimento de lesionamento da DREZ.[1,3] A dor de desaferentação é geralmente caracterizada pela sensação tátil reduzida na região da dor. Com frequência ela é ardente e constante tanto no caso de desaferentação quanto de quadros neuropáticos. A alodinia é comum na dor neuropática, com os pacientes geralmente encolhendo e protegendo a região afetada quando a sensação ao toque leve é verificada. Os dois tipos de dor são extremamente difíceis de tratar. À medida que a dor se torna crônica, cargas psicológicas podem prejudicar ainda mais o paciente. É importante que os pacientes sejam examinados em avaliações neuropsiquiátricas antes da cirurgia, para garantir a candidatura adequada para a operação, assim como para tratamento da depressão subjacente.

31.3 Preparação Pré-Operatória

O mapeamento dos dermátomos da área dolorosa é fundamental para a identificação dos níveis que precisam ser tratados e da extensão da exposição para a laminectomia. Isso é especialmente importante uma vez que as lesões da DREZ deverão ser feitas não só nos níveis com avulsão, mas também em quaisquer níveis superiores ou inferiores a esses níveis, se eles estiverem incluídos na síndrome de dor clinicamente manifesta. Antes de planejar a cirurgia, os pacientes deverão ser submetidos à investigação por imagens de MR para avaliar outras possíveis fontes de dor, tais como uma lesão compressiva, ou anormalidades estruturais, como a siringomielia. A mielografia pode ser útil na identificação de raízes de nervos separadas e de pseudomeningoceles (▶ Fig. 31.1). A CT e as radiografias planas também são úteis na compreensão da anatomia óssea particular de um paciente, especialmente no cenário de uma cirurgia anterior.

31.4 Procedimento Cirúrgico

31.4.1 Microanatomia do Corno Dorsal

O corno dorsal é categorizado pelas lâminas de Rexed, com base no tipo, densidade e função do neurônio (▶ Fig. 31.2). Lâmina I (camada marginal) e lâmina II (substância gelatinosa) são os parâmetros finais primários para os aferentes nociceptivos delta-A e fibra-C. Os neurônios de segunda ordem retransmitem sinais de dor do corno dorsal para o tálamo. Entretanto, uma rede complexa de interneurônios glutamatérgicos excitatórios e interneurônios GABAérgicos e glicinérgicos inibidores entre as lâminas II e V também é envolvida na sinalização da dor.[2] Os quadros de alodinia e de hiperalgesia podem desenvolver-se se houver liberação da inibição normal de interneurônios, especialmente a regulação descendente dos interneurônios da lâmina II, resultando em uma percepção anormal de dor.

31.4.2 Anatomia da Zona de Entrada da Raiz Dorsal Espinal

Para a execução segura do procedimento na DREZ, o cirurgião deverá compreender a localização, a orientação e a profundidade do corno dorsal. Lateral às colunas posteriores e posteromedial ao trato espinocerebelar dorsal e ao funículo lateral, o corno dorsal é identificado pela presença de radículas penetrando o nervo espinal dorsal ou os restos cicatrizados de radículas separadas. O corno dorsal varia em profundidade e largura ao longo dos vários níveis da medula espinal. Kirazli *et al.* informaram que a profundidade e a largura médias do corno dorsal cervical superior foram de 3 e 0,46 mm, respectivamente. O corno dorsal diminuiu em profundidade média nos níveis mais caudais: 2,3 mm nos níveis torácicos e 1,8 a 2,1 mm nos níveis lombares.[4] Após a avulsão do nervo, pode ser difícil identificar a localização de superfície da DREZ; entretanto, a localização da DREZ pode geralmente ser aproximada identificando-se radículas de nervo acima e abaixo do nível da lesão, áreas cicatrizadas da avulsão das radículas, a linha média da medula espinal e radículas de nervo contralateral. Em geral, o ângulo do corno dorsal é orientado em 30 a 45 graus laterais à linha média.[1,5]

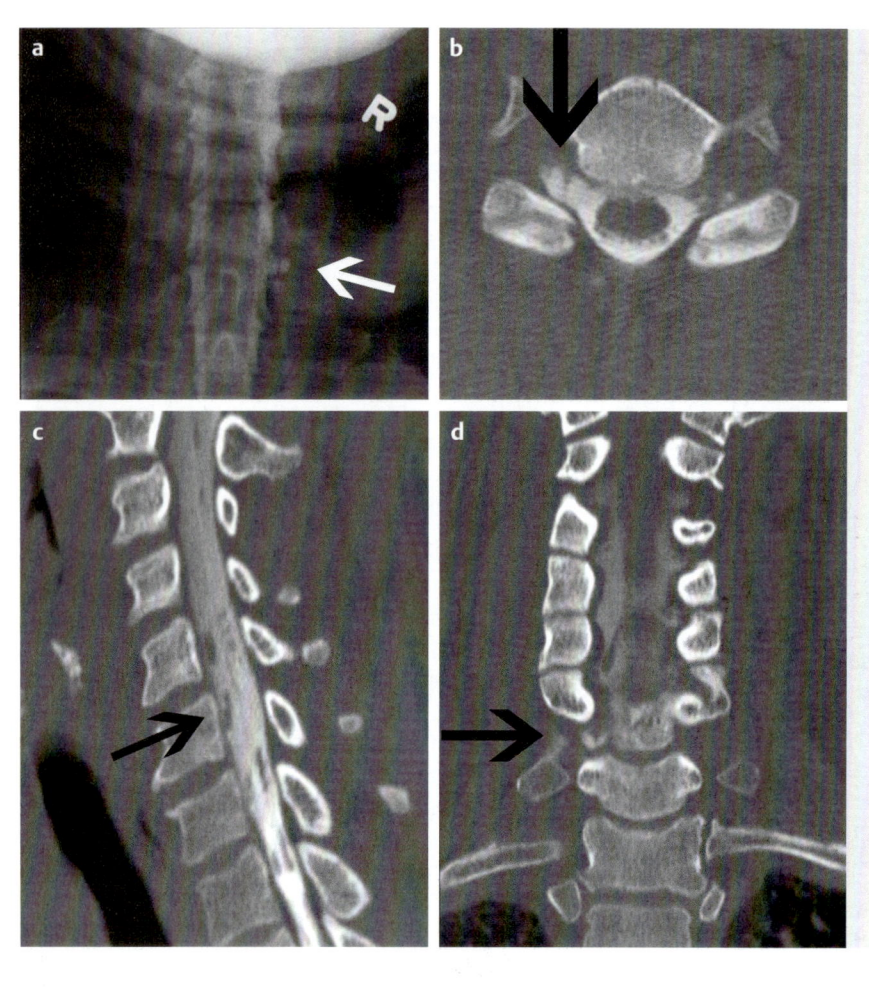

Fig. 31.1 (a) Mielograma cervical; *seta* mostrando pseudomeningocele traumática ao longo da raiz do nervo cervical direito de C7 em um caso de lesão por avulsão do plexo braquial. (b) Mielografia axial por CT: *seta* mostrando a mesma patologia. (c) Mielografia sagital por CT: *seta* mostrando ausência de raízes dorsais entre raízes dorsal e ventral pareadas nos níveis adjacentes. (d) Mielografia coronal por CT: *seta* mostrando pseudomeningocele traumática.

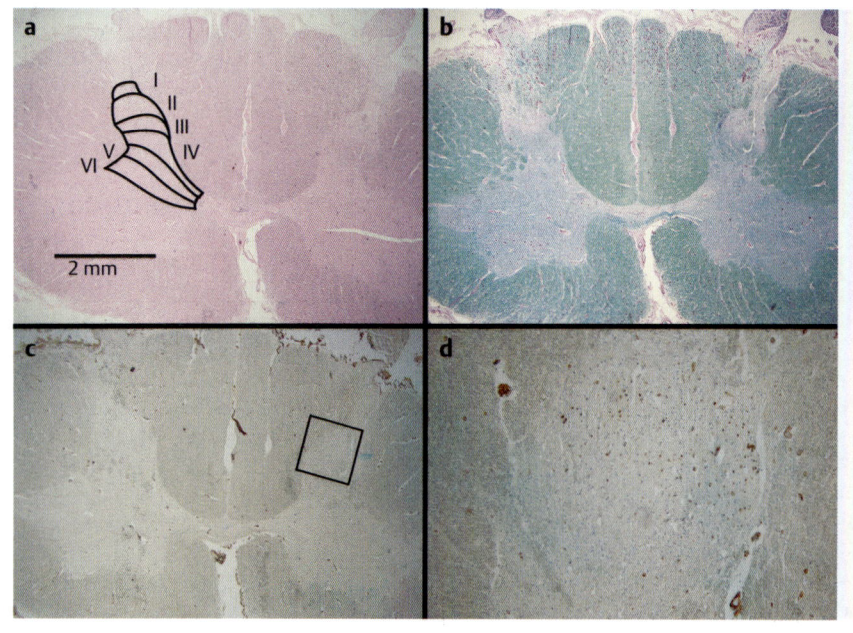

Fig. 31.2 Cortes axiais de medula espinal cervical humana. (a) Coloração com hematoxilina e eosina, com delineamento das lâminas I-VI de Rexed. (b) Coloração com Luxor azul firme-reagente ácido Schiff mostrando ausência de mielinização da substância gelatinosa (lâmina II de Rexed). (c) Coloração neuronal Neu-N. (d) Coloração Neu-N com ampliação mais alta mostrando interneurônios rotulados de substância gelatinosa da região do quadrado na imagem **c**. (Imagens por cortesia do Dr. Mahlon Johnson.)

31.4.3 Lesionamento da Zona de Entrada da Raiz Dorsal Espinal

Nas operações da DREZ são exigidos: anestesia geral com linha arterial e cateter de Foley. O neuromonitoramento para incluir potenciais somatossensoriais evocados (SSEPs) e potenciais motores evocados pode ser usado a critério do cirurgião. Relaxantes musculares são prescritos para pacientes a serem submetidos ao neuromonitoramento. Caso contrário, os pacientes recebem paralisantes durante a cirurgia. Eles são antes tratados com dexametasona 10 mg IV e antibióticos pré-operatórios.

Para procedimentos DREZ cervicais, torácicos e lombossacrais o paciente é colocado em posição prona. A revisão cuidadosa de radiografias pré-operatórias e de sua correlação com as radiografias intraoperatórias permite a seleção do nível apropriado. A fixação da cabeça é usada para cirurgias da DREZ cervical e do tórax superior para obter flexão e elevação completa da cabeça. A manobra de Trendelenburg reversa é necessária nas abordagens cervical e torácica superior. Cirurgias abaixo do nível T4 podem ser executadas na mesa de Jackson ou em mesas com outras configurações que assegurem que o abdome esteja livre de compressão. Lesões por pressão são prevenidas com acolchoamento adequado do corpo.

As cirurgias da DREZ cervical exigem que a laminectomia estenda um nível craniano e um nível caudal aos segmentos de avulsão, como aqueles de dor neuropática com base nos achados radiológicos, assim como o mapeamento clínico de dermátomos dolorosos. De modo geral, a laminectomia se estende de C5 até T1. Antes de abrir a dura, a hemostasia deve ser obtida com cautério bipolar, cera óssea e espuma hemostática absorvível. O microscópio operatório é usado durante a porção intradural da cirurgia. A laminectomia bilateral fornece melhor exposição com melhor visualização das raízes separadas, em comparação com as raízes contralaterais intactas, e melhor visualização da linha média especialmente na presença de tecido cicatrizado e aderências. A abordagem unilateral via hemilaminectomia permite melhor estabilidade da coluna cervical; entretanto, ela deverá ser reservada para cirurgiões mais experientes. A dura é incisada separada da aracnoide e suas bordas refletidas com suturas de seda 4-0. A aracnoide é aberta como uma camada separada usando-se microtesouras ou microfórceps e presa às bordas da dura com clipes hemostáticos de metal (▶ Fig. 31.3). Principalmente após um trauma, a aracnoide e a dura podem ficar cicatrizadas em direção à medula espinal e a dissecção cuidadosa é obrigatória. A área da DREZ é identificada pela investigação por imagens da linha entre as primeiras radículas do nervo dorsal anexo acima e abaixo do nível que sofreu avulsão. Em lesionamento cervical, torácico e lombossacral o eletrodo de RF termoacoplado é inserido a um ângulo de 30 a 45 graus a uma profundidade de 2 mm e então aquecido a 75°C durante 15 segundos por lesão. O eletrodo para DREZ (Boston Scientific, Marlborough, MA) tem um eixo espessado para prevenir a inserção excessivamente profunda. Lesões em série são feitas ao longo da DREZ em uma única fila, a intervalos de 1 mm, tomando-se o cuidado de retrair suavemente e mobilizar vasos sanguíneos pequenos que são encontrados pelo caminho.

As radículas do nervo dorsal torácico são geralmente separadas ao longo de um segmento da DREZ mais extenso que as radículas cervicais. As laminectomias devem ser adequadamente rostrais, reconhecendo que os nervos torácicos deixam os foramens intervertebrais a níveis cerca de dois a três corpos vertebrais abaixo da zona de entrada da raiz dorsal. O lesionamento da DREZ deverá ser iniciado em sentido caudal e se estender ao longo da via da DREZ em sentido craniano atingindo o próximo nível normal da DREZ.

Uma vez concluído o lesionamento, garantida a hemostasia, sangue residual irrigado e dura e aracnoide fechadas juntas em uma única camada corrida com sutura 4-0, devem-se remover os clipes hemostáticos das bordas da dura, à medida que forem encontrados. Suturas durais pregadas são colocadas nos tecidos conjuntivos espinais adjacentes e nos ligamentos espinhosos. Em geral não se colocam drenos, mas estes deverão ser removidos precocemente se colocados para reduzir o risco de vazamento do líquido cerebrospinal (CSF) e infecção.

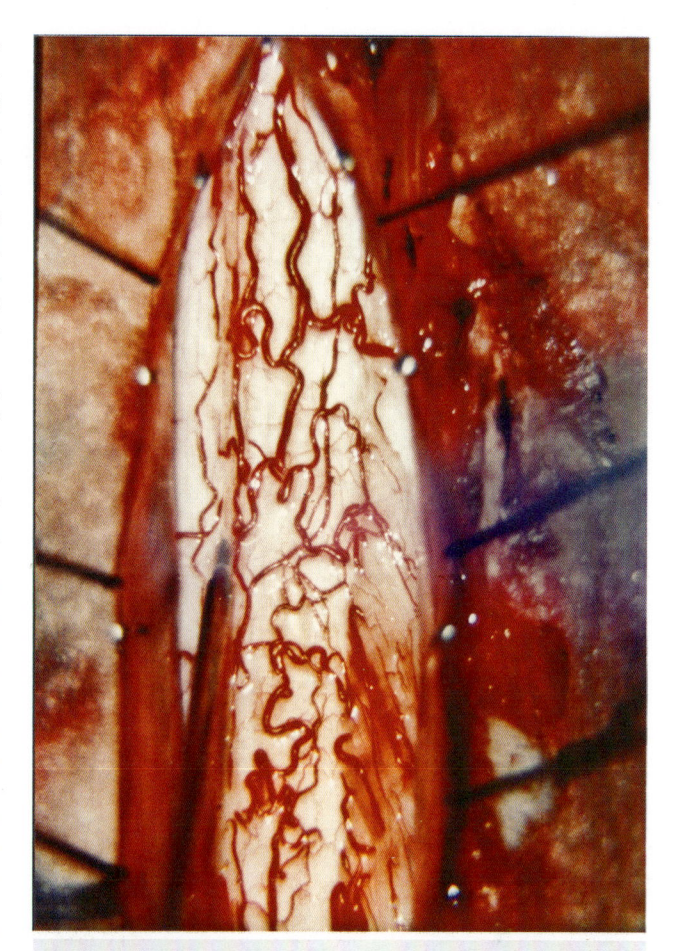

Fig. 31.3 Exposição para lesionamento da zona de entrada da raiz dorsal espinal. O eletrodo à esquerda aponta embaixo uma tira de radículas do nervo dorsal separadas, em comparação com as radículas normalmente posicionadas à direita. Clipes hemostáticos de metal pinçam a aracnoide às bordas pregadas da dura.

31.4.4 Eletrodos e Parâmetros da Lesão

Os eletrodos de RF para DREZ (Boston Scientific) são feitos com um tubo de aço inoxidável oco que se afunila até um ponto na extremidade com um termistor na ponta para medir a temperatura da lesão (▶ Fig. 31.4). As lesões RF são feitas a 75°C durante 15 segundos, resultando em lesões (2 × 4-5 mm) e destruindo as cinco ou seis camadas superiores de Rexed no corno dorsal. A Boston Scientific também fabrica o gerador de RF usado para ativar o eletrodo para DREZ. Dois estudos *post mortem* confirmaram a natureza focal das lesões das camadas de Rexed. Eletrodos do tipo de cordotomia espinal não são satisfatórios para a execução de lesões na DREZ.

31.4.5 Lesão por Avulsão do Plexo Braquial

Uma laminetomia bilateral é realizada, geralmente se estendendo de C5 para T1. Raízes sadias superiores e inferiores à avulsão devem ser obrigatoriamente visualizadas para evitar qualquer dor residual pós-operatória. O sulco intermediolateral marcando a zona de entrada das radículas separadas é prontamente identificado na maioria dos casos e facilmente visualizado ao longo de uma linha imaginária conectando a zona de entrada da primeira raiz anexa superior com a primeira raiz anexa inferior à área separada. Além disso, a identificação da área da DREZ no lado contralateral normal

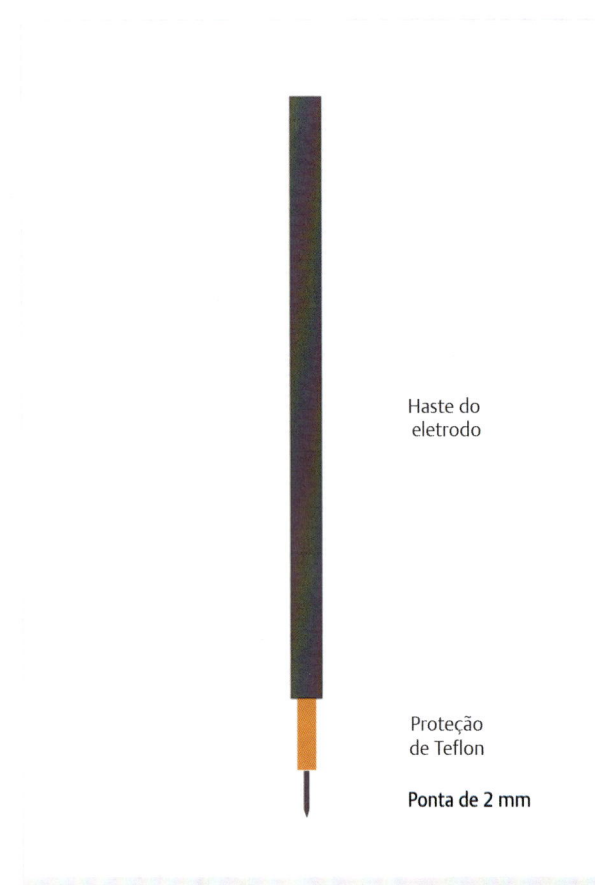

Fig. 31.4 Ilustração de um eletrodo padrão para zona de entrada de raiz dorsal com ponta ativa de 2 mm e um cubo de Teflon para evitar a penetração excessiva.

(Legendas da figura: Haste do eletrodo; Proteção de Teflon; Ponta de 2 mm)

ajuda o cirurgião a identificar toda a anatomia da área. Em alguns casos, a medula espinal também pode ser girada devido a trauma e tecido escarificado e, certamente, nessas situações uma exposição bilateral seria mais segura. As lesões da DREZ são então feitas com 1 mm de distância uma da outra, estendendo-se entre as radículas sadias superiores e inferiores. Como mencionado anteriormente, lesões ao longo das radículas anexas superiores e/ou inferiores são indicadas se os dermátomos correspondentes estão incluídos na síndrome da dor. Uma hemilaminectomia unilateral pode ser suficiente e é mais bem tolerada pelos pacientes; entretanto, ela deverá ser realizada por neurocirurgiões experientes, pois a linha das raízes separadas pode ser difícil de ser identificada e por causa da provável rotação da medula espinal.

31.4.6 Avulsões das Raízes do Cone Medular

Para cirurgias na DREZ do cone medular são realizadas laminectomias de T10 a L1. As avulsões do nervo no nível do cone medular são frequentemente limitadas aos níveis L5 e/ou S1. A porção separada no cone está, com frequência, escondida profundamente às radículas neurais adjacentes, exigindo retração cuidadosa. Eletrodos de gravação podem ser colocados na medula espinal. A estimulação do triângulo femoral e do nervo femoral podem ajudar a identificar L1. A estimulação da fossa poplítea e do nervo tibial posterior ou ciático podem identificar S1. Se o paciente sofreu amputação ou avulsão, a estimulação contralateral pode ser usada para identificar o nível no lado intacto.

31.4.7 Paraplegia com Dor Intratável

A cicatrização e as aderências da aracnoide, comuns nesses casos, devem ser meticulosamente dissecadas para identificar a DREZ. O ultrassom intraoperatório é usado também sempre que houver suspeita de siringe traumática nos cenários clínico, radiológico ou cirúrgico. Se presente, a siringe pode ser drenada colocando-se um desvio siringossubaracnoideo ou siringoperitoneal além das lesões na DREZ. Para pacientes com lesão da medula espinal as lesões podem ser estendidas, especialmente em sentido ascendente, até que as raízes sadias sejam identificadas. Vários de nossos pacientes com lesões por arma de fogo da medula espinal sofreram avulsões de raiz adjacentes às áreas contundidas. Essas áreas com avulsão precisam ser visadas junto com as lesões na DREZ.

31.4.8 Neuralgia Pós-Herpética

Diferentemente da neuralgia pós-herpética da face, que responde muito bem à cirurgia da DREZ do núcleo caudal, na experiência dos autores o mesmo não acontece na distribuição torácica da neuralgia pós-herpética. A cirurgia da DREZ deverá ser considerada somente após falha nas outras intervenções. Os potenciais evocados são muito úteis em localizar as radículas dorsais responsáveis: os autores consideram que isso seja crucial para evitar o alívio incompleto da dor. Tanto os estudos SSEP como MEP são realizados durante a operação A localização anatômica é mais difícil com as raízes dorsais toracolombares e com aquelas que se originam do cone medular. Estudos SSEP cuidadosos das áreas doloridas do corpo fornecem localização precisa da raiz dorsal, permitindo ao cirurgião confinar as lesões da DREZ a serem envolvidas na área dolorida. Eletrodos de estimulação são colocados bilateralmente, próximos aos nervos afetados, conforme determinado pelo exame sensorial pré-operatório, e no lado contralateral, próximos aos nervos intactos comparáveis. Isso permite a comparação dos sinais normais e anormais. O potencial registrado é produzido por disparo simultâneo de neurônios do corno dorsal, com a descarga máxima ocorrendo nos segmentos de medula espinal da entrada do nervo estimulado. Para estimular o corpo ou as extremidades, os autores usam eletrodos com agulha bipolar; discos bipolares de ouro são usados para estimular a face. Os potenciais evocados são registrados da superfície da medula espinal ou da junção cervicomedular com eletrodos em disco de multicontato de platina-irídio e da profundidade com o eletrodo gerador de lesão.

A maior negatividade de amplitude é determinada após estimulação do lado intacto. Geralmente, a negatividade é muito mais reduzida ou, caso contrário, anormal no lado afetado. Os autores descobriram que com frequência, após a produção de lesões na DREZ, a onda negativa é substituída por uma positiva. Esse potencial positivo geralmente sinaliza a abordagem conduzida por volume em direção ao eletrodo da atividade neural, mas sem descarga neuronal no sítio do eletrodo. Essa positividade fornece *feedback* imediato sobre o sucesso técnico da operação.

31.5 Manejo Pós-Operatório Incluindo Possíveis Complicações

Para exposições cervicais, a elevação da cabeceira da cama reduz o risco de pseudomeningocele e vazamento de CSF. Antibióticos padrão pós-cirurgia são administrados durante 24 horas após a operação. Drenos de feridas raramente são aplicados, mas se usados deverão ser removidos o mais cedo possível. Para exposições torácicas e lombossacrais, os pacientes são mantidos em repouso em leito plano por 24 horas. A deambulação precoce é então encorajada. Esteroides pós-operatórios com dexametasona, 4 mg cada 6 horas, são administrados durante 3 a 4 dias após a cirurgia, seguidos por injeção intramuscular de 40 mg de metilprednisolona antes da alta. As complicações pós-operatórias estão na ordem de 3 a 5% incluindo vazamento de CSF e formação de hematoma epidural pós-operatório, além de fraqueza ou descoordenação da extremidade inferior ipsilateral, especialmente após lesões na DREZ da medula torácica. O vazamento de CSF pode ser prevenido com um fechamento apertado da dura e alimentação do paciente na posição apropriada após a cirurgia. Hematomas epidurais podem ser evitados com um campo seco antes do fechamento, além do uso de pontos de aderência. Déficits neurológicos na forma de fraqueza bilateral das extremidades superior e inferior podem ser evitados com o monitoramento cuidadoso de potenciais evocados e registro eletromiográfico descendente, além de adesão completa aos princípios de execução de lesões mencionados anteriormente.

31.6 Conclusão

Ao avaliar a eficácia no longo prazo após lesionamento da DREZ, Nashold informou que 73% dos pacientes com dor por avulsão do plexo braquial obtiveram alívio satisfatório após a cirurgia, com acompanhamento médio de 9 anos.[1,6] Para a dor relacionada com trauma ao cone medular e à cauda equina, 54% dos pacientes ficaram livres da dor e 20% informaram alívio satisfatório, com acompanhamento médio de 3 anos.[1] O alívio precoce da dor foi obtido em 83% dos pacientes tratados com [lesões na] DREZ espinal para neuralgia pós-herpética; entretanto, isso diminuiu para 56% após 1 ano, e para 24% à época de um estudo de acompanhamento em 1994.[1] Kanpolat et al. informaram sobre 44 pacientes que foram tratados com lesionamento da DREZ espinal: 77% obtiveram alívio inicial, diminuindo para 69% durante o ano seguinte.[5] Uma vez que esses quadros de dor neuropática e de desaferentação são geralmente mal controlados por outros meios, a cirurgia da DREZ permanece como procedimento útil efetivamente ablativo para a dor.

31.6.1 Agradecimento

Este capítulo é uma revisão do capítulo "Dorsal Root Entry Zone (DREZ) lesioning" de Blaine S. Nashold Jr. e Amr O. El-Naggar. O capítulo foi publicado no *Neurosurgical Operative Atlas, Volume 2*, editado por Setti S. Rengashary e Robert H. Wilkins. O *Neurosurgical Operative Atlas* foi publicado pela American Association of Neurological Surgeons (AANS) de 1991 a 2000.

Queremos reconhecer e agradecer a Blaine S. Nashold Jr. por sua ajuda e esforços no capítulo original publicado na primeira edição deste livro.

Referências

[1] Nashold BS Jr, Friedman AH, Sampson JH, Nashold JRB, El-Naggar AO. Dorsal root entry zone lesions for pain. In: Youmans JR, ed. Youmans Neurological Surgery. Vol. 5. 4th ed. Philadelphia, PA: Saunders; 1996:3452–3462

[2] Todd AJ. Neuronal circuitry for pain processing in the dorsal horn. Nat Rev Neurosci. 2010; 11(12):823–836

[3] Nashold BS, Sampson JH, Nashold JRB, Higgins AC, Blumenkopf B. Dorsal root entry zone lesioning for pain relief. In: Wilkins RH, Rengachary SS, eds. Neurosurgery. Vol. 3. 2nd ed. New York: McGraw-Hill; 1996:4035–4046

[4] Kirazli O, Tatarli N, Güçlü B, et al. Anatomy of the spinal dorsal root entry zone: its clinical significance. Acta Neurochir (Wien). 2014; 156(12):2351–2358

[5] Kanpolat Y, Tuna H, Bozkurt M, Elhan AH. Spinal and nucleus caudalis dorsal root entry zone operations for chronic pain. Neurosurgery. 2008; 62(3) Suppl 1:235–242, discussion 242–244

[6] Ostdahl RH. DREZ surgery for brachial plexus avulsion pain. In: Nashold BS, Pearlstein RD, Friedman AH, Ovelman-Levitt J, eds. The DREZ Operation. Park Ridge, IL: AANS; 1996

32 Zona de Entrada da Raiz Dorsal: Núcleo Caudal

Amr O, El-Naggar ▪ *Stephen Sandwell*

Resumo

O lesionamento da zona de entrada da raiz dorsal (DREZ) do núcleo caudal é um procedimento ablativo de dor que visa os neurônios de projeção de segunda ordem do núcleo caudal do trigêmeo, profundamente ao trato espinal do trigêmeo. O lesionamento por radiofrequência (RF) nessa região bloqueia a transmissão do sinal de dor trigemeotalâmica em casos de dores neuropática clinicamente refratária ou de desaferentação. Embora a zona de entrada real do nervo trigêmeo esteja no nível da ponte, o núcleo caudal desse nervo no nível cervicomedular foi considerado como uma estrutura correlata da "DREZ" para tratar síndromes difíceis de dor facial. Este capítulo detalha a anatomia relevante e a técnica cirúrgica para essa cirurgia efetiva para ablação de dor.

Palavras-chave: dor neuropática, dor de desaferentação, núcleo caudal, lesionamento da zona de entrada da raiz dorsal.

32.1 Introdução

Historicamente, os procedimentos de tratotomia descritos por Sjoqvist, Kunc e Hitchcock demonstraram o potencial para alívio da dor após lesionamento do trato espinal do trigêmeo de primeira ordem.[1,2] Reconhecendo as similaridades anatômicas e funcionais entre o núcleo caudal trigeminal de segunda ordem e o corno dorsal da medula espinal, o Doutor Blaine Nashold foi o pioneiro na aplicação do lesionamento da zona de entrada da raiz dorsal (DREZ) na junção cervicomedular para o tratamento de dores faciais neuropáticas ou de desaferentação. Embora o uso precoce da cirurgia da DREZ do núcleo caudal tenha sido, com frequência, bem-sucedido no alívio da dor, 90% desses primeiros pacientes sofreram ataxia.[2] Posteriormente, as técnicas de desenho e de lesionamento por eletrodos de radiofrequência (RF) foram revisadas. Embora muitos pacientes ainda sofram de ataxia transitória, o risco de ataxia permanente após essa cirurgia é extremamente raro após essas melhorias.

32.2 Seleção do Paciente

A seleção cuidadosa de pacientes é a chave para o sucesso de qualquer procedimento operatório. A dor facial da desaferentação é descrita como uma região dolorida e também entorpecimento. A dor neuropática se apresenta como alodinia, com os pacientes geralmente encolhendo e protegendo a região afetada quando se avalia a sensação ao toque. Tanto a dor neuropática quanto a de desaferentação representam um desafio para o tratamento. Diferentemente da neuralgia do trigêmeo, essas dores são de natureza constante e ardente.

A dor de desaferentação e a anestesia dolorosa podem surgir da destruição parcial ou total dos neurônios de primeira ordem na via de sensações faciais. Isso pode envolver o nervo trigêmeo e suas ramificações, o gânglio gasseriano do trigêmeo, a raiz e o trato do trigêmeo. As causas mais comuns estão relacionadas com procedimentos para o tratamento de neuralgia do trigêmeo, tais como a rizotomia retrogasseriana percutânea, a rizotomia por compressão de balão, a rizotomia com glicerol, a radiocirurgia estereotática, a descompressão microvascular ou a avulsão da ramificação do trigêmeo. Outras causas podem incluir cirurgia para tumores, como o schwannoma do trigêmeo ou lesões do tronco cerebral, como os angiomas cavernosos. Esses quadros podem levar à dor da desaferentação que surge de uma hiperatividade neuronal envolvendo corpos celulares de neurônios de segunda ordem na via do trigêmeo. Esses corpos celulares ficam no núcleo caudal.

As lesões do núcleo caudal do trigêmeo podem tratar com sucesso a dor facial intratável secundária à neuralgia pós-herpética, anestesia dolorosa e para pacientes com disestesia do trigêmeo, para os quais todos os outros tratamentos cirúrgicos falharam.[1] O procedimento também pode ser aplicado no tratamento cirúrgico de casos selecionados de síndromes intratáveis de cefaleia vascular e pós-traumática. Por estar localizado na área do tronco cerebral, cercado por numerosos tratos e núcleos, o treinamento especial é obrigatório antes de o cirurgião executar um procedimento tão delicado. Procedimentos neuroestimuladores para alívio de dor facial intratável, tal como a estimulação do córtex motor, também deverão ser considerados primeiramente, antes de se prosseguir com a cirurgia da DREZ do núcleo caudal. A carga psicológica de dor crônica pode prejudicar ainda mais o paciente. A avaliação neuropsiquiátrica antes da cirurgia garante a candidatura adequada para a cirurgia, assim como facilita o tratamento da depressão potencialmente concomitante.

32.3 Preparação Pré-Operatória

A avaliação completa da dor do paciente é essencial, especialmente para pacientes submetidos a múltiplos procedimentos cirúrgicos, para determinar se a dor representa um caso de neuralgia recorrente do trigêmeo, dor facial atípica ou facial residual, dor disestética ou anestesia dolorosa. O mapeamento dos dermátomos da região dolorosa é crucial para o planejamento da extensão e do foco do lesionamento. A tomografia computadorizada (CT) e radiografias planas são críticas para compreender a anatomia óssea particular de um paciente, especialmente no cenário de uma cirurgia anterior. A investigação por imagens de ressonância magnética (MR) é útil para avaliar fontes alternativas de dor, tais como: esclerose múltipla, tumores cerebrais ou cistos aracnóideos. Todos os pacientes recebem antibióticos e dexametasona, 10 mg intravenosos (IV) antes da cirurgia.

A distribuição de dor predominante do trigêmeo deve receber consideração especial. Ao longo da junção cervicomedular, fibras do trato trigeminal da divisão de V1 correm pelo aspecto posteromedial do trato espinal desse nervo. Fibras V3 correm ao longo do meio do trato (▶ Fig. 32.1). Embora o trato seja uma tira estreita, mediante microscópio de operação as lesões podem ser feitas para favorecer um lado selecionado do trato para ajudar a assegurar lesionamento adequado da divisão sintomática do trigêmeo (▶ Fig. 32.2).[3]

Sinais nociceptivos acompanham um padrão de pele de cebola na face que se correlaciona com o nível craniocaudal ao longo do núcleo caudal do trigêmeo. A dor facial na linha média é processada em sentido craniano, enquanto a dor facial de perímetro é processada em sentido caudal, próximo às radículas dorsais de C2 (▶ Fig. 32.1).[3] Dado esse arranjo, o lesionamento é, às vezes, realizado ligeiramente acima do nível do óbex para visar padrões de dor facial muito central.

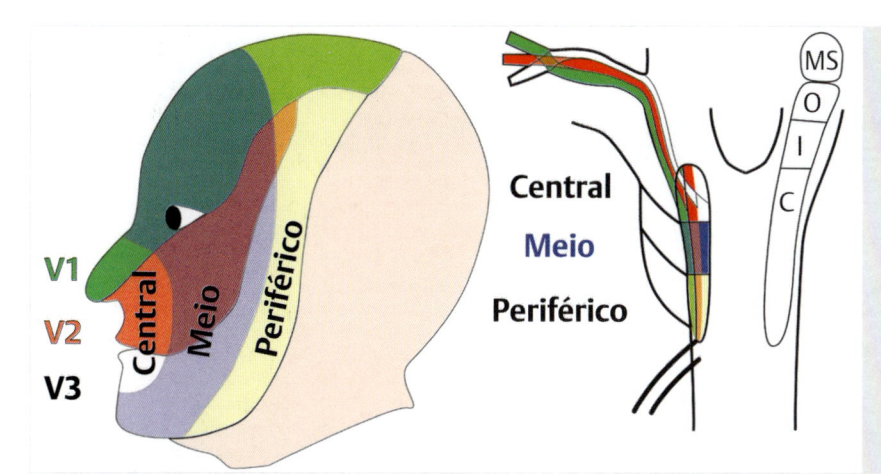

Fig. 32.1 Distribuições trigeminal e de pele de cebola na junção cervicomedular. V1 (verde), V2 (vermelho), V3 (branco), face central (sem cor), anel do meio (azul), face periférica (amarelo).

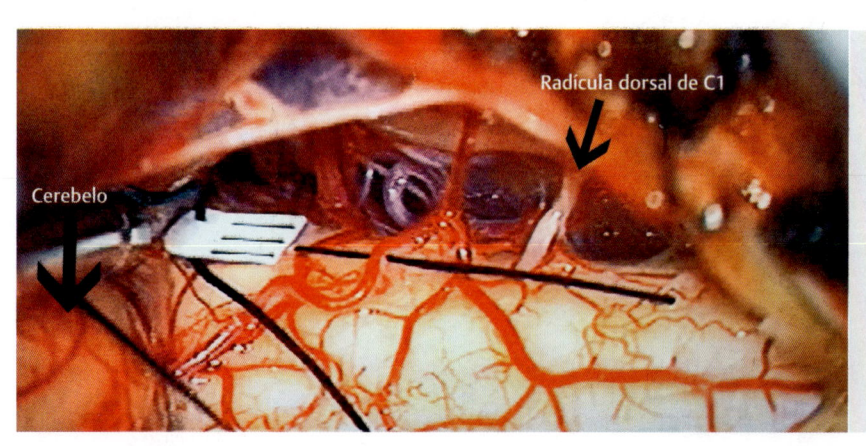

Fig. 32.2 Exposição cervicomedular. São visualizadas a amígdala cerebelar direita e apenas uma radícula dorsal de C1. Com uma régua mede-se 1 mm posterior a partir das radículas do nervo acessório. Uma sutura de seda marca a via pela qual as lesões são feitas. O núcleo do trigêmeo tem 1 a 2,5 mm de largura no óbex; a régua guia a colocação do eletrodo para visar a via de V1 mais anterolateral ou a via de V3 mais posteromedial.

32.4 Procedimento Cirúrgico

32.4.1 Anatomia do Núcleo Caudal

Na junção cervicomedular o núcleo espinal do trigêmeo tem três subdivisões arranjadas de forma rostral para caudal: a parte oral (*pars oralis*) (abrangendo embaixo do núcleo sensorial principal do trigêmeo na ponte para o terço superior do núcleo olivar inferior), a parte interpolar (*pars interpolaris*) (continuando em sentido caudal para o nível da interseção e óbex piramidais) e a parte caudal (*pars caudalis*) que continua até o nível de C2).[4] No corte axial, quatro lâminas do núcleo caudal são mostradas na ▶ Fig. 32.3: lâmina I (zona posteromarginal), lâmina II (equivalente à substância gelatinosa) e lâminas III e IV (camadas magnocelulares). Funcionalmente, a lâmina I recebe e integra a entrada de primeira ordem do trato espinal do trigêmeo. Ela contém um plexo intersticial de dendritos que se comunicam entre neurônios poligonais ou redondos medindo 6 a 8 μm de diâmetro. Neurônios marginais medindo 10 μm enviam axônios em fascículos pela lâmina II, do núcleo externo para o núcleo interno.[5] A lâmina II é densa com células pequenas.[6] As lâminas III e IV contêm cachos de células de 8 a 10 μm, células gliais, mas a maioria notadamente neurônios grandes, fusiformes e bipolares, daí ser denominada de camada magnocelular. Esses neurônios grandes enviam axônios de projeção de segunda ordem pra criar o trato trigeminotalâmico.[5]

O trato espinal do trigêmeo e o núcleo caudal estão localizados posteromediais às radículas de saída do nervo acessório (▶ Fig. 32.4). No nível do óbex, o trato superficial do trigêmeo mede cerca de 1,4 mm de profundidade, mas a um nível de 4 mm inferiores ao óbex, ele diminui rapidamente para a profundidade de 0,6 mm. Excluindo-se a espessura desse trato superficial, o núcleo caudal do trigêmeo tem uma profundidade adicional média de 2 a 2,4 mm no óbex, que se afunila para 1,5 a 1,7 mm no nível de C2. A orientação do núcleo caudal é mais bem abordada com eletrodos inseridos a um ângulo de 120 graus, lateral ao plano sagital.[7]

Os eletrodos para DREZ do núcleo caudal são isolados para proteger os tratos de superfície da junção cervicomedular. Acima do nível do óbex e 4 mm inferiores ao óbex a porção isolada do eletrodo protege o trato espinocerebelar dorsal, que cursa superficial ao trato e ao núcleo espinais do trigêmeo. O trato espinocerebelar dorsal cursa lateral ao trato do trigêmeo, 5 mm abaixo do óbex. Aqui, a porção isolada do eletrodo protege o trato descendente espinal de primeira ordem do trigêmeo contra qualquer lesão. Entretanto, pacientes que se apresentam com dor/anestesia dolorosa por desaferentação já experimentam dor por desaferentação e não há razão para poupar o trato trigeminal nesses pacientes. É também muito importante criar lesões em zonas I e II, as quais ficam imediatamente profundas ao trato do trigêmeo. Tentar salvar o trato nesses casos não é somente desnecessário, mas pode também deixar camadas I e II ainda disparando. Por isso, nesses casos, é recomendável estender as lesões até a superfície da medula e não usar isolamento. A única exceção a isso será nas primeiras quatro lesões inferiores ao óbex onde o trato espinocerebelar dorsal começa a se sobrepor ao núcleo causal (▶ Fig. 32.3a). O isolamento precisa ser aplicado nessas quatro lesões para poupar o trato. Nos casos de cefaleia vascular, não há evidência de dor de desaferentação. Portanto,

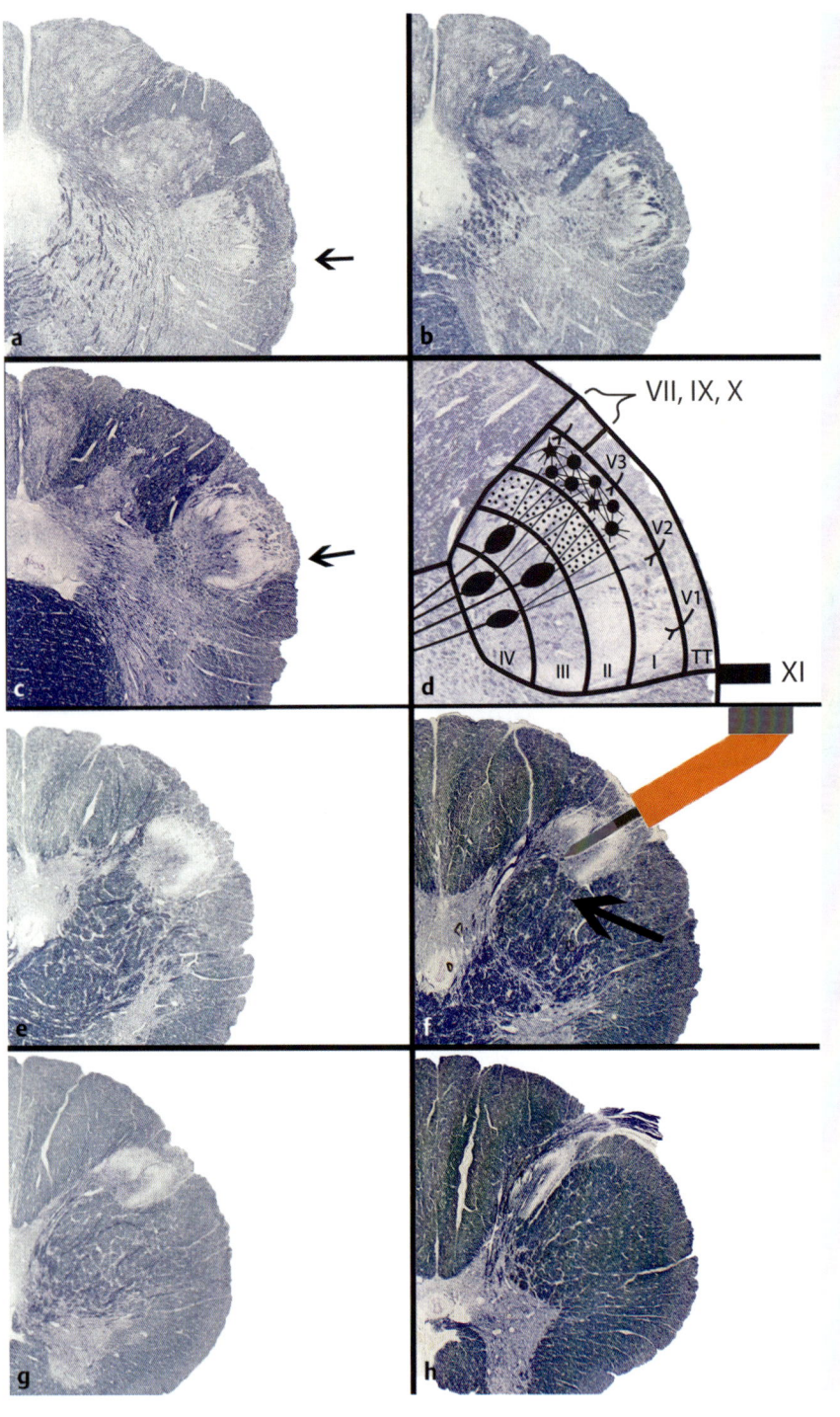

Fig. 32.3 *Slides* axiais da junção cervicomedular. No óbex **(a)**, o trato espinocerebelar dorsal (DST, *seta*) está cobrindo parcialmente o trato do trigêmeo, cerca de 2 mm inferiores ao óbex **(b)**, aproximadamente 3 mm inferiores ao óbex **(c)**. DST (*seta*) na borda anterior do trato trigeminal espinal (TT); visualização ampliada do núcleo caudal **(d)** dividido em quatro lâminas, profundo ao TT, os tratos V1-V3 são posteriores à saída de radículas do nervo acessório (XI) e anteriores à via de dor dos nervos cranianos VII, IX e X. As lâminas III e IV compreendem a camada magnocelular. A lâmina II é densa com células pequenas; em sentido caudal à interseção piramidal, um eletrodo ilustra o potencial para lesão do trato corticospinal (*seta*) colocado-se profundamente **(e, f)**; o núcleo caudal se estreita em sentido caudal quando abordada a raiz dorsal de C2 **(g, h)**. (Reproduzida com autorização de El-Naggar.)

o trato trigeminal precisa ser salvo para evitar desaferentação iatrogênica. Nesses casos, o isolamento será útil para salvar o trato contra o lesionamento.

32.4.2 Lesionamento da Zona de Entrada da Raiz Dorsal do Núcleo Caudal

O monitoramento do potencial evocado motor é recomendável com eletrodos nas extremidades superior e inferior ipsilateral devido às fibras vulneráveis do trato corticoespinal cruzando na interseção piramidal, que está anatomicamente presente 12 e 16 mm inferiores ao óbex.

Para o procedimento da DREZ do núcleo caudal, o paciente é posicionado lateralmente a um pufe, com o lado dolorido para cima, com Trendelenburg reversa leve (▶ Fig. 32.5). A cabeça é colocada em fixação de três pontas e mantida com a face para frente para minimizar a rotação atlantoaxial, mas totalmente flexionada e elevada para abrir a área suboccipital/craniocervical. Um rolo axilar e um travesseiro são colocados para o antebraço dependente flexionado. A incisão é feita 2 cm inferiores ao ínio e segue para baixo até o processo espinhoso de C2. Para a abordagem unilateral, a exposição do osso deve permitir uma pequena

Zona de Entrada da Raiz Dorsal: Núcleo Caudal

Após exposição da junção cervicomedular, muitos vasos em serpentina serão visualizados sobrepondo-se ao sulco intermediolateral. Esses vasos são suavemente mobilizados para permitir a colocação subsequente de eletrodos no núcleo caudal. Surgicel (Ethicon, Somerville, NJ, EUA) ou Gelfoam (Pfizer, NY, EUA) geralmente controlam pequenos sangramentos encontrados. Os marcos de orientação incluem: radículas dorsais de C2, radículas de nervos acessórios, radículas dorsais de C1 (se presente), e o óbex na base do quarto ventrículo (▶ Fig. 32.2, ▶ Fig. 32.4). O ligamento denticulado e a artéria vertebral são visualizados em sentido anterolateral.

32.4.3 Eletrodos e Parâmetros da Lesão

As lesões da DREZ do núcleo caudal são feitas com uma série de quatro eletrodos de RF termoacoplados (eletrodos para DREZ de núcleo caudado El-Naggar-Nashold, Boston Scientific, Marlborough, MA, EUA), que foram projetados após estudos anatômicos detalhados.[7,8] A Boston Scientific também fabrica o gerador de RF usado para ativar o eletrodo para DREZ. Os eletrodos se afunilam em extensões ativas para coincidir com a profundidade do núcleo caudal nos vários níveis, em relação ao óbex. Eles são desenhados como um fino segmento de isolamento para proteger os tratos dorsais espinocerebelar e trigeminal posicionados superficialmente (▶ Fig. 32.6). Estudos de lesionamento de Cosman et al. em medula espinal de um gato (colhida 1 mês após o lesionamento) demonstraram que um eletrodo de 0,25 mm de diâmetro e 2 mm de comprimento trazido para 75° C durante 15 segundos produziu uma lesão com largura de 0,7 a 0,9 mm e profundidade de 1,8 a 2,2 mm. Se trazido a 80°C durante 15 segundos, a lesão teve 2 mm de largura, com profundidade de aproximadamente 2 mm.[9] Conhecer o tamanho da lesão produzida em diferentes temperaturas pode ajudar o cirurgião a construir as lesões em série para as necessidades do paciente. Tipicamente, uma única fila de 17 a 20 lesões é feita aproximadamente a 1 mm posteromedial à linha das radículas de saída do nervo acessório, a intervalos de 1 mm entre o nível do óbex e as radículas do nervo dorsal de C2, a 80°C durante 15 segundos por lesão (▶ Fig. 32.2). A criação de uma segunda fila segmentar de lesões é limitada para selecionar casos recorrentes para os quais seja necessária mais destruição de um foco do núcleo. Se a segunda fila for usada, 75°C por 15 segundos por lesão é a configuração às vezes escolhida para evitar a execução de uma lesão muito grande em um determinado nível.

O eletrodo nº 1 (ponta ativa de 1,8 mm, isolamento de 1 mm) é usado para fazer lesões de 1 a 4 mm inferiores ao óbex. O eletrodo deve ser introduzido completamente, incluindo a porção isolada para proteger o trato espinocerebelar dorsal.

O eletrodo nº 2 (ponta ativa de 1,6 mm, isolamento de 0,6 mm) é usado para fazer lesões 5 a 10 mm inferiores ao óbex. Em casos de anestesia dolorosa, após a execução das lesões com a porção isolada colocada profundamente, lesões secundárias podem ser feitas após empurrar a porção isolada para fora e assegurar o lesionamento das camadas I e II de Rexed.

O eletrodo nº 3 (ponta ativa de 1,2 mm, isolamento de 0,6 mm) é usada para fazer lesões 11 a 13 mm inferiores ao óbex. O uso deste eletrodo é crucial para evitar lesão do trato corticoespinal que cruza a área. Lesões secundárias também podem ser feitas após empurrar a porção isolada para fora nos casos de anestesia dolorosa.

O eletrodo nº 4 (ponta ativa de 1 mm, isolamento de 0,5 mm) é usado para fazer lesões 14 mm inferiores ao óbex, no nível da radícula mais craniana do nervo de C2. As lesões secundárias também podem ser feitas após empurrar a porção isolada para fora nos casos de anestesia dolorosa.

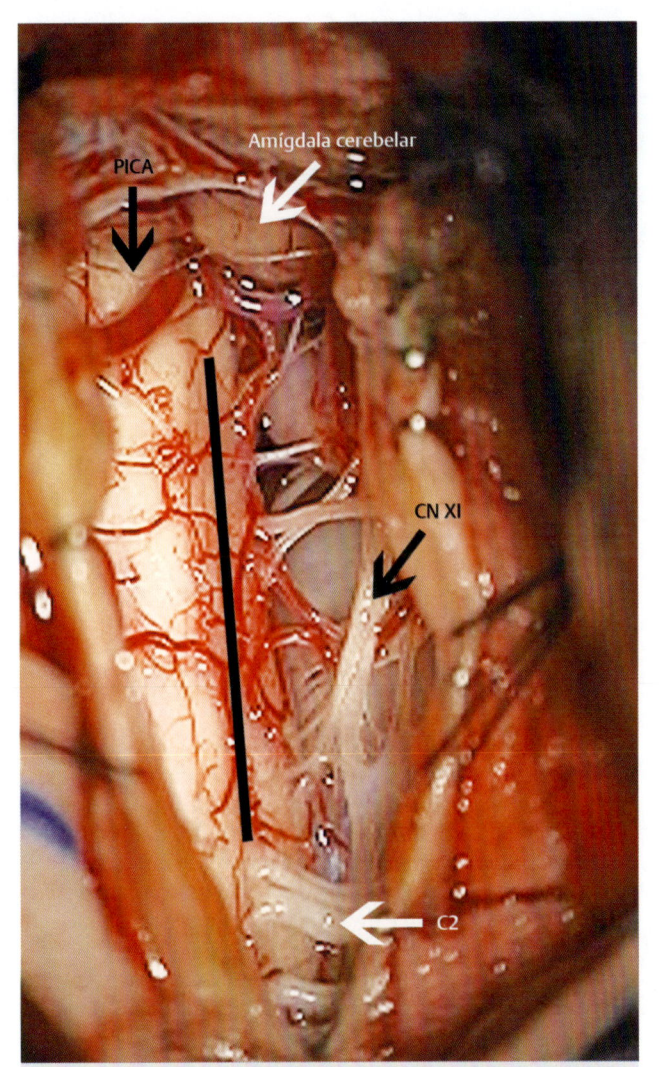

Fig. 32.4 Imagem operatória de exposição cervicomedular direita. Estruturas rotuladas: PICA = amígdala cerebelar, nervo acessório e radículas dorsais de C2. A linha negra marca a via pela qual as séries de lesões são feitas, aproximadamente 1 mm posteromedial às radículas do nervo acessório.

craniectomia suboccipital, primariamente ipsilateral à dor, mas cruzando levemente a linha média. A craniectomia se estende por um terço da distância entre o forame magno e o ínio. A hemilaminectomia de C1 também é realizada. Os anexos musculares a C2 deverão ser preservados. O ligamento amarelo entre C1 e C2, assim como a membrana atlanto-occipital são drasticamente removidas. Como ocorre com a abordagem à DREZ espinal, a hemostasia é obtida antes da abertura longitudinal da dura, sob orientação do microscópio de operação. A dura é aberta na linha média, inferior ao seio circular e se estende em sentido caudal para o nível de C2, poupando o aracnoide. O sangramento do seio circular pode, às vezes, ser controlado com cautério bipolar, mas pode exigir colocação temporária de clipes hemostáticos. No sentido craniano, a abertura da dura é curvada ipsilateral à dor em exposições unilaterais ou abertas em uma incisão em forma de "Y" para exposição bilateral. A aracnoide é aberta em sentido longitudinal e presa à borda dural com clipes hemostáticos, como mostrado na ▶ Fig. 32.4. Todo cuidado é tomado para não ferir a artéria cerebelar posteroinferior, especialmente se a aracnoide estiver cicatrizada por cirurgia anterior.

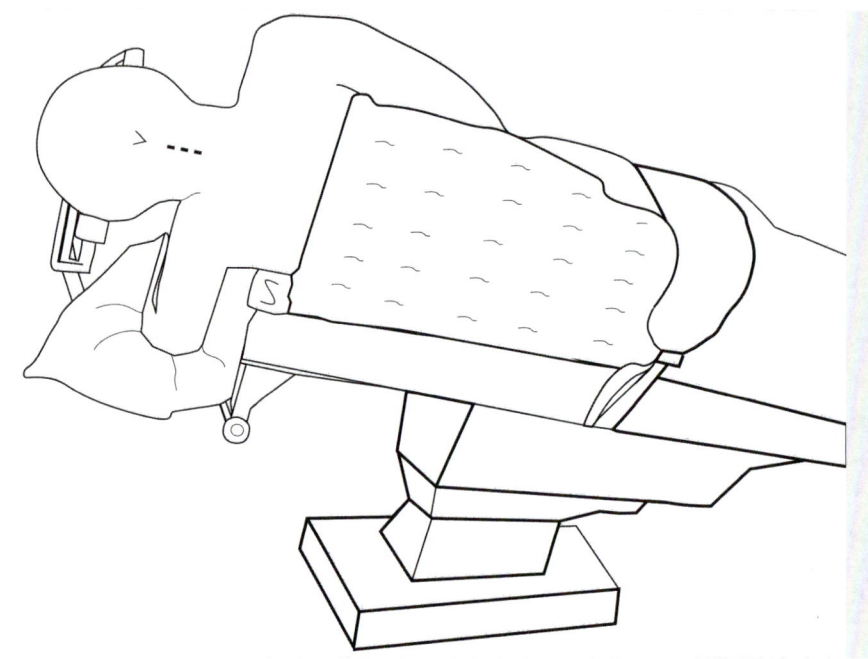

Fig. 32.5 Posicionamento lateral para lesionamento da DREZ (zona de entrada da raiz dorsal) do [núcleo] caudal. A cabeça está na fixação de três pontos e o corpo é suportado por um pufe a vácuo. Foi colocado um rolo axilar. O braço dependente é suportado por um travesseiro.

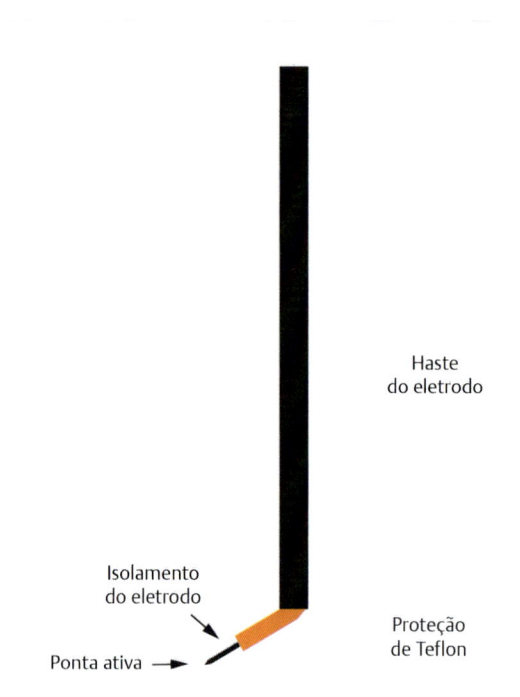

Fig. 32.6 Ilustração de eletrodo para DREZ (zona de entrada da raiz dorsal) do núcleo caudal com ponta ativa, isolamento proximal para proteger tratos superficiais e cubo de Teflon para prevenir a penetração excessiva.

O manuseio de cada eletrodo é feito perpendicular ao plano sagital na inserção do eletrodo, de modo que a ponta angulada seja inserida a um ângulo de 120 graus, combinando com o alinhamento do núcleo caudal dentro da junção carvicomedular.[7] O eletrodo nº 5 (ponta ativa de 1,5 mm, isolamento de 1,5 mm) é, às vezes, usado em casos de dor localizada na porção central da face, para executar cinco lesões no e estendendo-se superiores ao nível do óbex. Uma vez concluídas as lesões, o sangue é irrigado para longe, executa-se um enxerto dural e a dura e a aracnoide são reaproximadas em uma única camada de sutura corrida não absorvível 4-0, removendo-se os clipes de metal à medida que forem sendo encontrados. A perda de líquido cerebrospinal é reposta com irrigação de soro fisiológico normal. Um fechamento à prova d'água é realizado, verificado por uma manobra de Valsalva e então suplementado por um produto de cola de fibrina escolhido.

32.5 Manejo Pós-Operatório Incluindo Possíveis Complicações

Os cuidados pós-operatórios são similares aos cuidados para todos os pacientes de craniotomia. Os esteroides são usados durante aproximadamente 3 dias após a cirurgia. Recomenda-se a deambulação precoce. Nos primeiros 2 dias após a operação a ajuda da fisioterapia é necessária para essa deambulação. A maioria dos pacientes dispensa essa ajuda além do terceiro dia; entretanto, alguns pacientes podem precisar de graus variáveis de ajuda com a deambulação por até 2 semanas. Um fechamento dural apertado é necessário par a reduzir o vazamento do líquido cerebrospinal (CSF) e a pseudomeningocele. O risco de infecção pós-operatório, vazamento de CSF ou hematoma é estimado em menos de 3 a 5%. Pela proximidade das lesões às colunas posteriores (medialmente), existe o risco de fraqueza e ataxia pós-operatórias. A maioria desses pacientes desenvolve ataxia transitória por até 2 semanas depois da cirurgia; entretanto, a ataxia poderá permanecer como um prejuízo permanente. A dor, às vezes, volta e, nesse cenário, as cirurgias de DREZ para núcleo caudal têm sido executadas com relativo sucesso.

Não são feitas lesões no ou superiores ao óbex com qualquer desses eletrodos. Em uma situação rara, na qual as lesões precisam ser feitas superiores ao óbex para aliviar a dor mais refratária de origem dentária ou a dor facial central refratária, um eletrodo nº 5, especialmente projetado (ponta ativa de 1,5 mm, isolamento de 1,5 mm) poderá ser solicitado e utilizado. Esses eletrodos podem ser usados para criar até cinco lesões com 1 mm de distância do óbex ascendente, com lesões a 80°C durante 15 segundos por lesão.

32.6 Conclusão

Embora grande parte da literatura sobre a cirurgia de DREZ para núcleo caudal seja retrospectiva, os resultados demonstram eficácia. Kampolat *et al.* informaram seus resultados cirúrgicos em 2008 para 11 pacientes submetidos ao lesionamento da DREZ para núcleo caudal, com 72,5% dos pacientes submetidos a esse procedimento informando alívio da dor inicial, que diminuiu ligeiramente no ano seguinte para 62%.[10] Um estudo separado sobre lesionamento da DREZ para núcleo caudal para neuralgia pós-herpética facial descobriu alívio da dor entre 80% dos pacientes, com acompanhamento médio de 1 ano.[3] Dado que as dores neuropáticas e de desaferentação intratáveis são mal controladas por outros meios, a cirurgia da DREZ permanece como um procedimento útil de ablação de dor.

32.7 Agradecimentos

Este capítulo se baseia no texto "Dorsal Root Entry Zone (DREZ) Lesioning" de Blaine S. Nashold, Jr. E Amr O. El-Naggar. O texto apareceu no *Neurosurgical Operative Atlas – Volume 2*, editado por Setti S. Rengachary e Robert H. Wilkins. O *Neurosurgical Operative Atlas* foi publicado pela American Association of Neurological Surgeons (AANS) de 1991 a 2000. Queremos reconhecer e agradecer Blaine S. Nashold,Jr. por sua ajuda e esforços no capítulo original publicado na primeira edição deste livro.

Referências

[1] Nashold BS, El-Naggar AO, Gorecki JP. The microsurgical trigeminal caudalis nucleus DREZ procedure DREZ procedure. In: Nashold BS, Pearlstein RD, Friedman AH, Ovelman-Levitt J, eds. The DREZ Operation. Park Ridge, IL:AANS; 1996:159–188

[2] Nashold BS Jr, Friedman AH, Sampson JH, Nashold JRB, El-Naggar AO. Dorsal root entry zone lesions for pain. In: Youmans JR, ed. Youmans Neurological Surgery. Vol. 5. 4th ed. Philadelphia, PA: Saunders; 1996:3452–3462

[3] El-Naggar AO, Nashold BS Jr, Rossitch E Jr, Young JN. Trigeminal nucleus caudalis lesioning for pain relief. In: Wilkins RH, Rengachary SS, eds. Neurosurgery. Vol. 3. 2nd ed. New York, NY: McGraw-Hill; 1996:4047–4053

[4] Parent A. Carpenter's Human Neuroanatomy. 9th ed. Baltimore, MD: Williams & Wilkins; 1996

[5] Rusu MC. The spinal trigeminal nucleus: considerations on the structure of the nucleus caudalis. Folia Morphol (Warsz). 2004; 63(3):325–328

[6] Olszewski J. On the anatomical and functional organization of the spinal trigeminal nucleus. J Comp Neurol. 1950; 92(3):401–413

[7] Sandwell SE, El-Naggar AO, Nettleton GS, Acland RD. Trigeminal nucleus caudalis anatomy: guidance for radiofrequency dorsal root entry zone lesioning. Stereotact Funct Neurosurg. 2010; 88(5):269–276

[8] Nashold BS, Jr, el-Naggar AO, Ovelmen-Levitt J, Abdul-Hak M. A new design of radiofrequency lesion electrodes for use in the caudalis nucleus DREZ operation. Technical note. J Neurosurg. 1994; 80(6):1116–1120

[9] Cosman ER, Nashold BS, Ovelman-Levitt J. Theoretical aspects of radiofrequency lesions in the dorsal root entry zone. Neurosurgery. 1984; 15(6):945–950

[10] Kanpolat Y, Tuna H, Bozkurt M, Elhan AH. Spinal and nucleus caudalis dorsal root entry zone operations for chronic pain. Neurosurgery. 2008; 62(3) Suppl 1:235–242, discussion 242–244

33 Cordotomia Cirúrgica Aberta e Percutânea por Radiofrequência

Jay K. Nathan ▪ *Gaurav Chenji* ▪ *Parag G. Patil*

Resumo

A cordotomia cirúrgica aberta (OSC) e a cordotomia percutânea por radiofrequência (PRFC) fornecem ao neurocirurgião opções úteis para melhorar a qualidade de vida de pacientes que sofrem dor debilitante relacionada com câncer ou quadros de dor crônica. Os melhores índices de resposta têm sido observados em pacientes que manifestam dor nociceptiva unilateral no ou inferior ao dermátomo de C5. A OSC é realizada por meio de exposição cirúrgica, visualização direta e transecção mecânica do quadrante anterolateral da medula espinal com uma lâmina. Pelo contrário, a PRFC é realizada usando-se a localização radiográfica e/ou visualização endoscópica da medula espinal no interespaço de C1-C2 e ablação focalizada por radiofrequência do trato espinotalâmico lateral identificado fisiologicamente. Para os dois procedimentos, cerca de 90% dos pacientes informam o alívio imediato completo ou satisfatório da dor. A duração da analgesia varia por indicação e pode ser de até 80% aos 6 meses. Os resultados em longo prazo são poucos, pois a maioria dos pacientes tratados com cordotomia sofre de câncer, embora o intervalo de acompanhamento para esse procedimento venha crescendo junto com suas aplicações. Com sua maior precisão e menos riscos de procedimento, a PRFC superou amplamente a OSC como procedimento de cordotomia preferido. Dada a localização do trato espinotalâmico lateral no interior de uma região anatomicamente complexa da medula espinal, a clara compreensão da base lógica, as indicações, os riscos e benefícios de ambas as formas de cordotomia são essenciais para a aplicação segura e bem-sucedida do procedimento.

Palavras-chave: cordotomia, trato espinotalâmico, dor de câncer, radiofrequência, ablação, percutâneo.

33.1 Introdução

Pacientes sofrendo dor intensa, clinicamente refratária, experimentam incapacidade significativa tanto pela própria dor quanto pelos efeitos colaterais dos medicamentos analgésicos opioides. A cordotomia tem base lógica anatômica distinta, história rica de refinamento de técnicas abertas a percutâneas e, para pacientes bem selecionados, história de eficácia comprovada. Para candidatos apropriados, a cordotomia cirúrgica aberta (OSC) e a cordotomia percutânea por radiofrequência (PRFC) representam alternativas cirúrgicas promissoras para reduzir as exigências de opioides e melhorar a qualidade de vida, particularmente para pacientes que sofrem dor do câncer.

33.2 Anatomia Cirúrgica

O alvo da cordotomia é o trato espinotalâmico lateral (STT), localizado no quadrante ventrolateral da medula espinal (▶ Fig. 33.1). Esse trato carrega dor aferente e sinais de temperatura de nociceptores para o tálamo contralateral e tem organização somatotópica: fibras ventromediais representam o braço e o tórax superior, enquanto fibras dorsolaterais representam as áreas sacral e lombar. Além disso, existe uma organização sensorial modal com a dor superficial, temperatura e dor profunda localizada de lateral para medial, respectivamente.[1] À medida que a maioria dos axônios formando o trato espinotalâmico decussam dentro de dois a cinco segmentos espinais superiores a seus níveis de entrada na medula espinal, a cordotomia bem-sucedida interrompe a dor contralateral. Ao mesmo tempo, a variabilidade na decussação fracionária dessas fibras pode produzir analgesia ipsilateral parcial em alguns casos após a cordotomia.[2]

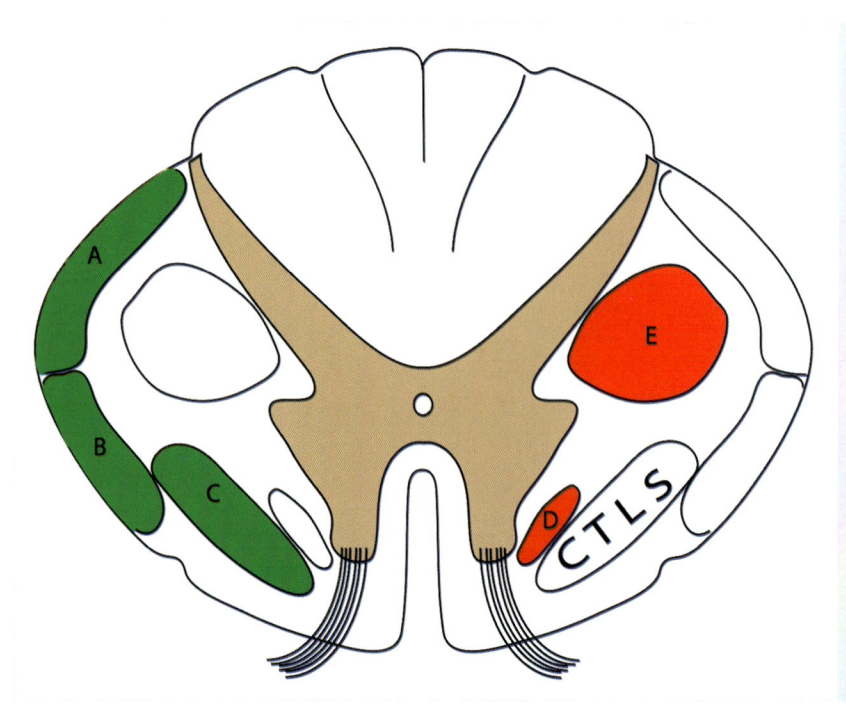

Fig. 33.1 Corte cruzado da medula espinal em C1-C2. São mostrados: trato espinocerebelar dorsal **(a)**, trato espinocerebelar ventral **(b)**, trato espinotalâmico lateral, que é organizado somatotopicamente em fibras cervicais, torácicas, lombares e sacrais (CTLS), abrangendo de medial para lateral, respectivamente **(c)**, trato reticuloespinal **(d)** e trato corticospinal **(e)**. O alvo para a cordotomia percutânea por radiofrequência, o trato espinotalâmico lateral, é visualizado no lado esquerdo da figura. As estruturas críticas vizinhas incluem o trato reticulospinal envolvido em unidade respiratória inconsciente, o trato corticospinal anterior para controle motor e o trato espinocerebelar ventral envolvido em movimentos de coordenação.

33.3 Desenvolvimento Histórico

Em 1905, William Spiller determinou que o STT carrega dor aferente e sinais de temperatura, após identificar tuberculomas no STT torácico de pacientes de autópsia que tinham sofrido perda de dor contralateral e sensação de temperatura enquanto vivos.[3] Spiller e Edward Martin informaram a primeira OSC humana em 1912.[4] Inicialmente, a cordotomia era realizada por meio de uma abordagem aberta à medula espinal cervical ou torácica.[5-9] Mullan et al. introduziram o procedimento de cordotomia percutânea menos invasivo em 1963, usando estrôncio-90 para extirpar o STT no nível do interespaço de C1-C2.[10] Esse procedimento percutâneo permitiu aos médicos ampliar as indicações para cordotomia para incluir pacientes de câncer em estádio avançado e clinicamente comprometidos, para os quais o procedimento aberto era considerado muito arriscado. Para reduzir a exposição à radiação, Mullan et al. introduziram a cordotomia percutânea eletrolítica unipolar em 1965.[11] No mesmo ano, Rosomoff et al. desenvolveram a PRFC, que permitiu o lesionamento térmico mais preciso do STT.[12] Nas duas décadas seguintes, a PRFC foi executada com localização por radiografia e verificação fisiológica.[1,13-15] Em 1988, Kanpolat et al. introduziram a orientação mielográfica por tomografia computadorizada (CT) para visualizar a medula espinal durante a PRFC.[16] Atualmente, a PRFC é realizada com investigação por imagens de CT, fluoroscopia com painel uniforme e/ou visualização endoscópica.[17-20]

33.4 Seleção do Paciente

Os candidatos ideais para a cordotomia são os pacientes com a dor nociceptiva e clinicamente intratável decorrente de câncer. Embora efetiva, a cordotomia aberta tornou-se um procedimento raro em uma época de regimes sofisticados de compostos opioides modernos e após o advento da PRFC.[22] Entretanto, a OSC torácica pode ser utilizada para pacientes sofrendo dor localizada no quadrante inferior, ou na extremidade inferior, especialmente no cenário da malignidade pélvica.[8,23,24] A OSC torácica também pode fornecer alguma especificidade anatômica sobre a PRFC cervical, poupando as extremidades superiores e evitando complicações respiratórias raras.[24]

Devido aos desafios do acesso percutâneo superior ao interespaço de C1-C2, a PRFC é, com mais frequência, efetiva para dor no ou abaixo do nível do dermátomo de C5. A PRFC bilateral pode ser realizada em casos de dor abdominal bilateral, pélvica ou da extremidade inferior.[25-29] Entretanto, a cordotomia bilateral é frequentemente evitada para dor na extremidade superior ou no tronco por causa do temido risco da síndrome de Ondine, a perda da condução respiratória inconsciente por causa do dano ao trato reticuloespinal adjacente.[29] Alguns autores citam esse risco como indicação para adotar a OSC, isolada ou em combinação com uma PRFC cervical anterior.[22] Ao mesmo tempo, a PRFC pode ser especificada para localizar a região anatômica da dor e, com as modernas técnicas de investigação por imagens, a incidência de complicações respiratórias tem sido muito baixa.[17,27-29]

A vasta maioria de procedimentos de PRFC realizados atualmente visa aliviar a dor de câncer intratável. As malignidades mais usualmente tratadas incluem: mesotelioma ou tumores de Pancoast, carcinoma gastrointestinal e carcinoma metastático.[17] Com menos frequência, a PRFC tem sido executada para aliviar a dor de não câncer, tal como: queimaduras elétricas, cistos perineurais espinais, neuralgia pós-herpética, tuberculose e trauma por arma de fogo.[30] As contraindicações relativas para cordotomia incluem: dor bilateral ou neuropática, dificuldade de manter posição supina enquanto acordado e superdependência de opioides (que pode ser tratada antes de o paciente se submeter à intervenção cirúrgica).

33.5 Resultados Clínicos para Dor não de Câncer

Como a cordotomia é executada mais frequentemente para dor de câncer, existem poucos dados disponíveis descrevendo resultados para indicações de não câncer. Uma revisão abrangente da literatura descreveu variação significativa em índices de resposta, variando de 30 a 60% dos pacientes com alívio completo no início do período pós-operatório para 20 a 60% com alívio aos 2 a 3 anos.[31] As razões dadas para a variabilidade dos resultados incluem: indicações heterogêneas, avaliação de alívio da dor, número de pacientes e duração dos acompanhamentos. Outro estudo de acompanhamento em longo prazo informou alívio da dor em 90% imediatamente após a PRFC, 84% aos 3 meses, 61% após 1 ano, 43% aos 5 anos e 37% aos 10 anos.[32] Ao mesmo tempo, a analgesia para dor de não câncer tem o potencial de durar por décadas em alguns casos.[30] O alívio da diminuição da dor é especialmente importante durante as discussões sobre consentimento informado com pacientes sem câncer, em razão de expectativas de vida mais longa e risco mais alto de sofrer recorrência da dor após submissão à PRFC.

33.6 Resultados Clínicos para Dor de Câncer

A maior parte da literatura sobre OSC consiste em séries de casos de antes de 1990.[8,22] Uma série mais recente de casos informando resultados de nove pacientes submetidos à OSC torácica em um único centro nos EUA, de 1998 a 2010, informou que seis dos nove pacientes com dores intensas e clinicamente refratárias obtiveram redução da dor após a operação.[24] A mesma série informou novos resultados de fraqueza e incontinência urinária permanentes em dois desses nove pacientes.[24] Em um segundo relatório contemporâneo, uma série de centro único do Reino Unido, de 1993 a 2002, também informou resultados para nove pacientes, nenhum dos quais com complicações motoras e oito dos quais foram capazes de reduzir as exigências de morfina oral e de interromper os medicamentos analgésicos adjuvantes e potentes.[23]

Uma das maiores séries de procedimentos de cordotomia percutânea orientada por CT para dor de câncer intratável foi informada por Kanpolat et al. em 2009.[17] Eles revisaram 193 casos de entre 1987 e 2007 e descobriram que 92,5% dos pacientes experimentaram ou analgesia completa ou alívio satisfatório da dor imediatamente após a PRFC. Cerca de 3,4% deles não apresentou melhora no nível de dor. Nessa série, os escores de *status* de desempenho de Karnofsky aumentaram em 20,5 pontos, com o escore mínimo aumentando de 10 para 20. Entretanto, a duração do efeito não foi informada. Em outra série de 41 pacientes, o alívio da dor e o *status* funcional foram avaliados imediatamente após a PRFC e até 6 meses daí em diante.[33] Oitenta por cento dos pacientes informaram ausência de dor, 18% informaram nível de dor residual, embora satisfatório, e 2% informaram alívio insatisfatório da dor no período imediato após a cirurgia. Nenhum dos pacientes manifestou dor inalterada ou exacerbada. Aos 6 meses após a PRFC, aproximadamente 30% dos pacientes permaneceram sem dor, 50% ainda experimentavam alívio satisfatório, embora com alguma dor residual e 20% apresentaram resultado insatisfatório com redução pequena ou nenhuma redução na dor. Nesse estudo, o escore médio do *status* de desempenho de Karnofsky aumentou em 20 pontos imediatamente após a PRFC e, em 6 meses, as horas de sono tinham aumentado em média 50%. Outras séries informaram resultados semelhantes.[34,35]

33.7 Dor Nociceptiva *versus* Neuropática

Quando se contempla a OSC ou a PRFC para tratar a dor, é importante considerar suas características nociceptivas ou neuropáticas. A dor nociceptiva representa uma resposta do sistema nervoso a estímulos nocivos ou de danificação de tecidos. As qualidades da dor nociceptiva incluem: embotamento ou ardor, pulsação e dor contínua. A dor neuropática, pelo contrário, é a percepção de desconforto causado por dano ou inflamação da via de condução neural. Disestesia, alodinia, qualidade de frio ou de queimação e/ou coceira caracterizam a dor neuropática. A PRFC trata a dor nociceptiva mais efetivamente que a dor neuropática.[36] Para a dor neuropática conduzida de maneira ascendente pelas vias sensoriais da coluna dorsal, a estimulação da medula espinal pode ser uma estratégia mais eficaz para tratamento de dor cirúrgica.[37]

33.8 Preparação Pré-Operatória

33.8.1 Tratamento Clínico

A dor nociceptiva é tratada inicialmente com opioides e medicamentos anti-inflamatórios orais. A taquifilaxia, ou eficácia reduzida em uma determinada dosagem, é um problema comum experimentado por muitos pacientes que recebem medicamentos opioides. Isso leva ao escalonamento da dosagem, com reações adversas comuns de constipação, fadiga, mentalidade alterada e depressão respiratória limitando a dose. Para dor nociceptiva de câncer unilateral não adequadamente tratado com medicamentos orais, a cordotomia pode ser uma boa opção, com a resposta do paciente aos opioides ajudando a calibrar a eficácia potencial do procedimento.

33.8.2 Terapias Epidural e Intratecal

Para a vasta maioria de pacientes sofrendo dor debilitante, apesar da dosagem máxima tolerada de medicamentos, discutida anteriormente, a neuroestimulação epidural e a administração intratecal de opioides são os esteios do tratamento operatório. Essas terapias são de longe muito mais aplicadas usualmente que a PRFC.[38] Para pacientes sofrendo dor de câncer, especialmente aqueles cuja dor é pélvica ou do tronco, ou dor superior ao dermátomo de C4-C5 (não classicamente acessível para a cordotomia), a infusão de morfina intratecal pode mitigar muitos dos efeitos colaterais sistêmicos dos opioides, enquanto fornece analgesia mais eficaz. Pacientes com expectativas de vida mais longas e dor neuropática não relacionada com câncer geralmente experimentam cobertura excelente com a estimulação epidural espinal das vias sensoriais da coluna dorsal. Ambas as estratégias podem ser experimentadas inicialmente com métodos temporários menos invasivos antes de se executar a implantação do dispositivo permanente. As desvantagens incluem a presença de um dispositivo implantado que se pode tornar infectado e então exigir remoção ou substituição. A cordotomia, por outro lado, não impõe riscos associados a um corpo estranho implantado. Além disso, uma vez que o procedimento não exige um dispositivo caro, OSC e PRFC são menos dispendiosas que os dispositivos implantados e podem representar o procedimento escolhido em regiões com recursos limitados.

33.8.3 Investigação por Imagens da Medula Espinal

A investigação pré-operatória por imagens de ressonância magnética (MRI) da medula espinal é importante para excluir causas estruturais de dor que possam ser passíveis de outras intervenções cirúrgicas. A MRI também ajuda a avaliar a anatomia da medula espinal, a dimensão de seu tamanho e assegurar a não existência de lesões que possam interferir com o desempenho da cordotomia no sítio selecionado.

33.9 Procedimento Cirúrgico

33.9.1 Cordotomia Cirúrgica Aberta

A cordotomia aberta é obtida por meio de abordagem dorsal ou ventral da medula espinal cervical ou torácica. A abordagem da linha média dorsal é mais comum para OSC. Com o paciente em posição prona, o nível espinal desejado é identificado e as lâminas espinais são expostas. Executa-se então uma laminectomia (ou hemilaminectomia). Após a remoção da lâmina, a dura é aberta mediante visualização microscópica. A medula espinal, as radículas dorsais e o ligamento dentado são identificados. Para acessar o quadrante ventral contralateral à dor, o ligamento dentado é liberado da dura e suavemente elevado. A rotação resultante da medula expõe sua superfície anterolateral. Para realizar a cordotomia, uma lâmina de Weck é encaixada em um hemostato de ângulo reto ou na profundidade de 4 a 8 mm e inserida na medula espinal ventral ao ligamento dentado, a uma profundidade de 4 a 6 mm e varrida anteriormente. Um microdissecador angulado é então varrido ao longo da superfície subpial para confirmar a transecção completa da medula espinal ventrolateral. A hemostasia é obtida com cautério bipolar. A dura é fechada primariamente em modelo à prova d'água e o ferimento é fechado em camadas.

33.9.2 Cordotomia Percutânea por Radiofrequência

A PRFC segura e bem-sucedida exige colocação precisa da lesão, considerando-se a organização somatotópica do STT e a proximidade das vias espinais vizinhas. Fica evidente que o procedimento por si só pode distorcer a anatomia: a medula espinal pode ser deslocada em até 5 mm durante o avanço do eletrodo de radiofrequência (RF) antes de sua inserção através da pia.[39] Assim, o cirurgião confia na investigação por imagens de alta resolução da medula espinal e do eletrodo de RF durante o procedimento. As imagens podem ser fornecidas por CT convencional, fluoroscopia por painel uniforme e/ou visualização endoscópica direta.

O método denominado O-arm Imaging System, usado em nosso centro, permite prontamente a investigação por imagens fluoroscópicas e por CT sem necessidade de mover o paciente. O sistema fica posicionado ao redor da cabeceira da cama do paciente e o monitor é colocado no lado contralateral da operação, de frente para o cirurgião (▶ Fig. 33.2). Usando a posição de capacidade de memória do O-arm, o portal pode ser facilmente movimentado para longe da área de operação e trazido de volta quando for necessária a aquisição da imagem. Depois que o paciente recebeu sedação moderada e anestésico local, a cabeça é cuidadosamente fixada à mesa de operação em posição confortavelmente flexionada. Uma agulha espinal de calibre 20 (cânula) é inserida inferiormente ao processo mastóideo e orientada para o interespaço de C1-C2 via imagens fluoroscópicas, com o objetivo de uma abordagem ortogonal ao alvo da medula espinal (▶ Fig. 33.3). Manter a boca do paciente aberta em visualização odontoide permite visualização melhorada da agulha na projeção anteroposterior, embora isso não seja exigido. Depois que a agulha ultrapassa o anel de C1, a dura é puncionada e o estilete é removido para confirmar o fluxo do líquido cerebrospinal. Deve-se notar que alguns pacientes podem informar dor na parte traseira da cabeça em distribuição C2, se houve contato com a raiz do nervo de C2 na inserção da agulha. A seguir, com o fluxo do CSF confirmado, a mielografia é realizada via injeção de 6 a 8 mL de 300 mg/mL de contraste Omnipaque, com cuidado para não exceder a dose total de iodo de 3-g (10 mL). O contraste intratecal ajuda o cirurgião a identificar o ligamento dentado. O alvo para a inserção do eletrodo RF é de 1 mm anterior ao ligamento dentado para dor lombossacral, e de 2 a 3 mm anteriores a esse ligamento para dor cervical e torácica.[40] Uma vez identificado esse sítio, a mesa de operação pode ser movida para a posição de Trendelenburg reversa por cerca de 10 minutos para permitir a mistura do contraste com o CSF e minimizar os efeitos colaterais sensoriais temporários não desejados do fluxo de contraste na fossa posterior.

Um eletrodo, tal como o Eletrodo de CT de Kanpolat, é inserido inicialmente na cânula de modo que a ponta da agulha da cânula venha ligeiramente antes da ponta do eletrodo. Eletrodo e cânula são então avançados juntos pela superfície pial da medula espinal enquanto se monitora a impedância elétrica. A impedância medida de 100 a 200 Ω é típica do CSF, e esse valor aumenta para 400 a 800 Ω através da pia e para o interior do parênquima da medula espinal. Antes de acordar o paciente para verificação, a localização da agulha pode ser visualizada na medula espinal com O-arm/Imagens de CT. A posição da cânula é então mantida fixa enquanto o eletrodo é avançado um pouco mais na medula espinal e imagens complementares de alta resolução são obtidas. O eletrodo e a posição da cânula podem ser ajustados até atingirem uma mancha que corresponde ao STT (▶ Fig. 33.4). Observar que é frequente que a cânula/eletrodo ultrapasse a localização alvo, por causa do movimento da medula espinal e da força aumentada exigida para penetrar a pia. Se isso ocorrer, o eletrodo poderá ser retraído levemente até atingir a posição desejada.

Recentemente, técnicas endoscópicas para PRFC foram desenvolvidas.[20] Nessa abordagem mais ampla, uma cânula de calibre 17 é inserida com orientação fluoroscópica no espaço intradural, no interespaço de C1-C2. Um microendoscópio com 0,9 mm de diâmetro é então avançado pela cânula fornecendo visualização direta do ligamento dentado, aspecto lateral da medula espinal, radículas dos nervos e vasos sanguíneos. Uma segunda cânula é então inserida adjacente à primeira, permitindo a passagem do eletrodo de RF. Esse microendoscópio fornece incidência em tempo real do eletrodo quando este é inserido no alvo desejado

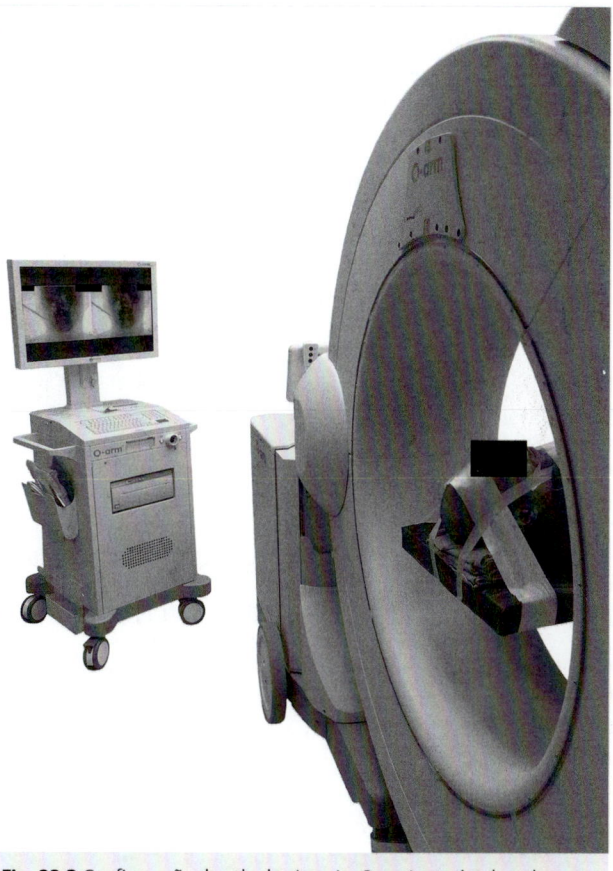

Fig. 33.2 Configuração da sala de cirurgia. O paciente é colocado em posição supina com a cabeça de costas para o fornecedor da anestesia. A base do O-arm e o monitor ficam localizados contralaterais ao sítio da lesão pretendida, fornecendo uma área de trabalho fácil de visualizar para o cirurgião que está em pé do mesmo lado. O pórtico do O-arm pode, então, ser facilmente movido na direção rostrocaudal via controle motorizado e a posição salva eletronicamente.

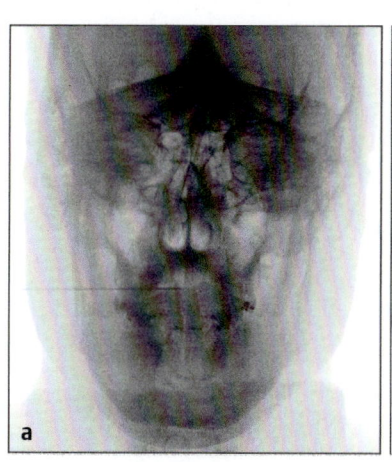

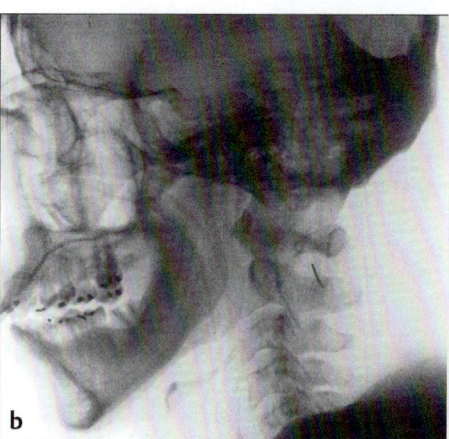

Fig. 33.3 Investigação intraoperatória por imagens fluoroscópicas. Radiografias de incidência anteroposterior **(a)** e lateral **(b)** ajudam a acompanhar o progresso da agulha no interespaço de C1-C2, processo odontoide e linha média da coluna espinal.

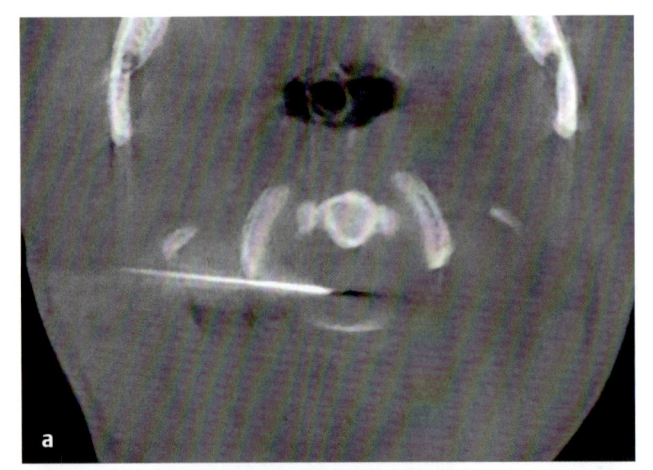

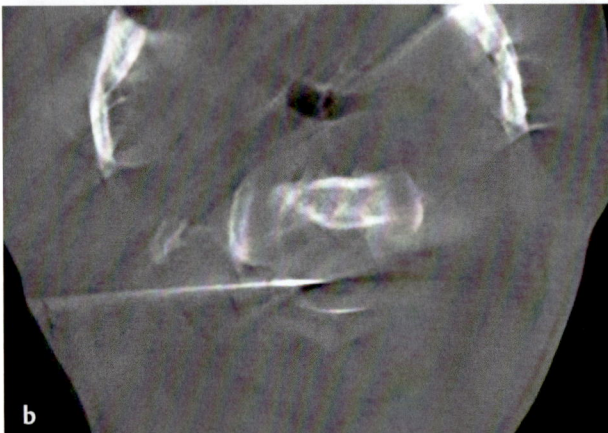

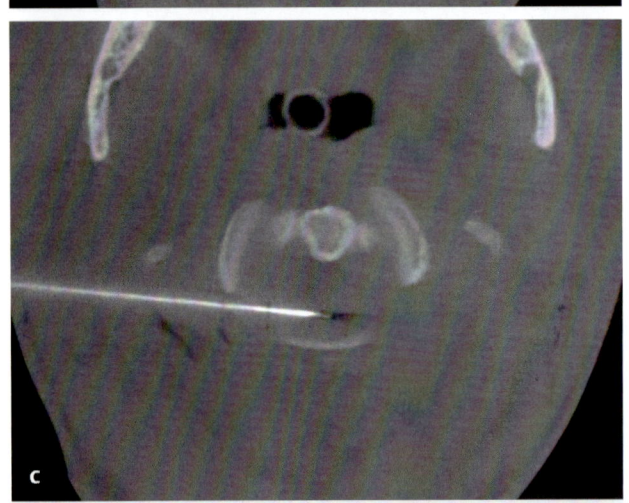

Fig. 33.4 Tomografia computadorizada intraoperatória. Essa projeção axial demonstra localização e trajetória da cânula de lesionamento percutâneo demasiadamente anterior **(a)**, demasiadamente posterior **(b)** e final **(c)** na medula espinal anterolateral. A orientação das imagens em tempo real tem utilidade essencial na execução segura da cordotomia percutânea por radiofrequência, reduzindo o risco de dano a tratos importantes adjacentes ao trato espinotalâmico.

independente da visualização e do método de definição de alvo aplicado. O monitoramento envolve a aplicação da estimulação elétrica via o gerador de RF à ponta do eletrodo. Respostas motoras ipsilaterais a 2 Hz a 0 para 1 V podem indicar colocação medial do eletrodo na substância cinza do corno anterior ou estimulação de radículas ventrais, enquanto respostas motoras nas extremidades ipsilaterais superior e inferior em 1 a 3 V podem indicar colocação dorsal no trato corticoespinal. A estimulação a 50 Hz a 0,1 a 0,4 V produz, tipicamente, uma sensação de calor ou frio contralateral quando há boa localização no STT. Um relatório semelhante em voltagens mais altas pode indicar a localização de eletrodo adjacente ao STT.

Uma vez confirmada a localização no STT pela verificação fisiológica, uma lesão inicial a 80°C por 60 segundos poderá ser realizada. Se a localização for incerta, uma lesão teste a 60°C durante 60 segundos poderá ser usada para confirmar a localização sem produzir lesão permanente. Desde que o lesionamento do STT é tipicamente indolor, o paciente poderá ser mantido acordado durante esse processo, embora algum desconforto possa ocorrer devido à disseminação de corrente para a pia e dura locais. Uma vez completada a primeira lesão, o paciente é testado quanto à nocicepção contralateral na região da dor. Se houver dor residual, repetir a estimulação teste fisiológica e uma ou duas lesões adicionais poderão ser feitas. Uma vez executado o lesionamento adequado para alívio da dor, a agulha é removida e um curativo é colocado. A MRI pós-operatória, se realizada, demonstra a localização da lesão (▶ Fig. 33.5).

33.10 Manejo Pós-Operatório Incluindo Possíveis Complicações

Para pacientes recebendo grandes doses de medicamentos narcóticos para dor, a depressão respiratória pode ocorrer após o lesionamento, exigindo a administração de naloxona durante o período pós-operatório imediato. Para cordotomia unilateral, os pacientes são rotineiramente observados durante a noite com monitoramento respiratório e recebem alta no dia seguinte. Pacientes se submetendo à cordotomia cervical bilateral estadiada são monitorados na UTI (unidade de cuidados intensivos) após o segundo procedimento, devido ao risco da síndrome de Ondine. Os pacientes são tipicamente titulados com medicamentos narcóticos para dor durante 1 a 2 semanas para evitar a abstinência de opioides. Eles também são colocados em um regime de afunilamento de dexametasona durante 4 dias após a operação.

33.11 Reações Adversas e Dor Espelhada

Ao executar a PRFC, o cirurgião deve considerar cuidadosamente os numerosos tratos localizados próximos ao STT (▶ Fig. 33.1).[21] Na extremidade lateral, o trato espinocerebelar ventral pode ser lesionado, resultando em ataxia do membro superior ipsilateral. Na extremidade medial, fibras autônomas controlando a função do intestino e da bexiga são encontradas no corno lateral da substância cinza. Se houver dano às fibras do trato corticoespinal, dorsomedial ao STT, o resultado será a fraqueza da extremidade inferior ipsilateral. Entretanto, a estrutura adjacente mais importante durante a cordotomia é o trato reticuloespinal, localizado anteromedial ao STT. Pode ocorrer lesionamento reticuloespinal não desejado na síndrome de Ondine, particularmente após cordotomia bilateral.[41] Apesar da redução desse risco com a orientação moderna de CT, existe variabilidade excessiva na localização das vias espinais, espe-

e a localização precisa é refinada com o mapeamento da resposta do paciente à estimulação elétrica.

Uma vez que o eletrodo esteja colocado na região do STT com base na investigação por imagens, o paciente é acordado para verificação. O monitoramento fisiológico antes do lesionamento permanente é crítico para a segurança do procedimento de PRFC,

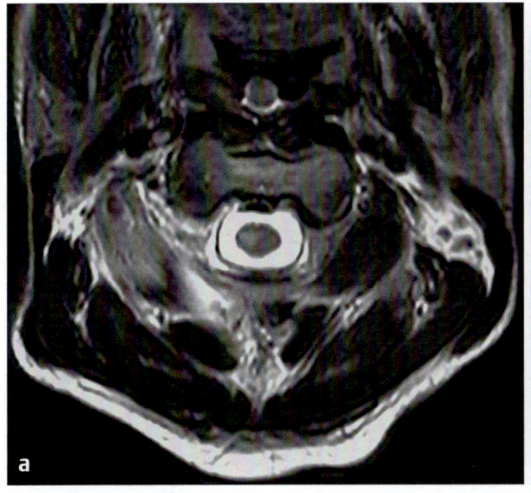

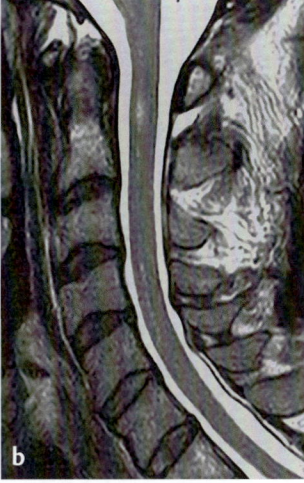

Fig. 33.5 Imagens de investigação por ressonância magnética (MRI). Imagens axial (a) e sagital (b) de MR ponderadas em T2 demonstrando foco discreto de hiperintensidade de sinal em T2 intramedular no sítio do lesionamento da cordotomia percutânea por radiofrequência.

cialmente as corticoespinais anteriores. Daí, a verificação fisiológica ou o monitoramento intraoperatório são críticos para assegurar a segurança do paciente e evitar complicações.

Outro efeito indesejável da cordotomia pode ser a dor que aparece ou piora do lado ipsilateral do procedimento, "espelhada" para o lado da dor pré-operatória.[42] A intensidade é, quase sempre, mais baixa que a da dor original, embora possa ser igual a ela. A dor ipsilateral pode ser exacerbada em pacientes sentindo dor bilateral antes da cordotomia.[27] O mecanismo da dor espelhada é desconhecido, mas o conceito que prevalece é o de que ela resulta da reativação de sinapses anteriormente dormentes na medula espinal.[42-44] Os índices típicos de dor ipsilateral piorada são de 5% ou mais.

33.12 Conclusão

Inspirada pela observação de que a ruptura do STT esteja associada à perda da sensação de dor, a cordotomia se tornou uma ferramenta poderosa no *armamentarium* do neurocirurgião para fornecer alívio da dor nociceptiva clinicamente intratável. A OSC foi amplamente suplantada pela PRFC na era moderna. A PRFC fornece uma alternativa minimamente invasiva que se mostra particularmente efetiva para pacientes sofrendo dor de câncer unilateral ao ou inferior ao nível de C5. Com a moderna investigação por imagens, verificação fisiológica e monitoramento intraoperatório, OSC e PRFC podem ser realizadas com facilidade e segurança, melhorando a qualidade de vida para pacientes bem selecionados e sofrendo dores.

Referências

[1] Taren JA, Davis R, Crosby EC. Target physiologic corroboration in stereotaxic cervical cordotomy. J Neurosurg. 1969; 30(5):569–584
[2] White J, Sweet W. Pain and the Neurosurgeon: A Forty-Year Experience. Springfield, IL: Charles C. Thomas; 1969
[3] Spiller WG. The occasional clinical resemblance between caries of the vertebrae and lumbothoracic syringomyelia, and the location within the spinal cord of the fibres for the sensations of pain and temperature. Univ Penn Med Bull. 1905; 18:147–154
[4] Spiller WG, Martin E. The treatment of persistent pain of organic origin in the lower part of the body by division of the anterolateral column of the spinal cord. J Am Med Assoc. 1912; 58(20):1489–1490
[5] White JC, Sweet WH, Hawkins R, Nilges RG. Anterolateral cordotomy: results, complications and causes of failure. Brain. 1950; 73(3):346–367
[6] French LA. Cordotomy in the high cervical region for intractable pain. J Lancet. 1953; 73(7):283–287
[7] Jackson FE. Cordotomy: a twenty-year review of operations performed at a university hospital. BMQ. 1959; 10:80–83
[8] Nathan PW. Results of antero-lateral cordotomy for pain in cancer. J Neurol Neurosurg Psychiatry. 1963; 26(4):353–362
[9] White JC. Anterolateral cordotomy: its effectiveness in relieving pain of nonmalignant disease. Neurochirurgia (Stuttg). 1963; 6(3):83–102
[10] Mullan S, Harper PV, Hekmatpanah J, Torres H, Dobbin G. Percutaneous interruption of spinal pain tracts by means of a strontium 90 needle. J Neurosurg. 1963; 20(11):931–939
[11] Mullan S, Hekmatpanah J, Dobben G, Beckman F. Percutaneous, intramedullary cordotomy utilizing the unipolar anodal electrolytic lesion. J Neurosurg. 1965; 22(6):548–553
[12] Rosomoff HL, Brown CJ, Sheptak P. Percutaneous radiofrequency cervical cordotomy: technique. J Neurosurg. 1965; 23(6):639–644
[13] Crue BL, Todd EM, Carregal EJ. Posterior approach for high cervical percutaneous radiofrequency cordotomy. Confin Neurol. 1968; 30(1):41–52
[14] Lipton S. Percutaneous electrical cordotomy in relief of intractable pain. BMJ. 1968; 2(5599):210–212
[15] Lipton S. Percutaneous cervical cordotomy. Proc R Soc Med. 1973; 66(7):607–609
[16] Kanpolat Y, Deda H, Akyar S, Bilgiç S. CT-guided percutaneous cordotomy. Acta Neurochir Suppl (Wien). 1989; 46:67–68
[17] Kanpolat Y, Ugur HC, Ayten M, Elhan AH. Computed tomography-guided percutaneous cordotomy for intractable pain in malignancy. Neurosurgery. 2009; 64(3) Suppl:ons187–ons193, discussion ons193–ons194
[18] Raslan AM, Cetas JS, McCartney S, Burchiel KJ. Destructive procedures for control of cancer pain: the case for cordotomy. J Neurosurg. 2011; 114(1):155–170
[19] Collins KL, Patil PG. Flat-panel fluoroscopy "O-arm" guided percutaneous radiofrequency cordotomy: a new technique for the treatment of unilateral cancer pain. Neurosurgery. 2013; 72(1 Suppl Operative):27–34, discussion 34
[20] Fonoff ET, Lopez WO, de Oliveira YS, Teixeira MJ. Microendoscopy-guided percutaneous cordotomy for intractable pain: case series of 24 patients. J Neurosurg. 2016; 124(2):389–396
[21] Higaki N, Yorozuya T, Nagaro T, et al. Usefulness of cordotomy in patients with cancer who experience bilateral pain: implications of increased pain and new pain. Neurosurgery. 2015; 76(3):249–256, discussion 256, quiz 256–257
[22] Atkin N, Jackson KA, Danks RA. Bilateral open thoracic cordotomy for refractory cancer pain: a neglected technique? J Pain Symptom Manage. 2010; 39 (5):924–929
[23] Jones B, Finlay I, Ray A, Simpson B. Is there still a role for open cordotomy in cancer pain management? J Pain Symptom Manage. 2003; 25(2):179–184
[24] Tomycz L, Forbes J, Ladner T, et al. Open thoracic cordotomy as a treatment option for severe, debilitating pain. J Neurol Surg A Cent Eur Neurosurg. 2014; 75(2):126–132
[25] Rosomoff HL. Bilateral percutaneous cervical radiofrequency cordotomy. J Neurosurg. 1969; 31(1):41–46

[26] Kim SC, Lee KC, Lee HJ. Bilateral percutaneous radiofrequency cervical cordotomy. Korean Central Journal of Medicine.. 1976; 31(1):101-107

[27] Sanders M, Zuurmond W. Safety of unilateral and bilateral percutaneous cervical cordotomy in 80 terminally ill cancer patients. J Clin Oncol. 1995; 13(6):1509-1512

[28] Kanpolat Y, Savas A, Caglar S, Temiz C, Akyar S. Computerized tomographyguided percutaneous bilateral selective cordotomy. Neurosurg Focus. 1997; 2(1):e4

[29] Bekar A, Kocaeli H, Abaş F, Bozkurt M. Bilateral high-level percutaneous cervical cordotomy in cancer pain due to lung cancer: a case report. Surg Neurol. 2007; 67(5):504-507

[30] Collins KL, Taren JA, Patil PG. Four-decade maintenance of analgesia with percutaneous cordotomy. Stereotact Funct Neurosurg. 2012; 90(4):266-272

[31] Cetas JS, Saedi T, Burchiel KJ. Destructive procedures for the treatment of nonmalignant pain: a structured literature review. J Neurosurg. 2008; 109(3):389-404

[32] Rosomoff H, Papo I, Loeser J. Neurosurgical Operations on the Spinal Cord. In: Bonicca JJ, ed. The Management of Pain. 2nd ed. Philadelphia, PA: Lea & Febiger; 1990:2067-2081

[33] Raslan AM. Percutaneous computed tomography-guided radiofrequency ablation of upper spinal cord pain pathways for cancer-related pain. Neurosurgery. 2008; 62(3) Suppl 1:226-233, discussion 233-234

[34] Stuart G, Cramond T. Role of percutaneous cervical cordotomy for pain of malignant origin. Med J Aust. 1993; 158(10):667-670

[35] Lahuerta J, Bowsher D, Lipton S, Buxton PH. Percutaneous cervical cordotomy: a review of 181 operations on 146 patients with a study on the location of "pain fibers" in the C-2 spinal cord segment of 29 cases. J Neurosurg. 1994; 80(6):975-985

[36] Cowie RA, Hitchcock ER. The late results of antero-lateral cordotomy for pain relief. Acta Neurochir (Wien). 1982; 64(1-2):39-50

[37] Peng L, Min S, Zejun Z, Wei K, Bennett MI. Spinal cord stimulation for cancerrelated pain in adults. Cochrane Database Syst Rev. 2015(6):CD009389

[38] Sindou M, Jeanmonod D, Mertens P. Ablative neurosurgical procedures for the treatment of chronic pain. Neurophysiol Clin. 1990; 20(5):399-423

[39] Taren JA, Davis R. Human spinal cord impedance: its application in neurosurgical stereotaxic cordotomy. Ann N Y Acad Sci. 1970; 170(2):783-792

[40] Onofrio BM. Cervical spinal cord and dentate delineation in percutaneous radiofrequency cordotomy at the level of the first to second cervical vertebrae. Surg Gynecol Obstet. 1971; 133(1):30-34

[41] Belmusto L, Brown E, Owens G. Clinical observations on respiratory and vasomotor disturbance as related to cervical cordotomies. J Neurosurg. 1963; 20(3):225-232

[42] Bowsher D. Contralateral mirror-image pain following anterolateral cordotomy. Pain. 1988; 33(1):63-65

[43] Ischia S, Ischia A. Re: a mechanism of new pain following cordotomy. Pain. 1988; 32(3):383-384

[44] Nagaro T, Kimura S, Arai T. A mechanism of new pain following cordotomy; reference of sensation. Pain. 1987; 30(1):89-91

34 Estimulação de Nervo Periférico para Alívio da Dor: *Primer* em Estimulação de Nervo Occipital

Konstantin V. Slavin ▪ Dali Yin

Resumo

A estimulação de nervos periféricos (PNS) é uma modalidade estabelecida e usada há mais de 50 anos no tratamento da dor crônica. Os nervos periféricos podem ser estimulados com dispositivos implantados por todo o corpo humano incluindo: cabeça, face, tronco e extremidades. Um dos exemplos mais comuns de PNS é a estimulação dos nervos occipitais (ONS) usada para tratar dor neuropática crônica e transtornos de cefaleia refratários a tratamentos conservadores. Entre duas abordagens gerais à inserção de ONS (cervical e retromastóidea na linha média), temos usado a abordagem do retromastoide, que é apresentada em detalhes neste texto.

Palavras-chave: estimulação de nervo periférico, estimulação de nervo occipital, abordagem retromastóidea, eletrodo, cefaleia crônica.

34.1 Introdução

Uma das aplicações de uso mais comum do procedimento de estimulação de nervos periféricos é a estimulação do nervo occipital (ONS). Ela tem sido amplamente usada para tratar dor neuropática refratária e transtornos de cefaleia, incluindo neuralgia occipital, pós-cirúrgica, pós-traumática e as chamadas cefaleias cervicogênicas, cefaleias de enxaquecas e cefaleias em salvas. Recentemente, a ONS ganhou popularidade significativa e reconhecimento mundial para tratamento da dor por causa de sua eficácia, reversibilidade e invasão mínima, com baixo índice de complicações.

Duas técnicas principais amplamente usadas para implantação da ONS são as abordagens cervical[12] e retromastóidea[3-6] na linha média. Nós temos usado a abordagem retromastóidea para o procedimento de ONS por mais de 10 anos, o qual tem as vantagens de (1) posicionamento simples do paciente (supino), (2) distância curta do tunelamento desde o retromastoide até o infraclavicular, (3) desgaste mínimo dos componentes e (4) evitar regiões altamente móveis do corpo incluindo a cervical na linha média e a lombar. Neste texto descrevemos em detalhes a abordagem retromastóidea para o procedimento de ONS.

34.2 Seleção do Paciente

As indicações mais comuns para ONS são: dor unilateral ou bilateral na cabeça e na face, incluindo casos de neuralgia occipital, cefaleia em salvas, enxaqueca, dor pós-cirúrgica, hemicrania contínua e dor associada à fibromialgia. As contraindicações usuais são: expectativa de vida curta, infecção ativa, coagulopatia não corrigível ou trombocitopenia. Em geral, o quadro clínico insatisfatório que impediria os pacientes de participar de uma cirurgia e/ou anestesia eletiva também deverá ser considerado.

A ONS é considerada para pacientes manifestando dor neuropática crônica, intensa e incapacitante para a qual o tratamento clínico convencional não dá resultado, que esteja associada a um diagnóstico transparente e que não apresente doença subjacente corrigível. Espera-se que os pacientes estejam familiarizados com o dispositivo e dispostos a usá-lo, tenham perfil neuropsicológico favorável e tenham respondido positivamente a um estudo clínico de ONS antes do implante do dispositivo permanente. O propósito do estudo clínico é o de estabelecer a eficácia da ONS, geralmente definida como melhora de mais de 50% na intensidade da dor e ausência de efeitos colaterais associados à estimulação. Existem algumas exceções a essa regra como, por exemplo, as cefaleias em salvas, nas quais a ONS não produz melhora imediata e pode tornar-se eficaz várias semanas ou meses após a implantação do dispositivo. Nesses casos, o estudo clínico pode ser útil em definir se a ONS provoca quaisquer efeitos colaterais indesejáveis.

34.3 Preparação Pré-Operatória

O neurologista, o especialista em dor e o neurocirurgião avaliam os pacientes, estabelecem o diagnóstico e descartam qualquer doença cirurgicamente corrigível. É necessário concluir que a dor neuropática é crônica, intensa, incapacitante e refratária aos tratamentos clínicos. O bloqueio do nervo occipital pode ser usado para ajudar a determinar o papel dos nervos occipitais na geração da dor. Todos os candidatos cirúrgicos deverão ter um perfil psicológico favorável estabelecido por avaliação profissional. O objetivo da avaliação psicológica antes de se considerar o procedimento de ONS é o de avaliar as chances de resposta à ONS, pois os pacientes com demência, somatização, ganho secundário, depressão não tratada, transtorno de personalidade e vício em drogas não têm probabilidade de se beneficiarem da neuromodulação. Uma vez que a maioria dos dispositivos de neuroestimulação implantados não está liberada para a investigação por imagens de ressonância magnética (MRI) quando usada fora da coluna, um quadro clínico que exigiria testes contínuos de MRI também pode representar uma contraindicação para ONS. O paciente não deverá apresentar contraindicação clínica ao procedimento de ONS. Isso inclui: infecção ativa, coagulopatia, incapacidade de sustar o tratamento antiplaquetário ou de anticoagulação e quadro clínico insatisfatório que impediria o paciente de se submeter à sedação ou anestesia geral. Os medicamentos anticoagulação precisam ser suspensos de 7 a 10 dias antes do procedimento. E o mais importante, o paciente deverá demonstrar benefícios da ONS durante o estudo clínico.

34.4 Procedimento Cirúrgico

Para a inserção de derivações de ONS no estudo clínico, o procedimento pode ser realizado mediante sedação consciente, tal como cuidados de monitoramento anestésico (MAC). Para todos os casos de implante permanente usamos anestesia geral sem relaxamento muscular. Isso permite a construção mais fácil e segura das derivações pelo pescoço no paciente adormecido enquanto nos permite verificar a contração muscular direta em resposta à estimulação. O paciente é colocado em posição supina com a cabeça voltada para o mais longe possível do lado infraclavicular escolhido para a inserção do IPG (gerador de pulso implantado) (▶ Fig. 34.1a, b). A cabeça é colocada em uma almofada pequena que a eleva o suficiente para permitir acesso à região occipital dependente e ao processo mastoide. Um pequeno coxim de ombro é colocado sob o ombro ipsilateral. Toda a área occipital, pescoço e tórax superior no lado ipsilateral (para implante permanente) é preparada com o campo cirúrgico em modelo esterilizado padrão.

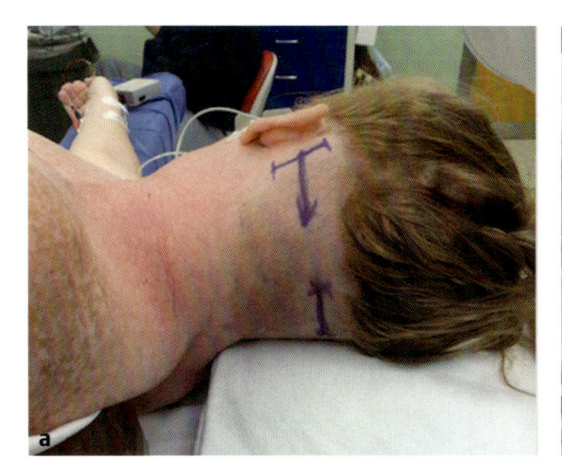

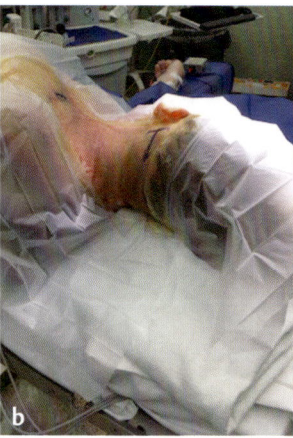

Fig. 34.1 (a, b) Posição da cabeça e marcação da incisão nas áreas occipital e infraclavicular.

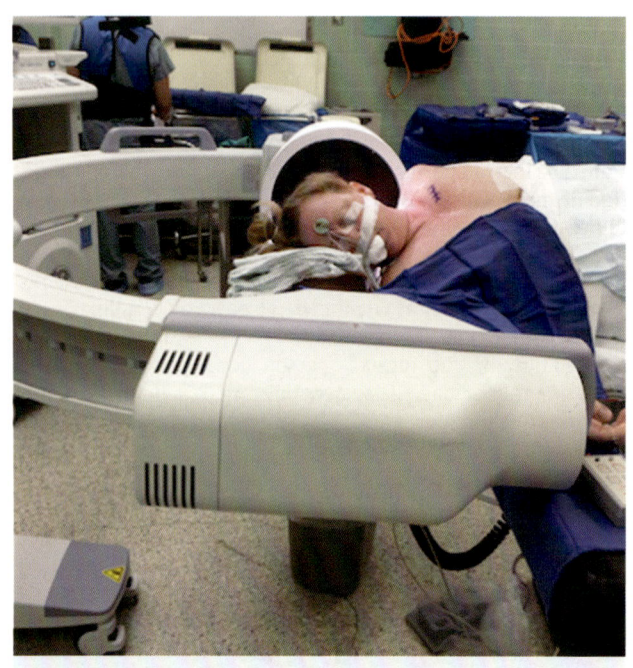

Fig. 34.2 Configuração do arco em C.

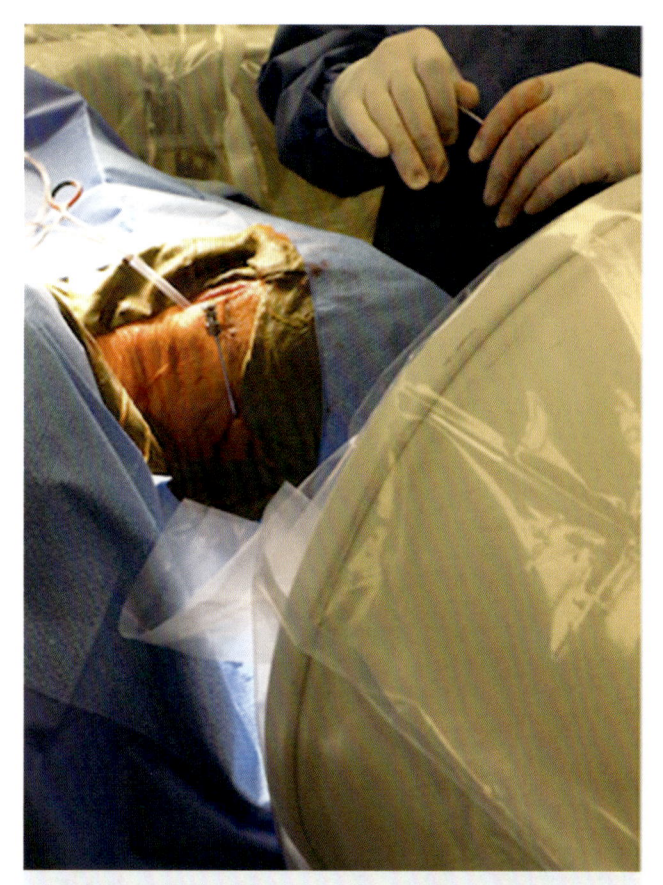

Fig. 34.3 A agulha de Touhy é avançada em direção ao processo mastoide contralateral.

A máquina de fluoroscopia de arco em C é colocada ao redor da cabeça do paciente, permitindo ao operador ficar em pé "dentro do C" durante o procedimento (▶ Fig. 34.2).

Após aplicação da anestesia local, a primeira incisão é feita inferior à clavícula. As partes moles são dissecadas e uma loja é criada entre a fáscia e a pele para colocação do gerador. A hemostasia nessa loja é obtida com coagulação bipolar. Uma incisão retromastóidea reta de 2,5 cm na direção vertical é feita ao longo da linha do cabelo. Os tecidos são dissecados até a fáscia, obtendo-se assim a hemostasia. Os tecidos laterais e mediais à incisão são dissecados em um centímetro ou mais em cada direção para criar uma bolsa para ancorar as derivações e o laço de alívio de tensão. Uma ferramenta para tunelamento é usada para conectar a incisão do retromastoide e a incisão do tórax superior, e uma bainha plástica do tunelador é deixada no local para a passagem dos eletrodos mais tarde. A seguir, uma incisão perfurante é feita na linha média, no nível de C1 para inserção percutânea de derivação do eletrodo contralateral, pela qual a agulha de inserção do *kit* de eletrodos avança em direção ao processo mastoide contralateral (▶ Fig. 34.3). Rotineiramente, nós dobramos essa agulha e seu estilete em uma curva suave de modo que o estilete possa ser removido quando o alvo é atingido. Essa dobra nos permite reduzir o risco de penetração na pele na ponta da agulha, pois a curvatura da agulha corresponde à curvatura do pescoço do paciente. Para inserção da derivação do eletrodo ipsilateral, uma segunda agulha curvada é inserida da incisão do retromastoide em direção à linha média (▶ Fig. 34.4a). O avanço da agulha é realizado mediante fluoroscopia ao vivo (▶ Fig. 34.4b). Quando a agulha está avançando na gordura epifascial, ela se move com relativa facilidade, enquanto a

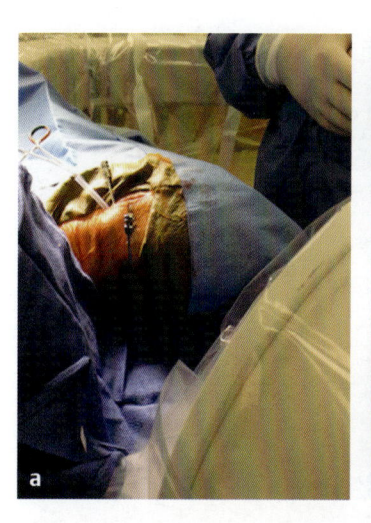

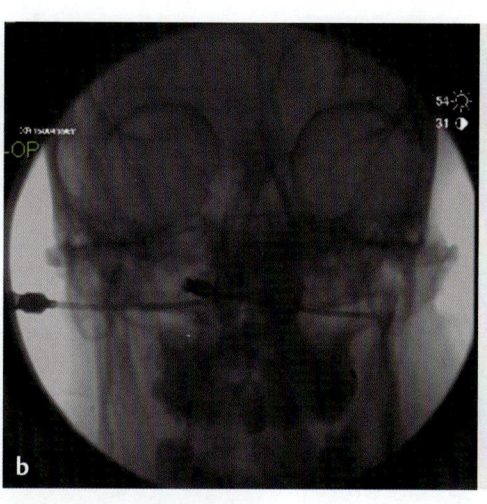

Fig. 34.4 (a) A segunda agulha de Touhy é inserida desde a incisão do retromastoide em direção à linha média. **(b)** A fluoroscopia é usada para confirmar a localização das agulhas de Touhy.

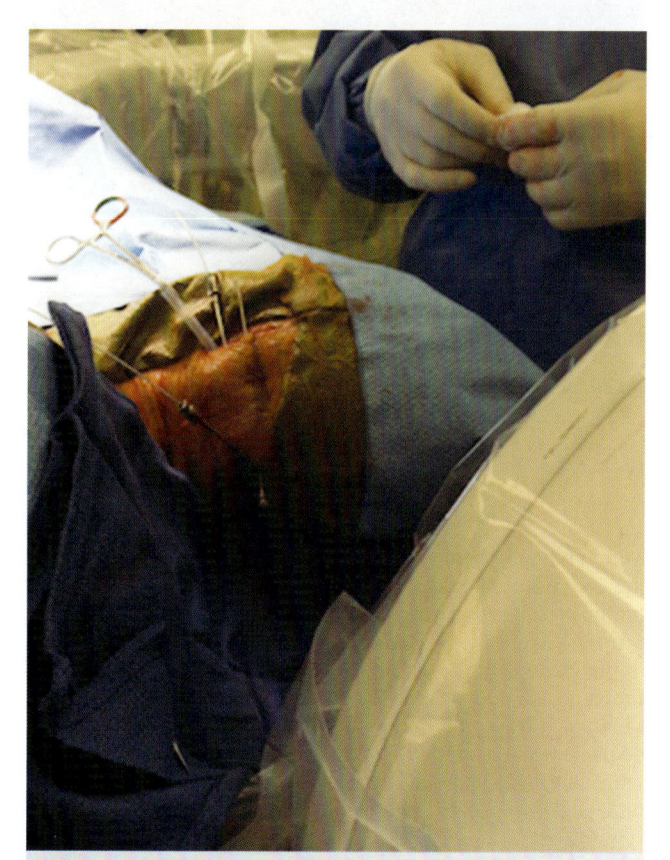

Fig. 34.5 Dois eletrodos são inseridos através de cada agulha de Touhy, um (eletrodo dependente) da linha média para o processo mastoide contralateral, e o outro (eletrodo não dependente) da incisão do retromastoide para a linha média.

fáscia ou a derme produzem muito mais resistência. Os estiletes são removidos e dois eletrodos são inseridos através de cada agulha (▶ Fig. 34.5), um (eletrodo dependente/contralateral) desde a linha média até o processo mastoide contralateral e o outro (eletrodo não dependente/ipsilateral) desde a incisão do retromastoide até a linha média. As derivações do eletrodo são posicionadas mediante fluoroscopia ao vivo também. Em contraste com a estimulação da medula espinal, onde o avanço da derivação do eletrodo ocorre depois que a derivação sai da agulha de inserção, o procedimento de estimulação de nervos peri-féricos traz a ponta da agulha por todo o caminho até seu alvo e o eletrodo avança dentro do lúmen da agulha, permanecendo nessa posição quando a agulha é removida. Antes de remover a agulha na incisão perfurante na linha média, seu estilete é inserido na mesma incisão e avança em direção à incisão retromastóidea, e uma vez removida a agulha (deixando o eletrodo no lugar), ela é passada sobre o estilete em direção de lateral para medial (técnica da agulha-sobre-estilete; ▶ Fig. 34.6). O estilete é removido e o eletrodo contralateral é passado de volta para a abertura do retromastoide pela agulha em direção retrógrada (▶ Fig. 34.7). Em seguida, a segunda agulha também é removida deixando a derivação do eletrodo ipsilateral no lugar. Uma vez posicionados ambos os eletrodos, a fluoroscopia é usada para confirmar sua localização e avaliar a simetria (▶ Fig. 34.8). Com frequência, o eletrodo dependente precisa ser empurrado em direção à linha média e o não dependente é empurrado em direção à incisão retromastóidea. As derivações dos eletrodos são afixadas à fáscia retromastóidea usando âncoras fornecidas com elas e suturas não absorvíveis. Duas âncoras plásticas podem ser usadas para cada eletrodo e cada uma é suturada à fáscia subjacente com duas suturas não absorvíveis. Antes da sutura, pode-se injetar cola clínica nas âncoras para fornecer mais segurança para os eletrodos. Nós criamos laços de alívio de tensão vizinhos à âncora.

A seguir, as derivações dos eletrodos são tuneladas pelo passador (▶ Fig. 34.9) desde a incisão retromastóidea até a bolsa infraclavicular subcutânea (▶ Fig. 34.10) e conectadas ao gerador. Essas derivações são fixadas no local usando parafusos de ajuste e o gerador é colocado na loja. O excesso de eletrodos é enrolado sob o gerador. Este é fixado à fáscia subjacente com suturas não absorvíveis. Na maioria dos casos, derivações de eletrodos com extensão suficiente podem ser selecionadas diminuindo assim a necessidade em cabo(s) de extensão. O gerador de ONS é investigado quanto à verificação de impedância, para assegurar que todos os componentes estejam intactos e apropriadamente conectados.

A seguir, as incisões são irrigadas com solução antibiótica e a hemostasia é obtida com coagulação bipolar. O fechamento é feito com Vicryl 2-0 para tecidos subcutâneos, *nylon* 3-0 para a pele nas incisões retromastóideas e linha média e Vicryl 4-0 subcuticular para a incisão infraclavicular. As incisões são limpas com peróxido e soluções de Betadine e a seguir Steri-Strips são colocadas na incisão infraclavicular. As três incisões (linha média, retromastóidea e infraclavicular) são cobertas com curativos esterilizados.

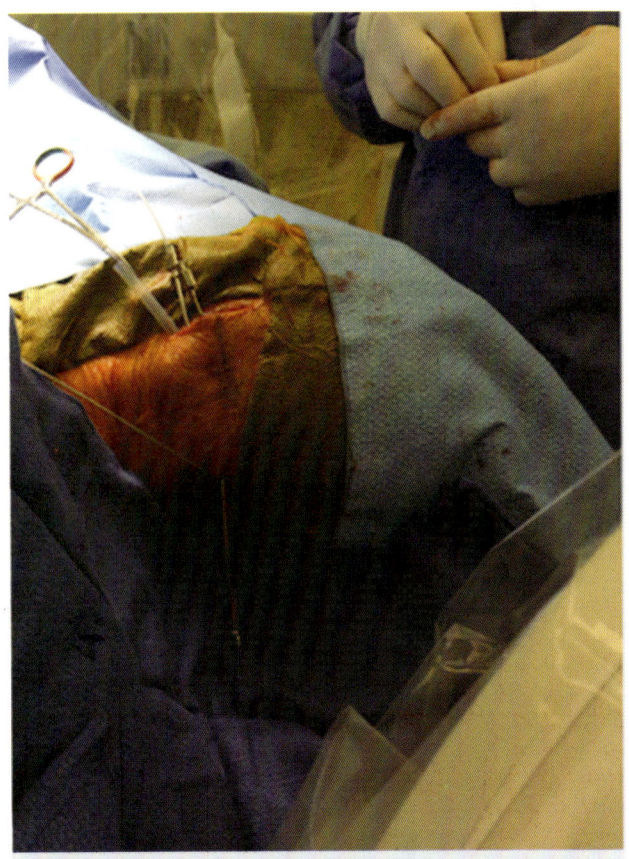

Fig. 34.6 O estilete é então inserido a partir da incisão da linha média em direção à incisão do retromastoide e a agulha de Touhy é passada sobre esse estilete de lateral a medial (técnica da agulha-sobre-estilete).

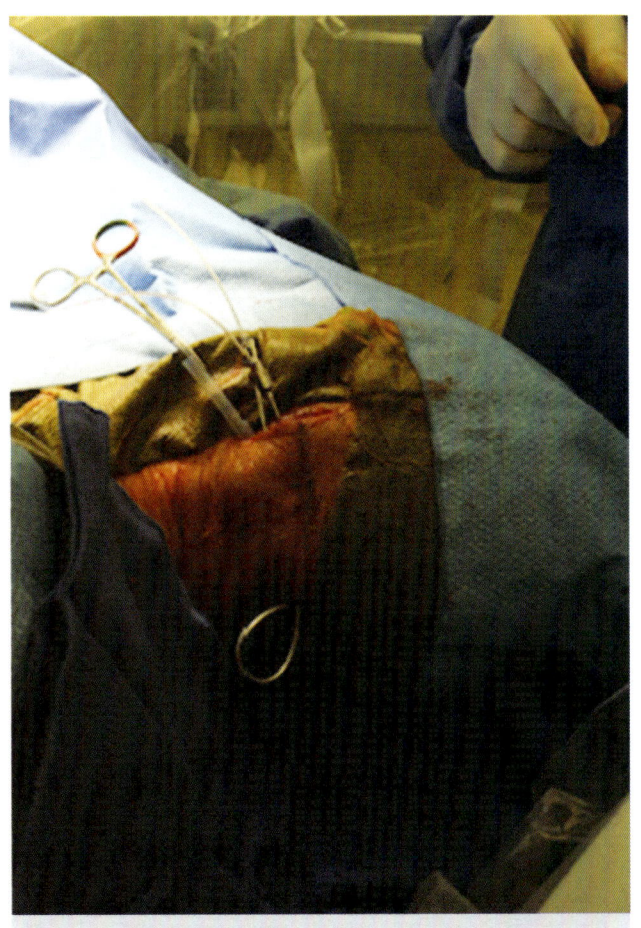

Fig. 34.7 O estilete é removido e o eletrodo dependente contralateral é passado através da agulha de Touhy, a partir da linha média para a incisão do retromastoide.

34.4.1 Inserção de Eletrodo de Estimulação de Nervo Occipital Guiada por Ultrassom

A tecnologia de ultrassom é uma modalidade de investigação por imagens em amadurecimento para a visualização de partes moles. Essa tecnologia tem sido usada como orientação para a inserção de eletrodos de ONS no tratamento de neuralgia occipital, na qual a posição das agulhas de introdução e os eletrodos podem ser visualizados em relação aos nervos e vasculatura occipitais, aperfeiçoando assim a inserção de derivações de eletrodos.[7,8] Essa é uma abordagem relativamente nova da inserção de ONS, e tem as vantagens da visualização em tempo real de vasos sanguíneos, estruturas neurais e partes moles ao redor incluindo: epiderme, derme, gordura subcutânea e músculos trapézios durante o procedimento de ONS.[7,8] E o mais importante, a orientação por ultrassom facilita a distribuição precisa do dispositivo, permite profundidade precisa da colocação de eletrodos e limita o risco de lesão da artéria ou nervos occipitais. O método também reduz o risco de dano desnecessário de músculos paravertebrais que pode complicar a experiência em termos de redução da eficácia e aumento da morbidade.[7] A colocação muito superficial de eletrodos pode resultar em erosão da ponta da derivação,[9] e isso pode ser evitado por meio da orientação ultrassonográfica intraoperatória.[7,8] De modo geral, a orientação por ultrassom propicia a inserção confiável, segura e em tempo real de eletrodos para ONS no plano de tecidos conjuntivos e aperfeiçoa a eficácia da neuromodulação, ao mesmo tempo em que reduz complicações potenciais intra e pós-operatórias. As vantagens do ultrassom o transformam em uma modalidade promissora no campo da neuromodulação. Até o momento há poucos relatórios sobre a inserção de ONS orientada por ultrassom e mais investigações com grande número de pacientes e acompanhamento mais longo serão necessárias para demonstrar o benefício adicional real da orientação do ultrassom em procedimentos de ONS.

34.5 Manejo Pós-Operatório Incluindo Possíveis Complicações

A migração da derivação é uma das complicações mais comuns dos estimuladores do nervo occipital. Outras complicações incluem: infecção, hematoma, dor e espasmo muscular relacionados com estimulação, erosão, reação de corpo estranho, fratura do eletrodo e mau funcionamento do gerador. A falha de estimulação pode ter como causa a migração do eletrodo, fratura ou esgotamento da bateria. Os pacientes podem precisar de várias sessões de programação para atingir os melhores benefícios terapêuticos possíveis.

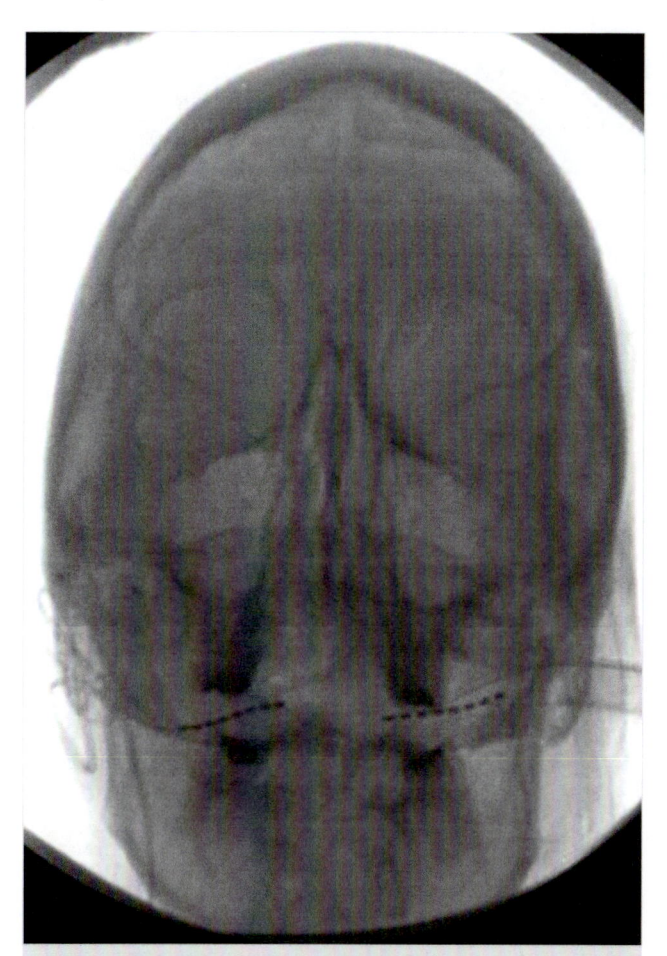

Fig. 34.8 Fluoroscopia usada para confirmar a localização e avaliar a simetria dos eletrodos.

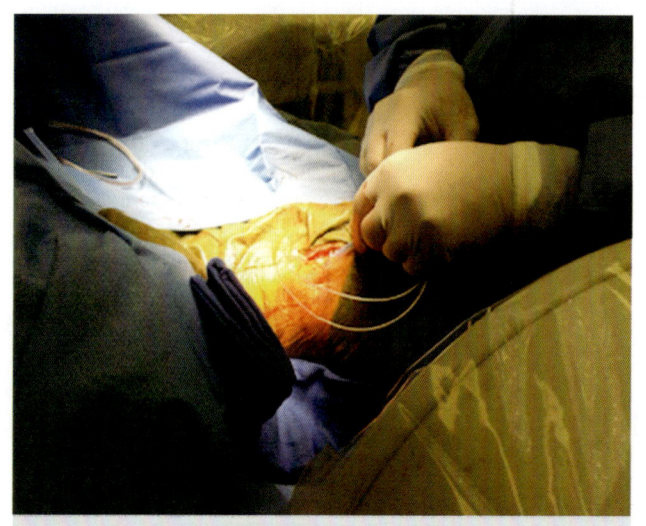

Fig. 34.9 Eletrodos tunelizados através do passante a partir da incisão do retromastoide para a bolsa infraclavicular subcutânea.

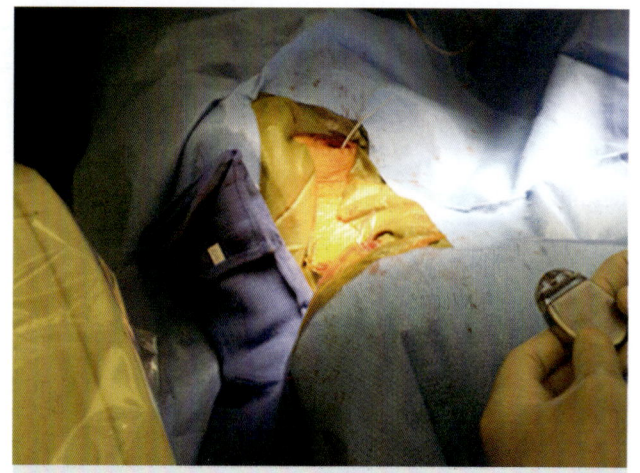

Fig. 34.10 Os eletrodos são conectados ao gerador.

34.6 Conclusão

Descrevemos uma técnica de implantação de estimulador occipital por meio da abordagem retromastóidea, a qual tem vantagens em termos de posicionamento do paciente, facilidade de abordagem cirúrgica, distância de tunelamento e minimização de desgaste mecânico nos componentes da ONS.

Referências

[1] Kapural L, Mekhail N, Hayek SM, Stanton-Hicks M, Malak O. Occipital nerve electrical stimulation via the midline approach and subcutaneous surgical leads for treatment of severe occipital neuralgia: a pilot study. Anesth Analg. 2005; 101(1):171–174

[2] Schwedt TJ, Dodick DW, Hentz J, Trentman TL, Zimmerman RS. Occipital nerve stimulation for chronic headache: long-term safety and efficacy. Cephalalgia. 2007; 27(2):153–157

[3] Magis D, Allena M, Bolla M, De Pasqua V, Remacle JM, Schoenen J. Occipital nerve stimulation for drug-resistant chronic cluster headache: a prospective pilot study. Lancet Neurol. 2007; 6(4):314–321

[4] Slavin KV, Colpan ME, Munawar N, Wess C, Nersesyan H. Trigeminal and occipital peripheral nerve stimulation for craniofacial pain: a single-institution experience and review of the literature. Neurosurg Focus. 2006; 21(6):E5

[5] Slavin KV, Nersesyan H, Wess C. Peripheral neurostimulation for treatment of intractable occipital neuralgia. Neurosurgery. 2006; 58(1):112–119, discus sion 112–119

[6] Trentman TL, Slavin KV, Freeman JA, Zimmerman RS. Occipital nerve stimulator placement via a retromastoid to infraclavicular approach: a technical report. Stereotact Funct Neurosurg. 2010; 88(2):121–125

[7] Eldrige JS, Obray JB, Pingree MJ, Hoelzer BC. Occipital neuromodulation: ultrasound guidance for peripheral nerve stimulator implantation. Pain Pract. 2010; 10(6):580–585

[8] Skaribas I, Aló K. Ultrasound imaging and occipital nerve stimulation. Neuromodulation. 2010; 13(2):126–130

[9] Trentman TL, Dodick DW, Zimmerman RS, Birch BD. Percutaneous occipital stimulator lead tip erosion: report of 2 cases. Pain Physician. 2008; 11(2):253–256

35 Estimulação da Raiz do Nervo Espinal e da Raiz do Gânglio Dorsal

Jonathan Yun ▪ Suprit Singh ▪ Yarema B. Bezchlibnyk ▪ Jennifer Cheng ▪ Christopher J. Winfree

Resumo

A estimulação de raiz de nervo espinal (SNRS) é uma técnica de neuromodulação usada para tratamento de dor crônica. Essa modalidade coloca matrizes de eletrodos estimuladores ao longo das radículas do nervo espinal, gânglio da raiz dorsal e/ou da raiz criando parestesias de estimulação e alívio da dor na distribuição da(s) raiz(es) do nervo alvo. Há várias formas de SNRS, as quais variam com base na localização anatômica do eletrodo. A SNRS combina os benefícios de aspectos minimamente invasivos, localização central e facilidade de colocação de estimulação focalizando parestesias de estimulação de nervo periférico. Essa técnica híbrida pode ser uma alternativa efetiva para pacientes nos quais outras formas de neuroestimulação sejam ineficazes ou inadequadas.

Palavras-chave: terapia de estimulação elétrica, intraespinal, neuromodulação, nervo espinal, estimulação de raiz de nervo espinal, transforaminal, transespinal.

35.1 Introdução

Desde o uso, pela primeira vez, de um estimulador de medula espinal para o tratamento de dor neuropática, há 43 anos, a neuromodulação na medula espinal estabeleceu-se, por si própria, como padrão de cuidados para várias indicações.[1] Embora a compreensão dos mecanismos ainda seja incompleta, a estimulação da medula espinal (SCS) nasceu da teoria proposta por Melzack e Wall, em 1965, na qual as parestesias percebidas pelo cérebro na mesma região como uma sensação dolorosa podem embotar e mesmo aliviar a dor.[2] Com o tempo, as indicações para SCS ampliaram-se e hoje incluem: síndrome pós-laminectomia,[3] radiculopatia,[4] neuropatia periférica,[5] doença vascular periférica,[6] angina instável crônica[7] e síndrome da dor regional complexa.[8]

Embora as indicações para SCS se tenham expandido e alguns poucos estudos clínicos randomizados tenham demonstrado sua eficácia, existem várias limitações, entre as quais: migração do eletrodo, durabilidade e eficácia variável dependendo da postura e da atividade do paciente.[9] Além disso, tratos mais profundos são mais difíceis de estimular e, portanto, é difícil atingir a estimulação efetiva de certos dermátomos, tais como os sacrais. Da mesma forma, tem sido difícil cobrir efetivamente os dermátomos torácicos com SCS.

Dadas essas limitações de SCS junto com o desenvolvimento de novos eletrodos, outras formas de neuroestimulação ganharam uso mais amplo. A estimulação de nervo periférico (PNS), em especial, mostrou-se eficaz em várias síndromes de dor envolvendo nervos isolados ou regiões discretas do corpo. As síndromes mais comuns tratadas com essa modalidade incluem: neuralgia occipital,[10] dor neuropática do trigêmeo[11] e outras neuropatias devidas a nervos individuais como os nervos iliolingual, ilioipogástrico e genitofemoral.[12] As desvantagens da PNS incluem: acesso cirúrgico limitado ou complicado levando à migração ou mau funcionamento do eletrodo e alívio restrito da dor que cobre somente a distribuição de um único nervo.

As limitações da SCS e da PNS levaram ao desenvolvimento de estimulação de raiz de nervo espinal (SNRS), que adaptou técnicas e princípios de ambas as modalidades. A SNRS é realizada dentro ou adjacente ao canal espinal e envolve estimulação elétrica direta de radículas de nervos específicos, gânglios de nervo dorsal e/ou raízes neurais.[13] Por isso, o paciente experimenta parestesias de estimulação dentro das distribuições dermatomais das raízes neurais estimuladas. Dependendo da configuração do eletrodo, raízes neurais únicas ou múltiplas podem ser estimuladas simultaneamente. Na maioria dos casos, as parestesias podem ser restritas a essas raízes neurais, com pouca ou nenhuma estimulação não desejada em lugar algum. Dada a confiabilidade das distribuições sensoriais dos dermátomos, a SNRS pode direcionar a estimulação para regiões muito específicas e reprodutíveis do corpo que são, às vezes, inacessíveis à SCS ou à PNS. Por fim, a SNRS emprega eletrodos que estão, pelo menos em parte, dentro do canal espinal, o que pode protegê-los até certo ponto da migração observada no sistema nervoso periférico mais móvel.[14]

35.2 Evidência Clínica e Indicações para Estimulação de Raiz de Nervo Espinal

Até o momento não existem dados de classe I ou classe II sobre a eficácia da SNRS. Atualmente, as decisões de tratamento baseiam-se em revisões,[13,15] relatórios de caso e séries de casos descrevendo as indicações, efeitos e complicações associados à SNRS. Essa literatura será introduzida a seguir após a apresentação de cada uma das técnicas cirúrgicas específicas de SNRS (▶ Tabela 35.1). Aqui descrevemos os esforços recentes para avaliar a SNRS em estudos clínicos prospectivos e/ou randomizados.

A SNRS não tem sido avaliada completamente para a maioria das indicações incluindo a dor neuropática. Um estudo clínico prospectivo foi recentemente conduzido para avaliar a eficácia da SNRS no tratamento de pacientes que sofrem dor neuropática refratária ao tratamento clínico.[16] Embora todos os pacientes tenham tido uma experiência de estimulação bem-sucedida, não foram observados efeitos terapêuticos significativos pelo período de alguns meses, apesar do ajuste do estimulador. O estudo, que só incluiu três pacientes, foi encerrado pela falta

Tabela 35.1 Categorias de Estimulação de Raiz de Nervo Espinal com Níveis Apropriados de Medula Espinal e Vantagens

Categoria	Níveis apropriados	Vantagens
Intraespinal	C2 coccígeo	Pode visar múltiplas raízes por eletrodo
Transforaminal	Caudal torácica-sacral	Menos provável de sofrer migração que a colocação intraespinal
Extraforaminal	Sacral	Técnica menos invasiva para visar raízes da bexiga
Transespinal	C2-S1	Não afetada por cicatrização epidural, estenose ou fusão em níveis adjacentes

Fonte: Kellner *et al.* 2011.[46]

de eficácia no longo prazo, com efeitos benéficos observados no acompanhamento de 3 meses e enfraquecimento nos poucos meses seguintes. Além disso, efeitos colaterais incluindo ataques de dor ou fenômenos motores foram informados pelos pacientes submetidos a esses procedimentos. Outro estudo recente comparou a SCS com a estimulação de gânglio de raiz dorsal (DRGS) para a síndrome da dor regional complexa ou causalgia nas extremidades inferiores (estudo ACCURATE).[12] Os autores descobriram que uma proporção maior de pacientes manifestou alívio superior a 50% na dor após a DRGS, comparada com aqueles tratados com SCS aos 3 meses após a operação, e isso foi sustentado nas avaliações conduzidas no acompanhamento de 12 meses.[17] Um segundo estudo clínico (NCT00370773) foi conduzido para comparar estimulação intraespinal de raiz neural com estimulação de coluna dorsal; esse estudo foi, entretanto, encerrado por causa da baixa adesão de participantes. Estudos complementares são necessários para avaliar essa forma de neuromodulação em várias síndromes de dor.

35.3 Estimulação Intraespinal de Raiz Neural

A estimulação intraespinal de raiz neural envolve a colocação de toda a matriz de eletrodos estimuladores dentro do canal espinal. Isso permite a cobertura de múltiplas raízes neurais com uma única derivação, em razão da orientação craniocaudal do eletrodo. Essa técnica é semelhante à da estimulação da coluna dorsal, exceto que os eletrodos são colocados mais lateralmente no canal espinal (▶ Fig. 35.1). Diferentemente da SCS, a SNRS intraespinal visa as saídas das radículas dorsais quando elas se fundem para formar a raiz do nervo espinal dorsal. Essa locali-

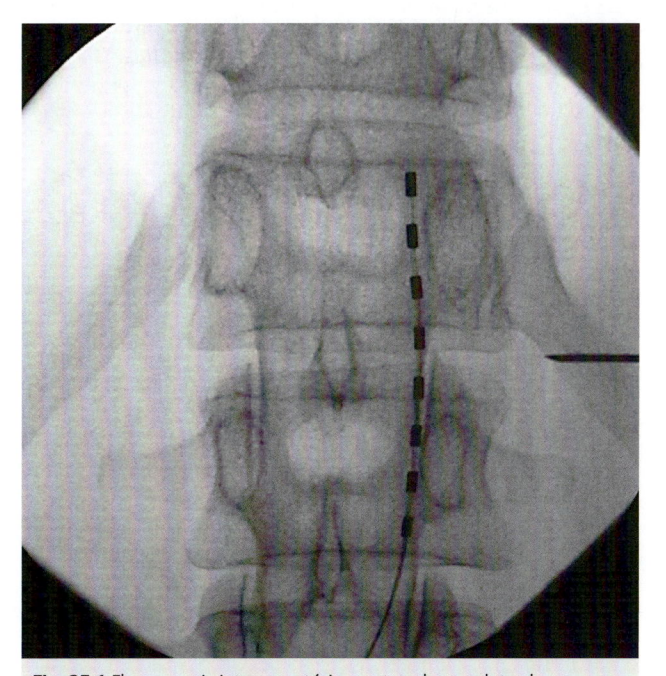

Fig. 35.1 Fluoroscopia intraoperatória mostrando um eletrodo estimulador intraespinal de raiz neural nos níveis T12-L1 lado direito. Observar que o eletrodo fica imediatamente medial aos pedículos de T12 e de L1, fornecendo estimulação seletiva para essas raízes neurais. Observar que o eletrodo é passado até o espaço epidural da linha média e então direcionado lateralmente dentro de um ou dois segmentos do nível alvo, a fim de minimizar o risco de o eletrodo passar ventral à bolsa tecal. (Reproduzida com autorização de Kellner *et al.*, 2011.[46])

zação intraespinal também permite sua aplicação em qualquer nível por todo o eixo espinal.

Embora o artigo original descrevendo a estimulação intraespinal da raiz neural tenha usado a laminectomia para acessar a medula espinal,[18] os procedimentos atuais são conduzidos quase totalmente por via percutânea. A agulha de introdução avança para o espaço epidural a uma distância do nível ou níveis de interesse. Uma vez penetrado o espaço epidural, o eletrodo é conduzido pela linha média até cerca de um segmento espinal distante do nível alvo. Nesse ponto, o eletrodo é direcionado lateralmente e guiado de modo a ficar bem medial ao(s) pedículo(s) associado(s) com a(s) raiz(es) do nervo alvo.

As raízes cervical, torácica e rostral do nervo lombar são visadas usando a abordagem anterógrada.[18,19] Para acesso aos níveis caudais lombar e sacral, a agulha é introduzida no nível caudal e avançada em sentido caudal e lateral, em modelo retrógrado, de modo a ficar paralela às raízes espinais quando viajam dentro do canal.[20] Essa abordagem percutânea retrógrada é contraindicada, ou pelo menos difícil em pacientes com anormalidades anatômicas na espinha lombossacral, tais como: fibrose epidural, espinha bífida oculta, estenose lateral e central, espondilose e espondilolitese.[9] Em alguns casos, uma abordagem anterógrada pelo hiato sacral pode ser usada para acessar os níveis lombares sacral e caudal. A extensão da matriz de eletrodos determinará o número de raízes neurais cobertas.

35.3.1 Evidência Clínica e Indicações

A técnica intraespinal pode visar essencialmente qualquer nível espinal. Por isso, a dor dermatomal de quase toda a variedade inimaginável pode ser potencialmente tratada com essa técnica.[9,13,15] Matrizes padronizadas, compactas ou subcompactas de eletrodos podem fornecer estimulação para níveis únicos, enquanto um par de derivações octapolares "escoradas" pode cobrir até cinco níveis e ainda exigirá somente um gerador de impulso implantável (▶ Fig. 35.2).

35.4 Estimulação Transforaminal de Raiz Neural

A estimulação transforaminal de raiz neural implica a colocação de um eletrodo de estimulação de medula espinal na proximidade de um forame neural específico. Nesse procedimento, o eletrodo é direcionado primeiro por via percutânea para a linha média do canal espinal por meio de abordagem cefalocaudal retrógrada de aproximadamente 20 graus, e então orientado para fora em direção ao forame neural, ao nível de interesse (▶ Fig. 35.3).[19,20] Uma vez o eletrodo posicionado proximal ao respectivo forame, ele é estabilizado pela luva da raiz do nervo adjacente.[9] Com essa técnica, os eletrodos são mantidos no espaço epidural para evitar parestesias desconfortáveis.[9]

A estimulação transforaminal da raiz neural direciona o estímulo para uma única raiz neural e seu gânglio de raiz dorsal associado, resultando em terapia altamente visada.[13] Portanto, para estimular várias raízes neurais ou gânglios de raiz dorsal, é necessário inserir vários eletrodos. As raízes caudais torácicas, lombares e sacrais podem ser visadas com esta abordagem. Entretanto, as raízes de nervos torácicos cervicais e rostrais deixam o canal espinal a um ângulo próximo de 90 graus, o que pode dificultar a condução das derivações do estimulador do canal espinal usadas (*off label*) fora do canal espinal ao longo da raiz neural.

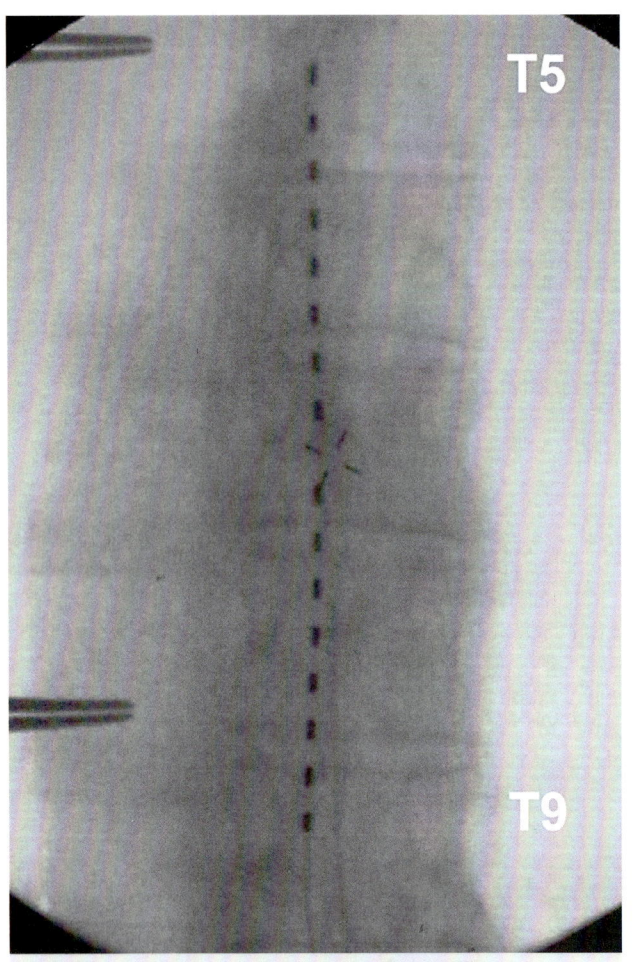

Fig. 35.2 Fluoroscopia intraoperatória mostrando dois eletrodos de oito contatos de estimulação de raiz de nervo intraespinal abrangendo os níveis T5-T9 direitos. Esse paciente sofria de neuralgia pós-herpética que se regionalizou para esses cinco níveis e foi tratada com sucesso com essa série de eletrodos. (Reproduzida com autorização de Kellner et al., 2011.[46])

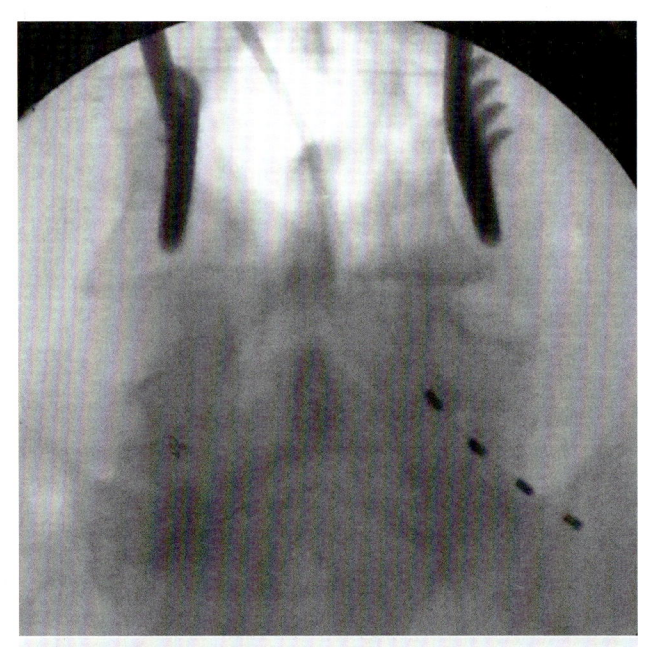

Fig. 35.3 Radiografia anteroposterior mostrando eletrodos transforaminais de raiz de nervo espinal em L5 e S1. (Reproduzida com autorização de Kellner et al., 2011.[46])

35.4.1 Evidência Clínica e Indicações

Na técnica transforaminal, a colocação de eletrodos varia de acordo com a dor e o padrão de parestesia do paciente e pode ser ajustado para tratamento individualizado. Estudos demonstraram que essa técnica pode ser usada para aliviar sintomas associados à neuralgia ilioinguinal, dor discogênica nas costas, neuropatia periférica, síndrome pós laminectomia (FBSS) e cistite intersticial.[13,19,20] Comparada com a SCS, os benefícios da aplicação de estimulação dentro do forame neural incluem índice mais baixo de migração do eletrodo devido à colocação dentro de uma estrutura espinal imóvel. Além disso, a camada mais fina de líquido cerebrospinal (CSF) entre as derivações e DRG permite energias de estimulação mais baixas, as quais promovem a longevidade do gerador de pulso implantável.[21] A segmentação mais seletiva de nervos individuais também permite ao provedor cobrir regiões de difícil acesso, tais como a região lombar e os pés,[22] e evita o recrutamento motor indesejado em regiões sem dor que podem ser visualizadas com a SCS.[23]

Os resultados clínicos para estimulação de raiz neural via abordagem transforaminal derivam de relatórios de caso e séries pequenas de casos.[20,24-27] Eles sugerem alívio razoável da dor no curto prazo de aproximadamente 73% aos 7 dias após a operação.[20] Estudos maiores com duração mais longa da estimulação seriam necessários para confirmar sua eficácia e segurança; entretanto, é provável que os esforços futuros se concentrarão em meios alternativos para estimular o gânglio da raiz dorsal, como demonstrado a seguir.

As complicações associadas a essa abordagem são semelhantes àquelas associadas com a abordagem intraespinal, que incluem vazamento de CSF e colocação inadequada de eletrodos na bolsa intratecal. O dano, impacto e irritação da raiz neural também são possibilidades com esta abordagem em decorrência da localização do eletrodo.

35.5 Estimulação de Gânglio de Raiz Dorsal

A DRGS acompanha um procedimento similar àquele da estimulação transforaminal de raiz neural. Entretanto, a DRGS usa várias modificações para facilitar a colocação de derivações de estimulação no forame neural. O acesso ao espaço epidural é atingido por via percutânea usando técnicas padrão de perda de resistência. Uma bainha plástica curva e um fio-guia de orientação são então usados para direcionar a derivação no sentido e através do forame neural desejado, usando fluoroscopia intraoperatória.[23] De modo ideal, a agulha do introdutor é inserida a partir do lado contralateral apontando para o pedículo acima do forame visado. A bainha plástica curva é usada para colocar o eletrodo na entrada para o forame. O eletrodo com o fio-guia no lugar avança para fora do forame. Uma radiografia lateral é então obtida para confirmar que as derivações saem no aspecto dorsal do forame. Uma radiografia lateral é então retirada para confirmar que os guias saem no aspecto dorsal do forame (▶ Fig. 35.4a). Uma vez confirmado o posicionamento, um laço de alívio de tensão orientado é criado para ajudar a garantir que o eletrodo permaneça *in situ* (▶ Fig. 35.4b). Esse laço é criado apoiando a bainha curvada para fora e girando-a para apontar em sentido rostral. O eletrodo então avança sob fluoroscopia

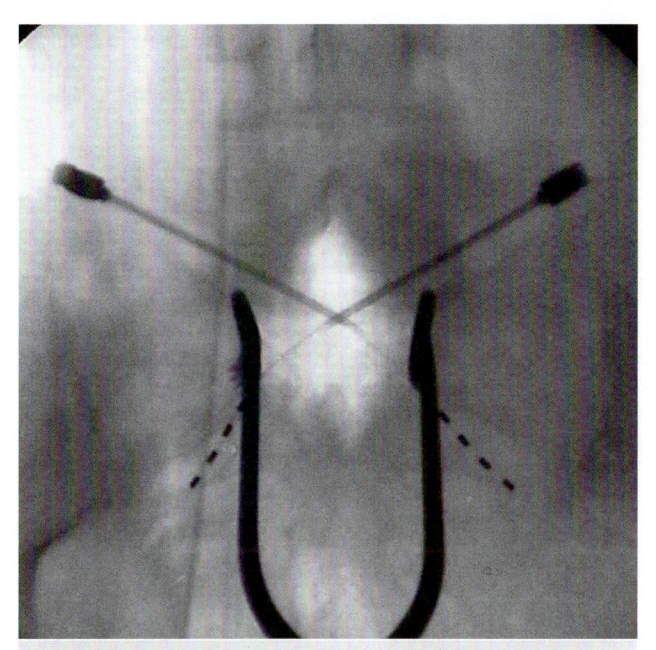

Fig. 35.4 Imagem fluoroscópica intraoperatória durante inserção de eletrodos de raiz neural transespinais bilaterais no nível de S1. O espaço epidural foi acessado através de uma pequena laminectomia da linha média. Cada eletrodo foi inserido por uma pequena incisão perfurante no lado contralateral, visando o forame de raiz neural alvo. Observar a inserção dos eletrodos no forame neural, em posição que se sobrepõe tanto à raiz neural espinal quanto ao gânglio de raiz dorsal. Isso pode ser feito por meio de abordagem percutânea ou aberta. Além disso, essa técnica pode ser usada quando uma cirurgia anterior, cicatrização ou massa de fusão em níveis adjacentes evitam o uso de outras abordagens de estimulação de raiz neural. (Reproduzida com autorização de Kellner et al. 2011.[46])

35.5.1 Evidência Clínica e Indicações

As indicações para DRGS são essencialmente similares àquelas da estimulação transforaminal de raiz do nervo, com a maioria dos estudos até hoje demonstrando eficácia em CRPS e dor neuropática localizada para a distribuição de uma raiz ou raízes neurais em particular.[17,23,28,30-32] Comparada com as derivações colocadas via a técnica transforaminal tradicional, acredita-se que as derivações de DRG tenham menos probabilidade de desvio devido a movimento ou alterações na postura; alguns autores argumentam que isso leva a intensidades de parestesia mais sustentadas e estáveis.[23,28,30] As derivações por si mesmas são mais finas e suaves que as derivações da SCS, um desenho imaginado para reduzir a dor da compressão da raiz no forame. Além disso, a camada menor do CSF entre as derivações e o DRG exige menos energia para a estimulação, que promove a longevidade do gerador de pulso implantável.[21] Por outro lado, a colocação das derivações da DRGS é mais elaborada, exigindo manipulação mais extensa das derivações no espaço epidural e forame neural. Ela é, portanto, limitada por anatomia regional dentro do canal espinal, incluindo o grau de estenose espinal, a anatomia do forame neural e do canal espinal e a posição do DRG em relação ao forame neural.

Embora a DRGS seja relativamente nova, os dados têm se acumulado apoiando o uso da DRGS como uma alternativa efetiva e segura à SCS. Um estudo clínico prospectivo envolvendo 152 pacientes sugere que essa técnica pode ser eficaz em reduzir a dor em pelo menos 50% em 81,2% dos pacientes aos 3 meses, com 74,2% deles endossando eficácia persistente 1 ano após a cirurgia[17]; esse mesmo estudo confirmou que a DRGS e a SCS não foram diferentes em termos de risco de complicações. Outros autores informam melhora geral da dor em 56,3% a 61,7% após 1 ano.[30,32]

35.6 Estimulação Extraforaminal de Raiz Neural

Essa técnica envolve a inserção do eletrodo diretamente nos forames neurais a partir de uma abordagem posterior ou lateral, sem navegar inicialmente pelo canal espinal. Da mesma forma que a abordagem transforaminal, um eletrodo é necessário para cada raiz neural individual. A abordagem extraforaminal é usada com mais frequência na estimulação das raízes dos nervos do sacro, predominantemente para disfunção urológica. Essas raízes são tecnicamente mais fáceis de acessar diretamente que por meio das abordagens intraespinal e transforaminal, que passam em sentido retrógrado através do canal espinal.[33] A técnica comum envolve a inserção do eletrodo no forame de S3 por meio de abordagem posterior. A adição da fluoroscopia e a melhora na fixação das derivações tornou esse procedimento menos invasivo e mais confiável.[34]

A aplicação da abordagem extraforaminal a outros sítios da coluna é incomum e, portanto, deverá ser considerada em pacientes que não sejam candidatos a outras técnicas. Pacientes com evidência de estenose foraminal e obesidade podem estar em risco aumentado de morbidade operatória. Ao executar a estimulação de raiz de nervo cervical por via extraforaminal, a introdução posterolateral da agulha permite a inserção do eletrodo paralelo a essa raiz.[35] Isso é importante para minimizar a lesão das estruturas neurovasculares adjacentes.

35.6.1 Evidência Clínica e Indicações

Ambas as estimulações de raiz de nervo sacral ventral e dorsal foram informadas com resultados satisfatórios. Além disso,

anteroposterior para confirmar que o laço está sendo extrudado e que a derivação não está deslocada do forame. Por fim, o fio-guia é parcialmente recuado para amenizar a porção intraespinal do eletrodo. O eletrodo é avançado um pouco mais para criar a chamada curva dupla do bordão do pastor que se acredita estabilize o eletrodo no forame ao comprimi-lo contra o pedículo. Embora as derivações sejam tipicamente colocadas em modelo anterógrado a partir do lado contralateral, uma variedade de técnicas de acesso pode ser empregada para avaliar o espaço epidural lateral, incluindo abordagens retrógradas.[23,28]

Esta técnica é potencialmente adequada para neuroestimulação em todos os níveis da coluna, incluindo os níveis cervical e torácico superior. Entretanto, a aprovação da Food and Drug Administration (FDA) para o novo dispositivo inclui somente a coluna lombar, deixando outros níveis fora das indicações (off label) quanto às abordagens anteriores de SNRS. Em geral, essas derivações são implantadas inicialmente em base experimental, com eficácia clínica avaliada em um período de 1 a 2 semanas, durante o qual vários parâmetros de estimulação podem ser testados. Caso o controle satisfatório da dor seja obtido, as derivações temporárias são removidas em ambulatório. Após um período de recuperação, derivações permanentes são implantadas como descrito anteriormente e conectadas a um gerador de pulso implantável tipicamente posicionado na região glútea. É interessante notar que um estudo de caso recente sugere que a estimulação neural transforaminal retrógrada pode ser útil como adjunto para ajudar a colocação alvo da derivação DRG ao mapear primeiro a cobertura de parestesia obtida da estimulação em vários níveis espinais.[29]

pacientes com paraplegia e quadriplegia têm sido tratados com resultados satisfatórios.[36] A via dorsal para inserção de eletrodos é preferida para a estimulação sacral, pois carrega menos risco para complicações como vazamento de CSF, lesão neurovascular e infecção.

A estimulação extraforaminal de raiz neural desempenhou papel importante no tratamento de doença urológica, por meio da estimulação tanto ventral quanto dorsal. A estimulação dorsal, porém, demonstrou ser a preferida à estimulação ventral por causa do perfil mais baixo de efeitos colaterais. Essa doença urológica inclui a incontinência de urgência urinária,[9,24] síndromes de frequência-urgência,[37] retenção urinária,[38] atividade exagerada do músculo do assoalho pélvico,[37] síndrome de Fowler,[38] incontinência fecal[39] e cistite intersticial.[38,40-43] A estimulação extraforaminal de raiz neural é particularmente adequada para o tratamento da disfunção da bexiga por que essa manifestação clínica resulta, geralmente, da falta de coordenação entre os reflexos da bexiga, seu esfíncter e os músculos do assoalho pélvico. Um estudo clínico multicêntrico com 177 pacientes foi conduzido para avaliar o benefício da SNRS extraforaminal para retenção urinária e mostrou melhora tanto no índice de sintomas quanto no de autocateterização.[38]

Os dados sobre SNRS extraforaminal para o tratamento de dor refratária são escassos. Em um relatório de caso, o paciente se apresentou com paresias e queimação unilateral causadas por um disco herniado e estenose da coluna cervical. A fusão não produziu melhora e uma SCS convencional não pode ser realizada em razão de estenose, de modo que o eletrodo foi colocado por meio da técnica extraforaminal, que levou ao alívio da dor.[35]

35.7 Estimulação Transespinal de Raiz Neural

Na técnica transespinal, o eletrodo é direcionado desde o lado oposto da raiz neural alvo, passado pela linha média no nível do espaço epidural e enviado para o forame neural alvo. Existe escassez de literatura e evidência sobre esta técnica, que foi informada pela primeira vez em 1982,[44] e é raramente usada na prática clínica.[15,45] A técnica pode ser vantajosa sobre outras abordagens pois permite a inserção de eletrodos em regiões particularmente desafiadoras, tais como a coluna cervical e torácica superior.[15] Nessas áreas, as raízes neurais espinais saem quase perpendiculares ao forame neural, tornando quase impossível angular adequadamente o eletrodo nos forames neurais a partir da direção caudal. Além disso, a técnica transforaminal usual é contraindicada acima de C5 por causa da proximidade da artéria vertebral das raízes neurais no nível do forame. Os autores também descobriram que essa técnica é útil para visar raízes neurais imediatamente adjacentes a níveis espinais operados, cicatrizados ou fundidos. Desde que o eletrodo é direcionado imediatamente para o forame neural contralateral no nível desejado, sem exigir orientação através de vários níveis de espaço epidural, como nas técnicas transforaminal ou intraespinal, a massa de cicatrização ou de fusão adjacente não representa um problema, se existir.

35.8 Conclusão

A SNRS é um tratamento neuromodulador efetivo para quadros de dor crônica. Essa técnica combina as vantagens da SCS com a facilidade de colocação e estabilidade do canal espinal para opções de ancoragem, e a especificidade de parestesias de estimulação observadas na PNS. Embora essas técnicas sejam adições úteis às técnicas disponíveis aos médicos intervencionistas em processos de dor, estudos clínicos futuros serão necessários para estabelecer suas indicações e confirmar a eficácia clínica no longo prazo.

Referências

[1] Shealy CN, Mortimer JT, Reswick JB. Electrical inhibition of pain by stimulation of the dorsal columns: preliminary clinical report. Anesth Analg. 1967; 46(4):489–491
[2] Melzack R, Wall PD. Pain mechanisms: a new theory. Science. 1965; 150 (3699):971–979
[3] North RB, Calkins SK, Campbell DS, et al. Automated, patient-interactive, spinal cord stimulator adjustment: a randomized controlled trial. Neurosurgery. 2003; 52(3):572–580, discussion 579–580
[4] Burchiel KJ, Anderson VC, Brown FD, et al. Prospective, multicenter study of spinal cord stimulation for relief of chronic back and extremity pain. Spine. 1996; 21(23):2786–2794
[5] Kumar K, Toth C, Nath RK, Laing P. Epidural spinal cord stimulation for treatment of chronic pain–some predictors of success. A 15-year experience. Surg Neurol. 1998; 50(2):110–120, discussion 120–121
[6] Amann W, Berg P, Gersbach P, Gamain J, Raphael JH, Ubbink DT, European Peripheral Vascular Disease Outcome Study SCS-EPOS. Spinal cord stimulation in the treatment of non-reconstructable stable critical leg ischaemia: results of the European Peripheral Vascular Disease Outcome Study (SCS-EPOS). Eur J Vasc Endovasc Surg. 2003; 26(3):280–286
[7] de Jongste MJ, Hautvast RW, Hillege HL, Lie KI, Working Group on Neurocardiology. Efficacy of spinal cord stimulation as adjuvant therapy for intractable angina pectoris: a prospective, randomized clinical study. J Am Coll Cardiol. 1994; 23(7):1592–1597
[8] Kemler MA, Barendse GA, van Kleef M, et al. Spinal cord stimulation in patients with chronic reflex sympathetic dystrophy. N Engl J Med. 2000; 343(9):618–624
[9] Aló KM, Holsheimer J. New trends in neuromodulation for the management of neuropathic pain. Neurosurgery. 2002; 50(4):690–703, discussion 703–704
[10] Weiner RL, Reed KL. Peripheral neurostimulation for control of intractable occipital neuralgia. Neuromodulation. 1999; 2(3):217–221
[11] Slavin KV, Wess C. Trigeminal branch stimulation for intractable neuropathic pain: technical note. Neuromodulation. 2005; 8(1):7–13
[12] de Leon-Casasola OA. Spinal cord and peripheral nerve stimulation techniques for neuropathic pain. J Pain Symptom Manage. 2009; 38(2) Suppl:S28–S38
[13] Haque R, Winfree CJ. Spinal nerve root stimulation. Neurosurg Focus. 2006; 21(6):E4
[14] Kunnumpurath S, Srinivasagopalan R, Vadivelu N. Spinal cord stimulation: principles of past, present and future practice: a review. J Clin Monit Comput. 2009; 23(5):333–339
[15] Stuart RM, Winfree CJ. Neurostimulation techniques for painful peripheral nerve disorders. Neurosurg Clin N Am. 2009; 20(1):111–120, vii–viii
[16] Weigel R, Capelle HH, Krauss JK. Failure of long-term nerve root stimulation to improve neuropathic pain. J Neurosurg. 2008; 108(5):921–925
[17] Deer TR, Levy RM, Kramer J, et al. Dorsal root ganglion stimulation yielded higher treatment success rate for complex regional pain syndrome and causalgia at 3 and 12 months: a randomized comparative trial. Pain. 2017; 158(4):669–681
[18] Falco FJE, Rubbani M, Heinbaugh J. Anterograde Sacral Nerve Root Stimulation (ASNRS) via the Sacral Hiatus: Benefits, Limitations, and Percutaneous Implantation Technique. Neuromodulation. 2003; 6(4):219–214
[19] Feler CA, Whitworth LA, Fernandez J. Sacral neuromodulation for chronic pain conditions. Anesthesiol Clin North America. 2003; 21(4):785–795
[20] Alo KM, Yland MJ, Redko V, Feler C, Naumann C. Lumbar and Sacral Nerve Root Stimulation (NRS) in the Treatment of Chronic Pain: A Novel Anatomic Approach and Neuro Stimulation Technique. Neuromodulation. 1999; 2(1):23–31
[21] Garg A, Danesh H. Neuromodulation of the Cervical Dorsal Root Ganglion for Upper Extremity Complex Regional Pain Syndrome-Case Report. Neuromodulation. 2015; 18(8):765–768
[22] Haque R, Winfree CJ. Transforaminal nerve root stimulation: a technical report. Neuromodulation. 2009; 12(3):254–257

[23] Deer TR, Grigsby E, Weiner RL, Wilcosky B, Kramer JM. A prospective study of dorsal root ganglion stimulation for the relief of chronic pain. Neuromodulation. 2013; 16(1):67–71, discussion 71–72
[24] Aló KM, Gohel R, Corey CL. Sacral nerve root stimulation for the treatment of urge incontinence and detrusor dysfunction utilizing a cephalocaudal intraspinal method of lead insertion: a case report. Neuromodulation. 2001; 4(2):53–58
[25] Aló KM, McKay E. Selective Nerve Root Stimulation (SNRS) for the Treatment of Intractable Pelvic Pain and Motor Dysfunction: A Case Report. Neuromodulation. 2001; 4(1):19–23
[26] Aló KM, Zidan AM. Selective Nerve Root Stimulation (SNRS) in the Treatment of End-Stage, Diabetic, Peripheral Neuropathy: A Case Report. Neuromodulation. 2000; 3(4):201–208
[27] Feler CA, Whitworth LA, Brookoff D, Powell R. Recent Advances: Sacral Nerve Root Stimulation Using a Retrograde Method of Lead Insertion for the Treatment of Pelvic Pain due to Interstitial Cystitis. Neuromodulation. 1999; 2(3):211–216
[28] Liem L, Russo M, Huygen FJ, et al. A multicenter, prospective trial to assess the safety and performance of the spinal modulation dorsal root ganglion neurostimulator system in the treatment of chronic pain. Neuromodulation. 2013; 16(5):471–482, discussion 482
[29] Zuidema X, Breel J, Wille F. Paresthesia mapping: a practical workup for successful implantation of the dorsal root ganglion stimulator in refractory groin pain. Neuromodulation. 2014; 17(7):665–669, discussion 669
[30] Liem L, Russo M, Huygen FJ, et al. One-year outcomes of spinal cord stimulation of the dorsal root ganglion in the treatment of chronic neuropathic pain. Neuromodulation. 2015; 18(1):41–48, discussion 48–49
[31] Schu S, Gulve A, ElDabe S, et al. Spinal cord stimulation of the dorsal root ganglion for groin pain-a retrospective review. Pain Pract. 2015; 15(4):293–299
[32] Van Buyten JP, Smet I, Liem L, Russo M, Huygen F. Stimulation of dorsal root ganglia for the management of complex regional pain syndrome: a prospective case series. Pain Pract. 2015; 15(3):208–216
[33] Tanagho EA, Schmidt RA, Orvis BR. Neural stimulation for control of voiding dysfunction: a preliminary report in 22 patients with serious neuropathic voiding disorders. J Urol. 1989; 142(2, Pt 1):340–345

[34] Chai TC, Mamo GJ. Modified techniques of S3 foramen localization and lead implantation in S3 neuromodulation. Urology. 2001; 58(5):786–790
[35] Falco FJ, Kim D, Onyewu CO. Cervical nerve root stimulation: demonstration of an extra-foraminal technique. Pain Physician. 2004; 7(1):99–102
[36] Kutzenberger J, Domurath B, Sauerwein D. Spastic bladder and spinal cord injury: seventeen years of experience with sacral deafferentation and implantation of an anterior root stimulator. Artif Organs. 2005; 29(3):239–241
[37] Pettit PD, Thompson JR, Chen AH. Sacral neuromodulation: new applications in the treatment of female pelvic floor dysfunction. Curr Opin Obstet Gynecol. 2002; 14(5):521–525
[38] Jonas U, Fowler CJ, Chancellor MB, et al. Efficacy of sacral nerve stimulation for urinary retention: results 18 months after implantation. J Urol. 2001; 165(1):15–19
[39] Hassouna M, Elmayergi N, Abdelhady M. Update on sacral neuromodulation: indications and outcomes. Curr Urol Rep. 2003; 4(5):391–398
[40] Bosch JL, Groen J. Sacral nerve neuromodulation in the treatment of patients with refractory motor urge incontinence: long-term results of a prospective longitudinal study. J Urol. 2000; 163(4):1219–1222
[41] Schmidt RA, Jonas U, Oleson KA, et al. Sacral Nerve Stimulation Study Group. Sacral nerve stimulation for treatment of refractory urinary urge incontinence. J Urol. 1999; 162(2):352–357
[42] Shaker H, Hassouna MM. Sacral root neuromodulation in the treatment of various voiding and storage problems. Int Urogynecol J Pelvic Floor Dysfunct. 1999; 10(5):336–343
[43] Shaker HS, Hassouna M. Sacral nerve root neuromodulation: an effective treatment for refractory urge incontinence. J Urol. 1998; 159(5):1516–1519
[44] Urban BJ, Nashold BS, Jr. Combined epidural and peripheral nerve stimulation for relief of pain. Description of technique and preliminary results. J Neurosurg. 1982; 57(3):365–369
[45] Alo KM, Yland MJ, Feler C, Oakley J. A study of electrode placement at the cervical and upper thoracic nerve roots using an anatomic trans-spinal approach. Neuromodulation. 1999; 2(4):222–227
[46] Kellner CP, Kellner MA, Winfree CJ. Spinal nerve root stimulation. Prog Neurol Surg. 2011; 24:180–188

36 Intervenções Neurocirúrgicas para Dor Craniofacial Neuropática

Orion P. Keifer Jr. ■ *Juanmarco Gutierrez* ■ *Muhibullah S. Tora* ■ *Nicholas M. Boulis*

Resumo

Como amplamente definido, o termo "dor craniofacial" aplica-se a um grande número de quadros de dor aguda e crônica que podem envolver face, orofaringe ou couro cabeludo. O trabalho para tratar essas síndromes, em qualquer capacidade, é complicado por vários fatores. Primeiro, essas síndromes possuem um amplo espectro de etiologias variando desde cefaleias primárias até quadros de dor neuropática pós-traumática. Segundo, os esforços para classificar, definir e desenvolver critérios diagnósticos para dor craniofacial são desafiadores e atualmente evoluindo na literatura.[1] Por exemplo, o termo "neuralgia do trigêmeo" é, atualmente, um termo abrangente e sobrecarregado que tem sido subdividido em esquemas de vários grupos diferentes (p. ex., HIS-ICHD,[2] classificação de Burchiel,[3] NeuPSIG [Neurologic Pain Special Interest Group][4]). Complicando ainda mais o assunto, em cada uma dessas categorias há, com frequência, subdivisões que evoluíram como anedotário por meio do processo orgânico de prática e pesquisa clínica. Terceiro, muitos desses transtornos são raros ou mal diagnosticados levando a uma literatura clínica e de pesquisa mais esparsa. Quarto, a maioria da literatura publicada deriva de estudos retrospectivos de coortes com poucos pacientes que são um amálgama de muitos tipos de dor craniofacial, o que limita as conclusões. Quinto, com base nas limitações aqui mencionadas, não há, para a maioria das síndromes, nenhum padrão de cuidados atual com base em evidência. Sexto, e por fim, com relação a intervenções neurocirúrgicas, muitas dessas síndromes de dor são notoriamente difíceis de tratar e na época em que esses pacientes passam a considerar opções neurocirúrgicas, eles já falharam em múltiplos tratamentos e operações anteriores. Com todos esses desafios em mente, tentamos organizar este capítulo para fornecer uma visão geral dos capítulos que se seguem, classificando diferentes cenários e etiologia[1] de dor clínica de entidades diferentes, ao mesmo tempo em que respeitamos as classificações em evolução sobre a doença.

Palavras-chave: neuralgia do trigêmeo, dor neuropática, descompressão, nervo periférico, estimulação cerebral profunda, cefaleia.

36.1 Dor Neuropática: Dor Unilateral *versus* Episódica

36.1.1 Neuralgia do Trigêmeo Clássica

A neuralgia do trigêmeo clássica (CTN) é um quadro clínico caracterizado por dor paroxística e agonizante que ocorre na distribuição de uma ou mais divisões do nervo trigêmeo (p. ex., oftálmica, maxilar e mandibular). O mecanismo subjacente mais atribuído à CTN é a compressão vascular do nervo levando à lesão e inflamação e à síndrome consequente da dor. Entretanto, a CTN pode ser secundária a qualquer compressão de massa do nervo ou idiopática.[5-8] A International Classification of Headache Disorders, terceira edição (Beta, ICHD-3β) estipula que o diagnóstico de CTN exige pelo menos três ataques ocorrendo somente na distribuição trigeminal e caracterizados por ataques paroxísticos (< 2 minutos) intensos, com qualidade de disparo ou semelhantes a um choque elétrico e potencialmente precipitados por estímulos inócuos. O índice de incidência, dependendo do estudo, varia de 4,3 a 27 casos por 100.000.[9-12] A farmacologia é considerada a primeira linha de tratamento. As categorias amplas de intervenções farmacológicas incluem: anticonvulsivantes (p. ex., carbamazepina, oxcarbazepina), antispásticos (baclofeno), ligantes alfa-2 delta (p. ex., gabapentina, pregabalina) e agonistas dos receptores de serotonina 5-hidroxitriptamina (5-HT) (p. ex., sumatriptano). De todos esses, carbamazepina, oxicarbazepina e gabapentina tendem a ser considerados como agentes de primeira linha, embora estudos clínicos comparativos abrangentes não tenham definitivamente produzido um plano de tratamento padronizado.[13] Apesar do grande número de intervenções farmacológicas, cerca de 8 a 23% dos pacientes não apresentarão uma resposta inicial satisfatória.[13-15] Além disso, dos pacientes que realmente apresentam controle inicial satisfatório da dor, muitos sofrerão efeitos colaterais intensos (26 a 47,9%) e/ou uma resposta gradualmente decrescente à terapia (estimada em até 50%).[13,16-18] Para esses pacientes, as opções cirúrgicas justificam consideração. Em geral, os procedimentos podem ser divididos em duas categorias de curso: destrutiva e não destrutiva.[19] Os procedimentos destrutivos incluem: compressão percutânea com balão (PBC),[20,21] rizotomia com glicerol,[22,23] termocoagulação por radiofrequência (RFT),[24,25] e radiocirurgia estereotática.[26,27] As abordagens não destrutivas incluem: descompressão microvascular (MVD),[28,29] estimulação de córtex motor (MCS)[30] e estimulação cerebral profunda (DBS).[31] Consultar Capítulos 28, 30, 38 e 39 para discussão mais profunda.

36.1.2 Neuralgia Occipital

A neuralgia occipital (ON) é descrita como dor episódica aguda, de disparo ou perfurante ao longo da distribuição dos nervos occipital maior, menor ou terceiro. Os critérios diagnósticos para ON da série ICHD-3β especificam dor uni ou bilateral na distribuição dos nervos occipitais exigindo duas das três características incluindo: ataques paroxísticos, intensidade severa e qualidade de disparo, perfurante ou aguda. A dor também precisa estar associada à disestesia ou alodinia e precisa ser temporariamente aliviada por um bloqueio local de nervo occipital (ONB).[2,32] Existe um único estudo informando um índice de incidência de 3,2 por 100.000, mas uma incidência generalizável ainda precisa ser determinada.[10,33] Isso se deve, em parte, ao desacordo quanto aos aspectos clínicos e aplicação incorreta de critério diagnóstico à dor na região occipital e à sobreposição de sintomas com cefaleias cervicogênicas.[34] O tratamento conservador da ON pode incluir compressas mornas, fisioterapia e tratamento farmacológico, todos com benefícios temporários.[33,35,36] Vários algoritmos de tratamento têm sido propostos para ON,[33,37] mas não há consenso sobre quais intervenções cirúrgicas sejam as mais apropriadas. Atualmente, a estimulação do nervo occipital (ONS) é a principal opção para pacientes com ON clinicamente refratária.[38] O tratamento da ON é coberto no capítulo por Slavin.

36.2 Dor Neuropática: Dor Unilateral *versus* Dor Contínua

36.2.1 Neuralgia do Trigêmeo Clássica com Dor Facial Persistente Concomitante

A CTN com a dor facial persistente concomitante (CTNCPFP: conhecida como neuralgia do trigêmeo tipo 2, anteriormente neuralgia do trigêmeo atípica) descreve uma variante da CTN na qual, além das dores paroxísticas e em choque relâmpago na distribuição trigeminal, existe também quadro de dor persistente, constante, latejante e/ou ardente.[39] Os critérios diagnósticos da ICHD-3β incluem não só os mesmos ataques recorrentes e unilaterais em CTN, como também a dor persistente de intensidade moderada na mesma área. De modo geral, sabe-se pouco sobre a epidemiologia e os fatores de risco da CTNCPFP, pois os estudos geralmente agrupam juntos pacientes com síndromes de dor diferentes. Entretanto, já foi informado que 23 a 49% dos pacientes com neuralgia do trigêmeo manifestam dor persistente concomitante.[40,41] É provável que revisões na terminologia e classificação de CTNCPFP aumentem a conscientização disso como entidade única e levarão a pesquisa mais focalizada. Atualmente, não há diretrizes de tratamento explícitas para CTNCPFP e o episódio é geralmente tratado de modo semelhante ao da CTN isolada. Entretanto, uma tendência evidente na literatura é a de que as intervenções tanto farmacológicas quanto cirúrgicas tendem a ser muito menos bem-sucedidas quando comparadas com o tratamento da CTN.[39] Os tratamento cirúrgicos incluíram MVD, coagulação por radiofrequência, radiocirurgia estereotáctica e estimulação esfenopalatina e do gânglio do trigêmeo.[42-47]

36.2.2 Neuralgia do Trigêmeo Pós-Herpética

Como o próprio nome sugere, a neuralgia pós-herpética (PHN) é uma síndrome de dor neuropática que se manifesta após um surto de herpes-zóster agudo (AHZ).[48] A ICHD-3β estipula que essa dor precisa ser em um lado da cabeça e/ou facial persistindo ou recorrendo durante 3 meses, com relação temporal ao AHZ e na mesma distribuição neural sensorial que o AHZ. Classicamente, a dor é contínua, descrita como profunda, dolorosa, com formigamento ou queimação, estando quase sempre acompanhada por hiperalgesia e/ou alodinia.[49] Tanto o AHZ quanto a PHN consequencial estão associados à idade mais avançada e cerca de 12,5% dos pacientes com mais de 50 anos de idade sofrerão PHN em seguida a um surto de AHZ,[50] embora a faixa de PHN após AHZ varie de 9 a 34%.[49] O tratamento da PHN é paralelo ao da CTN e inclui várias intervenções farmacológicas a saber: compressas de capsaicina/lidocaína, antidepressivos tricíclicos (p. ex., amitriptilina), ligantes alfa-2-delta dos canais de cálcio (ou seja, gabapentina e pregabalina) e opioides (como adjunto).[51] Por fim, a maioria dos pacientes é tratada com uma combinação dessas terapias, quase sempre com efeitos colaterais significativos.[48] Mesmo com a vasta série disponível de opções farmacológicas, deve-se destacar que um alívio clinicamente significativo de dor fica geralmente estabelecido em 30% (geralmente 50% em outras síndromes de dor craniofacial), o que destaca como é difícil tratar um quadro de dor.[48] Além disso, 40 a 50% dos pacientes não responderão substancialmente a qualquer forma de intervenção farmacológica.[52] Nesses casos refratários, a intervenção cirúrgica é o próximo passo. As opções cirúrgicas, com níveis variáveis de evidência, incluem DBS[53] e estimulação periférica de nervo subcutâneo/estimulação periférica de campo neural (PSNS/PNFS).[54,55]

36.2.3 Neuropatia do Trigêmeo Pós-Traumática/Anestesia Dolorosa

Para o diagnóstico de neuropatia pós-traumática do trigêmeo (PTTN) os critérios da ICHD-3β declaram que o paciente deve obrigatoriamente apresentar história de evento traumático identificável na distribuição do trigêmeo que resultou em dor facial unilateral dentro de 3 a 6 meses. O trauma pode ser acidental ou iatrogênico, este último, especialmente procedimentos dentais, respondendo pela maioria dos casos. Para os procedimentos dentários, o nervo mais usualmente danificado é o alveolar inferior, seguido pelo lingual. A lesão neural é geralmente consequência da remoção dos terceiros molares inferiores impactados.[56] Acredita-se que prevalência da lesão em relação à função do nervo alveolar lingual e inferior varie entre 0,5 e 2% para a cirurgia de terceiro molar.[57] Felizmente, a maioria das sequelas desse trauma é reversível e se resolve espontaneamente mas casos mais persistentes podem afetar adversamente a qualidade de vida do paciente.[58] As outras fontes principais de trauma são as intervenções neurocirúrgicas (p. ex., rizotomia do trigêmeo) e os traumas acidentais. Essas duas fontes são bem menos estudadas em termos de incidência/prevalência, sítios de lesão comum e classificação. Em termos globais, o tratamento atual dessas lesões neurais traumáticas não está bem estabelecido e se baseia na heurística de tratar outras síndromes de dor craniofacial.[56] Por isso, os tratamentos farmacológicos de PTTN são paralelos àqueles de outros transtornos craniofaciais com aproximadamente o mesmo sucesso, embora a literatura seja escassa. A intervenção cirúrgica para PTTN, que tem alguma evidência de sucesso na literatura, inclui exploração e descompressão cirúrgicas (especialmente para o nervo alveolar inferior secundária à cirurgia dental), estimulação de gânglios do trigêmeo e PNFS.[59-62]

A anestesia dolorosa (AD) é um tipo mais específico de PTTN, pois geralmente se refere a uma complicação rara da rizotomia do trigêmeo. Trata-se de um quadro de dor crônica no qual os pacientes sofrem tanto dormência quanto dor intensa e constante em uma distribuição do trigêmeo. Na média, esse quadro ocorre entre 1 a 3% dos pacientes submetidos a um procedimento de rizotomia do trigêmeo.[63] E o mais interessante, parece que a prevalência da AD varia com o tipo de procedimento, com 0 a 1,6% dos casos após rizotomia com glicerol,[63,64] 0,8 a 2% após rizotomia por radiofrequência,[65] e 3% após termocoagulação percutânea controlada.[66] Não existe, atualmente, gestão ou tratamento padronizados. Por isso, o tratamento de primeira linha é tipicamente farmacológico incluindo anticonvulsivantes, ligantes alfa-2-delta dos canais de cálcio ou antidepressivos tricíclicos, embora a falha nessas terapias seja comum.[67] Dado que a dor é notoriamente difícil de tratar e frequentemente refratária, esses raros pacientes são, com frequência, combinados com outras síndromes de dor facial nos estudos de coortes informando o uso de DBS, MCS ou estimulação dos gânglios do trigêmeo para tratamento cirúrgico.[68-70]

36.3 Cefaleia Primária: Unilateral *versus* Episódica

36.3.1 Enxaquecas Crônicas

O critério diagnóstico da ICHD-3β para enxaquecas exige pelo menos cinco ataques com duração de 4 a 72 horas com sintomas adicionais incluindo náusea ou vômito, fotofobia ou fonofobia, localização unilateral, qualidade pulsante, agravamento por atividade física de rotina e intensidade da dor de moderada a intensa.² A prevalência de 1 ano para enxaquecas episódicas tem sido informada como 11,7%[71] e a prevalência para enxaquecas crônicas tem sido informada entre 0,9 e 5,1%, dependendo do critério usado.[72,73] O tratamento clínico de enxaquecas se concentra em ambos os objetivos abortivo agudo e preventivo crônico. Os agentes farmacológicos incluem drogas anti-inflamatórias não esteroidais (NSAIDs), derivados de ergo (p. ex., ergotamina) e agonistas do receptor de 5-HT (p. ex., sumatriptano).[74] Cerca de 50% dos pacientes com enxaqueca tratados apresentam melhora clínica; por isso, muitos pacientes são refratários ao tratamento padrão. Além disso, cerca de 20% dos pacientes podem interromper a terapia por causa de reações adversas.[75,76] Para esses pacientes, as intervenções neurocirúrgicas incluem NOS bilateral e estimulação do gânglio esfenopalatino.[77-80]

36.3.2 Cefaleias em Salvas

O diagnóstico de cefaleias em salvas (CH) exige pelo menos cinco ataques de dor intensa orbitária unilateral, supraorbitária ou temporal com duração de 15 a 180 minutos e ocorrendo dia sim dia não a oito vezes por dia quando não tratada.² Pode haver também sinais e sintomas autônomos ipsilaterais à dor, uma sensação de volume na orelha ou uma sensação de inquietação ou agitação.² A incidência de 1 ano de CH foi informada como 2 a 10 por 100.000.[81] Para o tratamento clínico da CH, oxigênio a 100% e agonistas do receptor de 5-HT são o padrão de cuidados de tratamentos abortivos.[82] A terapia cirúrgica para CH é indicada quando o tratamento clínico falhou, pois a dor pode causar incapacidade intensa para os pacientes.[83] O índice de falha da administração aguda de oxigênio a 100% é aproximadamente 33% e a de sumatriptano varia entre 4 e 26%. As estratégias em longo prazo incluem verapamil, bloqueador de canais de cálcio, e os anticonvulsivantes topiramato e ácido valproico, embora índices de falha nesses medicamentos possam variar entre 19 e 31%. Além disso, esses medicamentos estão associados a reações adversas significativas.[84-87] Para pacientes que não respondem às intervenções farmacológicas, as opções neurocirúrgicas incluem: NOS, DBS do hipotálamo posterior/área tegumentar ventral (VTA) e estimulação esfenopalatina.[83,88-91]

36.4 Vascular: Unilateral/Bilateral versus Dor Contínua
36.4.1 Dor Facial Central Pós-Acidente Vascular Cerebral

Dentro da ampla categoria de síndromes de dor pós-acidente vascular cerebral, existe um subconjunto de lesões de acidente vascular cerebral que causa dor facial. O dano do acidente vascular cerebral à medula lateral pode levar à síndrome medular lateral (também conhecida como síndrome de Wallenberg) e existe também um pequeno conjunto de casos raros de acidente vascular cerebral pontinos causando dor facial "em sal e pimenta".[92-95] A síndrome medular lateral caracteriza-se por numerosos déficits que podem incluir a perda da dor contralateral e a sensação de temperatura no corpo e no lado ipsilateral da face, ataxia do tronco, dificuldade com a coordenação da extremidade ipsilateral e paralisia da orofaringe e laringe ipsilaterais. Em um subconjunto de 9 a 53% desses pacientes, especialmente aqueles com lesões se estendendo para o trato trigeminal espinal,[95-98] existe dor facial ipsilateral em adição ao entorpecimento facial. Esses pacientes têm então um segundo diagnóstico de (dor central pós-derrame [CPSP]).[97,99,100] Os critérios da ICHD-3β para CPSP incluem dor facial e/ou de cabeça ocorrendo dentro de 6 meses após uma lesão de derrame isquêmico ou hemorrágico confirmada em um sítio neuroanatômico lógico. A dor é geralmente descrita como constante e ardente, possivelmente com dor lancinante sobreposta e frequentemente acompanhada de alodinia.[97] A dor do infarto pontinho tem a curiosa descrição de sensação de que "sal e pimenta" foram atirados na face, enquanto descrições mais modernas apresentam dor aguda e ocasional no nariz e nos olhos. Não há abordagem de tratamento padrão atual para a síndrome medular lateral ou para a dor na face por infartação pontina – embora os mesmos agentes farmacológicos usados para outros transtornos de dor craniofacial sejam empregados com algum sucesso.[101] Em termos de intervenções neurocirúrgicas, tanto a DBS quanto a MCS têm sido usadas em casos de CPSP com síndrome medular lateral. Entretanto, não está esclarecido nesses relatórios se os pacientes tratados com sucesso estavam sentindo dor facial ou outras formas de CPSP (ambas incluídas no estudo). Além disso, a raridade dos sintomas limita o número total de estudos e os tamanhos respectivos desses estudos, tornando assim um desafio à elaboração de quaisquer conclusões.[102-105]

36.5 Mista/Idiopática: Unilateral/Bilateral versus Dor Contínua
36.5.1 Dor Facial Idiopática Persistente

A dor facial idiopática persistente é um diagnóstico de exclusão que serve, funcionalmente, como diagnóstico "pega tudo" para dor facial que fica fora de qualquer outro diagnóstico. Em grande medida, ele substituiu o termo "dor facial atípica", embora esse último termo também tenha sido, de forma variada e ao acaso, aplicado na literatura, especialmente no contexto da neuralgia do trigêmeo não clássica e outros transtornos de dor facial. Os critérios da ICHD-3β para PIFP exige dor facial persistindo por mais de 2 horas, por dia por mais de 3 meses, mal localizada e que não acompanhe a distribuição de um nervo periférico, e que seja de qualidade obtusa, dolorida ou que incomoda. O paciente deverá ter um exame neurológico e dental normal e nenhum outro diagnóstico que mais bem explique a dor. A dor não é tipificada por nenhum caráter específico, duração ou periodicidade. Dada a natureza do diagnóstico, ele passou por quantidade significativa de escrutínio e é geralmente atribuída a uma etiologia psiquiátrica.[106] Entretanto, deve-se notar que quase todo quadro de dor crônica tem comorbidades psiquiátricas significativas e que PIFP não é algo estranho nesse domínio.[107] Embora a literatura corrente seja esparsa ou confundida por coortes de pacientes misturados, o índice de incidência tem sido informado em 4,4 por 100.000. De outra perspectiva, cerca de 21% dos pacientes que se reportam a centros terciários para dor craniofacial são diagnosticados com PIFP.[108] Os regimes de tratamento atuais são limitados pela escassez de estudos, mas tratamentos de primeira linha tendem a ser antidepressivos e anticonvulsivantes e com cuidados psiquiátricos concomitantes.[106,109] Para pacientes refratários a esses tratamentos, há séries de casos cirúrgicos que incluem esses pacientes usando radioterapia Gamma Knife®, MVD, termocoagulação, MCS e DBS.[110,111]

36.6 Seleção do Paciente

A seleção do paciente para todas as intervenções cirúrgicas para dor craniofacial tende a seguir os mesmos princípios gerais desenhados aqui:

- O paciente deve manifestar obrigatoriamente dor crônica (geralmente definida como superior a 3 meses), moderada

a intensa (p. ex., escore de varredura análoga visual ou VAS [escala análoga visual] superior a cinco).
- O paciente deverá passar por exame físico e história detalhados, incluindo uma caracterização da dor (p. ex., local, intensidade, frequência, qualidade) e avaliação para etiologia. Além disso, estudos de imagem deverão descartar outras etiologias que tenham tratamentos alternativos.
- A dor do paciente deve ser intratável, como estabelecido pela falha das intervenções psiquiátrica, farmacológica e fisioterápica para reduzir a dor a um nível tolerável com perfil tolerável de efeitos colaterais.
- O paciente tenha passado por avaliação neuropsicológica formal com foco particular para determinar se o paciente é candidato apropriado para o procedimento cirúrgico proposto.
- O paciente é um candidato cirúrgico. Os critérios para um candidato cirúrgico deverão ser escalados com o nível de invasividade dos procedimentos propostos.

36.7 Estimulação de Campo Neural Periférico/Estimulação de Nervo Subcutâneo Periférico

O objetivo abrangente de PNFS/PSNS é a inserção subcutânea de um ou mais eletrodos nas vizinhanças da área dolorida e a estimulação para diminuir a dor. O advento da técnica é atribuído ao trabalho de Wall e Sweet em 1967[112] no qual ambos se estimularam temporariamente a si próprios e a oito pacientes com vários tipos de eletrodos/agulhas isoladas resultando em alívio da dor. As áreas de intervenção resultaram em avanços tecnológicos tremendos incluindo eletrodos melhores, geradores de pulso e localização mais precisa do alvo e da ancoragem do sistema de estimulação. As estimativas variam muito, mas nos estudos de caso maiores pelo menos 50 e até 73% de pacientes sofrendo dor facial intratável e que se submetem a essa abordagem informam mais de 50% de redução na dor.[113] Da mesma forma, ONS para ON mostra melhora informada de mais de 50% para 70 a 92% dos pacientes.[114-116] Dada a natureza altamente especializada do procedimento, há somente um punhado de estudos de caso detalhando o procedimento e os resultados. Todo o esforço dedicado à técnica cirúrgica a seguir é um composto desses procedimentos e de nossa própria experiência com nervo trigêmeo periférico e ONS.[38,55,59,61,114-122]

36.7.1 Estimulação de Nervo Trigêmeo Periférico

Como acontece com a maioria dos procedimentos que se baseiam em estimulação, o paciente passa pela inserção experimental de um eletrodo, a qual uma vez considerada bem-sucedida pode tornar-se um sistema implantado permanentemente. Para essa experiência o paciente é colocado em sedação consciente ou sob anestesia geral. A decisão sobre uma ou outra situação baseia-se na preferência/tolerância do cirurgião e, mais importante, do paciente. São administrados antimicrobianos perioperatórios padrão. O paciente é colocado em posição supina com a cabeça voltada de modo a apresentar o lado afetado, que é então preparado e colocado adesivo estéril no campo cirúrgico de modo padrão. Tipicamente, o sítio de inserção do eletrodo é injetado com anestésico local. Esses sítios ficam geralmente atrás da linha do cabelo (pré-auricular como alternativa) e superior ou inferior ao zigoma para alvejar as áreas supraorbitária/temporal e infraorbitária/mandibular, respectivamente. Uma lâmina de bisturi nº 15 é então usada para abrir os pontos de inserção com uma incisão perfurante. Uma agulha de Tuohy ou de Coudé curvada de calibre 12 a 14 (curvada para combinar com a trajetória do eletrodo) é direcionada para o plano subcutâneo e em direção à região dolorida (tipicamente nas distribuições de V1 ou V2; a distribuição de V3 fornece um desafio único na forma tanto de migração do eletrodo devido ao movimento da mandíbula quanto dos índices de sucesso inicial com a estimulação). Uma vez instalada, o estilete da agulha é removido e um eletrodo de quatro ou oito contatos é passado para a região de interesse mediante orientação fluoroscópica. Os marcos típicos usados para orientação incluem o sulco/forame supraorbitário, o forame infraorbitário e o assoalho da órbita. Em geral, o pensamento atual é o de que é desejável ter o eletrodo cruzando o ramo neural de interesse, com o nervo repousando entre dois contatos de estimulação ou diretamente sobre o contato. A agulha é então removida com cuidado especial para não desviar a posição do eletrodo, o qual é ancorado superficialmente com suturas/âncoras assegurando que uma alça de alívio de tensão esteja colocada para diminuir a migração e/ou destaque acidental. Se a área de dor for substancial, dois eletrodos serão usados para assegurar cobertura adequada. Para pacientes acordados, alguns cirurgiões preferem utilizar parestesia induzida por estimulação para alvejar a área dolorida e assegurar, concomitantemente, que não estejam excedendo o limiar de estimulação motora. Para anestesia geral, a abordagem se baseia, tipicamente, no mapeamento pré-operatório da dor e dos marcos anatômicos durante a operação. Uma vez todos os eletrodos instalados, eles são conectados a um gerador de pulso externo. Tipicamente, o eletrodo é deixado no lugar para experiências durante entre 2 e 14 dias, enquanto as configurações do gerador externo são afinadas (faixa de frequência de 20 a 80 Hz, duração do impulso: 210-450 microssegundos, amplitude 1,5 a 2,5 V). Após a operação, alguns cirurgiões colocarão o paciente em um curso de antimicrobianos durante o curso da experiência. Em geral, o paciente também é instruído sobre como ajustar as configurações básicas do gerador (p. ex., ligar ou desligar, magnitude da estimulação).

Se forem atingidos resultados satisfatórios (usualmente definidos como alívio da dor superior a 50%), então o paciente poderá submeter-se à inserção de eletrodo permanente. A substituição de eletrodo permanente é quase idêntica da abordagem, exceto pelo uso de âncoras específicas para eletrodos, pelo tunelamento da fiação/extensões subcutâneas do eletrodo (com alça de alívio de tensão) e a colocação de um gerador implantável em uma bolsa subcutânea (p. ex., infraclavicular, abdominal ou nas regiões glúteas).

36.7.2 Complicações: Estimulação do Nervo Trigêmeo Periférico

As complicações da PNFS do nervo trigêmeo são geralmente relacionadas com o *hardware* ou com a estimulação. Na primeira categoria, as complicações podem incluir: migração da derivação, erosão e/ou fratura e infecção do cabo/derivação, cada uma das quais considerada como ocorrendo em até 5% dos casos.[54] Na segunda categoria, a estimulação pode induzir sensação desagradável e/ou contrações doloridas do músculo, geralmente consideradas como relacionadas com o eletrodo de estimulação colocado demasiadamente superficial (próximo à derme) ou profundo (próximo ao músculo).[121] Uma "complicação" adicional é a informada perda de efeito terapêutico em alguns dos pacientes.[119,120]

36.7.3 Estimulação do Nervo Occipital

A ONS é uma abordagem relativamente recente aplicada para tratamento de ON e de síndromes de cefaleia crônica. Essa abordagem é coberta em detalhes no Capítulo 34. Em geral, o objetivo do tratamento é a colocação de eletrodos nos nervos occipitais maior, menor e terceiro, dependendo da distribuição da dor do paciente. Os índices de sucesso informados em uma redução de 50% ou mais na dor variam de 70 a 93% dos pacientes, dependendo do relatório.[115,116,123] De modo geral, existe alguma variação na abordagem cirúrgica (lateral vs. linha média), inserção do eletrodo e esquema de ancoragem entre cirurgiões; a seguir apresentamos uma composição da abordagem geral informada na literatura e em nossa própria experiência.[124-130]

Os pacientes são colocados ou sob anestesia geral ou em sedação consciente, com anestésico local. Eles também podem ser posicionados em um sistema de Mayfield, um suporte de crânio com três pinos ou ainda em almofadas moldáveis. O posicionamento do paciente depende da escolha do anestésico e da síndrome de dor crônica, com a posição prona usada com anestesia geral e colocação bilateral de eletrodos (cefaleia primária ou ON bilateral) e posicionamento lateral ("banco de parque") com anestésico local e colocação unilateral de eletrodo (ON unilateral). Os pacientes são escovados e o campo cirúrgico é preparado da maneira esterilizada padrão. A primeira incisão cirúrgica é na linha média, no nível de C1 e cerca de 2 a 3 cm de extensão, ou incisão lateral, medial e superior ao processo mastoide (ou 4 cm laterais à protuberância occipital externa) no nível de C1 (repetida no lado contralateral). A fáscia occipital cervical é então exposta ao redor da incisão, com hemostasia meticulosa para criar uma bolsa para um laço de alívio de tensão do eletrodo e alinhamento apropriado do plano de trajetória. Uma agulha de Tuohy de calibre 14 é então inserida em direção ao nervo occipital visado na gordura subcutânea, superficial à fáscia (lateral a medial para a incisão lateral, medial a lateral para a incisão na linha média). O estilete é removido e substituído por um eletrodo de quatro ou oito contatos ou um eletrodo de pá é então inserido na agulha de Tuohy e atravessado em direção ao alvo mediante orientação fluoroscópica. Se o paciente estiver em sedação intravenosa (IV) e anestésica local, será possível realizar a verificação com o paciente acordado por meio do uso de estimulação intraoperatória por eletrodo. A verificação dessa estimulação geralmente exige reposicionamento de agulha de Tuohy e do eletrodo, e nova estimulação para determinar o melhor sítio possível. O eletrodo é então fixado com uma âncora proximal específica para o dispositivo, a qual é suturada ou à fáscia cervical ou ao tecido subcutâneo. Um laço de alívio de tensão é comprimido na bolsa subcutânea para ajudar a diminuir as complicações da migração de eletrodo. Alguns cirurgiões também colocarão um segundo laço de alívio de tensão na região cervical inferior e torácica superior, que se acredita diminuir significativamente a migração de eletrodos. Geradores de pulso implantáveis são inseridos subcutaneamente em vários sítios incluindo nádegas, tórax ou abdome usando extensões, conforme o necessário. Os parâmetros de estimulação variam drasticamente incluindo uma faixa de frequência de 60 a 130 Hz, largura de pulso de 60 a 470 microssegundos e amplitudes de 1,5 a 10 V.

36.7.4 Complicações: Estimulação de Nervo Occipital

As complicações da ONS são paralelas àquelas da estimulação de nervo periférico; entretanto, as frequências relativas são deslocadas. Por exemplo: a migração de derivação é um problema muito maior na ONS com 15 a 100% dos pacientes apresentando problemas, dependendo do tempo de acompanhamento e do procedimento cirúrgico.[123] As infecções do sítio cirúrgico ocorrem em qualquer local, entre 2 e 10% dos pacientes. Novamente, como ocorre com a estimulação do nervo trigêmeo, a colocação no plano apropriado é essencial para diminuir sensações desagradáveis ou contrações musculares.[130]

36.8 Estimulação de Córtex Motor

36.8.1 Técnica Cirúrgica

Embora Penfield tenha notado que a MCS poderia resultar em um efeito analgésico, o primeiro uso rigoroso do método foi feito por Tsubokawa ao lidar com uma dor central secundária a um AVE,[131,132] com Meyerson et al. aplicando MCS à dor facial rapidamente daí em diante.[133] Desde aquela época, um pequeno número de estudos informou que 57 a 84% dos pacientes apresentam mais de 50% de redução da dor com MCS. Segue-se um desenho geral do procedimento para estimulação MCS, cuja compilação baseou-se em técnicas publicadas e em nossa própria experiência.[70,134-137] Essa técnica é detalhada no Capítulo 38.

Antes da operação, o paciente é submetido à investigação por imagens (tomografia computadorizada [CT] e/ou investigação por ressonância magnética [MRI] ou MRI funcional [fMRI]). Essa investigação é usada tanto para excluir outros quadros de doença quanto fornecer orientação intraoperatória para o sulco central. Esse sulco é identificado anatomicamente na CT ou na MRI para uso com uma configuração de navegação neurológica ou pode ser identificado por ativação funcional usando fMRI. Cirurgiões diferentes usam a anestesia geral com sedação total, sedação consciente e/ou anestesia local. Tipicamente, são administrados antimicrobianos durante a cirurgia. O paciente é posicionado na armação de Mayfield de fixação de crânio com três pinos expondo o lado contralateral ao da dor. É feita uma incisão anterior à da posição esperada do sulco central (conforme a investigação por imagens). Centraliza-se então uma craniotomia de 4 a 5 cm no alvo antecipado para a colocação do eletrodo. Dependendo da preferência cirúrgica, a abordagem pode proceder por via epidural ou subdural, mas segue os mesmos passos. O córtex é mapeado com várias técnicas, incluindo a estimulação por eletrodos de *grid*, estimulador cortical e/ou por potenciais evocados somatossensoriais do nervo ulnar ou mediano (reversão de fase N20-P20). Como alternativa, o uso da fMRI para identificar o mapa somatotópico vem ganhando aceitação, mas ainda é usado em combinação com o mapeamento eletrofisiológico mencionado anteriormente. Um eletrodo plano ou "de placa" de quatro a oito contatos é então colocado na área facial mapeada no córtex e fixo por suturas múltiplas envolvendo a dura (preferência para colocação paralela vs. perpendicular em relação ao córtex motor). O eletrodo é então conectado a um gerador externo, no qual as configurações são afinadas às dicas sensoriais informadas pelo paciente na área da dor. Como alternativa, a estimulação para contração motora na área dolorida é identificada e os pacientes são programados para 60 a 80% da voltagem do limiar motor. O parâmetro típico de estimulação inclui uma faixa de voltagem de 15 a 130 Hz, largura de impulso de 60 a 500 milissegundos, 1 a 7 V e intensidade de 0,5 a 10,5 mA. O curso do período de experiência pode levar de 2 dias a 2 semanas. Durante os ajustes, é comum que os pacientes sofram convulsões motoras focalizadas que podem se generalizar. Por essa razão, é prudente efetuar a programação em uma configuração que seja condutora para tratamento dessas convulsões. Se a experiência resultar em 50% ou mais de redução na dor, então um gerador de impulso permanente é implantado e o eletrodo é tuneilizado para ele.

36.8.2 Complicações

Além das complicações associadas aos eletrodos (migração, erosão, infecção) a complicação seguinte mais preocupante da MCS é a indução a uma convulsão. Avanços na caracterização de parâmetros de estimulação identificaram que amplitudes superiores a 6 V podem induzir uma convulsão.[138] Além disso, há relatórios de dor induzida por estimulação, hematomas epidurais e subdurais e perda do benefício de alívio da dor.[137] Cefaleias associadas à estimulação têm sido atribuídas à estimulação da inervação dural. Para reduzir essa complicação, alguns cirurgiões desnervarão a dura por meio de cauterização ou corte da dura ao redor do sítio do eletrodo crônico. O corte da dura é então reparado com uma sutura 4-0. Os índices gerais de complicação são informados em cerca de 5% com ruptura e infecção do ferimento liderando a lista de complicações.[139]

36.9 Estimulação Cerebral Profunda

Atualmente, a literatura focada exclusivamente no uso de DBS para o tratamento de dor facial é relativamente esparsa. Além disso, ela existe no campo mais amplo do uso de DBS para dor crônica, que tem tido resultados altamente variáveis por causa da diversidade de tipos tanto de paciente quanto de procedimento na literatura publicada.[140] Dos poucos casos que estudaram especificamente a dor facial, as estruturas visadas são o tálamo ventral posterolateral/ventral posteromedial (VPL/VPM) e/ou cinza periaquedutal/cinza periventricular (PAG/PVG). Nesses estudos, cerca de 44 a 80% dos pacientes mostrou mais de 50% de redução na dor.[141] Para alvos primários de cefaleia, o alvo mais comum é o hipotálamo posterior/VTA (curiosamente não eficaz para outras síndromes de dor craniofacial), que resultou em frequência reduzida (50-60%) e intensidade (30%-100%) de cefaleias em 55 a 69% dos pacientes.[53,141-146] O uso de DBS para tratamento da dor é detalhado no Capítulo 39.

Para o procedimento cirúrgico, o paciente é submetido à varredura do cérebro por MRI/CT para adquirir volumes para uso com as ferramentas de neuronavegação. O couro cabeludo é então preparado em modelo esterilizado. Mediante anestesia local, o paciente é colocado em uma armação estereotáctica. É feita uma incisão no couro cabeludo deslocada da linha média, no couro cabeludo frontal posterior, contralateral ao lado da dor. Como já mencionado, os alvos incluem VPM/VPL, PAG/PVG e VTA/hipotálamo posterior, que estão tipicamente localizados e visados com sistemas anatômicos orientados por MRI. Dentro da armação estereotática a trajetória do eletrodo é selecionada de modo a evitar tanto lesão aos vasos sanguíneos da superfície quanto a penetração dos ventrículos laterais. Com a trajetória mapeada, um orifício de trepanação é feito no crânio. O refinamento do alvo pode ser realizado com registros por microeletrodos usando um equipamento comercial. Essas unidades são capazes de registrar e estimular. A estimulação de PVG/PAG resulta, tipicamente, na sensação de calor, flutuação e/ou tontura. A estimulação dos alvos talâmicos de VPL/VPM produz, tipicamente, parestesias que são organizadas de modo somatotópico no tálamo. A estimulação do hipotálamo posterior/VTA pode provocar sensações de medo ou sensações desagradáveis (usadas para limiarização). O eletrodo inicial é então substituído por um eletrodo com quatro polos. Com o eletrodo no local, ele é então conectado a um gerador externo e estímulos de teste são aplicados (as faixas típicas incluem menos de 3 V, largura de pulso de 120 microssegundos e frequência de 10 a 50 Hz). Observações específicas são feitas para garantir ausência de efeitos colaterais não desejados. O eletrodo da DBS é então fixado ao crânio. Após um período de experiência, se bem-sucedida, um gerador de pulso interno é inserido em uma bolsa subcutânea (tipicamente infraclavicular).

36.9.1 Complicações

As cirurgias baseadas em estimulação, anteriormente mencionadas, apresentam complicações em DBS que incluem: infecção, erosão de *hardware* e mau funcionamento, além da perda do efeito terapêutico. Além disso, a DBS está associada à cefaleia temporária, diplopia, paralisias do olhar, nistagmo e oscilopsia persistente, embora essas complicações se resolvam espontaneamente ou com o afinamento do *hardware*. Os índices gerais de complicações variam de 1,9 a 13,3%.[147,148]

36.10 Descompressão Microvascular

A MVD se tornou um dos tratamentos mais padronizados para CTN, especialmente no cenário da MRI estabelecendo evidência de compressão vascular do nervo trigêmeo.[149] Existe evidência de que em qualquer ponto, de 58% a 78% dos pacientes informam que estão livres da dor após 5 anos, com acompanhamento de até 10 anos.[150-152] Existe dois tipos de abordagens diferentes a uma MVD com leves variações; aqui descrevemos a abordagem geral. Deve-se notar a existência de relatórios recentes do uso de um endoscópio para ajudar a localizar o sítio de compressão vascular, especialmente com vasculatura muito distal e em casos de obstrução óssea do nervo trigêmeo.[153-156] Segue-se um composto da abordagem cirúrgica geral para MVD.[28,157] A técnica para MVD é detalhada no Capítulo 28.

Em geral, o paciente passará por MRI e/ou angiografia pré-operatória visando identificar o nervo trigêmeo e a vasculatura ao redor. A visualização desse nervo e vasculatura é mais bem obtida com sequências de tempo de excursão (*time-of-flight* [TOF]) angiográficas e ponderadas em T2.[158] O paciente é colocado sob anestesia geral e colocado para uma posição modificada em decúbito lateral, com a cabeça angulada em direção ao chão e o braço contralateral sob a mesa (p. ex., a posição de "banco de parque"). A seguir é feita uma incisão, ao longo da linha do cabelo, centralizada na incisura do mastoide (como alternativa, alguns médicos usam o astério para a separação em um terço e dois terços) para uma extensão total de 4 a 8 cm para expor a área retromastóidea. Isso permite a craniotomia/craniectomia inferior ao seio transverso e posterior ao seio sigmoide (conforme orientação por investigação com imagens ou marcos anatômicos de superfície). O avanço pelas células aéreas do mastoide exige que elas estejam vedadas para minimizar o potencial para um vazamento de líquido cerebrospinal (CSF). A dura é então aberta para expor a intersecção do seio transverso e sigmoide (são usados cortes em Y, U, T ou em formato de L). O CSF pode ser liberado da cisterna cerebelomedular ou cisterna magna com retração muito delicada. A abertura da cisterna cerebelopontina revela a veia petrosa superior e tributárias (um ponto de contenção extrema, seja para sacrificar ou não).

Classicamente, as veias petrosas superiores são poupadas e evitadas com a elevação e distanciamento suaves com o cerebelo, colocando-se o retrator no aspecto súperolateral do cerebelo, mas avanços recentes encorajam um movimento visando outras abordagens (ou seja, diminuindo a tensão venosa e a ruptura potencial e a chance de perder o conflito de interesse vascular). Uma maneira de se evitar esse quadro é a abordagem da fissura cerebelar, que envolve dissecar as membranas aracnóideas da fissura petrosa e da fissura cerebelopontina superior. Por meio dessa abordagem, a zona de entrada de raiz da raiz do nervo trigêmeo é exposta. O objetivo da exposição é inspecionar o nervo trigêmeo desde o tronco cerebral até o cavo de Meckel. Um trabalho recente sugeriu que a inabilidade de visualizar o nervo trigêmeo completo deverá levar o cirurgião a considerar o uso de uma abordagem endoscópica. Uma vez visualizado o nervo por completo, a estrutura da vasculatura causando compressão poderá ser identificada, com o conhecimento do potencial para várias fontes de compressão. Uma vez identificada, o objetivo primário é separar a vasculatura do nervo. A separação é geralmente dividida em interposição ou transposição. A primeira envolve dissecção da vasculatura do nervo e mobilização total, seguida da inserção de uma prótese (p. ex., Teflon, Ivaron, Surgicel). A transposição envolve a mesma dissecção e a mobilização, exceto que a vasculatura é então fixada ao tentório ou a outra superfície da dura.

36.10.1 Complicações

As complicações comuns para MVD incluem: infecção (0,1-2,5%), vazamento de CSF/rinorreia (0,7-2,5%), paralisia facial e/ou dormência (0,5-19,6%) e, mais raramente, formação de pseudomeningocele, hemorragia, lesão e inchaço cerebelares, derrame cerebelar e lesão de nervo craniano (especialmente o nervo craniano VIII que leva a déficits de audição).[28,29,159]

36.11 Compressão por Balão Percutâneo

O uso de PBC para neuralgia do trigêmeo surge no início dos anos de 1950. Esse método tem índice inicial de alívio da dor entre 85 e 100%; entretanto, acredita-se que o índice de recorrência aos 5 anos varie entre 19,2 e 29,5%.[21] A técnica para rizotomias percutâneas é coberta em detalhes no Capítulo 30.

A PBC é geralmente conduzida com o paciente sob anestesia geral, já que a inserção do cateter pode desencadear uma resposta bradicárdica e hipotensiva (ou seja, resposta do depressor do trigêmeo, reflexo trigeminocárdico). A comunicação pré-operatória com o anestesiologista é prudente e pode induzir a inserção de marca-passo transcutâneo ou transesofágico, ou uma seringa com atropina pode ser mantida disponível. O paciente é colocado em posição supina com o pescoço estendido em aproximadamente 15 graus. A busca apropriada do alvo envolve a marcação dos marcos anatômicos de Härtel incluindo o aspecto medial inferior da pupila ipsilateral, um ponto 3 cm anteriores ao meato auditório externo, e um ponto 2,5 cm laterais à comissura oral ipsilateral da pele (ponto de inserção). Uma cânula com agulha calibre 14 é inserida e avançada entre o aspecto inferomedial da pupila ipsilateral e o ponto anterior ao meato auditório externo. O avanço para o forame oval é visualizado por fluoroscopia e guiado no lado bucal com um dedo enluvado (evitando a penetração acidental no espaço oral). A entrada no gânglio trigeminal pode ser, mas não necessariamente, anunciada pela liberação de CSF e/ou pela resposta do depressor do trigêmeo. Um estilete reto é então inserido na cânula e avançado para o *porus trigeminus* com orientação fluoroscópica. Se o estilete for centralizado no *porus trigeminus* acredita-se que ele focalizará a segunda divisão do gânglio trigeminal; analogamente, colocando-se o estilete medial, acredita-se que o alvo será a primeira divisão e lateralmente a terceira divisão. Uma vez posicionado, o estilete é removido e substituído por um cateter de 4 Fr com balão que é inflado com ioexol até 0,7 mL. O cavo de Meckel pode variar em volume entre pacientes. Consequentemente, a fluoroscopia lateral é crítica durante a inflação. De modo ideal, o balão assumirá a forma de uma "pera" afunilada. Todo cuidado deve ser usado para evitar que o balão assuma a forma de "haltere", que pode acontecer se o cavo for pequeno. A porção da cisterna de um balão em formato de haltere pode comprimir o nervo troclear e causar diplopia pós-operatória. Da mesma forma, se o balão assumir sua forma cilíndrica normal, provavelmente ele estará deslocado na fossa mediana e não atingirá a compressão desejada. Por fim, o balão pode inflar em formato achatado, o que geralmente sugere que o balão está no espaço epidural. Essa configuração é particularmente perigosa, pois a artéria meníngea média pode estar rasgada, causando um hematoma epidural. Um calibre de pressão pode ser usado permitindo ao cirurgião inflar até a pressão de 1.000 a 1.200 mmHg durante 0,5 a 1,5 minutos. Isso ajuda a suportar a colocação apropriada, mas não substitui o monitoramento fluoroscópico. A compressão pode resultar no reflexo do depressor e sempre considerada como um sinal de compressão apropriada. O cateter e a cânula podem então ser removidos, com a pressão aplicada ao sítio de inserção.

36.11.1 Complicações

Os índices gerais de complicação para compressão por balão são informados como até 40%, embora haja amplas variações e as complicações sejam tipicamente menores com tendência a se resolverem. As complicações mais comuns são: disestesia (3-18%), parestesias (9-11%) e hipoestesia permanente (7-17%; observar que a hipoestesia temporária é esperada e prognóstica de sucesso do procedimento).[160-163] Observa-se também fraqueza do masseter menor/mastigador, que geralmente se resolve.[164] Complicações menos comuns incluem deslocamento do cateter ou do balão e dano subsequente a outros nervos cranianos (p. ex., diplopia abducente transitória), meningite, AD e ceratite. Além disso, há poucos casos informados da resposta do depressor trigeminal levando à assístole.[165]

36.12 Termocoagulação por Radiofrequência

Como a PBC, a RFT apresenta alívio inicial da dor informado em 95% dos pacientes, com índices de recorrência no longo prazo variando de 10 a 27%. Entretanto, diferentemente da PBC, acredita-se que incidência de complicações severas seja elevada. Além disso, existe uma fase pré-operatória na qual os pacientes serão submetidos a um treinamento em preparação para a RFT. Esse treinamento é exigido para facilitar a cooperação do paciente durante a parte consciente do procedimento. Por isso, os pacientes deverão ser excluídos desse procedimento em particular se estiverem desconfortáveis/ansiosos por estarem acordados durante a cirurgia.

A abordagem é análoga à PBC, exceto que o paciente é induzido com um agente de curta duração (p. ex., propofol) e o cateter de balão é substituído por um eletrodo. O uso desse agente permite ao paciente ficar acordado para testar as respostas sensoriais e motoras da estimulação de eletrodos. O uso dessa estimulação permite o mapeamento do motor e de sistemas sensoriais com respeito à localização da dor e da lesão subsequente. Uma vez localizado(s) o(s) sítio(s) da lesão, o eletrodo é removido e um acoplador térmico é introduzido. Os parâmetros de lesionar para esse termoacoplador incluem voltagens variando de 0,5 a 5 V, com frequência de 75 Hz e temperatura de 55° a 80° para uma duração de 0,5 a 2 minutos. O cateter e a cânula poderão ser então removidos, com a pressão aplicada ao sítio de inserção.

36.12.1 Complicações

Como era de se esperar, a RFT está associada à dormência facial/disestesia pós-operatória, fraqueza do masseter e diplopia, a maioria das quais é temporária e se resolve. Mais preocupante, os índices de AD após RFT são notadamente mais altos, com alguns estudos publicando até 12% dos pacientes com essas complicações graves.[65] Outras complicações mais raras incluem: ceratite, anestesia da córnea, meningite, formação de fístula carotidocavernosa e hemorragia intracraniana.[21]

36.13 Rizotomia por Glicerol

Das abordagens percutâneas, a rizotomia por glicerol tem a maior variabilidade em abordagem e também em resultados. O alívio inicial da dor varia de 53,1 a 98% e os índices de recorrência da dor variam de 13 a 70%. Existem índices mais altos de AD e de outras complicações quando comparados com PBC, mas mais baixos que RFT.

Seguindo a abordagem similar para PBC e RFT, a rizotomia por glicerol é a entrega de glicerol na cisterna trigeminal. Por isso, as duas principais alterações são a necessidade de volume aproximado de glicerol para o procedimento e a cabeça do paciente também deverá estar elevada em cerca de 60 graus. Estimativas de volume podem ser feitas com cisternografia intraoperatória ou investigação por imagens anatômicas – os volumes típicos variam de 0,25 a 0,4 mL. Após a entrega de glicerol, o paciente é acordado e solicitado a permanecer em pé por no mínimo 2 horas.

36.13.1 Complicações

Como ocorre com as outras abordagens percutâneas, a rizotomia por glicerol está associada à dormência facial (3-29%) e fraqueza do masseter (3,1-4,1%). Além disso, pode ocorrer hipoalgesia/analgesia, anestesia da córnea (3-16%) e, raramente, AD (0-4,1%).[21]

36.14 Radiocirurgia Estereotática

O uso da radiocirurgia estereotática (p. ex., Gamma Knife e Cyberknife) para neuralgia do trigêmeo é um avanço relativamente recente. O Gamma Knife usa feixes de radiação convergentes para enviar uma dose focal e elevada de radiação a um alvo específico.[166] Como alternativa, o Cyberknife usa um feixe único de fóton de alta energia em um braço robótico e não exige armação para a cabeça. Após a cirurgia, ocorre uma demora até o alívio da dor, com alívio completo na média de 5 meses para o Gamma Knife e latência mais curta para o Cyberknife. No geral, após 1 ano, verifica-se o alívio da dor em 75 a 90% dos pacientes.[167] Aos 5 anos, 46 a 65% dos pacientes de CTN apresentam a dor bem controlada. O delineamento a seguir da técnica cirúrgica Gamma Knife é um composto daquelas informadas na literatura e em nossa própria experiência.[167-170] A técnica para SRS (radiocirurgia estereotática) é coberta em profundidade no capítulo acompanhante elaborado por Doutor Perri.

Para o procedimento Gamma Knife, o paciente recebe um anestésico local e é colocado em uma armação estereotática. Após esse procedimento, o paciente passa então por uma MRI estereotáxica de alta resolução. O gânglio e o nervo do trigêmeo são identificados em todos os pacientes. Os planos de tratamento são desenhados com *software* integrado e envolve, mais usualmente, visar o nervo trigeminal proximal à DREZ (zona de entrada de raiz dorsal; 2a 4mm anteriores) e usar um único isocentro e um colimador de 4 mm com a linha de isodose de 50% tangencial à ponte, embora outros possam ter um alvo mais distal (4-14 mm). Algoritmos típicos de dosagem ficam entre 80 e 90 Gy. A abordagem e o planejamento da dose são geralmente o resultado de uma abordagem em equipe com pelo menos um cirurgião neurológico, um oncologista de radiação e um físico médico. Alguns cirurgiões preferem visar a raiz do nervo no poro do trigêmeo.

36.14.1 Complicações

O efeito colateral mais comum da radiocirurgia estereotática são os enfraquecimentos sensoriais como hipoestesia ou parestesias na distribuição do trigêmeo. Esse efeito colateral é estimado entre 10 e 40%, com tendência em direção a esse último índice, dos pacientes e não foi considerado pelos pacientes como incapacitante, dado que esses efeitos são mais frequentemente leves,[167,171] exceto em casos raros de enfraquecimento do reflexo e lesão da córnea.

36.15 Estimulação Trigeminal e do Gânglio Esfenopalatino

Além da estimulação dos ramos distais do nervo trigêmeo, tentativas foram feitas para estimular diretamente ambos os gânglios trigeminal e esfenopalatino para dor facial intratável. Embora os estudos correntes sejam limitados, existe evidência de que tal estimulação reduz a experiência de dor em 49 a 71% dos pacientes.[47,172-174]

36.15.1 Técnica Cirúrgica

Para a experiência de estimulação de gânglio trigeminal, todos os pacientes recebem anestesia geral. Eles são posicionados em supino e preparados com campo cirúrgico em modelo esterilizado padrão. Após a abordagem padrão de Härtel detalhada em PBC, um eletrodo de quatro contatos é inserido no cavo de Meckel. Nos períodos da experiência, o eletrodo é deixado para fora e anexo a um gerador de pulso externo (os parâmetros variam, mas a faixa é de 0,5 a 1,5 V, 50 a 100 Hz, largura de pulso de 30 a 200 microssegundos). Se o período da experiência for bem-sucedido, o paciente receberá um gerador de pulso interno implantável.

A estimulação do gânglio esfenopalatino é semelhante, mas o alvo é a fossa pterigopalatina com o sítio de entrada inferior ao arco zigomático, com a trajetória ou pela incisura coronoide ou anterior à mandíbula.

36.15.2 Complicações

As complicações da estimulação direta de gânglios são: infecção, mau funcionamento e erosão de *hardware* e perda do efeito. Estimativas da prevalência dessas complicações não estão disponíveis, pois essa é uma técnica emergente com poucos achados publicados.

36.16 Manejo Geral Pós-Operatório

36.16.1 Cirurgia com Base na Estimulação

Em geral, o tratamento pós-operatório é muito simples para a cirurgia baseada na estimulação. Os principais pontos de decisão incluem a escolha de analgésicos pós-operatórios e a decisão sobre o uso de antimicrobianos pós-operatórios (especialmente durante o período de experiência). Tipicamente, os pacientes são ensinados a como controlar as funções básicas de seus estimuladores implantáveis e a ferramenta de recarga. A alta [hospitalar] geralmente ocorre no mesmo dia ou após 1 dia de observação, tipicamente no piso neurocirúrgico. O acompanhamento consiste em nova consulta semanal ou a cada 2 semanas, espaçadas depois para uma consulta cada 3 a 4 meses nos primeiros 12 meses, com acompanhamento anual daí em diante se não houver mudança significativa na eficácia do sistema de estimulação.

36.16.2 Cirurgia de Descompressão Microvascular

Após MVD, os pacientes geralmente passam 1 dia na unidade de cuidados intensivos neurocirúrgicos e 1 dia ou mais na unidade no piso neurológico. A cabeça do paciente pode ou não permanecer enfaixada por até 48 horas. Existe um ponto de decisão sobre o uso de antimicrobianos profiláticos pós-operatórios, com alguns cirurgiões preferindo antimicrobianos e outros não. Tipicamente, não há investigações pós-operatórias por imagens, a menos da existência de mudança no *status* neurológico. As queixas pós-operatórias típicas são: cefaleia, rigidez e dor no pescoço e nas costas e um pouco de náusea e vômito. Em geral, os pacientes recebem alta no segundo ou no terceiro dia. Posteriormente, eles são acompanhados na clínica ou em um programa de intervalos cada vez mais distantes.

36.16.3 Cirurgia Percutânea

As abordagens percutâneas são alguns dos procedimentos cirúrgicos menos invasivos, de modo que seus cursos pós-operatórios são tipicamente mais curtos e mais simples. Em geral, os pacientes são observados por algumas horas após o procedimento e então dispensados para casa. Pacientes submetidos à rizotomia com glicerol são encorajados a se sentarem eretos o mais possível, no dia da cirurgia. Os acompanhamentos podem ocorrer inicialmente uma vez por semana e depois espaçados para mensal ou anualmente, dependendo do sucesso do procedimento.

36.16.4 Radiocirurgia

Como a cirurgia menos invasiva, a maioria dos pacientes de radiocirurgia é observada por algumas horas após o procedimento e dispensada para casa. Dada a latência para o efeito total, a maioria dos pacientes será aconselhada a manter seu regime atual de medicação.

36.17 Conclusão

- A dor craniofacial é uma categoria ampla contendo várias síndromes diferentes de dor que não necessariamente respondem da mesma forma como tratamentos farmacológicos e cirúrgicos.
  - Ainda são necessários: refinamento complementar e, o mais importante, consenso sobre as definições e categorias padronizadas de doenças craniofaciais. Esse consenso se concentrará apropriadamente no esforço para diagnosticar e tratar apropriadamente esses transtornos.
  - A orientação de tratamento é necessária para cada síndrome e atualmente ainda falta para a maioria delas. Dada a raridade (ou subdiagnóstico relativo) de algumas síndromes de dor craniofacial, isso provavelmente levará a uma abordagem de consórcio focalizando cada síndrome.
  - Uma limitação significativa ao desenvolvimento de tratamentos para esses transtornos é a falta de modelos animais. A geração de cobaias das síndromes respectivas de dor craniofacial é um desafio, mas compensa nos esforços para o desenvolvimento de tratamentos farmacológicos e cirúrgicos.
- São várias as intervenções cirúrgicas que podem visar a dor craniofacial.
  - Tipicamente, as intervenções cirúrgicas são reservadas para falhas nos tratamentos farmacológicos. Isso é, provavelmente, um viés negativo da eficácia da intervenção cirúrgica para esses transtornos de dor, em relação a pacientes nunca antes tratados. Esse quadro é composto adicionalmente por estudos que sugerem que as intervenções mais precoces podem ser mais eficazes e mais desejadas pelos pacientes que o que se observa atualmente pela comunidade médica.[175-177] Uma avaliação do mantra atual minimamente invasivo ainda é devida.
  - Da mesma forma, não há estudo abrangente ou experiência clínica comparando as diferentes intervenções farmacológicas ou cirúrgicas, mesmo para síndromes bem estudadas como aquelas da neuralgia do trigêmeo clássica. São necessários esforços para desenvolver estudos clínicos e essencial a determinação de um ímpeto e de um mecanismo para fazê-lo.

Referências

[1] Zakrzewska JM. Multi-dimensionality of chronic pain of the oral cavity and face. J Headache Pain. 2013; 14:37
[2] Headache Classification Committee of the International Headache Society. The International Classification of Headache Disorders. 3rd ed. (beta version). Cephalalgia 2013;33:629–808
[3] Burchiel KJ. A new classification for facial pain. Neurosurgery. 2003; 53 (5):1164–1166, discussion 1166–1167
[4] Cruccu G, Finnerup NB, Jensen TS, et al. Trigeminal neuralgia: new classification and diagnostic grading for practice and research. Neurology. 2016; 87(2):220–228
[5] Alobaid A, Schaeffer T, Virojanapa J, Dehdashti AR. Rare cause of trigeminal neuralgia: Meckel's cave meningocele. Acta Neurochir (Wien). 2015; 157(7):1183–1186
[6] Cheng J, Lei D, Zhang H, Mao K. Trigeminal root compression for trigeminal neuralgia in patients with no vascular compression. Acta Neurochir (Wien). 2015; 157(2):323–327
[7] Zhang W, Chen M, Zhang W, Chai Y. Etiologic exploration of magnetic resonance tomographic angiography negative trigeminal neuralgia. J Clin Neurosci. 2014; 21(8):1349–1354
[8] Ko AL, Lee A, Raslan AM, Ozpinar A, McCartney S, Burchiel KJ. Trigeminal neuralgia without neurovascular compression presents earlier than trigeminal neuralgia with neurovascular compression. J Neurosurg. 2015; 123(6):1519–1527
[9] Katusic S, Beard CM, Bergstralh E, Kurland LT. Incidence and clinical features of trigeminal neuralgia, Rochester, Minnesota, 1945–1984. Ann Neurol. 1990; 27(1):89–95
[10] Koopman JS, Dieleman JP, Huygen FJ, de Mos M, Martin CG, Sturkenboom MC. Incidence of facial pain in the general population. Pain. 2009; 147(1–3):122–127
[11] Dieleman JP, Kerklaan J, Huygen FJ, Bouma PA, Sturkenboom MC. Incidence rates and treatment of neuropathic pain conditions in the general population. Pain. 2008; 137(3):681–688

[12] Hall GC, Carroll D, Parry D, McQuay HJ. Epidemiology and treatment of neuropathic pain: the UK primary care perspective. Pain. 2006; 122(1-2):156-162

[13] Yuan M, Zhou HY, Xiao ZL, et al. Efficacy and safety of gabapentin vs. carbamazepine in the treatment of trigeminal neuralgia: a meta-analysis. Pain Pract. 2016

[14] Rustagi A, Roychoudhury A, Bhutia O, Trikha A, Srivastava MV. Lamotrigine versus pregabalin in the management of refractory trigeminal neuralgia: a randomized open label crossover trial. J Maxillofac Oral Surg. 2014; 13(4):409-418

[15] Di Stefano G, La Cesa S, Truini A, Cruccu G. Natural history and outcome of 200 outpatients with classical trigeminal neuralgia treated with carbamazepine or oxcarbazepine in a tertiary centre for neuropathic pain. J Headache Pain. 2014; 15:34

[16] Montano N, Conforti G, Di Bonaventura R, Meglio M, Fernandez E, Papacci F. Advances in diagnosis and treatment of trigeminal neuralgia. Ther Clin Risk Manag. 2015; 11:289-299

[17] Burmeister J, Holle D, Bock E, Ose C, Diener HC, Obermann M. Botulinum neurotoxin type A in the treatment of classical Trigeminal Neuralgia (BoTN): study protocol for a randomized controlled trial. Trials. 2015; 16:550

[18] Zakrzewska JM, Linskey ME. Trigeminal neuralgia. BMJ Clin Evid. 2014; 2014

[19] Reddy GD, Viswanathan A. Trigeminal and glossopharyngeal neuralgia. Neurol Clin. 2014; 32(2):539-552

[20] Brown JA, Gouda JJ. Percutaneous balloon compression of the trigeminal nerve. Neurosurg Clin N Am. 1997; 8(1):53-62

[21] Wang JY, Bender MT, Bettegowda Ch. Percutaneous procedures for the treatment of trigeminal neuralgia. Neurosurg Clin N Am. 2016; 27(3):277-295

[22] Missios S, Mohammadi AM, Barnett GH. Percutaneous treatments for trigeminal neuralgia. Neurosurg Clin N Am. 2014; 25(4):751-762

[23] Kondziolka D, Lunsford LD. Percutaneous retrogasserian glycerol rhizotomy for trigeminal neuralgia: technique and expectations. Neurosurg Focus. 2005; 18(5):E7

[24] van Boxem K, van Eerd M, Brinkhuizen T, Patijn J, van Kleef M, van Zundert J. Radiofrequency and pulsed radiofrequency treatment of chronic pain syndromes: the available evidence. Pain Pract. 2008; 8(5):385-393

[25] Cheng JS, Lim DA, Chang EF, Barbaro NM. A review of percutaneous treatments for trigeminal neuralgia. Neurosurgery. 2014; 10 Suppl 1:25-33, discussion 33

[26] Wolf A, Kondziolka D. Gamma knife surgery in trigeminal neuralgia. Neurosurg Clin N Am. 2016; 27(3):297-304

[27] Varela-Lema L, Lopez-Garcia M, Maceira-Rozas M, Munoz-Garzon V. Linear accelerator stereotactic radiosurgery for trigeminal neuralgia. Pain Physician. 2015; 18(1):15-27

[28] Sade B, Lee JH. Microvascular decompression for trigeminal neuralgia. Neurosurg Clin N Am. 2014; 25(4):743-749

[29] Piazza M, Lee JY. Endoscopic and microscopic microvascular decompression. Neurosurg Clin N Am. 2016; 27(3):305-313

[30] Henderson JM, Lad SP. Motor cortex stimulation and neuropathic facial pain. Neurosurg Focus. 2006; 21(6):E6

[31] Kumar K, Toth C, Nath RK. Deep brain stimulation for intractable pain: a 15year experience. Neurosurgery. 1997; 40(4):736-746, discussion 746-747

[32] Dougherty C. Occipital neuralgia. Curr Pain Headache Rep. 2014; 18(5):411

[33] Choi I, Jeon SR. Neuralgias of the head: occipital neuralgia. J Korean Med Sci. 2016; 31(4):479-488

[34] Bogduk N. The neck and headaches. Neurol Clin. 2014; 32(2):471-487

[35] Handel TEKR. Occipital neuralgia. In: Frontera W, Silver J, Rizzo T, ed. Essentials of Physical Medicine and Rehabilitation. Philadelphia, PA: Lippincott Williams & Wilkins; 2002:38

[36] Martelletti P, van Suijlekom H. Cervicogenic headache: practical approaches to therapy. CNS Drugs. 2004; 18(12):793-805

[37] Ducic I, Hartmann EC, Larson EE. Indications and outcomes for surgical treatment of patients with chronic migraine headaches caused by occipital neuralgia. Plast Reconstr Surg. 2009; 123(5):1453-1461

[38] Sweet JA, Mitchell LS, Narouze S, et al. Occipital nerve stimulation for the treatment of patients with medically refractory occipital neuralgia: congress of neurological surgeons systematic review and evidence-based guideline. Neurosurgery. 2015; 77(3):332-341

[39] Brisman R. Typical versus atypical trigeminal neuralgia and other factors that may affect results of neurosurgical treatment. World Neurosurg. 2013; 79(5-6):649-650

[40] Maarbjerg S, Gozalov A, Olesen J, Bendtsen L. Concomitant persistent pain in classical trigeminal neuralgia: evidence for different subtypes. Headache. 2014; 54(7):1173-1183

[41] Rasmussen P. Facial pain. I. A prospective survey of 1052 patients with a view of: definition, delimitation, classification, general data, genetic factors, and previous diseases. Acta Neurochir (Wien). 1990; 107(3-4):112-120

[42] Du S, Ma X, Li X, Yuan H. Ophthalmic branch radiofrequency thermocoagulation for atypical trigeminal neuralgia:a case report. Springerplus. 2015; 4:813

[43] Patil CG, Veeravagu A, Bower RS, et al. CyberKnife radiosurgical rhizotomy for the treatment of atypical trigeminal nerve pain. Neurosurg Focus. 2007; 23(6):E9

[44] Dhople A, Kwok Y, Chin L, et al. Efficacy and quality of life outcomes in patients with atypical trigeminal neuralgia treated with gamma-knife radiosurgery. Int J Radiat Oncol Biol Phys. 2007; 69(2):397-403

[45] Tyler-Kabara EC, Kassam AB, Horowitz MH, et al. Predictors of outcome in surgically managed patients with typical and atypical trigeminal neuralgia: comparison of results following microvascular decompression. J Neurosurg. 2002; 96(3):527-531

[46] Waidhauser E, Steude U. Evaluation of patients with atypical trigeminal neuralgia for permanent electrode implant by test stimulation of the ganglion gasseri. Stereotact Funct Neurosurg. 1994; 62(1-4):304-308

[47] Steude U. Percutaneous electro stimulation of the trigeminal nerve in patients with atypical trigeminal neuralgia. Neurochirurgia (Stuttg). 1978; 21(2):66-69

[48] Hadley GR, Gayle JA, Ripoll J, et al. Post-herpetic neuralgia: a review. Curr Pain Headache Rep. 2016; 20(3):17

[49] Gan EY, Tian EA, Tey HL. Management of herpes zoster and post-herpetic neuralgia. Am J Clin Dermatol. 2013; 14(2):77-85

[50] Thomas SL, Hall AJ. What does epidemiology tell us about risk factors for herpes zoster? Lancet Infect Dis. 2004; 4(1):26-33

[51] Johnson RW, Rice AS. Clinical practice. Postherpetic neuralgia. N Engl J Med. 2014; 371(16):1526-1533

[52] Rowbotham MC, Petersen KL. Zoster-associated pain and neural dysfunction. Pain. 2001; 93(1):1-5

[53] Green AL, Nandi D, Armstrong G, Carter H, Aziz T. Post-herpetic trigeminal neuralgia treated with deep brain stimulation. J Clin Neurosci. 2003; 10 (4):512-514

[54] Deogaonkar M, Slavin KV. Peripheral nerve/field stimulation for neuropathic pain. Neurosurg Clin N Am. 2014; 25(1):1-10

[55] Dunteman E. Peripheral nerve stimulation for unremitting ophthalmic postherpetic neuralgia. Neuromodulation. 2002; 5(1):32-37

[56] Renton T, Yilmaz Z. Managing iatrogenic trigeminal nerve injury: a case series and review of the literature. Int J Oral Maxillofac Surg. 2012; 41(5):629-637

[57] Hillerup S. Iatrogenic injury to oral branches of the trigeminal nerve: records of 449 cases. Clin Oral Investig. 2007; 11(2):133-142

[58] Peñarrocha MA, Peñarrocha D, Bagán JV, Peñarrocha M. Post-traumatic trigeminal neuropathy. A study of 63 cases. Med Oral Patol Oral Cir Bucal. 2012; 17(2):e297-e300

[59] Johnson MD, Burchiel KJ. Peripheral stimulation for treatment of trigeminal postherpetic neuralgia and trigeminal posttraumatic neuropathic pain: a pilot study. Neurosurgery. 2004; 55(1):135-141, discussion 141-142

[60] Feletti A, Santi GZ, Sammartino F, Bevilacqua M, Cisotto P, Longatti P. Peripheral trigeminal nerve field stimulation: report of 6 cases. Neurosurg Focus. 2013; 35(3):E10

[61] Lenchig S, Cohen J, Patin D. A minimally invasive surgical technique for the treatment of posttraumatic trigeminal neuropathic pain with peripheral nerve stimulation. Pain Physician. 2012; 15(5):E725-E732

[62] Probst C. Treatment of atypical post-traumatic and postoperative facial neuralgias by chronic stimulation. Apropos of 2 cases, with review of the literature. Neurochirurgie. 1988; 34(2):106-109

[63] Elahi F, Ho KW. Anesthesia dolorosa of trigeminal nerve, a rare complication of acoustic neuroma surgery. Case Rep Neurol Med. 2014; 2014:496794

[64] Blomstedt PC, Bergenheim AT. Technical difficulties and perioperative complications of retrogasserian glycerol rhizotomy for trigeminal neuralgia. Stereotact Funct Neurosurg. 2002; 79(3-4):168-181

[65] Kanpolat Y, Savas A, Bekar A, Berk C. Percutaneous controlled radiofrequency trigeminal rhizotomy for the treatment of idiopathic

trigeminal neuralgia: 25-year experience with 1,600 patients. Neurosurgery. 2001; 48(3):524–532, discussion 532–534

[66] Ischia S, Luzzani A, Polati E, Ischia A. Percutaneous controlled thermocoagulation in the treatment of trigeminal neuralgia. Clin J Pain. 1990; 6(2):96–104

[67] Sandwell SE, El-Naggar AO. Nucleus caudalis dorsal root entry zone lesioning for the treatment of anesthesia dolorosa. J Neurosurg. 2013; 118(3):534–538

[68] Sims-Williams HP, Javed S, Pickering AE, Patel NK. Characterising the analgesic effect of different targets for deep brain stimulation in trigeminal anaesthesia dolorosa. Stereotact Funct Neurosurg. 2016; 94(3):174–181

[69] William A, Azad TD, Brecher E, et al. Trigeminal and sphenopalatine ganglion stimulation for intractable craniofacial pain: case series and literature review. Acta Neurochir (Wien). 2016; 158(3):513–520

[70] Buchanan RJ, Darrow D, Monsivais D, Nadasdy Z, Gjini K. Motor cortex stimulation for neuropathic pain syndromes: a case series experience. Neuroreport. 2014; 25(9):715–717

[71] Lipton RB, Bigal ME, Diamond M, Freitag F, Reed ML, Stewart WF, AMPP Advisory Group. Migraine prevalence, disease burden, and the need for preventive therapy. Neurology. 2007; 68(5):343–349

[72] Buse DC, Manack AN, Fanning KM, et al. Chronic migraine prevalence, disability, and sociodemographic factors: results from the American Migraine Prevalence and Prevention Study. Headache. 2012; 52(10):1456–1470

[73] Natoli JL, Manack A, Dean B, et al. Global prevalence of chronic migraine: a systematic review. Cephalalgia. 2010; 30(5):599–609

[74] Antonaci F, Ghiotto N, Wu S, Pucci E, Costa A. Recent advances in migraine therapy. Springerplus. 2016; 5:637

[75] Gracia-Naya M, Santos-Lasaosa S, Ríos-Gómez C, et al. Predisposing factors affecting drop-out rates in preventive treatment in a series of patients with migraine. Rev Neurol. 2011; 53(4):201–208

[76] Shamliyan TA, Choi JY, Ramakrishnan R, et al. Preventive pharmacologic treatments for episodic migraine in adults. J Gen Intern Med. 2013; 28(9):1225–1237

[77] Mauskop A. Vagus nerve stimulation relieves chronic refractory migraine and cluster headaches. Cephalalgia. 2005; 25(2):82–86

[78] Tso AR, Goadsby PJ. New targets for migraine therapy. Curr Treat Options Neurol. 2014; 16(11):318

[79] Tepper SJ, Rezai A, Narouze S, Steiner C, Mohajer P, Ansarinia M. Acute treatment of intractable migraine with sphenopalatine ganglion electrical stimulation. Headache. 2009; 49(7):983–989

[80] Mueller O, Diener HC, Dammann P, et al. Occipital nerve stimulation for intractable chronic cluster headache or migraine: a critical analysis of direct treatment costs and complications. Cephalalgia. 2013; 33(16):1283–1291

[81] Fischera M, Marziniak M, Gralow I, Evers S. The incidence and prevalence of cluster headache: a meta-analysis of population-based studies. Cephalalgia. 2008; 28(6):614–618

[82] Francis GJ, Becker WJ, Pringsheim TM. Acute and preventive pharmacologic treatment of cluster headache. Neurology. 2010; 75(5):463–473

[83] Franzini A, Messina G. Surgery for treatment of refractory chronic cluster headache: toward standard procedures. Neurol Sci. 2015; 36 Suppl 1:131–135

[84] Láinez MJ, Pascual J, Pascual AM, Santonja JM, Ponz A, Salvador A. Topiramate in the prophylactic treatment of cluster headache. Headache. 2003; 43 (7):784–789

[85] Leone M, Dodick D, Rigamonti A, et al. Topiramate in cluster headache prophylaxis: an open trial. Cephalalgia. 2003; 23(10):1001–1002

[86] Gabai IJ, Spierings EL. Prophylactic treatment of cluster headache with verapamil. Headache. 1989; 29(3):167–168

[87] Leone M, D'Amico D, Frediani F, et al. Verapamil in the prophylaxis of episodic cluster headache: a double-blind study versus placebo. Neurology. 2000; 54(6):1382–1385

[88] Fontaine D, Vandersteen C, Magis D, Lanteri-Minet M. Neuromodulation in cluster headache. Adv Tech Stand Neurosurg. 2015; 42:3–21

[89] Schwedt TJ, Vargas B. Neurostimulation for treatment of migraine and cluster headache. Pain Med. 2015; 16(9):1827–1834

[90] Schoenen J, Jensen RH, Lantéri-Minet M, et al. Stimulation of the sphenopalatine ganglion (SPG) for cluster headache treatment. Pathway CH-1: a randomized, sham-controlled study. Cephalalgia. 2013; 33(10):816–830

[91] Gooriah R, Buture A, Ahmed F. Evidence-based treatments for cluster headache. Ther Clin Risk Manag. 2015; 11:1687–1696

[92] Reutens DC. Burning oral and mid-facial pain in ventral pontine infarction. Aust N Z J Med. 1990; 20(3):249–250

[93] Caplan L, Gorelick P. "Salt and pepper on the face" pain in acute brainstem ischemia. Ann Neurol. 1983; 13(3):344–345

[94] Doi H, Nakamura M, Suenaga T, Hashimoto S. Transient eye and nose pain as an initial symptom of pontine infarction. Neurology. 2003; 60(3):521–523

[95] Masjuan J, Barón M, Lousa M, Gobernado JM. Isolated pontine infarctions with prominent ipsilateral midfacial sensory signs. Stroke. 1997; 28(3):649–651

[96] Ogawa K, Suzuki Y, Oishi M, Kamei S. Clinical study of 46 patients with lateral medullary infarction. J Stroke Cerebrovasc Dis. 2015; 24(5):1065–1074

[97] Fitzek S, Baumgärtner U, Fitzek C, et al. Mechanisms and predictors of chronic facial pain in lateral medullary infarction. Ann Neurol. 2001; 49(4):493–500

[98] Alain S, Paccalin M, Larnaudie S, Perreaux F, Launay O. Impact of routine pediatric varicella vaccination on the epidemiology of herpes zoster. Med Mal Infect. 2009; 39(9):698–706

[99] MacGowan DJ, Janal MN, Clark WC, et al. Central poststroke pain and Wallenberg's lateral medullary infarction: frequency, character, and determinants in 63 patients. Neurology. 1997; 49(1):120–125

[100] Bowsher D, Leijon G. Central poststroke pain and Wallenberg's lateral medullary infarction. Neurology. 1998; 50(5):1520–1521

[101] Ordás CM, Cuadrado ML, Simal P, et al. Wallenberg's syndrome and symptomatic trigeminal neuralgia. J Headache Pain. 2011; 12(3):377–380

[102] Nandi D, Aziz TZ. Deep brain stimulation in the management of neuropathic pain and multiple sclerosis tremor. J Clin Neurophysiol. 2004; 21(1):31–39

[103] Mallory GW, Abulseoud O, Hwang SC, et al. The nucleus accumbens as a potential target for central poststroke pain. Mayo Clin Proc. 2012; 87(10):1025–1031

[104] Nguyen JP, Nizard J, Keravel Y, Lefaucheur JP. Invasive brain stimulation for the treatment of neuropathic pain. Nat Rev Neurol. 2011; 7(12):699–709

[105] Hosobuchi Y. Motor cortical stimulation for control of central deafferentation pain. Adv Neurol. 1993; 63:215–217

[106] Zakrzewska JM. Chronic/persistent idiopathic facial pain. Neurosurg Clin N Am. 2016; 27(3):345–351

[107] Gustin SM, Wilcox SL, Peck CC, Murray GM, Henderson LA. Similarity of suffering: equivalence of psychological and psychosocial factors in neuropathic and non-neuropathic orofacial pain patients. Pain. 2011; 152(4):825–832

[108] Wirz S, Ellerkmann RK, Buecheler M, Putensen C, Nadstawek J, Wartenberg HC. Management of chronic orofacial pain: a survey of general dentists in german university hospitals. Pain Med. 2010; 11(3):416–424

[109] Madland G, Feinmann C. Chronic facial pain: a multidisciplinary problem. J Neurol Neurosurg Psychiatry. 2001; 71(6):716–719

[110] Balamucki CJ, Stieber VW, Ellis TL, et al. Does dose rate affect efficacy? The outcomes of 256 gamma knife surgery procedures for trigeminal neuralgia and other types of facial pain as they relate to the half-life of cobalt. J Neurosurg. 2006; 105(5):730–735

[111] Rasskazoff SY, Slavin KV. Neuromodulation for cephalgias. Surg Neurol Int. 2013; 4 Suppl 3:S136–S150

[112] Wall PD, Sweet WH. Temporary abolition of pain in man. Science. 1967; 155 (3758):108–109

[113] Holsheimer J. Electrical stimulation of the trigeminal tract in chronic, intractable facial neuralgia. Arch Physiol Biochem. 2001; 109(4):304–308

[114] Kapural L, Mekhail N, Hayek SM, Stanton-Hicks M, Malak O. Occipital nerve electrical stimulation via the midline approach and subcutaneous surgical leads for treatment of severe occipital neuralgia: a pilot study. Anesth Analg. 2005; 101(1):171–174 table of contents.

[115] Slavin KV, Nersesyan H, Wess C. Peripheral neurostimulation for treatment of intractable occipital neuralgia. Neurosurgery. 2006; 58(1):112–119, discussion 112–119

[116] Weiner RL, Reed KL. Peripheral neurostimulation for control of intractable occipital neuralgia. Neuromodulation. 1999; 2(3):217–221

[117] Klein J, Sandi-Gahun S, Schackert G, Juratli TA. Peripheral nerve field stimulation for trigeminal neuralgia, trigeminal neuropathic pain, and persistent idiopathic facial pain. Cephalalgia. 2016; 36(5):445–453

[118] Ellis JA, Mejia Munne JC, Winfree CJ. Trigeminal branch stimulation for the treatment of intractable craniofacial pain. J Neurosurg. 2015; 123(1):283–288

[119] Slavin KV, Wess C. Trigeminal branch stimulation for intractable neuropathic pain: technical note. Neuromodulation. 2005; 8(1):7–13

[120] Slavin KV, Colpan ME, Munawar N, Wess C, Nersesyan H. Trigeminal and occipital peripheral nerve stimulation for craniofacial pain: a single-institution experience and review of the literature. Neurosurg Focus. 2006; 21(6):E5

[121] D'Ammando A, Messina G, Franzini A, Dones I. Peripheral nerve field stimulation for chronic neuropathic pain: a single institution experience. Acta Neurochir (Wien). 2016; 158(4):767–772

[122] Reverberi C, Bonezzi C, Demartini L. Peripheral subcutaneous neurostimulation in the management of neuropathic pain: five case reports. Neuromodulation. 2009; 12(2):146–155

[123] Falowski S, Wang D, Sabesan A, Sharan A. Occipital nerve stimulator systems: review of complications and surgical techniques. Neuromodulation. 2010; 13(2):121–125

[124] Palmisani S, Al-Kaisy A, Arcioni R, et al. A six year retrospective review of occipital nerve stimulation practice: controversies and challenges of an emerging technique for treating refractory headache syndromes. J Headache Pain. 2013; 14:67

[125] McGreevy K, Hameed H, Erdek MA. Updated perspectives on occipital nerve stimulator lead migration: case report and literature review. Clin J Pain. 2012; 28(9):814–818

[126] Leone M, Proietti Cecchini A, Messina G, Franzini A. Long-term occipital nerve stimulation for drug-resistant chronic cluster headache. Cephalalgia. 2017; 37(8):756–763

[127] Franzini A, Messina G, Leone M, Broggi G. Occipital nerve stimulation (ONS). Surgical technique and prevention of late electrode migration. Acta Neurochir (Wien). 2009; 151(7):861–865, discussion 865

[128] Slotty PJ, Bara G, Vesper J. The surgical technique of occipital nerve stimulation. Acta Neurochir (Wien). 2015; 157(1):105–108

[129] Brewer AC, Trentman TL, Ivancic MG, et al. Long-term outcome in occipital nerve stimulation patients with medically intractable primary headache disorders. Neuromodulation. 2013; 16(6):557–562, discussion 563–564

[130] Mueller OM, Gaul C, Katsarava Z, Diener HC, Sure U, Gasser T. Occipital nerve stimulation for the treatment of chronic cluster headache lessons learned from 18 months experience. Cent Eur Neurosurg. 2011; 72(2):84–89

[131] Tsubokawa T, Katayama Y, Yamamoto T, Hirayama T, Koyama S. Chronic motor cortex stimulation for the treatment of central pain. Acta Neurochir Suppl (Wien). 1991; 52:137–139

[132] Tsubokawa T, Katayama Y, Yamamoto T, Hirayama T, Koyama S. Chronic motor cortex stimulation in patients with thalamic pain. J Neurosurg. 1993; 78(3):393–401

[133] Meyerson BA, Lindblom U, Linderoth B, Lind G, Herregodts P. Motor cortex stimulation as treatment of trigeminal neuropathic pain. Acta Neurochir Suppl (Wien). 1993; 58:150–153

[134] Rainov NG, Heidecke V. Motor cortex stimulation for neuropathic facial pain. Neurol Res. 2003; 25(2):157–161

[135] Brown JA, Pilitsis JG. Motor cortex stimulation for central and neuropathic facial pain: a prospective study of 10 patients and observations of enhanced sensory and motor function during stimulation. Neurosurgery. 2005; 56(2):290–297, discussion 290–297

[136] Thomas L, Bledsoe JM, Stead M, Sandroni P, Gorman D, Lee KH. Motor cortex and deep brain stimulation for the treatment of intractable neuropathic face pain. Curr Neurol Neurosci Rep. 2009; 9(2):120–126

[137] Monsalve GA. Motor cortex stimulation for facial chronic neuropathic pain: a review of the literature. Surg Neurol Int. 2012; 3 Suppl 4:S290–S311

[138] Henderson JM, Boongird A, Rosenow JM, LaPresto E, Rezai AR. Recovery of pain control by intensive reprogramming after loss of benefit from motor cortex stimulation for neuropathic pain. Stereotact Funct Neurosurg. 2004; 82(5–6):207–213

[139] Carroll D, Joint C, Maartens N, Shlugman D, Stein J, Aziz TZ. Motor cortex stimulation for chronic neuropathic pain: a preliminary study of 10 cases. Pain. 2000; 84(2–3):431–437

[140] Keifer OP, Jr, Riley JP, Boulis NM. Deep brain stimulation for chronic pain: intracranial targets, clinical outcomes, and trial design considerations. Neurosurg Clin N Am. 2014; 25(4):671–692

[141] Green AL, Owen SL, Davies P, Moir L, Aziz TZ. Deep brain stimulation for neuropathic cephalalgia. Cephalalgia. 2006; 26(5):561–567

[142] Sillay KA, Sani S, Starr PA. Deep brain stimulation for medically intractable cluster headache. Neurobiol Dis. 2010; 38(3):361–368

[143] Rasche D, Rinaldi PC, Young RF, Tronnier VM. Deep brain stimulation for the treatment of various chronic pain syndromes. Neurosurg Focus. 2006; 21(6):E8

[144] Hosobuchi Y, Adams JE, Rutkin B. Chronic thalamic stimulation for the control of facial anesthesia dolorosa. Arch Neurol. 1973; 29(3):158–161

[145] Akram H, Miller S, Lagrata S, et al. Ventral tegmental area deep brain stimulation for refractory chronic cluster headache. Neurology. 2016; 86(18):1676–1682

[146] Seijo F, Saiz A, Lozano B, et al. Neuromodulation of the posterolateral hypothalamus for the treatment of chronic refractory cluster headache: experience in five patients with a modified anatomical target. Cephalalgia. 2011; 31(16):1634–1641

[147] Kumar K, Wyant GM, Nath R. Deep brain stimulation for control of intractable pain in humans, present and future: a ten-year follow-up. Neurosurgery. 1990; 26(5):774–781, discussion 781–782

[148] Falowski SM. Deep brain stimulation for chronic pain. Curr Pain Headache Rep. 2015; 19(7):27

[149] Jannetta PJ. Arterial compression of the trigeminal nerve at the pons in patients with trigeminal neuralgia. J Neurosurg. 1967; 26(1) Suppl:159–162

[150] Gu W, Zhao W. Microvascular decompression for recurrent trigeminal neuralgia. J Clin Neurosci. 2014; 21(9):1549–1553

[151] Broggi G, Ferroli P, Franzini A, Servello D, Dones I. Microvascular decompression for trigeminal neuralgia: comments on a series of 250 cases, including 10 patients with multiple sclerosis. J Neurol Neurosurg Psychiatry. 2000; 68(1):59–64

[152] Oesman C, Mooij JJ. Long-term follow-up of microvascular decompression for trigeminal neuralgia. Skull Base. 2011; 21(5):313–322

[153] Broggi M, Acerbi F, Ferroli P, Tringali G, Schiariti M, Broggi G. Microvascular decompression for neurovascular conflicts in the cerebello-pontine angle: which role for endoscopy? Acta Neurochir (Wien). 2013; 155(9):1709–1716

[154] Sandell T, Ringstad GA, Eide PK. Usefulness of the endoscope in microvascular decompression for trigeminal neuralgia and MRI-based prediction of the need for endoscopy. Acta Neurochir (Wien). 2014; 156(10):1901–1909, discussion 1909

[155] Bohman LE, Pierce J, Stephen JH, Sandhu S, Lee JY. Fully endoscopic microvascular decompression for trigeminal neuralgia: technique review and early outcomes. Neurosurg Focus. 2014; 37(4):E18

[156] Halpern CH, Lang SS, Lee JY. Fully endoscopic microvascular decompression: our early experience. Minim Invasive Surg. 2013; 2013:739432

[157] Feng B, Zheng X, Wang X, Wang X, Ying T, Li S. Management of different kinds of veins during microvascular decompression for trigeminal neuralgia: technique notes. Neurol Res. 2015; 37(12):1090–1095

[158] Toda H, Goto M, Iwasaki K. Patterns and variations in microvascular decompression for trigeminal neuralgia. Neurol Med Chir (Tokyo). 2015; 55(5):432–441

[159] Xia L, Zhong J, Zhu Y, et al. Effectiveness and safety of microvascular decompression surgery for treatment of trigeminal neuralgia: a systematic review. J Craniofac Surg. 2014; 25(4):1413–1417

[160] Noorani I, Lodge A, Vajramani G, Sparrow O. Comparing percutaneous treatments of trigeminal neuralgia: 19 years of experience in a single centre. Stereotact Funct Neurosurg. 2016; 94(2):75–85

[161] Asplund P, Blomstedt P, Bergenheim AT. Percutaneous balloon compression vs percutaneous retrogasserian glycerol rhizotomy for the primary treatment of trigeminal neuralgia. Neurosurgery. 2016; 78(3):421–428, discussion 428

[162] Bergenheim AT, Asplund P, Linderoth B. Percutaneous retrogasserian balloon compression for trigeminal neuralgia: review of critical technical details and outcomes. World Neurosurg. 2013; 79(2):359–368

[163] Du Y, Yang D, Dong X, Du Q, Wang H, Yu W. Percutaneous balloon compression (PBC) of trigeminal ganglion for recurrent trigeminal neuralgia after microvascular decompression (MVD). Ir J Med Sci. 2015; 184(4):745–751

[164] Lichtor T, Mullan JF. A 10-year follow-up review of percutaneous microcompression of the trigeminal ganglion. J Neurosurg. 1990; 72(1):49–54

[165] Skirving DJ, Dan NG. A 20-year review of percutaneous balloon compression of the trigeminal ganglion. J Neurosurg. 2001; 94(6):913–917

[166] Leksell L. Sterotaxic radiosurgery in trigeminal neuralgia. Acta Chir Scand. 1971; 137(4):311-314

[167] Régis J, Tuleasca C, Resseguier N, et al. Long-term safety and efficacy of Gamma Knife surgery in classical trigeminal neuralgia: a 497-patient historical cohort study. J Neurosurg. 2016; 124(4):1079-1087

[168] Taich ZJ, Goetsch SJ, Monaco E, et al. Stereotactic radiosurgery treatment of trigeminal neuralgia: clinical outcomes and prognostic factors. World Neurosurg. 2016; 90:604-612.e11

[169] Marshall K, Chan MD, McCoy TP, et al. Predictive variables for the successful treatment of trigeminal neuralgia with gamma knife radiosurgery. Neurosurgery. 2012; 70(3):566-572, discussion 572-573

[170] Lucas JT, Jr, Nida AM, Isom S, et al. Predictive nomogram for the durability of pain relief from gamma knife radiation surgery in the treatment of trigeminal neuralgia. Int J Radiat Oncol Biol Phys. 2014; 89(1):120-126

[171] Matsuda S, Nagano O, Serizawa T, Higuchi Y, Ono J. Trigeminal nerve dysfunction after Gamma Knife surgery for trigeminal neuralgia: a detailed analysis. J Neurosurg. 2010; 113 Suppl:184-190

[172] Broggi G, Servello D, Franzini A, Giorgi C. Electrical stimulation of the gasserian ganglion for facial pain: preliminary results. Acta Neurochir Suppl (Wien). 1987; 39:144-146

[173] Lazorthes Y, Armengaud JP, Da Motta M. Chronic stimulation of the Gasserian ganglion for treatment of atypical facial neuralgia. Pacing Clin Electrophysiol. 1987; 10(1, Pt 2):257-265

[174] Taub E, Munz M, Tasker RR. Chronic electrical stimulation of the gasserian ganglion for the relief of pain in a series of 34 patients. J Neurosurg. 1997; 86(2):197-202

[175] Mousavi SH, Niranjan A, Huang MJ, et al. Early radiosurgery provides superior pain relief for trigeminal neuralgia patients. Neurology. 2015; 85(24):2159-2165

[176] Ammori MB, King AT, Siripurapu R, Herwadkar AV, Rutherford SA. Factors influencing decision-making and outcome in the surgical management of trigeminal neuralgia. J Neurol Surg B Skull Base. 2013; 74(2):75-81

[177] Spatz AL, Zakrzewska JM, Kay EJ. Decision analysis of medical and surgical treatments for trigeminal neuralgia: how patient evaluations of benefits and risks affect the utility of treatment decisions. Pain. 2007; 131(3):302-310

37 Implante de Estimulador de Medula Espinal para Alívio da Dor

Fabio Frisoli ▪ Conor Grady ▪ Alon Y. Mogilner

Resumo

A estimulação da medula espinal (SCS) é usada para tratar a dor neuropática crônica que resulta de vários quadros. Os aperfeiçoamentos na técnica operatória e no desenho de *hardware*, combinados com a introdução recente de novos formatos de onda de estimulação, resultaram na utilização cada vez maior da tecnologia. Entretanto, a seleção cuidadosa de pacientes permanece essencial para o aperfeiçoamento dos resultados para o paciente. As complicações associadas a dispositivos continuam comuns, mas raramente resultam em morbidade permanente.

Palavras-chave: estimulação de medula espinal, síndrome pós-laminectomia, síndrome da dor regional complexa, neuroestimulação, percutâneo, placa, estimulação sem parestesia.

37.1 Introdução

A estimulação da medula espinal (SCS), introduzida clinicamente pela primeira vez em 1967,[1] é uma modalidade usada no tratamento de dor neuropática intensa, onde outras intervenções clínicas ou cirúrgicas não foram bem-sucedidas. A dor persistente nas extremidades inferiores e/ou nas costas após cirurgia da coluna lombar, conhecida como "síndrome pós-laminectomia (FBSS)" permanece como a indicação mais comum para SCS. A síndrome da dor regional complexa (CRPS) tipos 1 e 2 também é indicação comum para SCS. Outros quadros para os quais a SCS pode ser útil incluem: dor resultante de isquemia crítica do membro, angina refratária crônica, neuropatia diabética, neuropatia por HIV (vírus da imunodeficiência humana) e neuralgia pós-herpética.[2] A localização da dor de um paciente é uma consideração importante, pois a SCS é mais eficaz para tratar a dor envolvendo as extremidades e menos efetiva ao lidar com a dor na linha média, tal como a dor axial nas costas. Da mesma forma, o tipo de dor tem importância vital, com a SCS tendo menor probabilidade de fornecer alívio significativo para a dor nociceptiva crônica e maior probabilidade de reduzir a dor neuropática ou isquêmica.

37.1.1 Mecanismo de Ação

Uma discussão detalhada dos mecanismos de eficácia analgésica da SCS está além do escopo deste capítulo e encaminhamos o leitor para vários artigos de revisão excelentes que tratam dos mecanismos de ação da SCS no tratamento de dor neuropática e isquêmica,[3] assim como das possíveis diferenças em mecanismos entre a estimulação tradicional tônica produzindo parestesia e a estimulação sem parestesia.[4,5] Inicialmente, a teoria de controle do portão da dor de Melzack e Wall, que postula que a atividade aferente em grandes fibras Aβ mielinadas pode bloquear a transmissão de dor nas fibras menores A∂ e C, finamente mielinadas e não mielinadas, foi proposta como o mecanismo principal de eficácia.[6] Embora seja altamente provável que alguma eficácia da SCS seja decorrente dos mecanismos já mencionados, um trabalho posterior sugeriu que múltiplas vias neurais, tanto no nível espinal quanto supraespinal, estejam envolvidas, com modulação de atividade de neurônios de segunda ordem e de faixa dinâmica ampla (WDR) desempenhando papel essencial na modulação da percepção de dor.

37.2 Seleção do Paciente

37.2.1 Avaliação Pré-Operatória

Falha de Outras Modalidades de Tratamento

Antes de se considerar a SCS, é essencial confirmar que a dor é crônica e incessante, com alguns clínicos propondo pelo menos 6 meses de dor refratária ao tratamento como exigência para consideração posterior de SCS.[7] O tratamento deverá ter falhado em outras intervenções menos invasivas incluindo: agentes farmacológicos, injeções e fisioterapia (PT). Os agentes farmacológicos tradicionalmente usados incluem NSAIDs (drogas anti-inflamatórias não esteroidais), gabapentina/pregabalina, antidepressivos e analgésicos narcóticos. As intervenções não farmacológicas como PT e *biofeedback* deverão ser consideradas. Vários estudos demonstraram correlações entre vários quadros psicológicos incluindo: depressão, transtornos por abuso de drogas e transtornos de personalidade, com resultados ruins após a SCS.[8,9] Assim, recomenda-se que todos os pacientes sendo considerados para SCS sejam submetidos a uma avaliação psicológica dentro de 1 ano antes de qualquer intervenção planejada.

Além disso, é importante que os pacientes se submetam a um exame detalhado exaustivo da etiologia de suas dores, para descartar qualquer reparo complementar direto do problema subjacente. Por exemplo, um paciente com dor persistente na perna após cirurgia da coluna lombar deverá passar por um exame radiográfico detalhado incluindo tomografia computadorizada (CT), investigação por imagens de ressonância magnética (MRI) e radiografias de flexão-extensão para se determinar que não haja estabilização ou descompressão adicionais que possam abordar a queixa do paciente.

37.2.2 Indicações Clínicas

Síndrome Pós-Laminectomia (FBSS)

A resposta de dor persistente na perna e na região lombar após cirurgia da coluna lombar, geralmente conhecida como FBSS, para a SCS tem sido tema de vários estudos clínicos.[10,11] Um estudo clínico multicêntrico, controlado, randomizado e prospectivo selecionou 100 pacientes com FBSS e dor predominante na perna ou para tratamento médico convencional (CMM) ou SCS com CMM. Em um acompanhamento de 2 anos, o grupo de SCS/CMM continuou a demonstrar melhor controle da dor com significado estatístico e *status* funcional quando comparado com o grupo CMM.[11] Em outro estudo, North *et al.* randomizaram 50 pacientes que cumpriam com os critérios para reoperação por causa de dor radicular recorrente após cirurgia da coluna lombar ou para reoperação ou para SCS. O grupo SCS se mostrou significativamente mais provável de declarar sucesso em seus procedimentos e significativamente menos provável de atravessar o outro grupo de tratamento comparado com aqueles randomizados para a reoperação.[10] Uma metanálise de estudos examinando a relação custo-benefício da SCS *versus* CMM no tratamento de FBSS mostrou que a SCS é menos dispendiosa que o CMM no longo prazo.[12]

Síndrome da Dor Regional Complexa

A CRPS é um transtorno caracterizado por dor persistente em uma extremidade logo após a lesão, geralmente acompanhado de inchaço, vermelhidão ou alterações na textura da pele. Essa síndrome é dividida nos tipos 1 e 2 com base na ausência ou presença de neuropatia confirmada, respectivamente. Os dois tipos apresentam sintomas idênticos. Kemler et al.[13] desenharam um estudo clínico prospectivo, controlado e randomizado no qual 54 pacientes diagnosticados com CRPS foram designados ou para SCS e PT ou só para PT. Os pacientes foram acompanhados com um *check-up* inicial de 6 meses, e então anualmente daí em diante. Aos 6 meses, o grupo de SCS/PT informou maior redução estatisticamente significativa na dor comparada com a do grupo tratado somente com PT. Essa diferença persistiu por todo o período de 2 anos de acompanhamento, mas perdeu significância aos 5 anos ($p = 0,06$). Embora apenas perdendo significância, esse estudo reforçou a tendência reconhecida em várias revisões da literatura de que a SCS leva à melhor redução informada na dor em CRPS que o tratamento conservador isolado.[14,15]

Síndromes de Dor Isquêmica

A SCS tem sido usada há décadas no tratamento da dor relacionada com síndromes isquêmicas. O mecanismo pelo qual a SCS, hipoteticamente, alivia a dor isquêmica é tanto pelo mesmo mecanismo que em outras modalidades de dor quanto por aumentar o fluxo sanguíneo local para o sítio anatômico alvo. Embora ligeiramente misturados, os estudos que examinam a eficácia da SCS no tratamento de dor relacionada com doença vascular periférica crítica demonstraram efeitos variando de uso reduzido de analgésicos a índices reduzidos de amputação e melhor *status* de função quando comparado com grupos que não se tenham submetido à SCS.[16,17] Para investigar o papel da SCS no tratamento de *angina pectoris* refratária ao tratamento, os autores do estudo ESBY (estimulação elétrica *versus* cirurgia de derivação de artéria coronária em quadro grave de *angina pectoris*) randomizaram 104 pacientes aos grupos de SCS ou CAGB (enxertia de derivação de artéria coronária). Ambos os grupos informaram índices similares de melhora dos sintomas após a intervenção, levando os autores a concluir que a SCS pode ser uma opção de tratamento superior em pacientes considerados como candidatos cirúrgicos não satisfatórios.[18] Além disso, no acompanhamento de 2 anos, os pacientes submetidos à SCS exigiram menos dias de hospitalização para episódios cardíacos.[16]

37.3 *Hardware* de Estimulação de Medula Espinal

37.3.1 Seleção dos Eletrodos

Os eletrodos epidurais são implantadas ou percutaneamente mediante orientação fluoroscópica ou com visualização direta via laminectomia. A decisão de usar eletrodos percutâneos ou de placa varia de acordo com a preferência do cirurgião, a preferência do paciente, a anatomia do paciente e intervenções anteriores. Os eletrodos percutâneos deverão ser sempre a primeira escolha de um estudo clínico, dada a morbidade mínima de inserção da derivação quando comparada com a laminectomia necessária para a inserção da derivação de placa.

Percutâneo

O implante percutâneo continua sendo amplamente o método preferido para o estudo clínico, pois ele reduz a morbidade perioperatória relacionada com dor, perda sanguínea, infecção e anestesia.

Um estudo clínico percutâneo é tipicamente realizado mediante anestesia local com sedação consciente. Isso permite retorno imediato do paciente sobre o grau e localização da estimulação para assegurar que a cobertura dos segmentos doloridos foi atingida. E o mais importante, as reações adversas relacionadas com compressão radicular são diminuídas. Deve-se notar que a introdução recente da SCS "sem parestesia", embora ainda incomum, pode reduzir a necessidade desse retorno durante a colocação eletrodo percutâneo. Visando a alta frequência (10-kHz) sem parestesia a inserção do eletrodo é realizada em área estritamente anatômica, com dois eletrodos colocados o mais próximo possível da linha média anatômica, sobrepondo-se uma à outra e abrangendo a área de T8 a T10 aproximadamente. Nesses casos, a fluoroscopia anteroposterior (AP) e lateral é essencial para confirmar a colocação do eletrodo dorsal.

Embora a colocação percutânea de eletrodos seja favorável e deverá ser tentada para o estudo clínico de pacientes nunca antes tratados, existem várias limitações técnicas que podem impedir seu uso. Os pacientes submetidos à SCS sofrem, com frequência, de doença espondilótica severa e passaram por cirurgias espinais anteriores. Mesmo com a orientação fluoroscópica, pode ser difícil acessar o espaço epidural com uma agulha espinal. Além disso, estenose espinal, hipertrofia do ligamento amarelo e cicatrização cirúrgica podem limitar a habilidade de dirigir a derivação em sentido cefálico. Eletrodos implantados por via percutânea também apresentam índice mais alto de migração que as derivações de placa. Os eletrodos que migram em sentido craniocaudal podem reduzir a eficácia, enquanto a migração lateral também pode resultar em irritação da raiz neural. Por isso, eletrodo em placa de pode ser considerado em um paciente em alto risco de migração de eletrodo (ou seja, um paciente jovem e fisicamente ativo).

Placa

Os eletrodos de pá ou de placa contêm duas ou mais colunas de contatos e são colocados diretamente no nível espinal desejado via laminectomia. Essas matrizes permitem padrões mais complexos de estimulação e oferecem maior cobertura da coluna dorsal (▶ Fig. 37.1). Diferentemente dos eletrodos percutâneos cilíndricas, nas quais a corrente é direcionada radialmente em todas as direções, essas derivações são isoladas de modo que a corrente tem direção ventral só até a dura, o que permite o envio mais eficiente de energia de estimulação e pode minimizar os efeitos colaterais da estimulação das estruturas de partes moles adjacentes. Isso, por sua vez, maximiza a janela terapêutica. E mais, a placa pode ser fixada às estruturas adjacentes com sutura não absorvível e/ou selante de fibrina para prevenir a migração.

37.3.2 Geradores

Os geradores de pulso são implantados subcutaneamente e fornecem a corrente desejada para os eletrodos. Há duas categorias de geradores disponíveis, selecionados com base na confiabilidade do paciente e no grau de estimulação necessário.

Célula Primária

Geradores de célula primária ou não recarregáveis foram os dispositivos implantáveis originais usados em SCS. A vida da bateria varia com a quantidade de corrente e de voltagem necessárias para fornecer alívio terapêutico, mas a duração típica é de 2 a 5 anos. Embora seja necessária a reposição cirúrgica mais frequente, o paciente não é responsável pelo monitoramento da carga do gerador. Isso é favorável em pacientes com limitações físicas ou mentais que podem não conseguir examinar o gerador de modo coerente.

Implante de Estimulador de Medula Espinal para Alívio da Dor

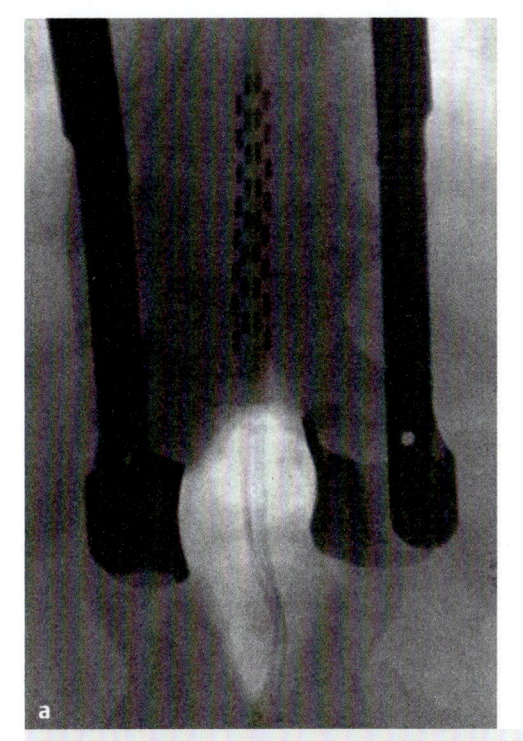

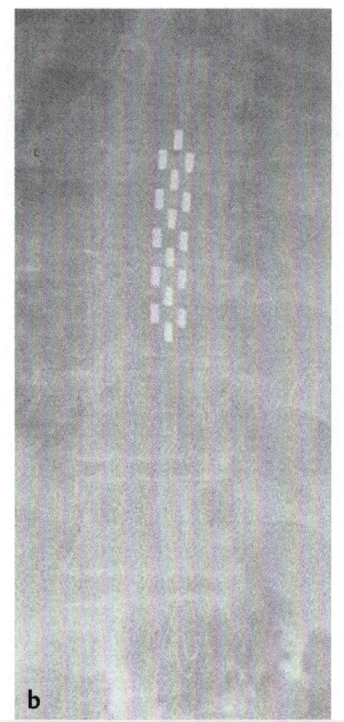

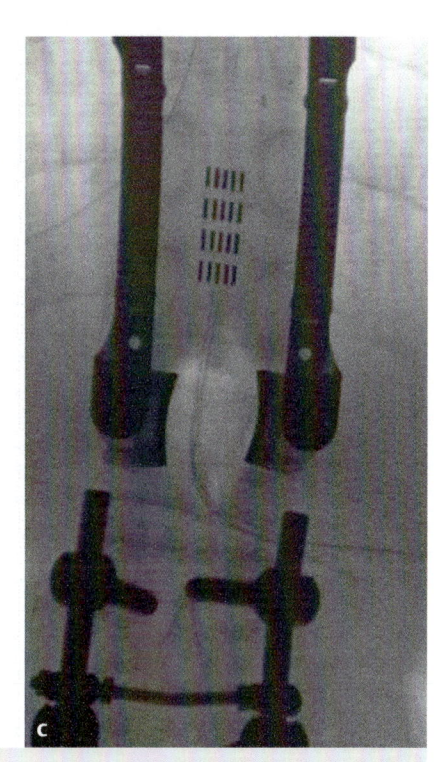

Fig. 37.1 Matrizes de placa fabricadas por Boston Scientific (a), Medtronic (b) e St. Jude Medical (c).

Recarregável

Os geradores recarregáveis tornaram-se cada vez mais populares com o advento de dispositivos carregáveis não invasivos e sem fio. Dependendo do grau de corrente usado, esses geradores duram de 8 a 10 anos. Eles são especialmente favoráveis em pacientes com derivações múltiplas e programação complexa exigindo correntes mais altas. Isso não exige que o paciente examine e recarregue o gerador a intervalos regulares, mas os fabricantes têm produzido unidades cada vez mais simples de usar.

37.4 Técnica Cirúrgica

37.4.1 Teste Percutâneo

Um teste com eletrodos implantados percutaneamente é conduzida durante 5 a 7 dias para avaliar a eficácia da neuroestimulação. O paciente é colocado em posição supina na mesa de cirurgia com a cabeceira da cama em posição flexionada. Como alternativa, rolos de gel ou uma estrutura de Wilson podem ser colocados sob o dorso para aumentar a angulação cifótica da coluna e maximizar o espaço interlaminar. A sedação consciente é administrada pela equipe de anestesiologia e geralmente envolve uma combinação de agentes sedativos e analgésicos incluindo, sem limitação, midazolam, dexmedetomidina, fentanil e propofol. A cefalosporina é administrada antes da punção para cobertura da flora normal da pele. Em pacientes alérgicos à penicilina, vancomicina e gentamicina também podem ser usadas.

A fluoroscopia é então usada para localizar o interespaço desejado. Para pacientes com sintomas nas costas e extremidade inferior, as pontas das derivações são geralmente colocadas no nível de T8-T9 (▶ Fig. 37.2). Como resultado, os eletrodos deverão penetrar o espaço epidural em nível mais baixo, preferivelmente inferior ao cone medular para minimizar a possibilidade de lesão da medula espinal. A penetração em ângulo agudo pode evi-

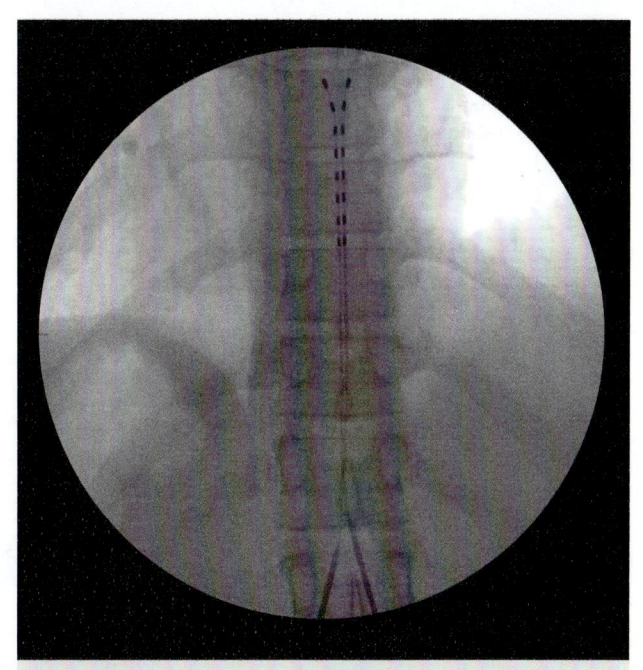

Fig. 37.2 Colocação de eletrodo percutâneo durante estudo clínico típico para dor nas costas e extremidade inferior, com as derivações abrangendo T8-T10. Agulhas epidurais são visualizadas entrando no espaço interno de T12-L1.

tar a passagem da derivação; assim, recomenda-se que a agulha penetre a pele via abordagem paramediana oblíqua, pelo menos um nível inferior no nível de entrada determinado, na tentativa de manter o ângulo de entrada o mais raso possível em relação à pele. Assim, a entrada na pele no pedículo de L3 seria apropriada para uma entrada epidural no nível de L1-L2. Isso pode variar com a postura do corpo, a anatomia do paciente e a presença de *hardware* espinal. Após a marcação do sítio, a pele é preparada com clorexidina e solução à base de álcool e o campo cirúrgico é preparado em modo esterilizado. Uma mistura de lidocaína e epinefrina é injetada nos planos superficial e profundo para anestesia local adequada. A agulha de Tuohy é então introduzida em sentido medial e cefálico até que a fáscia toracolombar seja penetrada. Uma agulha com a ponta curvada pode ajudar a avançar a derivação em sentido cefálico, especialmente quando a postura corporal do paciente necessitar de um ângulo mais íngreme de abordagem. A confirmação da entrada no espaço epidural pode ser feita por vários métodos incluindo a técnica de perda de resistência, a "técnica da gota suspensa", assim como o uso do fio-guia flexível fornecido como uma sonda antes da colocação da derivação. Nós preferimos a técnica da perda de resistência. Uma vez penetrada a fáscia, o estilete é removido e uma seringa de vidro cheia de ar é fixada à agulha. Usando uma combinação de fluoroscopia e pressão leve intermitente na seringa, a agulha é levemente avançada até que se observe a perda de resistência, confirmando que a entrada no espaço epidural foi atingida. A seringa é então removida para garantir que não haja retorno do líquido cerebrospinal.

A derivação é introduzida através da agulha mediante orientação fluoroscópica (▶ Fig.37.3). À medida que a derivação avança em forma de rostro, o torque na extremidade distal da derivação é manipulado para manter a abordagem da linha média. Se uma segunda derivação for colocada, a mesma técnica é então usada para introduzir a derivação a partir do lado oposto do processo espinhoso em paralelo com a primeira derivação. Uma vez as derivações apropriadamente posicionadas, as extremidades distais desses dispositivos são conectadas a um equipamento de triagem externo, que pode exigir o recuo dos estiletes levemente, dependendo do sistema especial usado. Nesse ponto, vários contatos são estimulados com aumento de corrente para provocar parestesias no dermátomo desejado. Atenção especial deve ser dada no nível de corrente no qual estímulos nocivos são encontrados, para limitar os efeitos colaterais. As derivações são reposicionadas até que o paciente informe cobertura dos segmentos doloridos no(s) membro(s) afetado(s). As agulhas são então removidas e as derivações fixadas na pele com sutura não absorvível ou com as âncoras fornecidas pelo fabricante. Nesse ponto, uma radiografia final deverá ser obtida para garantir que não houve migração das derivações. A introdução recente da SCS sem parestesia usando estimulação de frequência ultra elevada[11,19] diminui a necessidade de interação com os pacientes durante o estudo clínico e naqueles casos em que as derivações são colocadas somente por orientação radiológica. Em geral, o paciente é mantido em tratamento com cefalosporina oral durante todo o teste.

Para a colocação do eletrodo cervical, o mais comum é um ponto de entrada epidural torácico superior (níveis T1-T4). Como alguns médicos não se sentem confortáveis para executar epidurais torácicas altas, pode-se colocar a agulha no mesmo sítio que a colocação da extremidade inferior (L1-L3) e passar a derivação em sentido cefálico a partir desse ponto de entrada mais baixo. As localizações das pontas dos eletrodos para dor na extremidade superior podem variar e o eletrodo geralmente é avançado até o nível de C2-C3 e puxada para baixo em sentido caudal, se necessário. Temos sido ocasionalmente capazes de obter cobertura de parestesia de corpo todo com a colocação de eletrodo cervical alto. Além disso, a colocação de eletrodo cervical superior é usada por alguns profissionais para tratar dor facial, presumivelmente via a estimulação do núcleo espinal e trato do nervo trigêmeo, que desce para o interior da medula cervical superior.

37.4.2 Implante Permanente

Após um teste bem-sucedido, o paciente volta em data posterior para o implante permanente. Nossa prática é discutir com o paciente os benefícios e riscos relativos do implante permanente via a abordagem percutânea *versus* a laminectomia e colocação de placas antes de prosseguir.

Percutâneo

Na maioria dos casos, todo o procedimento pode ser executado com sedação consciente e anestésico local. Geralmente, os eletro-

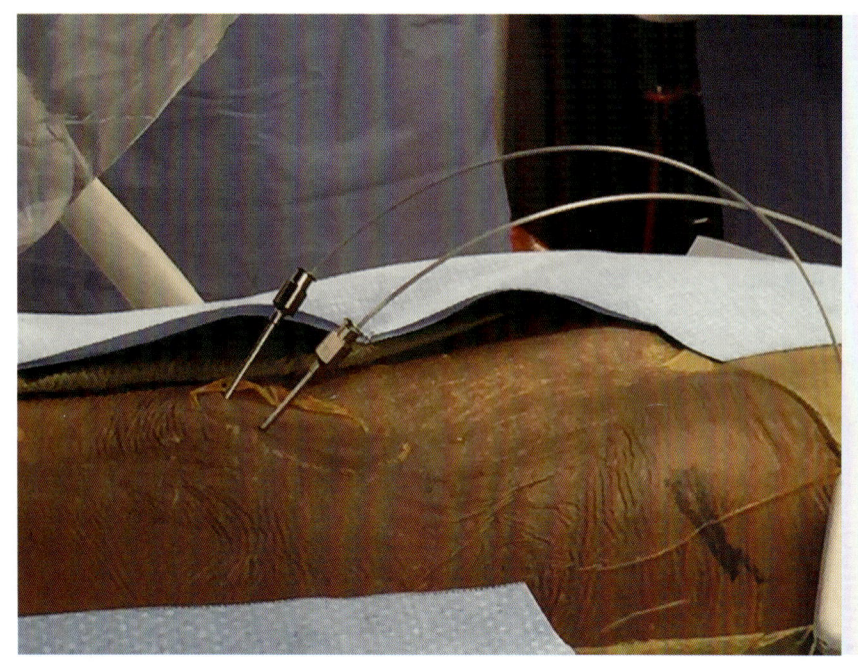

Fig. 37.3 Fotografia intraoperatória demonstrando a orientação das agulhas de Tuohy para colocação de eletrodo percutâneo.

dos percutâneos anteriores são removidos antes do teste, embora nós tenhamos, às vezes, removido os eletrodos no dia do implante permanente, imediatamente antes da instalação do sistema SCS. A área é então amplamente preparada para incluir o sítio de implante do gerador. Como aconteceu no teste percutâneo, uma agulha de Tuohy e uma seringa de vidro são usadas para penetrar no espaço epidural em qualquer lado do processo espinal e os eletrodos são posicionadas em configuração idêntica à do estudo clínico usando fluoroscopia. A estimulação com retorno ao vivo do paciente confirma que ele experimenta resultados similares. O implante de um sistema sem parestesia reduz a necessidade de verificação intraoperatória e, assim, a anestesia geral pode ser a preferida. Na verdade, nós realizamos implantes percutâneos de sistemas SCS tradicionais produzindo parestesia mediante anestesia geral em casos selecionados nos quais os anestesiologistas não estavam confortáveis em fornecer sedação consciente com uma via aérea segura (p. ex., pacientes obesos com apneia do sono). A seguir, é feita uma incisão na linha média onde os eletrodos percutâneos saem da pele para expor onde a agulha penetra na fáscia toracolombar em ambos os lados. As agulhas são removidas e os eletrodos são presos à fáscia com uma âncora ou sutura não absorvível. Os eletrodos são então puxados pela pele para a bolsa suprafacial. Uma radiografia final confirma a colocação dos eletrodos devidamente seguros.

A seguir é feita uma incisão no flanco, de dimensão suficiente para acomodar o gerador. A localização do gerador deverá ser discutida e planejada com o paciente antes do implante. O local apropriado é então marcado na pele com um marcador indelével, imediatamente antes da cirurgia, com o paciente ereto. Isso permitirá ao paciente avaliar o sítio da incisão em relação a onde sua roupa vai ficar enquanto ele estiver em pé, pois todos os esforços devem ser feitos para não colocar a incisão do gerador diretamente sob a linha da cintura do paciente ou em qualquer outro sítio de pressão indevida sobre a incisão. Se o paciente dorme rotineiramente sobre um lado, deve-se considerar a colocação do gerador no lado contralateral.

A localização na nádega/flanco é o sítio preferido da maioria dos implantadores; entretanto, pacientes que não possuam coxins de gordura amplos podem ser incomodados pelo gerador quando sentados ou deitados. Nessa situação, o gerador pode ser colocado superior à fáscia de Scarpa, sobre a parede abdominal inferior. Observar que isso exigirá reposicionamento do paciente em posição de decúbito lateral para o implante do gerador. Em qualquer um dos casos, uma loja ampla é feita deixando uma quantidade apropriada de tecido adiposo subcutâneo para proteger a migração do gerador pelas camadas da derme. Um tunelador é então passado pelos tecidos subcutâneos e os eletrodos são introduzidos pela bainha para a loja. A seguir, são conectados ao gerador, o qual está seguro na loja com sutura não absorvível. Qualquer eletrodo em excesso deverá ser enrolado profundamente ao gerador. Antes do fechamento, a impedância dos eletrodos deverá ser verificada para assegurar que as conexões não estejam comprimidas ou rompidas e que há conectividade adequada com o gerador. Além disso, em pacientes obesos, geradores recarregáveis deverão ser instalados não mais profundos que a profundidade especificada pelo fabricante, para permitir a recarga. Ambas as incisões deverão ser copiosamente irrigadas com antibióticos e então fechadas em camadas, conforme modelo padrão.

Embora não comum, os sistemas de SCS percutâneos podem ser instalados sob anestesia geral e, se assim for, a eletrofisiologia intraoperatória, como detalhado na próxima seção, poderá ser usada para neuromonitoramento durante a estimulação por eletrodos.

Trial Percutâneo "Sepultado"

Alguns médicos, à época da experiência percutânea, preferem executar um rasgo e ancorar os eletrodos percutâneos à fáscia. Os eletrodos são então tuneilizados para fora com extensões temporárias. Essa técnica, conhecida como experiência "sepultada", pode ser usada às vezes onde a colocação do eletrodo inicial é difícil e há preocupação de que os eletrodos não possam ser substituídos mais tarde, após a remoção. Embora isso torne o implante permanente mais simples, ela também exige um segundo procedimento cirúrgico definitivo para remoção se o estudo clínico não for bem-sucedido.

Placa

O implante de um eletrodo de placa é uma técnica mais invasiva e deverá ser reservado para aqueles pacientes que falharam na implantação percutânea ou para aqueles em alto risco de migração do eletrodo (p. ex., pacientes jovens e fisicamente muito ativos). Como mencionado anteriormente, embora a colocação de um eletrodo de placa via laminectomia possa ser realizado mediante sedação consciente, os autores e outros [profissionais] passaram a executar o procedimento com anestesia geral e monitoramento intraoperatório.[20-22] O monitoramento eletrofisiológico nesses casos serve a um duplo propósito: confirmar a localização apropriada e a lateralidade do eletrodo e alertar o cirurgião sobre qualquer compressão neurológica potencial ou outra lesão durante o procedimento. Após a indução da anestesia geral, um EMG (eletromiograma) e/ou eletrodos SSEP (potencial somatossensorial evocado) são aplicados pelo neurofisiologista aos vários grupos musculares das extremidades afetadas. As voltagens da linha básica deverão ser obtidas antes de inverter o paciente para assegurar o neuromonitoramento. O anestesiologista deverá ser alertado de que é proibido o uso de bloqueadores neuromusculares nesses casos, pois eles impedem o monitoramento. O paciente deverá então ser colocado em posição prona na mesa de cirurgia. Em caso de placa cervical, a cabeça deverá ser imobilizada com um fixador de crânio em posição neutral. Um suporte radiolucente de cabeça é usado para permitir a fluoroscopia AP. O nível espinal desejado é então localizado por fluoroscopia e o sítio, incluindo o sítio de colocação do gerador, deverá ser preparado e o campo cirúrgico disposto em modelo esterilizado. A profilaxia com antimicrobianos deverá ser administrada antes da incisão na pele.

Após infiltração com anestésico local, é feita uma incisão na pele, na linha média, e a musculatura paraespinal é dissecada usando a técnica subperiosteal para expor as lâminas desejadas. Executa-se então a laminectomia em formato padrão, um ou dois níveis inferiores à posição final planejada da derivação. O ligamento amarelo e a gordura epidural deverão ser completamente removidos para expor a dura. Uma placa teste deverá ser usada para determinar as margens laterais da laminectomia, com o cuidado de não violar a borda medial da parte interarticular. Apenas uma porção suficiente de lâmina para colocar a placa no nível da dura dorsal deverá ser removida. Uma vez aplicada a placa à dura, executa-se a estimulação teste. Quando se usa o monitoramento, as informações fornecidas por esse processo são então usadas para ajustar a localização da placa, se necessário. Uma vez determinada a localização final do eletrodo, a placa é ancorada por meio de âncoras e suturas de seda. Os autores injetam, rotineiramente, selante de fibrina no sítio da laminectomia, como método complementar de ancoragem. Uma radiografia confirma a colocação apropriada do eletrodo e serve como linha de base para estudos futuros, se clinicamente justificados.

As derivações dos eletrodos são passadas para o gerador do mesmo modo já mencionado para a técnica percutânea, sempre verificando impedâncias uma vez que o gerador esteja colocado dentro da bolsa subcutânea. A fluoroscopia confirma que a placa não migrou durante esses passos finais. Após irrigação copiosa, ambas as feridas são fechadas de modo padrão. Em pacientes com infecção anterior de ferimentos ou que foram colonizados com *Staphylococcus aureus* resistente à meticilina, vancomicina em pó poderá ser usada nos ferimentos para antibiose adicional.

37.4.3 Complicações

As complicações da SCS são comuns, mas raramente graves. Estudos anteriores chegaram a um índice de complicação de 30 a 40%, com a maioria exigindo nova operação dentro dos primeiros 12 meses de implantação.[7] A reação adversa mais usualmente encontrada é a migração do eletrodo, observada predominantemente com eletrodos percutâneos, o que pode ser tão benigno quanto a redução da eficácia, mas que pode também levar a parestesias nocivas e à radiculopatia. A fratura da derivação do eletrodo também pode ocorrer no cenário de cicatrização ou trauma.

A infecção é uma preocupação grave toda vez que um *hardware* é implantado e ocorre geralmente no sítio do gerador de pulso. A incidência de infecções de sítio cirúrgico com SCS é de aproximadamente 5 a 8%, sendo causada mais frequentemente pela espécie *Staphylococcus*.[23] O tratamento envolve a remoção de todo o sistema e um curso prolongado de antimicrobianos intravenosos. As infecções raramente envolvem o espaço epidural.

A durotomia iatrogênica durante a colocação percutânea de eletrodos ou laminectomia pode ocorrer, mas raramente leva à morbidade permanente. Entretanto, a presença de cefaleia espinal intensa devida a uma punção durante um período de teste percutâneo pode comprometer seriamente a avaliação de alívio da dor da estimulação. Por essa razão, caso se encontre CSF durante a colocação percutânea, a agulha deverá ser retirada imediatamente. Se for decidido prosseguir, então o nível espinal cefálico adjacente deverá ser usado para entrada no espaço epidural. A preservação da fáscia toracolombar é tipicamente suficiente para prevenção de um quadro de pseudomeningocele ou hipotensão intracraniana. Caso ocorra durotomia durante a laminectomia, então o fechamento primário da dura com sutura Prolene deverá ser tentado. Selante de fibrina e enxerto de músculo também podem ser aplicados. O risco de lesão neurológica permanente, tal como paraparesia ou paraplegia, é extremamente raro e geralmente resulta de trauma direto da medula espinal durante a colocação do eletrodo. A varredura de MRI da região alvo (cervical ou torácica) antes da operação deverá ser realizada antes da colocação de qualquer eletrodo de placa para avaliar quadro de estenose espinal que, se presente colocaria o paciente em risco mais alto de lesão neurológica. As revisões de eletrodos, tais como ir de um sistema percutâneo para um eletrodo de placa, ou a revisão/relocação de um eletrodo de placa, são situações que implicam risco cirúrgico maior, pois o tecido de cicatriz epidural dos eletrodos anteriores pode dificultar a passagem da nova derivação sem encontrar resistência. Se houver resistência, deve-se considerar imediatamente outra laminectomia e descompressão, seguida de lise das aderências epidurais. Após a colocação da derivação de placa, queixas de dor radicular intensa e persistente deverão viabilizar a consideração de compressão neural da própria placa, o que, nos casos mais graves, pode exigir um procedimento de descompressão complementar no eletrodo.[24]

37.4.4 Manutenção em Longo Prazo

Após o implante, os pacientes com geradores de células primárias deverão ter a vida útil do gerador verificada a cada 6 meses aproximadamente para permitir a substituição eletiva antes do esgotamento da bateria e retorno concomitante da dor. Uma alteração na localização de parestesias induzidas por estimulação, ou qualquer retorno ou piora não explicados de dor anteriormente bem controlada, deverá levar à análise do sistema para verificar possível fratura da derivação do eletrodo, migração ou outras questões relacionadas com o dispositivo.

Referências

[1] Shealy CN, Mortimer JT, Reswick JB. Electrical inhibition of pain by stimulation of the dorsal columns: preliminary clinical report. Anesth Analg. 1967; 46(4):489–491
[2] Deer TR, Mekhail N, Petersen E, et al. Neuromodulation Appropriateness Consensus Committee. The appropriate use of neurostimulation: stimulation of the intracranial and extracranial space and head for chronic pain. Neuromodulation. 2014; 17(6):551–570, discussion 570
[3] Linderoth B, Foreman RD, Meyerson BA. Mechanisms of spinal cord stimulation in neuropathic and ischemic pain syndromes. In: Krames E, Peckham PH, Rezai AR, eds. Neuromodulation. New York, NY: Elsevier; 2009:345–354
[4] De Ridder D, Vanneste S. Burst and tonic spinal cord stimulation: different and common brain mechanisms. Neuromodulation. 2016; 19(1):47–59
[5] Arle JE, Mei L, Carlson KW, Shils JL. High-frequency stimulation of dorsal column axons: potential underlying mechanism of paresthesia-free neuropathic pain relief. Neuromodulation. 2016; 19(4):385–397
[6] Melzack R, Wall PD. Pain mechanisms: a new theory. Science. 1965; 150 (3699):971–979
[7] Linderoth B, Meyerson B. Spinal cord stimulation: techniques, indications, and outcomes. In: Lozano A, Gildenberg P, Tasker R, eds. Textbook of Stereotactic and Functional Neurosurger. Berlin: Springer; 2009:2305–2330
[8] Sparkes E, Raphael JH, Duarte RV, LeMarchand K, Jackson C, Ashford RL. A systematic literature review of psychological characteristics as determinants of outcome for spinal cord stimulation therapy. Pain. 2010; 150(2):284–289
[9] Daubs MD, Patel AA, Willick SE, et al. Clinical impression versus standardized questionnaire: the spinal surgeon's ability to assess psychological distress. J Bone Joint Surg Am. 2010; 92(18):2878–2883
[10] North RB, Kidd DH, Farrokhi F, Piantadosi SA. Spinal cord stimulation versus repeated lumbosacral spine surgery for chronic pain: a randomized, controlled trial. Neurosurgery. 2005; 56(1):98–106, discussion 106–107
[11] Kumar K, Taylor RS, Jacques L, et al. Spinal cord stimulation versus conventional medical management for neuropathic pain: a multicentre randomised controlled trial in patients with failed back surgery syndrome. Pain. 2007; 132(1–2):179–188
[12] Bala MM, Riemsma RP, Nixon J, Kleijnen J. Systematic review of the (cost-) effectiveness of spinal cord stimulation for people with failed back surgery syndrome. Clin J Pain. 2008; 24(9):741–756
[13] Kemler MA, De Vet HC, Barendse GA, Van Den Wildenberg FA, Van Kleef M. The effect of spinal cord stimulation in patients with chronic reflex sympathetic dystrophy: two years' follow-up of the randomized controlled trial. Ann Neurol. 2004; 55(1):13–18
[14] Taylor RS, Van Buyten JP, Buchser E. Spinal cord stimulation for complex regional pain syndrome: a systematic review of the clinical and cost-effectiveness literature and assessment of prognostic factors. Eur J Pain. 2006; 10(2):91–101
[15] Grabow TS, Tella PK, Raja SN. Spinal cord stimulation for complex regional pain syndrome: an evidence-based medicine review of the literature. Clin J Pain. 2003; 19(6):371–383
[16] Spincemaille GH, Klomp HM, Steyerberg EW, Habbema JD. Pain and quality of life in patients with critical limb ischaemia: results of a randomized controlled multicentre study on the effect of spinal cord stimulation. ESES study group. Eur J Pain. 2000; 4(2):173–184
[17] Amann W, Berg P, Gersbach P, Gamain J, Raphael JH, Ubbink DT, European Peripheral Vascular Disease Outcome Study SCS-EPOS. Spinal cord

stimulation in the treatment of non-reconstructable stable critical leg ischaemia: results of the European Peripheral Vascular Disease Outcome Study (SCSEPOS). Eur J Vasc Endovasc Surg. 2003; 26(3):280–286
[18] Mannheimer C, Eliasson T, Augustinsson LE, et al. Electrical stimulation versus coronary artery bypass surgery in severe angina pectoris: the ESBY study. Circulation. 1998; 97(12):1157–1163
[19] Kapural L, Yu C, Doust MW, et al. Novel 10-kHz high-frequency therapy (HF10 therapy) is superior to traditional low-frequency spinal cord stimulation for the treatment of chronic back and leg pain: the SENZA-RCT randomized controlled trial. Anesthesiology. 2015; 123(4):851–860
[20] Mammis A, Mogilner AY. The use of intraoperative electrophysiology for the placement of spinal cord stimulator paddle leads under general anesthesia. Neurosurgery. 2012; 70(2) Suppl Operative:230–236
[21] Falowski SM, Celii A, Sestokas AK, Schwartz DM, Matsumoto C, Sharan A. Awake vs. asleep placement of spinal cord stimulators: a cohort analysis of complications associated with placement. Neuromodulation. 2011; 14 (2):130–134, discussion 134–135
[22] Shils JL, Arle JE. Intraoperative neurophysiologic methods for spinal cord stimulator placement under general anesthesia. Neuromodulation. 2012; 15 (6):560–571, discussion 571–572
[23] Mekhail NA, Mathews M, Nageeb F, Guirguis M, Mekhail MN, Cheng J. Retrospective review of 707 cases of spinal cord stimulation: indications and complications. Pain Pract. 2011; 11(2):148–153
[24] Mammis A, Bonsignore C, Mogilner AY. Thoracic radiculopathy following spinal cord stimulator placement: case series. Neuromodulation. 2013; 16 (5):443–447, discussion 447–448

38 Estimulação de Córtex Motor para Tratamento de Dor Crônica de Não Câncer

Andres L. Maldonado-Naranjo ▪ *Sean J. Nagel* ▪ *Andre G. Machado*

Resumo

A estimulação de córtex motor (MCS) tem sido extensivamente estudada como alternativa para pacientes manifestando dor de desaferentação crônica refratária. Entretanto, observam-se vários resultados conflitantes. Este capítulo fornece uma descrição breve da base anatômica e fisiológica, assim como dos mecanismos propostos de ação da MCS como tratamento da dor. Descrevemos a avaliação pré-cirúrgica, a técnica operatória e o monitoramento e a programação pós-operatória, assim como as complicações. Por fim, tentamos fornecer uma revisão concisa e imparcial da literatura atual sobre resultados da MCS. Estudos complementares são necessários para fornecer resposta definitiva sobre o efeito da MCS sobre a dor crônica.

Palavras-chave: estimulação de córtex motor, dor crônica, dor neuropática trigeminal, dor facial, síndrome da dor pós-acidente vascular encefálico.

38.1 Introdução

O córtex motor humano foi mapeado em detalhes por Penfield e Jasper na década de 1940, com estimulação intraoperatória durante craniotomias com o paciente acordado.[1] A estimulação do córtex motor (MCS) foi explorada posteriormente como possível alternativa para tratamento da dor, motivada em parte pelos resultados da estimulação profunda do cérebro (DBS) como tratamento de síndromes de dor central pós-acidente vascular encefálico. A era atual se revelou após a informação de Tsubokawa *et al.*, em 1991, de redução significativa da dor após MCS em 8 de 12 pacientes com síndrome de dor de desaferentação intensa.[2] A base lógica para o estudo humano baseou-se na observação de que a hiperatividade talâmica relacionada com a desaferentação diminuiu após a estimulação elétrica do córtex motor em um modelo felino.[2,3] Desde então, seguiram-se vários relatórios que descrevem a MCS como alternativa para tratar quadros dolorosos crônicos não oncológicos, com a maioria desses estudos focalizando o tratamento da dor neuropática trigeminal e pós-acidente vascular encefálico e informando níveis variáveis de alívio da dor.[4-12] Embora o alívio bem-sucedido da dor tenha sido informado após uma MCS, a interpretação dos resultados deverá ser observada cuidadosamente, pois muitos desses estudos foram análises retrospectivas não controladas de grupos heterogêneos de pacientes. Os resultados de um estudo clínico multicêntrico, randomizado e controlado são mistos, mas, e o mais importante, demonstram eficácia limitada durante a fase cega. Dito isso, médicos com um pouco mais a oferecer aos pacientes com quadros de dor incapacitante continuam a buscar a estimulação cortical como opção para pacientes selecionados.

38.2 Anatomia e Fisiologia Básicas de Processamento da Dor no Córtex

Os estímulos periféricos doloridos ativam o córtex somatossensorial primário (SI; áreas 3a, 3b, 2, 1 de Brodmann, giro pós--central), o córtex somatossensorial secundário (SII), a ínsula, o córtex orbitofrontal, o córtex pré-frontal dorsolateral, a amígdala e o córtex cingulado.[13] A estimulação da fibra-C ativa o SI contralateral, especialmente a área 3a. de Brodmann, o SII e o SII ipsilateral. Da mesma forma, a ativação das fibras do grupo-A causa ativação de SI contralateral seguida por SII.[14] Essa entrada nociceptiva projeta-se principalmente para as camadas corticais III e IV.[15]

Sinais nociceptivos no SI são organizados de modo somatotópico como descrito por Penfield.[16] Os neurônios em SI exibem uma resposta graduada de acordo com a intensidade do estímulo nocivo sugerindo participação na qualidade discriminativa da dor. As projeções dos núcleos talâmicos posteromedial ventral (VPM) e posterolateral ventral (VPL) formam sinapse diretamente em SI.[13] A área de SII também recebe projeções dos núcleos talâmicos VPM e VPL, SI e entrada contralateral.[13] Os neurônios em SII e na área 7 de Brodmann também mostram respostas proporcionais à magnitude de estímulos nocivos. A ínsula desempenha papel central no processamento da dor, recebendo entrada de SI, SII, núcleo ventral inferior posterior (VPI), pulvinar, núcleos mediano central e parafascicular, núcleo medial dorsal e núcleo ventromedial posterior. A ínsula se projeta para outras estruturas límbicas como a amígdala e o córtex perirrinal. Ela exibe uma resposta graduada proporcional à intensidade do estímulo nocivo e está provavelmente envolvida no processamento discriminativo, assim como a esfera afetiva da dor. As conexões disseminadas da ínsula estão envolvidas em processamento de dor consciente de ordem mais alta.[15] As lesões insulares estão associadas a respostas motivacionais-afetivas alteradas à dor. O córtex cingulado anterior (ACC) e o córtex cingulado médio (MCC) recebem projeções dos núcleos talâmicos medial e intralaminar e de VPI, assim como do córtex motor. Essas áreas são ativadas com estímulos nocivos que evocam uma resposta afetiva ou motivacional à dor. A lesão do córtex cingulado atenua essas características motivacionais-afetivas de dor, particularmente em pacientes com dor de câncer crônica.[13,17] Observa-se aumento da atividade de ACC naqueles pacientes com dores crônicas.

38.3 Mecanismo de Ação para Estimulação de Córtex Motor

Os mecanismos exatos subjacentes dos efeitos de MCS nas vias de dor permanecem sob pesquisa. Existe a hipótese de que a estimulação do córtex motor iniba a excitabilidade talâmica exagerada relacionada com dor.[2,12] Outra possibilidade é a de que a estimulação cortical inibe neurônios nociceptivos na área somatossensorial do giro pós-central e modula nódulos mais distantes, incluindo aqueles envolvendo os neurônios do corno dorsal. Já foi sugerido também que o alívio da dor associado à MCS induz ondas indiretas (ondas-I) no nível da medula espinal.[18-20] Isso indica que a MCS trabalha por meio de controles em cima e embaixo via a ativação de interneurônios e não por ativação direta do trato piramidal.[21] Ainda não está esclarecido se o alívio da dor é maior com estimulação cortical anódica ou catódica. A MCS clinicamente eficaz é informada mais frequentemente com a estimulação catódica do córtex motor. Estudos experimentais e teóricos demonstraram que a estimulação catódica ativa predominantemente os axônios que correm paralelos à superfície cortical, sugerindo que seus efeitos estão mais relacionados com fibras de associação ou dendritos que a vias corticofugais.[21-23] Estudos de tomografia com emissão de pósitrons mostram ativação de regiões do cérebro remotas do sítio de estimulação que são responsáveis pelo processamento da dor.[24,25] Em estudo recente de Kim et al., são descritos mecanismos moduladores descendentes e ascendentes. A atividade neuronal em VPL foi registrada em um modelo de dor neuropática experimental de um roedor. Os animais receberam posteriormente implante de MCS. A MCS suprimiu a atividade neuronal aumentada do VPL relacionada com dor em ratos submetidos à verificação de alodinia. A MCS também aumentou os níveis de GABA (ácido gama-aminobutírico) e de opioides em um mecanismo de via descendente no nível espinal.[26]

Outros estudos demonstraram que a MCS tem efeito final ao modular atividade em áreas específicas. Um estudo recente de Kudo et al.[27] mostrou que a MCS aumentou as concentrações de c-Fos no giro cingulado anterior, amígdala e lemnisco medial em um modelo de desaferentação. Isso foi estudado anteriormente por Kishima et al.[28] em seres humanos, que demonstraram aumento significativo de CBF (fluxo sanguíneo cerebral) regional no giro cingulado anterior contralateral após MCS em pacientes com dores nas mãos relacionadas com a desaferentação. Embora os mecanismos de analgesia induzida por MCS ainda sejam obscuros, as vias descendentes parecem ter papel importante.

38.4 Indicações

Pacientes com síndrome de dor central de desaferentação após lesão neurológica, incluindo a dor pós-acidente vascular encefálico, infartos laterais medular e talâmica e lesão de medula espinal podem responder, em alguns casos, à MCS. Aqueles com lesões de nervo periférico, como a dor de coto de membro, neuralgia pós-herpética e neuropatia trigeminal parecem ter resultados melhores após a MCS.[12,29-32] Outras síndromes de dor, incluindo a síndrome de dor regional complexa e dor pélvica crônica foram informadas como melhorando com MCS em alguns casos, mas os resultados são conflitantes.[33,34]

38.5 Preparação Pré-Operatória

Além da verificação e da avaliação cirúrgica pré-operatória padronizada, a atenção especial deve-se concentrar na seleção das comorbidades clínicas em pacientes preparados para MCS, tais como cardiovasculares e respiratórias. Medicamentos antiplaquetários e anticoagulantes assim como os anti-inflamatórios não esteroidais devem ser suspensos 7 a 10 dias antes da cirurgia, ou deve-se iniciar uma ponte de warfarina-para-heparina em indivíduos de alto risco. Os riscos de suspensão da anticoagulação deverão ser, portanto, cuidadosamente pesados contra o benefício potencial da cirurgia de MCS.

Pacientes com risco aumentado de desenvolver infecções, tais como aqueles com diabetes e em uso crônico de esteroides são alertados sobre os riscos elevados. Além disso, em pacientes com história de má cicatrização de ferimento ou perda de elasticidade na pele podem estar em risco aumentado de erosão de *hardware*.

Os pacientes deverão evitar grandes campos magnéticos. Embora seja possível realizar algumas sequências de investigação por imagens de ressonância magnética (MRI) em pacientes com DBS, a segurança da MRI na MCS ainda não foi determinada. Portanto, pacientes exigindo investigações frequentes por MRI podem não ser bons candidatos.

38.5.1 Investigação Pré-Operatória por Imagens

Uma MRI volumétrica, realçada por gadolínio com imagens ponderadas em T1 e T2 é obtida antes do dia da cirurgia. Com o *software* de investigação por imagens atualmente disponível, os dados da MRI podem ser reformatados em reconstrução tridimensional (3D) que representa com precisão a anatomia do giro e do sulco (▶ Fig. 38.1). Essa informação é então usada para planejar a incisão e a craniotomia no córtex motor. A maioria das derivações de estimulação cortical é implantada por via epidural. A investigação por imagens dos vasos do córtex pode ajudar no planejamento cirúrgico daqueles pacientes a serem submetidos ao implante subdural inter-hemisférico, especialmente para evitar lesão venosa quando muito próximo do pla-

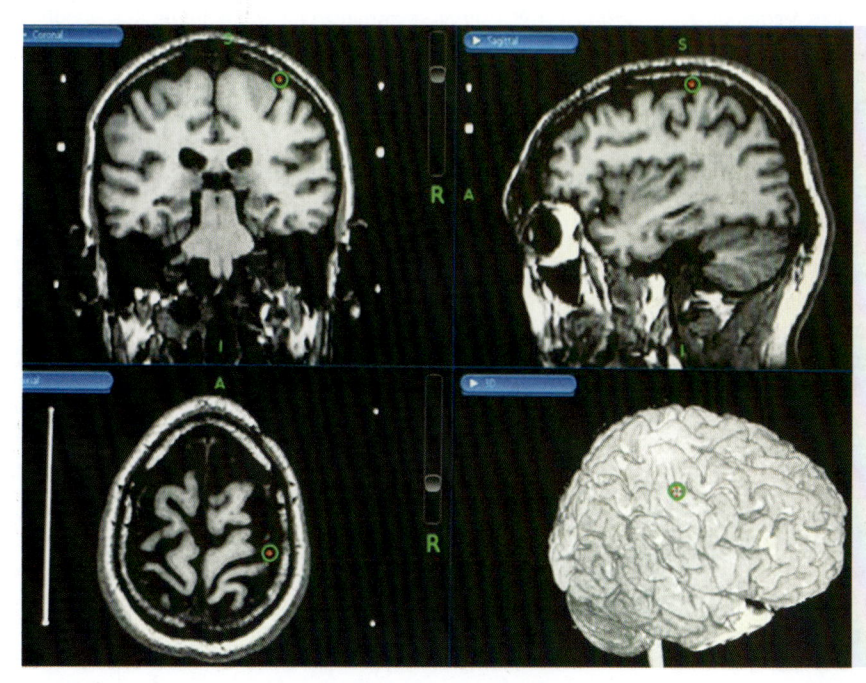

Fig. 38.1 Versão tridimensional do córtex cerebral definindo claramente a anatomia do giro e do sulco. O marcador está indicando o sulco central, a partir do qual podemos definir com precisão o córtex motor.

no sagital. As medições baseadas na reconstrução 3D ajudam a seleção do tamanho e da extensão do eletrodo, assim como em sua orientação.

38.6 Procedimento Cirúrgico

38.6.1 Posicionamento e Anestesia

O paciente é colocado em posição supina na mesa de cirurgia, com a cabeça virada para o lado oposto ao do implante. O procedimento pode ser conduzido mediante sedação consciente com verificação intraoperatória do estado consciente ou mediante anestesia geral guiada por neuronavegação e fisiologia de potenciais evocados. Uma matriz de referência é fixada na cabeça e o paciente é registrado com o *software* de navegação. O monitoramento invasivo da pressão arterial é iniciado se a pressão se mostrar lábil. Nossa equipe de anestesiologia geralmente utiliza hidralazina, labetalol e nicardipina para controle intraoperatório da pressão arterial. Antimicrobianos pré-operatórios deverão ser administrados dentro de 60 minutos antes da incisão.

38.6.2 Incisão e Craniotomia

Para procedimentos com o paciente acordado, pode ser usado o bloqueio do couro cabeludo com anestésico local de ação prolongada, incluindo os nervos supraorbitário, pré-auricular e pós-auricular. O sítio cirúrgico e o túnel subgaleal planejado também são infiltrados com anestésico local. Embora o implante de derivações possa ser feito por meio de um orifício feito com broca, nós damos preferência ao implante via craniotomia, pois isso permite a inserção de matrizes maiores para fisiologia intraoperatória. A incisão e a craniotomia podem ser planejadas com base na investigação pré-operatória por imagens. A craniotomia é geralmente retangular e uma incisão reta ou em forma de "S" pode ser usada. Um retrator de autorretenção é posicionado após a hemostasia do couro cabeludo e da gálea. Uma broca pneumática de 14 mm é usada para perfurar o crânio e expor a dura nas extremidades da craniotomia planejada, as quais são conectadas a um craniótomo. Quaisquer resíduos da mesa interna são removidos com uma cureta e o sangramento ósseo é plugado com cera óssea. A dura-máter é coagulada para desnervação, na tentativa de reduzir a dor induzida pela estimulação. No caso de implante subdural sobre o córtex dorsolateral, uma pequena incisão é feita para avançar o eletrodo sob a dura. Se resistência for percebida ao longo do trato, a inspeção cuidadosa para veias-ponte deverá ser conduzida. Na dúvida, pode-se executar a durotomia estendida. Isso não é necessário com o posicionamento de eletrodo epidural. Quando se planeja uma cirurgia com o paciente acordado, a equipe de anestesia é solicitada a suspender a sedação antes da verificação. A cirurgia também pode ser realizada mediante anestesia geral, que tem sido a preferência dos autores. Neste caso, a eletrofisiologia com potenciais somatossensoriais evocados e potenciais motores evocados pode ser realizada para guiar a colocação da derivação.

38.6.3 Estimulação Intraoperatória e Monitoramento Eletromiográfico

O sulco central é localizado inicialmente com orientação da imagem, planejando-se então a craniotomia. O eletrodo *grid* é então posicionado e avaliados os potenciais somatossensoriais evocados, buscando pelo reverso da fase N20/P20 para localizar o sulco central, M1 e S1. A ▶ Fig. 38.2 mostra uma craniotomia com *grid* epidural para eletrofisiologia intraoperatória. O *grid* pode ser reposicionado, dependendo dos achados. A orientação do sulco central em relação à dura e ao crânio deverá ser verificada para melhorar a orientação das matrizes finais dos eletrodos implantados. Tipicamente, essas matrizes são implantadas por via epidural, especialmente quando o tratamento for para dor na face e na extremidade superior. Uma vez que a representação cortical da extremidade inferior se estende em sentido medial para a fissura central no córtex motor, a estimulação com um eletrodo epidural pode ser difícil. Alguns investigadores usarão eletrodos epidurais colocados próximos à linha média e confiarão em intensidades aumentadas de estimulação para capturar a representação cortical da extremidade inferior. Outra opção é colocar os eletrodos no espaço subdural, dentro da fissura inter-hemisférica, para estimulação direta. Não se sabe qual orientação de derivação é a melhor: uma orientação matriz paralela ao sulco central aumentará a probabilidade de que a somatotopia correta do córtex motor seja estimulada. Como alternativa, uma orientação perpendicular aumentará a probabilidade de que pelo menos um eletrodo será localizado diretamente sobre o córtex motor.

Com frequência, a estimulação intraoperatória também é realizada para confirmar a localização do córtex motor primário. Isso pode ser difícil ou não viável em pacientes com déficits motores graves, os quais também estão em risco de resultados piores. A equipe cirúrgica pode ou buscar contrações musculares visíveis ou confiar nos registros eletromiográficos. As derivações usadas com mais frequência para o procedimento são eletrodos de placa desenvolvidos para estimulação de medula espinal (uso sem prescrição nos EUA). Matrizes de eletrodos múltiplos aumentam a flexibilidade da programação pós-operatória e fornecem contatos alternados para testar se a eficácia terapêutica é perdida com o tempo sem a necessidade de revisão cirúrgica. A ▶ Fig. 38.3 mostra uma radiografia pós-operatória de paciente submetido ao implante de MCS com duas derivações quadripolares lado a lado sobre o córtex motor.

38.6.4 Ancoragem, Fechamento e Cuidados Pós-Operatórios

As placas são suturadas à dura, a ferida é irrigada e a hemostasia é conduzida. O retalho da craniotomia é fixado ao crânio com placas de titânio. Todo cuidado deve ser tomado para evitar compressão excessiva do cabo do eletrodo no lado da craniotomia. Com frequência, é necessário criar um pequeno sulco no

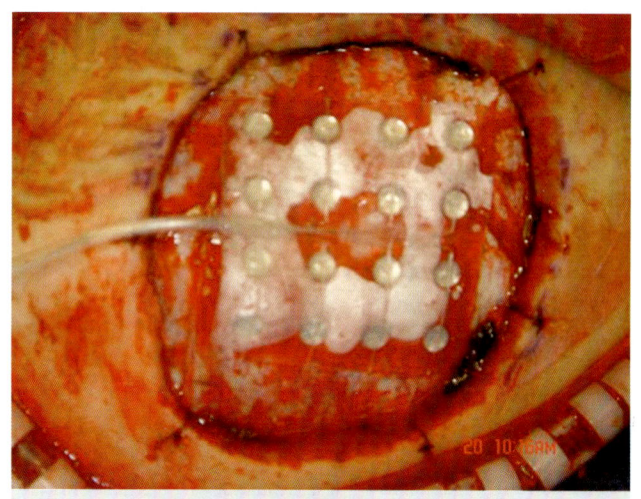

Fig. 38.2 Craniotomia com *grid* epidural 4 × 4.

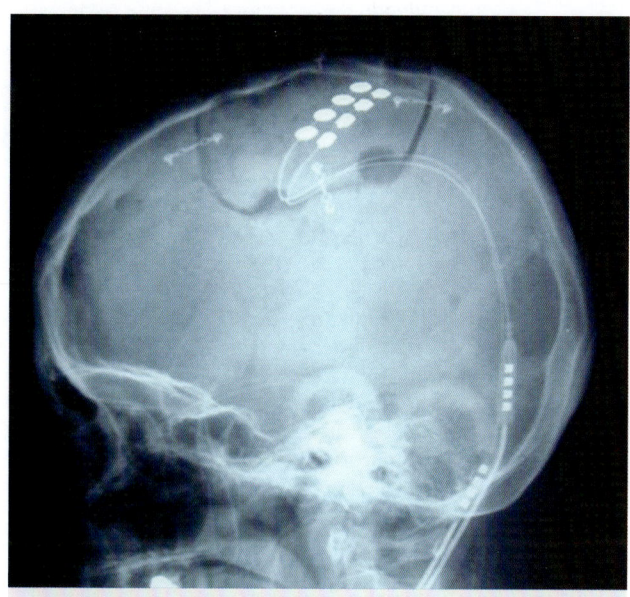

Fig. 38.3 Radiografia lateral mostrando a orientação apropriada dessa matriz 1 × 4 × 2.

osso para reduzir o estresse mecânico no cabo. A ferida é fechada enquanto cuidado especial é tomado para evitar puncionar o isolamento envolvendo os eletrodos. Em pacientes com história de convulsões, a admissão a uma unidade de monitoramento de epilepsia deverá ser considerada para programação pós-operatória dos parâmetros de estimulação até que se identifiquem as configurações seguras.

38.7 Manejo Pós-Operatório Incluindo Possíveis Complicações

Após o implante e a recuperação inicial, um período de experiência de aproximadamente 5 a 10 dias pode ser conduzido via extensões externas. A maioria dos pacientes recebe antimicrobianos orais durante esse período. Durante os primeiros dias do período de experiência, a dor da incisão pode confundir os resultados da experiência. Para pacientes com dor facial em especial, a proximidade da incisão à fonte da dor crônica pode limitar a utilidade dos achados no início do período da experiência e os cirurgiões podem decidir implantar todo o sistema primeiro e programar o dispositivo após a cicatrização da intervenção cirúrgica. O processo de programação varia entre as instituições, mas o primeiro passo é, em geral, identificar o par de eletrodos que gera respostas motoras evocadas (ou seja, contrações musculares) na região dolorida nas amplitudes mais baixas. A amplitude do estímulo é então definida a uma fração do limiar motor (ou seja, 50-70%). Embora as amplitudes usadas sejam baixas, existe o risco potencial de convulsões, embora raras em pacientes sem história. Durante a estimulação, a atividade epiléptica pode ser observada, quando então a estimulação é imediatamente suspensa até que a atividade diminua. Se esta continuar, pode-se administrar lorazepam ou outros agentes para abortar as convulsões. Até onde sabemos, a MCS não causou epilepsia independente de estimulação. Uma vez que a MCS não induz parestesias, ocorre um atraso antes que o paciente aprecie qualquer efeito analgésico de cada novo cenário de estimulação, tornando a programação de MCS uma atividade potencialmente demorada. Se o paciente apresentar alívio da dor superior a 50% com um dos cenários testados durante o período de experiência, o sistema poderá ser internalizado, de modo similar a outros procedimentos de neuroestimulação estadiados. Em alguns casos, os pacientes podem não ser adequados para uma experiência externalizada e a experiência "internalizada" é uma opção. Em qualquer caso, um período de experiência bem-sucedido parece ser valioso em prognosticar resultados no longo prazo.[35] As melhores amplitudes para programação pós-operatória e estimulação no longo prazo são desconhecidas, mas 50% do limiar motor já demonstraram ser seguras e efetivas, conforme Henderson.[36]

38.7.1 Implante de Gerador de Pulso

Em nossa instituição, implantamos o gerador de pulso 7 a 10 dias após a colocação da derivação, dando tempo para a experiência externalizada. Os pacientes recebem anestesia geral e são posicionados com a cabeça voltada para o lado oposto para expor a extremidade distal da derivação de MCS. Uma incisão cerca de 2 cm inferiores à clavícula e lateral ao esterno é marcada no tórax. Uma bolsa subcutânea é dissecada com precisão para acomodar o gerador de pulso, tipicamente superficial à fáscia peitoral. Em pacientes magros, criamos uma bolsa sob a fáscia do músculo peitoral. Deve-se notar que, se uma unidade recarregável for implantada, recomenda-se que ela não deverá ser colocada com mais de 1 cm de profundidade a partir da superfície da pele para parear a unidade de recarga. Uma pequena incisão é feita na região parietoccipital e um tunelizador é avançado por baixo da pele e externalizado na incisão subclavicular. Todo cuidado é tomado para prevenir a contaminação relacionada com o sítio de externalização. O cabo do fio de extensão é afixado ao tunelizador e puxado para cima até a incisão craniana. Ele é conectado à bateria e à matriz de eletrodos. Recomendamos usar fios mais curtos quando possível, para minimizar o excesso de enrolamento sob o couro cabeludo, mas isso dependerá da escolha do modelo de derivação. As incisões são então irrigadas e fechadas.

38.7.2 Complicações

Do mesmo modo que em outros procedimentos de neuroestimulação, as complicações podem ser atribuídas à cirurgia necessária para o implante do dispositivo, a problemas específicos do *hardware* ou a efeitos colaterais da estimulação. Hemorragia ou infarto relacionados com qualquer implante de *hardware* intracraniano é a complicação mais temida. Outras complicações incluem: infecção, erosão com exposição de *hardware*, migração de derivação, dor no sítio do implante e falha de *hardware*. Convulsões foram informadas durante programação de MCS e durante a estimulação ativa, mas não há informação de pacientes desenvolvendo epilepsia. Problemas relacionados com o *hardware* e infecção exigem, geralmente, a remoção ou revisão de parte ou de todo o sistema de MCS. Embora raramente, em especial com dura-máter do calvário[37] mal inervada, os pacientes podem também sofrer cefaleias que surgem de sua estimulação, as quais podem ser prevenidas por sua desnervação com coagulação bipolar proximal ou corte e nova sutura.

38.8 Resultados

Estima-se que mais de 400 pacientes com dor crônica tenham recebido implante com MCS. Em metanálise recente que compilou dados de 14 estudos com períodos de acompanhamento de pelo menos 1 ano, cerca de 50% dos pacientes com implante de MCS apresentaram resposta benéfica, independentemente de suas condições de dor.[38] Existe evidência de que pacientes com dor neuropática do trigêmeo e dor trigeminal pós-herpética podem mostrar resposta mais favorável à MCS que a dor pós-acidente vascular encefálico.[5]

Uma vez que a MCS não induz parestesias e, por consequência, os pacientes são incapazes de perceber a estimulação, é possível examinar a eficácia da MCS analisando-se respostas entre os sujeitos aos estados de "ON" e "OFF". Nguyen *et al.* avaliaram os efeitos da MCS comparados a benefícios simulados e informados sobre escores de dor e de qualidade de vida, assim como com uma redução bem-sucedida em medicamentos para dor.[39] Em um estudo recente, Lefaucheur *et al.* compararam os efeitos "ON" e "OFF" em desenho randomizado. Treze pacientes foram designados aleatoriamente aos grupos "ON" ou "OFF" um mês após a cirurgia. Os grupos atravessaram o mês seguinte e foram colocados em "ON" continuamente após o terceiro mês. Em um acompanhamento em longo prazo, um efeito benéfico foi demonstrado em até 60% desses pacientes, mas os benefícios não foram tão claros durante a fase randomizada controlada.[40]

Muitos estudos informam que a eficácia da MCS deteriora no curso de vários meses. Várias hipóteses têm sido propostas incluindo os efeitos da plasticidade cortical e o aumento da impedância do tecido no sítio da derivação. De modo geral, cerca de 50% dos pacientes que demonstraram inicialmente um benefício verão uma deterioração do efeito com o tempo.[41] O ajuste dos eletrodos implantados deverá ser considerado em alguns desses casos, como informado por Tsubokawa *et al.* Além disso, Henderson *et al.* demonstraram que a reprogramação poderia restaurar a perda de eficácia em pacientes nos quais a plasticidade fosse suspeita como a causa subjacente.

É difícil desenhar quaisquer conclusões significativas sobre a eficácia da MCS porque a maioria dos estudos até hoje são séries de casos não controlados de pacientes com vários diagnósticos. Uma tentativa recente de randomizar pacientes com síndromes de dor específicas, neste caso dor de desaferentação do braço, não descobriu qualquer benefício em reduzir a dor indexada pela escala visual análoga ou na informação sobre qualidade de vida.[42] Esses resultados precisam ser considerados cuidadosamente, dado o pequeno tamanho da amostra. Investigações complementares são necessárias para determinar se MCS tem efeito significativo além do placebo.

Referências

[1] Penfield W, Jasper H. Epilepsy and the Functional Anatomy of the Human Brain. Boston, MA: Little Brown; 1954
[2] Tsubokawa T, Katayama Y, Yamamoto T, Hirayama T, Koyama S. Chronic motor cortex stimulation for the treatment of central pain. Acta Neurochir Suppl (Wien). 1991; 52:137–139
[3] Tsubokawa T, Katayama Y, Yamamoto T, Hirayama T, Koyama S. Treatment of thalamic pain by chronic motor cortex stimulation. Pacing Clin Electrophysiol. 1991; 14(1):131–134
[4] Carroll D, Joint C, Maartens N, Shlugman D, Stein J, Aziz TZ. Motor cortex stimulation for chronic neuropathic pain: a preliminary study of 10 cases. Pain. 2000; 84(2–3):431–437
[5] Katayama Y, Fukaya C, Yamamoto T. Poststroke pain control by chronic motor cortex stimulation: neurological characteristics predicting a favorable response. J Neurosurg. 1998; 89(4):585–591
[6] Katayama Y, Tsubokawa T, Yamamoto T. Chronic motor cortex stimulation for central deafferentation pain: experience with bulbar pain secondary to Wallenberg syndrome. Stereotact Funct Neurosurg. 1994; 62(1–4):295–299
[7] Nguyen JP, Keravel Y, Feve A, et al. Treatment of deafferentation pain by chronic stimulation of the motor cortex: report of a series of 20 cases. Acta Neurochir Suppl (Wien). 1997; 68:54–60
[8] Nguyen JP, Lefaucher JP, Le Guerinel C, et al. Motor cortex stimulation in the treatment of central and neuropathic pain. Arch Med Res. 2000; 31(3):263–265
[9] Nguyen JP, Lefaucheur JP, Decq P, et al. Chronic motor cortex stimulation in the treatment of central and neuropathic pain. Correlations between clinical, electrophysiological and anatomical data. Pain. 1999; 82(3):245–251
[10] Saitoh Y, Shibata M, Hirano S, Hirata M, Mashimo T, Yoshimine T. Motor cortex stimulation for central and peripheral deafferentation pain. Report of eight cases. J Neurosurg. 2000; 92(1):150–155
[11] Smith H, Joint C, Schlugman D, Nandi D, Stein JF, Aziz TZ. Motor cortex stimulation for neuropathic pain. Neurosurg Focus. 2001; 11(3):E2
[12] Tsubokawa T, Katayama Y, Yamamoto T, Hirayama T, Koyama S. Chronic motor cortex stimulation in patients with thalamic pain. J Neurosurg. 1993; 78(3):393–401
[13] Lenz FA, Weiss N, Ohara S, Lawson C, Greenspan JD. The role of the thalamus in pain. Suppl Clin Neurophysiol. 2004; 57:50–61
[14] Tran TD, Inui K, Hoshiyama M, Lam K, Qiu Y, Kakigi R. Cerebral activation by the signals ascending through unmyelinated C-fibers in humans: a magnetoencephalographic study. Neuroscience. 2002; 113(2):375–386
[15] Rosenow JM, Henderson JM. Anatomy and physiology of chronic pain. Neurosurg Clin N Am. 2003; 14(3):445–462, vii
[16] Penfield W, Boldrey E. Somatic motor and sensory representation in the cerebral cortex of man as studied by electrical stimulation. Brain. 1937; 60(4):389–443
[17] Ballantine HT, Jr, Cassidy WL, Flanagan NB, Marino R, Jr. Stereotaxic anterior cingulotomy for neuropsychiatric illness and intractable pain. J Neurosurg. 1967; 26(5):488–495
[18] Ranck JB, Jr. Which elements are excited in electrical stimulation of mammalian central nervous system: a review. Brain Res. 1975; 98(3):417–440
[19] Amassian VE, Stewart M, Quirk GJ, Rosenthal JL. Physiological basis of motor effects of a transient stimulus to cerebral cortex. Neurosurgery. 1987; 20(1):74–93
[20] Amassian VE, Stewart M. Motor cortical and other cortical interneuronal networks that generate very high frequency waves. Suppl Clin Neurophysiol. 2003; 56:119–142
[21] Lefaucheur JP, Holsheimer J, Goujon C, Keravel Y, Nguyen JP. Descending volleys generated by efficacious epidural motor cortex stimulation in patients with chronic neuropathic pain. Exp Neurol. 2010; 223(2):609–614
[22] Manola L, Holsheimer J, Veltink P, Buitenweg JR. Anodal vs cathodal stimulation of motor cortex: a modeling study. Clin Neurophysiol. 2007; 118(2):464–474
[23] Holsheimer J, Nguyen JP, Lefaucheur JP, Manola L. Cathodal, anodal or bifocal stimulation of the motor cortex in the management of chronic pain? Acta Neurochir Suppl (Wien). 2007; 97(Pt 2):57–66
[24] García-Larrea L, Peyron R, Mertens P, et al. Electrical stimulation of motor cortex for pain control: a combined PET-scan and electrophysiological study. Pain. 1999; 83(2):259–273
[25] Peyron R, Faillenot I, Mertens P, Laurent B, Garcia-Larrea L. Motor cortex stimulation in neuropathic pain. Correlations between analgesic effect and hemodynamic changes in the brain. A PET study. Neuroimage. 2007; 34(1):310–321
[26] Kim J, Ryu SB, Lee SE, et al. Motor cortex stimulation and neuropathic pain: how does motor cortex stimulation affect pain-signaling pathways? J Neurosurg. 2016; 124(3):866–876
[27] Kudo K, Takahashi T, Suzuki S. The changes of c-Fos expression by motor cortex stimulation in the deafferentation pain model. Neurol Med Chir (Tokyo). 2014; 54(7):537–544
[28] Kishima H, Saitoh Y, Osaki Y, et al. Motor cortex stimulation in patients with deafferentation pain: activation of the posterior insula and thalamus. J Neurosurg. 2007; 107(1):43–48
[29] Meyerson BA, Lindblom U, Linderoth B, Lind G, Herregodts P. Motor cortex stimulation as treatment of trigeminal neuropathic pain. Acta Neurochir Suppl (Wien). 1993; 58:150–153
[30] Esfahani DR, Pisansky MT, Dafer RM, Anderson DE. Motor cortex stimulation: functional magnetic resonance imaging-localized treatment for three sources of intractable facial pain. J Neurosurg. 2011; 114(1):189–195
[31] Roux FE, Ibarrola D, Lazorthes Y, Berry I. Chronic motor cortex stimulation for phantom limb pain: a functional magnetic resonance imaging study: technical case report. Neurosurgery. 2001; 48(3):681–687, discussion 687–688
[32] Nuti C, Peyron R, Garcia-Larrea L, et al. Motor cortex stimulation for refractory neuropathic pain: four year outcome and predictors of efficacy. Pain. 2005; 118(1–2):43–52

[33] Fonoff ET, Hamani C, Ciampi de Andrade D, Yeng LT, Marcolin MA, Jacobsen Teixeira M. Pain relief and functional recovery in patients with complex regional pain syndrome after motor cortex stimulation. Stereotact Funct Neurosurg. 2011; 89(3):167–172

[34] Louppe JM, Nguyen JP, Robert R, et al. Motor cortex stimulation in refractory pelvic and perineal pain: report of two successful cases. Neurourol Urodyn. 2013; 32(1):53–57

[35] Machado A, Azmi H, Rezai AR. Motor cortex stimulation for refractory benign pain. Clin Neurosurg. 2007; 54:70–77

[36] Henderson JM, Boongird A, Rosenow JM, LaPresto E, Rezai AR. Recovery of pain control by intensive reprogramming after loss of benefit from motor cortex stimulation for neuropathic pain. Stereotact Funct Neurosurg. 2004; 82 (5–6):207–213

[37] Kemp WJ, III, Tubbs RS, Cohen-Gadol AA. The innervation of the cranial dura mater: neurosurgical case correlates and a review of the literature. World Neurosurg. 2012; 78(5):505–510

[38] Fontaine D, Hamani C, Lozano A. Efficacy and safety of motor cortex stimulation for chronic neuropathic pain: critical review of the literature. J Neurosurg. 2009; 110(2):251–256

[39] Nguyen JP, Velasco F, Brugières P, et al. Treatment of chronic neuropathic pain by motor cortex stimulation: results of a bicentric controlled crossover trial. Brain Stimul. 2008; 1(2):89–96

[40] Lefaucheur JP, Drouot X, Cunin P, et al. Motor cortex stimulation for the treatment of refractory peripheral neuropathic pain. Brain. 2009; 132(Pt 6):1463–1471

[41] Ebel H, Rust D, Tronnier V, Böker D, Kunze S. Chronic precentral stimulation in trigeminal neuropathic pain. Acta Neurochir (Wien). 1996; 138(11):1300–1306

[42] Radic JA, Beauprie I, Chiasson P, Kiss ZH, Brownstone RM. Motor cortex stimulation for neuropathic pain: a randomized cross-over trial. Can J Neurol Sci. 2015; 42(6):401–409

39 Estimulação Cerebral Profunda para Síndromes de Dor Clinicamente Intratável

Erlick Pereira ▪ Tipu Z. Aziz

Resumo

A estimulação cerebral profunda (DBS) é uma intervenção neurocirúrgica cuja eficácia, segurança e utilidade já estão estabelecidas no tratamento da doença de Parkinson. Para o tratamento de dor neuropática crônica refratária a muitas terapias clínicas, muitas séries de casos prospectivos já foram informadas, mas poucas publicaram achados de pacientes tratados durante a última década usando padrões da tecnologia atual de neuroinvestigação por imagens e por estimulação. Apresentamos um resumo dos alvos, anatomia, eletrofisiologia, técnica de operação e parâmetros de programação de nossa experiência clínica pessoal de DBS do tálamo posterior ventral, da substância cinza periventricular/periaquedutal e, por fim, do córtex cingulado anterior rostral (Cg24). Vários centros com experiência continuam a usar DBS para dor crônica com sucesso em pacientes selecionados, particularmente naqueles sofrendo dor após amputação, lesão do plexo braquial, acidente vascular encefálico e cefalalgias incluindo a anestesia dolorosa [AD]. Outros procedimentos bem-sucedidos incluem [o tratamento da] dor após esclerose múltipla e lesão da coluna. A cobertura somatotópica durante a cirurgia com o paciente acordado é importante em nossa técnica, com a DBS cingulada mediante anestesia geral considerada para dor de corpo inteiro ou de metade do corpo ou após DBS malsucedida de outros alvos.

Palavras-chave: estimulação cerebral profunda, dor crônica, tálamo sensorial, cinza periaquedutal, cingulado.

39.1 Introdução

As síndromes de dor clinicamente intratável podem ser causadas por vários fatores que induzem dano ao tecido dos nervos e a indução subsequente de dor neuropática. A estimulação cerebral profunda (DBS) é um dos muitos procedimentos disponíveis ao médico para tratar a dor clinicamente intratável. A escolha da DBS entre outras opções de neuroestimulação (córtex motor ou estimulação da medula espinal) exige avaliação complexa influenciada pela etiologia e pelo padrão topográfico da dor.

39.2 Seleção do Paciente

A avaliação inicial de pacientes para DBS para dor deverá avaliar cuidadosamente se a dor é clinicamente intratável ou não. O ideal é a triagem de todos os pacientes por um médico com experiência no tratamento clínico de síndromes de dor crônica. É necessária uma história detalhada da natureza, localização e latência da dor. A documentação de intervenções anteriores, incluindo experiências clínicas, fisioterapia e terapia de comportamento cognitivo, também é necessária. Essa documentação é importante por seu potencial para alívio da dor e para avaliar a presença e a intensidade de transtornos psiquiátricos subjacentes em potencial, os quais podem ser contraindicações relativas ou absolutas para implante de qualquer dispositivo de neuromodulação.

As terapias cirúrgicas alternativas à DBS, tais como estimulação de medula espinal, medicamentos intratecais, estimulação de córtex motor (MCS) e cirurgia ablativa sempre podem ser consideradas. A opção de cirurgia ablativa direcionada a alvos do sistema nervoso central não tem, para a maioria, conseguido provar ser uma terapia efetiva e duradoura para o tratamento de dor crônica. Com mais frequência do que o contrário, isso é reservado para pacientes com longevidade encurtada por malignidades, pois o índice de recorrência de dor causada por plasticidade do sistema nervoso central é bem alto após 18 meses.[1]

Em todos os casos de tratamento de dor, é importante corrigir os mecanismos fisiopatológicos e anatômicos subjacentes que induzem ou perpetuam a dor. Por exemplo, a DBS não deverá ser usada como tratamento de primeira linha para doença espondilolítica. Mas ela pode ser apropriada para pacientes que falharam em terapias conservadoras ou cirúrgicas de primeira linha para síndromes pós-laminectomia lombar como a estimulação da medula espinal.

Quando a DBS se mostrar uma opção razoável para uma síndrome de dor específica, é importante explicar os riscos e benefícios da cirurgia. As complicações cirúrgicas para a faixa de DBS são baixas, mas incluem hemorragia causando incapacidade (0,5%) e óbito (0,3%). Índices mais altos de complicação foram informados em literatura mais antiga e podem refletir uma técnica de implante menos refinada. Outras complicações incluem infecção perioperatória ou tardia (até 6 meses) e erosão da pele sobre o implante. Os benefícios informados na literatura variam muito, mas uma estimativa conservadora é a de que cerca de dois terços dos pacientes experimentarão um ganho sintomático de 50% ou mais no longo prazo.[2-4] A perda da eficácia da estimulação com o tempo (tolerância) é um fenômeno bem descrito na neuromodulação para dor e pode ou às vezes não pode responder às alterações de parâmetros de estimulação.

39.2.1 Alvos Estereotáticos para DBS em Dor Clinicamente Intratável

Há dois alvos do DBS bem estabelecidas para síndromes de dor crônica. O primeiro, o núcleo ventral posterior (VP) do tálamo sensorial é considerado o melhor alvo para síndromes de dor neuropática. Esse alvo é indicado para pacientes com parestesias ardentes, dor de desnervação e neuropatias periféricas incluindo a dor de membro fantasma ou de coto e plexopatias braquiais.[3] Os alvos talâmicos são indicados para dor em uma distribuição multidermatomal ampla, dada a representação compacta do homúnculo. Os pacientes cuja síndrome de dor neuropática está centralizada em um único dermátomo ou distribuição radicular podem beneficiar-se mais da estimulação de gânglio da medula espinal ou de raiz dorsal. Por outro lado, processos de dor nociceptiva muito provavelmente responderão à estimulação na região cinza periaquedutal (PAG) ou na região cinza periventricular (PVG). Historicamente, essas metas foram usadas com frequência para pacientes cuja dor responde aos opiáceos, mas nós tentamos DBS PAG/PVG se a DBS VP for malsucedida durante a operação, seja qual for a etiologia.[2] Outros alvos para DBS do sistema nervoso central têm sido mal caracterizados e consistem em cápsula interna, núcleos talâmicos intralaminares (incluindo o complexo centromediano-parafascicular, o núcleo centrolateral e outros), núcleo de Fuxe-Hallstrom e pulvinar. Nós implantamos no córtex cingulado anterior (ACC) em pacientes com dor na metade do corpo, ou no corpo inteiro, geralmente após derrame ou lesão de medula espinal, ou naqueles que falham em DBS VP ou PAG/PVG.[5] A DBS de ACC pode ser muito útil para pacientes que possam não se submeter à MCS em razão de dano às vias piramidais e prejuízo motor consequente (um fator de forte redução da eficácia de MCS) e para pacientes cujo tálamo lateral tenha sido danificado. Um alvo complementar recentemente descrito é a região hipotalâmica posterior para tratar casos graves de cefaleia em salvas. Esse alvo comprovou ser muito eficaz para dor e mudanças vasogênicas induzidas por esse tipo de cefaleia.[6]

39.2.2 Anatomia e Confirmação Eletrofisiológica

Um princípio orientador da cirurgia de DBS é o de que o alvo anatômico mal define a colocação pretendida para o eletrodo de estimulação, mas que a seleção do alvo final exige certa forma de mapeamento fisiológico ou avaliação clínica. Por exemplo, embora a identificação e a entrada inicial no tálamo sensorial se baseiem em dados anatômicos, é essencial definir o homúnculo talâmico fisiologicamente e colocar o eletrodo de acordo. Variações anatômicas individuais ou distorção do homúnculo causada por desnervação podem alterar a localização do alvo, especialmente no tálamo sensorial. As duas metodologias mais usualmente empregadas para atingir a confirmação eletrofisiológica são a estimulação ou o registro da atividade neural.

Nós favorecemos as técnicas macroestimuladoras no paciente acordado para definir a representação sensorial no tálamo por indução de parestesias (▶ Fig. 39.1). Estudos de microeletrodos humanos revelam somatotopia mediolateral no tálamo ventroposterior contralateral, a cabeça do homúnculo sendo medial no núcleo posteromedial ventral (VPM) e os pés laterais no núcleo posterolateral ventral (VPL).[7] No caso dos alvos de PVG ou PAG, a estimulação induzirá sensações de calor ou bem-estar quando o alvo apropriado for estimulado e houver um homúnculo invertido em sentido craniocaudal.[8] Os limiares para macroestimulação deverão ser de 0,5 a 3 V. O alvo da DBS é o tecido contendo células que respondem à estimulação sensorial próxima ou na região da dor. A estimulação-teste usando eletrodo de DBS confirma a precisão da colocação e verifica os efeitos colaterais não desejados em potencial. Níveis de estimulação superiores a 1 a 3 V podem recrutar estruturas mais distantes e levar a julgamentos clínicos errôneos.

O alvo PAG é encontrado em um ponto 2 a 3 mm laterais ao terceiro ventrículo, no nível da comissura posterior, 10 mm posteriores ao ponto médio da comissura (▶ Fig. 39.2). Suas margens anatômicas pertinentes no mesencéfalo incluem o lemnisco medial lateralmente, o colículo superior na área inferoposterior e o núcleo vermelho na área inferoanterior. Alvos talâmicos sensoriais são encontrados 10 a 13 mm posteriores ao ponto médio da comissura e a partir de 5 mm inferiores a 2 mm acima dele. O VPM é visado somente para dor facial e descoberto a meio caminho entre a parede lateral do terceiro ventrículo e a cápsula interna, a área do braço do VPL fica 2 a 3 mm mediais à cápsula interna e a área da perna do VPL fica 1 a 2 mm mediais à cápsula interna. O tálamo sensorial é margeado pelos núcleos centromediano e parafascicular (Cm-Pf) em sentido medial, pela cápsula interna lateralmente, pelo fascículo talâmico, zona incerta e núcleo subtalâmico inferiormente, pelo núcleo talâmico central intermedial anteriormente e pelo núcleo talâmico pulvinar posteriormente. A área de ACC rostral Cg24 fica 20 a 25 mm posteriores aos cornos anteriores dos ventrículos laterais com as pontas dos eletrodos confinando o corpo caloso (▶ Fig. 39.3).

39.3 Preparação Pré-Operatória

39.3.1 Avaliação Pré-Operatória

Os estudos de laboratório incluem avaliação de desequilíbrios de eletrólitos que podem levar a um limiar de convulsões reduzido, hematócrito de rotina e estudos de coagulação. A preparação para transfusão de sangue não se justifica. A avaliação abrangente da dor incluindo medidas de resultado tais como o escore análogo visual, o Questionário de Dor de McGill, o Inventário de Dor Neuropática de Washington e uma medida de qualidade de vida como SF-36 (o formulário resumido 36) ou EQ-5D são importantes tanto antes e regularmente após a cirurgia.

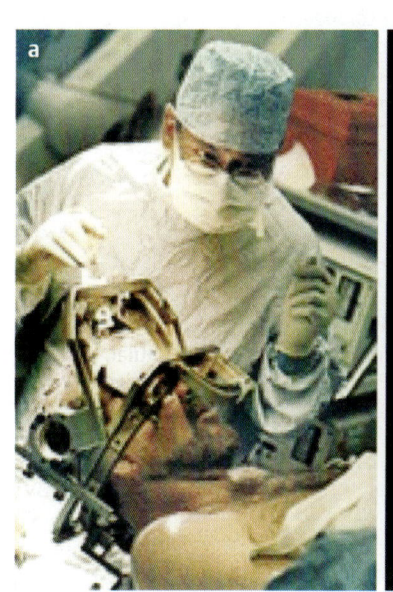

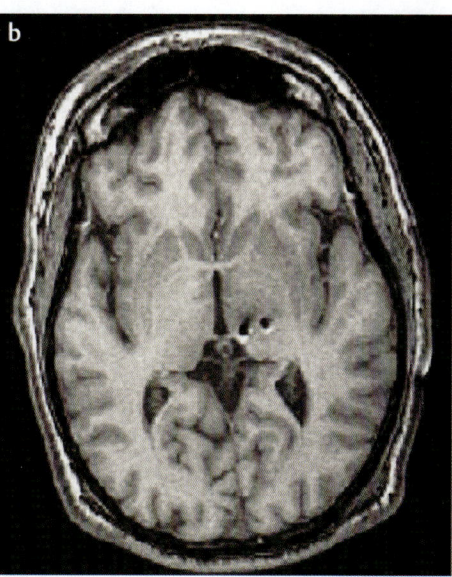

Fig. 39.1 (a) Estimulação profunda do cérebro com paciente acordado para dor e **(b)** MRI (investigação por imagens de ressonância magnética) axial de estimuladores profundos do cérebro *in situ*. O contato do eletrodo talâmico é lateral, com o eletrodo cinza periventricular passando em sentido medial.

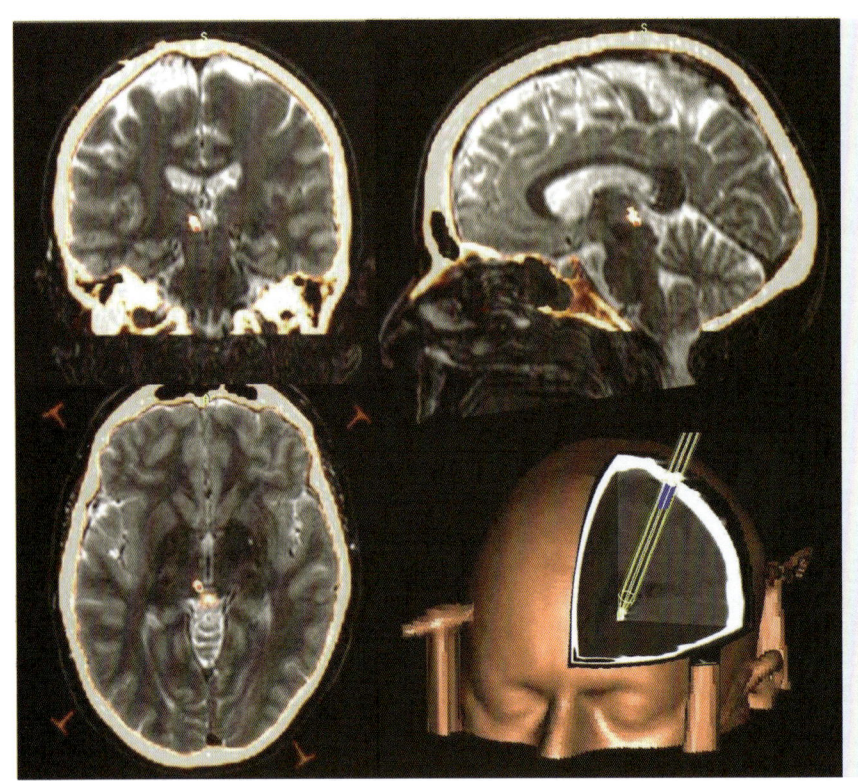

Fig. 39.2 Fusão de MRI (investigação por imagens de ressonância magnética) e CT (tomografia computadorizada) mostrando localização de cinza periaqueductal e trajetória do eletrodo no *software* de planejamento da imagem.

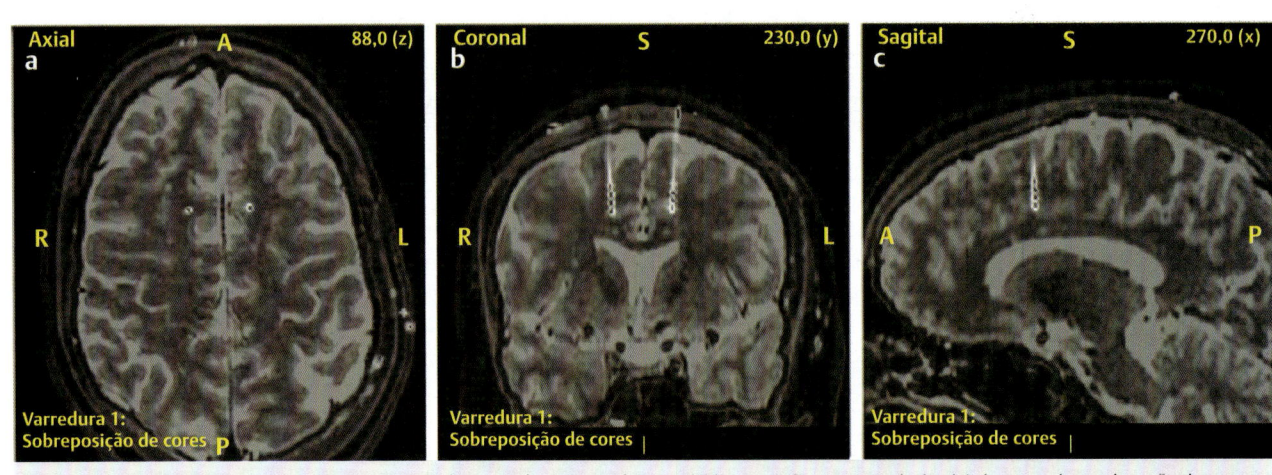

Fig. 39.3 Fusão de MRI (investigação por imagens de ressonância magnética) e CT (tomografia computadorizada) destacando a colocação de eletrodo Cg24: **(a)** axial, **(b)** coronal e **(c)** sagital.

39.3.2 Planejamento Cirúrgico

Como acontece em todos os procedimentos estereotáticos, o planejamento de imagens pré-cirúrgicas é crucial para uma intervenção operatória bem-sucedida. As definições anatômicas de alvos para DBS para dor são, em geral, baseadas em um sistema de coordenadas cartesianas ancorado a uma linha projetada entre a comissura anterior e a comissura posterior (AC-PC) A AC e a PC são mais bem identificadas nas imagens de ressonância magnética sagitais ou axiais ponderadas em T1 ou de tomografia computadorizada (CT). O planejamento cirúrgico subsequente pode então ser conduzido em varreduras axiais oblíquas adquiridas paralelas à linha AC-PC ou em imagens reformatadas em uma estação de trabalho de planejamento cirúrgico. A MRI (isolada ou fundida com uma varredura de CT para remover a distorção espacial da MRI) é preferida sobre a investigação de imagens por CT para a resolução de tecido melhorada. A escolha de sequências específicas de MRI deverá se basear na compreensão da distorção espacial inerente de cada sequência individual de varreduras no sistema de investigações por imagem do médico. Recomendamos que a aquisição de MRI de planejamento cirúrgico inclua não somente a região alvo centro-encefálica, mas também o córtex para definir o ponto de entrada cortical e a trajetória até o alvo. Estruturas neurais críticas (córtex motor primário, fórnix, núcleo caudado), assim como sulcos, estruturas vasculares e a superfície ependimária dos ventrículos deverão ser evitadas para reduzir as complicações de danos colaterais. Em geral, os eletrodos são passados a partir de trajetórias transfrontais ipsilaterais na ou anteriores à sutura coronal como para a cirurgia de DBS para transtorno de movimento convencional visando o núcleo subtalâmico, tálamo motor ou globo pálido interno. Essa entrada tende a alinhar a extensão do eletrodo com as colunas da cinza periaqueductal se esse ponto de entrada do eletrodo estiver planejado medial ao eletrodo talâmico em implante duplo de eletrodos.

39.4 Procedimento Cirúrgico

O grau de precisão de um implante de DBS para o melhor resultado terapêutico continua mal definido na dor crônica. Entretanto, acreditamos que a diferença entre a posição planejada e a real do eletrodo não deverá ser superior a 1 a 2 mm.

Após a configuração de um sistema de referência para localização de alvos, o paciente é submetido à MRI ou CT, ou a ambas (CT quando técnicas de fusão são usadas) e o alvo e a linha AC-PC são delineados. O paciente é então trazido para a sala de operações e colocado em uma forma de fixação da cabeça para sistemas embasados em estruturas.

Para a maioria dos alvos comumente usados, as coordenadas do alvo inicial podem ser definidas com relação ao plano AC-PC (▶ Tabela 39.1). Essas coordenadas deverão enviar o eletrodo de mapeamento no alvo fisiológico presumido. Desse ponto em diante, a definição eletrofisiológica do alvo via estimulação de macroeletrodos no paciente acordado definirá melhor o local de repouso final para o eletrodo.

Todos os pacientes deverão receber antimicrobianos intravenosos apropriados antes da hora da incisão e pelo menos uma dose de esteroides para minimizar o inchaço cerebral pós-traumático e a inflamação causados por resíduos dos tecidos e liberação de produtos do sangue. Anestesia geral generosa deverá ser infiltrada no couro cabeludo antes do acesso ao espaço intracraniano.

Orifícios de trepanação são feitos cerca de 3 cm da linha média na ou anteriores à sutura coronal. Nós damos preferência a orifícios com broca helicoidal de 2,7 mm para minimizar o desvio cerebral. A localização exata do orifício deverá ser definida explicitamente, com uma trajetória pré-cirúrgica. Sistemas de adesivos deverão permitir a interação com o paciente e ainda manter um campo esterilizado. A incisão é feita após infiltração ampla da pele com mistura de 50% de lidocaína a 1% e bupivacaína a 0,5%. Antes de se fazer a incisão, marcamos a pele com corante e antes de furar marcamos a calvária por penetração parcial com broca helicoidal maior guiada pelo sistema estereotático para definir o ponto de entrada e manter a trajetória especificada até o alvo final. Para minimizar o vazamento de líquido cerebrospinal (CSF) a dura e a aracnoide subjacente são penetradas com a broca helicoidal ou, se orifícios de trepanação forem usados, eles são rapidamente abertos com cola de fibrina aplicada para obliterar o orifício. Isso é importante para evitar perda de CSF e entrada de ar, que podem juntas distorcer as estruturas cranianas por causa de desvio do cérebro e quadro de pneumocéfalo pós-operatório.

O eletrodo de tratamento deverá ser introduzido com muito cuidado para assegurar que atinja o local de alvo desejado e então testado fisiologicamente. O eletrodo deverá ser funcionalmente testado usando macroestimulação para avaliar a localização (obter parestesias induzidas por estimulação) e reações adversas. Se ambos os critérios forem cumpridos, o eletrodo poderá ser ancorado usando vários sistemas disponíveis, incluindo tampas de travamento ou miniplacas. O eletrodo deverá ser exteriorizado com uma derivação temporária descartável para avaliar a analgesia de estimulação antes que um gerador de pulso seja implantado. A interiorização de um sistema clinicamente ineficaz e não testado é dispendiosa. A exteriorização de derivações temporárias é orientada em sentido temporoparietal.

39.5 Manejo Pós-Operatório Incluindo Possíveis Complicações

Usamos antimicrobianos profiláticos orais para toda a duração da experiência percutânea, a qual é limitada a não mais de 7 dias. Essa estratégia tem limitado o índice de infecção para menos de 1%. Protocolos de estimulação experimental deverão consistir em estimulações de baixa frequência. Nós conduzimos rotineiramente a experiência usando estimulação de 5 a 50 Hz para estimulação de baixa frequência. Inicialmente, são aplicadas larguras de pulso de 60 a 90 microssegundos. A estimulação de frequência mais alta (130-180 Hz) é mais apropriada para DBS do cingulado anterior.

Uma vez demonstrada a eficácia, o paciente volta à sala de operações e o gerador de pulso é implantado. Nós preferimos colocar o gerador na região infraclavicular, ancorando-o à fáscia peitoral subjacente. É feita uma bolsa na direção caudal em relação à incisão na pele. Nós evitamos implantes axilares, pois esses são mais propensos a infecções. O comprimento do cabo de extensão usado deverá ser escolhido para evitar tração mecânica no construto. A junção do eletrodo ao cabo de extensão é feita na saliência parietal, onde o complexo pode ser ancorado à fáscia subjacente com sutura não absorvível para evitar tensão mecânica indevida no eletrodo de DBS.

39.6 Conclusão

A DBS para dor tem demonstrado eficácia em várias séries de casos, com dois terços dos pacientes obtendo benefícios duradouros para três alvos principais: VPM/VPL, PAG/PVG e ACC. A seleção cuidadosa de pacientes é crucial; assim como o planejamento rigoroso. Nossa preferência é a da avaliação do paciente acordado, em conjunto com a estimulação de macroeletrodo para definir o alvo fisiologicamente. Experiências clínicas são necessárias para demonstrar de modo mais robusto a eficácia da DBS para tratar dor crônica intratável e obter a aprovação da FDA (Food and Drug Administration). A natureza do desenho da experiência pode não

Tabela 39.1 Alvos Atuais para Estimulação Profunda do Cérebro para Dor

Alvo	Anteroposterior	Lateral	Superoinferior
Tálamo posterior ventral	−13 a -10	10–14	−5 a 2
Área cinza periventricular/ periaqueductal	−10	3	−2 a 3
Córtex cingulado anterior	20-25 mm atrás dos cornos frontais	0-10 mm	Pontas tocando o corpo caloso
Hipotálamo posterior	−3	2	−5

Obs.: Todos os locais-alvo (exceto o cingulado anterior) baseiam-se em um sistema cartesiano ancorado na comissura anterior e comissura posterior (AC-PC). As unidades são milímetros. As coordenadas AP são medidas a partir de AC-PC medianas. As coordenadas laterais são a partir da linha média definida no terceiro ventrículo. As coordenadas superoinferiores são referenciadas a partir do plano AC-PC. Os ajustes deverão ser feitos para atrofia ou terceiros ventrículos amplos (tipicamente acrescentados 1–3 mm ao paramétrico lateral para larguras de terceiros ventrículos superiores a 11-12 mm). Ajustes adicionais podem ser necessários para acomodar evidência radiográfica de atrofia local.

necessariamente exigir grande número de pacientes para estudos clínicos randomizados e controlados em especial, porque a DBS pode ser trocada de "ON" para "OFF" e os pacientes blindados para seus ambientes de execução.

Referências

[1] Viswanathan A, Harsh V, Pereira EA, Aziz TZ. Cingulotomy for medically refractory cancer pain. Neurosurg Focus. 2013; 35(3):E1
[2] Pereira EA, Green AL, Aziz TZ. Deep brain stimulation for pain. Handb Clin Neurol. 2013; 116:277–294
[3] Pereira EA, Boccard SG, Linhares P, et al. Thalamic deep brain stimulation for neuropathic pain after amputation or brachial plexus avulsion. Neurosurg Focus. 2013; 35(3):E7
[4] Boccard SG, Pereira EA, Moir L, Aziz TZ, Green AL. Long-term outcomes of deep brain stimulation for neuropathic pain. Neurosurgery. 2013; 72(2):221–230, discussion 231
[5] Boccard SG, Fitzgerald JJ, Pereira EA, et al. Targeting the affective component of chronic pain: a case series of deep brain stimulation of the anterior cingulate cortex. Neurosurgery. 2014; 74(6):628–635, discussion 635–637
[6] Grover PJ, Pereira EA, Green AL, et al. Deep brain stimulation for cluster headache. J Clin Neurosci. 2009; 16(7):861–866
[7] Lenz FA, Dostrovsky JO, Tasker RR, Yamashiro K, Kwan HC, Murphy JT. Singleunit analysis of the human ventral thalamic nuclear group: somatosensory responses. J Neurophysiol. 1988; 59(2):299–316
[8] Pereira EA, Wang S, Owen SL, Aziz TZ, Green AL. Human periventricular grey somatosensory evoked potentials suggest rostrocaudally inverted somatotopy. Stereotact Funct Neurosurg. 2013; 91(5):290–297

40 Simpatectomia

Brian Perri ▪ Albert Wong ▪ Patrick Johnson

Resumo

A hiperidrose primária é um quadro de excesso de secreção das glândulas sudoríparas nas mãos, axilas ou pés. Os principais culpados são os gânglios simpáticos T2 ou T3 e podem ser tratados com procedimentos cirúrgicos minimamente invasivos, com excelentes resultados no longo prazo. As simpatectomias toracoscópicas e endoscópicas bilaterais podem ser realizadas com uma única incisão ou com duas portas, com diâmetro de 5 mm e as principais complicações incluem pneumotórax, lesão aos grandes vasos, hiperidrose recalcitrante e hiperidrose de compensação.

Palavras-chave: toracoscópica, simpatectomia, minimamente invasivo, hiperidrose, hiperidrose palmar.

40.1 Introdução

Hiperidrose é um quadro no qual o excesso de secreção das glândulas sudoríparas além da termorregulação normal ocorre nas palmas das mãos (▶ Fig. 40.1), axilas, pés, face, couro cabeludo ou tronco. Os sintomas ocorrem tipicamente na infância e podem tornar-se debilitantes para pacientes em situações sociais e no trabalho. A história familiar pode sugerir uma herança genética com hiperidrose.[1,2]

Os gânglios torácicos (T2 e T3) são os culpados usuais na hiperidrose palmar, enquanto os quatro gânglios torácicos (T4) são tipicamente responsáveis pela hiperidrose axilar.[3,4] A hiperidrose palmar tem sido tratada com sucesso por cirurgia (95%), com resultados mais variáveis nas regiões plantares (85%) e axilares (45%).[1] Antigamente, as simpatectomias torácicas exigiam grandes incisões de toracotomia. Avanços tecnológicos em técnicas cirúrgicas minimamente invasivas combinadas com equipamento endoscópico aperfeiçoado impulsionaram a habilidade do cirurgião de executar uma simpatectomia com segurança e eficiência através de incisões de portais com subcentímetros. A simpatectomia toracoscópica endoscópica (ETS) para hiperidrose pode ser executada dos dois lados em uma posição (supina), com perda mínima de sangue na operação, dor pós-operatória reduzida e hospitalização mais curta, com resultados cirúrgicos excelentes. Os autores realizam, rotineiramente, ganglionectomia T2 e T3 e simpatectomia para hiperidrose palmar e incluem os gânglios T4 para hiperidrose axilar. Antigamente, usavam os instrumentos endoscópicos de 2 mm para ETS, mas descobriram que a resolução de vídeo não era ideal. Neste momento discutiremos os aspectos técnicos da ETS de duas portas usando instrumentos de 5 mm, como descrito a seguir.

40.2 Seleção do Paciente

Uma avaliação pré-operatória abrangente para excluir outras etiologias de hiperidrose é essencial antes de se considerar a intervenção cirúrgica. A hiperidrose secundária pode ser atribuível à tirotoxicose, ao diabetes melito, à gota, ao feocromocitoma, à menopausa, a medicamentos como antidepressivos tricíclicos e propranolol, ao alcoolismo crônico e à lesão do sistema nervoso central (lesão traumática do cérebro ou da medula espinal). A hiperidrose noturna pode ser associada à tuberculose ou à doença de Hodgkin.

Na ausência de causas secundárias de hiperidrose, os medicamentos são um tratamento razoável de primeira linha, antes da intervenção cirúrgica para a doença. Os medicamentos estabelecidos incluem: anticolinérgicos orais, cloreto de alumínio tópico, iontoforese e injeções de toxina botulínica A (Botox). Entretanto, muitos desses medicamentos apresentam efeitos colaterais (irritação da pele, sede excessiva, visão turva, debilitação dos músculos das mãos) e exigem múltiplos tratamentos, pois os efeitos diminuem aos poucos em alguns meses.[5-7] As simpatectomias bilaterais permanecem no tratamento definitivo com

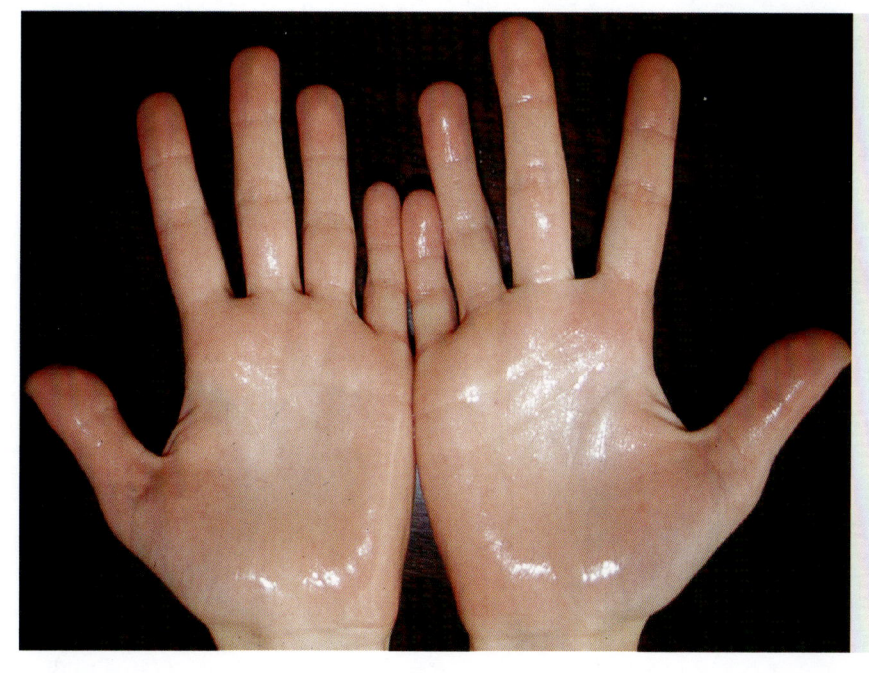

Fig. 40.1 Apresentação clínica comum de um paciente com hiperidrose palmar.

índices curativos esmagadores para hiperidrose palmar e similar, mas com eficácia reduzida em hiperidrose plantar e axilar.[8]

40.3 Preparação Pré-Operatória

Um exame minucioso e completo de laboratório deverá ser feito incluindo: painel de função da tireoide, níveis de glicose sérica, ácido úrico e nível de catecolamina na urina, além da investigação por imagens de rotina com, pelo menos, uma radiografia do tórax. As técnicas descritas assumem que as simpatectomias endoscópicas bilaterais estejam sendo realizadas em paciente com sintomas de hiperidrose bilateral. Essas técnicas também podem ser usadas para realizar um procedimento unilateral. Entretanto, pacientes com sintomas unilaterais devem ser avaliados completamente antes da operação para possíveis causas de hiperidrose secundária.

40.4 Procedimento Cirúrgico

O paciente é entubado com um tubo endotraqueal de lúmen duplo usado para ventilação de pulmão único. Com essa técnica, o pulmão ipsilateral pode ser desinflado para não obstruir o campo operatório. Transdutores de temperatura cutânea palmar podem ser usados bilateralmente para monitorar, por pelo menos um aumento de 1°C de temperatura, que foi sugerida para prognosticar a simpatectomia adequada e os resultados clínicos bem-sucedidos correspondentes. Um método intraoperatório alternativo para monitorar uma simpatectomia bem-sucedida é a fluxometria Doppler a *laser* ou Doppler de arteríolas das mãos. O fluxo sanguíneo para as mãos aumenta após simpatectomias bem-sucedidas e a temperatura palmar aumenta depois disso. Esse fluxo elevado foi medido na média de 48 ± 7 unidades de perfusão antes da operação, aumentando para 121 ± 17 unidades de perfusão após a simpatectomia. Isso é mensurável em até 22 minutos após a cirurgia *versus* 34 minutos para o aumento médio da temperatura da pele palmar mensurável. Todo cuidado deve ser tomado, porém, porque o cautério inicial para a pleura parietal para exposição para a cadeia simpática pode resultar em fluxo sanguíneo palmar temporariamente aumentado e, por isso, prognosticar de modo não preciso o sucesso da cirurgia.

A preferência dos autores para posicionamento do paciente é supina (posição de Inderbitzi), com os braços do paciente abduzidos em 90 graus e a mesa de operação inclinada em cerca de 30 graus da posição reversa de Trendelenburg (▶ Fig. 40.2).

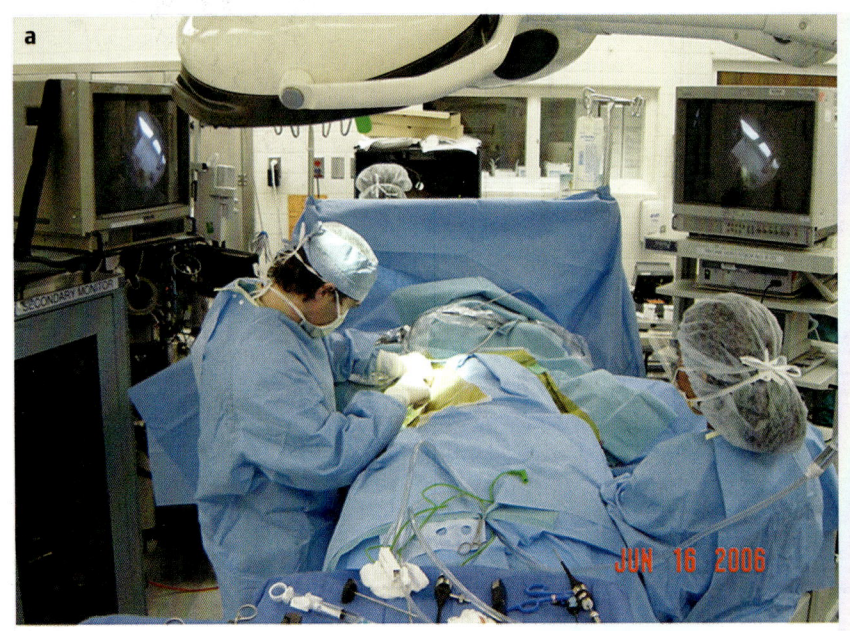

Fig. 40.2 (a) O paciente é posicionado em supino em 20 graus da Trendelenburg reversa, com os braços abduzidos a 90 graus. As axilas bilaterais são preparadas com esterilização e empacotadas para simpatectomias sequenciais realizadas sem a necessidade de reposicionamento do paciente. Os monitores são posicionados de modo que o cirurgião e os assistentes possam visualizá-los facilmente de qualquer lado do paciente. A posição confortável de trabalho é aquela na axila do paciente, anestesia na cabeça do paciente e a mesa traseira/STAND de Mayo com instrumentos no FOOT-END do paciente. **(b)** O posicionamento do paciente em supina antes do empacotamento para a cirurgia. Os braços são totalmente abduzidos em 90 graus para criar acesso cirúrgico às axilas.

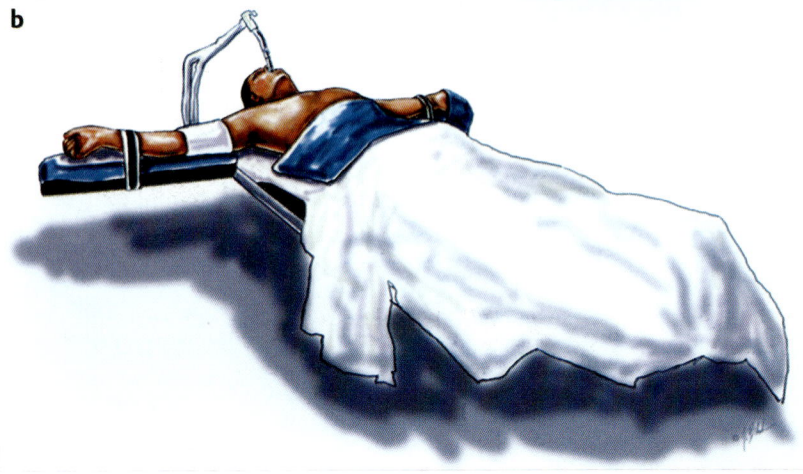

Simpatectomia

Essa posição permite que o pulmão ipsilateral desinflado fique distante da cavidade torácica superior e ajuda na exposição cirúrgica revelando a cadeia simpática. Esse posicionamento fornece acesso cirúrgico bilateral suficiente quando se usam portas via o terceiro espaço intercostal ao longo da linha medioaxilar.

É possível realizar a simpatectomia torácica para hiperidrose via a técnica de portal único. Isso exige que o portal seja precisamente colocado ao longo da linha medioaxilar entre a terceira e a quarta costelas. Uma porta Flexi-path de 10-mm (Ethicon Endo-Surgery, Inc., Cincinnati, OH, USA) é inserida com um introdutor de ponta cega através de uma incisão de 1,5 a 2 cm. A porta pode ser fixa à pele com um revólver de grampear. Todo cuidado deverá ser tomado ao introduzir as portas torácicas para evitar o feixe neurovascular que corre diretamente sob a costela. A analgesia antecipada para a incisão da pele e um bloqueio intercostal são recomendados para reduzir a incidência de neuralgia intercostal, uma das complicações mais comuns da simpatectomia toracoscópica. Além disso, uma porta Flexi-path flexível e instrumentos de diâmetro pequeno, principalmente um endoscópio de 5 mm e minitesouras de Metzenbaum de 5 mm com anexo de eletrocautério monopolar ajudam a reduzir a compressão traumática ao feixe neurovascular. Ambos os instrumentos podem ser manipulados através de uma porta única, embora eles encostem uns nos outros no sítio portal. O uso de dois instrumentos através de uma porta única pode, de fato, ser difícil, pois eles tendem a interferir um no outro ou sofrer fricção contra a porta plástica. Para corrigir esse problema, manusear ambos os instrumentos (endoscópio e instrumento de trabalho) juntos lentamente é geralmente útil de modo que eles fiquem paralelos e se movam juntos. O instrumento de trabalho pode ser avançado e retraído, num movimento de pistão, além do endoscópio. Os instrumentos mostrarão a tendência de trabalhar em uníssono com essa técnica. Óleo mineral também pode ser usado para reduzir a fricção dos instrumentos entre eles e entre os instrumentos e a porta.

Uma segunda porta pode ser colocada se o acesso cirúrgico ao gânglio simpático for muito difícil. O melhor sítio para colocação dessa segunda porta é mais bem determinado visualizando-se a exposição da cavidade torácica por meio do endoscópio. As posições prováveis serão ventral (linha axilar anterior), dorsal (linha axilar posterior) ou caudal na linha medioaxilar do quarto espaço intercostal (entre a quarta e a quinta costelas). Todo cuidado deve ser tomado ao se usar uma porta mais craniana que o terceiro espaço intercostal, pois isso coloca a artéria subclávia ou a veia braquiocefálica em risco de lesão. A segunda porta deverá ser colocada sempre sob observação direta na cavidade torácica usando o endoscópio.

O endoscópio de grau zero geralmente fornece visualização suficiente para simpatectomias usando a técnica de porta única ou dupla. Uma óptica de 30 graus oferece visualização circunferencial aumentada da cavidade torácica. Além disso, os instrumentos de trabalho funcionam tipicamente melhor quando trabalhando em linha reta, enquanto um óptica angulada pode ser posicionada mais tangencial ao campo cirúrgico e tem menos probabilidade de obstruir o instrumento de trabalho.

Recentemente, os autores adotaram a modificaram uma cirurgia de simpatectomia toracoscópica menos invasiva. Essa técnica usa agulhas de acesso Endopath de 5 mm (Modelo AN3MM, Ethicon Endo-Surgery, Inc.) para portas de acesso à cavidade torácica. Um endoscópio grau zero de 5 mm (▶ Fig. 40.3) Modelo #26008AA (Karl Storz, Charlton, MA, USA) é colocado através de uma agulha Endopath e um tosquiador de cautério de 2 mm é colocado através da outra. Antigamente, os autores usavam os endoscópios de 2 mm, mas consideraram a resolução de vídeo abaixo de ideal. Atualmente, usam instrumentos endoscópicos de 5 mm e uma técnica de duas portas colocadas no terceiro espaço intercostal. A agulha de acesso Endopath é inserida posteriormente na linha medioaxilar (▶ Fig. 40.4) e o endoscópio grau zero de 5 mm é colocado na porta da agulha. Uma porta flexível de 3,5 mm (▶ Fig. 40.5) Modelo #8903.072 (Richard Wolf, Vernon Hills, IL, USA) é colocada 4 cm anteriores à porta da agulha Endopath, na linha medioaxilar anterior do terceiro espaço intercostal (▶ Fig. 40.6). Essa porta não só é flexível, mas também mais curta que a porta da agulha de Veress e reforçada para evitar que ela volte para trás. Uma tesoura/eletrocautério combinada de 3,5 mm (Snowden Pencer, Inc., Tucker, GA, USA), um instrumento em gancho/eletrocautério de 2 mm, Modelo #630-318 (Jarit, J. Jammer Surgical Instruments, Hawthorne, NY, EUA), um sugador/irrigador (Karl Storz) e um instrumento de agarrar de 2 mm, Modelo #89-2348 (SnowdenPencer, Inc.) podem ser usados através dessa porta de trabalho. As vantagens potenciais de usar instrumentos menores e uma técnica de duas portas são reduzir a incidência de neuralgia intercostal pós-operatória e fornecer um ângulo melhorado para abordar a cadeia simpática.

Para evitar lesão ao parênquima do pulmão, o anestesiologista deverá verificar que o pulmão ipsilateral esteja desinflado antes de a porta de agulha de acesso Endopath ser introduzida na cavidade torácica. Uma vez introduzido o endoscópio através da porta de agulha, a cavidade torácica, pulmão e mediastino são explorados. Quaisquer aderências pleurais ao parênquima pulmonar deverão ser primeiro cauterizadas e a seguir divididas para liberar o pulmão da parede torácica. O pulmão desinflado será

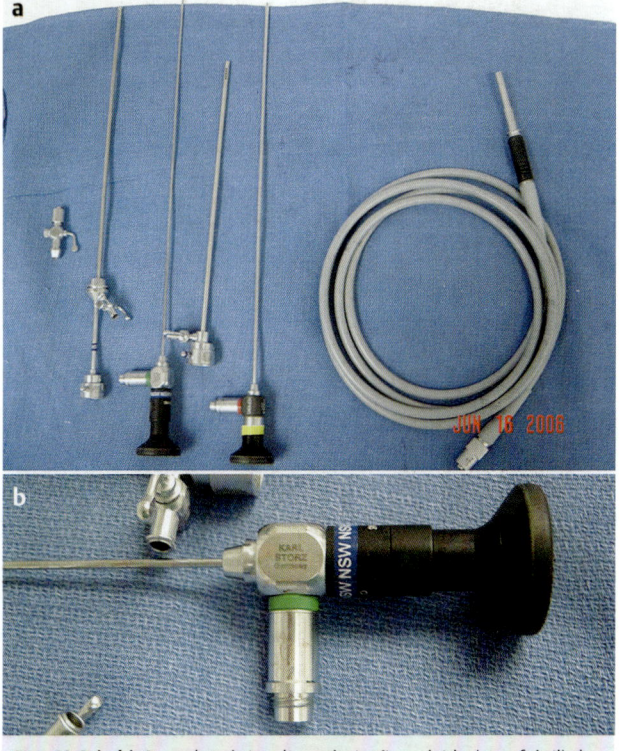

Fig. 40.3 (a,b) Os endoscópios disponíveis são o rígido (mas frágil) de 2 mm e grau zero e o rígido de grau 30 e 3 mm. Um cabo de luz em boas condições e uma fonte de luz forte são importantes para otimizar a claridade da imagem e a visibilidade no monitor.

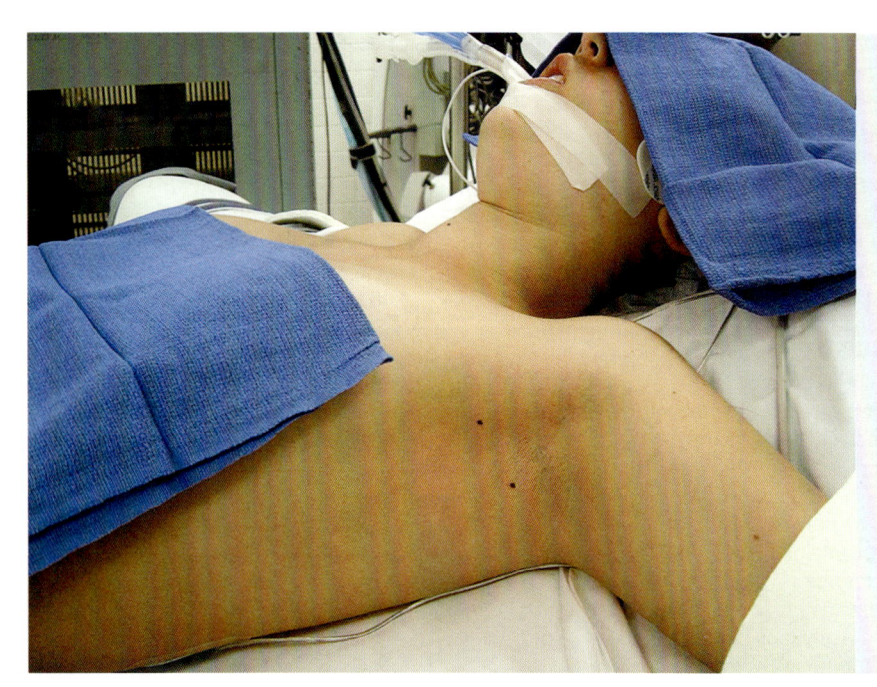

Fig. 40.4 O posicionamento em supino do paciente permite a execução de simpatectomias bilaterais sem necessidade de reposicionar esse paciente. Trinta graus de Trendelenburg reversa ajudam com a retração dos ápices do pulmão pela gravidade. A cadeia simpática torácica superior pode, então, ser visualizada sem ser necessário usar a insuflação com dióxido de carbono.

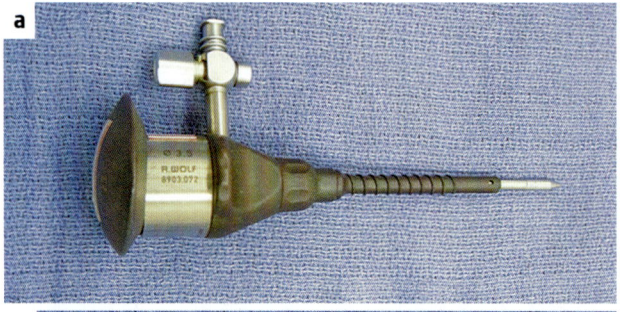

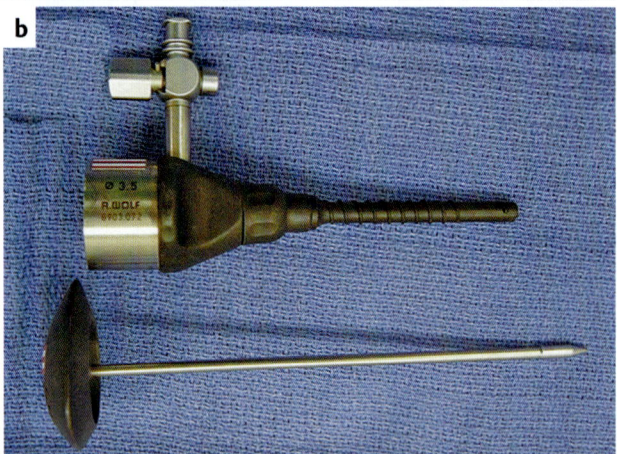

Fig. 40.5 (a) Uma porta flexível, ribbed de 3,5 mm é usada para acomodar os instrumentos de trabalho na porta da axila anterior do terceiro espaço intercostal. **(b)** A porta reutilizável e o trocarte, lado a lado. Esse anexo é como o instrumento montado para penetrar na cavidade torácica.

delicadamente varrido para longe da espinha torácica superior se a cadeia simpática não for facilmente visualizada posicionando-se o paciente na posição de Trendelenburg reversa.

Existem algumas diferenças notáveis na anatomia das cavidades torácicas direita e esquerda. À direita, a artéria e a veia subclávias são tipicamente identificáveis, mas embebidas na gordura da saída torácica, no ápice do tórax. Quando visível, a primeira costela tem ponto de partida muito mais alto e raio de curvatura menor que as costelas caudais adjacentes. Muitas vezes, a primeira costela não é visualizada e deve ser palpada com o eletrocautério para confirmar sua localização anatômica. As cabeças das costelas, começando com a segunda, são prontamente identificáveis através da pleura parietal e representam marcos importantes durante a simpatectomia toracoscópica (▶ Fig. 40.7). Marcos adicionais para determinar os gânglios T2, T3 e T4 da cadeia simpática incluem os vasos ázigos (▶ Fig. 40.8). A veia ázigos e o arco ázigos drenam várias veias intercostais grandes, as quais são facilmente visualizadas no tórax direito. A veia intercostal mais alta é formada pela união da segunda, terceira e quarta veias intercostais. A continuação dessa veia drena para o interior do arco da veia ázigos. A primeira veia intercostal drena, tipicamente, em direção à veia braquiocefálica. A união do arco da ázigos e da veia braquiocefálica forma a veia cava superior no tórax direito.

No ápice do tórax esquerdo, a aorta e os vasos braquiocefálicos ficam próximos um do outro (▶ Fig. 40.9). A artéria e a veia subclávias adjacentes cursam paralelas uma à outra e cruzam sobre a cabeça da primeira costela. Essa cabeça não é diretamente visível pela toracoscopia, mas pode ser palpada com instrumentos endoscópicos. A segunda costela é, geralmente, a cabeça de costela mais alta e facilmente visualizada articulando-se com a coluna vertebral (▶ Fig. 40.10). A segunda, terceira e quarta cabeças de costela são facilmente visíveis e representam marcos essenciais durante a cirurgia de simpatectomia. O gânglio estrelado fica dentro do primeiro espaço intercostal, entre a cabeça coberta da primeira costela e a cabeça exposta da segunda costela (▶ Fig. 40.11) A veia intercostal mais alta é continuação da primeira veia segmentar, a qual geralmente cursa diretamente sobre o gânglio estrelado e superficial à artéria subclávia para se esvaziar na veia braquiocefálica.

Simpatectomia

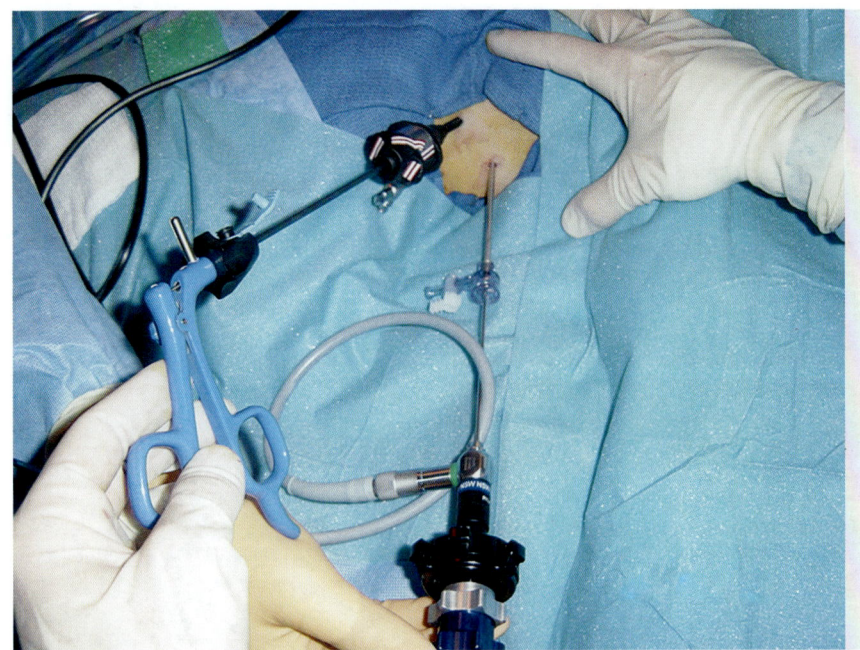

Fig. 40.6 O endoscópio de grau zero de 2 mm é introduzido na cavidade torácica por meio da porta de agulha de Veress (porta da axila posterior). Os instrumentos de trabalho são introduzidos por meio de uma porta flexível de 3,5 mm (porta da axila anterior). Os autores elegeram não usar insuflação com dióxido de carbono. Todo cuidado deve ser tomado se o endoscópio de 2 mm for usado, pois ele é frágil e fácil de quebrar.

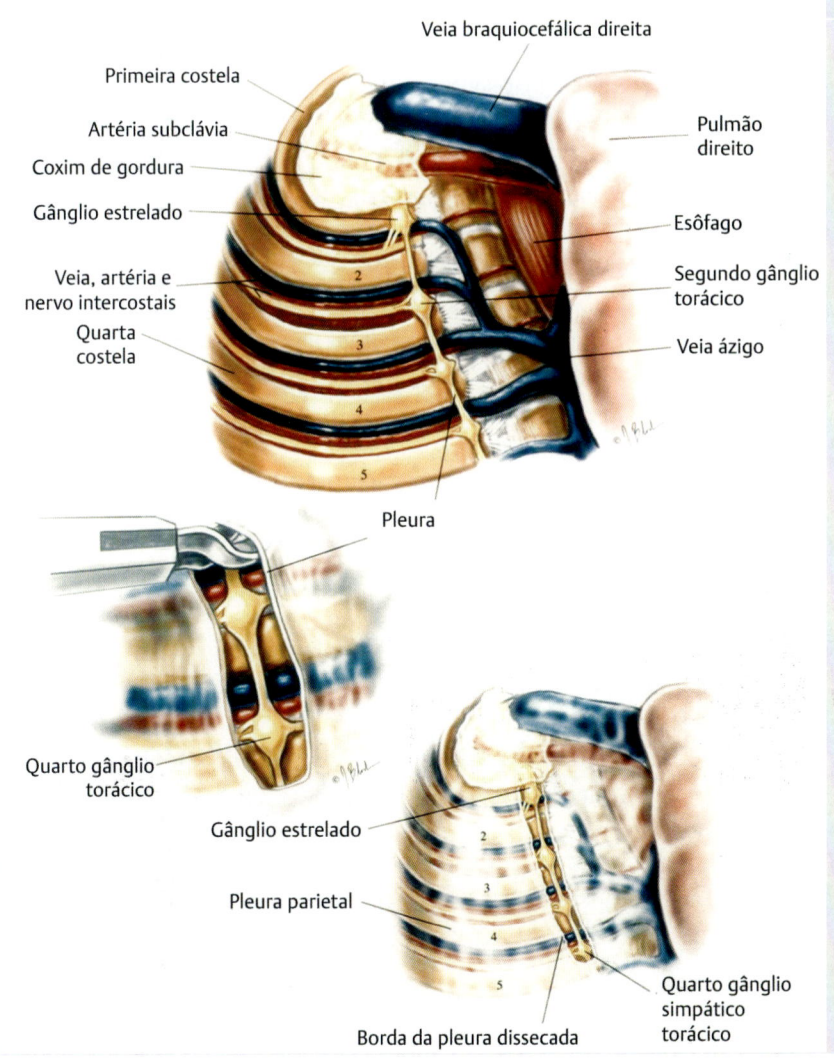

Fig. 40-7 (Topo) Representação diagramática da cadeia simpática torácica superior e as cabeças de costela na cavidade torácica direita. Durante a cirurgia, visualizações endoscópicas diretas da artéria subclávia, da veia braquiocefálica e do gânglio estrelado ficam, geralmente, obscurecidas pelo coxim de gordura de cobertura **(abaixo)**. A pleura parietal é semitranslúcida. As cabeças de costela, a cadeia simpática e, com frequência, o feixe neurovascular intercostal são facilmente visualizados. A pleura é incisada junto à cadeia simpática, aos gânglios e quaisquer ramos comunicantes.

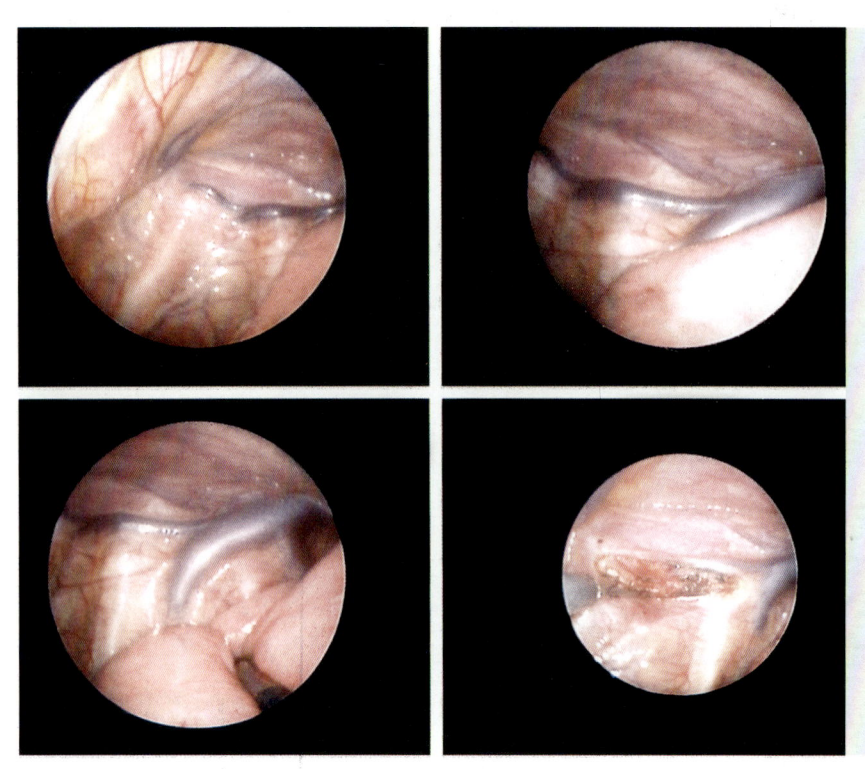

Fig. 40.8 No tórax superior direito, a cadeia simpática pode ser novamente visualizada cursando sobre as cabeças de costela adjacente e paralela à veia ázigos. O paciente é colocado em supina nessas fotos. As cabeças de costela articulam-se com as vértebras, como ilustrado no diagrama (▶ Fig. 40.7).

A cadeia simpática se mostra ligeiramente elevada, a estrutura longitudinal correndo paralela à coluna vertebral e cursando lateral às cabeças de costela, profundamente à pleura parietal semitransparente. Essa pleura, da segunda à quarta cabeça de costela, é dividida (▶ Fig. 40.12). Cada gânglio simpático está localizado sobre ou por baixo da costela numerada correspondente. O gânglio é distinguido da cadeia simpática como um inchaço da cadeia. Evitar palpação ou manipulação repetitivas do gânglio simpático, pois isso pode induzir inchaço, irritação ou hiperemia e levar à hemorragia. A seguir, a cadeia simpática exposta e gânglios T2-T3 associados são isolados, cauterizados, excisados e completamente removidos da cavidade torácica (▶ Fig. 40.13 e ▶ Fig. 40.14). A hemostasia é obtida quando necessário usando cautério bipolar. A área de ressecção endoscópica é revisada para confirmar a hemostasia adequada e a ressecção apropriada da cadeia simpática envolvida (▶ Fig. 40.15).

No tratamento de hiperidrose palmar, o gânglio principal para ressecção ainda gera debates. A hiperidrose de compensação (CH) foi informada chegando até 95% em pacientes após a ressecção de gânglio simpático. Esses sintomas de hiperidrose podem piorar temporariamente após a cirurgia ou ocorrer em novos sítios como axilas, tronco ou face. Felizmente, esses sintomas se resolvem geralmente em 6 meses. Ressecar qualquer combinação dos gânglios T2, T3 ou T4 parece ser igualmente eficaz ao fornecer mais de 98% de melhora sintomática em hiperidrose palmar. Parece também haver hiperidrose de compensação menos intensa do tronco quando se ressecam gânglios T3 *versus* T2 e CH rara quando se ressecam gânglios T4, comparados com a ressecção de gânglios T2. A inibição de hiperidrose plantar e axilar é, tipicamente, um benefício agregado resultando da ressecção de gânglios T4. O nervo acessório de Kuntz é um ramo comunicante de T2, mas pode surgir de T3 ou T4. Esse nervo acessório (mais de um podem estar presentes) pode ser identificado antes de se incisar a pleura parietal, pois ele corre paralelo à cadeia simpática. Esse ramo neural pode continuar a carregar sinais neurais além do segmento seccionado do tronco do nervo simpático e deverá ser atravessado quando identificado para aumentar o sucesso do tratamento da hiperidrose palmar.

Uma vez concluída a simpatectomia ipsilateral, o anestesiologista deverá confirmar que o pulmão ipsilateral seja capaz de fornecer ventilação adequada antes de operar o lado contralateral. Tem havido casos informados de hipóxia não reconhecidos que levaram a lesão isquêmica cerebral grave ou óbito. Os autores tentam rotineiramente minimizar a incidência, ou pelo menos o tamanho, de um pneumotórax pós-operatório colocando a ponta do instrumento de sucção/irrigador no ápice da cavidade torácica e visualizar a reinflação do pulmão pelo endoscópio (▶ Fig. 40.16). Quando o pulmão estiver quase reexpandido, o endoscópio e a porta de agulha Endopath são retirados da cavidade torácica. A seguir, o instrumento de sucção/irrigador é configurado para o modo de sucção e então completamente retirado para evacuar qualquer ar remanescente dessa cavidade. Essa porta é então rapidamente selada para minimizar a ocorrência de um pneumotórax.

40.5 Manejo Pós-Operatório Incluindo Possíveis Complicações

Apesar dos benefícios oferecidos pela ETS, há várias complicações potenciais. A resposta fisiológica do corpo após a simpatectomia pode causar CH em áreas anteriormente não afetadas. Em séries múltiplas de pacientes submetidos a esse processo, 50 a 91% dos pacientes sofreram CH pós-operatória. Esses sintomas consisti-

Simpatectomia

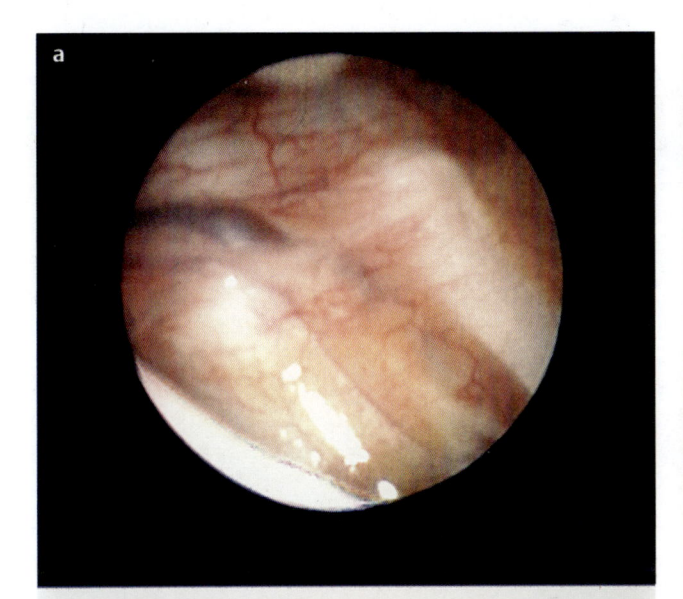

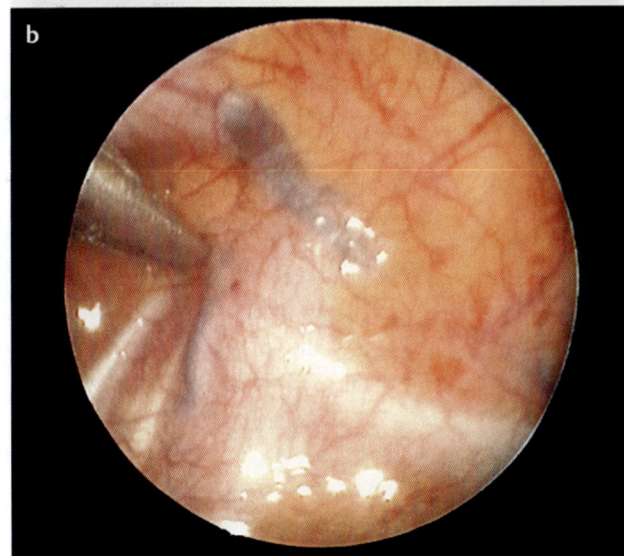

Fig. 40.9 Visualização endoscópica da cavidade torácica esquerda. **(a)** A cadeia simpática corre sobre as cabeças da segunda e terceira costelas e profundamente à pleura parietal semitransparente. **(b)** O cautério endoscópico/tesouras de Metzenbaum apalpam a cabeça da primeira costela, que fica dentro do coxim de gordura apical.

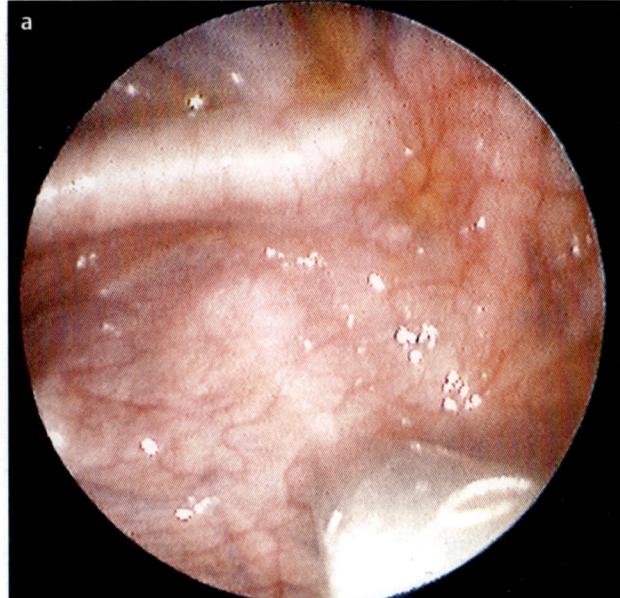

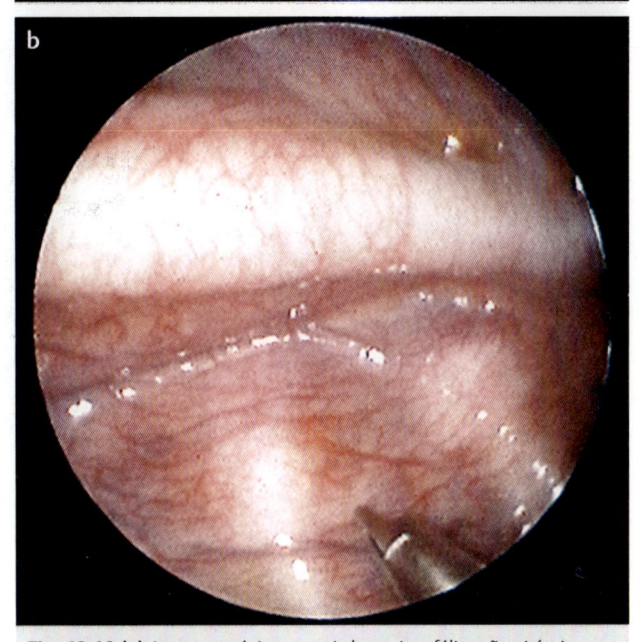

Fig. 40.10 (a) A aorta torácica e a veia braquiocefálica são visíveis. Esses vasos se dividem dentro do coxim de gordura apical para a artéria e a veia subclávias e correm sobre a cabeça da primeira costela. A cabeça da segunda costela é facilmente visualizada. **(b)** O instrumento endoscópico está apontando para a cadeia simpática correndo sobre a cabeça da terceira costela.

ram em nova perspiração no tronco (55-80%), extremidade inferior (40-64%) e axila (30-35%).[8-10] As complicações técnicas associadas à abordagem endoscópica e desempenho da simpatectomia carregam mais riscos que incluem pneumotórax, pneumotórax de tensão, neuralgia intercostal, dano aos grandes vasos, sequelas da anestesia geral, hiperidrose recalcitrante, assim como a síndrome de Horner (ptose ipsilateral, anidrose, miose) causadas por lesão dos gânglios T1.

A inserção cuidadosa da porta sobre a borda superior da costela reduz o risco de lesão neurovascular intercostal e de neuralgia intercostal pós-operatória. A porta deverá ser inicialmente colocada usando-se um instrumento de ponta cega e somente depois que o pulmão ipsilateral foi desinflado, para evitar lesão ao parênquima pulmonar. A segunda porta e quaisquer portas subsequentes deverão ser inseridas mediante visualização direta, se possível.

A visualização e a identificação claras dos gânglios T2 ajudam a identificar o gânglio estrelado, localizado em sentido craniano à segunda costela e geralmente coberto por um pequeno coxim de gordura. Deve-se evitar a manipulação desse coxim para mini-

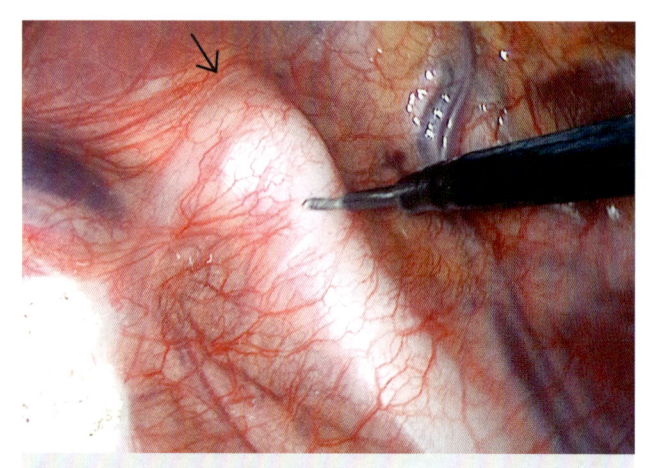

Fig. 40.11 O gancho do cautério endoscópico está palpando a cabeça da segunda costela. A seta aponta para a cadeia simpática transversa sobre a cabeça dessa costela.

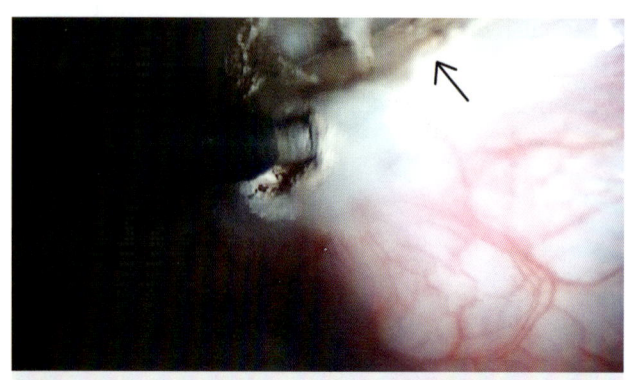

Fig. 4.12 O cautério endoscópico é usado para isolar e dissecar ambos os lados da cadeia simpática. A seta aponta para o nervo simpático exposto embaixo da pleura parietal.

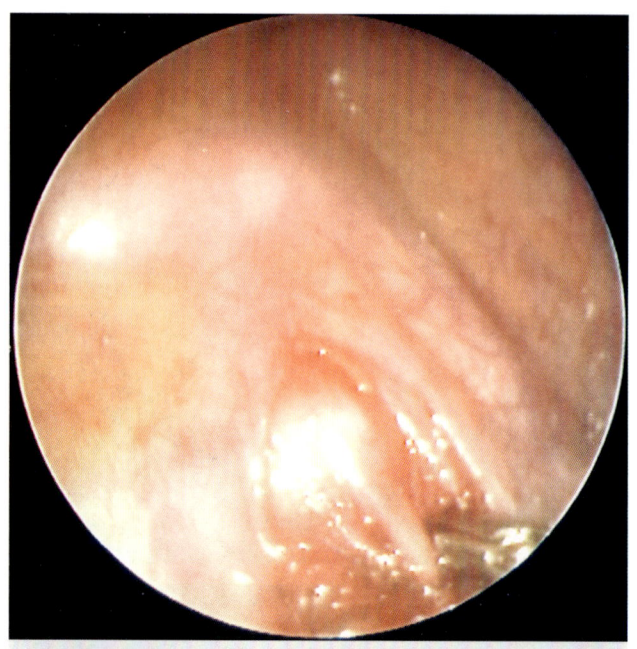

Fig. 40.13 A cadeia simpática e o gânglio T3 são visíveis através da pleura parietal que foi dividida. O agarrador endoscópico fica adjacente à cadeia simpática, embaixo da terceira costela e do gânglio T3.

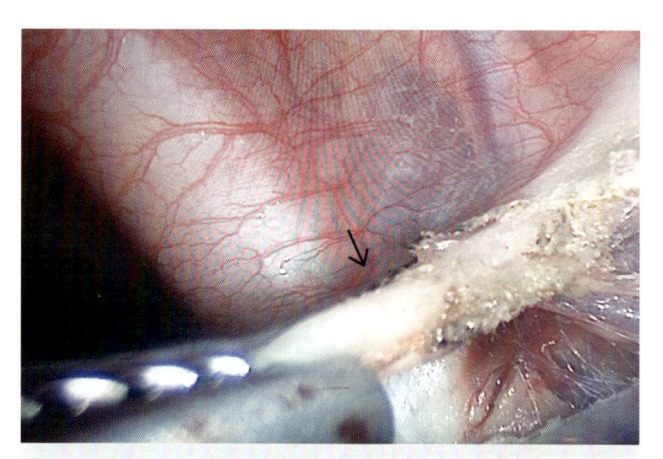

Fig. 40.14 Após a cadeia simpática torácica ter sido isolada e dissecada, o segmento excisado da cadeia é removido.

mizar a lesão potencial ao gânglio estrelado e diminuir o risco da síndrome de Horner. Além disso, evitar esse coxim de gordura diminui o risco de lesão à artéria subclávia, que fica logo abaixo dele.

40.6 Conclusão

A ETS é um tratamento definitivo e seguro para hiperidrose primária. Avanços recentes na tecnologia capacitaram esse procedimento a ser executado usando endoscópios e instrumentos de trabalho endoscópico de menos de 2 mm de diâmetro. Isso reduziu a incidência de neuralgia intercostal e cicatrização pós-operatória. O posicionamento do paciente em supino com os braços abduzidos em 90 graus e a posição de Trendelenburg reversa leve permitiu aos autores executar procedimentos de simpatectomia bilateral sem ter de reposicionar o paciente anestesiado.

40.6.1 Agradecimentos

Este capítulo é uma revisão significativa do capítulo "Thoracoscopic Sympathectomy", por Brian Perri, Tooraj Gravori e J. Patrick Johnson. O capítulo apareceu no *Neurosurgical Operative Atlas: Functional Neurosurgery, 2nd edition*, editado por Phillip A. Starr, Nicholas M. Barbaro e Paul S. Larson. O *Neurosurgical Operative Atlas* foi publicado pela American Association of Neurologic Surgeons (AANS) de 1991 a 2008.

Agradecemos e saudamos Samuel S. Ahn por sua ajuda e esforços no capítulo original publicado na primeira edição deste trabalho.

Simpatectomia

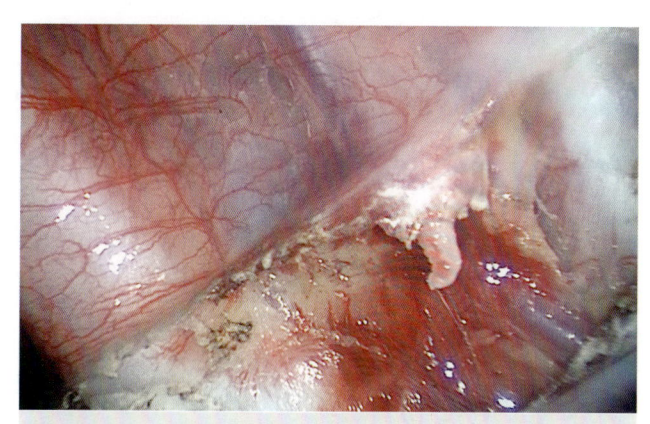

Fig. 40.15 Visualização endoscópica da área de ressecção.

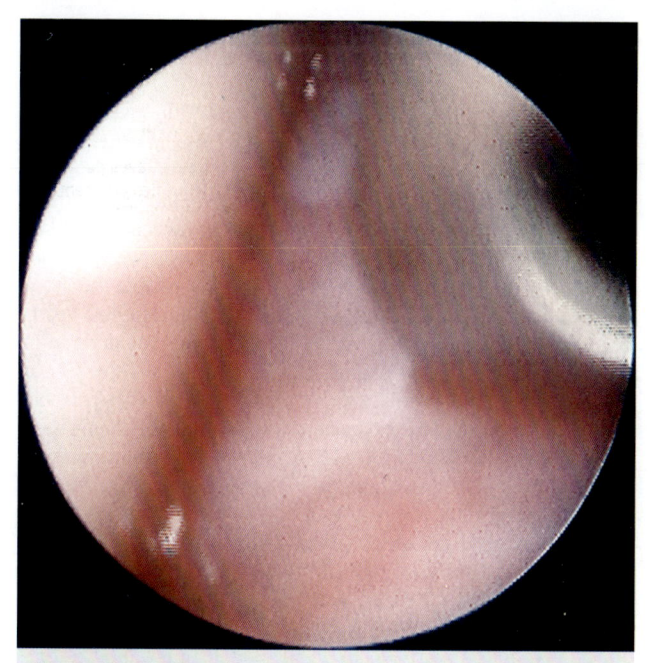

Fig. 40.16 Projeção endoscópica de alta potência do ápice torácico esquerdo demonstrando reinflação completa do pulmão. A ponta de 3 mm do instrumento de sucção/irrigador é visível no canto superior direito da imagem. Uma vez que o pulmão seja visualizado completamente inflado, o instrumento é configurado para o modo de sucção e ambos, o endoscópio e o instrumento, são retirados da cavidade torácica para minimizar o potencial para um pneumotórax.

Referências

[1] Baumgartner FJ, Toh Y. Severe hyperhidrosis: clinical features and current thoracoscopic surgical management. Ann Thorac Surg. 2003; 76(6):1878–1883

[2] Yamashita N, Tamada Y, Kawada M, Mizutani K, Watanabe D, Matsumoto Y. Analysis of family history of palmoplantar hyperhidrosis in Japan. J Dermatol. 2009; 36(12):628–631

[3] Shih CJ, Wu JJ, Lin MT. Autonomic dysfunction in palmar hyperhidrosis. J Auton Nerv Syst. 1983; 8(1):33–43

[4] Vetrugno R, Liguori R, Cortelli P, Montagna P. Sympathetic skin response: basic mechanisms and clinical applications. Clin Auton Res. 2003; 13(4):256–270

[5] Connolly M, de Berker D. Management of primary hyperhidrosis: a summary of the different treatment modalities. Am J Clin Dermatol. 2003; 4(10):681–697

[6] Solish N, Bertucci V, Dansereau A, et al. Canadian Hyperhidrosis Advisory Committee. A comprehensive approach to the recognition, diagnosis, and severity-based treatment of focal hyperhidrosis: recommendations of the Canadian Hyperhidrosis Advisory Committee. Dermatol Surg. 2007; 33(8):908–923

[7] Thomas I, Brown J, Vafaie J, Schwartz RA. Palmoplantar hyperhidrosis: a therapeutic challenge. Am Fam Physician. 2004; 69(5):1117–1120

[8] Baumgartner FJ, Bertin S, Konecny J. Superiority of thoracoscopic sympathectomy over medical management for the palmoplantar subset of severe hyperhidrosis. Ann Vasc Surg. 2009; 23(1):1–7

[9] Jeong JY, Park SS, Sim SB, et al. Prediction of compensatory hyperhidrosis with botulinum toxin A and local anesthetic. Clin Auton Res. 2015; 25(4):201–205

[10] Deng B, Tan QY, Jiang YG, et al. Optimization of sympathectomy to treat palmar hyperhidrosis: the systematic review and meta-analysis of studies published during the past decade. Surg Endosc. 2011; 25(6):1893–1901

41 Técnicas Intervencionistas no Manejo da Dor para Dor Lombar

Jerry Lalangara • Joshua Meyer • Vinita Singh

Resumo

Dor lombar é uma causa principal de morbidade e uma carga significativa para a sociedade em vista do seu efeito considerável na qualidade de vida dos pacientes, redução da produtividade no trabalho e os custos associados com assistência médica. A dor na articulação zigapofisária ou facetária lombar (articulações z) pode representar 15 a 45% dos casos de dor lombar crônica. A dor lombar radicular irradia-se para uma ou ambas as pernas e pode ser acompanhada pela diminuição nos reflexos, fraqueza, parestesia ou dormência em um padrão dermatomal. Medidas conservadoras que consistem em fisioterapia, aplicação de gelo ou calor e medicações (tipicamente drogas anti-inflamatórias não esteroides) são utilizadas como primeira opção. Ablação por radiofrequência dos nervos do ramo medial pode ser utilizada para dor lombar mediada pela faceta quando as medidas conservadoras fracassaram. Para a maioria dos pacientes com dor lombar radicular, injeções epidurais de esteroides podem levar ao alívio significativo dos sintomas, reduzindo a inflamação em torno da raiz nervosa. Apresentamos uma descrição detalhada do bloqueio nervoso medial lombar diagnóstico e ablação por radiofrequência terapêutica do ramo medial lombar para dor lombar axial, além de injeção epidural lombar de esteroides interlaminar e transforaminal para dor radicular lombar.

Palavras-chave: dor lombar, injeção epidural de esteroides, ablação por radiofrequência.

41.1 Introdução

Dor lombar é uma causa principal de morbidade e uma carga significativa para a sociedade em vista do seu efeito considerável na qualidade de vida dos pacientes, redução da produtividade no trabalho e os custos associados com assistência médica. Sua prevalência geral nas partes industrializadas do mundo oscila entre 60 e 90%. Apesar da sua frequência, a identificação da etiologia subjacente pode representar um desafio significativo. A dor lombar pode ser originária de patologias nos músculos próximos, ligamentos, coluna vertebral ou mesmo estruturas adjacentes dentro do abdome ou pélvis. Juntamente com uma história detalhada, exame físico e testes diagnósticos apropriados, o clínico também deve estar vigilante para sintomas da bandeira vermelha, tais como perda de peso significativa, febre, anestesia em sela, incontinência intestinal/urinária e dor constante, que podem indicar patologias mais graves (p. ex., câncer, infecção, síndrome da cauda equina e fratura vertebral).[1] Para fins deste capítulo, iremos focar principalmente na patologia e no tratamento das síndromes dolorosas axial e radicular lombar.

41.2 Dor Axial Lombar

A dor axial lombar é descrita como um tipo de dor aguda ou "dolorosa" que é de natureza contínua e piora com um movimento giratório das costas. Vários processos podem contribuir para esta forma de dor lombar, tais como uma artropatia da articulação facetária, doença discal degenerativa e dano aos tecidos moles ou músculos (dor miofascial). Medidas conservadoras que consistem em fisioterapia, aplicação de gelo ou calor e medicamentos (tipicamente drogas anti-inflamatórias não esteroides [NSAIDs]) são utilizados em primeiro lugar. Dor axial lombar aguda tipicamente se resolve dentro de 6 a 8 semanas. Para sintomas que persistem além deste período, podem ser considerados estudos diagnósticos adicionais e procedimentos intervencionistas terapêuticos.

41.3 Bloqueio/Ablação por Radiofrequência do Ramo Medial Lombar

41.3.1 Seleção do Paciente/Nível de Evidência

A dor na articulação zigapofisária ou facetária lombar (articulações z) pode representar 15 a 45% dos casos de dor lombar crônica. A dor mediada pela faceta está tipicamente relacionada com osteoartrite. A prevalência de osteoartrite facetária lombar aumenta a cada nível espinal sucessivamente. Mais de 90% de todos os adultos têm algum grau de degeneração facetária nos dois níveis mais caudais (L4-5 e L5-S1).[2,3] O tratamento intervencionista pode ser indicado para dor lombar mediada pela faceta não controlada com manejo conservador. Os nervos dos ramos mediais dos ramos dorsais lombares deste nível e do nível acima transmitem sensações nociceptivas provenientes das articulações facetárias lombares. Por exemplo, os ramos mediais L3 e L4 inervam a articulação facetária L4-L5. A ablação por radiofrequência destes nervos pode ser utilizada no tratamento de dor lombar mediada pela faceta.

São realizados bloqueios diagnósticos dos ramos nervosos antes de prosseguir com radiofrequência para confirmar que a fonte da dor é mediada pela faceta. Foi preconizado que dois conjuntos de bloqueios reduzem a taxa de falso-positivo de dor facetária verdadeira na previsão do sucesso de ablação por radiofrequência dos ramos mediais. O alívio da dor é primeiramente induzido com lidocaína, e em data posterior é usada bupivacaína para confirmar o alívio da dor.

A acurácia com a qual os bloqueios do ramo medial são capazes de diagnosticar dor facetária varia dependendo dos padrões de critério para o sucesso no alívio da dor. O alívio da dor por bloqueios do ramo medial é tipicamente classificado como uma porcentagem do alívio proporcionado. Foi demonstrado que a dor facetária pode ser diagnosticada acuradamente utilizando-se como padrão 75 a 100% de alívio da dor com duplos bloqueios anestésicos locais. Um diagnóstico de dor facetária com o padrão para alívio da dor estabelecido em 50 a 74% foi considerado uma evidência adequada. A evidência é limitada para dor facetária verdadeira quando é realizado um bloqueio único do ramo medial com 75 a 100% de alívio da dor. São escassas as evidências para dor facetária quando é realizado um bloqueio único com 50 a 74% de alívio.[4,5]

Para pacientes que tiveram sucesso em obter alívio da dor após bloqueio do ramo medial, o próximo passo é a ablação por radiofrequência dos ramos mediais. Ablação por radiofrequência ou neurotomia pode ser realizada com a utilização de uma ampla variedade de cânulas e geradores de lesão, seja por uma lesão com calor ou via modo pulsado.

Técnicas Intervencionistas no Manejo da Dor para Dor Lombar

Uma ponta ativa da cânula aquecida com radiofrequência padrão aumenta a temperatura neural até níveis destrutivos (≥ 80-85° C). Radiofrequência molopolar refere-se ao fluxo de corrente entre o probe do eletrodo e uma grande área colocada da superfície da pele. O volume de tecido danificado pelo aquecimento com radiofrequência é denominado *lesão com calor*. Ela aumenta na proporção do comprimento e diâmetro da ponteira da cânula, e também com temperaturas mais altas e o tempo de lesão mais longo. A ablação por radiofrequência aquecida é comumente realizada no nível lombar.

A radiofrequência pulsada (PRF) atua pela transmissão de descargas de calor para a neuromodulação dos ramos mediais e raramente lesiona estas estruturas. O calor não excede 42°C. Embora o mecanismo da PRF não tenha sido claramente elucidado, é sabido que o campo elétrico produzido pela PRF altera ou possivelmente restaura os sinais de dor.

Clinicamente, as lesões com calor aparentemente abrangem uma área de superfície maior que aquelas criadas com as temperaturas mais baixas empregadas pelo tratamento com radiofrequência pulsada. Além do mais, há fortes indícios para empregar neurotomia com radiofrequência aquecida para manejo de dor facetária lombar, já que o apoio para radiofrequência com modo pulsado é limitado.

41.3.2 Anatomia

No nível lombar, as articulações facetárias são formadas pelo processo articular superior (SAP) de uma vértebra e o processo articular inferior das vértebras acima e são, sobretudo, orientadas paralelamente ao plano sagital. O processo transversal de cada vértebra estende-se lateralmente na porção inferior do SAP em cada nível vertebral (▶ Fig. 41.1 e ▶ Fig. 41.2). Uma exceção a esta orientação ocorre no nível L5-S1, o processo articular de L5 encontra o SAP do sacro, e a asa sacral existe imediatamente lateral ao processo articular em vez de um processo transversal nos níveis acima. A relação entre os processos articulares e os processos transversais ou asas sacrais torna-se clinicamente relevante durante a introdução das agulhas para bloqueios do ramo medial ou ablação por radiofrequência.

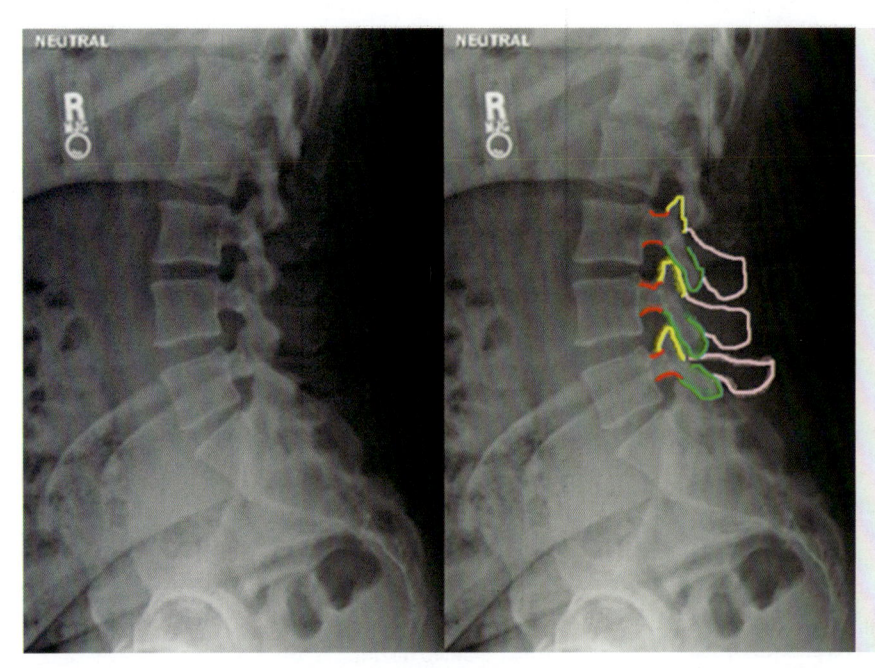

Fig. 41.1. Visão lateral da coluna lombar. O processo articular superior, marcado em amarelo, e o processo articular inferior, marcado em verde, formam a articulação facetária. Os pedículos são marcados em vermelho e o processo transverso é marcado em cor-de-rosa.

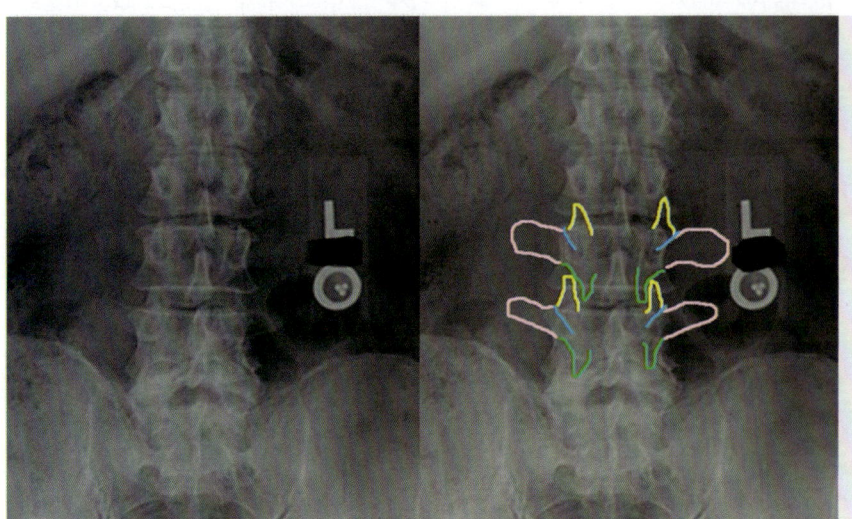

Fig. 41.2. Visão anteroposterior da coluna lombar. O processo articular superior está novamente marcado com amarelo, que constitui a articulação facetária junto com o processo articular inferior, marcado em verde. O ramo medial está marcado em azul e o processo transverso está marcado em cor-de-rosa.

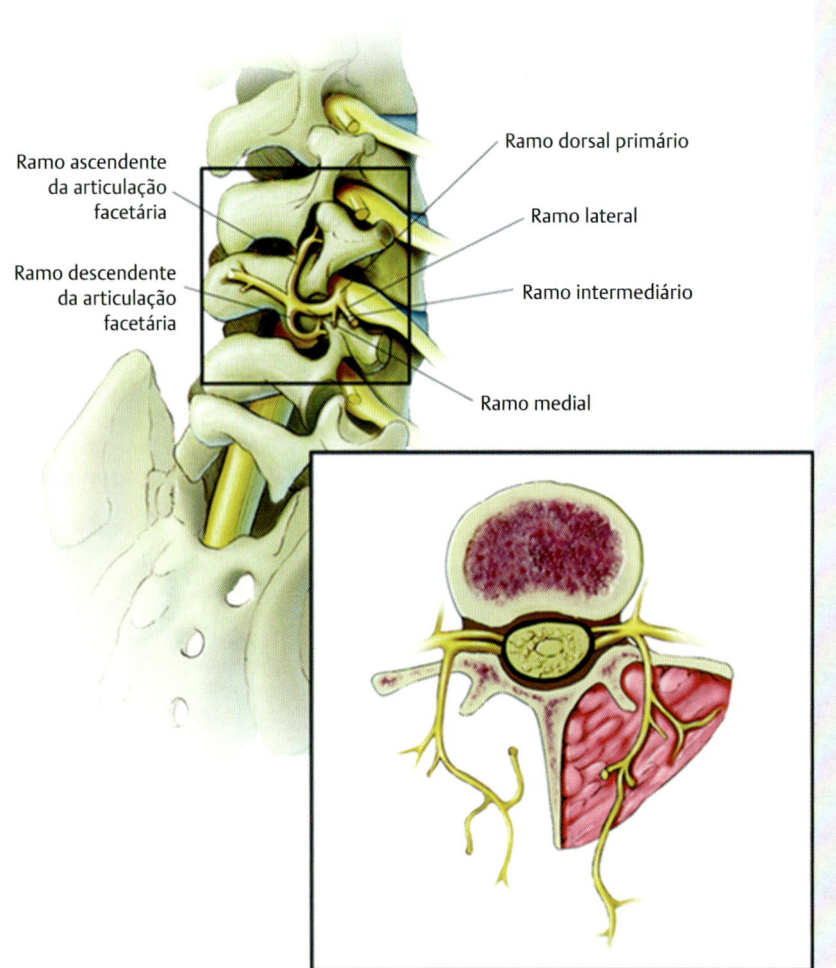

Fig. 41.3. Visão oblíqua lateral direita dos corpos vertebrais lombares e os ramos mediais dos ramos dorsais. (Desenho de Frank M. Cort, MS, Associado de Pesquisa, Departamento de Radiologia, Hospital Johns Hopkins, Baltimore, MD.)

A inervação sensorial das articulações facetárias prossegue a partir dos ramos primários posteriores dos nervos espinhais. Os ramos posteriores se dividem em um ramo lateral, intermediário e medial. Destes ramos, o ramo medial é o maior e fornece inervação sensorial à articulação facetária (▶ Fig. 41.3). Cada articulação facetária no nível lombar recebe inervação dos ramos primários no mesmo nível e no nível acima da articulação. Por exemplo, a articulação facetária L3-L4 recebe sua inervação dos nervos do ramo medial L2 e L3. Nos níveis L1 a L4, os ramos mediais viajam posteriormente ao longo da junção dos SAPs e a base dos processos transversais. No nível L5, o ramo medial atravessa a junção do SAP e a asa sacral. Coincidente com a articulação facetária que recebe a inervação de dois ramos mediais diferentes, os bloqueios independentes devem ser realizados para cada ramo para tratar dor facetária em um nível.

41.3.3 Preparação Pré-Operatória

Estes procedimentos são costumeiramente realizados em um centro de cirurgia ambulatorial ou em consultório com um braço tipo C (fluoroscópio) com procedimento anestésico monitorado.

41.3.4 Procedimento Cirúrgico

Os bloqueios do ramo medial lombar são realizados na posição prona. Uma almofada pode ser colocada sob o abdome inferior para movimentar as cristas ilíacas posteriormente e proporcionar uma visão mais clara da junção lombossacral. O arco em C é então movimentado para a posição acima da coluna lombar e é aplicada angulação de 25 a 35 graus. As articulações facetárias e a junção dos SAPs e os processos transversais podem ser facilmente visualizadas com este posicionamento do arco em C. Os bloqueios do ramo medial começam com anestesia da pele e tecido subcutâneo sobre os alvos radiográficos. Pode ser usada uma agulha espinal calibre 22 ou 25 para realizar o bloqueio, e uma agulha de 2,5 polegadas de comprimento usualmente é suficiente para alcançar o alvo. Depois que a agulha é assentada no tecido subcutâneo, ela deve ser avançada até a junção óssea do SAP e processo transversal (▶ Fig. 41.4). Depois que a agulha entrou em contato com o osso, 0,25 a 0,5 mL de anestésico local (lidocaína 2% ou bupivacaína 0,5%) devem ser depositados para realizar o bloqueio. Os pacientes são então instruídos a manter uma agenda com seus escores de dor durante as horas seguintes até que a sua dor retorne.

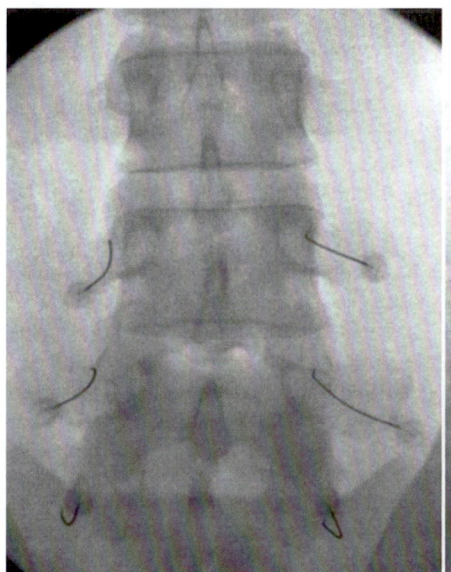

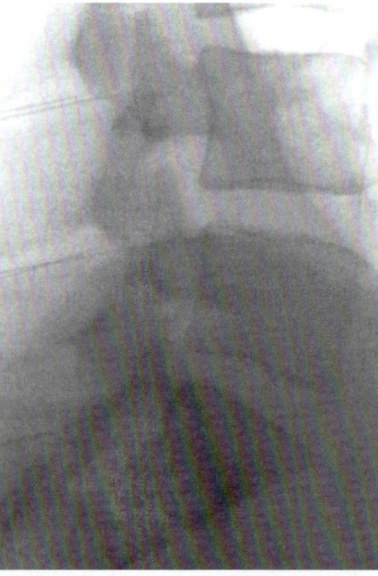

Fig. 41.4. Visão anteroposterior e lateral da coluna lombar para bloqueio do ramo medial para lombar bilateral 3 a 5, para lateral L4-L5 e facetas L5-S1 com as agulhas na posição final.

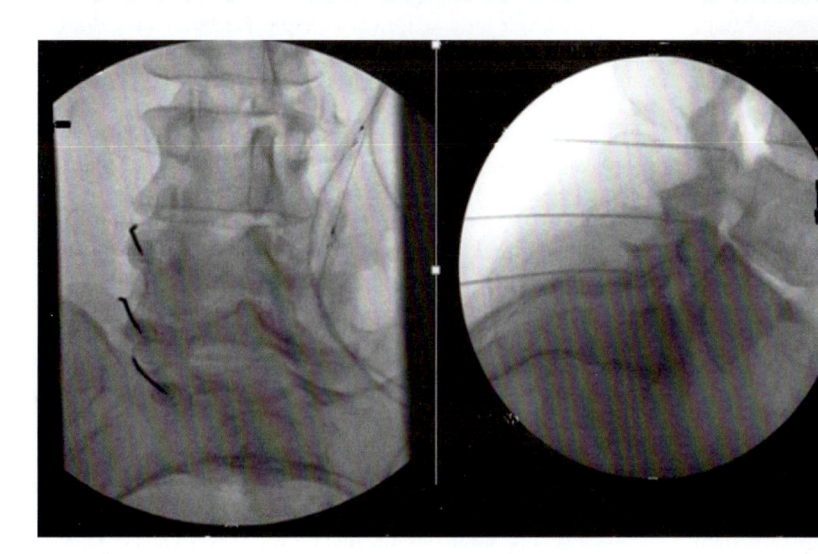

Fig. 41.5. Visão anteroposterior e lateral da coluna lombar para ablação por radiofrequência do ramo medial para lombar 3 a 5, para bilateral L4-L5 e facetas L5-S1 com as agulhas na posição final.

Para ablação por radiofrequência, as cânulas de radiofrequência são colocadas de uma maneira similar às agulhas para bloqueio do ramo medial (▶ Fig. 41.5). No entanto, o arco em C é angulado caudalmente 25 a 35 graus além da angulação oblíqua usada nos bloqueios do ramo medial. Com este posicionamento do arco em C, as cânulas de radiofrequência são alinhadas mais proximamente com a orientação anatômica dos nervos do ramo medial. O objetivo é posicionar as cânulas de uma maneira mais paralela ao nervo, tal que um maior comprimento do nervo possa ser ablacionado. Para ablação por radiofrequência convencional, agulhas de 10 cm com uma ponta de 10 mm podem ser usadas para a ablação. O alvo final da cânula de radiofrequência deve ser o mesmo que para bloqueios do ramo medial, embora alguns profissionais avancem a ponta da cânula 2 a 3 mm além da margem superior do processo transversal. O teste elétrico sensorial e motor devem ser realizados depois que as cânulas são colocadas, antes da ablação. Isto confirmaria que a agulha não está posicionada perto do nervo espinal ou do ramo ventral para que eles não sejam afetados inadvertidamente. Depois do teste satisfatório (nenhuma resposta motora da raiz nervosa), deve ser prestada muita atenção para não movimentar as cânulas antes ou durante a ablação. Lidocaína 2% é frequentemente administrada após o teste para proporcionar anestesia de ação rápida antes da ablação. Bupivacaína 0,25 ou 0,5% pode ser administrada depois da ablação para controle da dor pós-procedimento. Tipicamente são criadas lesões a 80°C por 60 a 90 segundos.

41.3.5 Manejo Pós-Operatório Incluindo Possíveis Complicações

Os pacientes são observados na sala de recuperação por aproximadamente 30 minutos a 1 hora após o procedimento e recebem alta para casa com acompanhamento na clínica, quando necessário.

Complicações depois de bloqueios diagnósticos do ramo medial são incomuns. Os pacientes devem ser alertados de que podem ter dor relacionada com o procedimento por 1 ou 2 dias seguintes nos locais da injeção. Embora complicações com ablação por radiofrequência possam ser mais preocupantes do que aquelas com bloqueios diagnósticos, elas também são infrequentes. A complicação mais comum após ablação com radiofrequência é neurite, com uma incidência reportada de 5%. Outras consequências adversas potenciais incluem queimaduras no tecido e dormência ou disestesia sobre os processos espinhosos no nível de tratamento. Lesão no ramo primário anterior da raiz nervosa também é uma possibilidade se a ponta ativa da cânula for muito avançada ventralmente sobre o processo transversal. Finalmente, os pacientes devem ser informados de que provavelmente irão experimentar uma exacerbação da sua dor depois de ablação por radiofrequência, e a dor do procedimento pode durar até 2 semanas.[6]

41.3.6 Conclusão

Dor mediada pela faceta é uma forma comum de dor lombar que pode impactar negativamente a qualidade de vida de um paciente. Uma porção significativa dos pacientes fracassa no manejo conservador para esta condição degenerativa, e cirurgia não demonstrou ser uma opção viável para esta condição atualmente. Ablações por radiofrequência do ramo medial lombar demonstraram proporcionar alívio da dor e melhora funcional nos pacientes por tipicamente 6 meses. Os riscos do procedimento são mínimos e ele é bem tolerado entre os pacientes.[7] Assim sendo, este é um dos procedimentos intervencionistas para dor mais comumente realizado para dor crônica nas costas.

41.4 Dor Radicular Lombar

Ao contrário da dor axial lombar, que se manifesta primariamente na parte lombar das costas, a dor radicular lombar irradia-se para uma ou as duas pernas e pode ser acompanhada por diminuição nos reflexos, fraqueza, parestesia ou dormência de forma dermatômica. Estes sintomas refletem o envolvimento de uma raiz nervosa espinal frequentemente decorrente de patologia relacionada com um disco lombar herniado ou rompido ou estenose espinal lombar. No contexto de discos degenerativos, a enzima fosfolipase A2 pode penetrar através de fendas do ânulo fibroso e quimicamente irritar as raízes nervosas. Hérnias discais podem causar compressão severa das raízes nervosas. Por outro lado, pode ocorrer estenose espinal lombar dentro do canal central causando claudicação neurogênica ou pode ser visto estreitamento nos neuroforames ou recessos laterais, tipicamente causando dor numa distribuição dermatômica. O manejo é inicialmente direcionado para estratégias conservadoras com fisioterapia e medicações como NSAIDs, antidepressivos, anticonvulsivantes e opioides. No contexto de sintomas refratários uma injeção epidural de esteroides (ESI) lombar demonstrou proporcionar alívio da dor. Corticosteroides inibem a enzima fosfolipase A2, a qual cataliticamente hidrolisa os fosfolipídios de membrana conversores de ligação em ácido araquidônico. O ácido araquidônico é o substrato principal para os caminhos da cicloxigenase e lipoxigenase. Estes caminhos resultam na formação de vários mediadores inflamatórios, incluindo prostaglandinas. Além dos efeitos anti-inflamatórios, os esteroides podem inibir a dor por meio da sua habilidade de suprimir descargas ectópicas das fibras nervosas lesionadas e deprimem a condução em fibras C não mielinizadas normais.

41.5 Injeções Epidurais de Esteroides

As injeções epidurais de esteroides (ESIs) podem ser administradas por três rotas diferentes: transforaminal (TF), interlaminar (IL) e caudal. ESI caudal faz uso do hiato sacral, o qual oferece a rota mais caudal e direta para entrada no espaço epidural e permite a administração de soluções à base de esteroides para o tratamento de patologia lombar. ESIs caudais são menos direcionadas do que a abordagem TF ou IL, na medida em que o sítio da injeção não é alterado de acordo com o nível da patologia. As vantagens da abordagem caudal incluem segurança adicional devido ao risco mínimo de punção dural inadvertida, dada a distância do saco tecal e a facilidade de manuseio do equipamento em pacientes pós-cirúrgicos, os quais estão em risco mais elevado para punção dural.[8]

ESI interlaminar pode ser realizada nos níveis lombar, torácico e cervical da espinha e envolvem a passagem de uma agulha através do ligamento amarelo para administrar a medicação. As vantagens desta técnica incluem a maior probabilidade de que a medicação injetada atinja níveis espinhais adjacentes, a habilidade de tratar dor bilateral e a necessidade de um volume menor de medicação quando comparada com ESIs caudais. As desvantagens incluem o potencial para punção dural e deposição de medicação no espaço epidural dorsal, o qual é mais frequentemente distante do sítio da patologia.

Semelhante a ESI IL, a abordagem epidural TF pode ser utilizada nos níveis lombar, torácico e espinal cervical, mas ao contrário da técnica IL, também pode ser realizada nos níveis sacrais. A técnica de injeção TF envolve a colocação de uma agulha dentro de um neuroforame, não requer uma técnica com perda de resistência e deve ser realizada com orientação fluoroscópica. A abordagem TF tem diversas vantagens teóricas sobre outras rotas de injeção: ela tem um alvo mais específico, tem menor risco de punção dural inadvertida e está associada a maior incidência de dispersão epidural ventral.

4.5.1 Seleção do Paciente/Nível de Evidência

Para a maioria dos candidatos com dor radicular lombar, ESIs podem levar ao alívio significativo dos seus sintomas, reduzindo a inflamação em torno da raiz nervosa. Desta forma, esta redução na dor facilita a reabilitação física mais precoce e mais efetiva. A abordagem convencional no contexto de claudicação neurogênica ou dor radicular lombar é uma ESI IL. Atualmente, há evidências de nível 1B (eficácia demonstrada em ensaios controlados randomizados individuais com intervalo de confiança estreito) de que ESI IL pode proporcionar significativo alívio de curto prazo para dor radicular lombar.[9,10] Para sintomas localizados na distribuição de uma única raiz nervosa, uma ESI TF pode ser preferível, já que esta rota pode depositar o injetado mais diretamente na raiz nervosa inflamada. Atualmente, há evidências de nível 1C de que ESI TF pode proporcionar significativo alívio de curto prazo da dor. ESIs não demonstraram proporcionar alívio duradouro da dor além de 3 meses ou alterar a necessidade de cirurgia. Há evidências robustas para embasar seu uso com hérnia discal em vez de estenose espinal, onde os benefícios parecem ser menos aparentes.[11] De um modo geral, ESIs devem ser usadas como um componente de terapia multimodal para dor radicular lombar. As contraindicações para ESIs incluem coagulopatia significativa, infecção local e sepse.[12]

41.5.2 Anatomia

As vértebras lombares consistem em um processo espinhoso na linha média que junta os processos transversais em cada um dos lados pelas lâminas. O espaço epidural é logo anterior às lâminas. O espaço epidural consiste em tecido conjuntivo frouxo, um

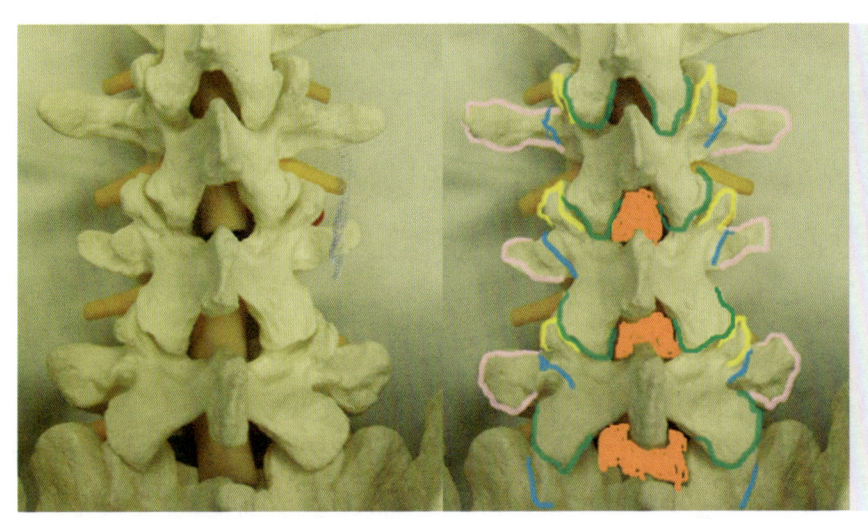

Técnicas Intervencionistas no Manejo da Dor para Dor Lombar

Fig. 41.6. Visão anteroposterior do esqueleto lombar. O espaço interlaminar está marcado em cor de laranja. O processo articular superior é novamente marcado com amarelo, que constitui a articulação facetária juntamente com o processo articular inferior, marcado em verde. O ramo medial está marcado em azul e o processo transverso está marcado em cor-de-rosa.

plexo venoso e gordura epidural. Para ESIs IL, o espaço epidural é acessado através do espaço entre as lâminas vizinhas (espaço IL; ► Fig. 41.6). Depois que a agulha estiver dentro do espaço epidural, o injetado viaja preferencialmente ao longo das bainhas durais dos nervos espinais fornecendo uma via para alívio da dor. Para ESIs TF, o alvo é o forame intervertebral, o qual abriga o nervo espinhal. O forame se abre nas superfícies laterais das vértebras. Suas fronteiras incluem a articulação facetária (posteriormente), pedículos das vértebras adjacentes (superior e inferiormente) e o corpo e disco vertebral (anteriormente). As artérias segmentares espinais também viajam com o nervo espinal dentro do forame, portanto, deve ser usada cautela ao ser usada esta técnica.

41.5.3 Preparação Pré-Operatória

Estes procedimentos são costumeiramente realizados em um centro cirúrgico ambulatorial ou em consultório com um braço tipo C e com procedimentos anestésicos monitorados. Sedação moderada a pesada não é recomendada para ESIs, mas se for usada sedação leve, o paciente deve permanecer com capacidade de comunicar dor ou outras sensações ou eventos adversos.

41.5.4 Procedimento Cirúrgico

Injeções Epidurais de Esteroides Interlaminares

ESIs interlaminares são agora quase universalmente realizadas sob fluoroscopia para condições de dor crônica. O paciente é colocado na posição prona. A pele da região lombar é limpa com o antisséptico de escolha (geralmente solução alcoólica de gluconato-isopropil de clorexidina) e o campo cirúrgico é protegido de forma estéril. O arco em C é posicionado em visão anteroposterior (AP). Muitas vezes, o arco em C é rotado caudalmente 15 a 20 graus permitindo melhor visualização do espaço IL. A ponta da agulha é colocada sobre a pele sob fluoroscopia até coincidir com o ponto de entrada desejado no espaço epidural; este ponto pode ser na linha média ou ligeiramente para a esquerda ou direita da linha média, mas dentro do espaço IL. Depois de identificado o ponto de entrada, a pele sobrejacente e o tecido subcutâneo são anestesiados com lidocaína 1%. A seguir, a agulha Tuohy calibre 18 é avançada até que a agulha se engaje no ligamento amarelo. O estilete é removido e uma seringa de perda de resistência preenchida com solução salina sem conservante ou ar é acoplada à agulha. A agulha Tuhoy é avançada lentamente enquanto é aplicada pressão contínua no êmbolo. Ocasionalmente podem ser usadas visões fluoroscópicas para confirmar a trajetória da agulha. Também pode ser obtida periodicamente uma visão lateral para avaliar a profundidade da agulha em relação ao espaço epidural. Quando a agulha entrar no espaço epidural, será observada uma perda de resistência (► Fig. 41.7). É obtida uma aspiração negativa para confirmar que a agulha não está dentro do espaço intratecal ou de um vaso sanguíneo. Se for encontrado líquido cerebrospinal ou sangue, a agulha deverá ser removida e colocada em um nível diferente. A verificação da colocação correta da agulha pode ainda ser confirmada pela injeção de um material de contraste. Com fluoroscopia ao vivo, 1 a 2 mL de um meio de contraste radiográfico não iônico como iohexol (Omnipaque 240 ou 300) ou iopamidol (Isovue) irá mostrar a difusão do contraste dentro do espaço epidural. Na visão fluoroscópica lateral, a ponta da agulha é vista no espaço epidural posterior com o material de contraste tipicamente visualizado como uma linha reta definindo o espaço epidural (► Fig. 41.8). Depois da confirmação, uma solução consistindo em anestésico local (lidocaína 0,5-2% ou bupivacaína 0,125-0,5%), esteroide (40-80 mg de metilprednisolona, 4-20 mg de dexametasona ou 6-12 mg de dexametasona) e possivelmente solução salina normal é injetada com facilidade. O volume total do injetado é variável (usualmente 3-5 mL), dependendo do grau da patologia no nível da injeção. Todas as soluções injetadas o espaço epidural devem ser sem conservante.

Injeções Epidurais de Esteroides Transforaminais

ESIs transforaminais também são realizadas sob fluoroscopia. O paciente é colocado na posição prona. A pele da região lombar é limpa com o antisséptico de escolha (geralmente solução alcoólica de gluconato-isopropil de clorexidina) e coberta de forma estéril. O arco em C é posicionado em visão AP com as placas terminais superior e inferior do corpo vertebral alinhadas. Então o arco em C é rotado 20 a 30 graus em um ângulo oblíquo ipsilateral (► Fig. 41.9). O ponto de entrada é a área inferolateral ao pedículo; com frequência, uma área um pouco mais clara pode surgir representando um alvo (► Fig. 41.9). A pele sobrejacente e o tecido subcutâneo são anestesiados com lidocaína 1%. Uma agulha espinal de 3,5 polegadas, calibre 22 ou 25, é avançada gradualmente com a utilização de uma técnica coaxial com visão fluoroscópica intermitente. Depois que

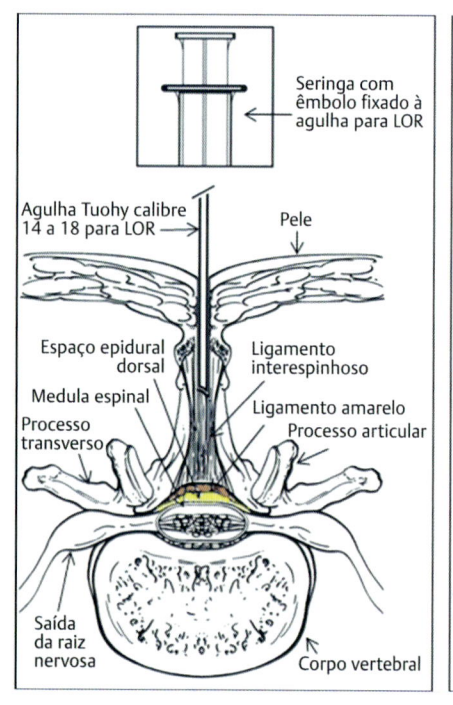

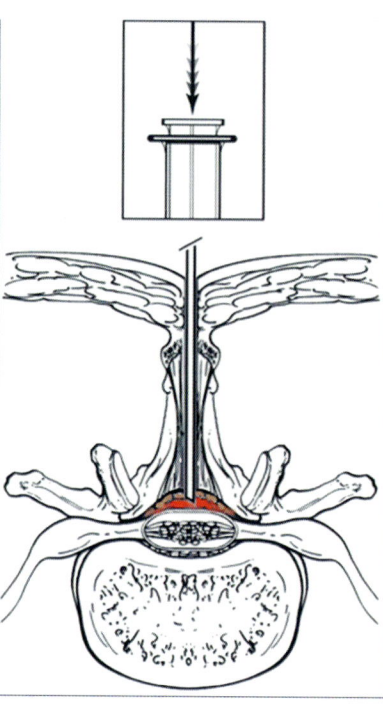

Fig. 41.7. Visão transversal de injeção epidural de esteroide interlaminar. No lado esquerdo da imagem, a ponta da agulha Tuohy está dentro do ligamento interespinhoso. No lado direito, a ponta da agulha no espaço epidural marcado em vermelho como perda de resistência é atingida. LOR = perda de resistência.

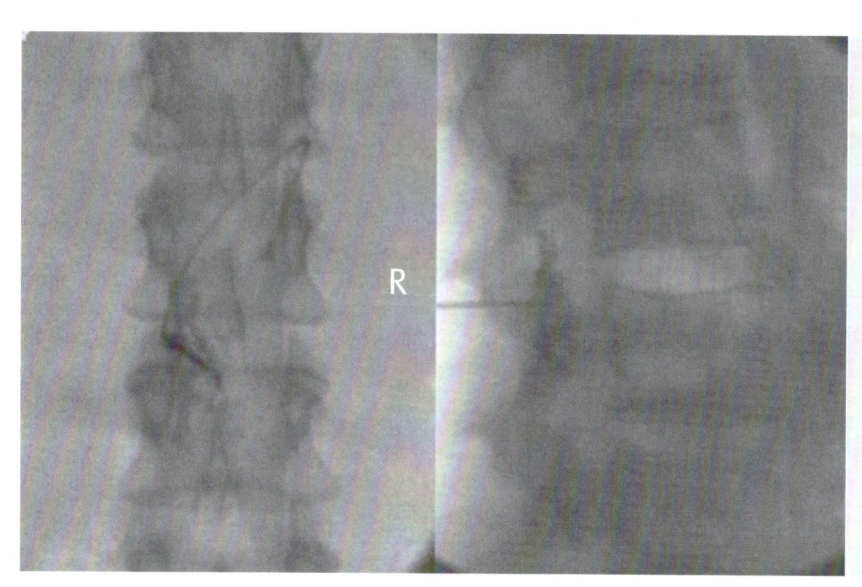

Fig. 41.8. A visão fluoroscópica anteroposterior e lateral mostra a dispersão do material de contraste dentro do espaço epidural. A visão fluoroscópica lateral mostra a ponta da agulha no espaço epidural posterior. A maior parte do material de contraste geralmente é visualizada como uma linha reta delineando o espaço epidural posterior cefálico e caudal à ponta da agulha.

a agulha estiver próxima da intersecção do processo transversal e do corpo vertebral, é obtida a visão lateral para determinar a profundidade relativa do neuroforame. A seguir, a visão AP é usada enquanto a agulha é avançada lentamente em direção ao forame. Durante o avanço da agulha, é importante evitar trauma direto à raiz nervosa. Isto é tradicionalmente obtido com a utilização da abordagem do triângulo seguro, originalmente descrita para minimizar o risco de lesão nervosa, punção intratecal ou lesão vascular. O triângulo seguro é limitado pela margem inferior do pedículo, a raiz nervosa de saída e a linha traçada inferiormente a partir da margem anterior do pedículo. Desde que a agulha permaneça dentro do triângulo seguro, são muito baixas as chances de trauma direto à raiz nervosa. Se o paciente sentir uma parestesia intensa ou dor lancinante irradiando para a perna, a agulha deve ser recuada e reposicionada. Quando estiver na posição correta, é obtida uma aspiração negativa para confirmar que a agulha não está dentro do espaço intratecal ou de um vaso sanguíneo. Para confirmar a colocação da agulha, é injetado 0,5 a 1 mL de meio de contraste. O contraste deve viajar até o espaço epidural anterior ipsilateral no mesmo nível e pode delinear a raiz nervosa (▶ Fig. 41.10). Uma solução de esteroide e anestésico local (lidocaína 1% ou bupivacaína 0,25%) é injetada sem resistência significativa. O volume total usado é tipicamente 2 a 3 mL. As diretrizes da American Society of Regional Anesthesia and Pain Medicine (ASRA) recomendam que um esteroide não particulado, dexametasona, seja usado como tratamento de primeira linha para ESIs TF. Isto está calcado no risco muito raro de causar um evento embólico por esteroides particulados. Se o paciente obtiver alívio de muito curto prazo com dexametasona, então pode ser considerada uma repetição da injeção com um esteroide particulado como metilprednisolona ou betametasona.

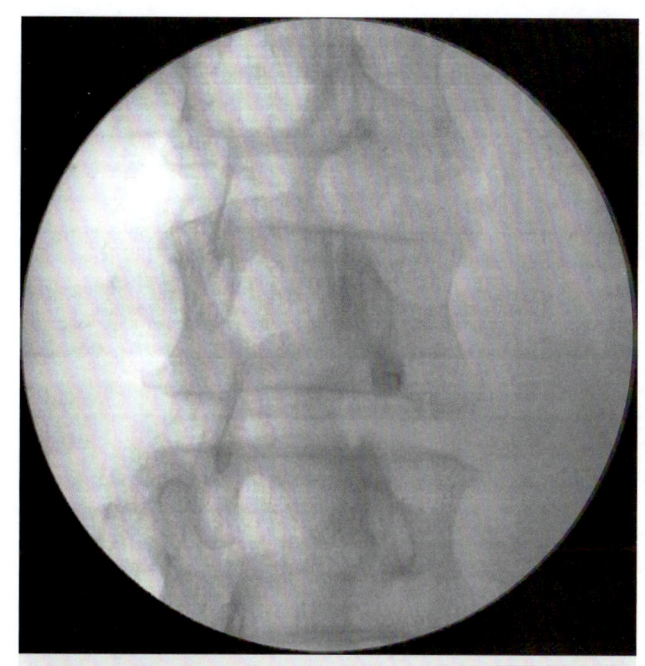

Fig. 41.9. A visão fluoroscópica oblíqua mostra uma imagem de "cachorro escocês" onde o nariz do cachorro é o processo transverso, o pedículo está no olho, o processo articular superior está na orelha, o processo articular inferior está na perna da frente e a lâmina forma o corpo. A agulha espinal é inserida na área inferolateral do pedículo.

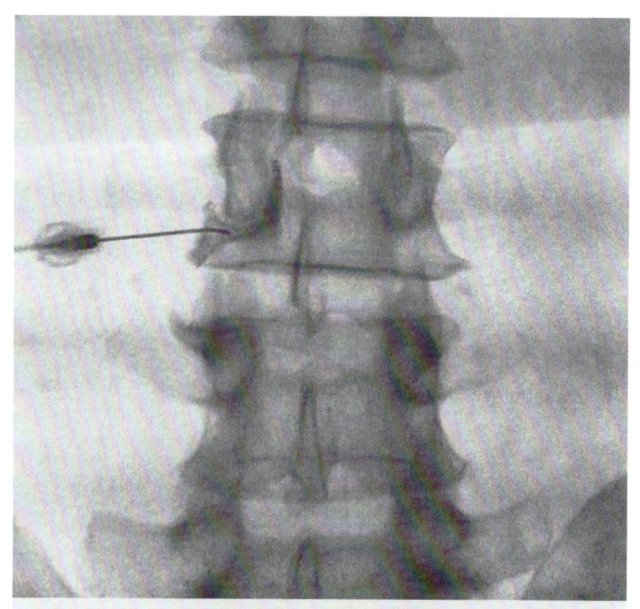

Fig. 41.10. A visão fluoroscópica anteroposterior mostra o material de contraste delineando a bainha nervosa L3 direita e viajando até o interior do espaço epidural anterior direito no nível L3.

41.5.5 Manejo Pós-Operatório Incluindo Possíveis Complicações

Os pacientes são observados na sala de recuperação por aproximadamente 30 minutos a 1 hora depois do procedimento. Desde que os sinais vitais tenham permanecido estáveis e não tenha ocorrido nenhuma complicação, os pacientes recebem alta para casa com acompanhamento na clínica, quando necessário.

Embora ESIs sejam realizadas rotineiramente e bastante seguras, uma variedade de complicações foi associada a elas. Um estudo retrospectivo recente examinou 4.265 ESIs realizadas em 1.857 pacientes durante 7 anos, que incluiu 161 injeções IL cervicais, 123 injeções IL lombares, 17 injeções caudais e 3.964 injeções TF lombares. O estudo não encontrou complicações importantes e 103 complicações menores, com uma taxa global de complicação por injeção de 2,4%. As complicações mais comuns foram aumento da dor (1,1%), dor no sítio da injeção (0,33%), dormência persistente (0,14%) e "outro" (0,80%). As complicações foram menos comuns com injeções TF (2,1%) em comparação com injeções IL (6,0%). Segundo a base de dados de projetos com processos judiciais encerrados da Sociedade Americana de Anestesiologia relativos a eventos que ocorreram entre 1970 e 1999, os processos mais comuns por imperícia relacionados com ESIs incluíam lesão nervosa, infecção e cefaleia, que eram 28, 24 e 20, respectivamente. Outros processos incluíam aumento na dor/nenhum alívio e morte/dano cerebral, 10 e 9, respectivamente.

Ao considerar as complicações de ESIs, é importante identificar prontamente as complicações raras, porém graves, de forma pontual; discutiremos estas complicações no restante desta seção. Cefaleia pós-punção da dura (PDPH) é uma complicação com uma incidência de aproximadamente 0,004% por grande análise retrospectiva feita em 2011 em 284 ESIs IL. Ela acontece secundariamente à colocação profunda da agulha resultando na penetração da dura-máter e entrada no espaço intratecal. A incidência é mais baixa com o avanço da idade. A cefaleia é classicamente posicional; ocorre tipicamente na postura ereta e é aliviada completamente na posição supina. Cefaleia pode ser incapacitante ao ponto de o paciente ficar acamado. PDPH tipicamente se resolve sozinha. Terapia conservadora com hidratação, cafeína e analgésicos orais é a tentativa inicial. Se estas modalidades de tratamento falharem, poderá ser usado um adesivo sanguíneo epidural para alívio mais definitivo.

Hematoma epidural é uma complicação muito rara, porém séria, de ESIs. Isto geralmente pode ser prevenido evitando-se a realização do procedimento em pacientes coagulopáticos. O diagnóstico precoce e descompressão cirúrgica são cruciais na prevenção de dano neurológico permanente.

O desenvolvimento de um abscesso epidural é ainda outro risco que pode resultar em sequela neurológica permanente, tornando urgente a drenagem cirúrgica e antibióticos intravenosos da essência. Deve ser observada uma técnica asséptica meticulosa durante todo o procedimento. Um alto índice de suspeição deve ser especialmente mantido em grupos de alto risco, como indivíduos HIV-positivo, diabéticos ou outros indivíduos imunocomprometidos, para facilitar na agilidade do diagnóstico e manejo.

Existe a hipótese de que neurotoxicidade direta causada pela injeção intratecal não intencional de suspensões de corticosteroide resulta em aracnoidite e meningite ascética em alguns indivíduos. Entretanto, a ligação entre a administração intratecal de corticosteroides e estas síndromes nefrotóxicas não está clara. Uma revisão da literatura documenta casos de meningite e aracnoidite como consequência de injeções intratecais inadvertidas de metilprednisolona com polietileno glicol como conservante. No entanto, não houve relatos de aracnoidite adesiva em pacientes que receberam ESIs. Embora raros, há relatos de meningite séptica e asséptica depois de ESIs.

Injeções intratecais de anestésico local podem resultar em início súbito de déficits neurológicos e retenção urinária. Reações alérgicas intraoperatória por medicações injetadas ou corante de contraste são raras, mas possíveis e podem apresentar inesperadamente choque anafilático e broncoconstrição, especialmente quando o paciente está na posição prona. Lesões na medula espinhal e raiz nervosa devido a colocações incorretas da agulha devem ser incomuns nas mãos de profissionais experientes. No entanto, deve ser exercida cautela rotineiramente para prevenir danos ao tecido nervoso, particularmente quando o paciente se queixa de parestesia durante as colocações da agulha. Uma lesão da artéria segmental e artéria de Adamkiewicz, que se origina à esquerda da aorta entre os segmentos vertebrais T8 e L1, pode resultar em dano permanente à medula espinal e paraplegia.

Os clínicos também devem estar atentos ao possível desenvolvimento de insuficiência adrenal, a qual pode ser prolongada depois de uma série de injeções. Uma injeção epidural de 80 mg de metilprednisolona pode induzir supressão adrenal por até 3 semanas. Além da supressão adrenal, também pode ocorrer síndrome de Cushing. Para completar, foi reportado um decréscimo na densidade da medula óssea em mulheres na pós-menopausa em um estudo retrospectivo realizado em pacientes que receberam uma dose cumulativa de ESI acima de 120 mg de metilprednisolona comparadas com um grupo-controle tratado com NSAIDs e relaxantes musculares. No conjunto, a maioria dos clínicos recomenta não mais de quatro injeções de esteroides no espaço de 1 ano.

Complicações intraprocedurais menores como ansiedade e reflexo vasovagal podem ser minimizadas pela tranquilização e detalhamento completo do protocolo antes do procedimento ser iniciado. Alguns pacientes podem experimentar benefícios significativos com sedação leve. Dor nas costas, que usualmente é musculoesquelética e tende a ser autolimitada, é outra reação adversa comum, porém geralmente benigna.

41.5.6 Diretrizes de Anticoagulação para Injeções de Esteroides Epidurais

Para evitar uma complicação hemorrágica com epidurais, é essencial manejar a terapia anticoagulação apropriadamente. A ASRA, em colaboração com algumas das outras sociedades internacionais para a dor, formulou um conjunto de diretrizes para o manejo da terapia antitrombótica com procedimentos na espinha e para a dor. Com base nestas diretrizes, ESIs, bloqueios nervosos do ramo medial e ablações por radiofrequência são todos considerados procedimentos de risco intermediário. Entretanto, estes procedimentos podem ser considerados de alto risco em pacientes com alto risco para hemorragia que incluem idade avançada, história de tendência a hemorragia, uso concomitante de outros agentes anticoagulantes/plaquetários, doença hepática avançada e doença renal avançada. A síntese completa das diretrizes da ASRA sobre o manejo procedural de medicações anticoagulantes e antiplaquetárias pode ser encontrada em http://links.lww.com/AAP/A142.[13]

Sucintamente, estas diretrizes recomendam que aspirina e medicações em combinação com aspirina sejam ser interrompidas por 6 dias para procedimentos de alto risco quando dadas para profilaxia primária. Quando dada para profilaxia secundária, a avaliação do risco compartilhado e estratificação do risco precisam ser feitas para determinar se a medicação deve ser temporariamente descontinuada. NSAIDs não precisam ser interrompidos para procedimentos com risco imediato; no entanto, eles devem ser interrompidos para procedimentos de alto risco. O período de descontinuação recomendado é de cinco meias-vidas do NSAID específico, o que para diclofenaco, ibuprofeno e cetorolaco é 1 dia e para meloxicam e naproxeno é 5 dias. Para procedimentos de risco alto e risco intermediário, warfarina deve ser interrompida por 5 dias e o paciente deve ter uma razão normalizada internacional normal. Heparina intravenosa deve ser interrompida por 4 horas, heparina subcutânea por 8 a 10 horas, Lovenox profilático por 12 horas e Lovenox terapêutico por 24 horas, antes do procedimento.

41.5.7 Conclusão

Injeções de esteroides epidurais parecem proporcionar algum alívio da dor e melhora funcional em candidatos bem selecionados por pelo menos 6 semanas. As evidências de benefício mais prolongado ou com efeito que evite cirurgia são conflitantes. Há boas evidências para ESIs lombares para dor radicular decorrente de hérnia discal e evidências razoáveis para dor radicular causada por estenose espinal sem hérnia discal. ESIs TF podem ser mais efetivas do que outras rotas de administração, e esteroides particulados parecem proporcionar alívio mais prolongado da dor do que formulações não particuladas. Entretanto, os riscos associados à administração TF de esteroides particulados nas regiões lombar superior, torácica e cervical inviabilizam o uso como tratamento de primeira linha. Volumes mais altos podem estar associados a melhores resultados, e existem algumas evidências de que a injeção epidural de soluções não esteroides também podem ter efeitos analgésicos.

Referências

[1] Benzon H, Raja SN, Fishman S, et al, eds. Essentials of Pain Medicine. 3rd ed. Saunders; 2011
[2] Cohen SP, Raja SN. Pathogenesis, diagnosis, and treatment of lumbar zygapophysial (facet) joint pain. Anesthesiology. 2007; 106(3):591–614
[3] Hicks GE, Morone N, Weiner DK. Degenerative lumbar disc and facet disease in older adults: prevalence and clinical correlates. Spine. 2009; 34(12):1301–1306
[4] Bogduk N. Evidence-informed management of chronic low back pain with facet injections and radiofrequency neurotomy. Spine J. 2008; 8(1):56–64
[5] Cohen SP, Huang JH, Brummett C. Facet joint pain–advances in patient selection and treatment. Nat Rev Rheumatol. 2013; 9(2):101–116
[6] Kornick C, Kramarich SS, Lamer TJ, Todd Sitzman B. Complications of lumbar facet radiofrequency denervation. Spine. 2004; 29(12):1352–1354
[7] McCormick ZL, Marshall B, Walker J, McCarthy R, Walega DR. Long-term function, pain and medication use outcomes of radiofrequency ablation for lumbar facet syndrome. Int J Anesth Anesth. 2015; 2(2):28
[8] Parr AT, Manchikanti L, Hameed H, et al. Caudal epidural injections in the management of chronic low back pain: a systematic appraisal of the literature. Pain Physician. 2012; 15(3):E159–E198
[9] Benyamin RM, Manchikanti L, Parr AT, et al. The effectiveness of lumbar interlaminar epidural injections in managing chronic low back and lower extremity pain. Pain Physician. 2012; 15(4):E363–E404
[10] Rathmell J. Atlas of Image-Guided Intervention in Regional Anesthesia and Pain Medicine. Philadelphia, PA: Lippincott Williams & Wilkins; 2012
[11] Manchikanti L, Abdi S, Atluri S, et al. An update of comprehensive evidencebased guidelines for interventional techniques in chronic spinal pain. Part II: guidance and recommendations. Pain Physician. 2013; 16(2) Suppl:S49–S283
[12] Cohen SP, Bicket MC, Jamison D, Wilkinson I, Rathmell JP. Epidural steroids: a comprehensive, evidence-based review. Reg Anesth Pain Med. 2013; 38(3):175–200
[13] Narouze S, Benzon HT, Provenzano DA, et al. Interventional spine and pain procedures in patients on antiplatelet and anticoagulant medications: guidelines from the American Society of Regional Anesthesia and Pain Medicine, the European Society of Regional Anaesthesia and Pain Therapy, the American Academy of Pain Medicine, the International Neuromodulation Society, the North American Neuromodulation Society, and the World Institute of Pain. Reg Anesth Pain Med. 2015; 40(3):182–212

42 Bombas para Dor e Espasticidade

Milind Deogaonkar

Resumo

Infusão intratecal com o uso de bombas implantáveis e programáveis é uma opção terapêutica estabelecida usada nas últimas três décadas em pacientes com dor crônica e espasticidade. É extremamente efetiva em espasticidade e controle da dor em pacientes selecionados. Este capítulo discute a seleção dos pacientes, exames pré-operatórios, a técnica operatória e o manejo pós-operatório, além das complicações da terapia intratecal.

Palavras-chave: dor crônica, espasticidade, infusão intratecal, bombas implantáveis.

42.1 Introdução

Infusão opioide intratecal com o uso bombas de infusão intratecal implantáveis e programáveis é uma opção terapêutica estabelecida para dor crônica. É extremamente efetiva no controle da dor em pacientes selecionados com dor maligna e não maligna.[1-6] Os opioides orais são extremamente efetivos no controle da maioria dos tipos de dor, mas a eficácia é limitada pelo sistema nervoso central e efeitos colaterais gastrintestinais. Além da dor relacionada com malignidade, várias outras causas de dor não maligna podem ser tratadas efetivamente usando infusões intratecais que incluem síndrome da dor regional complexa, síndrome pós-laminectomia, dor neuropática, dor mecânica nas costas, aracnoidite, dor após acidente vascular cerebral, dor por lesão na medula espinal e neuropatia periférica. Como a infusão intratecal é direcionada para os receptores na medula espinal, são necessárias doses menores de opioide do que com métodos orais ou intravenosos. Tipicamente, a conversão da dose de morfina intratecal para oral é de 1:300[7] com a dose mais baixa, resultando na redução dos efeitos sistêmicos pela droga.

Infusão de baclofeno intratecal (ITB) com o uso de bombas de infusão intratecal implantável e programável também é usada em pacientes com espasticidade crônica intratável.[8,9] Ela é extremamente efetiva no controle da espasticidade em pacientes selecionados com espasticidade de várias origens. Terapia com ITB é um tratamento para indivíduos com espasticidade severa originária de paralisia cerebral (CP), esclerose múltipla, lesão cerebral, lesão na medula espinal, distonia e acidente vascular cerebral.[10-16] As bombas programáveis mais comuns que são usadas atualmente nos Estados Unidos são SynchroMed II (Medtronic, Inc., Minneapolis, MN) e Prometra Programmable Pump System (Flownix Medical Inc., Mt. Olive, NJ). Ambas incluem aparelhos programáveis colocados subcutaneamente que são conectados a um cateter intratecal até o espaço subaracnoide espinal. As bombas intratecais programáveis proporcionam o controle mais previsível da dor e espasticidade por causa da flexibilidade na dosagem.

42.2 Seleção do Paciente

42.2.1 Geral

Existem determinados critérios gerais para a seleção dos pacientes que se aplicam tanto à dor quanto a bombas de baclofeno. São os seguintes:

1. Habilidade de resistir a um procedimento e otimização de condições comórbidas.
2. Sem infecção ativa, não tratada, em curso no corpo.
3. Habilidade de acesso intratecal (IT). Em pacientes com CP que passaram por fusão craniossacral, algumas vezes o acesso IT se torna um problema. Em tais pacientes, um rastreio tomográfico computadorizado (CT) pré-operatório e imagem por ressonância magnética ajudam a decidir se o paciente é um candidato para esta terapia. Pacientes com fusão espinal extensa prévia precisam de um bom rastreio com CT tridimensional para examinar possíveis janelas ósseas para acesso IT. No caso de não haver nenhuma, o paciente precisa autorizar uma exploração e perfuração da fusão para colocar o cateter IT.
4. *Suporte social*: A manutenção de uma bomba IT requer visitas ao consultório médico para ajuste da dosagem e reabastecimento. Na ausência de suporte social, isto se torna um problema.

42.2.2 Seleção do Paciente: Bombas para Dor

A escada analgésica da Organização Mundial da Saúde mostrou claramente que o *continuum* do manejo de dor oncológica começa desde analgésicos não opioides até analgésicos opioides leves e depois disso, analgésicos opioides fortes e parenterais. Quando estas terapias fracassam ou são limitadas devido a efeitos colaterais sistêmicos, as bombas para dor intratecal podem ser usadas como uma alternativa terapêutica. Os critérios de seleção para pacientes com câncer considerados para administração de droga intratecal são descritos por Krames no Journal of Pain and Symptom Management [7], conforme a seguir:

- O paciente recebeu prescrição de doses adequadas de opioides fortes e está com dosagem 24 horas por dia, não com dosagem quando necessário.
- O paciente experimenta alívio inadequado da dor ou efeitos colaterais intoleráveis decorrentes de opioides sistêmicos.
- O paciente tem uma expectativa de vida de mais de 3 meses.
- Excluir invasão tumoral do saco tecal.

Além disso, a seguir, apresentamos as indicações de bomba para dor relacionada com dor não oncológica:

- Dor axial crônica intratável.
- Síndrome pós-laminectomia com dor nas costas predominante.
- Síndrome da dor regional complexa.
- Dor neuropática axial.
- Dor mecânica nas costas.
- Aracnoidite.
- Dor após acidente vascular cerebral.
- Dor por lesão na medula espinal.
- Neuropatia periférica.

Uma avaliação e liberação de um psicólogo da dor é essencial em bombas para dor, como em todas as abordagens de neuromodulação para dor crônica. O tratamento adequado de condições psicológicas coexistentes como depressão e ansiedade resulta em melhores resultados.

42.2.3 Seleção do Paciente: Bombas de Baclofeno

Um indivíduo com espasticidade severa que experimentou efeitos colaterais intoleráveis por medicações orais e/ou se submeteu a outras terapias ineficazes pode ser um candidato para terapia com ITB. Um teste de detecção determina se terapia com ITB pode funcionar para um indivíduo.

As indicações são as seguintes:

- Espasticidade secundária a esclerose múltipla.
- Espasticidade secundária a lesão na medula espinal.
- Espasticidade relacionada com acidente vascular cerebral.
- Paralisia cerebral.
- Espasticidade secundária a lesão cerebral.
- Síndrome da coluna rígida.
- Espasticidade de origem incomum como hemocromatose em hemossiderose superficial.

42.3 Testes de Detecção

42.3.1 Bombas para Dor

As medicações comuns usadas em bombas intratecais para dor são morfina, hidromorfona, sufentanila, fentanil, meperidina, bupivacaína, clonidina, ziconotide e metadona. Entre estas, morfina é a mais comumente usada e é usada em 70% das bombas. A implantação de um sistema infusor da droga é geralmente feita em dois estágios. A primeira etapa é um ensaio ou teste de rastreio de morfina intraespinal. Se o paciente obtiver mais de 50% de alívio, a segunda etapa é implantar o sistema de infusão. O ensaio é realizado com a administração de morfina intraespinal por meio de uma punção lombar ou cateter percutâneo, por injeção do *bolus* ou infusão contínua. Durante a fase de ensaio, o paciente é admitido no hospital e o clínico analisa sua resposta à terapia avaliando o alívio da dor e os níveis de atividade. Os níveis de dor são avaliados com a utilização da escala visual analógica. Se o paciente relatar uma redução de pelo menos 50% na dor com efeitos adversos toleráveis, esta é considerada uma resposta positiva e o paciente é selecionado para a implantação de um sistema de administração da droga.

42.3.2 Bombas de Baclofeno

Um teste de rastreio determina se a terapia com ITB pode funcionar para um indivíduo. Durante este teste, um profissional da saúde injeta uma dose teste de Lioresal intratecal no fluido em torno da medula espinal. Se a espasticidade for reduzida significativamente, a pessoa pode ser considerada uma candidata para terapia com ITB. Em estudos clínicos, a terapia com ITB reduziu a espasticidade em 97% das pessoas com espasticidade severa consequente de esclerose múltipla e lesão na medula espinal e em 86% das pessoas com espasticidade severa causada por CP ou lesão cerebral.[17] Na maioria dos casos é realizada uma injeção de *bolus* por meio de punção lombar de 50 a 100 μg de baclofeno, embora para alguns pacientes uma infusão contínua através de um cateter intratecal residente seja preferível. A avaliação com intervalos feita por um fisioterapeuta usando escalas de espasmo e de Ashworth facilita a documentação objetiva do efeito. Os pacientes devem ser informados detalhadamente sobre os efeitos esperados do ensaio e da bomba de infusão permanente. Com um *bolus,* o alívio será apenas transitório e pode ser incompleto ou excessivo. Desde que seja demonstrada eficácia, a dose de infusão exata pode ser titulada depois que a bomba for implantada, caso seja planejada uma bomba programável.

42.4 Prepararação Pré-Operatória

O teste pré-operatório é feito na unidade de pré-anestesia para garantir que o paciente esteja medicamente otimizado. Além disso, seria útil ter a seguinte discussão pré-operatória com os pacientes:

1. *Localização da bomba*: O paciente deve ter a escolha de onde quer a bomba, no lado esquerdo ou direito da parede abdominal. Geralmente perguntamos ao paciente:
    a) De que lado dorme.
    b) Se tem alguma cirurgia abdominal prévia.
    c) Se é usado elevador Hoyer para movimentá-lo; em caso afirmativo, onde os cintos são colocados na lateral.
    d) Se ele tem uma gastrostomia para alimentação ou cateter subpúbico.
    e) Se ele tem uma derivação.
2. *Tamanho da bomba*: Discutimos o seguinte:
    a) O quanto de tecido subcutâneo existe ali?
    b) A dose de droga esperada. Em espasticidade supraespinal geralmente são necessárias doses mais altas.
    c) A que distância o paciente mora do médico que o acompanha.
    d) Escolha do paciente/ cosmético.
3. *Cenários pós-operatórios*: Após a implantação da bomba de ITB, algumas vezes as pernas ficam muito frouxas e, em pacientes que caminham com dificuldade, isso pode significar que não consigam deambular. Sempre explicamos isso aos pacientes e também lhes explicamos que eles podem precisar ter que participar de programas curtos de reabilitação.
4. *Imagem:* Em pacientes com fusões prévias da coluna ou que já foram submetidos a cirurgias intraespinais, é prudente fazer imagens pré-operatórias.

42.5 Procedimento Operatório

O sistema implantável e programável de administração da droga mais comum usado atualmente é o Medtronic SunchroMed Infusion System (Medtronics, Inc.). Este sistema está disponível comercialmente desde 1988 e consiste nos seguintes componentes:

- Uma bomba implantável e programável.
- Um cateter intratecal.
- Um programador externo.

Após a obtenção do consentimento informado, o procedimento de implantação é agendado. A implantação do cateter e bomba é feita sob anestesia geral. O paciente é colocado em decúbito lateral com o lado escolhido pelo paciente para implantação da bomba voltado para cima. O coxim é extremamente útil para o posicionamento, mas é importante colocar a maior parte do coxim no lado ventral para que não obstrua o acesso à espinha e a visualização fluoroscópica. Os itens a serem lembrados no posicionamento são as seguintes:

1. Certificar-se de que a base da cama não irá obstruir seu arco em C.
2. Acolchoamento adequado dos pontos de pressão.
3. O apoio do braço deve ser o mais cranial possível na mesa para que o braço tipo C possa se movimentar livremente para cima e para baixo.
4. Experimentar flexionar os quadris para obter lordose reduzida na região lombar.

Bombas para Dor e Espasticidade

O preparo da região lombar e abdome é feito com a solução de preparação usual. Em nossa instituição, usamos álcool seguido por esfoliação com clorexidina por 7 minutos seguida por tintura de betadina e choloraprep (CareFusion, San Diego, CA), que deixamos secar por 4 minutos.

42.5.1 Colocação do Cateter Intratecal

É usada fluoroscopia para identificar os intervalos intraespinhosos apropriados. O ponto de entrada na pele é lateral à linha média sobre o pedículo do corpo vertebral, dois espaços abaixo de onde a entrada intratecal é planejada (▶ Fig. 42.1, **esquerda superior e direita superior**). As vantagens disto são as seguintes:

1. A entrada pela linha média faz o cateter passar através do ligamento espinhoso e a flexão-extensão da espinha pode quebrar o cateter por causa das lesões de corte repetitivas.
2. A fáscia paraespinal fornece uma superfície plana para ancorar o cateter.

Uma agulha Tuohy é inserida antes (▶ Fig. 42.1, **esquerda superior**) ou após a incisão (▶ Fig. 42.1, **direita inferior**). Preferimos fazer uma incisão com punção pré-agulha em pacientes que não têm aparelho espinal prévio ou que são obesos. A pré-punção permite uma incisão curvada, o que proporciona melhor visualização da fáscia. Porém, a incisão curvada limita a extensão da incisão; portanto, é melhor acessar o espaço subaracnoide e passar o cateter antes de fazer a incisão. Quando a fáscia é exposta com a agulha colocada, deve-se evitar o cautério monopolar para prevenir a transferência de energia para o canal espinal ao longo da agulha. O bisel da agulha deve ser mantido paralelo às fibras durais, já que reduz o risco de vazamento pós-operatório do líquido cerebrospinal (CSF). Depois de obtido o acesso IT, a agulha pode ser virada para cima. Uma sutura em bolsa é então feita em torno da agulha (▶ Fig. 42.1, **direita inferior**). A colocação da sutura em bolsa antes da remoção da agulha protege o cateter de lesão inadvertida abaixo da fáscia. O cateter é então ancorado sob orientação fluoroscópica. Para pacientes com espasticidade nos membros inferiores, o cateter em torno de T10 é o ideal. Para aqueles com espasticidade nos membros superiores, é necessária a colocação do cateter torácico no alto. Em bombas para dor, a colocação de T10-T11 é aceita. A agulha é então retirada sob orientação fluoroscópica. O estilete também é removido. Neste ponto, somente a ponta de metal do cateter será visualizada na fluoroscopia, pois o resto dela é radiolucente. A sutura em bolsa é então apertada. É importante observar o fluxo do cateter enquanto a sutura em bolsa é apertada para assegurar que o cateter não seja ocluído.

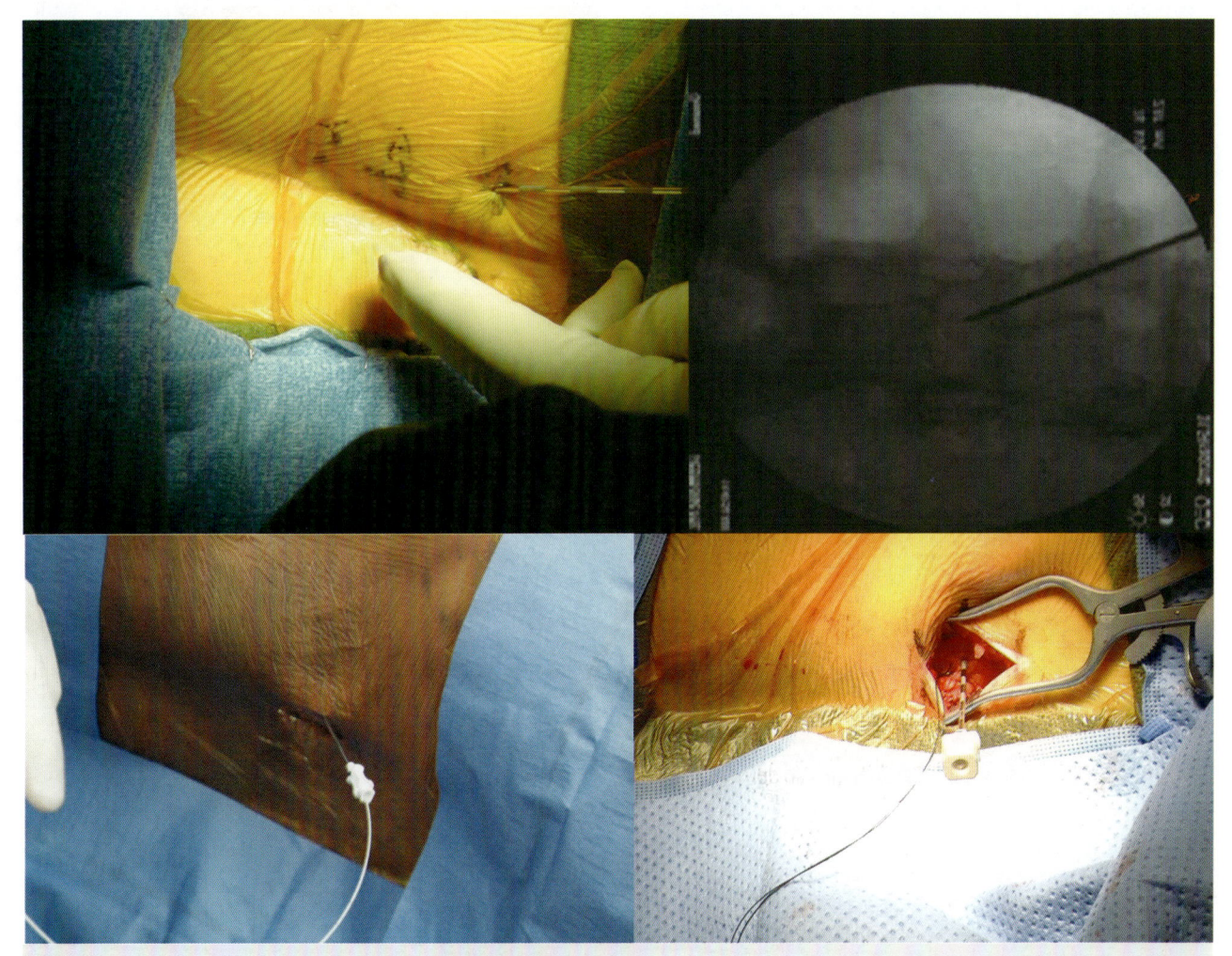

Fig. 42.1 Técnica de implantação do cateter.

É necessário planejamento especial em pacientes com fusão extensa. O plano comum é fazer um procedimento aberto centrado na área, com equipamento mínimo e boa cobertura do músculo e tecido mole para evitar vazamento pós-operatório do CSF. Uma generosa janela quadrada é então perfurada com uma sutura em bolsa e colocada em torno dela. Alguns cirurgiões gostam de fazer um procedimento de perfurar através do construto da fusão e então marcar o orifício com um parafuso. Depois que o paciente se recupera, então o ensaio é feito através do orifício. O mesmo orifício pode ser usado para colocar o cateter.

42.5.2 Ancoragem

Embora uma variedade de âncoras se encontre disponível, a âncora de injeção é recentemente a mais introduzida e efetiva. A âncora de injeção é então deslizada sobre o cateter e injetada com sua ponta incrustada na fáscia. A âncora é então mantida no lugar com duas suturas de seda em cada um dos lados (▶ Fig. 42.2).

Neste ponto, a extremidade do cateter revestida com borracha é ocluída com um estalo para evitar drenagem excessiva do CSF.

42.5.3 Bolsa Abdominal

É feita uma incisão de 7 cm na parede abdominal anterior para criar uma bolsa. É melhor marcar a incisão antes do posicionamento, pois a gravidade pode puxar para baixo o *panus* e resultar numa bolsa deslocada lateralmente (▶ Fig. 42.4). Os princípios a seguir devem estar em mente ao ser escolhida a localização da incisão. A bolsa

1. Não deve estar muito próxima às costelas, pois o paciente irá sentir a bomba quando se inclinar para a frente.
2. Não deve estar muito próxima à pelve ou irá fazer pressão sobre o osso pélvico.
3. Deve estar afastada de todas as portas, tubos, incisões prévias.

Uma bolsa é então criada a uma profundidade de aproximadamente 2 cm da superfície, sendo suficientemente grande para acomodar a bomba. É necessária hemóstase meticulosa. Depois de criada uma bolsa, as quatro suturas de ancoragem devem ser colocadas, pois é difícil fazer isto depois que a bomba estiver na bolsa.

42.5.4 Tunelamento e Conexões

A ferramenta para tunelamento é então usada para tunelamento do cateter abdominal. O cateter abdominal é então encurtado, se necessário. O cateter espinal também é cortado para manter profundidade suficiente além da âncora para fazer uma alça (▶ Fig. 42.5). Usando o conector plástico, os cateteres abdominal e espinal são conectados (▶ Fig. 42.3). Os pontos a serem lembrados são os seguintes:

1. Se você estiver usando conector com cabo fixo, sempre comece da incisão de trás para a incisão da frente.

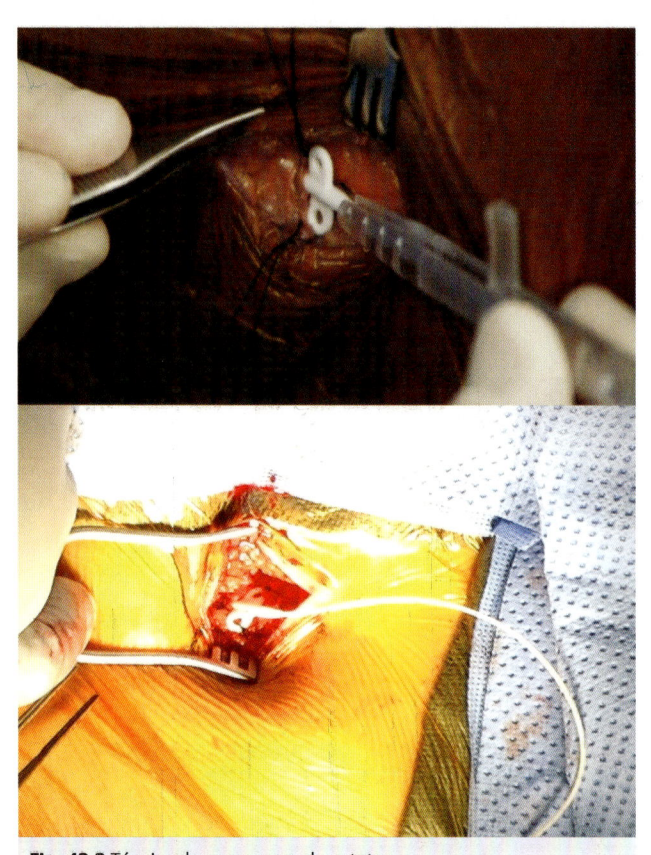

Fig. 42.2 Técnica de ancoragem do cateter.

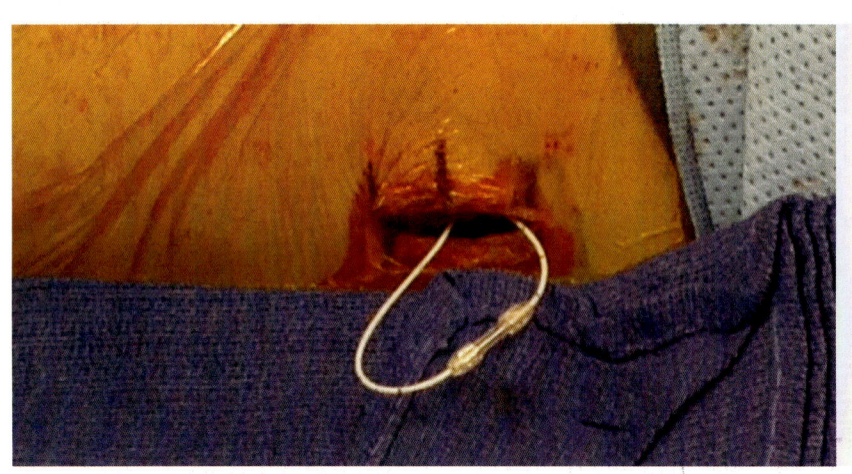

Fig. 42.3 Conector para cateter espinal e abdominal.

Bombas para Dor e Espasticidade

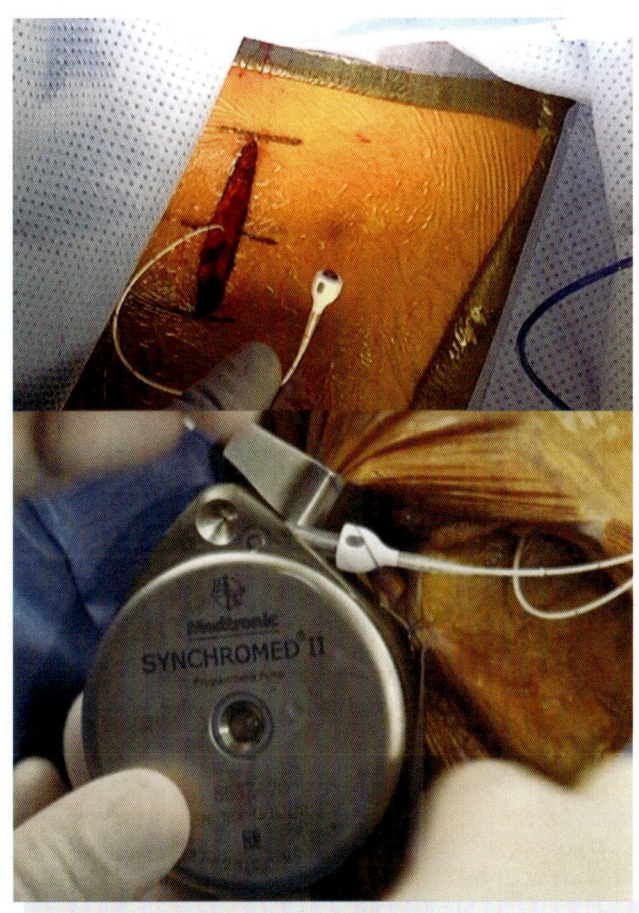

Fig. 42.4 Bolsa abdominal e conexão da bomba.

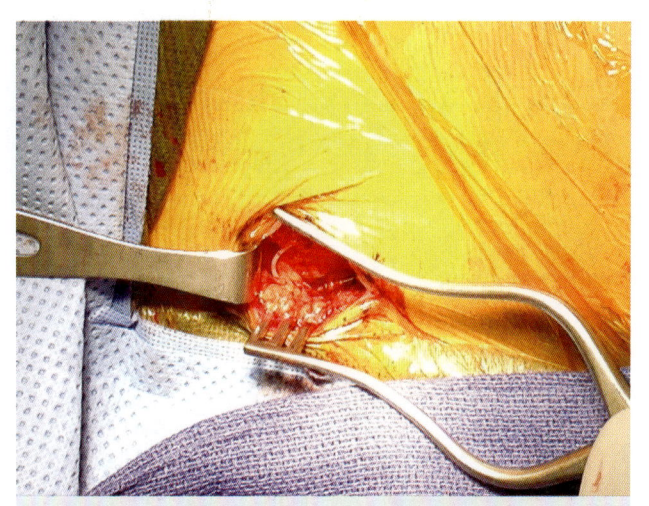

Fig. 42.5 Alça generosa na ferida lombar para prevenir dobra.

2. Com conector de cabo removível, o tunelamento pode ser feito em qualquer direção.
3. Mantenha comprimento suficiente no segmento espinal para uma alça (▶ Fig. 42.5).
4. O conector plástico não estará completamente conectado até que você ouça dois estalos.
5. Não conecte a bomba à extremidade abdominal até que seja visto fluxo livre do CSF (▶ Fig. 42.4, **alto**).
6. Mantenha todos os pedaços cortados do cateter para medida, pois isto decide o volume de *priming bolus*.

Depois que o conjunto estiver no lugar, a bomba que está preenchida e preparada na mesa de apoio pode ser conectada ao conector *snap-on* no cateter abdominal (▶ Fig. 42.4, **inferior**).

A bomba é então colocada na bolsa e todas as quatro âncoras são amarradas. Preferimos preparar a bomba antes da implantação para minimizar o volume do *bolus* realizado no paciente. Uma inspeção final é feita em ambas as feridas para assegurar que não haja torções agudas no cateter.

42.6 Manejo Pós-Operatório Incluindo Possíveis Complicações

Mantemos os pacientes deitados por 24 horas para prevenir uma chance de cefaleias por pressão baixa. Também lhes damos ligante abdominal para prevenir uma coleção nas feridas abdominal e nas costas. Observação pós-operatória por 48 horas é geralmente suficiente para estes pacientes. As taxas iniciais de infusão da droga são sempre mantidas baixas para evitar a possibilidade de *overdose*. As feridas abdominais e nas costas devem ser monitoradas quanto a inchaço e formação de hematoma. Todos os pacientes recebem antibióticos pós-operatórios e medicações para a dor. A avaliação fisioterápica no dia seguinte decide disposição do paciente para ir para casa ou reabilitação, dependendo da sua mobilidade e do risco de queda.

As complicações cirúrgicas incluem infecção, mau funcionamento do equipamento, migração do cateter ou bloqueio do cateter, hematoma ou seroma na bolsa da bomba, vazamento do CSF, cefaleias por pressão baixa e dor radicular.[18] Infecções são incomuns. Em nosso centro, a incidência de infecção na bomba é de 1,8%. Geralmente acontecem infecções nos primeiros 30 dias. Elas são mais comumente vistas em pacientes imunocomprometidos que estão em lares para idosos e têm outras fontes de infecção no corpo, como úlceras por pressão e cateteres residentes colonizados. Infecções em contato com o equipamento geralmente requerem explicação. Elas serão evidentes como eritema, inchaço após drenagem ou abertura da ferida. Infecções que avançam ao longo do cateter podem resultar em meningite. Como muitos pacientes com espasticidade severa podem ser cateterizados cronicamente, muitos também podem ser cronicamente colonizados com bactérias. É importante reconhecer a diferença entre uma bexiga colonizada e a infecção do trato urinário para evitar atraso desnecessário na implantação.

Um hematoma ou seroma pode geralmente ser tratado com manejo conservador, a menos que cause pressão ou linha de sutura ou que seja uma fonte de dor. O vazamento do CSF em torno do cateter pode resultar em cefaleia espinal. A maior parte do tempo, ela é transitória e pode ser tratada com repouso no leito, hidratação e cafeína. Se for grave, pode ser usado *path* sanguíneo epidural. Dor radicular pode resultar de lesão a uma raiz durante a inserção do cateter, mas é extremamente incomum. Se não resolver espontaneamente, deve ser considerada revisão ou remoção do cateter.

As complicações relacionadas com o equipamento incluem quebra do cateter, dobra, desconexão e migração do espaço IT. A maioria dos problemas com cateteres não pode ser diagnosticada com raios X simples, já que os novos cateteres não podem ser vistos nos raios X. Na maioria dos casos, a patência do cateter pode ser estabelecida com um estudo com corante realizado por meio de injeção na porta de acesso do cateter com contraste solúvel em água sob fluoroscopia (▶ Fig. 42.6). A bomba também se pode

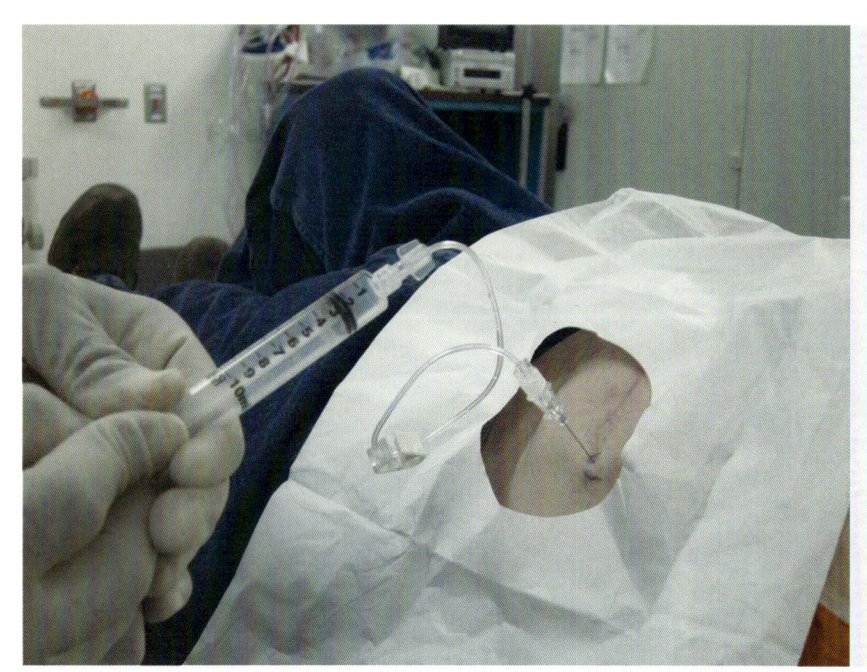

Fig. 42.6 Estudo com corante para mau funcionamento da bomba.

Além disso, há muitas complicações relacionadas com droga, desde *overdose* até abstinência abrupta. Estas complicações, a menos que tratadas no momento oportuno, podem ser fatais. O primeiro passo no tratamento de problemas com dose de baclofeno é identificar. Os sinais e sintomas específicos como hipotensão, desaceleração da respiração e sedação apontarão para *overdose*, enquanto hipertensão, taquicardia, taquipneia e delírio apontarão para abstinência de baclofeno. Em caso de *overdose*, redução imediata e drástica na dose da bomba ITB seguida pela retirada de CSF pela porta lateral e, se necessário, assistência respiratória irão ajudar a controlar a *overdose*. No caso de abstinência, baclofeno e ciproeptadina oral seguidos por benzodiazepinas, bomba externa para instilação intratecal de baclofeno e, em alguns casos, ventilação mecânica e sedação ajudarão a superá-la.

42.7 Conclusão

Bombas intratecais oferecem terapia transformadora para pacientes com dor e espasticidade. Há certas sutilezas na seleção dos pacientes certos, técnicas de implantação e manejo pós-operatório apropriado, o que pode fazer a diferença entre um resultado de sucesso e complicações.

Referências

[1] Penn RD, Paice JA, Gottschalk W, Ivankovich AD. Cancer pain relief using chronic morphine infusion. Early experience with a programmable implanted drug pump. J Neurosurg. 1984; 61(2):302–306
[2] Penn RD, Paice JA. Chronic intrathecal morphine for intractable pain. J Neurosurg. 1987; 67(2):182–186
[3] Onofrio BM, Yaksh TL. Long-term pain relief produced by intrathecal morphine infusion in 53 patients. J Neurosurg. 1990; 72(2):200–209
[4] Krames ES. Intrathecal infusional therapies for intractable pain: patient management guidelines. J Pain Symptom Manage. 1993; 8(1):36–46
[5] Stearns L, Boortz-Marx R, Du Pen S, et al. Intrathecal drug delivery for the management of cancer pain: a multidisciplinary consensus of best clinical practices. J Support Oncol. 2005; 3(6):399–408
[6] Sloan PA. Neuraxial pain relief for intractable cancer pain. Curr Pain Headache Rep. 2007; 11(4):283–289

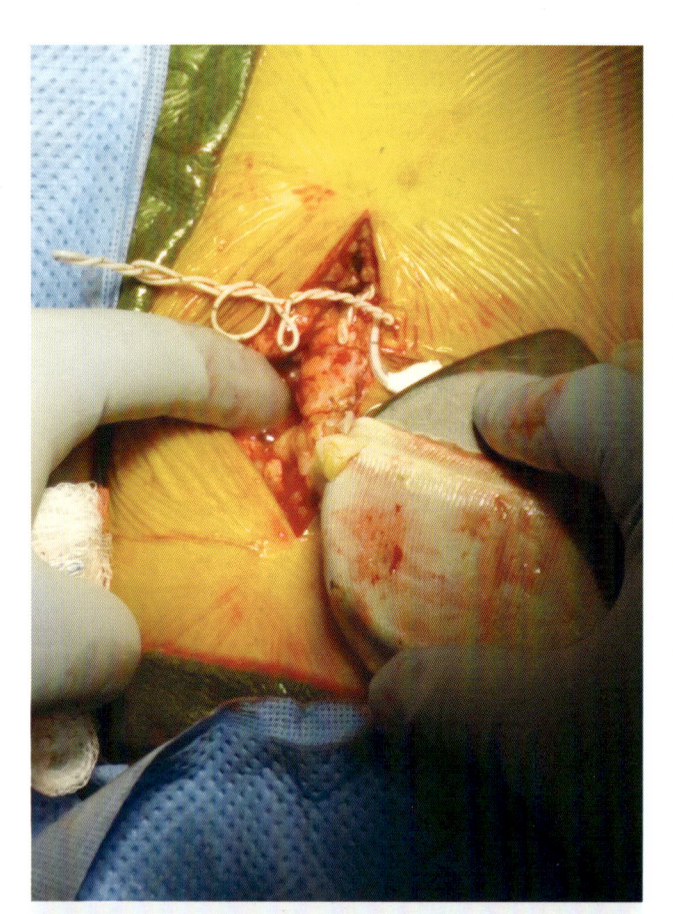

Fig. 42.7 Dobras múltiplas no cateter em razão da inversão da bomba na bolsa.

soltar das suas suturas de ancoragem, permitindo que ela vire, desta forma dobrando o cateter ▶ Fig. 42.7) e impedindo o acesso à porta de recarga. Em pacientes muito magros, a erosão da pele pode levar à exposição do equipamento e infecção.

[7] Krames ES. Intraspinal opioid therapy for chronic nonmalignant pain: current practice and clinical guidelines. J Pain Symptom Manage. 1996; 11(6):333–352
[8] Broseta J, Morales F, Garc, í, a-March G, et al. Use of intrathecal baclofen administered by programmable infusion pumps in resistant spasticity. Acta Neurochir Suppl (Wien). 1989; 46:39–45
[9] Zierski J, M, ü, ller H, Dralle D, Wurdinger T. Implanted pump systems for treatment of spasticity. Acta Neurochir Suppl (Wien). 1988; 43:94–99
[10] Ford B, Greene P, Louis ED, et al. Use of intrathecal baclofen in the treatment of patients with dystonia. Arch Neurol. 1996; 53(12):1241–1246
[11] Pirotte B, Heilporn A, Joffroy A, et al. Chronic intrathecal baclofen in severely disabling spasticity: selection, clinical assessment and long-term benefit. Acta Neurol Belg. 1995; 95(4):216–225
[12] Becker R, Alberti O, Bauer BL. Continuous intrathecal baclofen infusion in severe spasticity after traumatic or hypoxic brain injury. J Neurol. 1997; 244(3):160–166
[13] Van Schaeybroeck P, Nuttin B, Lagae L, Schrijvers E, Borghgraef C, Feys P. Intrathecal baclofen for intractable cerebral spasticity: a prospective placebocontrolled, double-blind study. Neurosurgery. 2000; 46(3):603–609, discussion 609–612
[14] Meythaler JM, Guin-Renfroe S, Brunner RC, Hadley MN. Intrathecal baclofen for spastic hypertonia from stroke. Stroke. 2001; 32(9):2099–2109
[15] Khurana SR, Garg DS. Spasticity and the use of intrathecal baclofen in patients with spinal cord injury. Phys Med Rehabil Clin N Am. 2014; 25 (3):655–669, ix
[16] Natale M, Mirone G, Rotondo M, Moraci A. Intrathecal baclofen therapy for severe spasticity: analysis on a series of 112 consecutive patients and future prospectives. Clin Neurol Neurosurg. 2012; 114(4):321–325
[17] Sampson FC, Hayward A, Evans G, Morton R, Collett B. Functional benefits and cost/benefit analysis of continuous intrathecal baclofen infusion for the management of severe spasticity. J Neurosurg. 2002; 96(6):1052–1057
[18] Saltuari L, Kronenberg M, Marosi MJ, et al. Indication, efficiency and complications of intrathecal pump supported baclofen treatment in spinal spasticity. Acta Neurol (Napoli). 1992; 14(3):187–194

43 Tratamento de Hipertensão Intracraniana Idiopática e Hidrocefalia de Pressão Normal com Implantação de *Shunt* para o Líquido Cerebrospinal

Orion P. Keifer Jr. ▪ *Juanmarco Gutierrez* ▪ *Muhibullah S. Tora* ▪ *Nicholas M. Boulis*

Resumo

Hipertensão intracraniana idiopática (IIH) e hidrocefalia de pressão normal (NPH) são síndromes do sistema ventricular que têm causas obscuras, critérios diagnósticos opostos, e ambas podem ser manejadas neurocirurgicamente com implantação de *shunt* para o líquido cerebrospinal (CSF). Para este procedimento, o neurocirurgião pode escolher uma das várias abordagens, incluindo *shunt* ventriculoperitoneal e lomboperitoneal. Embora o *shunt* ventriculoperitoneal seja muito mais comum no mundo ocidental, estudos recentes sugerem uma equivalência relativa nos resultados, complicações e taxas de revisão. As nuances das diferentes abordagens técnicas em *shunt* do CSF são, portanto, menos importantes do que a seleção e o rastreio rigorosos dos pacientes. É essencial que o neurocirurgião leve em consideração o quadro clínico completo, incluindo a probabilidade de benefício, história presente e remota do paciente, achados radiográficos e características clínicas. Além disso, o neurocirurgião também deve escolher a válvula programável e instrumentação antissifão mais avançadas. Neste capítulo, iremos descrever IIH e NPH no que diz respeito à sua apresentação clínica, diagnóstico, seleção posterior dos pacientes, métodos cirúrgicos e instrumentação para o *shunt*.

Palavras-chave: hidrocefalia de pressão normal, hipertensão intracraniana idiopática, lomboperitoneal, ventriculoperitoneal, *shunt*, válvula, cateter.

43.1 Introdução

Hipertensão intracraniana idiopática (IIH) e hidrocefalia de pressão normal (NPH) são síndromes do sistema ventricular que têm etiologias obscuras e características diagnósticas opostas.[1] IIH geralmente envolve estudos de imagem normais e sintomas de pressão intracraniana (ICP) elevada sem uma etiologia conhecida. Por outro lado, NPH envolve estudos de imagem anormais; sem evidências de ICP elevada; e a clássica tríade de demência, distúrbio da marcha e incontinência urinária. Embora a apresentação clínica e a indicação para intervenção cirúrgica variem entre estas síndromes e também de paciente para paciente, ambas podem ser tratadas com a implantação de *shunt* do líquido cerebrospinal (CSF).

As técnicas de *shunt* geralmente estão fora do âmbito da neurocirurgia estereotáxica e funcional. No entanto, IHH e NPH estão incluídas precisamente na área da dor e na restauração da função do sistema nervoso central e podem formar uma parte de uma prática neurocirúrgica funcional. As *nuances* técnicas do *shunt* são menos importantes aqui do que a seleção rigorosa dos pacientes. Como a NPH é uma das formas tratáveis de demência, as famílias dos pacientes frequentemente demandam a implantação de *shunt* apesar dos riscos no cérebro atrófico. Igualmente, cefaleias refratárias crônicas resultam numa população desesperada que adere a intervenções cirúrgicas. Portanto, o foco primário deste capítulo é discutir como evitar a implantação desnecessária de derivação por meio de rigoroso rastreio e seleção dos pacientes.

43.1.1 Hipertensão Intracraniana Idiopática

Embora atualmente exista uma discussão constante sobre a terminologia em torno das chamadas síndromes cerebrais pseudotumorais, comumente é aceito que o termo *hipertensão intracraniana idiopática* é um aumento na ICP na ausência de uma etiológica conhecida.[2,3] O ensino médico clássico destaca que IIH ocorre em mulheres (75-97%) que são obesas (57-100%) e em idade reprodutiva (15-44 anos).[4-8] Embora estes critérios sejam uma heurística útil, é importante observar que IIH pode ocorrer, frequentemente nas formas mais severas, nas populações masculina, pediátrica e idosa.[9-12] Em mulheres obesas em idade reprodutiva, a taxa de incidência reportada está entre 12 e 22 por 100.000,[5-7] enquanto na população geral a incidência reportada está entre 0,03 e 2 por 100.000, dependendo da localização.

Como a epidemiologia, o quadro clínico da IIH é frequentemente descrito em termos da tríade clássica dos sintomas de cefaleia (especialmente a que é dependente de alterações na ICP), zumbido pulsátil e sintomas visuais.[8] O mais preocupante dos três é a perda progressiva da visão, com 5 a 10% dos pacientes eventualmente desenvolvendo cegueira unilateral ou bilateral permanente.[8,13,14] Os critérios diagnósticos atuais estão embasados nos critérios modificados de Dandy, que incluem sintomas de ICP aumentada (p. ex., papiledema), sem achados localizados no exame neurológico (exceto falsos sinais de localização tais como paralisias facial e abducente) e o paciente está acordado e alerta. Além disso, os achados de imagem por tomografia computadorizada (CT) ou ressonância magnética (MRI) são normais, sem evidência de trombose do seio dural ou massa tumoral. A ICP está acima de 250 mmH$_2$O com citologia e química do CSF normais e sem achados de qualquer outra causa de ICP.[2,15]

Os testes diagnósticos para IIH podem incluir a pressão de abertura com punção lombar, um ensaio terapêutico de drenagem lombar de alto volume, monitoramento da ICP ou alguma combinação destas intervenções. Utilizamos uma combinação de monitoramento da ICP e um dreno lombar em casos com alterações ambíguas na retina. As pressões de abertura podem com facilidade ser falsamente elevadas pela dor e Valsava, particularmente em pacientes obesos em que o acesso pode ser complicado. Em nossa opinião, a morbidade do monitoramento da ICP pode ser facilmente justificada pela redução da taxa de implantação desnecessária de *shunt*. Admitimos os pacientes na ICU neurológica depois da colocação fluoroscópica de um dreno lombar. Os escores na escala visual analógica da dor são coletados de hora em hora e colocados num quadro com a ICP. Os dados são inicialmente coletados com o dreno pinçado e o paciente em vários graus de elevação da cabeça. A coleta de dados é então continuada com o dreno lombar aberto. Além disso, o paciente não é informado da ICP e do *status* do dreno. Desta forma, a presença ou a ausência de uma correlação entre dor, ICP e drenagem do CSF pode ser rigorosamente demonstrada. Esta abordagem tem demonstrado frequentemente que as pressões de abertura iniciais podem ser enganadoras.

A escassez geral de pesquisas clínicas rigorosas sobre IIH e, por conseguinte, a falta de opções de tratamento baseadas em evidências resultou numa abordagem de tratamento fragmentada e não padronizada.[8] No entanto, com o recente ressurgimento do interesse no tópico, estão emergindo vários resultados clínicos para orientar o tratamento de IIH. Segundo uma perspectiva de modificação da doença, há um crescente corpo de evidências de que perda de peso pode resultar em redução na ICP, cefaleias e papiledema em pacientes com IIH crônica.[16,17] Estes resultados originaram relatos muito preliminares do uso de cirurgia bariátrica como uma opção de tratamento para pacientes com IIH, particularmente aqueles com um curso da doença intratável.[18]

Segundo uma perspectiva farmacológica, o inibidor da anidrase carbônica, acetazolamida, é comumente usado. O estudo do Ensaio de Tratamento da Hipertensão Intracraniana Idiopática (IIHTT) forneceu sólidas evidências da sua eficácia, além da necessidade de titulação cuidadosa, pois há um perfil notável de efeitos colaterais (p. ex., parestesias, fadiga e problemas gastrintestinais) e problemas com a observância.[19,20] Além de acetazolamida, há algumas outras opções farmacológicas que demonstraram eficácia em estudos limitados. O anticonvulsivante topiramato (potencialmente pela perda de peso), o diurético de alça furosemida e o análogo de somatostatina octreotide têm alguns estudos limitados mostrando eficácia para IIH.[21-23] Para casos de IIH recalcitrante ou fulminante, a opções cirúrgicas típicas incluem fenestração da bainha do nervo óptico e *shunt* do CSF, embora haja um apelo para a avaliação do papel do *shunt* do seio venoso.[24-28]

43.1.2 Hidrocefalia de Pressão Normal

Como o nome sugere, NPH é a expansão dos ventrículos sem evidências de ICP elevada (isto é, uma pressão de abertura normal ou levemente elevada na punção lombar).[29] Se a etiologia for desconhecida, então ela é denominada *hidrocefalia de pressão normal idiopática* (iNPH). Além disso, uma forma secundária de NPH (sNPH) pode ocorrer depois de uma hemorragia subaracnoide (SAH, 46,5% dos pacientes), trauma (29%), tumores/malignidade (6,2%), meningite/meningoencefalite (5%), doença cerebrovascular (4,5%) e hemorragia intracerebral (4%).[30] Esta distinção é importante por inúmeras razões, incluindo diferenças potenciais na epidemiologia, manejo e resultados.[30] Para iNPH na população geral, a taxa de incidência é estimada entre 1 e 5,5 por 100.000, dependendo da localização do estudo.[31-33] Contudo, a incidência não é estável entre as idades e as incidências mais altas ocorrem entre a sexta e a nona década de vida (a incidência aumenta para 13-15/100.000 a partir de 60 anos).[34-38] Sabe-se menos a respeito da epidemiologia de sNPH, porém uma distinção importante é que ela pode ocorrer em qualquer idade porque o evento precipitante não está necessariamente relacionado com a idade.

A educação médica clássica descreve a sintomatologia da iNPH como uma tríade de prejuízo cognitivo gradualmente progressivo (78-98% dos pacientes), distúrbios da marcha simétrica ou do equilíbrio (94-100%) e incontinência urinária (76-83%),[29,39-41] embora a maioria dos pacientes não apresente todos os três sintomas até estágios avançados da doença. Atualmente existem alguns diferentes grupos de critérios diagnósticos, incluindo as diretrizes internacionais para iNPH e as diretrizes japonesas para iNPH.[42-44] Apresentamos as diretrizes internacionais mais abrangentes na ▶ Tabela 43.1.[41,42] Essencialmente, os critérios dividem o diagnóstico em três probabilidades (isto é, provável, possível e improvável) e gira em torno da tríade dos sintomas associados à iNPH. Para um diagnóstico de iNPH provável, os sintomas do paciente terão um início gradual, ocorrerão depois dos 40 anos de idade, durarão pelo menos 3 meses, nenhuma causa precipitante e demonstrarão um curso progressivo no tempo. CT ou MRI do crânio revelará um aumento dos ventrículos (qualitativamente avaliado com o índice de Evans (EI),[46] discutido em mais detalhes a seguir na seção "Seleção do Paciente"), sem fonte de obstrução do fluxo do CSF. Clinicamente, o paciente deve ter distúrbios da marcha ou do equilíbrio, deve ter um prejuízo documentado ou decréscimo em uma avaliação para rastreio cognitivo e terá alguma forma de incontinência urinária ou fecal. Finalmente, a pressão de abertura do CSF estará dentro da variação de 5 a 18 mmHg. Os critérios são relaxados para as categorias possíveis e improváveis, com os detalhes completos publicados em outro lugar.[42] Embora não definitivamente estudada, a tríade dos sintomas para iNPH também é usada para diagnosticar sNPH junto com imagens confirmadoras e a história clínica. Também é possível que o paciente com sNPH exiba outras anormalidades neurológicas incluindo convulsões, consciência alterada e sintomas motores e sensoriais como resultado da sua doença primária.[30]

43.2 Seleção do Paciente

43.2.1 Hipertensão Intracraniana Idiopática

O tratamento para IIH segue um padrão típico de menos para mais invasiva na maioria dos pacientes. Ao decidir por um tratamento, o objetivo mais imperativo do tratamento é limitar perda adicional e/ou reverter a perda atual da visão.[46] No entanto, segundo uma perspectiva da qualidade de vida, uma redução na intensidade e na frequência das cefaleias e zumbido também são extremamente importantes.[47,48] No que diz respeito a tratamento não emergente, o manejo médico atual é acetazolamida e perda de peso, o que provou melhorar a perda da visão, as cefaleias e o zumbido pulsátil em pelo menos metade dos pacientes.[48-51] Os próximos 30 a 40% dos pacientes permanecem relativamente estáveis, mas aproximadamente 10% dos pacientes continuarão a progredir.[51] É nestes dois últimos grupos que surge a maioria dos candidatos cirúrgicos. Embora não exista uma orientação definitiva, a transição de um paciente do manejo médico para o manejo cirúrgico é indicada em toda situação onde (1) apesar do manejo médico, ocorre uma alteração súbita ou progressiva na visão atribuída à IIH (p. ex., piora na perda do campo visual, redução da acuidade visual); (2) há uma contraindicação ou preocupação com a não aderência à terapia farmacológica ou modificação no estilo de vida; ou (3) há desafios ao *follow-up* clínico de rotina após o diagnóstico.[45,50]

43.2.2 Hidrocefalia de Pressão Normal

Ao contrário da IIH, não há tratamentos médicos aceitos que sejam padrão de atendimento para iNPH. Entretanto, isso não significa que todos os pacientes com NPH devam submeter-se a um procedimento de *shunt* neurocirúrgica do CSF, assim como nem todos os pacientes com NPH são igualmente responsivos ao *shunt*.[52] Durante os 50 anos de história do tratamento da NPH, o "Santo Graal" tem definido uma maneira de determinar se um paciente com NPH irá responder ao *shunt*. Embora não exista um padrão ouro, surgiram várias características importantes que podem guiar a tomada de decisão cirúrgica. Estas incluem distinguir NPH de outras entidades de demência neurológica (p. ex., demência vascular, doença de Alzheimer e Parkinson), determinar a sintomatologia do paciente e a progressão da doença e determinar a resposta do paciente a determinados testes clínicos.

O primeiro passo para determinar se um paciente tem probabilidade de responder ao *shunt* tem a ver com assegurar o diag-

Tabela 43.1 Sumário dos Critérios Diagnósticos Atuais para iNPH

	Provável iNPH	Possível iNPH
Início	Insidioso	Subagudo ou indeterminado
Idade	> 40 anos	Qualquer idade depois da infância
Duração mínima	3-6 meses	Pode ter < 3 meses ou duração indeterminada
História	<ul><li>Sem evidência de trauma craniano, hemorragia intracerebral, meningite ou outras causas de hidrocefalia secundária</li><li>Nenhuma outra condição suficiente para explicar os sintomas persistentes</li></ul>	<ul><li>Pode seguir-se a trauma craniano, história remota de outras causas de hidrocefalia secundária</li><li>Pode coexistir com outros transtornos médicos, mas no julgamento do clínico não ser inteiramente atribuível a estas condições</li><li>Deve ser não progressiva ou não claramente progressiva</li></ul>
Imagem	Estudos de CT ou MRI demonstram:<ul><li>Aumento ventricular não atribuível a atrofia cerebral ou aumento congênito (índice de Evans > 0,3 ou medida comparável)</li><li>Sem obstrução macroscópica do fluxo do CSF</li></ul>*Pelo menos uma* das seguintes características de apoio:<ul><li>Aumento dos cornos temporais dos ventrículos laterais não inteiramente atribuível à atrofia do hipocampo</li><li>Ângulo do corpo caloso de 40 graus ou mais</li><li>Evidência de conteúdo alterado de água no cérebro, incluindo alterações no sinal periventricular em CT e MRI não atribuíveis a alterações isquêmicas microvasculares ou desmielinização</li><li>Esvaziamento do fluxo aquedutal ou 4º ventricular no MRI</li></ul>	Estudos de CT ou MRI demonstram:<ul><li>Aumento ventricular consistente com hidrocefalia, mas associado a algum dos seguintes:<ul><li>Evidência de atrofia cerebral de severidade suficiente para, potencialmente, explicar o tamanho ventricular</li><li>Lesões estruturais que podem influenciar o tamanho ventricular</li></ul></li></ul>
Características clínicas essenciais	*Requer* achados de distúrbio da marcha/equilíbrio e pelo menos outra área de prejuízo da cognição, sintomas urinários, ou ambos *Marcha/equilíbrio:* Pelo menos duas medidas de distúrbio da marcha/equilíbrio devem estar presentes e não ser inteiramente atribuíveis a outras condições *Cognição:* Prejuízo documentado (ajustado à idade e educação) e/ou decréscimo no desempenho em um instrumento de rastreio cognitivo (como o exame Monumental State) ou evidência de pelo menos dois dos sinais de prejuízo no exame físico neurológico que não seja completamente atribuível a outras condições *Sintomas urinários:* Pelo menos dois sintomas de prejuízo, incluindo urgência, frequência ou noctúria	Sintomas de um destes:<ul><li>Incontinência e/ou prejuízo cognitivo na ausência de um distúrbio observável da marcha ou equilíbrio</li><li>Distúrbio da marcha ou demência isoladamente</li><li>Medida da pressão de abertura não disponível ou pressão fora da variação requerida para provável iNPH</li></ul>
Fisiológico	<ul><li>Pressão de abertura do CSF na variação de 5-18 mmHg (ou 70-245 mmH$_2$O) conforme determinado por uma punção lombar ou um procedimento comparável</li><li>Pressões apropriadamente medidas que são significativamente mais altas do que esta variação não são consistentes com um diagnóstico de NPH</li></ul>	

Abreviação: CSF = líquido cerebrospinal; CT = tomografia computadorizada; iNPH = hidrocefalia de pressão normal idiopática; MRI = imagem por ressonância magnética.

nóstico correto.[53] O desafio é que existe uma quantidade significativa de sobreposição dos sintomas de NPH e outros transtornos.[41] Além do mais, considerando-se a idade geral dos pacientes, não é improvável que eles venham a ter múltiplas comorbidades neurológicas.[54] A atenuação parcial destas dificuldades é a emergência dos critérios clínicos e radiológicos para NPH. Entretanto, mesmo estes critérios não são perfeitos e o ressurgimento do interesse em diagnosticar NPH resultou em uma contestação de muitos destes critérios, incluindo o onipresente marcador radiológico denominado EI.[55,56] Resumidamente, o EI é uma proporção entre o diâmetro transversal dos cornos anteriores dos ventrículos laterais e o diâmetro interno do crânio na imagem. Os valores normais de EI geralmente se encontram entre 0,20 e 0,25, enquanto os valores acima de 0,30 indicam aumento ventricular definitivo.[45] Um EI alto é encontrado na maioria dos casos de NPH e é um dos critérios para um provável diagnóstico de NPH.[57] Entretanto, estão emergindo índices radiológicos mais recentes que podem facilitar um diagnóstico mais acurado.[58-61] Embora estas novas medidas radiográficas sejam promissoras, a maioria dos resultados é preliminar. Conforme descrito anteriormente, o diagnóstico de NPH precisa levar em conta a confluência de uma história do paciente, além de achados clínicos e características radiográficas (▶ Tabela 43.1).[41,42]

Depois de determinado que o paciente provavelmente tem NPH, há inúmeros fatores que parecem influenciar se ele responderá ao *shunt*. Primeiramente, acredita-se atualmente que pacientes com NPH secundária são mais responsivos do que aqueles com NPH idiopática, embora haja carência de estudos substanciais comparando resultados de *shunt* entre os dois.[62-64] A partir daí, inúmeras outras tendências emergiram entre respondentes e não respondentes. Em relação aos sintomas, acredita-se em geral que pacientes que apresentam problemas da marcha como único sintoma ou o mais proeminente tendem a ser mais responsivos ao *shunt*, enquanto aqueles que apresentam demência tendem a ser menos responsivos ao *shunt*.[37,65-71] Concomitantemente, pareceria que entre os sintomas da tríade, é mais provável que a marcha melhore, com a demência tendo menos probabilidade de melhorar.[37,72-81] No entanto, este padrão pode parcialmente ser confundido pela ideia de que distúrbios da marcha são frequentemente considerados como o sintoma que prenuncia NPH e que, concomitantemente, o tratamento precoce (isto é, duração mais curta do sintoma) e severidade mais leve do sintoma aumentam as chances de um resultado de sucesso do *shunt*.[64,70,71,82-86] Além disso também é possível que, dada a idade avançada da maioria dos pacientes, uma parte da demência seja responsável por outras comorbidades que não são responsivas à derivação do CSF.[87]

Além da sintomatologia do paciente, inúmeros testes diagnósticos já tiveram graus variados de sucesso e muito debate sobre seu uso na seleção acurada de pacientes para *shunt*. Estes testes tendem a se centrar em torno de três abordagens principais – remoção do CSF e avaliação do paciente quanto à melhora clínica, teste de conformidade/resistência do sistema do CSF e monitoramento contínuo da ICP do paciente. Os testes da remoção do CSF apresentam duas formas – o teste de toque e o teste da drenagem lombar externa do CSF. A medida da capacitância/resistência do sistema do CSF é tipicamente feita pela infusão de CSF artificial e o monitoramento dos efeitos na pressão. O monitoramento da ICP tipicamente envolve no mínimo um período de 24 horas de registro para procurar diferenças no pulso da ICP e padrões de onda.

O teste de toque do CSF é uma avaliação relativamente padronizada em que os pacientes se submetem a uma avaliação pré-toque (com vários testes psicométricos e motores – particularmente da marcha). No dia seguinte, são removidos 30 a 50 mL de CSF seguido por uma reavaliação 2 a 4 horas depois.[41,67] O CFS-TT é bastante conhecido e usado, porém sua utilidade está em análise, pois ele tem um valor preditivo positivo alto (73-100%, média 92%) e especificidade (33-100%, média 75%), mas um valor preditivo negativo (18-50%, média 37%) e sensibilidade (26-87%, média 58%) mais baixos.[88,89] Portanto, um CSF-TT negativo não deve ser usado para excluir um paciente de cirurgia de *shunt*.[80-91] Foi reportado que a repetição do CSF-TT por 2 a 3 dias consecutivos podem melhorar sua validade, porém é necessário trabalho adicional para replicar estes resultados.[78] Semelhante em teoria ao CSF-TT, o teste de drenagem lombar externa (teste ELD) envolve a colocação temporária de um dreno lombar do CSF que é anexado a vários mecanismos que podem controlar a taxa de escoamento. As coletas diárias de CSF variam de 100 a 400 mL por dia no curso de 3 a 5 dias.[92] Como o CSF-TT, o paciente deve submeter-se a avaliação rigorosa antes do teste ELD e 1 a 5 dias depois do teste ELD deve ser observado se houve melhora na marcha, função cognitiva ou incontinência. Talvez, sem causar surpresa por causa das semelhanças, o teste ELD padece dos mesmos problemas com valor preditivo positivo alto, mas valor preditivo negativo baixo,[93,94] embora haja evidências convincentes de pesquisas prospectivas sugerindo que o teste ELD é superior a CSF-TT.[37-95]

Diversos fatores relacionados com a dinâmica do CSF foram analisados como medidas prognósticas potenciais. A medida mais usada da dinâmica do sistema CSF está baseada no teste de infusão intraventricular/intratecal (pressão constante, fluxo/taxa constante e infusão de *bolus*[96]), o que permite a medida da resistência ao escoamento do CSF (R_{out}).[97,98] Existem algumas variantes da configuração do teste no que diz respeito ao sítio de monitoramento da pressão, mas essencialmente há uma agulha/cateter que é conectada a uma bomba de infusão e outra (no espaço intratecal ou intraventricular dadas as leituras similares[99]) conectada a um monitor de pressão (▶ Fig. 43.1). Um substituto do CSF é então infundido enquanto a pressão é monitorada até que a pressão atinja um platô apesar da infusão continuada (usualmente por pelo menos 10 minutos) ou até que a pressão ultrapasse os níveis de segurança.[100] A resistência é medida subtraindo a pressão na linha de base da pressão no platô pós-infusão que é então dividida pela taxa de infusão.[101] Não há consenso quanto aos limiares de R_{out} e há discordância quanto à plena utilidade da medida.[82,90,100] Entretanto, uma metanálise recente sugeriu que um valor de 12 mmHg/mL/minuto pode ser o ideal com base em evidências atuais.[102] No entanto, a métrica sofre, como o CSF-TT, de valor preditivo positivo alto (75-92%), mas valor preditivo relativamente baixo (10-45%).[90,102,103]

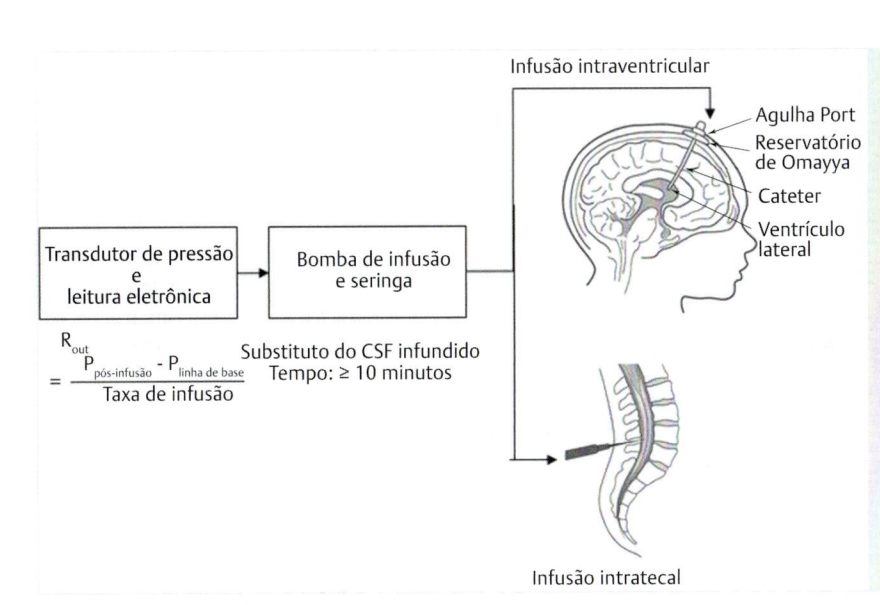

Fig. 43.1 A medida mais estudada da dinâmica do sistema do líquido cerebrospinal (CSF) está baseada no teste de infusão intraventricular ou intratecal. O teste prossegue com pressão e taxa de fluxo constantes e administra um *bolus* de substituto do CSF. A leitura deste teste é a resistência ao escoamento do CSF (R_{out}). Não há consenso quanto aos limiares para diagnóstico de NPH, porém, a metanálise mais recente sugere que $R_{out} > 12$ mmHg/mL/min é o limiar mais adequado para predizer capacidade de resposta ao *shunt* em NPH (acurácia: 72,95%, sensibilidade: 80,26% e especificidade: 46,79%). (Reproduzida com permissão de Kim et al.[102])

$$R_{out} = \frac{P_{pós-infusão} - P_{linha\ de\ base}}{Taxa\ de\ infusão}$$

Substituto do CSF infundido
Tempo: ≥ 10 minutos

Transdutor de pressão e leitura eletrônica

Bomba de infusão e seringa

Infusão intraventricular

Agulha Port
Reservatório de Omayya
Cateter
Ventrículo lateral

Infusão intratecal

Além disso, foram empenhados esforços para compreender se o monitoramento contínuo da ICP fornece informações diagnósticas na ausência de testes adicionais.[104] O sinal da ICP é afetado por inúmeros fatores, incluindo as alterações pulsáteis no lado arterial da vascularização cerebral, os efeitos da respiração na pressão intratorácica e assim o lado venoso da vascularização cerebral, e as ações vasomotoras da própria vascularização cerebral. A culminação de todos estes fatores significa que os registros da ICP são sinais complexos compostos de uma série de ondas que são subproduto do ciclo cardíaco sobreposto em oscilações de frequência mais lentas. Dentro deste sinal, é possível medir um número alto da métrica, seja tentando capturar uma métrica holística do sinal (p. ex., ICP média) ou focando em características particulares (o pico da amplitude de ondas dependentes da frequência cardíaca).[105] Destas métricas, foi sugerido que inúmeras métricas predizem o sucesso do *shunt*. Para as ondas dependentes da frequência cardíaca, o pico da amplitude demonstrou algum sucesso como um candidato principal para previsão do sucesso dos resultados de cirurgia de *shunt*.[106-109] No entanto, como com as outras medidas, existe controvérsia significativa, especialmente no que diz respeito ao seu valor preditivo negativo baixo.[109-111] Em termos das ondas oscilatórias de mais baixa frequência, há inúmeros tipos diferentes de ondas, incluindo aquelas rotuladas como A, B, C e ondas de platô, porém as mais estudadas em termos da capacidade de resposta ao *shunt* são as ondas B. Estas ondas têm um período de 0,5 a 2 minutos e normalmente não são incomuns em um paciente sadio; assim, sua frequência (ou métrica derivativa) é usada como a métrica de interesse.[112-115] No entanto, o estudo destas ondas lentas, incluindo as ondas B, está bastante subdesenvolvido e tem resultados conflitantes.[116-118]

Assim, na ausência de um indicador prognóstico definitivo, a decisão de colocar um *shunt* torna-se complicada. Entretanto, com base na discussão anteriormente mencionada, esperamos que esteja claro que existem diretrizes gerais que provavelmente irão resistir ao teste do tempo e a pesquisas posteriores:

1. Devido à alta sobreposição de NPH com outros transtornos e doenças, um alto nível de suspeição e o uso apropriado dos critérios diagnósticos publicados são imperativos para o diagnóstico acurado. Estes devem incluir a sintomatologia clínica (no mínimo dois dos três da tríade clássica) e imagem (CT ou MRI da cabeça).
2. Ao discutir a decisão com os pacientes e seus cuidadores, as tendências atuais entre os estudos parecem sugerir que pacientes que são diagnosticados mais precocemente em sua doença e apresentam predominantemente disfunção da marcha são mais responsivos ao *shunt*. Além do mais, a discussão deve deixar claro que embora alguns pacientes melhorem em todos os três domínios, o padrão geral de melhora em ordem de melhora significativa é marcha, incontinência e sintomas de demência.
3. Dado um diagnóstico apropriado e a discussão franca das melhoras esperadas dos pacientes, mais informações diagnósticas podem ser obtidas pela realização de testes especializados. A preponderância de estudos sugere que testes preditivos como o CSF-TT, teste ELD, teste de infusão e monitoramento contínuo de CSF-ICP durante a noite possuem valores preditivos positivos aceitáveis. Assim, um achado positivo nesses testes pode oferecer mais evidências para que o paciente se submeta à operação de *shunt*. Entretanto, é prematuro declarar algum destes testes como superior aos outros nesta capacidade. Além do mais, no caso de um resultado negativo a partir de um teste preditivo, deve-se ter muita cautela ao concluir que o paciente não irá responder à derivação, já que os valores preditivos negativos são notoriamente baixos.

43.3 Técnica Cirúrgica

Depois de determinado que o paciente deve submeter-se ao desvio do CSF com *shunt*, a cirurgia em si é bastante simples. Para o cirurgião, há alguns pontos para decisão: o primeiro é qual cirurgia de *shunt* realizar. As colocações de *shunt* do CSF mais comuns são o *shunt* lomboperitoneal (LPS) e *shunt* ventriculoperitoneal (VPS). Muito menos comumente realizadas, e por este motivo não discutidas aqui, são a lombopleural e ventriculoatrial.[27,119,120] Em geral, estas abordagens são usadas somente se o peritônio não for útil para *shunt*, como no caso de múltiplas infecções de *shunt* ou outras anormalidades peritoneais cirúrgicas. Consequentemente, o cirurgião deve decidir se irá usar uma abordagem aberta mais clássica ou uma abordagem laparoscópica para a porção peritoneal da operação. Dentro desta decisão, o cirurgião também precisa decidir se irá trabalhar com uma equipe de cirurgia geral, possibilitando que a porção do cateter lombar ou ventricular da operação ocorra concomitantemente com a colocação do cateter peritoneal. Finalmente, o cirurgião deve decidir sobre o tipo de válvula que irá selecionar (a seleção da válvula será revisada posteriormente).

43.3.1 *Shunt* Lomboperitoneal

A LPS é tipicamente analisada na Europa e nas Américas com base no trabalho inicial sugerindo que havia uma taxa de revisão extremamente alta. Assim, no mundo ocidental, ela tem sido usada mais como uma opção secundária em pacientes não favoráveis à abordagem VPS. Entretanto, nos últimos anos, esta técnica tem sido amplamente estudada no Japão, com uso particular em IIH.[121-123] Além do mais, seu uso também foi avaliado no contexto de NPH.[124] Os resultados de uma comparação recente de LPS e VPS sugerem que elas são mais equivalentes quanto às complicações e resultados do que é geralmente reconhecido, embora paralelamente não apresentando o risco de complicações intracranianas.[123] Em geral, há dois métodos principais para a criação de LPS – o método clássico mais invasivo e o método mais contemporâneo, assistido por laparoscopia –, ambos usados para introduzir o cateter distal no peritônio. Em cada um dos casos, o cateter proximal é introduzido no espaço subaracnoide lombar com uma agulha Touhy e ancorado na fáscia lombar. O cateter com válvula integrada é então tunelizado da superfície dorsal até ventral, onde é então inserido no peritônio por uma das técnicas anteriormente mencionadas. No estado atual da literatura, há poucas evidências sugerindo que um ou outro método é superior.

Embora a técnica e o equipamento tenham evoluído, a abordagem geral da LPS em casos de hidrocefalia comunicante permaneceu essencialmente inalterada.[125] O objetivo é permitir a passagem do CSF da região lombar para a cavidade peritoneal para reabsorção.

43.3.2 Método de Minilaparotomia

O paciente está tipicamente sob anestesia geral com intubação endotraqueal. O paciente é colocado em posição de decúbito lateral, com a área preparada e o capo operatório protegido para expor o curso do cateter a partir da região lombar superior em torno do aspecto lateral do abdome. Tipicamente, uma incisão de 1 cm é feita sobre o nível lombar de L3-L4 facilitando a inserção de uma agulha Tuohy no espaço subaracnoide. Um cateter é então inserido no espaço subaracnoide 5 a 20 cm. Com o cateter mantido no lugar, a agulha Tuohy é removida. O cateter é então tunelizado para uma incisão de 5 cm no flanco, que tem uma bolsa subcutânea criada para adaptar uma válvula que é costurada no lugar. No lado abdominal, é usada uma incisão transversal para dissecar as camadas da parede abdominal para acesso ao peritônio onde um cateter é colocado e então tunelizado até a incisão no flanco e conectada à válvula. O sistema é então checado quanto à patência e as incisões do paciente são fechadas de uma forma tradicional.[126,127]

43.3.3 Método Assistido por Laparoscopia

O paciente está sob anestesia geral com entubação endotraqueal e antibióticos profiláticos. O paciente é colocado na posição de decúbito lateral. O mesmo método é usado para a colocação do cateter no espaço subaracnoide. No entanto, depois que o cateter é tunelizado em torno do quadrante abdominal superior, o procedimento se converte para uma abordagem laparoscópica. Com o paciente na mesma posição, o abdome é insuflado com o uso de uma agulha de Veress e são colocadas duas portas de 5 mm no lado do cateter tunelizado. Então é usado um introdutor *peel-away* para entrar na cavidade peritoneal sob visualização direta. O fluxo do CSF do cateter é então confirmado antes de ser costurado no peritônio. O abdome é então desinsuflado e os trocares removidos com as incisões removidas.[128] Como alternativa, foi descrita uma abordagem umbilical com o uso de uma única porta de 5 mm, mas com uma abordagem similar.[129]

43.3.4 Complicações do *Shunt* Lomboperitoneal

Com qualquer uma das abordagens, o método LPS tem inúmeras complicações conhecidas. Estas incluem obstrução/disfunção (8-65%), cefaleias por hipotensão (9-21%), hematoma subdural (1-2%), dor radicular (4-5%), infecção do *shunt* (1-33%), vazamento do CSF (1%) e malformação de Arnold-Chiari adquirida (mais comum em pacientes pediátricos, < 1-33%).[122,124,130-137]

43.3.5 *Shunt* Ventriculoperitoneal

Para o mundo ocidental, o pilar fundamental do tratamento de hidrocefalia é VPS. Como o nome sugere, o *shunt* percorre desde o ventrículo lateral até a cavidade peritoneal. Como a abordagem lomboperitoneal, a colocação do aspecto ventricular do *shunt* é relativamente padronizada; no entanto, a colocação do peritoneal distal pode ocorrer com uma minilaparotomia ou com uma abordagem assistida por laparoscopia. Dada a literatura mais extensa sobre VPS, há um quadro emergente de que a abordagem assistida por laparoscopia pode ser melhor em muitos domínios, incluindo tempo mais curto na sala de cirurgia, menos perda sanguínea e menos falha no *shunt* distal, embora sejam necessários mais trabalhos para ver se isto se confirma.[138,139]

43.3.6 Minilaparotomia Aberta

O paciente está sob anestesia geral com entubação endotraqueal e antibióticos profiláticos. O paciente é posicionado supinamente com o caminho do crânio até o quadrante abdominal superior preparado esterilmente e o campo operatório protegido. Embora várias abordagens sejam possíveis para acesso ventricular, a mais comum para implantação de *shunt* do CSF é o ponto de Kocher. Outros pontos de acesso incluem o ponto de Keen (2,5-3 cm posterior e superior à pina), ponto de Dandy (a 2 cm da linha média e 3 cm acima do ínion) e vários pontos de entrada occipitais-parietais como o ponto de Frazier (a 3-4 cm da linha média e 6-7 cm acima do ínion) ou a saliência parietal (porção lisa do osso parietal).[140] A escolha do ponto de acesso ventricular deve estar baseada no julgamento do neurocirurgião e considerada caso a caso. Observe que embora o ponto de Kocher seja o mais comumente usado, todas estas são alternativas seguras. No entanto, deve ser tomado cuidado para minimizar os riscos intraoperatórios (p. ex., risco aumentado de danos ao córtex visual com o Ponto de Dandy, considerações específicas para o paciente quanto a hemorragia, e a presença de lesões).

O ponto de Kocher é identificado (11-12 cm posterior do násio, mas 1 cm anterior à sutura coronal e 2-3 cm a partir da linha média, com preferência para o lado direito) e a área é raspada, preparada e o campo cirúrgico é protegido de uma maneira estéril padrão. Centralizada sobre este ponto, é feita uma incisão curva de modo que a linha da incisão não fique sobre o equipamento, e é perfurado um orifício trepano. O cateter ventricular é direcionado para o cano medial no plano coronal em um ponto 1 cm anterior ao trago no plano sagital. Como alternativa, uma configuração de neuronavegação baseada radiologicamente pode ser usada para se direcionar para o ventrículo lateral. A introdução de sondas de *shunt* com um emissor representa uma grande melhora em relação às sondas iniciais que dependiam de uma geometria rígida entre a ponta da sonda e a variedade de emissores refletores com bolas ou luz. A acurácia deste último foi prejudicada pela flexibilidade das sondas, deixando-o com utilidade duvidosa. Os autores usam neuronavegação rotineiramente em pacientes com IIH com ventrículos caracteristicamente finos. Igualmente, embora os ventrículos de pacientes com NPH raramente sejam difíceis de canular, pacientes com giros afinados e sulcos aumentados podem beneficiar-se com o ponto de entrada preciso e a seleção da trajetória.

A extremidade distal do cateter ventricular é então tunelizada subcutaneamente posterior e superior à pina, onde uma válvula é instalada. Para a porção abdominal da cirurgia, é feita uma incisão cutânea de 4 a 5 cm na linha média ou paraumbilical, e o tecido subjacente é analisado para expor a fáscia profunda. Com a exposição da fáscia profunda, a extremidade peritoneal do cateter é tunelizada cranial a caudalmente até a incisão abdominal com o uso de um aparelho de tunelamento maleável. O cateter é então cortado para assegurar que um comprimento significativo estará na cavidade peritoneal. Depois que o cateter tiver sido preparado, a fáscia profunda e o peritônio recebem uma incisão em camadas. É feita uma inspeção cuidadosa para assegurar que não haja adesões intestinais antes da entrada ou lesão visceral após a entrada. Com a confirmação, o cateter distal é inserido na direção craniocaudal. O cateter é então fixado e a incisão é fechada em camadas da maneira típica. Defendemos a sutura em bolsa para prevenir que o cateter recue para o espaço subcutâneo. Raios X intraoperatórios anteroposterior e lateral devem ser usados para confirmar que o cateter abdominal está no peritônio, dada a visualização limitada com esta abordagem.

43.3.7 Método Assistido por Laparoscopia

Para a abordagem assistida por laparoscopia, a colocação da porção craniana do cateter é análoga ao procedimento aberto. No entanto, para a porção abdominal, uma agulha de Veress é usada para estabelecer um pneumoperitônio a 15 mmHg. Então, é feita uma incisão paramediana/periumbilical de 5 mm na direção da inserção de uma câmera trocar. O peritônio é então inspecionado para identificar alguma patologia ou adesões que impediriam ou comprometeriam a colocação do cateter. Se houver adesões, então uma segunda porta pode ser colocada para facilitar a lise da adesão. A seguir é feita uma incisão de 3 mm a 1 cm no sítio desejado para colocação do cateter e a porção peritoneal do cateter é tunelizada cranial a caudalmente até essa incisão. Um introdutor de bainha tipo *peel-away* ou fio-guia com agulha de grande calibre é usado para penetrar no peritônio com visualização direta. O cateter é então tunelizado até a cavidade peritoneal. Com visualização da direção, o fluxo do CSF é confirmado pelo controle da válvula. E então todo o equipamento laparoscópico é removido e os sítios de incisão são fechados de uma forma padrão.[138,141,142]

43.3.8 Complicações Associadas ao *Shunt* Ventriculoperitoneal

Independente do método de colocação, as VPSs têm um grupo típico de complicações. Estas incluem infecção do *shunt* (2-12%, comumente publicada como 1-3%); complicação precoce (1 ano) da função do *shunt* como deslocamento, obstrução, posicionamento errado, migração e falha na válvula (0-40%, comumente publicado como 20%); lesão visceral intraoperatória (0-2%, comumente publicado em 1%); drenagem excessiva (1-2%); e dor abdominal (1-2%).[138,142-145] Outras complicações abdominais incluem ascite do CSF, hidrocele, formação de hérnia inguinal, peritonite por *shunt* infectado, vólvulo, perfuração do intestino e obstrução do vólvulo/intestinal. O resultado final destas complicações é a necessidade de uma cirurgia para revisão.

43.3.9 Válvulas e Cateteres: Introdução

Cada *shunt* é composta de três seções: o cateter ventricular proximal, uma válvula de intervenção e um cateter discal. Cada componente de um *shunt* do CSF apresenta oportunidades para falha. De fato, vários estudos reportam que entre 28 e 54% dos pacientes que receberam um *shunt* do CSF precisaram de revisão cirúrgica.[146-148] Assim sendo, há considerações importantes para a colocação efetiva e a seleção dos componentes implantados para minimizar as revisões e manter o *shunt* do CSF de um paciente. Descreveremos aqui estas considerações para os cateteres e válvulas disponíveis atualmente e daremos as recomendações mais atuais.

Cateteres

O componente do cateter do *shunt* do CSF atua como um conduíte para drenar o CSF do ventrículo lateral, através de uma válvula de intervenção, e para dentro de um cateter distal que leva à cavidade corporal. Há dois contribuintes para a falha do *shunt* relacionados com este componente do cateter. A obstrução na ponta do cateter ventricular/lombar proximal é responsável por até um terço das falhas no *shunt*, fazendo dela a causa mais comum para revisão cirúrgica.[149] Fratura do cateter distal é responsável por 5 a 20% de falhas na derivação.[150] Além disso, a colocação inadequada da ponta do cateter ventricular, de forma que seja extraventricular, demonstrou ser outro forte previsor de falha no *shunt*.[151] Com estes e outros caminhos de falha no *shunt*, a produção e a colocação de cateteres são desta forma considerações essenciais.

Em relação à produção do cateter, são constantes as pesquisas com o uso de biomateriais modificados e o ajuste da geometria do cateter.[149] No entanto, a maioria dos cateteres disponíveis é composta de um tubo simples com polímero de silicone que difere nas dimensões dependendo do fabricante.[149] Assim, nesta conjuntura, há poucas escolhas que o cirurgião pode fazer em relação ao cateter. No entanto, a questão que surge é a escolha entre um cateter impregnado por antibiótico (AIC) e um cateter padrão. AICs demonstraram reduzir o risco global de infecção quando comparados com cateteres com silicone convencional.[152-154] Embora as análises sobre a economia de custos demonstrem que AICs estão na verdade associados a uma economia global significativa em função da redução nas taxas de infecção e complicações associadas, muitos cirurgiões se têm mostrado relutantes em adotar AICs pelo seu maior custo inicial.[155] Contudo, estes achados são preliminares e será necessário trabalho adicional antes que os cuidados cirúrgicos padrão empreguem AICs.

Válvulas

O propósito da válvula é oferecer resistência para manter a ICP, embora concomitantemente atue como uma via de mão única para drenagem do CSF até o cateter distal num certo limiar. Embora inicialmente as "válvulas" dos cateteres não fossem nada mais do que fendas na extremidade distal do cateter que se abriam com uma pressão particular, as válvulas mais modernas evoluíram em resposta a problemas com a terapia de *shunt* – ou seja, hiperdrenagem e revisão cirúrgica.

Acredita-se que as complicações com a hiperdrenagem no *shunt* ocorrem por "efeito sifão". Isto ocorre secundariamente à drenagem não fisiológica através do *shunt* (excedendo a taxa de produção normal de CSF) depois de alterações posturais (de supina para sentado ou em pé).[121,156-158] Isto por sua vez causa ICPs negativas de até 30 a 40 cmH$_2$O, causando sérias complicações que incluem cefaleia, ventrículos cortados, hematomas subdurais, fontanelas afundadas em pacientes pediátricos e conversão de hidrocefalia comunicante para uma hidrocefalia não comunicante por meio de estenose do aqueduto cerebral.[156,159,160]

Os problemas de hiperdrenagem levaram ao desenvolvimento de dispositivos antissifão (ASDs) planejados para limitar o fluxo em caso de fluxo não fisiológico.[158,159] O *design* básico dos ASDs é responsável pelas pressões no circuito do *shunt*, incluindo ICP, pressão hidrostática ao longo do comprimento dos cateteres (isto é, pressão intraperitoneal).[159] Um mecanismo de fechamento como uma membrana móvel-flexível pode ocluir ou limitar o fluxo quando a pressão na saída da válvula cair abaixo de um determinado ponto (isto é, excesso de fluxo) ou abrir a válvula quando a pressão na entrada da válvula estiver acima de um determinado ponto (isto é, ICP alta).[159] Os ADSs modernos têm uma variedade de opções de *design* com diferentes mecanismos antissifão, incluindo o tipo de membrana (membrana móvel responsiva à pressão), tipo diamante (diminui com o aumento na pressão diferencial por intermédio do dispositivo para reduzir o fluxo), vários tipos com caminho duplo (o circuito de baixa resistência fecha-se com taxas de fluxo excessivo, o circuito de alta resistência abre-se) e tipos assistidos pela gravidade (depois de sentar ou ficar em pé a bola de tântalo cai e fecha o circuito de baixa resistência, abrindo o circuito de alta resistência).[121,158,159] Atualmente, parece não haver pesquisas comparando estes subtipos de ASDs; entretanto, há um embasamento geral para o uso de ASDs na literatura. A implantação inicial de ASDs demonstrou eficácia na redução das complicações da hiperdrenagem.[161,162] Embora um ensaio randomizado em grande escala ainda seja necessário, a literatura continuou a apoiar a importância de ASDs na prevenção de hiperdrenagem e complicações associadas.[156,263,164] Embora não seja exaustivo, um ensaio prospectivo multicentro, PROSAIKA, e um ensaio randomizado multicentro, SVASONA, demonstraram a segurança e a eficácia de dispositivos assistidos pela gravidade e a recente válvula proSA que tem um mecanismo integrado para graus ajustáveis de controle antissifão.[165,166] Embora o estado atual de evidências não permita uma recomendação definitiva quanto a acrescentar ou não um ASD, os benefícios teóricos das complicações de hiperdrenagem anteriormente mencionadas, a ausência de resultados desfavoráveis ou complicações adicionais e o custo relativamente similar sugerem que o cirurgião deve considerar a implantação de um ASD ou opções integradas emergentes.[121]

Além da hiperdrenagem, outro problema importante é que não há uma definição da pressão ideal em todos os pacientes. Assim sendo um limiar de pressão fixo limita a versatilidade da maioria das válvulas e aumenta o potencial para problemas com drenagem inadequada ou hiperdrenagem. Nesse contexto, muitas válvulas modernas têm uma opção de programação que permite o ajuste das definições para cada paciente sem a necessidade de revisão cirúrgica.[121] Estudos mostraram associação entre o uso de válvulas não programáveis (NPVs) e falha no *shunt*, enquanto as válvulas concomitantemente programáveis (PVs) estão associadas à redução nas revisões cirúrgicas.[151,167] Além do mais, uma revisão sistemática da literatura relatou que pacientes com PVs tinham taxas de complicação geral, complicações com a drenagem e necessidade de revisão cirúrgica mais baixas quando comparadas com NPVs.[168] Um ensaio clínico randomizado prospectivo multicentro para o tratamento de NPH recomendou que os pacientes sejam tratados com PVs em vez de NPVs, embora o estudo fosse de baixo poder estatístico.[169] Entretanto, há alguma discordância no campo e nem todos os estudos concluíram que existe um benefício do uso de PVs em relação a NPVs, e não há estudos sugerindo que estejam associados a piores resultados ou a complicações adicionais.[170,171] Assim, o estado de evidências atual não permite uma recomendação definitiva referente ao uso de PVs *versus* NPVs, embora aparentemente em geral elas são tão boas quanto, ou superiores a NPVs. Dito isto tanto NPH quanto IIH são transtornos complexos e as PVs permitem que o cirurgião ou neurologista maneje o paciente para explorar diferentes contextos para determinar a configuração ideal para um determinado paciente. Além do mais, ambos os transtornos podem ser dinâmicos, exigindo ajustes ao longo do tempo. O manejo de cefaleia no paciente com IIH frequentemente requer diferentes configurações com o tempo. Igualmente, o desenvolvimento de higromas subdurais ou SDH crônico pode necessitar de ajuste da válvula no paciente com NPH.

Ao escolher a válvula, o cirurgião deve levar em consideração o corpo de evidências emergente, embora não definitivo, que apoia as vantagens da implementação de uma PV e um ASD. Além disto, os custos comparáveis destes dispositivos e a ausência de resultados piores ou riscos adicionais de complicações contribuiu para a emergência de uma tendência a preferir PVs e ASDs para uso no *shunt*. Também há o recurso de opções integradas que combinam PVs e novos ASDs com configurações antissifão ajustáveis. A válvula mais recente até o momento, a válvula Pro-SA, foi proposta por Miyake como uma opção teórica para uso de primeira linha por sua ampla gama de configurações de pressão comparáveis (0-40 cmH_2O), ASD ajustável, um mecanismo de travamento para programabilidade que é resistente à exposição a MRI 3T e uma análise do custo-benefício médico-econômico comparável.[121,166] Embora haja a necessidade de mais ensaios randomizados comparando a eficácia de válvulas específicas comercialmente disponíveis, o campo está evoluindo para o uso de válvulas com um leque maior de configurações de pressão, e configurações ajustáveis de pressão e mecanismos antissifão com mecanismos de travamento confiáveis.[121]

43.3.10 Cuidados Pós-Operatórios

No período pós-operatório, os pacientes são acompanhados por 24 a 48 horas, idealmente em um contexto onde possam ser realizadas avaliações neurológicas a intervalos fixos regulares. Qualquer alteração no *status* neurológico deve ser prontamente investigada. Além disso, a maioria dos centros recomendará antibióticos pós-operatórios, embora a escolha do antibiótico e a duração/dose variem consideravelmente. Como parte das checagens do paciente para tratamento das feridas, o abdome deve ser inspecionado regularmente para verificar sinais de vazamento do CSF nos sítios de colocação do cateter. A continuidade do atendimento é importante no acompanhamento de longo prazo, o qual deve focar, sempre que possível, na avaliação quantitativa dos sintomas e a opinião subjetiva do paciente e seus familiares. Uma alteração subaguda ou crônica reflete problemas com hiperdrenagem, mau funcionamento/obstrução do *shunt* ou infecção que requer maior investigação de cada uma das possibilidades.

Referências

[1] Iencean SM. Idiopathic intracranial hypertension and idiopathic normal pressure hydrocephalus: diseases with opposite pathogenesis? Med Hypotheses. 2003; 61(5-6):526–528

[2] Friedman DI, Liu GT, Digre KB. Revised diagnostic criteria for the pseudotumor cerebri syndrome in adults and children. Neurology. 2013; 81 (13):1159–1165

[3] Bidot S, Bruce BB. Update on the diagnosis and treatment of idiopathic intracranial hypertension. Semin Neurol. 2015; 35(5):527–538

[4] Chen J, Wall M. Epidemiology and risk factors for idiopathic intracranial hypertension. Int Ophthalmol Clin. 2014; 54(1):1–11

[5] Durcan FJ, Corbett JJ, Wall M. The incidence of pseudotumor cerebri. Population studies in Iowa and Louisiana. Arch Neurol. 1988; 45(8):875–877

[6] Hamdallah IN, Shamseddeen HN, Getty JL, Smith W, Ali MR. Greater than expected prevalence of pseudotumor cerebri: a prospective study. Surg Obes Relat Dis. 2013; 9(1):77–82

[7] Radhakrishnan K, Thacker AK, Bohlaga NH, Maloo JC, Gerryo SE. Epidemiology of idiopathic intracranial hypertension: a prospective and case-control study. J Neurol Sci. 1993; 116(1):18–28

[8] Wall M, Kupersmith MJ, Kieburtz KD, et al. NORDIC Idiopathic Intracranial Hypertension Study Group. The Idiopathic Intracranial Hypertension Treatment Trial: clinical profile at baseline. JAMA Neurol. 2014; 71(6):693–701

[9] Bruce BB, Kedar S, Van Stavern GP, Corbett JJ, Newman NJ, Biousse V. Atypical idiopathic intracranial hypertension: normal BMI and older patients. Neurology. 2010; 74(22):1827–1832

[10] Digre KB, Corbett JJ. Pseudotumor cerebri in men. Arch Neurol. 1988; 45 (8):866–872

[11] Bruce BB, Kedar S, Van Stavern GP, et al. Idiopathic intracranial hypertension in men. Neurology. 2009; 72(4):304–309

[12] Sheldon CA, Paley GL, Xiao R, et al. Pediatric idiopathic intracranial hypertension: age, gender, and anthropometric features at diagnosis in a large, retrospective, multisite cohort. Ophthalmology. 2016; 123(11):2424–2431

[13] Corbett JJ, Savino PJ, Thompson HS, et al. Visual loss in pseudotumor cerebri. Follow-up of 57 patients from five to 41 years and a profile of 14 patients with permanent severe visual loss. Arch Neurol. 1982; 39 (8):461–474

[14] Wall M, George D. Idiopathic intracranial hypertension. A prospective study of 50 patients. Brain. 1991; 114 Pt 1A:155–180

[15] Friedman DI, Jacobson DM. Diagnostic criteria for idiopathic intracranial hypertension. Neurology. 2002; 59(10):1492–1495

[16] Kupersmith MJ, Gamell L, Turbin R, Peck V, Spiegel P, Wall M. Effects of weight loss on the course of idiopathic intracranial hypertension in women. Neurology. 1998; 50(4):1094–1098

[17] Subramaniam S, Fletcher WA. Obesity and weight loss in idiopathic intracranial hypertension: a narrative review. J Neuroophthalmol. 2017; 37(2):197– 205

[18] Handley JD, Baruah BP, Williams DM, Horner M, Barry J, Stephens JW. Bariatric surgery as a treatment for idiopathic intracranial hypertension: a systematic review. Surg Obes Relat Dis. 2015; 11(6):1396–1403

[19] ten Hove MW, Friedman DI, Patel AD, Irrcher I, Wall M, McDermott MP, NORDIC Idiopathic Intracranial Hypertension Study Group. Safety and tolerability of acetazolamide in the Idiopathic Intracranial Hypertension Treatment Trial. J Neuroophthalmol. 2016; 36(1):13–19

[20] Wall M, McDermott MP, Kieburtz KD, et al. NORDIC Idiopathic Intracranial Hypertension Study Group Writing Committee. Effect of acetazolamide on visual function in patients with idiopathic intracranial hypertension and mild visual loss: the idiopathic intracranial hypertension treatment trial. JAMA. 2014; 311(16):1641–1651

[21] Celebisoy N, Gökçay F, Sirin H, Akyürekli O. Treatment of idiopathic intracranial hypertension: topiramate vs acetazolamide, an open-label study. Acta Neurol Scand. 2007; 116(5):322–327

[22] Matthews YY. Drugs used in childhood idiopathic or benign intracranial hypertension. Arch Dis Child Educ Pract Ed. 2008; 93(1):19–25

[23] House PM, Stodieck SR. Octreotide: The IIH therapy beyond weight loss, carbonic anhydrase inhibitors, lumbar punctures and surgical/interventional treatments. Clin Neurol Neurosurg. 2016; 150:181–184

[24] Obi EE, Lakhani BK, Burns J, Sampath R. Optic nerve sheath fenestration for idiopathic intracranial hypertension: a seven year review of visual outcomes in a tertiary centre. Clin Neurol Neurosurg. 2015; 137:94–101

[25] Biousse V, Bruce BB, Newman NJ. Update on the pathophysiology and management of idiopathic intracranial hypertension. J Neurol Neurosurg Psychiatry. 2012; 83(5):488–494

[26] Satti SR, Leishangthem L, Chaudry MI. Meta-analysis of CSF diversion procedures and dural venous sinus stenting in the setting of medically refractory idiopathic intracranial hypertension. AJNR Am J Neuroradiol. 2015; 36 (10):1899–1904

[27] Menger RP, Connor DE, Jr, Thakur JD, et al. A comparison of lumboperitoneal and ventriculoperitoneal shunting for idiopathic intracranial hypertension: an analysis of economic impact and complications using the Nationwide Inpatient Sample. Neurosurg Focus. 2014; 37(5):E4

[28] Sobel RK, Syed NA, Carter KD, Allen RC. Optic nerve sheath fenestration: current preferences in surgical approach and biopsy. Ophthal Plast Reconstr Surg. 2015; 31(4):310–312

[29] Hakim S, Adams RD. The special clinical problem of symptomatic hydrocephalus with normal cerebrospinal fluid pressure. Observations on cerebrospinal fluid hydrodynamics. J Neurol Sci. 1965; 2(4):307–327

[30] Daou B, Klinge P, Tjoumakaris S, Rosenwasser RH, Jabbour P. Revisiting secondary normal pressure hydrocephalus: does it exist? A review. Neurosurg Focus. 2016; 41(3):E6

[31] Lemcke J, Stengel D, Stockhammer F, Güthoff C, Rohde V, Meier U. Nationwide incidence of normal pressure hydrocephalus (NPH) assessed by Insurance Claim Data in Germany. Open Neurol J. 2016; 10:15–24

[32] Brean A, Eide PK. Prevalence of probable idiopathic normal pressure hydrocephalus in a Norwegian population. Acta Neurol Scand. 2008; 118(1):48–53

[33] Iseki C, Takahashi Y, Wada M, Kawanami T, Adachi M, Kato T. Incidence of idiopathic normal pressure hydrocephalus (iNPH): a 10-year follow-up study of a rural community in Japan. J Neurol Sci. 2014; 339(1–2):108–112

[34] Bir SC, Patra DP, Maiti TK, et al. Epidemiology of adult-onset hydrocephalus: institutional experience with 2001 patients. Neurosurg Focus. 2016; 41(3):E5

[35] Nakajima M, Miyajima M, Ogino I, et al. Use of external lumbar cerebrospinal fluid drainage and lumboperitoneal shunts with Strata NSC valves in idiopathic normal pressure hydrocephalus: a single-center experience. World Neurosurg. 2015; 83(3):387–393

[36] Chotai S, Medel R, Herial NA, Medhkour A. External lumbar drain: a pragmatic test for prediction of shunt outcomes in idiopathic normal pressure hydrocephalus. Surg Neurol Int. 2014; 5:12

[37] Marmarou A, Young HF, Aygok GA, et al. Diagnosis and management of idiopathic normal-pressure hydrocephalus: a prospective study in 151 patients. J Neurosurg. 2005; 102(6):987–997

[38] Martín-Láez R, Caballero-Arzapalo H, Valle-San Román N, López-Menéndez LA, Arango-Lasprilla JC, Vázquez-Barquero A. Incidence of idiopathic normal-pressure hydrocephalus in northern Spain. World Neurosurg. 2016; 87:298–310

[39] Baheerathan A, Chauhan D, Koizia L, O'Neal H. Idiopathic normal pressure hydrocephalus. BMJ. 2016; 354:i3974

[40] Williams MA, Relkin NR. Diagnosis and management of idiopathic normalpressure hydrocephalus. Neurol Clin Pract. 2013; 3(5):375–385

[41] Williams MA, Malm J. Diagnosis and treatment of idiopathic normal pressure hydrocephalus. Continuum (Minneap Minn). 2016; 22 2 Dementia:579–599

[42] Relkin N, Marmarou A, Klinge P, Bergsneider M, Black PM. Diagnosing idiopathic normal-pressure hydrocephalus. Neurosurgery. 2005; 57(3) Suppl:S4–S16, discussion ii–v

[43] Ishikawa M, Guideline Committee for Idiopathic Normal Pressure Hydrocephalus, Japanese Society of Normal Pressure Hydrocephalus. Clinical guidelines for idiopathic normal pressure hydrocephalus. Neurol Med Chir (Tokyo). 2004; 44(4):222–223

[44] Mori E, Ishikawa M, Kato T, et al. Japanese Society of Normal Pressure Hydrocephalus. Guidelines for management of idiopathic normal pressure hydrocephalus: second edition. Neurol Med Chir (Tokyo). 2012; 52(11):775–809

[45] Evans WA. An encephalographic ratio for estimating ventricular enlargement and cerebral atrophy. Arch Neurol Psychiatry. 1942; 47(6):931–937

[46] Sinclair AJ, Kuruvath S, Sen D, Nightingale PG, Burdon MA, Flint G. Is cerebrospinal fluid shunting in idiopathic intracranial hypertension worthwhile? A 10-year review. Cephalalgia. 2011; 31(16):1627–1633

[47] Mulla Y, Markey KA, Woolley RL, Patel S, Mollan SP, Sinclair AJ. Headache determines quality of life in idiopathic intracranial hypertension. J Headache Pain. 2015; 16:521

[48] Bruce BB, Digre KB, McDermott MP, Schron EB, Wall M, NORDIC Idiopathic Intracranial Hypertension Study Group. Quality of life at 6 months in the Idiopathic Intracranial Hypertension Treatment Trial. Neurology. 2016; 87(18):1871–1877

[49] Wall M. Idiopathic intracranial hypertension. Neurol Clin. 2010; 28(3):593–617

[50] Lueck C, McIlwaine G. Interventions for idiopathic intracranial hypertension. Cochrane Database Syst Rev. 2005(3):CD003434

[51] Wall M, Johnson CA, Cello KE, Zamba KD, McDermott MP, Keltner JL, NORDIC Idiopathic Intracranial Hypertension Study Group. Visual field outcomes for the Idiopathic Intracranial Hypertension Treatment Trial (IIHTT). Invest Ophthalmol Vis Sci. 2016; 57(3):805–812

[52] Torsnes L, Blåfjelldal V, Poulsen FR. Treatment and clinical outcome in patients with idiopathic normal pressure hydrocephalus–a systematic review. Dan Med J. 2014; 61(10):A4911

[53] Allali G, Garibotto V, Assal F. Parkinsonism differentiates idiopathic normal pressure hydrocephalus from its mimics. J Alzheimers Dis. 2016; 54(1):123–127

[54] Malm J, Graff-Radford NR, Ishikawa M, et al. Influence of comorbidities in idiopathic normal pressure hydrocephalus research and clinical care. A report of the ISHCSF task force on comorbidities in INPH. Fluids Barriers CNS. 2013; 10(1):22

[55] Kojoukhova M, Koivisto AM, Korhonen R, et al. Feasibility of radiological markers in idiopathic normal pressure hydrocephalus. Acta Neurochir (Wien). 2015; 157(10):1709–1718, discussion 1719

[56] Toma AK, Holl E, Kitchen ND, Watkins LD. Evans' index revisited: the need for an alternative in normal pressure hydrocephalus. Neurosurgery. 2011; 68(4):939–944

[57] Miskin N, Patel H, Franceschi AM, et al. Alzheimer's Disease Neuroimaging Initiative. Diagnosis of normal-pressure hydrocephalus: use of traditional measures in the era of volumetric MR imaging. Radiology. 2017; 285 (1):197–205

[58] Narita W, Nishio Y, Baba T, et al. High-convexity tightness predicts the shunt response in idiopathic normal pressure hydrocephalus. AJNR Am J Neuroradiol. 2016:[Epub ahead of print]

[59] Yamada S, Ishikawa M, Yamamoto K. Optimal diagnostic indices for idiopathic normal pressure hydrocephalus based on the 3D quantitative volumetric analysis for the cerebral ventricle and subarachnoid space. AJNR Am J Neuroradiol. 2015; 36(12):2262–2269

[60] Ishikawa M, Oowaki H, Takezawa M, et al. Disproportionately enlarged subarachnoid space hydrocephalus in idiopathic normal-pressure hydrocephalus and its implication in pathogenesis. Acta Neurochir Suppl (Wien). 2016; 122:287–290

[61] Moore DW, Kovanlikaya I, Heier LA, et al. A pilot study of quantitative MRI measurements of ventricular volume and cortical atrophy for the differential diagnosis of normal pressure hydrocephalus. Neurol Res Int. 2012; 2012:718150

[62] Vanneste JA. Diagnosis and management of normal-pressure hydrocephalus. J Neurol. 2000; 247(1):5–14

[63] Vassilouthis J. The syndrome of normal-pressure hydrocephalus. J Neurosurg. 1984; 61(3):501–509

[64] Larsson A, Wikkelsö C, Bilting M, Stephensen H. Clinical parameters in 74 consecutive patients shunt operated for normal pressure hydrocephalus. Acta Neurol Scand. 1991; 84(6):475–482
[65] Fisher CM. The clinical picture in occult hydrocephalus. Clin Neurosurg. 1977; 24:270–284
[66] Black PM. Idiopathic normal-pressure hydrocephalus. Results of shunting in 62 patients. J Neurosurg. 1980; 52(3):371–377
[67] Wikkelsø C, Andersson H, Blomstrand C, Lindqvist G. The clinical effect of lumbar puncture in normal pressure hydrocephalus. J Neurol Neurosurg Psychiatry. 1982; 45(1):64–69
[68] Stambrook M, Cardoso E, Hawryluk GA, Eirikson P, Piatek D, Sicz G. Neuropsychological changes following the neurosurgical treatment of normal pressure hydrocephalus. Arch Clin Neuropsychol. 1988; 3(4):323–330
[69] Weiner HL, Constantini S, Cohen H, Wisoff JH. Current treatment of normalpressure hydrocephalus: comparison of flow-regulated and differentialpressure shunt valves. Neurosurgery. 1995; 37(5):877–884
[70] Meier U, Miethke C. Predictors of outcome in patients with normal-pressure hydrocephalus. J Clin Neurosci. 2003; 10(4):453–459
[71] Meier U, Lemcke J, Neumann U. Predictors of outcome in patients with normal-pressure hydrocephalus. Acta Neurochir Suppl (Wien). 2006; 96:352–357
[72] Soelberg Sørensen P, Jansen EC, Gjerris F. Motor disturbances in normalpressure hydrocephalus. Special reference to stance and gait. Arch Neurol. 1986; 43(1):34–38
[73] Krauss JK, Regel JP. The predictive value of ventricular CSF removal in normal pressure hydrocephalus. Neurol Res. 1997; 19(4):357–360
[74] Boon AJ, Tans JT, Delwel EJ, et al. Dutch normal-pressure hydrocephalus study: prediction of outcome after shunting by resistance to outflow of cerebrospinal fluid. J Neurosurg. 1997; 87(5):687–693
[75] Mori K. Management of idiopathic normal-pressure hydrocephalus: a multiinstitutional study conducted in Japan. J Neurosurg. 2001; 95(6):970–973
[76] Poca MA, Mataró M, Del Mar Matarín M, Arikan F, Junqué C, Sahuquillo J. Is the placement of shunts in patients with idiopathic normal-pressure hydrocephalus worth the risk? Results of a study based on continuous monitoring of intracranial pressure. J Neurosurg. 2004; 100(5):855–866
[77] Poca MA, Mataró M, Matarín M, Arikan F, Junqué C, Sahuquillo J. Good outcome in patients with normal-pressure hydrocephalus and factors indicating poor prognosis. J Neurosurg. 2005; 103(3):455–463
[78] Kilic K, Czorny A, Auque J, Berkman Z. Predicting the outcome of shunt surgery in normal pressure hydrocephalus. J Clin Neurosci. 2007; 14(8):729–736
[79] Kahlon B, Sjunnesson J, Rehncrona S. Long-term outcome in patients with suspected normal pressure hydrocephalus. Neurosurgery. 2007; 60(2):327–332, discussion 332
[80] Pujari S, Kharkar S, Metellus P, Shuck J, Williams MA, Rigamonti D. Normal pressure hydrocephalus: long-term outcome after shunt surgery. J Neurol Neurosurg Psychiatry. 2008; 79(11):1282–1286
[81] Liu A, Sankey EW, Jusué-Torres I, et al. Clinical outcomes after ventriculoatrial shunting for idiopathic normal pressure hydrocephalus. Clin Neurol Neurosurg. 2016; 143:34–38
[82] Malm J, Kristensen B, Karlsson T, Fagerlund M, Elfverson J, Ekstedt J. The predictive value of cerebrospinal fluid dynamic tests in patients with the idiopathic adult hydrocephalus syndrome. Arch Neurol. 1995; 52(8):783–789
[83] Meier U, Zeilinger FS, Kintzel D. Signs, symptoms and course of normal pressure hydrocephalus in comparison with cerebral atrophy. Acta Neurochir (Wien). 1999; 141(10):1039–1048
[84] Fraser JJ, Fraser C. Gait disorder is the cardinal sign of normal pressure hydrocephalus: a case study. J Neurosci Nurs. 2007; 39(3):132–134, 192
[85] Koivisto AM, Alafuzoff I, Savolainen S, et al. Kuopio NPH Registry (www.uef.finph). Poor cognitive outcome in shunt-responsive idiopathic normal pressure hydrocephalus. Neurosurgery. 2013; 72(1):1–8, discussion 8
[86] Kazui H, Mori E, Ohkawa S, et al. Predictors of the disappearance of triad symptoms in patients with idiopathic normal pressure hydrocephalus after shunt surgery. J Neurol Sci. 2013; 328(1–2):64–69
[87] Shaw R, Everingham E, Mahant N, Jacobson E, Owler B. Clinical outcomes in the surgical treatment of idiopathic normal pressure hydrocephalus. J Clin Neurosci. 2016; 29:81–86
[88] Mihalj M. CSF tap test obsolete or appropriate test for predicting shunt responsiveness? A systemic review. J Neurol Sci. 2016; 370:157

[89] Mihalj M, Dolić K, Kolić K, Ledenko V. CSF tap test obsolete or appropriate test for predicting shunt responsiveness? A systemic review. J Neurol Sci. 2016; 362:78–84
[90] Wikkelsø C, Hellström P, Klinge PM, Tans JT, European iNPH Multicentre Study Group. The European iNPH Multicentre Study on the predictive values of resistance to CSF outflow and the CSF Tap Test in patients with idiopathic normal pressure hydrocephalus. J Neurol Neurosurg Psychiatry. 2013; 84 (5):562–568
[91] Halperin JJ, Kurlan R, Schwalb JM, Cusimano MD, Gronseth G, Gloss D. Practice guideline: idiopathic normal pressure hydrocephalus: response to shunting and predictors of response: report of the Guideline Development, Dissemination, and Implementation Subcommittee of the American Academy of Neurology. Neurology. 2015; 85(23):2063–2071
[92] Haan J, Thomeer RT. Predictive value of temporary external lumbar drainage in normal pressure hydrocephalus. Neurosurgery. 1988; 22(2):388–391
[93] Panagiotopoulos V, Konstantinou D, Kalogeropoulos A, Maraziotis T. The predictive value of external continuous lumbar drainage, with cerebrospinal fluid outflow controlled by medium pressure valve, in normal pressure hydrocephalus. Acta Neurochir (Wien). 2005; 147(9):953–958, discussion 958
[94] Walchenbach R, Geiger E, Thomeer RT, Vanneste JA. The value of temporary external lumbar CSF drainage in predicting the outcome of shunting on normal pressure hydrocephalus. J Neurol Neurosurg Psychiatry. 2002; 72(4):503–506
[95] Mahr CV, Dengl M, Nestler U, et al. Idiopathic normal pressure hydrocephalus: diagnostic and predictive value of clinical testing, lumbar drainage, and CSF dynamics. J Neurosurg. 2016; 125(3):591–597
[96] Meier U, Bartels P. The importance of the intrathecal infusion test in the diagnostic of normal-pressure hydrocephalus. Eur Neurol. 2001; 46(4):178–186
[97] Hussey F, Schanzer B, Katzman R. A simple constant-infusion manometric test for measurement of CSF absorption. II. Clinical studies. Neurology. 1970; 20(7):665–680
[98] Katzman R, Hussey F. A simple constant-infusion manometric test for measurement of CSF absorption. I. Rationale and method. Neurology. 1970; 20(6):534–544
[99] Lenfeldt N, Koskinen LO, Bergenheim AT, Malm J, Eklund A. CSF pressure assessed by lumbar puncture agrees with intracranial pressure. Neurology. 2007; 68(2):155–158
[100] Kahlon B, Sundbärg G, Rehncrona S. Lumbar infusion test in normal pressure hydrocephalus. Acta Neurol Scand. 2005; 111(6):379–384
[101] Eklund A, Smielewski P, Chambers I, et al. Assessment of cerebrospinal fluid outflow resistance. Med Biol Eng Comput. 2007; 45(8):719–735
[102] Kim DJ, Kim H, Kim YT, et al. Thresholds of resistance to CSF outflow in predicting shunt responsiveness. Neurol Res. 2015; 37(4):332–340
[103] Martins AN. Resistance to drainage of cerebrospinal fluid: clinical measurement and significance. J Neurol Neurosurg Psychiatry. 1973; 36(2):313–318
[104] Hartmann A, Alberti E. Differentiation of communicating hydrocephalus and presenile dementia by continuous recording of cerebrospinal fluid pressure. J Neurol Neurosurg Psychiatry. 1977; 40(7):630–640
[105] Santamarta D, González-Martínez E, Fernández J, Mostaza A. The prediction of shunt response in idiopathic normal-pressure hydrocephalus based on intracranial pressure monitoring and lumbar infusion. Acta Neurochir Suppl (Wien). 2016; 122:267–274
[106] Eide PK. Intracranial pressure parameters in idiopathic normal pressure hydrocephalus patients treated with ventriculo-peritoneal shunts. Acta Neurochir (Wien). 2006; 148(1):21–29, discussion 29
[107] Eide PK. Assessment of childhood intracranial pressure recordings using a new method of processing intracranial pressure signals. Pediatr Neurosurg. 2005; 41(3):122–130
[108] Foltz EL, Aine C. Diagnosis of hydrocephalus by CSF pulse-wave analysis: a clinical study. Surg Neurol. 1981; 15(4):283–293
[109] Czosnyka M, Czosnyka Z, Keong N, et al. Pulse pressure waveform in hydrocephalus: what it is and what it isn't. Neurosurg Focus. 2007; 22(4):E2
[110] Eide PK, Sorteberg W. Diagnostic intracranial pressure monitoring and surgical management in idiopathic normal pressure hydrocephalus: a 6-year review of 214 patients. Neurosurgery. 2010; 66(1):80–91
[111] Garcia-Armengol R, Domenech S, Botella-Campos C, et al. Comparison of elevated intracranial pressure pulse amplitude and disproportionately enlarged subarachnoid space (DESH) for prediction of surgical results in suspected idiopathic normal pressure hydrocephalus. Acta Neurochir (Wien). 2016; 158(11):2207–2213

[112] Lundberg N. Continuous recording and control of ventricular fluid pressure in neurosurgical practice. Acta Psychiatr Scand Suppl. 1960; 36(149):1–193

[113] Crockard HA, Hanlon K, Duda EE, Mullan JF. Hydrocephalus as a cause of dementia: evaluation by computerised tomography and intracranial pressure monitoring. J Neurol Neurosurg Psychiatry. 1977; 40(8):736–740

[114] Symon L, Dorsch NW. Use of long-term intracranial pressure measurement to assess hydrocephalic patients prior to shunt surgery. J Neurosurg. 1975; 42(3):258–273

[115] Yokota A, Matsuoka S, Ishikawa T, Kohshi K, Kajiwara H. Overnight recordings of intracranial pressure and electroencephalography in neurosurgical patients. Part I: Intracranial pressure waves and their clinical correlations. J UOEH. 1989; 11(4):371–381

[116] Stephensen H, Andersson N, Eklund A, Malm J, Tisell M, Wikkelsö C. Objective B wave analysis in 55 patients with non-communicating and communicating hydrocephalus. J Neurol Neurosurg Psychiatry. 2005; 76(7):965–970

[117] Williams MA, Razumovsky AY, Hanley DF. Comparison of Pcsf monitoring and controlled CSF drainage diagnose normal pressure hydrocephalus. Acta Neurochir Suppl (Wien). 1998; 71:328–330

[118] Raftopoulos C, Chaskis C, Delecluse F, Cantraine F, Bidaut L, Brotchi J. Morphological quantitative analysis of intracranial pressure waves in normal pressure hydrocephalus. Neurol Res. 1992; 14(5):389–396

[119] Menger RP, Kalakoti P, Nanda A. Lumbopleural shunting as an alternative cerebrospinal fluid diversion modality for management of idiopathic intracranial hypertension: is it time for a change? World Neurosurg. 2016; 90:632–635

[120] Al-Schameri AR, Hamed J, Baltsavias G, et al. Ventriculoatrial shunts in adults, incidence of infection, and significant risk factors: a single-center experience. World Neurosurg. 2016; 94:345–351

[121] Miyake H. Shunt devices for the treatment of adult hydrocephalus: recent progress and characteristics. Neurol Med Chir (Tokyo). 2016; 56(5):274–283

[122] Kazui H, Miyajima M, Mori E, Ishikawa M, SINPHONI-2 Investigators. Lumboperitoneal shunt surgery for idiopathic normal pressure hydrocephalus (SINPHONI-2): an open-label randomised trial. Lancet Neurol. 2015; 14(6):585–594

[123] Miyajima M, Kazui H, Mori E, Ishikawa M, on behalf of the SINPHONI 2 Investigators. One-year outcome in patients with idiopathic normal-pressure hydrocephalus: comparison of lumboperitoneal shunt to ventriculoperitoneal shunt. J Neurosurg. 2016; 125(6):1483–1492

[124] Bloch O, McDermott MW. Lumboperitoneal shunts for the treatment of normal pressure hydrocephalus. J Clin Neurosci. 2012; 19(8):1107–1111

[125] Eisenberg HM, Davidson RI, Shillito J, Jr. Lumboperitoneal shunts. Review of 34 cases. J Neurosurg. 1971; 35(4):427–431

[126] Alkosha HM, Zidan AS. Role of lumbopleural shunt in management of idiopathic intracranial hypertension. World Neurosurg. 2016; 88:113–118

[127] Alkherayf F, Abou Al-Shaar H, Awad M. Management of idiopathic intracranial hypertension with a programmable lumboperitoneal shunt: early experience. Clin Neurol Neurosurg. 2015; 136:5–9

[128] Sosin M, Sofat S, Felbaum DR, Seastedt KP, McGrail KM, Bhanot P. Laparoscopic-assisted peritoneal shunt insertion for ventriculoperitoneal and lumboperitoneal shunt placement: an institutional experience of 53 consecutive cases. Surg Laparosc Endosc Percutan Tech. 2015; 25(3):235–237

[129] Maa J, Carter JT, Kirkwood KS, Gosnell JE, Wang V, McDermott MW. Technique for placement of lumboperitoneal catheters using a combined laparoscopic procedure with the Seldinger micropuncture technique. J Am Coll Surg. 2008; 207(1):e5–e7

[130] Aoki N. Lumboperitoneal shunt: clinical applications, complications, and comparison with ventriculoperitoneal shunt. Neurosurgery. 1990; 26(6):998–1003, discussion 1003–1004

[131] Eggenberger ER, Miller NR, Vitale S. Lumboperitoneal shunt for the treatment of pseudotumor cerebri. Neurology. 1996; 46(6):1524–1530

[132] Johna S, Kirsch W, Robles A. Laparoscopic-assisted lumboperitoneal shunt: a simplified technique. JSLS. 2001; 5(4):305–307

[133] Kamiryo T, Hamada J, Fuwa I, Ushio Y. Acute subdural hematoma after lumboperitoneal shunt placement in patients with normal pressure hydrocephalus. Neurol Med Chir (Tokyo). 2003; 43(4):197–200

[134] Karabatsou K, Quigley G, Buxton N, Foy P, Mallucci C. Lumboperitoneal shunts: are the complications acceptable? Acta Neurochir (Wien). 2004; 146(11):1193–1197

[135] Wang VY, Barbaro NM, Lawton MT, et al. Complications of lumboperitoneal shunts. Neurosurgery. 2007; 60(6):1045–1048, discussion 1049

[136] Toma AK, Dherijha M, Kitchen ND, Watkins LD. Use of lumboperitoneal shunts with the Strata NSC valve: a single-center experience. J Neurosurg. 2010; 113(6):1304–1308

[137] Abubaker K, Ali Z, Raza K, Bolger C, Rawluk D, O'Brien D. Idiopathic intracranial hypertension: lumboperitoneal shunts versus ventriculoperitoneal shunts–case series and literature review. Br J Neurosurg. 2011; 25(1):94–99

[138] He M, Ouyang L, Wang S, Zheng M, Liu A. Laparoscopy versus mini-laparotomy peritoneal catheter insertion of ventriculoperitoneal shunts: a systematic review and meta-analysis. Neurosurg Focus. 2016; 41(3):E7

[139] Schubert F, Fijen BP, Krauss JK. Laparoscopically assisted peritoneal shunt insertion in hydrocephalus: a prospective controlled study. Surg Endosc. 2005; 19(12):1588–1591

[140] Greenberg MS. Handbook of Neurosurgery. 8th ed. New York: Thieme; 2016

[141] Alyeldien A, Jung S, Lienert M, Scholz M, Petridis AK. Laparoscopic insertion of the peritoneal catheter in ventriculoperitoneal shunting. Review of 405 consecutive cases. Int J Surg. 2016; 33 Pt A:72–77

[142] Phan S, Liao J, Jia F, et al. Laparotomy vs minimally invasive laparoscopic ventriculoperitoneal shunt placement for hydrocephalus: a systematic review and meta-analysis. Clin Neurol Neurosurg. 2016; 140:26–32

[143] Schucht P, Banz V, Trochsler M, et al. Laparoscopically assisted ventriculoperitoneal shunt placement: a prospective randomized controlled trial. J Neurosurg. 2015; 122(5):1058–1067

[144] Kestle J, Drake J, Milner R, et al. Long-term follow-up data from the Shunt Design Trial. Pediatr Neurosurg. 2000; 33(5):230–236

[145] Naftel RP, Argo JL, Shannon CN, et al. Laparoscopic versus open insertion of the peritoneal catheter in ventriculoperitoneal shunt placement: review of 810 consecutive cases. J Neurosurg. 2011; 115(1):151–158

[146] Hung AL, Moran D, Vakili S, et al. Predictors of ventriculoperitoneal shunt revision in patients with idiopathic normal pressure hydrocephalus. World Neurosurg. 2016; 90:76–81

[147] Moran D, Hung A, Vakili S, et al. Comparison of outcomes between patients with idiopathic normal pressure hydrocephalus who received a primary versus a salvage shunt. J Clin Neurosci. 2016; 29:117–120

[148] Reddy GK, Bollam P, Caldito G. Long-term outcomes of ventriculoperitoneal shunt surgery in patients with hydrocephalus. World Neurosurg. 2014; 81(2):404–410

[149] Weisenberg SH, TerMaath SC, Seaver CE, Killeffer JA. Ventricular catheter development: past, present, and future. J Neurosurg. 2016; 125(6):1504–1512

[150] Sribnick EA, Sklar FH, Wrubel DM. A novel technique for distal shunt revision: retrospective analysis of guidewire-assisted distal catheter Replacement. Neurosurgery. 2015; 11 Suppl 3:367–370, discussion 370

[151] Jeremiah KJ, Cherry CL, Wan KR, Toy JA, Wolfe R, Danks RA. Choice of valve type and poor ventricular catheter placement: Modifiable factors associated with ventriculoperitoneal shunt failure. J Clin Neurosci. 2016; 27:95–98

[152] Konstantelias AA, Vardakas KZ, Polyzos KA, Tansarli GS, Falagas ME. Antimicrobial-impregnated and -coated shunt catheters for prevention of infections in patients with hydrocephalus: a systematic review and metaanalysis. J Neurosurg. 2015; 122(5):1096–1112

[153] Raffa G, Marseglia L, Gitto E, Germanò A. Antibiotic-impregnated catheters reduce ventriculoperitoneal shunt infection rate in high-risk newborns and infants. Childs Nerv Syst. 2015; 31(7):1129–1138

[154] Parker SL, Anderson WN, Lilienfeld S, Megerian JT, McGirt MJ. Cerebrospinal shunt infection in patients receiving antibiotic-impregnated versus standard shunts. J Neurosurg Pediatr. 2011; 8(3):259–265

[155] Parker SL, McGirt MJ, Murphy JA, Megerian JT, Stout M, Engelhart L. Cost savings associated with antibiotic-impregnated shunt catheters in the treat ment of adult and pediatric hydrocephalus. World Neurosurg. 2015; 83(3):382–386

[156] Aschoff A, Kremer P, Benesch C, Fruh K, Klank A, Kunze S. Overdrainage and shunt technology. A critical comparison of programmable, hydrostatic and variable-resistance valves and flow-reducing devices. Childs Nerv Syst. 1995; 11(4):193–202

[157] Pereira RM, Suguimoto MT, Oliveira MF, et al. Performance of the fixed pressure valve with antisiphon device SPHERA® in the treatment of normal pressure hydrocephalus and prevention of overdrainage. Arq Neuropsiquiatr. 2016; 74(1):55–61

[158] Kurtom KH, Magram G. Siphon regulatory devices: their role in the treatment of hydrocephalus. Neurosurg Focus. 2007; 22(4):E5

[159] Portnoy HD, Schulte RR, Fox JL, Croissant PD, Tripp L. Anti-siphon and reversible occlusion valves for shunting in hydrocephalus and preventing postshunt subdural hematomas. J Neurosurg. 1973; 38(6):729–738

[160] McCullough DC, Fox JL. Negative intracranial pressure hydrocephalus in adults with shunts and its relationship to the production of subdural hematoma. J Neurosurg. 1974; 40(3):372–375

[161] Tokoro K, Chiba Y, Abe H, Tanaka N, Yamataki A, Kanno H. Importance of anti-siphon devices in the treatment of pediatric hydrocephalus. Childs Nerv Syst. 1994; 10(4):236–238

[162] Gruber R, Jenny P, Herzog B. Experiences with the anti-siphon device (ASD) in shunt therapy of pediatric hydrocephalus. J Neurosurg. 1984; 61 (1):156–162

[163] Khan RA, Narasimhan KL, Tewari MK, Saxena AK. Role of shunts with antisiphon device in treatment of pediatric hydrocephalus. Clin Neurol Neurosurg. 2010; 112(8):687–690

[164] Czosnyka Z, Czosnyka M, Richards HK, Pickard JD. Posture-related overdrainage: comparison of the performance of 10 hydrocephalus shunts in vitro. Neurosurgery. 1998; 42(2):327–333, discussion 333–334

[165] Lemcke J, Meier U, Müller C, et al. Safety and efficacy of gravitational shunt valves in patients with idiopathic normal pressure hydrocephalus: a pragmatic, randomised, open label, multicentre trial (SVASONA). J Neurol Neurosurg Psychiatry. 2013; 84(8):850–857

[166] Kehler U, Kiefer M, Eymann R, et al. PROSAIKA: a prospective multicenter registry with the first programmable gravitational device for hydrocephalus shunting. Clin Neurol Neurosurg. 2015; 137:132–136

[167] McGirt MJ, Buck DW, II, Sciubba D, et al. Adjustable vs set-pressure valves decrease the risk of proximal shunt obstruction in the treatment of pediatric hydrocephalus. Childs Nerv Syst. 2007; 23(3):289–295

[168] Xu H, Wang ZX, Liu F, Tan GW, Zhu HW, Chen DH. Programmable shunt valves for the treatment of hydrocephalus: a systematic review. Eur J Paediatr Neurol. 2013; 17(5):454–461

[169] Delwel EJ, de Jong DA, Dammers R, Kurt E, van den Brink W, Dirven CM. A randomised trial of high and low pressure level settings on an adjustable ventriculoperitoneal shunt valve for idiopathic normal pressure hydrocephalus: results of the Dutch evaluation programme Strata shunt (DEPSS) trial. J Neurol Neurosurg Psychiatry. 2013; 84(7):813–817

[170] Ringel F, Schramm J, Meyer B. Comparison of programmable shunt valves vs standard valves for communicating hydrocephalus of adults: a retrospective analysis of 407 patients. Surg Neurol. 2005; 63(1):36–41, discussion 41

[171] Pollack IF, Albright AL, Adelson PD, Hakim-Medos Investigator Group. A randomized, controlled study of a programmable shunt valve versus a conventional valve for patients with hydrocephalus. Neurosurgery. 1999; 45 (6):1399–1408, discussion 1408–1411

44 Estimulação do Gânglio Trigeminal

Orion P. Keifer Jr. ▪ *Juanmarco Gutierrez* ▪ *Muhilbullah S. Tora* ▪ *Nicholas M. Boulis*

Resumo

São inúmeras as síndromes dolorosas que envolvem o sistema trigeminal. Aquelas com um componente doloroso constante/flutuante, como a neuralgia trigeminal tipo 2 e dor neuropática trigeminal, são particularmente difíceis de tratar com as intervenções farmacológicas e procedurais atuais. Um número crescente de estudos sugere que a estimulação do gânglio trigeminal é um tratamento potencial. A revisão a seguir que evidencia a eficácia do tratamento descreve o procedimento percutâneo usado para visar o gânglio trigeminal através do forame oval e discute cuidados e complicações pós-operatórios.

Palavras-chave: estimulação do gânglio trigeminal, neuralgia do trigêmeo, dor craniofacial.

44.1 Introdução

O sistema trigeminal (V nervo craniano) transmite as principais informações sensoriais do rosto até o cérebro. O caminho consiste nas extremidades do nervo terminal que se unem em três ramificações principais (oftálmica, maxilar e mandibular) com os corpos neuronais no gânglio trigeminal, que se conectam com o núcleo trigeminal no tronco encefálico. Os transtornos dolorosos do sistema trigeminal incluem neuralgia do trigêmeo (incluindo seus subtipos), dor neuropática do trigêmeo, neuropatia pós-herpética e neuropatias trigeminais autoimunes.[1] A ▶ Tabela 44.1 mostra a classificação do sistema de Burchiel.[2]

Os diferentes transtornos dolorosos do trigêmeo também são divisíveis pela qualidade, duração e frequência da dor. Por exemplo, neuralgia do trigêmeo clássica (Burchiel tipo 1: TN1) é caracterizada por dor paroxística lancinante que dura de 30 segundos a 2 minutos.[2] A maioria dos pacientes relata que a dor pode ser provocada por desencadeantes particulares, incluindo etiologias sensoriais como temperatura fria/quente ou vento (relativamente raro) ou etiologias mecânicas como falar, mastigar e/ou escovar os dentes (relativamente comum).[3] Por outro lado, neuralgia do trigêmeo tipo 2 tem um componente constante doloroso/leve/queimação.[2] Igualmente, a dor neuropática do trigêmeo (dor neuropática devida a cirurgia/lesão/trauma) também é caracterizada por queimação contínua/dor latejante, sem um componente lancinante. Neuropatia pós-herpética é uma síndrome complexa com combinações variadas de caráter paroxístico lancinante (especialmente agudamente) e dor subjacente dolorosa/leve/queimação.[4] Neuropatias do trigêmeo autoimunes formam uma categoria ampla e apresentam um espectro de sintomas dolorosos que também mudam durante o curso da doença autoimune e seu tratamento.[5] Cada uma destas síndromes também pode ser acompanhada por disestesia, hiperalgesia e/ou alodinia. Segundo uma perspectiva patofisiológica, as diferenças nos tipos de dor provavelmente representam diferentes permutações nos níveis periférico e central do sistema nervoso.[6] Assim, não é de causar surpresa que tratamentos que são relativamente bem-sucedidos para um transtorno podem falhar inteiramente para outro transtorno.

Por exemplo, a dor paroxística lancinante da neuralgia trigeminal clássica é receptiva às opções cirúrgicas farmacológicas e ablativas (discutido numa variedade de capítulos que acompanham este texto). No entanto, a queimação/dor persistente da neuralgia do trigêmeo tipo 2 é refratária a muitos dos tratamentos aceitos de neuralgia do trigêmeo tipo 1. Igualmente, a dor constante da dor neuropática do trigêmeo também é notoriamente resistente à maioria das formas de tratamento. Para estes estados de dor constante, há evidências de que intervenções farmacológicas (p. ex., antidepressivos tricíclicos e anticonvulsivantes) são bem-sucedidas em menos de 50% dos pacientes.[7] Além do mais, técnicas destrutivas como ablação por radiofrequência, rizotomia com glicerol e compressão percutânea com balão na verdade podem resultar numa exacerbação da dor nos pacientes, e em poucos pacientes, se houver, ocorre melhora.[8] Numa retomada, avanços no uso de neuroestimulação como uma técnica não destrutiva resultaram em inúmeros níveis diferentes de intervenção no sistema trigeminal. Um método que mostra efeito significativo é a estimulação do gânglio trigeminal (gasseriano). Tipicamente, isto é obtido em um método similar às abordagens ablativas percutâneas de TN1, onde um eletrodo estimulador é implantado através do forame oval (descrito em detalhes posteriormente). Outros métodos que incluem colocação subtemporal de eletrodo também são possíveis (embora muito menos comum).

A origem da abordagem é em grande parte atribuída a Meyerson e Hakansson em 1980, embora tenha havido menções à estimulação do gânglio trigeminal para o controle de dor facial em outras publicações.[9-12] Empregando eletrodos de disco personalizados no gânglio trigeminal via abordagem sub-

Tabela 44.1 Sistema Burchiel

Diagnóstico	História	Causa
Início espontâneo		
Neuralgia do trigêmeo, tipo 1	Dor predominantemente paroxística	Compressão neurovascular/idiopática
Neuralgia do trigêmeo, tipo 2	Dor predominantemente constante	Compressão neurovascular/idiopática
Neuralgia do trigêmeo sintomática	Esclerose múltipla/autoimune	Desmielinização
Dor facial atípica	Transtorno somatoforme	Psiquiátrica
O início é sequela de lesão		
Dor neuropática do trigêmeo/anestesia dolorosa	Lesão/trauma incidental	ENT/Cirurgia oral, trauma, tumores
Neuralgia pós-herpética	Crise de herpes-zóster	Herpes-zóster no sistema trigeminal

temporal, Meyerson e Hakansson trataram casos de dor neuropática do trigêmeo com uma taxa de sucesso de 83% (cinco de seis pacientes).[12] Em seu trabalho de *follow-up* em 1986 eles fizeram um relato de 14 pacientes, com 10 destes pacientes relatando controle satisfatório da sua dor. Estes achados levaram a um trabalho adicional no campo, incluindo uma mudança importante da abordagem subtemporal mais invasiva para uma abordagem transforaminal percutânea com um eletrodo implantado permanentemente.[13,14] Além disso, o trabalho de Meyerson e Hakansson também foi essencial no desenvolvimento da ideia de um "período de teste" de estimulação antes da implantação permanente, o que se deveu à natureza relativamente invasiva da abordagem subtemporal; entretanto, o período de ensaio persistiu na prática contemporânea.[13,15] Esta persistência se deve ao achado de que inúmeros pacientes não respondem à estimulação elétrica do gânglio trigeminal. Na pior das hipóteses, no entanto, Lazorthes *et al.* reportaram que a dor de sete de 21 pacientes respondeu ao ensaio de estimulação (33%), com base em todos os estudos de caso, incluindo um estudo com 149 pacientes realizado por Waidhauser e Steude; a taxa de sucesso do ensaio de estimulação típico foi em torno de 50%.[15-17] No entanto, deve ser observado que pelo menos em algumas destas séries de casos, foram incluídos pacientes com neuralgia pós-herpética e há um consenso entre os trabalhos até o momento que sugere que a dor de quase nenhum destes pacientes responde à estimulação.[13,17] Assim sendo, não causa surpresa que um ensaio prospectivo feito por Machado *et al.* em 2007 e uma revisão retrospectiva de Kustermans *et al.* em 2017 tenham apresentado taxas de sucesso nos ensaios em aproximadamente 80% dos pacientes (oito de 10 pacientes e 17 de 22 pacientes, respectivamente).[7,18] Entre aqueles pacientes que se submeteram a implantação permanente, a taxa global de sucesso para alívio satisfatório da dor na época dos resultados publicados varia de 83 a 37,5%. Presume-se que a taxa de sucesso é influenciada por inúmeros fatores, incluindo o número de tratamentos e procedimentos prévios, duração da síndrome dolorosa, tempo de *follow-up* pós-operatório, taxas de complicação/explante, abordagens cirúrgicas e equipamento utilizado e etiologia da dor.[7,12,18] Contudo, dada a escassez geral de estudos nenhum destes fatores está bem estudado. Assim, a confluência dos estudos permite que apenas alguns conceitos emergentes orientem o uso de estimulação do trigêmeo. Primeiramente, a abordagem parece ser mais bem-sucedida para lidar com a dor constante, queimação ou dolorida, especialmente no contexto de neuralgia do trigêmeo atípica e dor neuropática do trigêmeo. Segundo, a estimulação falha ao tratar a dor em neuralgia pós-herpética ou a dor paroxística lancinante de neuralgia do trigêmeo tipo 1. Em terceiro lugar, intervenção precoce com pacientes mais jovens que têm menos fracassos com medicações e procedimentos, parece resultar em melhores resultados. Em quarto lugar, geradores de pulso implantáveis programáveis com eletrodos multipolares permitem o ajuste da estimulação que é empregada no gânglio trigeminal, o que pode proporcionar maior alívio e controle da dor.

44.2 Seleção do Paciente

Embora não haja consenso quanto à seleção dos pacientes, a literatura atual fornece alguma orientação. Todos os pacientes devem ser candidatos cirúrgicos. Além do mais, os pacientes devem ter uma história clara de dor constante na distribuição trigeminal que seja consistente com neuralgia do trigêmeo atípica ou dor neuropática do trigêmeo. É importante excluir pacientes com neuralgia do trigêmeo tipo 1 com somente a dor lancinante, neuralgia pós-herpética ou dor facial atípica. O paciente deve ter tentado manejo médico conservador incluindo tratamentos farmacológicos e/ou bloqueio nervoso.

44.3 Procedimento Cirúrgico

Atualmente não existem cabos/eletrodos aprovados comercialmente disponíveis para estimulação trigeminal transforaminal. Como tal, os cabos estimuladores da medula espinal são colocados *off label*. A natureza *off label* desta abordagem deve ser discutida com os pacientes no momento do consentimento. Preferimos os cabos/eletrodos subcompactos Medtronic para estimulação transforaminal porque o espaçamento dos contatos permite oito contatos que se estendem desde o forame até o trigêmeo poroso. Espaçamento igual pode ser encontrado nos cabos de outros fabricantes.

Conforme discutido, os pacientes têm um período de teste com um eletrodo externo, e então depois do sucesso desse teste, um implante permanente que inclui um gerador de pulsos programável. Dependendo da disponibilidade de fluoroscopia, tomografia computadorizada ou imagem por ressonância magnética e sistemas de neuronavegação, o paciente pode submeter-se à imagem pré-operatória. Preferimos a Stealth Axiom Probe, que se adapta à agulha introdutora Tuohy padrão de um *kit* estimulador da medula espinal. O paciente é anestesiado e colocado em posição supina. Depois de ser preparado e protegido o campo cirúrgico, o anestésico local é infiltrado lateral à comissura labial. O ponto de entrada percutâneo clássico a 2,5 cm da comissura labial pode ser usado. Como alternativa, o plano estereotáxico pré-operatório pode determinar um ponto de entrada que melhor alinhe a trajetória da colocação com o tubo oval do forame. Uma incisão com corte é então feita para permitir a inserção de uma agulha Touhy calibre 14, a qual é guiada dentro do tecido da bochecha até o forame oval via neuronavegação, fluoroscopia e/ou pontos de referência anatômicos. É imperativo evitar entrar na cavidade oral, o que pode causar a contaminação do eletrodo e potencialmente meningite. Para evitar isto, a mucosa oral deve ser examinada cuidadosamente depois da colocação do cabo com um espelho dental. A proteção cuidadosa do campo cirúrgico pode permitir o acesso não estéril à boca, de modo que a integridade da mucosa oral possa ser confirmada antes do tunelamento dos cabos.

Depois que a agulha Touhy é alojada no forame oval, é passado um estilete curvo para criar um túnel que angula medialmente ao trigêmeo poroso. Usamos o estilete de uma bandeja para ventriculostomia. Ele é curvado até um ângulo de 25 graus e então é passado através da agulha Touhy para assegurar que o estilete não fique preso na agulha. O preparo do estilete deve ocorrer antes da colocação da agulha Tuohy.

A seguir, o eletrodo estimulador é passado sob orientação fluoroscópica até o gânglio trigeminal. Neste ponto, alguns cirurgiões irão acordar o paciente e testar a estimulação para certificar-se de que há parestesias no sítio da dor. Depois que isto é confirmado, o paciente é sedado novamente e a agulha Tuohy é removida, ao mesmo tempo garantindo que o eletrodo não tenha mudado de posição. Nós não acordamos o paciente, pois existe apenas uma posição ideal para um cabo transforaminal. O eletrodo é então tunelizado passando pelo ângulo da mandíbula e fora da pele do pescoço para ensaios. Ele é fixado no sítio da incisão com a âncora fornecida pelo fabricante. Para o período de ensaio, a cauda do eletrodo permanece externalizada e é anexada a um gerador de pulsos. Com um ensaio de sucesso, o paciente irá retornar à sala de operação e a cauda do eletrodo será tunelizada para uma incisão reta na região das costeletas. Esta incisão também pode ser usada para colocar um cabo supraorbital ou infra-

Fig. 44.1. Estimulador supra/infraorbital.

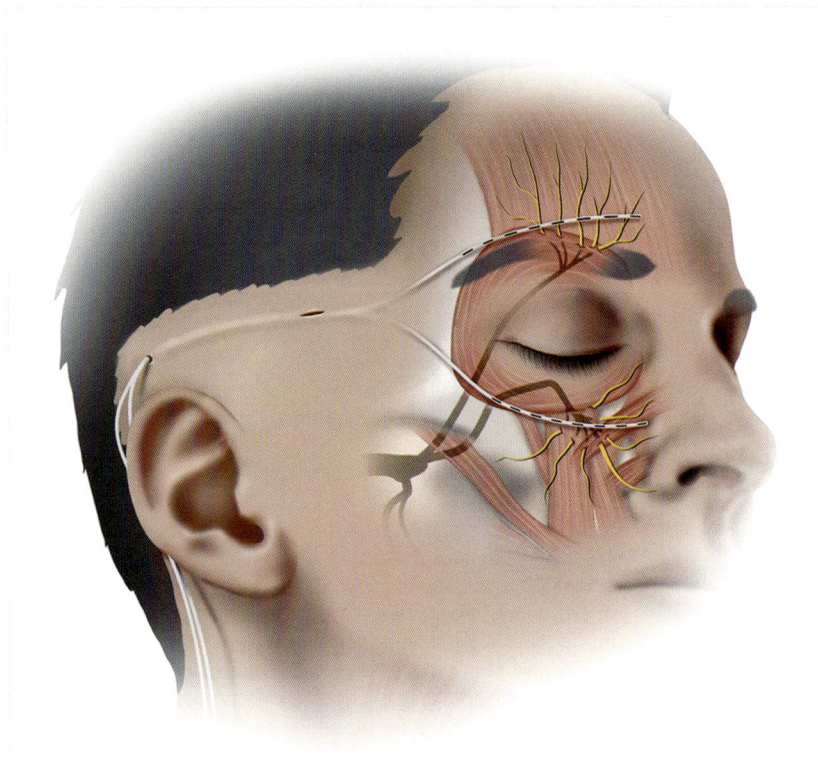

orbital para aumentar a cobertura em casos de dor em V1 ou V2 (▶ Fig. 44.1). Os cabos/eletrodos são mais tunelizados até uma incisão retroauricular onde as âncoras são colocadas e um alívio da tensão parecem para mitigar a migração. Finalmente, os cabos são tunelizados até uma bolsa infraclavicular para o estimulador neurológico interno (veja a ▶ Fig. 44.2).

44.4 Manejo Pós-Operatório Incluindo Possíveis Complicações

A natureza minimamente invasiva do tratamento significa que os cuidados pós-operatórios imediatos típicos estão centrados no manejo rotineiro da dor e manejo do programa de neuroestimulação (dependendo do equipamento usado). Segundo uma perspectiva de logo prazo, os pacientes devem ser monitorados para identificar complicações relacionadas com o equipamento. Estas podem incluir erosões intraorais ou sobre a pele ao longo do curso do fio do eletrodo e IPG. Além disso, migração e perda concomitante do efeito não são raras nos pacientes; assim sendo, um paciente com uma perda do efeito deve ser justificativa para uma revisão antes e depois da imagem da posição do eletrodo. Finalmente, o monitoramento de infecção local não complicada ou infecções maiores é essencial nos cuidados de longo prazo destes pacientes. Além disso, vale a pena mencionar que um sistema de neuroestimulação tem o potencial para complicações que incluem eletrodos de alta impedância, falhas da bateria ou problemas com a ligação remota para as configurações do programa.

44.5 Conclusão

A estimulação percutânea do gânglio trigeminal é uma forma minimamente invasiva de tratar a dor constante de neuralgia do trigêmeo tipo 2 e dor neuropática do trigêmeo. A abordagem é

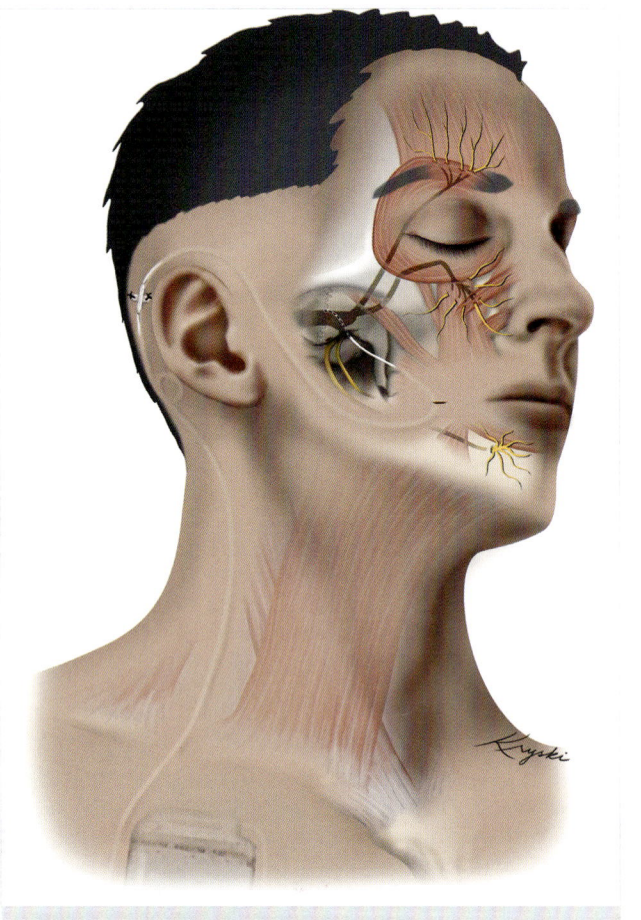

Fig. 44.2. Estimulador do trigêmeo.

similar a outras técnicas cirúrgicas transforaminais percutâneas com a modificação necessária para ancorar o eletrodo e geradores de pulso implantáveis. Assim sendo, a técnica é acessível à maioria dos neurocirurgiões funcionais. O tratamento é inerentemente vulnerável à migração, já que o eletrodo atravessa a região mandibular. Além do mais, a proximidade entre o ponto de entrada e a boca torna o procedimento vulnerável a infecções. Estas duplas preocupações suscitaram a exploração da abordagem subtemporal da raiz do trigêmeo e estimulação do gânglio. Embora seja mais invasiva, esta abordagem permite a ancoragem no calvário e elimina a preocupação com a contaminação oral. Finalmente, a estimulação do trigêmeo irá beneficiar-se com cabos personalizados que são voltados para preocupações particulares de colocação, geometria do cabo e ancoragem.

Referências

[1] Gonella MC, Fischbein NJ, So YT. Disorders of the trigeminal system. Semin Neurol. 2009; 29(1):36–44
[2] Burchiel KJ. A new classification for facial pain. Neurosurgery. 2003; 53 (5):1164–1166, discussion 1166–1167
[3] Di Stefano G, Maarbjerg S, Nurmikko T, Truini A, Cruccu G. Triggering trigeminal neuralgia. Cephalalgia. 2017 [Epub ahead of print]. DOI: 10.1177/0333102 417721677
[4] Hadley GR, Gayle JA, Ripoll J, et al. Post-herpetic neuralgia: a review. Curr Pain Headache Rep. 2016; 20(3):17
[5] Smith JH, Cutrer FM. Numbness matters: a clinical review of trigeminal neuropathy. Cephalalgia. 2011; 31(10):1131–1144
[6] Hu WH, Zhang K, Zhang JG. Atypical trigeminal neuralgia: a consequence of central sensitization? Med Hypotheses. 2010; 75(1):65–66
[7] Kustermans L, Van Buyten JP, Smet I, Coucke W, Politis C. Stimulation of the Gasserian ganglion in the treatment of refractory trigeminal neuropathy. J Craniomaxillofac Surg. 2017; 45(1):39–46
[8] Sweet WH. Percutaneous methods for the treatment of trigeminal neuralgia and other faciocephalic pain; comparison with microvascular decompression. Semin Neurol. 1988; 8(4):272–279
[9] Steude U. Percutaneous electro stimulation of the trigeminal nerve in patients with atypical trigeminal neuralgia. Neurochirurgia (Stuttg). 1978; 21 (2):66–69
[10] Sweet WH. Controlled thermocoagulation of trigeminal ganglion and rootlets for differential destruction of pain fibers: facial pain other than trigeminal neuralgia. Clin Neurosurg. 1976; 23:96–102
[11] Shelden CH, Pudenz RH, Doyle J. Electrical control of facial pain. Am J Surg. 1967; 114(2):209–212
[12] Meyerson BA, Håkansson S. Alleviation of atypical trigeminal pain by stimulation of the Gasserian ganglion via an implanted electrode. Acta Neurochir Suppl (Wien). 1980; 30:303–309
[13] Meyerson BA, Håkanson S. Suppression of pain in trigeminal neuropathy by electric stimulation of the gasserian ganglion. Neurosurgery. 1986; 18(1):59–66
[14] Spaziante R, Ferone A, Cappabianca P. Simplified method to implant chronic stimulating electrode in the gasserian ganglion. Technical note. Appl Neurophysiol. 1986; 49(1–2):1–3
[15] Lazorthes Y, Armengaud JP, Da Motta M. Chronic stimulation of the Gasserian ganglion for treatment of atypical facial neuralgia. Pacing Clin Electrophysiol. 1987; 10(1 Pt 2):257–265
[16] Waidhauser E, Steude U. Evaluation of patients with atypical trigeminal neuralgia for permanent electrode implant by test stimulation of the ganglion Gasseri. Stereotact Funct Neurosurg. 1994; 62(1–4):304–308
[17] Taub E, Munz M, Tasker RR. Chronic electrical stimulation of the gasserian ganglion for the relief of pain in a series of 34 patients. J Neurosurg. 1997; 86 (2):197–202
[18] Machado A, Ogrin M, Rosenow JM, Henderson JM. A 12-month prospective study of gasserian ganglion stimulation for trigeminal neuropathic pain. Stereotact Funct Neurosurg. 2007; 85(5):216–224

Índice Remissivo

Entradas acompanhadas por um *f, t* ou *q* em itálico indicam figuras, tabelas e quadros, respectivamente.

A

Abertura
　ampla, 87*f*
　　da fissura silviana, 87*f*
　do sistema ventricular, 88*f*
　　lateral, 88*f*
　　　e corpo calosotomia, 88*f*
　dural, 86
　　em H, 86*f*
Ablação
　a *laser*, 70f, 71*f*
　　exemplos da, 70*f*
　　　para patologia dupla, 70*f*
　　guiada por SEEG, 71*f*
　da malformação cavernosa, 66*f*
　　suspeita, 66*f*
　　　associada à epilepsia, 66*f*
　dinâmica da, 64*f*
　do suposto tumor, 66*f*
　　de baixo grau, 66*f*
　　　da amígdala, 66*f*
　imagem após, 64*f*
　por radiofrequência, 80
　　estereotática, 80
　　　nos HH, 80
　por RF, 304
　　do ramo medial, 304
　　　lombar, 304
　repetida, 70*f*
Abordagem
　estereoeletroencefalográfica, 62
　　ablativa, 62
　　combinada, 62
ACA (Artéria Cerebral Anterior), 22*f*
Acesso
　ventricular, 86, 87
　　dissecção e, 86, 871
　　　infrassilviana, 86
　　　suprassilviana, 87
AD (Anestesia Dolorosa)
　intervenção neurocirúrgica na, 265
Ad (Anterodorsal)
　subnúcleo, 115*f*
　　do ANT, 115*f*
AEC (Correlações Anatomoeletroclínicas), 11
AEDs (Fármacos Antiepilépticos), 1, 85
AF (Fascículo Arqueado), 30
AH (Hemisferectomia Anatômica), 84-90
　avaliação pré-operatória, 84
　　preparação, 85
　　timing da cirurgia, 84
　manejo pós-operatório, 90
　posicionamento do paciente, 85*f*
　possíveis complicações, 90
　procedimento cirúrgico, 85
　　abertura dural, 86
　　acesso ventricular, 86, 87
　　amígdalo-hipocampectomia, 89
　　corpo calosotomia, 87
　　craniotomia, 85
　　desconexão, 87, 88
　　　frontoccipital, 88
　　　mesial, 87
　　dissecação, 86

　　da fissura silviana, 86
　　　infrassilviana, 86
　　　suprassilviana, 87
　　exposição cerebral inicial, 86
　　fechamento, 89
　　posicionamento, 85
　　remoção, 88, 89
　　　da ínsula, 89
　　　hemisférica, 88
　seleção do paciente, 84
Alvo(s)
　estereotáticos, 290
　　para DBS, 290
　　　em dor clinicamente intratável, 290
Am (Anteromedial)
　subnúcleo, 115*f*
　　do ANT, 115*f*
Amígdala
　suposto tumor da, 66*f*
　　de baixo grau, 66*f*
　　　ablação, 66*f*
Amígdalo-Hipocampectomia, 89
Amostra
　en bloc, 89*f*
　　de AH, 89*f*
Anatomia
　da DREZ, 235
Anormalidade(s)
　nas cordas vocais, 121
　　após VNS, 121
　　　para epilepsia intratável, 121
ANT (Núcleo Anterior do Tálamo), 114
　subnúcleos do, 115*f*
　relação anatômica dos, 115*f*
Apr (Anteroventral)
　subnúcleo, 115*f*
　　do ANT, 115*f*
Armação
　estereotáxica, 130
　　colocação da, 130
Armadura
　colocação da, 131*f*
AspireSR
　Model 106, 119*f*
　　Auto Stimulation, 120*f*
Assístole
　após VNS, 121
　　para epilepsia intratável, 121
ATL (Lobectomia Temporal Anteromedial), 36
Atlas Probabilístico
　CranialVault, 162-167
　　plataformas estereotáxicas e, 162-167
　　　de impressão 3D, 162-167
　　　implante de DBS, 162-167
Avulsão(ões)
　das raízes, 238
　　do cone medular, 238
　do plexo braquial, 237
　　lesão por, 237

B

Bomba(s)
　de baclofeno, 194, 314
　　nos distúrbios do movimento, 194
　　　na pediatria, 194

　　para dor, 313-318
　　　manejo pós-operatório, 317
　　　possíveis complicações, 317
　　　prepararação pré-operatória, 314
　　　procedimento operatório, 314
　　　seleção do paciente, 313
　　　testes de detecção, 314
Bradicardia
　após VNS, 121
　　para epilepsia intratável, 121

C

Calosotomia
　aspectos técnicos da, 104-107
　　manejo pós-operatório, 106
　　possíveis complicações, 106
　　preparação pré-operatória, 104
　　procedimento cirúrgico, 104
　　　fotografias intraoperatórias, 107*f*
　　　posicionamento da cabeça, 105*f*
　　　visão intraoperatória, 105*f*
　　seleção do paciente, 104
　do corpo caloso, 68*f*
　　a laser estereotáxica, 68*f*
　　　para convulsões atônicas, 68*f*
　　　　com síndrome de Lennox-Gastaut, 68*f*
　RS, 211f, 212
　　de corpo, 211*f*
Câncer
　dor do, 205, 206*f*
　　e hipofisectomia, 205, 206*f*
　　　RS, 205
Capsulotomia
　anterior, 189
　　na depressão maior, 189
Cateter
　IT, 315
　　colocação do, 315
Cefaleia
　primária, 265
　　CH, 266
　　enxaquecas crônicas, 265
　　unilateral, 265
　　　versus episódica, 265
CH (Cefaleia em Salvas), 205
　direcionamento na, 203*f*
　　do gânglio esfenopalatino, 203*f*
　intervenção neurocirúrgica na, 266
Cingulotomia
　na depressão maior, 187
Circuito
　motor, 129*f*
　　córtico-gânglios basais-talamocortical, 129*f*
Cirurgia
　de epilepsia, 199
　　cuidados pós-operatórios, 200
　　eletrodos, 199
　　　eletroencefalográficos
　　　　estereotáxicos, 199
　　　subdurais, 199
　　iMRI, 200
　　o infante, 199

procedimentos estereotáxicos, 200
  em crianças, 200
do lobo temporal, 45
  desfecho da, 45
  para epilepsia, 45
  história da, 45
estereotáxica, 182-185, 187-191
  para depressão, 187-191
    futuros desafios, 191
    maior, 187
      DBS para, 189
      lesões estereotáxicas, 187
  para OCD, 182-185
    manejo pós-operatório, 185
    possíveis complicações, 185
    preparação pré-operatória, 182
    procedimento cirúrgico, 183
    seleção do paciente, 182
  para TS, 182-185
    manejo pós-operatório, 185
    possíveis complicações, 185
    preparação pré-operatória, 182
    procedimento cirúrgico, 183
    seleção do paciente, 182
para epilepsia, 58f
  do lobo frontal, 58f
timing da, 84
  na avaliação pré-operatória, 84
  para AH, 84
Cisterna(s)
  dissecção das, 27f, 30f
    ambiens, 30f
    perimesencefálicas, 27f
CM/Pf (Núcleo Centromediano do Tálamo), 129
CNs (Nervos Cranianos), 215
Colocação
  da armação estereotáxica, 130
  da armadura, 131f
  do fiducial ósseo, 163
  do gerador de pulsos, 125
    no implante de DBS, 125
      com halo estereotáxico do Vim, 125
Compressão
  com balão, 232
    técnica, 232
Conexão(ões)
  funcionais, 123f
    do tálamo ventrolateral, 123f
Convulsão(ões)
  VNS e, 120
    duração reduzida, 120
    interrupção, 120
Corno
  dorsal, 235
    microanatomia do, 238
  temporal, 39f
Corpo
  caloso, 104f
  calosotomia, 87, 88f
    abertura e, 88f
      do sistema ventricular lateral, 88f
    e desconexão, 87
      mesial, 87
Córtex
  lateral, 23f, 25f
    vista do, 23f
CP (Paralisia Cerebral), 313
CPSP (Dor Central Pós-Acidente Vascular Cerebral), 266

Craniotomia, 38f, 85
  com exposição, 100f
    do córtex frontoparietal, 100f
    temporal, 100f
  planejada, 85f
CRPS (Síndrome da Dor regional Complexa)
  SCS na, 278
CSF (Líquido Cerebrospinal), 2
CTN (Neuralgia do Trigêmeo Clássica)
  intervenção neurocirúrgica na, 264
CTNCPFP (Neuralgia do Trigêmeo Clássica com Dor Facial Persistente Concomitante)
  intervenção neurocirúrgica na, 265
Cúneo, 31f

D

DBS (Estimulação Cerebral Profunda), 114, 129
  com halo do globo pálido, 141-146
    para distonia, 141-146
      implante dos geradores de pulsos, 145
      manejo pós-operatório, 145
      possíveis complicações, 145
      preparação pré-operatória, 141
      procedimento cirúrgico, 141
      seleção do paciente, 141
    para PD, 141-146
      implante dos geradores de pulsos, 145
      manejo pós-operatório, 145
      possíveis complicações, 145
      preparação pré-operatória, 141
      procedimento cirúrgico, 141
      seleção do paciente, 141
  com halo estereotáxico do Vim, 123-127
    implante de, 123-127
      para ET, 123-127
      para tremores de fluxo de saída cerebelar, 123-127
  eletrodo de, 130, 137f
    implante do, 130
    modelo de, 137f
  implante da, 131f, 147-160, 162-167
    com plataformas estereotáxicas, 162-167
      de impressão 3D, 162-167
      e o atlas probabilístico CranialVault, 162-167
    fixação craniana para, 131f
      plataformas alternativas de, 131f
    guiado por iMRI, 147-153
      procedimento cirúrgico, 147
    sem halo, 154-160
      com O-Arm, 154-160
  instalação intraoperatória do, 165f
  na dor craniofacial, 269
    neuropática, 269
  na pediatria, 196
    complicações gerais da, 198
    paciente acordado, 197
      cirurgia de MERs, 197
      iMRI ClearPoint, 197
    para depressão maior, 189
      SCG, 189
    para síndromes de dor, 290-294
      clinicamente intratável, 290-294
        manejo pós-operatório, 293

possíveis complicações, 293
preparação pré-operatória, 291
procedimento cirúrgico, 293
seleção do paciente, 290
programação da, 138
DBS-ANT (Estimulação Cerebral Profunda dos Núcleos Talâmicos Anteriores)
  para epilepsia, 114-116
    manejo pós-operatório, 115
    preparação pré-operatória, 114
    procedimento cirúrgico, 115
    seleção do paciente, 114
Deimpulse, 119f
Depressão
  cirurgia estereotáxica para, 187-191
    futuros desafios, 191
    maior, 187
      DBS, 189
      lesões estereotáxicas, 187
Desconexão
  frontobasal, 89f
    direita, 89f
  frontoccipital, 88
    e remoção hemisférica, 88
  mesial, 87
    corpo calosotomia e, 87
DICOM (Digital Imaging and Communications in Medicine), 16
Direcionamento
  ao GPi, 151f
  ao STN, 151f
  do gânglio esfenopalatino. 203f
    na CH, 203f
  probabilístico, 164
    e planejamento da trajetória, 164
      método de, 167
        desvantagens, 167
        vantagens, 167
  radiocirúrgico, 202f, 209f
    de HH, 209f
    na TN, 202f
    neuralgia glossofaríngea, 202f
Dispositivo
  RNS, 112
    colocação do, 112
Dissecação
  cirúrgica, 89f
  de AH, 89f
  da fissura silviana, 86
  das cisternas, 27f, 30f
    ambiens, 30f
    perimesencefálicas, 27f
  de estruturas mesiais, 88f
  infrassilviana, 86
    e acesso ventricular, 86
  suprassilviana, 87
    e acesso ventricular, 87
Distúrbio(s)
  do movimento, 173-180, 194
    na pediatria, 194
      bomba de baclofeno, 194
      espasticidade, 194
    procedimentos ablativos para, 173-180
      manejo pós-operatório, 177
      palidotomia, 173-180
      possíveis complicações, 177
      preparação pré-operatória, 173
      seleção do paciente, 173
      técnica cirúrgica, 173

respiratório, 121
  associado ao sono, 121
    após VNS, 121
      para epilepsia intratável, 121
Dor
  contínua, 266
    bilateral *versus*, 266
      idiopática, 266
      mista, 266
      vascular, 266
    unilateral *versus*, 266
      idiopática, 266
      mista, 266
      vascular, 266
  do câncer, 205, 206*f*
    e hipofisectomia, 205, 206*f*
      RS na, 205
  espelhada, 250
  implante para alívio da, 277-285
    de estimulador de medula espinal, 277-282
      hardware, 278
      mecanismo de ação, 277
      seleção do paciente, 277
      técnica cirúrgica, 279
  intratável, 238
    paraplegia com, 238
  nociceptiva, 248
    versus neuropática, 248
Dor Crônica
  de não câncer, 284-288
    MCS para, 284-288
      fisiologia básica, 284
      indicações, 285
      manejo pós-operatório, 287
      mecanismo de ação, 284
      possíveis complicações, 287
      preparação pré-operatória, 285
      procedimento cirúrgico, 286
      processamento no córtex, 284
        anatomia, 284
      resultados, 287
Dor Lombar
  manejo da dor para, 304-312
    técnicas intervencionistas no, 304-312
      axial, 304
      ESIs, 308
      radicular, 308
      ramo medial, 304
        ablação por RF, 304
        bloqueio do, 304
Dor Neuropática
  craniofacial, 264-272
    intervenções neurocirúrgicas para, 264-272
      cefaleia primária, 265
      DBS, 269
      estimulação, 271
        do gânglio esfenopalatino, 271
        trigeminal, 271
      idiopática, 266
      manejo geral pós-operatório, 272
      MCS, 268
      mista, 266
      MVD, 269
      PCB, 270
      PNFS, 267
      PSNS, 267
      RFT, 270
      rizotomia por glicerol, 271
      seleção do paciente, 266

SRS, 271
unilateral, 264, 265
  versus contínua, 264
  versus episódica, 264
vascular, 266
Dor(es) Facial(is)
  central, 266
    pós-acidente vascular, 266
      cerebral, 266
  classificação das, 216*t*
    esquema de, 216*t*
  idiopática, 266
    persistente, 266
  neuropática, 227-234
    tratamento ablativo percutâneo da, 227-234
      preparação pré-operatória, 228
      problemas, 233
        técnicos, 233
        terapêuticos, 233
      resultados, 234
      seleção do paciente, 227
      técnica cirúrgica, 229
DREZ (Zona de Entrada da Raiz Dorsal)
  medula espinal, 235-239
    manejo pós-operatório, 238
    possíveis complicações, 238
    preparação pré-operatória, 235
    procedimento cirúrgico, 235
      anatomia, 235
      avulsões das raízes do cone medular, 238
      eletrodos, 237
      lesão por avulsão do plexo braquial, 237
      lesionamento, 236
      microanatomia do corno dorsal, 235
      neuralgia pós-herpética, 238
      parâmetros da lesão, 237
      paraplegia com dor intratável, 238
    seleção do paciente, 235
  núcleo caudal, 240-245
    manejo pós-operatório, 244
    possíveis complicações, 244
    preparação pré-operatória, 240
    procedimento cirúrgico, 241
      anatomia do, 241
      eletrodos, 243
      lesionamento, 242
      parâmetros da lesão, 243
    seleção do paciente, 240
DRGS (Estimulação da Raiz do Gânglio Dorsal), 258-262
  evidência clínica, 261
  indicações para, 261

E

ECoG (Eletrocorticografia), 1, 36
  de superfície, 42*f*
  intraoperatória, 43*f*
Eletrodo(s)
  de DBS, 137*f*
    modelo de, 137*f*
  de estimulação cerebral, 134f, 137*f*
    sistema de fixação, 134*f*
      StimLoc direciona o, 134*f*
  de ONS, 256
    guiado por ultrassom, 256
    inserção de, 256

de VNS, 119*f*
  monopolar, 119*f*
fixação do, 135, 145*f*
implante do, 111, 112, 130, 135, 168-172
  com halo na CT, 168-172
    manejo pós-operatório, 171
    possíveis complicações, 171
    procedimento cirúrgico, 171
    registro estereotáxico, 169
    seleção do paciente, 168
  de DBS, 130
  de profundidade, 112
  sem halo na CT, 168-172
    manejo pós-operatório, 171
    possíveis complicações, 171
    procedimento cirúrgico, 171
    registro estereotáxico, 169
    seleção do paciente, 168
  strip, 111
  verificação do, 171
na cirurgia de epilepsia, 199
  eletroencefalográficos, 199
    estereotáxicos, 199
    subdurais, 199
NeuroPace, 112*f*
  de profundidade, 112*f*
para DREZ, 237, 243
  no núcleo caudal, 243
para SCS, 278
  seleção dos, 278
    percutâneo, 278
    placa, 278
Eletroencefalografia
  metodologia da, 11-18
    complicações, 17
    epilepsia, 11
      origem, 11
      princípios, 11
    estereotaxia, 11
      origem, 11
      princípios, 11
    resultados, 17
  técnica da, 11-18
    implantação da, 13
    planejamento da, 13
    indicações clínicas, 12
      escolha, 12
      gerais, 12
    nuances da, 15
Eletrofisiologia, 184
  MERs, 185
    nas estruturas cerebrais, 185
    profundas, 185
EMU (Unidade de Monitoramento de Epilepsia), 2, 54
Encéfalo
  hemimegalencefálico, 86*f*
Enxaqueca(s)
  crônicas, 265
    intervenção neurocirúrgica na, 265
Epilepsia
  cirurgia de, 199
    cuidados pós-operatórios, 200
    eletrodos, 199
      eletroencefalográficos
        estereotáxicos, 199
        subdurais, 199
    iMRI, 200
    o infante, 199
    procedimentos estereotáxicos, 200
      em crianças, 200

DBS-ANT para, 114-116
  manejo pós-operatório, 115
  preparação pré-operatória, 114
  procedimento cirúrgico, 115
  seleção do paciente, 114
do lobo frontal, 58*f*
  cirurgia para, 58*f*
do lobo temporal, 45
  cirurgia para, 45
    desfecho da, 45
    história da, 45
estereotaxia e, 11
  método, 11
    origem do, 11
    princípios do, 11
extratemporal, 53-59
  tratamento cirúrgico da, 53-59
    fonte epileptogênica, 54
    manejo pós-operatório, 59
    possíveis complicações, 59
    preparação pré-operatória, 54
    procedimento cirúrgico, 55
      colocação de *grids*, 55
      ressecção cortical, 57
    semiologia clínica, 53
focal, 13*t*
  medicamente refratária, 13*t*
    monitoramento invasivo na, 13*t*
intratável, 117-122
  caso ilustrativo, 15*f*
  eficácia da, 120
    duração reduzida das convulsões, 120
    interrupção da convulsão, 120
    melhora da qualidade de vida, 121
    recuperação pós-ictal, 120
  geradores de, 119*t*
    comparação dos, 119*t*
  manejo pós-operatório, 121
  NeuroCybernetic Prosthesis, 118
  possíveis complicações, 121
    anormalidades nas cordas vocais, 121
    assístole, 121
    bradicardia, 121
    distúrbio respiratório, 121
      associado ao sono, 121
    protocolo da MR em pacientes com VNS, 121
    revisão do gerador, 121
    SAEs, 121
  preparação pré-operatória, 117
  procedimento cirúrgico, 119
  segurança da, 120
  seleção do paciente, 117
  VNS para, 117-122
LIFT na, 70
malformação cavernosa associada à, 66*f*
  suspeita, 66*f*
  ablação, 66*f*
monitoramento de, 12
  invasivo, 12
    indicações gerais, 12
RS na, 208, 209
  do lobo temporal, 209
SLA para, 61-74
  guiada por RM, 61-74
    equipamento, 61
    indicações, 61
      abordagem SEEG ablativa combinada, 62

falhas terapêuticas, 62
MTS-, 62
MTS+, 62
patologia dupla, 62
manejo pós-operatório, 70
  resultados, 70
possíveis complicações, 70
preparação pré-operatória, 63
princípios físico-anatômicos, 61
procedimento cirúrgico, 64
  fluxo de trabalho cirúrgico, 67
  imagem pós-ablação, 69
  planejamento de trajetória, 64
  tratamento, 68
seleção do paciente, 61
ESIs (Injeções Epidurais de Esteroides)
  anatomia, 308
  anticoagulação para, 312
    diretrizes de, 312
  manejo pós-operatório, 311
  nível de evidência, 308
  possíveis complicações, 311
  preparação pré-operatória, 309
  procedimento cirúrgico, 309
    interlaminares, 309
    transforaminais, 309
  seleção do paciente, 308
Espasticidade, 313-318
  manejo pós-operatório, 317
  nos distúrbios do movimento, 194
    na pediatria, 194
  possíveis complicações, 317
  prepararação pré-operatória, 314
  procedimento operatório, 314
  seleção do paciente, 313
  testes de detecção, 314
Estereotaxia
  e epilepsia, 11
    método, 11
      origem do, 11
      princípios do, 11
Estimulação
  cerebral, 134*f*
    sistema de fixação do eletrodo de, 134*f*
    StimLoc direciona o, 134*f*
  crônica do STN, 129-139
    na PD, 129-139
      manejo pós-operatório, 138
      possíveis complicações, 138
      preparação pré-operatória, 130
      procedimento cirúrgico, 133
      seleção do paciente, 130
  de raiz neural, 259
    intraespinal, 259
      evidência clínica, 259
      indicações para, 259
    transespinal, 262
    transforaminal, 259
      evidência clínica, 260
      indicações para, 260
  do gânglio esfenopalatino, 271
    na dor craniofacial neuropática, 271
    complicações, 271
    técnica cirúrgica, 271
  do gânglio trigeminal, 332-335
    manejo pós-operatório, 334
    possíveis complicações, 334
    procedimento cirúrgico, 333
    seleção do paciente, 333
    sistema Burchiel, 332*t*

efeitos colaterais por, 126*t*
Estimulador
  de medula espinal, 277-282
    implante para alívio da dor de, 277-282
      hardware de, 278
      mecanismo de ação, 277
      seleção do paciente, 277
      técnica cirúrgica, 279
  do trigêmeo, 334
    infraorbital, 334*f*
    supraorbital, 334*f*
Estrutura(s)
  da formação hipocampal, 29*f*
    relação da, 29*f*
      com as estruturas adjacentes, 29*f*
      com o corno temporal, 29*f*
  perissilvianas, 24*f*
  temporais, 27*f*
    mesiais, 27*f*
      relação do hipocampo com, 27*f*
ET (Tremor Essencial)
  implante de DBS para, 123-127
    com halo estereotáxico do Vim, 123-127
      efeitos colaterais, 126*t*
      manejo pós-operatório, 126
      possíveis complicações, 126
      preparação pré-operatória, 124
      procedimento cirúrgico, 124
      colocação do gerador de pulsos, 125
      macroestimulação, 125
      MERs, 124
      seleção do paciente, 124
ETS (Simpatectomia Toracoscópica Endoscópica), 295
Exposição Cerebral
  inicial, 86
  na AH, 86
EZ (Zona Epileptogênica), 11

F

FBSS (Síndrome Pós-Laminectomia)
  SCS na, 277
FCD (Displasia Cortical Focal), 1
FH (Hemisferectomia Funcional), 91
Fiducial
  ósseo, 163
    colocação do, 163
Fímbria
  hipocampo e a, 28*f*
  relações entre, 28*f*
Fissura
  silviana, 86, 87*f*
    abertura ampla da, 87*f*
    dissecção da, 86
Fixação
  do eletrodo, 135, 145*f*
Fotografia(s)
  intraoperatórias, 28*f*
    das relações entre o hipocampo, 28*f*
      e a fímbria, 28*f*
      e o sulco hipocampal, 28*f*
      e o úncus, 28*f*

G

Gancho
  de transecção, 98*f*, 100*f*
    subpial, 100*f*

Gânglio Esfenopalatino
  direcionamento do, 203*f*
    na CH, 203*f*
  estimulação do, 271
    na dor craniofacial, 271
      neuropática, 271
Gânglio Trigeminal
  estimulação do, 332-335
    manejo pós-operatório, 334
    possíveis complicações, 334
    procedimento cirúrgico, 333
    seleção do paciente, 333
    sistema Burchiel, 332*t*
Gerador(es)
  de pulsos, 125, 138f, 145
    implantáveis, 138*f*
    implante dos, 145
    no implante de DBS, 125
      com halo estereotáxico do Vim, 125
  de VNS, 118f, 119*t*
    comparação dos, 119*t*
  para SCS, 278
    célula primária, 278
    recarregável, 279
  revisão do, 121
    após VNS, 121
      para epilepsia intratável, 121
Giro(s)
  de Heschl, 24*f*
  distância da superfície do, 35*t*
    até os tratos, 35*t*
      no lobo temporal, 35*t*
  insulares, 24*f*
Glicerol
  rizotomia com, 230, 271
    na dor craniofacial, 271
      neuropática, 271
    técnica, 230
GN (Neuralgia Geniculada)
  MVD para, 215
    seleção do paciente, 215
    procedimento cirúrgico, 220
      abertura, 220
      exposição, 220
      fechamento, 221
  rizotomia aberta para, 215
    seleção do paciente, 215
    procedimento cirúrgico, 220
      abertura, 220
      exposição, 220
      fechamento, 221
GPe (Globo Pálido Externo), 129
GPi (Globo Pálido Interno), 129
  direcionamento ao, 151*f*
GPN (Neuralgia do Glossofaríngeo), 215
Grids
  colocação de, 55

H

Halo
  direcionamento com, 169
    versus sem halo, 169
      considerações, 169
  do globo pálido, 141-146
    DBS para distonia com, 141-146
      implante dos geradores de pulsos, 145
      manejo pós-operatório, 145
      possíveis complicações, 145
      preparação pré-operatória, 141
      procedimento cirúrgico, 141
      seleção do paciente, 141
    DBS para PD com, 141-146
      implante dos geradores de pulsos, 145
      manejo pós-operatório, 145
      possíveis complicações, 145
      preparação pré-operatória, 141
      procedimento cirúrgico, 141
      seleção do paciente, 141
  estereotáxico do Vim, 123-127
    implante de DBS com, 123-127
      para ET, 123-127
      para tremores de fluxo de saída cerebelar, 123-127
  implante de DBS sem, 154-160
    com o O-Arm, 154-160
      manejo pós-operatório, 160
      possíveis complicações, 160
      preparação pré-operatória, 155
      procedimento cirúrgico, 155
      seleção do paciente, 155
  implante de eletrodo com, 168-172
    na CT, 168-172
      manejo pós-operatório, 171
      possíveis complicações, 171
      procedimento cirúrgico, 171
      registro estereotáxico, 169
      seleção do paciente, 168
  sistemas sem, 154
Heschl
  giro de, 24*f*
HFS (Espasmo Hemifacial)
  MVD para, 215
    procedimento cirúrgico, 220
      abertura, 220
      exposição, 220
      fechamento, 220
    seleção do paciente, 215
  rizotomia aberta para, 215
    procedimento cirúrgico, 220
      abertura, 220
      exposição, 220
      fechamento, 220
    seleção do paciente, 215
HH (Hamartoma Hipotalâmico), 61, 76-82
  achados psiquiátricos, 78
  apresentação clínica, 78
  avaliação, 78
  classificação, 76, 77*f*
    anatômica, 76
  direcionamento de, 209*f*
    radiocirúrgico, 209*f*
  epidemiologia, 76
  etiologia, 78
  manejo não cirúrgico, 78
    e outras abordagens, 78
  manejo pós-operatório, 82
  neuropatologia, 76
  procedimento cirúrgico, 79
    abordagens cirúrgicas, 79
    indicações, 79
    técnicas cirúrgicas, 79
      abertas, 79
      minimamente invasivas, 80
  RS no, 210
  SLAH no, 73
  subtipos clinicopatológicos, 76
Hiperidrose
  palmar, 295*f*
Hipocampo
  direito, 28*f*
    relações entre o, 28*f*
      e a fímbia, 28*f*
      e o sulco hipocampal, 28*f*
      e o úncus, 28*f*
  dissecção no, 30*f*
    por etapas, 30*f*
  relação do, 27*f*
    com as estruturas temporais, 27*f*
      mesiais, 27*f*
  ressecção do, 40*f*
Hipofisectomia
  dor do câncer e, 205, 206*f*
  RS na, 205

I

ICA (Artéria Carótida Interna), 22*f*
iCT (Tomografia Computadorizada Intraoperatória), 168
  diferentes configurações de, 169*t*
    resumo das considerações para, 169*t*
  túnel da, 168
    tamanhos do, 168
      considerações sobre, 168
IFOF (Fascículo Frontoccipital Inferior), 31
IIH (Hipertensão Intracraniana Idiopática)
  tratamento de, 320-327
    com implantação de *shunt* para CSF, 320-327
      cuidados pós-operatórios, 327
      seleção do paciente, 321
      técnica cirúrgica, 324
ILF (Fascículo Longitudinal Inferior), 30
Imagem
  pós-ablação, 64*f*
Implantação
  da eletroencefalografia, 13
    planejamento da, 13
  de SEEG, 17*f*
    etapas cirúrgicas da, 17*f*
Implante
  de estimulador de medula espinal, 277-282
    para alívio da dor, 277-282
      hardware de, 278
      mecanismo de ação, 277
      seleção do paciente, 277
      técnica cirúrgica, 279
  do DBS, 147-160, 162-167
    com plataformas estereotáxicas, 162-167
      de impressão 3D, 162-167
      e o atlas probabilístico CranialVault, 162-167
    guiado por iMRI, 147-153
      procedimento cirúrgico, 147
    sem halo, 154-160
      com O-Arm, 154-160
  do eletrodo, 111, 112, 130, 135, 168-172
    com halo na CT, 168-172
      manejo pós-operatório, 171
      possíveis complicações, 171
      procedimento cirúrgico, 171
      registro estereotáxico, 169
      seleção do paciente, 168
    de DBS, 130
    de profundidade, 112
    sem halo na CT, 168-172
      manejo pós-operatório, 171

Índice Remissivo

possíveis complicações, 171
procedimento cirúrgico, 171
registro estereotáxico, 169
seleção do paciente, 168
strip, 111
verificação do, 171
do neuroestimulador, 137
dos geradores, 145
de pulsos, 145
para SCS, 280
permanente, 280
percutâneo, 280
placa, 281
trial percutâneo sepultado, 281
iMRI (Ressonância Magnética Intervencionista)
implante guiado por, 147-153
do DBS, 147-153
procedimento cirúrgico, 147
na neurocirurgia funcional, 200
pediátrica, 200
Infecção
após VNS, 121
para epilepsia intratável, 121
iNPH (Hidrocefalia de Pressão Normal Idiopática), 321
critérios diagnósticos para, 322*t*
sumário dos, 322*t*
Ínsula, 24*f*
lobo temporal e, 32*f*
remoção da, 89
Intervenção(ões) Neurocirúrgica(s)
para dor craniofacial, 264-
neuropática, 264-
IT (Intratecal), 313
colocação do cateter, 315
ITB (Infusão de Baclofeno Intratecal), 313
ITP (Pedúnculo Talâmico Inferior), 189
em DBS, 191
para depressão maior, 191

L

Laparoscopia
método assistido por, 325
na IIH, 325
na NPH, 325
Lennox-Gastau*t*
síndrome de, 68*f*
convulsões atônicas com, 68*f*
calosotomia do corpo caloso para, 68*f*
a *laser* estereotáxica, 68*f*
Lesão(ões)
estereotáxicas, 187
para depressão maior, 187
capsulotomia anterior, 189
cingulotomia, 187
leucotomia límbica, 188
tractotomia subcaudada, 188
na DREZ, 237, 243
parâmetros da, 237, 243
no núcleo caudal, 243
por avulsão, 237
do plexo braquial, 237
Lesionamento
da DREZ, 236, 242
do núcleo caudal, 242
Leucotomia
límbica, 188
na depressão maior, 188

LH (Habênula Lateral), 189
no DBS, 191
para depressão maior, 191
LIFT (Termoterapia Intersticial a *Laser*), 63*f*
guiada por MR, 61
equipamento, 61
Língula, 31*f*
Lobectomia
temporal, 36-43
ajustada, 36-43
manejo pós-operatório, 42
possíveis complicações, 42
preparação pré-operatória, 36
procedimento cirúrgico, 41
seleção do paciente, 36
lateral, 39*f*
padrão, 36-43
manejo pós-operatório, 42
possíveis complicações, 42
preparação pré-operatória, 36
procedimento cirúrgico, 38
seleção do paciente, 36
Lobo Frontal
epilepsia do, 58*f*
cirurgia para, 58*f*
Lobo Temporal
anatomia cirúrgica do, 21-35
feixes de fibras, 30
inferior, 24
lateral, 21
mesial, 25
intrínseca, 25
superior, 21
cirurgia do, 45
desfecho da, 45
para epilepsia, 45
história, 45
tratos no, 35*t*
distância da superfície até os, 35*t*
do giro, 35*t*
LPS (*Shunt* Lomboperitoneal)
complicações do, 325
na IIH, 324
na NPH, 324

M

Macroestimulação
no implante de DBS, 125
com halo estereotáxico do Vim, 125
Malformação(ões)
SLAH na, 74
cavernosa, 74
do desenvolvimento cortical, 74
Manejo da Dor
para dor lombar, 304-312
técnicas intervencionistas no, 304-312
axial, 304
ESIs, 308
radicular, 308
ramo medial, 304
ablação por RF, 304
bloqueio do, 304
Mapa de Dano
irreversível, 81*f*
na termoablação a *laser*, 81*f*
Mapeamento
neurofisiológico, 145*f*
da trajetória cirúrgica, 145*f*
MCA (Artéria Cerebral Média), 22*f*

MCS (Estimulação de Córtex Motor), 264
na dor craniofacial, 268
neuropática, 268
complicações, 269
técnica cirúrgica, 268
para dor crônica de não câncer, 284-288
indicações, 285
manejo pós-operatório, 287
implante de gerador de pulso, 287
mecanismo de ação, 284
possíveis complicações, 287
preparação pré-operatória, 285
investigação por imagem, 285
procedimento cirúrgico, 286
ancoragem, 286
anestesia, 286
craniotomias, 286
cuidados pós-operatórios, 286
estimulação intraoperatória, 286
fechamento, 286
incisão, 286
monitoramento eletromiográfico, 286
posicionamento, 286
processamento da dor no córtex, 284
anatomia, 284
fisiologia básica de, 284
resultados, 287
MdLF (Fascículo Longitudinal Medial), 30
Medula Espinal
DREZ, 235-239
manejo pós-operatório, 238
possíveis complicações, 238
preparação pré-operatória, 235
procedimento cirúrgico, 235
anatomia, 235
avulsões das raízes do cone medular, 238
eletrodos, 237
lesão por avulsão do plexo braquial, 237
lesionamento, 236
microanatomia do corno dorsal, 235
neuralgia pós-herpética, 238
parâmetros da lesão, 237
paraplegia com dor intratável, 238
seleção do paciente, 235
implante de estimulador de, 277-282
para alívio da dor, 277-282
hardware, 278
mecanismo de ação, 277
seleção do paciente, 277
técnica cirúrgica, 279
MEG (Magnetoencefalografia), 11
MERs (Registros de Microeletrodos), 130
cirurgia de, 197
paciente acordado, 197
nas estruturas cerebrais, 185
profundas, 185
no implante de DBS, 124
com halo estereotáxico do Vim, 124
Metodologia
da SEEG, 11-18
complicações, 17
epilepsia, 11
origem, 11
princípios, 11
estereotaxia, 11
origem, 11
princípios, 11
resultados, 17

MFB (Feixe Medial do Prosencéfalo), 189
  em DBS, 190
    para depressão maior, 190
MHT (Transecções Hipocampais Múltiplas), 98f
  para epilepsia, 97-102
    em Áreas Cerebrais Eloquentes, 97-102
      manejo pós-operatório, 101
      possíveis complicações, 101
      procedimento cirúrgico, 99
      seleção do paciente, 99
Microanatomia
  do corno dorsal, 235
Minilaparotomia
  na IIH, 324, 325
    aberta, 325
    método de, 324
  na NPH, 324, 325
    aberta, 325
    método de, 324
Monitoramento
  invasivo, 1, 12, 13t
    de epilepsia, 12
      indicações gerais para, 12
    escolha da técnica de, 12
      de superfície cortical, 12
      SEEG, 12
    justificativa do, 1
    na epilepsia focal, 13t
      medicamente refratária, 13t
Monitorização Intracraniana
  técnicas de, 1-9
    eletroencefalografia estereotática, 6
      abordagem cirúrgica, 6
    monitoramento invasivo, 1
      justificativa do, 1
    SDG, 1, 7
      colocação de, 1
      e SEEG, 7
    strips subdurais, 1, 7
      colocação de, 1
      e SEEG, 7
Movimento
  distúrbios do, 173-180, 194
    na pediatria, 194
      bomba de baclofeno, 194
      espasticidade, 194
    procedimentos ablativos para, 173-180
      manejo pós-operatório, 177
      palidotomia, 173-180
      possíveis complicações, 177
      preparação pré-operatória, 173
      seleção do paciente, 173
      técnica cirúrgica, 173
  transtornos do, 206
    RS nos, 206
MR (Ressonância Magnética)
  LIFT guiada por, 61-74
  na termoablação a *laser*, 81f
  protocolo da, 121
    em pacientes com VNS, 121
  SLA guiada por, 61-74
    para epilepsia, 61-74
      equipamento, 61
      indicações, 61
        abordagem SEEG ablativa combinada, 62
        falhas terapêuticas, 62
        MTS-, 62
        MTS+, 62
        patologia dupla, 62
      manejo pós-operatório, 70
      resultados, 70
      possíveis complicações, 70
      preparação pré-operatória, 63
      princípios físico-anatômicos, 61
      procedimento cirúrgico, 64
        fluxo de trabalho cirúrgico, 67
        imagem pós-ablação, 69
        planejamento de trajetória, 64
        tratamento, 68
      seleção do paciente, 61
MRgLITT (Termoterapia Intersticial a Laser Guiada por MRI)
  nos HH, 80
MST (Transecções Subpiais Múltiplas), 97f
  para epilepsia, 97-102
    em áreas cerebrais eloquentes, 97-102
      manejo pós-operatório, 101
      possíveis complicações, 101
      procedimento cirúrgico, 99
      seleção do paciente, 99
MTLE (Epilepsia do Lobo Temporal Mesial), 1
  com MTS, ver MTS+
  papel na, 69f
    da SLAH, 69f
  resultados da SLAH para, 74t
  sem MTS, ver MTS-
MTS (Esclerose Temporal Mesial), 61
MTS- (MTLE sem Esclerose Temporal Mesial), 62
MTS+ (MTLE com Esclerose Temporal Mesial), 62
MVD (Descompressão Microvascular), 264
  na dor craniofacial, 269
    neuropática, 269
      complicações, 270
      manejo geral pós-operatório, 272
  para neuralgias cranianas, 215-
    manejo pós-operatório, 222
    possíveis complicações, 222
    preparação pré-operatória, 216
    procedimento cirúrgico, 216
      GN, 220
      GPN, 221
      HFS, 220
      TN, 217
    seleção do paciente, 215
      GN, 215
      GPN, 216
      HFS, 215
      TN, 215

N

NAc (Núcleo *Accumbens*), 189
  na DBS, 190
    para depressão maior, 190
NCP (NeuroCybernetic Prosthesis), 117, 118
Nervo Trigêmeo
  periférico, 267
    estimulação de, 267
      complicações, 267
Neuralgia(s)
  cranianas, 215-222
    MVD para, 215-222
    rizotomia aberta para, 215-222
      manejo pós-operatório, 222
      possíveis complicações, 222
      preparação pré-operatória, 216
      procedimento cirúrgico, 216
      seleção do paciente, 215
  glossofaríngea, 202f, 204, 216
    direcionamento na, 202f
    radiocirúrgico, 202f
  trigeminal, 223t, 225t
    idiopática, 223t, 225t
    resultados da RS para, 223t, 225t
Neurocirurgia Funcional
  pediátrica, 194-200
    cirurgia de epilepsia, 199
      cuidados pós-operatórios, 200
      eletrodos, 199
        eletroencefalográficos estereotáxicos, 199
        subdurais, 199
      iMRI, 200
      o infante, 199
      procedimentos estereotáxicos, 200
        em crianças, 200
    distúrbios do movimento, 194
      bomba de baclofeno, 194
      espasticidade, 194
      técnica cirúrgica, 194
    DBS, 196
Neuroestimulação
  responsiva ao tratamento, 108-113
    de epilepsia, 108-113
      manejo pós-operatório, 113
      preparação pré-operatória, 109
      procedimento cirúrgico, 110
      seleção do paciente, 108
Neuroestimulador
  implante do, 137
NICU (Unidade de Terapia Intensiva Neurológica), 7
NPH (Hidrocefalia de Pressão Normal)
  tratamento de, 320-327
    com implantação de *shunt* para CSF, 320-327
      cuidados pós-operatórios, 327
      seleção do paciente, 321
      técnica cirúrgica, 324
Núcleo Caudal
  DREZ, 240-245
    manejo pós-operatório, 244
    possíveis complicações, 244
    preparação pré-operatória, 240
    procedimento cirúrgico, 241
      anatomia, 241
      eletrodos, 243
      lesionamento, 242
      parâmetros da lesão, 243
    seleção do paciente, 240
NVC (Compressão Nervovascular), 215

O

O-Arm
  halo com, 154-160
    implante de DBS sem, 154-160
      manejo pós-operatório, 160
      possíveis complicações, 160
      preparação pré-operatória, 155
      procedimento cirúrgico, 155
      seleção do paciente, 155
OCD (Transtornos Obsessivos-Compulsivos)
  cirurgia estereotáxica para, 182-185
    manejo pós-operatório, 185
    possíveis complicações, 185
    preparação pré-operatória, 182
    procedimento cirúrgico, 183
    seleção do paciente, 182

ON (Neuralgia Occipital)
    intervenção neurocirúrgica na, 264
ONB (Bloqueio de Nervo Occipital), 264
ONS (Estimulação de Nervo Occipital), 264, 268
    primer em, 253-257
        manejo pós-operatório, 256
        PNS para alívio da dor, 253-257
        possíveis complicações, 256
        preparação pré-operatória, 253
        procedimento cirúrgico, 253
            inserção de eletrodo, 256
        seleção do paciente, 253
Opérculo
    frontal, 24*f*
OSC (Cordotomia Cirurgica Aberta), 246-251
    anatomia cirúrgica, 246
    desenvolvimento histórico, 247
    dor, 248, 250
        espelhada, 250
        nociceptiva, 248
            versus neuropática, 248
    manejo pós-operatório, 250
    possíveis complicações, 250
    preparação pré-operatória, 248
        investigação por imagens, 248
            da medula espinal, 248
        terapias, 248
            epidural, 248
            intratecal, 248
        tratamento clínico, 248
    procedimento cirúrgico, 248
    reações adversas, 250
    resultados clínicos, 247
        para dor, 247
            de câncer, 247
            não de câncer, 247
    seleção do paciente, 247
OTG (Giro Occipitotemporal), 26*f*
OTS (Sulco Occipitotemporal), 26*f*

P

PACU (Unidade de Terapia Pós-Anestesia), 7
Palidotomia, 173-180
    manejo pós-operatório, 177
    possíveis complicações, 177
    preparação pré-operatória, 173
    seleção do paciente, 173
    técnica cirúrgica, 173
        a *laser*, 176
            guiada por iMRI, 176
        alvo, 174
            confirmação fisiológica do, 174
            planejamento do, 174
        armação estereotáxica, 174
            colocação da, 174
        estereotáxica, 174
        indução de lesão, 176
        preparação da anestesia, 173
        trajetória, 174
            planejamento da, 174
Para-Hipocampo, 39*f*
Paraplegia
    com dor intratável, 238
Pars
    opercular, 24*f*
    orbital, 24*f*
    triangular, 24*f*

PBC (Compressão Percutânea com Balão), 264
    na dor craniofacial, 270
        neuropática, 270
            complicações, 270
PCA (Analgesia Paciente-Controlada), 4
PD (Doença de Parkinson)
    estimulação crônica na, 129-139
        do STN, 129-139
            manejo pós-operatório, 138
            possíveis complicações, 138
            preparação pré-operatória, 130
            procedimento cirúrgico, 133
            seleção do paciente, 130
PHN (Neuralgia Pós-Herpética), 238
    intervenção neurocirúrgica na, 265
PIH (Hemisferectomia Peri-Insular), 91-96
    dicas, 94
    e armadilhas, 94
    incisão cutânea, 93*f*
    manejo pós-operatório, 94
        desfechos, 95
    posicionamento operatório, 93*f*
        da cabeça, 93*f*
    possíveis complicações, 94
    preparação pré-operatória, 92
    procedimento cirúrgico, 93
        abertura dural, 93
        abordagem cirúrgica, 93
            as sete etapas, 93
        craniotomia, 93
        fotografias intraoperatórias, 94*f*-96*f*
        incisão, 93
        posicionamento, 93
    seleção do paciente, 91
Plataforma(s) Estereotáxica(s)
    de impressão 3D, 162-167
        implante de DBS com, 162-167
            e o atlas probabilístico CranialVault, 162-167
PNFS (Estimulação Periférica de Campo Neural), 265
    complicações da, 267
PNS (Estimulação de Nervo Periférico)
    para alívio da dor, 253-257
        manejo pós-operatório, 256
        possíveis complicações, 256
        preparação pré-operatória, 253
        primer em ONS, 253-257
        procedimento cirúrgico, 253
            inserção de eletrodo ONS, 256
        seleção do paciente, 253
    trigêmeo, 267
        complicações, 267
PRF (Radiofrequência Pulsada), 305
PRFC (Cordotomia Percutânea por Radiofrequência), 246-251
    anatomia cirúrgica, 246
    desenvolvimento histórico, 247
    seleção do paciente, 247
    resultados clínicos, 247
        para dor, 247
            de câncer, 247
            não de câncer, 247
    dor, 248, 250
        espelhada, 250
        nociceptiva, 248
            versus neuropática, 248
    preparação pré-operatória, 248
        investigação por imagens, 248
            da medula espinal, 248

        terapias, 248
            epidural, 248
            intratecal, 248
        tratamento clínico, 248
    procedimento cirúrgico, 248
    manejo pós-operatório, 250
    possíveis complicações, 250
    reações adversas, 250
Programação
    da VNS, 120*f*
        computador de, 120*f*
        peça de, 120*f*
PSNS (Estimulação Periférica de Nervo Subcutâneo), 265, 267
PTTN (Neuropatia do Trigêmeo Pós-Traumática)
    intervenção neurocirúrgica na, 265
Pulso(s)
    colocação do gerador de, 125
        no implante de DBS, 125
            com halo estereotáxico do Vim, 125

Q

QSM (Mapeamento de Suscetibilidade Quantitativa), 131
    na DBS, 190
        para depressão maior, 190
Qualidade de Vida
    melhora da, 121
    VNS e, 121

R

Raiz Neural
    estimulação de, 259
        intraespinal, 259
            evidência clínica, 259
            indicações, 259
        transespinal, 262
        transforaminal, 259
            evidência clínica, 260
            indicações, 260
Ramo Lombar
    medial, 304
        ablação por RF do, 304
        bloqueio do, 304
Recuperação
    pós-ictal, 120
    VNS e, 120
Registro
    estereotáxico, 169
Remoção
    da ínsula, 89
    hemisférica, 88
        desconexão frontoccipital e, 88
Ressecção
    cortical, 57
    do hipocampo, 40*f*
RF (Radiofrequência), 176, 235
    ablação por, 304
        do ramo medial, 304
            lombar, 304
    lesionamento por, 235, 240
        da DREZ, 235, 240
            medula espinal, 235
            núcleo caudal, 240
RFT (Termocoagulação por Radiofrequência), 264
    na dor craniofacial, 270

neuropática, 270
    complicações, 271
Rizotomia
  aberta, 215-222
    para neuralgias cranianas, 215-222
      manejo pós-operatório, 222
      possíveis complicações, 222
      preparação pré-operatória, 216
      procedimento cirúrgico, 216
      seleção do paciente, 215
  com glicerol, 230, 271
    na dor craniofacial, 271
      neuropática, 271
    técnica, 230
  térmica, 231
    fisiologia, 231
    técnica, 231
RN (Núcleo Rubro), 130
RNS (Neuroestimulador Responsivo)
  dispositivo, 112
    colocação do, 112
  eletrodo, 111*f*
    de banda NeuroPace, 111*f*
  estudo pivotal do, 109*t*, 111*f*
    localização dos eletrodos no, 111*f*
      gráfico das, 111*f*
    população de pacientes do, 109*t*
  implantado, 109*f*
  NeuroPace, 112*f*
    capa do conector, 112*f*
RS (Radiocirurgia)
  estereotática, 80
    nos HH, 80
  para neuralgia trigeminal, 223*t*, 225*t*
    idiopática, 223*t*, 225*t*
      resultados da, 223*t*, 225*t*
  para procedimentos neurocirúrgicos, 201-212
    funcionais, 201-212
      calosotomia, 212
      CH, 205
      dor do câncer, 205
        e hipofisectomia, 205
      epilepsia do lobo temporal, 209
      HH, 210
      neuralgia glossofaríngea, 204
      TN, 201

S

SAEs (Efeitos Adversos Graves)
  relacionados com o dispositivo AutoStim, 121
SAH (Amígdalo-Hipocampectomia Seletiva), 45-51
  abordagens cirúrgicas para MTLE, 45
    seletivas, 45
      anterior, 49
      subtemporal, 48
      transilviana, 46
      via ITG, 48
  cirurgia do lobo temporal, 45
    desfecho da, 45
    para epilepsia, 45
      história, 45
  complicações, 50
  discussão, 50
SAP (Processo Articular Superior), 305
SARs (Efeitos Adversos Graves)
  relacionados com o dispositivo, 121
    AspireSR 106, 121
    AutoStim, 121
SCG (Giro Cingulado Subgenual)
  DBS, 189
    para depressão maior, 189
SCS (Estimulação da Medula Espinal), 258
  mecanismo de ação, 277
SDG (*Grid* Subdural)
  colocação de, 1, 57*f*
    abordagem cirúrgica, 1
      manejo pós-oepratório, 4
        possíveis complicações, 4
      preparação pré-operatória, 1
      procedimento cirúrgico, 2
    fotodocumentação da, 3*f*
  e SEEG, 7
    decidir entre, 7
      com base em evidências , 7
SEEG (Eletroencefalografia Estereotática), 1
  ablação a *laser* guiada por, 71*f*
  abordagem cirúrgica, 6
    manejo pós-oepratório, 7
      possíveis complicações, 7
    preparação pré-operatória, 7
    procedimento cirúrgico, 7
  implantação de, 17*f*
    etapas cirúrgicas da, 17*f*
  método de, 16*f*
    colocação, 16*f*
      de múltiplos eletrodos, 16*f*
  robótica, 18*f*
    técnica de, 18*f*
  SDGs e, 7
    decidir entre, 7
      com base em evidências , 7
  strips subdurais e, 7
    decidir entre, 7
      com base em evidências , 7
  versus monitoramento, 12
    de superfície cortical, 12
SEEG (Estereoeletroencefalografia), 62
  robótica, 18*f*
    técnica de, 18*f*
Simpatectomia, 295-303
  manejo pós-operatório, 300
  possíveis complicações, 300
  preparação pré-operatória, 296
  procedimento cirúrgico, 296
  seleção do paciente, 295
Síndrome
  de Lennox-Gastaut, 68*f*
    convulsões atônicas com, 68*f*
      calosotomia do corpo caloso, 68*f*
      a *laser* estereotáxica, 68*f*
Síndrome(s) de Dor
  clinicamente intratável, 290-294
    DBS para, 290-294
      manejo pós-operatório, 293
      possíveis complicações, 293
      preparação pré-operatória, 291
      procedimento cirúrgico, 293
      seleção do paciente, 290
  isquêmica, 278
    SCS nas, 278
SLA (Ablação a *Laser* Estereotáxica)
  guiada por MR, 61-74
    para epilepsia, 61-74
      equipamento, 61
      indicações, 61
        abordagem SEEG ablativa combinada, 62
        falhas terapêuticas, 62
        MTS-, 62
        MTS+, 62
        patologia dupla, 62
      manejo pós-operatório, 70
        resultados, 70
      possíveis complicações, 70
      preparação pré-operatória, 63
      princípios físico-anatômicos, 61
      procedimento cirúrgico, 64
        fluxo de trabalho cirúrgico, 67
        imagem pós-ablação, 69
        planejamento de trajetória, 64
        tratamento, 68
      seleção do paciente, 61
SLAH (Amígdalo-Hipocampectomia a *Laser* Estereotáxica), 62
  papel da, 69*f*
    na MTLE, 69*f*
  para MTLE, 74*t*
    resultados da, 74*t*
  para TLE, 65*f*, 71
    média, 65*f*
    mesial, 71
      complicações, 71
      resultados neurocognitivos da, 73
  seleção de pacientes, 62*q*
  trajetória ideal para, 67*q*
    planejamento da, 67*q*
  trajetória impróprias na, 72*t*
    problemas associados a, 72*t*
SNc (Substância Negra *Pars* Compacta), 129
SNRS (Estimulação da Raiz do Nervo Espinal), 258-262
  categorias de, 258*t*
  evidência clínica, 258
  indicações para, 258
Sono
  distúrbio respiratório associado ao, 121
    após VNS, 121
      para epilepsia intratável, 121
SRS (Radiocirurgia Estereotáxica)
  na dor craniofacial, 271
    neuropática, 271
      complicações, 271
  para TN, 223-225
    manejo pós-operatório, 224
    possíveis complicações, 224
    preparação pré-operatória, 224
    procedimento cirúrgico, 224
    seleção do paciente, 224
SSEP (Potencial Evocado Somatossensorial), 2
STN (Núcleo Subtalâmico)
  anatomia do, 132*f*
  direcionamento ao, 151*f*
  e estruturas adjacentes, 132*f*
  estimulação crônica do, 129-139
    na PD, 129-139
      manejo pós-operatório, 138
      possíveis complicações, 138
      preparação pré-operatória, 130
      procedimento cirúrgico, 133
      seleção do paciente, 130
  trajetória ao, 133*f*, 135*f*
    de localização fisiológica, 135*f*
Strip(s) Subdural(is)
  colocação de, 1
    abordagem cirúrgica, 1
      manejo pós-operatório, 4
        possíveis complicações, 4
      preparação pré-operatória, 1
      procedimento cirúrgico, 2

fotodocumentação da, 3f
e SEEG, 7
decidir entre, 7
com base em evidências , 7
Sulco
calcarino, 31f
hipocampal, 28f
hipocampo e o, 28f
relações entre, 28f
Superfície
cortical, 12
monitoramento de, 12
SEEG versus, 12

T

Tálamo
ventrolateral, 123f
conexões funcionais do, 123f
Técnica
da eletroencefalografia, 11-18
implantação da, 13
planejamento da, 13
indicações clínicas, 12
escolha, 12
gerais, 12
nuances da, 15
Termografia
na termoablação a *laser*, 81f
TLE (Epilepsia do Lobo Temporal), 36
SLAH para, 65f, 71
média, 65f
mesial, 71
complicações, 71
resultados neurocognitivos, 73
TN (Neuralgia do Trigêmeo)
direcionamento na, 202f
radiocirúrgico, 202f
MVD para, 215
seleção do paciente, 215
procedimento cirúrgico, 217
abertura, 217
exposição do nervo, 217
fechamento, 220
neurólise interna, 219
pós-herpética, 265
intervenção neurocirúrgica, 265
rizotomia aberta para, 215
procedimento cirúrgico, 217
abertura, 217
exposição do nervo, 217
neurólise interna, 219
fechamento, 220
seleção do paciente, 215
RS na, 201-204
SRS para, 223-225
manejo pós-operatório, 224
possíveis complicações, 224
preparação pré-operatória, 224
procedimento cirúrgico, 224
seleção do paciente, 224
Tractotomia
subcaudada, 188
na depressão maior, 188

Transecção
gancho de, 98f, 100f
subpial, 100f
no hipocampo, 101f
Transector
subpial, 99f
Transtorno(s)
do movimento, 206
RS nos, 206
Tremor(es)
de fluxo de saída cerebelar, 123-127
implante de DBS para, 123-127
com halo estereotáxico do Vim, 123-127
Triagem
para estimulação crônica do STN, 130
na PD, 130
médica, 130
neurológica, 130
neuropsicológica, 130
Tronco
encefálico, 29f
corte coronal através do, 29f
na região da glândula pineal. 29f
TS (Síndrome de Tourette)
cirurgia estereotáxica para, 182-185
manejo pós-operatório, 185
possíveis complicações, 185
preparação pré-operatória, 182
alvos, 183
investigação por imagem, 183
procedimento cirúrgico, 183
anestesia pré-operatória, 183
eletrofisiologia, 184
imagem pré-operatória, 183
planejamento estereotáxico, 183
seleção do paciente, 182
critérios de, 182
Tumor(es)
de baixo grau, 66f
da amígdala, 66f
ablação do, 66f
glioneuronais, 74
SLAH nos, 74
LIFT nos, 70

U

UF (Fascículo Uncinado), 31
Úncu(s)
hipocampo e o, 28f
relações entre, 28f
UPDRS (Escala Unificada de Avaliação da Doença de Parkinson), 173

V

Válvula(s)
no tratamento, 326
da IIH, 326
da NPH, 326
VC/VS (Cápsula Ventral/Estriado Ventral), 189
em DBS, 190
para depressão maior, 190

Ventrículo
lateral, 32f
lobo temporal e, 32f
Vídeo-EEG (Videoeletroencefalografia), 11, 36
Vim (Núcleo Intermediário Ventral), 123
DBS com halo estereotáxico do, 123-127
implante de, 123-127
para ET, 123-127
para tremores de fluxo de saída cerebelar, 123-127
VNS (Estimulação do Nervo Vago)
automatizada, 118f
fios conectados, 118f
localização do gerador, 118f
dispositivo de, 120f
de tunelização, 120f
geradores de, 118f
monopolar, 119f
eletrodo de, 119f
para epilepsia intratável, 117-122
eficácia da, 120
duração reduzida das convulsões, 120
interrupção da convulsão, 120
melhora da qualidade de vida, 121
recuperação pós-ictal, 120
geradores de, 119t
comparação dos, 119t
manejo pós-operatório, 121
NeuroCybernetic Prosthesis, 118
possíveis complicações, 121
anormalidades nas cordas vocais, 121
assístole, 121
bradicardia, 121
distúrbio respiratório, 121
associado ao sono, 121
infecção, 121
protocolo da MR em pacientes com, 121
revisão do gerador, 121
SAEs, 121
preparação pré-operatória, 117
procedimento cirúrgico, 119
segurança da, 120
seleção do paciente, 117
programação da, 120f
computador de, 120f
peça de, 120f
VPS (*Shunt* Ventriculoperitoneal)
complicações associadas ao, 326
na IIH, 325
na NPH, 325

Z

ZI (Zona Incerta), 130